科学出版社"十三五"普通高等教育本科规划教材

作物学各论

王季春　郭华春　主编

科学出版社

北　京

内 容 简 介

本书将作物育种学各论与作物栽培学各论进行系统整合，基于作物育种栽培诸多精品教材与著作，集西南地区相关涉农高校在作物学领域的教学科研成果编撰而成。

本书分为上、下两篇，共 10 章。上篇粮食作物包括水稻、小麦、玉米、马铃薯、甘薯、大豆共 6 章，下篇经济作物包括油菜、棉花、烟草、甘蔗共 4 章，各章系统介绍了作物的概述、生物学基础、主要性状的遗传与育种、栽培原理与技术等。本书吸收了传统栽培育种的经典理论与思想精髓，同时注重现代生物技术的应用与发展内容，深入浅出，图文并茂。每章均设置了内容提要、复习思考题及主要参考文献，增强了教材的可读性、启发性和前沿性。

本书可作为农学类专业学生的专业核心课或专业基础课教材及其他植物生产类专业学生的选修教材，也可作为从事农业技术与管理、农业教育与培训人员的培训用书或参考书。

图书在版编目（CIP）数据

作物学各论/王季春，郭华春主编. —北京：科学出版社，2023.3
科学出版社"十三五"普通高等教育本科规划教材

ISBN 978-7-03-075230-7

Ⅰ. ①作⋯　Ⅱ. ①王⋯　②郭⋯　Ⅲ. ①作物-高等学校-教材
Ⅳ. ①S5

中国国家版本馆 CIP 数据核字（2023）第 047686 号

责任编辑：丛　楠　赵萌萌 /责任校对：严　娜
责任印制：赵　博 /封面设计：无极书装

科学出版社 出版

北京东黄城根北街 16 号
邮政编码：100717
http://www.sciencep.com

保定市中画美凯印刷有限公司印刷
科学出版社发行　各地新华书店经销

*

2023 年 3 月第　一　版　开本：787×1092　1/16
2025 年 3 月第二次印刷　印张：30
字数：768 000

定价：128.00 元
（如有印装质量问题，我社负责调换）

《作物学各论》编委会

前　言

　　作物栽培学和作物育种学是全国农学专业骨干核心课程，分总论和各论课程教学。在"总论"教学基础上，改革"各论"课程体系和课程教学内容，将原"作物栽培学各论"和"作物育种学各论"整合为"作物学各论"开展教学，不仅有效避免了不同作物在栽培学各论与育种学各论教学中对"概述和生物学基础"部分的重复教学，而且极大地提高了学生对主要农作物栽培育种理论与技术的统筹认知和系统学习。早在 1997 年，西南大学就进行了此课程体系和课程教学内容改革，实现了作物理论与技术从品种改良到生产优化的有机融合，经过 20 多年的教学实践，效果良好。

　　多年来，"作物学各论"教学无独立教材，主要参考《作物栽培学各论》和《作物育种学各论》，或参考既有总论又有各论的《作物栽培学》和《作物育种学》教材，师生均感烦琐，《作物学各论》教材应运而生。该教材有幸得到西南大学教材专项经费支持，由王季春教授、郭华春教授主编，科学出版社出版，邀请云南农业大学、贵州大学等高校参加编写。

　　本书分为粮食作物和经济作物两篇，介绍了十大主要粮食作物和经济作物。上篇粮食作物包括水稻、小麦、玉米、马铃薯、甘薯、大豆，下篇经济作物包括油菜、棉花、烟草和甘蔗。第一章由何光华、冯跃华、文建成、张长伟、赵芳明编写；第二章由张建奎、阮仁武、康志钰编写；第三章由宋碧、赵自仙、刘志斋、彭忠华编写；第四章由郭华春、刘勋、李俊、海梅荣编写；第五章由王季春、吕长文、白磊编写；第六章由易泽林、何进编写；第七章由唐章林、徐新福、秦建权、唐伟杰编写；第八章由张正圣、张旺锋编写；第九章由杨焕文、戴秀梅、刘雷编写；第十章由李富生、王先宏、何丽莲编写。

　　全书主体及各章节大纲由全体参编人员共同商讨确定，各章节作者对各自负责的部分进行了 4～5 次修订，主编、副主编对各章进行了交叉评议、修改和审查。限于教材的篇幅和作物栽培的地域性，书中作物类型偏少，叙述较简；加之编者水平有限，在材料编写过程中，虽经多次讨论修改，但书中难免出现疏漏，请读者批评指正。

　　在教材的编写过程中，得到了有关同志的大力支持，在此致谢。

编　者
2022 年 12 月

目　　录

上篇　粮食作物篇

下篇　经济作物篇

上篇　粮食作物篇

第一章 水 稻

【内容提要】 水稻是我国也是全球的重要粮食作物。本章首先介绍了发展水稻生产的重要意义、水稻生产概况、水稻的分布与分区，以及水稻科技发展历程；其次介绍了稻种的起源与分类、水稻的发育特性与应用、水稻的生育过程与器官建成、水稻产量和品质的形成及调控等栽培生物学基础与理论知识；再次介绍了水稻的育种目标及主要性状的遗传、水稻选择育种、水稻诱变育种、水稻杂交育种、水稻的杂种优势利用、加速育种进程的途径、水稻良种繁育等内容；最后介绍了水稻的土壤要求与耕地整地，水稻的育秧与移栽，水稻的水肥需求与管理，稻谷的收获、贮藏与初加工及水稻特色栽培技术等内容。

第一节 概 述

一、发展水稻生产的重要意义

水稻是全球的重要粮食作物，其主产品——稻米为全球一半以上人口的主要食物来源，是亚洲、非洲、拉丁美洲人口的重要营养来源。水稻也是我国能自给自足的主要粮食作物，我国约 2/3 人口以稻米为主食。因此，发展水稻生产对保障全球包括我国的粮食安全具有重要意义。

水稻的抗逆性好、适应性广。虽起源于高温、湿润的热带地区，但长期演变和分化的耐寒、早熟稻种可在位于北纬 53°29′的我国黑龙江省漠河市和地处海拔 3000 m 的尼泊尔、不丹高原等冷凉地区种植，并具有适于各种水分、土壤条件的类型（如深水稻、水稻、陆稻、耐盐碱稻）。在酸性红壤、轻盐碱土壤、重黏土、低洼沼泽地及其他作物不完全适应的土壤中，一般均可栽培水稻，故其广泛适应性是其他作物所不及的。

水稻具有稳产、高产、经济系数较高等特点。在灌溉水源充足的条件下，水稻的产量潜力主要受光、温条件的限制，而旱地作物无灌溉条件时，产量潜力同时受光、温、水三重制约，水稻的稳产性明显优于旱地作物。水稻的单产是三大禾本科作物中最高的，我国 2016～2018 年水稻平均单产为 6.936 t/hm²，高于小麦的 5.432 t/hm² 和玉米的 6.061 t/hm²，分别是小麦和玉米单产的 1.28 倍和 1.14 倍。水稻的经济系数在禾本科作物中是最高的，如在我国 2004～2010 年的大田试验中，水稻主产区的经济系数平均值为 0.50，小麦、大麦和玉米主产区的经济系数平均值分别为 0.49、0.49、0.46，其他禾本科作物主产区的经济系数平均值均低于 0.40。

此外，水稻还具有稻米营养价值高、稻米口感好、产品用途多等特点。人类食用水稻的部分为其颖果，俗称大米。稻米的主要成分为淀粉，其次是蛋白质，此外还含有脂肪、粗纤维和矿质元素等营养物质。稻米是禾谷类作物籽粒中营养价值最高的，它的蛋白质生物价值比小麦、玉米、粟（小米）高，各种氨基酸的比例更合理，并含有营养价值高的赖氨酸和苏氨酸。稻米淀粉粒特小、粗纤维含量少，故容易消化，食用口感好。稻谷用途广，既可食用，也可饲用，还可以作酿造、食品等工业原料。稻谷加工的副产物有米糠、谷壳、碎米等，也有较多用途，如米糠可作牲畜、家禽的精饲料，可作为酿酒、制造高强度材料的原料，从中提取糠油、脑磷脂、维生素等；谷壳可提供能源，可用来加工饲料，制作装饰板和隔音板建筑材料等；碎米根据大小可作粥米，或用来制作醋、酒、年糕、米线、米粉等。稻草还田可作很好的硅酸肥、有机肥，还可用于造纸，编织草袋、绳索等。

二、水稻生产概况

（一）世界水稻生产概况

根据联合国粮食及农业组织（FAO）提供的统计资料，近年全球有 148 个国家和地区种植水稻，常年栽培面积为 1.60 亿～1.66 亿 hm^2，全球稻谷年总产量 6.4 亿 t 左右，有 70 多个国家和地区稻谷年产量超过 10 万 t。世界十大水稻生产国是中国、印度、孟加拉国、印度尼西亚、越南、泰国、缅甸、菲律宾、巴基斯坦和巴西。

2021 年全球稻作面积为 1.653 亿 hm^2，稻谷产量为 7.873 亿 t，平均单产为 4.763 t/hm^2；全球水稻单产较高的国家为埃及（10.20 t/hm^2）、乌拉圭（9.40 t/hm^2）、澳大利亚（9.38 t/hm^2）、美国（8.64 t/hm^2）、秘鲁（8.32 t/hm^2）、土耳其（7.72 t/hm^2）、日本（8.50 t/hm^2）、西班牙（7.29 t/hm^2）、肯尼亚（7.28 t/hm^2），阿根廷和萨尔瓦多均为 7.27 t/hm^2，韩国和中国均为 7.11 t/hm^2。大米的主要出口国是印度、泰国、越南、巴基斯坦、美国和缅甸。

全球水稻以灌溉稻为主，灌溉稻面积占全球水稻收获总面积的 1/2 左右，占总产量的 3/4，多分布在亚热带潮湿、亚潮湿和热带潮湿生态区。陆稻面积约占全球水稻面积的 11%，但仅占全球稻谷总产量的 4%。雨灌稻约占全球水稻面积的 34%。深水稻约占全球水稻面积的 4%，产量很低，平均单产仅 1.5 t/hm^2。我国 96% 的水稻为灌溉稻，其余为陆稻和雨灌稻。

（二）我国水稻生产概况

我国是全球最大的稻米生产国和消费国，超过一半的种植者从事水稻生产，水稻种植面积位居全球第二，总产量位居全球之首。我国约有 65% 的人口以大米为主食。

1949 年以来，我国水稻种植面积出现"三增二减"现象。1949～1956 年我国水稻种植面积增加，1956～1961 年下降，自 1961 年以来，我国水稻种植面积呈现"先增后减又增"的态势，1976 年种植面积达到历史最高，为 3696.9 万 hm^2，之后呈波动下降趋势，直至 2003 年跌至 2678.0 万 hm^2，2004 年起又开始增长，2009 年后我国水稻种植面积基本维持在 3000 万 hm^2 左右，2021 年水稻种植面积为 30145.5 万 hm^2，约占我国粮食种植面积的 29.0%，约占全球水稻种植面积的 18.2%。

1949 年以来，我国稻谷产量总体为增加趋势，徘徊上升且有较大幅度的增长。1949 年我国水稻总产为 0.49 亿 t，1961 年总产为 0.56 亿 t，1970 年首次突破 1.0 亿 t。1997 年首次突破 2.0 亿 t 后，2001～2003 年因水稻种植面积的缩小，年总产下降到 1.62 亿 t。2003 年之后我国水稻总产呈现恢复性增长，2011 年以后的年总产维持在 2.11 亿 t 左右，至 2021 年我国稻谷总产达到 2.14 亿 t，但占我国当年粮食总产的比例（31.4%）为 1949 年以来的最低值，占全球稻谷当年总产量的比例（27.2%）为 1961 年以来的最低值。

1949 年以来，我国水稻单产增长经历了两个波动徘徊期、两个快速提高期和三个缓慢增长期。第一个波动徘徊期为 1949～1961 年，水稻单产处于波动和徘徊中；第一个快速提高期为 1962～1966 年，此期得益于绿色革命，单产从 1961 年的 2.1 t/hm²，快速提高到 1966 年的 3.1 t/hm²；此后至 1976 年单产处于缓慢上升中，为第一个缓慢增长期；第二个快速提高期为 1977～1984 年，由于杂交水稻的大面积快速推广应用，单产从 1976 年的 3.5 t/hm² 提高到 1984 年的 5.4 t/hm²；此后单产经数年缓慢提高，达到 1998 年的 6.3 t/hm²，此为第二个缓慢增长期；1999～2006 年为单产第二个波动徘徊期，单产经数年缓慢下降，2003 年跌至 6.1 t/hm² 后又波动上升；从 2007 年起，随着良种良法的综合运用，单产进入第三个缓慢增长期，单产稳步缓慢增长，至 2021 年达 7.1 t/hm²，已居全球稻谷主产国前列，这是我国近年稻谷总产量在种植面积有所减少的情况下还能明显增长的主要原因。

三、水稻分布与分区

（一）全球水稻分布

除南极洲外，世界其他洲均有水稻分布。据 2021 年全球水稻生产数据分析，水稻种植最多的是亚洲，占全球水稻面积的 86.6%，主要分布在东亚、东南亚及南亚，这些是全球水稻种植的主要地区；其次是非洲和美洲，分别占全球水稻面积的 9.6% 和 3.4%；欧洲和大洋洲的占比不足 0.5%。

（二）我国水稻的分布与分区

水稻在我国广泛种植。北自黑龙江省的漠河（全球稻作的最北点），南至海南省，东起台湾省，西抵新疆维吾尔自治区的塔里木盆地西缘，低自东南沿海的潮田，高至西南云贵高原海拔 2700 m 左右的山区，凡是有灌溉条件的地方，均有水稻栽培。除青海省外，我国其他省（自治区、直辖市）均有大面积水稻种植，但 90% 以上的水稻种植面积分布在秦岭、淮河以南地区，并形成了东北平原、长江流域、东南沿海等 3 个优势区域。东北平原水稻优势区主要位于三江平原、松嫩平原、辽河平原，主要包括黑龙江、吉林、辽宁 3 个省的 82 个重点县，着力发展优质粳稻；长江流域水稻优势区主要位于四川盆地、云贵高原丘陵平坝地区、洞庭湖平原、江汉平原、河南南部地区、鄱阳湖平原、沿淮和沿江平原与丘陵地区，主要包括四川、重庆、云南、贵州、湖南、湖北、河南、安徽、江西、江苏 10 个省（直辖市）的 449 个重点县，着力稳定双季稻面积，逐步扩大江淮粳稻生产，提高单季稻产量水平；东南沿海水稻优势区主要位于杭嘉湖平原、闽江流域、珠江三角洲、潮汕平原、广西及海南的平原地区，主要包括上海、浙江、福建、广东、广西、海南 6 个省（自治区、直辖市）的 208 个重点县，稳定水稻面积，着力发展高档优质籼稻。其中，三江平原、长江中下游平原、成都平原、珠江流域的河谷平原及三角洲是我国的水稻主产区，长江中下游的湖南、湖北、江西、安徽、江苏，西南的四川，华南的广东、广西和台湾及东北的黑龙江是我国的水稻生产大省或自治区。

我国水稻区划工作开始于 1957 年，丁颖将全国水稻产区划分为 6 个稻作区。划分的首要依据是种植制度，而种植制度主要根据热量资源状况来确定。一般热量资源（≥10℃积温）为 2000～4500℃的地区适于种一季稻；4500～7000℃的地区适于种双季稻，5300℃是双季稻的安全界限；7000℃以上的地区可以种三季稻。1988 年中国水稻研究所根据各地自然生态条件、社会经济技术条件、耕作制度和品种类型等综合分析结果，在保留丁颖

（1957）将全国水稻产区划分为 6 个稻作区的基础上，将我国水稻种植区划分为 Ⅰ、Ⅱ、Ⅲ、Ⅳ、Ⅴ、Ⅵ等 6 个稻作区，每个稻作区又分成 2~3 个亚区，6 个稻作区共分为 16 个亚区（周立山，1993）。

Ⅰ．华南双季稻稻作区　　该区位于南岭以南地区，包括闽、粤、桂、滇的南部及台湾和海南全部，是我国最南部的水稻生产区，占全国水稻面积的 18%，≥10℃积温 5800~9300℃，稻作生长期 260~365 天，年降水量 1200~2500 mm，品种多为籼稻，山区有粳稻分布。该区分为闽粤桂台平原丘陵双季稻亚区、滇南河谷盆地单季稻亚区和琼雷台地平原双季稻多熟亚区等 3 个亚区。

Ⅱ．华中双单季稻稻作区　　该区东起东海之滨，西至成都平原西缘，南达南岭，北抵秦岭、淮河，包括苏、沪、浙、皖、赣、湘、鄂、川、渝九省（直辖市）的全部或大部和陕、豫两省南部，是我国最大的稻作区，约占全国水稻面积的 68%，≥10℃积温 4500~6500℃，稻作生长期 210~260 天，年降水量 800~2000 mm。该区分为长江中下游平原双单季稻亚区、川陕盆地单季稻两熟亚区和江南丘陵平原双季稻亚区等 3 个亚区。

Ⅲ．西南高原单双季稻稻作区　　该区地处云贵高原和青藏高原，约占全国水稻面积的 8%，≥10℃积温 2900~8000℃，稻作生长期 180~260 天，年降水量 800~1400 mm，该区分为黔东湘西高原山地单双季稻亚区、滇川高原岭谷单季稻两熟亚区和青藏高寒河谷单季稻亚区。

Ⅳ．华北单季稻稻作区　　该区位于秦岭、淮河以北，长城以南，关中平原以东，包括京、津、冀、鲁、豫和晋、陕、苏、皖的部分地区，约占全国水稻面积的 3%，≥10℃积温 3500~4500℃，稻作生长期 170~210 天，年降水量 580~1000 mm。该区分为华北北部平原中早熟亚区和黄淮平原丘陵中晚熟亚区等 2 个亚区。北部海河、京津稻区多为一季中熟粳稻，黄淮区多为麦稻两熟，且多为籼稻。

Ⅴ．东北早熟单季稻稻作区　　该区位于辽东半岛和长城以北，大兴安岭以东，包括黑龙江、吉林全部和辽宁大部及内蒙古东北部，约占全国水稻面积的 10%，≥10℃积温＜3500℃，北部地区常出现低温冷害，稻作生长期 110~200 天，年降水量 300~600 mm。该区分为黑吉平原河谷特早熟亚区和辽河沿海平原早熟亚区等 2 个亚区，品种为特早熟或中、迟熟早粳。

Ⅵ．西北干燥区单季稻稻作区　　该区位于大兴安岭以西，长城、祁连山与青藏高原以北，其主要产区为银川平原、河套平原、天山南北盆地的边缘地带，仅占全国水稻面积的0.5%，≥10℃积温 2000~4250℃，稻作生长期 110~250 天，年降水量 50~600 mm，基本靠灌溉种稻，为一年一熟的早、中熟耐旱粳稻，产量较高，但冷害、沙化、碱化是该区水稻生产的三大障碍。该区分为北疆盆地早熟亚区、南疆盆地中熟亚区和甘宁晋蒙高原早中熟亚区等 3 个亚区。

四、水稻科技发展历程

（一）水稻育种科技发展历程

新中国成立之前，一些地方品种的记录及引进文献表明，在中国古、近代就存在品种的引进种植和连续的人工选择，利用自然突变、人工选择、异地引种形成了许多地方性生态型品种，但发展进程极其缓慢。1949 年以后，随着生命科学与遗传学理论的进步，水稻育种经过了 5 次变革。

第一次变革是地方品种的评选及系统选育。筛选及系统选育出‘南特号’‘胜利籼’等品种，这些地方品种一般系高秆类型，存在耐肥力差、容易倒伏、产量不高、稳产性不好等缺陷。

第二次变革是矮化品种的培育（第一次绿色革命）。采用形态改良——高秆变矮秆或半矮秆，提高收获指数，从而大幅度提高水稻单产。我国育种家黄耀祥院士从‘南特号’中发现了自然矮秆突变体‘矮脚南特’，杂交选育出第一代矮秆品种‘广场矮’‘珍珠矮’等，其单株产量略微下降，但耐密植和抗倒伏，群体产量大幅度提升，单产增幅达 20%，比后来誉为“奇迹稻”的‘IR8’早 8 年，黄耀祥院士成为国际公认的“半矮秆水稻之父”。目前世界上的矮秆基因均为同一基因 $sd1$，且来自 3 个自然突变亲本，即籼稻的‘矮脚南特’‘低脚乌尖’及日本的粳稻‘农林 8 号’。

第三次变革是杂种优势利用，即杂交水稻的培育。这个阶段比常规稻增产 20% 左右，包括以细胞质雄性不育系为遗传工具的三系法杂交水稻、以光温敏雄性不育系为遗传工具的两系法杂交水稻、以遗传工程雄性不育系为遗传工具的杂交水稻、C$_4$ 型杂交水稻和利用无融合生殖固定水稻杂种优势的杂交水稻等 5 代杂交水稻的培育。主要进步是作为种子生产的遗传工具的关键基因核质——互作雄性不育基因（cms）和环境核不育基因（ms）的发现与利用，并实现了不育胞质多样化，表现为类型多样化和来源多样化。

第 1 代杂交水稻是以细胞质雄性不育系为遗传工具的三系法杂交水稻。我国杂交水稻研究始于 1964 年，1973 年三系配套成功，1976 年开始大面积推广应用，最高年推广面积在 1333 万 hm^2 以上，至今仍占全国杂交水稻总面积的 50% 左右。在三系育种上，我国先后培育出野败型、冈型、D 型、K 型、矮败型、红莲型、BT 型和滇型等胞质不育系，并分别配制出一系列杂交水稻品种在生产上大量应用。近年籼粳杂交稻实现区域性突破，籼粳亚种间杂种优势利用在长江中下游稻区发展迅速，采用“籼中掺粳”和“粳中掺籼”的策略，选育出‘甬优’‘春优’‘浙优’和‘嘉优中科’等籼粳亚种间杂交稻。另外，随着育种技术的创新，粳稻杂种优势利用也取得了可喜进展，创制了一批具有高异交特性和优良品质的粳型不育系，育成了‘滇杂 31’‘云光 12 号’‘辽优 9906’‘粳优 165’‘津粳杂 2 号’‘天隆优 619’等抗性强、品质优、产量高的杂交粳稻新组合，并在生产中崭露头角，尤其是‘天隆优 619’的育成，使杂交水稻在寒地种植的梦想变成了现实。三系法的优点是其不育系育性稳定，不足之处是其不育系育性受恢保关系的制约，恢复系很少，保持系更少，因此选到优良组合的难度大，概率较低。

第 2 代杂交水稻是以光温敏雄性不育系为遗传工具的两系法杂交水稻。在两系育种上，已经历三次变革：一是先锋组合‘两优培九’的配组模式成为第一阶段的主要配组模式；二是以‘Y58S’的不育系株型＋巨穗恢复系的配组模式成为第二阶段的特点；三是以‘隆两优’‘晶两优’为代表的长江流域不育系配组华南的早晚兼用稻成为主要趋势。但两系法的弱点是两系不育系育性受气温的影响，异常气温易导致两系杂交水稻制种和两系不育系繁殖失败。

第 3 代杂交水稻以遗传工程雄性不育系为遗传工具，不仅兼有三系不育系不育性稳定和两系不育系配组自由的优点，还克服了三系不育系配组受局限和两系不育系制种繁殖产量低的缺点。目前利用遗传工程雄性不育系配制的第 3 代杂交水稻的苗头组合显露锋芒，显示出较大的产量潜力，其大面积推广后，将为保障中国粮食安全发挥重大作用。

第 4 代是正在研究中的 C_4 型杂交水稻。理论上，玉米、甘蔗等 C_4 作物的光合效率比水稻、小麦等 C_3 作物高 30%～50%，高光效、强优势的 C_4 杂交水稻必将大幅度提升水稻的产量潜力。

利用无融合生殖固定水稻杂种优势的第 5 代杂交水稻培育进展缓慢，但水稻育种从三系、两系到一系是历史的必然趋势。利用一系法生产杂交水稻、固定杂种优势、培育不分离杂种，是水稻育种的发展方向。多年来，人们就探索固定杂种优势的途径和方法，提出无性繁殖、试管繁殖、平衡致死、双二倍体等设想，最终还是认为利用植物的无融合生殖是一条最佳途径。迄今在水稻中尚未发现可利用的无融合生殖类型（无孢子生殖、二倍体孢子生殖和不定胚），在大黍、狼尾草、李氏禾属（*Leersia*）的一些种和长花药野生稻等近缘野生种中发现有这类资源，可用杂交转育法、体细胞杂交法和生物技术法来创造无融合生殖新种质，但因生殖障碍、结实率低，至今鲜见新创制的无融合生殖种质被育种利用。近年利用基因改造技术的一些研究给水稻一系法育种带来了曙光，如 Khanday 等（2019）通过基因改造技术，借助种子合成无融合体，成功实现了水稻无性繁殖；中国水稻研究所王克剑研究组（2019）利用基因编辑技术在杂交水稻中同时编辑 4 个生殖相关基因，成功将无融合生殖特性引入杂交水稻当中，从而实现杂合基因型的固定，首次在杂交水稻中创建了无融合生殖体系，实现了从无到有的突破，为解决杂交种制种繁、留种难的行业难题提供了有效途径。

第四次变革是超级稻品种的培育。超级稻品种主要是指采用"生态育种理论""理想株型塑造与杂种优势利用相结合"的技术路线等育成的产量潜力大、配套超高产栽培技术后比现有水稻品种在产量上有大幅度提高，并兼顾品质与抗性的水稻新品种，包括超级常规稻和超级杂交稻，但必须经农业农村部认定的品种才能被冠名为"超级稻"。我国超级稻研究自 1996 年启动以来，取得显著成效，2018 年实现了超级稻研究第四期产量目标，'Y 两优 900''春优 927''甬优 12'等多品种在多年份和多地点的 $6.67~hm^2$ 示范方中单产突破 $15~t/hm^2$ 大关。至 2020 年，农业农村部共认定（不含退出）133 个超级稻品种，其中粳型常规稻品种 26 个，籼型常规稻品种 8 个，籼型三系杂交稻品种 49 个，籼型两系杂交稻品种 42 个，籼粳杂交稻品种 8 个。近年来，新育成品种的品质和抗性逐年提升，育种新技术也不断突破，如北方稻区首创"以优质籼稻作母本，高产粳稻作轮回父本，通过多次回交和定向选择减少粳稻遗传背景中影响米质的不利籼型遗传累赘，实现超高产与优质相结合"的超级稻优质化育种方法和选择指标体系；南方稻区通过籼粳渐渗杂交，选育花时早、颖花柱头外露率高的粳型保持系，进一步转育高异交率粳型不育系，并通过籼粳渐渗杂交、广亲和基因分子标记辅助选择、籼粳成分定向选择等技术手段，选育穗型大、茎秆粗壮、广亲和性好、恢复谱广的籼粳中间型广亲和恢复系，采用"粳不籼恢"配组方式，实现了籼粳超级杂交水稻的重大突破。

以上四次变革均以提高产量为主要目的，为解决我国的温饱问题和社会发展提供了重要基础，所取得的成就均基于关键性状的利用，以常规育种技术为主要手段。

第五次变革是绿色超级稻的培育。绿色超级稻由张启发院士（2005）提出，是指在高产优质的基础上同时兼有多种病虫害的抗性、肥料的高效吸收利用及较强的抗旱性或抗逆性等绿色性状的水稻新品种。育种理念和目标为"少打农药、少施化肥、节水抗旱和优质高产"，即培育高产、优质、抗病虫和广适性品种，确保口粮的数量和质量安全；发挥水稻更新空气、调节气温、防洪、集肥和湿地等生态功能以确保生态安全。至 2018 年 3 月，已经培育出通过国家和省级审定的绿色超级稻新品种 75 个，新品种推广示范面积累计超过 667 万 hm^2，新增产值近 300 亿元，取得了显著的社会与经济效益。

（二）水稻栽培科技发展历程

我国水稻栽培历史极为悠久，积累了极其丰富的生产经验与技术，是世界稻作文化的主要发祥地。在浙江省浦江县上山遗址发现的谷壳痕迹，使我国的水稻栽培历史上推到 1 万年前。在古籍中有关稻种的记载也非常丰富，早在《管子》《陆贾新语》等古籍中，就有关于公元前27 世纪神农时代播种"五谷"的记载，而稻被列为五谷之首。稻米文明是中华文明不可或缺的组成部分和源泉。

1949 年以前，我国与当时的发达国家相比，水利设施差、品种产量潜力小、栽培技术十分落后。中华人民共和国成立以来，我国水稻生产几经变革，栽培发展大致经历了以下几个阶段。

第一阶段（20 世纪 50～60 年代），重点进行群众经验总结，发掘了以"南陈"（陈永康）和"北崔"（崔竹松）为代表的水稻丰产经验，总结出"好种壮秧、小株密植、合理施肥与浅水勤灌"等技术，在水稻生产上发挥了积极作用，特别是陈永康的单季晚粳"三黄三黑"看苗诊断及千斤高产经验，既揭示了高产规律，又提出了栽培理论研究的新思路，对指导大面积增产发挥了主要作用，在全国影响很大。丁颖等对水稻品种"三性"划分为水稻的引种、育种及种植制度、品种搭配和高产栽培技术制定等提供了依据。

第二阶段（20 世纪 70 年代），矮秆品种的广泛推广应用，配合高产栽培技术的研究与实施，促进了水稻的增产增收。水稻种植模式上"单季改双季"与"旱改水"在部分地区发展迅速。随着我国杂交水稻的培育成功及广泛应用，稀播少本栽培在全国各地得到普遍开发应用，单产增加迅速，较 50 年代的高秆地方品种单产提高 90%左右。

第三阶段（20 世纪 80～90 年代），研究和推广综合配套的高产模式与栽培技术在全国展开。例如，江苏的叶龄模式栽培，"小群体、壮个体、高积累"栽培，群体质量理论及调控，源库理论与技术，少免耕与抛秧高产栽培；浙江"稀少平"与"三高一增"栽培法；湖南"省种""轻型"与"双两大"栽培法；湖北"省种省苗"栽培法；广东"纸筒育苗抛秧"栽培法；四川"多蘖壮秧少本"栽培法与起垄栽培法；东北稻区的旱育稀植高产栽培与节水灌溉栽培等。这些技术的发展从不同方面促进了我国稻作水平的提升，单产提高 40%以上。

第四阶段（2000 年之后），一大批研究成功的新技术在水稻栽培中发挥了重要作用。例如，精确定量栽培理论与技术、水稻实地养分管理栽培法、三围强化栽培法，以及水稻高产机械化、轻简化（直播、抛秧、机插等）、清洁化（无公害、绿色、有机等）栽培技术等，加上国家粮食丰产工程、高产创建等项目的推动，2012 年全国水稻产量实现了九连增，之后除气候原因或水稻面积持续调减导致水稻产量略有减产外，全国水稻产量均保持较高的历史水平。其中，2021 年我国水稻单产再创历史新高，总产连续 7 年稳定在 2.1 亿 t 以上。特别是实施农业供给侧结构性改革以来，信息技术、生物技术等在水稻栽培上也得到了开发应用，水稻绿色发展稳步推进，绿色生产技术呈现较快发展势头。

第二节　水稻的生物学基础

一、稻种的起源与分类

全球稻属植物有 27 个稻种，根据分子标记和细胞遗传学分析，被分为 11 个不同的基因组类型，即 *AA*、*BB*、*CC*、*EE*、*FF* 和 *GG* 等 6 个二倍体（$n=12$）和 *BBCC*、*CCDD*、*HHJJ*、*HHKK* 和 *KKLL* 等 5 个异源四倍体（$n=24$）。其中，栽培稻种仅有亚洲栽培稻（*Oryza sativa* L.）和非洲栽培稻（*O. glaberrima* Steud.），均为 *AA* 染色体组。亚洲栽培稻又称普通栽培稻，在全球各稻区均有分布，集中于南亚、东亚和东南亚；非洲栽培稻又称光身稻，单产较亚洲栽培稻低，仅分布于西非撒哈拉沙漠以南地区。

（一）栽培稻种的起源

1. 栽培稻的起源种　　张德慈（1976）和 Oka（1988）在综合大量文献的基础上认为，亚洲栽培稻应是由广泛分布于南亚、东南亚和中国南方的具有宿根特性的祖先稻——多年生普通野生稻（*O. rufipogon* W. Grifith），进化为一年生野生稻（*O. nivara* Sharma et Shastry），再经人工驯化而成。近十多年的分子遗传研究也进一步表明，亚洲栽培稻由普通野生稻驯化而来。普通野生稻的染色体组为 *AA*（$2n=24$），具根茎，多年生，喜温，对短日照敏感，适应淹水生境，分蘖力强，稻穗有二次枝梗，谷粒长，易落粒，在亚洲的分布是东经 68°～150°，北纬 10°～28°。虽然有过亚洲栽培稻起源于多年生野生稻，或一年生普通野生稻，或多年生至一年生野生稻中间类型等的争论，但亚洲栽培稻起源于多年生普通野生稻已成共识。

非洲栽培稻的祖先种是多年生的长药野生稻（*O. longistaminata*），属 *AA* 染色体组，$2n=24$，可匍匐生长，喜湿喜温，适应沼泽环境，株高 1.5 m 以上，雄蕊花药长而大，自交具不亲和性。

鉴于亚洲栽培稻和非洲栽培稻及它们的祖先种普通野生稻和长药野生稻同属 *AA* 染色体组，均为二倍体（$2n=24$），因此，推测它们在遥远的过去必定有一个最古老的共同祖先。Chang（1976）认为，分布在亚洲、非洲、澳大利亚、中美洲和南美洲的热带、亚热带的宿根性多年生野生稻（*O. perennis*）复合体，可能是它们的共同祖先。共同祖先 “*O. perennis*” 约在 1.3 亿年前的冈瓦纳古大陆（Gondwanaland）与稻属其他种同时产生。随着古大陆的分裂漂移，共同祖先分别在分隔的亚洲大陆和非洲大陆的热带、亚热带演化为普通野生稻和长药野生稻，进而在人类祖先的驯化下分别成为亚洲栽培稻和非洲栽培稻。但近年对水稻主要谱系分化时间和祖先有效种群规模的估算结果表明，稻属植物起源于中新世中期（1300 万～1500 万年前）；驯化基因组学研究也表明，非洲栽培稻的祖先种不是长药野生稻，而是非洲的短舌野生稻（*O. barthii*），并独立驯化成为现在的非洲栽培稻。

2. 栽培稻的起源地　　关于亚洲栽培稻起源地的研究，是涉及生物学、遗传学、作物资源学、考古学、古地质学、古气象学和民族学等多种学科的综合研究。100 年以来，有关亚洲稻种的起源地主要有印度起源说、阿萨姆—云南多点起源说和中国起源说。早期以印度起源说、阿萨姆—云南多点起源说占多数。近年来，对大量野生稻和亚洲栽培稻的基因组测序和分析表明，中国是亚洲栽培稻的起源地。

我国南方的热带和亚热带地区有极其丰富的野生稻资源。根据徐志健等（2020）20 多年的调查结果，我国目前仍只有 3 个野生稻种，即普通野生稻（*O. rufipogon* W. Grifith）、药用野生稻（*O. officinalis* Wall. ex Watt）和疣粒野生稻 [*O. meyeriana*（Zoll. et Mor. ex Steud.）Baill]，并利用分子标记检测技术剔除重复，获得野生稻种质资源 19 153 份，其中普通野生稻 16 417 份，分布在广东、广西、云南、海南、福建、江西和湖南等 7 个省（自治区）；药用野生稻 2498 份，分布于广东、广西、云南和海南等 4 个省（自治区）；疣粒野生稻 238 份，因对生态条件要求较严格，仅分布于云南和海南。

关于栽培稻在中国的具体起源地，目前主要有华南起源说、长江中下游起源说和云贵高原起源说。结合出土的谷物、稻作农具及历史记载和语言研究结果等，华南起源说认为我国栽培稻种起源于华南的热带和亚热带地域，该起源说已得到分子遗传研究的证实，如黄学辉等（2012）利用 446 份具有地理多样性的普通野生稻品种和 1083 份籼粳栽培稻种的基因组序列，构建了一套完整的水稻基因组变异图谱，通过驯化清除和全基因组模式的深入分析，认为粳稻大约是在华南的珠江中部地区首先从普通野生稻的一个特殊物种驯化而成，籼稻是随后由粳稻与当地野生稻杂交形成，作为最初的栽培种传播到东南亚和南亚。结合出土的谷物、稻作农具、古水利设施和古气候研究，以及 DNA 和同工酶分析等研究结果，长江中下游起源说认为水稻驯化始于 8000～9000 年前的我国长江流域，籼稻起源于长江中游——淮河中上游以南地区，粳稻起源于长江下游——太湖地区。根据云贵高原的垂直立体气候，普通野生稻、药用野生稻和疣粒野生稻并存，籼稻、中间型与粳型栽培稻类型多样且垂直分布。云贵高原起源说认为我国栽培稻种起源于云贵高原，但根据等位酶研究成果及至今尚未出土早于 5000 年的稻物和稻作农具的情况，多数学者对该起源说持否定态度。

非洲栽培稻起源于尼日尔河三角洲（Porters，1956）。它的初级变异中心在尼日尔河上游的沼泽盆地，两个次级变异中心近几内亚西南海岸。初级变异中心形成于公元前 1500 年左右，而次级变异中心在稍后 500 年形成。

（二）栽培稻种的分类

日本的加藤茂苞（1928）依据形态、杂交 F_1 代育性，将亚洲栽培稻种分为印度亚种（*Oryza sativa* L. subsp. *indica* Kato）和日本亚种（*O. sativa* L. subsp. *japonica* Kato）。丁颖（1961）根据栽培稻种的系统发育过程与栽培和生态条件的密切关系，以及我国几千年来栽培稻种的演变过程和全国各地区的品种分布情况及其与环境条件的关系，创立了中国栽培稻种的五级分类系统，即籼、粳亚种—早、中季稻和晚季稻—水、陆稻—黏、糯稻—品种。其关系如图 1-1 所示，由该图可见，我国的栽培稻种被分为 2 个亚种和 16 个变种。非洲栽培稻没有类似的籼、粳亚种的分化，只有陆稻和浮水稻类型之分。

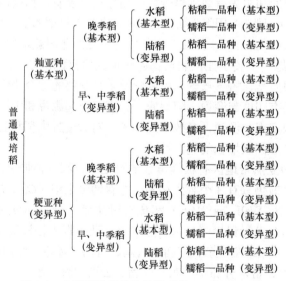

图 1-1　中国栽培稻种的分类系统（丁颖，1961）

1. 籼、粳亚种 籼稻和粳稻的亲缘关系相距较远，杂交亲和力弱，杂交结实率低（<50%），在植物学分类上是相对独立的两个生态亚种，在形态和生理上存在明显的差异，籼稻与粳稻主要形态特征及生理特性的比较见表1-1。

表 1-1 籼稻与粳稻主要形态特征及生理特性的比较*

项目		籼稻	粳稻
形态特征	叶形、叶色	叶片宽，叶色淡	叶片窄，叶色深绿
	粒形、株型	粒细长扁平，株型较散	粒短圆，株型较紧
	芒的有无	多无芒，或有短芒	有长芒，或无芒
	颖毛状况	颖毛短而稀，散生颖面	颖毛长而密，集生于颖棱
生理特性	吸水发芽	较快	较慢
	抗性、适应性	抗寒性弱，稻瘟病抗性较强	抗寒性较强，稻瘟病抗性较弱
	分蘖力	较强	较弱
	耐肥抗倒伏性	一般	较强
	脱粒性	较易	较难
	米质	出米率低，碎米多，胀性大	出米率高，碎米少，胀性小

*籼、粳稻各种性状差别有例外情况，必须根据综合性状才能确认

籼、粳亚种是两种不同的地理气候生态型，其分布受地理、气候和环境等因素影响。粳稻主要分布在气候温和、光照较弱和雨水少的秦岭与淮河以北的纬度较高稻区及云贵高原海拔 1400 m 以上的高山地带；籼稻主要分布于高温、强光和雨水多的南方平原低地。籼稻的地理分布涵盖野生稻的地理分布，籼稻的形态特征和生理特性均与野生稻相近，因此丁颖等认为籼稻是基本类型，是最先由野生稻经人工驯化演变而来的栽培稻；而粳稻是变异型，是籼稻植株在不同气候生态条件（主要是气温）通过人工选育而成的栽培稻。但近十年的比较基因组学分析表明，籼稻亚种和粳稻亚种分别来源于野生稻亚群体 *Or-I* 和 *Or-IIIa*，对栽培稻和野生稻全基因组数据的群体遗传学分析也表明，籼稻和粳稻是独立起源的。

2. 早、中季稻和晚季稻 籼、粳稻均有早、中季稻和晚季稻之分。同亚种内的早、中季稻和晚季稻的亲缘关系较近，杂交结实率较高，主要区别在于对日照反应特性的不同：晚稻是典型的短日照作物，与华南的野生稻对光照长短的反应是一致的，是由野生稻直接演变形成的基本类型；早、中季稻品种，只要温度能满足生长发育要求，并不需要特定的日长条件，属变异型。由此可见，早、中季稻和晚季稻是属于适应不同日长条件的气候生态型。

3. 水稻和陆稻 根据栽培地区土壤水分的生态条件不同，可分为水稻（包括浅水稻、深水稻和浮水稻）和陆稻（也称旱稻）。普通野生稻生长于沼泽地带，可见水稻是基本型，陆稻则是经过选择产生的适应于不淹水条件下的生态变异型。陆稻与水稻相比，虽然在形态结构上差异不大，但生理上差异较大，表现在吸水能力较强及蒸腾量较小，故耐旱力较强。

4. 黏稻和糯稻 在上述类型中均有黏稻和糯稻。同亚种内黏稻和糯稻在形态特征和生理特性上没有明显差异，杂交结实率也很高，但两者在米粒的淀粉构成、米粒光泽度及与碘液的反应等方面明显不同。黏稻与野生稻的直链淀粉含量相近，故黏稻属基本型；糯稻不含直链淀粉或含量小于4%，故糯稻属变异型。

5．品种　　栽培稻种的最后一级分类是各类品种。与野生稻相比，栽培品种是经长期人工培育并选择而成的，其经济性状优越，主要表现在谷草比高，第二次枝梗数和颖花数增加，每穗结实率多，抽穗成熟整齐，粒重增大，不易落粒，株型改良，群体物质生产量高等。从栽培品种演进和利用来看，不同生态和社会经济条件下可产生具有不同农艺性状的栽培品种类型。如按熟期分类，一般分为早稻早、中、迟熟，中稻早、中、迟熟，晚稻早、中、迟熟品种共9个类型；按穗粒性状，可分为大穗型和多穗型品种；按茎秆高度，可分为高、中、矮秆品种；按繁殖方式，可分为杂交品种和常规品种；按产量、品质可分为高产品种和优质品种；按稻米特性可分为香稻、红米稻、黑米稻、紫稻、甜米稻和巨胚稻等品种，其中后五类品种具有特殊用途，可归为特种稻。

二、水稻的发育特性与应用

（一）水稻的发育特性

水稻的发育特性是指影响稻株从营养生长向生殖生长转变的若干特性。这些特性集中表现为品种的感光性、感温性和基本营养生长性，通称为水稻的"三性"，其决定着水稻品种的生育期长短。"三性"依品种而异，是水稻的遗传特性，其综合作用可决定不同地区或不同栽培季节水稻品种生育期的长短，以及从出苗到抽穗的天数。

1．水稻品种的感光性　　水稻系短日性植物，即日照时间缩短，可加速其向生殖生长转变，使生育期缩短；日照时间延长，则可延缓其向生殖生长转变或不向生殖生长转变，使生育期延长，或长期处于营养生长状态而不抽穗与开花。水稻因日照长短的影响而改变其发育转变，缩短或延长生育期的特性称为感光性。

对于感光性品种，"短日"是指短于某一日长时抽穗较早，长于某一日长时则显著延迟抽穗，这一日长特称为"延迟抽穗的临界日长"，即诱导幼穗分化的日长高限，常因水稻品种不同或种植地区不同而各异。我国稻区在自然条件下水稻幼穗分化的日长高限表现出从南到北，从晚稻、中稻到早稻品种顺序递增的规律。

此外，水稻品种的感光性也受稻株本身的生长状态及其他外界因素（如温度和光强）影响，如原产地上海的晚粳'老来青'，光照阶段的发育需要夜温20℃以上才能顺利完成营养生长进而转变为生殖生长。

2．水稻品种的感温性　　水稻品种在适于其生长发育的温度范围内，高温可加速其向生殖生长转变，缩短营养生育期，提早抽穗；而低温则可延缓其向生殖生长转变，延长营养生育期，延迟抽穗。水稻因温度高低的影响而促进或延迟其向生殖生长转变，从而缩短或延长生育期的特性，称感温性。

水稻的感温性程度因品种不同各异，但品种间差异远小于感光性程度的差异。晚稻的感温性比早稻更强，但其感温性必须在短日照下才能表现出来。

3．水稻品种的基本营养生长性　　水稻从营养生长转变为生殖生长必须有一定的营养物质基础，即使稻株处在适于发育转变的短日高温条件下，也必须要有最低限度的营养生长才能完成发育转变，故水稻营养生长期可分为两部分，一是可通过短日高温处理消除的营养生长期，称为可变营养生长期；二是不受短日高温影响而缩短的营养生长期，称为基本营养生长期（BVP）或短日高温生育期。不同品种的基本营养生长期长短各异，水稻的这种差异特性称为水稻品种的基本营养生长性。如晚粳'老来青'在8～9叶才开始接受短日照而进入光照阶段，每天约需 10 h 短日照，8 天左右即完成光照阶段；晚籼'浙场 9 号'在 5 叶期即可顺利接受每天 10 h 短日照，经 7 天可完成光照阶段。

（二）各类水稻品种的"三性"特点

早、中、晚稻品种的"三性"特点如图 1-2 所示。

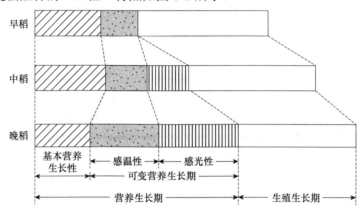

图 1-2　早、中、晚稻品种的"三性"特点（廖学群，2005）

早、中、晚稻三者相比，早稻品种的"三性"特点是基本营养生长性较小，感光性弱，甚至无感，而感温性较强，其生育期长短变化主要受温度制约。

晚稻品种的"三性"特点是基本营养生长性小，而感光性和感温性均强，光、温联应效果甚为明显，必须在短日、高温条件下才能完成营养生长向生殖生长转变。一般感光性愈强，其幼穗分化所要求的临界光长愈短，短日高温生育期也愈短。

中稻的生态类型较为复杂，品种间的光温反应差异也较大，其"三性"特点处于早稻和晚稻之间的一种过渡类型，或偏早稻，或偏晚稻。其中早熟中稻品种的"三性"特点偏于早稻，迟熟中稻品种的"三性"特点偏于晚稻。

（三）水稻"三性"的应用

为充分有效地利用各地的稻作气候条件和品种资源，促进水稻生产和科研的发展，在水稻栽培及育种等方面应着重掌握品种的"三性"特点。

1. 在引种上的应用　　光温条件互存差异的地区，引种时必须考虑品种的光温反应特性。一般感光性弱且感温性不甚敏感的品种，只要不误季节，且能满足品种所要求的热量条件，异地引种较易成功，如广东的'桂朝 2 号''广陆矮 4 号''黄华占'等品种引种至长江流域，其生育期变化不大且产量较稳定。

纬度不同的地区引种，如北种南引，由于原产地稻作期间一般日长较南方长，温度较南方低，引种至南方地区时生长发育快，生育期一般缩短，如东北地区生育期为 140 天左右的中熟品种，引至四川盆地的浅丘地区种植，生育期可缩短至 110 天；引至广州地区种植，生育期可缩短至 90～100 天。故北种南引一般不宜引用早熟品种，因其对高温反应敏感而发育快，易出现早穗和穗小粒少而减产。对于南种北移，稻作期间的光温条件由短日高温变为长日低温，导致品种发育迟缓，生育期延长，如引用感光性弱的早稻早熟品种则较易成功，而感光性强的晚稻则不宜引用。

　　纬度相近而海拔不同的地区之间引种，也应注意温、光条件不同导致品种生育期变化。低种高引，即高海拔地区从低海拔地区引种，因高海拔地区稻作期间温度较低，品种发育延迟，生育期将相应延长，故宜引用早熟品种；至于高种低引，低海拔地区稻作期间温度较高致使品种发育加快，生育期缩短，因此一般宜引用高海拔地区的晚熟类型品种。

　　纬度、海拔均大体相同的东、西地区之间引种，因两地光温条件大体相同，故相互引种后品种的生育期变化较小，引种易获成功。

　　2．在种植中的应用　　在水稻高产、稳产种植中，也需充分利用品种的"三性"特点。在我国南方双季稻区应特别注意早稻品种的选用，一般早稻宜选用感光性弱、感温性中等和生育期稍长的中、迟熟早稻品种，其耐迟播、迟栽，秧龄稍长，不易成老秧；如因时间紧迫，需选用早熟早稻品种，但应特别注意培育适龄壮秧，并加强大田的前期管理，以促使营养生长良好。在播种期的确定方面，感温性较强的品种宜适当早播，以培育适龄壮秧，从而充分利用温度较低的季节进行营养生长，避免造成秧龄过短，引起早穗减产。

　　在一年一熟制地区水稻应适当早播，原因是水稻有感温性，春季适当早播（结合温室育秧和薄膜育秧），在低适温下有利于延长营养生长期，提高该时段的光合势，形成矮健敦实的壮苗长相，增加抽穗前的物质积累，同时提早抽穗扬花，能趋利避害，如在纬度较高和海拔较高的稻区有利于争取发育适温，充分利用生长季节，提早开花，避免扬花及灌浆成熟期的低温危害；在抽穗扬花期有高温伏旱的地区（如重庆市沿江河谷、浅丘和平坝一季中稻区域），提早开花能避免开花期的高温危害。双季晚稻适当早播（按当地历史气温80%能保证晚稻安全齐穗的日期为晚稻的安全扬花期，以主栽品种播种至抽穗的天数向前反推决定播种期），确保在安全扬花期开花，避免扬花及灌浆期的温度波动危害。

　　在南方再生稻栽培上，除需考虑品种的再生能力强外，对品种的光、温反应特性也有一定的要求，一般以中稻类型的品种为宜。

　　3．在育种上的应用　　进行杂交育种时，为使两亲本花期相遇，可根据亲本的光、温反应特性加以调控。例如，对感光性弱的亲本可以适当迟播，或者对感光性强的亲本进行人工短日处理，促使其提早出穗、开花。另外为缩短育种进程或加速种子繁殖，可利用海南省秋、冬季节的短日高温条件进行"南繁"。

　　感光性弱、感温性也弱的品种适应性较广，主要原因是生育期的变动较其他类型小，在较短光照长度下植株能保持一定的繁茂度，而在较长光照长度下也能正常结实。如果同时具备高产的生理性状、良好的经济性状和较强的抗逆能力，则在同一地区不同时期播种或纬度相差较大的不同地区播种都能高产；若同时选择能适合在一定栽培制度下，茬口所需的适当光照长度的基本营养生长期的品种则更易稳产、高产。

三、水稻的生育过程与器官建成

　　（一）水稻的生长发育过程

　　水稻的一生是指从种子萌动开始到新的种子成熟，以幼穗分化期作为划分的标志，可分为彼此联系而性质不同的两个生育期，即营养生长期和生殖生长期（图1-3）。

　　营养生长期是水稻营养体生长的一段时期，包括种子发芽和根、茎、叶、蘖等营养器官的发生，可分为幼苗期和分蘖期。稻种萌动到三叶期称为幼苗期，一般又分为种子萌动、

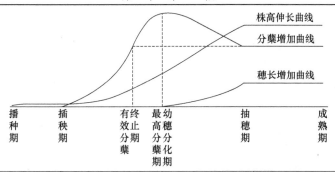

幼苗期秧田分蘖期		本田分蘖期		幼穗发育期			开花结实期		
秧田期	返青期	有效分蘖期	无效分蘖期	分化期	形成期	完成期	乳熟期	蜡熟期	完成期
营养生长期				营养生长和生殖生长并行期			生殖生长期		
		穗数决定阶段		穗数巩固阶段					
		穗数奠定阶段		粒数决定阶段					
				粒重奠定阶段			粒重决定阶段		

图 1-3　水稻的营养生长期和生殖生长期（南京农业大学等，1979）

发芽、出苗和离乳等时期。从四叶伸出开始萌发分蘖到拔节完成为分蘖期，分蘖的发生有一个由慢到快的过程，到开始拔节时，生长中心转移，分蘖不再发生，分蘖数达到高峰，此时稻株从发根节以上节间开始伸长，称为拔节。从拔节开始到抽穗后 4～7 天，拔节过程才算完成。分蘖在拔节后有两极分化现象：一般早期生出的大分蘖能继续生长和抽穗结实，称为有效分蘖；晚期生出的小分蘖生长停滞，不能抽穗或抽穗不结实，称为无效分蘖。在分蘖期内发生有效分蘖的时期，称有效分蘖期；发生无效分蘖的时期，称为无效分蘖期。在育秧移栽情况下，分蘖期可分为秧田分蘖期和本田分蘖期，本田分蘖期可再分为返青期、有效分蘖期和无效分蘖期：其中，从四叶期到拔秧的这段时期，称为秧田分蘖期；秧苗移栽造成植伤，地上部分生长停滞，地下新根萌发，一般 5～7 天才恢复生长，这个时期称为返青期；返青后本田植株依次进入有效分蘖和无效分蘖期。在直播情况下，分蘖期可分为有效分蘖期和无效分蘖期。

　　生殖生长期是幼穗开始分化以后，除营养器官继续生长以外，建成生殖器官的一段时期，包括稻穗的分化形成、抽穗、开花结实和籽粒灌浆等过程，又可分为长穗期（又称孕穗期或幼穗发育期）和开花结实期。长穗期从幼穗分化开始到抽穗完成，一般需 30 天左右。期间植株的茎节和叶片等营养器官还在继续伸长或抽出，故长穗期实际上是营养生长和生殖生长的并行期。水稻拔节开始与幼穗分化开始时间因早、中、晚稻而不同。先幼穗分化后拔节开始的称为重叠生育型，如地上部分伸长仅 3～4 个节间的南方早稻品种，该生育型分蘖产生还没有结束，就进行生殖生长，或最高苗还未到，就进行生殖生长，其特点是营养生长量不足，生物产量低，经济系数较高。拔节与幼穗分化同时开始进行的称为衔接生育型，如地上部分伸长 5 个节间的中稻品种，其特点是生物产量和经济系数协调；拔节开始后一段时间才开始幼穗分化的称为分离生育型，如地上部分伸长 6 个或 6 个以上节间的晚熟品种，其特点是生物产量高，经济系数低。开花结实期是指从抽穗开花一直到谷粒成熟的这段时期，大多数水稻品种为 30～45 天，该时期植株营养生长停止，但功能仍然较旺盛，以生殖生长为主，可分为抽穗开花期、乳熟期、蜡（黄）熟期和完熟期。

　　从播种到种子成熟收获所经历的日数称为水稻的全生育期，在移栽情况下可分为秧田生育期和大田或本田生育期。生育期是水稻品种所固有的特性，同一品种在同一地区、气候变化不大、适时播种和移栽的条件下，其生育期比较稳定，否则其生育期有较大变动。中国农业科学院 20 世纪 60 年代初期以 157 个代表性品种，8 个地点的两年联合试验，以及以南京地区 4 月 20 日左右播种至抽穗期的天数作为全国性熟期分类的基础，将全国各地的品种划分为早稻、中稻和晚稻三种类型。规定在南京全生育期 120 天左右的品种为早稻，125～150 天的品种为中稻，150 天以上的品种为晚稻。因此，全国各地的品种可确定其全国性熟期，如东北、西北和华北地区的品种属于早稻或中稻类型（东北一季粳稻多为早稻类型），没有晚稻类型。但实践证明该标准不够全面，后面出现了主茎总叶数和有效积温等划分标准，也存在一些问题，故水稻品种生育期划分应根据各地实际情况，运用相应标准进行划分，可确保生产实践的需要。此外，各地的早稻、中稻和晚稻又都可以按生育期长短再分为早熟型、中熟型和晚熟型，如在四川、重庆等稻区，将中稻分为中籼早熟型、中籼中熟型和中籼晚熟型。

（二）水稻的器官建成

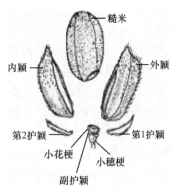

图 1-4 稻谷的结构（刁操铨，1994）

1. 种子发芽　　水稻种子即稻谷，由糙米（颖果）和谷壳（外颖和内颖）组成（图 1-4）。

稻谷在适宜的温度和水分条件下发芽，发芽过程分吸胀、萌动和发芽三个阶段。在吸胀阶段，种子胚乳以吸收水分为主，故发芽前应先浸种。在萌动阶段，种子代谢活动旺盛，胚乳养分被分解成简单的可溶性物质，胚吸收这些被分解的物质，形成新的复杂的有机物，构成新细胞，细胞的数目增多且体积增大，使胚芽鞘与胚根鞘膨胀并顶破外颖，露出白色的胚部，称为露白或破胸；该阶段需保持较高温度。在发芽阶段，种子露白后呼吸量剧增，胚继续生长，胚根突破胚根鞘，成为一条种子根，胚芽翻露出谷后称为芽鞘，当胚根伸长到与种子等长，胚芽伸长到种子长度的一半时，称为发芽，该阶段应保证适宜的温度和足够的氧气，避免烧芽。播种后应保持土壤湿润、通气，以促进扎根和培育壮芽。

2. 叶的生长

（1）叶的形态、结构与功能　　稻叶按形态结构可分为鞘叶、不完全叶和完全叶三类（图 1-5）。

鞘叶（芽鞘）是发芽时最先出现的无色薄膜状体，无叶绿素，是叶的变形。鞘叶伸长结束前后，向谷壳一侧弯曲，从顶端出现裂口，从中抽出绿色的不完全叶，芽苗开始呈现绿色，称为现青。不完全叶是水稻的第 1 片绿叶，其叶片退化成一个肉眼不易见的三角形，位于叶鞘的上端，计数叶龄时不计算在内。不完全叶出现后不久，从其中抽出第 2 片绿叶，为第 1 完全叶，简称第 1 叶。自第 1 叶起出现的各叶的叶片发育健全，形状呈披针形，称为

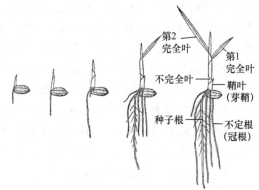

图 1-5 水稻幼苗发根出叶过程（刁操铨，1994）

完全叶，一般具有叶片、叶鞘、叶枕、叶耳和叶舌。完全叶的叶片由表皮、薄壁组织、机械组织和大小维管束组成，是稻株进行光合作用和蒸腾作用的主要器官；叶鞘中央厚，两缘渐薄，卷抱着其内的叶或茎，起支撑作用；叶枕系叶片基部与叶鞘顶部交界处的白色带状部分，其发育过程中形成的叶鞘、叶片之间的夹角即为叶倾角，是构成水稻株型的重要因素之一；叶耳为在叶舌两旁的一对从叶片基部边缘伸长出来的如耳状的突出物，其上着生茸毛；叶舌为叶枕内面从叶鞘上端伸长出的膜片，可使叶片向外倾斜伸出，有利于接受阳光，同时能防止昆虫、病菌、雨水等进入叶鞘筒内。稗草没有叶耳，这是区分稗与稻的结构特征，但也有极个别的无叶耳和叶舌的水稻品种（称为筒稻）。

自主茎第 1 叶起，各叶依次为第 1、2、3……叶，常以 1/0、2/0、3/0……表示，最后抽出的一片叶呈剑形，称剑叶。根据水稻叶片的着生部位及对各器官建成的作用可将其分成 3 组：第 1 组为近根叶，为抱茎叶前第 2 叶及以下各叶，着生在分蘖节上，直接作用是提供分蘖、发根及基部节间组织分化等所需的有机养分，后期效应是为壮秆大穗形成奠定物质基础；第 2 组为过渡叶，即分蘖末期至穗分化始期长出的 2～4 叶，除最下 1 叶叶鞘在地下非伸长节上，其余叶均为基部的抱茎叶，其功能从分蘖末期开始，一直延续到抽穗前后，是根系生长、茎秆伸长充实、幼穗分化发育及籽粒形成的有机营养的主要供给者；第 3 组是茎生叶，为最上部 3 片叶，其功能期始于颖花分化期，一直延续到成熟期前，对提高结实粒数和促进中上部节间的发育、籽粒的灌浆及结实等起重要作用。

我国栽培稻的主茎总叶数大多为 11～19 叶。品种的主茎叶数与茎节数相同，与生育期长短有关，故早、中、晚稻的叶数依次由少到多，同一品种在不同的栽培条件下，主茎叶数有增减，生育期延长则出叶数增加，反之则出叶数减少。叶片长度变化规则为，从第 1 叶起依叶位的增加叶长逐渐增长，至倒数 2～4 叶时叶长渐次变短。在生产上，叶长常作为丰产诊断的一个指标。

（2）叶的分化生长与出叶　　稻叶的分化生长依次经历叶原基分化形成期、组织分化期、叶片伸长期和叶片伸出期等 4 个时期。至叶片伸出期，叶片的组织分化完成，叶宽确定，随着其从前 1 叶的叶鞘内逐渐抽出，叶片细胞充实，开始进行光合作用，叶片完全展开后不久，叶鞘伸长停止，全叶伸长结束，叶片进入功能盛期。

除幼苗期外的稻株营养生长期，相邻的各叶分化进程保持大体稳定的顺序，≥5 叶后即心叶内包着 3 个幼叶和 1 个叶原基：心叶（n 叶）处于叶片抽出期；$n+1$ 叶处于叶片伸长期；$n+2$ 叶处于叶组织分化后期，呈笔套状；$n+3$ 叶处于组织分化前期，呈风雪帽状；$n+4$ 叶为叶原基，呈突起状。环境剧烈变化与栽培措施对伸长叶与待伸长叶（$n+1$、$n+2$ 叶）的影响最大。一片叶从露尖到完全展开（即该叶的叶枕露出）需要的日数称某叶龄期（也称某叶期），其倒数值（叶/天）为该叶出叶速度。分蘖期抽出的叶需 4～6 天，幼穗分化期抽出的叶需 7～9 天。叶的生存期为稻叶从全抽出到枯死的日数，一般随叶位的上升而延长，第 1～2 叶的生存期约 10 天，而顶叶的生存期可长达 45～60 天。

温度对出叶间隔的影响最为明显，在 32℃以下，温度越高出叶越快；水分对出叶间隔也有影响，土壤干旱时出叶速度变慢；栽培密度对出叶速度的影响表现为稀植的出叶快，且出叶的数量增加，单本（1 粒种子长出的秧苗）栽插的往往要比多本（2 粒以上种子长出的秧苗）栽插的多出 1～2 片叶；分蘖状况对出叶速度的影响大，表现为多蘖壮秧比少蘖和无蘖秧出叶快，抽穗早。在我国水稻异交栽培（杂交水稻制种）中将栽培措施对水稻抽穗期的影响称为水稻的"感营养性"（区别于温光发育特性），最明显的是秧苗素质，如多蘖（5～8

个）秧和少蘖（1～2 个）秧、无蘖秧相比，抽穗期提前 5 天以上，要确保父、母本花期相遇，需要重新调整父本和母本的播种期。

3. 分蘖的生长

（1）分蘖的概述　　分蘖是禾本科等植物在地面以下或近地面发出的分枝。稻的分蘖是由稻茎基部的分蘖节上各叶腋芽（分蘖芽）在适宜条件下分化形成，稻的第 1 个分蘖是由第 1 叶节上的分蘖芽萌发而成，一般鞘叶节、不完全叶节和抱茎叶节上的芽不能萌发成分蘖。分蘖是水稻个体发育好坏的重要标志，能增加叶面积，增加根系，提高生物产量；是经济产量的组成部分，能提高单穗的生产力（穗粒数或单穗重）；是矛盾调解者，主茎带一定数量的分蘖成穗，通过这种促进个体良好发育、增大群体的方式，来协调穗数、粒数间的矛盾；是群体与环境的缓冲者，对稳定产量起重要调节作用；是壮苗的标志和田间管理的依据。

品种分蘖能力、稻苗体内的营养状况、环境温度、光照、水分和栽培措施等因素与条件影响水稻分蘖的发生。氮、磷、钾三要素中，氮营养对分蘖起主导作用，磷、钾营养对分蘖的作用不明显，但在增施氮肥的同时，配合施磷、钾肥对促进分蘖则有良好的效果。气温和水温对分蘖都有很大影响，发生分蘖最适宜的气温为 30～32℃，水温为 32～34℃；最低气温 15～16℃，水温 16～17℃；最高气温 38～40℃，水温 40～42℃；昼夜温差太大对分蘖发生不利。光照充足，有利于促进分蘖的产生；分蘖期阴雨多，光照少，分蘖发生延迟，光照强度愈低，对分蘖的抑制愈大。水分过少，分蘖株体内各种生理功能受阻，光合能力下降；母茎供应分蘖芽的营养减少，分蘖不能发生，即使发生分蘖也可能死亡；稻田淹水过深，稻苗基部光照少、水温低和氧气不足，也会抑制分蘖的发生，故栽培上常利用灌溉深水和重晒田控蘖抑制无效分蘖的发生。一些栽培措施如整地质量、栽播密度、栽播深度等都对分蘖的发生有影响，特别是栽播深度，过深易形成地下茎，推迟分蘖产生；过浅栽插后易浮秧，后期植株易倒伏。

（2）分蘖的分化与生长　　当某叶处于组织分化后期时，在其上位的风帽状幼叶的叶缘下方出现的小突起是该叶腋的分蘖原基（图 1-6）。分蘖原基出现后，经细胞分裂增殖，首先分化出分蘖鞘原基，继而分化出第 1、2 叶原基，当第 2 叶原基分化出现时，分蘖原基已具备了芽的形态，成为分蘖芽。此时，正是其母茎同节位叶的抽出期。

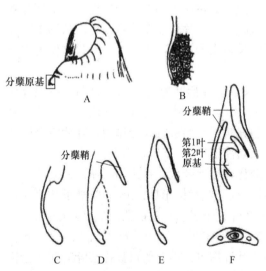

图 1-6　分蘖原基的形成和分化发育（星川，1975）

A. 叶原基边缘基部分化分蘖原基；B～E. 从分蘖原基分化成分蘖芽的过程；F. 一个分蘖芽的纵切面和横切面

分蘖芽形成后，继续分化发育，并在母茎叶鞘内伸长，最终抽出同位叶的叶鞘而成分蘖。主茎 4 叶期时，在第 1 叶腋内产生 1 号分蘖；5 叶期时，在第 2 叶腋内产生 2 号分蘖，以此类推，可见主茎完全叶出叶数为 n，依次分蘖按 $n-3$ 规律产生，即分蘖的抽出较主茎出叶低 3 个节位，可表示为

$$\boxed{n\ \text{叶抽出}} \approx \boxed{n-3\ \text{号分蘖第 1 叶抽出}}$$

分蘖的第 1 叶抽出后，其出叶速度大体与母茎的出叶速度相同，分蘖产生自己的分蘖

（下一次分蘖）也遵循 $n-3$ 的规律。上述 3 点合称为水稻的叶、蘖同伸现象。一次分蘖上发生的分蘖称为二次分蘖，二次分蘖上发生的分蘖称为三次分蘖。

叶、蘖同伸现象是稻株分蘖生长的内在可能性，即某个分蘖从分蘖原基的出现到分蘖芽形成几乎不受内外条件的影响，按母茎的出叶进程顺序进行，但分蘖芽形成后能否长成分蘖，还受制于多种内外条件。

（3）分蘖消长与两极分化　分蘖从抽出到 3 叶期前，没有自生的根系，叶面积小，生长所需的营养主要靠母茎供应；分蘖自 3 叶期开始发根，叶面积也逐渐扩大，约至 4 叶期分蘖开始具有独立营养生活能力。此后，分蘖和主茎间物质的相互运转就越来越少，最终可以把分蘖看成是独立的个体。在分蘖期生长条件较好的情况下，因生长中心是营养器官，主茎叶片的光合产物除多数运往自身的根、茎、叶以外，有相当一部分供给幼小的分蘖，至有效分蘖终止期前分蘖快速增加，之后至最高分蘖期前缓慢增加。至主茎拔节孕穗之后，生长中心转至生殖生长，分蘖停滞，其光合产物运至分蘖的量也急剧减少，分蘖明显分为两群，一群是出叶速度和主茎一致或超过主茎的同伸群，一群则是渐渐落后的滞后群，此现象称分蘖的两极分化。同伸群为 4 叶期（3 叶 1 心）以至更大的分蘖，已能独立营养，可继续生长直至抽穗结实，往往成为有效分蘖；滞后群一般为不到 3 叶期的分蘖，常因营养亏缺，生长停滞而死，成为无效分蘖。但田间的实际分蘖发生情况往往参差不齐，成穗情况也有较大变化，如群体过大、中后期营养条件差，主茎拔节时 3 叶 1 心甚至更大的分蘖也可能死亡；群体小、光照和土壤营养等条件好，3 叶期（2 叶 1 心），甚至少数 1 叶 1 心的分蘖也能成穗。栽培上将主茎拔节后因光照、土壤营养等条件而变动，可成为有效分蘖或无效分蘖的具有 2、3 叶的小分蘖称为动摇分蘖。

大田稻株有效分蘖期和有效分蘖数，取决于起始分蘖期和有效分蘖临界叶龄期。移栽情况下，起始分蘖期与移栽秧龄及移栽条件有关，若在 n 叶期移栽，一般 $n+1$ 叶期返青，$n+2$ 叶期发生分蘖，气候、栽培等条件好时 $n+1$ 叶期就可发生分蘖。有效分蘖临界叶龄期，是指主茎开始拔节时分蘖第 4 叶初抽出时（3 叶 1 心）的叶龄期。

4. 根的生长　水稻根系与地上部的生长发育关系密切，发达根系能有效固定植株、吸收水分和养分、向根际分泌氧气等，同时合成水稻生长所必需的重要物质，如细胞分裂素。

（1）根的基本形态结构　稻根属须根系，由 1 条种子根及其产生的侧根和众多的不定根（节根和冠根）组成，其按照生长发育程度不同又可以分为根冠、分生区、伸长区和成熟区四部分。种子根是由胚根发育而来的初生根，在幼苗期起吸收水分和支撑作用，垂直向下生长（图 1-5），功能期大约到第 6 叶期为止；侧根是种子根上发生的分枝及分枝再发生的各级分枝。因种子根和侧根都有一定的发生位置，故又统称为定根。不定根是从每个未伸长节间的茎节上长出的根，越向上的茎节上长出的根越粗，数量也越多，伸长节间的茎节上不再长根。不定根也可发生分枝，分枝根上还可以再分枝根，土壤通透性好的情况下可有 5~6 级分枝。稻根由表皮、皮层和中柱 3 个部分组成。图 1-7 所

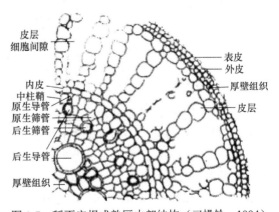

图 1-7　稻不定根成熟区内部结构（刁操铨，1994）

示为稻不定根成熟区内部结构，成熟老化的根区，皮层组织呈放射状撕裂，形成特有的根皮层细胞间隙，即气腔。此气腔与茎、叶的气腔相通，形成上下贯通的通气组织，具输气功能，水稻一般 3 叶期时通气组织即形成。同时，表皮老化以至脱落，外皮层细胞壁木栓化，起保护根内组织的作用；紧靠外皮的一层皮层细胞，细胞壁明显较厚，可增强根的机械强度。

（2）根的发生与生长　　种子萌发后最先长出一条种子根，当第 1 完全叶抽出前后，在鞘叶节上长出形似"鸡爪"的 5 条不定根，第 2 至第 3 完全叶长出时，不完全叶的节发出 5～6 条不定根，从第 4 完全叶起发根节位与出叶节位按规律分化与伸长。不定根由节部边周部维管束环的外缘上形成的根原基发育而成。每一个发根节有上下两圈原基形成带，即两圈发根带，节上圈发根带发出的根较粗，节下圈发根带发出的根较细。由于根原基往往在叶大维管束的插入部位形成，某节叶的大维管束多，根原基就多，发根数也多，节上的根原基数一般随节位的上升而增加，大多为 10～20 个。节上根原基的分化、发根和分枝的时间进程与出叶期存在如下关系：

$$\boxed{n\ \text{叶抽出}} \approx \boxed{n\ \text{节根原基分化出现}} \approx \boxed{n-1\ \text{节根原基数增殖}} \approx \boxed{n-2\ \text{节根原基分化发育（少}}$$
$$\boxed{\text{量发根）}} \approx \boxed{n-3\ \text{节旺盛发根}} \approx \boxed{n-4\ \text{节发生 1 次分枝根（少量发根至发根终止）}} \approx \boxed{n-5}$$
$$\boxed{\text{节发生 2 次分枝根}}$$

（3）根系的分布与消长　　水稻根系主要集中在 0～20 cm 的耕作层内，占总根量的 90%以上，特别是 0～10 cm 的表土层分布较多。水稻根系的分布随生育进程而发生变化，大体为：移栽初期至生育中期，根系主要向斜下方发展；抽穗期分布在土表和深层的根系增加，稻根的条数与总长度在分蘖期随分蘖的发生而增加，至拔节、穗分化初期前后增加最迅速，到抽穗期达最大值，随后逐渐减少。总根数中新、老根的比例，随生育期的推移而不断变化，移栽后稻苗初发根几乎是新根，而后发根节位不断上移，自下而上先发生的下位节上的根顺次衰老。

5．茎的生长　　稻株的叶、分蘖和不定根均由茎上长出，稻茎有支持、输导和贮藏等方面的功能。

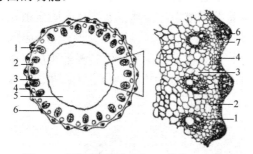

图 1-8　稻秆节间横切面（刁操铨，1994）
1. 大维管束；2. 通气腔；3. 薄壁组织；4. 机械组织；
5. 髓腔；6. 小维管束；7. 表皮

（1）茎的结构与功能　　稻茎由节和节间两部分组成，上下两节之间称节间，节间部呈圆筒状，其横切面呈环形（图 1-8）。茎秆中部的空腔称为髓腔，四周是茎壁，茎壁由表皮、厚壁机械组织、薄壁组织和维管束构成。厚壁机械组织的细胞层数及细胞壁的厚度与抗倒能力有密切的关系；薄壁组织细胞蓄积淀粉的能力很强，其出穗时淀粉的蓄积量和出穗后的输出量是叶鞘的一倍；在茎秆下部的茎壁薄壁组织内有若干个通气腔；相邻节间的髓腔被茎节横隔壁隔开。节部薄壁基本组织的细胞小而排列致密，由上、下两个节间及叶和分蘖而来的维管束有序地汇集于此，但纵横交错，结构复杂。分蘖期茎节密集，生长在地下的称为根节或分蘖节，节间不伸长；拔节后茎节较疏，节间较长，称为伸长节间。基部节间越长，水稻植株越易倒伏。茎的节间数、长度和粗度随稻种类型不同而异，一般生育期长的品种茎节数和伸长节间较多。在水稻开花后茎秆的节间外表色泽可分为绿色、浅金黄色、紫色线条和紫色等，是区分栽培品种的形态性状之一。

由茎内输导组织的走向和联络（图 1-9）可见，n 叶与 $n-1$ 号分蘖、$n-2$ 叶之间输导组织的联系最密切，n 叶制造的营养物质，运往 $n-2$ 叶与 $n-1$ 号分蘖的量较多。叶片营养物质分配的这一特点，可作为栽培调控和诊断的依据。

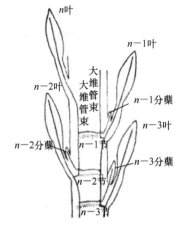

图 1-9 稻茎内来自叶、蘖的维管束走向和联络示意（刁操铨，1994）

茎节是稻体内输气系统的枢纽。在茎节与叶鞘基部的连接处，有一群细胞间隙很大的薄壁通气组织，其上方、下方分别与上位节间、下位节间的通气腔相连。节间维管束周围的薄壁组织及横隔壁的细胞间隙均较大，经这些组织使叶鞘基部的通气组织和髓腔相连，节部的通气组织还与根的皮层细胞间隙相连，这便构成了一个从叶到根的相当完善的输气系统。从气孔进入叶部的氧或光合作用放出的氧，就依赖这个系统输入根部，供根部呼吸和向环境泌氧之用。稻株茎秆的上位节间内没有通气腔，输气系统不发达，所以在生育后期，如茎秆的下位叶过早枯死，依靠上位叶向根输送氧气就比较困难，会造成对根供氧不足，这是下位叶早衰后引起根系早衰的原因之一。

（2）茎秆的分化生长与壮秆的形成　稻茎秆的分化形成以一个节间为单位，可分为节和节间分化期、节间伸长期、节间充实期和节间物质输出期 4 个时期。

1）节和节间分化期。稻茎的节和节间由下而上渐次分化形成。由茎、叶分化发育关系模式（图 1-10）可见，从叶原基（n）起向上数的第 3 叶（$n-2$ 叶）着生的茎部，开始有节的原始结构节板形成，再往上的 $n-3$ 叶和 $n-4$ 叶着生的茎部，节板的分化更趋完善，并有了节和节间的明显分化，节间的重要性状如大维管束数等已确定，最终的粗度也大体确定；此时离 $n-3$ 和 $n-4$ 间的伸长期约有 2 个叶龄期，表明分蘖中后期的稻苗生育状况对茎秆基部节间的性状已有较大影响。此期，稻株生育健壮，体内含氮量较高，对茎粗形成有利，若过度落黄对壮秆的形成不利。

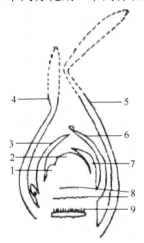

图 1-10 稻茎、叶分化发育关系模式（刁操铨，1994）

1. n 叶原基；2. 生长点；3. $n-2$ 叶；4. $n-4$ 叶；5. $n-5$ 叶；6. $n-3$ 叶；7. $n-1$ 叶；8. 节板；9. 居间分生组织

2）节间伸长期。当某叶露尖时，其下的第 2 个节间基部的居间分生组织开始活跃分裂，上部的细胞伸长，节间开始迅速伸长，并明显增粗，节间伸长到最终长度的 1/2 左右时，细胞分裂停止，节间下半部的细胞伸长仍在进行。当叶片完全抽出时，其下位的第 2 个节间的伸长也即将终止。其关系可表示为

$$\boxed{n \text{ 叶抽出期}} \approx \boxed{(n-2)-(n-3) \text{ 节间伸长期}}$$

相邻叶片的抽出，在时间上是衔接进行的，节间的伸长也大体衔接进行，并稍有重叠。其中穗下节间伸长特别早，与倒 2 节间的伸长期有较长的重叠时间。茎秆基部的节间短，有利于抗倒伏，在拔节初期搁田（又叫"烤田""落田"，水稻生长期内排除田间积水的措施），限制水分供应，可抑制节间伸长，提高稻株的抗倒伏能力。

3）节间充实期。在节间伸长的后期，节间的物质充实开始，即节间自上而下，机械组

织的细胞壁迅速积累木质素，细胞壁明显增厚，表皮细胞壁沉积硅质，与此同时，节间自下而上，薄壁细胞大量积累淀粉，节间干重急增。茎秆各节间的干重急增期，较其伸长期迟0.5～1个叶龄期，由下而上顺次进行，但各节间的最大干重期大体都在盛花期前后到达。稻株茎秆的充实情况，特别是茎秆下部节间的充实情况与稻株的抗倒伏能力及结实率关系密切。供茎秆下部节间充实的物质，主要来源于茎秆下部叶片的光合作用，为了保证基部节间有足够的充实物质，在茎秆充实期，必须让下位叶片有较好的受光条件，为此，封行期不可过早，一般在顶叶露尖期封行，才能保证茎秆的正常充实。增施钾、硅肥有利于茎秆的充实和壮秆的形成。

4）节间物质输出期。稻株盛花期后，茎秆中贮藏的淀粉水解为蔗糖，作为籽粒灌浆物质向穗输送，土壤通透性良好和水分充足、温度适宜，是保证这一物质转运过程顺利进行的重要外界条件。

6. 穗的发育

（1）**穗与小穗的形态结构**　　稻穗为疏散的圆锥花序，由穗轴（主梗）、一次枝梗、二次枝梗（偶有三次枝梗）、小穗梗和小穗组成（图1-11A）：从穗颈节到穗顶端退化生长点是穗轴，穗轴的结构与茎相似，在每个穗节处有1个（偶有2个）大维管束伸向一次枝梗，穗轴内的大维管束由下而上数量逐一减少并逐渐变细；稻穗一般有8～15个穗节，穗颈节是最下位的穗节，退化生长点处是最上位的穗节，穗节上长出的分枝，称为一次枝梗；一次枝梗上长出的分枝称为二次枝梗，每个一次枝梗上直接着生6个左右的小穗梗，每个二次枝梗上直接着生3个左右的小穗梗，小穗梗的末端着生一个小穗，即颖花（图1-11B）。小穗基部有两个颖片，退化呈两个小突起，即第一、二副护颖；每个小穗有3朵小花，基部的两朵花退化只剩外颖，即第一、二护颖；最上面的小花发育正常，有1个内颖、1个外颖、2枚浆片、6枚雄蕊和1枚雌蕊。西南大学何光华研究团队利用EMS诱变，首次分离鉴定了一个显性功能获得性突变体 *lf1*，该突变体小穗除产生正常的顶生小花外，护颖处还发育出1～2个包含正常器官的侧生小花。通过细胞学、分子生物学等手段揭示了 *LF1* 编码的转录因子通过起始分生组织维持基因 *OSH1* 的异位表达来促进侧生花分生组织形成的分子机制，证实

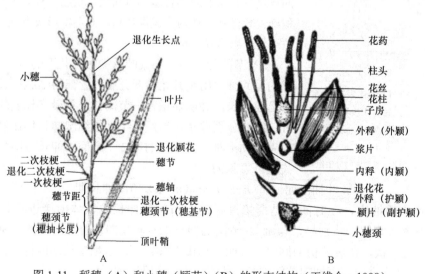

图1-11　稻穗（A）和小穗（颖花）（B）的形态结构（王维金，1998）

了 1937 年英国植物学家阿格尼斯·阿尔伯提出的水稻"三花小穗"假说，为提高水稻产量提供了一条新的途径，即通过培育"三花小穗"水稻品种，理论上可以大幅度提高每穗粒数，从而实现水稻显著增产。

（2）穗的分化发育　　稻株拔节前后，转入幼穗分化发育阶段，一直到抽穗前才结束，一般历时 30 天左右。该阶段是水稻进入营养生长和生殖生长的并行期，是稻株生长最迅速的时期。丁颖等将整个幼穗发育期划分为第一苞分化期、第一次枝梗原基分化期、第二次枝梗原基及颖花原基分化期、雌雄蕊原基分化期、花粉母细胞形成期、花粉母细胞减数分裂期、花粉内容物充实期和花粉完成期等 8 个时期，其中前 4 个时期是生殖器官形成期，即幼穗形成期；后 4 个时期是生殖细胞形成期，即孕穗期。以下就水稻幼穗分化过程进行简要叙述。

1）第一苞分化。发生在植株倒 3.5～3.1 叶，在茎端生长锥基部，顶叶原基的对面分化出环状突起，即第一苞原基（图 1-12A）。第一苞着生的位置是穗颈节，其上部是穗轴，故又称穗颈节分化期，是生殖生长的起点。第一苞原基出现并继续生长，呈衣领状360°环抱生长锥，生长锥体积迅速增大，与叶原基的分化明显不同（图 1-12B），故可在体视镜下剥检确定。此期发育时间一般为 2～3 天，栽培上可考虑是否施促花肥，也是杂交稻制种上提前预测双亲花期相遇的时期。

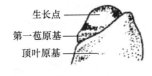

A. 第一苞原基及顶叶原基分化　　　　　B. 叶原基分化

图 1-12　第一苞原基及顶叶原基与叶原基的分化比较（刁操铨，1994）

2）第一次枝梗原基分化期。第一苞原基增大后，生长锥基部继续分化新的横纹，即第二苞原基、第三苞原基等，从第一苞起，由下而上的各苞的腋部生出新的圆头状突起，即第一次枝梗原基（图 1-13）。第一次枝梗原基迅速长大，在其基部长出白色的苞毛，此期发生在倒三叶伸长至露尖，历时 4～5 天，后期肉眼可见稀疏的苞毛，是杂交稻制种上采用剥检目测法判断双亲花期是否相遇的时期。

3）第二次枝梗原基及颖花原基分化期。第一次枝梗原基逐渐长大，其基部出现很浅的苞的横纹和小突起，这些小突起就是第二次枝梗原基。在第一次枝梗上部的小突起便是颖花原基，随后第二次枝梗原基也分化一些小突起，也是颖花原基（个别还有第三次枝梗原基），同时在第二次枝梗原基和颖花原基着生处长出许多白色苞毛。之后发育快的颖花分化出副护颖、护颖和内外颖的原基，分化结束后，在其顶端分化出第二次枝梗和第三次枝梗原基，分化顺序从上而下。该期是决定穗型大小的重要时期，历时 6～7 天，后期可见幼穗顶

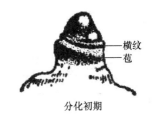

分化初期

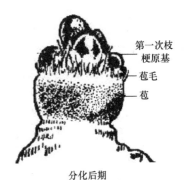

分化后期

图 1-13　第一次枝梗原基分化的模式图（杨文钰等，2011）

火把状绒毛（图 1-14）。

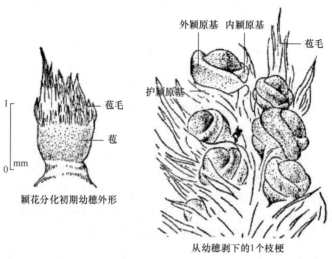

外颖原基　内颖原基
苞毛
护颖原基
苞毛
苞
颖花分化初期幼穗外形
从幼穗剥下的1个枝梗

图 1-14　第二次枝梗及颖花原基分化的模式图（丁颖，1961）

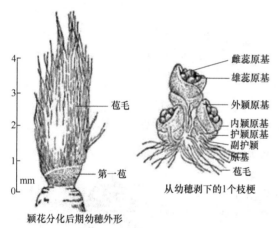

雌蕊原基
雄蕊原基
苞毛
外颖原基
内颖原基
护颖原基
副护颖原基
苞毛
第一苞
颖花分化后期幼穗外形
从幼穗剥下的1个枝梗

图 1-15　颖花分化后期幼穗外形及雌雄蕊原基分化期模式图（丁颖，1961）

4）雌雄蕊原基分化期。穗上部发育快的颖花原基，在内、外颖原基上方分化出 6 个雄蕊原基突起和一个居中的较大的雌蕊原基突起，由内、外颖包围，分化后期幼穗长 5～6 mm（图 1-15）。雌雄蕊原基分化由上部颖花向下部颖花推进。此期发生在倒二叶伸长至露尖，历时 4～5 天，可见幼穗上粒粒颖花。

5）花粉母细胞形成期。当颖花长度达到最终长度的 1/4 左右，长度为 1 mm 左右时，花药出现粉囊间隙，分化为 4 室，造孢细胞形成，在显微镜下可见体积较大和不规则的花粉母细胞（图 1-16），同时雌蕊原基上出现柱头突起。此期发生在剑叶露尖前

后，历时 2～3 天，可见幼穗上粒粒颖壳，幼穗长 1.5～3.0 cm。

6）花粉母细胞减数分裂期。当颖花长度约为最终长度的 1/2 时，花药内大部分花粉母细胞进入减数分裂；当颖花长度约达最终长度的 85%，大量四分体出现（图 1-17）。此期发生在剑叶叶枕与倒二叶叶枕齐平（即通常所说的叶枕平）前后，是穗伸长最迅速的时期，历时约 2 天，幼穗长 4～10 cm，是决定颖花能否发育完全，能否结头的关键时期。

7）花粉内容物充实期。四分体分散形成单核花粉，花粉外壳逐渐形成，出现发芽孔，体积增大，其核进行有丝分裂生成 1 个营养核

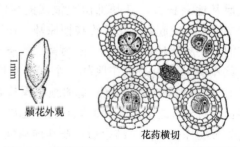

1mm
颖花外观
花药横切

图 1-16　花粉母细胞形成期籽粒及花药横切图（江苏农学院，1977）

和 1 个生殖核（图 1-18，1～7）。此期历时 6～8 天，结束时穗苞已"胀肚"，穗长已定型，幼穗变绿。

8）花粉完成期。抽穗前 1～2 天，花粉内生殖核又经 1 次有丝分裂生成 2 个精核，加上 1 个营养核，称为三核期花粉（图 1-18，8～10）。花粉内容物继续充实至完毕，变成浅黄色，此时植株穗苞已亮肚或破口。

有关稻穗分化发育顺序有争议，但有如下相同观点：第一次枝梗原基的分化出现在整个穗轴上是向顶式，即最下一个一次枝梗最先分化；第二次枝梗原基的分化出现在整个穗轴上是逆顶式，即最上的第一个一次枝梗上的先分化；颖花的分化出现在整个穗轴上逆顶式（以后的生长、开花和结实都是逆顶式），即穗轴从上至下，对同一个枝梗的颖花分化早迟有争议，但公认顶端第 2 粒最迟。

（3）抽穗、开花、受精结实 水稻幼穗分化发育完成不久，由于穗下节间的伸长，穗顶露出剑叶鞘即为抽穗，从穗顶露出至全穗抽出约需 5 天。抽出的颖花浆片吸水，内外颖张开，即为开花。抽穗当日或次日穗顶端颖花开花，全穗开花过程需 5～7 天，一般第 3 天开花最盛。开花期的理想天气是日均气温 24～26℃、相对湿度 70%～

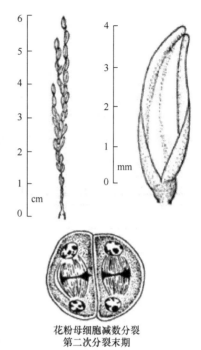

花粉母细胞减数分裂
第二次分裂末期

图 1-17 花粉母细胞减数分裂期的穗、籽粒及四分体图（浙江农业大学等，1981；王维金，1998）

90%、无 3 天以上连续阴雨天气；日均气温低于 23℃（籼稻）或低于 20℃（粳稻）、最低气温低于 17℃，以及日均气温大于 30℃、最高气温大于 35℃均不利于受精结实；空气湿度低不利于花粉黏着柱头受精，高湿条件下花药不开裂，不利于散粉。

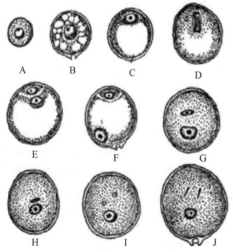

图 1-18 水稻花粉粒的发育（王维金，1998）

A～C. 单核期；D. 花粉第一次核分裂；E～G. 二核期；
H. 花粉第二次核分裂；I，J. 三核期与花粉完成

一天当中水稻颖花在正常晴朗天气 10～13 时开花并逐渐达到高峰，为明显的单峰曲线；温度高则开花时间早，整天阴雨天气则不开花或抢晴开花。开花时颖壳张开，花丝迅速伸长，花药开裂，花粉粒散落在柱头上，2～3 min 便发芽伸出花粉管，花粉的 3 个核进入花粉管前端部，经 0.5～1 h 进入子房珠孔，通过助细胞后，释放 2 个精核和 1 个营养核，其中 1 个精核与卵细胞结合成受精卵，另 1 个精核与胚囊中极核结合成胚乳原核，完成双受精过程，前后历时 5～7 h，随后胚和胚乳同时发育，形成米粒。籽粒结实过程可分为 4 个时期：乳熟期，开花后 3～7 天，其米粒中充满白色淀粉浆乳，随着时间推移，浆乳由稀变浓，颖壳外表为绿色；蜡熟期，胚乳变硬，手挤压可变形，颖壳由绿转黄；黄熟

期，穗轴和谷壳全部变黄，米质坚硬；完熟期，颖壳及枝梗大部分枯死，谷粒易落，易断穗折秆。

（三）水稻器官的相关生长

1. 营养器官的同伸或同步生长　　稻株各营养器官之间的生长关系密切，呈现同伸或同步生长关系，若以正在抽出的 n 叶为基准，这一生长关系可表示为

$$\boxed{n\text{ 叶抽出}}\approx\boxed{n\text{ 叶鞘伸长}}\approx\boxed{(n-1)-(n-2)\text{ 节间伸长}}\approx\boxed{n-3\text{ 分蘖抽出}}\approx\boxed{n-3\text{ 节发根}}$$

2. 营养与生殖器官的同步生长　　丁颖、松岛省三和凌启鸿等先后对叶龄余数与穗分化进程的关系进行了划分，以凌启鸿的划分方法较为简洁和实用，凌启鸿认为幼穗分化开始的叶龄余数约为 3.5 叶，即倒 4 叶抽出的后半期。稻穗分化进程与叶龄余数的关系见表 1-2。

表 1-2　稻穗分化进程与叶龄余数的关系（凌启鸿等，1993）

稻穗分化进程	叶龄余数
第一苞分化期	3.5～3.1
第一次枝梗原基分化期	3.0～2.6
第二次枝梗原基分化期	2.5～2.1
颖花原基分化期	2.0～1.6
雌雄蕊原基分化形成期	1.5～0.9 或 0.8
花粉母细胞形成期	0.8 或 0.7～0.5 或 0.4
花粉母细胞减数分裂期	0.4 或 0.3～0
花粉粒充实完成期	0～出穗

注：叶龄余数为稻茎待出的叶数

凌启鸿等在水稻生育进程叶龄模式中除提到幼穗分化叶龄期为叶龄余数 3.5 外，还提到另外两个重要的叶龄期，即有效分蘖的终止叶龄期和拔节始期的叶龄期。

有效分蘖的终止叶龄期＝N（主茎的总叶片数）－n（伸长节间数），即着生有效分蘖的终止节（叶）位是（N－n－3）/0，此期是大田群体控制的关键时期之一，主要诊断指标是群体总茎蘖数。

拔节始期的叶龄期为伸长节间数减 2 的叶龄余数，因为孕穗和出穗各占一个叶龄期。用公式表示为

拔节始期叶龄期＝n（伸长节间数）－2 的叶龄余数

有效分蘖的终止叶龄期 N－n 到拔节始期叶龄期 n－2 有 3 叶，各类品种应在拔节期达到分蘖高峰，叶色应褪淡"落黄"，表明在（N－n）～（n－2）叶龄期内个体营养生长势已经减弱，N 代谢减弱，无效分蘖少，C 代谢加强，开始准备进入生殖生长。此时若总茎蘖数不足，叶色已褪淡，可酌情施保蘖肥、促花肥，增加 N 代谢，促进"动摇分蘖"成穗；若达到预期数，叶色浓绿的可偏早、偏重晒田，并延长晒田期，控制 N 代谢，减少无效分蘖，达到抑制茎叶生长，防止徒长。

重叠型、衔接型和分离型是根据拔节与幼穗发育关系划分的水稻品种生育型，其在三个重要叶龄期存在一些差异，见表 1-3。

表 1-3　水稻不同品种生育型的三个重要叶龄期比较

品种生育型	一般伸长节间数	叶序										
		1~8	9	10	11	12	13	14	15	16	17	18
重叠型	4			▲	↑		■		—	—	—	—
衔接型	5			▲		↑	■			—	—	—
	6			▲			↑■				—	—
分离型	7				▲			■	↑			

注：▲为有效分蘖终止叶龄期；↑为幼穗分化始期；■为拔节始期；一表示无此叶

四、水稻产量和品质的形成及调控

水稻各器官的建成过程就是水稻产量和品质的形成过程，水稻产量和品质是水稻生长发育过程中一系列生理、生化及生态反应的最终结果，这些反应直接影响水稻群体质量的优劣，而群体质量制约籽粒产量的高低与稻米品质的优劣。

（一）水稻产量的形成及调控

作物光合作用产生干物质的数量，可用生物量来评价，生物量又可分为生物产量和经济产量两部分。生物产量是指生育期间产生和积累的有机物质总量，即地上部分植株所有干物质的收获量；经济产量是指经济产品器官（如稻谷或糙米）的收获量。在生产上，作物的产量不仅取决于一定的光合面积、光合能力和光合时间内产生的总光合生物产量，还要减去必要的呼吸消耗和其他损失，并使生产积累的有机物质尽可能地分配到籽粒中去。其关系为

生物产量＝光合面积×光合时间×光合能力－光合产物的消耗量

经济产量＝生物产量×经济系数

英国学者 Engledow（1924）的研究表明，禾谷类作物的单位面积穗数、单穗实粒数及单粒质量与作物产量的形成具有极强的相关性，并将这 3 个因素作为表征作物产量的指标。随后日本学者松岛省三（1957，1959）提出水稻的产量由单位面积有效穗数、单穗颖花数、结实率及千粒重决定。

稻谷产量＝单位面积有效穗数×单穗颖花数×结实率×千粒重

此 4 个因素在生育过程中先后形成，存在相互制约和相互补偿的关系，按时间进程可分为穗数形成、穗粒形成和结实率与粒重等形成 3 个阶段。

1. 有效穗数及增穗措施　单位面积的有效穗数由基本苗数和单株有效分蘖数所决定，是构成水稻产量的第一个因素。增穗必须有适当的基本苗数，并根据品种特性及不同的增产途径，争取一定比例的有效分蘖，因此决定穗数的关键时期是分蘖始期至有效分蘖终止期，即开始分蘖至拔节前 10~15 天。生产上单位面积的主茎和分蘖总数合称总茎蘖数，从见蘖（起始分蘖）起，总茎蘖数增加到与最后有效穗数相等的时期，称有效总茎蘖数决定期；分蘖增加到拔节后不再发生分蘖的时期称为最高茎蘖数期（或高峰苗期）。

单位面积的基本苗数确定后，有效穗数的形成主要取决于单株有效分蘖数，而单株有效分蘖数是最高茎蘖数与成穗率的乘积。高产田一般要求有适宜的最高茎蘖数和较高的成穗率。分蘖增加动态、日照条件及 N 素营养水平等均是影响分蘖成穗率的重要因素，特别是在田间管理上应避免分蘖大起大落，造成分蘖成穗率低，应做到田间分蘖数平稳增加，促使

成穗率高，因此增加穗数的主要栽培措施有以下几种：①培育壮秧，可为移栽后早返青和早分蘖提供良好基础。②合理密植，根据计划收获穗数和对秧苗植后分蘖能力的评估，插足基本苗数。③移栽返青成活后（栽后 7 天左右），及时、适量施用 N 肥作分蘖肥，促低位分蘖早发，但不能过度，够苗量后及时晒田，控制高节位的无效分蘖 [$(N-n+1) \sim (N-n+3)$，其中 N 为总叶片数，n 为伸长节间数]，使养分集中在早发的有效分蘖，提高分蘖成穗率，避免分蘖大起大落。

2. 单穗颖花数及增花措施　　每穗颖花数由分化颖花数与退化颖花数之差所决定。分化颖花数始于穗轴分化期，以二次枝梗分化期时内外条件对颖花分化影响最大；退化颖花数始于雌雄蕊形成期，减数分裂期影响最大，至减数分裂末期时每穗颖花数基本确定，抽穗前 5 天左右即定数。因此，在影响颖花分化的时期，应促使颖花多分化，减少颖花退化，可以增加每穗颖花数。具体增花调控措施如下。①促使幼穗分化前茎秆粗壮。在壮秧的基础上，除大田有效分蘖期要保证稻株达到预计穗数外，还需平稳生长，使养分集中供应有效穗，使稻茎粗壮，为稻穗枝梗数增多和形成大穗奠定良好基础。②供给幼穗分化足够的养分。通常幼穗分化开始时，若叶色较淡，需要施用"促花肥"，促使分化形成较多的颖花；在幼穗分化发育的中期（抽穗前 20 天左右），若叶色较淡，还需施用"保花肥"，减少颖花退化，提高颖花的成育率，同时，还可有效地提高穗期叶片含氮量及茎鞘中淀粉的含量，有利于后期向籽粒中运转。一般每次施氮量占总氮量的 10%左右，否则易造成植株叶片过长、无效分蘖增多、恶化群体结构、颖花量过多、颖花败育、贪青迟熟等不良后果。

3. 结实率及其提高措施　　结实率是指饱满谷粒占总颖花数的百分率，是决定水稻单产的一个重要因素。从幼穗开始分化至籽粒乳熟增长大体完成的这段时期均对结实率有影响，其中影响最大的是花粉发育期（主要是幼穗分化 3 期和 6 期）、开花期和灌浆盛期，前两个时期如遇不良条件，易致雄性不育或开花受精不良而形成空粒；后一个时期如植株营养不良或遇不良条件，则会因灌浆不良而形成秕粒。

空粒形成的内因：一是在幼穗分化 3 期稻株 N 素营养过剩或不足，影响颖花正常合理分化；二是在幼穗分化 6 期 C 素营养不足导致部分颖花发育异常，成为不孕颖花，或即使颖花发育正常，但抽穗开花时雌雄蕊的授粉和受精不协调，导致花药不开裂、柱头分泌物过多或过少、花粉管伸长受阻等。其形成外因主要是孕穗末期及开花时受高温、低温、干旱、阴雨或大风等不良气候的影响，以及栽培不当造成生育期延迟和 C/N 失调等。因此，防止空粒形成的措施如下：①根据品种特性和当地稻作期气候特点，安排适宜的播、栽期，目的是防止孕穗和抽穗扬花期遭遇连续 3 天平均气温大于 30℃、最高气温大于 35℃ 的高温天气，以及遭遇连续 3 天平均气温低于 22～23℃（粳 20℃）、最低气温低于 17℃ 的低温天气，确保安全孕穗和齐穗；②遇高温或低温时及时做好以水调温措施；③根外喷施 P、K 肥，增加植株对高温或低温的抵抗力，在盛花期人工辅助授粉；④合理施用穗肥，如增加 3 期 N 素营养以增加分化颖花数，增加 6 期（抽穗前 10～15 天至抽穗期）茎鞘贮藏 C 素营养以防颖花不合理退化；⑤科学管水，如坚持适度晒田、寸水孕穗、浅水出穗等原则。

秕粒是指颖花已经完成授粉受精过程，但子房或胚乳中途停止发育而形成的半实粒或死米。秕粒形成的内因是，每穗颖花分化过多，与其需求相比，抽穗前茎鞘贮藏的营养不足，穗轴和枝梗的维管束较小及数量不足，以及抽穗后的光合量和灌浆物质运转量不足。谷粒灌浆物质 20%～40%来自出穗前茎鞘贮藏的淀粉（其余来自出穗后的光合产物），这个比例受抽穗后的气候条件左右，此时如遇不良条件，出穗前茎鞘贮藏的物质能起到很好的补偿作用，反之则补偿作用较小。穗轴中的大维管束分别伸入一次枝梗，如大维管束数多而粗，则输导组织发达，利于养分转运；结实不良的弱势颖花的小穗梗，其维管束小且束数少。每穗颖花分化过多，产量容器大，而开花后源的生产不足，特别在抽穗后 25 天内日照不足时情况更严重，受精后在灌浆中途因为有机营养不足而形成的秕粒多。正常栽培下，分化的总颖花量是否适宜主要取决于抽穗后的日照条件。

谷粒灌浆物质大部分来源于抽穗后的光合产物，在有利于光合作用的天气条件下，决定抽穗后光合量的内部因素是稻株自身的叶面积和含氮量，抽穗后叶面积开始下降，而后期净光合率以乳熟期为最高。因此，强调后期"养根保叶"，即保持顶部 3 片绿叶、维持一定的氮素水平和保持根系旺盛活力而不早衰，其目的就是增加光合量。从茎和叶向籽粒转运的氮素是与糖分平行进行的，多数以氨基酸等形态转运，成熟时土壤中氮素供应大大减少，所以籽粒中的含氮化合物绝大部分由茎秆、叶片和叶鞘中的储存氮素转运而来，因此在一定范围内，稻体含氮量高对提高结实率有利。影响抽穗后光合量的外部因素主要是日照强度和日照时数，松岛省三的研究表明，开花后晴朗天气有利于光合同化，源大，结实率高；开花后阴雨寡照天多，易形成源库不协调，秕粒形成多。

灌浆物质运转量主要取决于输导组织的畅通程度、距离远近和动力大小等因素。灌浆物质通过大维管束向籽粒运送，弱苗迟蘖或中期群体过大的植株，穗轴维管束少而小，空秕粒多易产生。顶部 3 片叶对后期光合量影响最大，尤以剑叶为甚，因其在顶部，受光最好，且与穗的距离近，灌浆物质输送到籽粒明显快于倒二和倒三叶。灌浆物质的运转动力主要取决于叶到穗的可溶性糖的浓度差，叶片光合越强，浓度差越大，输送越快。同时环境温度对籽粒灌浆量也有重要影响：灌浆期适当高温有利于灌浆物质转运，但温度过高，将增大呼吸消耗，加速枝梗和颖花老化，缩短灌浆期，出现"高温逼熟"现象；温度过低，根叶生理活动受阻，籽粒中的可溶性糖不能及时转变为淀粉，叶到穗的可溶性糖的浓度差变小，运转速度缓慢甚至停止而早衰，产生"低温催老"现象。

以上可见，形成秕粒的原因比较复杂，"源库不协调"或光合物质转运不畅，均可使秕粒率增加。为了防止或减少秕粒的产生，应采取综合栽培措施，使稻株的器官发育与生理代谢达到"源足""库适"与"畅流"的丰产要求。

为达到"源足"，除适时播种，使开花结实期处于适温强光季节外，关键是通过合理密植与科学的肥水管理，建立一个早发、中稳、后不衰的高产群体，使其在一生中能捕获较多的光能，保持稻株有较高的光合生产力，这样才能为谷粒灌浆充实提供丰富的产量源，尤其要保证水稻出穗后具有适宜的绿叶面积。

所谓"库适"，就是通过合理肥水调节，使分化、成长的颖花数与群体干物质生产水平相适应，也就是保证产量"库"与供给"源"处于协调发展状态，防止负荷过重。较适宜颖花量要根据产量指标、品种潜力、叶片功能特性、肥力水平及水稻生育中后期的温度条件等而定，总的要求是保持结实率达到丰产水平之上（80%以上），使单位面积和单株的总颖花数与结实率的乘积达到最大值。

所谓"畅流"，就是促使光合产物能顺利地运往谷粒，经济系数较高，主要措施首先是通过稀播及肥水等措施培育苗健、秆壮的稻株，促使茎秆内维管束较多且大；其次，要彻底防治病虫，防止倒伏，保护运转系统不受损害；再次，要合理施用氮肥，防止贪青延熟，促使茎鞘贮藏物质顺利地运往谷粒。不要早断水，防止割青，尽可能为迟开花的劣势粒提供灌浆机会，以提高成熟度和饱满度。

4. 千粒重及增粒重措施　　稻谷粒重是由谷壳体积和胚乳发育好坏所决定的。谷壳体积在颖花形成内外颖时即受到影响，尤其在减数分裂期最易变小，这是第一次粒重决定期。造成谷壳小的重要因素是在稻穗内外颖形成期至抽穗前的不利环境条件和幼穗部分碳水化合物的不足，特别在减数分裂期时影响更为严重。抽穗后谷壳大小已确定，粒重取决于胚乳的充实程度，胚乳充实愈饱满则谷粒愈重，反之则轻。抽穗后籽粒的灌浆盛期称为第二次粒重决定期。

决定千粒重的时期也就是决定结实率的时期，也就基本决定了最终的产量，故增加稻谷粒重的栽培措施与提高结实率的措施一致，即按"同步性"原则确定播期，使经济产量的形成期处于当地最好的温、光、水环境条件下，避免生物和非生物逆境胁迫；保证幼穗发育后期特别是减数分裂期有良好的营养条件，使谷壳长得较大，以便容纳更多的灌浆物质；灌浆成熟期采取湿润灌溉（既不用水层灌溉，也不用干旱）进行养根保叶，延缓叶片衰老，增强光合能力，形成较多的光合产物，使谷粒充实度好。

5. 产量构成因素的关系及合理运筹　　理论上讲，单位面积的水稻产量随着各产量构成因素数值的增大而增加，但在群体栽培条件下，水稻产量构成因素的形成和发展是相互联系、相互制约和相互补充的，各产量构成因素之间很难实现同步增长。研究结果表明，除结实率与千粒重呈显著正相关外，其他产量构成因素之间均呈负相关，其中单位面积穗数与每穗总粒数呈极显著负相关，每穗总粒数与结实率呈显著负相关，千粒重受其他因素制约的程度最小。因此生产上协调产量因素的相互关系，一般以这两对呈显著或极显著负相关的产量因素为重点，即在群体叶面积指数（LAI）适宜的条件下，实现穗数和穗粒数同步增长。另外，也可在提高单位面积颖花数的同时提高结实率，只要单位面积的穗数或总粒数的增加超过每穗总粒数或结实率下降导致的损失，就能获得增产。目前栽培上采取的大穗增产途径、穗粒兼顾增产途径及多穗增产途径主要就是利用这种穗粒互补关系。此外，不同品种在不同地区和栽培条件下，有其获得高产的产量因素最佳组合，故可选择适宜的产量因素组合，并通过栽培措施调控，促进各因素协调发展，提高水稻产量。

凌启鸿（1993）分析多年高产栽培试验资料后发现，水稻抽穗期的群体干物质重与产量呈抛物线关系，而抽穗至成熟期的群体干物质积累量和产量的关系最为密切。他们认为高产栽培必须着眼于构建抽穗后的高光效群体，抽穗至成熟期光合生产力的大小是衡量群体质量优劣的本质指标。对抽穗前群体不应单纯追求数量，而应注重质量的提高，并在适宜叶面积指数（LAI）的前提下，提出抽穗期涉及"库源"关系的 5 项群体优良形态生理质量指标值。①足够的总颖花量。增加单位面积的总颖花数是高产的基础，也可促进后期物质的生产。②较大的粒叶比。粒叶比用抽穗期的群体最大叶面积与总颖花数、总结实粒数和谷粒产量作比，有颖花数/叶面积（cm^2）、实粒数/叶面积（cm^2）和谷粒产量（mg）/叶面积（cm^2）等 3 种表述方式，是群体源库协调水平的一项形态生理综合指标，并被育种家作为高产育种的一项重要的性状选择指标，在有限度的适宜叶面积情况下提高总颖花量，只有通过提高粒叶比来实现。③较高的有效叶面积率。有效分蘖的叶片为有效叶面积，抽穗期存活的无效分蘖有叶而无颖花为无效叶面积。在群体 LAI 相同时，有效叶面积率高的群体，其粒叶比和总颖花量均高；有效叶面积占比高（5 个节间品种应占 75%～80%），能提高粒叶比。④较大的茎鞘重。茎鞘愈重，粒叶比愈高，抗倒伏力愈强，抽穗后叶片的衰减愈慢。⑤较高的颖花根活量。颖花根活量以结实期根活量（根量与活力的乘积）的平均值与颖花量的比值表示，颖花根活量愈多，叶的寿命越长，结实率和千粒重愈高。

此外，高成穗率是全面提高群体质量的一项最直观、易诊断掌握的指标，也是高产群体苗、株、穗、粒协调发展的综合质量指标，该群体质量指标体系的建立极大地促进了我国水稻高产栽培和育种发展。

（二）水稻品质的形成及调控

1. 稻米品质性状的构成 因用途不同对稻米品质的评价标准可分为食用标准、工业标准和饲用标准。稻米在工业上主要用作酿酒、制作米粉等的原料，除具有优良的加工品质外，一般要求直链淀粉含量高；在畜牧业上作为饲料，一般要求蛋白质和维生素种类多且含量高，因而稻米品质的工业标准和饲用标准评价比较好确定。稻米作为人们的口粮，多数人喜欢较软和适口性好的米饭，但品质评价标准常因不同地区人们的习惯、不同人群的嗜好而变得难以统一，特别是随着社会经济的快速发展和人们生活水平的提高，品质评价标准还会产生较大变化，因此稻米食用品质已成为稻米作为商品流通与消费过程中的一种综合评价标准，是稻米本身物理及化学特性的综合反映。稻米食用品质可分为加工、外观、蒸煮与食用、营养和卫生等 5 个方面，各品质有若干具体品质指标及评判标准。2013 年农业部（现农业农村部）提出《食用稻品种品质》（NY/T 593—2013）代替《食用稻品种品质》（NY/T 593—2002），该标准修改了品种品质、品质性状的定义，删除了精米率、糊化温度、蛋白质含量、质量指数的术语与定义，对品种品质等级要求进行了修改。优质食用籼、粳稻米标准见表 1-4。

表 1-4 优质食用籼、粳稻米标准

米质指标	籼稻谷			粳稻谷		
	一级	二级	三级	一级	二级	三级
糙米率/%	≥81.0	≥79.0	≥77.0	≥83.0	≥81.0	≥79.0
整精米率/%	≥58.0	≥55.0	≥52.0	≥69.0	≥66.0	≥63.0
垩白度/%	≤1	≤3	≤5	≤1	≤3	≤5
透明度/级	≤1	≤2	≤2	≤1	≤2	≤2
感官评价/分	≥90	≥80	≥70	≥90	≥80	≥70
碱消值/级	≥6.0	≥6.0	≥5.0	≥7.0	≥7.0	≥6.0
胶稠度/mm	≥60	≥60	≥50	≥70	≥70	≥60
直链淀粉（干基）/%	13.0~18.0	13.0~20.0	13.0~22.0	13.0~18.0	13.0~19.0	13.0~20.0

（1）加工品质 加工品质又称碾磨品质，包括稻谷的糙米率、精米率和整精米率，其中整精米率是优质商品米的一项重要指标，其体现在消费者对整精米的要求和生产经营者的经济利益上。

（2）外观品质 垩白与粒型是稻米外观品质的重要构成因素。垩白是指稻米胚乳中白色不透明的部分，主要是其中的淀粉粒排列不紧密而导致存在着一些空腔进而造成的一种光学特性。按发生部位垩白分为腹白、心白和背白，使米粒透明度、硬度降低且易脆；粒型主要指籽粒的长度、宽度、厚度和长宽比。优质商品米的外观品质要求米粒透明有光泽，无或少有垩白；至于粒型，各地消费者的喜好不尽相同。

（3）蒸煮与食用品质 蒸煮与食用品质（ECQ）是稻米品质的最重要方面。一般采用两种方法来评价稻米 ECQ 的优劣：一是通过与 ECQ 相关的直链淀粉含量（AC）、糊化温度（GT）、胶稠度（GC）、淀粉回生特性、米粒延伸性和香味等理化性状测定，可间接评鉴稻米的 ECQ 优劣；二是通过感官品尝来直接评鉴稻米的 ECQ 优劣。前者可快速地测定品种 ECQ 的好坏，但与真实值有一定差距；后者虽存在费时费力和主观性，但感官评价能准确地反映出稻米 ECQ 的优劣，是稻米 ECQ 评判最可靠的方法。此外，淀粉黏滞性谱（RVA谱）也常用于稻米 ECQ 的快速辅助测定。RVA 谱是指淀粉在加热、高温和冷却过程中黏度随温度变化而形成的曲线，其特征值与稻米 ECQ 有密切关系，特别是崩解值、碱消值和回复值等特征值能较好地反映稻米 ECQ 的优劣，但此法测定结果仍与真实值有一定差距，主要用于育种中间材料的选择。

由于胚乳是稻米的主要食用部分，而其中的淀粉又是其主要组分，因此，淀粉的组成与结构是决定稻米 ECQ 最重要的因素。稻米胚乳中的淀粉包括直链淀粉和支链淀粉两种类型，其中直链淀粉含量的高低影响米饭的黏性、柔软性及光泽，从而影响米饭的质地和适口性。一般非糯性的稻米，其直链淀粉含量变动范围为 13%～32%：13%～20%的为低直链淀粉含量；21%～25%的为中等含量；25%～32%的为高直链淀粉含量。高直链淀粉含量的稻米饭干燥、蓬松且无光泽，冷却后易变硬；直链淀粉含量太低的稻米饭黏性大而易黏结成团，一般直链淀粉适中或稍低（17%～23%）的稻米饭口感好。

糊化温度（GT）是指稻米的淀粉粒在热水中吸水，并不可逆转地膨胀时的温度。GT 的高低与米饭蒸煮时所需水量和时间呈正相关的关系。不同质地稻米的 GT 为55～79℃，低于70℃的为低糊化温度，70～74℃为中等糊化温度，高于 74℃的为高糊化温度。一般 GT 的高低可间接以碱消值来表示。

胶稠度（GC）是指米粒胚乳中的 4.4%米胶的黏稠度，即延展性，是衡量米饭软硬的标准，根据米胶延伸长度划分等级：米胶长度 26～35 mm 及以下的为硬胶稠度；36～40 mm 的为中硬胶稠度；41～60 mm 的为中等胶稠度；61 mm 以上的为软胶稠度。GC 的软硬性与米饭软硬度呈正相关，同时与直链淀粉含量也有一定相关性，一般直链淀粉含量在24%以下的稻米，其 GC 多属软的，但也有例外。

米饭淀粉回生特性是指米饭经过一定的时间放置后，其口感发生改变，米饭的香味降低，米粒外观颜色变暗，光泽降低，米粒外观看起来较僵硬，尝起来弹性降低。米饭无明显淀粉回生的稻米 ECQ 好，反之则差。米粒延伸性是指米粒经蒸煮后其长度增长幅度的特性，其与 ECQ 有一定关系，一般认为延伸性好的米粒不易黏结与断裂，具有较好的适口性。此外，其他一些组分如香味物质 2-乙酰基-1-吡咯啉（2-AP）的含量也会在一定程度上影响 ECQ。

（4）营养品质 稻米的营养品质主要是指稻米中蛋白质及其赖氨酸的含量、抗性淀粉的含量及脂肪、维生素、矿物质的含量等。稻米蛋白质含量高，表示营养价值高，但高的蛋白质含量会抑制淀粉粒吸水、膨胀及糊化，米饭口感变差，食味不佳，其谷蛋白和醇溶蛋白等组分及氨基酸组成也与营养和食味有关。稻米中的蛋白质按功能分为种子贮藏蛋白、结构蛋白和保护蛋白，又将贮藏蛋白按溶解性分为谷蛋白（碱溶性）、醇溶蛋白（醇溶性）、清蛋白（水溶性）和球蛋白（盐溶性），它们在稻米蛋白质中分别约占 80%、5%、5%和10%。谷蛋白是稻米中极易被人体吸收的优质蛋白，高谷蛋白稻米可用作蛋白质缺乏地区的蛋白质补剂，也具有抗高血压和高血脂的功效；而低谷蛋白稻米则有利于改善肾病和糖尿病患者的代谢水平。淀粉是稻米中最主要的营养物质，除与营养和食味有关外，其组分之一的抗性淀粉是 种在人体内难以降解和消化的淀粉，但其能降低血糖水平和胰岛素分泌水平，从而利于糖尿病患者的治疗与康复。稻米中脂肪主要是不饱和脂肪酸及淀粉-脂肪复合物，可影响米饭的光泽和适口性。此外，稻米中的总黄酮（维生素 P）、γ-氨基丁酸（GABA），以及硒、钙、锌、铁、锗等矿物质微量元素也有益于人类的健康和疾病治疗。营养品质指标一般在具体的功能型水稻标准中提出，如湖南省粮食行业协会团体提出的标准《湖南好粮油富硒大米》（T/HNAGS 003—2018）中，富硒大米的硒含量为 0.15 mg/kg。

（5）卫生品质　　卫生品质主要是指稻米中农药的残留状况，重金属（砷、镉、汞、铅等）和化学肥料的污染程度等，主要包括有毒化学农药、重金属离子、黄曲霉素、硝酸盐等有毒物质的残留量。检测稻米卫生品质应按国家有关水稻优质米生产的卫生标准和环境标准要求，检测方法目前有热分析方法、米饭质地分析法、形态分析法、近红外法、X 射线衍射法、核磁共振法和高效液相色谱法等。

2. 稻米品质（米质）的形成　　稻米品质的形成具有统一的生理基础及形成规律，即基因型在外界各条件的作用下控制相关酶的活动，影响同化产物生产、运输和积累过程，这些物质构成了米质的形成主体，并相应地表达出了米质的理化特性。

（1）水稻胚乳淀粉的合成途径　　淀粉占精米胚乳干重的 90%以上，淀粉的组成与合成是由多基因参与的复杂调控网络，水稻胚乳淀粉的合成依次有如下 4 个过程（图 1-19）：①通过叶片叶绿体中的卡尔文循环和胞质中的一系列生化反应完成蔗糖的合成。②主要采用

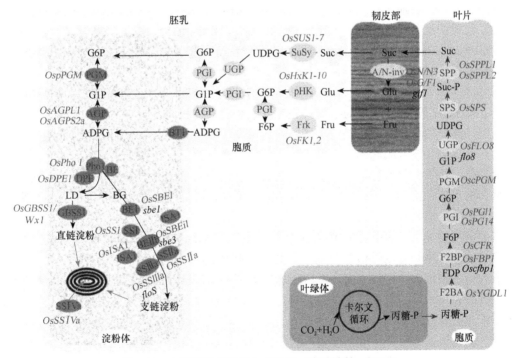

图 1-19　水稻胚乳淀粉的合成途径（李瑞清等，2019）

圆圈中字表示水稻胚乳淀粉合成途径中的酶，参与胞质的酶用浅色背景表示，参与混粉体的酶用深色背景表示，灰色斜体字表示酶的编码基因，黑色小写斜体为突变体。F2BA. 果糖-1,6-二磷酸醛缩酶；FDP. 果糖-1,6-二磷酸；F2BP. 果糖-1,6-二磷酸酶；F6P. 果糖-6-磷酸；PGI. 磷酸葡萄糖异构酶；G6P. 葡萄糖-6-磷酸；PGM. 磷酸葡萄糖变位酶；G1P. 葡萄糖-1-磷酸；UGP. 尿苷二磷酸葡萄糖焦磷酸化酶；UDPG. 尿苷二磷酸葡糖；SPS. 蔗糖磷酸合成酶；Suc-P. 蔗糖-磷酸；SPP. 磷酸蔗糖磷酸酶；Suc. 蔗糖；Glu. 葡萄糖；Fru. 果糖；A/N-inv. 碱性/中性转化酶；SuSy. 蔗糖合成酶；FrK. 果糖激酶；pHK. 质体己糖激酶；BT1. ADP 葡萄糖转运蛋白；AGP. ADPG 焦磷酸化酶；ADPG. ADP 葡萄糖；Pho1. 质体淀粉磷酸化酶；DPE. 不对称酶；BE. 分支酶；LD. 线性葡糖；BG. 分支葡聚糖；GBSS I . 颗粒结合淀粉合成酶 I ；BE I . 分支酶 I ；SS. 可溶性淀粉合成酶；ISA1. 淀粉异构酶

3 种方式完成叶片中合成的蔗糖向胚乳细胞转运。③转入胚乳细胞中的蔗糖、葡萄糖和果糖经过一系列生化反应转化为葡萄糖-6-磷酸（G6P）、葡萄糖-1-磷酸（G1P）和 ADP 葡萄糖（ADPG）进入淀粉体进行淀粉的合成。进入淀粉体后，G6P 在磷酸葡糖变位酶（PGM）、ADPG 焦磷酸化酶（AGP）的催化下合成 ADPG，G1P 在 AGP 的催化下合成 ADPG。④质体淀粉磷酸化酶 Pho1 分别与不对称酶 DPE 和分支酶（BE，又称 Q 酶）作用将 ADPG 转化为线性葡聚糖（LD）和分支葡聚糖（BG），LD 在直链淀粉合成酶 GBSSⅠ/Wx1 作用下转化为直链淀粉；而 BG 到支链淀粉的转化则更为复杂。支链淀粉合成酶 SSⅠ、SSⅡa 和 SSⅢa 分别合成短链（6≤DP≤12）、中间链（13≤DP≤24）和长链（DP≥25），而分支酶 BEⅠ和 BEⅡb 分别用于内、外分支的形成，淀粉异构酶 ISA 用于切除非正确的分支链，淀粉合成酶 SSⅠVa 则被认为位于淀粉颗粒的中央，参与淀粉结构的形成。

（2）稻米品质形成的遗传机制　　基因型是决定稻米品质指标优劣的关键因素。根据已有研究，稻米的绝大多数品质性状遗传方式多样且复杂。

稻米粒形多属数量性状，受胚乳核基因和母体植株核基因的多重控制，还可能受细胞质基因的控制。稻米粒长性状的遗传主要受单基因、双基因、多基因或微效基因等控制；稻米粒宽性状的遗传主要由多基因所控制，也有学者认为某些水稻品种的粒宽遗传受单基因或主效基因所控制，显性性状根据亲本组合而变化；米粒的厚度和长宽比普遍认为是受多基因控制的数量性状。目前对多个粒形相关的数量性状位点（QTL）及基因的克隆和功能研究结果为稻米粒形的遗传提供了分子证据，并发现 GS2、GS3、GS5、GS6、GS9、GW2、GW5、GW6、GW6a、GW7、GL3.1、GW8T 和 BG2 等粒形特异基因具有较好的育种利用价值。

稻米垩白性状受多基因控制，并且还极易受环境因素的影响。目前仅有少数 QTL 被精细定位和克隆，但发现 Chalk5、cyPPDK、G1F1、OsRab5a、FLOURYENDOSPERM2、PDIL1-1 和 SSG4 等 QTL 主要通过调控胚乳灌浆和储藏物积累而影响稻米外观表现。转录组分析发现，高垩白水稻中淀粉代谢类基因表达谱变化显著且通常表现为上调，而与淀粉代谢无关的一些糖类代谢基因趋向于下调表达；此外，参与胁迫反应和蛋白质降解的基因也会出现明显变化，这种变化趋势与高温胁迫所造成的垩白稻米中的基因表达变化趋势较为一致，说明垩白的形成是由多基因控制的复杂网络系统调控，而淀粉合成相关基因的表达失衡可能与稻米垩白的形成具有密切关系。

碾磨品质也是由多基因控制的数量性状，受种子基因、细胞质基因和母体基因等遗传主效应的影响，精米率以母体遗传效应为主，糙米率由核基因控制。杂交水稻研究中，多数研究认为稻谷整精米率遗传力高，受基因加性效应和非加性效应共同影响。一部分研究认为杂交组合的整精米率主要受不育系的影响，另一部分研究则表明恢复系在决定杂交组合的整精米率中起主要作用。

AC 受遗传主效应和环境互作效应的共同控制，GC 由若干复等位主效应基因和微效应基因多重控制，GT 的遗传也较复杂。因淀粉是稻米胚乳的主要成分，稻米 ECQ 的评价指标大多属于淀粉的理化特性，故淀粉的组成和结构是决定稻米 ECQ 的最重要因素。从分子水平来看，水稻中参与胚乳淀粉合成与调控的基因都可能对稻米 ECQ 的形成起重要作用。参与水稻淀粉合成的酶类主要有 ADP-葡萄糖焦磷酸化酶（AGPase）、颗粒结合型淀粉合成酶（GBSSⅠ）、可溶性淀粉合成酶（SSS）、淀粉分支酶（SBE）、淀粉去分支酶（DBE）、淀粉磷酸化酶（SP）和不对称酶（DPE）等，编码这些酶的基因可统称为淀粉合成相关基因（starch synthesis-related genes，SSRG）。其中，水稻蜡质基因（Waxy，Wx）编码主要负责直链淀粉合成的 GBSS I，该基因的不同等位变异决定了稻米的直链淀粉含量，是控制 ECQ 的主效基因。此外，一些转录因子如 Dull、OsEBP89、OsEBP5、OsRSR1 和 OsbZIP58 等也参与胚乳淀粉代谢，如 OsRSR1 能负向调控 SSRG 的表达，其突变后能上调胚乳中多数 SSRG 的表达，这种上调表达可能破坏了淀粉合成的平衡，从而导致直链淀粉含量的升高和支链淀粉的结构变化。

蛋白质含量（PC）的遗传受多基因控制，研究表明其主要受直接加性效应和母体加性效应的影响，并以母体加性效应为主。由于蛋白质含量会产生基因与环境互作效应，因此遗传力较低。目前已克隆了众多的贮藏蛋白编码基因，并且已鉴定克隆了多个与蛋白质转运调控有关的基因，如 *OsSar*、*OsRab5a*、*OsAPP6*、*RISBZ1*、*RPBF*、*OsVPS9A*、*OsGPA3* 和 *GEF2* 等。赖氨酸是稻米中的第一限制必需氨基酸，通过过量表达富含赖氨酸的蛋白质（如 RLRH1 和 RLRH2）或调控游离赖氨酸代谢等途径，均可显著提高稻米中的赖氨酸含量，从而揭示水稻胚乳赖氨酸代谢机制及其与 5-羟色胺合成间的关联机制。

脂肪含量的遗传也由多基因控制。在与稻米贮藏有关的脂质代谢方面，已克隆了脂肪酸氧化酶基因 *LOX-1*、*LOX-2* 和 *LOX-3* 及脂质转运基因 *OsLTP36*。控制香味的基因型也存在品种间的差别，品种间香味基因是不等位的，目前已知稻米香味主要由 2-AP 决定，*BADH2* 和 *OsP5CS* 等基因参与 2-AP 的合成调控。此外，在稻米维生素、花青素和矿物质等合成调控方面也已鉴定克隆了多个重要基因。

（3）影响稻米品质的主要因素　　影响稻米品质的最主要因素是品种遗传特性，同时受地域环境、栽培措施和收储及加工质量等影响也较大，故水稻从栽培到消费食用要经过生产、收获、干燥和贮藏加工等环节，每个环节都会对米质产生影响。

1）地域环境的影响。各气候因子中，以灌浆期间的温度条件对稻米品质的影响最大。据研究表明，灌浆期间的温度过高，会导致籽粒的灌浆速率过快，垩白度增大，透明度变差，稻米的整精米率下降，碾磨品质和外观品质变劣。在不同的生育阶段，土壤水分胁迫对稻米品质具有不同程度的影响：孕穗中期水分胁迫导致干物质量降低，糙米率、米粒长宽比降低，食味值下降；结实期水分胁迫，叶片的叶绿素含量和光合速率明显降低，使植株衰老加快；灌浆期水分胁迫，干物质积累和群体生长速率降低，且饱满粒率、千粒重和整精米率均有所下降，垩白粒率和垩白度明显增加，胶稠度和蛋白质含量降低。一般排水良好的砂壤土和盐碱地生产的米质明显较好，另外，土壤耕作层厚、有机质含量高、质地疏松、微生物活动强和透水透气性好有利于保持水稻品种的固有品质特性。

2）栽培措施的影响。在氮、磷、钾三要素中，以氮素对米质的影响最大。在一定范围内，增大氮肥用量可提高整精米率和蛋白质含量，降低垩白粒率和垩白度，改善外观及营养品质，还有使胶稠度变小的趋势。在施肥量相同的情况下，多次施用氮肥的糙米率、精米率、整精米率、透明度及蛋白质含量比一次性施用氮肥的要高，而直链淀粉的含量要低。钾肥能提高整精米率和蛋白质含量，降低垩白粒率和垩白度，对提高品质的作用要比磷肥大。在氮、磷、钾三要素的不同组合中，以氮-钾的组合对高产优质效果最好。施用硅肥能显著改善稻米品质，提高糙米率、精米率和整精米率，显著降低直链淀粉含量、垩白粒率和垩白度，锰元素是水稻生长所必需的元素，锌元素有利于蛋白质和淀粉的积累，硅肥、锰肥、锌肥在一定用量范围内能提高稻米品质，过量施用会造成品质下降。硅肥与生物肥不同比例混施可降低垩白粒率和蛋白质含量，提高食味，对稻谷的粒形也有很大影响，尤其是对宽度的影响最大。

一般灌溉用水如水库水、河水对米质无不良影响。低温的井水会延缓水稻的生长发育，使稻谷成熟推迟，米质变劣。含有化学用品或有害重金属离子的污水会在稻泥中沉积污染，可严重影响稻米品质。另外，稻田水分管理方式对水稻的生育有直接影响，进而影响米质。在生产上为获得高产，要求全生育期间歇性控水处理，但应适度，特别是灌浆结实期不能造成田间严重缺水或干旱，否则将导致整精米率降低，垩白粒率和垩白度增加，直链淀粉含量降低，蛋白质含量上升，最终致适口性较差，食味下降。

水稻种植密度较低或过低时，因个体营养充足，稻米蛋白质含量有上升趋势，但有时因更多的淀粉积累，蛋白质含量反而下降，直链淀粉含量有随种植密度降低而升高的趋势。种植密度较大，一般有整精米率降低、垩白粒率增加和透明度下降的趋势，特别是栽插过密时，因营养面积缩小，蛋白质含量显著下降，因田间通风透光差，生长郁闭，青米率增加，加工和外观品质变劣。近年有研究表明，在一定密植范围内水稻易获得较高产量，同时有利于提高整精米率和淀粉黏度，降低垩白粒率，特别是与稀植相比，米饭的完整性、味道、口感及综合得分获得提高，米饭外观、硬度、黏度、平衡度及食味值上升，说明合理密度种植条件下生产的稻谷具有较好的加工、外观和蒸煮食味品质。

3）收储及加工质量。成熟后不及时收割，稻米光泽度差、脆裂多，垩白趋多，黏度和香味均下降，特别是易造成植株倒伏和遇连绵雨天籽粒发芽，严重影响稻谷品质；若过早收割，未熟粒、青米较多，蛋白质含量较高，米饭因膨胀受限而变硬，使加工品质和食味品质下降。收获后急速干燥稻谷，易造成米粒表面水分蒸发和内部水分扩散间不平衡而脆裂；高含水量稻谷立即加热干燥，会使糊粉层和胚芽中铵态氮和脂肪向胚乳转移而降低食味。采用摊晒自然干燥时，高温暴晒将使稻谷裂纹率或爆腰率增大，整精米率、米饭黏度和食味下降。常温下仓储时间过长（超过 1 年），米粒中的脂肪会发生水解，游离脂肪酸增加，易导致酸败，米质变硬，食味和加工品质变劣；蛋白质的硫氢基也会被氧化形成双硫键，使黄米增多，米的透明度和食味品质下降；还有稻米中的游离氨基酸和维生素 B_1 迅速减少，品质变劣。稻谷碾米时选择的加工机械和设施不合适，也会降低整精米率，降低其商品性能。

3. 稻米品质的调控　　在水稻生产上，品种的产量和品质常存在矛盾，一般高产品种不优质，优质品种不高产，即使是同一品种，其高产栽培措施和优质栽培措施也不尽一致。我国当前的水稻生产已从过去的主攻高产目标转向优质与高效的统一，对稻米品质的调控显得十分重要。

（1）优质水稻品种的选择和合理布局　　根据区域生态资源、耕作与栽培制度特点及现有水稻品种的优质情况，正确选用和合理布局优质品种，扩大优质高产品种种植面积。

（2）确保优质水稻生产环境的安全　　严格按照安全稻米生产的农田灌溉水质标准、土壤环境标准进行栽培管理，减少和合理使用农药和化肥，有效控制农业面源污染，确保优质高效地进行稻米生产。

（3）加快优质水稻品种配套栽培技术研究　　在品种审定过程中，应提前进行配套优质栽培技术研究，筛选出品质与高效统一的最佳栽培方法，充分发挥品种的高产优质特性。

（4）注重生物防治　　筛选并应用高效、低毒和低残留的生物农药，加强农业防治和生物防治，提高稻米的食用安全性，保证品种审定后推广与栽培技术应用同步。

（5）参照国际标准，制订和完善有关标准　　制订并完善稻米生产与品质标准，建立优质稻生产的全程跟踪体系，统一社会化技术服务和机械化作业，统一收购，分收分贮，保证稻米品质。

第三节 水稻主要性状的遗传与育种

一、水稻的育种目标及主要性状的遗传

(一)水稻的育种目标

水稻的育种目标是指围绕既定的农业生产环境、耕作制度和社会经济条件需求,培育拥有具体优良性状要求的水稻新品种。制定育种目标是开展水稻育种的首要步骤,它决定了所选取的育种原始材料、采用的育种方法和技术路线,以及育成品种所需要的年限和将面对的社会需求。制定的目标既要切实结合生产现状、稻作生态环境及栽培习惯、稻米的市场需求和当地生活习惯等综合因素,还要具有前瞻性,考虑到未来发展变化趋势。

1. 制定水稻育种目标的原则 水稻的育种目标是开展育种工作的依据和指南。如果育种目标不够明确,或者设定目标不合理,势必造成筛选和创制亲本材料的盲目性,降低了育成品种的效率,也难以培育出突破性品种。制定目标应考虑以下原则。

一是根据经济和生产发展需要,确定主要和次要目标。水稻为人类提供最基础的能量和营养,是中国粮食安全保障的重要作物。任何时候,高产、优质和多抗(抗病虫和抗逆境等)都是水稻育种的主要目标。但是,这些目标的重要性因为年代、稻作区域和生产习惯等差异而不同,有首要和次要之分。例如,优质米产区稻米品质最重要,病害严重高发环境对抗病性要求高,易发冷害的环境注重耐寒性,经济发达地区考虑适合规模化生产性状。

二是设定的目标要具有合理性和可操作性。制定了育种目标也就决定了选取和创制育种材料的类型、采用的育种方法和技术路线。如果涉及目标性状多,且对指标要求高,材料遗传背景复杂,则培育周期长和难度大。例如,为实现超高产、优质和高抗等多个优良性状结合,育成米质达国标 1 级、平均单产 13.5 t/hm^2、高抗 3 个以上病害的优良品种,育成应用价值高,但选育成功难度非常大;反之,育种目标制定较低,育成品种时间短且较容易成功,但是育成品种的应用价值受到限制,如抗病性很强或品质很优,但平均单产低于 4.5 t/hm^2。

三是充分考虑生产和市场发展趋势,要具有前瞻性。育种具有长期性和连续性,培育一个新品种需要 8~10 年,甚至更长时间。而育种目标是动态变化的,随生产环境和社会经济条件的变化而调整。制定目标既要考虑当前需要,更要估计发展趋势,否则会形成追尾式育种,育成品种滞后和应用困难。例如,在中华人民共和国成立后很长一段时期,以粮为纲是我们的主线,育种目标便为生产高产且精耕细作型的品种;到 2007 年前后,我国大米人均消费与供给基本持平,追求品质逐渐成为主流,品质性状的要求上升,甚至超越产量性状;之后,随着经济的发展,大量农村劳动力迁出农村,农村出现劳动力缺乏,因此适宜机械化、耐粗放生产的品种更有应用价值。

2. 水稻育种的主要目标

(1)高产 人口多耕地少依然是我国的基本国情。在此情况下,为保证我国粮食的绝对安全,作为主要粮食作物的水稻,高产仍然是优良品种的最基本要求。要培育高产品种,必须围绕水稻产量构成因素、理想株叶形态和光合效率等性状来考虑。产量构成因素包含单位面积穗数、穗粒数和粒重等,在育种实践中相对应的选择性状就是增加有效穗为主的穗数型,或者是提高穗粒数为主的重穗型,抑或是两者兼顾的中间型。理想株型是高产品种的基本形态特征,包括矮秆、半矮秆、株型紧凑、叶片直立、叶片厚窄短和功能叶片保绿时

间长等主要特征，这也是提高光合产物的生理基础。

（2）优质　　　稻米品质主要包括外观品质、食味性、加工品质和营养品质。稻米是整粒食用的禾谷类作物，外观品质是商品的第一印象，是消费者购买的首要驱动，如稻米粒形、透明度和颜色等，透明和长粒型通常比较受欢迎。食味就是人们对蒸煮米饭进行品尝所获得的直观感觉，包括米饭的气味、色泽、粒形和冷饭柔软度等。食味性好的稻米蒸煮后应有清香、饭粒完整、洁白有光泽、软滑有弹性和冷后不硬等特点。加工品质包括碾米和蒸煮品质，如粳米蒸煮出饭率低、糊化温度低、米饭柔软而黏牙；籼米蒸煮出饭率高、糊化温度高、米饭硬而不黏牙，高直链淀粉含量（AC）>25%的籼稻适合加工米线和米粉。但云南地方古老软米品种皆为籼稻，其直链淀粉含量低，米饭柔软弹滑不黏牙，冷饭不回生，过去曾经一度作为宫廷贡米。营养品质主要是指稻米中蛋白质、氨基酸及微量矿质元素的含量，这些营养物质在精米中含量少，在米糠中含量多。近年来，关于胚乳淀粉品质与功能食品的研究也颇受关注，食用高抗性淀粉含量稻米可降低糖尿病患者饭后的血糖值，对糖尿病及肥胖人群的健康有利，但90%以上水稻品种的抗性淀粉含量不足3%。所以，对稻米中蛋白质、必需氨基酸和抗性淀粉含量的要求也被列入育种目标。

（3）稳产　　　稳产性主要体现在对生物和非生物因子的抗性方面，遇到风调雨顺或者多灾的年份均能获得高产。近年来，水稻绿色生产已成为发展趋势，抗病虫害的品种可减少施用化学试剂，降低残留危害和环境污染，提高食品安全和相对效益。水稻主要病虫害包括稻瘟病、白叶枯病、纹枯病、黄矮病、稻瘿蚊和稻飞虱等。限制水稻生产的主要非生物因子包括低温、干旱、高温和土质瘠薄等。我国的稻作区域广阔，气候、土壤、生态环境和耕作十分复杂，各稻作区有各自的生产特点和问题，对水稻品种的利用有不同要求，在特定范围内还有其特殊的水稻生产问题。通过育种技术手段，培育抗逆性强的品种能有效地消除或减轻这些限制因素的影响，实现水稻的丰产和稳产。此外，水稻的稳产性要求其具有广泛的适应性，适应于不同的生产环境条件和稻作区，在不同地区间和年份间均能保持稳定产量，推广面积大，使用时间长。

（4）适宜轻简化栽培　　　传统人工育苗移栽是我国水稻栽培技术史上的重大成果之一，其始于汉代，普及于明清时期。采用该栽培法利于培育壮秧，便于及时移栽，是因田块时间差异采用的合理的栽插方式，能有效解决雨养田水源、避免早春寒害、错开轮作茬口、方便田间除草管理等生产问题，形成我国水稻精工细作的高产栽培方法。但这方法因需要大量劳动力，目前难以适应我国农村劳动力减少和种植经营规模不断扩大的发展变化。因此，制定的水稻育种目标要考虑培育品种性状与未来轻简化生产相适应。适宜机械化和直播轻简化生产，要求新品种具有株型紧凑、根系发达、抗倒伏、萌发出苗早、分蘖适中、落粒适中和生育期较短等性状。

总体上，培育高产稳产、优质、多抗和广适性的水稻品种是我国长期的主要育种目标。

（二）水稻主要性状的遗传

围绕优质、专用、高产、多抗和适应性强的育种目标，明确有关性状的遗传对育种资源的选用和创新、提高选择效率和达到育种预期目的有着极其重要的意义。

1. 产量性状　　　水稻产量主要由有效穗数、穗总粒数、结实率和千粒重4个性状构成，各性状间存在不同程度的制约关系。产量性状属数量性状，主要由加性效应和部分显性效应控制，遗传率较低，还易受生产环境和栽培条件的影响。在育种实践中，产量性状的改良还是以传统杂交方法的定向选择为主。在分子水平剖析水稻产量性状的多基因位点遗传效益及作用方式，目前已有 14 个水稻产量性状 QTL 得到验证。其中，控制穗粒数（GN）的 4 个，控制粒型（GS）的 1 个，控制千粒重（TGW）的 4 个，对 TGW 和 GN 具有多效性的有 5 个，但由于研究所利用群体的类型及遗传背景等方面的差异，许多结果还难以相互印证，直接应用于育种还有待深入研究。

2．品质性状　水稻是以整粒食用的禾谷类作物，其品质性状主要与外观、碾米、蒸煮和食味有关。这些性状主要受基因型影响，同时还受生产环境和加工仓储条件影响。胚乳透明度主要受基因型影响，遗传效率较高；蒸煮食用品质主要与稻米的直链淀粉含量、支链淀粉级分、糊化温度和胶稠度等有关；直链淀粉含量是三倍体胚乳性状，主要受 *wx* 位点及其等位基因影响；香味性状普遍认为受位于第 8 染色体 *badh2* 基因控制。食味品质是一个综合的概念，是不同地区及不同人群对稻米蒸煮食用品质的评价。

3．株叶性状　株叶性状通常表现为矮秆或半矮秆，株型紧凑，叶片直立、厚、窄、短，倒 3 片叶的保绿时间长。目前，高产品种主要是半矮秆型，高约 110 cm，在获得较高生物学产量的基础上又能保证较高的经济学产量，还可防倒伏，该性状由隐性基因 *sd-1* 及其复等位基因控制。

4．抗病虫性状　水稻抗病多数表现显性，感病为隐性。在抗病育种中，利用显性主基因有利于表型鉴定和应用。稻瘟病对水稻产量损失影响最严重，对此研究也最为深入，其受主效基因控制，有修饰基因参与。稻瘟病抗病基因命名第一个字母冠以 *Pi*，如我国籼稻品种‘窄叶青 8 号’含有的该基因就命名为 *Pizh*。迄今已定位约 100 个抗稻瘟病基因，分离克隆了 *Pib*、*Pita*、*Pi9*、*Piz-t*、*Pi2*、*Pid2*、*Pi35*、*Pik-m*、*Pigm* 和 *PiCO39* 等 32 个抗性基因，其中 *Pi9* 和 *Pi40*（t）来自野生稻。

在 20 世纪 60 年代通过广泛筛选鉴定和遗传研究，发现一批抗白叶枯病基因和抗源。目前，至少有 48 个抗白叶枯病基因被报道，有 32 个基因为显性基因，其他均为隐性基因，被克隆的有 *Xa1*、*Xa2*、*Xa3/Xa26*、*Xa4*、*xa5*、*Xa7*、*Xa10*、*xa13*、*Xa14*、*Xa21*、*Xa23*、*xa25*、*Xa27*、*Xa31*（t）、*Xa41*（t）、*Xa45*（t）和 *NBS8R* 等 17 个基因。

条纹叶枯病的抗性主要由主基因控制，有些品种含有两对显性互补基因 *Stv-a* 和 *Stv-b*，源于籼稻品种‘Kasalath’的抗条纹叶枯病基因 *STV11* 被克隆。

抗虫表现显性或隐性，受 1～2 对主效抗虫基因控制。褐飞虱是水稻最主要的害虫，从 20 世纪 60 年代便开始筛选抗褐飞虱种质资源，利用抗性基因培育抗褐飞虱品种。已鉴定的抗褐飞虱的基因有 31 个，多个抗褐飞虱主效基因已被克隆，如 *Bph14*、*Bph26* 和 *Bph3*。一些基因已经用于水稻抗虫育种，如 *Bph1*、*Bph2* 和 *Bph3* 等。

已鉴定出 5 个抗白背飞虱基因，如 *Wbph$_1$*、*Wbph$_2$*、*Wbph$_3$*、*Wbph$_4$* 和 *Wbph$_5$*，其中 *Wbph$_4$* 为隐性遗传，其余 4 个均表现为显性遗传。在云南品种‘鬼衣谷’‘便谷’‘大齐谷’和‘大花谷’中携带显性抗性基因 *Wbph$_6$*（t）。

已鉴定的抗叶蝉基因有 31 个，如 *Glh$_1$*、*Glh$_2$*、*Glh$_3$*、*Glh$_4$*、*Glh$_5$*、*Glh$_6$*、*Glh$_7$* 和 *Glh$_8$* 等。国际水稻研究所（IRRI）利用印度的抗源品种‘CR94-13’，育成抗虫品种‘IR36’‘IR38’‘IR40’‘IR42’等。

5．抗非生物胁迫性状　根据冷害发生时期的不同，可将水稻的耐冷性分为低温发芽力、苗期耐冷性、孕穗期耐冷性和开花期耐冷性等。一般认为水稻的耐冷性受基因累加效应控制，也有研究认为受主基因控制。在东乡野生稻中定位到可以显著提高水稻耐冷性的基因有 3 个（*COLD1*、*LTT7* 和 *BHLH1*）。

淹涝胁迫会引起水稻发生一系列生理、生化和形态特征的变化，如内源激素失衡、有氧代谢途径受抑制、缺氧代谢活性加强、光合作用减弱、生长受抑制和干物质积累降低等。

二、水稻选择育种

选择育种包括在杂交后代中根据表型选择育种和分子标记辅助选择育种。分子标记辅助选择育种就是利用分子标记与决定目标性状基因紧密连锁的特点，通过检测分子标记，即可检测到目的基因的存在，达到选择目标性状的目的，具有快速、准确和不受环境条件干扰的优点。根据目标 QTL 的加性效应和 QTL 间的加性×加性上位性效应能较准确地预测新品种的改良性状表现特性，最终结合表型选育新品种，该项育种方法将在后面详细介绍。

表型选择育种准确率较低。很多目标性状是数量性状，根据遗传力性状特点可分为遗传力较高的性状和遗传力较低的性状。遗传力较低的性状宜在高世代选择，遗传力较高的性状宜在较低世代选择。实践中，根据显隐性可分为显性和隐性性状，如目标性状在世代中是显性性状，即在分离群体中目标性状个体株数较多，一般相似的目标表型要多选几株，以便在以后世代中易选出稳定株系。如目标性状在世代中是隐性性状，即分离群体中目标性状个体株数较少，一般较稳定，可少选几株，以减少工作量。现在一般选择育种与分子标记选择育种可结合使用，如在染色体片段代换系构建过程中的表型选择时可考虑这些遗传特性。

三、水稻诱变育种

水稻诱变育种是指用物理和化学因素诱导水稻的基因结构发生变异，再从变异群体中选择符合人们某种要求的单株，进而培育成新的品种或种质的育种方法。处理方法可分为物理诱变和化学诱变。

物理诱变以 γ 射线为主，其次是中子和激光，也有 β 射线等，处理方法一般采用半致死剂量，即用同位素射线处理后植株成活率在 50% 左右，结实率在 30% 以下。近年来尤其流行的是航天诱变育种，航天诱变育种是将水稻干种子搭载返回式航天器（卫星），经过空间宇宙射线的强辐射、微重力和交变磁场等特殊环境的诱变作用而使种子产生变异，然后在地面选择有益变异培育新种质和新品种的育种方法。该技术是航天技术、生物技术和传统育种技术相结合的一种新方法。其有以下几个特点：①部分品种变异频率高，变异幅度大。②育种周期短，一般比常规育种缩短一半的时间，需 5~6 年。③可获得地面上理化诱变难获得的一些突变体，如获得的特色米（紫色、茶色等）突变体。育成的品种有'华航 1 号''华航 2 号''赣早籼 47 号'和'航育 1 号'等。

化学诱变以甲基磺酸乙酯（ethyl methane sulfonate，EMS）诱变为主。EMS 诱变对种子胚的伤害较轻，不像物理诱变损伤程度强烈，造成染色体结构破坏度大，强烈抑制种子萌发和根、芽的生长。EMS 诱变具有突变频率高、操作简单、突变专一及多效性等特点。在水稻中已产生了很多 EMS 突变体，并利用它们进行了相关基因的分子机制研究和部分应用于育种。如西南大学水稻团队利用 EMS 突变产生了多个水稻小穗和花发育的突变体，如水稻侧花突变体 *lf1*（*lateral floret 1*）、多花小穗突变体 *mfs1*（*muti-floret spikelets 1*）和颖壳持续生长突变体 *nsg1*（*nonstop glumes1*），并解析了水稻小穗侧生小花发育、*NSG1* 基因参与小穗器官特征发育及多花小穗基因 *MFS1* 调控水稻小穗分生组织确定性的分子机制，为构建水稻花/穗发育基因调控网络、推动"三花小穗"的分子设计育种奠定了基础，并开辟了大幅度提高每穗粒数的"三花小穗"育种新途径。

四、水稻杂交育种

（一）水稻育种的发展与成就

中国水稻育种既借鉴了国外经验又形成了自己的特色，早期的育种是专业和群众选育相结合，中后期发展形成了专业化的水稻育种队伍。70 多年来，我国利用丰富的水稻种质资源和外引种质材料，开展优异种质基因资源发掘利用与新育种技术创新发展，取得了重大进展和突破。中国水稻育种发展主要分为 3 个阶段。

第一阶段在 1950～1970 年，中国农业科学院、地方农业科学院、地方高校、省农业厅和省农业试验站联合组成全国农作物种质资源工作组，开展了多次大规模的水稻种质普查、收集和评选整理，收集水稻种质 4 万多份。我国稻种资源类型非常丰富，如籼稻、粳稻、陆稻、野生稻和特种米（如软米、红米、紫米）等。基于这些地方水稻品种资源，进行形态学分类和特色种质评选，特别是程侃声在籼粳亚种分类上做了大量研究工作，通过粒型大小、1～2 穗节长、谷粒稃毛、叶片稃毛、稻穗刚抽出时颜色和苯酚反应 6 个形态性状差异提出了程氏指数分类法。生产应用上，通过自然变异株系选择，筛选出一批丰产广、适性好的品种或株系示范推广，成效显著。例如，华中稻区的'胜利籼'和'老来青'，华南稻区的'南特号'和'陆财号'，西南稻区的'乱脚龙'和'西南 175'等。此阶段的水稻株高较高，抗倒伏性差，产量不高，大约为 169 kg/亩[①]，但为后来高产新品种选育提供了大量宝贵的品质、抗病虫、抗逆境资源。

第二阶段始于 20 世纪 60 年代的矮化育种。1956 年育种工作者从水稻品种'南特 16号'中选育出了我国第一个矮秆品种'矮脚南特'，1959 年广东省农业科学院利用'矮仔占'和'广场 13'杂交培育出半矮秆品种'广场矮'。一系列矮秆半矮秆品种的育成与应用，克服了传统品种植株高、倒伏严重及适应种植范围小的制约因素，在栽培上增加种植密度，提高施肥水平，扩大适应区域，实现良种大面积推广，使水稻单产每亩提高到 400 多千克，实现了我国水稻生产第一次质的飞跃。事实上，矮化育种阶段采用的水稻常规杂交育种技术及育成品种应用，一直沿用至今。此阶段利用常规杂交育种技术，开启我国水稻杂交育种，对国内外优异种质资源进行改良，培育出大量常规水稻品种，尤其是许多优质、特色品种改良，仍然采用常规杂交为主，如日本优米粳稻品种、泰国优米香稻品种、印度香稻'巴斯马蒂'（'Basmati'）品种等。当然，这些技术和品种都为后来开展杂交水稻育种奠定了坚实的基础。

第三阶段以杂交水稻育种为主，该技术的成功使我国水稻杂种优势利用取得了突破，实现了自花授粉作物杂种优势利用新育种途径，领先国际水平。杂交水稻育种技术主要是三系法和两系法，三系法研究始于 1964 年，1973 年籼稻和粳稻都实现了三系配套，同时两系法始于 1973 年。杂交水稻技术的成功和成熟，使水稻单产大幅度提高，每亩产量提高到 650 多千克，同时育成了一批杂交水稻品种并大面积推广使用，如 1990 年三系杂交水稻品种'汕优 63'推广 1.03 亿亩，2006 年两系杂交水稻品种'两优培九'推广 1100 万亩，2008 年两系杂交水稻品种'丰两优 1 号'推广 550 万亩，2014 年两系杂交水稻品种'Y 两

---

① 1 亩≈666.67m²

优1号'推广500万亩，2020年两系杂交水稻品种'晶两优华占'推广约500万亩。

（二）水稻杂交技术

禾谷类作物中，水稻是典型的自花授粉作物，其自然异交率为 0~3%，人工去雄和人工授粉是水稻杂交技术的两个重要环节，也是保障提高异交结实率的关键。

人工去雄常采用剪颖去雄、温水杀雄和真空吸雄去雄等方法。剪颖去雄是选取母本正抽出剑叶叶鞘的稻穗，先剪除穗上部已经开过的颖花和穗基部包裹在叶鞘内发育不全的颖花，在未开放颖花顶部 1/3 处，用剪刀斜口剪去颖壳，以不伤及柱头和花药为宜，用镊子小心挑出每朵颖花中 6 个花药，在此过程中如出现花药壁破损散粉，应剪去整朵颖花；温水杀雄是把整理好的稻穗放入 43~45℃温水中处理约 5 min，使花粉丧失受精能力，雌蕊正常；真空吸雄去雄是用连接在抽气机（或真空泵）上的玻璃或塑料吸管吸除花药。但无论采用哪种杂交方法，都难免存在假杂种，在育种过程中需要鉴别并剔除假杂种。

人工授粉是收集新鲜的父本花粉，给已经去雄的母本授粉。为提高结实率，应尽快收集足量新鲜花粉，通常在父本临盛花期时剪取稻穗插入清水中，放置母本旁，一旦父本开花，即向母本稻穗授粉（自然环境条件中稻穗遇风花粉易随风飘失），授粉后需进行套袋，防止异交。虽然水稻柱头接受花粉发芽的能力可维持 5 天左右，但去雄当日授粉或隔日授粉的效果最好。

（三）杂交亲本的选配

选择亲本必须根据既定的育种目标，根据所掌握种质资源的主要特性及其遗传规律，选用符合目标设计的亲本，采用适宜的杂交方法和技术路线，在利于目标性状表现的环境条件下评价和筛选。亲本选配是科学理论和实践经验的有机结合，虽然各育种单位会形成有自己特色的方法，但总体上都遵循以下 5 条基本规律。

1. 双亲具有较多的优点和较少的缺点，在重要目标性状上优点能弥补缺点　品种改良有既定的育种目标，那么选择亲本的双方或之一必须具有目标性状，尽量避免有共同的缺点，这样才能把双亲的优良性状集合在杂种后代同一个体上。而且，许多经济性状表现为数量性状遗传，杂种后代群体的经济性状表现与亲本性状平均值有密切关系，所以要求亲本的优点要多，这样才可能把多个优良性状综合在后代个体上。例如，20 世纪 60 年代育成的水稻矮秆良种'珍珠矮 11 号'（'矮仔占 4 号'×'惠阳珍珠早'），亲本'矮仔占 4 号'表现为半矮生、分蘖力强、耐肥、抗倒伏和迟熟，亲本'惠阳珍珠早'表现为分蘖力弱、易倒伏、早熟、熟色好、穗大和结实率高，育成品种'珍珠矮 11 号'结合了双亲的优点，表现为株型半矮生、分蘖力强、穗大穗多、结实率高、抗倒伏，具有丰产性和广适性，曾在华南和南方的稻区大面积应用；20 世纪 80 年代育成的优质香软米品种'滇屯 502'（'滇侨 20 号'×'毫秕'），亲本'滇侨 20 号'表现为半矮秆、分蘖中、香味浓、抗倒伏，亲本'毫秕'是云南傣族长期种植的地方软米品种，表现为株高（250 cm）、分蘖少、倒伏严重、软米和粒大；育成品种'滇屯 502'表现为半矮秆、抗倒伏、粒大和米饭香而软，迄今 30 多年来依然是云南香软优质米生产的主要依靠品种，曾 10 余次获得优质米奖等荣誉称号。

2. 双亲具有较大的遗传差异　选用生态类型、亲缘关系或地理位置相差较大的品种组配，品种间的遗传背景差异大，杂交后代分离广而差异明显，易选到性状超越亲本的新品种。例如，优良品种'珍珠矮'（'矮仔占'×'惠阳珍珠早'）和 'IR8'（'低脚乌尖'×

'Peta'），其亲本生态类型和地理位置差异明显。实际育种中，采用强优势组合培育的策略，多是利用籼粳亚种的杂种优势创制广亲和材料，育成一系列高产的常规稻和杂交稻品种。但亲本间的遗传背景差异也不是越大越好，如种间或亚种间杂交，双亲的血缘关系远，遗传差异也大，杂交后代性状分离非常大，分离世代延长，许多不良性状连锁，筛选性状优良株系耗时费工，影响育种效率。当然，如果是为了某个优良基因性状的导入，或者是扩大育种材料的遗传背景，开展这样的远缘杂交也是必需的。

3. 亲本之一的主要目标性状遗传力强　需要改良的亲本存在目标性状上的缺点，那么选取的另一个亲本在该性状上应具有优点，且遗传传递力强，能把该性状传递给后代。例如，利用'朝阳 18'稻瘟病抗性，育成高抗稻瘟病品种'红阳矮 4 号'；多抗品种'IR28'和'IR29'的育成是成功结合多个抗源的成果，如抗稻瘟病'CamPai15'、抗白叶枯病'TaduKan'、抗丛矮病'Oryza nivara'、抗褐飞虱'TKM-6'、抗黑尾叶蝉'Peta'。但是在实践上，一些综合性状优良的品种，就很难把其优异性状传递给后代。

4. 亲本应具有较强的配合力　配合力强的亲本杂交后代中能分离出优良性状，易筛选到期望优良目标性状的品种。一般配合力的高低与品种本身性状的优劣存在一定关系，但并非一回事。有的优良品种是好亲本，在其后代中能分离出优良株型，但有的优良亲本后代很难获得优良株型。因此，在选配组合亲本时，首先注意育种亲本材料的优缺点，更多的是通过育种实践认识亲本潜在价值，摸清亲本配合力，以便合理应用。例如，'广场矮''二九矮''桂朝 2号''低脚乌尖''IR8''科情 3 号''特青'等品种配合力较好，育成的后代品种也很多。

5. 亲本之一是综合性状较好，能适应当地条件的推广良种　品种对生产环境条件的适应性是影响其丰产和稳产的重要因素。通常情况下，某些水稻品种能适应一定光、温及土壤等生态环境变化，能很好地抵御当地病、虫等逆境，具有高产稳产的能力。用这种在当地适应性好的推广良种作亲本，杂交培育的后代具有较好的适应性和丰产性。

（四）杂交组配方式

杂交组配方式是指一个杂交组合里用几个亲本及各亲本间如何配制的问题。水稻杂交育种的组配方式很多，多采用单交、复交和回交。当两个亲本的血缘关系不远，性状基本能符合育种目标，优缺点能够互补时，采用单交方式，培育时间短，选择效果好；当亲本血缘关系远（如亚种间和种间的亲本遗传差异大）时，宜采用单交结合回交的方式，可克服杂交后代性状分离大和遗传稳定慢的缺点，而且用其中一个优良亲本回交，易选择得到预期目标性状的后代；复交是三个或者三个以上的亲本进行多次杂交，复交组合的杂交亲本至少有一个是杂种，复交杂种的遗传基础比较复杂，生产的变异类型多，易创制出更多优良株型，但性状稳定较慢。

（五）杂交后代的选择

一般而言，在杂交的低世代（如 F_2 和 F_3 代）性状分离大，各组合种植群体量要大，以充分展现单株性状差异，筛选优良基因重组个体的概率大。在 F_4 代及以上世代，农艺性状逐渐趋于稳定，群体内单株性状差异很小，可减少各组合的种植群体量。在实际育种过程中，配制的杂交组合会很多，一旦各杂种世代群体种植过大，就需要有充裕的经济和人力条件支撑。我国水稻育种多倾向于多组合，群体较小，早期淘汰劣势组合，选留优良组合，每个组合 F_2 分离群体种植数量一般为 1000～5000 株。当然，如果已经明确育种目标和具体要求，清楚使用杂交亲本的系谱和特征时，配制的杂交组合数不必多，遗传差异较小的杂交，其 F_2 代的群体种植数量约为 2000 株；遗传差异大的杂交，其 F_2 代的群体量应该提高到 5000～10 000 株较妥当。

在选择上，通常依据选择性状遗传率的高低来决定是低世代选择还是高世代选择。例如，水稻的抽穗期、株高、穗长、粒形和粒重等性状具有较高的遗传率，从 F_2 代起进行选择效果较好，低世代选择容易丢失优异基因型；分蘖数、穗粒数、结实率和产量等性状遗传率较低，到较高世代选择效果较好；对于外观品质性状粒形、垩白和透明度等，在中高世代选择效果好；抗病虫性状多由单基因控制，适合从 F_2 代起选择，在高发区自然诱发结合人工接种进行选择效果好；对于一些形态上识别困难的性状，可根据性状间的遗传相关性选择以提高选择效果。此外，我国的稻作区域广阔，生态类型复杂多样，各稻区具有不同的水稻生产问题，如涝害、干旱、低温、高温和土壤问题等许多水稻生产逆境因子，根据生产实际把筛选材料放置于逆境中，筛选抗逆性状材料。而且，随着农村劳动力减少和种植经营规模不断扩大的发展变化，要考虑品种性状与未来轻简化生产相适应，要求具有株型紧凑、根系发达、抗倒伏、萌发出苗早、分蘖适中、落粒适中和生育期较短等性状。

五、水稻的杂种优势利用

（一）杂交水稻在我国的诞生和研究进展

植物雄性不育现象最早在 1763 年被德国学者 Kolreuter 观察到，而水稻雄性不育的研究最早始于日本，在 1958 年日本东北大学的胜尾清用中国‘红芒’野生稻与‘藤扳 5 号’杂交和回交育成‘藤扳 5 号’雄性不育系，1966 年日本琉球大学新城长友以‘Chinsurah Boro Ⅱ’与‘台中 65’杂交，育成 BT 型‘台中 65’雄性不育系和同质恢复系，但因杂种优势不明显等因素，杂交水稻并没有在日本推广使用。

杂交水稻在生产上成功大规模得推广应用却源自中国，这是水稻育种史上的一个里程碑，既大幅度提高了水稻产量，又丰富了水稻遗传育种的理论和实践。中国杂交水稻的发展历程，从育种方法上，由三系到两系，可能到一系，发展趋势由繁到简。从杂种优势水平利用上，从品种间杂种优势利用、亚种间杂种优势利用，到远缘杂种优势利用，利用的杂种优势越来越强。迄今为止，用于杂交水稻育种的主要是三系法和两系法。

三系法杂交水稻研究始于 1964 年，袁隆平从‘洞庭早籼’‘胜利籼’等品种中发现雄性不育株后开始杂交稻的选育研究，突破口是 1970 年在海南崖县普通野生稻（*Oryza rufipogon*）群落中找到花粉败育株（简称野败，CMS-WA），1972 年育成野败型不育系‘二九南 1 号 A’和‘珍汕 97A’等，1973 年测得‘IR24’‘IR661’和‘泰引 1 号’等恢复系，成功地实现了籼稻三系配套。之后，我国陆续育成籼型不同质源不育系：四川农业大学 1965 年利用西非籼稻‘冈比亚卡’（‘Gambiaka Kokum’）为母本，‘矮脚南特’为父本，从杂交后代分离出不育株，转育出冈型不育系（CMS-G），代表是‘冈朝阳 1 号 A’，其恢复和保持特性与野败型不育系相似；1972 年利用西非籼稻‘DissiD52’为母本，从 DissiD52/37//矮脚南特后代分离出不育株，转育成 D 型不育系（CMS-D），代表是‘D 珍汕 97A’，恢复和保持特性与野败型不育系相似；武汉大学于 1972 年以海南的‘红芒’野生稻与早籼稻‘莲塘早’杂交，并连续回交育成红莲型不育系（CMS-HL），代表是‘华矮 15A’，其恢复和保持特性不同于野败型不育系。1975 年籼型杂交水稻全国种植面积为 373.3 hm^2，产量为 7.5 t/hm^2，较常规品种增产 20%～30%，20 世纪 80 年代中期以‘明恢 63’为代表的一批强优势组合育成应用，1986 年全国种植面积快速增长到 257 万 hm^2。杂交水稻是利用 F_1 代的杂种优势获得高产，因而需要年年繁殖不育系和配制杂交种，在杂交水稻育种之初，**繁殖制种技术研究**也是费尽周折，大体经历了 3 个阶段：制种技术的摸索阶段（1973~1980 年），制种产量由最初的 6 kg/亩增长到 50 kg/亩；完善阶段（1981~1985 年），产量大幅提高到 110 kg/亩左右；成熟阶段（1986 年后），大面积制种产量超 150 kg/亩，高产的在 200 kg/亩以上。

粳型三系的选育研究始于 1965 年，云南农业大学李铮友在云南保山水稻品种'台北 8 号'群体中发现天然籼粳杂交的低育株，与昆明种植粳稻品种'红帽缨'杂交并回交，于 1969 年育成滇型不育系'红帽缨 A'（CMS-D1），并利用上千个粳稻品种测配，但在这些粳稻品种中没有找到恢复系，此问题在当时并没有可参考的文献和借鉴的方法，推测籼稻中可能存在粳型不育系的核恢复基因，便采用从籼稻品种中导入恢复基因的策略。1970 年开始进行了大量的籼粳杂交，发现粳稻品种'科情 3 号'与大量籼稻品种杂交后代均能结实，结实率在20%以上，最高可达80%。于是便以'科情 3 号'为搭桥品种进行籼粳杂交，于 1972 年育成从籼稻'IR8'中导入恢复基因的恢复系'南 8'，1973 年成功地实现了粳稻三系配套。1972 年中国农业科学院作物育种栽培研究所从日本引入'Chinsurah Boro Ⅱ'细胞质的'台中 65'不育系与保持系，1973 年向全国 21 个省（自治区）54 个单位提供了 BT 型不育系种子。由于粳稻资源不如籼稻丰富，亲本间遗传差异较小，配制杂交粳稻组合的杂种优势普遍没有杂交籼稻的强，全国几十年来不间断地开展杂交粳稻育种研究的单位也很少，杂交粳稻发展相对缓慢。

两系法杂交水稻在三系法的基础上发展形成。与三系法相比，两系法不受保持系制约，不需要恢复基因，扩大了亲本利用范围，更利于利用籼粳亚种杂种优势和改善杂交稻稻米品质。1973 年，湖北沔阳县（现仙桃市）沙湖原种场石明松在粳稻品种'农垦 58'大田中发现 3 株自然雄性不育株，在武汉地区 9 月 3 日以前表现不育，9 月 4 日后抽出的穗子开始结实，9 月 8 日以后直至安全抽穗前，结实趋于正常，观察发现日照长度是雄性不育育性变化的主要影响因子，当日长为 14 h 时表现不育，短于 12 h 则结实正常，1981 年科研人员首次提出利用其在长日高温下制种、短日低温下繁种，一系两用的杂交水稻培育策略，后来经过华中农业大学、湖北省农业科学院和武汉大学的联合研究，于 1985 年 10 月通过技术鉴定，正式定名为"湖北光敏核不育水稻"（Hubei photoperiod-sensitive genic male sterile rice，HPGMR）。

核不育水稻的发现受到国内外的广泛关注，许多单位也开展研究，以'农垦 58S'为不育基因供体育成一系列的籼型光敏核不育系。但研究发现多数籼型核不育系的育性变化主要受温度制约，如 1989 年 7 月下旬，南方稻区的华中、华南和华东地区，大范围出现持续 3~4 天日平均温度低于23℃的异常低温，当时认为是光敏型的籼稻不育系，大部分都出现了育性反复，从不育转为可育；1991 年秋季短日异常高温条件下，许多不育系的可育性又明显下降。结合人工气候箱内的光温鉴定和年度间的田间育性表现，育种家认识到这类核不育系的育性变化实际上受日长和温度变化的影响，不育系育性转换以日长变化为主、温度变化为辅的称为光敏核不育系（PGMS）；而以温度变化为主、日长变化为辅的称为温敏核不育系（TGMS），育种工作中通常称为光温敏核不育系（P/TGMS）。这对两类核不育系的认识和划分，对育种技术路线和育性鉴定方法的制定都起到了非常重要的作用，加快了两系法育种进程，育成了大量优良的不育系，使两系杂交稻育种获得了突破。在 20 世纪末，我国两系杂交水稻获得了快速发展，育成了一大批高产、优质的强优势新组合，在生产上获得了大面积的推广应用。

回顾 50 多年的发展历程，自 1973 年我国杂交水稻的选育成功，进而实现大面积推广应用，明确了自花授粉作物也可以像异花授粉作物那样利用杂种优势，这引起了国际上的强烈反响和高度评价。较常规稻品种，杂交水稻增产达20%左右，而且表现出多方面的杂种优势，如萌发快、分蘖强、生长势强、根系发达、耐肥、穗大粒多、适应性广和抗逆性强。三系杂交水稻自 1976 年推广应用，在国内获得快速发展，1983 年种植面积突破 1 亿亩，1989 年种植面积达到 2 亿亩，1991 年鼎盛时期达到 2.6083 亿亩。此后，我国三系和两系杂交稻年种植面积约为 1500 万 hm^2，约占水稻种植面积的51%，产量占稻谷的 58%，在全世界数十个国家和地区种植。中国杂交水稻技术处于世界领先水平，不仅解决了中国人的吃饭问题，还造福世界。1980 年杂交水稻以我国第一个农业技术专利转让给美国，1981 年三系法杂交水稻技术获国家技术发明特等奖，2014 年两系杂交稻技术获国家科学技术进步特等奖。

（二）水稻雄性不育系和杂种优势

目前，能广泛用于水稻杂种优势利用的雄性不育系主要是质核互作型雄性不育系和光温敏核雄性不育系，基于此技术体系形成水稻三系法和两系法育种。

1．三系法　　基于细胞质雄性不育及其核育性恢复（CMS/Rf）系统进行杂交水稻品种选育称为三系法，包括质核互作雄性不育系（A）、雄性不育保持系（B）和雄性不育恢复系（R）。

雄性不育系，其雄性器官发育异常或退化，不能产生正常可育的花粉，自交不结实，而雌性器官正常，接受其他正常品种的花粉能够受精结实，其细胞质和细胞核均携带雄性不育基因。在形态上，不育系花药瘦小，呈乳白色或浅黄色，皱缩不开裂散粉。败育花粉经1%的碘-碘化钾溶液染色，在显微镜下呈现 4 种形态：无花粉型，花药内无花粉粒或少量极小颗粒，碘反应不染色；典败型，单核期败育，花粉形状多呈不规则，碘反应不染色；圆败型，二核期败育，花粉形状为圆形，比正常花粉粒小，碘反应浅蓝色或不染色；染败型，三核期败育，花粉形状为圆形，比正常花粉粒略小，有少量淀粉积累，碘反应呈不均匀的蓝色。

优良不育系必须具备的性状为：不育性稳定，不育度和不育株率均达到100%，自交不结实，开花习性好，花时早而集中，异交结实率高，配合力强，米质优，抗病性好。

保持系，是指雌、雄蕊器官均正常，能自交结实正常，细胞质携带雄性可育基因，而细胞核携带雄性不育基因，所以其花粉授于不育系，不育系能结实，使不育系的不育特性能遗传给后代，即不育系的不育特性得到保持。优良保持系必须具备的基本特征为：株叶型好、花药发达、柱头外露率高、花粉量大、花时早而集中、米质优和抗性好。

恢复系，是指雌雄蕊器官均正常，自交结实正常，细胞核携带雄性不育育性恢复基因，给不育系授粉能使不育系育性得到恢复。优良恢复系必须具备以下特征：株叶型好、花粉量大、开花集中、恢复力强、配合力好、品质优和抗病能力强。

在杂种优势利用上，不育系育性受细胞核基因控制，不受环境条件影响，育性稳定，种子生产安全，可利用地理远缘亚种内和籼粳亚种间的杂种优势，F_1 代确实表现出优势强、产量高、抗病、抗逆性强和适应性广的特点。但三系法杂交育种的组合配制受恢保关系制约，配组自由度小，优良组合选育效率较低，繁殖制种技术复杂，种子生产成本高。

2．两系法　　利用光温敏核雄性不育（P/TGMS）及其核育性恢复系统进行杂交水稻品种选育称为两系法，包括光温敏核雄性不育系（S）和雄性不育恢复系（R）。

光温敏核雄性不育系,其雄性器官发育异常或退化,而雌性器官正常,接受其他正常品种的花粉能够受精结实,其不育性变化受到细胞核雄性不育基因和光温变化的共同影响。形态上,不育系花药瘦小,呈乳白色或浅黄色,皱缩不开裂散粉。为了弄清楚光温敏核不育水稻的花粉育性对光周期和温度变化的敏感时期,许多学者进行了精心的实验设计和大量仔细的研究。目前,认为光敏核不育性对光周期的敏感时期是二次枝梗原基分化期到花粉母细胞形成时期,临界光照长度为 13.5 h,当光长>13.5 h,表现为雄性不育,光长变短则表现为可育或部分可育;温敏核雄性不育性对温度的敏感时期是幼穗的花粉母细胞减数分离期,为抽穗前的 8~11 天,育性转化临界温度的高低决定了温敏不育系的应用价值和适合的生态区域,临界温度低,其杂交种子生产安全性就高,但不育系自身繁殖较困难,通常临界温度为 23℃左右的不育系实用价值大,在 24℃以下的不育系在亚热带和热带地区可以利用,而高于 24℃的不育系在热带地区可能可用。

迄今为止,报道的光温敏核不育的水稻类型不少,但主要应用于杂交水稻育种的光敏型不育系表现长日不育、短日可育,温敏型不育系表现高温不育、低温可育。以'农垦58S'为供体亲本,育成了'N5088S'('农垦 58S'ד農虎 26')和'培矮 64S'('农垦 58S'ד培矮 64')等一批光温敏不育系。其中,'培矮 64S'的临界温度为 23.5℃,实用性最好,已组配出一批优势强、米质优的两系杂交稻组合,在生产上已获得大面积推广应用,如'两优培九'在 2006 年的种植面积达 1100 万亩。

理论上,两系法杂交水稻在配组上不受恢保关系制约,所有材料均可作恢复系,配组效率高,更有利于利用亚种间的杂种优势,选育产量高、米质好、抗性强和适应性广的品种。但其不育性受核不育基因和环境光温的共同影响,制种存在风险,如制种遇到低温天气,产生自交结实,杂交种子纯度下降,杂交种子一旦报废转商,将带来巨大损失,而且不育系起点温度鉴定程序复杂。

(三)三系杂交水稻的选育

1. 质核互作雄性不育系的选育 中国杂交水稻理论研究与实践应用 50 多年以来,质核互作雄性不育种质资源主要来自远缘杂交和自然突变或人工诱变。

远缘杂交有种间杂交、亚种间杂交和地理远距离的品种间杂交,其基本方法是通过杂交和连续回交进行细胞核置换,进行母本提供细胞质与父本提供细胞核的结合,产生质核互作的雄性不育。

1)普通野生稻与栽培稻的杂交属于种间杂交,普通野生稻作母本与栽培稻作父本杂交,用栽培稻作连续回交,培育出各种类型的雄性不育系。例如,用海南红芒野生稻与早籼品种'莲塘早'杂交,育成红莲型不育系(CMS-HL)。普通野生稻的主要特点是感光性强和落粒性强,杂交的早期世代疯狂分离,变异类型多,所以用来杂交和回交的栽培稻,要考虑分期播种,授粉杂交后至种子成熟要套袋,防止杂交种子脱离。

2)籼粳亚种杂交,通常以籼稻为母本,粳稻为父本和连续回交亲本容易获得不育系,即籼稻提供细胞质,粳稻提供细胞核。例如,籼稻'Chinsurah Boro Ⅱ'×粳稻'台中 65',籼稻'峨山大白谷'×粳稻'科情 3 号',印度'春籼 190'×粳稻'红帽缨',籼稻'IR24'×粳稻'秀岭'。

3)地理远距离的品种间杂交,由于长期生态隔离形成品种间的较大差异,杂交也可能育成不育系。例如,西非籼稻品种'冈比亚卡'('Gambiaka Kokum')与我国籼稻品种'矮脚南特'杂交，育成冈型不育系（CMS-G）。

自然突变或人工诱变。自然突变是在水稻盛花或灌浆结实期，在水稻群体中寻找不育或低育株。例如，利用海南野生稻天然败育株，用'二九南 1 号'作回交亲本连续回交，育成野败型不育系（CMS-WA）'二九南 1 号 A'。人工诱变是采用物理或化学方法处理水稻种子或材料，诱导基因变异产生雄性不育，但突变往往产生于细胞核中，这类不育材料通常难于找到保持性。

目前，在开展三系杂交水稻育种实践中，大多数单位利用已有的不育种质资源转育新不育系，实用且经济。但也有少数单位在开展新种质资源雄性不育系的培育，这对丰富不育细胞种质资源具有重要意义。

2. 保持系改良与新不育系转育 根据育种目标对现有保持系进行改良是选育保持系的主要策略。目前，国内杂交水稻育种主要的不育种质资源，籼型有野败型 CMS-WA、红莲型 CMS-HL 和冈型 CMS-G 等，粳型有滇 1 型 CMS-D1 和包台型 CMS-BT 等。选用已有的保持系与具有优良性状或特异性状的品种杂交，也可接着回交 1～2 次，然后在其后代中筛选群体整齐又具有多个优良性状（如株叶型好、株高偏矮、开花习性好、柱头外露率高、花粉量大、品质优、抗病虫和抗逆境等）的株系。

用筛选到的优良株系与不育系测交、回交，通过细胞核置换转育出新的同源不育系。筛选到的株系是否是保持系，需要通过其给不育系授粉的测交方式来验证，如测交产生的杂种一代表现不育，说明该株系细胞核具有雄性不育基因，那么，利用该株系为回交亲本连续回交，直至回交群体整齐无分离，则新不育系转育成功。理论上，新转育的不育系与保持系属同核异质群体，它们的株叶型应该一致。

保持系是不育系的同核异质体，优良保持系应该具有的特性为：较高的配合力；花药发达，花粉量大，柱头外露率高，利于提高不育系的结实率；良好的株叶型、产量、抗性和稻米品质；育成的新不育系的雄性不育性稳定，不因为环境影响而自交结实，不育率达99.5%以上，以保证制成的 F_1 代纯度高；具有良好的花器结构和开花习性，开花正常，花时与一般恢复系相同，柱头发达，外露率高，小花开颖角度大且持续时间长，稻穗包颈程度轻或不包颈，以利于接受外来花粉，提高异交率。

3. 恢复系选育 恢复系是指细胞核具有雄性不育育性恢复基因（*Rf*），能恢复雄性不育系的育性，结实正常。在 20 世纪 70 年代开展杂交水稻育种研究的初期，不知道恢复基因在哪里，尤其是杂交粳稻育种，曾尝试大量的方法而无果。通过几十年的育种实践与积累，现在基本清楚籼型和粳型不育系的恢复基因都来自籼稻品种'IR8'（'Peta' ×'低脚乌尖'），籼型杂交稻的重要恢复系'明恢 63''IR24''IR661'和'泰引 1 号'等都是'IR8'的后代或衍生后代，粳型杂交稻最早的恢复系'南 8'也是'IR8'的后代。目前，对已知的恢复系进行改良是选育新恢复系的主要途径，如需改良恢复系的某个特异性状，则应选取具有特异性状的品种与现有恢复系杂交，在其后代中筛选群体整齐且具有该性状的优良株系；如需培育遗传差异更大的恢复系，则应选取亲缘关系更远的品种与现有恢复系杂交，在其后代中筛选群体整齐又具有多个性状优良的株系。

用筛选的优良株系与不育系测交产生的 F_1 代结实正常，则说明该株系的细胞核具有雄性不育育性恢复基因，具有恢复能力。恢复系株高较不育系略高，花粉量大，开花集中，配组优势强，品质优，抗病性强。

（四）两系杂交水稻选育

1. 光温敏核雄性不育系的选育 在现有的光温敏核雄性不育系中，相当一部分的不育基因源自'农垦 58S'或其衍生系，所以利用现有的不育系进行杂交和回交导入有利基因，是培育新光温敏核不育系的主要途径。不育系筛选采用异地穿梭选择，根据育种设计需求建立具有温度差异（温敏型）或者纬度差异（光敏型）的两个育种点，一个点用于不育系育性鉴定，另一个点用于不育系种子繁殖。由于核不育系的育性转换容易受到环境、光、温条件的影响，新培育的不育系既需要反复多次鉴定，还需要转换起点温度低（低于23.5℃），否则后期制种风险很高。自然环境中，日照长度变化因地球的规律运动，表现为年度间相对稳定，气温则受到很多因素的影响，年度间的稳定性较差，所以在育种应用上光敏不育类型更可靠。人工环境中，可创制不同温度条件的环境，方便鉴定温敏型不育系的起点温度，利于选择转换温度较低又适于自交繁殖的温敏不育系。

在长期的两系杂交稻育种实践过程中发现，光温敏核不育系临界温度会发生遗传漂移。光温敏核不育系育性可能受到微效多基因的修饰作用，当光温敏不育系育成后或经过几个世代后，单株间在育性转换温度上仍然存在一定的差异，临界温度高的单株结实率更高，繁殖过程中临界温度高的种子的比例上升，经过几个世代后，该不育系的临界温度便上升，这种现象称为遗传漂移。目前采取的解决办法，一是保留不育系原始稻蔸，视生产用种量，繁殖原原种；二是鉴定繁殖低育性转换温度单株，形成核心种子，再繁殖为生产用不育系。

2. 恢复系选育 光温敏不育性仅受细胞核内 1～2 对隐性基因控制，理论上其育性能被所有正常可育材料恢复，不需特定的恢复基因，所以配组自由，不像三系杂交稻受恢保关系制约。在两系杂交稻育种中，可利用的恢复系范围很宽，配组自由度大，配组效率高。在杂种优势利用方面，两系父母本易导入广亲和性，亚种间杂种优势利用更为方便，产量优势水平可再提高，米质和抗性也更容易改善，利于培育多元化市场需求的品种。为了选育亚种间优势杂交组合，多个不同育种单位间开展亲本的广亲和性筛选和鉴定很重要。

六、加速育种进程的途径

因社会需求和品种适应性变化等原因，单个水稻品种一般在推广利用 3～5 年后即需新品种替换，而采用常规育种手段育成 1 个新品种需经历 5～8 个世代选择，历时 5～10 年。因此加速水稻品种育种进程，提高育种成效很有必要。目前加速育种进程的方法主要有异地加代法、回交育种法和生物技术育种（组培育种、分子育种）等。

（一）异地加代法

异地加代法是利用水稻喜温感光的特性，采用人工环境控制栽培或利用华南秋繁或冬繁进行异地加代，使水稻在 1 年内完成多个世代，这是目前应用最广泛有效的加速育种途径。例如，在海南省北纬 18°以南地区采用此法，南方稻区早籼稻可从 1 年 1～2 季提高到 1 年 3 季，单季稻或北方粳稻可从 1 年 1 季提高到 1 年 2 季，这样提高后的育种效率可达50%～100%。但异地加代中应注意解决部分材料存在的问题，如种子休眠、光温反应和穗萌等。根据生态条件差异，应不选择或降低一些农艺性状和生理特性等选择压。

（二）回交育种法

回交育种法是引入需要的基因，最大限度地保持轮回亲本优良性状的育种方法。该方法在水稻育种中常用于改良品种的质量性状，如稻瘟病和白叶枯病等抗性方面。理论上，回交 3 次后获得 93.75%的轮回亲本带有的性状，结合人工选择即可达到育种目标，故回交育种具有目标明确及有效缩短育种年限等优点。

（三）生物技术育种

1. 组培育种 植物组织培养技术是利用植物细胞的全能性，取植物的部分组织细胞来分化培养成完整植株的技术。其已成为一项专门的技术运用于作物改良和作物育种方面。其中，最重要的应用就是花药培养育种技术。

花药培养育种技术就是将特定发育时期的花药培养在培养基上，使花药中的一些花粉粒改变原来的发育进程，形成愈伤组织，再从中分化出单倍体植株，通过自然或人工加倍得到纯合双单倍体植株。其优点是产生的纯合二倍体在遗传上非常稳定，不发生性状分离，能极早稳定分离后代、缩短育种年限，尤其能使籼粳亚种间杂交的育性大大提高。

花药培养的影响因子包括以下几种。

1）水稻基因型是最为关键的影响因子，水稻粳亚种的花培成功率高，其花培技术已趋于成熟；籼亚种的花培效率低，但近些年也已取得较大突破。

2）供体植株的花粉育性、生育状况、取材部位及时间影响花药培养的质量。

3）在花药接种前和愈伤组织转移前，需要进行低温、热激发、甘露醇等理化预处理。

4）培养基的选择非常重要。培养基与基因型相互作用，不同基因型对培养基有选择偏好。目前，粳稻品种多用 N6 培养基，籼稻品种或偏籼材料以 B5 和 M8 培养基为宜；籼粳杂交组合可用 SK3 培养基；此外，还有广适性的通用培养基。培养基的主要成分有蔗糖等碳源，硝态或氨态氮源，2,4-D 等激素，Cu、B、Mn 和 Zn 等微量元素，亚精胺（Spd）和烯效唑（S3307）等有机物，琼脂等凝固剂，活性炭等有毒物质吸附剂。

5）适宜的温度（24～30℃）、湿度（60%～80%）和 pH（5.8～6.2）是必不可少的。花药培养技术在水稻育种上成就显著，1975 年首先应用花药培养技术与水稻杂交育种技术相结合，培育成水稻'单丰 1 号''新秀'和'花育 1 号'等花培新品种。之后，一大批粳稻和籼稻花培品种问世，如中国农业科学院作物科学研究所李梅芳等培育的中花粳稻系列'中花 4 号''中花 8 号''中花 10 号'和'中花 11 号'等水稻品种具有优质、抗病及抗盐碱等性状，在我国北方稻区表现良好；在籼稻方面，江西省农业科学院育成的'赣晚籼 27'，抗稻瘟病且米质达 2 级标准。此外，推广面积较大的还有'协优赣-8''早单 7301''晚单 7号'和'闽花 1 号'等系列常规品种。

花药培养技术也应用于籼粳亚种间杂交，并取得了良好效果，其特点是能显著提高结实率和克服杂种不育。莫与光等从 6 对籼粳组合中，选出'南抗 1 号'及'南抗 2 号'等一批优良品系。

2. 分子育种 随着生物技术的迅速发展，水稻分子育种时代已经来临。水稻分子育种主要包括分子标记辅助选择（molecular marker-assisted selection，MAS）育种和水稻转基因工程技术育种。

（1）分子标记辅助选择育种 现阶段作物育种方法已从传统表型选择发展到分子标

记辅助选择育种。MAS 育种是将与目标基因紧密连锁的分子标记选择和传统杂交育种及回交育种技术相结合的新型育种技术。自 20 世纪 80 年代以来，由于 DNA 标记的出现，基因组研究取得了快速的发展。水稻因较小的基因组和丰富的遗传多样性，成为单子叶植物中第一个进行全基因组测序的模式作物，这标志着基因组研究已进入后基因组时代。近年来，全基因组关联分析（GWAS）将高密度的单核苷酸多态性（SNP）标记与性状联系起来，并使得部分连锁 SNP 标记具有利用价值。随着 SNP 检测技术的不断成熟及检测成本的降低，分子标记设计育种已成为未来育种的发展方向。

"分子标记设计育种"是 21 世纪初提出的新概念，是指有目的地利用作物基因组中有利的等位基因来设计并培育人们所需要的品种。水稻染色体片段代换系可作为水稻重要基因自然变异创建和优良基因聚合的重要平台，染色体片段代换系（chromosome segment substitution line，CSSL）是通过与受体亲本的高代回交和自交，结合全基因组分子标记辅助选择得到的一套覆盖受体亲本不同染色体片段的株系。每个 CSSL 与受体亲本只存在一个或少量代换片段的差异，可将复杂性状进行分解，是用于各种数量性状 QTL 定位的良好材料，尤其作为一个强大的工具，这些代换系可很好地将基于优良品种遗传背景下鉴定出的高产、优质、抗性基因与水稻育种计划紧密结合。其中，华南农业大学张桂权教授团队制定并实施了水稻分子设计育种的"三步走"策略。第一步，构建水稻染色体单片段代换系（single segment substitution line，SSSL）文库，把水稻育种上能利用的基因最大限度地收集到文库中来；第二步，对 SSSL 代换片段中的基因进行分析，广泛获取育种上有用的基因信息，包括单基因的加性效应、双基因甚至多基因间的上位性互作效应和与环境互作效应，以及目标基因结构和功能等信息，为设计育种提供依据；第三步，利用 SSSL 文库中的优良基因，借助常规育种，如杂交和选择育种等手段开展设计育种，设计并培育出各种各样的水稻新元件、新品系和新品种。基于水稻单片段代换系的分子设计育种方案如图 1-20 所示。

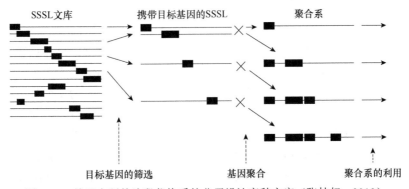

图 1-20 基于水稻单片段代换系的分子设计育种方案（张桂权，2019）

分子设计育种作为一个新概念、新设想、新技术和新产品，当然还有许多问题需要探索解决，不可能一蹴而就，必然是长期的探索过程。目前，国内多家单位如华南农业大学、中国科学院植物生理研究所、西南大学、中国水稻研究所、华中农业大学、南京农业大学和扬州大学等多家研究团队均创建了来自不同受体和供体的水稻染色体片段代换系自然变异基因文库，并分离解析了多个产量和品质等 QTL，同时解析了其生物学功能，如粒宽基因 *GW2*、*GW5* 和 *GW8*，粒长基因 *Gl3.1*、*Gl3.2*、*qGL3.3*、*qGL6*、*GS9* 等。随着新技术的不断出现和利用，分子标记设计育种无疑具有更大的拓展空间、巨大的发展潜力和广阔的应用前景。

（2）水稻转基因工程技术育种　　随着基因编辑技术和一系列生物技术的发展，基因工程技术育种也将成为重要的育种手段。使用传统育种手段培育一个新的雄性不育系通常需要几年，甚至超过十年，而使用现代基因工程技术可以大大减少繁殖时间，加快育种进程。水稻转基因工程技术育种是指将目的基因经加工编辑或直接克隆，利用农杆菌介导法或基因枪法进行遗传转化，成功地将目的基因转移到受体亲本中去，实现整合和表达，并能稳定地传给下一代。通常，农杆菌介导法和基因枪法是最常用的遗传转化手段，相比之下，农杆菌介导法在水稻基因工程育种的研究中具有成功率高、经济可行、转化机制清楚稳定、转化质量明显和可人为控制等多方面的优点，因而在水稻基因工程育种中得到了较为广泛的应用。

目前，我国利用水稻转基因工程技术在提高水稻的抗虫、抗病、抗逆性和改善稻米品质等诸多方面展现出了良好的发展前景，如中国科学院成功地将来源于长药野生稻的对白叶枯病抗谱最广的 *Xa21* 基因转入我国的主栽品种中，获得了抗白叶枯病杂交稻新组合，目前正在进行示范种植与推广，有望形成基因工程育种产业；中国水稻研究所研制的转 *bar* 基因抗除草剂水稻取得了重要进展；福建省农业科学院也已成功选育出了多个抗虫转基因水稻品系，获得了一批抗虫性好、农艺性状表现优良的三系和二系杂交稻组合；华南农业大学刘耀光团队利用高效的多基因载体系统 TGS Ⅱ（TransGene Stacking Ⅱ），实现了在水稻胚乳特异合成虾青素（astaxanthin）的生物强化（biofortification）目标，培育出世界首例胚乳富含虾青素的新型功能营养型水稻种质"aSTARice"（虾青素米），也称"赤晶米"。

（3）基因编辑技术育种　　CRISPR/Cas9 作为一种新型的基因编辑系统，对水稻转基因工程技术育种起到极大的推动作用。该技术通过 RNA 指导 Cas9 核酸酶对靶向基因进行特定 DNA 编辑。CRISPR/Cas9 系统的基因编辑效率高，其载体构建与使用也更加便捷。华南农业大学庄楚雄课题组利用 CRISPR/Cas9 系统，在 TMS5 的编码区中设计了 10 个靶位点用于靶向诱变，建立了有效的构件 TMS5ab，开发了 11 个新的"清洁遗传改良"TGMS 品系，一年内可应用于两个水稻亚种的杂交育种，这一系统的应用不仅显著加快了不育系的繁殖，而且也有利于杂种优势的利用。中国科学院遗传与发育生物学研究所李家洋团队首次提出了基于基因编辑的异源四倍体野生稻快速从头驯化的新策略，分为 4 个阶段：第一阶段，收集并筛选综合性状最佳的异源四倍体野生稻底盘种质资源；第二阶段，建立野生稻快速从头驯化技术体系，包括三个核心点，即高质量参考基因组的绘制和基因功能注释，高效遗传转化体系和高效基因组编辑技术体系；第三阶段，品种分子设计与快速驯化，包括重要农艺性状基因注释、功能验证、多基因编辑及聚合和田间综合性状评估；第四阶段，新型水稻作物的推广应用。

水稻转基因工程技术和基因编辑技术在育种方面有着广阔的应用前景，目前虽取得较大进展，但后续转基因品种的安全性尚需进行严格评价和检测。

七、水稻良种繁育

（一）水稻品种的混杂与退化

1. 杂交水稻三系亲本及 F₁ 代的混杂与退化　　水稻三系亲本的混杂与退化表现如下：不育系的不育性降低，出现少数正常花粉而自交结实；可恢复性变劣，配合力降低；异交习性变劣，如出现花时迟和柱头外露率降低等；保持系的保持不育能力下降；恢复系的恢复力减弱，配合力降低；其后果是造成不育系繁殖或杂交制种的纯度下降，产量降低。

机械混杂和生物学混杂是水稻三系亲本及 F_1 代混杂与退化的主要原因。亲本的杂株多由机械混杂造成，占总杂株的 70%～90%，其中，不育系的杂株主要是保持系，保持系的杂株多为不育系，恢复系的杂株中以不育系和 F_1 代为主，F_1 代的杂株主要因生物学混杂导致，一般由亲本杂株或异品种串粉造成。F_1 代中因机械混杂的保持系串粉而出现不育系，因异品种串粉多出现半不育株和"冬不老"株（特别是籼黏与粳糯稻串粉）等。水稻保持系和恢复系是自交纯合体，性状相对稳定，但仍存在很小概率的变异；不育系一般易出现育性"返祖"现象，即出现正常染色花粉粒而自交结实。

2. 常规稻和两系杂交水稻的混杂与退化 常规稻和两系恢复系的混杂与退化的表现和原因与三系恢复系相似，这里不再赘述。

水稻光温敏不育系的育性具有随光照和温度变化而波动的特点，一般不育起点温度为 23.0～23.5℃，但因变异同一不育系的不同个体之间的不育起点温度存在差异。因此，若按常规良种繁育程序和方法对光温敏不育系进行选种与留种，其不育起点温度不可避免地逐代升高，最终会导致因起点温度过高而失去实用价值，即群体的育性起点温度出现遗传漂移现象。

（二）常规水稻品种的提纯及良种生产

1. 常规水稻品种的提纯 目前，常规水稻的原种提纯多采用循环选择繁殖法，即从某一品种的原种群体中或其他繁殖田中选择单株，通过"单株选择、分系比较和混系繁殖"等程序生产原种种子；根据过程长短，可分为三年三圃制和二年二圃制；提纯的原种，除供应种子田用种外，还可分出部分种子贮存于中长期种质库中，每隔 2～3 年取出少量种子进行繁殖，以减少繁殖世代，防止混杂，保持种性。

2. 常规水稻品种的良种生产 采用常规方法种植，水稻的繁殖系数仅为 50～100 倍，1 个新品种一般需历时 4～5 年才能得到推广和普及，严重滞后于现代农业的快速发展步伐，因此在常规水稻良种繁育上常要求快速生产出足够数量的优质种子。快速良繁常规水稻品种的途径有：①精量播种，单株稀植，可使繁殖系数提高到 350～500 倍；②剥蘖分植，生产季节一般可进行 2～4 次剥蘖移栽，繁殖系数可达 500～1000 倍；③稻桩再生；④保温贮存稻蔸，春季剥蘖移栽；⑤异季繁殖，打破休眠，就地翻秋繁殖；⑥异地繁殖，如利用海南和云南等热带地区的温光资源进行异地繁殖，结合稀播稀植，剥蘖移栽，1 年的繁殖系数也可达到 8000～10 000 倍。

（三）杂交水稻亲本的提纯复壮与原种生产

1. 三系杂交水稻的提纯与原种生产 常用于三系亲本提纯的方法有两种，即经回交和测交鉴定，定选三系和生产原种；不经回交和测交，混合选择三系和生产原种。第一种方法的程序比较复杂，技术性强，生产原种数量较少，但纯度较高，而且比较可靠，一般在三系混杂退化比较严重时采用；第二种方法的程序简单，产生原种数量多，但纯度和可靠性较低，一般在三系混杂退化不是很严重的情况时采用。

三系配套法、三系七圃法和改良提纯法是三系杂交水稻原种生产中的常用方法，下面仅简介三系配套法。

三系配套法是杂交稻三系原种生产的基本方法，主要步骤为"单株选择、成对回交和测交、分系鉴定和混系繁殖"，即分别在纯度高的繁殖田和制种田，依据各系的典型性状，选择优良单株；中选的不育系单株与保持系单株成对回交，同时与恢复系单株成对测交；将成对回交和测交的种子及其亲本（保持系和恢复系）育秧，移栽于后代鉴定圃进行比较；具备回交后代不育度及不育株率高（100%）、测交后代结实率高（具备原杂交种的典型性）、回交与测交组合相对应的保持系和恢复系均保持原有的典型性，中选的不育系及对应的保持系和恢复系，分别混合选留和混系繁殖，即为"三系"的原种。

原种生产中的主要技术可参见中华人民共和国国家标准《籼型杂交水稻三系原种生产技术操作规程》（GB/T 17314—2011）。

2. 两系杂交水稻亲本的提纯与原种生产　　两系杂交水稻恢复系的提纯、原种生产方法与三系杂交水稻恢复系的相同。光温敏核不育系则因光温不同而发生育性转化，故在提纯与原种生产方法上与三系杂交水稻不育系明显不同。当前的光温敏核不育系的原种生产中，常采用简易原种生产程序和袁隆平（1994）的提纯方法及程序。

简易原种生产程序包括大田鉴定和原种繁殖两个环节。大田鉴定中，确定合适的播种期，使光温敏不育系在其稳定不育期抽穗，齐穗后在大田逐株检查，淘汰杂株、劣株和不育不彻底株，对败育彻底的单株割苗再生，使再生稻在育性转换期后抽穗，齐穗后再逐株复查一次，淘汰杂、劣株和不育株后，种子混收作光温敏不育系的育种家种子。原种繁殖环节中，将入选株稻桩或收获的育种家种子去海南冬繁，也可在本地第 2 年秋繁（春繁）1 次，扩大种子数量，即为原种，可供制种利用。另外，原种繁殖最重要的措施是搞好隔离工作。

袁隆平（1994）提出的水稻光温敏不育系提纯方法和原种生产程序为：单株选择—低温或长日低温处理—再生留种（核心种子）—原原种—原种制种。首先用原种或高纯度种子建立选种圃；其次进行人工气候室处理与筛选，即敏感期（幼穗分化第 5~6 期）内进行为期 4~6 天的长日低温处理（14 h 光照，日均温 24℃，温度为 19~27℃），抽穗时逐日镜检花粉育性，凡花粉不育度在 99.5%以下的单株一律淘汰；最后实施核心种子生产，即当选植株割苗再生，稀植争取多发分蘖，剪掉前苗老茎和老叶，再生株在敏感期移入人工气候室，在短日低温条件下恢复育性（13 h，20~22℃），所得种子就是核心种子。该方法的优点在于：核心种子在严格的条件下繁殖出原原种，然后再繁殖出原种供制种用；光温敏不育系育性转换点得到保持，温度不产生漂移的关键在于严格控制原种的使用代数，即坚持用原种制种；不仅能保证光温敏不育系的不育起点温度始终保持在同一水平上，而且简便易行，生产核心种子的工作量较小。

（四）杂交水稻的种子生产

杂交水稻的种子生产分三系杂交水稻种子生产和两系杂交水稻种子生产。除因光温敏不育系对杂交种生产的环境要求高外，两类杂交种的生产技术基本一致，兹以三系杂交稻种子生产为例简介杂交水稻制种技术。

1. 适时播种与花期相遇　　根据当地历年气候条件，选好适宜花期，确定适宜播期，实现父母本花期相遇。花期相遇，是指双亲"头花不空、盛花相逢和尾花不丢"，其关键是盛花期相遇。要做到花期相遇，就要确定好适宜的父母本播差期，安排好父母本播种相差的时间（简称"播差期"）是保证花期相遇的前提。确定父母本播差期的方法有时差法和叶差法：时差法是根据特定条件下历年父母本各自从播始历期的天数，再以最佳始穗期向前倒推出父母本的播种期，用父本的播始历期减去母本的播始历期所得的差值，即为该组合父母本的播差期（时差）；叶差法是以父母本主茎总叶数及其出叶速度为依据推算播差期，父母本主茎总叶数及其出叶速度一般比播始历期更为稳定。

2. 父母本群体结构的建立及栽培措施 培育足蘖壮秧。父本大多采用地膜湿润育秧和旱育秧，也可采用两段育秧方式；父母本播差期较小的组合制种，母本采用水育秧方式；播差期较大的组合制种，除水育秧外，还可以采用母本直播的方法。

栽足适龄基本苗。一是要求适宜行比，合理密植。行比是指制种田父本与母本栽插行数的比例，常用的行比配置形式有单行父本、双行父本和假双行父本；二是适龄栽插及保证栽插质量。父本生育期长，秧龄弹性较大；母本生育期较短，又处于高温期间播种，秧龄弹性小。制种田栽秧质量对秧苗的返青、分蘖成穗乃至花期相遇都有一定影响。父母本应带泥移栽，并做到浅、正、稳、匀。

合理施肥，科学管水。对制种田父本应以促为主，使早生快发，多分蘖多成穗。在施肥上，除施足基肥外，采用球肥深施，对促进早发稳长非常有益，中后期如脱肥可酌情补施；在制种田水管理上，母本栽插前应保持浅水层，有利于父本早发，也便于母本栽插，母本足苗时应晒田或灌溉深水控制无效分蘖。

3. 花期预测和调节 常用幼穗剥查法和叶龄余数法进行花期预测，其中幼穗剥查法最为常用。幼穗剥查法是根据水稻幼穗发育的 8 个时期，通过剥查幼穗来判断父母本的花期是否相遇。一般同一亲本的幼穗分化历期相对稳定，而不同亲本的幼穗分化历期有别，不同组合的父母本幼穗分化进度对应关系也不同，故根据幼穗分化进程推断花期是否相遇的标准应因组合而异。

花期可能不遇的田块，采取栽培措施改变父母本的生育进程，以便达到花期相遇，称花期调节。主要的花期调节方法有密度调节、水促旱控、肥料调节和激素调节等 4 种。

4. 提高异交结实率措施 调节田间温度。花期遇久旱不雨或高温低湿天气，可灌深水调温调湿，利于母本提早花时和提高柱头外露率。赶去母本叶面露珠，使其穗子疏散，利于增加受光面，提高穗层温度，提早花时。

适时适度割叶。割叶能减少授粉障碍，也可增温降湿，改善田间小气候，提早花时。

喷施赤霉素（920）。喷施赤霉素有三方面作用：一是促进高位穗颈节伸长，减轻或解除母本包颈，提高穗粒外露率；二是改善穗层结构，调节株高，改善授粉态势；三是提高柱头生活力和柱头外露率。赤霉素喷施的适宜时期在群体见穗前 1~2 天至见穗 50%时，最佳喷施时期是抽穗 5%~10%期间，原则是"前轻、中重和后少"。

人工辅助授粉。改变父本花粉排放速度、飞散方向和距离，促使更多的花粉均匀地散落在母本穗层上，以增加授粉机会。主要有 3 种人工辅助授粉方法：绳索拉粉法、单竿赶粉法和双竿推粉法，近年也有采用无人机吹风授粉的报道。

5. 严格防杂保纯，确保种子质量 杂交水稻制种环节多，又因利用异花授粉，易致混杂，故为保证生产上用种纯度，除加强亲本的提纯外，还必须对制种田进行严格隔离。主要隔离措施有空间隔离、时间隔离、屏障隔离和父本隔离。

另外，为确保种子质量，还需严格去杂。一是去异形株，凡与父母本颜色、株叶形、株高和熟期不同的杂株、劣株及变异株应彻底拔除；二是去保持系，保持系较不育系早抽穗 2 天左右，且不包颈，开花后花药金黄饱满且有花粉，结实率高、柱头外露低等都是重要的鉴别性状；三是全程去杂，去杂贯穿制种全程，特别在抽穗期要及时去除。

第四节　水稻栽培原理与技术

一、水稻的土壤要求与耕整

（一）水稻对土壤的要求及高产稻田的基本特征

水稻获得高产的基本条件之一是必须具备耕层深厚，保水、透水、保肥和供肥性能好，耕层养分含量适中且协调及有益微生物活动旺盛的土壤。

（1）耕层深厚　　耕层深厚绵软，要求田面平整，高低差不超过 2 cm，以使灌水均匀，寸水棵棵到，耕层厚度以 20 cm 左右为好。

（2）土壤保水、透水、保肥和供肥性能好　　一般要求耕层土壤质地以壤土为宜，有机质较丰富，耕层构造良好，既有一个较紧实的犁底层，又可适度透水渗水，使地下水位不过高，耕作层不渗水。

（3）耕层土壤养分含量适中且协调　　土壤酸碱度接近中性（pH 6.0～7.0），有机质含量为 20～40 g/kg，全氮含量为 1.3～2.3 g/kg，全磷为 1.1 g/kg 以上，全钾为 15 g/kg 以上，有效磷为 20 mg/kg 以上，速效钾为 100 mg/kg 以上，以及较高的阳离子交换量（0.2 mol/kg）和较高的盐基饱和度（60%～80%），能不断满足水稻的生长发育需要。

（4）有益微生物活动旺盛　　一般认为固氮菌数量有随着肥力水平的高低而增减的趋势，硝化细菌、氨化细菌、好气性纤维分解菌和反硫化细菌等的数量与土壤肥力水平呈正相关，反硝化细菌则与此相反。

此外，高产水稻还要求土壤升温降温比较缓和。

（二）稻田耕整原则

1. 冬闲田　　冬闲田分为冬炕田和冬水田两种。

（1）冬炕田　　要在前作水稻收获后及时翻耕晒垡，开春时结合施基肥再耕一次，晒数日后灌水泡田，随泡随耕，使土肥相融，耙平栽秧。

（2）冬水田　　在前季水稻收获后及时翻耕，泡水过冬，栽秧前浅耕细耙，耙平栽秧。

2. 小春田　　小春田指蔬菜、油菜、蚕豆、大麦和小麦等收后的田块。由于收、播季节紧迫，应及时"三抢"（抢收、抢耕和抢种），尤其是三熟制田，一般只一犁一耙一秒后插秧，但对土壤黏重的田块，在不影响及时栽秧的情况下，力争三犁二耙和短期晒垡，使土壤细碎松软，以利于水稻早发。

3. 绿肥田　　翻耕时既要考虑插秧季节，又要照顾绿肥产量和肥效，一般在绿肥盛长期翻耕效果好，翻后适当炕晒，泡田沤熟 10～15 天再犁耙，使土壤平整才能栽秧。

4. 烂泥田和砂田　　对于烂泥田，由于土壤团聚性差，土粒悬浮，犁耙次数宜少，以免栽秧后造成浮秧，或进行半旱式栽培或免耕栽培。对于砂田，宜少耙或不耙，以免耙后泥沙分离，使土壤紧实，影响栽后根系生长。

二、水稻的育秧与移栽

（一）育秧

在我国，采用育秧移栽的方式进行水稻种植已有 2000 多年的历史。育秧作业集中，便于精细管理，有利于培育壮秧。

1. 壮秧的形态特征与生理特性 水稻秧田期常占全生育期的 1/4～1/3，占营养生长期的 1/2，秧苗素质对产量的影响很大。壮秧移栽后返青快、分蘖早且穗大粒多，容易实现水稻高产。

（1）秧苗的类型及特点 秧苗分为小苗、中苗和大苗 3 种。小苗一般指 3 叶期内带土移栽的秧苗，多在密播和保温育秧方式下培育，广泛用于抢早移栽和两段育秧的第一段秧。中苗一般指 3.0～4.5 叶内移栽的秧苗，多用于抢早移栽和机插秧。大苗可分为两类：一类是指 4.6～6.5 叶移栽的秧苗，广泛用于双季早稻和一季中、晚稻；另一类是指 6.6 叶以上移栽的秧苗，多用于双季晚稻和迟茬一季稻。

（2）壮秧的形态特征 壮秧一般茎基粗扁、叶挺色绿、根多色白和秧苗矮健。

（3）壮秧的生理特性 壮秧一般光合能力强，碳氮比（C/N）适中，束缚水含量相对较高，移栽后发根力和抗逆性强。

2. 播种期、秧龄及播种量的确定原则

（1）播种期 决定播种期的因素主要有气候条件、种植制度和品种特性。

1）气候条件。气候条件是确定播种期的首要因素，包括低温和灾害性天气两方面。早播应满足水稻种子萌发和秧苗移栽成活的最低温度要求（在自然条件下，日均温稳定通过 10℃或 12℃的初日，分别作为粳稻和籼稻的早播界限期），并能使双季早稻孕穗期避开 20℃以下的低温危害；迟播一定要使水稻在安全抽穗期内抽穗［日均温连续 3 天以上低于 20℃（粳稻）、22℃（籼稻）或 23℃（籼型杂交稻），作为水稻抽穗期低温伤害的温度指标］。

灾害性天气如旱、涝、台风、低温和高温等也是确定播种期必须考虑的因素，调节播种期是避灾、抗灾和夺丰收极为重要的措施。

2）种植制度。播种期应与当地种植制度相适宜。一年只种一季水稻的，播种期不受前作限制；一年二熟或三熟地区，稻田前作的收获期限制着水稻的播种期。播种过早，秧龄过长，会提早抽穗而减产；过迟，生育期短，产量低，而且还影响后季作物的栽培。

3）品种特性。品种不同，生育期不同，播种期也应有变化。早熟品种生育期短，适当早播，有利于高产，而迟播则生长期缩短，减产显著，因而播种适期范围较窄；晚熟品种的抽穗期相对比较稳定，播种适期范围较宽。

（2）秧龄 秧龄一般指从播种到拔秧的天数。由于不同播期所处的光温条件不同，相同秧龄的秧苗，其生育进程有差异，难以反映秧苗的实际生理年龄，因此应同时考虑将主茎的出叶数（叶龄）作为适宜秧龄指标。

秧龄长短对移栽后秧苗的生长发育和产量形成都有较大影响。一般水稻叶龄余数为 3～3.5 时，开始幼穗分化，而高产栽培要求秧苗移栽后要长出 5～7 片及以上的新叶，才开始幼穗分化，即移栽本田要长出 8～10 片叶，方能使植株有一定的营养生长量。因此，最迟秧龄的叶龄为该品种主茎总叶数减去 5 的叶龄。在生产上，根据播种到拔秧的天数和叶龄就可掌握该品种的适宜秧龄。

（3）播种量 适宜播种量的标准，以掌握移栽前不出现秧苗群体因光照不足而影响个体生长为原则。播种量的确定也与育秧季节温度的高低有关，温度高要少播，温度低可适当多播；秧龄短的中、小苗播种量可稍大，长龄大苗秧必须减少播种量；常规稻的播种量大于杂交水稻的播种量。

3. 种子处理与催芽

（1）晒种和选种　　晴天晒种 1～2 天即可。选种时，可用风选、筛选或溶液选种。溶液一般用黄泥水或盐水，溶液密度为 1.05～1.10 g/cm^3，通过溶液选种后，用清水冲洗干净，注意杂交稻种子饱满度不高，一般用清水选种即可。

（2）浸种　　浸种是为了让种子吸水迅速且充分，便于发芽。浸种时间根据水温而定，水温 30℃时约需 30 h，水温 20℃时约需 60 h，浸种时间不宜过长，以免种子养分外溢，且易缺氧窒息，造成乙醇发酵，反而降低发芽率和抗寒性。杂交稻种子宜采用间歇浸种或热水浸种的方法，以提高发芽势和发芽率。

（3）消毒　　消毒是为了避免种子带菌在大田侵染和传播。目前多为抗菌剂或强氯精浸种消毒，可结合浸种进行。凡是药剂消毒的稻种，都要用清水冲洗干净后再催芽，以免影响发芽。

（4）催芽　　稻谷催芽是使发芽达到"快、齐、匀、壮"。"快"指 3 天内能催好芽；"齐"要求发芽率达 90%以上；"匀"指根芽整齐一致；"壮"要求幼芽粗壮，根芽比适当（芽相当于半粒谷长，根相当于谷长，颜色鲜白，但旱育秧、塑料软盘育抛秧、机插秧催芽的长度要短些）。催芽方法有温室催芽、酿热物温床催芽和地窖催芽等。催芽过程可分为 3 个阶段。

1）高温破胸。一般要求在 24 h 内达到破胸整齐。先将种谷在 50～55℃温水中预热 5～10 min，再起水沥干，上堆密封，保持 35～38℃，以增加胚的呼吸强度，使破胸露白迅速，15～18 h 开始露白，如温度偏低则破胸不齐。杂交稻种催芽温度不宜过高，以 30℃为宜。

2）适温齐根芽。种谷破胸露白后，呼吸强度大增，温度迅速上升，如温度超过 42℃，持续时间 3～4 h 及以上，会产生"高温烧芽"现象。因此，要求种谷露白后，经常翻堆散热，并淋入 25℃温水，保持谷堆温度在 25℃左右，促进齐根芽。

3）摊晾炼芽。当谷芽和根达到播种要求长度时，催芽结束。催好的芽谷，一般要求摊晾炼芽，置于室内摊放 1 天，以增强芽谷播后对环境的适应性；若天气不好，可将芽谷摊薄，结合洒水，防止干枯，待天气转晴后再播种。

晚稻播种时气温高，谷种经浸种消毒后放置室内 1～2 天便自然发芽，或采用日浸夜露 2～3 天也可发芽。

4. 育秧方式

（1）露地湿润育秧　　露地湿润育秧又称半旱秧田育秧，是应用最广的育秧方式。其技术环节如下。

1）秧田耕整。秧田宜选择排灌方便、土质松软、杂草少、肥力较高的田块。整地要求平整，细碎绒和，经澄实 1～2 天后，排水晾底，再开沟作厢，一般厢宽 1.3～1.5 m，厢沟宽 25～30 cm，沟深 15 cm，厢面平整，不渍水，无杂草及残茬外露，以种子能嵌入为宜。

2）施足肥料。底肥用腐熟的人畜粪尿，每亩 1500～2000 kg；面肥用化肥，每亩 5 kg 左右，应氮、磷、钾配合施用。

3）落谷稀匀。播种要按厢定量，均匀落谷播后轻轻塌谷，使种子陷入表层泥浆中，起保暖防冻、抗旱防冲和秧苗容易扎根立苗的作用。

4）秧田管理。①芽期，指从播种到第 1 完全叶展开之前。播后秧板不宜上水，只保持土壤充分湿润，保证充足氧气。②幼苗期，指 1 叶展开至 3 叶期。采取露田与浅灌相结合的管水方法，2 叶期前露田为主，2 叶后浅灌为主，该期"断奶肥"应提早到 1 叶 1 心期施用为宜。③成苗期，指 3 叶期至移栽。在 3 叶期，稀播大秧应浅水灌溉，不断水，带土秧要保持湿润，不留水层，以水控苗，防止徒长，以后视苗情酌量补施 1～2 次肥，一般在移栽前 3～5天，叶色褪淡的基础上再施一次起身肥，施尿素 30～45 kg/hm²，有利于移栽后发根分蘖。

（2）地膜（薄膜）保温育秧　在湿润秧田的基础上，利用地（薄）膜覆盖保温增温，可适期早播，防止烂秧，提高成秧率。盖膜方式有搭拱形架覆盖和平铺覆盖两种。搭拱形架覆盖的优点是膜内温度湿度均匀，秧苗生长整齐，覆盖时间长。盖膜后秧苗管理可分为三个时期。

1）密封期。播种至 1 叶 1 心期。要封闭创造高温高湿的环境，促进迅速扎根立苗，膜内适宜温度为 30～35℃，如超过 35℃要揭开两头通风降温，当温度下降到 30℃以下时，再密封保温。密封期只在沟中灌水，水不上秧板。

2）炼苗期。1 叶 1 心至 2 叶 1 心期。要求适温保苗，膜内适宜温度为 20～25℃。此期可逐步增加通气时间，采用"两头开门，一边揭开，日揭夜盖，最后全揭"的办法进行炼苗，以适应环境。通风时，要上午先灌水上秧板，后揭膜，使厢面保持浅水，防止生理失水死苗，下午天气转凉时重新盖膜保温。

3）揭膜期。3 叶期以后为揭膜期。秧苗经过 5～6 天及以上通风炼苗，当日均气温稳定在 15℃左右，苗高达 10 cm 左右，便可灌水揭膜，揭膜后，就可以按湿润秧田进行管理。

（3）温室育秧　温室育秧省种、省工、省秧田，有利于实现育秧工厂化。一般在温室内培育 7 天左右，苗高约 10 cm 和 2 片叶时移栽。温室可用旧房改装，也可用薄膜搭成棚架，以能密封、保温、调湿、侧面和顶部透光为原则。温室内搭秧架，放数层秧盘，层距25 cm 左右，秧盘长方形，大小要便于搬运。育秧过程可分为三段管理。

1）竖芽期。从播种到现青，约需 2.5 天，控制室温在 35～38℃，湿度 95%以上，保持高温高湿，促使发芽整齐。

2）一叶盘根期。从第一完全叶伸出到全展，约需 3 天。随着第一叶伸展，次生根迅速增多伸长，交错盘结。一叶初展期室温保持 32～35℃，初展后逐渐降低到 30℃左右，湿度保持在 80%左右，以秧尖有露珠为宜。

3）壮苗期。第二完全叶伸出到全展，约需 2 天，此时宜保持室温 25～28℃，湿度 70%以上，并注意秧盘上下调位，增强光照；当苗长至 2 叶 1 心，高 8～9 cm 时，将秧苗整块移至室外，在有水层田上寄放 1～2 天，待秧根向下伸展后，即可移栽。

（4）旱育秧　旱育秧具有苗期耐寒、有利于早播及早熟、根系发达、秧苗素质好、高产、省力、省水、省秧田等优点，还可培育出适宜各种本田不同栽插期的各类秧苗。其主要技术如下。

1）苗床地选择土壤肥沃、疏松、管理方便、地势平坦及排灌好的旱地或菜园土作苗床。

2）床土培肥要求苗床地于头年 10 月底前，施用碎稻草、牲畜粪和适量过磷酸钙，经翻耕后种上蔬菜。也可采取将稻草和牛粪等有机肥堆沤，至苗床整地前 30 天翻耕混匀。

3）苗床调酸旱育秧苗床的土壤，要求 pH<6。pH≥6 应用硫黄粉于播种前 25～30 天撒于苗床表面，翻耕混合均匀，也可在播前当天结合床土培肥采用过磷酸钙或酸汤或食用醋调酸。

4）苗床施肥与整地播种前 3～5 天施足底肥，氮、磷、钾配合，然后整地，四周开好排水沟，按 1.6～1.8 m 开厢，其中厢宽 1.2 m，厢沟走道宽 0.4～0.6 m，厢面高 10～15 cm，精心平整厢面。

5）苗床浇水与消毒播种前对整好的苗床土要浇透水（5～10 kg/m²），使 5 cm 以上的土层湿透，然后用少量过筛细土填平厢面。同时用 65%敌克松粉剂（或 50%甲霜铜粉剂）兑水成 1000 倍液或 0.64%敌磺钠喷洒苗床，进行土壤消毒。

6）播量与播期。播种量依苗的大小有所不同，破胸芽谷小苗秧为 200 g/m²，中苗秧为 150 g/m²，大苗秧为 50 g/m²，长龄多蘖壮秧为 30 g/m²。播种期比地膜育水秧提前 7～10 天，日均温 8～10℃为宜。

7）覆盖。先在厢面上用地膜平铺一层预防低温，再每隔 60～70 cm 插上支撑竹片，然后盖上无纺布，两边和两头用泥土压实。

8）苗床管理。当 70%左右苗床出苗后（一般 7 天后），就将无纺布一头揭开，将地膜拉出，此时观察苗床，如果厢面泥土发白，苗尖无水珠，就必须同时揭开无纺布一边，浇透一次水后，盖上无纺布压实。当苗长至 2 叶 1 心时，用磷酸二氢钾喷一次追肥（使用量按说明）；长至 1 叶 1 心时，再用 0.2%～0.3%磷酸二氢钾和 1%尿素混合喷施追第二次肥，同时浇透一次水；以后看苗根据天气酌情浇水和施肥，并结合进行病、虫、草害的防治，培育多蘖壮秧。

（二）水稻烂秧和死苗的原因及防止措施

1. 水育秧的烂秧和死苗　　水育秧常受低温影响，发生烂秧和死苗现象。

（1）烂秧　　烂秧是烂种和烂芽的总称。

1）烂种。烂种指播种以后，种谷不发芽就腐烂。其主要原因有：①种子发芽力低；②浸种催芽时措施不当，使发芽率和发芽势降低乃至丧失；③播种后"落泥"过深；④播后无保温措施，特别是胀谷直播时，遇低温易发生烂种。

防止烂种的措施有：①选用发芽率及发芽势高且饱满的种子；②浸种催芽时要方法得当；③注意播种后的温度控制。

2）烂芽。烂芽是芽谷播种后，未扎根转青就死亡的情况。其主要原因是：播后深水淹灌，低温缺氧，芽鞘徒长，根不入泥，根浮芽倒；秧板过烂，塌谷过重，芽谷陷入泥中；秧板过硬，不易扎根；有毒物质毒害芽谷，种根发黑，幼芽枯黄等。

防止烂芽的关键是播种后不要长时间淹水，采用湿润灌溉；在施肥上要施用腐熟有机肥料。

（2）死苗　　死苗可分为黄枯死苗和青枯死苗两种。黄枯死苗为慢性生理病害，常成片发生，秧苗在低温下缓慢受害后，叶片逐渐变成黄褐色并枯死，常在 2 叶期发生；青枯死苗为急性生理病害，常成簇发生，秧苗受低温影响，晴天后温度剧变，未及时灌水，造成秧苗生理失水而死亡。先从心叶部分萎卷，然后叶色呈暗绿色，整株枯死，常在 3 叶期发生。

防止死苗，除选用耐寒品种，掌握好播期和促进秧苗早扎根外，还可采取改善秧苗生活环境，提高秧苗生活力等综合管理措施，如 1 叶 1 心时，浅灌溉可增温，同时适量施以氮素为主的"断奶肥"，施用"敌克松"等土壤杀菌剂可以制止死苗和加速秧苗复活生根，还可选用酸性土壤作秧田。

2. 旱育秧的烂秧和死苗　　旱育秧烂秧和死苗的原因也是多方面的，归纳起来有：①苗床地选择不合理；②苗床质量差，苗床高低不平，土块过大，土壤悬空度大，土体水分运作不良；③春季气温低且寒潮频繁，播种过早或播种后管理不善而造成低温冷害等；④肥料种类搭配不合理或施肥过量；⑤高温烧苗，特别是"暴冷暴热"后极易出现烂秧死苗；⑥立枯、青枯病危害等。

旱育秧烂秧和死苗的防止方法如下：①选择优质的苗床，体现在 3 个方面。一是选择地势平坦、向阳背风、通气性好、保水保肥、pH 在 6.0 以下的苗床；二是培肥苗床地力，增加土壤有机质含量；三是精作整地，做到床平土细。②适时播种，防止低温死苗，气温稳定在 10℃左右才能播种。③合理施肥，最好于上年秋季将农作物秸秆、粪水与苗床混合，使其秋季腐熟，切忌加入碳酸氢铵、草木灰等碱性肥料。④秧苗长至 1 叶 1 心时，及时揭膜炼苗，防止高温烧苗。⑤加强对病害的防治（青枯病和立枯病），一旦出现，选用 500 倍液敌克松进行防治。

（三）栽插方式与密度

1. 插植密度与方式 选择水稻插植密度与方式，是协调群体与个体的主要手段。我国不同稻区插植密度和基本苗差异较大，实践中必须根据品种特性、土壤肥力、管理水平、水稻生长期间的气候条件、耕作制度、茬口的早迟及秧苗素质等具体条件来决定。

我国水稻的插植方式已由正方形密植发展为宽行窄株或宽窄行条栽的方式，这种条栽方式有利于改善田间的通风透光条件，使植株增加有效受光量，提供光合生产率，有利于改善田间小气候，减少病虫害的发生。例如，南方一季杂交中稻宽行窄株条栽的行距为23.3～26.7 cm，株距为 16.7 cm；宽窄行条栽的宽行距为26.7～34 cm，窄行距为 16.7 cm，株距为13.3 cm。高产和超高产栽培一般采用扩大行距与缩小株距的宽行窄株方式。

2. 稀植栽培 随着品种、育秧技术、肥水条件的改善和栽培技术的提高，在生产上出现大量稀植栽培，其基本特点是培育壮秧。稀植栽培在一定基本苗的基础上依靠分蘖成穗，在一定穗数水平上充分发挥大穗优势。因此，在生产条件和管理水平较高的条件下，可有效改善群体穗部性状，缓和穗数与穗粒数之间的矛盾，从而实现高产。目前生产上采用的大多数中、迟熟大穗型杂交稻，在生产条件和秧苗素质好的基础上，高产和超高产适宜的密度范围是（1.0～1.6）×10^5 穴 hm²，具体可因土壤肥力、品种特性和秧苗素质而定，养鱼和养鸭等综合利用稻田应适当增大行距和穴距。

3. 移栽的方法和质量

（1）移栽的方法 目前生产上栽插秧苗的方法有以下几种。

1）手工拔秧插秧。手工拔秧插秧是最传统最普遍的栽秧方法，适宜各种育秧方式的秧苗栽插。此法拔秧时植伤大，应注意提高拔秧和栽插质量。

2）人工铲秧栽插。人工铲秧栽插是将秧苗根部 1～1.5 cm 厚的表土同秧苗一起铲成秧片，带土插入本田。这种移栽方法适用于旱育秧和小、中苗秧，使秧苗具有提早插秧、缓苗快、分蘖早和抗逆强等优点。

3）机械插秧。机械插秧是实现水稻生产机械化的主要环节，也是提高劳动生产率、降低成本、扩大经营规模及促进水稻生产发展的重要措施。机械插秧适用于机插秧苗，具有工效高、成本低和劳动强度低等优点。

4）抛秧。抛秧是利用秧苗带土重力，通过抛甩，使秧苗定植本田的栽插方法，适宜塑料软盘秧苗和定距播种秧苗的栽插，具有工效高、产量高、成本低及劳动强度小等优点。

（2）适时早栽，提高栽插质量 适时早插可充分利用生长季节，延长本田营养生长期，促进早生早发，早熟高产。适时早插要根据温度、前作及品种而定。一般以日平均气温稳定超过 15℃以上作为早插适期。早、中熟品种宜于早插，晚熟品种早插不能早熟，于全年均衡生产不利。在适期早插的基础上，注意提高移栽质量，插秧要做到浅、匀、直、稳，栽插深度一般不超过 3 cm。

三、水稻的水肥需求与管理

（一）水稻营养与施肥

1. 水稻的需肥特性

（1）水稻对主要元素的吸收　　水稻主要吸收氮、磷、钾等矿质营养元素。根据国际水稻研究所近年的研究，在适量施肥条件下，每生产 100 kg 稻谷氮（N）、磷（P_2O_5）、钾（K_2O）的吸收量分别为 1.4～1.6 kg、0.24～0.28 kg、1.4～1.6 kg；在施肥足量的条件下，其氮、磷、钾的吸收量分别为 1.7～2.3 kg、0.29～0.49 kg、1.7～2.7 kg。我国籼型杂交水稻每生产 100 kg 稻谷，其氮、磷、钾的吸收量分别为 1.7～1.8 kg、0.27～0.34 kg、1.7～2.0 kg。考虑到稻根所需要的养分和水稻未收获前由于淋洗作用及落叶已损失的养分，水稻实际所吸收的养分总量应高于此值，且随品种、气候、土壤和施肥等条件的不同而有一定变化。水稻吸收硅的量也很大，据分析，每生产 100 kg 稻谷需要吸收硅 17.5～20 kg，故在高产栽培中，应稻草还田、施用堆肥或硅酸肥料，以满足水稻对硅的需要。

（2）水稻需肥规律　　水稻各生育期对营养元素的吸收量随生育进程的不同而不同，主要有以下几点：①一般苗期吸收量少，随着生育进程的推进，营养体逐渐增大，吸肥量也相应增加；②水稻在分蘖盛期和拔节长穗期，吸肥量大，直至抽穗期仍保持旺盛的吸收能力；③抽穗以后，随着根系活力的减弱，肥料的吸收量逐渐减少。

水稻植株的氮素含量为 10～40 g/kg 干重，以分蘖期含量最高。植株氮素吸收量也是以分蘖期最高，达总吸收量的 50% 左右，其次为幼穗发育期。水稻分蘖期氮素水平高，分蘖发生早而快，分蘖期增长；反之，分蘖发生迟而慢，分蘖期缩短。据研究，分蘖期叶片含氮量在 35 g/kg 以上时，分蘖旺盛，减少到 25 g/kg 时，分蘖停止，下降到 15 g/kg 以下时，则弱小分蘖逐渐死亡。抽穗灌浆期要求稻株含氮量不低于 12.5 g/kg，叶片含氮量不低于 20 g/kg。因此，在抽穗期巧施粒肥，能延长叶片寿命，提高光合效率，防止根系早衰。

水稻植株的磷（P_2O_5）含量为 10～40 g/kg 干重，以拔节期含量最高，以后逐渐下降。植株磷素吸收量则以幼穗发育期为最高，占总吸收量的 50% 左右，分蘖期次之，开花结实期最少，占总吸收量的 16.1%～19.6%。水稻在生育中后期供磷对提高产量是很有必要的。

水稻植株的钾（K_2O）含量为 20～55 g/kg，以拔节期含量最高，以后逐渐下降。植株钾素吸收量在抽穗前最多，占总吸收量的 90% 以上，抽穗后吸收量较少。

除主要元素外，也要注意给予水稻一些微量元素如锰、硼、锌、钼、铜等。

2. 水稻施肥量和施肥时期的确定

（1）氮、磷、钾主要元素的施肥比例　　水稻对氮、磷、钾三要素的吸收必须平衡协调才能取得最大肥效和最高产量。三要素吸收比例不平衡，则难以实现高产优质。高产水稻对氮、磷、钾的吸收比为 1∶0.45∶1.2，这是反映三要素营养平衡协调的生理指标，但这并不能直接应用于指导田间施肥，田间施肥还应根据当地土壤特性、肥力和三要素的含量，通过农业农村部推荐的测土配方施肥试验（"3414"等试验）来确定。

（2）施肥量的精确确定

1）氮肥施用量的精确确定。氮肥施用量的精确确定可用斯坦福方程（Stanford）求取，

其公式为

氮素施用量（kg/hm²）＝（目标产量需氮量－土壤供氮量）/氮肥当季利用率

公式的实际应用首先要明确目标产量需氮量、土壤供氮量和氮肥当季利用率三个参数，具体为：①目标产量需氮量（kg/hm²）＝目标产量×100 kg 籽粒吸氮量/100；②土壤供氮量（kg/hm²）＝不施氮条件下基础地力产量×无氮空白区 100 kg 籽粒吸氮量/100；③肥料氮当季利用率的确定应根据本地正常栽培条件下（氮肥合理运筹）的氮肥利用率而定。

2）磷、钾肥施用量的精确确定。在氮肥施用量精确确定的基础之上，根据测土配方施肥试验得出的氮、磷、钾肥合理比例，精确确定磷、钾肥的施用量。

3）施肥时期的确定。根据各生育期的吸肥特点，结合产量构成因素的形成时期，有针对性地确定适宜的施肥时期，具体如下：①增加有效穗数的施肥时期，以基肥和有效分蘖期内追施促蘖肥效果最好，对于肥力高和底肥足的稻田，则应减少分蘖肥的施用。②增加每穗粒数的施肥时期，在第一苞分化至枝梗原基分化时施用追肥，有促进一、二次枝梗和颖花分化的效果，称"促花肥"；在雌雄蕊形成期至花粉母细胞减数分裂期（倒 2 叶期）施肥，能减少每穗的退化颖花数，称为"保花期"，对于生育期较长的大穗品种，同时施用"促花肥""保花肥"，增粒效果显著。③提高粒重和结实率的施肥时期，水稻在抽穗后还要吸收一定数量的氮肥，这时对有早衰症状的水稻施"粒肥"有延长叶片功能期、提高光合强度、增加粒重和减少空秕粒的作用。一般除地力较高或抽穗期肥效充足的田块外，齐穗期追施氮肥或叶面喷施氮或磷酸二氢钾对提高结实率和增加粒重均有效果。

3．施肥技术　　不同稻区因各地条件差异较大，在施肥方式上也存在着较大差异，主要表现在基肥、追肥的比例及时期与数量的配置上。在施肥方式上，一般磷肥全作基肥，钾肥的 50%作分蘖肥，50%作穗肥。氮肥的施肥技术主要有以下几种。

（1）"前促"施肥法　　该施肥法是在施足底肥的基础上，早施、重施分蘖肥，使稻田在水稻生长前期有丰富的速效养分，以促进分蘖早生快发，确保增蘖增穗，尤其是基本苗较少的情况下更为重要。一般基肥占总施肥量的 70%～80%，其余肥料在返青后全部施用。此施肥法多用于生育期短的品种及施肥水平不高或前期温度较低、肥效发挥慢的中低产稻田。

（2）"前促、中控、后补"施肥法　　该施肥法仍注重肥料的早期施用，其最大特点是强调中期限氮和后期补氮。在施足底肥的基础上，前期早攻分蘖肥，促进分蘖确保多穗；中期晒田控氮，抑制无效分蘖，争取壮秆大穗；后期酌情施穗肥，以达到多穗、多粒及增加粒重的目的。这种施肥法，在南方一季中籼稻区，适用于生育期较长、基本苗栽插不足和分蘖穗比例大的杂交稻。

（3）"前氮后移"施肥法　　该施肥法在栽插合理基本苗的前提下，适当减少基蘖肥的施用量，使水稻稳健生长，无效分蘖得到及时控制，把高峰苗控制在适宜穗数值的 1.2～1.3倍，群体叶色正常显黄，在此基础上，合理增加穗肥的施用量，重施促花肥，促使穗大粒多。其主要包括以下几点：①据目标产量，运用斯坦福方程精确确定水稻一生的总施氮量；②据不同稻区和不同栽培方式精确确定氮肥的运筹比例。单季稻地区中大苗旱育稀植基蘖肥：穗肥＝（4：6）～（5：5），小苗机插或抛秧基蘖肥：穗肥＝6：4；双季稻地区基蘖肥：穗肥＝（7：3）～（6：4）。

（4）底肥"一道清"施肥法　　该施肥法是将全部肥料于整田时一次施下，适用于黏土和重壤土等保肥力强的稻田或施用控释肥。

（5）实地施肥法　　该施肥法是国际水稻研究所研究而成的施肥方法，与传统施肥法的区别是：①基肥减氮（占 35%～40%）；②推迟分蘖肥到移栽后 12～15 天施用；③测苗定氮，用比色卡（LCC）诊断水稻植株的氮素含量，以确定不同时期的氮肥用量。其基本原理是基于水稻叶色变化与叶片叶绿素含量有关。LCC 有 6 级，临界值为 3.5～4.0 级。施肥量由 LCC 临界值确定，即在临界值以上，按计划用量的下限施肥，相反则按计划用量的上限施肥。

从目前南方稻区实际氮肥用量来看，一般单产稻谷为 7500 kg/hm^2，施氮为 225 kg/hm^2 以上；单产为 6000～7500 kg/hm^2，施氮为 180～225 kg/hm^2 及以上；单产为 4500～6000 kg/hm^2，施氮 120～180 kg/hm^2。具体用量则随土壤肥力、品种和栽培方法而不同。在施氮同时，注意磷、钾肥配合施用。

（二）稻田水分管理

1. 水稻基本需水

（1）水稻的生理需水　　直接用于水稻正常生理活动及保持体内水分平衡所需要的水分称为生理需水。蒸腾作用和光合作用是水稻生理耗水的两大主要形式。

（2）水稻的生态需水　　水稻的生态需水是指用于调节空气、温度、湿度和养分等生态因子并抑制杂草，创造适于水稻生长发育的田间环境所需的水分。穴间蒸发和稻田渗漏是水稻生态耗水的两大主要形式。

2. 稻田需水与灌溉定额

（1）稻田需水量　　稻田需水量又称稻田耗水量，常用毫米（mm）表示。稻田需水量是由叶面蒸腾量、穴间蒸发量与稻田渗漏量组成。

叶面蒸腾量和穴间蒸发量称为腾发量。叶面蒸腾量在各生育期是不同的，它随水稻绿叶面积的增大而增加，达高峰值后又随叶面积的减少而降低，呈单峰曲线；移栽初期植株小，穴间蒸发量大于叶面蒸腾量，分蘖期后穴间蒸发量逐渐小于叶面蒸腾量，并随遮蔽面积的增加而减小，二者为此消彼长的关系。

稻田腾发量的高峰出现在抽穗前后，腾发量在很大程度上受气候因素支配，与空气温度呈正相关，与空气湿度呈负相关。腾发量也受品种、施氮量和田间水层的影响。

渗漏量因稻田的整地技术、灌水方法与地下水位高低，尤其是土壤质地的差异而有很大不同。我国稻作区域辽阔，生态环境差异大，稻田需水量变化也大，南方一季稻的稻田需水量一般为 380～700 mm，双季稻为 680～1270 mm。

（2）灌溉定额　　单位面积稻田需要人工补给的水量称为灌溉定额。稻田灌溉定额可根据以下公式估算：

$$灌溉定额＝整田用水量＋大田生育期间耗水量－有效降水量$$

整田用水量与自然条件、地形地貌、土壤种类和整田前土壤含水量及耕作方式有关。我国南方稻区稻田灌溉定额分别是：一季中稻为 300～420 mm，双季稻为 600～860 mm，而北方稻区灌溉定额较大，一般为 400～1500 mm。

3. 稻田灌溉与节水要点

（1）水稻不同生育期对水分的要求及灌溉

1）返青期。稻田宜保持浅水层（2～3 cm），给秧苗创造一个温湿较为稳定的环境，促进早发新根和加速返青。早栽的秧苗，因气温较低，白天灌浅水，夜间灌深水，寒潮来时适当深灌防寒护苗。

2）分蘖期。适宜水稻分蘖的田间水分状况是浅水层土壤含水高度饱和，可促进分蘖早生快发，水层过深分蘖会受到抑制。生产上多采用排水晒田的方法来抑制无效分蘖。

　　3）幼穗发育期。稻穗发育期是水稻一生中生理需水量大、对水分敏感的时期，特别在减数分裂期，水分亏缺将严重降低分化颖花育成率，造成产量大减。加上晒田复水后稻田渗漏量有所增大，一般此时需水量占全生育期的 30%～40%。该期一般宜采用浅水层（2～3 cm）和湿润交替灌溉，协调土壤水气矛盾。

　　4）抽穗开花期。该期对稻田缺水的敏感程度仅次于幼穗发育期。受旱时，重则抽穗、开花困难，轻则影响花粉和柱头的活力，空秕率增加，一般要求有水层灌溉。在中稻抽穗开花期常遇高温危害的地区，稻田保持水层，可明显减轻高温的影响。

　　5）灌浆结实期。该期后期断水过早会影响稻株的养分吸收和物质运输，空秕率增加。该期最适间隙灌水，这样使稻田处于干湿交替的状态。

　　（2）晒田的作用及技术　　晒田又名烤田或搁田，是指水稻无效分蘖期后到拔节前后的排水晒田。

　　1）晒田的生理及生态作用有如下几点：一是改变土壤的理化性质，更新土壤环境。晒田后，土壤氧化还原电位升高，原来渍水土壤中甲烷、硫化氢和亚铁等还原物质得到氧化，加速有机物质的分解矿化，土壤中有效养分含量提高。二是调整植株长相，促进根系发育，促进无效分蘖死亡，使叶和节间变短，秆壁变厚，植株抗倒伏力增强。三是改善植株碳、氮代谢，使茎鞘中同化物贮存量增加。四是排水晒田可提高分蘖成穗率，增加穗粒数和结实率。

　　2）晒田技术。晒田一般多在水稻对水分不太敏感的时期进行，以无效分蘖期至幼穗分化初期较适宜。常采用"够苗晒田"，即当全田总茎蘖数超过计划穗数的 85%时进行晒田，或在有效分蘖临界叶龄期开始晒田，考虑到晒田的滞后效应，实际晒田时间应提早一个叶龄期，若生长过旺，还可再提前一个叶位，称"晒田够苗"。

　　在某些肥力不足、分蘖生长缓慢、总苗数迟迟达不到"够苗"指标的地区，为改善土壤条件，到分蘖末期也应及时晒田。晒田程度要视苗情和土壤而定，苗数足、叶色浓、长势旺和肥力高的田应早晒、重晒，以人立不陷脚、叶片明显落黄为度；相反则应迟晒、轻晒或露田，田中稍紧皮，叶色略褪淡即可。晒田不宜过头或不足，要灵活掌握。

　　（3）稻田节水灌溉技术要点　　稻田节水灌溉的主要措施如下：①建立并完善稻田灌溉渠系，实行计划供水、用水；②耕作过程中进行旱犁、旱整，回水后尽快水耕、水耙，把好整地质量关，同时糊好田埂；③实行湿润或浅水灌溉，对"望天田"要浅灌深蓄或早蓄晚灌，抑或上蓄下灌；④根据水稻各生育期的生理及生态需水实施计划供水；⑤实行水稻半旱式种植或覆盖栽培；⑥选用耐旱性强的品种，实行旱育秧，培育耐旱带蘖壮秧。

四、稻谷的收获、贮藏与初加工

（一）稻谷的收获

　　南方双季早稻谷粒成熟度达 85%、中稻和晚稻达 90%时，应及时抢晴收获。

　　传统的水稻收获方法是人工收割，近年机械收割得到快速发展。水稻收割机械的选择建议是，单季稻产区（如东北、西北）和稻麦两熟制水稻产区等经营规模比较大的地方，可选用生产效率高及技术性能先进的联合收割机收获水稻；经营规模较小的农区可选择全喂入自走式联合收割机收获水稻，也可以选用全喂入背负式联合收割机收获水稻。

（二）稻谷的贮藏

收获后的稻谷要分品种单晒、单收和单贮，并做到薄摊勤翻，谷粒干燥均匀。稻谷干燥的标准是其应达到安全贮藏的含水量，即籼稻含水量低于 13.5%，粳稻低于 14.5%。对于优质水稻，还要求选用竹晒垫进行薄晒勤翻，防止稻米在暴晒时断裂，降低整精米率。

在一定的温度和湿度条件下，稻谷的谷壳（内外颖）能阻止虫害和霉变，并可抵御外界环境不利变化的影响，对吸湿也有一定的缓冲作用，有利于安全贮藏。但是，稻谷无明显的后熟作用，如果在收获期遇长期阴雨，又不能及时干燥，往往导致稻谷发芽。因此，生产上应抢晴收获，及时晾晒，使稻谷含水量达到安全贮藏的标准。

（三）稻谷的初加工

稻谷由谷壳、皮层、胚和胚乳组成，各部分的重量百分比分别为：谷壳 18%～21%，皮层 6%左右，胚 2%～3%，胚乳 66%～70%。各组成部分的化学成分差别较大，其中谷壳含纤维量高达 40%，营养价值较小；皮层含有丰富的蛋白质和脂肪，但含纤维也较多；胚含有大量的蛋白质、脂肪和维生素；胚乳含碳水化合物最多，纤维最少。稻谷初加工的目的是以最轻的破碎程度将胚乳同其他部分分离，从而制成有较好食用品质的大米。

我国在新石器时代已用杵和石臼舂米，公元 6 世纪已有舂稻谷的文字记载，14 世纪的《王祯农书》详述了加工的技术和工具并绘制了有关图像，17 世纪的《天工开物》对当时稻谷加工情形的描述是："凡既砻，则风扇以去糠秕，倾入筛中，团转，谷未剖破者浮出筛面，重复入砻""凡稻米既筛之后，入臼而舂"。也就是先砻谷，经谷糙分离，再将糙米碾成白米。这个基本工艺过程至今仍为碾米工业所用。1897 年，日本从引自美国的恩格尔贝格脱壳机中得到启发，于 1905～1908 年先后发明横式碾米机（摩擦式）和金刚砂碾米机（碾削式），提高了大米的精度，1956 年喷风碾米机问世。上述 3 种碾米机现已成为碾米的基本设备。

稻谷的初加工可分为清理、砻谷和碾米三个主要工序。其工艺过程如下。

1. 清理　稻谷中混有砂石、泥土、煤屑、铁钉、稻秆和杂草种子等多种杂质。加工过程中清除不净，不仅影响安全生产，降低稻米质量，而且有害人体健康。清除方法如下。

1）筛选。根据稻谷与杂质的不同宽度和厚度，选用筛孔合适的筛选机械筛除与谷粒大小不同的杂质。

2）精选。根据稻谷与杂质在长度上的不同进行分离。工具是刻有半球形袋孔的曲面或圆面，当其在物料中转动时，短粒嵌入袋孔内被旋转的曲面带到一定高度而抛出；长粒因不能嵌入袋孔，自另一端流出。这类机械包括碟片精选机和滚筒精选机，多用于清除稗子和进行长短粒的分级。

3）风选。利用稻谷与杂质的比例和悬浮速度等气体动力学特性的不同，使轻质的杂质（如谷壳、稻秆和不实粒）在上升或水平气流中被风力带走而与稻谷分离。常用的设备有吸风道和吸风分离器等。

4）磁选。对稻谷中混杂的磁性金属，可利用吸铁设备予以清除。

5）比例分选。利用稻谷与砂石的不同比例，在斜向振动的筛面上，结合穿过筛面的气流作用，使二者分成两层，砂石下沉接触筛面，稻谷浮在上层，从而将砂石与稻谷分离。

6）在加工有芒稻谷时，可用打芒机使谷粒间相互摩擦或与金属表面摩擦，从而折断稻芒。

2. 砻谷　砻谷是指剥除稻谷的外壳使其成为糙米的过程。砻谷用的机械称砻谷机，常用的有胶辊砻谷机和砂盘砻谷机两种。

胶辊砻谷机的主要构件为一对并列的橡胶辊筒，两辊相向转动而圆周速度不同，谷粒通过二者之间的轧距时，因受撕搓作用而脱壳；砂盘砻谷机具有上下两片圆形金刚砂盘，上砂盘固定，下砂盘转动，谷粒在两个砂盘间隙中受作用力而脱壳。调节砻谷机两胶辊或砂盘间的轧距，可获得适宜的脱壳效率，减少米粒损伤。稻谷经砻谷后仍有约 20%未脱壳，因此需将砻谷后的物料（糙米、稻谷与谷壳的混合物）先经风选将谷壳分离，再用谷糙分离设备将稻谷与糙米分开。并将未脱壳的稻谷重新回入砻谷机加工。常用的谷糙分离设备有选糙溜筛和选糙平转筛等。

3. 碾米　糙米表面的皮层含纤维较多，影响食用品质。碾米即将糙米的皮层碾除，从而成为大米的过程。碾米有机械碾米和化学碾米两种方法。利用机械作用碾除皮层的过程，称为机械碾米；用化学溶剂浸泡糙米，使皮层软化，并将皮层与胚内所含脂肪溶于溶剂内，再经较轻的机械作用碾除皮层的过程，称为化学碾米。但后者在实际生产中应用不多。

机械碾米靠碾米机的摩擦和碾削等作用碾除皮层。碾米机的主要工作部分为碾白室，即将糙米碾成白米粒的空间，内有转动碾辊和局部增压装置（米刀和压筛条），外围米筛，用于排除从米粒上碾除的米糠。擦离型碾米机（如铁辊碾米机）的碾白室内压力较大，主要利用米粒与碾米机构件之间及米粒与米粒之间的相对运动产生的摩擦作用而碾除皮层，其中，喷风碾米机可从碾辊中不断向碾白室喷出空气流，以提高碾白效率；碾削型碾米机（如砂辊碾米机）的碾白室内压力小，碾辊有较高的圆周速度，主要利用砂辊表面金刚砂无数密集锐利的砂刃产生碾削作用而碾除皮层。

为降低米粒在碾制时所受的压力，减少碎米，从糙米到高精度的大米一般需经 2～4 道碾米机加工，逐渐碾除皮层。碾出的白米需经成品整理，包括用筛选机和精选机将整粒米和碎米分离，合规格的成品经擦米机除去黏附在米粒表面的糠屑，有时还要经凉米机借吸风作用使其降温，才成为成品大米。

中国大米按国家精度标准分为特制米、标准一等米、标准二等米和标准三等米。一般粳稻加工成特制米时出米率为 65%左右，加工成标准一等米的出米率为 69%左右。

五、水稻特色栽培技术

（一）水稻机插栽培

机械栽插是水稻生产机械化的重要内容。一台步行式插秧机每小时可插秧 0.15～0.20 hm^2，一台高速插秧机每小时可插秧 0.43 hm^2，分别相当于 15～20 位与 50 位人工的插秧面积。同时，机械插秧能实现定苗栽插，插秧有序，能充分利用光能，插植深度适中，中后期抗倒伏性好。水稻机插栽培技术在日本和韩国应用面积较大，近年在我国黑龙江、吉林、辽宁、江苏、浙江、湖南、福建等省得到了快速发展。

1. 机插稻的生育特点

（1）秧苗的生育特点　苗期密度大，幼苗生长较整齐，但个体生长空间小，株间竞争激烈，苗体活力与抗逆性相对较弱。机械插入大田后缓苗期长，一般经 14 天左右才开始分蘖。

（2）本田期的生育特点

1）分蘖的特点。一般机插水稻的移栽叶龄为 3～4 叶期，其分蘖节位多、分蘖期长；同时，机插浅栽等也促进了分蘖的发生，不仅本田期分蘖节位多，而且分蘖发生较为集中且势旺，高峰苗多，但茎蘖成穗率低。

2）全生育期及产量特点。机插水稻比常规手插中、大苗水稻播期推迟，全生育期缩短，个体生产量略小，叶片数少，植株稍短，且单位面积穗数多而穗型偏小。

2. 机插稻的配套栽培技术

（1）机插稻育秧技术（以毯状苗为例）　　包括营养土准备，苗床准备，床土培肥、调酸和消毒、精细播种和苗期管理等技术环节。

1）营养土准备。菜园土、耕作熟化的旱土或冬前耕翻的稻田土等适合作床土。床土培肥可采用有机肥和无机肥相结合的培肥方法，取土过筛进行堆制，并覆盖遮雨，以防养分淋失及便于播种时床土铺设的操作。

2）苗床准备。宜选择相对集中、灌排通畅及便于操作管理的田块作苗床。以秧田与大田面积比为 1 :（100～120）配制，大田应备足苗床 45～60 m²/hm²。可采用干整法或水做法整地，干整法在播前 3～5 天进行，水做法在播种前 5 天进行，都要施肥后做秧板，秧板要验平沉实后使用放秧盘。

3）床土培肥、调酸和消毒。①培肥，一般每盘施用 5～15 g 复合肥（对于比较肥沃的菜园土可不用培肥）。②调酸，结合盘装底土的步骤，使用过磷酸钙和酸汤调酸，其用量为每 50 kg 水，加 2.5 kg 过磷酸钙，800 mL 食用醋，搅匀喷洒。③消毒，结合盘装底土的步骤，使用敌磺钠消毒，其用量为每 50 kg 水，加 320 g 敌磺钠搅匀喷洒，或 65% 敌克松与水配成 1 : 1000 的药液喷洒。

4）精细播种。①催芽播种，人工播种的根长为半粒谷长，芽长为 1/4 谷长，机械播种的以露白为宜；②精量播种，在晒干的秧板上先铺秧盘，两张对齐横排，再在衬套上填底土，用木尺刮平后，上跑马水后立即排干，再定量播种，一般每个秧盘常规稻播芽谷 100 g，杂交稻 75 g；③撒土盖籽，落谷后要及时撒土盖籽，盖土不宜过厚，以不见芽谷为度，厚度约为 1.5 cm；④撒好种子后，不可再洒水，以防表土板结影响出苗；⑤容足底墒，不管采用旱育或水育方式，播种后应及时进行造墒，实行沟灌容墒，切莫大水漫灌或冲浇，以防造成土壤板结，影响成苗；⑤播后盖膜，播后立即覆盖膜或盖无纺布。

5）苗期管理。①揭膜炼苗，覆盖时间一般为 5～8 天，揭膜时间掌握在当秧苗出土 1 叶 1 心时进行，揭膜后及时补一次水。②科学管水，出苗至 3 叶前以湿为主，确保秧沟保持晴天平沟水，阴天半沟水，雨天排干沟中水。③因苗追肥，在 1 叶 1 心期适量追施"断奶肥"。④注意防治立枯病、黄枯病和青枯病。

（2）田间管理技术　　机插秧要求田块平整无残茬杂物，高低差不超过 3 cm，表面硬软度适中，泥浆沉实达到泥水分清，泥浆深度为 5～8 cm，水深 1～3 cm。在 3 cm 水层下，高不露墩，低不淹苗，以利于秧苗返青活棵，生长整齐。整地后黏土应沉淀 2～3 天，壤土 1～2 天，达到泥水分清，沉淀不板结，水清不浑浊。

本田期管理要求做到：①合理密植，一般行距 30 cm，株距 14～18 cm，栽插密度 19 万～24 万穴/hm²，每穴 3～4 苗，基本苗 57 万～96 万，并对大田四周及断垄地方及时人工补苗。②管好水浆，栽后深水护苗，活棵后及时施好分蘖肥和除草剂，保持浅水层 4～5 天后排干水，露田透气 1～2 天，促进新根生长和分蘖发苗。③合理施肥，机插秧苗偏小，在轻施基肥基础上，早施、重施分蘖肥，重施促花肥，不施或少施保花肥。

（二）水稻直播栽培

1. 水稻直播栽培的类型　　水稻直播栽培是指直接将稻种播于本田而省去育秧和移栽环节的种植方式，可分为水直播、旱直播和湿直播。

（1）水直播　　稻田前作收获后经过水耕水整或旱耕旱整，在浅水层（或湿润）状况下播种，播后继续保持水层（或湿润），待幼芽、幼根伸出再排水落干，保持田土湿润，促进扎根立苗，至2叶1心后再建立稳定的浅水层。水直播可以采用催芽的种子或仅浸泡过的种子或干种子，播种方式一般采用撒播。

（2）旱直播　　在旱田状态下整地和播种，种子播入 1～2 cm 的浅土层内，播后再灌水，种子在浅水层下长芽长根，出苗后再排水落干，促进扎根立苗，至2叶1心期后建立浅水层。旱直播需要用干种子，播种方式有撒播、条播和穴播三种方式。

（3）湿直播　　土壤在旱耕旱整的基础上，再经过灌水整平，排水后在田面湿润状态下播种。在田沟有水、田面湿润状态下扎根长芽，待2叶1心后建立浅水层。湿直播多采用已催芽的稻种，但也利用干种子，播种方式一般采用撒播和条播两种方式。

2. 直播稻的生育特点

（1）全生育期缩短，植株变矮，主茎叶片数减少　　由于一般播种较迟，加上浅植，有利于发根和分蘖，加速了生育进程，因此全生育期有所缩短，以营养生长期缩短最显著，始穗至成熟天数变化较小，同时植株明显变矮，主茎叶片数减少，个体生产量较小，穗型略小。

（2）分蘖早而多，有效穗数多，成穗率低　　由于播种浅，且无移栽过程，避免了移栽植伤等抑制生长的因素，因此直播稻分蘖早，分蘖节位低，分蘖快而多，高峰苗数多且出现早，最终有效穗数多，但分蘖成穗率低。

值得注意的是，直播栽培的有效穗数不仅取决于分蘖发生数及其成穗率，还与播种量和成苗率等有关，而成苗率的高低又受耕作栽培措施所制约。

（3）根系发达，集中分布于表层　　没有移栽且播种较浅利于根系的发生和生长。同等条件下直播稻单株根数较移栽稻多，根系分布面广，根较重，但根系分布在表层土壤中。直播稻分蘖节入土和根系分布均较浅，这是其易倒伏的原因之一，同时，直播稻起始苗数多，中后期群体较大，通风透光条件差，容易造成基部 1～2 节间拉长、细嫩，在灌浆后期遇不利天气条件，很容易发生倒伏。

3. 直播稻的配套栽培技术

（1）整地技术　　由于直接播种于大田，因此对整地的要求比移栽稻要高。首先要做到田面平整，稻田于播前 7～10 天耕（旋）平整后起畦、耥平，标准是田面高低差不超过 3 cm，接近秧田水平；其次在田平的基础上，再进行起沟作畦，沟宽 15～20 cm，沟深 10～15 cm，畦宽 2～2.5 m 为宜，同时加开横沟，达到沟沟相通，灌排畅通。

（2）播种技术　　品种选择：直播稻栽培品种要求前期早发，后期株型紧凑、茎秆粗壮、耐肥抗倒伏，并根据直播稻前茬作物成熟情况，选择生育期中等的早、中熟品种。

1）播种期。播种的最低临界温度为日均温 15℃以上，既要提早播种，又要保证全苗。

2）播种方式。有撒播、穴播和条播三种，其中穴播仅限于旱直播；条播易于机械化操作，条播适于密植和中耕除草，北方大型农场多采用。

3）播种量。根据种子千粒重、发芽率、品种生育期、种植密度、播种方式和整地质量及天气、土壤条件和田间可能的成苗率等各种因素综合考虑确定播种量。一般生育期较短的品种，播种量可适当增加，条播或穴播比撒播的播种量可适当减少，播种时应做到分畦均匀播种，当发生缺苗时，及时补苗，可在 2 叶 1 心期进行移密补稀，保证全田匀苗。

（3）田间管理技术 施肥原则是"有机无机相结合，氮、磷、钾肥相协调"，施肥采用"促前、稳中和攻后"的方法。在土壤肥力中等的田块，每 667 m² 大田施纯 N 9～11 kg、P_2O_5 4～5 kg、K_2O 7.5～10 kg，其中，氮肥的 30%～40%作基肥，10%～20%作分蘖肥，40%～60%作穗肥；磷肥全部作基肥施用，钾肥作基肥和分蘖肥各占 50%，在总施肥量中有 30%左右的有机肥为佳。

水分管理的原则有以下 4 点：①湿润出苗，从播种到 2 叶 1 心期，要保持土壤湿润，以利于发芽整齐，根芽协调生长，一般晴天灌满沟水，阴天半沟水，雨天排干水；至 2 叶 1 心时结合施"断奶肥"，灌水建立浅水层；此后随着秧苗长高建立 2～3 cm 的水层；②浅水分蘖、多次轻晒，3 叶期后宜建立浅水层，促进分蘖发生，当分蘖盛期苗数达到计划穗数的 80%时，及时排水晒田；③浅水孕穗和抽穗，拔节后及时复水，在孕穗至抽穗时建立浅水层，壮苞攻大穗；④干湿壮籽，灌浆后应采取间隙湿润灌溉，一般晴天灌一次水后，自然落干，断水 1～2 天再灌，防止田面发白，成熟前 5～7 天断水。

早期封闭灭草。播种前或播后用直播稻除草剂全田喷雾，喷药时田块应保持湿润或薄水层状态；苗后杀草，防除第一次化学除草后的残留草及第二个出草高峰内出的杂草；在秧苗 2～3 叶期（稗草 3 叶期前）田水落干后，视草情可选择适当除草剂进行补除。

直播稻病虫害发生和防治与移栽稻基本相同，但由于直播稻田特别是撒播稻田，中后期群体较大，田间郁闭度高，易遭病虫危害，要特别注意中后期的纹枯病和稻飞虱的防治，确保高产。

（三）再生稻栽培

再生稻是利用头季稻稻桩上的腋芽，在适宜条件下萌发成苗并抽穗结实再次收获的稻，在我国已有 1700 多年的栽种历史。再生稻是以充分利用秋季温、光、水资源，建立一季中稻一再生稻的种植制度为目标的一种栽培技术，适宜在我国南方稻区的"二季紧张，一季有余"的生态区域应用。

1. 再生稻生长发育的特点与环境条件

（1）再生稻生长发育的环境条件 头季收获后要求有较高的温、湿度，以有利于休眠芽的萌发，使其抽穗快，苗数多。头季稻收割后休眠芽萌发的适宜温度为日平均气温 25.5～28℃，适宜空气相对湿度为 83%～87%，较多日照时数利于休眠芽萌发伸长。再生稻抽穗开花期的安全温度与双季晚稻一样，连续 3 天的日平均温度为：一般籼稻不低于 23℃，粳稻不低于 20℃，安全抽穗的保证概率在 80%以上。此外，头季稻抽穗成熟期宜保持浅水和湿润灌溉，成熟前适量施用肥料，促进休眠芽的萌发与成活。

（2）再生芽的发育特点 每根稻茎上最高分蘖节至倒数第 2 节的一段茎节上，都分布着可利用的再生芽，相同水稻品种地上部伸长节间的茎节数一致，即早稻有 4 个，中稻有 5 个。籼稻品种上位芽活芽率高，下位芽活芽率低；粳稻品种下位芽活芽率比籼稻高。此外，活芽率的高低还与头季稻生育状况、病虫害及栽培管理有关。

再生芽的幼穗分化发育一般在头季齐穗后 15 天开始幼穗分化，其分化早迟与再生稻抽穗时间的早迟呈正相关，再生芽幼穗分化至齐穗 般为 38～40 天，所需积温为 930～

1050℃；倒 2 芽与倒 3 芽穗分化早，进程虽较长，但仍早抽穗；倒 4 与倒 5 芽穗分化迟、进程短，抽穗期仍偏迟；因此，再生稻的抽穗期不整齐也不集中，一般始穗至齐穗要经历 10～12 天。

2．再生稻的配套栽培技术

（1）选用良种，合理布局　　应在水源条件好、肥力中等以上的田块，相对集中成片蓄留再生稻，宜选择生育期适中、头季优质高产和再生力较强的品种（组合）。

（2）种好头季稻，为再生稻高产打好基础

1）适时早播。头季稻应使再生稻抽穗扬花期能避开秋季低温而安全齐穗，即要求再生稻齐穗期日均温连续 3 天不得低于 23℃。

2）合理密植。采用宽行窄株或宽窄行栽插方式，改善头季稻群体通气透光条件，保持植株健壮，以有利于再生芽苗壮发育。

3）科学施肥。要使头季稻高产，必须采用科学的施肥方法，即氮、磷、钾配合，按底肥、分蘖肥、穗肥进行施用，对坐蔸田需施用一定量的锌肥。

头季稻施肥量要依地力、有机肥施用量和产量水平而定。例如，产量 10～12 t/hm^2 的高产田，施氮肥 180～200 kg/hm^2，磷肥（P$_2$O$_5$）80～100 kg/hm^2 和钾肥（K$_2$O）150～180 kg/hm^2，其中，氮肥按 3：3：1：2：1 的比例作基肥、促蘖肥（移栽后 5～7 天）、接力肥（够苗烤田后）、穗肥（枝梗分化期）和粒肥（剑叶露尖期）分次施用。

4）科学管水。一般畦宽约 1.6 m，沟宽约 25 cm，沟深 15～20 cm。分蘖期浅水勤灌，够苗期晒田，复水后采用间歇灌溉，改善土壤氧化还原条件，促进头季稻根系生长和收割后再生芽的萌发。

（3）适时足量施好促芽肥　　促芽肥是保证再生芽早发、快发及多发的关键，在头季稻齐穗后 15～20 天，施尿素 120～150 kg/hm^2。

（4）适时收割头季稻，保留适当稻桩高度　　头季稻收获的早迟，应根据以下几个方面而定：①头季稻桩的营养状态有利于休眠芽的萌发生长，提高活苗率；②有利于再生稻苗数和穗数的提高；③能保证再生稻安全齐穗；④保证两季均能高产。因此，应坚持头季稻完熟期抢收，才能保证头季稻收后再生稻发苗快、多、整齐和再生稻安全齐穗，达到两季高产。

头季稻的留桩高度，对再生芽的合理利用起决定性作用。品种不同，留桩高度不同，籼稻品种上位芽（倒 2 芽和倒 3 芽）生长快，成穗率高，宜高留桩，一般以 33～40 cm 为宜；地区不同，供再生稻利用的时间长短不一，留桩高度也有差异。此外，收割的当天或次日应移出稻草，扶正稻桩，清除杂草，保证田间有水层。

（5）再生稻的田间管理

1）合理管水。头季稻收割期间田间有浅水层，收割后若遇连晴高温天气，连续 2～3 天用清水早晚各泼苗 1 次，以防止上部失水过快而影响再生芽的萌发生长，发苗期应保持浅水层。

2）合理施用发苗肥。再生芽萌发生长所需的营养物质，一是母茎储藏的碳水化合物；二是母茎根系吸收的矿质营养。因此，在发苗期间若营养不足，母茎根系活力下降，会影响再生芽的成苗和有效穗数，且对再生稻后期生长也有较大影响，因而要合理施用发苗肥。一般于头季稻收割后 3～5 天内，用尿素 45～75 kg/hm^2 均匀撒施。

3）防治病虫害危害。再生稻的病虫主要有纹枯病、飞虱、叶蝉和螟虫等。在防治方法上，螟虫及纹枯病于头季稻收割后 5 天进行防治；飞虱、叶蝉、稻纵卷叶螟于再生稻苗高 10 cm 左右开始防治。

4）增施粒肥。在头季稻收后和再生稻始穗期各喷施一次"920"能促进再生稻发苗早、发苗快，增加苗数、株高和结实粒数，且穗层较整齐、产量高。再生稻齐穗期喷施磷酸二氢钾可提高结实率和粒重。

5）适时收割。再生稻成熟期参差不齐，应掌握在九成熟后收获，以免影响产量。

（四）水稻清洁栽培

水稻清洁栽培是指把环境污染物综合控制与环境保护的策略持续地应用于水稻生产过程、产品加工、贮藏与销售等环节，通过生产和使用对环境友好的农用品（如肥料、农药和地膜等），改进水稻生产技术，减少稻田污染物的产生，降低稻作生产和加工等过程对人类和环境的风险性。

根据水稻清洁生产目标、生产标准规范、土壤肥力来源及病虫草害防治手段，将我国目前的水稻清洁生产分为无公害栽培、绿色栽培和有机栽培，分别代表了清洁生产初、中、高 3 个水平层次，可构成一个有中国特色的较完整的稻米清洁生产技术体系。

1. 无公害栽培　　无公害栽培是初级的清洁栽培，清洁标准低，其生产与加工技术规范主要依照农业部或地方组织制定的产品行业标准，如《无公害食品　稻米加工技术规范》（NY/T 5190—2002）。其主要技术为，无公害稻米在生产过程中的肥料除包括有机稻米和绿色稻米生产允许使用的肥料种类外，还可包括其他允许使用的肥料（行业标准规定的），但禁止使用未经国家或省级农业部门登记的化学或生物肥料。

施肥技术体系必须按照平衡施肥技术，以优质有机肥为主；肥料结构中，有机肥所占比例不得低于 50%。无公害栽培病虫害的防治手段除有机稻米、绿色稻米生产措施可用外，提倡生物防治和使用生物化学农药防治可限量使用高效、低毒和低残留农药，但必须避免有机合成农药在水稻生长期内重复使用，对于安全间隔期的要求类似于 A 级绿色稻米生产要求。

2. 绿色栽培　　绿色栽培是中级的清洁栽培，其生产和加工的大米是按照特定生产方式生产，经专门机构认定，许可使用绿色食品标志商标的无污染、安全和优质稻米。

根据绿色大米产品安全性和认证指标要求，又分为 AA 级、A 级。AA 级是指生产产地环境符合《绿色食品　产地环境质量标准》（NY/T 391—2000）要求，生产过程中不使用化学农药、肥料、生长调节剂和其他有害于环境及身体健康的物质，按有机生产方式生产，稻米质量符合绿色食品产品标准，并经专门机构认定，许可使用 AA 级绿色食品产品标志的大米；A 级是指生产产地环境符合《绿色食品　产地环境质量标准》（NY/T 391—2000）要求，生产过程中严格按照绿色生产资料使用准则和生产操作规程要求，限量使用限定的化学合成生产资料，产品质量符合绿色食品产品标准，并经专门机构认定，许可使用 A 级绿色食品标志的大米。

3. 有机栽培　　水稻有机栽培是高级的清洁栽培，是指按照有机农业生产体系，根据有机农业生产的要求和相应标准进行生产加工的一整套技术体系。

水稻有机栽培的肥料主要来源于没有污染的绿肥和作物残体、泥炭、秸秆、无病虫害与寄生虫及传染病的人粪尿和畜禽粪便，以及其他类似物质或经过堆积处理的食物和林业副产品等。水稻有机栽培过程中绝对禁止使用农药、化肥和生长调节剂等人工合成物质。生产产品经独立的有机食品认证机构认证后，即为有机水稻（有机米）。

三种水稻清洁栽培中，绿色栽培发展较早，而有机栽培与无公害栽培起步较迟。目前，根据我国的国情，应采取因地制宜、逐级提升的方式推进水稻清洁生产。局部环境优良的地区可根据市场需求状况发展 AA 级绿色食品稻米或有机稻米生产。全国大部分地区应先考虑发展无公害稻米生产，一定面积上可发展 A 级绿色食品稻米生产，待环境修复及土壤有机转化后，再行升级发展。但不管什么层次水平的水稻生产，都必须以清洁生产的理论为指导，这将有利于从稻米生产全程有效地控制环境的污染破坏，减少农业自身污染，在较大程度上使稻米生产、加工、流通和消费等各个环节生态化，确立多级发展目标有序控制，实施水稻因地制宜地层级清洁生产，实现稻米业不同基础水平上内外效益的协调增长。

综上所述，实行水稻全程质量控制，培植包含无公害稻米、绿色食品稻米和有机稻米不同级别的清洁稻米产业，是稻作业的发展方向。因此，清洁生产是改善稻米安全卫生质量的根本途径。

（五）水稻智慧栽培

水稻智慧栽培是在水稻生产中运用现代计算机技术、互联网技术、物联网技术、人工智能和遥感技术等，实现水稻生产的智能感知、预警和分析等功能，使水稻生产更"智慧"。水稻智慧栽培的实现需要水稻产业与互联网技术、物联网技术、遥感技术、人工智能技术及 5G 技术的深度融合，它能引领水稻进入网络化、数字化和智能化，是一场农业上的新技术革命。智慧栽培的主要技术特点包括监控功能、监测功能、实时图像与视频结合监控功能等。

复习思考题

1. 根据 1988 年中国水稻研究所划分，我国有哪几个稻作区和亚区，其划分依据是什么？
2. 分析国内外水稻科技发展动态，试指出我国水稻生产的发展趋势。
3. 简述丁颖（1961）创立的中国栽培稻种五级分类法及各级类型间的区别。
4. 简述水稻的"三性"概念及在水稻引种、栽培上的具体应用。
5. 浅谈营养器官与生殖器官的同伸关系，指出其在水稻栽培上的应用价值。
6. 根据水稻各产量构成因素形成的时期特点，试述提高其形成的栽培措施。
7. 现有早稻、中稻和晚稻 3 个品种，其对应总叶数和伸长节间数分别为 14 和 4、16 和 5、18 和 7，请写出其有效分蘖终止叶期、幼穗分化叶龄期和拔节叶龄期。
8. 简述水稻三种施肥模式的特点。
9. 比较国内外水稻科技发展动态，分析并提出我国现阶段水稻育种的主要目标。
10. 水稻杂交育种和杂交水稻育种有何区别？
11. 水稻育种亲本选择的基本原则是什么？
12. 系统掌握水稻杂种优势利用技术，讨论分析各技术的优缺点。
13. 种植杂交水稻为何需年年换种，不能利用 F2 代种子？
14. 简述高产稻田的基本特征。
15. 水稻露地湿润育秧、地膜保温育秧、温室育秧和旱育秧有何异同点？
16. 试述水稻烂秧、死苗的原因及防止措施。
17. 根据水稻的需肥特性，提出水稻优质高产的施肥方案。

18. 根据水稻的需水特性，提出水稻优质高产的水分管理方案。

19. 试述晒田的作用及技术。

20. 试比较机插栽培、直播栽培、再生稻栽培的特点，并简述如何在实际水稻生产中选择使用。

21. 试比较无公害栽培、绿色栽培和有机栽培的特点，并阐述如何在实际水稻生产中选择使用。

22. 简述水稻智慧栽培的概念和特点。

主要参考文献

蔡一霞, 徐大勇, 朱庆森. 2004. 稻米品质形成的生理基础研究进展. 植物学通报, 21 (4): 419-428.

曹敏建. 2013. 耕作学. 2 版. 北京: 中国农业出版社.

陈小花. 2013. 粳稻和籼稻品种的再生特性比较研究. 武汉: 华中农业大学硕士学位论文.

程式华, 李建. 2007. 现代中国水稻. 北京: 金盾出版社.

戴其根, 张洪程, 苏宝林. 1998. 水稻抛秧栽培若干关键技术与理论研究进展. 耕作与栽培, (5): 18-19, 63.

戴治平, 龚述明, 杨科祥. 2002. 改革稻田耕作制度, 提高农业生产效益. 作物研究, (2): 81-82.

邓化凤. 2006. 杂交粳稻理论与实践. 北京: 中国农业出版社.

邓晓建, 王平荣, 李仁端. 2001. 我国杂交水稻育种现状与展望. 作物杂志, (2): 37-39.

刁操铨. 1994. 作物栽培学各论 (南方本). 北京: 中国农业出版社.

丁颖. 1957. 中国栽培稻种的起源及其演变. 农业学报, 8 (3): 25-39.

丁颖. 1961. 中国水稻栽培学. 北京: 农业出版社.

方先文, 杨杰, 王艳平, 等. 2010. 水稻品种 LGC-1 的低谷蛋白性状连锁标记的开发与应用. 分子植物育种, 8 (4): 657-659.

盖钧镒. 2006. 作物育种学各论. 2 版. 北京: 中国农业出版社.

高清, 张亚玲, 葛欣, 等. 2022. 水稻抗稻瘟病基因研究进展. 分子植物育种, 11: 163-172.

弓少龙, 侯茂林. 2017. 水稻对褐飞虱和白背飞虱的抗性及其机制研究进展. 植物保护, (1): 15-23.

郭辉, 冯锐, 秦学毅, 等. 2010. 水稻抗稻瘿蚊基因的研究与利用现状. 杂交水稻, (1): 4-8, 15.

何秀英, 程永盛, 刘志霞, 等. 2015. 国标优质籼稻的稻米品质与淀粉 RVA 谱特征研究. 华南农业大学学报, 36 (3): 37-44.

胡立勇, 丁艳锋. 2008. 作物栽培学. 北京: 高等教育出版社.

湖南省粮食行业协会. 2018-05-26. 湖南省粮食行业协会团体标准 (湖南好粮油 富硒大米) T/HNAGS 003—2018. 全国团体标准信息平台 (http://www.ttbz.org.cn/Pdfs/Index/?ftype=st&pms=24770).

胡时开, 苏岩, 叶卫军, 等. 2012. 水稻抽穗期遗传与分子调控机理研究进展. 中国水稻科学, (3): 373-382.

胡雅杰, 张洪程, 龚金龙, 等. 2012. 抛秧栽培技术模式及其高产形成规律与途径研究进展. 中国农业科技导报, 14 (2): 109-117.

黄翠红, 彭圣法, 杨瑰丽, 等. 2014. 水稻籼型恢复系花药培养初步研究. 广东农业科学, 3: 13-16.

黄国勤. 2006. 中国南方稻田耕作制度的发展. 耕作与栽培, (3): 1-5, 28.

黎毛毛, 徐晶, 刘昌文, 等. 2008. 水稻粒形遗传及 QTLs 定位研究进展. 中国农业科技导报, (1): 34-42.

李莉梅, 欧阳乐军. 2007. 我国水稻航天诱变育种的研究动态及展望. 广西农业科学, 38 (2): 113-115.

李瑞清, 谭瑷瑷, 闫影, 等. 2019. 水稻胚乳淀粉合成及其育种应用. 核农学报, 33 (9): 1742-1748.

李铮友, 纳信真, 黄本铣. 1980. 滇型杂交水稻. 昆明: 云南人民出版社.

李铮友. 1990. 滇型杂交水稻论文集. 昆明: 云南科学技术出版社.

廖学群. 2005. 水稻感营养性的初步研究. 重庆: 西南大学硕士学位论文.

凌启鸿, 张洪程, 蔡建中, 等. 1993. 水稻高产群体质量及其优化控制探讨. 中国农业科学, 26 (6): 1-11.

卢兴桂, 顾铭洪, 李成荃, 等. 2001. 两系杂交水稻理论与技术. 北京: 科学出版社.

穆平. 2017. 作物育种学. 北京: 中国农业大学出版社.

牛鹜朝, 卢少武, 杨阳, 等. 2021. 大气 CO_2 浓度增高对不同水稻品种稻米品质的影响. 中国生态农业学报 (中英文), (3): 509-519.

彭波, 孙艳芳, 陈报阳, 等. 2017. 水稻香味基因及其在育种中的应用研究进展. 植物学报, (6): 797-807.

钱前. 2007. 水稻基因设计育种. 北京: 科学出版社.

唐威华, 冷冰, 何祖华. 2017. 植物抗病虫与抗逆. 植物生理学报, (8): 1333-1336.

唐锡华，倪彭寿，童木仙，等. 1978. 在控制条件下对不同稻种日长和温度反应发育特性的研究. 植物生理学报，4（2）：153-167.

王才林，张亚东，赵凌，等. 2019. 耐盐碱水稻研究现状、问题与建议. 中国稻米，25（1）：1-6.

王德正，迟伟，王守海，等. 2004. 转 C_4 光合基因水稻特征特性及其在两系杂交稻育种中的应用. 作物学报，30（3）：248-252.

王德正，焦德茂，吴爽，等. 2002. 转玉米 PEPC 基因的杂交水稻亲本的选育. 中国农业科学，35（10）：1165-1170.

王贵荣. 2022. 中国农村统计年鉴. 北京：中国统计出版社.

王惠贞，吴瑞芬，李丹. 2016. 稻米品质形成和调控机理概述. 中国稻米，22（1）：10-13.

王建华，张春庆. 2006. 种子生产学. 北京：高等教育出版社.

王萌，刘爽，张江丽. 2020. 对我国智慧农业发展的思考. 中国农业信息，32（3）：55-60.

王月华，何虎，潘晓华. 2012. 我国水稻育种技术发展历程回顾. 江西农业学报，24（2）：26-28.

王忠华，方振华，干建慧. 2009. 稻米外观品质性状遗传与分子定位研究进展. 生命科学，（3）：444-451.

王忠华. 2005. 稻米功能性成分的生理活性及其产品开发. 核农学报，（3）：241-244，201.

魏兴华. 2019. 中国稻种资源的保存评价与利用//2019 年中国作物学会学术年会论文摘要集. 北京：中国作物学会：47.

吴比，胡伟，邢永忠. 2018. 中国水稻遗传育种历程与展望. 遗传，40（10）：841-857.

吴丹，胡君，甘玉姿，等. 2016. 不同诱导培养基和籼粳成分对水稻花药培养效果的影响. 杂交水稻，31（3）：71-75.

吴光南. 1963. 中国水稻品种对光照长度反应特性的研究——Ⅱ品种在短光照下生育期及不同光照下产量构成因素的变化. 作物学报，2（2）：147-158.

吴文革，陈烨，钱银飞，等. 2006. 水稻直播栽培的发展概况与研究进展. 中国农业科技导报，8（4）：32-36.

夏志辉，李晓兵，陈彩艳，等. 2006. 无选择标记和载体骨干序列的 Xa21 转基因水稻的获得. 生物工程学报，22（2）：204-210.

徐富贤，熊洪，张林，等. 2015. 再生稻产量形成特点与关键调控技术研究进展. 中国农业科学，48（9）：1702-1717.

徐志健，王记林，郑晓明，等. 2020. 中国野生稻种质资源调查收集与保护. 植物遗传资源学报，21（6）：1337-1343.

闫影，王春连，刘丕庆，等. 2011. 野生稻抗病虫基因的挖掘和利用. 作物杂志，（4）：1-6.

杨文钰，屠乃美. 2011. 作物栽培学各论（南方本）. 2 版. 北京：中国农业出版社.

杨武，张少红，杨梯丰，等. 2018. 水稻抗性淀粉的分子基础和育种研究进展. 分子植物育种，16（24）：8056-8060.

袁隆平，米铁柱，刘佳音，等. 2019. 第三代杂交水稻育种技术. 济南：山东科学技术出版社.

袁隆平. 2016. 第三代杂交水稻初步研究成功. 科学通报，61（31）：3404.

袁隆平. 2018. 杂交水稻发展的战略. 杂交水稻，33（5）：1-2.

詹重慈，田廷亮，张立庆，等. 1986. 稻米粘、糯品质差异及与淀粉酶同工酶关系的初探. 华中师范大学学报，20（1）：99-104.

张桂权. 2019. 基于 SSSL 文库的水稻设计育种平台. 遗传，41（8）：754-760.

张红生，胡晋. 2015. 种子学. 北京：科学出版社.

张洪程. 2012. 水稻栽培学研究若干进展及发展探讨. 作物杂志，（6）：3-5.

张洪程. 2011. 水稻新型栽培技术. 北京：金盾出版社.

张虎，许晓燕，赵晓艳，等. 2020. 我国智慧农业的发展现状与建议. 现代农业装备，41（3）：21-23，37.

张林，何祖华. 2015. 水稻重要农艺性状自然变异研究进展及其应用策略. 科学通报，60：1066-1078.

张欣，付亚萍，周君莉，等. 2014. 水稻规模化转基因技术体系构建与应用. 中国农业科学，21：4141-4154.

赵芳明，张桂权，曾瑞珍，等. 2011. 基于单片段代换系的水稻粒型 QTL 加性及上位性效应分析. 作物学报，37（3）：469-476.

赵芳明，张桂权，曾瑞珍，等. 2012. 利用单片段代换系研究水稻产量相关性状 QTL 加性及上位性效应. 作物学报，38（11）：2007-2014.

郑家奎. 2007. 长江上游稻区超级杂交稻育种的思路与进展. 沈阳农业大学学报，38（5）：719-725.

郑丽媛，魏霞，周可，等. 2016. 携带主效落粒基因的水稻染色体片段代换系 Z481 的鉴定及和 SH6（t）定位. 科学通报，61（7）：748-758.

郑天清，沈文飚，朱速松，等. 2003. 水稻谷蛋白突变体的研究现状与展望. 中国农业科学，（4）：353-359.

中华人民共和国农业部. 2013. 食用稻品种品质：NY/T 593—2013. 北京：中国标准出版社.

周新桥，陈达刚，郭洁，等. 2020. 高抗性淀粉水稻研究现状与展望. 核农学报，34（3）：515-520.

周正平，占小登，沈希宏，等. 2019. 我国水稻育种发展现状、展望及对策. 中国稻米，25（5）：1-4.

周治宝，王晓玲，余传元，等. 2012. 籼稻米饭食味与品质性状的相关性分析. 中国粮油学报，27（1）：1-5.

朱德峰，王亚梁. 2021. 全球水稻生产时空变化特征分析. 中国稻米，27（1）：7-8.

朱英国. 2000. 水稻雄性不育生物学. 武汉：武汉大学出版社.

卓丽圣，斯华敏，程式华，等. 1996. 苯乙酸促进水稻花药愈伤组织的再分化和直接成苗. 中国水稻科学，10（1）：37-42.

Ammiraju J S, Lu F, Sanyal A, et al. 2008. Dynamic evolution of *Oryza* genomes is revealed by comparative genomic analysis of a genus-wide vertical data set. Plant Cell, 20: 3191-3209.

Balakrishnan D, Surapaneni M, Mesapogu S, et al. 2019. Development and use of chromosome segment substitution lines as a genetic resource for crop improvement. Theoretical and Applied Genetics, 132：1-25.

Dykes L, Rooney L W. 2007. Phenolic compounds in cereal grains and their health benefits. Cereal Foods World, 52 (3): 105-111.

Guo Y L, Ge S. 2005. Molecular phylogeny of Oryzeae (Poaceae)based on DNA sequences from chloroplast, mitochondrial, and nuclear genomes. Am J Bot, 92: 1548 -1558.

Huang X, Han B. 2015. Rice domestication occurred through single origin and multiple introgressions.Nature Plants, 2: 15207.

Huang X, Kurata N, Wei X, et al. 2012. A map of rice genome variation reveals the origin of cultivated rice. Nature, 490: 497 -501.

Khanday I, Skinner D, Yang B, et al. 2019. A male-expressed rice embryogenic trigger redirected for asexual propagation through seeds. Nature, 565 (7737): 91-95.

Li Z H, Riaz A, Zhang Y X, et al. 2019. Quantitative trait loci mapping for rice yield-related traits using chromosomal segment substitution lines. Rice Sci, 26 (5): 261-264.

Liang P X, Wang H, Zhang Q L, et al. 2021. Identification and pyramiding of QTLs for rice grain size based on short-wide grain CSSL-Z563 and fine-mapping of *qGL3-2*. Rice, 14: 35.

Peohlman J M, Sleper D A. 1995. Breeding Field Crops.4 th ed. Ames: Lowa State University Press.

Qi P, Lin Y S, Song X J, et al. 2012. The novel quantitative trait locus *GL3.1* controls rice grain size and yield by regulating cyclin-T1;3. Cell Research, 22 (12): 1666-1680.

Raquin C. 1983. Utilization of different sugars as carbon source for *in vitro* anther culture of petunia. Plant Biology, 111: 453-457.

Ren D Y, Li Y F, Zhao F M, et al. 2013. *MULTI-FLORET SPIKELET1*, which encodes an AP2/ERF protein, determines spikelet meristem fate and sterile lemma identity in rice. Plant Physiology, 162: 872-884.

Rihova L, Tupi J. 1994. Influence of 2,4-D and lactose on pollen embrogenesis in anther culture of potato. Plant Cell, Tissue and Organ Culture, 45: 259-264.

Second G. 1985. Evolutionary relationships in the *Sativa* group of *Oryza* based on isozyme data. Genet Sel Evol, 17: 89-114.

Wang C, Liu Q, Shen Y, et al. 2019. Clonal seeds from hybrid rice by simultaneous genome engineering of meiosis and fertilization genes. Nature Blotechnology, 37 (3): 283-286.

Wang Q, Liu Y, He J, et al. 2014. *STV11* encodes a sulphotransferase and confers durable resistance to rice stripe virus. Nat Commun, 5: 47-68.

Wang S K, Wu K, Yuan Q B, et al. 2012. Control of grain size, shape and quality by *OsSPL16* in rice. Nat Genet, 44 (8): 950-954.

Yu H, Lin T, Meng X B, et al. 2021. A route to de novo domestication of wild allotetraploid rice. Cell, 184 (5): 1156-1170.

Zhang T, Li Y F, Ma L, et al. 2017. *LATERAL FLORET 1* induced the three-florets spikelet in rice. Proc Natl Acad Sci USA , 114 (37): 9984-9989.

Zhang T, Wang S M, Sun S F, et al. 2020. Analysis of QTL for grain size in a rice chromosome segment substitution line Z1392 with long grains and fine mapping of *qGL-6*. Rice, 13: 40.

Zhao D S, Li Q F, Zhang C Q, et al. 2018. *GS9* acts as a transcriptional activator to regulate rice grain shape and appearance quality. Nat Commun, 9: 1290.

Zhao F M, Zhu H T, Zeng R Z, et al. 2016. Detection of additive and additive × environment interaction effects of QTLs for yield component traits of rice using single segment substitution lines (SSSLs). Plant Breeding, 135: 452-458.

Zhou H, He M, Li J, et al. 2016. Development of commercial thermo-sensitive genic male sterile rice accelerates hybrid rice breeding using the CRISPR/Cas9-mediated *TMS5* editing system. Scientific Reports, 6: 37395.

Zhu Q L, Zeng D C, Yu S Z, et al. 2018. From golden rice to aSTARice: bioengineering astaxanthin biosynthesis in rice endosperm. Molecular Plant, 11 (12): 1440-1448.

Zhuang H, Wang H L, Zhang T, et al. 2020. *NONSTOP GLUMES1* encodes a C2H2 zinc finger protein that regulates spikelet development in rice. The Plant Cell, 32: 392-413.

Zou X H, Yang Z, Doyle J J, et al. 2013. Multilocusestimation of divergence times and ancestral effective population sizes of *Oryza* species and implications for the rapid diversification of the genus. New Phytol, 198 (4): 1155-1164.

第二章 小 麦

【内容提要】小麦是世界三大主要粮食作物之一，在全球范围内广泛种植。本章首先介绍了发展小麦生产的意义、小麦生产概况、小麦分布与分区、小麦科学发展概况；其次介绍了小麦的起源与分类、小麦的温光反应特性及其应用、小麦的生育过程与器官建成、小麦的产量形成与高产群体的培育、小麦籽粒品质及其调控；再次阐述了小麦的育种目标及主要性状的遗传、小麦杂交育种、小麦远缘杂交育种、小麦的杂种优势利用、小麦生物技术育种及小麦良种繁育；最后讲到了小麦的土壤要求与耕整、小麦的需肥特性与合理施肥、小麦的需水特性与合理施肥及小麦栽培技术措施等。

第一节 概 述

一、发展小麦生产的重要意义

小麦是世界性的重要粮食作物，在水稻、小麦和玉米等三大粮食作物中，小麦常年保持着世界收获面积第一的地位，总产量仅次于玉米。据联合国粮食及农业组织（FAO）统计，2021 年世界小麦收获面积达 22 076 万 hm^2，居第一位，总产量 77 087 万 t，居第二位（仅次于玉米）。在我国，据《中国统计年鉴》统计，2021 年我国小麦收获面积达 2356.7 万 hm^2，总产量 13 694.4 万 t，面积和总产量均居第三位（排在玉米和水稻之后）。小麦种子一般含淀粉 50%～55%，蛋白质 11%～14%，赖氨酸 0.19%～0.37%，脂肪 1.9%，维生素 1.9%，灰分 1.7%。小麦营养丰富，为人类提供约 21%的食物热量和 20%的蛋白质。小麦由于含有独特的醇溶蛋白和谷蛋白，能制作烘焙食品（面包、糕点及饼干等）、蒸煮食品（馒头、面条及饺子等）和各种各样的方便食品，是唯一一种世界性主粮。全世界有 35%～40%的人口以小麦为主食，小麦消费量占世界谷物消费量的30%左右，贸易量约占世界谷物贸易量的50%，具有交易范围广、交易量大和参与国家多等特点，是最重要的贸易粮食和国际援助粮食，对世界粮食安全具有重要的保障性作用。中国是世界上最大的小麦生产国和消费国，占世界小麦生产总量的17%和消费总量的16%。另外，小麦加工后的副产品中含有蛋白质、糖类和维生素等物质，是良好的饲料，麦秆还可用来制作手工艺品，也可作为造纸原料。

二、小麦生产概况

（一）世界小麦生产与贸易概况

小麦的适应性强，在全球范围内广泛种植。南至南纬 45°（阿根廷），北至北纬 67°（挪威和芬兰），但主要集中在北纬 20°～60°和南纬 20°～40°，欧亚大陆和北美洲的栽培面积占世界小麦栽培总面积的90%，亚洲的栽培面积约占世界小麦栽培总面积的45%，欧洲占25%，美洲占15%，非洲、大洋洲和南美洲各占5%左右。中国、印度、俄罗斯、美国、法国和加拿大是生产小麦的主要国家，约占世界总产量的55%。世界栽培的小麦主要是冬小麦，与春小麦的面积比例约为 4：1，春小麦主要集中在俄罗斯、美国和加拿大，约占世界春小麦栽培总面积的 90%。

与小麦生产的高度集中相比，小麦的消费是全球性的，小麦是世界上贸易量最大的粮食作物，全球小麦贸易量在 2008 年之前的十多年一直为 0.9 亿～1.2 亿 t，但从 2009 年起快速增长，2018 年度全球小麦贸易量创纪录达到了 1.819 亿 t，2021 年达到了 1.981 亿 t。小麦出口国比较集中，主要以北美和欧洲为主，美国、法国、加拿大、澳大利亚和阿根廷出口量较大，近年来，俄罗斯和乌克兰等国出口量增长迅速。全球小麦进口国，一类是进口补充型，主要有中国、意大利、巴西和埃及等；另一类是完全依赖型，主要有日本和韩国等。

（二）我国小麦生产概况

中国既是世界上最大的小麦生产国和消费国，也是世界小麦贸易大国，生产、消费和进口量均居世界第一位，小麦生产正常年份播种面积和总产量分别占我国粮食生产总面积和总产量的 25% 和 22% 左右，小麦产量约占全球总产量的 17%。2021 年全国小麦播种面积为 2356.7 万 hm^2，单产 5810.8 kg/hm^2，总产 13 694.4 万 t，占谷物面积的 24.34%，总产量的 22.0%，占粮食作物（包括豆类和薯类）总面积的 21.03%，占总产量的 20.5%。

小麦在中国的栽培与发展已有四五千年的历史。在明代小麦已遍布全国，20 世纪初小麦已成为仅次于水稻的第二大作物，1918 年小麦约占当时粮食作物总面积的 39%。近 20 年，由于玉米产量高且畜牧业需求大，小麦逐步成为全国第三大粮食作物。1949 年后小麦单产和总产呈不断增长的趋势。

三、小麦分布与分区

由于各地气候条件、土壤类型、种植制度、品种类型、生产水平和管理技术均存在差异，因此形成了明显的种植区域特征。

（一）我国小麦种植区的划分

1996 年金善宝将全国小麦种植区域划分为 3 个主区、10 个亚区和 29 个副区。2010 年赵广才将其简并为 4 个主区和 10 个亚区。

1. 北方冬（秋播）麦区　　北方冬（秋播）麦区为长城以南、岷山以东、秦岭及淮河以北的地区。分两个亚区，分别是：北部冬（秋播）麦区，自东北向西南，横跨辽宁、河北、天津、北京、山西、陕西和甘肃等 5 省 2 市，形成了一条狭长地带；黄淮冬（秋播）麦区位于黄河中下游，包括山东省全部，河南省除信阳地区以外大部，河北省中、南部，江苏及安徽两省的淮河以北地区，陕西关中平原及山西省南部，甘肃省天水市全部和平凉及定西地区部分县。

2. 南方冬（秋播）麦区　　南方冬（秋播）麦区位于秦岭、淮河以南，折多山以东。分 3 个亚区，分别是：长江中下游冬（秋播）麦区，包括浙江、江西、湖北、湖南及上海市全部，河南省信阳地区及江苏、安徽两省淮河以南的地区；西南冬（秋播）麦区，位于长江上游，包括贵州和重庆的全部，四川和云南的大部，陕西南部和甘肃陇南地区；华南冬（晚秋播）麦区，包括福建、广东、广西、台湾、海南等 5 省（自治区）全部及云南省南部部分县。

3. 春（播）麦区　　春小麦主要分布在长城以北，岷山及大雪山以西。分 3 个亚区，分别是：东北春（播）麦区，包括黑龙江和吉林两省全部，辽宁省除南部大连和营口两市以外的大部，内蒙古东北部；北部春（播）麦区，位于大兴安岭以西，长城以北，包括内蒙古锡林郭勒以西，河北省坝上，山西省雁北和陕西省榆林部分县；西北春（播）麦区，位于黄淮上游黄土高原、内蒙古高原和青藏高原的交汇地带，包括宁夏全部，甘肃大部，内蒙古和青海的小部分地区。

4. 冬春兼播麦区　冬春兼播麦区包括新疆、西藏全部，青海大部和四川、云南、甘肃部分地区。分为新疆冬春（播）麦和青藏春冬（播）麦两个亚区，后者包括西藏全部、青海大部、甘肃甘南藏族自治州大部、四川西部、云南西北部。

（二）我国小麦优势区域的布局规划

根据我国小麦生产状况和未来需求，为了兼顾小麦生产总量和质量发展的目标，将我国小麦主要产区划分为黄淮海、长江中下游、西南、西北和东北 5 个优势区。

1. 黄淮海小麦优势区　黄淮海小麦优势区包括河北、山东、北京、天津全部，河南中北部，江苏和安徽北部，山西中南部及陕西关中地区，是我国最大的冬小麦产区。该区小麦种植面积约占全国种植总面积的 59.1%，总产量占全国总产量的 64.9%。该区光热资源丰富，年降水量 400～900 mm，地势平坦，土壤肥沃，耕地面积 2368.3 万 hm^2，其中水浇地面积 1669.3 万 hm^2，生产条件较好，单产水平较高，有利于小麦蛋白质和面筋的形成与积累。种植制度以小麦/玉米一年二熟为主，小麦 10 月上中旬播种，5 月底至 6 月上中旬收获。影响小麦生产的主要因素是水资源短缺，干旱、冻害和干热风等自然灾害频发，条锈病、纹枯病和白粉病为害较重。

该区目标是建成我国最大的商品小麦生产基地和加工转化聚集区，优先发展适合加工优质面包、面条、馒头和饺子粉的优质专用小麦。重点选育、繁育和推广高产与优质强筋小麦品种及广适、节水及高产中筋小麦品种，集成组装强筋小麦优质、高效及节水栽培技术，推广中强筋小麦氮肥后移等技术。

2. 长江中下游小麦优势区　长江中下游小麦优势区包括江苏和安徽两省，淮河以南、湖北北部及河南南部，是我国冬小麦的主要产区之一。该区小麦种植面积和总产量均约占全国种植总面积和总产量的 12%。该区气候湿润，热量条件良好，年降水量 800～1400 mm；地势低平，土壤以水稻土为主，有机质含量 1%左右，耕地面积 1046 万 hm^2。小麦生育后期降水偏多，有利于低蛋白质含量的形成和弱筋小麦的生产。种植制度以水稻/小麦一年二熟为主，小麦 10 月下旬至 11 月中旬播种，5 月下旬收获。影响小麦生产的主要因素是渍害和高温逼熟，穗发芽时有发生，赤霉病、白粉病和纹枯病为害较重。

该区要"抓弱筋、促中筋"，建成我国弱筋小麦生产基地。重点选育、繁育和推广高产、优质、抗逆性强的弱筋和中筋品种，加快抗赤霉病、白粉病和穗发芽品种的推广应用；集成组装弱筋小麦和中筋小麦的优质高效栽培技术，推广专用小麦品质调优栽培等技术。

3. 西南小麦优势区　西南小麦优势区包括重庆、四川、贵州、云南等省市，以冬小麦为主。该区小麦种植面积约占全国种植总面积的 9.1%，总产量占全国总产量的 6%。该区气候湿润，热量条件良好，年降水量 800～1100 mm；山地、高原、丘陵和盆地相间分布，海拔 300～2500 m；土壤以红壤、黄壤、紫色土和水稻土为主，耕地面积为 1885.9 万 hm^2，生态类型多样。种植制度以水田稻麦两熟和旱地"麦/玉/苕"间套作为主，小麦 10 月下旬至 11 月上旬播种，5 月中下旬收获。影响小麦生产的主要因素是日照不足，雨多、雾大及晴天少，易旱易涝，条锈病为害严重。

　　该区要建成我国西南地区中筋小麦生产基地，满足区域内口粮需求。注重选育、繁育和推广高产、优质及抗条锈病强的中筋小麦品种；加快小麦条锈病综合防治技术的集成创新与推广应用；重点推广小窝疏株密植和小麦套作高产栽培等技术。

　　4. 西北小麦优势区　　西北小麦优势区包括甘肃、宁夏、青海和新疆全部及陕西北部、内蒙古河套土默川地区，冬春麦皆有种植。该区小麦种植面积约占全国种植总面积的7.7%，总产量占全国总产量的6.3%。该区气候干燥，蒸发量大，年降水量为50～250 mm，光照充足，昼夜温差大，有利于干物质积累；地势有高原、盆地及沙漠，土壤以灰钙土、棕钙土和栗钙土为主，耕地面积1280万 hm^2，其中水浇地面积3.860万 hm^2。种植制度以一年一熟为主，冬小麦9月中下旬播种，6月底至7月初收获；春小麦2月下旬至4月上旬播种，7月上旬至8月下旬收获。影响小麦生产的主要因素是土壤瘠薄与干旱少雨，甘肃和新疆部分地区是我国小麦条锈病越夏及越冬区。

　　该区要建成我国西北地区优质强筋和中筋小麦生产基地，以满足区域内口粮需求。重点选育、繁育和推广高产、优质、抗旱节水与高抗条锈病的中筋小麦品种，加强强筋和中筋小麦优质高产栽培技术的集成组装。

　　5. 东北小麦优势区　　东北小麦优势区包括黑龙江、吉林和辽宁全部及内蒙古东部。该区小麦种植面积约占全国种植总面积的1.9%，总产量占全国总产量的1.6%。该区气候冷凉，无霜期短，年降水量450～650 mm，日照充足；土壤肥沃，以黑土和草甸土为主，有机质含量多在 3%～6%；耕地面积2295.7万 hm^2，人均、劳均耕地面积大，具备规模种植的优势，以大型农场和大面积集中连片种植为主，农业机械化程度较高，生产成本相对较低。种植制度为一年一熟，春小麦4月中下旬播种，7月下旬至8月下旬收获。影响小麦生产的主要因素是春季干旱，收获期常遇阴雨，进而影响商品品质。

　　该区要建成我国东北地区优质强筋、中筋硬质红粒春性小麦生产基地和商品基地，适宜发展优质面包、面条及馒头加工用优质专用小麦。重点选育、繁育和推广高产、优质、早熟与抗逆性强的硬质红粒春性强筋和中筋小麦品种。集成组装强筋小麦和中筋小麦的优质高产栽培技术。

四、小麦科技发展历程

（一）小麦育种科技发展历程

　　普通小麦是异源六倍体，其形成涉及 3 个原始祖先物种和 2 次天然杂交，这导致普通小麦的基因组庞大而复杂，因此小麦遗传育种有其鲜明特色。

　　1. 育种目标　　我国小麦育种大致经历了抗病稳产早熟、矮化抗倒伏高产和高产优质高效 3 个阶段，以第一阶段时间最长。小麦育种的总体目标是高产、抗病、早熟、优质和广适，以满足一年两季高产的要求。但病害的种类在不同麦区和不同时期有较大差别，北方冬麦区在 1990 年以前一直以抗条锈病为主，长江流域则一直以抗赤霉病为主。品质改良始于20世纪80年代中期，90年代后期节水则成为黄淮麦区北片的重要目标。主产麦区先后经历了 8～9 次大规模品种更新换代，为单产和总产提高做出了重要贡献。以黄淮麦区南片为例，1950～2012 年品种的产量潜力从 4.6 t/hm^2 提高到 8.9 t/hm^2，产量提高主要与单位面积粒数、粒重、生物产量、收获指数和开花后茎秆中水溶性碳水化合物含量的增加及株高降低有关；1990 年以后的主要品种多为直立紧凑株型，株高从 1950 年初的 120～130 cm 降到约

75 cm，千粒重从 35 g 左右提高到 48～50 g，$Rht1$、$Rht2$、$Rht8$ 及 $Rht24$ 等矮秆基因和 1B/1R 易位系的利用对降低株高、提高产量和改进抗病性起到关键作用。

2．种质资源　　国际性种质资源交换是推动育种进步的关键因素之一。我国引进的意大利小麦品种'南大 2419''阿夫''阿勃'和'郑引 1 号'等不仅在南方冬麦区和黄淮麦区直接大面积推广应用，还在后来的杂交育种中发挥了骨干亲本的作用；引进的美国抗锈品种'早洋麦'和'胜利麦'及 20 世纪 70 年代引进的罗马尼亚品种'洛夫林 10 号'等 1B/1R 易位系，则分别在抗病育种中发挥了核心作用。中国建立了从资源收集保存到研究利用的技术体系，国家种质库保存小麦资源 4.9 万份，在核心种质和基于基因组学的种质资源研究等领域取得了重要进展。

3．矮化育种　　矮秆品种的育成显著提高了育成品种的增产潜力。其中来源于日本的两个矮源——'赤小麦'（具有矮秆基因 $Rht8$ 和 $Rht9$）和'农林 10 号'（具有矮秆基因 $Rht1$ 和 $Rht2$）的广泛利用起了很大的作用。意大利较早地利用'赤小麦'育成了一系列的矮秆品种，使其不但成为意大利小麦育种的骨干材料，而且在世界许多国家都得到了广泛应用。

4．高产性兼具广适应性育种　　我国育成了一批高产且对光照不敏感、适应性广的优良品种。'碧蚂 1 号'的种植面积曾达 $6×10^6$ hm^2 以上，创造了我国小麦品种种植面积的最高纪录；后继品种'泰山 1 号'也推广到了 $3.73×10^6$ hm^2 以上；在我国南方，'扬麦 5 号'的推广面积达到 $6×10^6$ hm^2，创造了长江中下游地区小麦品种种植面积的最高纪录。国内外这些产量高而适应性广的品种，都是遗传基础丰富、来源不同和发育特性有差异的亲本间杂交及复合杂交而育成的。

5．兼抗型持久抗性育种　　对各种病虫害及环境胁迫的抗耐性育种取得了进展，特别是抗锈育种成效显著。由于广泛地开展抗源的鉴定、筛选和创新，针对不同锈病及其病菌生理小种的变化动向，相应地及时选育和推广了一批又一批的抗锈品种，国内外还注意兼抗几个病害的品种选育。此外，国内外对锈病和白粉病等病害除继续进行垂直抗性育种外，还开展水平抗性育种；有的国家还选育和推广了多系品种，借以保持较长期的抗病性。

6．品质育种　　欧美各主要产麦国为了满足其国内市场需要，增强在国际贸易市场上的竞争能力，政府和小麦育种家对提高和改善小麦品种籽粒的营养价值及加工品质给予了极大的关注，对世界小麦品质遗传改良起到了巨大的推动作用。我国开展品质育种较晚，但发展进度很快，在优质小麦的培育及优质小麦的生产上取得了显著成绩。自 2000 年以来，采用表型分析和基因标记鉴定相结合的方法，建立了既符合中国国情又与国际接轨的小麦品种品质评价体系，包括磨粉品质评价、加工品质间接评价和 4 种主要食品（面条、馒头、面包和饼干）实验室评价与选择指标。

7．育种技术与方法　　20 世纪 50～60 年代用系统育种法和引种育成了不少品种，但 20 世纪 70 年代以后的主要品种则基本上是通过杂交育种育成的，杂交方式以单交和三交为主，后代处理以系谱法选择为主。采用各种诱变因素产生各种有利用价值的突变体的效果显著，我国通过诱变所育成的小麦品种数目及其种植总面积居世界前列；在细胞工程育种方面，小麦花培技术在世界处于领先地位，通过花培所育成的品种已大面积推广；在杂种优势利用方面，在利用山羊草细胞质诱导新的不育类型选育杂种小麦及小麦光温敏不育性的研究上，也取得了令人瞩目的进展；在染色体工程与远缘杂交育种方面，胚拯救、单倍体和双单倍体育种与远缘杂交导入外源基因等成效卓著。例如，我国利用特有的太谷核不育基因进行轮回选择以改良群体技术处于国际领先，育成了'鲁麦 15'和'石 4185'等品种，2017 年该基因已被克隆；把不育和矮秆 2 个基因紧密连锁在一起的'矮败小麦'正在育种中应用。小麦遗传图谱、分子标记辅助选择、转基因及基因编辑技术不断完善，我国 2012 年牵头完成了小麦 D 基因组和 A 基因组供体种草图的绘制，发掘验证育种可用的基因标记 60 多个，用分子标记育成了'中麦 1062'和'济麦 23'等 6 个优质新品种。

展望未来，小麦育种工作应把培育高产稳产、水肥高效、抗病、抗逆和广适性品种作为主要任务；在改进加工品质的同时，系统开展营养健康相关性状研究。除主要依靠常规育种技术外，应推广普及分子标记选择技术，还应研发全基因组选择和基因编辑等新技术。

（二）小麦栽培科技发展历程

小麦栽培研究的任务，是揭示小麦生长发育规律及其与环境条件的关系，通过栽培技术措施，充分利用自然条件和生产资料，最大限度地实现小麦生产的高产、稳产、优质和高效，从而提高土地和劳动生产率。

我国在小麦高产优质高效栽培理论与技术方面，形成了不同地区的高产、优质、高效的栽培模式，建立了"小麦叶龄指标促控法""冬小麦精量半精量播种技术""小麦超高产栽培关键技术""节水高产栽培技术"和"小麦精确管理技术"等栽培管理体系，还对小麦栽培生理机制和信息技术等进行了研究，为全国小麦生产持续发展提供了技术保障。《中国小麦栽培学》（金善宝，1961）指出合理密植是小麦丰产栽培的中心环节，依靠主茎穗并争取分蘖穗是获得大面积丰产的可靠途径；《小麦栽培理论与技术》（中国农业科学院，1979）系统介绍了小麦的生长发育规律，论述了个体生长发育、器官建成与群体环境的相互关系及对产量的影响，研究并制定出了小麦生育过程及高产栽培历程表；《中国小麦学》（金善宝，1996）提出了各主要麦区栽培技术模式，明确了各地高产栽培的理论依据、技术体系和基本农艺措施，强调了各区的技术特点和主攻方向，如山东省研制的精播高产技术，在高产地区将播量从原来的每公顷 180 kg 降为 60～120 kg，不仅增产 10% 以上，而且抗倒伏能力显著增强；河北省等缺水地区已普遍将原来的小麦灌溉 4～5 水减少到 2～3 水，实现了高产、节水与高效的统一；《中国小麦栽培理论与实践》（余松烈，2006）突出了高效优质和新技术的应用，研究确定不同地区的高产、优质和高效栽培技术体系，加强优质栽培技术，探索超高产栽培理论与实践，开展节水、节肥和高产技术研究，提升旱地栽培技术和信息技术在栽培中的应用等，如传统小麦栽培的底肥一般占 60%～70%，追肥占 30%～40%，追肥时间一般在返青至起身期，而研究提出的氮肥后移技术将底肥氮肥比例减少至 30%～50%，追肥比例增加至 50%～70%，同时将春季追肥时间移至拔节期，部分高产地块甚至移至拔节至挑旗期，氮肥后移技术有利于北方地区小麦高产及优质目标的实现。

粮食安全问题、城镇化、食品类型的转变、更高更严格的品质要求、能源与水肥资源紧缺和粮食价格波动等因素，对小麦生产技术提出了新要求。稳定面积、提高单产、改善品质和提高效益仍然是世界小麦生产发展的趋势。国内外在小麦栽培研究上的趋势表现为：第一，高产和高效栽培技术备受关注，提高单产仍是发展中国家的主要目标；第二，品质研究进一步加强，为消费者提供安全、营养、多样化的食品已成为世界各国的发展趋势；第三，节能和节水栽培技术更加流行；第四，保护性耕作发展迅速。

（三）小麦产业未来挑战与机遇

小麦生产虽已实现了历史性跨越，但仍面临提升质量、降低成本和保护环境三大挑战：①消费者对优质营养健康的要求越来越高，目前优质麦尚不能满足市场需求；②生产规模小、成本高，导致我国小麦价格约高于国际市场的 30%；③生产对水肥农药的依赖性强，现有品种和技术不能满足生态、环保、绿色的新要求。

从生产角度来看，主要存在 3 个问题，迫切需要优质、高效、抗病和广适的新品种和高效栽培技术：①气候变化的影响日益明显，主要表现为极端高温或低温、干旱或涝害等发生频率显著增加；②病害问题日益严重，表现为病害种类、发生频率和危害程度显著增加；③优质高效品种不能满足生产和市场需求。

在新的形势下，应制定出持续稳定的发展策略，以满足口粮安全、营养健康和生态绿色的总体发展目标：①加强抗病品种的选育。通过基因特异性标记和常规选择相结合，将国内外已有的抗病基因快速转育到现有主栽品种和苗头品系中；②加强优质节水和节肥品种选育；③栽培研究与植保、土肥和农机等紧密结合，为优质、高效、绿色生产提供技术支撑。

第二节 小麦的生物学基础

一、小麦的起源与分类

（一）小麦的起源与进化

普通小麦（*Triticum aestivum*）属于禾本科小麦族（Triticeae）中小麦亚族（Triticinae）中小麦属（*Triticum*）的一个种；与小麦属同属小麦族的还有大麦亚族（Hordeinae），其中包括大麦属（*Hordeum*）和滨麦属（*Elymus*）等；与小麦属同属小麦亚族的还有山羊草属（*Aegilops*）、黑麦属（*Secale*）等。

小麦起源很早，在广泛传播中经过极其复杂的自然进化和栽培过程，其遗传结构极为多样化。人类祖先最初利用小麦是采食野生种的籽实，后来将采食剩下的籽实进行人工种植，又经过长时间驯化才出现了栽培种。小麦演化为农作物的最初阶段，大约出现在距今 10 000 年前近东沿地中海东岸的"新月沃土"地带，至今土耳其、叙利亚和伊朗等地还分布有一定数量的乌拉尔图小麦、野生一粒小麦、栽培一粒小麦、野生二粒小麦和栽培二粒小麦等原始种；对伊朗西南部公元前 7500 年至公元前 6750 年的考古研究，发现了穗轴坚韧的栽培一粒小麦（*T. monococcum*）；许多学者认为，实际上公元前 7000 年左右，栽培一粒小麦和栽培二粒小麦（*T. dicoccum*）同在西亚一带传播；普通小麦于公元前 5800 年在西亚北部出现。

现在世界上广泛栽培的普通小麦是六倍体，具有 21 对（$2n=42$）染色体。根据其遗传学和细胞学性质，这 21 对染色体可以分为 3 组（表示为 A、B、D），每组 7 对，它们在小麦的起源和进化中有着不同的来源。小麦的起源和进化过程经历了两个重要步骤：野生的乌拉尔图小麦（*T. urartu*，AA）与山羊草属植物拟山羊草（*Aegilops speltoides*，BB）杂交，产生四倍体的野生二粒小麦（*T. dicoccoides*，AABB），野生二粒小麦进化为栽培二粒小麦（*T. dicoccum*，AABB），栽培二粒小麦再和粗山羊草（*Ae. tauschii*，也叫节节麦，DD）杂交形成斯卑尔脱小麦（*T. spelta*），由此进化形成六倍体普通小麦（*T. aestivum*，AABBDD）（图 2-1）。

（二）小麦种质资源

小麦的种质资源又称遗传资源，我国俗称品种资源，是小麦育种的物质基础。小麦育

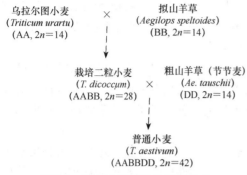

图 2-1　普通小麦的遗传起源模式

种的进展和突破无不与优异遗传资源的发现和正确利用有关，随着小麦生产和育种的发展，育种家对遗传资源的要求日趋多样化，如提高对病虫害的抗性、增强对逆境（包括不良土壤和气候因素）的耐性、改进营养品质和加工品质、进一步提高产量潜力等。掌握充足的遗传资源是保证小麦育种和生产持续发展的重要条件。小麦种质资源还是研究小麦起源、进化和分类不可缺少的材料。

小麦种质资源包括当地和外来的地方品种、育成品种、有用的品系、稀有种（指小麦属内普通小麦以外的种）、野生亲缘植物（指小麦族内小麦属以外的野生植物）和特殊遗传材料（如非整倍体等）。在遗传多样性保护方面，收集和保存本地（本国、本省与本地区）材料应放在首位；在为育种服务方面，针对近期和中期育种目标而进行广泛收集和评价最为重要。

1. 我国固有小麦种质资源的特性及其利用价值　　我国栽培小麦的历史悠久，被公认为世界小麦起源的重要次生中心。通过征集和考察，我国已掌握国内小麦属遗传资源 19 600 余份，其中地方品种 12 897 份，选育的品种（系）6700 余份。我国固有的小麦地方品种具有如下的突出特性：①早熟性，我国的许多地方品种对日照的反应较不敏感，生长发育较迅速，籽粒灌浆快，有助于减轻或避免小麦生育后期灾害，并有利于提高复种指数。②多花多粒性，我国小麦地方品种中有许多多花多粒的类型，特别是圆颖多花类及拟密穗的品种，一般每小穗结实 5 粒左右，多的有 8 粒。③特殊抗逆性，对异常环境的高度适应性也是我国小麦地方品种的突出特性，特别表现在对环境胁迫因素的抗耐性上。

但是，我国固有的小麦地方品种普遍具有一些不良性状：植株偏高、茎秆软弱易倒伏和口松易落粒等。因此，对我国固有地方品种应深入进行鉴定、筛选和研究，并采取有效方法加以利用，以充分发挥其作用。

2. 从国外引进的小麦品种材料的利用　　我国近代小麦品种改良可以说是从引进和利用国外品种开始的。原产澳大利亚的'碧玉麦'是最早被引进并被较广泛利用的国外品种之一，也较早作为杂交亲本而分别成功地育成了'骊英号'和'碧蚂号'小麦品种；意大利品种秆较矮，抗条锈病，丰产性好，生育期适中，能适应长江流域和黄淮南部麦区的气候土壤条件；引进的意大利小麦'南大 2419''阿夫''阿勃'和'郑引 1 号'等四大品种年最大种植面积都在 6.67×10^5 hm² 以上，由'阿勃''阿夫''南大 2419'和'St2422/464'衍生的品种（系）分别有 200、150、100 和 50 个以上。据统计，我国推广品种中含有意大利品种血缘的在 25% 以上。加拿大和美国的春小麦品种优质，抗秆锈病，茎秆较高，对日照反应敏感，我国东北春麦区自 20 世纪 40 年代起便成功地引用了北美洲品种；美国中西部的冬小麦品种分蘖力强，籽粒大，较抗锈病，其中的早熟类型相对来说比较适应我国北部冬麦区的气候生态条件，在我国北方小麦育种中发挥了巨大作用；20 世纪 70 年代初引进了一批 1B/1R 易位系，如罗马尼亚的'洛夫林 10''洛夫林 13''阿芙乐尔''高加索'和'山前'等，它们由于丰产性好，兼抗锈病和白粉病，兼耐后期高温，成为我国各地 20 世纪 70 年代小麦育种的骨干亲本，我国 80 年代育成和推广的品种中大部分带有它们的血缘；1958 年从智利引入的'欧柔'在各地表现较好，抗三锈，一度成为我国小麦育种的骨干亲本之一；国际玉米小麦改良中心（CIMMYT）小麦材料的主要特点是春性、矮秆、抗锈、丰产性好、对光照反应不敏感和适应性广，我国南北麦区多用它们作为矮秆和大穗亲本在育种上利用；英国、德国、丹麦和瑞典等欧洲国家的品种，强冬性，对日照反应敏感，极晚熟，穗大、秆强，丰产性好，大多抗条锈病和白粉病。

二、小麦的温光反应特性与应用

小麦的营养体生长到一定程度后，茎端生长锥需要一定的温度才能转向分化幼穗，以后需要一定的日长才能使幼穗正常发育，前者称感温（春化）阶段，后者称光照阶段，二者具有严格的顺序性。自然界中的温度和日长变化是有规律的，因而小麦温光反应特性已成为调节小麦生长发育的信号，并在生产中发挥着重要的指导作用。

（一）小麦的温光反应特性

1. 感温阶段的品种类型

（1）春性型　　这类品种对低温要求不严格，一般在 0～12℃，经过 5～15 天即可通过感温阶段，但不经低温春化也能正常抽穗。

（2）冬性型　　这类品种对低温要求较严格，需在 0～3℃ 35 天以上才能通过感温阶段。

（3）半冬性型　　这类品种对低温的要求介于冬性品种与春性品种之间，通过感温阶段要求的温度为 0～7℃，时间为 15～35 天。

2. 光照阶段的品种类型

（1）反应迟钝型　　每天 8～12 h 日照，经 16 天左右即可通过光照阶段而抽穗。一般南方麦区的春性品种均属此类型。

（2）反应中等型　　每天 12 h 日照，经 21 天左右可通过光照阶段而抽穗。半冬性品种属于这种类型。

（3）反应敏感型　　每天 12 h 以上日照，经 30～40 天才能完成光周期反应。冬性品种和北方春播的春性品种属于这种类型。

（二）小麦温光反应特性在生产上的应用

1. 引种　　一般而言，北种南引，由于感温阶段要求低温，且通过时间长，光照阶段要求长日照，南方很难满足其要求，因此常表现晚熟，甚至不能正常抽穗，故引种不易成功。南种北引，低温和长日照能够满足，一般表现早熟，但抗寒性弱，易遭受冻害，难以越冬，产量低。所以，原则上应从纬度相同或相近的生态区内引种。

2. 品种布局与播期　　冬性品种感温阶段要求温度低且时间长，早播年内不会拔节抽穗，同时还有利于扎根分蘖，增穗增产。春性品种播种过早，因通过感温阶段温度范围较宽，且时间较短，则很快通过感温阶段而进入光照阶段，年内就有可能拔节抽穗，易遭受冻害而减产，所以应适当迟播。

3. 种植密度　　根据温光反应特性与器官形成的关系，可调整播种量。凡是冬性强、感温阶段较长的品种，分蘖力较强，基本苗应少些，充分利用分蘖成穗。春性品种感温阶段较短，分蘖力相对较弱，应适当增加播种量，主要利用主茎成穗。

4. 加速育种世代　　缩短小麦感温阶段，可缩短其生育期，育种上可用此原理加速育种世代。

5. 器官促控　　感温阶段结束的标志是二棱期，光照阶段结束的标志是雌雄蕊分化期，小麦感温及感光特性影响穗分化进程，同时，小麦温光特性还影响主茎叶片数目，春化时间越长，叶片数目越多，分蘖数越多，单株穗数越多。实践证明，充足的基肥和苗肥，可以培育壮苗；中期管理好肥水，有延缓光周期反应、增加小穗和小花数的作用；孕穗期保证充足的水分和矿质营养，可提高小花结实率，达到培育大穗，实现高产的目的。

三、小麦的生育过程与器官建成

（一）小麦的一生

小麦的一生又称全生育期，可分为出苗期、三叶期、分蘖期、拔节期、孕穗期、抽穗期、开花期、灌浆期和成熟期等生育时期；北部地区冬季寒冷，小麦生长缓慢或停止生长，还可划分出越冬期和返青期；从器官的功能和形成特点来看，小麦一生还可分为营养生长和生殖生长两个阶段：从种子萌发到幼穗分化为营养生长期；从幼穗分化到抽穗为营养生长与生殖生长并进期；从抽穗开花至成熟为生殖生长期。

（二）小麦种子及其发芽出苗

1. 麦粒的构造　　小麦的果实在植物学上称为颖果，在生产上称为籽粒或种子，其由皮层、胚乳和胚 3 部分组成。

2. 种子萌发过程　　种子萌发要经历吸水膨胀、萌动、发芽和幼苗形态建成 4 个阶段。

3. 幼胚生长和出苗　　胚细胞继续分裂生长，当胚根与种子等长，芽鞘达种子的 1/2 长度时为发芽标准，进入发芽阶段；芽鞘穿出土面，第 1 真叶从芽鞘孔中伸出约 2 cm 时称出苗，全田有 50%植株出苗时为出苗期。

4. 影响萌发出苗的因素

（1）种子品质　　包括种子生活力、休眠期、种子活力等。种子生活力是指种胚所具有的生命力和种子的发芽潜在能力。生活力的高低与种子成熟度、贮藏条件和麦粒寿命等密切相关。品种间休眠期的长短差异很大，有的品种很短，若成熟时遇雨，就可能在穗上发芽；有的则很长，可长达 40 天以上。种子活力是种子在田间条件下迅速整齐发芽出苗的潜力、幼苗生长潜势、植株抗逆能力和生产潜力的总称。高活力种子，出苗迅速整齐，幼苗生长健壮并能显著提高生长率。

（2）外界因素　　如果播种后土壤干旱或者整地质量较差，种子不能与土壤较好接触，就会延缓出苗时间，降低出苗率，使幼苗不齐不壮。小麦发芽出苗的适宜温度为 15～20℃，最低为 1～2℃，最高为 30～35℃。吸水膨胀的种子呼吸作用旺盛，缺氧会影响发芽，甚至因无氧呼吸产生酒精中毒，尤其是在长期阴雨、排水不良、表土板结或播种过深时，容易造成烂种或烂芽。

（三）小麦根的生长

1. 根系的类型、发生与分布　　小麦的根系是纤维状须根系，由初生根（又叫胚根、种子根）和次生根（又叫节根、不定根）组成。在种子发芽时先长出一条主胚根，随后又在胚轴基部两侧长出 1～3 对初生根，种子根数目的多少，与种子胚的大小有关，胚大的种子根可达 7 条，胚小的只有 3 条，在小麦第一片绿叶出现后，新的种子根就不再发生；次生根在主茎和分蘖的基部节上长出，一株小麦次生根数目，多的 70～80 条，少的 10 多条，因品种类型和环境条件不同而异,一般主茎基部节上每生长 1 个分蘖,就在同一节上长出 1~3 条次生根,分蘖长出 3 片叶后,也从其基部节上开始发生次生根。初生根细而长,入土深,能吸收土壤深层的水分和养分,在小麦一生中起着重要作用;次生根稍粗,入土浅,但数量多,并能发生很多分支根,主要吸收土壤表层的水分和养分,次生根发育得好坏是壮苗或弱苗的标志;两种根的配合,能吸收土壤不同层次的水分和养分。小麦根系的分布,0~20 cm 的土层内占 60%左右,在 20~40 cm 的土层内约占 30%,40 cm 以下土层约占 10%。

2. 影响根系生长的因素 根系生长受土壤条件的影响最大,土壤条件包括养分、水分、温度和通气状况等。在高产田中,一般肥、水充足,土温稳定,根系发达。如果土壤通气不好,特别是土质黏重、地下水位较高的麦田,很可能成为影响根系生长的主要因素,小麦根系对氧的最低要求为 5%,如果通气不良,土中二氧化碳及其他还原性产物(如 H_2S 等)可能积聚过多而使其遭受毒害。此外,土壤过干、土温过高或土壤溶液中盐分浓度过大等,也会加速根的老化,既影响根系生长,也影响其吸收功能。

(四)小麦叶的生长

1. 叶的形态 小麦叶片着生在茎的节部,每节 1 叶,由叶片、叶鞘、叶舌、叶耳和叶枕组成。叶片披针形,主要功能是进行光合作用和蒸腾作用;叶鞘呈开口圆筒形,紧包茎秆,作用是加强茎秆的机械强度,保护节间分生组织不受损伤,也能进行光合作用和贮藏养分;叶舌位于叶片与叶鞘交界处,为无色薄片,能防止雨水、灰尘和昆虫等侵入叶鞘与茎之间;叶耳呈爪状,着生于叶片基部左右两侧,环抱茎秆,其边缘有细毛,呈淡绿或红紫等颜色,是鉴别品种的标志。

2. 叶的生长 小麦主茎叶片的数目,因品种和播种期等不同而异,春性品种为 10~11 片,春性很强的品种只有 8~9 片,半冬性品种 12~13 片,同一品种播种早迟可能会增减 1~2 片叶,肥水条件也影响叶片数目。

3. 叶片功能及其分组 处在伸长期的叶片,光合产物多为自身利用,输出甚少;当叶片全展而达到定型时,才开始大量输出光合产物;叶片衰老变黄时,光合能力下降,以至于不能维持呼吸消耗而死亡。叶片伸长期(开始伸长到定长)和功能期(定长到 1/2 变为黄叶)的长短,主要受温度的影响,气温愈低,小麦叶片伸长期愈长。根据叶片发生时期、着生部位及与其他器官生长的关系,大致可分为 3 组:①近根叶组,指拔节前出生和定型的着生在分蘖节上的叶片,其光合产物主要用来分蘖、根系和中部叶片的形成,以及幼穗早期分化和基部节间的生长,拔节后其作用便逐渐减小。②中层叶组,指着生在伸长茎节最下面的 3 片抱茎叶,其主要功能是促进穗花发育,提高分蘖成穗率及使茎秆第 1、2 节间伸长、长粗和充实。③上层叶组,指旗叶及倒 2 叶和倒 3 叶,上层叶组对提高结实率、增加每穗粒数及上部节间的伸长、充实和籽粒灌浆都具有重要作用。

4. 影响叶片功能的因素 小麦光合作用的适宜温度为 25~28℃,过高不仅呼吸作用加强,而且叶绿素含量下降,光合效率锐减,甚至发生"午睡现象"。小麦单叶的光饱和点为 2×10^4~5×10^4 lx,补偿点为 800~1000 lx;生产条件下,群体的光饱和点要高得多,这是确定密度时应当特别注意的,小麦的 CO_2 补偿点为 0.005%左右。光合作用的 CO_2 主要来自大气,而大气中 CO_2 浓度通常为 0.03%左右,如以小麦光合速率(CO_2 同化率)为 20~30 mg/($dm^2 \cdot h$)计算,则每小时需吸收 4~6 m^3 空气中的全部 CO_2,生长盛期需要量更大,因此,改善田间通风透光条件,增施有机肥,以提高土壤和空气中的 CO_2 浓度是非常重要的。由于光合作用所需水分只占植株吸收水分的 1%以下，因此水分使光合作用下降主要是间接影响。例如，缺水可使气孔关闭，使叶片淀粉水解加强，糖分积累，光合产物输出缓慢，从而使光合作用不能正常进行。矿质营养能促进茎叶生长，扩大光合面积，延长光合时间，而且也是光合器官进行活动的重要条件，如氮、镁、铁、锰是叶绿素的组成部分，磷、钾参与碳水化合物代谢，其中磷参与光合作用中间产物的转变和能量传递，对光合作用影响很大。因此，生产上合理配方施肥是提高光合生产的最有效措施。

（五）小麦分蘖发生与成穗规律

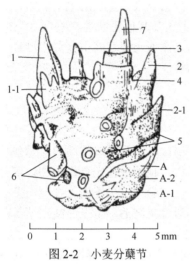

图 2-2　小麦分蘖节

1～4. 主茎一级分蘖；A. 芽鞘分蘖（1-1、2-1、A-l. 主茎第二级分蘖，A-2. 主茎第三级分蘖）；5. 叶痕；6. 次生根；7. 主茎生长点

1. 分蘖节及其作用　　分蘖节是由麦苗基部若干密集在一起的节所组成（图 2-2），这些节在地下，一般不伸长。分蘖节不仅是着生分蘖、次生根和叶的组织，也是麦苗贮藏养分的器官之一。分蘖节含有可溶性糖分，因而具有高度的抗寒力，特别是在气候寒冷地区，只要分蘖节不死，来年气温回升，很快就会恢复生长。

2. 分蘖的发生　　发生于主茎叶片叶腋的分蘖称第一级分蘖，由第一级分蘖发生的分蘖称第二级分蘖，依次类推。小麦分蘖发生的时间和部位是有序的，并且与主茎叶龄保持着 $n-3$ 的同伸关系，即当主茎 3 叶时（用 3/0 表示，3 代表叶龄，0 代表主茎），芽鞘节分蘖发生，主茎 4 叶时主茎第 1 叶节分蘖发生，5 叶时芽鞘节分蘖的分蘖鞘节及主茎第 2 叶节分蘖发生。

3. 分蘖数的预测　　根据叶蘖同伸关系，当已知主茎叶龄时，即可推算出分蘖数的理论值。主茎叶数与分蘖数的数列关系为：n 叶期茎蘖数＝$(n-1)$ 叶期茎蘖数＋$(n-2)$ 叶期茎蘖数。由于生产上芽鞘节分蘖很少发生，3 叶期时茎蘖数一般为 1，当主茎叶为 3、4、5、6、7、8 时，茎蘖数（含主茎）分别为 1、2、3、5、8、13，依次类推。但叶、蘖的这种同伸关系，在出生日期上并非绝对吻合，一般是早期分蘖比对应叶龄提早 1～3 天，而高节位分蘖则滞后 3～7 天。如果环境因素不利于分蘖的发生，甚至会出现"缺位"或"空节"。一般芽鞘节分蘖发生率只有 10%～20%。

4. 分蘖的消长与成穗规律

（1）分蘖的消长过程　　小麦开始分蘖以后，随着植株的生长发育，分蘖数不断增加，到拔节期前后总茎蘖数达最大值；此后，发生较迟的分蘖由于养分不足等原因而陆续死亡；抽穗以后，茎蘖数才基本稳定。

（2）分蘖的成穗生理　　分蘖能否成穗，首先与分蘖的幼穗发育程度有关，拔节期主茎穗开始雌雄蕊分化，此时，穗分化时期若能赶上主茎的分蘖一般可以成穗。其次是营养物质分配问题，分蘖的营养物质供求，可分 3 个阶段：从分蘖芽的形成到分蘖发生，完全依靠主茎和大蘖供给；第 1 片绿叶出现后开始制造有机物，同时也要依靠主茎和大蘖；最后才是自己吸收和制造养分，并在自给有余时运往主茎或其他分蘖。拔节以后主茎运往分蘖的有机物很少，因此，拔节时，如果分蘖没有形成一定的叶片和自己独立的根系，在外观上便会看到心叶停止发生而形成喇叭口，或是心叶枯死而成为缩心蘖，继而逐渐枯亡。

5．影响分蘖的因素 分蘖的适宜温度为 13～18℃，最低温度为 2～4℃，18℃以上会受到抑制；分蘖的适宜土壤湿度为田间最大持水量的 70%～80%；分蘖还要求充足的矿质养分，如果肥料不足，将导致个体发育不良、分蘖的自动调节能力受到抑制，以至于不能形成合理的群体结构；密度对分蘖的影响很大，基本苗少，单株营养面积大，群体光照条件好，分蘖力和成穗率则高，反之，则分蘖力和成穗率均降低。

（六）小麦茎的生长

1．茎的形态结构 小麦的茎为直立圆柱体，由节和节间组成。伸长节间数目稳定，一般为 4～6 个，伸长节间长度由下而上渐次增长，以穗下节间最长，占全茎长的 35%～45%；茎秆节间直径由下向上逐渐增加，但穗下节间又较细，秆壁厚度以基部较厚，向上渐薄。节间长度和直径大小的这种结构变化，对植株的抗倒伏能力具有重要意义。茎秆的结构是由表皮、机械组织、薄壁组织和维管束等构成。

2．茎的生长 小麦生长锥在分化叶原基的同时，也进行茎节的分化。小麦茎的生长，主要依靠节间居间分生组织细胞的分裂和体积的增大，当基部节间露出地面 2 cm 左右，用手可以摸到茎节时称拔节。

节间伸长是自下而上进行的，但有一定的重叠，即当第 1 节间伸长时，第 2 节开始缓慢伸长，第 1 节间接近定长时，第 2 节间进入迅速伸长期，同时第 3 节间开始伸长，依次重叠向上。

3．茎的功能

（1）茎秆性状与产量 小麦株高为 0.3～1.5 m。高秆品种需要较多的光合产物建造躯体，分配给籽粒的相对减少，收获指数较低。选育矮秆品种，提高收获指数，这是半个世纪以来产量不断提高的重要原因之一。抽穗开花期间，叶面积较大，茎与根的生长量小，而籽粒尚未开始形成，茎的贮藏作用最为活跃，单位长度茎重较重，是籽粒干物质的部分来源，在干旱或其他不利条件下，贡献更大。

（2）茎秆性状与倒伏 植株高度与抗倒伏性能有密切关系，小麦抗倒伏性能可用抗倒伏指数表示。

$$抗倒伏指数＝穗部重量/株高$$

植株愈高，则重心愈高，在外力作用下最易倒伏；矮秆品种重心较低，耐肥、抗倒伏，所以是集约栽培和高产育种的主要目标之一；但株高也不能过矮，否则会使叶片过于密集，影响对光能的利用。茎秆机械强度的大小与其抗倒伏能力也有密切关系：抗倒伏能力强的茎秆，其机械组织细胞层数多，细胞壁增厚快，木质化程度高，机械组织发达；大维管束长且宽，数量多；薄壁组织木质化速度快，程度高，范围大；纤维细胞短而粗；秆壁较厚，髓腔大小适中。

4．影响茎生长的环境条件 在茎秆生长过程中，温度、光照、水分及肥料等都可对茎的生长产生不同程度的影响。

1）茎秆伸长的最适温度为 12～16℃，20℃以上则会使节间加速伸长，茎秆纤细软弱。

2）光照对细胞伸长有抑制作用，光照充足时茎秆短粗；如果群体过大，植株基部甚至中部受光不良，则该节相邻叶片的光合产物不足，薄壁细胞就难以充实。

3）茎秆生长需要充足的水分，干旱会影响细胞分裂，对幼穗分化更为不利。

4）无机营养中，适量的氮素有利于壮秆形成；磷、钾有利于增强机械组织。

（七）小麦穗的分化与发育

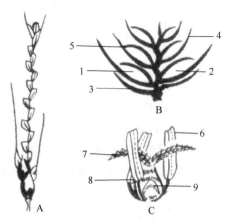

图 2-3　小麦复穗状花序的结构
A. 穗轴；B. 小穗；C. 小花。1. 第 1 小花；
2. 第 2 小花；3. 护颖；4. 外颖；5. 内颖；
6. 雄蕊；7. 雌蕊；8. 子房；9. 鳞片

1. 穗的构造　　穗是小麦的生殖器官，在植物学上称为复穗状花序，由穗轴和小穗组成（图 2-3）。

穗轴由许多节片组成，小穗着生在节片上。穗轴的解剖结构与茎秆节间的构造相同，最外层为表皮，并且分布着气孔；表皮内为薄壁同化组织，中心为无色的薄壁细胞，其间有许多维管束，使茎叶与小穗相连；表皮下有机械组织，使穗轴坚硬。

小穗由小穗轴、2 片护颖和多个小花构成。护颖的形状有椭圆、长圆及圆形等，有的品种护颖上有茸毛，颜色有红、白、黑等，这是品种特征之一。小花由 2 个颖片、3 个雄蕊、1 个雌蕊和 2 个鳞片组成，颖片位于小花两侧，外侧的体积较大，呈龙骨状，称外颖；内侧的体积较小，称内颖。有芒品种的芒着生于外颖顶端，芒的有无、长短、颜色和分布状况，也是品种特性之一。芒有较多气孔，有利于蒸腾作用。

2. 穗的分化过程　　麦穗是由茎端生长锥分化而成的。幼穗分化前，生长锥外形为半圆球体，宽度大于长度。幼穗分化是一个连续发生的自然过程，对其阶段的划分，不尽一致。从分化顺序来看，可以分为以下几个时期（图 2-4）。

（1）生长锥伸长期　　生长锥由半圆球形转变为长圆锥体，长度大于宽度。

（2）单棱期　　生长锥进一步伸长，在其基部旗叶原基以上两侧由下而上分化出许多环状突起，即苞叶原基，它是小穗的承托器官。苞叶原基是叶的变态，着生在穗轴节片上，所以此发育时期也称为穗轴节片分化期。在外形上，苞叶原基与叶原基相似，但叶原基继续发育成叶，而苞叶原基生长到一定程度停止发育并逐渐消失。因每个苞叶原基突起成菱形，故称为单棱期。

（3）二棱期　　最先在生长锥中下部的两个苞叶原基之间形成的小突起就是小穗原基，它和苞叶原基构成明显的二棱状，故称二棱期。近代研究指出，二棱期为通过感温阶段的标志。

（4）小花分化期　　护颖分化后不久，在下位护颖内侧出现第一小花的外颖原基，接着在上

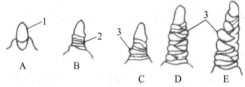

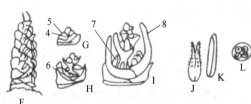

图 2-4　小麦幼穗分化过程（余遥，1998）
A. 生长锥伸长期；B. 单棱期；C～E. 二棱期
（C. 前期；D. 中期；E. 末期）；
F～I. 小花分化期（F. 小花分化初期的幼穗；
G. 小花分化期的一个小穗；H. 雌雄蕊
形成期的一个小穗；I. 花药分室期的一个小穗）；
J～L. 性细胞形成期（J. 性细胞形成期的雌蕊；
K. 性细胞形成期的雄蕊；L. 四分体）。
1. 生长锥；2. 苞叶原基；3. 小穗原基；
4. 外颖原基；5. 小花原基；6. 雄蕊原基；
7. 花药已分室的雄蕊原基；8. 芒原基

位护颖内侧出现第二小花的外颖原基。在一个小穗上，小花原基是由下向上呈向顶式发生；在整个幼穗上，则从中部小穗开始，渐及上下各小穗。

（5）性细胞形成期 ①雌雄蕊分化期，当中部小穗出现 3～4 个小花原基时，内颖和雄蕊原基也几乎同时发生，内颖与外颖对峙，3 枚球形突起的雄蕊原基位于其间，中心点为雌蕊原基。②药隔分化期，雄蕊体积进一步增大，由球形变成短柱形，进而沿中部自顶向下出现纵沟，分化为 4 个花粉囊，为药隔分化期；同时雌蕊原基顶端也凹陷，分化为二叉状柱头原基。此期，有芒品种的芒也开始伸长。③四分体形成期，花粉囊内的孢原组织形成花粉母细胞，经减数分裂形成二分体，再经有丝分裂形成四分体，与此同时，胚囊母细胞也经减数分裂而形成极核和卵细胞。至此，幼穗分化完毕，体积迅速增长，植株进入孕穗阶段。

3. 影响小麦幼穗分化的环境条件 温度是诱导小麦转向生殖生长的首要因素，无论对春性小麦的"高温效应"还是对冬性小麦的"低温效应"，温度都表现出最重要的作用。

日照长度影响光照阶段进行，决定着二棱至雌雄蕊分化期的天数。幼穗分化期间，特别是拔节期开始，随着气温的回升，对营养的需求日增，充足的氮肥能增强分化强度，延长分化时间，提高小花育性，在适当磷肥的配合下能显著提高结实率而增加每穗粒数。幼穗分化期间，干旱会严重影响当时正在发育的器官。

4. 培育大穗的途径

（1）延长顶小穗形成期，增加每穗小穗数及可育小花数 小麦顶端小穗是由幼穗顶端数个苞叶原基及小穗转化而成的，生长方向与侧小穗相反，它的形成构成了穗的有限生长方式，标志着小穗数目已确定。因此，适当延长顶小穗形成期，有利于增加小穗数。此外，顶小穗形成以前，小花分化期虽短，但可育小花多，占全穗可育小花总数的 52.3%～71.6%；顶小穗形成以后，小花分化期虽长，但可育小花仅占全穗小花总数的 28.4%～47.7%。因此，促进顶小穗形成前的小花分化，对培育大穗具有重要意义。

（2）增加小花数，降低退化率，提高每穗粒数 小花是向顶式无限生长，退化小花始终占有一定比率。据研究，当幼穗进入药隔期后，凡在 1～2 天能进入四分体的小花，可以继续发育，否则便停留在原有状态，即因分化不完全而逐渐萎缩退化。还有报道指出，各小穗第 3 小花以上属于次级输导系统，使小花发育极不均衡，上位小花得不到足够营养时，必然因饥饿而停止发育。

（八）小麦抽穗、开花与结实

1. 抽穗、开花与受精

（1）抽穗 麦穗顶端第一个小穗露出旗叶鞘时，即为抽穗，全田有 50%以上的植株抽穗时，为抽穗期。一株内主茎先抽穗，分蘖次之，从主茎抽穗开始到整株抽穗结束需 3～5 天。

（2）开花 小麦抽穗后一般 2～6 天开花，开花时鳞片吸水膨大，将外颖撑开，花丝伸长，顶出花药，散出花粉。小麦昼夜均可开花，但在上午 9～11 时和下午 3～6 时较多。

（3）受精 小麦开花时花药下方裂开，散出花粉粒落于白花柱头之上，为白花授粉作物。花粉粒在柱头上吸水萌发，然后伸长为花粉管，穿过花柱细胞间隙，再经珠孔而进入胚囊中并释放两个精子：一个精子与卵细胞融合为合子，以后发育为胚；一个精子与极核融合为受精极核，以后发育为胚乳。小麦开花和授粉的适宜气温为 20℃左右，低于 9～11℃或高于 30℃都会影响开花和受精能力。适宜的空气相对湿度为 70%～80%，高温干燥，或阴雨连绵，或骤然降温，都不利于开花和受精。开花和受精期间，植株体内新陈代谢旺盛，呼吸消耗较大。充足的营养对提高结实率有重要作用。

2. 籽粒形成、灌浆与成熟

（1）籽粒形成期 受精后，子房开始膨大，胚、胚乳和皮层等各部分迅速形成，麦粒外形基本形成。籽粒形成过程中，一方面，受精卵进行横向分裂和纵向分裂，形成 4 个细胞的原胚，继而向各个方向分裂，形成胚的各个器官；另一方面，初生胚乳核也进行旺盛分裂，但最初不形成细胞壁，只产生许多自由胚乳核，当细胞质增多以后，再在每个核的外围形成细胞壁，并分割成许多胚乳细胞，充满整个胚囊，开始沉积淀粉，籽粒初具发芽力。此期籽粒长度增长很快，开始仅为细小的倒圆锥体，到末期可达最大长度的 3/4，但厚度增加很少，同时，籽粒含水量处于增长阶段，含水率高达 70%以上，但干物质增长慢。到末期，胚乳由清水状变为清乳状，籽粒由灰白变为灰绿色。此期历时 10～15 天。

（2）灌浆期 此期可分为乳熟期和面团期两个时期。

1）乳熟期。籽粒形成以后，贮藏在叶片、叶鞘和茎秆内的营养物质，大量向穗部输送，穗部干物质急剧增加。由于籽粒中大量积累淀粉等有机物质，用手指可挤出白色乳浆，因此叫乳熟期，又称灌浆期。此时植株下部变黄，中部叶片也开始变黄，上部叶片和茎、穗、籽粒仍保持绿色；麦粒的鲜重与体积达最大值，含水量由 70%左右下降到 45%左右。此期历时 20～25 天。

2）面团期。此期含水量进一步下降，干物质增长变慢；籽粒由绿黄变为黄绿，失去光泽；胚乳呈面筋状，可捏成团；籽粒体积开始缩小，灌浆接近停止。此期历时 3～5 天。

（3）籽粒成熟期 籽粒成熟期可分为蜡熟期和完熟期两个时期。

1）蜡熟期。籽粒进一步充实，灌浆速度逐渐减慢，营养物质继续向麦粒输送，籽粒含水率由 45%左右下降至 20%～30%，并由黄绿色变为黄色，体积开始变小，胚乳变硬成蜡质状，故称蜡熟期。到蜡熟末期，整个植株已变黄色，籽粒干物质积累达最大值，此时是最适合的收获时期。蜡熟期一般为 7～10 天。

2）完熟期。植株枯黄，干物质积累停止，籽粒继续失水变硬，含水量下降至 14%～16%，体积也相应缩小。此期易发生断穗和落粒现象，粒重不再增加，如不及时收获，遇到下雨和高温天气，由于雨水淋溶和籽粒呼吸作用的消耗，粒重将降低，品质将下降。

3. 影响籽粒灌浆和成熟的因素 小麦从开花受精到成熟是决定粒重和品质的关键时期，受环境条件的影响很大。灌浆期适宜的温度为 20～22℃，高于 25℃或低于 12℃都不利于灌浆；昼夜温差大、雨水适度及日照充足等条件，均有利于干物质的积累和千粒重的提高。

4. 提高粒重的途径

（1）增加籽粒干物质的来源 小麦籽粒干物质约有 1/4 来自抽穗前茎和叶鞘中的贮藏性物质，约 3/4 是开花后所形成的光合产物。虽然抽穗前积累的干物质并不直接构成粒重，但对籽粒增重有很大影响，是产量形成的奠基过程。随着产量的提高，后期光合产物比例增大，所以后期的光合功能极为重要。因此提高粒重必须从生育前期着手，促使个体发育健壮，建立一个合理的群体结构。后期应保持一定的绿色面积，防止早衰青枯和病虫害，延长绿色面积的功能期。

（2）扩大籽粒的容积 籽粒容积大小是影响千粒重的重要因素。籽粒容积与籽粒形成过程中胚乳的发育密切相关，如果这时出现干旱或其他条件不利，籽粒容积缩小。因此，这一时期要保证水分的及时供应。

（3）延长灌浆时间和提高灌浆强度　灌浆时间和灌浆强度除受品种特性影响外，还主要受灌浆过程中环境条件的影响。在高温条件下，可加速灌浆速度。但缩短灌浆时间，粒重往往较低；相反，光照条件充足，昼夜温差较大，日平均温度较低，灌浆时间持续较长，粒重较重。但北方麦区灌浆期间高温干旱及多干热风对籽粒增重不利。因此，要特别注意这一时期的水分供应，在后期浇好灌浆水和落黄水，力争"麦长一线"。另外，后期叶面喷施磷酸二氢钾对增加粒重有良好效果。

（4）减少干物质积累的消耗　重点把握好小麦的收获时间，以蜡熟末期收获产量最高，过早或过晚收获均降低粒重：过早籽粒没有灌饱；过晚干物质已不再增加而呼吸作用仍在消耗，进而使籽粒重量下降，所以应做到适时收获。

（九）小麦器官间的同伸关系

1. 叶片、叶鞘及节间的同伸关系　无论营养器官还是生殖器官都起源于生长锥的分化，生长锥只有在基本完成营养器官的分化之后，才转入生殖器官的分化。在生长锥分化同位异名器官时，按照先叶片，次叶鞘，再节间，然后才是其他器官的顺序完成。对同名异位器官的分化，则遵照从低节位到高节位向顶的次序进行；各部分器官的生长又各自沿着 S 形曲线的轨迹发展。上述三者共同促进部分异位异名器官的分化及生长过程同步，于是，这些异位异名器官便成为同伸器官，并在同伸器官之间表现出一定的同伸关系。叶片、叶鞘及节间的同伸关系为：n 位叶片与 $n-1$ 位叶鞘及 $n-2$ 位节间同伸。于是，n、$n-1$ 和 $n-2$ 便成为表达这 3 个器官同伸关系的通式。

2. 主茎（或母茎）叶龄与分蘖及节根的同伸关系　叶、蘖及根的同伸关系为

$$\boxed{n\ \text{叶伸出}} \approx \boxed{n-3\ \text{蘖发生}} \approx \boxed{n\ \text{节根原基分化}} \approx \boxed{n-1\ \text{节和}\ n-2\ \text{节根进一步发育}} \approx$$

$$\boxed{n-3\ \text{节根伸出}} \approx \boxed{n-4\ \text{节根发生一级支根}} \approx \boxed{n-5\ \text{节根发生二级支根}}$$

四、小麦产量形成与高产群体的培育

（一）小麦产量形成

1. 小麦产量因素　小麦产量由单位面积穗数、每穗粒数和粒重 3 个产量因素构成。产量因素组合受品种特性、生态环境和肥水管理技术等因素的影响，只有协调发展才能获得高产。

（1）产量因素的主要决定时期　小麦的穗数取决于基本苗数、单株分蘖数和分蘖成穗率。主茎一般能成穗，冬季出生的低节位分蘖成穗率较高，春季出生的高节位分蘖成穗率低。在播种时应确定合理基本苗数，并在播后加强管理，在有效分蘖可靠叶龄期内使群体茎蘖数达到预期穗数值，保证实现最佳穗数。

每穗粒数的决定因素是小穗的分化数、小花的分化数和结实率：小穗分化数于基部第 1 伸长节间开始伸长前确定；小花分化数于旗叶出生前确定。小花退化主要集中于花粉母细胞减数分裂期，已分化的小花 60%～70%在此期间退化成无效花，还有部分小花在开花期因不能正常受精而败育。正常生长条件下，提高每穗结实粒数的关键是减少小花退化数。因此，小麦高产栽培需保证孕穗期至开花期有良好的肥水条件，以减少小花退化，增加可孕小花数，提高每穗结实粒数。

粒重主要在生育后期确定。籽粒灌浆物质来自抽穗前茎鞘等器官贮藏物质的转化和开花后光合产物的输送，在高产条件下，后者在籽粒灌浆物质中的比例更大。因此，在小麦的生育后期注意养根保叶，防止早衰和贪青，提高光合生产量，有利于小麦粒重的提高。

（2）产量因素的主攻方向　　中低产麦田因肥水条件限制，光合面积较小和穗数不足是影响产量提高的主要因素。因此，增施肥料、培肥地力、扩大光合面积、提高生物产量和主攻足穗等是主要的增产途径。随着生产条件的改善，地力的提高，施肥量的增加，若继续增加穗数，往往会因群体发展过大，个体生长不良，每穗粒数和粒重下降，甚至倒伏减产。因此，高产麦田，应由原来扩大光合面积和促进群体增大转为保持适宜的光合面积，合理控制最高茎蘖数，建立高光合群体，提高生育后期光合生产能力。即由增穗转为适当降低基本苗，在保证足穗的基础上，主攻粒数和粒重，使穗、粒、重协调发展，实现高产。

2. 小麦产量形成的物质基础　　小麦产量的 90%以上来自光合作用的产物，而来自土壤中的无机盐类不足 10%，因此提高小麦产量的根本途径是提高其对太阳能的利用率，提高生物产量与经济系数，公式如下：

经济产量＝［（光合面积×光合效率×光合时间）－呼吸消耗］×经济系数

一定的经济产量要以一定的生物产量为基础，在一定范围内经济产量随生物产量的提高而增加，当生物产量达一定数值后，再提高生物产量，经济产量反而会下降。

生物产量是作物生长率（CGR）在整个生育期的积分，由生育期和各生育阶段 CGR 所支配，CGR 除受日照强度和时间支配外，在相同日照条件下，还取决于叶面积指数（LAI）和净同化率（NAR）。净同化率则取决于光合层结构、透光率和单叶光合作用能力等。在小麦生育初期，CGR 的高低主要取决于 LAI，随着生育进程，LAI 变大，则生育后期 CGR 的高低和 NAR 有显著关系。小麦籽粒中光合产物主要来自开花后，要获得高产，提高后期干物质生产量极为重要，因此要求在小麦生育后期有较高的 LAI 和 NAR。

经济系数的高低则取决于群体光合产物的分配利用：首先要求小麦形成合理的群体动态结构；其次是在小麦生育后期，必须使对粒数和粒重影响最大的上部 3 片叶及穗下节间处于良好光照条件下，即光饱和点（$2 \times 10^4 \sim 3 \times 10^4$ lx）之上，以利于形成充足的光合产物，提高穗重，而植株基部光照则须在光补偿点（800～1000 lx）的 2.3 倍以上，使下层叶片的光合产物自给而略有余，保证根系对营养的需要。

（二）小麦高产群体的培育

1. 小麦的群体结构

（1）群体结构　　一个小麦单株称为个体，若干个体的集合即为群体。麦田的群体结构是指群体的大小、分布、长相及动态变化。群体大小指基本苗、分蘖、穗数的多少，以及 LAI 的大小及根系发达程度等；群体分布指叶片角度和叶层分布等；群体长相是群体结构的外观表现，包括叶片挺拔程度、叶色、生长整齐度、封垄的早晚和程度等；小麦群体生长是一个动态过程，群体动态指不同生育阶段群体 LAI 和茎蘖数的动态变化。合理的群体结构就是：群体大小、分布、长相及动态变化适合小麦品种特性和当地具体条件，使群体与个体、地上部与根系、营养器官与生殖器官协调发展，从而经济有效地利用光能和地力，达到高产、稳产、优质和低耗等目的。

（2）不同群体的物质生产特点 群体发展是否合理，常用源、库、流是否协调来表示。源是生产和输出光合产物的器官或组织；库是接受和贮藏光合产物的器官或组织；流是指光合产物由源向库的运输和分配。高产群体要求"源大、库足、流畅"。小麦第 1 片叶片出土时光合源即开始形成，此后源的发展因群体起点不同而有明显的差异，不同群体的叶面积指数 LAI 随着出苗后时间（x）的变化趋势可以用指数方程：$Y=e^{(a+b_1+b_2x^2+b_3x^3+b_6x^6)}$ 来表

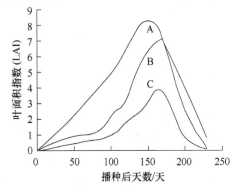

图 2-5 不同群体叶面积指数消长模型
A. 过大群体；B. 高产群体；C. 过小群体

示（$r=0.99^{**}$）。有明显越冬的麦区，按小麦 LAI 的消长动态可分为 4 个时期。第 1 期：出苗至越冬始期为低速增长期；第 2 期：越冬至返青为缓慢增长期；第 3 期：返青至孕穗期为快速增长期；第 4 期：孕穗至成熟为衰减期。

第 1 期关系到能否形成早发壮苗和足够的有效分蘖，因此高产群体此期不宜太低；第 2 期关系到能否安全越冬，群体要有适度生长；不同群体的差异主要在第 3 期和第 4 期。

过大群体，第 3 期增长速度高，群体发展过快，最大 LAI 在孕穗期以前出现，且过大，激化了群体矛盾，在产量形成期 LAI 下降速度过快，光合势低，干物质积累量减少，最终经济产量不高（图 2-5A）。

高产群体，由缓慢增长期转为快速增长期的时间比过大群体明显推迟，可有效地控制无效分蘖的发生，群体协调发展；LAI 增长平稳，最大值为 7 左右，并于孕穗期出现，至第 4 期下降速度也较平缓；光合源的发展合理，后期有较高光合势和光合产物积累量，为籽粒形成与灌浆充实提供了丰富的物质基础；源、库、流协调发展，最终经济产量较高（图 2-5B）。

过小群体，因一生中 LAI 过小，光合势小，群体光合产物积累量低，生物产量不高，经济产量也不高（图 2-5C）。

2. 小麦高产群体的质量指标 高产群体质量指标是指能反应个体与群体源库关系协调、具有较高光合效率和经济系数群体的主要形态特征与生理特性的数量指标。

（1）开花至成熟期群体光合生产量是小麦群体质量的核心指标 小麦籽粒在开花后形成并灌浆充实，其干物质的 70%～90%来自开花后积累的光合产物，产量水平的高低主要取决于群体花后光合生产能力，花后干物质积累量反映了群体的优劣，是群体质量的核心指标。一般产量为 9000 kg/hm² 的小麦群体，在成熟期生物产量达 19 500 kg/hm² 以上，花后干物质积累量达 7500 kg/hm² 左右；产量为 7500 kg/hm² 的小麦群体，成熟期生物产量一般在 16 500～19 500 kg/hm²，花后干物质积累量达 5250 kg/hm² 以上。

（2）适宜 LAI 是小麦高产群体质量的基础指标 提高开花至成熟期的群体光合生产量，其基础的生物学条件是具有大小适宜和功能持续期长的群体叶面积。群体适宜的 LAI 随品种抗倒伏性、株型及生产地的光辐射量等而有差别。自矮秆高产抗倒品种出现以后，最大适宜 LAI 提高到6～7，产量潜力水平提高到 7500 kg/hm² 或更高。孕穗期适宜叶面积要通过合理的叶面积发展动态来实现，如长江中下游麦区小麦 7500 kg/hm² 群体，适宜 LAI 动态指标为：越冬始期 1.5 左右，拔节期 4 左右，孕穗期达最大值，为 6～7，开花期 5～6，花后衰减缓慢。

（3）在适宜的 LAI 条件下，提高总结实粒数是增加群体花后光合产物的重要生理指标　　作物产量形成是源库发展的结果，源是库形成与充实的物质基础，而库容的大小与充实度是源经济价值的实现。小麦籽粒数的多少反映了库容量的大小，提高总结实粒数既是进一步高产的形态指标，也是提高群体结实期光合生产量的生理指标。根据各地众多试验和生产资料，目前生产上应用的主体品种产量在 7500 kg/hm^2 以上的群体，每公顷适宜总结实粒数指标为 $1.8 \times 10^8 \sim 2.1 \times 10^8$。

（4）粒叶比是衡量群体库源协调水平的综合指标　　粒叶比是库源关系协调水平的一种数量表示方法，包含两种：其一是总结实粒数与孕穗期最大叶面积之比（粒数/cm^2 叶），即单位叶面积形成与负载的库容大小；其二是成熟期籽粒重与孕穗期最大叶面积之比（mg/cm^2 叶），即单位叶面积对产量的贡献，是源库互作的最终结果，反映了源的质量水平和库对源的调运能力。在适宜 LAI 的基础上，粒叶比愈高，群体质量愈高，产量水平愈高。产量在 7500 kg/hm^2 以上的群体，其适宜最大 LAI 为 6.0～6.5 时，粒数/cm^2 叶及粒重（mg）/cm^2 叶的指标分别约为 0.35 及 12.5；当最大 LAI 指数适宜值为 7～7.5 时，粒数/cm^2 叶和粒重（mg）/cm^2 叶的指标分别约为 0.3 及 11.0。

（5）茎蘖成穗率是群体质量的诊断指标　　在适宜穗数范围内，茎蘖成穗率愈高，总结实粒数愈多，粒叶比愈高，花后干物质积累量愈多，最终产量也愈高。这说明，在攻取适宜穗数的同时，可以通过提高茎蘖成穗率来全面提高群体质量指标，茎蘖成穗率可以作为群体质量的诊断指标应用。小麦高产群体培育中，应控制高峰苗数，在实现适宜穗数的前提下，使茎蘖成穗率达 40%～50% 甚至更高。

3. 小麦高产群体的调控　　小麦群体的发展是一个动态过程，生产上经常出现生育前期是适宜的群体，发展到中后期又变成过大或过小群体而不能高产的现象；也有前期不是理想的群体，到中后期又转化为适宜群体而达到高产的现象。因此，在小麦的一生中均要进行群体的调控。

小麦高产群体的调控程序如下：一是根据当地生态、生产条件、品种的温光反应类型、栽培特性、产量指标和适宜的穗数指标，确定合理的基本苗数；二是在合理的基本苗数的基础上，促进有效分蘖的发生，在分蘖成穗可靠叶龄期群体茎蘖数达到预期穗数值；三是在实现上述茎蘖数的基础上，控制无效分蘖发生，减少无效光合生产，降低高峰苗，高峰苗不超过预期穗数的 2.0～2.5 倍；四是控制最大 LAI 在 6～7，并于孕穗期封行；五是开花后控制 LAI 的下降速度。

五、小麦籽粒品质及其调控

（一）小麦的品质性状

品质是一个综合概念，是指人类所需要的植物产品的质量优劣。能够满足人类对质量要求的各种植物产品称为优质产品。小麦收获的是籽粒，籽粒需要加工成面粉，面粉再进一步加工成各种各样的面食品，如面包、饼干、糕点、面条、馒头和饺子等。由于小麦使用的目的和用途不同，优质小麦的含义也不一样；从营养角度考虑，以小麦蛋白质含量高低、蛋白质中必需氨基酸数量及其平衡情况（特别是限制性氨基酸的数量）作为衡量小麦营养品质好坏的标准；面粉厂则把小麦的出粉率高低、制粉和筛理过程中的能量消耗多少及有关的性状是否适应和满足制粉工艺所提出的要求视为品质；食品加工行业则以小麦面粉是否具有适于加工某种食品生产需要的性能和是否满足加工工艺和成品质量的要求作为衡量小麦籽粒和面粉品质优劣的标准。可见，小麦品质是小麦品种对某种特定最终用途和产品的适合与满足程度，能适合于某种特定的最终用途，或满足制作某种面食品要求的程度高，这种小麦就可称为适合某种特定用途，或制作某种食品的优质小麦。所以，优质小麦是一个根据其用途而改变的相对概念。一般认为，小麦籽粒品质可分为形态品质、营养品质和加工品质3类。

1. 小麦的形态品质 形态品质就是籽粒外观特性。小麦籽粒的形态品质包括籽粒形状、整齐度、饱满度、粒色和胚乳质地等。小麦籽粒形状可分为长圆形、卵圆形、椭圆形和短圆形。小麦粒色主要分为红色、琥珀色、白色。胚乳质地表现在角质率和硬度两个方面，可根据籽粒横断面胚乳组织的紧密程度，将小麦籽粒分为硬质、半硬质和粉质3种。《小麦》（GB 1351—2008）根据小麦的皮色和粒质将小麦分成硬质白小麦、软质白小麦、硬质红小麦、软质红小麦和混合小麦等5类。

2. 小麦的营养品质 营养品质指小麦籽粒的各种化学成分的含量及组成。在小麦的营养品质中，最重要的指标是蛋白质含量、蛋白质各组分含量和比例及组成蛋白质的氨基酸种类、淀粉的含量及组成。

（1）蛋白质 普通小麦籽粒蛋白质含量在品种间变异幅度很大，一般为 6.9%～22.0%，平均为 13%，其中大多数品种为 9%～18%。籽粒蛋白质是一个受多基因控制的性状，21 对染色体上都有影响它的基因，但可能也存在少数主效基因，不同高蛋白品种的高蛋白基因数目及其遗传方式不尽相同。籽粒蛋白质含量的遗传率为 19%～90%，在大多数情况下为中等，早代对它的选择是有效的。小麦籽粒蛋白质含量极易受环境的影响，它与产量、产量构成因素及其他一些重要农艺性状间常呈负相关，在育种中要注意协调各方的相互关系。

小麦籽粒蛋白质可以根据其溶解性分为清蛋白、球蛋白、醇溶蛋白和谷蛋白 4 种。其中清蛋白和球蛋白属于简单蛋白，含量较低，约占 20%，为非面筋蛋白，主要是一些酶类蛋白和其他水溶性蛋白，主要存在于糊粉层和胚芽中；醇溶蛋白和谷蛋白又称贮藏蛋白，含量较高，各占 40%左右，是面筋的主要成分，存在于胚乳中。清蛋白分子量小，易溶于水，清蛋白中必需氨基酸含量较高，约占清蛋白的 40%以上；球蛋白分子量大于清蛋白，可溶于稀盐溶液，因此也叫盐溶蛋白，球蛋白含有赖氨酸和色氨酸，营养价值高；醇溶蛋白易溶于 70%乙醇溶液，多由非极性氨基酸组成，故富于黏性、延展性和膨胀性，因此醇溶蛋白决定了面团的延展性，醇溶蛋白富含谷氨酸（主要以谷氨酰胺的形式存在），其次含脯氨酸、甘氨酸、丝氨酸等，但必需氨基酸比较少，特别是赖氨酸含量较少，色氨酸、蛋氨酸含量也低；谷蛋白分子量大，但变化幅度也大，从几万到几百万，溶解度小，多由极性氨基酸组成。谷蛋白分子是由二硫键联结的多肽链形成的线状聚合体，呈纤维状，因此面筋具有弹性和强度。

（2）淀粉 淀粉是小麦籽粒中含量最高的化学成分，是面粉的主要组成部分。小麦淀粉是面团发酵期间酵母所需能量的主要来源，主要以淀粉粒的形式存在，是由 10%～25%的直链淀粉与 75%～90%的支链淀粉两部分组成，直链淀粉和支链淀粉的含量及其比例对小麦的营养品质和加工品质具有重要影响。

3. 小麦的加工品质 小麦加工品质指小麦籽粒加工成面粉及面粉加工成各种面食品过程中表现出来的品质特性。加工品质又可分为磨粉品质（或称一次加工品质）和食品加工品质（或称二次加工品质）。食品加工品质可从面粉的理化特性、面团流变学特性和焙焙蒸煮品质等方面进行评价。

（1）小麦的磨粉品质　　指籽粒在碾磨成面粉的过程中，品种对磨粉工艺所提出的要求的适合和满足程度，要满足面粉种类、加工所用机具、加工工艺、流程及效益对小麦品种及其籽粒特性的要求。磨粉品质好的小麦品种，籽粒出粉率高，灰分少，面粉色泽洁白，易于筛理，残留皮上的面粉少，能源消耗低，制粉经济效益高。磨粉品质的好坏与籽粒的大小和整齐度、籽粒的形状和颜色、皮层的厚薄、胚乳质地的软硬及容重等籽粒形态结构性状有关。

（2）小麦面粉的理化特性　　评价小麦面粉的理化指标很多，通常用面筋含量、面粉吸水率和沉降值等指标表示。

面筋是小麦蛋白质存在的一种特殊形式，小麦面粉之所以能加工成种类繁多的食品，就在于它具有特有的面筋。面筋是较为复杂的蛋白质水合物，面筋中除含有少量的脂肪和淀粉等非蛋白质物质外，主要由水、醇溶蛋白和谷蛋白组成。面筋含量高、筋力强的面粉可以烤制面包；面筋含量低、筋力弱的面粉可以加工饼干和蛋糕。

面粉吸水率是指调制单位重量的面粉成面团所需的最大加水量，以百分率表示，面粉吸水率一般在 60%～70%为宜。我国面粉吸水率在 50.2%～70.5%，平均为 57%。面粉吸水率在很大程度上取决于面粉蛋白质的含量，面粉吸水率高可以提高面包和馒头的出品率，而且面包中水分增加，面包心较柔软，保存时间也相应延长；面粉吸水率低，面包出品率也降低。相反，饼干、糕点要求吸水率较低的面粉，以有利于烘焙。

沉降值是指一定量的小麦面粉或全麦粉，放入有水的刻度量筒中，经混合后再加进乳酸与异丙醇或十二烷基硫酸钠（SDS）混合溶液充分混合后所形成的絮状沉淀物，经静置一定时间的体积读数，用毫升（mL）表示。它是衡量面筋数量和质量的综合间接指标，它与高分子量谷蛋白的数量、面包体积均呈正相关，与蛋白质含量呈弱度正相关或不相关。在遗传上，高沉淀值呈显性，遗传率较高，早代选择有效。由于沉降值测定简单、快速且微量，并能反映基因型间的遗传差异，因此它受到小麦育种和谷物化学家的普遍重视。

（3）小麦面团流变学特性　　面团制作是各种面食品原料的主要加工过程，面团性质与面食品品质关系更直接。面团不仅包含着面筋的数量和质量，而且是其他品质的综合反映。因此，小麦面粉的品质好坏可以通过测定面团的流变学性能准确地得到鉴定，并以此来评价面筋品质和面包烘焙等食品制作品质。通常用粉质仪、拉伸仪、揉面仪和吹泡示功仪等仪器来测定面团流变学特性。

粉质仪是根据揉制面团时会受到阻力的原理设计的。在定量的面粉中加入水，在恒温（30℃）条件下开机揉成面团，揉制面团过程中混合搅拌所受到的阻力逐渐增大，直到粉质图曲线出现高峰，以后又慢慢下降，阻力通过仿动装置带动记录器自动描绘出一条特殊曲线，即粉质图（图 2-6），作为分析面团品质的依据。纵坐标是粉质仪专用单位，以前用布拉本德单位（BU），现在用粉质仪单位（FU）。用粉质仪测定的指标有吸水率、面团形成时间、稳定时间、断裂时间、公差指数、弱化度和评价值等指标，其中，吸水率是指使面团最大稠度处于 500 FU 时所需的加水量，是反映面粉蛋白质和损伤淀粉含量的重要参数，是衡量面粉品质的重要指标；面团形成时间是指从开始加水（曲线零点）直至面团稠度达到最大时所需揉混的时间；稳定时间指曲线首次穿过 500 BU（到达时间）和离开 500 BU（衰减时间）两点之间的时间差。

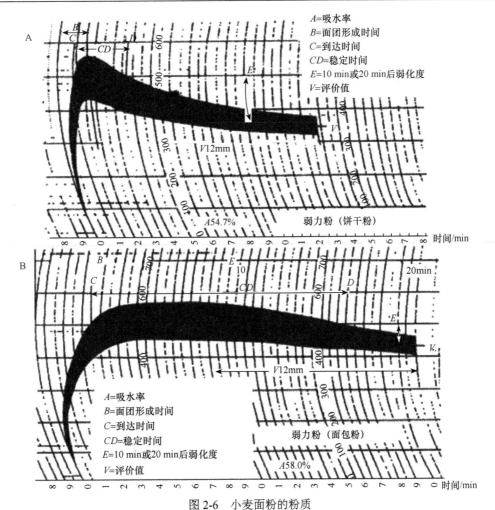

图 2-6　小麦面粉的粉质

A. 弱力粉的粉质曲线；B. 强力粉的粉质曲线

拉伸仪原理是将通过粉质仪制备好的面团揉搓成粗短的面条，将面条两端固定，中间钩向下拉，直到拉断为止，抗拉伸阻力以曲线的形式自动记录下来，根据曲线分析计算面团品质。拉伸图（图 2-7）可反映面团的延伸性和韧性的有关性能数据，从拉伸图中可得出面团延伸性、恒定变形拉伸阻力、最大拉伸阻力和拉伸能量等指标。延伸性（E）是以面团从开始拉伸直到断裂时曲线的水平总长度，以 mm

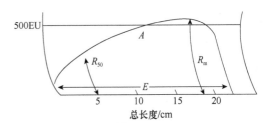

图 2-7　小麦面团的拉伸图

E. 延伸性；R_{50}. 恒定变形拉伸阻力；R_{m}. 最大拉伸阻力；

A. 拉伸能量

或 cm 为单位，它是面团黏性、横向延展性好坏的标志，延伸性强表明面团流散性大，面筋网络的膨胀能力强。恒定变形拉伸阻力（R_{50}）是曲线开始后在横坐标上达到 5 cm 位置的曲线高度，单位为 EU，它表示面团的弹性，是面团纵向弹性好坏的标志，即面团横向延伸时的阻抗性，抗拉伸阻力大，表明面筋网络结构较牢固，筋力强，面团持气能力强。最大拉伸阻力（R_{m}）是指曲线最高点的高度。拉伸比（R/E）是指拉伸阻力与延伸性的比值，又称为形状系数，单位为 EU/cm（或 mm），它是衡量面团拉伸阻力和延伸性之间平衡关系的一个重要指标，拉伸比值过大，表示面团拉伸阻力过大和延伸性过小，这样的面团弹性强而流散性差，面团不易起发，成品体积小，结构紧实；拉伸比值过小，表明面团筋力过小而流散性强，面团的持气性能差，成品形状差，体积小。拉伸能量（拉伸面积，A）是指曲线与底线所围成的面积，可用求积仪测量，单位为 cm^2，代表面团强度。

（4）小麦烘焙蒸煮品质　　小麦及面粉品质的好坏，最终反映在食品成品上，所以面粉的食用品质和利用价值取决于烘焙和蒸煮品质。通过烘焙和蒸煮试验进行直接品尝鉴定，是评价小麦品质具有实际经济价值的重要方法，也是小麦品质鉴定最重要及最后的工作。

1）面包烘焙品质。烘焙品质常指面包烘焙品质。烘焙品质指标很多，主要有面包体积、比容、面包心纹理结构和面包评分等。优质面包应是体积大，面包心孔隙小而均匀，壁薄，结构匀称，松软有弹性，洁白美观，面包皮着色深浅合度，无裂缝和气泡及美味可口等。对小麦及面粉的要求是蛋白质及面筋含量高，吸水率高，弹性大，耐揉性强，不黏机器，发酵和烘焙状况良好。

2）饼干等烘焙品质。饼干、酥饼和蛋糕等食品以软质小麦为原料，要求小麦蛋白质含量低，面筋弹性差，筋力弱，灰分少，面粉色白，颗粒细腻。饼干的评价标准是以饼干直径与饼干厚度比值或直接以饼干直径为标准，饼干直径越大，越薄，口感越好。蛋糕要求体积大，内部孔隙小，皱纹密而均匀，壁薄，柔软，湿润，瓤色白亮，味正口美，要求面粉要细。酥饼品质的直接评价是测量其直径、厚度、质地和外观，要求直径大，径/厚值（扩展指数）大，表面裂缝适中，均匀，质地酥脆，口感好。

3）蒸煮品质。主要指馒头和面条等加工品质及成品质量对小麦面粉的要求。优质馒头要求小麦蛋白质和面筋含量中上，弹性和延伸性较好，过强或过弱的面粉制作馒头的质量均不好。面条种类很多，不同面条对小麦粉的要求不同，一般硬质或半硬质小麦和面团延伸性好，而强度中等或稍小的面粉适宜做面条。面粉颗粒太粗，面条易断，太细则韧性降低，黏性增加。一般认为制作优质面条要求小麦质地较硬，出粉率高，面粉色白，麸星和灰分少，面筋含量较高，强度较大，但面条对面粉品质性状的要求范围较宽。淀粉的吸水膨胀和糊化特性可使面条具有可塑性，煮熟后有黏弹性，其中支链淀粉含量多一些，比较柔软适口。面粉中的色素（类胡萝卜素和黄酮类化合物）和酶类（液化酶、蛋白酶和多酚酶类）含量应尽量低，以保持面条色白，不流变，不黏。非极性脂类对增加煮面表面强度和色泽有利，极性脂类可显著增加挂面的断裂强度。

（二）优质小麦品种的类别

目前我国消费的小麦，依据其用途可分为 4 种类型：强筋小麦、中强筋小麦、中筋小麦和弱筋小麦。

1. 强筋小麦　　《优质小麦　强筋小麦》（GB/T 17892—1999）对强筋小麦的定义是角质率不低于 70%，加工成的小麦粉筋力强，适合制作面包等食品，其一等和二等的粗蛋白质含量（干基）分别≥15%和≥14.0%，湿面筋含量（14%水分基）分别≥35%和≥32%，面团稳定时间分别≥10.0 min 和≥7.0 min，烘焙品质评分值≥80。2017 版国家小麦品种审定标准对强筋小麦的要求是粗蛋白质含量（干基）≥14.0%，湿面筋含量（14%水分基）≥30.5%，吸水率≥60%，稳定时间≥10.0 min，最大拉伸阻力（R_m）≥450 E.U.，拉伸面积≥100 cm^2。

2. 中强筋小麦　　中强筋小麦是制作（或搭配磨制）面条（方便面、挂面）和饺子的专用粉。2017 版国家小麦品种审定标准对中强筋小麦的要求是粗蛋白质含量（干基）≥13.0%，湿面筋含量（14%水分基）≥28.5%，吸水率≥58%，稳定时间≥7.0 min，最大拉伸阻力（R_m.）≥350 E.U.，拉伸面积≥80 cm^2。

3. 中筋小麦 籽粒硬质或半硬质，蛋白质含量和面筋强度中等，延伸性好，是制作面条和馒头的专用粉。因面条和馒头属蒸煮类食品，与淀粉特性关系密切，故中筋小麦淀粉特性要好，面粉和成品的白度要高。2017 版国家小麦品种审定标准对中筋小麦的要求是粗蛋白质含量（干基）≥12.0%，湿面筋含量（14%水分基）≥24.0%，吸水率≥55%，稳定时间≥3 min，最大拉伸阻力（R_m.）≥200 E.U.，拉伸面积≥50 cm^2。

4. 弱筋小麦 《优质小麦 弱筋小麦》（GB/T 17893—1999）对弱筋小麦的定义是粉质率不低于 70%，加工成的小麦粉筋力弱，适合于制作蛋糕和酥性饼干等食品，其粗蛋白质含量（干基）≤11.5%，湿面筋含量（14%水分基）≤22.0%，面团稳定时间≤2.5 min。2017 版国家小麦品种审定标准对弱筋小麦的要求是粗蛋白质含量（干基）<12.0%，湿面筋含量（14%水分基）<24.0%，吸水率<55%，稳定时间<3.0 min。

（三）小麦品质调优技术

小麦品质不仅依品种和生态条件而异，而且与栽培措施有密切关系。国内外大量研究表明，播种期、密度、肥料用量及运筹和其他因素均对小麦籽粒品质有一定的调控效应。因此，改进栽培技术是改良小麦品质的有效途径。

1. 播种期 播种期既关系到小麦籽粒的产量，也影响籽粒品质。各地应根据具体生态条件及播期对产量与品质的影响，提出二者兼顾的播期范围。

2. 密度 合理的种植密度是高产群体的起点，决定单位面积的穗数和产量，同时也影响籽粒品质。

3. 肥料用量及运筹 肥料是影响小麦籽粒产量和品质最活跃的因子，肥料种类、用量及施用时期和比例都对小麦籽粒品质产生了显著影响。

（1）肥料用量 增施氮肥能显著提高小麦籽粒中蛋白质的含量，磷钾肥的施用量对小麦籽粒品质也有一定的调节作用，生产上应根据小麦专用类型，选择产量与品质协调的施肥量。

（2）肥料运筹 不同专用型小麦籽粒品质均表现为随中后期施氮比例提高，籽粒蛋白质含量、面筋含量呈上升趋势，有利于中、强筋小麦改善品质。

4. 影响小麦品质的其他因素 土壤肥力高和稳水保肥能力强的黏、壤土，适宜种植中、强筋小麦；土壤肥力低和稳水保肥能力差的砂土，适宜种植弱筋小麦。降水量偏少和生育中后期偏旱年有利于小麦籽粒蛋白质的形成。小麦感染赤霉病和白粉病会使籽粒皱缩，降低制粉品质和面筋强度。倒伏会降低容重和千粒重，也使制粉品质和烘焙品质恶化。有研究表明，施用生长调节物质如烯效唑和多效唑，有调节小麦籽粒品质的作用。

第三节 小麦主要性状的遗传与育种

一、小麦的育种目标及主要性状的遗传

丰产、稳产和优质是小麦育种的普遍目标，涉及产量性状、抗病虫性、耐逆性和品质

性状的选育。对不同性状的具体要求，因地因时而异，其选育方法也因不同性状的遗传特点不同而有所不同。

（一）小麦产量性状的遗传改良

1. 小麦产量构成因素的遗传改良　　小麦产量是单位面积穗数、每穗粒数和每粒重量的乘积。高产育种就是去寻找这 3 个产量构成因素的最大乘积的遗传组合。由于各产量构成因素间呈负相关，因此产量的提高取决于各产量构成因素的协调发展。高产品种可根据产量构成因素分为多穗型、大穗型和中间型等 3 种类型。中间型品种兼顾穗数、粒数和粒重的协调增长。冬季寒冷和春夏晴朗干燥的北方地区常选育多穗型品种；而阴雨多、湿度大且日照少的南方地区，一般采用大穗型品种，增加粒数和粒重而使穗粒重达到较高。但随着水肥条件的改善，我国北方小麦品种有逐步由多穗型向中间型或大穗型发展的趋势。

小麦的籽粒产量是一个复杂的数量性状，遗传率低，杂种早代的选择效果较差，但可间接通过产量构成因素进行选择。在产量构成因素中，株穗数的遗传率最低，早代选择效果很差。穗粒数的遗传率在 40%左右，可间接通过增加穗长和有效小穗数或每小穗粒数达到增加穗粒数的目的，但增加有效小穗数比增加每小穗粒数更为有效。穗长的遗传率较高，一般可达 70%左右，早代选择效果较好。产量构成因素中粒重的遗传率最高，一般在 70%左右，早代选择效果较好。

2. 小麦矮秆性状的遗传改良　　降低小麦株高，不仅起到耐肥抗倒伏的作用，还能提高收获指数，从而显著提高产量。在世界上小麦矮化育种中得到广泛和最有效利用的是日本'赤小麦'和由'达摩小麦'为矮源育成的'农林 10 号'。意大利利用'赤小麦'育成了'Ardito'和'Mentana'等一系列品种，引进我国后对我国小麦生产和半矮秆品种育种发挥了巨大的作用。美国在以'农林 10 号'×'Brevor'育成的'选系 14'的基础上育成了创世界高产纪录的新品种'Gaines'。国际玉米小麦改良中心（CIMMYT）利用'农林 10 号'×'Brevor'选系育成了如'Piticb 2'等一系列半矮秆小麦品种。朝鲜则在 20 世纪 30 年代利用了'达摩小麦'的另一类型'赤达摩'育成了'水原 85'和'水原 86'等矮秆品种，我国曾经利用'水原 86'育成了矮秆品系'咸农 39'，进而育成了半矮秆的'矮丰 3 号'等品种。其他矮源，如原产我国西藏的'大拇指矮'和从品种'矮秆早'中发现的自然突变系'矮变 1 号'及非洲的'奥尔森矮'等，都还没有在育种上得到有效利用。

已知的矮秆 Rht 基因达 20 个之多，其所在的染色体、显隐性及对赤霉素（GA_3）的反应敏感性及它们的遗传效应是不同的。'农林 10 号'的 Rht_1 和 Rht_2 分别位于染色体 4B 和 4D 的短臂上。'赤小麦'的 Rht_8 和 Rht_9 分别在染色体 2D 和 7B 上，表现不同程度的隐性，苗期对赤霉素反应敏感，它们的矮化能力较弱。'大拇指矮'的 Rht_3 位于染色体 4B 的短臂上，具有较强的矮化作用，表现为部分显性，对赤霉素反应不敏感，胚乳中液化酶的活性低，抗穗发芽。'矮变 1 号'的 Rht_{10} 基因位于 4D 短臂上，呈部分显性，苗期对赤霉素反应不敏感，其矮化作用强于 Rht_3。太谷核不育基因 Tal 与 Rht_{10} 紧密连锁的显性核不育材料——'矮败小麦'，在回交育种、创造近等基因系和轮回选择中很有用处。Rht_{12} 是一个部分显性基因，对赤霉素反应敏感。除 Rht 系列外，还有丛簇矮生性基因（$D_1 \sim D_4$）、独秆矮生基因 US_1 和 US_2 等，因它们缺点很多，都还没有在育种上得到利用。

小麦株高的遗传率较高，其广义遗传率为 66.5%。在 F_2 根据株高选择单株是有效的。但由于杂种优势和株间生长竞争的干扰，对 F_2 的选株标准不宜过严，一般认为以 70~80 cm

较为适宜，不是越矮越好。

3. 小麦收获指数的遗传改良 小麦收获指数与籽粒产量间呈显著的正相关。对杂种早代单株的收获指数与其相应的高代品系或小区的籽粒产量间相关的大量研究表明，单株收获指数可以有效地反映品系的产量潜力。近代世界小麦品种籽粒产量的提高，主要得益于收获指数的改良，小麦品种的收获指数已由地方品种的30%左右提高到现在的 45%左右，少数品种已达到 50%。因此，大多数育种家主张把收获指数作为产量潜力的选择指标，但在按收获指数选择的同时，不能忽视对生物学产量的选择。

小麦收获指数属数量遗传性状，符合加性-显性模型，受加性和显性效应的作用，显性程度为完全显性到超显性，增效等位基因为显性，遗传率较高，在杂种早代选择中是有效的。Bhatt 指出，小麦收获指数的遗传受 1~3 对基因控制，广义遗传力为70%。

4. 小麦株型育种与高光效育种 高产育种从植物生理角度分析，要创造和培育光合产物形成多、消耗少、积累多并以最大的比例分配给经济器官的类型，即通过株型育种和高光效育种提高光能利用率，增加小麦产量。

所谓株型，一般指植株地上部分的形态特征，特别是叶和茎在空间的存在状态，也就是植株的受光姿势。现代的株型概念已扩大到与产量形成有关的植株的一系列形态和生理性状的综合。株型育种，就是通过改进植株的一系列形态生理性状，改善冠层结构，增加叶面积系数，以截取更多光能，提高其光能利用率，以及改善同化物的运转分配性能，增大收获指数，从而提高单位面积籽粒产量的育种途径。小麦株型育种可分为适宜冠层结构和理想株型性状两个方面，二者既有区别又相互关联。

对冠层结构来说，为了增大叶层的光能利用率，需要使叶层截获尽可能多的阳光，而且使截获的阳光尽可能均衡地分布在各个叶片上，使上部叶片和下部叶片均能足够受光，这样要求冠层的消光系数尽可能要小些。冠层结构一个重要的参数是 LAI，最适宜的 LAI 因不同环境和基因型而异，高产品种的叶面积指数在抽穗期多为 6~10。研究表明，抽穗后绿叶面积的持续期与籽粒产量呈显著正相关。它比 LAI 更能表达品种的差异，是籽粒产量选择的重要指标。

对株型性状来说，植株高度和叶片角度最受关注。前述的小麦矮化育种，实际上是小麦株型育种的一个重要内容。关于叶片角度，一般认为，叶片直立较叶片平展的品种更有利于截获较多的阳光，因为它能增大群体叶片的受光面积和容纳更大的叶面积指数，加大群体内的散射光的比例，使上部叶片和下部叶片较好地均衡受光，冠层的消光系数小，提高了光能利用率，产量较高。但在稀植和水肥土壤条件差的条件下，其产量反而不及叶片平展的品种。

株型育种要结合各地区的生态条件，对不同的株型性状加以综合考虑，形成不同地区的理想株型或合理生理生态型。例如，在我国北部冬麦区合适的水浇地高产株型应该具备：半矮秆、较多的有效穗数、上部叶片基部夹角较小、较短而宽的剑叶和较长的绿色面积持续期及穗粒重在 1 g 以上等性状。

高光效育种是指提高小麦叶片的光合速率，以提高光能利用率，增加小麦产量的育种。高光合速率的鉴定和筛选指标，一类是直接测定不同小麦品种的光合速率、光呼吸的强弱和 CO_2 补偿点的高低；另一类是与光合速率高低密切相关的一些相关性指标，如比叶重、叶片厚度、叶片含氮量、剑叶叶面积、气孔的大小和密度、生育后期茎叶功能期的长短及粒叶比等。

（二）小麦抗病性的遗传改良

小麦病害的种类很多，在我国以 3 种锈病（条锈病、叶锈病及秆锈病）、白粉病和赤霉病等流行范围较广，为害也较重。此外，还有纹枯病、全蚀病、土传花叶病、黄矮病和丛矮病等，分别在一些地区造成了一定的损失。目前我国小麦病害问题日益严重，表现为病害种类、发生频率和为害程度显著增加。近 10 年赤霉病明显北移，已成为黄淮麦区的常发性病害，如 2012 年严重发病面积约 1000 万 hm^2；近 20 年纹枯病已成为黄淮地区的重要病害，但育种进展并不大；禾谷类孢囊线虫和茎基腐病的危害也越来越重，出现了致病性强、发展速度很快的条锈病新小种 'V26'，使主产麦区广泛应用的抗条锈病基因 *Yr26* 和被寄予厚望的 *Yr10* 普遍丧失抗性，人工合成小麦、簇毛麦易位系和 '贵农号' 品系已丧失对条锈病等的抗性；叶锈病为害显著加重，已成为主要麦区的重要病害；另外，白粉病的发生面积在进一步扩大。

小麦病害防治主要依靠化学农药和种植抗病品种两种途径。化学农药在病害应急防治中发挥了重要作用，但农药的不合理使用不仅导致了生产成本的提高，还带来了环境污染问题。大量研究与生产实践表明，培育和推广抗病小麦品种一直是最为经济有效且绿色环保的防控措施。

1. 小麦抗条锈病的遗传改良　　小麦条锈病是由小麦条锈菌（*Puccinia striiformis* f. sp. *tritici*，Pst）引起的，是由气流传播的世界性重要病害，对小麦生产具有致命性危害，病害流行年份可导致小麦减产 40% 以上，甚至绝收。该病在全球五大洲均有分布，我国是世界上最大的小麦条锈病流行区，是世界上小麦条锈病发生面积最大和危害损失最重的国家，我国年均发生面积为 400 万 hm^2 左右，特别是 1950 年、1964 年、1990 年、2002 年和 2017 年的 5 次大流行，发生面积均超过 550 万 hm^2，损失小麦共计 138 亿 kg，其中 1950 年条锈病造成的产量损失占全国小麦总产量的 41.4%。

（1）小麦条锈病抗源的发掘与抗性基因的鉴定　　小麦品种对条锈病的专化性抗性大多受主效基因控制，不抗病品种的抗性基因呈显性或不完全显性，也有呈隐性的。有时同一个基因可以控制小麦品种对一个或几个小种的抗性，同一品种可有一个至几个抗病基因，有时几个基因互作控制对某个或某几个小种的抗性。除主效基因外，可能还涉及微效基因和修饰基因的作用。1962 年，Lupton 和 Macer 对 7 个小麦抗条锈病品种进行遗传分析，并首次采用 *Yr*（yellow rust resistance）定名小麦抗条锈病基因，此后该命名一直沿用至今。截至 2018 年 6 月，国际上正式命名的抗条锈病基因已有 80 个，即 *Yr1*～*Yr80*。这些抗条锈病基因主要来源于普通小麦，还有一部分来自小麦的近缘属种。目前已发现的基因中，绝大多数基因属于小种专化的全生育期抗性基因，少部分是成株期抗性基因或高温成株期抗性基因 *HTAP* 及 *QTL*。

（2）条锈菌毒性变异与小麦条锈病抗源的应用　　小麦条锈菌通过有性生殖、突变和异核作用，致使病原菌毒性发生变异。我国已先后发现了 34 个条锈菌生理小种及其致病基因和 24 个致病类型。条锈菌致病性变异频繁，新致病生理小种不断出现，导致抗病品种丧失生产利用价值。一般情况下，小麦品种在生产上使用 3～5 年便丧失其抗锈性。

虽然已经发现了多达 80 个抗条锈病基因，但由于丰产性、生育期和适应性等表现较差，很多抗源或 *Yr* 基因的载体品种不被育种家所青睐。然而一旦有好用的抗源亲本，育种家又会争先使用，短时期就能创制大量具有同一个 *Yr* 基因的抗病品种，并广泛推广种植，其结果导致在病原菌群体中，有匹配毒性的菌株被选择，并随着哺育品种的面积增加而壮大，最终形成流行小种，致使抗病性被克服而丧失利用价值，完结抗源的兴衰循环周期。小麦条锈菌新生理小种'条中 23'和'条中 25'的产生摧毁了来源于'碧蚂 1 号'抗病基因 $Yr1$ 的抗病性；'条中 29'新小种的产生摧毁了来源于'洛夫林'及其衍生品种抗病基因 $Yr9$ 的抗病性；'条中 32'和'条中 33'新小种的产生摧毁了来源于'繁 6'及其衍生系抗病基因 $Yr3$、$Yr4$ 的抗病性；'条中 34'新小种的产生摧毁了来源于'92R 系''贵农系''川麦系列'$Yr26/Yr24/YrCH42$ 的抗病性。上述 4 次抗条锈病的丧失，均使条锈病在全国范围内大爆发和大流行，造成了惨重损失。

2. 小麦抗叶锈病的遗传改良

（1）小麦叶锈病菌　　小麦叶锈病是由叶锈菌（*Puccinia triticina*，Pt）侵染所引起的真菌性气传病害，具有破坏性强、循环式侵染和专性寄生等特点，是小麦锈病中分布广且发生普遍的一种病害。小麦叶锈病主要为害小麦叶片，影响植株的光合作用，进而导致小麦千粒重降低，通常可减产 5%～15%，大流行时减产高达 40%，我国曾于 1969 年、1973 年、1975 年和 1979 年等发生叶锈病大流行，尤其 2012 年的大爆发，在河南、陕西、甘肃、四川和安徽等地造成了严重损失。

小麦叶锈菌具有小种专化性，生理小种变异导致抗病品种推广后很快失去抗性。Liu 等将我国 2000～2006 年小麦叶锈菌的 613 株菌株划分为 79 个生理小种，其中，优势生理小种为'PHT'（23.7%）、'THT'（14.7%）、'PHJ'（11.4%）和'THJ'（4.2%）；2012 年我国叶锈菌大爆发，'PHT'和'THT'仍然是我国叶锈菌群中的优势生理小种；安亚娟将 2013 年在全国采集到的 635 份小麦叶锈菌标样划分为 86 个生理小种，其中，优势生理小种为'THTT'（24.6%）、'THTS'（14.5%）、'PHTT'（7.5%）、'THSS'（5.2%）、'PHTS'（2.9%）和'THKT'（2.9%）。

（2）小麦叶锈病抗性基因　　截至 2015 年，已经发现的小麦叶锈病抗性基因有 100 多个，正式登记命名的有 73 个，它们分布在小麦除 5A 和 6D 的其他 19 条染色体上，大部分为苗期抗性基因。其中，$Lr1$、$Lr10$、$Lr21$ 和 $Lr34$ 等 4 个基因已经被成功克隆。成株抗性基因只有 12 个，分别为 $Lr12$、$Lr13$、$Lr22a$、$Lr22b$、$Lr23$、$Lr34$、$Lr35$、$Lr46$、$Lr48$、$Lr49$、$Lr67$ 和 $Lr68$，其中，已确定的慢锈基因有 4 个，分别为 $Lr34/Yr18/Pm38/Sr57$、$Lr46/Yr29/Pm39/Sr58$、$Lr67/Yr46/Pm46/Sr55$ 和 $Lr68$。

（3）小麦抗叶锈病育种　　中国于 20 世纪 60 年代开始抗叶锈病育种工作，主要通过国外引进显性遗传抗病材料与本地品种杂交选育抗叶锈病新品种，引进品种如'早洋麦'（美国）、'南大 2419'（意大利）和'圣塔艾伦娜'（澳大利亚）等，但对所用抗病材料的遗传背景知之甚少。

20 世纪 70 年代，中国育种家开始重视对病原生理小种和抗源材料遗传背景的掌握，如'洛夫林 10''洛夫林 13'（携带 $Yr19$、$Lr26$、$Sr31$ 和 $Pm8$），抗叶锈育种成效突出，育成了'扬麦系统''绵阳系统'和'贵农系统'，对此后中国叶锈病流行的控制做出了杰出贡献。但是单一抗源的广泛普及，刺激了新的叶锈生理小种的生成，使得 $Lr26$ 抗性失效，以早期抗源为亲本育成的后代产品抗性普遍降低。

20 世纪 80 年代，对大量国内外材料进行抗锈性及多抗性鉴定和对遗传基础进行研究，筛选出了 $Lr26$ 以外的抗病材料，并培育出了抗病性和农艺性状优良的中间材料。

进入 21 世纪后，小麦叶锈病的发生频率及危害性逐渐降低，相关研究集中在对现有推广品种和抗源材料的抗病基因的探索和鉴定上，为新品种的选育和品种合理布局提供了依据。对我国 2015～2016 年度 320 个冬小麦品种（系）的叶锈病抗性田间鉴定结果表明，105个品种（系）为抗病材料，对叶锈病免疫的品种（系）有 33 个，高抗品种（系）有 40 个，中抗品种（系）有 23 个，慢锈品种（系）9 个。其中，四川、黑龙江和陕西 3 省的抗病材料多样，抗源丰富。

　　3．小麦抗白粉病的遗传改良　　小麦白粉病是由禾本科布氏白粉菌小麦转化型（*Blumeria graminis* f. sp. *tritici*）引起的小麦真菌病害，在世界各大麦区均有发生。小麦苗期感染白粉病菌后会引起分蘖不足、叶片叶绿素含量下降、光合作用降低及生长受阻等，对中后期小麦的生长发育造成不可弥补的损伤，严重影响小麦的产量和品质。

　　近 30 年，由于矮秆品种的推广、种植密度的提高、化肥使用量的增加、推广抗病基因单一和病菌变异等，小麦白粉病迅速在我国所有麦区蔓延，发病的范围不断扩大，危害程度不断加重。20 世纪 70 年代以前，小麦白粉病主要在湿润多雨的西南地区及山东沿海地区流行，20 世纪 80 年代以后，该病在中国主要冬麦区逐渐从次要病害上升为主要病害。白粉病在北部冬麦区和黄淮冬麦区是最重要的小麦病害；在长江中下游和西南麦区是仅次于赤霉病或条锈病的第二大病害。目前我国常年小麦白粉病发病面积高达 600 万～800 万 hm^2，产量损失达 5%～34%。

　　小麦抗白粉病基因多为显性遗传，少数为隐性遗传，也存在部分显性遗传与多基因效应。迄今发现的小麦白粉病抗性基因 *Pm*（powdery mildew）位点有 54 个，编号从 *Pm1* 到 *Pm54*（*Pm1*～*Pm54*，*Pm18*=*Pm1c*，*Pm22*=*Pm1e*，*Pm23*=*Pm4c*，*Pm31*=*Pm21*），其中 21个有复等位基因。例如，*Pm1*（*Pm1a*、*Pm1b*、*Pm1c*、*Pm1d* 和 *Pm1e*）、*Pm4*（*Pm4a*、*Pm4b*、*Pm4c* 和 *Pm4d*）、*Pm3*（*Pm3a*、*Pm3b*、*Pm3c*、*Pm3d*、*Pm3e*、*Pm3f* 和 *Pm3g*）和*Pm5*（*Pm5a*、*Pm5b* 和 *Pm5c*）等，总共有超过 78 个抗性等位基因。这些 *Pm* 基因分布在除2D、3D 和 4D 以外的 18 条染色体上，被定位在 49 个染色体位点上。

　　Pm8 基因是我国 20 世纪 80 年代生产上主要使用的白粉病抗源，但该基因的抗性丧失曾导致小麦白粉病的多次大流行。利用远缘杂交从近缘种中导入新的抗病基因，可以有效拓宽小麦的遗传基础，从而实现小麦抗病育种的抗源多样化。经过国内外学者多年研究开发，小麦的野生近缘种已成为抗病基因的重要来源，如来源于簇毛麦的 *Pm21*，抗性较强，在不同小麦遗传背景下抗性均稳定，为最有效的抗病基因之一。

　　小麦抗白粉病基因按其来源可划分成 3 类：普通小麦、小麦近缘种、小麦近缘属。其中，*Pm1a*、*Pm3*、*Pm5e*、*Pm9*、*Pm10*、*Pm11*、*Pm14*、*Pm15*、*Pm22*、*Pm23*、*Pm24*、*Pm28*、*Pm29*、*Pm38*、*Pm39*、*Pm44*、*Pm45*、*Pm46*、*Pm47*、*Pm52*、*Pm53* 和 *Pm54* 来源于普通小麦；*Pm1b* 和 *Pm4d* 来源于栽培一粒小麦；*Pm16*、*Pm26*、*Pm30*、*Pm31*、*Pm36*、*Pm41*、*Pm42* 和 *Pm49* 来源于野生二粒小麦；*Pm6*、*Pm27*、*Pm37* 和 *Pm33* 来源于提莫菲维小麦；*Pm2*、*Pm19*、*Pm34* 和 *Pm35* 来自粗山羊草；*Pm1d*、*Pm12* 和 *Pm32* 来源于拟斯卑尔脱山羊草；*Pm13* 来自高大山羊草；*Pm29* 来自卵穗山羊草；*Pm40*、*Pm43* 和 *Pm51* 来源于中间偃麦草，分别定位于染色体 7BS、2DL 和 2BL；*Pm7*、*Pm8*、*Pm17* 和 *Pm20* 来自黑麦；*Pm21* 来自簇毛麦。目前，借助于分子标记技术，现已将 54 个小麦白粉病抗性基因定位，其中 A 染色体组上有 15 个；B 染色体组上有 26 个；D 染色体组上有 13 个。

　　小麦对白粉病的抗病性主要有 2 类：一类是垂直抗性，又称生理小种专化抗性、苗期抗性、全生育期抗性或主效基因抗性，它由 1 个或少数几个主效基因控制，对病原菌的侵染产生过敏性坏死反应，从而表现出高抗或免疫，具有病原菌生理小种专化性，即随着生理小种的变化常导致抗性丧失，致使抗病性不持久且不稳定；另一类是水平抗性，又称非小种专化抗性、成株抗性、高温成株抗性、慢病性或部分抗性，统称为成株抗性。苗期抗性基因，遗传相对简单，在过去的几十年里被育种家广泛使用。然而，由于白粉病菌可与寄主协同进化，加上其生理小种多，变异速度快，繁殖力强，因此，这类抗性基因易丧失抗性。自毒性小种'E09'和'E20'出现后，很多抗病品种的抗性已丧失，导致小麦白粉病大流行。

Pm38 和 *Pm39* 为成株抗性基因，其余大多数抗性基因都是病原菌生理小种专化性主效基因，其中 *Pm12*、*Pm13*、*Pm16*、*Pm20*、*Pm21* 和 *Pm30* 等尚表现较高的抗性，但 *Pm1*、*Pm2*、*Pm3*（*Pm3a*、*Pm3c*、*Pm3f*）、*Pm4*（*Pm4b*）、*Pm5*、*Pm6*、*Pm7* 和 *Pm8* 等单独应用已逐渐丧失抗性，但它们在聚合育种条件下，仍可以表现出较强的抗病性，如检测发现小麦品种'山农 20'含有 6 个抗白粉病基因（*Pm12*、*Pm24*、*Pm30*、*Pm31*、*Pm35* 和 *Pm36*），解释了'山农 20'的优良抗病性。

将多个抗性基因聚合到一个生产品种中，抗病效果十分显著，如含有 *Pm2* 单基因的材料抗性不稳定，但含有 *Pm2*＋*Pm4*＋*Pm13*＋*Pm21* 聚合基因的材料抗性稳定。据报道，*Pm2*＋*Pm4b*、*Pm2*＋*Pm6*、*Pm2*＋*Mld*、*Pm4a*＋*Pm21*、*Pm8*＋*Pm21*、*Pm4b*＋*Pm13*、*Pm4b*＋*Pm21*、*Pm4b*＋*Pm21*＋*Pm13*、*Pm13*＋*Pm21*、*Pm2*＋*Pm21*、*Pm2*＋*Pm4a*＋*Pm21* 和 *Pm2*＋*Pm4a* 具有较好的抗白粉病效果，基因聚合育种是小麦抗性育种的重要内容之一。

4. 小麦抗赤霉病的遗传改良 小麦赤霉病是由禾谷镰刀菌（*Fusarium gram-inearum* Schw.）等多种镰刀菌引起的小麦病害，主要的侵染时期是小麦开花期。如果在开花期遇到 2～3 天的连续阴雨且气温在 15℃以上，就有可能造成该病害的严重侵染和流行。赤霉病侵染后会迅速在穗部扩展，在小麦籽粒灌浆成熟过程中不断繁殖生长并在小麦籽粒中产生多种毒素。赤霉病发生流行的特点是暴发性强、频率高和损失大。在长江中下游冬麦区，一般每两年发生一次大流行或中度流行：大流行年，病穗率达 50%～100%，减产 20%～50%；中度流行年，病穗率为 20%～40%，减产 10%～20%。赤霉病不仅会造成严重减产，而且会严重恶化籽粒品质和利用价值，带病籽粒含有毒素，用作粮食或饲料会影响人、畜健康。在我国小麦病害中其重要性仅次于条锈病，在长江中下游、华南冬麦区和东北东部春麦区等麦区危害尤为严重，赤霉病已成为上述区域最主要的小麦病害，近年来已扩展到关中地区和河南省。据估计全国发生赤霉病的麦区面积超过 $6.67×10^6$ hm²，约占全国小麦总面积的 1/4。

（1）小麦赤霉病抗性基因资源 目前在世界范围内进行过抗赤霉病鉴定的小麦材料至少在 5 万份以上。在我国，全国小麦赤霉病研究协作组对 34 571 份材料进行了鉴定，包括国内小麦资源材料 23 434 份、国外引进材料 9184 份、小麦属其他稀有资源材料 1557 份、山羊草属材料 26 份和小黑麦材料 170 份。鉴定出对赤霉病表现抗或中抗的材料 1796 份，占鉴定材料总数的 5.20%，包括抗性强而稳定的著名抗性资源'苏麦 3 号''望水白'和'荆州 1 号'/'苏麦 2 号'的高代选系'繁 60085'等，也包括一些稳定中抗品种资源'平湖剑子麦''温州红和尚''翻山小麦'和'苏麦 2 号'等。1796 份抗性材料中，来自我国的品种资源材料占 92.2%，主要来源于四川、湖南、湖北、上海和江浙等长江中下游地区的地方品种和改良品种。中国的'苏麦 3 号''望水白'、日本的'NyuBai'、瑞士的'Arina'和巴西的'Frontana'等是较为著名的抗赤霉病材料。

　　万永芳等对小麦近缘属 16 个属 80 个种 276 份材料进行赤霉病抗性鉴定，发现鹅观草属在 16 个属中抗性最强，许多居群表现既高抗侵入又高抗扩展；披碱草属、仲彬草属和冰草属中多数居群表现高抗扩展和中抗侵入；偃麦草属、拟鹅观草属、新麦草属和大麦属中的多年生野生种表现高抗扩展。

　　（2）小麦赤霉病重要抗源的遗传　　大量研究结果表明，抗赤霉病性状表现为数量性状的遗传特点，抗性由多基因控制，抗性亲本和感病亲本杂交 F_1 呈现双亲的中间类型。携带不同抗性位点的亲本杂交，后代可能分离出超亲类型。

　　多个重要的小麦赤霉病抗源已经创建了重组近交系群体或双单倍体群体等遗传作图群体，进行了抗性 QTL 位点的定位和解析。'苏麦 3 号'的抗扩展的抗性 QTL 主要定位在 2AL、5A、3BS、4BS 和 6BS 等染色体或染色体臂上，感病的 QTL 定位在 2DS 上，3BS 和 6BL 上有抗侵染的 QTL。来自江苏溧阳的地方品种'望水白'共携带 11 个抗赤霉病 QTL 位点，是目前抗源中抗性位点最多的品种之一，分别在 2A、3B 和 6B 染色体上各具有 1 个抗扩展的 QTL 位点，在 2D、3A、4B 和 5A 染色体上各具有 1 个抗侵染的 QTL 位点，在 2A、3B、4B 和 7D 染色体上各有 1 个减少病粒率的 QTL 位点。此外，'望水白'携带有 Fhb1、Fhb2、Fhb4 和 Fhb5 共 4 个抗赤霉病基因。来自江苏无锡的地方品种'黄方柱'在 3BS 和 7AL 上有两个主效 QTL 位点，3BS 上的位点可解释 35.4%的表型变异，7AL 上的位点可解释 18%的表型变异；另外，在 1AS、1B 和 5AS 上发现有微效 QTL，3BS 上的 QTL 位点可能和'苏麦 3 号'的位点相同。来自江苏吴江的地方品种'海盐种'检测到 4 个抗赤霉病的 QTL 和 1 个感赤霉病的 QTL，其中位于 7DL 上的 QTL 为主效抗赤霉病 QTL，可解释大田表型变异的 20.4%～22.6%；3 个抗赤霉病微效 QTL 位于 6BS（2 个）和 5AS 上，解释的表型变异小于 10%；位于 1AS 上的微效 QTL 为感病；7DL 上的 QTL 可能和'望水白'中 7DL 上的 QTL 相同，但 6B 上的 6B1 为以前未报道过的新的位点。来自江苏溧阳的地方品种'白三月黄'检测到 4 个抗赤霉病的 QTL，两个位于 3B 上，其中 1 个位于 3BS 上，解释表型变异的 15.7%，另一个位于 3BS 近着丝粒端（3BSc），解释表型变异的 8.5%；另外两个 QTL 分别位于 3A 和 5A 上，分别解释表型变异的 5%左右；3A 上的 QTL 是新发现的 QTL。中国地方品种'黄蚕豆'的抗赤霉病 QTL 则分别定位在 1A、2D、3A、3BS 和 6D 上，其中 3BS 上有两个抗性 QTL。

　　不同的抗赤霉病 QTL 的作用大小不同，可以分为主效 QTL 和微效 QTL。但这些 QTL 的抗赤霉病作用是可以累加的，也存在上位性效应。以美国小麦品种'Truman'的 QTL 效应为例，'Truman'中抗扩展的主要 4 个 QTL 分别定位在 1B、2B、3B 和 2D 染色体上，其中 2B 染色体上的 QTL 效应最大；具有 1 个 QTL，抗扩展效应增加 11%～33%；具有两个 QTL，抗扩展效应平均增加为 38.5%；具有 3 个 QTL，抗扩展效应平均增加为 47.7%；具有 4 个 QTL，抗扩展效应平均增加近 60%。'Truman'中抗侵染的 3 个主要 QTL 也呈现加性效应：具有 1 个 QTL，降低侵染率为 10%～20%；具有两个 QTL，降低侵染率为 20%～23%；具有 3 个 QTL，降低侵染率为 30%。说明赤霉病抗性是数量性状，遗传基础复杂，不同的抗源品种可能具有不同的抗性基因，抗性位点的效应可以累加，这为小麦抗赤霉病的遗传改良特别是基因的重组和聚合提供了基础。

　　小麦抗赤霉病的 QTL 定位研究已涉及至少 50 个抗源品种，100 余个 QTL。研究发现，小麦 21 条染色体几乎每一条都携带抗赤霉病的 QTL，其中 2B、2D、3A、3B、3D、4D、5A、7A 等染色体上的 QTL 至少在两个以上的群体中能够被检测到。

（3）小麦赤霉病抗病基因 虽然在小麦 21 条染色体上已经定位了数百个抗赤霉病 QTL，但目前明确的小麦抗赤霉病基因只有 7 个，即 *Fhb1*～*Fhb7*。

1）*Fhb1*。*Fhb1* 是位于 3B 染色体短臂上的抗赤霉病基因，是目前国内外多项研究公认的抗性稳定且效应最大的位点。*Fhb1* 最早在'苏麦 3 号'中发现并定位，在'望水白''黄方柱'和日本品种'NyuBai'等多个抗源中都存在 *Fhb1* 基因。Cuthbert（2006）等将 *Fhb1* 精细定位在 3BS 上 SSR 标记 XSTS3B-80～XSTS3B-142，遗传距离为 1.27 cM 和 XSTS3B-80～XSTS3B-66，遗传距离为 6.05 cM；Jia 等（2018）将 *Fhb1* 精细定位在相距 0.19 cM 的两个标记 Xwgrb597～Xmag9404；董晶晶等（2015）将其定位在分子标记 X2214～X2357，在 ctg0954b 上两个标记间的物理距离为 143 kb，预测区间有 3 个候选基因；Li 等（2019）从'望水白'和'苏麦 3 号'中克隆了 *Fhb1*，该基因编码一个注释为富含组氨酸的钙离子结合蛋白（histidine-rich calcium-binding protein，His）。*Fhb1* 在育种中已经得到广泛的应用，世界各国目前育成的抗赤霉病品种大多携带 *Fhb1* 基因。

2）*Fhb2*。*Fhb2* 是被定位在'苏麦 3 号'6BS 上的抗病位点。Jia 等（2018）将 *Fhb2* 精细定位于 Xwgrb688/Xwgrb682 与 Xmag3017 之间，遗传距离为 2.2 cM。

3）*Fhb3*。*Fhb3* 来自小麦远缘物种赖草属，位于赖草的 7Lr#1 短臂染色体近端粒区。赖草的 7Lr#1 代换掉小麦的 7AS，产生对赤霉病的抗性。含有 7Lr#1 的易位系和 7Lr#1 的二体附加系均表现抗赤霉病。7Lr#1S 特异的 3 个 PCR 标记（BE586744-STS、BE404728-STS 和 BE586111-STS）可以作为选择标记，也可以用小麦 7AS 上的标记 GWM233 等作为选择鉴定标记。

4）*Fhb4*。*Fhb4* 是在'望水白'中鉴定出的抗病基因，位于 4B 染色体上。Xue 等（2010）将 *Fhb4* 定位在遗传距离为 1.7 cM 的两个标记 Xhbg226～Xgwm149。Jia 等（2018）将 *Fhb4* 精细定位在 Xmag8990～Xmag8894，遗传距离仅为 0.14 cM。

5）*Fhb5*。*Fhb5* 位于小麦 5A 染色体上。Xue 等（2011）研究表明 *Fhb5* 为显性基因，并将 *Fhb5* 定位于近着丝粒区遗传距离为 0.3 cM 的 SSR 标记 Xgwm304～Xgwm415。Jia 等（2018）将 *Fhb5* 定位于 SSR 标记 Xwgrb0222～Xwgrb1621，遗传距离进一步缩小为 0.09 cM。

6）*Fhb6*。*Fhb6* 来自小麦远缘物种日本披碱草 1E 染色体。小麦 1A 或 1D 与日本披碱草 1E 的易位系表现抗赤霉病。

7）*Fhb7*。*Fhb7* 位于长穗偃麦草 7el2 染色体的长臂上。7el2 代换小麦 7D 的代换系表现抗赤霉病。Guo 等（2015）将 *Fhb7* 定位在分子标记 XsdauK66～Xcfa2240，遗传距离为 1.7 cM；同时培育出新的携带 *Fhb7* 的易位系材料。

（三）小麦品质性状的遗传改良

我国小麦品种普遍表现为面筋强度弱、质量差，粉质仪形成时间和稳定时间短，拉伸仪最大抗拉伸阻力弱、延伸性弱和图谱面积小。目前我国各地主栽品种中，以中筋类小麦品种居多，一是缺乏硬质、蛋白质含量高、面筋强度大，适于制作优质面包的强筋小麦；二是缺乏软质、蛋白质含量低和面筋强度小，适于制作优质饼干和糕点的弱筋小麦。

小麦品质性状是一个比较复杂的数量性状，受遗传特性、生态因子和栽培措施等因素共同影响，且受不同影响因子影响的程度也不同。因此，对小麦品质的研究也分为不同的方面和层次。小麦品质分淀粉品质、磨粉品质、营养品质和加工品质。淀粉品质主要由淀粉合成酶、淀粉分支酶、淀粉去分支酶和腺苷二磷酸葡萄糖焦磷酸化酶等决定。磨粉品质主要受容重、千粒重和籽粒硬度影响。营养品质指小麦籽粒的各种化学成分的含量及组成，其中主要是蛋白质含量和蛋白质中各种氨基酸的组成，尤其是赖氨酸的含量及微量营养元素含量。加工品质则主要是由贮藏蛋白质中的麦谷蛋白质和醇溶蛋白质共同作用的结果。

1. 小麦籽粒蛋白质的遗传改良　　小麦籽粒蛋白质按功能可分为代谢蛋白和贮藏蛋白：代谢蛋白包括酶蛋白、水溶性的清蛋白和盐溶性的球蛋白等；贮藏蛋白包括醇溶蛋白和麦谷蛋白两大类，占籽粒蛋白总量的85%左右，它们与面团流变学特性相关，贮藏蛋白的种类和特性对小麦面粉的加工特性起主要的决定作用。醇溶蛋白影响面团的延展性。麦谷蛋白分为高分子量麦谷蛋白亚基（HMW-GS）和低分子量麦谷蛋白亚基（LMW-GS），分别占胚乳总蛋白质含量的10%和40%左右。HMW-GS 的分子量为 80～130 kDa，主要赋予面团弹性，而 LMW-GS 分子量为 12～50 kDa，赋予面团黏性。近30年来，麦谷蛋白和醇溶蛋白成为小麦加工品质改良研究的主要焦点。近年来，随着基因组学和蛋白质组学的发展，在小麦的研究中发现了一种新型的贮藏蛋白 Avenin-like b。

HMW-GS 在小麦籽粒中含量低，仅占传统贮藏蛋白质的10%左右，但是其赋予面团弹性，对小麦面团品质起重要的作用，能解释约 60%的小麦面包烘焙品质变异，因此，HMW-GS 及其编码基因的鉴定、遗传变异、优质亚基的基因克隆和功能鉴定成为国内外小麦品质改良的研究重点。HMW-GS 由位于第一同源群上的位点 Glu-1 所编码。HMW-GS 位点存有许多变异，Glu-A1 位点编码的亚基为 HMW-GS1、HMW-GS2*和 HMW-GSnull；Glu-B1 位点编码的亚基为 HMW-GS7、HMW-GS7＋HMW-GS8、HMW-GS7＋HMW-GS9、HMW-GS6＋HMW-GS8、HMW-GS20、HMW-GS13＋HMW-GS16、HMW-GS13＋HMW-GS19、HMW-GS14＋HMW-GS15、HMW-GS17＋HMW-GS18、HMW-GS21 和 HMW-GS22 等；Glu-D1 位点编码的亚基为 HMW-GS2＋HMW-GS12、HMW-GS5＋HMW-GS10，HMW-GS3＋HMW-GS12、HMW-GS4＋HMW-GS12、HMW-GS2＋HMW-GS10 等。从 1987 年 Payne 等首次制定出了 Glu-1 位点品质评分系统到目前为止，在普通小麦 Glu-1 的 3 个位点上共鉴定出近 30 个 HMW-GS 基因。此外，在黑麦、山羊草、偃麦草、簇毛麦、赖草、披碱草、鹅观草、拟鹅观草和类大麦等小麦近缘种属中获得的 HMW-GS 基因序列已经达到几百条。根据这些基因序列的差异，已经成功开发了 20 多个品质基因的功能标记，其中利用诱变和遗传转化等方法鉴定出对小麦加工品质有正向效应的 HMW-GS 亚基有 1Ax1、1Ax2*、1Bx7＋1By8、1Bx13＋1By16、1Bx17＋1By18 和 1Dx5＋1Dy10。不同小麦品种中 HMW-GS 的数量、电泳迁移率及其组合类型各不相同（图 2-8）。

LMW-GS 赋予面团黏性，对小麦面团品质起重要的作用，由位于第一同源群上的位点 Glu-3 所编码。目前已明确的普通小麦 LMW-GS 等位变异在 Glu-A3 位点有 6 个等位基因；Glu-B3 位点有 10 个等位基因；Glu-D3 位点上有 11 个等位基因。位点内不同等位基因对面团的最大抗延阻力、面团强度、面团黏弹性、SDS 沉降值和面包体积等流变学特性和食品加工品质的贡献大小存在显著差异。在小麦及其近缘植物中克隆得到的 LMW-GS 基因序列已有近千条。依据与目标性状相关的 LMW-GS 多态性基因序列，在不同位点开发了一些功能标记，目前主要使用的功能标记有近 20 个。

醇溶蛋白分 α、β、γ、ω 等 4 种类型，醇溶蛋白基因的重组，导致了醇溶蛋白存在广泛的等位变异，现已鉴定出醇溶蛋白在 6 个位点上的变异形式有 130 多种。

小麦贮藏蛋白中麦谷蛋白和醇溶蛋白的系统研究，对当前小麦品质改良起到了一定的指导及促进作用，尤其是开发的一些功能标记的应用，不仅为分子育种提供了技术支撑，也为加速我国优质强筋小麦的培育起到了积极的推动作用。部分 HMW-GS 基因的分子标记见表 2-1。

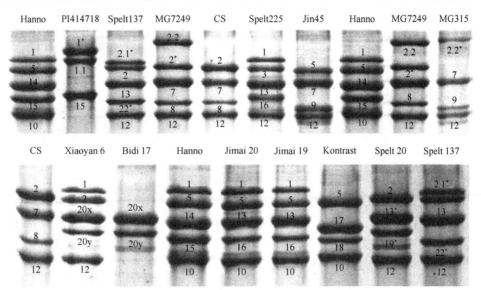

图 2-8　小麦中主要 HMW-GS 的 SDS-PAGE 鉴定（Guo et al.，2010）

表 2-1　部分 HMW-GS 基因的分子标记（刘会云等，2016）

亚基名称	引物序列（5′→3′）	片段长度/bp
1Ax1	CGAGACAATATGAGCAGCAAG CTGCCATGGAGAAGTTGGA	362
1Ax2*	ATGACTAAGCGGTTGGTTCTT ACCTTGCTCCCCTTGTCTTT	1319
1By8	TTAGCGCTAAGTGCCGTCT TTGTCCTATTTGCTGCCCTT	527
1By9	TTCTCTGCATCAGTCAGGA AGAGAAGCTGTGTAATGCC	707，662
1Bx17	CGCAACAGCCAGGACAATT TGGTCCGTCACTATCTTGAGA	669
1Bx7^{OE}	CCACTTCCAAGGTGGGACTA TGCCAACACAAAAGAAGCTG	844
1Dx5	CGTCCCTATAAAAGCCTAGC AGTATGAAACCTGCTGCGGAC	478
1Dx2，1Dx5	GGGACAATACGAGCAGCAAA CTTGTTCCGGTTGTTGCCA	299，281
1Dy10，1Dy12	CGCAAGACAATATGAGCAAACT TTGCCTTTGTCCTGTGTGC	397，415
1Ax1，1Ay1^{null}，1Bx14， 1By15，1Dx2，1Dy12	TTGAACTCATTTGGGAAGT GTCTGCTAAAGCCACGTAAT	528，463，595，554，526，543

2. 小麦籽粒硬度、淀粉及其他性状的遗传改良　　籽粒硬度不仅决定磨粉能耗、润麦加水量和出粉率，而且与面粉色泽和灰分含量有关，其主要由位于小麦 5DS 染色体上编码 puroindoline a 和 puroindoline b 蛋白质的 *Pina-D1* 和 *Pinb-D1* 基因决定。研究表明，基因 *Pina* 或 *Pinb* 发生突变及基因 *Pina* 缺失均会导致小麦胚乳质地变硬。STS 功能标记 *Pina-N1*、*Pina-N2*、*Pina-N3* 和 *Pina-N4* 等可以对 puroindoline 基因变异类型 *Pina-D1b*、*Pina-D1r*、*Pina-D1s* 和 *Pina-D1u* 进行鉴定。在小麦育种中，与较好的磨粉和加工品质相关的 *Pinb-D1b* 等位基因的功能标记使用比较广泛。研究共发现 5 种硬度基因组合类型，分别为野生型、*Pina-D1b*、*Pinb-D1b*、*Pinb-D1c* 和 *Pinb-D1p*，其中野生型的比例最高（51.22%）。

小麦胚乳淀粉一般由 20%~30%直链淀粉和 70%~80%支链淀粉组成。颗粒结合淀粉合成酶（GBSS）是胚乳中直链淀粉合成的关键酶，也被称为糯蛋白（waxy protein，Wx）。GBSS 由 *Wx-A1*、*Wx-B1* 和 *Wx-D1* 等 3 个基因位点编码，分别位于小麦 7AS、4AL、7DS 染色体上，这些基因的缺失、突变或遗传表达障碍会影响直链淀粉含量和淀粉糊化特性，使胚乳中直链淀粉含量减少，支链淀粉含量上升，小麦胚乳表现为糯性。直链淀粉含量接近于 0 或不含直链淀粉的小麦称为全糯质小麦（waxy wheat），在食品和工业方面有很大的应用价值和潜力。直链淀粉含量和淀粉糊化特性受 Wx-B1 蛋白的影响最大，其次是 Wx-D1 蛋白，Wx-A1 蛋白的影响最小。根据小麦品种是否存在这三种 waxy 蛋白亚基，可将小麦划分为 8 种类型。刘迎春等根据小麦 *waxy* 基因序列建立了分别专一检测 *Wx-A1* 位点和 *Wx-D1* 位点的 STS 功能标记 MAG264 和 MAG269。Nakamura 等开发了鉴定 *Wx-B1* 等位基因的功能标记。

小麦籽粒中多酚氧化酶（PPO）活性与面条等面制品在制作过程中发生的褐变密切相关，是严重影响面制品商品价值和外观质量的主要因素。研究发现，在低 PPO 活性品种中，*Ppo-A1* 上的功能标记 PPO18 和 PPO33 的 PCR 扩增产物分别为 876 bp 和 481 bp 的片段，而标记 PPO16 和 PPO29 可以区分与高、低 PPO 活性紧密相关的 *Ppo-D1b* 和 *Ppo-D1a*。

小麦籽粒中脂肪氧化酶（LOX）活性对小麦的加工品质和色泽起重要作用，其由多基因控制。根据两个等位基因 *TaLox-B1a* 和 *TaLox-B1b* 在第三外显子上一个 SNP 的差异，一对互补的显性功能标记 LOX16 和 LOX18 已被开发，这 2 个标记在高、低 LOX 活性品种中分别扩增出 489 bp 和 791 bp 片段。吴萍根据小麦 *LOX1* 基因本身的序列信息开发了一个操作方便、可靠性强的新功能标记 LOX1-wp01。

小麦籽粒黄色素含量主要影响面粉加工品质及籽粒外观颜色。影响小麦黄色素含量的关键基因——八氢番茄红素合成酶（PSY）基因由多个基因位点控制，但位于 7A、7B 和 7D 同源群上检测到的 QTL 效应值最大。基因等位变异 *Psy-B1a*、*Psy-B1c*、*Psy-B1e*、*Psy-B1f* 等与高黄色素含量相关，而 *Psy-B1b* 和 *Psy-B1g* 等与低黄色素含量相关，有利于小麦的优质育种。He 等开发出了 7A 染色体上基因 *Psy-A1* 的功能标记 YP7A、YP7A-2 及 7B 染色体上 *Psy-B1* 基因的功能标记 YP7B-1、YP7B-2、YP7B-3、YP7B-4。研究发现，功能标记 YP7B-1 在 *Psy-B1f* 材料中扩增的 151 bp 片段与高黄色素含量相关，而在 *Psy-B1g* 材料中扩增的 153 bp 片段与低黄色素含量相关。因此，可以利用黄色素含量相关的功能标记对小麦 PSY 基因的变异类型进行筛选。

3. 小麦营养健康品质性状的遗传改良　　作物营养健康品质改良正在成为世界主要作物的重要研究方向和育种目标。小麦营养健康内容除蛋白质、氨基酸等外，还包括微量营养元素（铁和锌等）、功能性膳食纤维（抗性淀粉）、膳食纤维（阿拉伯木聚糖）和植物生物活性物质（酚酸、黄酮、叶酸、植物固醇、生育酚、生育三烯酚）等。下面主要介绍微量营养元素和抗性淀粉的遗传改良。

（1）微量营养元素　　小麦微量营养元素的遗传改良方向目前主要在铁和锌。小麦中铁和锌生物强化的育种目标分别为 60 mg/kg 和 40 mg/kg。麦类作物间铁和锌的含量存在较大差异，普通小麦及其近缘属锌含量的高低顺序为黑麦＞小黑麦＞大麦＞普通小麦＞燕麦＞硬粒小麦。野生二粒小麦的铁和锌含量变异为 26～86 mg/kg 和 39～140 mg/kg，硬粒小麦的铁和锌含量分别为 33.6～65.6 mg/kg 和 28.5～46.3 mg/kg。普通小麦铁和锌含量的变化范围分别为 23～88 mg/kg 和 13.5～76.2 mg/kg。籽粒铁和锌含量受基因型、环境及其互作的显著影响，其中环境效应影响最大；但基因型效应的影响远大于基因型与环境互作效应的影响。因此，通过遗传改良来提高籽粒中铁和锌的含量是可行的。目前已定位的铁和锌含量的 QTL 分别有 19 个和 20 个，分别分布在 11 条和 12 条染色体上，以 A 和 B 组染色体居多；2B 和 7A 染色体的部分 QTL 位点同时与铁和锌含量相关。

（2）抗性淀粉（功能性膳食纤维）　　抗性淀粉指 120 min 内不能在健康正常人的小肠中消化吸收而转移至大肠的淀粉及其降解产物，具有很多生理功能。例如，改善肠道环境及预防结肠癌等肠道疾病；降低饭后的血糖指数及控制糖尿病病情；提高盲肠中短链脂肪酸的含量及吸收利用率，预防肥胖；促使不被小肠吸收的矿物质进入盲肠，经过发酵而被吸收利用等。普通小麦籽粒中抗性淀粉含量为 5.2～15 g/kg。抗性淀粉含量与直链淀粉在总淀粉中的比例密切相关，改变谷物中直/支链淀粉的比例是提高淀粉营养和保健功能的主要途径。降低可溶性淀粉合成酶（SSS）和淀粉分支酶（SBE）的酶活性可以显著提高直链淀粉含量，进而增加抗性淀粉含量。中国农业科学院利用 CRISPR/Cas9 基因编辑技术，定点编辑敲除冬小麦品种'郑麦 7698'和春小麦品种'Bobwhite'中的 *SBE IIa* 基因，分别获得了高抗性淀粉的冬、春小麦新种质。小麦抗性淀粉含量的遗传为加性—显性模型，且显性程度为超显性，控制抗性淀粉含量的增效等位基因表现为隐性，高抗性淀粉含量的亲本中，隐性基因数量多于显性基因数量。

二、小麦杂交育种

小麦杂交育种是选用小麦种内不同品种作为亲本进行杂交，杂交后代在基因重组后会产生各种新的基因组合，再通过人工选择选出需要的基因型品种。杂交育种一直是我国小麦育种的主要方法。据统计，1963～1982 年，生产上推广应用的小麦品种有 472 个，其中杂交育成的有 324 个，占 68.6%；1949～2000 年，在我国年播种面积≥66.7 万 hm^2 的 59 个小麦品种中，有 48 个是以杂交育种的方法育成的。通过杂交育种育成的'碧蚂 1 号''绵阳11 号''陕农 7859''扬麦 5 号''豫麦 13 号''扬麦 158 号''郑麦 9023 号''矮抗 58 号'等一大批优质高产小麦品种获得国家科技奖励。

（一）亲本选配

小麦杂交育种的流程包括确定育种目标、选择亲本材料、配置杂交组合、分离世代选育、定型品系一系列评比、品种审定和推广等一系列重要环节。选择亲本材料和配置杂交组合是杂交育种的首要环节。若亲本选配不当，没有好的杂交组合，以后的一系列选育工作都将劳而无功。

在亲本选用上，要广泛征集国内外具有各种优异目标性状的种质资源，避免遗传基础狭窄造成的品种抗性下降甚至丧失的风险。要尽可能注意双亲的性状水平。小麦的许多性状

（如产量和抽穗期等）都在不同程度上属于数量遗传性状，而且它们主要由许多具有加性效应的基因控制，杂种后代的表现和双亲的平均值有密切关系。就主要性状而言，双亲具有较多的优点或在某一性状上亲本间能互补，双亲性状总和较好，后代表现总趋势也会较好，从中选出优良材料的机会也较大。回顾我国近代小麦育种的历史，骨干亲本或中心亲本在各地新品种的育成中都起了很大的作用，它们都曾是有关麦区大面积推广的丰产、稳产和适应性好的良种，它们共同的特点是优点多、缺点少且没有难以克服的严重缺点。所以，各地在小麦育种中如能及时抓住和明确骨干亲本，将有效地提高杂交育种的成效。

这里还要强调，并不是只有综合性状和适应性好、产量高的亲本才是好亲本。有些优点较多，但因有某些缺点而未能推广的品种或品系，只要亲本选配得当，也不失为有用的亲本。例如，'碧蚂 1 号'和'碧蚂 4 号'是来自同一杂交组合（蚂蚱麦/碧玉麦）的姊妹品种，前者曾是我国种植面积最大的品种，而后者种植面积却不大，但二者分别作为亲本使用，'碧蚂 1 号'只育成了'徐州 8 号'等个别推广面积不大的品种，而'碧蚂 4 号'却育成了'济南 2 号''北京 8 号'和'石家庄 54'等一系列大面积推广良种。

在亲本选配时要注意亲本的性状传递力强弱和配合力的好坏。所谓亲本性状遗传传递力，是指亲本经杂交后将其性状传递给后代的能力。如果亲本的某个性状的遗传传递力强，则其杂种后代在这个性状上的表现，不论是数量还是强度都将比较充分。如果一个亲本的优良性状与遗传传递力很强的严重缺点表现为紧密连锁，利用起来就很困难。一般寡基因控制的质量性状遗传传递力强，而多基因控制的数量性状遗传传递力弱，但后者可以通过基因累加而出现超亲类型。

要注意亲本间的亲缘关系和地理生态差异。用亲缘关系不同的亲本杂交，往往杂种后代的遗传变异较丰富，可以分离出一些优异的类型。例如，20 世纪 80 年代末育成的'冀麦30 号'，在其亲本中包括地方品种'蚂蚱麦'及其选系'泾阳 302'、美国品种'早洋麦'、澳大利亚品种'碧玉麦'、德国品种'亥恩亥德'、朝鲜品种'水原 86'、苏联品种'阿芙乐尔'和智利品种'欧柔'。这些亲本来自世界五大洲，亲缘关系十分复杂，生态类型也有很大差别，育成的'冀麦 30 号'综合了各亲本的抗病、早熟、秆矮和秆强等优点，表现增产潜力大，稳产性较好，适应性较广，成为黄淮麦区主要推广的良种之一。

（二）杂交方式的选择

小麦杂交方式由简到繁种类很多，要根据育种目标的要求及亲本材料来选择。原则上，只要能用简单的杂交方式解决育种提出的任务时，就不必用复杂的杂交方式。单交由于只需要做一次杂交，时间上最为经济，工作比较简单，分离世代杂种群体的规模也较易掌握，杂种后代的表现也相对容易预测，因此是一种最常用、最基本的杂交方式。利用育种中产生出的中间材料，按照育种目标的要求组配单交，这也是一种很好的方式。随着育种目标涉及的方面越来越广，采用两个亲本的单交难以满足育种目标多方面的要求，必须采用多亲本复合杂交将多个亲本的性状综合起来以满足育种目标的要求。在进行复合杂交时，涉及如何合理安排各个亲本的组合方式及它们在各次杂交中使用的先后顺序，这就要全面地衡量各亲本优缺点的互补，以及各亲本遗传成分在杂种后代中所占的比例。一般参加复合杂交的亲本其综合性状不能太差，要把综合性状好和适应性强的亲本放在最后一次杂交，使其在后代中的遗传成分占有较大的比例，以增强杂种后代的丰产性和适应性。为了加强杂种后代某一方面的性状，可以在杂交中多次使用具有该性状的亲本。

（三）杂种后代的处理和选择

亲本选配得当，只是为选育新品种提供丰富的遗传变异，要想育成优良品种，还需要对杂种后代进行正确的处理和精心的选育。目前小麦杂种后代的选育主要采用系谱法或系谱法和混合法兼用，单独采用混合法处理的较少。

为了提高育种效率，必须根据育种单位的土地、人力和物力考虑杂种各世代的种植和选育规模。

首先是确定配置和保留杂交组合的多少。尽管育种家都很慎重地选配亲本和配置组合，但组合成功率依然很小。尤其像小麦这样已经高度改良的作物，其组合成功率为 $1/300\sim1/200$。对杂交组合的数目，不同育种家有不同的见解，有的是以多取胜，有的则强调精选和少配组合。杂交组合的多少一般应根据育种目标的难度、所掌握亲本的多少和对其了解的深度及各育种单位的经济条件而定。

杂种各世代，尤其是 F_2 群体的大小问题，历来受到普遍重视。一般主张扩大群体，有些人主张大量淘汰 F_1 组合，以保证优良组合的 F_2 有尽可能大的群体。F_3 家系种植数目取决于 F_2 当选株数，一般说来，在既定的土地面积上，增加 F_3 家系数而减少家系内株数，最后保留较多的家系，而在每家系中少选一些植株较为有利。同样，在 F_4 代，以种植和最后保留较多的家系群比增加家系群内的家系数更为有利。自 F_4 代以后，家系内选拔更优良单株的潜力越来越小，随着世代的推进，育种工作越来越集中于少数优良的家系和家系群。

在杂交后代分离群体中，控制性状的基因、遗传分离的复杂性、各性状的遗传率大小和稳定的世代不同，因此，各世代选择的对象和可考虑的性状不尽相同。简单的质量性状和简单的数量性状、遗传率较高的数量性状（如抽穗期、株高、某些抗病性、穗长、每小穗小花数和千粒重等）可在早代选择；而一些遗传复杂、遗传率较低的数量性状（如单株穗数、单株粒重及产量等）则早代选择的效果较差。另外，根据个体的性状表现进行选择的可靠程度很低，而在 F_3 和 F_4 中根据家系或家系群的表现进行选择可靠程度较高。

三、小麦远缘杂交育种

在小麦属的不同种及近缘种属中，蕴藏着大量普通小麦所没有的基因，如抗病性、抗虫性、耐寒性、耐旱性、抗倒伏性及高蛋白等基因，是小麦育种的优异基因源。例如，偃麦草属对小麦三锈（条锈病、叶锈病和秆锈病）免疫，高抗黄矮病和纹枯病等，兼具良好的烘焙品质；簇毛麦属对白粉病免疫，籽粒蛋白质含量高；黑麦属耐盐，多花多实。通过远缘杂交、染色体操纵及基因工程，可以将这些基因转移到小麦中，创制包括双二倍体或部分双二倍体、附加系、代换系和易位系等在内的小麦-近缘植物异染色体体系，从而丰富小麦的遗传基础，为小麦育种提供各种各样的种质资源。李振声用小麦与偃麦草远缘杂交育成了'小偃 4 号''小偃 5 号'和'小偃 6 号'等高产、抗病及优质小麦品种，并育成小偃麦 8 倍体、异附加系、异代换系和异位系等杂种新类型，将偃麦草的耐旱、耐干热风和抗多种小麦病害的优良基因转移到小麦中，建立了小麦染色体工程育种新体系，利用偃麦草蓝色胚乳基因作为遗传标记性状，首次创制蓝粒单体小麦系统。

（一）小麦远缘杂交的类别

小麦远缘杂交包括种间杂交和属间杂交。

　　小麦种间杂交即小麦属不同物种之间的杂交。小麦属有 20 多个种，包括 AA（一粒小麦）、AABB（圆锥小麦）、AAGG（提莫菲维小麦）、AABBDD（普通小麦）和 AAAAGG（茹科夫斯基小麦）等 5 种染色体组型。小麦属不同物种之间均可相互杂交，作为远缘杂交的亲本材料。

　　小麦属间杂交即小麦与小麦族中不同属的物种之间的杂交。小麦与山羊草属（*Aegilops* L.）、黑麦属（*Secale* L.）、偃麦草属（*Elytrigia*）、簇毛麦属（*Haynaldia*）、大麦属（*Hordeum*）、冰草属（*Agropyron* Gaertn.）、披碱草属（*Elymus* spp.）、赖草属（*Leymus* Hochst.）、新麦草属（*Psathyrostachys*）和旱麦草属（*Eremopyrum*）等属物种远缘杂交成功的结果陆续被报道出来。目前，除类大麦属、拟鹅观草属、无芒草属、异形花属、棱轴草属和澳麦草属物种外，其余小麦族各属物种均已有与小麦杂交成功的报道。

　　除了小麦族两个属之间的杂交，还可以进行 3 个或 3 个以上属的多属杂交，如小麦-黑麦-偃麦草、小麦-沙生冰草-黑麦、小麦-黑麦-滨麦草、小麦-华山新麦草-黑麦/中间偃麦草、硬粒小麦/小麦-簇毛麦-黑麦/偃麦草，大都是通过属间杂交或双二倍体与其他种的杂交，或是通过杂交不同的二倍体而创制的。

　　（二）小麦远缘杂交的有关特性

　　小麦与亲缘种属杂交时，常存在杂交不亲和性、杂种夭亡和杂种不育等困难。

　　1. 远缘杂交不亲和性及其克服方法　　远缘杂交不亲和性又称生殖隔离，可分为受精前障碍与受精后障碍两类。受精前障碍有授粉时间的隔离、空间隔离、授粉方式的隔离、花器构造的隔离和生理差异的隔离等；受精后的障碍发生在不同远缘亲本植物杂交受精后，常因异源细胞核之间或异源细胞核与细胞质之间不协调而导致幼胚或胚乳不能正常发育，形成幼胚早期夭亡，或者虽能形成瘦瘪的种子，但无发芽能力。

　　研究表明，远缘杂交的亲和性是由可交配基因 *kr* 控制的。起初人们发现小麦和黑麦的可交配性与 kr_1 和 kr_2 两个基因有关。显性基因 *Kr* 抑制普通小麦与黑麦的可交配性，而它的等位隐性基因 *kr* 则促进普通小麦与黑麦可交配性。现已发现，除分别位于 5B、5A 和 5D 上的 Kr_1、Kr_2 和 Kr_3 3 个基因外，在第一和第三部分同源群的染色体上也有 *Kr* 基因存在。许多研究表明，*Kr* 基因不仅和小麦与黑麦的可交配性有关，也影响小麦与其他近缘种属的可交配性。'中国春'由于具有 kr_1、kr_2 和 kr_3 基因，极易与其他种属杂交。近年来在我国发现一些比'中国春'可交配性更好的小麦地方品种，它们具有一个新的可交配基因 kr_4。有人认为，高交配性小麦品系（如'中国春'）*kr* 基因的作用大概是通过外源花粉进入胚囊促进受精而克服不亲和性。这些可交配基因对远缘杂种的胚和胚乳发育的影响还不清楚。实际上，小麦远缘杂交不可交配性的原因很复杂，*Kr* 基因可能仅仅是影响小麦与其近缘种属不可交配的原因之一。

　　2. 远缘杂种不育及其克服方法　　远缘杂种不育是远缘杂交中的普遍现象，其原因一般是双亲之间染色体的数目和结构等差异过大，在减数分裂时不能进行正常配对和分裂，进而不能形成正常的大小孢子，最后导致杂种不育，不能传留给后代。此外，也有少数是核质关系不协调而导致不育的。

　　各种克服杂交不亲和性的方法，均可在小麦中针对不同情况灵活应用，如广泛测交、选择适当的亲本作母本、调整授粉方式（包括嫩龄柱头授粉和重复授粉、花粉蒙导等）、利用外源物质（如赤霉素）促进花粉管生长、利用桥梁品种及顶先改变亲本染色体的倍性等，以及为了克服胚乳发育不良、胚与胚乳不协调造成的杂种幼胚夭亡所使用的幼胚培养与为了克服杂种不育广泛应用的杂种染色体加倍和连续回交等。

促进部分同源染色体在减数分裂时配对,对实现异源物种的染色体片段及有益基因向普通小麦中转移具有重要意义。在普通小麦的染色体上存在一些抑制部分同源染色体配对的显性基因 Ph,其中位于 5BL 的 Ph_1 基因对抑制部分同源染色体的配对具有决定作用,在 3DS 上的 Ph_2 基因作用较弱。用理化因素诱变获得了 Ph 基因的隐性突变,如定位在 5BL 的 ph_1a、ph_1b、ph_2a、ph_2b 隐性突变体。在硬粒小麦中也发现一个定位在 5BL 的突变体 ph_1c。另外,在小麦属的一些近缘种属如拟斯卑尔脱山羊草(*Aegilops speltoides* Tausch.)、高大山羊草(*Aegilops longissima* L.)、尾状山羊草(*Aegilops markgrafii*)、长穗偃麦草(*Thinopyrum ponticum*)及野生一粒小麦(*Triticum boeoticum*)、阿拉拉特小麦(*Triticum araraticum* Jakubz.)都具有抑制 Ph 作用的基因或能诱导部分同源染色体配对的基因。当 Ph 基因处于显性状态时,配对仅限于在同源染色体间进行;当 Ph 基因缺失,或其作用被一些基因所抑制,或利用 Ph 基因的隐性突变系如 ph_1b、ph_2b 和 ph_2a 等,能诱导许多小麦亚族的染色体与它们的小麦部分同染色体配对和交换(易位)。

(三)双二倍体的产生

双二倍体是将具有不同染色体组的两个物种经杂交得到的 F_1 杂种再经染色体加倍后产生的。它结合了两个物种的整套染色体,能进行同源配对,但由于两个物种的染色体在减数分裂时表现某种程度的差异,常引起染色体的丢失和减数分裂的不稳定,产生不平衡配子和非整倍体的产生。加上核质互作和染色体组的不协调,常造成育性降低并影响籽粒的饱满度和产量。另外,双二倍体虽将两个物种的优点结合在一起,但也不可避免地带有两个物种的缺点。

目前生产上直接应用双二倍体最成功的是六倍体小黑麦(AABBRR)和八倍体小黑麦(AABBDDRR),其导入了黑麦的耐旱、耐涝、耐瘠薄、耐酸性土壤和抗多种病虫害等方面的优点。其他人工合成的双二倍体,有的作为远缘杂交时的桥梁以克服杂交不亲和性和杂种不育,有的则作为育种用的原始材料。例如,我国刘大钧利用硬粒小麦—簇毛麦的双二倍体,将簇毛麦的一些有益基因转移到普通小麦中。此外,双二倍体常常是培育异附加系和异代换系的基础材料。

(四)外源基因的导入

当含有用基因的物种被鉴定出来,并与小麦进行远缘杂交后,下一步的工作就是把这些有用基因转移到普通小麦中,而转移成功与否,取决于这些基因所在的物种与普通小麦杂交的难易程度和染色体与普通小麦染色体配对的情况等。根据外源染色体与小麦染色体的配对情况,可将外源基因的转移分为两类:从具有同源染色体组物种间的转移和从具有部分同源染色体物种间的转移,还可以通过利用电离辐射诱导易位,由细胞、组织培养诱导易位,着丝点断裂融合诱导易位,杀配子基因诱导易位等方法诱导外源基因导入。

1. 从具有同源染色体组的物种中转移　　具有普通小麦(AABBDD)同源染色体组的物种包括:A 和 B 染色体的四倍体小麦种(如硬粒小麦 AABB),分别为 A 和 D 染色体供体的二倍体种(如乌拉尔图小麦 AA 和粗山羊草 DD),以及其他一些分别具有 A 和 D 染色体组的小麦属和山羊草属的多倍体种(如提莫菲维小麦 AAGG)。在大多数情况下,上述物种的染色体与普通小麦的同源染色体间能够完全配对和交换，将其基因转入普通小麦中相对简单，杂交后代可得部分可育的杂种，而且易于回交。但有时从这些四倍体种转移的基因在普通小麦上不能表达，如 Kimber 多次企图将硬粒小麦品种 'Stewart 63' 的抗叶锈性转移到一些小麦品种上均未获得成功，后来研究发现，D 组染色体上存在抑制抗病性表达的基因。普通小麦与野生一粒小麦、栽培一粒小麦（AA）或方穗山羊草（DD）之间的杂种高度不育，但用普通小麦给 F₁ 授粉后可获得少量的种子，再与普通小麦多次回交后可将有利基因渐掺到小麦的 A 或 D 染色体中。带有 A 或 D 染色体的其他属、种的多倍体种可与小麦直接杂交或在产生双二倍体后再杂交。通过与普通小麦多次回交，可将这些物种 A 或 D 染色体上所携带的有用基因转移，如已成功地将提莫菲维小麦（AAGG）对白粉病、叶锈病和秆锈病的抗性基因及偏凸山羊草（DDUnUn）的抗眼斑病基因转移到普通小麦中。

2. 从具有部分同源染色体的物种中转移　　小麦族的一些种的染色体间存在不同程度的部分同源性，通过远缘杂交和个别染色体附加或代换及染色体的易位，可以将基因从具有部分同源染色体的物种中转移至普通小麦。

（1）外源染色体的附加　　在小麦原有染色体组的基础上增加一条或一对外来染色体的系称异附加系，视其附加外来染色体的数目分别称为单体附加系和二体附加系。异附加系的育性和农艺性状一般比正常的小麦差，没有生产利用价值，其附加的外源染色体常易丢失。

（2）外源染色体的代换　　异种的一条或一对染色体取代小麦中相应的染色体所得的系称异代换系，一般异种的染色体只能代换与其有部分同源关系的小麦染色体。单体代换系表现不稳定，生长发育不良，结实率很低；二体代换系较稳定，表现基本正常，其中一些在生产上有直接利用价值，这取决于供体染色体能够补偿小麦所丢失染色体的程度。

（3）外源染色体的易位　　当小麦染色体中的任何片段与异种属的染色体发生易位时，称异染色体易位，发生了易位的系称为易位系。无论是异附加系还是异代换系，由于异种属的整条染色体转入小麦，因此除有用基因外的其他基因也随之带入，而且异代换系失去了一条或一对小麦染色体，这无疑对小麦的生长发育有巨大的影响。异附加系和异代换系在遗传上都有一定程度的不稳定性。易位系只导入异种属的含有利基因的染色体片段，而且其遗传稳定。染色体易位可以自然发生，也可以人工诱发。现在已有许多人工诱发染色体发生易位的技术。

利用 Ph 基因缺失、抑制 Ph 作用或隐性的 ph 突变系诱导部分同源染色体配对和易位。当普通小麦与外源物种人工合成的双二倍体或异附加系和异代换系等与单体 5B、单端体 5BL 或缺体 5B-四体 5D 杂交后，都会产生缺失 Ph₁ 基因的后代，这些后代在减数分裂时部分同源染色体间能相互配对和交换（易位），或将普通小麦的异附加系或异代换系与具有抑制 Ph 作用的拟斯卑尔脱山羊草、无芒山羊草或高大山羊草杂交，则在杂种后代中会发生部分同源配对。利用隐性的 ph 突变系，诱发部分同源染色体配对和易位，有两种利用方式：①直接与近缘种杂交。这种方法的优点是导入外源基因的范围大，不需代换系，缺点是盲目性较大，纯合稳定慢，杂种回交结实也困难。②ph₁b 突变体与异附加系或代换系杂交。首先用 5B 单体与异代换系杂交，从后代选出 5B 为单体的二体异代换系或 5B 为单体的单体异代换系与 ph₁b 突变系杂交，F₁ 中部分同源染色体发生配对，通过染色体易位或基因交换，可以将外源有益基因转移到小麦染色体上，然后用标准品种连续回交选择。这种方式的优点是目的性强，获得目标基因的可能性大，稳定纯合快，但需要在杂交前转育 5B 单体的异代换系，增加了工作环节，而且转移基因有限。

3．利用电离辐射诱导易位 辐射能使染色体随机断裂，断片以新的方式重接，外源片段可以接在与其部分同源或非同源的小麦染色体上。对携有外源基因的异附加系或异代换系进行辐射处理，可产生插入易位或相互末端易位，插入易位比较少见，而且迄今所发生的大多数易位，极少涉及同源染色体。

4．由细胞、组织培养诱导易位 种间或属间杂种经细胞、组织培养可增加亲本染色体的遗传交换率，再生植株经常发生包括易位在内的各种染色体的结构变异，从而促进外源基因的转移。组织培养结合理化诱变，可大大提高变异频率，其中将会出现许多易位。用带有目标性状的附加系、代换系、双二倍体与农艺亲本的杂种 F_1 进行细胞、组织培养，结合诱变会大大提高有用基因转移的效率。

5．着丝点断裂融合诱导易位 在小麦与近缘种属杂交、回交过程中，由于大量单价体的存在，减数分裂时着丝点错分裂并融合，会自发地产生许多易位。另外，也可人为地定向诱导着丝点错分裂融合，产生新的易位系。

6．杀配子基因诱导易位 当载有杀配子基因（GC）的染色体处于半合子或杂合状态时，不含该染色体的雌雄配子无受精能力，而含有半合子或杂合体者则自身优先传递。同时有一种抑制杀配子效应的基因 $Igc1$ 和杀配子基因互作，产生染色体断裂和重接，并可用于诱导易位，而且杀配子基因引起染色体断裂后还可产生染色体缺失变异。

四、小麦的杂种优势利用

小麦的杂种优势利用研究起步于 20 世纪 50 年代。1951 年，Kihara 把普通小麦的细胞核染色体组通过回交导入尾状山羊草的细胞质中，第一次在小麦中发现了核质互作的雄性不育。1962 年，Wilson 和 Ross 选育出具有提莫菲维小麦（$T.\ timopheevi$）细胞质的 T 型小麦雄性不育系，并进一步实现三系配套。但小麦杂种优势的生产应用进展缓慢，仍处于初级阶段。在国际小麦供给压力紧张的形势下，2009 年联合国粮食及农业组织和发达国家又一次将杂交小麦列为重点攻关对象，产业潜力巨大。

（一）小麦质核互作雄性不育性"三系法"杂种系统

小麦质核互作雄性不育性也称细胞质雄性不育（CMS）主要通过小麦与异属、异种间的核置换而产生。细胞质与细胞核的不协调会导致细胞某些功能的丧失，如可能导致花粉败育，即雄性不育。CMS 是细胞核和细胞质互作的结果，是由细胞核基因和细胞质基因共同控制的。细胞质的遗传物质包括线粒体基因组和叶绿体基因组，它们都是半自主性的基因组，需要核基因组提供酶、rRNA 等物质以行使自己的转录翻译系统。目前，叶绿体是否与 CMS 有关还有争论，而已有的研究表明线粒体直接与 CMS 有关。一般认为，CMS 的主要决定因素是位于细胞质的线粒体基因组结构发生变化，绒毡层、中层甚至小孢子内线粒体的瓦解，ATP 酶活性降低，小孢子得不到足够的能量供应，不能正常发育，同时基因表达的产物失调，最终导致花粉败育。CMS 表现为母性遗传，其不育性主要由细胞质引起，但其又是一个核质互作的过程，在保持系的核背景下，CMS 得以维持，而当引入核恢复基因后，其育性得以恢复。恢复基因的作用机制主要分为两种，一是消除和减少与 CMS 有关的线粒体基因组（mtDNA）中有害基因的表达；另一种恢复基因不改变相关的 mtDNA 有害基因的表达，而是起到一种补偿的作用使育性得到恢复。

已发现的 CMS 类型主要有 T 型、K 型、V 型、P 型、S 型和 AL 型等。T 型不育系的细胞质来源于提莫菲维小麦。T 型三系杂交小麦系统是国内外研究最深入的 CMS 系统。T 型不育系的育性稳定，但其最大弱点是恢复源少，育性恢复受多基因控制，较难选育出农艺性状优良而稳定的恢复系，选育强优组合较难；另外，异源细胞质负效应的存在，导致一些不育系和杂种种子存在饱满度差、种子皱缩、穗发芽和发芽率低等缺点，从而导致 T 型杂种小麦至今未能在生产上广泛推广应用。

K 型和 V 型不育系是把中国 1B/1R 类型品种的细胞核分别置换到粘果山羊草（*Aegilops kotschyi*）和偏凸山羊草（*Aegilops ventricosa*）的细胞质中育成的核质互作雄性不育系，后来又育成了非 1B/1R 易位的 K 型和 V 型不育系，恢复源较广，恢复度较高，种子饱满，在杂种小麦研究中有较好的应用。杂交小麦品种'西农 901'是以 K 型不育系'K3314A'为母本与恢复系'R205'杂交育成的 K 型杂交小麦，是国内外第一个通过审定的杂交小麦品种（1995 年）。S 型不育系的细胞质来源于粗山羊草。AL 型不育系的细胞质来源于普通小麦。'新冬 43 号'是以 AL 型细胞质雄性不育系'AL18A'为母本，'99AR144-1'为父本，通过三系配套选育而成的杂种小麦（2013 年）。

小麦质核互作雄性不育性通过不育系、保持系和恢复系三系配套进行不育系的繁殖和杂交种的制种，从而实现杂种优势利用。其保持系与不育系两者是同核异质的材料。其恢复基因主要来自提供细胞质不育性的种（同质恢复系），也存在于其他亲缘物种和普通小麦中（异质恢复系），已有多个育性恢复基因被定位。育性恢复除受显性、互补和累加作用的主效 *Rf* 基因控制外，还涉及多数的微效、修饰和抑制基因，分别对主效基因起到加性、促进和抑制作用。CMS 三系法的优点在于制种过程中母本育性比较稳定，基本不存在不育系自交结实问题，其制种纯度高；其缺点是恢复系的筛选受到严格的恢保关系的限制，恢复源较窄。

（二）小麦生态遗传型雄性不育"二系法"杂种系统

小麦生态遗传型雄性不育系的育性既受基因控制，又受光、温等生态因子调节，在特定的光照长度和温度条件下表现雄性不育，可用于生产杂交小麦种子；而在另一光照条件和温度条件下表现出可育，可以进行自交繁殖，从而可以达到一系两用的目的，具有一系两用、操作简单和杂交制种成本低等优点。

小麦细胞核不育类型的光温敏感性雄性不育系，除具有制种程序简便的优点外，还具有育性易于恢复等优点，成了杂交小麦研究与应用的热点。20 世纪 90 年代以来，我国先后选育出一批小麦细胞核光温敏雄性不育系，主要包括 C49S 系列（重庆、四川和云南）、BS 系列（北京）、ES 系列（湖南）、BNS 系列（河南）等。重庆选育的 C49S 及由其转育的 K78S 等不育系的育性主要对温度敏感，在低温短日照下不育，温暖长日照下可育，不育性由两对主效隐性基因和一些微效修饰基因控制，选配的两系杂交小麦品种'绵阳 32 号'（'C49S-89'/'J17'）、'云杂 3 号'（'C49S-87'/'98YR5'）、'云杂 5 号'（'K78S'/'01Y1-1069'）、'云杂 6 号'（'K78S'/'01Y1-608'）和'绵杂麦 168'（'MTS-1'/'MR-168'）等通过了国家级或省级品种审定。以 BS 系列不育系选配出'京麦 6 号'（'BS210'/'F832'）、'京麦 7 号'（'BS366'/'CP43'）等两系杂交小麦品种通过了品种审定。

小麦中还有细胞质不育类型的光温敏感性雄性不育。1979 年，Sasakuma 等报道具有粗厚山羊草、牡山羊草和瓦维洛夫山羊草细胞质的'农林 26'异质系遇到长日照和较大昼夜温差时表现为雄性不育，在细胞学上表现为雄蕊心皮化，称为光敏感型细胞质雄性不育，后来相继发现了短日低温不育等多种光温敏雄性不育材料。徐乃瑜 1994 年报道获得了具有 D²

胞质的光敏雄性不育材料，在 D^2 型细胞质中以牡山羊草细胞质对 24 h 长光照最敏感，其次为粗厚山羊草细胞质和瓦维洛夫山羊草细胞质。何蓓如等将斯卑尔脱小麦 1B 染色体短臂上的温敏基因导入普通小麦，创制了具有粘果山羊草细胞质（*Ae. kotschyi*）和斯卑尔脱小麦 1BS 染色体片段的 YS 型小麦温敏雄性不育系。

（三）小麦蓝标型隐性核不育"二系法"杂种系统

蓝标型不育系是用蓝粒作标记的一种隐性核不育类型，以表现胚乳直感的蓝粒基因作标记性状。长穗偃麦草中具有表现胚乳直感的蓝粒基因，将带蓝粒基因的染色体转育到普通小麦中形成附加系、代换系和易位系，将蓝粒性状作为标记性状，可解决细胞核隐性雄性不育系难以分离、保持的困难，类似于 Driscoll 提出的 XYZ 体系。

据黄寿松（1991）报道，蓝标型不育系的隐性不育基因来自'72180'×'小偃 6 号'的后代，蓝粒来自李振声选育的 4E 附加系，在 4E 染色体上具有蓝色胚乳基因和恢复基因。通过回交，将 4E 染色体导入不育系，形成带有该不育基因的蓝粒可育附加系，然后以正常染色体结构的不育株与该附加系杂交，得到浅蓝单体附加系，让其自交，后代便可分离出深蓝、浅蓝和白粒种子。凡白粒者，染色体数 $2n=21''$，成株全部不育；深蓝粒者，染色体数 $2n=22''$，成株全为深蓝粒，全部可育；浅蓝者，染色体数为 $2n=21''+1$，成株粒色和育性发生分离，其中大多数为白粒不育株（图 2-9）。因此通过粒色分辨设备，可将其筛选出来进行制种或繁殖，而一般普通小麦和蓝粒附加系均为其恢复系。

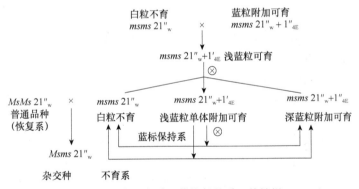

图 2-9　蓝标型小麦不育系及其恢保关系（盖钧镒，2006）

李中安等创建的新型蓝粒两系法杂交小麦系统是利用野生一粒小麦第 4 染色体短臂 4thS 的恢复基因和长穗偃麦草第 4 染色体长臂 4AgL 的蓝粒基因连接起来组成小麦外源染色体异附加系建立的杂种优势利用方法。在该系统中不育系的不育性由小麦 4B 染色体上的隐性单基因 *ms1b* 控制，不受环境影响，不育性稳定而彻底；不育性易于恢复，普通小麦品种（系）均可恢复其不育性，杂交种结实正常，强优势组合筛选概率高；不育系选育方法与常规育种品种选育一致，不育系选育不滞后于常规育种的选育；蓝粒两用系携带蓝粒附加易位染色体 4AgL.4thS，来自长穗偃麦草的第 4 染色体长臂上的蓝粒基因显色明显，来自野生一粒小麦第 4 染色体短臂上的恢复基因恢复性能好，其结实正常，不育系繁殖成本低；浅蓝粒两用系可生产出约 66% 的白粒不育系种子、30% 的浅蓝粒两用系种子及小于 4% 的深蓝粒种子（淘汰）。利用该新型蓝粒两系法杂种小麦系统选育的杂交小麦品种'西南 112'（'2011Z1'×'K152-2'）、'渝麦 18'（'LB-78'×'R725'）等已经通过了品种审定。

（四）小麦化学杀雄杂种系统

通过化学杂交剂（CHA）诱导小麦雄性不育配制杂交种是获得小麦杂种优势的方法之一。我国于 20 世纪 80 年代开始引进化学杀雄剂并开展相关研制及应用推广工作，先后选育出一批化杀杂交小麦品种。专用型小麦化学杀雄剂主要有 GENESIS、BAU9403、SQ-1 和 SC2053 等。通过 CHA 系统育成的杂种小麦品种有'西杂 1 号''津化 1 号''川麦 59'等。

五、小麦生物技术育种

（一）小麦单倍体育种

利用小麦单倍体诱导技术产生单倍体并加倍获得全部基因同质的纯合二倍体纯系，有利于缩短育种年限，加速育种进程，提高选择效率，是快速培育小麦新品种和构建特殊遗传群体的重要途径。

1. 小麦单倍体的诱导　　小麦自发产生单倍体植株的途径主要有孤雌生殖、孤雄生殖和无配子生殖，产生单倍体植株的频率很低，其中，孤雌生殖产生的单倍体约为 0.1%，孤雄生殖产生的单倍体约为 0.01%。人工诱导单倍体的方法可以极大程度地提高单倍体产生的频率，主要方法有离体培养、花粉诱导、异源细胞质诱导和化学诱导等。

（1）离体培养法

1）花药培养。20 世纪 70 年代初，欧阳俊闻等在国际上率先利用花药培养获得小麦单倍体植株。此后，相关学者相继针对影响小麦花药培养的诸多因素，如基因型、培养基和培养条件等进行了优化研究，使这项技术逐渐趋于成熟，培养效率不断提高，并与杂交育种、辐射诱变、远缘杂交和转基因技术相结合，在新品种选育、种质资源创制等方面发挥了一定作用。我国小麦花药培养技术的研究和应用处于世界先进地位，由我国学者研制的 N6、C17 和 W14 等培养基是目前小麦花药培养中应用最广泛的基本培养基；而早在 1984 年我国就育成了世界上第一个大面积种植的冬小麦花培品种'京花 1 号'，之后育成'京花 10 号''花培 764''花培 1 号''花培 3 号''花培 5 号''花培 6 号''陕农 28''陕农 138''北京 8686''扬麦 9 号''宁春 42 号''冀紫 439''航麦 901''陇春 31 号'等 40 多个优良小麦品种。

小麦花药培养技术体系目前已经较为成熟和完善。一般来说，小麦花药培养主要包括供试材料的种植、孕穗期取材、预处理、花药接种、脱分化培养、分化培养、壮苗培养、花培苗越夏、炼苗、移栽和染色体加倍等环节。为简化花药培养流程，节省人力物力，一些学者对小麦花药一步成苗技术进行了有益的探索。在小麦花药培养中，供试材料的基因型、脱分化培养基及附加成分和培养条件是最重要的影响因素。此外，供试材料的种植环境、花药发育时期、预处理方式、接种密度、白化苗的分化频率、花培苗的越夏和单倍体植株的加倍等也不同程度地影响培养效果。目前小麦花药培养技术还存在基因型依赖、白化苗等问题，限制了小麦花药培养的绿苗分化率。

2）花粉（小孢子）培养。花粉培养也称为小孢子离体培养，是在花药培养的基础上发展起来的一种高效再生技术体系，属于单细胞培养，与属于器官培养的花药培养不同。与花药培养相比，小孢子培养主要是通过胚胎发生途径发育成植株，避免了愈伤组织阶段，在一定程度上减少因孢子体变异而引起的农艺性状退化，显著地提高了单倍体产生频率和减少了白化苗的产生量。

目前，用于小麦小孢子的分离方法有振荡法、漂浮法、离析法和搅拌法等 4 种，其中振荡法较佳。在游离小孢子培养的液体培养基中加入未成熟子房，可以大大改善小孢子的培养反应，提高胚胎的发生频率。麦芽糖对有效地诱导小麦小孢子发育成胚胎有重要作用。一定时间的低温预处理也可以促进花粉细胞的分裂。

3）子房、胚珠培养。将小麦还未受精的子房或胚珠离体培养，从而得到单倍体植株。Jonson 等研究认为，相对于来自小孢子的单倍体，由大孢子产生的单倍体更具有活力。虽然有利用小麦子房培养成功获得单倍体植株的报道，但由于该培养体系比较复杂，应用不多。

（2）花粉诱导法

1）异种属花粉延迟授粉法。在小麦抽穗去雄后 7～9 天，用圆锥小麦、硬粒小麦和黑麦等异种属花粉授粉可以诱导小麦的孤雌生殖，诱导率最高可达 6.7%。该方法并不是使小麦卵细胞受精，而是通过授粉刺激卵细胞单性发育。成熟的卵细胞已经失去受精能力，但授粉后花粉管仍会发育，从而刺激卵细胞发生分裂，进行孤雌生殖。

2）辐射花粉授粉。用 X 射线、γ 射线、紫外线、^{32}P 和 ^{60}Co 等照射小麦花粉后给去雄母本授粉，可诱导小麦发生孤雌生殖，单倍体诱导率最高可达 7.5%，其原因可能是精子受到辐射后，失去了受精能力，但花粉管照常萌发，从而刺激卵细胞分裂，产生了单倍体。

3）染色体消除型远缘花粉授粉。Barclay 在 1975 年首先报道了以球茎大麦为父本，与普通小麦进行属间杂交，结果父本染色体消失，从而产生了小麦单倍体。此后，许多研究先后报道，玉米、高粱、珍珠粟、类玉米（大刍草）和鸭茅状摩擦禾等与普通小麦杂交，也可以产生小麦单倍体。

（3）异源细胞质诱导法　　研究发现，普通小麦的核和某些山羊草的细胞质组成的核质杂种，可以高频率地产生单倍体。例如，具有尾状山羊草细胞质的普通小麦品系单倍体发生频率可达 1.7%，具有粘果山羊草细胞质的 1B/1R 易位系可产生单倍体的平均频率高达 16.71%。该方法诱导产生的单倍体具有频率高，产生的单倍体种子均能正常发育、容易加倍等优点。

（4）化学诱导法　　化学诱导即用化学药剂处理去雄后的柱头或子房，刺激卵细胞分裂。目前，主要使用的诱导剂有：PCPA、DMSO、KT、NAA、2,4-D、TRTA、GA$_3$、DMSO＋对氯苯氧乙酸、DMSO＋GA$_3$、DMSO＋KT、DMSO＋KT＋邻氯苯氧乙酸、DMSO＋NAA 和甲苯胺蓝等。

2. 小麦单倍体的加倍

（1）自然加倍　　花药、花粉（小孢子）培养得到的单倍体植株都具有自然加倍的现象，但因基因型等的不同自然加倍率也有所不同。花药培养植株自然加倍率一般在 20%～30%；小麦的小孢子培养中，有 20%～78% 的再生绿色植株是加倍的。异源种属花粉诱导获得的小麦单倍体染色体自然加倍现象较少，特别是小麦×玉米产生的植株基本上是单倍体。

（2）人工加倍　　秋水仙碱法是应用比较广泛的小麦单倍体植株加倍方法。报道较多的是用高浓度的秋水仙碱处理幼苗根部，但是高浓度的秋水仙碱对植株的毒害作用比较大，加倍处理后成活率较低。有报道称，用一定浓度的秋水仙碱和 DMSO 结合处理单倍体植株可显著提高加倍效率；用半浸根染色体加倍技术，小麦加倍后成活株率达 98.1%，结实株率达 80%。

（二）小麦转基因育种

小麦转基因技术的广泛应用实现了外源基因定向转移，在一定程度上补充或改进了传统的育种方法，打破基因流的界限，大大缩短了育种年限，为快速培育小麦新品种提供了一条有效的新途径。小麦是转化难度较大的单子叶植物之一，其转基因技术研究起步较晚，近 20 年来经过许多学者的不懈努力，已取得了长足的进展。利用不同的转化方法已将抗病虫、抗逆性、改善品质和雄性不育基因等导入小麦，并获得一批转基因小麦品系，部分品系已经进入环境释放阶段。由于小麦是异源六倍体，其基因组相对较大，遗传背景复杂，基因型依赖性强等，目前转化率仍然较低。

1. 小麦表达载体　　小麦遗传转化常用的表达载体主要是由 pBI121、pMON505、pCAMBIA3301、pRTL2 和 pPZP212 系列改造形成的。在小麦遗传转化的表达载体构建上，以玉米 *Ubi-1*、CaMV 35S 和水稻 *Act1* 作为启动子较为普遍，以 β-葡萄甘酸酶基因 *GUS* 和氯霉素乙酰转移酶基因 *CAT* 等为报告基因。转基因小麦选择标记基因常用的是抗生素或除草剂类基因如 *bar*、*nptII*、*manA*（*pmi*）、*Cah*、*gst27*、*mopat*、*popat*、*CP4* 和 *GOX* 等，筛选剂一般使用 Bialaphos、Glufosinate、G418 和 Glyphosate 等。利用无标记基因或者花色素苷基因作为选择标记基因，可以避免抗生素或除草剂类选择标记基因可能给环境和食品安全带来潜在的危害。Chawla 将花青苷调控基因 *B* 和 *C1* 利用基因枪法转入小麦，通过对转化受体及其细胞的颜色来选择转化子。Xuan 等利用基因枪法轰击预处理过的小麦幼胚盾片，将携带有新型标记基因 *AtMYB12* 的质粒 pBI121-MYB12 转移至小麦中，经过大约 6 周的培养，获得了胚芽鞘为紫色的再生植株。

2. 用于小麦遗传转化的目标基因　　按转入目标基因的功能可分为以下几类。

（1）抗除草剂基因　　如 *bar*、*EPSPs*、*Bxn*、*CP4* 和 *GOX* 等。

（2）改良品质基因　　如高分子量谷蛋白亚基因 *1Ax1*、*1Dx5*、*1Dx10* 和 *Dy10-Dx5*，籽粒硬度基因 *Pina*、*Pinb* 等。

（3）抗病虫基因　　如病毒外壳蛋白基因、雪花莲凝集素基因、藜芦醇合成酶基因、玉米 Ds 与 Ac 转座子及大麦 *Mlo* 反义基因等。

（4）抗逆及提高产量相关基因　　如 BADH、DREB 转录因子、拟南芥 Na^+/H^+ 逆向转运蛋白基因 *AtNHX1*、*IPT* 基因等。

（5）雄性不育基因　　如核糖核酸酶类基因 *Barnase* 等。

3. 小麦遗传转化受体　　高效的再生体系是获得转基因小麦的前提，因此建立高效、完善的小麦组织培养体系，对小麦转基因的研究至关重要。小麦遗传转化的常用受体是幼胚、幼胚愈伤组织和成熟胚，此外还有悬浮细胞、盾片组织、幼穗、茎尖组织和花粉等。幼胚的愈伤组织诱导率和植株再生率均较高，是比较理想的受体材料，然而幼胚取材受到季节的限制。成熟胚作为外植体具有取材方便、不受季节限制等优点，然而其再生体系研究尚未成熟，植株再生率较低。悬浮细胞及原生质体的再生相对困难。

4. 小麦转基因技术　　目前在小麦遗传转化中应用最多、效果最好的是基因枪法，绝大多数转基因小麦是采用该方法获得的。农杆菌介导法在转基因小麦中的应用也日趋成熟，而花粉管通道法也以其特有的优点受到重视。近年来，随着低能离子束介导转基因技术研究的不断深入，目前已在小麦遗传转化中也逐步得到了应用。

（1）基因枪法　　基因枪法又称微弹轰击法，以火药爆炸、高压放电或高压气体为驱动力，将载有外源 DNA 的金粉（或钨粉）等金属微粒加速射入受体细胞或者组织中，从而将外源 DNA 分子导入受体细胞。1992 年，Vasil 等以长期培养的胚性愈伤组织为外植体，利用基因枪将 gus 和 bar 基因导入小麦品种 'Pavon'，获得了世界上第一例转基因小麦。基因枪法的建立推动了小麦转基因技术的发展，利用基因枪法已将耐除草剂、抗病、抗虫、品质改良及雄性不育等基因导入小麦中。刘永伟等采用基因枪共转化法将双功能基因（小麦黄花叶病毒的复制酶基因 Nib8 和具有广谱抗病性的 ERF 基因 W17）转入普通小麦品种，获得具有综合抗病性的转基因材料。王华忠等对小麦基因枪法的参数进行优化：金粉直径 1 μm，每枪金粉用量 500 μg，氦压 1100 psi（1psi≈6.895×10^3 Pa），可裂膜与受体膜距离 9.5 mm，载体膜与阻挡网距离 16 mm，受体与阻挡网距离 9 cm，真空度 28 cmHg，所获得的小麦基因瞬间表达频率最高。

基因枪法以其受体来源广泛、方法简单等优点，成为迄今为止小麦转基因的主要方法。然而基因枪法尚存在一些不足，如易形成嵌合体、多拷贝整合过程中会出现共抑制和基因沉默现象、外源基因在后代中易丢失和试验所需的费用昂贵等，这些限制了基因枪法的普遍应用。

（2）农杆菌介导法　　过去认为对于单子叶植物，特别是以小麦为主的禾本科作物，不是根癌农杆菌的天然寄主，不能转入 Ti 质粒上的 T-DNA，因而使用农杆菌转化单子叶植物较难成功。随着对农杆菌转化植物细胞原理深入系统的研究，发现农杆菌对单子叶植物侵染的不敏感性，可能是由于单子叶植物创伤后，在伤口附近往往发生木质化或硬化，从而内源信号分子相对不足，不能形成足够的诱导 vir 区基因表达的酚类化合物。但通过添加外源信号物质如乙酰丁香酮（AS）及其衍生物等可以促进农杆菌在小麦培养细胞上的吸附性，从而大大提高遗传转化率。1997 年，Cheng 利用根癌农杆菌 C58（质粒 pMON18365 携带 GUS 基因和 NPT II 基因）分别侵染小麦的幼胚、幼胚愈伤组织和成熟胚，经过培养后，3 种外植体均获得了再生植株。组织化学检测及 DNA 印迹法（Southern blotting）杂交分析表明，外源基因已整合至小麦植株中，并能在小麦中稳定表达和遗传。陈立国等利用农杆菌介导法将 BG2 基因导入成熟胚愈伤组织，研究表明运用超声波处理或真空处理可以提高农杆菌介导小麦成熟胚愈伤组织遗传转化的效率。

农杆菌介导法与基因枪法相比，具有操作简单、成本低和可转移较大片段 DNA 等特点，外源基因的整合多为单拷贝，遗传稳定性好，后代多数符合孟德尔遗传规律等优点，在小麦转基因研究中被广泛应用。然而在根癌农杆菌介导的小麦遗传转化中，由于受到外植体基因型、农杆菌侵染浓度、侵染时间、共培养时间、载体类型及筛选方式等因素的影响，目前仍然存在转化率低的问题。根癌农杆菌介导法，转化率通常为 1%～8%。

（3）花粉管通道法　　花粉管通道法是 20 世纪 80 年代初周光宇在陆地棉创立的，后来在小麦上获得应用，如 1993 年曾君祉等利用花粉管通道法将携带 GUS 标记基因的质粒 pBI121 转化普通小麦 '小山 3 号'，欧巧明等通过花粉管通道法将长穗偃麦草 DNA 导入冬小麦 '陇鉴 127' 中，梁高峰等利用花粉管通道法将 Prd29A：DREB1A 融合基因导入 '温麦 19'。

花粉管通道法在小麦遗传转化中有效地利用了自然生殖过程，不受受体基因型和愈伤分化能力的限制，在整株水平上进行转化，难度小且简便易行，在大田、温室盆栽中即可进行，因此受到了越来越多小麦育种工作者的青睐。但花粉管通道法介导的小麦转基因技术易受大田环境条件影响，经验性强，重复性差，转基因植株后代情况复杂，给转化体的筛选带来很大的难度。

（4）低能离子束介导法 该方法于 1989 年由余增亮提出，1993 年运用到水稻转基因中。2000 年吴丽芳等利用低能离子束介导法将携带有 *GUS* 基因的质粒导入小麦的成熟胚愈伤组织中，证明了离子束介导小麦遗传转化的可行性。同年，利用该方法将水稻几丁质酶基因 *RCH8* 转入 3 个小麦品种中，分别获得了转基因植株，表现出了对小麦赤霉病的抑制作用。

低能离子束介导的外源 DNA 直接转化技术，离子注入之后经 DNA 处理的小麦种子，直接发芽成苗，获得转化植株。该方法不仅绕开了烦琐的组培过程，而且以小麦成熟种子为受体，取材不受季节和小麦生长期的制约，是其他方法所不具备的优点。然而离子束注入过程需要在真空条件下进行，这就使得一些含水量较高的受体材料受到了限制。目前该技术的生物学机制和应用还有待于进一步研究。

（三）小麦分子标记辅助选择育种

小麦分子标记以前广泛使用的是限制性片段长度多态性（RFLP）、简单重复序列（SSR）、随机扩增多态性 DNA 标记（RAPD）和扩增片段长度多态性（AFLP）等类型标记。近年来，小麦单核苷酸多态性（SNP）芯片的开发和应用更为普及，将为小麦全基因组关联分析、重要基因/QTL 连锁定位及育种亲本及后代材料的分子检测提供重要的技术支撑。已有文章报道，利用 Illumina Infinium iSelect 90K SNP 芯片技术结合 BSA 集群分离分析法可以实现对大规模的小麦新品系或品种中抗白粉病基因的定位。此外，育种芯片的开发和应用极大地提高了高通量筛选鉴定后代群体的效率。

国内外在小麦抗病、耐非生物胁迫、控制小麦品质和控制小麦农艺性状基因方面已经开发了一大批分子标记，如抗条锈病、抗白粉病和抗叶锈病的分子标记，抗旱、耐盐碱的分子标记，小麦中常见的高分子量麦谷蛋白亚基 HMW-GS 都已开发了相应的分子标记，影响面粉制品颜色的黄色素和多酚氧化酶分子标记，控制小麦籽粒硬度的 *PinA*、*PinB* 基因的分子标记，控制糯性的 *Waxy* 基因分子标记等。在分子标记辅助选择育种方面已有一些成功案例。例如，梁荣奇等（2001）利用 *wx* 基因分子标记辅助选择培育糯性小麦品系，通过联合应用 *wx-B1* 基因的 STS 标记和 *wx-A1*、*wx-D1* 的 SSR 标记，从组合'江苏白火麦'×'关东 107'的 F₂ 分离群体中筛选出 8 种 *wx* 基因型，其中 3 种基因型（AD 同缺型、BD 同缺型和糯型）为自然界中所没有，并且培育出了国内首批糯性小麦品系。张增艳等（2002）利用小麦抗白粉病基因 *Pm4*、*Pm13* 和 *Pm21* 的特异 PCR 标记，对含有 *Pm4b*、*Pm13* 和 *Pm21* 的小麦品系复合杂交 F₂ 代的 40 个植株进行检测，从中选择到 *Pm4b*＋*Pm13*＋*Pm21* 3 个基因聚合的抗病植株 11 个，检测选择到 *Pm4b*＋*Pm13*、*Pm4b*＋*Pm21* 和 *Pm13*＋*Pm21* 2 个基因聚合的抗病植株 19 个。高安礼等（2005）通过 PCR 分子标记选择出将白粉病抗性基因 *Pm2*、*Pm4a* 和 *Pm21* 聚合在一起的聚合体材料，比只含有单一抗性基因的材料对白粉病的抗性更长久。Salameh 等（2011）通过分子标记辅助选择将 2 个来自亚洲的抗赤霉病主效基因 *Fhb1* 和 *Qfhs.ifa-5A* 导入 9 个欧洲冬小麦品系中，使得冬小麦品系的赤霉病抗性增强。Bai 等（2012）从'百农 64'/'鲁麦 21'杂交后代中选育了抗白粉病聚合基因株系。

（四）小麦基因编辑育种

基因编辑技术是利用人工核酸酶对基因组进行靶向修饰的遗传工程技术，是当今生命科学领域的研究热点。基因编辑可直接对基因组或者转录产物进行定向编辑，通过片段的插入、替换和敲除等定点编辑修饰。基因编辑技术通过模板识别靶位点序列，核酸酶对靶位点切割造成 DNA 双链断裂（double strand break，DSB），以及 DSB 激活 DNA 损伤修复应答机制，即非同源末端连接（non-homologous ending-joining，NHEJ）或同源重组（homologous recombination，HR）。NHEJ 可在酶切位点发生碱基的插入或缺失；在有同源供体 DNA 时 HR 会导致靶位点序列的替换。现主要有 3 种基因编辑技术：锌指核酸酶、TALE 核酸酶和 CRISPR/Cas9。CRISPR/Cas9 技术因其简洁的操作、低脱靶率等优点，已经成为目前应用最为广泛的基因编辑技术。

小麦是异源六倍体，因其复杂的遗传结构、巨大的基因组（17 Gb）和对转化的顽固性，对小麦基因组进行定点编辑相对困难。高彩霞团队于 2013 年利用 CRISPR/Cas9 对控制小麦籽粒形状和分蘖基因 Ta GASR7、Ta DEP1 定点编辑，纯合敲除突变体的千粒质量和分蘖数明显增加，但株高降低。2014 年，利用 TALEN 技术对 MLO 基因的 3 个拷贝同时进行了突变，敲除小麦 MLO 基因，获得了对白粉病具有广谱抗性的小麦材料。2016 年利用 CRISPR/Cas9 对 Ta MLO 位点进行诱导，获得 4 个突变体植株。之后，该团队还率先在小麦、水稻和玉米三大重要农作物成功实现了单碱基编辑技术并运用到性状改良上。此外，对 CRISPR/Cas9 编辑技术进行改善，通过将 CRISPR/Cas9 蛋白和 gRNA 在体外组装成核糖核蛋白复合体（RNP），再利用基因枪法进行转化和定点编辑，在小麦中成功建立了全程无外源 DNA 的基因组编辑体系。这种 DNA-free 的基因编辑技术具有精准、特异、简单易行和成本低廉的优势，并且有助于最大程度地减少监管，建立起精准、生物安全的新一代育种技术体系，加快作物基因组编辑育种产业化进程。利用该基因枪粒子轰击技术分别将 7 个不同目的基因的 CRISPR/Cas9 的 DNA 导入二倍体硬质小麦和六倍体面包小麦的愈伤中，在不使用任何筛选标记的情况下快速获得相应基因的突变株系。Bhowmik 等将 CRISPR/Cas9 技术与小孢子技术相结合，并优化了单倍体诱变系统，使用 Cas9 和 sgRNA 对小麦的 1 个外源基因 Ds Red 和 2 个内源基因（Ta Lox2 和 Ta UbiL1）进行靶向修饰，验证了将小孢子和 CRISPR/Cas9 基因编辑技术相结合用于作物改良的可行性。2020 年叶兴国团队针对太谷核不育小麦和矮败小麦位于 4DS 染色体上的显性雄性不育基因 Ms2 基因序列设计编辑靶点，构建由 TaU3 启动子调控的表达载体，以'矮败济麦 22'与'济麦 22'授粉后的杂种幼胚作为受体材料，利用农杆菌介导的小麦 CRISPR/Cas9 体系编辑 Ms2 基因，筛选到编辑植株，编辑效率为 9.0%，实现了矮败小麦育性的彻底恢复。

六、小麦良种繁育

目前生产上推广应用的小麦品种主要是常规品种（纯系品种），可通过自交来繁殖种子，繁殖程序比较简单，最主要的是要保证繁殖品种的纯度和种性。种子生产是按照育种家种子、原原种、原种和良种 4 级程序进行的。育种家种子由育种单位提供，是最原始的一批种子。由育种家种子扩繁为原原种，可由育种单位或其委任的单位生产，要求严格保纯。用原原种繁育出来，纯度不低于 99%、等级不低于一级的种子称原种。原种繁育一二代的，符合质量标准供大田生产播种的种子称良种。小麦的育种家种子可采用低温干燥储藏，分年利用，利用单株种子和"株行循环法"可重复生产育种家种子。加速繁殖小麦种子的技术如下。

1. 稀播提高繁殖系数 选用高肥土壤，适时早播，精量播种，利用小麦的分蘖特性，增加小麦单株成穗数，提高种子的繁殖数量。

2. 异地繁殖，一年多代 利用小麦的春化和光照特性，在高海拔、高纬度地区进行异地繁殖。我国北方的黑龙江、青海，南方的云贵高原等都可以进行加代繁殖。

至于杂交小麦的亲本繁殖和杂交种子制种，要根据杂交小麦的类型，分别按照三系法、二系法和化学杀雄法等不同的方法进行，在此不做详述。

第四节 小麦栽培原理与技术

一、小麦的土壤要求与耕整

（一）小麦栽培的土壤条件

小麦的适应性广，各种土壤均可种植，但要达到高产、稳产，必须创造良好的土壤条件。高产麦田的耕层深度，一般要求达 20 cm 以上，土壤容重在 1.2 g/cm^3 左右，孔隙度 50% 以上；水气比例为 1.0∶（0.9~1.0）；有机质含量为砂壤土 1.2% 以上，黏土 2.5% 左右，其中易分解的有机质要占 50% 以上；土壤含氮量为 0.1% 以上；生长期间水解氮含量 70 mg/kg 左右，速效磷含量＞15 mg/kg，速效钾含量＞120 mg/kg，土地平整，地面坡降小于 0.3%，有利于灌排，土壤 pH 6.8~7.0。底墒不足的地应先灌水，待土壤宜耕后再整地播种。

（二）麦田整地方法

整地质量直接影响播种质量，麦田整地质量要求达到深、透、细、平和保持适宜的土壤湿度，整地方法因地而异。

1. 稻茬麦田整地 稻田含水量高，质地黏重，宜耕期短，整耕难度大，一般应在水稻收获前 10 天左右适时排水干田。为克服稻田整地费工，缓解稻麦两熟季节紧、劳力紧张的矛盾，发展了稻茬少耕免耕种麦技术和反旋灭茬秸秆还田技术，省工节本，有利于适时播种。少耕免耕种麦存在杂草较严重、肥料易流失、根系浅和中后期易早衰等问题，必须采用综合配套技术。近年来机械研发进展较快，根据不同土壤墒情配套合适的机械化耕作，可一次性完成稻草秸秆切碎、灭茬、旋耕、混合和覆盖，能提高整地和播种的质量与效率。

2. 旱茬麦田整地 在前茬收获后浅耕灭茬，并及时深耕，耙地保墒，播种时如墒情好浅耕一次，如墒情不足则应耙地播种，避免跑墒。

二、小麦的需肥特性与合理施肥

（一）小麦的需肥特性

小麦对氮、磷、钾三要素的消耗量，因气候、生态、土壤、品种和栽培措施等条件而异。综合各地分析资料，大田生产条件下，小麦每生产 100 kg 籽粒，需消耗氮肥 3 kg 左右，磷肥 1.5 kg 左右，钾肥 3~4 kg，比例约为 2∶1∶2。

小麦不同生育时期对氮、磷、钾的吸收量因产量水平、品种不同而有差异，但不同生育期吸收养分的动态大体是相似的。张国平等（1984）研究表明，小麦在拔节前、拔节至孕穗期和孕穗期后对氮的吸收量比例分别是 49%、27.58%和 23.42%；对磷的吸收量比例分别是36%、48.9%和14.9%；对钾的吸收量比例分别是42.2%、44.9%和12.9%。韩燕来等（1998）研究表明，小麦植株对氮、磷、钾的吸收速率呈多峰曲线型变化，其养分吸收的最大速率期：氮、钾出现在返青至孕穗末期，磷出现在返青至扬花期；越冬前氮、磷、钾三种养分的吸收量均较少；越冬阶段积累量更小，氮素吸收量不足总量的10%，特别是磷和钾，不到 5%；返青至拔节期，各养分积累量增大，此期积累了占总量31.4%的氮、28.5%的磷和41.7%的钾；拔节至扬花期仍是养分积累的重要时期，氮、磷、钾积累量分别占28.9%、44.3%和41.9%；扬花至成熟期，植株对养分的吸收减少，氮和磷分别占总量的13.8%和9.0%，而钾没有净吸收，反而有外排现象。可见，小麦对养分的吸收主要集中在返青至扬花期，此阶段吸收的氮、磷、钾分别占全生育期总积累量的 60.3%、72.8%和 83.6%，是养分供应的关键时期；在积累时期上看，植株对磷、钾的吸收较为集中，而对氮的吸收则较分散。吴旭银等（2009）研究表明，小麦植株对氮、磷的累积吸收量均在成熟时达最大值，对钾的累积吸收量到花后12 天达最大值；拔节至挑旗期是植株对氮吸收强度最大的时期，占总吸收量的 41.01%，挑旗至开花期是植株对磷和钾吸收强度最大的时期，分别占总吸收量的 31.77%和35.49%。

（二）小麦的营养诊断

1. 土壤营养诊断 土壤中营养元素的含量和当季供应量是确定施肥数量和施用时期的依据。此外，土壤中微量元素有效锌低于 0.5 mg/kg，有效硼低于 0.5 mg/kg 时，施锌、施硼对小麦有明显增产效果，另外酸性土缺钼，应根据大面积区域土壤的营养诊断提出相应的"配方施肥方案"。

2. 植株营养诊断 植株营养诊断包括植株外部形态诊断和植株体内养分含量诊断两个方面。各种营养元素在小麦植株体内处在正常、不足或过剩时，都会在外部形态表现出来。因此，植株营养诊断要与苗情形态诊断结合进行。例如，氮素过多时，会导致叶色浓绿、叶片徒长、无效分蘖多、茎秆细长、易倒伏和晚熟等；植株体内磷亏缺时，会导致根系发育不良、叶片小和叶色暗绿，因花青素增多而呈现紫红色、分蘖少和植株矮小等现象。植株营养诊断为看苗施肥提供了重要的依据。

（三）施肥量的确定

小麦施肥量应根据具体条件而定，在生产上多采用以小麦目标产量和土壤基础肥力来确定施肥量的方法，就是在产量指标确定后，根据 100 kg 籽粒对氮、磷、钾的需肥量，然后参考土壤基础肥力、肥料种类数量及其当季利用率，计算每公顷施肥量。不同生态区域的施肥种类、用量、施肥次数和时间等有很大区别，具体施肥技术最终要靠各地的肥料试验来确定。其计算方法是

$$计划产量肥料需要量（kg/hm^2）= \frac{计划产量对养分吸收量（kg/hm^2）-土壤当季养分供给量（kg/hm^2）}{肥料中营养元素含量（\%）\times 当季利用率（\%）}$$

根据现有研究，一般每生产 100 kg 小麦需施氮 4~5 kg；4500 kg/hm² 产量水平需施氮180~220 kg；6000 kg/hm² 产量水平需施氮 240~270 kg，7500 kg/hm² 产量水平需施氮

270～300 kg，弱筋小麦应适当降低施氮量。注意增施磷、钾肥，氮肥：磷肥：钾肥应达到 1∶（0.4～0.6）∶（0.4～0.6）。

（四）肥料的运筹原则

施足基肥是小麦高产的重要措施，基肥应以有机肥料为主，配合施用氮、磷、钾等肥料，在土壤缺钾的地区，还应配施钾肥。在冬前分蘖期有适量的速效氮、磷、钾供应，以满足第一个吸肥高峰对养分的需要，促进分蘖、发根、培育壮苗；越冬至返青期间是小麦一生中需肥较少的时期，应适当控制肥料供应以控制无效分蘖的发生，培育高光效群体；拔节至开花期是一生中吸肥的最高峰，也是施肥最大效率期，必需适当增加肥料供应量，巩固分蘖成穗，培育壮秆，促花、保花，争取穗大粒多；抽穗开花以后，要维持适量的氮、磷营养，延长产量物质生长期的叶面积持续期，提高后期光合生产量，保证籽粒灌浆，提高粒重。

一般基（种）肥的用量以占总施肥量的 50%～70% 为宜，以满足前促、中稳和后饱的供肥原则。在施足底肥的基础上，看苗追施苗肥，小麦苗期追施速效氮肥，应掌握好用量，使其肥效在分蘖高峰期已充分发挥作用，以利于控制无效分蘖，并使拔节期出现叶色褪淡过程，然后再追施拔节、孕穗肥，以满足小麦第二个吸肥高峰的需要，保花增粒，提高粒重。施肥对小麦的品质影响极大，必须根据小麦不同专用类型制定相应的施肥技术。

现代专用小麦栽培技术中，应综合考虑肥料对器官的促进效应及地力、苗情和天气状况等因素。根据各地高产经验，中筋、强筋小麦生产中氮肥可采用基肥：追肥为 5∶5 或 6∶4 的运筹方式，追肥主要用作拔节孕穗肥，少量在苗期用作平衡肥；弱筋小麦宜采用底肥一道清或基肥：追肥为 7∶3 的运筹方式，以实现优质高产。晚茬麦采用独秆栽培法的群体，氮肥可采用基肥：追肥为 3∶4 或 6∶7 的运筹方式，以保穗数、攻大穗。秸秆还田量大的麦田基肥中氮肥用量需适当增加，磷、钾肥提倡 50%～70% 基施，30%～50% 在倒 4 叶～倒 5 叶时追施。

三、小麦的需水特性与合理施肥

（一）小麦的需水特性

1. 小麦耗水量　　小麦耗水量是指小麦从播种到成熟的整个生育期间的麦田耗水量。它包括叶面蒸腾、土壤蒸发和地下渗漏等失掉的水分。小麦一生中总耗水量为 400～600 mm，即 4000～6000 m³/hm²，其中植株蒸腾占 60%～70%。小麦每生产 1 kg 籽粒需要耗水 800～1000 kg。小麦一生耗水量的多少受气候、土壤和栽培条件等因素的影响。各地小麦耗水量有较大差别，一般北方麦区气候干燥，小麦耗水量较多，南方麦区气候湿润，小麦耗水量较小。

2. 小麦不同生育时期的耗水量　　小麦处于幼苗期，群体叶面积小，气温低，生理、生态需水量均较小，仅占总耗水量的15%左右，但为保出苗，要求土壤湿度达到土壤田间持水量的 70%～75%。分蘖到抽穗阶段小麦耗水量较多，占总耗水量的 45%～55%，抽穗到成熟阶段，小麦耗水量占总耗水量的 30%～40%。小麦孕穗期是需水临界期，干旱可以造成不孕小花增加。

3. 小麦各生育时期的适宜土壤水分　　从播种到出苗以占田间持水量的70%～75%为

宜，土壤持水量低于60%出苗率不整齐，低于40%不能出苗，高于80%易造成烂根烂种。出苗至越冬期间，以占田间持水量的70%～75%为宜，低于60%地上部遇低温易遭冻害，低于40%遇强低温，分蘖节会因干冻而死亡；返青至拔节阶段，70%为宜，低于60%虽能控制无效分蘖的发生，但返青迟缓，分蘖成穗能力下降；拔节至抽穗阶段，70%～80%为宜，有利于巩固分蘖成穗，形成大穗，低于60%虽无效分蘖加速死亡，但退化小穗、小花数增多（尤其是孕穗期）；抽穗至乳熟末期，70%～75%为宜，既要防止干旱，造成可孕小花结实率下降，影响每穗粒数，又要防止田间湿度过大，造成渍水烂根，影响粒重；蜡熟末期，植株开始衰老，土壤水分以不低于田间持水量的60%为宜。

（二）小麦灌溉与排水技术

1. 灌水抗旱技术 我国主要麦区年降水量分布不均匀，特别是北方冬麦区和春麦区小麦生育期间雨水少，为获得小麦丰产，一般都需要进行灌溉。南方麦区的部分地区如四川的西北部和云南等地经常出现冬春干旱，华南大多数地区，在冬季小麦进入拔节、孕穗阶段常遇干旱，也需要及时进行灌溉。

天气干旱，土壤水分不足，气温高，蒸发量大，又是小麦耗水量多的生长时期，就要及时灌水。例如，遇寒流、霜冻或干热风，为了防止低温冻害和干热风危害，要提早灌水；小麦抽穗后干旱，虽然需要灌水，但遇到有风的天气，高产麦田灌水易引起倒伏，就应适当提早或推迟灌水。

根据土壤墒情、土质和地形、地势，一般在土壤含水量低于田间持水量的60%时要进行灌溉。保水力强的黏土地、地下水位高的低洼地要少灌；保水力差的砂土地、地下水位低的高岗地，灌水次数要多些；丘陵山地，要先浇阳坡地后浇阴坡地。

根据小麦所处的生育时期、植株的外部形态和长势、群体的大小及单茎绿叶数的多少等进行灌溉。如群体小、麦苗正处在有效分蘖期遇到干旱，要及时灌溉，以水调肥，以肥促长；如麦苗处在无效分蘖期，群体大、长势旺，虽遇到干旱，为控制群体过大，减少无效分蘖，就要少灌水或不灌水。拔节、孕穗、抽穗及开花期遇干旱，要及时灌水；乳熟期如单茎平均绿叶数少于3片，则不宜灌水。

北方水浇地冬小麦的关键需水时期主要是底墒、越冬、拔节前后和抽穗前后，确定具体的灌水措施，则要根据气候变化、土壤墒情、苗情动态和水源条件，参照小麦各生育期的适宜土壤水分要求而定。灌溉方式主要有以下几种。

（1）畦灌 北方旱作麦田多采用畦灌，一般畦宽2～3 m，长30～40 m，坡降<0.3%。黏土地灌溉以入畦流量3～4 m^3/s为宜，砂土可大些，要不淤不冲，畦面灌水均匀，防止大水漫灌。

（2）沟灌 南方稻麦两熟地区一般采用沟灌。要在畦面中间表土湿润时停止灌水，灌后排干沟中积水。

（3）喷灌 比地面灌溉节水20%～40%，且不破坏土壤结构，适用范围广。

（4）滴灌 优点是节水、节能。近年用暗管输水，可节水30%～40%，提高水分利用率，节省工本。

2. 排水降湿技术 小麦湿害是指降雨后小麦根系密集层土壤含水量饱和，土壤通气状况恶化，空气不足，使小麦根系长期处于缺氧状态，呼吸受抑制，活力衰退，阻碍小麦对水分和矿质元素的吸收，同时土壤中有机物质在嫌气条件下分解，产生大量还原性有毒物质，使根系受害，造成植株生长不良，甚至烂根死亡。我国南方大部分地区，特别是长江中下游和四川东南部地区，小麦播种及生育后期多雨，湿害严重，且易导致纹枯病和赤霉病危害，影响小麦高产、稳产。对于小麦湿害的防御措施，开好麦田一套沟，是多雨地区防御湿害，实现高产、稳产的重要措施。稻茬麦田开沟要做到竖沟、腰沟、围沟三沟配套，沟沟相通，主沟通河的要求。

四、小麦栽培技术措施

（一）播种出苗阶段

1. 主攻目标　　根据产品不同的经济用途，选用本生态区相应的优质麦专用品种进行栽培，并根据品种特性制订相应的栽培措施。灭三籽（深籽、露籽和丛籽），争早、全、齐、匀苗，为壮苗、早发、促蘖和增穗打好基础。

2. 栽培措施

（1）选用良种　　首先要根据当地生态、土壤条件和市场需求选种适宜的专用小麦类型的优良品种，在稻、麦两熟或麦、杂粮复种地区，早茬麦宜选用耐寒性较强、适宜早播的品种；晚茬麦应选用耐迟播的春性品种；麦、棉套作地区应选用株型紧凑、早熟抗倒伏的品种，以充分利用自然资源。其次要立足稳产保收，选择抗御当地自然灾害的优良品种，如长江中下游麦区，小麦生长后期湿害和赤霉病、白粉病危害严重，要注意选用早中熟、耐湿性强、抗赤霉病及白粉病的品种；丘陵地区土壤贫瘠，冬春干旱影响大，应选用分蘖性强、抗旱和耐瘠的品种；平原地区肥水条件好、生产水平较高的地区，则应选用耐肥抗倒伏、生产潜力较大的品种。在四川、云南和贵州等省的高寒地区，要注意选用耐寒性较强的品种。

（2）种子准备　　播前要晒种并精选种子进行"包衣统供"；小麦种子常携带有病菌，要注意应用药肥包衣剂进行种子包衣；测定种子的发芽率与田间出苗率，以备准确计算播种量。

（3）基本苗与播种量确定　　基本苗是建立合理群体的起点和基础，应根据预期产量、品种特性、播期、地力、施肥水平及穗数指标等因素综合确定。根据各地实践，6000～7500 kg/hm² 的高产田，适期播种时基本苗数一般为每公顷（150～225）×10⁴，晚播时需适当增加基本苗。基本苗确定后，可根据每千克种子粒数、发芽率和田间出苗率计算播种量。

播种量的确定，公式如下

$$\text{播种量（kg/hm}^2) = \frac{\text{预期基本苗数（hm}^2)}{\text{每千克种子数×种子净度（%）×发芽率（%）×田间出苗率（%）}}$$

例如，保证小麦种植每公顷有基本苗 180 万，品种的千粒重 40 g，种子净度 99%，发芽率 85%，田间出苗率 80%，播种量约 107 kg/hm²。

（4）最佳播种期确定　　适期播种，可使生育进程与最佳季节同步，能充分利用当地温、光及水资源，使麦苗在冬前生长出一定数量的叶片、分蘖和根系，积累较多营养物质，达到早发壮苗；若播期过早，苗期温度高，麦苗旺长，消耗过多土壤养分，同时抗寒力弱，春性品种甚至冬前拔节，易遇冻害；播期过晚，气温下降，出苗缓慢，冬前生长积温不足，苗小、苗弱，抗寒力差，冬前分蘖少或无分蘖，营养体小，加之幼穗发育时间短，导致穗少、穗小及产量低，晚茬麦迟发晚熟，后期病害重，灌浆后期易遇高温逼熟，产量下降。

适宜播期要根据当地气候、生产条件、品种发育特性和栽培制度等决定，气温是主要因素，据全国各地经验，冬性品种播种适期的日平均气温为 16～18℃，半冬性品种为 14～16℃，春性品种为 12～14℃。其掌握的原则是：播种后保证麦苗在越冬始期形成适龄壮苗，春性品种，要求越冬始期主茎出生 5～6 叶，单株分蘖 2～3 个，次生根 3～5 条；半冬性品种，要求越冬始期主茎出生 6～7 叶，单株分蘖 3～4 个，次生根 5～7 条。满足小麦在冬前形成适龄壮苗所需积温，播种至出苗要 0℃以上积温 110～120℃，出苗—越冬始期每出生一张叶片要 0℃以上积温 70～80℃，达到冬前壮苗标准则春性品种要 0℃以上积温 500～550℃，半冬性品种要 600～650℃，然后从当地常年进入越冬始日的气象资料向前累加计算，总和达到所需求的积温指标的日期即为该地最佳播期，前后 3 天为适宜播期。温度受纬度和海拔的影响很大，纬度每增加 1°或海拔每增加 100 m，其气温相差 0.5～1℃，纬度和海拔愈高则气温愈低，播种期就要早些。适时早播是充分利用自然资源影响小麦栽培全局的重要措施。大体上，北部冬麦区的播种适期在 9 月中旬至 10 月上旬；黄淮平原麦区在 9 月下旬至 10 月中旬，长江中下游麦区在 10 月中旬至 11 月上旬，上游麦区在 10 月下旬至 11 月上旬；华南麦区在 10 月下旬至 11 月中旬；弱筋小麦宜在适期范围内早播。

（5）施足基肥、增施种肥 基肥应以有机肥料为主，配合使用氮、磷、钾化肥，以满足苗期生长及一生对养分的需要。在小麦播种时，施用少量速效化肥与种子同时播下作种肥，是一种经济施肥方法。

（6）选择适宜的播种方式 小麦播种方法主要有：条播、窝播和撒播 3 种。因地制宜采用适当的播种方式，可使植株分布合理，更好地协调群体与个体关系，创造好的田间小气候和充分利用光能。

1）条播。这是生产上广泛采用的方式，优点是种子分布均匀，覆土深浅一致，出苗整齐，中后期群体内通风、透光较好，便于机械化管理，是适于高产和有利于提高工效的播种方法。若旋播机工作幅宽 180 cm，播种行数为 12 行，则行宽 15 cm。高产栽培条件下宜适当加宽行距有利于通风透光，减轻个体与群体矛盾。条播要求整地细碎，土地平整，播沟深浅一致。

2）窝播。窝播也称点播或穴播，在土质黏重，整地不易细碎，开沟条播困难时常用此法。窝播施肥集中，播种深浅一致，出苗整齐，田间管理方便，但费工较多，穴距较大，苗穗数偏少，影响产量提高。四川省改变传统"稀大窝"，推广"小窝疏株密植"栽培法，缩小行窝距，增加每亩窝数，减少每窝苗数，每公顷 45 万窝以上，每窝 4 苗，全田密、窝内稀，使群体分布合理，在单位面积上达到一定的穗数和良好的经济性状。

3）撒播。撒播多用于麦、棉套作或稻、麦轮作地区，土质黏重、整地难度大时宜撒播，有利于抢时、抢墒和省工，苗体个体分布与单株营养面积较好，但种子入土深浅不一致，整地差时深、露和丛籽较多，成苗率低，麦苗整齐度差，中后期通风透光差，田间管理不方便。

（7）提高播种质量 播种深度因地区、土质和土壤墒情等稍有差异，一般播种深度以 3～4 cm 为宜，要求落子均匀、覆土深浅一致。北方因气温低，水分偏少宜稍深；南方稻茬麦土黏，应适当浅播，生产上常因播种过深造成成苗率低。播种时遇干旱，应在播种沟或窝内增施清粪水，保证出苗。

（8）播后管理 播后镇压，特别是在北方雨水较少的地方和大型机械化播种时尤其重要。可降低播深，消灭露籽，使种子与土壤密接，有利于吸水萌发，提高成苗率和早苗率。杂草危害严重麦田要及时喷施除草剂，以消灭苗期杂草。播时严重干旱，土壤水分低于田间持水量的 60%时，应及时浇水抗旱，抗旱催苗，切忌大水漫灌。麦苗出土后，及时查苗补缺，移密补稀，如发现缺苗断垄或基本苗不足，应立即催芽补种，以保证苗全。

（二）出苗分蘖越冬阶段

1. 主攻目标　　要求做到壮苗早发。小麦从出苗至越冬是生长叶片、分蘖和根系等营养器官为主的时期，是决定穗数和奠定大穗的重要时期。要在获得早、齐、全、匀苗基础上，促根长叶，促发分蘖，培育壮苗，保苗安全越冬和为春后稳健生长奠定基础。

2. 栽培措施

（1）肥水管理措施　　早施苗肥、促早发。小麦出苗后要及时查苗补缺，为使补种后种子早出苗，可将种子催芽后及时补种，以后还可以移密补稀达到全苗、匀苗。地力差、播种晚、基种肥不足或少免耕田块应及早施用速效氮肥作为苗肥，促进发根、叶片和分蘖生长，宜在第 2 叶露尖时施用，一般占总施氮量的 10%～15%。基种肥施足的麦田，一般不施用苗肥。小麦播种后，如遇干旱、土壤田间持水量低于 60%，应及时灌齐苗水，使出苗齐全。

（2）苗情诊断　　壮苗要求达到叶片宽厚，大小适中，叶色青绿，叶、蘖和次生根的出生符合同伸关系等。例如，长江中下游麦区春性品种越冬始期要求主茎绿叶 5～6 片，单株分蘖数 2～3 个，次生根 4～6 条，最大群体每公顷总茎蘖数为 750 万～900 万。

（3）冬灌　　北方麦区和少数南方麦区有的地方会出现冬季干旱，为防干冻、储水、蓄墒和预防春旱，常需冬灌。冬灌后土壤水分增加，热容量和导热率变大，可以改善根系活动层的土壤水分和营养状况，使昼夜间地表与地下土间温度变幅小，分蘖节部位土温较稳定，湿度较好，能减轻冻害。在底墒不足或冬季干旱，耕作层土壤含水量低于田间持水量60%时就要冬灌，注意瘦地弱苗早灌，肥地旺苗推迟灌。

（4）中耕除草　　中耕是有效防治农田杂草的农业措施，同时兼有疏松土壤，减少地面蒸发，促进养分释放，提高地温，有利于根系、分蘖生长等多重效果。弱苗、小苗宜浅锄，以免伤根和埋苗；旺苗可适当深锄，损伤部分根系，以起到蹲苗的作用，控制无效分蘖。适期采用选择性除草剂（使它隆、苯磺隆等）防除杂草。

（5）镇压　　冬季镇压可以压碎土块，压实畦面，弥合土缝，使麦根扎实，防冻保苗，控上促下，有利于保水保肥保湿，促使麦苗生长健壮。冬季镇压还能控制地上部主茎生长，促进低位分蘖和根系发育。旺长麦田可以通过多次镇压，控制麦苗生长，蹲苗促壮。旺苗镇压要重，一般镇压 1 次的控制效应在 1 周左右，因此旺苗每隔 10 天压 1 次，连续镇压2～3 次，再结合压泥、盖土等控制措施，可使旺苗转化。弱苗轻压少压，土壤过湿，有露水、封冻或盐碱土等情况及三叶前麦苗不宜镇压。

（6）冻害的防御　　小麦是比较耐寒的作物，经过低温锻炼的麦苗，一般春性品种可耐－10℃的低温；冬性、半冬性品种可耐－15℃低温。冻害防御措施是合理选用品种、精细整地、增施有机肥、适期播种、合理肥水和培育壮苗等，均可增强麦苗自身抗冻能力，低温来临前，土壤干旱要及时灌水，有防冻效果。

（三）返青—拔节—孕穗阶段

1. 主攻目标　　开春以后，平均气温稳定上升到 3℃以上时，小麦开始返青生长，返青、拔节至孕穗是巩固有效分蘖、争取总穗数、培育壮秆大穗并为增粒增重打基础的时期。小麦拔节孕穗期营养器官和生殖器官同时迅速生长发展，是决定每穗粒数的关键时期。本阶段田间管理的关键和主攻目标是协调个体与群体、营养生长和生殖生长的关系，巩固分蘖成穗，增加小花分化，减少小花退化数，争取穗大粒多，壮秆不倒。

2. 栽培措施

（1）巧施返青肥　　冬前施肥少、肥力差、分蘖不足和麦苗返青迟缓的麦田，适量早施返青肥，增穗增产效果较好。高产田为防止中期旺长，应严格控制，只能以少量速效氮肥作平衡肥施用，促进长势平衡，达到中期稳长，保证拔节期叶色正常褪淡。

（2）施好拔节、孕穗肥　　施好拔节、孕穗肥可以满足中后期营养生长和生殖生长对肥料的大量需求，并提高中期功能叶的光合强度，积累较多的光合产物供幼穗发育，缩短小花发育之间差距，增加可孕小花数，从而提高结实粒数，做到中期稳得起，后期不脱肥。

孕穗肥可提高最后 3 张主要功能叶的光合强度和功能持续时间，使有更多的光合产物向穗部输送，减少小穗和小花退化、败育，增加粒数和粒重。

拔节肥的施用应在群体叶色褪淡，分蘖数已经下降，第一节间已接近定长时施用。拔节期叶色不出现正常褪淡，叶片披垂，拔节肥就应不施或推迟施用。在拔节前叶色过早落黄，不利于小花分化数的增加和壮秆形成，分蘖成穗数也会显著下降，应适当提早施用拔节肥。

中、强筋小麦应适当重施拔节孕穗肥，弱筋小麦不能施用孕穗肥，拔节肥施用量应控制在总施氮量的20%以下为宜，并不迟于倒 3 叶施用。

（3）春灌和防渍　　开春后随气温升高，植株生长加剧，需水量增多，拔节孕穗期间，是小麦一生中耗水量多的时期，如遇干旱应及时灌水。在南方麦区，春季雨水多，要做好清沟理墒工作，控制麦田地下水位在 1 m 以下。

（4）抗倒伏及预防　　倒伏减产的主要原因是粒重降低，倒伏越早越严重，粒重越轻，减产越大。粒重减轻主要是光合产物积累和分配遇到障碍。倒伏后光合总生产量下降，干物质生产少，茎秆被折断或弯曲呈"屈臂"生长，输导系统破坏或不畅，物质运输阻滞。

倒伏有根倒与茎倒两种。根倒主要由土壤耕层浅薄，结构不良，播种太浅或露根麦，土壤水分过多和根系发育差等原因造成；茎倒是氮肥过多，氮、磷、钾比例失调，追肥时期不当，或基本苗过多，群体过大，通风透光条件差，以致基部节间过长，机械组织发育不良等因素所致。

预防倒伏的主要措施有：选用耐肥、矮秆和抗倒伏的高产品种；合理安排基本苗数，提高整地和播种质量；根据苗情，合理运用肥水等促控措施，使个体健壮，群体结构合理；如发现旺长及早采用镇压、培土和深中耕等措施，达到控叶控蘖蹲节；对高产田可使用多效唑、烯效唑和矮壮素等预防倒伏。

（5）除草与病害防治　　注意做好春季化学除草工作，及时防治纹枯病和白粉病。

（四）抽穗结实阶段

1. 主攻目标　　小麦抽穗后根、茎、叶的生长基本停止，生长中心转移至穗部，以生殖生长为主阶段，是最后决定粒数和粒重的重要时期。这一时期，田间管理的主要任务是：养根护叶，防止早衰和贪青，延长上部叶片的功能期，保持较高的光合效率；积极防治病虫和旱涝灾害，力争粒饱、粒重。

2. 栽培措施

（1）排水降湿与后期灌溉　　南方麦区大部分地区小麦生育后期降水量大大超过小麦生理需水量，土壤水分饱和，根系缺氧，麦株生理缺水，易造成高温逼熟，同时也加重了病害。因此，要加强疏通排水沟，做到沟底不积水，降低土壤湿度，防止受渍使根系早衰。北方麦区和南方麦区部分地区，在小麦生育后期降水偏少，甚至有干热风危害，不利于结实灌浆，应根据品种专用类型即时适度灌溉。灌水时间、数量因地制宜，以保持土壤田间持水量达 70%～75%为宜，后期灌溉不宜太晚。灌水时应注意天气变化，掌握小水轻浇，速灌速排，畦面不积水，干热风到来之前灌好，有风不灌，雨前停灌，避免灌后遇雨造成倒伏。但后期灌水太迟及过量都不利于高产、优质，特别对于面包小麦。

（2）根外追肥　　小麦抽穗开花以后到成穗期间，仍需吸收一定的氮、磷营养，在灌浆初期应用磷酸二氢钾、尿素单喷或混合叶面喷施，可以延长后期叶片功能期，提高光合效率，促进籽粒灌浆，并提高粒重和籽粒蛋白质含量，改进品质。磷酸二氢钾浓度为 0.2%～0.3%，尿素浓度为 1%～2%，溶液用量为 750 kg/hm² 左右。近年来生产上结合后期病虫防治喷施生长调节剂类产品也起到一定的增加粒重的作用。

（3）防止病虫　　小麦生育后期是黏虫、蚜虫、白粉病、锈病和赤霉病大量发生的时期，对于千粒重和产量影响很大。除做好选用抗病虫品种、田间开沟排水和降湿等农业综合措施防治外，必须加强病虫预测预报，及时采取药剂防治措施。在重发时，应及早施药，进行化学防治。

（五）收获与贮藏

小麦粒重以蜡熟末期至完熟初期为最高，籽粒的蛋白质和淀粉含量也最高，因此，蜡熟末期是收获最适宜的时期。利用收割机或联合收割机收获的适时收割期应选在蜡熟初期至中期，在机收前应先对地块的大小和形状、小麦品种和产量水平、植株高度、种植密度、成熟度及倒伏情况等进行田间调查，并进行试割，选择最佳的收割方式，以充分发挥机械效能，提高作业质量，减少收割环节的产量损失。收获脱粒后的种子，应及时晒干扬净，待种子含水量降到12.5%以下时，才能进行贮藏。在贮藏期间，要注意防热、防湿、防虫。

复习思考题

1. 在查阅最新统计资料的基础上分析国内外小麦生产与贸易形势。
2. 分析我国不同小麦种植区的优劣势及对策。
3. 分析国内外小麦科学的发展趋势。
4. 试述小麦的温光反应特性及其在生产上的应用。
5. 试述小麦的生育过程及器官建成特点。
6. 试述小麦的品质特性及其调控技术。
7. 试述小麦的分类学地位和主要的近缘物种及其在小麦育种中的应用。
8. 试述小麦抗病育种的主要育种方法。
9. 试述小麦杂种优势利用的主要途径与现状。
10. 分析小麦产量形成规律与需肥特性，提出小麦肥料的运筹原则。

主要参考文献

陈雪燕，王灿国，程敦公，等. 2018. 小麦加工品质相关贮藏蛋白、基因及其遗传改良研究进展. 植物遗传资源学报，19（1）：1-9.

崔婷，李亚莉，乔麟轶，等. 2016. 小麦单倍体育种方法及其研究进展. 山西农业科学，44（1）：106-109.

刁操铨. 1994. 作物栽培学各论（南方本）. 北京：中国农业出版社.

董晶晶, 钱丹, 李磊, 等. 2015. 小麦地方品种黄方柱中赤霉病主效抗性位点 Fbh1 的精细定位. 麦类作物学报, 35（12）：
  1639-1645.

董玉琛, 郑殿升. 2000. 中国小麦遗传资源. 北京：中国农业出版社.

傅向东, 刘倩, 李振声, 等. 2018. 小麦基因组研究现状与展望. 中国科学院院刊, 33（9）：909-914.

盖钧镒. 2006. 作物育种学各论. 2 版. 北京：中国农业出版社.

高安礼, 何华纲, 陈全战, 等. 2005. 分子标记辅助选择小麦抗白粉病基因 Pm2、Pm4a 和 Pm21 的聚合体. 作物学报, 31
  （11）：1400-1405.

高华利, 王黎明, 柴军琳, 等. 2016. 小麦籽粒品质性状基因功能标记的开发及应用. 中国粮油学报, 31（8）：152-157.

郭东林, 彭一良, 汪慧, 等. 2013. 我国小麦抗白粉病研究进展. 安徽农业科学, 41（25）：10309-10312.

韩德俊, 康振生. 2018. 中国小麦品种抗条锈病现状及存在问题与对策. 植物保护, 44（5）：1-12.

韩燕来, 介晓磊, 谭金芳, 等. 1998. 超高产冬小麦氮磷钾吸收、分配与运转规律的研究. 作物学报,（6）：908-915.

韩一军. 2012. 中国小麦产业发展与政策选择. 北京：中国农业出版社.

何中虎, 兰彩霞, 陈新民, 等. 2011. 小麦条锈病和白粉病成株抗性研究进展与展望. 中国农业科学, 44（11）：2193-2215.

何中虎, 夏先春, 陈新民, 等. 2011. 中国小麦育种进展与展望. 作物学报, 37（2）：202-215.

何中虎, 庄巧生, 程顺和, 等. 2018. 中国小麦产业发展与科技进步. 农学学报, 8（1）：107-114.

黄寿松, 李万隆, 徐洁, 等. 1991. 蓝标型小麦核雄性不育、保持系的选育研究. 作物学报,（2）：81-87.

金善宝. 1983. 中国小麦品种及其系谱. 北京：农业出版社.

金善宝. 1996. 中国小麦学. 北京：中国农业出版社.

金夏红, 冯国华, 刘东涛, 等. 2017. 小麦抗叶锈病遗传研究进展. 麦类作物学报, 37（4）：504-512.

刘博, 刘太国, 章振羽, 等. 2017. 中国小麦条锈菌条中 34 号的发现及其致病特性. 植物病理学报, 47（5）：681-687.

刘成, 韩冉, 汪晓璐, 等. 2020. 小麦远缘杂交现状、抗病基因转移及利用研究进展. 中国农业科学, 53（7）：1287-1308.

刘会云, 刘畅, 王坤杨, 等. 2016. 小麦高分子量麦谷蛋白亚基鉴定及其品质效应研究进展. 植物遗传资源学报, 17（4）：701-709.

刘志勇, 王道文, 张爱民, 等. 2018. 小麦育种行业创新现状与发展趋势. 植物遗传资源学报, 19（3）：430-434.

马斯霜, 白海波, 惠建, 等. 2019. CRISPR/Cas9 技术及其在水稻和小麦遗传改良中的应用综述. 江苏农业科学, 47（20）：29-33.

马占鸿. 2018. 中国小麦条锈病研究与防控. 植物保护学报, 45（1）：1-6.

彭永欣, 郭文善, 严六零. 1992. 小麦栽培与生理. 南京：东南大学出版社.

王一杰, 辛岭, 胡志全, 等. 2018. 我国小麦生产、消费与贸易的现状分析. 中国农业资源与区划, 39（5）：36-45.

吴旭银, 吴贺平, 李彦生, 等. 2009. 冀东晚播高产冬小麦氮磷钾吸收特性的研究. 麦类作物学报, 29（3）：530-534.

吴兆苏. 1990. 小麦育种学. 北京：农业出版社.

徐兆飞, 张惠叶, 张定一. 2000. 小麦品质及其改良. 北京：气象出版社.

许卿. 2015. 小麦抗赤霉病种质资源鉴定与评价. 福建稻麦科技, 33（3）：29.

杨美娟, 黄坤艳, 韩庆典. 2016. 小麦白粉病及其抗性研究进展. 分子植物育种, 14,（5）, 1244-1254.

杨文钰, 屠乃美. 2011. 作物栽培学各论（南方本）. 2 版. 北京：中国农业出版社.

叶兴国, 陈明, 杜丽璞, 等. 2011. 小麦转基因方法及其评述. 遗传, 33（5）：422-430.

叶兴国, 徐惠君, 杜丽璞, 等. 2014. 小麦规模化转基因技术体系构建及其应用. 中国农业科学, 47（21）：4155-4171.

于振文. 2006. 小麦产量与品质生理及栽培技术. 北京：中国农业出版社.

余遥. 1998. 四川小麦. 成都：四川科学技术出版社.

余松烈. 2006. 中国小麦栽培理论与实践. 上海：上海科学技术出版社.

张爱民, 阳文龙, 李欣, 等. 2018. 小麦抗赤霉病研究现状与展望. 遗传, 40（10）：858-873.

张国平. 1984. 小麦干物质积累和氮磷钾吸收分配的研究. 浙江农业科学,（5）：222-225.

张建奎. 2020. 作物品质分析原理与方法. 北京：科学出版社.

张建奎, 冯丽, 何立人, 等. 2003. 温光型核雄不育小麦育性转换的温度敏感期和临界温度研究. 应用生态学报, 14（1）：57-60.

张勇, 郝元峰, 张艳, 等. 2016. 小麦营养和健康品质研究进展. 中国农业科学, 49（22）：4284-4298.

张增艳, 陈孝, 张超, 等. 2002. 分子标记选择小麦抗白粉病基因Pm4b、Pm13 和 Pm21 聚合体. 中国农业科学, 35（7）：789-793.

赵广才. 2010. 中国小麦种植区域的生态特点. 麦类作物学报, 30（4）：684-686.

赵广才. 2010. 中国小麦种植区划研究（一）. 麦类作物学报, 30（5）：886-895.

赵广才. 2010. 中国小麦种植区划研究（二）. 麦类作物学报, 30（6）：1140-1147.

中国农业科学院. 1979. 小麦栽培理论与技术. 北京：农业出版社.

朱冠楠, 曹幸穗. 2019. 杂交水稻和杂交小麦的选育（1960—2000 年）. 面向国民经济主战场的新中国农业科技. 中国科学院院
  刊, 34（9）：1036-1045.

庄巧生. 2003. 中国小麦品种改良及系谱分析. 北京：中国农业出版社.

Bai B, He Z H, Lan C X, et al. 2012. Pyramiding adult-plant powdery mildew resistance QTLs in bread wheat. Crop & Pasture Science, 63 (7): 606-611.

Cuthbert P A, Somers D J, Thomas J, et al. 2006. Fine mapping *Fhb1*, a major gene controlling Fusarium head blight resistance in bread wheat (*Triticum aestivum* L.). Theor Appl Genet, 112: 1465-1472.

Gao L Y, Ma W J, Chen J, et al. 2010. Characterization and comparative analysis of wheat high molecular weight glutenin subunits by SDS-PAGE, RP-HPLC, HPCE, and MALDI-TOF-MS. Journal of Agriculture and Food Chemistry, (5): 2777-2786.

Guo J, Zhang X L, Hou Y L, et al. 2015. High-density mapping of the major FHB resistance gene Fhb7 derived from Thinopyrum ponticum and its pyramiding with Fhb1 by marker-assisted selection. Theor Appl Genet, 128 (11): 2301-2316.

Jia H Y, Zhou J Y, Xue S L, et al. 2018. A journey to understand wheat Fusarium head blight resistance in the Chinese wheat landrace Wangshuibai. The Crop J, 6 (1): 48-59.

Li G Q, Zhou J Y, Jia H Y, et al. 2019. Mutation of a histidine-rich calcium-binding-protein gene in wheat confers resistance to Fusarium head blight. Nat Genet, 51: 1106-1112.

Salameh A, Buerstmayr M, Steiner B, et al. 2011. Effects of introgression of two QTL for fusarium head blight resistance from Asian spring wheat by marker-assisted backcrossing into European winter wheat on fusarium head blight resistance, yield and quality traits. Molecular Breeding, 28 (4) : 485-494.

Xue S L, Li G Q, Jia H Y, et al. 2010. Fine mapping Fhb4, a major QTL conditioning resistance to Fusarium infection in bread wheat (*Triticum aestivum* L.). Theor Appl Genet, 121 (1): 147-156.

Xue S L, Xu F, Tang M Z, et al. 2011. Precise mapping Fhb5, a major QTL conditioning resistance to Fusarium infection in bread wheat (*Triticum aestivum* L.). Theor Appl Genet, 123 (6): 1055-1063.

第三章 玉 米

【内容提要】玉米原产于美洲，现广泛分布于世界各地。玉米传入中国有 400 多年，由于其产量高、品质好、适应性强，栽培面积逐渐增加，近年来我国玉米播种面积居世界之首。玉米是重要的粮食作物和饲料作物，也是全世界总产量最高的农作物。

本章介绍了发展玉米生产的重要意义、玉米生产概况、我国玉米种植分区、玉米科技发展历程；玉米的起源与分类、玉米的生育过程与器官建成、玉米的产量与品质形成；玉米的育种目标及主要性状的遗传、玉米育种的种质资源、玉米杂种优势利用、玉米群体改良、玉米生物技术育种、玉米其他育种技术和玉米种子繁育；土壤要求与耕整、种植方式与方法、玉米合理施肥、玉米田间管理、玉米收获与贮藏及特用玉米栽培技术要点等内容。

第一节 概 述

一、发展玉米生产的重要意义

玉米是世界三大粮食作物之一，同时又是重要的饲料和工业原料作物。据联合国粮食及农业组织（FAO）统计，2021 年世界玉米收获面积达 20 587 万 hm^2，总产 121 022.7 万 t，单产 5878.6 kg/hm^2；收获面积和总产分别仅次于小麦和甘蔗，居全球主要作物的第二位；单产则低于甘蔗、马铃薯、甘薯，居全球主要作物的第四位。

玉米的适应性广，增产潜力大。玉米的类型及品种丰富，适应多种生态环境和栽培条件，同时，与其他作物相比，玉米对光照和热量条件的敏感程度要弱一些，因此适应性广。玉米是 C_4 作物，光合效率高，增产潜力大。

玉米具有良好的食用品质。玉米籽粒中含淀粉 72.0%，蛋白质 9.6%，脂肪 4.9%，糖分 1.58%，纤维素 1.92%，矿质元素 1.56%。此外，玉米胚中脂肪含量高，100 kg 玉米胚可榨油 35～40 kg，玉米油中亚油酸含量高达 61.8%，易被人体吸收利用，长期食用可降低胆固醇，防治心血管疾病。

玉米是重要的饲料作物。玉米有"饲料之王"之称，是畜牧业发展的支柱饲料。无论籽粒还是茎叶都是优质饲料。一般 2～3 kg 籽粒可转换 1 kg 肉产品。据美国 150 个农场的资料显示，每公顷土地生产的可消化营养物质，粒用玉米为 2662.5 kg，饲用玉米为 3120 kg，而小麦只有 1249.5 kg。100 kg 玉米籽粒的饲养价值大致相当于 150 kg 稻谷或 123 kg 大麦。

玉米是重要的工业、食品、医药原料作物。玉米籽粒淀粉广泛应用于食品、化工、医药和纺织工业；玉米籽粒是优质的食用植物油原料；玉米秸秆可加工制造纤维素、纸张和胶板等；玉米穗轴可提取糠醛，是高级塑料的主要原料；玉米苞叶质地坚韧，可编制精美工艺品。近年来玉米的药用价值也逐渐得到开发利用。目前，以玉米籽粒及其副产品为原料加工的工业产品已达 3000 多种。

玉米是适宜多熟制的重要作物，属于高秆作物，播期较灵活，既可春播、夏播，也可秋播、冬播，适宜与麦类、豆类、薯类、中草药、食用菌等多种作物间作套种，具有扬长避短、趋利避害的作用，能达到增产、增收的效果。

二、玉米生产概况

（一）世界玉米生产概况

玉米在北纬 45°至南纬 40°的范围内均可种植，青饲玉米生产地的北限已达北纬 60°。从地理位置和气候条件看，玉米种植集中在北半球温暖地区，即 7 月份等温线在 20~27℃、无霜期在 140～180 天。在夏季平均气温<19℃或最热月平均气温<13℃的地区，因热量不足不能种植玉米。全世界玉米收获面积以美洲最大，亚洲次之，其他依次是非洲、欧洲、东非。世界上有三大玉米带最适宜种植玉米：第一是美国中北部玉米带；第二是中国玉米带，包括东北、华北两大平原和西南山区及半山区；第三是欧洲玉米带，包括多瑙河流域的法国、罗马尼亚、德国和意大利等国家。

据 FAO 统计，2021 年世界玉米面积最大的前五个国家依次是中国（大陆地区）4332.4 万 hm²，美国 3455.6 万 hm²，巴西 1902.5 万 hm²，印度 986.0 万 hm²，阿根廷 814.7 万 hm²；玉米单位面积产量最高的前五个国家（收获面积≥100 万 hm²）依次是美国 11 110.9 kg/hm²，加拿大 10 056.7 kg/hm²，乌克兰 7681.8 kg/hm²，阿根廷 7429.6 kg/hm²，埃及 7302.4 kg/hm²，中国（大陆地区）名列第六，为 6291.0 kg/hm²。世界玉米高产纪录为春玉米 38 675.3 kg/hm²（美国 2019 年）和夏玉米 21 042.9 kg/hm²（中国 2005 年）。

（二）我国玉米生产概况

我国玉米分布很广，东起台湾和沿海各省，西至新疆和青藏高原，南自北纬 20°以北的海南省南端及云南西双版纳，北达北纬 50°的黑龙江黑河附近都有玉米种植。但主要产区集中在从东北斜向西南狭长分布的玉米带。据《中国统计年鉴—2022》显示，2021 年我国玉米播种面积为 4332.4 万 hm²，总产达 27 255.1 万 t，平均单产 6290.9 kg/hm²。面积和总产居我国主要农作物首位，单产次于甘蔗和水稻，居我国主要农作物第三位。全国玉米种植面积较大的省（自治区）依次为黑龙江、吉林、河南、内蒙古、山东、河北、辽宁、山西、云南、四川。总产和单产较高的是黑龙江、吉林和山东。

三、我国玉米种植分区

我国玉米产区依据分布范围、自然条件和种植制度，可分为 6 个区。

（一）北方春玉米区

从北纬 40°的渤海岸起，经山海关，沿长城顺太行山南下，再沿太岳山和吕梁山，直至陕西以北一线到甘肃省南部界内，与西南山地玉米接壤的以北地区。包括黑龙江、吉林、辽宁全省，宁夏和内蒙古全区，山西的大部及河北、陕西和甘肃的部分地区。种植面积占全国的 35%以上；产量占全国的 40%左右。此区属寒温带湿润、半湿润气候带。冬季低温干燥，夏季平均温度在 20℃以上；≥10℃的积温，北部、中部、南部地区分别为 2000℃、2700℃、3600℃左右，无霜期 130～170 天。全年降水量 400～800 mm，其中 60%降水集中在 7～9 月。区内的东北平原地势平坦、土层深厚、土壤肥沃。大部分地区温度适宜，雨热同步，日照充足，昼夜温差大，适宜种植玉米，是中国玉米的主产区和重要的商品粮基地。

（二）黄淮海平原夏玉米区

黄淮海平原夏玉米区南起北纬33°的江苏东台，沿淮河经安徽、河南入陕西，再沿秦岭直至甘肃。包括山东、河南全省，河北大部，山西中南部，陕西关中和江苏徐淮地区，是我国玉米的集中产区。玉米常年种植面积占全国 35%以上。总产占全国33%左右。此区属暖温带半湿润气候类型，气温较高，年平均气温为 10～14℃，无霜期从北向南为 170～240 天，≥0℃的积温为 4100～5200℃，≥10℃的积温为 3600～4700℃，日照 2000～2800 h。年降水量 500～800 mm，从北向南递增。本区水资源较为丰富，灌溉面积 50%左右，气温高，蒸发量大，降水集中，自然条件下对玉米的生长发育十分有利。

（三）西南丘陵山地玉米区

西南丘陵山地玉米区东从湖北襄阳向西南到宜昌，入湖南常德南下到邵阳，再经贵州、广西到云南，北从甘肃向东至秦岭与夏播玉米区相交，西与青藏高原玉米区为邻。包括四川、云南和贵州全省，陕西南部，广西、湖南和湖北的西部，甘肃的部分地区。玉米常年种植面积占全国的 20%～22%，总产占 18%左右。本区属温带和亚热带湿润、半湿润气候带，雨量丰沛，水热资源丰富。各地气候因海拔不同变化很大，除部分高山地区外，无霜期多在240～330 天，4～10 月平均气温在 15℃以上。年降水量为 800～1200 mm，多集中在 4～10月，有利于多季玉米栽培。本区光照较差，全年阴雨寡照天气在 200 天以上，常发生春旱和伏旱。近 90%的土地分布在丘陵山区和高原，河谷平原和山间平地仅占 5%，垂直分布特征十分明显。旱坡地比例大，土壤贫瘠，耕作方式较粗放。

（四）南方丘陵玉米区

南方丘陵玉米区北界与黄淮海平原夏播玉米区相连，西接西南山地套种玉米区，东部和南部濒临东海和南海，包括广东、海南、福建、浙江、江西、台湾等省的全部，江苏、安徽的南部，广西、湖南、湖北的东部。玉米种植面积占全国的 5%～8%，总产占全国的 5%左右。该区土壤多属红壤和黄壤，肥力水平较低，玉米单产水平不高。本区属热带和亚热带湿润气候，气温较高，年降水量 1000～1800 mm，雨热同季，霜雪极少，3～10 月平均气温在 20℃左右。

（五）西北灌溉玉米区

西北灌溉玉米区包括新疆全区，甘肃的河西走廊和宁夏的河套灌区。种植面积占全国的2%～4%，总产占全国的 3%左右。本区属大陆性干燥气候带，年降水量仅 200～400 mm，种植业完全靠融化雪水或河流灌溉系统。无霜期一般为 130～180 天。日照充足，每年 2600～3200 h。≥10℃的积温为 2500～3600℃，新疆南部可达 4000℃。本区光热资源丰富，昼夜温差大，对玉米生长发育和实现优质高产非常有利，属全国玉米高产区。自 20 世纪 70 年代以来，随着农田灌溉面积的增加，玉米面积逐渐扩大，玉米增产潜力巨大。

（六）青藏高原玉米区

青藏高原玉米区包括青海和西藏。玉米种植面积和总产都不足全国的 1%。本区海拔较高，地形复杂，高寒是此区气候的主要特点。年降水量 370～450 mm，西藏南部河谷地区降水较多。最热月平均温度低于 10℃，个别地区低于 6℃。在东部及南部海拔 4000 m 以下的地区，≥10℃的积温达 1000～1200℃，无霜期 110～130 天。光照资源十分丰富，日照时数可达 2400～3200 h。昼夜温差大，有利于玉米的生长发育和干物质积累。该区玉米播种面积小，栽培历史短，但增产潜力较大。

四、玉米科技发展历程

（一）玉米育种科技发展历程

中国玉米品种改良历史大致可分为 5 个阶段。

第一阶段（1925～1949 年）：为近代玉米育种启蒙时期。1925 年开始开展杂交玉米育种工作，20 世纪 30 年代后，中国育种家先后育成一批双交种。

第二阶段（1949～1959 年）：以农家种的评选和品种间杂交种的应用为主。先后评选出大面积推广的 '金皇后' '金顶子' '白马牙' '英粒子' '辽东白' 等优良地方品种 40 余个，选育出生产上应用的品种间杂交种 60 多个，全国玉米品种间杂交种种植面积达到 160 万 hm²；1957 年，提出了玉米杂种优势理论，推动了玉米育种的发展。

第三阶段（20 世纪 60 年代）：以推广双交种为主，单交种开始进入生产应用。20 世纪 50 年代末到 60 年代初，双交种 '双跃 3 号' '新双 1 号' '川农 7 号' 等一批优良品种育成，在全国 19 个省（自治区、直辖市）应用，其中 '双跃 3 号' 在 70 年代的推广面积达到 200 万 hm² 以上。同时开始进行单交种的选育工作，典型代表是 '新单 1 号'，创造亩产 608 kg 的纪录，在十多个省（自治区、直辖市）迅速得以推广，标志着中国玉米育种从选育双交种转向选育单交种。此后相继育成了 '白单 4 号' '忻黄单 9 号' 等 20 余个优良单交种，占全国玉米种植面积的 1/4 以上。

第四阶段（20 世纪 70 年代）：进入以单交种为主的时期。'中单 2 号' '郑单 2 号' '豫农 704' '嫩单 1 号' 等优良单交种的推广进一步扩大了杂交玉米的种植面积。至 1978 年，全国杂交玉米播种面积近 1466.6 万 hm²，占玉米总面积的 71.8%，其中一半以上是单交种。

第五阶段（1980 年以后）：中国玉米进入产业发展新阶段，开始了有组织、有计划的玉米育种工作。一批优良杂交种，如 '丹玉 13' '掖单 13' '农大 108' '郑单 958' 等优良品种的选育与推广使玉米单产和总产稳步提高，特别是掖单系列玉米的选育引领了中国玉米育种目标向耐密方向转变。

我国玉米种质资源收集保存始于 1952 年，20 世纪 50 年代全国共收集到 20 000 多份。以后又于 1982 年、1994 年从全国联合攻关等渠道收集、鉴定、保存玉米种质资源 15 961 份。这些种质资源多数是硬粒型、马齿型和中间型，少量是糯质型、甜质型、粉质型、爆裂型等。同时，评选出了一些矮秆、早熟、多行、大穗、抗大斑病、抗丝黑穗病、耐寒、高脂肪和高赖氨酸等特殊性状的种质。

我国于 20 世纪 70 年代开始进行种质资源改良创新，经过多年的努力，培育出了一大批种质资源群体，并从中选育出了一批优良自交系。此外，我国还引进驯化了一批热带、亚热带群体，并育成一些综合性状优良的自交系，丰富了我国玉米的种质基础。20 世纪 80 年代中期，我国开始对国内玉米杂交种的种质基础进行研究。王懿波（1997，1999）对"八五"期间全国各省审（认）定的 115 个杂交种及其 234 个亲本自交系进行遗传分析，表明我国主要自交系分为 5 个杂种优势群、9 个亚群。从 1980～1994 年，我国生产上用的主要种质是'改良瑞得''改良兰卡斯特''唐四平头''旅大红骨'等 4 个杂种优势群；利用的主要杂种优势模式是：'改良瑞得'×'唐四平头''改良瑞得'×'旅大红骨''改良兰卡斯特'×'唐四平头''改良兰卡斯特'×'旅大红骨'。经过多年研究，育种单位相继育成一批配合力高、抗病性强和适应性广的自交系，如'自 330''黄早 4''获白''掖 478''许052'，并利用引入的优良自交系，如'C103''Mo17'等育成了一批优良单交种。我国自20 世纪 70 年代初推广玉米单交种以来，单交种经历了 5 次更新换代，5 个领衔换代的品种是'中单 2 号''丹玉 13''掖单 13''农大 108''郑单 958'。5 个领衔换代品种均来自'自 330'（'黄 C'）、'Mo17'（'Mo17Ht'）、'掖 478'（'郑 58'）、'丹 340'和'黄早 4'（'昌 7-2'）5 个自交系。1982～2016 年，出现了 28 个年推广面积超过 666.67 万 hm² 的玉米杂交品种，28 个品种中，除'鲁原单 4 号''吉单 101''德美亚 1 号'等 3 个品种外，其余25 个品种分别与'唐四平头'（'黄早四''昌 7-2'）、'Mo17''自 330''掖 478''丹 340''78599'和'先玉 335'的衍生系之一或之二有关。

在基因工程育种方面，1992 年我国获得了第一批转 *Bt* 基因的抗玉米螟玉米，1995 年建立了完整的玉米转基因工程技术体系，1999 年首次利用农杆菌完成了转基因玉米杂交品种。此外，我国在分子标记辅助育种、杂种优势分子基础、分子设计育种、基因组学、表型组学技术、CRISPR/Cas9 基因编辑技术等方面均取得了较大进展。

（二）玉米栽培科技发展历程

我国玉米栽培研究工作的发展，大致可分为 3 个阶段。

第一阶段（20 世纪 50～70 年代）：以产量为目标，主要以筛选和推广良种、精耕细作、合理密植、科学施肥、改革耕作制度和改善农田条件为主要手段来提高产量，栽培技术主要是针对单项生产因素的改善。20 世纪 50 年代，主要总结农民丰产经验、推广高产栽培经验与种植新技术；20 世纪 60 年代，在总结高产经验的基础上，从分析高产田长势长相入手，研究玉米生物学和生态、生理学，开展土、肥、水、光、热等生态因素的综合研究，揭示玉米高产规律，探索农业措施对玉米生长发育的影响；20 世纪 70 年代，围绕产量的提高，在器官建成、结构与功能的关系及对玉米产量形成的影响等方面开展了大量的研究，提出了高产玉米的合理群体动态指标、施肥技术指标、灌溉技术指标及看苗管理形态指标等。

第二阶段（20 世纪 80～90 年代）：在充分研究器官形态建成、生长发育特点的基础上，以建立高产高效群体为目标，通过技术集成和模式化栽培进一步提高产量。20 世纪 80年代，进一步对玉米器官的建成、生长发育规律进行深入研究，丰富了玉米器官生育规律及促控理论，并将系统科学理论引入玉米栽培体系中。玉米栽培由单项技术向综合技术发展，规范化、模式化栽培得到了推广应用。此外，地膜覆盖栽培、育苗移栽和化学控制技术得到了广泛研究和应用。20 世纪 90 年代，围绕高产玉米光合机制、源库关系、籽粒建成及集成栽培技术措施进行研究，对传统的群体结构观念和理论有所突破，并提出高产、优质、高效及绿色无公害栽培，形成较为完整的栽培技术体系。此外，充分利用计算机、人工智能和"3S"技术等现代信息技术成果，开展了生长模拟模型、栽培决策系统研究，开拓了玉米栽培学研究的新领域。

第三阶段（进入 21 世纪）：以简化、节本、高产、优质、高效为主攻目标，以耐密、抗逆品种和机械化作业为载体，实行玉米高产高效栽培。进入 21 世纪，随着社会经济的快速发展，农村劳动力减少。由于畜牧业、加工业的快速发展对玉米需求的拉动，玉米种植面积迅速扩大，高产、高效和技术简化成为这一时期玉米栽培研究的主要目标。农机农艺融合、机械收获、单粒精量点播技术及种衣剂、除草剂的推广，使得玉米生产全程机械化程度得到快速提高。玉米产量潜力及高产突破途径研究取得新的进展，资源高效利用、绿色安全生产已成为日益关注的问题。

经过 60 多年的不懈努力，玉米栽培已从以经验指导为主转向以科学指导为主，以定性研究为主转向定性与定量研究相结合，由产量单一目标向高产、优质、高效、生态、安全多目标发展。

第二节　玉米的生物学基础

一、玉米的起源与分类

（一）玉米的起源与传播

玉米起源于美洲大陆。但起源中心至今尚有几种不同的观点。华德生、瓦维洛夫等认为，玉米的起源地在中美洲的墨西哥、危地马拉和洪都拉斯。达尔文、第康道尔等认为，玉米的起源地在南美洲的秘鲁和智利海岸的半荒漠地带。韦瑟伍克斯、曼格尔斯多夫等认为，玉米起源地有两个，初生起源中心在南美洲的亚马孙河流域，包括巴西、玻利维亚、阿根廷等；中美洲墨西哥和南美洲秘鲁是第二起源中心，包括从墨西哥向南沿安第斯山的狭长地带。布卡索夫登认为，玉米有多个起源中心。

玉米在 16 世纪首先从美洲传到西班牙，随着世界性航线的开辟，玉米基本上是沿着三条路线传播到世界各地。玉米传入我国的途径可能有三条。第一条，先从北欧传至印度、缅甸等地，后从印度或缅甸引种到我国的西南部。第二条，先从西班牙传至麦加，后由麦加经中亚引种到我国西北。第三条，先从欧洲传至菲律宾，后经海路引种到我国东南沿海。

玉米的祖先也有不同的起源假说，包括有稃玉米理论、共同祖先理论、三成分理论、野生玉米与多年生大刍草杂种理论和大刍草理论 5 个主要假说。与玉米关系密切的近缘种是大刍草（*Zea mays* L. ssp. *mexicana*），它是一年生草本植物，与玉米一样有 10 对染色体，遗传特性相似，两者杂交亲和，后代可育。它们雌雄同株、异花、异位。它们的雌花差别较为明显，玉米籽粒不具备分离脱落性质，不能自己传播种子，而大刍草籽粒成熟后可剥离脱落，自行传播种子，具有典型的野生性。

（二）玉米的分类

玉米（*Zea mays* L.）属于禾本科，玉米属，玉米种。玉米籽粒的外观、颜色、质地和组成等方面有着非常丰富的多样性。

按籽粒形态和结构分为硬粒型、马齿型、中间型、甜质型、爆裂型、粉质型、糯质型、甜粉型、有稃型 9 类，前 3 种在我国种植面积最大；按播种期分为春、夏、秋、冬玉米；按生育期分为极早熟、早熟、中熟、中晚熟、晚熟玉米等；按用途分为食用、饲料用、工业用、药用等；按营养价值分为普通玉米、优质蛋白玉米、高油玉米、甜玉米、糯玉米等；按杂交种亲本组成分为顶交种、单交种、双交种、三交种、综合种等。

二、玉米的生育过程与器官建成

（一）玉米的一生

玉米从播种到新的种子成熟收获为玉米的一生。它经历种子萌动发芽、出苗、拔节、孕穗、抽雄开花、吐丝、受精、灌浆直到新的种子成熟，才能完成其生活周期。

（二）玉米的生育期与生育时期

1. 生育期 生育期是指玉米从播种出苗至成熟所经历的天数。生育期长短与品种、播种期和温度等有关。一般早熟品种或温度较高的情况下生育期短，反之则长。

2. 生育时期 在玉米一生中玉米植株外部形态和内部生理特性会发生一些阶段性的变化，依据这些变化可划分为若干个时期，称为生育时期，各生育时期及鉴别标准如下。

（1）出苗期 幼苗出土高约 2 cm 的时期。

（2）三叶期 植株第三片叶露出叶心 2～3 cm 的时期。

（3）拔节期 雄性生长锥伸长，茎节总长度达 2～3 cm，叶龄指数为 30 左右的时期。

（4）小喇叭口期 雌穗分化进入伸长期，雄穗进入小花分化期，叶龄指数 46 左右的时期。

（5）大喇叭口期 雌穗进入小花分化期、雄穗进入四分体期，叶龄指数 60 左右，雄穗主轴中上部小穗长度达 0.8 cm 左右的时期。

（6）抽雄期 雄穗尖端露出顶叶 3～5 cm 的时期。

（7）吐丝期 雌穗的花丝从苞叶中伸出 2 cm 左右的时期。

（8）籽粒形成期 果穗中部籽粒体积基本建成，胚乳呈清浆状的时期，也称为灌浆期。

（9）成熟期 籽粒干硬，基部出现黑色层，乳线消失，并呈现出品种固有的色泽和特征的时期。

一般大田或试验田，以全田 50%以上植株达到以上标准作为进入该生育时期的标志。

（三）玉米器官建成

1. 营养器官的形态特征与功能

（1）根的形态、生长与功能 玉米属须根系，由胚根与节根组成。

1）胚根。胚根又称初生根或种子根，最先由胚长出的一条幼根叫初生胚根或主胚根，经 1～3 天由中胚轴基部、盾片节上陆续发生的 3～7 条幼根，称次生胚根。初生胚根和次生胚根组成初生根系，是幼苗期的主要根系，随着玉米的生长，其功能渐为地下节根所代替。

2）节根。节根又叫次生根或永久根，是着生在茎节上的居间分生组织，植物学上叫不定根。一般把长在地下茎节上的根叫地下节根，把着生在地上茎节的根叫地上节根，通称气生根或支持根（图3-1）。

当幼苗生出 2～3 片叶时，开始发生第一层地下节根，一般 4～6 条。随着茎叶的生长，依次向上发生，可达 4～8 层，1～4 层节根因节短而比较密集。地下节根是玉米的主要根系。地上节根在玉米拔节后开始发生，暴露在空气中，根系粗壮坚硬，含色素，具有固定植株的作用。

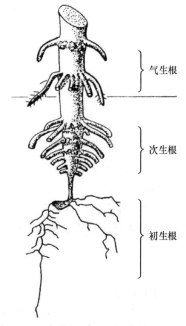

图 3-1　玉米的根系（刁操铨等，1994）

整个生育期根的生长过程可分为 4 个生长期：①缓慢增长期（发芽至拔节期），根的生长量仅有其最大干重的 5%～8%；②直线增长期（拔节至开花期），该时期是次生根、气生根及侧根大量形成的时期；③稳定期（开花期至乳熟期），该时期老根的衰亡和新根的产生相对平衡；④下降期，根系干重明显下降，直至成熟。

胚根在幼苗出土的 2～3 周内吸收和供应幼苗所需的水分和养分，而节根供应玉米整个生育期的水分和养分。一般而言，初生根的功能主要是建造幼苗；1～4 层节根的功能主要是促进下部茎叶及雌穗的分化发育；5～6 层节根的功能是固定茎秆，增加穗粒，防止倒伏；气生根的功能是促进中上部叶片的生长发育，增加穗粒，防止倒伏。在栽培上，应促进根的生长，防止根系早衰。

（2）茎的形态、生长与功能　　由胚轴分化发育形成茎，茎由节和节间组成。节间可分为伸长节间和缩茎节间，也可分为穗上节间和穗下节间。玉米节间一般有 14～25 个。位于地下部的不伸长茎节一般为 3～7 个。各节间长度表现出一定的规律性：基部粗短，向上逐节加长，至穗位节以上又略有缩短，而以最上面一个节间最长且细。

玉米茎秆最外一层是表皮，由表皮细胞组成，其外壁细胞增厚，含角质，有保护作用。表皮内是由 2～3 层木质化厚壁细胞组成的机械组织，是茎秆最坚硬的部分，有抗倒伏功能。茎中其余部分多为薄壁细胞组成的髓质，属基本组织。在茎的基本组织中排列着许多椭圆形的维管束，因没有形成层不能形成次生结构，故其增粗是借助于初生结构形成过程中细胞体积的增大和初生分生组织的增长。玉米茎秆伸长主要有两类，一是顶部生长，苗期分生组织细胞不断进行分裂、伸长生长和分化，使茎的节数增加，同时产生新的叶原基和腋芽原基；二是居间生长，居间分生组织细胞分裂生长和分化成熟，节间明显伸长。茎的功能有：运输水分、提供养料、贮存营养物质、支持植株并使叶片均匀分布。

（3）叶的形态、生长与功能　　玉米的叶着生在茎节上，由叶鞘、叶片、叶环和叶舌组成，是光合作用的主要器官。叶鞘紧包茎秆，质地坚硬，有保护茎秆和增强茎秆抗倒伏、抗折的作用。叶片中央有一条明显的主脉，叶片边缘有波纹皱褶，叶片基部与叶鞘交界处有环状而加厚的叶环。叶舌着生在叶片与叶鞘交接的内侧，有防止病虫进入叶鞘内侧的作用，有的品种无叶舌。

玉米杂交种的叶片数量为 14～25 片，根据单株叶片的多少可以判断品种的熟期。但环境条件对叶片数的多少有影响，春播比夏播叶片数多。叶片的生长可分为叶原基分化、露尖、展开、发黄、枯黄等 5 个时期。

玉米不同部位叶片对器官建成的作用不同，按"供长中心叶"和"生长中心"的关系，把玉米叶片分为 4 组：①根叶组——在出苗至拔节期形成，其功能主要是促进根系生长；②茎叶组——在拔节期至大喇叭口期形成，主要功能是促进茎秆发育及促进雄穗生长发育；③穗叶组——在大喇叭口期至孕穗期形成，主要功能是促进雌穗生长发育；④粒叶组——在孕穗至开花期形成，主要功能是促进籽粒生长发育。不同节位叶对产量的贡献也有差别，一般中部叶片大于上部叶片，上部叶片又大于下部叶片。其穗位及其上下叶对产量的作用最大，又称"穗三叶"或"棒三叶"。

玉米叶夹角小，叶片上挺，截光性好，光能利用率高，有利于密植，对提高产量有一定作用。

2. 花器官的形成与发育

（1）花序与花　　玉米属雌雄同株异花、异形异位的异花授粉作物。雄花着生在植株顶部，雌花着生在植株中上部茎节上。

雄花序为圆锥花序，由主轴和若干分枝组成，主轴上着生若干行成对小穗；分枝较细，着生两行成对小穗。每对小穗中，上方为有柄小穗，下方为无柄小穗。每个小穗有两朵小花，小花由护颖、内颖、外颖、鳞片和雄蕊组成（图3-2）。

玉米雄花的开花顺序，一般是主花序穗轴中上部小花首先开放，然后从靠近主轴分枝开始向下部分枝依次开放。开花期是从抽雄后 5～7 天开始的，盛花期在开花后的第 2～5 天，此时开花数占总花数的 80%～90%。一天内开花的最盛时间在上午 7～11 时，又以 8～10 时最盛，占一天内开花总数的 70%，午后开花较少，仅占 15%左右。一朵小花自张颖到最大角度约需 1 h。

雌花序属肉穗花序，为一个变态的侧枝，由茎节上叶腋中的腋芽萌芽发育而成，由穗柄、苞叶和果穗组成。穗柄由多个短的茎节组成，果穗着生于穗柄上。苞叶相互重叠，包住果穗。果穗的穗轴由侧枝顶芽形成。穗轴粗大，红色或白色。穗轴节很密，每节着生两个无柄小穗，成对纵行排列，每个雌小穗基部有两片护颖，中间有两朵小花，一为退化花，仅留内、外颖和退化雌雄蕊痕迹；一为结实花，有内、外颖和一个雌蕊及退化的雄蕊（图3-3）。玉米果穗籽粒行数呈偶数，一般多为 14～18 行。结实小花雌蕊基部是一个膨大的子房，上面着生花柱与花丝（柱头）。子房由两心皮组成，其内为一个胚珠。玉米花柱极短，花丝很长，上面着生茸毛，花丝与花柱相连的基部是花丝生长区，细胞分裂旺盛，使花丝不断伸长，直到授粉才停止生长。

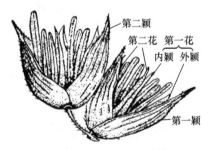

图 3-2　玉米雄小穗花（刁操铨等，1994）

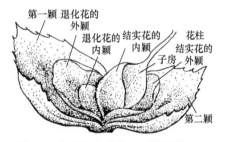

图 3-3　玉米雌小穗花（刁操铨等，1994）

玉米雌穗花丝一般在雄花始花的 1～5 天开始伸长，果穗中下部花丝最先开始伸长，然后是果穗基部和顶部花丝伸长。玉米花丝受精能力一般可保持 7 天左右，以抽丝后第 2～5 天受精能力最强，抽丝后 7～9 天花柱生活力衰退，至第 11 天几乎丧失受精能力。

（2）雄穗与雌穗的分化与发育

1）雄穗的分化与发育。可分为生长锥突起期、生长锥伸长期、小穗分化期、小花分化期和性器官形成期（图3-4）。

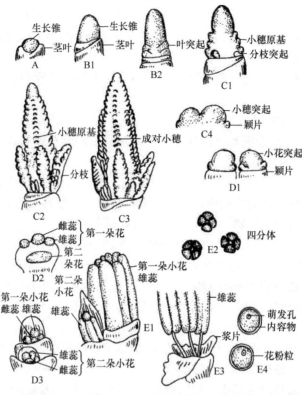

图 3-4　玉米雄穗分化的主要时期（刁操铨等，1994）

A. 生长锥突起期；B1～B2. 生长锥伸长期；C1～C4. 小穗分化期；D1～D3. 小花分化期；E1～E4. 性器官形成期

A. 生长锥突起期：生长锥突起，表面光滑呈半球状圆锥体，长宽相近，基部由叶原基包围，植株尚未拔节。

B. 生长锥伸长期：生长锥已明显伸长，表面仍为光滑的圆锥体，长度约为宽度的 2 倍。随着生长锥的分化，其下部形成叶原基突起，中部开始分节，节上着生小穗原基。

C. 小穗分化期：生长锥基部出现分枝原基，中部出现小穗原基（裂片）。以后每小穗原基又形成两个小穗突起，大的在上，发育为有柄小穗，小的在下，成为无柄小穗，以后在小穗基部可形成颖片原基。同时，生长锥基部的分枝原基迅速发育成分枝，在分枝上又分化为成对排列的小穗。

D. 小花分化期：每一个小穗的颖片原基上又分化出两个大小不等的小花原基，随后小花原基形成 3 个雄蕊原始体，中央为一个雌蕊原始体，表现为两性花。以后，雌蕊退化，雄蕊继续发育。两朵小花中，上部小花发育较好，体积较大。每朵小花都形成内、外颖和两片浆片。

E. 性器官形成期：雄蕊迅速生长并产生花药，花粉囊中花粉母细胞进入四分体期，随后花粉粒形成，内容物充实，穗轴节片迅速伸长，护颖与内、外颖也迅速生长，雄穗体积迅速增长，外部形态进入孕穗期。

2）雌穗的分化与发育。可分为以下 5 个时期（图 3-5）。

A. 生长锥突起期：生长锥表面光滑，体积很小，宽度大于长度。生长锥下方已分化出节和缩短的节间，将来发育为穗柄。每节上有叶的原始体，以后发育成苞叶。

B. 生长锥伸长期：生长锥已明显伸长，长度大于宽度，然后生长锥基部出现分枝和叶原基突起。在这些叶原基突起的叶腋间，将形成小穗原基。此期约相当于雄穗小花分化期。是争取大穗的关键时期。

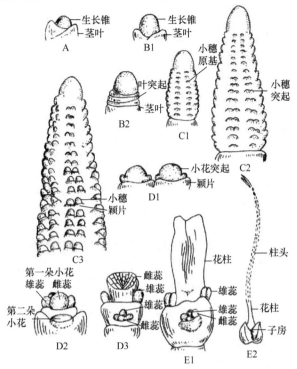

图 3-5　玉米雌穗分化的主要时期（刁操铨等，1994）

A．生长锥突起期；B1～B2．生长锥伸长期；C1～C3．小穗分化期；D1～D3．小花分化期；E1～E2．性器官形成期

C．小穗分化期：生长锥继续增长，出现小穗原基（裂片）。每个小穗原基进一步分化出 2 个并列的小穗突起，继而形成并列的小穗。小穗原基的分化是从穗的中下部开始的，渐次向上向下分化。生长锥中下部及基部出现并排小穗突起时，生长锥的顶部还是光滑圆锥体。只要肥水条件适宜，可继续分化出小穗原基，并延续到以后几个分化时期。因此，可分化出更多小穗。

D．小花分化期：小穗分化为上下 2 个大小不等的小花原基，上方较大的发育为结实花，下方较小的退化为不孕花。此时，在小花原基基部分化出 3 个雄蕊原始体，中央出现 1 个雌蕊原始体。在小花分化末期，雄蕊退化，雌蕊原始体发育成单性花，此期是影响果穗粒数和整齐度的关键时期。

E．性器官形成期：雌蕊柱头渐长，基部遮盖胚珠并形成柱头通道，顶部分权。同时，子房膨大，胚囊母细胞发育成熟。果穗急剧增大，花丝抽出苞叶。

3．开花、花粉的生活力和籽粒的形成与充实

（1）开花　　雄穗散粉、雌穗抽出花丝称为开花。一般在抽雄后第 1～2 天开花散粉，可持续 7～11 天，开花第 3～4 天散粉量多，花粉质量高，受精能力强。雌穗一般在雄穗开花后的第 2～8 天抽出花丝，即雌穗开花。在同一个雌穗上，由于各小花着生部位和花丝的生长速度不同，花丝伸出苞叶的时间可相差 2～5 天。一般雄穗和雌穗始花有一定的间隔，称为雌雄间隔，它是衡量品种对当地是否适应的指标，雌雄间隔小表明该品种适应性好，雌雄间隔大不利于结实，品种的抗逆性差。

（2）花粉的生活力　　是指花粉粒能产生花粉管、正常受精的能力。花粉的受精能力与花粉的成熟度有关。玉米一个雄穗可产生 2000～4000 朵小花，散播 1500 万～3000 万花粉粒，花粉生活力在开花 4 h 内较强，8 h 后开始显著下降。适宜散粉的温度为 18~35℃，最适为 25~27℃，当温度高于 35℃时则出现高温杀雄现象。

花丝的生活力，一般是指花丝能够接受花粉而受精的能力。花丝的生活力及维持时间的长短与植株的内部因素、外界条件有关，越晚抽出的花丝，生活力越弱。花丝生活力在吐丝后 1~6 天最强，7 天后开始下降，13 天时则已经丧失活力，其对环境的适应要比花粉粒强。

（3）籽粒的形成与充实 玉米开花授粉以后，植株的生长中心和物质分配中心已转移到籽粒。因此，受精之后，籽粒的生长与代谢十分活跃，在胚和胚乳生长发育的同时，籽粒的形状、大小、质量、含水量等都发生着明显的变化。籽粒变化的总趋势是：含水率逐渐下降，干物质重一直增加，鲜重和体积开始增长得很快，达到最大值后又开始不同程度的下降。

玉米籽粒的形成与充实是一个连续不断的过程，但不同时期又有其侧重点。玉米籽粒整个生长发育过程可分为籽粒形成期、乳熟期、蜡熟期和完熟期。前一个时期主要是器官的分化形成，后三个时期主要是干物质的增长积累。

1）籽粒形成期。胚分化较快，已分化出胚根、胚轴和胚芽，到此期末，胚已具有发芽、繁衍后代的能力。籽粒体积和鲜重增加很快，已达成熟时的 50%左右；粒形由圆形逐步变为本品种籽粒的固有形状，但干物质积累很少。初期胚乳呈清液状，后期出现淀粉粒，胚乳浑浊。此期一般在受精后持续 12~17 天，早熟品种稍短，晚熟品种稍长。此期是决定籽粒育性的关键时期，植株的有机营养状况是决定籽粒败育程度的根本因素，影响因子主要是温度、水分和光照。此期同时也是果穗生长速度最快的时期，果穗已达到或接近正常长度。

2）乳熟期。此时灌浆速度很快，是干物质的直线增长期，胚乳由浑浊变为乳状，最后成为糨糊状。雌穗花丝变成褐色或暗棕色，外层苞叶颜色变浅，但仍呈绿色。干物质积累达最终重量的 70%~80%。鲜重和体积增长很快，已接近成熟时的正常大小。籽粒基本已具有本品种的形态特征。含水量处于高而平稳的阶段，含水量的下降曲线和干物质的增长曲线相交于该期结束前后。一般品种从受精后的 15 天左右起到受精后 35~40 天止，持续 20 天左右，是决定粒重的关键时期。这时期受土壤含水量、温度、光照影响最大。

3）蜡熟期。随着淀粉的沉积和含水量的降低，胚乳由糨糊状变为软蜡状，最后变为硬蜡状，籽粒中下部仍有乳浆。因籽粒处于缩水阶段，故穗粗略有减小。到蜡熟末期，含水率下降到 30%~40%，干物质继续增加，但速度减慢。此期一般持续 10~15 天。

4）完熟期（成熟期）。从蜡熟末期到完全成熟，持续 5~10 天。这时籽粒继续脱水变硬，仍有少量干物质积累，到完熟时灌浆停止，籽粒横切面出现粉状，籽粒干物重达到最大值。籽粒基部出现黑层，乳线消失，并呈现品种固有的色泽和特征，此为收获适期。

三、玉米的产量与品质形成

（一）玉米的产量形成

1. 玉米的产量及其构成 玉米产量一般分为生物产量和经济产量。生物产量是指在单位面积上玉米全生育期内所积累的干物质总量。其高低体现了玉米的物质生产力高低。经济产量是指在单位土地面积上籽粒的收获量，即一般所指的产量。收获指数（经济系数）是指经济产量占生物产量的比例，即生物产量转化为经济产量的效率。经济系数是衡量光合产物最终分配转移利用的主要指标，经济系数大，表明光合产物分配、转移到籽粒中的较多。在光合产物积累较多的基础上，使更多的光合产物转运到产品器官中去，提高经济系数，是增加籽粒产量的重要途径。玉米经济系数的大小，是品种、环境和栽培措施综合作用的结果。玉米产量的高低主要取决于单位面积穗数、穗粒数和粒重。

（1）穗数 单位面积穗数是群体库容量的主要构成因素。目前国内外报道的高产纪录绝大多数是通过增加穗数实现的。增加每公顷穗数可以通过增加种植密度和单株穗数来实现。当留苗密度确定之后，单位面积上的穗数多少主要取决于空秆率和单株穗数。

1）单株穗数。玉米单株结穗数的多少，一是取决于品种的遗传特性，二是取决于栽培条件，二者有机结合才能发挥单株结穗数的潜力。玉米茎秆除最上部的 5～7 个节外，每节都有一个腋芽，地下部几节的腋芽可发育成分蘖，茎秆中上部 1～2 个节上的腋芽可发育成果穗，果穗以下至地面以上的各个腋芽，停留在不同的穗分化时期。形成这种状况是植株体内营养物质的分配差异造成的。

2）空秆形成的原因。空秆是玉米高产稳产的重要障碍。造成玉米空秆的原因很多，与品种特性、栽培条件、病虫危害密切相关。空秆率受密度的影响最大，在低密度下，空秆率随密度增加而增加的幅度小；密度越大，空秆率受密度的影响越大。从植株本身来讲，营养不足或养料分配失调，是造成空秆的主要原因。在群体中，有的植株生长细弱，干物质积累少，不能形成果穗而发育成为空秆。

（2）穗粒数 玉米穗粒数是构成库容量的重要因素之一。穗粒数的多少，主要取决于雌穗分化的总小花数、受精的小花数及受精后的小花能否发育成有效籽粒。花数主要受基因型制约，是相对稳定的；粒数主要受环境条件的影响，变动较大。二者结合好，才能实现花多、粒多，从而实现高产。

1）雌穗小花数。玉米雌穗分化的总小花数目，一般早熟小穗型品种有 600 朵左右，中熟中穗型品种有 800 朵左右，晚熟大穗型品种有 900～1100 朵。在良好的栽培条件下，上述品种的有效结实率都在 65% 以上。决定雌穗小花数目的时期在小喇叭口期至抽雄期，抽雄期雌穗分化的小花数达最高值。

2）粒数。小花受精后即发育成籽粒。果穗上的受精子房一部分正常发育成为有效粒，形成经济产量；另一部分在生长发育过程中，先后停止生长发育而瘪缩，不能发芽或发芽率很低，称为败育粒。总粒数的多少，取决于受精的小花数、有效粒的多少和败育的籽粒数。败育粒的数量变化很大，可由几粒到几百粒，从果穗顶端逐渐向下发展。败育粒的多少，一方面取决于品种的遗传特性，另一方面受环境条件的影响。

（3）粒重 粒重的高低取决于籽粒体积的增长、籽粒的灌浆速度和灌浆持续期。

1）籽粒体积的增长。籽粒体积的增长包括胚、胚乳和果皮体积的增长。

2）籽粒的灌浆速度。光合源制造的碳水化合物和根系吸收的营养物质及其他器官暂时贮存的物质，不断地输送到籽粒中去，在籽粒中转化为贮藏物质，称为灌浆。每日每粒（或千粒）增加的干重，称为籽粒的灌浆速率。玉米籽粒灌浆速率受品种和环境条件的影响很大，加强开花后的肥水管理，可以有效地提高灌浆速率，增加粒重。

3）灌浆持续期。籽粒灌浆从授粉开始，直至乳线消失、黑层形成后才停止。灌浆开始到停止，所经历的时间为灌浆持续期。灌浆持续期的长短，对籽粒库的充实度和粒重影响很大。一般灌浆速率高，持续期长，则籽粒饱满，千粒重高。灌浆持续期的长短受品种特性和气候条件影响较大。早熟品种，籽粒灌浆持续期短；晚熟品种，籽粒灌浆持续期长。

2. 玉米的产量形成　　玉米属 C_4 作物，光合强度最高可达 89 mg CO_2/（$dm^2 \cdot h$），光补偿点在 1400～8000 lx，CO_2 补偿点为（1.3±1.2）μL/L。黄淮海平原夏玉米的光温生产力可达到 15 000～21 000 kg/hm^2，西南山区春玉米的光温生产力可达 18 990～23 385 kg/hm^2。

（1）玉米对光能的利用　　照射到玉米植株上的太阳光并不是全部为绿色叶片所吸收，大部分辐射日光能或被反射并散失到空间，或直接漏到地面，或透过叶片而没有被吸收。目前，玉米田间光能利用率一般只有 0.5%～1.5%，高的可达 2%～3%，少数能达到 4%～5%。玉米田间叶面积的冠层截光效率对光能利用和光合产物有直接的影响，不同密度间截光效率和漏射率存在明显差异，在每公顷 30 000、45 000 及 60 000 株的密度下，截光效率分别为 67.8%、78.7% 及 81.8%，而漏射率却由 23.8% 下降到 12.5% 和 7.3%。

（2）玉米的源与库的关系　　源库均影响玉米产量。不同品种间源库特性存在差异，且受环境条件的限制和栽培措施的调控。品种与环境之间原有的平衡关系，因新品种的应用被打破，需要采取适应环境条件的栽培措施，以满足发挥品种遗传潜力的要求，即通过栽培措施调节源库关系来协调个体与群体间的矛盾，从而在品种与环境间建立新的平衡关系。产量形成过程中，产量的提高和潜力的发挥是品种与环境相互协调的过程，表现在源库平衡关系中，源是主导因素，库随源的变化进行调整，达到源库新的平衡。

（3）玉米光合性能与产量的关系

1）叶面积与产量的关系。不同品种、不同产量水平的群体间叶面积指数有显著差异。高产群体表现出"前期快、中期稳、衰落慢"的特点，且上层、中层、下层茎叶夹角合理，保证了玉米群体在整个生育期内有足够的绿叶面积进行光合作用，以增加籽粒的光合积累。

合理的叶面积指数是相对的，随着生产条件的改善和玉米杂交种的更替，合理的群体叶面积指数在不断地变化。在 20 世纪 60 年代，单产 5625 kg/hm^2 左右的玉米高产田，最大叶面积指数为 3.0～3.5，单产近 7500 kg/hm^2 的高产田，最大叶面积指数为 3.5～4.0；到 20 世纪 70 年代末，单产超 7500 kg/hm^2 田块的合理叶面积指数一般为 4.0～4.5；20 世纪 80 年代以来，由于玉米杂交种的改良、株型改善，产量突破 15 000 kg/hm^2，最大叶面积指数达到 5.0～5.5；近年来，由于耐密、广适、多抗品种的广泛应用，产量达到 15 000 kg/hm^2 时，很多品种的叶面积指数突破 6.0。

2）光合势与玉米产量形成的关系。叶面积虽然能影响作物产量，但还要考虑光合时间，衡量指标为光合势（$m^2 \cdot d$）。在一定范围内，群体光合势越大，光合作用的时间越长，产量就越高。山东省菏泽市农业科学院报道，当总光合势为 1.1192×10^6 $m^2 \cdot d$/hm^2 和 1.4222×10^6 $m^2 \cdot d$/hm^2 时，单产分别为 3120 kg/hm^2 和 4882.5 kg/hm^2；总光合势为 1.72848×10^6 $m^2 \cdot d$/hm^2 和 1.80×10^6 $m^2 \cdot d$/hm^2 时，单产分别为 6750 kg/hm^2 和 7287 kg/hm^2。但是，产量随光合势的增大而提高，与品种的增产潜力、地域条件和栽培措施还有密切的联系。

3）净同化率对产量形成的作用。净同化率是指每日每平方米的叶面积所累积的干物质的克数。净同化率的高低与植株干物质的累积有密切关系。据贵州大学农学院（2001）研究，紧凑型玉米密度 61 500～73 500 株/hm^2，产量 12 109.5～12 325.5 kg/hm^2，净同化率动态变化为：四叶全拔节期为 3.76～3.78 g/（$m^2 \cdot d$），拔节至大喇叭口期为 6.14～6.64 g/（$m^2 \cdot d$），大喇叭口至抽雄期为 6.49～6.99 g/（$m^2 \cdot d$），抽雄至乳熟期为 11.93～12.78 g/（$m^2 \cdot d$），乳熟至蜡熟期为 4.4～5.9 g/（$m^2 \cdot d$），全生育期平均净同化率为 6.26～7.35 g/（$m^2 \cdot d$）。

4）光合势、净同化率、经济系数与玉米产量形成的关系。经济产量是光合势、净同化率与经济系数的乘积。随着玉米经济产量的提高，光合势与经济系数都相应增高，而净同化率则有下降的趋势。在每公顷 5250 kg 的产量水平下，全生育期的总光合势约为 $150 \times 10^4 \, m^2 \cdot d$，净同化率为 10 g/$(m^2 \cdot d)$ 左右，经济系数为 0.36；籽粒产量达到 7500 kg 时，玉米生育期总光合势提高到 $225 \times 10^4 \, m^2 \cdot d$ 左右，净同化率降到 7.2 g/$(m^2 \cdot d)$ 左右，经济系数约为 0.46；当产量达到 9750 kg 时，总光合势达 $285 \times 10^4 \, m^2 \cdot d$ 左右，净同化率继续下降，约为 6.3 g/$(m^2 \cdot d)$，经济系数上升为 0.54。

（二）玉米的品质形成

玉米品质主要指营养品质和商品（外观）品质，其与品种类型、种植区域和栽培技术等有密切关系。对我国 153 个主要玉米杂交种的蛋白质、粗脂肪、淀粉和赖氨酸含量进行测定，其蛋白质含量为 6.55%～13.29%，粗脂肪含量为 2.25%～8.34%，淀粉含量为 57.77%～78.10%，赖氨酸含量为 0.20%～0.44%。这表明我国玉米品种间蛋白质、粗脂肪、淀粉和赖氨酸含量差异较大。一般中熟和中晚熟的硬粒、半马齿品种籽粒品质较好。西南山区玉米抽穗到成熟时间长，温度适宜，日照较好，有利于籽粒灌浆结实，玉米籽粒品质好。结实期遇高温会降低胚乳淀粉合成相关酶的活性，抑制淀粉积累，但能增加籽粒蛋白质的含量。玉米乳熟期至成熟期，是营养物质向籽粒转移的时期，如果这个时期光照不足，就会影响籽粒淀粉积累，降低籽粒的品质。土壤渍水可使根系活力降低，有碍蛋白质的合成，适度干旱则有利于籽粒蛋白质的合成。土壤营养状况、施肥情况和种植方式等都与玉米品质有着密切的关系。矿质元素和微量元素对玉米籽粒的品质都有影响，氮和磷能促进氨基酸和蛋白质的合成，钾能活化生理代谢过程中一系列酶的活性，增强玉米的抗性，促进光合产物的积累和运输，提高蛋白质的含量和质量，从而提高籽粒的品质。有些微量元素，如锌能调节生理代谢作用，对籽粒的发育和形成均有良好的作用。因此，氮、磷、钾肥的合理配合施用及适量施用微量元素均能提高玉米籽粒的内在品质和外观品质。

第三节 玉米主要性状的遗传与育种

一、玉米的育种目标及主要性状的遗传

（一）玉米的育种目标

当前及今后较长一段时期内，我国普通玉米育种的总体目标是：继续提高产量，改善玉米品质，增强抗逆性（抗主要病虫害、抗倒伏、抗旱耐瘠、耐阴雨寡照、适应性广等），使生育期适中等。同时，商业化步伐加快，要求杂交种的制种产量提高。因劳动力缺乏问题日益突出，育种目标还要考虑适应机械化生产的需求，如穗位整齐、籽粒脱水速度快等。特殊类型玉米还要求其品质达到相应要求。

我国不同玉米区自然条件不同，栽培耕作制度差异较大，应根据各区具体情况，制定适应本区的育种目标。

（二）主要性状的遗传

据研究，玉米的质量性状，如籽粒形状和质地、色泽、株型、配子体发育及核外遗传等受环境的影响较小。而由微效多基因控制的数量性状，受环境的影响较大。另有一些性

状，如植株高度、某些病害的抗性等，兼有质量性状与数量性状的遗传特点。

1. 穗部性状的遗传　　穗部性状是玉米主要的产量性状。多数研究认为，穗部性状的遗传受遗传主效应控制，以基因加性效应为主。也有研究认为玉米穗长主要受加性、显性效应的控制，穗粗的遗传较为复杂，易受环境效应影响，穗行数主要受加性效应控制。遗传率方面认为，胚加性效应是影响穗长、穗粗最重要的遗传效应，穗长的胚狭义遗传率为72.9%，穗粗的胚狭义遗传率为 83.4%。对于穗长、穗粗性状，累加选择效果明显，母体加性×环境、胚乳加性×环境对穗行数的影响同等重要，穗行数和百粒重应根据母体植株的总体表现再进行累加选择。

2. 籽粒性状的遗传　　玉米籽粒是研究玉米遗传最集中的性状之一。玉米的籽粒大，一个果穗上可以密集簇生数百粒籽粒，且由于果皮透明，三倍体胚乳和二倍体胚芽都可以进行直观观察并统计性状分离比例。

（1）籽粒类型的遗传

1）糯质玉米。糯质玉米是由普通玉米发生突变经人工选育而成的类型，籽粒胚乳淀粉几乎为支链淀粉，籽粒不透明，无光泽，外观呈蜡质状。糯质玉米是由一个隐性基因突变产生的，当核基因型为 $wxwx$ 时，胚乳表现为糯质。但普通玉米（基因型为 $WxWx$）与糯质玉米杂交时，由于胚乳直感，杂交当代籽粒就表现为普通型，F_1 代果穗上的籽粒就出现 3（非糯质）：1（糯质）的分离比例，Wx 基因位于玉米的第 9 条染色体上。

2）甜质玉米。又分为普通甜玉米、加强甜玉米、超甜玉米和甜脆玉米等，是受 1 个或多个隐性基因控制的胚乳突变体。普通甜玉米（su_1su_1，su_2su_2）籽粒皱缩呈不规则状，角质透明，乳熟期籽粒的可溶性糖含量为 10%～15%，比普通玉米高 1 倍左右，水溶性多糖含量为 20% 以上。su_1 基因位于第 4 条染色体上，su_2 基因位于第 6 条染色体上；超甜玉米（sh_2sh_2）是由 sh 基因控制的突变体，蜡熟期籽粒开始皱缩，成熟时籽粒明显凹陷，表面结构粗糙，乳熟期可溶性糖含量一般为 20%～25%，比普通甜玉米高 1 倍以上，sh_2 基因位于第 3 条染色体上；加强甜玉米（su_1se）是在 su 基因的基础上，加入了修饰基因 se，se 不能独立起作用，而是对 su 基因起加强或修饰作用，se 基因有剂量效应，加强甜玉米具有普通甜玉米和超甜玉米二者的优点；脆质玉米（bt，bt_2）胚乳容易破碎，蜡熟前像充满流质的液囊，蜡熟期籽粒皱缩，有明显的凹陷，表面结构粗糙、发脆，bt 基因位于第 5 条染色体上，bt_2 基因位于第 4 条染色体上。

3）粉质玉米。粉质玉米是由位于第 2 条染色体上的粉质胚乳基因 fl 控制的。该基因胚乳不透明、松软，有剂量效应，当马齿型（或硬粒型）与粉质型玉米杂交时，杂交当代并不出现直感现象，而是在 F_1 植株的果穗上分离出比例相等的马齿型（或硬粒型）与粉质型两种类型的籽粒，fl 基因的数量不同，会引起胚乳不同性质的表现，$flflfl$、$Flflfl$ 表现为粉质，$FlFlfl$、$FlFlFl$ 表现为马齿型（或硬粒型）。

不同类型的玉米之间杂交，其遗传表现不同。糯质玉米与甜质型玉米杂交时，杂交当代果穗上籽粒表现为粉质，F_1 植株的果穗上籽粒呈现 9（粉质）：3（糯质）：4（甜质）的分离比例，其中有基因的互补效应。粉质玉米与糯质玉米杂交时，F_1 籽粒为粉质，F_2 则出现 3（粉质）：1（糯质）的分离比例。

控制胚乳不透明和粉质特性的基因有 O（第 4 条染色体）、O_2（第 7 条染色体）、O_5（第 7 条染色体）、O_7（第 10 条染色体）、fl（第 2 条染色体）、fl_2（第 4 条染色体）、sh_1（第 3 条染色体）、wx（第 9 条染色体）等，任何一对基因为隐性纯合状态时，都有不透明的胚乳，O_2、O_7 和 fl_2 基因对改进蛋白质中的赖氨酸和色氨酸成分很有效，蛋白质成分的改进与 su、sh_2、bt 和 bt_2 的修饰也有关系。

（2）籽粒色泽的遗传 籽粒的色泽受果皮、糊粉层、胚乳淀粉层 3 个部分的影响。

果皮颜色性状的遗传主要受果皮色基因 P、Pv、p 与褐色果皮基因 Bp、bp 所控制。果皮颜色有红色（$P\_Bp\_\_$）、花斑色（一般为白底红条纹，$Pv\_\_Bp\_\_$）、棕色（P_bpbp）、白色（$pp\_\_$，无论 $ppBp\_\_$ 或 $ppbpbp$ 均为白色），其中 P、Pv、p 为 3 个复等位基因，显隐性关系为 $P>Pv>p$，P 位于第 1 条染色体上，bp 在第 9 条染色体上，属于两对基因的遗传。

果皮由子房壁形成，属母体组织，果皮色泽由母体基因型决定，无花粉直感现象。玉米的马齿型（$D\_$）与硬粒型（dd）也属果皮性状，通常当代不受花粉影响，在 F_1 植株果穗的籽粒上才表现，前者为显性遗传，后者为隐性遗传。

糊粉层有紫、红、白等颜色，主要由 7 对基因控制，花青素基因 A_1a_1、A_2a_2、A_3a_3，糊粉层基因 Cc、Rr、$Prpr$，色素抑制基因 i。当 A_1、A_2、A_3、C、R、Pr 均有显性等位基因存在，色素抑制基因 i 呈隐性纯合时，则表现为紫色（$A_1\_A_2\_A_3\_C\_R\_Pr\_ii$）。当 A_1、A_2、A_3、C、R 均有显性等位基因存在，pr 及色素抑制基因 i 呈隐性纯合时，则表现为红色（$A_1\_A_2\_A_3\_C\_R\_prprii$），或所有色素基因均为显性、抑制基因 i 也为显性状态时，仍表现为白色。显隐性关系为紫＞红＞白。

胚乳淀粉层有黄色胚乳（$Y\_$）与白色胚乳（yy），受一对基因控制，常见的黄玉米和白玉米即表现这一层的颜色。前者为显性，后者为隐性。

胚有紫色胚尖（$Pu\_\_$）和无色胚尖（$pupu$），主要受一对基因控制，紫色胚尖属于当代显性性状，可作为检查籽粒是否为孤雌生殖的标记性状。无色胚尖为隐性。

糊粉层和淀粉层均有花粉直感现象，但只有父本为显性性状时才表现出来，父本为隐性则不表现。如果用杂合株自交，则胚乳性状在 F_1 代植株即可产生分离。例如，黄胚乳×白胚乳的 F_1 代植株果穗上即有黄、白两色籽粒。

（3）籽粒其他品质性状的遗传 赖氨酸含量的遗传。1963 年 Mertz 发现了一个由单隐性基因（O_2）控制的籽粒胚乳突变体，其蛋白质中醇溶蛋白含量由普通玉米的 55.1%降至 22.9%，谷蛋白的含量则由 31.8%提高到 50.1%，同时蛋白质中赖氨酸含量提高了 69%。1964 年以后又发现了具有同样作用的 fl_2、O_7 基因等，fl_2 引起的赖氨酸含量变动范围大大超过 O_2，但在某些遗传背景下，只有 fl_2 等位基因纯合时，其增加赖氨酸含量的作用才能表现出来。1972 年 Misra 等报道，不仅 O_2、O_7、fl_2 具有改变蛋白质的潜能，甜质基因 su_1、sh_2 等也有这种潜能。影响玉米籽粒胚乳品质的基因还有 ae、al、du 等，它们均为隐性突变基因，产生的表现也不同，这些基因间还有互作效应。

油分含量及脂肪酸组分的遗传。1896 年，美国伊利诺伊州农业试验站以"Burrs white"为材料进行了玉米籽粒含油量的遗传研究，20 世纪 40 年代开始，美国就有大批科学家从事高油玉米的研究，20 世纪 70 年代后期，伊利诺伊大学从 $AlexhoC_6$ 群体育成了'R806'高油系，该系与 B_{73} 组配的杂交种含油量为 6.7%，比主推品种 B_{73}×MO_{17} 的含油量高 50%以上，且籽粒产量相近。20 世纪 80 年代初，Dfister 种子公司（Dfister Hybrid Corn Company）开始生产和销售高油玉米杂交种，含油量也在 6.5%～7.0%。我国于 20 世纪 80 年代初才开始高油玉米育种，但发展很快。中国农业大学的宋同明教授是我国高油玉米研究的开拓者，首次发现玉米籽粒含油量的花粉直感现象，经过多年努力，中国农业大学构建的高油玉米群体的含油量又有很大提高，还创造了我国独具知识产权的北农大高油（BHO）、亚伊高油（AIHO）

等群体，用这些群体选出的自交系已培育出了一批高油玉米杂交种，其含油量一般在 8%以上，特别是'高油 115''高油 298'等，其产量已与普通玉米相当，最高的含油量超过 10%，高于美国高油玉米杂交种水平。玉米籽粒油分 85%左右集中在种胚中，因此，高油玉米的特点是胚大、发育早而快、胚面较大。胚粒比大，胚含油量高，胚粒比可作为高油玉米育种的一个指标。玉米籽粒油分是由微效多基因控制的数量性状，经 90 轮选择的伊利诺高油系（IHO）群体，油分含量已 1 达 19.3%。该群体中控制含油量的基因有 69 个，大部分表现累加效应，少数表现为显性或起调节作用，遗传方式均以加性效应为主，其中胚加性、胚加性×环境、细胞质效应是影响较大的遗传效应。Goldman 等（1993）对来自 IHP×ILP 的 100 个 S_1 家系进行 RFLP 分子标记研究，在 13 个染色体上发现 25 个标记位点与含油量显著相关。玉米含油量有较高的遗传力，介于 0.77～0.98，且受环境的影响较小。

玉米油的主要成分是脂肪酸，其中油酸和亚油酸总含量占 80%以上，亚油酸在玉米油中含量最高。玉米籽粒的脂肪酸受多基因控制，加性效应对脂肪酸组分的遗传起着重要作用。同时，对脂肪酸组分改良时应注重对母体植株的选择，其中棕榈酸受母体加性×环境互作效应、胚乳加性×环境的共同影响，其母体互作遗传率为 39.4%，胚乳互作遗传率为 39.2%；胚乳普通遗传率为 20.2%，表明棕榈酸以互作遗传率为主，育种时宜在不同环境下，根据母体植株表现，结合单粒进行累加选择。硬脂酸主要受母体加性×环境、胚加性效应的控制，其母体互作遗传率为 43.7%，胚乳互作遗传率为 43.5%，育种中宜把硬脂酸低的种质作母本，在后代中选择硬脂酸含量低的单株再选择单粒。油酸主要受母体加性效应的影响，其遗传率为 46.1%以上，单株选择为主。亚油酸和 α-亚麻酸主要受母体加性及胚乳加性效应的共同控制，胚乳普通遗传率为 46.1%；母体遗传率为 42.4%，宜选择亚油酸和 α-亚麻酸含量高的单株，再配合单粒累加选择进行改良。Widstorm（1974）认为在第 4 条染色体的长臂上有 1 个控制高亚油酸的稳定基因。第 5 条染色体的长臂上有 1 个影响亚油酸和油酸含量的基因。

3. 植株性状的遗传　　玉米营养器官的形态存在广泛的遗传变异，这些变异除微效多基因体系控制外，还标定了 70 多个基因位点。

影响株高降低的单基因有 br、br_2、br_3、bv、cr、ct、ct_2、mi、na、na_2、rd、rd_2 等，在遗传背景非常一致的近等基因系之间，可以鉴别出它们的遗传效应。

br 可以使植株节间变短，尤其是果穗以下的节间变短，但成熟时叶片的大小与正常植株相同，且茎秆粗壮，因此，在抗倒伏、密植育种中有利用价值。基因型为 br_2br_2 的植株，叶片发育速度减慢，成株后果穗以下节间减少，全株节间变短。

na 基因可以使植株生长素的合成水平降低。

d、d_2、d_3、d_5、d_8、d_9 纯合基因型的植株高度缩短，宽皱而缩小的叶片像玫瑰花瓣一样，分蘖增多，Stein（1955）证实，dd 胚内子叶发育速度减慢，成株叶片减少，除显性矮生基因 D_8 外，其他隐性矮生株对施用赤霉素反应敏感。

lg、lg_2、lg_3 除降低植株高度外，可以使叶片上冲、挺立，叶耳消失，叶舌变短或消失。rs 影响叶鞘表面特征，$lala$ 植株缺少正常的直立型，发育成匍匐茎秆。

玉米植株性别发育也受若干基因支配。an、d、d_2、d_3、d_5、d_8 这些矮化基因还可以使雌花序发育成具有花药的完全矮化雄株。ts_1、ts_2、ts_3、ts_4、ts_5、ts_6 能使雄花序发育成雌雄同穗的两性花序或形成完全雌花。ba、ba_2 可以使雌花序发育受阻，只有顶端雄花序发育。因此，不同基因型玉米植株会表现不同的性别。$Du\_\_Ts\_\_$ 是正常的雌雄同株异花，$Du\_\_ts_5ts_5$ 的顶端雄花会发育成雌花并能受精结实成为全雌株；*babatsts* 叶腋无雌花序发育，但顶端雄花发育成为完全雌株。如果让雄株 *babaTsts* 与雌株 *babatsts* 杂交，F_1 出现全雌株与全雄株 1：1 的分离。

雄穗分枝数的多少是一些自交系或品种的主要性状。ra_1 的雄穗和雌穗具有较多分枝，ra_2 的雄穗具有较多分枝且向上。*bd* 植株果穗的小穗分化为分枝，分枝又长出小穗，从而形成果穗分枝的类型。

4. 抗病遗传　　全世界玉米病害有 160 余种，我国有 40 余种。20 世纪 60 年代以前，我国玉米主要病害是大斑病、小斑病和黑粉病。60 年代以后，随着栽培条件的改善、种植密度的增加、单交种的普及及种质遗传基础的狭窄，一些次要病害上升成了主要病害。至 80 年代，大斑病、丝黑穗病、茎腐病成为我国春玉米区的主要病害；小斑病、茎腐病和矮花叶病成为夏玉米区的主要病害。我国地域辽阔，各地环境条件不同，各种病害的发生情况也不同，有些病害分布很广，有些仅在局部地区发生。其中危害严重的有玉米大斑病、小斑病、丝黑穗病、黑粉病、矮花叶病、粗缩病、青枯病和各种穗粒腐病等，其次还有纹枯病、弯孢菌叶斑病、灰斑病、褐斑病、锈病、炭疽病、茎腐病等。已研究探明出了这些病害的遗传规律，为抗病育种提供了理论指导。

（1）大斑病的抗性遗传　　大斑病是世界普遍发生的玉米病害，我国主要发生在北方春玉米区和南方玉米区的冷凉山区，是玉米主产区最重要的病害之一。温度 18～22℃，湿度高，多雨多雾或连续阴雨天气，容易引起该病的流行。大斑病主要为害叶片，严重时波及叶鞘和苞叶。田间发病始于下部叶片，逐渐向上发展。发病初期为水渍状青灰色小点，后沿叶脉向两边发展，形成中央黄褐色，边缘深褐色的梭形或纺锤形斑点，湿度大时病斑连成大片，病斑上产生灰黑色霉状物，果穗苞叶染病，病斑不规则。

目前已发现大斑病菌有 5 个生理小种，其对单基因抗病玉米的毒性存在差异。玉米对大斑病的抗性遗传有两种类型，一种是主基因抗性，另一种是多基因抗性。主基因抗性有两类：一类为褪绿斑反应抗病，另一类为无斑反应抗性。已知抗性基因有 Ht_1、Ht_2、Ht_3、Ht_N，这 4 个基因的抗性效应大体相似，但对大斑病菌的 5 个生理小种的反应又有各自的特点，见表 3-1。各生理小种，当对含 *Ht* 基因的玉米表现为无毒性时，出现褪绿斑（以 R 表示）；表现为有毒性时，出现萎蔫斑（以 S 表示）。1 号小种（又称 0 小种）对带有 Ht_1、Ht_2、Ht_3 或 Ht_N 基因的玉米无毒；2 号小种（又称 1 小种）对带 Ht_1 基因的玉米有毒，对带 Ht_2、Ht_3 或 Ht_N 基因的玉米无毒；3 号小种（又称 23 小种）对带 Ht_2 或 Ht_3 基因的玉米有毒，对带 Ht_1 或 Ht_N 基因的玉米无毒；4 号小种（又称 23N 小种）对带 Ht_1 基因的玉米无毒，对带 Ht_2、Ht_3 或 Ht_N 基因的玉米有毒；5 号小种（又称 2N 小种）对带 Ht_1 或 Ht_3 基因的玉米无毒，对带 Ht_2 或 Ht_N 基因的玉米有毒。

表 3-1　Ht_1、Ht_2、Ht_3、Ht_N 单基因抗病系对大斑病菌 5 个生理小种的反应

生理小种	反应型			
	Ht_1	Ht_2	Ht_3	Ht_N
1 号（0）小种	R	R	R	R
2 号（1）小种	S	R	R	R
3 号（23）小种	R	S	S	R
4 号（23N）小种	R	S	S	S
5 号（2N）小种	R	S	R	S

Ht_1 基因位于玉米第 2 条染色体上，Ht_2 基因位于玉米第 8 条染色体上，Ht_N 基因位于玉米第 8 条染色体上。

病斑数抗性：几乎所有玉米品种均具有这种抗性，只是抗性强度存在差异，从高抗到无抗性，这种抗性受多基因控制。Hughes 和 Hooker（1971）研究过 4 个澳大利亚自交系，表明它们在杂交组合中决定抗性的有加性、显性和上位性效应，其中加性效应最重要。

褪绿病斑抗性：仅具有多基因抗性的基因型，无论其抗性程度多高，在发病后均表现为灰色的萎蔫型病斑。而具有褪绿病斑抗性的基因型，病斑出现时是油绿色的，随着病斑的发展，病斑中心变为黄褐色，坏死组织边缘仍然为油绿色至淡褐色的褪绿边缘。褪绿病斑抗性大部分由显性单基因控制，但少数可能不是。决定褪绿病斑抗性的显性单基因目前已发现 4 个：Ht_1、Ht_2、Ht_3、Ht_4。

褪绿斑点型抗性：具有这种抗性的材料是非洲自交系 B1138T，当接种 2～3 天后开始出现针头大的褪绿斑点，不扩大，5 周后仍保持原来的大小，其中心坏死，不形成大的病斑。在褪绿斑点上不产生孢子。该种类型的抗性遗传方式还不清楚。

无病斑型抗性：控制这种抗性的是显性单基因 Ht_N，Ht_N 基因与 Ht_1、Ht_2、Ht_3 基因是独立遗传的，并对它们有显性上位的作用，当它与 Ht_1、Ht_2 或 Ht_3 基因存在于同一个体时，由于其抗病作用发生于病斑早期，因此抑制了褪绿病斑表型的表达，仍表现为无病斑。

（2）小斑病　　玉米生产国均有不同程度发生。温暖湿润地区发病较重，气温高于 25℃最适宜该病流行，这期间若降雨日数多、雨量大、湿度高，小斑病会严重发生。在春、夏玉米混种区，夏玉米一般比春玉米发病重。该病从玉米幼苗到成株期均可造成较大的损失，主要为害叶、茎、穗、粒等，以抽雄、灌浆期发病重。病斑主要集中在叶片上，一般先从下部叶片开始，逐渐向上蔓延。病斑初期呈水浸状，后变为黄褐色或红褐色，边缘色泽较深。病斑呈椭圆形、近圆形或纺锤形，有时病斑可见 2～3 个同心轮纹。高温条件下病斑出现暗绿色浸润区，病斑呈黄褐色坏死小点。

小斑病菌已确定的生理小种有两个，即 O 小种和 T 小种。O 小种仅为害玉米叶片，T 小种为害叶片、叶鞘、茎秆、苞叶、穗柄、果穗和穗轴。对小斑病的抗性遗传研究已发展到线粒体 DNA 分子领域。

对 O 小种的抗性由细胞核控制，多数玉米品种对 O 小种的抗性遗传方式是多基因的，杂种一代的表现倾向于抗病亲本。在总遗传变异中，加性效应是主要的遗传效应，显性效应也是显著的，广义遗传力较高，高抗亲本自交系对后代提供的加性效应比非加性更大。因此，利用系谱选择和轮回选择方法都是有效的。

对 T 小种的抗性由细胞质控制，也存在核质互作遗传。就核遗传而言，玉米对 T 小种的抗性为水平抗性，属数量遗传。细胞质抗性是针对某个生理小种，容易因新的生理小种产生而导致抗病性散失，也表现出垂直抗性。Lin（1975）报道，玉米对小斑病 T 小种的遗传包括质核两方面，核基因对 T 小种的抗性遗传主要为加性效应，还有部分显性效应。研究表明，同质异核的 T 型不育系，对小斑病菌 T 小种的抗病性遗传有差异，即使核抗性较高，由于受质的影响，其抗性也显著降低。生产中，在气候适宜小斑病流行的所有地区，应杜绝 T 型细胞质杂交种的种植，利用正常细胞质和其他抗病雄性不育细胞质。

二、玉米育种的种质资源

种质资源是育种工作的物质基础，由于广泛利用杂种优势，凡在推广玉米杂交种的地区，许多地方品种都被杂交种取代，种质的资源已变得比过去简单，大部分地区甚至出现种质贫乏的现象。随着育种目标的发展变化，对杂交种的产量、品质和抗逆性的要求不断提高。因此，玉米种质资源在育种中的作用就显得更加重要了。玉米种质资源在漫长的栽培驯化过程中，虽然积累了诸多有益性状，但仍有少数缺点影响它们的利用价值，难以满足现代玉米育种的需求。育种家常常感到没有得心应手的种质资源，缺少足以使他们取得突破性进展的原始材料。即使经过多年努力选育的自交系、杂交种等也很难达到尽善尽美的程度。因此，为了满足现代玉米育种和生产的需要，开展玉米种质资源的改良创新研究，是玉米育种工作的一项重要内容。

（一）国内玉米种质资源

玉米由南美洲传入我国后，经过长期的天然杂交、自然选择和人为选择，在不同地区形成了大量特定的优良地方品种。积极搜集、研究、改良这些种质资源，可为玉米育种提供重要的基础材料。对玉米各地方品种进行归类是种质资源研究的重要工作之一。

从马齿型或中间型地方品种选系，较为有效，继续扩大利用这类种质是有潜力的。利用国内极其丰富的硬粒型地方品种种质则是一个瓶颈。但硬粒型地方品种具有许多可贵的优良性状，如对某种生态条件的特殊适应性（耐荫蔽性、耐瘠性、耐旱性、耐寒性、耐盐碱性等）、良好的籽粒品质与食味。为了利用玉米地方品种（尤其是硬粒型地方品种）的种质资源，下列方法可能是有效的。①改变从地方品种直接选系的方法，采用重组大群体选系的方法，可以克服和减少直接从地方品种选系时出现的缺点，提高筛选出优系的概率。②改急剧的自交分离为缓和的近亲繁殖选择。这是避免玉米地方品种因不耐连续自交而生活力严重衰退，保留地方品种种质的一种繁殖选择方式。

（二）国外玉米种质资源

现代玉米育种的基础是杂种优势的利用，而双亲间优势的强弱很大程度上与双亲的地理起源有关。地理起源越远，一般产生强优势的可能性就越大。国外种质资源一般分为三种类型：一是从温带国家或地区引入的杂交种、自交系或群体材料等，简称温带种质；二是从热带、亚热带低纬度地区引入，不能完全适应温带种植的杂交种、自交系和群体材料等，简称热带、亚热带种质；三是从玉米遗传多样性中心及世界各地引入的野生近缘种等。国外玉米种质资源由于长期处在特殊的生态条件下，受自然选择和人工选择的影响，普遍具有遗传上的多样性。引入这些国外玉米种质，可补充国内种质资源，克服遗传上的缺陷，丰富基因库，提供育种目标所必需的遗传物质基础。我国虽然有多种多样的种质资源，但离玉米的起源中心较远，玉米遗传多样性匮乏，种质基础狭窄。生产用玉米杂交种的种质基础薄弱，存在着因遗传脆弱性突发毁灭性病害的隐患。因此，积极引进和研究利用国外玉米的优良种质资源，对丰富现有种质的遗传多样性，促进我国玉米生产持续发展，具有重要意义。我国引进的国外玉米种质资源主要是来自美国等国家的温带种质和墨西哥等国家的热带、亚热带种质。

1. 美国玉米带种质的引进与利用　　美国玉米带的种质无论其品种与群体、杂交种与自交系都有很大的利用价值。有的可以直接用于生产，有的可以作为分离自交系的原始材料，有的可以和地方玉米材料重组后用来选育自交系。美国玉米带的玉米种质具有的共同优点是：适应性较广，基本上能被我国大部分玉米产区直接或间接利用；配合力较高，可以分离出高配合力的自交系，用美国自交系和中国自交系杂交，出现强优势杂交种的概率较高。对美国玉米带种质可采用下列方式利用：①直接利用美国自交系，组配中系×美系杂交种；②对美国优系与中国优系采用饱和回交或非饱和回交进行改进；③引进美国优良杂交种和群体分离自交系；④美国种质和中国地方品种重组后筛选自交系；⑤组成美国种质群体或中、美种质群体，在生产上直接利用或选育自交系。

2. 热带、亚热带种质的引进与利用　　热带玉米种质包括中南美洲、非洲低纬度地区及东南亚地区的玉米种质。多数热带和亚热带玉米种质对病虫害（如霜霉病、锈病、叶斑病、病毒病、粒腐病及穗螟等）具有较强的抗性，有些热带玉米种质根系发达，茎秆强韧，抗倒伏性和耐旱性较强。有的和温带种质杂交具有较强的杂种优势。显然，利用热带种质可以拓宽温带玉米的种质基础，导入特殊的有利基因，因而可能在较大程度上改变玉米的适应性和农艺性状。但是，有的热带和亚热带玉米种质具有较强的光敏感性，把它们引入温带地区种植，随着纬度增高和日照延长，其生育期和开花期也相应延迟，甚至只能进行营养生长，而不能开花结实，形成繁殖上的特殊困难，难以直接利用。利用和导入热带和亚热带玉米种质有以下 3 种方法：①直接引进利用。例如，从墨西哥国际小麦玉米中心引进的'墨白1 号'（Tuxpenol）和从泰国引进的'苏湾 1 号'（Suwan）曾经在云南、广西、贵州都种植了较大的面积。②采用适应的地方种质×不适应的热带种质回交转育，在后代选择具有热带种质的有利基因的适应类型。③组成温带种质与热带种质充分重组的群体或种质库。这是充分利用热带种质，把热带种质导入温带种质最有效的途径，四川、云南、广西、贵州等省（自治区）已引进数批热带玉米种质，开始利用并导入温带种质。

三、玉米杂种优势利用

20 世纪初期，美国开始玉米自交系及杂交种的研究，30 年代初期，开始推广商品杂交种子，40 年代中期，美国玉米带普及了玉米杂交种，50 年代中期，美国完全普及了玉米杂交种。20 世纪 20 年代中后期，苏联和欧洲其他一些国家及中国都相继开始了玉米自交系杂交育种工作，第二次世界大战之后，南美和拉美一些国家（如墨西哥、阿根廷、巴西等），及东南亚和非洲一些国家（如泰国、印度尼西亚、津巴布韦、尼日利亚等）也相继开展了玉米杂交种的育种。与此同时，美国的一些自交系和杂交种也相继传入了这些国家和地区，其中有的被直接利用，有的与当地种质结合利用，进一步丰富了种质资源，提高了玉米杂交种的水平。

（一）玉米自交系的选育及其改良

玉米自交系是玉米品种群体或各类杂交种经过连续多代自交和选择分离出的基因型纯合的后代。自交系不是直接用于生产，而是用其作为亲本配制强优势杂交种再在生产上使用。杂交种的优良种性来自亲本自交系，杂交种的增产潜力取决于亲本自交系的合理组配。因此，选育优良的自交系是利用杂种优势的基础，也是玉米育种工作的重点和难点。

1. 优良自交系应具备的条件

（1）农艺性状好

1）株型。包括紧凑、半紧凑和平展株型；中矮秆和中秆；叶片宽窄适度，茎上部叶片较上冲，穗位适中偏低。抗倒伏性：茎秆坚韧有弹性，抗茎部倒折，根系和支持根发达，抗根倒。

2）穗部性状。长穗型和粗穗型兼顾；穗行数 10～20 行；苞叶严实不露尖，不过长；籽粒中大或大粒，粒色一致；穗轴较细，质地结实。

3）抗逆性。对当地主要病虫害的一种或多种（如大斑病、小斑病、茎腐病、病毒病、丝黑穗病、纹枯病、螟虫、蚜虫等）具有抗性或耐性。对当地特殊灾害性条件（如暴风雨、干旱、水涝、低温、高温、盐碱等）具有抗性或耐性。

4）整齐一致性。可见性状整齐一致，表示自交系基因型的纯合程度。

（2）配合力高　　优良自交系应具有高或较高的一般配合力（GCA），在此基础上通过优系之间的合理组配，获得高或较高的特殊配合力（SCA）。

（3）适宜繁殖制种的性状　　种子发芽势强，幼苗生长势强，易于保苗；雌、雄花期协调，散粉通畅，花粉量较大（尤其是父本自交系），吐丝较快，结实性好，有较高的籽粒产量（尤其是母本自交系），便于繁殖和制种。

2．选育自交系的原始材料　　丰富的遗传种质、多种类型的原始材料是选育具有多样性、遗传上有差异的自交系的物质条件。用于选系的各种原始材料简介如下。

（1）地方品种群体　　曾是早期用来选育自交系的原始材料，但随着育种的进展及大量自交系和杂交种的引进与交流，从地方品种选育自交系被逐渐忽视。用地方品种选系，可以得到具有特殊适应性的自交系。例如，我国西南山区部分特殊生态条件地区，一般外来的自交系和杂交种都难以适应，而少数来自地方品种的自交系及其组配的杂交种，则能适应当地条件。从地方品种中，出现高配合力和优良株型的自交系的概率一般较低，所以应从较多的品种和较大的群体中进行筛选，或从有地方品种血缘的原始材料中间接筛选。

（2）窄基杂交种　　指用 2～3 个优系组配的杂交种，即通常的单交种与三交种，包括当地推广的和从外地或外国引进的适应本地条件的单交种与三交种，以及为选系而自行组配的单交种与三交种。这是现在普遍利用的原始材料，特别是单交种应用更为广泛。从这类原始材料中较易选出性状优良并具有较高配合力的自交系。

（3）广基杂交种　　指的是多系复交种和综合杂交种群体。这类杂交种具有广泛的遗传多样性，用来作为选系的原始材料，可以选出在性状上有较大差异的优良自交系，因此也是现在普遍采用的原始材料。这类杂交种虽具有较多的有利等位基因，但因为受连锁群的影响，很难在少数世代达到基因间的充分重组，所以有利等位基因是处在相对分散的状态，而不像窄基杂交种那样，有利等位基因是处于高度集中的状态。

（4）引进的不适应材料×适应材料　　这里的不适应材料和适应材料都包括自交系、品种及群体。由于受连锁群和环境条件的双重影响，不适应的基因型在杂交组合中处于劣势，在分离中其基因容易被掩盖，或者被排斥而淘汰，用这类材料选系时，应经过多代随机交配，充分重组后再开始选系。同样也应采取大群体选择，在选择过程中应特别注意保留不适应基因型提供的某些有利性状。

（5）野生近缘种×玉米材料　　从这类原始材料选出的自交系，可以从野生近缘种中得到某些抗性和配合力的特殊有利基因，丰富玉米的种质资源。但由于种间杂交困难，染色体组之间不配对、互相排斥，杂交后代不育或向亲本回复等，选系的难度很大，当前采用这类原始材料选系的较少。

3．选育自交系的方法　　选育玉米自交系是一个连续套袋自交与严格选择相结合的过程，选择又包含直观性状和配合力两个方面，一般要经过 5～7 代的自交和选择，才能获得基因型纯合的、性状稳定一致的自交系。选育自交系的方法有系谱法、回交法、聚合改良法、配子选择法、诱变育种法、诱导单倍体法和花药培养法。而系谱法是选育自交系中应用最多的方法，其方法如下。

（1）**按农艺性状进行选择**

1）种植原始材料，获得自交果穗。在选育自交系之前，应根据育种目标慎重选用原始材料，在能力可以承受的范围内，以有较多的原始材料为佳，这样可以增加自交系之间的遗传差异。选定原始材料后，每个材料种一个小区，种植株数不等，因原始材料的种类而定，窄基的杂交种可种 50～100 株，广基的综合杂交种需种 300～500 株，进入开花期后，在其中选择生长良好、发育正常的植株进行套袋自交。套袋自交的方法是简单而严格的。在当选植株的雌穗即将吐丝时，用硫酸钠纸袋将雌穗套上；在雌穗吐丝的第一天下午，再用较大的硫酸钠纸袋把雄花序套上，起隔离作用，避免异花粉污染。在雄花序套袋后的次日上午，当露水干燥后，用雄花袋收集新鲜花粉，迅速授于同株的雌穗花丝之上，并立即把已授粉的雌穗套袋隔离，标记区号和名称。成熟时收获，即为自交果穗。

2）自交后代的直观选择。把收获的自交（S_1）果穗，在第一年正常播种季节，按同一亲本来源与自交果穗的序号种成穗行，每一穗行种 10～20 株。一个育种单位，一般都要做大量的自交果穗，以便进行严格的选择，增加分离优系的概率。自交系早代（S_1～S_2），尤其是自交 1 代（S_1）和自交 2 代（S_2），相当于杂交 2 代（F_2）和杂交 3 代（F_3），是性状急剧分离的世代，无论在自交系间或自交系内都表现不同程度的生活力衰退和多种多样的性状分离现象，因此是对自交系的直观性状进行汰劣选优的最佳世代。根据育种目标对自交系的性状要求在系间和系内进行选择，首先把生活力严重衰退和性状不良的穗行淘汰，然后在保留的穗行中选优良植株 3～5 株继续套袋自交，收获后又按果穗性状，再做选择，每个穗行最后保留 2～3 个自交果穗，形成下一世代的穗行。

3）选择是多次分期进行的，植株性状在田间选择，果穗性状在室内选择。某些具体性状则应在它们的表现时期进行选择。对性状的选择是有主次的，对一些限制性（要害的）性状的选择要严格。对于植株和果穗的其他性状，在进行选择时，则应尽量保持其遗传的多样性，防止因偏爱而选择某种单一类型。当自交系进入中期世代（S_3～S_5），基因型的纯合程度提高，系内的性状逐渐由分离趋向一致，而自交系间（包含一些同源自交系甚至姊妹系间）的性状则表现出明显的或某种程度上的区别。因此直观选择的强度也相应降低，一般只淘汰少数劣系，在多数保留系内选择具有典型性状的优良植株自交 3～5 穗，室内穗选 2～3 穗，供给下一代种成穗行。自交中期世代，可能仍有少数系性状在继续分离，遇到这种情况，则仍按分离世代的选择方法处理。

4）当自交体系进入后期世代（S_5～S_7），基因型已基本纯合，当系内性状已经稳定，系内个体之间性状整齐一致时，一般不再进行直观性状的选择和淘汰，只在系内选具有典型性状的优良植株（非混杂株）自交保留后代，当自交系性状完全稳定后，则可采用自交和系内姊妹交或混合花粉授粉隔代交替的方法保留后代，这样做既有利于保持自交系的纯度（指育种上可接受的纯度），又可保持自交系的生活力，避免因长期连续自交，一味追求纯度（如做某些遗传研究的纯度）而导致自交系生活力过分衰退，造成育种应用中的困难。

至于自交系早代直观选择的强度，则不可能是固定的，而是育种家结合改良与选择规模、目标选系材料的类别和数量，对某些性状的认识与判断，通过选择和淘汰，最终保留一个在育种上合理的选择群体（可能是穗行数目的 1/2、1/3 或 1/4）。

（2）**自交系的配合力测定**　　对配合力的测定，通常需要考虑测定时期、测验种的选用和测定方法几个方面。对农艺性状进行选择，仅是选育自交系的一个方面。自交系优劣的另一个重要条件是配合力的高低，这是无法目测的。直观选择主要是以表型性状为依据，表型是基因型与环境互作的反应。因此，对表型的选择也在某种程度上反应对自交系有利等位基因的选择。自交系的配合力是指其组配杂交种的能力，是通过它所组配的杂交种的产量（也可用杂交种其他产量性状的平均值）进行估算的。因此，可以理解配合力实质上是自交系所内含的控制产量性状的有利基因位点数目的多少及其互作的结果，当然也包含着与环境互作的效应。所谓一般配合力是指自交系有利基因位点的加性遗传效应，是可以遗传的部分。一个自交系的有利基因位点越多，则它的一般配合力越高，反之则一般配合力越低。所谓特殊配合力，则是自交系间控制产量性状的有利基因互作的结果，属于显性和上位性遗传效应，是不能遗传的部分。由此可见，只有用一般配合力高的自交系为亲本，再经过自交系间合理的组配，以获得高的特殊配合力，才能选育出最优的杂交种。所以选育自交系时，必须进行配合力测定，按配合力的高低，对自交系进一步选择。

自交系配合力的测定方法有顶交法、双列杂交法和多系测交法等。

1）顶交法。通常是选用自由授粉品种作测验种分别和许多自交系测交。例如，选定 A品种作测验种，与所有的自交系测交，可得到 A×1、A×2、A×3、···、A×n 等 n 个测交组合，第二年采用有重复的间比法进行测交组合产量比较试验，根据产量的高低，先选出若干高产的测交组合，再选出这些组合相应的亲本自交系，就是高配合力的自交系。采用顶交法时，应选用适宜的测验种，才能得到可靠的测定结果。现在的发展趋势，已不限于利用自由授粉品种作测验种，而是更多地选用综合杂交种和多系杂交种作为测验种。

2）双列杂交法。是由 Jinks（1954）提出设计并由 Griffing（1956）发展了的一种测定和估计一般配合力和特殊配合力等效应值的方法。双列杂交法是把一组待测定的自交系配成可能的杂交组合，按随机区组设计进行田间试验，获得各个杂交组合产量（或其他数量性状）的平均值后，可以按亲本来源排列成二向表，然后按假定的数学模式分析估算出自交系的一般配合力和特殊配合力。

双列杂交法的优点是可以同时估算自交系的一般配合力和特殊配合力，而且在分析时是根据一级统计数（如平均数、总和数等），估算出的配合力数值也是比较准确的，可以提供对许多复杂观察值（如产量和其他数量性状等）的一个概括，并预测某些优良杂交组合的产量和性能趋势。但在选育自交系早期，不宜采用双列杂交法。一般是，先采用顶交法测定自交系的一般配合力，经过一次配合力筛选后，将选出的配合力较高和性状优良的少部分自交系，再用双列杂交法进一步测定，以便决选出优良自交系和高特殊配合力的强优势杂交组合。

3）多系测交法。是测定自交系配合力通用的方法，所有的测验种是育种家按育种目标和经验判断选出的若干个优良自交系（骨干系），这些系有的是现有优良杂交种的亲本系，有的是新选育或引进的高配合力自交系。用它们作为测验种，分别和一批自交系测交，得到了几组测交组合，次年进行测交组合比较试验。多系测交法可以同时评价自交系的一般配合力和特殊配合力，同时选出高配合力的自交系和强优势的杂交组合，所以是一种把自交系配合力测定和杂交种选育相结合的快速有效的方法。多系测交法实际也是一种变相的 M×N杂交法，多系测交法所得到的自交系的一般配合力值是依据多系测交组合产量（或其他数量性状）的平均数估算出来的，相对地削弱了用单一自交系测交时产生的特殊配合力的影响。

究竟在什么世代测定自交系配合力较好，存在着不同的意见。从理论上讲，自交系的一般配合力属于加性遗传效应，受有利等位基因位点数目多少的影响，是可遗传的。因此，自交早代和自交晚代的配合力是相关的。虽然早代测定是有效的，但对自交系中、后期世代的配合力测定仍是不可缺少的。在自交系选育过程中，并不能因为采用了早代测定就可以免去中、后期的测定。因此，实际上大多数育种家都在自交系从性状分离转向稳定的世代（多数在 $S_3 \sim S_4$）开始测定自交系的配合力，当完成配合力鉴定时，自交系也达到基本纯合状态。这时，就可按农艺性状和配合力相结合的育种目标选出性状稳定的自交系。

4. 改良自交系的方法 在育种实践中，常常会遇到一些优良的自交系具有某些性状上的缺点，这些缺点会在一定程度上影响自交系的利用，因此，对这类具有较多优良性状而又有个别不良性状的自交系进行育种改良，就可以提高它们的利用价值。

（1）回交法 这是以能提供某种优良性状的有利基因（或基因群）的自交系作为给体，通过杂交输入需要改良的受体，再用受体系作为轮回亲本多次回交，使回交后代不断增加优系的遗传比例，达到育种所需要的优系性状的表现程度为止。在回交过程中，结合性状的选择和鉴定，保留给体系提供的某种有利基因和优系的绝大部分遗传成分。在回交过程中期和后期，有时要再采用 1～2 次自交方法，其目的是使某些隐性性状表现出来便于进行选择，或者是使改良自交系的基因型达到纯合稳定的程度。当给体系和受体系杂交后，两者的遗传成分各占50%，以后每回交一次，受体系的遗传成分则增加 1/2，随着回交次数的增加，受体系的遗传成分也相应增加，回交 5 次后，受体系的遗传比例已达 98.4%以上，给体系的遗传比例只占 1.5%左右。在采用回交法改良自交系时，根据育种目标性状的要求，掌握适当的回交次数，用以调整受体系遗传成分的比例，以及在回交改良过程中，注意选留给体系的某些优良性状的有利基因，防止其流失。如果给体系提供的有利基因是隐性的，则需在回交过程中插入自交，使隐性性状在后代表现出来，以便选株继续回交。在整个回交改良的过程中，都要紧紧扣住改良的目标性状和优系的综合性状进行穗行与单株选择，必要时还应在适当世代进行配合力测定，才能获得成功。回交的次数因育种目的和改良目标性状的遗传性质而定，是很灵活的。如果要保留优系的全部优良性状，改良它的个别不良性状，而这一性状又受主效基因控制时，则采用饱和回交，回交不少于 5 次，使优系的遗传比例达到98%以上。如果改良的目的是保留受体系和体系双方的部分优良性状，则回交次数，根据具体的育种目标而定，可减少至 1～2 次。如果改良的目标性状属于数量性状，育种的目的是将这些有利的基因位点输入优系中去，则不宜多次回交，否则，会完全排斥给体系的遗传成分。回交后代群体的大小，根据改良的目标性状在后代出现的概率而定，如果目标性状是受较少的基因位点控制，则从较少的后代群体中，就可以选出具有目标性状的个体；如果目标性状受较多的基因位点控制，具有目标性状的个体出现的频率较低，则要求扩大后代群体，才可能选出所需要的个体。

（2）配子选择法 配子选择法的依据是优良配子的发生频率高于优良合子的发生频率，单纯按理论计算，如果优良配子的发生频率为 1/100，则优良合子的发生频率为 $(1/100)^2$。因此，对优良配子进行选择，用优良配子来改良自交系，可能比选择优良合子（个体）的效果更好。按育种目标选择一个品种群体（或多系杂交种、综合杂交种）作为优良配子的给体（A），对需要改良的目交系（B）混合授粉，获得 B×A 的种子。种植 B 种子较大的群体，同时种植测验种（T）和原自交系（B），从 B×A 群体中选株自交 100～200穗（S_1）；同时用自交株的另一半花粉对测验种授粉，获得 T×（B×A）S_0 的测交组合；再用测验种（T）的混合花粉对原自交系（B）授粉，获得 B×T 的种子。用 B×T 作为对照，进行测交组合比较试验，根据试验结果选出若干超过对照的测交组合，再按测交组合找出相应的（B×A）S_1 种子。把选出的（B×A）S_1 种成穗行，继续自交选择，最后选出几个稳定的姊妹系。

配子选择法在理论上和实践上都存在一些缺点。其一，优良配子所携带的一组染色体，经过杂交、自交和选择一系列过程后，必然发生重组、分离，不可能按原有的纯合状态保存下来；其二，育种的程序比较烦琐；其三，实际选择的对象仍然是异质性的合子——杂交后代，因此选择效果并非理论计算出的频率。

（3）聚合改良法　　这是采用相互回交法同时改良优良单交种的两个亲本自交系。其理论依据是两个亲本自交系必然具有较多的有利基因，相互作为给体和受体进行回交改良，就可补充各自缺少的有利基因位点，提高配合力。聚合改良的基本程序如下：①优良单交种 B×A 同时用两个亲本自交系 A 和 B 回交 3～5 次，获得（B×A）×$B^{3\sim5}$ 和（B×A）×$A^{3\sim5}$；②从两群体回交后代中选株自交，结合选择，分别得到两群体改良的姊妹系（改良的 A 系姊妹系和 B 系姊妹系）；③组配 A 群改良系×B 群改良系的杂交组合，以原单交种 A×B 为对照，选出超过对照的改良组合和改良的 A 系和 B 系。

采用此法时，在改良过程中进行选择时要尽量保留给体系某些性状的有利基因。

（二）自交系间杂交种的选育

杂交种的选育是在自交系选育的基础上进行的，是自交系选育的后续过程。有了对自交系的农艺性状、配合力及亲缘系谱关系的了解，就为杂交种的选育提供了可靠的资料和信息。

1. 亲本自交系的选择　　作为亲本自交系必须具备下列基本条件。

（1）具有较高的配合力　　能将较多的有利基因传递给杂交种，使杂交种在产量等性状上表现强大的杂种优势。

（2）具有良好的农艺性状　　株型良好，生长势较强，根系发达，茎秆坚韧，果穗发育良好，雄穗正常，散粉和吐丝顺畅，生育期适宜，两个亲本系的花期差距不大，容易制种。

（3）抗逆性和适应性较强　　其中重点是抗病性（兼抗地区主要病害）和抗倒伏性，并能适应地区特殊的不利自然条件。

（4）亲本之间的亲缘关系较远　　遗传距离较远，性状有互补性，充分利用亲本间有利基因的互作效应获得较高的特殊配合力。例如，来自不同的杂种优势群的自交系按杂种优势模式组配，或中国血缘与美国血缘的自交系组配时，出现强优势杂交组合的频率较高。

2. 各类杂交种的选配

（1）单交种和改良单交种　　单交种的组配实际上是结合自交系配合力测定时完成的，当采用双列杂交法和多系测交法测定自交系配合力时，就可选出若干个强优势的单交种，在此基础上对这些单交种进一步试验，并对这些单交种及其亲本系的有关性状和繁殖制种的难易程度进行分析判断，最后决选出几个可能投入生产的最优单交种。单交种是当前在生产上利用最广的一种类型，它具有优势强、性状整齐一致和亲本繁制种程序比较简单等优点。但有些组合制种产量偏低、成本较高，因此便提出了利用改良单交种的方式。

改良单交种是通过加进姊妹系杂交的环节来改良原有的单交种。例如，单交种 A×B，它的改良单交种有（A×A′）×B、A×（B×B′）、（A×A′）×（B×B′）等三种方式，A′和

B′相应为 A 和 B 的姊妹系。利用改良单交种的原理有两点，一方面是利用姊妹系之间近似的配合力和同质性，以保持原有单交种的杂种优势水平和整齐度；另一方面是利用姊妹系之间遗传成分中微弱的异质性，获得姊妹系间一定程度的优势，使植株的生长势和籽粒产量有所提高。所以利用改良单交种，既可保持原单交种的生产力和性状，又可增加制种产量，降低种子生产成本。

（2）三交种和双交种的组配　　三交种和双交种都是根据单交种的试验结果组配的。1934 年 Jenkins 经过周密的试验后，提出了利用单交种产量预测双交种产量的方法，第一种方法是根据 4 个亲本系可能配制的 6 个单交种的平均产量预测双交种的产量，公式如下

$$双交种（AB×CD）=1/6（AB+AC+AD+BC+BD+CD）$$

第二种方法是根据 6 个可能的单交种中的 4 个非亲本单交种的平均产量预测双交种的产量。公式如下

$$双交种（AB×CD）=1/4（AC+AD+BC+BD）$$

按同样的原理也可预测三交种的产量，公式如下

$$三交种（AB×C）=1/2（AB×BC）$$

上述方法都是以一组当选的优系，采用双列杂交法取得单交种的产量结果后，再按产量预测方法配制出相应的双交种和三交种。除此之外，还可用优良的单交种作测验种，分别和一组无亲缘关系的优系和单交种测交，配制出双交种和三交种。

（3）综合杂交种的组配　　综合杂交种是遗传性复杂、遗传基础广阔的群体。组配综合杂交种必须遵守下列原则：第一，群体应具有遗传成分的多样性和丰富的有利基因位点；第二，群体在组配过程中，应使全部亲本的遗传成分有均等的机会参与重组，并且达到遗传平衡状态。

综合杂交种的亲本材料是按育种目标的需要选定的，一般是用具有育种目标性状的优良自交系作为原始亲本，也可加进适应性强的地方品种群体作为原始亲本。为了获得丰富的遗传多样性，作为原始亲本的自交系数目应较多，一般用 10～20 个系，多者可达数十个系。例如，著名的'爱阿华硬秆'综合种（BSSS）是用 16 个优系组成的；'陕综 1 号'（长穗大粒群体）是用 19 个优系组成的；'陕综 3 号'（硬粒群体）是用 21 个优系和地方品种组成的，云南省农业科学院'81-17'综合种也是由地方品种和自交系组成。组配综合杂交种可采用下列方法。

1）直接组配。把选定的若干个原始亲本自交系（含地方品种）各取等量种子混合后，单粒或双粒点播，在隔离区中，精细管理，力保全苗，任其自由授粉，并进行辅助授粉。成熟前只淘汰少数病、劣株和果穗，不进行严格选择，尽量保存群体的遗传多样性。以后连续在隔离区中自由混粉繁殖 4～5 代，达到遗传平衡程度，就组成了基础群体。

2）间接组配。把选定的若干原始亲本自交系（含地方品种）按双列杂交方式套袋授粉，配成可能的单交组合，在全部单交组合中各取等量的种子混合，以后连续在隔离区中自由混粉繁殖 4～5 代，每代只淘汰病劣株穗，不进行严格选择，逐渐达到遗传平衡。

除这种方法外，还可采取成对杂交的方式，配成单交种和双交种。例如，用 16 个原始亲本系，可先用套袋授粉配成 8 个单交种，再配成 4 个双交种。从双交种中各取等量种子混合，然后在隔离区中自由混粉繁殖 3～4 代，达到遗传平衡。有时为了特殊的育种目的，需要加强某一原始亲本的遗传成分。例如，在改良地方品种群体时，可将地方品种作为母本，用选定的若干优系分别对地方品种授粉，获得若干顶交组合，然后从顶交组合中

各取等量种子混合，连续在隔离区中自由混粉繁殖 4~5 代，进行混合选择，成为遗传平衡的基础群体。

（三）玉米雄性不育系的应用

利用雄性不育系生产杂交种，不仅能免除人工去雄的劳动力，节省制种用工，降低生产成本，还可确保种子纯度。自 1950 年玉米雄性不育系问世以后，玉米雄性不育的育种和研究工作有了较大发展，1970 年以前，T 型不育系是生产上利用的主要类型，但因玉米小斑病 T 小种的专化性侵染，导致玉米小斑病大暴发，随后多用 C 型不育系，在美国占杂交种子的 40%左右。目前我国玉米雄性不育的研究和利用还存在三系的纯度不高、杂种优势不强等问题，且玉米雌雄同株异花异位，常规杂交制种去雄比较方便，所以，目前我国生产上主要以常规制种为主，不育系制种应用较少。

1. 玉米雄性不育的类型与特性

（1）玉米雄性不育的类型 自 1931 年 Rhoades 发现雄性不育现象以来，已得到百余种不育类型。Beckett（1971）从世界各地引进 30 个玉米细胞质雄性不育系进行鉴定分群，方法为：先以携带不同恢复基因的恢复系测定各不育系的恢保关系，然后用玉米小斑病菌 T 小种接种，鉴定各不育系的抗性反应，据此把测定的不育系分为 3 大群：T、S 和 C 群。

郑用琏（1982）和温振民（1983）根据 Beckett 提出的恢复专效性原理，研究了我国若干细胞质雄性不育系的育性反应，提出了相应的细胞质分类测验系，建立了我国自己的雄性不育细胞质的分类体系。按照郑用琏的分类体系，凡是被'恢 313'恢复的属于 S 群，被'恢 313'保持，而被'自凤 1'恢复的属于 C 群，对'恢 313'和'自凤 1'均表现不育的属于 T 群。我国选育的双型、唐徐型、二咸型等不育系被归为 S 群。

（2）各类雄性不育系的主要特征

1）T 群。T 群不育系的不育性极其稳定，花药完全干瘪不外露，花粉败育较彻底，败育花粉形状多种，以菱形、三角形为多，并呈透明空孢，比正常花粉粒小。T 群不育系最显著的特征是对玉米小斑病菌 T 小种高度专化感染，生产上难以应用。T 群不育系的恢复受两对显性基因 Rf_1、Rf_2 控制，Rf_1、Rf_2 表现为显性互补效应，不育性的恢复需要同时具备 Rf_1、Rf_2 这两个显性基因，但两个基因纯合或杂合均可以。如果两个基因中任何一对为隐性纯合体，雄花育性便不能被恢复。T 群不育系属于孢子体型雄性不育，育性的反应取决于孢子体（母体）的基因型，而与配子体（花粉）的基因型无关。

2）S 群。S 类群不育性表现不稳定，不育系雄穗上的花药由不露出颖壳到完全露出颖壳，花药大多数不开裂，少数半裂到全裂。花粉败育多呈不规则的三角形，花粉败育不彻底，花药裂开时可能还有少数正常可育花粉，其数量因遗传背景及环境而异。环境变化，育性也随着变化。一般在温暖干燥地区，不育性表现稳定；在冷凉湿润或日照较短的地区，不育性表现不稳定。S 类群不育系的恢复受显性基因 Rf_3 控制，属于配子体型雄性不育，其育性反应由配子体（花粉）的基因型决定。S 类群中不育系的类型较多，不同类型之间的恢复性有差异，生产上应用时应慎重。

3）C 群。C 群不育系属于稳定不育群，雄穗生长正常，但花药不开裂，也不外露，花药干瘪，花粉败育，呈透明三角形，对玉米小斑病菌 T 小种有较强的抗性。C 群不育系也属于孢子体型雄性不育。不育性的恢复有的认为受两个恢复基因 Rf_4、Rf_5 控制，有的认为受 3 对或 3 对以上基因控制。C 群不育系由于其不育性稳定且抗小斑病，是目前生产上应用的主要类群。

2. 玉米不育系与恢复系的选育技术

（1）选育不育系的方法

1）回交转育法。以现有雄性不育系为基础，以优良自交系为转育对象，多次回交定向选育，把优良自交系转为不育系。具体方法为：现有雄性不育系作母本，优良自交系作父本进行杂交，再以优良自交系为轮回亲本进行多次回交，在回交后代中选具有父本优良性状的不育株进行回交，一般经 4～5 代回交和选择，即可将优良自交系转为不育系。

2）早代测验转育法。这种方法可选育出新的自交系同时获得相应的不育系。先从两个自交系间的单交种中选株自交，自交株同时与不育系成对测交，测交种中的不育株经选择后再与优良的对应自交株后代中的优株成对回交。经过 4～5 代回交，即可选出若干对新的不育系及同型保持系（图 3-6）。

3）利用具有不育细胞质的恢复系与保持系杂交选育不育系。利用具有不育细胞质的恢复系与保持系杂交，在 F₂ 世代中可以分离出不育株，用若干自交系与不育株杂交，选能保持不育性的自交系连续回交，即可获得不育系。但是，要选育出对小斑病抗性强的优良不育系，需在较多的组合及较大的群体中进行选择，才能获得成功。

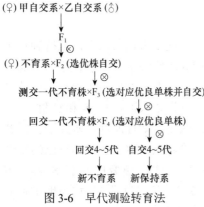

（♀）甲自交系×乙自交系（♂）
↓
F₁ ⊗
（♀）不育系×F₂（选优株自交）
⊗
测交一代不育株×F₃（选对应优良单株并自交）
⊗
回交一代不育株×F₄（选对应优良单株）
⊗
回交4~5代　自交4~5代
↓　　　　↓
新不育系　新保持系

图 3-6　早代测验转育法

（2）选育恢复系的方法

1）测交筛选恢复系。这是最常用的方法。选用一批自交系分别与雄性不育系测交，如果某一测交种的雄花育性恢复正常，则说明其父本自交系就是相应不育系的恢复系，再经配合力测定，就可选出优良的恢复系。

2）用不育系和恢复系杂交，再用自交系回交转育新的恢复系。在玉米雄性不育性育种中，为了获得一个具有良好配合力的恢复系 D_R，可以先用不育系 A_S 与恢复系 B_R 杂交，得到可育杂交种，再用想转育成的恢复系的优良自交系 D 与可育杂交种杂交，在后代中选可育株与自交系 D 回交 4～5 代，选株自交 2 代，就可以得到具有自交系 D 优良性状的恢复系。该方法在转育过程中不需要进行测交工作，仅需选择可育株进行回交就可以确保其后代中具有恢复基因，同时，在细胞质中也得到了不育基因（图 3-7）。

3）用不育系和恢复系反回交转育新的恢复系。如果要把自交系 A 转育成恢复系，而自交系 A 正好已得到其同型不育系 A_S，转育就较为方便。先用不育系 A_S 与一个恢复系 B_R 杂交，再用不育系 A_S 与杂种一代反回交，在回交后代中选择具有不育系 A_S 性状的可育株，与不育系 A_S 反回交 4～5 代。这时，回交后代的植株，细胞质内已获得不育基因，细胞核内同时转育获得了恢复基因和不育系 A_S 基本性状的基因（自交系 A 基本性状的基因）。在高代回交后代中，还要选择和不育系 A_S 性状相似的可育株自交 2 代，育性不分离者，即为恢复系 A_R（图 3-8）。

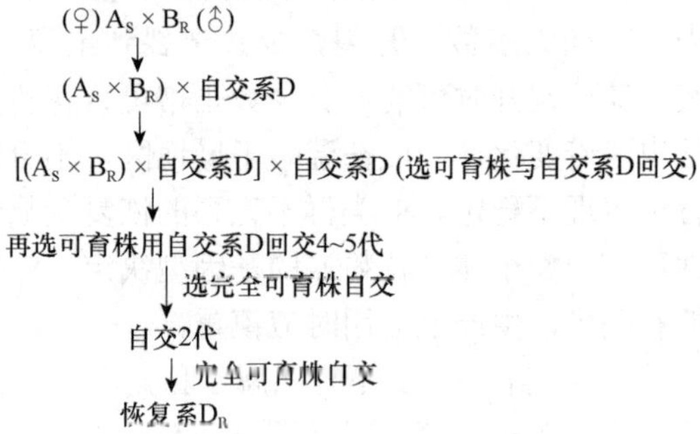

（♀）A_S × B_R（♂）
↓
（A_S × B_R）× 自交系D
↓
[（A_S × B_R）× 自交系D] × 自交系D（选可育株与自交系D回交）
↓
再选可育株用自交系D回交4~5代
↓选完全可育株自交
自交2代
↓完全可育株自交
恢复系D_R

图 3-7　用不育系和恢复系杂交，再用自交系回交转育新的恢复系

4）用不育系和具有恢复力的材料杂交选育二环恢复系。以优良不育系或不育单交种作母本与具有恢复力的农家品种或综合种杂交，从第 2 代开始结合自交系的选育，在分离群体中选择性状优良、抗病性好的单株自交，以获得二环恢复系。在选育过程中，要在自交早代的群体中选株测配恢复力，同时可按新选育的自交系的要求选株自交，在早期进行配合力测定。该方式可以把二环恢复系的选育、恢复力材料的育性测定及自交系配合力的早代测定相结合，提高育种效率。

此外，结合配子选择法，在自交 1 代的同代，用可育株的花粉与同一不育材料测交，按测交种的育性和产量表现，在自交早代进行严

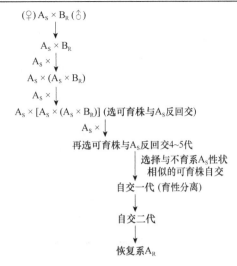

图 3-8 用不育系和恢复系反回交转育新的恢复系

格的选择鉴定，从而选出性状优良的二环恢复系。最后，用二环恢复系与优良不育系试配新组合，使二环恢复系的选育、新自交系的选育、雄性不育新组合的选育有机结合起来，提高雄性不育杂交种的选配效率。

四、玉米群体改良

玉米群体改良研究开展最成功最深入的当属美国和国际玉米小麦改良中心（CIMMYT）。1939 年美国就开始了 SS（stiff-stalk）群体改良工作，一直持续到现在，经历了十几轮改良。CIMMYT 在引进世界各地大量种质资源的基础上，合成并改良了一系列群体。CIMMYT 共拥有各类玉米群体 100 多个，这些群体具有以下特点：①层次分明，血缘清晰；②杂种优势模式清晰；③类型丰富，各具特色；④在改良方法上多用相互轮回选择法。

为了配合玉米杂交种选育的需要，现在美国、CIMMYT、印度、津巴布韦等国家或组织主要以群体间的相互轮回选择法为主。利用高密度和病虫接种等逆境措施，增加选择压力，诱发不良基因表现，便于更好地识别和选择优良单株与家系，逐渐提高群体内有利等位基因的频率和基础材料的整体水平，要采用轮回选择（图 3-9）与选育自交系相结合。现代玉米群体改良的目的是为育种选系提供种质材料。玉米杂交种选育技术和杂交种普及率较高的国家，越来越重视群体的改良技术。采用哪种轮回选择方法，取决于育种目标、基因作用方式和群体改良的阶段性。要进行一系列前期准备工作，在不同层次上，深入研究玉米的杂种优势群和杂种优势模式（图 3-10）。

我国玉米群体改良工作起步较晚，目前，国内选用的大多是群体内改良方法，如混合选择法、半同胞轮回选择法、全同胞轮回选择法、S_1 和 S_2 选择法等。

五、玉米生物技术育种

（一）细胞工程育种

细胞工程是指模拟细胞原有的生成环境在外部进行细胞的培育和繁衍工作，并对其培育的结果加以分析，最终将其进行优化调整以期改善农作物的质量。玉米植物细胞工程是建

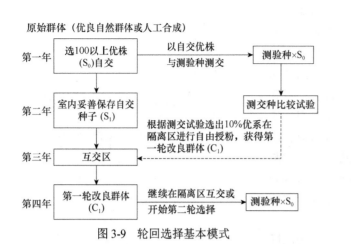

图 3-9　轮回选择基本模式

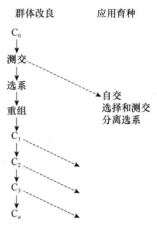

图 3-10　群体改良和应用育种

立在玉米植物组织培养上的一种生物工程技术。早在 1975 年，Green 和 Phillips 用玉米幼胚作为外植体，诱导出了玉米二倍体的愈伤组织，首次获得再生的植株。随着体细胞培育技术的不断改进，目前已能从大部分外植体中诱导愈伤组织形成再生植株。

植物细胞具有全能性，而在植物组织细胞培养过程中，细胞、愈伤组织、再生植株普遍存在着变异。其主要原因在于培养过程中 DNA 复制和细胞分裂增生中染色体行为脱离常规，主要分为以下 4 类：①细胞内 DNA 重复复制；②三极或多极纺锤体的形成与非整倍体产生；③染色体断裂和重组；④类减数分裂现象。1998 年，张举仁等克服玉米组织培养受基因型的限制，建立起玉米体细胞无性系的成套技术，注重选材以骨干玉米自交系和单交种为主，通过细胞突变体筛选获得抗逆自交系。但利用细胞工程进行玉米育种，其获得玉米再生植株的概率较小。众多研究表明，在利用细胞工程进行玉米育种时，结合细胞工程的相关理念，选择合适的基因材料、培养基和激素，提高诱导率，培育出新的玉米品种。

（二）转基因育种

转基因技术是指利用分子生物学技术，在体外将核酸分子插入病毒、质粒或其他载体分子，构成遗传物质的新组合，并使其渗入原先没有这类分子的寄主细胞内，且能持续稳定得繁殖。常用的转基因方法有农杆菌介导法、基因枪法、花粉管通道法等。

1. 农杆菌介导法　　农杆菌（*Agrobacterium*）是一种革兰氏阴性细菌。主要包括根癌农杆菌和发根农杆菌，以根癌农杆菌（*Agrobacterium tumefaciens*）介导植物基因转化居多；它可以通过侵染植物的受伤部位将其 Ti 质粒上的 T-DNA 区转移到植物受体细胞并整合到植物基因组中，因此利用 Ti 质粒介导基因转化系统的研究引起了人们的广泛关注并取得了极大成功。

采用农杆菌介导法开展玉米转基因具有多方面优势，包括该转化系统利用的是天然的转化载体系统，成功率高，效果好；遗传稳定，费用低，操作简单。1987 年 Grimsley 等通过农杆菌介导法将玉米条纹病毒 cDNA 导入玉米，第一次实现了农杆菌介导玉米的基因转化。近年来通过农杆菌侵染玉米体系的不断优化，农杆菌介导法在玉米转基因育种中的应用越来越广泛，转化效率不断提高，取得了一系列重要成果。

2. 基因枪法 基因枪法又被称为粒子枪法，由 Sanford 等于 1987 年创立，它是利用高速运动的金属微粒，将附着于微粒表面的外源 DNA 分子带入受体细胞中的一种遗传物质导入技术。基因枪法不仅适用于单子叶植物，也适用于双子叶植物，同时可以实现多种基因的同时转化，获得再生植株。该方法优点明显，缺点也比较突出：费用高，操作过程烦琐，在转化 DNA 片段时易断裂，外源基因沉默或者拷贝不完整。

3. 花粉管通道法 花粉管通道法指在授粉后适当时间内将外源 DNA 经花粉管通道导入胚囊，转化卵细胞或合子。最早由我国学者周广宇于 1973 年提出，1983 年首次报道棉花花粉管导入外源 DNA 获得成功的结果。通过这种方式育种的优点有很多。不用组织培养获得再生苗，克服了受体植株再生难的问题；并且操作简单，转化率高，转化周期短，受环境的限制小。但这种方法也存在一定的缺陷，后代外源基因遗传稳定性较差，且往往不符合孟德尔分离定律，不利于后续研究的开展。

（三）分子标记辅助选择育种

分子标记通常是在 DNA 水平上的标记，具有以下优点：①直接以 DNA 形式表现，在植物的各个组织、各发育时期均可检测到，不受季节、环境的限制，不存在表达与否的问题；②数量多，遍及整个基因组；③多态性高；④不影响目标性状的表达，与不良性状无必然的连锁；⑤许多分子标记表现为显性或其显性能够鉴别出纯合和杂合的基因型。玉米育种工作中，RFLP、AFLP、SRAP、RAPD、SSR、SNP、InDel 等标记技术都曾被用于进行品种纯度和真实性检测、遗传多样性分析、功能基因定位、杂种优势群划分及转基因检测。

在育种中应用 DNA 分子标记的优势主要体现在以下几个方面：①划分玉米自交系及群体杂种优势群。建立合适的杂交优势利用模式，减少育种的盲目性，提高育种效率。②玉米分子标记遗传连锁图谱的构建。高密度分子标记遗传连锁图谱为基因定位、物理图谱构建和以图谱为基础的目的基因克隆奠定基础，为分子标记的辅助选择创造条件。③借助分子标记对目标性状的基因型选择，可以显著提升复杂性状的选择效率。④对玉米种子纯度进行分子鉴定。分子标记技术已经成了玉米育种技术中的重要组成部分，在保持玉米遗传多样性的基础上，通过分子生物学等手段对产量、品质、抗性等进行分子水平研究，对玉米常规育种具有重要的辅助作用。

六、玉米其他育种技术

（一）表型快速鉴定评价技术

籽粒是玉米最重要的收获器官，籽粒的相关性状，包括粒长、粒宽、粒厚、粒重、籽粒长宽比等，通常都表现为复杂数量性状的遗传特性，如何在较短时间内有效获得玉米籽粒性状参数的高通量精确测量是一大难题。目前，可通过玉米籽粒表型性状的高通量测量装置或仪器近距离监测玉米植株不同部位的生长动态，实现玉米籽粒图像动态获取和实时分析。中国农业科学院生物技术研究所于 2014 年建成了我国第一个全自动高通量 3D 成像植物表型组学研究平台。研究结果显示，这些高通量鉴定系统针对玉米籽粒表型性状相关的总粒数、粒长、粒宽、籽粒长宽比等参数的测量，相较于人工测量结果，其比较平均相对误差分别为 0.50%、1.22%、3.34%、4.22%；并且平均测量速率为 12 s/穗，大大提升了性状的鉴定效率。

（二）新型不育系技术

玉米雄性不育系既包括由核基因调控的核雄性不育系，也包括线粒体基因控制的胞质雄性不育系（CMS）。目前被广泛认可的CMS主要有3种类型，即cms-C（Charrua）、cms-T（得克萨斯州）、cms-S（USDA），新型不育系技术即雄性核不育制种技术。它与传统的育种途径三系和二系制种不同，是通过利用分子生物学手段，在玉米植株中构建一个核育性载体，然后把此植株后代果穗分出核不育系和保持系两种后代，用于不育系和保持系的繁殖及杂交种生产。此外，先锋公司（现为拜尔-先锋）基于专门设计的玉米转基因材料 DP-32138-1，开发了一个高效的新型杂交平台，称为 SPT（seed production technology）。

DP-32138-1 的突出特性在于携带的 3 个特定基因，即 *ms45*、*zm-aa1*、*DsRed*（*Alt1*）。*ms45* 在隐性纯合状态下，属于非转基因型不育系；*zm-aa1* 可以抑制玉米花粉粒中的淀粉合成，导致花粉败育；*DsRed*（*Alt1*）则是一个籽粒颜色标记（红色），辅助从收获的籽粒中筛选出 SPT 转基因籽粒（携带红色标记）与 SPT 非转基因籽粒（无红色标记）（图 3-11）。

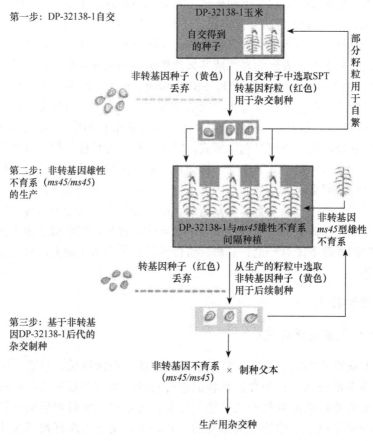

图 3-11　基于 SPT 平台的玉米杂交种制种流程

（三）CRISPR/Cas9 基因编辑技术

基于 CRISPR/Cas9 的基因编辑是近年出现的能够精确改造生物基因组 DNA 的技术。CRISPR（clustered regularly interspaced short palindromic repeat）是在细菌和古细菌等原核生

物的基因组中发现的 DNA 序列家族。这些序列来源于先前感染原核生物病毒的 DNA 片段，用于在随后的感染过程中检测和破坏来自类似病毒的 DNA。因此，这些序列在原核生物的抗病毒防御系统中起着关键作用。Cas9（CRISPR-associated 9）是使用 CRISPR 序列作为指导来识别和切割与 CRISPR 序列互补的特定 DNA 链的酶。Cas9 酶与 CRISPR 序列一起构成了被称为 CRISPR/Cas9 的技术基础，可用于定点编辑生物体的自身基因。

通过 CRISPR/Cas9 技术，可以有效编辑单基因调控的目标性状，因此在糯玉米、甜玉米等鲜食玉米分子育种中具有良好的应用；同时对于部分存在主效基因调控的复杂性状及病虫害抗性的分子育种，也具有巨大的应用潜力。此外，该技术体系在目标基因的功能研究中同样潜力巨大。中国农业大学国家玉米改良中心田丰教授团队和美国威斯康星大学麦迪逊分校 J. F. Doebley 教授团队合作，发掘到一个控制玉米花期的 QTL，该 QTL 是位于 CCT 转录因子基因（*ZmCCT9*）上游 57 kb 处的 Harbinger-like 转座元件，该元件通过顺式作用抑制 *ZmCCT9* 的表达，从而促进玉米在长日照条件下开花。研究者利用 CRISPR/Cas9 敲除 *ZmCCT9* 后，可使长日照条件下玉米花期提前。

（四）双单倍体技术

双单倍体（double haploid，DH）也称加倍单倍体，是指单倍体（n）细胞经过自动或人工染色体加倍，形成二倍体细胞（$2n$）的一种技术。美国科学家 E. H. Coe 在 1959 年就报道了利用 Stock6 在玉米上诱导单倍体的研究，并初步将该技术应用于玉米育种实践。与传统的纯系育种相比，DH 技术的突出特点在于显著提升纯系的培育效率（图 3-12）。

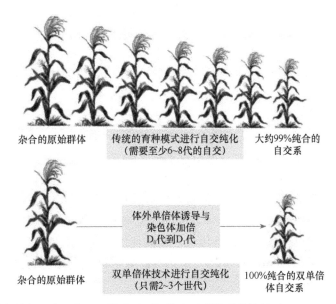

图 3-12　常规途径（上）与 DH 技术（下）培育玉米纯系的比较（Prasanna et al.，2012）

DH 技术在玉米育种中具有突出优势，包括显著地缩短纯系培育年限，同时降低玉米纯系培育的劳动力、经费等投入，可以很好地与分子标记等技术相结合，从而极大提升了纯系选择的效率和精确性，可以快速实现数量性状（产量、抗性等）的多基因聚合改良。此外，基于 DH 培育的亲本，可以完全满足品种保护涉及的特异性（distinctness）、一致性（uniformity）、稳定性（stability）测试（DUS 测试）对亲本的各项要求；并且 DH 技术还为标记-性状的关联分析、基于标记的基因导入、功能基因组学、分子细胞遗传学、遗传工程等研究奠定了良好基础。

DH 育种的关键在于单倍体的诱导。在玉米中，有一种特殊的材料，用其花粉给正常玉米植株授粉时，在收获的正常籽粒（$2n$）中会产生一定比例的单倍体籽粒（n）。这类特殊材料，即成为诱导系（inducer）。诱导系的诱导率（也称诱导频率，利用诱导系花粉授粉后，在母本植株上所收获的籽粒中单倍体籽粒占籽粒总数的百分比）是 DH 育种的一个关键指标。研究结果显示，诱导率受两个分别位于玉米第 1 和第 9 条染色体上的主效 QTL（*qhir1* 和 *qhir8*）调控。

qhir1 的目标基因为 *MATRILINEAL*（*MTL*），也称 *ZmPLA1* 或 *NLD*，其编码产物为花粉特异性的磷脂酶，该基因能决定诱导系 2% 左右的诱导频率。*MTL/ZmPLA1/NLD* 基因来源于 Stock6，研究结果显示，除在玉米中具有诱导单倍体的功能外，在水稻等其他作物里，该基因有可能也存在类似功能。*qhir8* 的目标基因为 *ZmDMP*，编码一个具有 DUF679 结构域的膜蛋白。研究结果显示，在花粉发育后期，该基因会高量表达；并且当诱导系中存在 *mtl/zmpal1/nld* 基因时，*ZmDMP* 基因可以提升 5～6 倍的诱导频率。

七、玉米种子繁育

玉米生产主要是利用 F_1 代杂种优势，这就不仅需要每年配制杂交种，而且还要配套繁殖相应的亲本自交系种子。亲本自交系繁殖和杂交种配制，都必须与其他玉米严格隔离，防止天然杂交而引起生物学混杂。常规玉米杂交制种区的母本行必须去雄。利用雄性不育系配制杂交种，则可全部或部分免去人工去雄。在玉米种子生产工程中，杂交制种的质量受到一系列技术措施的影响，极易发生串粉，造成种子的生物学混杂，降低种子质量，影响大田生产。为了保证玉米亲本自交系的纯度，提高杂交种种子的质量，充分发挥杂交种的增产作用，创造适合国情的现代化玉米种子生产体系，应严格按一定的技术规程进行。

（一）玉米种子生产体系

玉米亲本自交系、雄性不育系、雄性不育保持系、雄性可育恢复系一类种子，可通过自交或回交保持遗传性状的稳定性。繁殖这类纯系种子时，必须在更严格的隔离条件下进行，杜绝发生串粉混杂。杂交种种子必须每年配制，也必须在严格隔离区内进行，各个生产技术环节都必须坚持高标准、高质量，确保杂交种遗传的同质性和杂种优势。

1. 玉米自交系的种子生产　　亲本自交系是配制玉米杂交种的物质基础。要保证杂交种的质量，就必须保持自交系的优良遗传特性和典型性。因此，要建立严格的自交系原种生产和繁殖程序，利用高纯度的自交系配制杂交种。玉米自交系种子的生产可采用如图 3-13 所示程序。

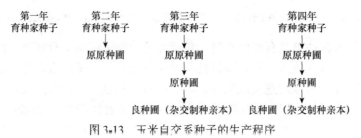

图 3-13　玉米自交系种子的生产程序

（1）原原种圃　　将育种家种子或育种单位人工套繁的自交系种子播种成穗行，严格去除伪、劣、杂株后，套袋自交，所获种子为原原种，作为次年原种圃用种。

（2）原种圃　　播种上年原原种圃获得的种子，严格隔离繁殖，分期严格去杂，淘汰伪、劣、杂株，自由授粉，混合收获，所获种子为原种。

（3）良种圃　　种植来源于原种圃收获的种子，严格隔离繁殖，去杂去劣，自由授粉，所收种子作为下年杂交制种亲本。

2．玉米商品杂交种种子生产　　为了提高制种质量，提高种子纯度。在整个杂交制种过程中，严格按一定的技术规程进行玉米商品杂交种生产。

（1）隔离防杂　　隔离方法有空间隔离、时间隔离和屏障隔离 3 种。为了确保隔离区安全，根据具体情况灵活采用。空间隔离是指在杂交制种区四周规定的空间范围内，不种植其他玉米。配制杂交种对种子纯度要求严格，要求与其他玉米的距离约为 400 m。在季风多的地区，如果制种区设在其他玉米的上风头，或其他玉米地的地势较低，上述要求的空间距离还可适当缩短。时间隔离是指采取错期播种，使制种田的开花期与邻近玉米地的开花期错开，从时间控制上达到保纯安全隔离的要求。为了有效地错开花期，春播制种的播期与邻近其他玉米的播期要相隔 40 天以上；夏播的要求相隔 30 天以上。屏障隔离是指因地制宜利用山岭、林带、房屋等屏障，阻挡异花粉传入。

杂交制种田要选择地势平坦，土质肥沃，地力较均匀，排灌方便的地块，既有助于制种田植株生长整齐，花期较集中，便于田间去杂和母本去雄，又有利于提高杂交制种产量，保证制种质量。

（2）规格播种　　玉米杂交制种，父、母本要按一定的行比相间种植，母本行人工去雄（如母本为雄性不育亲本，则可全部免除人工去雄），让母本行雌穗接受父本行花粉受精结实。父、母本播种行要求端直，严防错行、并行或漏播。为了分清父、母本行，避免去杂、去雄和收获时发生差错，要在父本行的地两头和行中间种植向日葵或高粱等作物作标志。

在保证父本行有足够的花粉，能满足对母本行授粉需要的前提下，尽可能增加母本的行数。父、母本行比应根据父、母本的株型，父本雄穗分枝数、花粉量、花粉生活力和开花期长短，以及天气状况等因素而定。为了从调整亲本比例上挖掘制种产量的潜力，可适当放宽靠近父本行的行距，在宽行之间套种 1 行父本，等父本行植株全部散完粉，立即将父本割除。

（3）去杂去劣　　去杂去劣必须严格，一般分为三次进行。①苗期去杂。一般在幼苗3～4 叶时，结合间苗、定苗等田间管理进行去杂。根据幼苗的叶片形状、叶鞘颜色、幼苗长相及生长势强弱等综合性状，将苗色不一、生产过旺或过弱、长相不同的杂苗拔除，保留整齐一致、具有该亲本典型特征的纯苗。②抽雄前去杂。此期是防杂保纯的关键，务必达到彻底干净。此时杂劣株形态特征较明显，较易于鉴别。可根据植株生长势、株型、叶片宽窄、色泽及雄穗形态等特征拔除杂劣株。去杂去劣一定要在雄穗散粉之前结束，务必防止杂株散粉降低种子纯度。拔除的杂株要带到制种区外。③收获后去杂。制种区留种果穗收回脱粒前，应根据原亲本的穗形大小、籽粒类型及色泽、穗轴颜色等，对不符合原亲本典型性状的杂穗再进行一次去杂，然后再脱粒。

（4）母本去雄　　母本去雄要求及时、彻底、干净。及时是指在母本雄穗刚抽出散粉前，及时拔掉雄穗。彻底是将母本行的雄穗一株不漏地拔除，包括生长势弱的瘦小植株的雄穗。干净是指每株母本雄穗全部拔净，不遗留分枝、残枝断穗及雄小花。若去雄质量达不到上述要求，配制的杂交种种子内就会混有"伪杂种"。母本去雄拔下的雄穗要带出制种区及时处理，以免拔下的雄穗的粉源引起串粉混杂。从母本抽雄开始至终止期，要坚持每天去雄，做到风雨无阻。制种区散粉期间，要封闭区内部所有人行小道。参加去雄人员在进入制种区前不要进入其他玉米地，以免带入异源花粉，造成人为串粉混杂。

（5）分收分藏　　在杂交制种隔离区收获时，可以先收父本行，将父本行果穗全部收完核实无误后，再收母本行。父本行与母本行应严格分收、分藏，防止其他自交系或杂交种混入。

（二）玉米雄性不育杂交种的种子生产

1. 玉米细胞质雄性不育杂交种子生产　　玉米细胞质雄性不育杂交种优势利用有多种方式。可根据雄性不育系、雄性不育保持系、雄性不育恢复系等"三系"配套与否，以及雄性细胞质类型的多寡分为以下几个类别。

（1）恢复型不育胞质杂交种　　这种类型的雄性不育杂交种，是以雄花不育系作母本，以强恢复系作父本，在隔离条件下杂交制种，不用人工去雄，就可配制成恢复型的不育胞质杂交种，其 F_1 代散粉结实正常，在生产上应用和常规杂交种一样。恢复型不育胞质杂交种制种时，不仅可全部免除人工去雄，降低种子生产成本，而且还有利于保持杂交种种子纯度，提高制种产量。

（2）掺和型不育胞质杂交种　　在利用不育系制种时，如果父本不是恢复系，或恢复系的恢复力不强，所配制的杂交种子 F_1 代都是不育的，或大部分是不育的，不能在生产上直接应用，必须掺和一定比例的同名常规杂交种（同名保持系×同名父本系）种子，才能保证正常授粉结实。掺和型不育胞质杂交种在种子生产过程中，只部分利用了雄性不育系的优点，故又称为半不育化杂交种。

（3）单胞质雄性不育系杂交种　　是用一种类型的胞质不育系作母本配制的杂交种。

（4）多胞质雄性不育杂交种　　是用多种类型胞质不育系作母本配成的杂交种。由于胞质类型多样化，可以降低专化性病害感染，抑制某些病害新小种的蔓延速度，增强玉米杂交种的适应能力。

2. 建立细胞质雄性不育杂交种的种子生产体系和技术　　玉米雄性不育杂交种的种子生产体系和常规杂交种基本相似，但前者技术性要求更高，规范性要求更严。因此，为了在生产上有效而安全地利用三系配套生产不育杂交种子，就必须建立玉米"三系"配套的原种繁殖、亲本种子繁殖和不育化制种的种子生产体系。玉米雄性不育系种子生产技术，与玉米亲本自交种子生产具有大体相同的生产程序和技术，即环节多，技术性强。但玉米雄性不育系种子生产也有其自身的特点。

（1）不育系和保持系种子生产技术

1）选株成对授粉。将上年不育系和保持系的基础种子相邻种植。严格选株，成对授粉。具体方法是在玉米尚未抽丝前 1～2 天，根据育性及典型性表现，在不育系中严格选完全不育株（育性1级）及时套雌穗袋。在保持系中严格选典型性状单株上的雄穗和雌穗均要套袋。当不育系雌穗花丝抽出 2～3 天，而保持系的雄穗已散粉的次日上午采集保持系花粉，其中一半花粉进行自交，另一半花粉授予不育系雌穗上，在做完成对授粉后，随即分别在保持系和不育系果穗处挂上小纸牌，保持系自交穗注明系名、自交符号和编号（如 A⊗

1），成对授粉的同名不育株果穗注明系名和授粉株的相同的编号（如 As 双×A⊗1）。不育系和保持系种子成熟后分别单收，单穗脱粒后装入小纸袋，成对的不育系和保持系单穗种子分别按序号排列贮存。

2）不育系穗行育性鉴定。将成对授粉的不育系果穗，按编号每袋（穗）各取数十粒，利用秋季种成穗行，雄穗抽出后进行育性鉴定。凡有花药外露的穗行都作为淘汰穗行，只保留全部是完全不育株（育性 1 级）的穗行。详细记载后，就按编号将应淘汰的穗行中原贮存的成对种子消除掉。保留的经育性鉴定合格的成对种子均可作为基础种子繁殖区的种源。

（2）恢复系种子生产技术

1）选株成对测交。将恢复系和不育系的基础种子相邻种植，在恢复系中，严格选株自交，并与不育系中的完全不育株成对授粉测交。种子成熟后，恢复系自交穗和不育系测交穗分别单收单脱装入小纸袋，按序号排列贮存。

2）测交种穗行鉴定。全部测交种按序号种成穗行，每穗行种植约 30 株，在玉米开花期间，对测交种穗行进行仔细逐行逐株的观察，鉴定各测交种穗行的育性级别和综合性状表现，详细记载。只选留雄花正常散粉花粉量大，雄花完全恢复（育性 5 级）、综合性状与原常规杂交组合典型性一致的穗行，再按编号选留同号的恢复系自交穗种子，作为繁殖恢复系基础种子的种源。基础种子再扩繁一次，成为亲本种子，用于配制恢复型不育胞质杂交种子。恢复系基础种子和亲本种的繁殖技术与繁殖一般自交系亲本种子相同。

（3）细胞质雄性不育杂交种子生产　　细胞质雄性不育杂交种子生产技术和常规杂交种基本相同。其不同之点在于杂交制种过程，前者可全部或部分免除人工去雄。除要注重亲本种子的纯合性和典型性外，还要严格把握亲本的育性反应。

1）恢复型不育化单交种子生产。只要杂交组合中不育系、保持系、恢复系已配套，杂交种种子生产过程就可以完全免除人工去雄。利用不育系作母本，强恢复系作父本，配制杂交种就可做到完全免除人工去雄。所生产的种子就是恢复型不育胞质单交种，直接用于大田生产，可正常散粉，结实良好。

2）掺和型不育胞质单交种种子生产。只有不育系而没有强恢复系时，利用不育系制成的不育胞质单交种，是不育的，在生产上不能单独应用，必须掺和 1/3～1/2 的同名常规单交种子，两类种子混合均匀后种植，才能保证授粉结实。配制掺和型不育胞质单交种实际上是半（部分）不育化制种，因此，在制种时必须同时利用不育系（Acms）和保持系（A）作母本，父本则是同一自交系（B），同时配制出不育胞质单交种（A×B）和同名常规（正常胞质）单交种（A×B），将两类种子按一定比例混合，即成为掺和型不育胞质单交种（Acms×B）＋（A×B）。在加工精选的过程中，应由专人负责将两类种子按比例均匀掺和在一起。

第四节　玉米栽培原理与技术

一、土壤要求与耕整

（一）玉米丰产的土壤条件

玉米适应性较强，对土壤要求不太严格，但需水、肥量大，耐涝性较差。因此，玉米丰产的土壤条件要求：①土层深厚，土壤有机质和速效养分含量较高。高产玉米土壤分析结果表明，一般耕层土壤中有机质含量 1%，碱解氮 60 mg/kg，速效磷 40 mg/kg 以上，速效钾 80 mg/kg 以上。②有良好的土壤结构，渗水与保水性能好。据中国科学院土壤研究所试验报告，适宜玉米生长的土壤容重，壤质土以 1.1~1.4 mg/cm³ 较好，也有资料报道，土壤容重与玉米产量呈负相关（$r=-0.796~-0.427$）。③土壤酸碱度适宜为 pH 5~8，以 pH 5~7 最为适宜。

（二）土壤耕作与整地

深耕结合增施有机肥，可减轻雨水径流，提高土壤水分渗透量，增强土壤保水性，有利于玉米生长，防止倒伏。据研究表明，耕层由 9~12 cm 逐步加深到 21~24 cm 可以显著增产。春玉米应在前茬作物收获后，及时灭茬，在秋季进行全面深耕，套作玉米也应在秋、冬季尽早深翻预留行。夏玉米和部分无耕作条件的山区，可利用前茬深耕的后效，人工挖深窝进行局部深耕，播种后再中耕松土。深耕应用 58.8 kW 以上的拖拉机配套旋耕机进行，一次性完成灭茬、深翻、旋耕作业，耕深为 20 cm 以上。

播种前的整地，一般要达到土壤细碎、平整，以利于出苗、保苗。在春旱情况下，只耙不耕翻，可以保持土壤水分。为了防止玉米受涝，应在整地后作畦，开好排水沟。

二、种植方式与方法

（一）适时播种

播种期主要根据当地的温度、季节、栽培制度和品种（杂交种）特性等条件而定。春玉米一般以土壤深度 10 cm，土温稳定在 10~12℃ 为宜。南方各省玉米适宜播种期差异很大，如广东、广西早的可在 2 月初，贵州在 3 月中下旬至 4 月上中旬，湖南、湖北迟的则在 4 月下旬，夏、伏旱较严重的地区，应合理安排播期，使玉米需水关键期即抽雄前后 15 天避开较严重的夏、伏旱。夏秋玉米适宜早播的时间，取决于前作收获的迟早，应争取早播。秋玉米延迟播种，后期遭受低温为害，会影响产量和品质。套种玉米还必须掌握适宜的共生期，一般以不超过 40 天为宜。

（二）播种技术

根据各地气候和土质不同，直播可分为垄作、平作和分厢种植等方式；播种方式有机具开沟条播和挖穴点播两种。播种应深浅一致，覆土均匀，保证播种质量。适宜的播种量应根据种子大小及播种密度不同而定。一般点播每穴 3~4 粒，每公顷用种量 22.5~30 kg；机械条播每公顷为 30~37.5 kg。机械播种一般开沟深度为 6~7 cm，覆土镇压后为 4~5 cm，要求匀播；人工点播后覆土 3~4 cm，细土盖种，土杂肥盖种最好，以利于出苗整齐。

（三）合理密植与种植方式

南方气温高，日照短，玉米生长发育较快，植株较矮，应适当密植。株型紧凑、矮秆、生育期短的品种可适当密些，反之宜稀。育苗移栽的玉米，植株较矮壮，可比直播的适当密些。地膜玉米耕作集约、发育进程快而整齐、株间条件比较一致，可比露地栽培适当增加株数。一般高秆大穗的平展型玉米，每公顷 52 500~60 000 株，紧凑型玉米每公顷

67 500～75 000 株。其种植方式有以下几种：①等行距单株留苗，一般行距 50～65 cm，株距因密度而定。其特点是植株分布均匀，充分利用地力和阳光，适于肥力较低、种植较稀时采用。其缺点是后期行间通风透光较差。②等行距双株留苗，一般行距 60～75 cm，每穴留双苗，苗距 6～10 cm，相邻两行以错穴呈三角形为宜。也可采取行株距离相等的方形种植。此方式在山区较普遍，行间适宜间作豆类。③宽窄行种植，宽行距 80～100 cm，窄行距 30～50 cm，窄行以三角错穴种植，宽行可以套种其他作物，这种方式种植密度较大，既保证了单位面积总株数，又便于田间操作，适用于肥力较高的土壤种植。

（四）育苗移栽

育苗移栽有利于争取季节，解决多熟制的茬口矛盾。育苗方式一般有营养球、营养块、营养钵（袋）、育苗盘、漂浮育苗等，育苗移栽要抓好以下三个环节。

1. 培育壮苗　　选择靠近大田、土质疏松、排灌方便的地方作苗床。苗床整地要求达到细、净、平，然后做成宽 1.2～1.3 m 的畦；用腐熟有机肥和少量的磷、钾化肥配好营养土，装钵（盘）或做成球或营养块后播种；播种后浅覆土或盖土杂肥，稍加镇压，播种后的苗床可覆盖农膜或作物秸秆。播种后至出苗，苗床应保持湿润，出苗后根据天气及苗情适当浇水。

2. 适期早播、适龄移栽　　育苗移栽的播种期比直播要早，一般提早 15 天左右。播期的确定，主要以前作而定，冬闲土，麦（薯）套作地于 3 月中下旬播种，油菜地于油菜终花期播种。当玉米长到 2 叶 1 心到 3 叶 1 心时，是移栽适宜期，此时正值一、二层节根发生期。一般春玉米苗龄 15～20 天移栽，夏秋玉米 7～10 天移栽。

3. 提高移栽质量　　选择晴天下午或阴天进行移栽；带土移苗，移后埋土 3 cm，覆土要严实，灌足加少量清粪的定根水。各地实践证明，玉米营养土育苗移栽，单株育苗定向移栽，增产效果较好。

（五）地膜覆盖栽培

1. 整地作畦　　配合精细整地，施足基肥和种肥。基肥以有机肥为主；种肥以磷、钾化肥为主，氮化肥为辅，既避免玉米前期徒长，又保证后期正常发育。地膜覆盖一般要求作高畦或高垄，畦垄高度可达 15～25 cm，宽度因各地不同情况及地膜的宽度而定。

2. 覆膜　　采取宽窄行种植，选膜厚 0.006～0.008 mm 的微膜，用膜量 45 kg/hm^2 左右。播种期比露地栽培可提早 7～15 天。播种后有条件的可喷化学除草剂，然后盖膜。盖膜要拉紧铺平，紧贴地面，四周各开一条浅沟，将膜埋入用土压实，一般压土 7 cm 左右，如膜有破损、露边，要及时用细土盖严，防止跑墒降温。有条件的地区，可进行机械化覆膜，一次性完成作畦、覆膜、压土固膜作业，可大大提高工效。

3. 及时放苗出膜　　当幼苗第 1 叶开展时，即用小刀破膜放苗出膜，然后用湿土把膜口盖严，以便保湿保温。育苗移栽的可先移栽，后覆膜，并注意将植株破口处和膜边用湿土盖严。

4. 田间管理　　地膜玉米发根多，但根系分布浅，中期要注意高培土，以防倒伏。追肥的重点是穗肥，不揭膜的可以在植株基部破膜追肥。据各地研究，随着高温多雨季节的来临，地膜增温保墒作用消失，如果地膜继续留在田间，会影响根系发育，也不便中耕追肥，7 叶期后可进行揭膜。

三、玉米合理施肥

（一）玉米需肥规律

玉米吸收的矿质元素多达 20 余种，主要有氮、磷、钾3种大量元素；硫、钙、镁等常量元素；铁、锰、硼、铜、锌、钼等微量元素；硅、铝、钴、镍、银、铬、氯、钠、锡、金等辅助性元素。

玉米对氮素的吸收量最多，吸收磷较氮和钾少。一般每生产 100 kg 籽粒，需氮 2.2～4.2 kg、磷 0.5～1.5 kg，钾 1.5～4 kg，三要素的比例约为 3∶1∶2。吸收量常受播种季节、土壤肥力、肥料种类和品种特性的影响。据全国多点试验，玉米植株对氮、磷、钾的吸收量常随产量的提高而增多。

1. 氮素的吸收　苗期到拔节期：春玉米吸收氮占总氮量的 9.24%，日吸收量为 0.22%，夏玉米该期的吸收量较春玉米多，吸收量占总量的 10.4%～12.3%。拔节期到授粉期：春玉米吸收氮占总量的 64.85%，日吸收量为 2.03%，夏玉米吸收量占总量 66.5%～73%，该期需氮量最多，吸收最迅速，此期氮肥不足，会影响花粉和胚珠的发育，穗粒数和粒重下降。所以，抽雄前重施以速效氮为主的攻穗肥，可以满足雌雄穗分化发育对氮的需要，促进粒重、穗大、高产，并且有利于较长时间保持较大的光合面积，避免输导组织过早衰老，从而保证源充足，流畅通。授粉到成熟期：春玉米吸收氮占总量的 25.91%，日吸收量为 0.72%，夏玉米吸收量占总量的 13.7%～23.1%。

2. 磷素的吸收　春玉米苗期到拔节期吸收磷占总量的 4.30%，日吸收量为 0.10%；拔节期到授粉期吸收磷占总量的 48.83%，日吸收量为 1.53%；授粉到成熟期，吸收磷占总量的 46.87%，日吸收量为 1.3%。

夏玉米苗期吸收磷少，约占总磷量的 1%，但相对含量高，是玉米需磷的敏感时期。抽雄期吸收磷达高峰，占总磷量的 38.8%～46.7%。籽粒形成期吸收速度加快，乳熟至蜡熟期达最大值，成熟期吸收速度下降。

3. 钾的吸收　春玉米体内钾的累积量随生育期的进展而不同。苗期累积速度慢，数量少，拔节前钾的累积量仅占总量的 10.97%，日累积量 0.26%，拔节后累积量急剧上升，拔节到授粉期累积量占总量的 85.1%，日累积量达 2.66%。

夏玉米钾素的累积量与春玉米相似，展 3 叶累积量仅占 2%，拔节后增至 40%～50%，抽雄吐丝期累积量占总量的 80%～90%，籽粒形成期钾的累积处于停止状态。由于钾的外渗、淋失，成熟期钾的总量有降低趋势。

（二）玉米的施肥技术

根据玉米各生育时期对三要素的吸收规律，玉米的施肥原则应是"施足基肥、用好种肥、分次追肥"。也可选用缓控释肥，减少施肥次数，提高效率。

1. 基肥和种肥　包括播种前和播种时施用的各种肥料。氮肥一般应占总肥量的 30%·50%，而磷、钾肥适宜于全作基肥，每公顷可加施硫酸锌 15～30 kg。播种前施用的基肥可结合整地条施或全口撒施，播种时施用的种肥一般条施或穴施，机械播种和施肥同时进行时，正位或侧位施入种子正下方或侧下方 4～6 cm 深处，种肥隔离。

2. 追肥

（1）苗肥　　苗肥一般在幼苗 4～5 叶期施用，或结合间苗（定苗）、中耕除草施用，对于套种的玉米，在前作物收后立即追肥，或在前作物收获前行间施肥。苗肥以施用腐熟的人畜粪尿或速效氮素化肥为好，一般应占施肥总量的 5%～10%，应把握早施、轻施和偏施的原则，整地不良、基肥不足、幼苗生长细弱的应及早追施，基肥充足、土壤较肥、幼苗生长较好的，则可不追或少追苗肥。

（2）秆肥　　秆肥又称拔节肥，一般在拔节期，即基部节间开始伸长时追施，占总施肥量的 5%～15%，秆肥以腐熟的有机肥为主，配合少量化肥，应注意弱小苗多施，以促进全田平衡生长。

（3）穗肥　　穗肥是指雄穗发育至四分体、雌穗发育至小花分化期追期。此时为玉米大喇叭口期，距出穗前 10 天左右，是决定雌穗大小和粒数多少的关键时期。穗肥一般应重施，施肥量占总施肥量的 30%～50%，并以速效肥为宜。但必须根据具体情况合理运筹秆肥和穗肥的比重。一般土壤肥力较高、基肥足、苗势较好的，可以稳施秆肥，重施穗肥；反之，可以重施秆肥、少施穗肥。

（4）粒肥　　粒肥的作用是养根保叶，防止玉米后期脱肥早衰，以延长后期绿叶的功能期，提高粒重。粒肥应轻施、巧施，施肥量占总施肥的 5%左右。穗肥不足，发生脱肥，果穗节以上叶色黄绿、下部叶早枯的，粒肥可适当多施，反之，则可少施或不施。

四、玉米田间管理

玉米田间管理是根据玉米生长发育规律，针对各个生育时期的特点，通过灌水、施肥、中耕、培土、防治病虫草害等，对玉米进行适当的促控，调整个体与群体、营养生长与生殖生长的矛盾，保证玉米健壮地生长发育，从而达到高产、优质、高效的目标。

（一）苗期管理

玉米从出苗到拔节为苗期。苗期主攻目标是：培育壮苗，做到苗全、苗齐、苗匀、苗壮。壮苗的标准是，根系发达，茎基扁宽，叶片宽厚，叶色深绿，新叶重叠，幼苗敦实。具体促控措施如下。

1. 防旱、防板结、助苗出土　　播种后遇天气干旱，土壤持水量低于田间最大持水量的 60%，应及时采取浇水和松土保墒。夏秋玉米播后遇大雨，土壤板结，应及时松土，破除板结，散墒透气，助苗出土。

2. 查苗、补种、育壮苗　　对缺苗断垄的要及时催芽补种或带土移栽。适时间苗定苗，一般 3 叶间苗，4～5 叶定苗。对于地下害虫发生较重的地块，可以推迟定苗 1 个叶龄。间苗定苗应按密度要求，去弱留壮、去杂苗病苗。育苗移栽的，发现缺苗，要及时补栽。

3. 中耕施肥除草　　玉米苗期中耕一般进行 2～3 次，定苗前进行第一次浅中耕（3～4.5 cm 深）；拔节前进行 1～2 次中耕时，苗旁宜浅，行间宜深（9～12 cm）。苗期中耕对套播玉米尤为重要，在前作收获后，要及时进行中耕灭茬，追肥浇水，以保证全苗壮苗。

4. 防治病虫　　玉米苗期主要害虫有地老虎、黏虫、金针虫等，要及时防治。

（二）穗期管理

玉米从拔节至抽雄为穗期。穗期管理目标是：使玉米植株敦实粗壮，叶片生长挺拔有劲，营养生长与生殖生长协调，达到壮秆、穗大、粒多的目的。

1. 中耕施肥培土　　穗期一般进行 2 次中耕培土，在拔节前后至小喇叭口期，结合施攻秆肥进行深中耕小培土，将肥料埋入土中，行间的泥土培到玉米根部形成土垄；在大喇叭口期结合重施穗肥，再进行 1 次中耕高培土。

2. 灌溉与排水　　玉米蒸腾系数在 250～320，是利用水分比较经济的作物。玉米苗期需水不多，较耐旱。玉米穗粒期（孕穗到开花灌浆期）需水量最多，占总需水量 43.3%～51.2%，因此拔节后应结合施肥浇拔节水，使土壤水分保持田间最大持水量的 65%～70%为宜。从大喇叭口期到抽雄期为玉米需水临界期，对水分反应十分敏感，应结合重施穗肥，重浇攻穗水，使土壤水分保持田间最大持水量的 70%～80%。若干旱缺水，持水量低于 40%，就会造成"卡脖旱"，使雄雌穗不能正常发育，抽丝散粉延迟，授粉不良。但土壤水分过多，土壤缺氧，雌雄发育受阻，空秆率增加，或造成倒伏，应注意做好排水工作。

3. 防治病虫害　　穗期主要虫害有玉米螟、黏虫、蚜虫、铁甲虫等；主要病害有大斑病、小斑病、灰斑病、白斑病、纹枯病等。要注意勤查，一旦发现，应及时防治。

（三）花粒期管理

玉米花粒期是指从抽雄到籽粒成熟，历时 40～55 天。后期管理目标是：养根保叶，延长功能期，防止贪青或早衰，以提高结实率和粒重，达到丰产丰收。

1. 根外追肥　　根据玉米的长势长相追施 1～2 次叶面肥，可用商品叶面肥，也可每次每公顷用磷酸二氢钾 3～7.5 kg，尿素 7.5 kg，兑水 750 kg 喷施。

2. 人工辅助授粉　　在开花吐丝的晴天上午 9～11 时，先用采粉盘收集花粉，再用授粉器逐株均匀地授在雌穗花丝上，或采用简易的轻摇植株的方法，隔天授粉 1 次，连续进行 3～4 次。

3. 灌溉与排水　　玉米抽雄到蜡熟期需水量占总需水量的 45%左右，特别是抽穗开花期对水分反应敏感。土壤水分保持在田间持水量的 70%～80%，空气相对湿度为 65%～90%，有利于开花受精。天气干旱，空气相对湿度低于 30%，会严重影响开花受精，应及时进行灌溉。玉米乳熟期降雨过多，田间持水量长时间超过 80%，或田间渍水，会使根的活力迅速下降，叶片变黄，也易引起倒伏，应注意做好排水。

五、玉米收获与贮藏

（一）适期收获

玉米在完熟期收获产量最高，此时植株中、下部叶片变黄，基部叶片干枯，果穗苞叶呈黄白色且松散。玉米成熟时籽粒乳线完全消失，黑色层形成，灌浆停止，籽粒变硬，表面呈现出品种固有光泽。部分地区习惯在蜡熟期收获，此时籽粒仍继续灌浆，含水量高，千粒重低；经 7～10 天后乳线完全消失时，籽粒粒重会达到最大值，籽粒中的粗蛋白质、粗脂肪含量也随之提高。因此，玉米适当晚收，是增加粒重，提高产量，改善品质的一项重要措施。

（二）玉米贮藏特性与方法

收获时玉米果穗包裹苞叶，日晒不充分，籽粒含水量高；且同一果穗由于授粉时间差异，其基部与顶部的籽粒的成熟度也不均匀。此外，玉米的胚较大，胚富含脂肪，还含有30%以上的蛋白质和较多的可溶性糖，其吸湿性强、容易发生酸败，在贮藏过程中极易受到虫害侵蚀。同时玉米胚营养丰富，微生物附着量较大，易霉变。

适当和安全的储存条件就是在三年内保持种子质量而不失活力。玉米种子质量的损失不仅仅是肉眼所见的种子不良状况，而且还会直接影响种子在下一季的种植。因此为保证种子的质量，玉米的贮藏要严格遵循"干燥、低温、密藏"原则，尤其要让种子充分干燥。

基于贮藏原则，玉米贮藏技术有常规贮藏、低温贮藏、气调贮藏、双低贮藏等。目前我国使用常规贮藏方法，即在玉米收获后，剥去苞叶，将其晒干通风；或晒干后脱粒，去除破碎粒、杂质等。当籽粒含水量达到14%以下时放入贮具贮藏。并在贮藏后，定期检查贮藏环境的温度、湿度和病虫情况。这一贮藏方法能够保证玉米的品质，便于日后播种，但不适于大量贮藏，常用于农村小批量贮藏。

六、特用玉米栽培技术要点

（一）甜玉米

1. 品质特性　甜玉米也被称为蔬菜玉米或罐头玉米，包括普通甜、超甜、加强甜等不同类型。普通甜玉米由隐性基因 su_1 控制；超甜玉米由 sh_2 控制，其乳熟期的含糖量比普通玉米高 1 倍，在授粉后 20～25 天，籽粒含糖量可达到 20%～24%；从遗传上讲，加强甜玉米是在普通甜玉米的基础上又引入 1 个加甜基因，由双隐性基因（su_1se）调控。甜玉米食用和加工用途广泛，生产效益和经济价值都很高。

2. 栽培要点

（1）**严格隔离，防止串粉**　甜玉米因其甜质胚乳属隐性遗传性状，若与普通玉米杂交，当代所结籽粒就可能成为普通玉米，甜度急剧降低，食用品质下降。因此甜玉米要与其他玉米严格隔离种植，一般要相隔 300～500 m。也可错开播种期，各自前后相差 10～15 天分期播种为宜。不同类型的甜玉米不宜相邻种植，否则会形成不甜的普通籽粒。

（2）**精细整地，施足基肥**　甜玉米籽粒皱缩不饱满，幼芽顶土能力差，需选择土质肥沃、不板结、保水保肥性能好的地块，精细整地，做到土壤疏松、细碎、平整、有利于浅播和出苗整齐。结合整地施优质有机肥，并配合施入适量磷、钾和氮肥，尽量少用农药，减少污染，保证食用质量。

（3）**合理密植，确保果穗质量**　甜玉米商品的食用价值高，应提高栽培技术水平和供足肥水，保持适宜的种植密度。

（4）**分期播种，及时销售**　甜玉米供应时间较长，应合理安排种植计划，选用早、中、晚熟不同品种类型，采取分期播种，实行分批采收，延长鲜穗供应时间，提高经济效益。

（5）**田间管理**　甜玉米苗期应早追肥，促苗早发；加强开花授粉和籽粒灌浆期的肥水管理。早除杂株和分蘖，可采用人工辅助授粉，减少秃尖。

（6）**防治病虫害**　甜玉米籽粒和植株营养成分高，品质好，极易招致玉米螟、金龟子、蚜虫等害虫为害，玉米果穗受害后严重影响其商品质量和市场价格。对此，要早防早治，以防为主。尽量不用或少用化学农药，禁止使用残留期长的剧毒农药。

（二）糯玉米

1. 品质特性　糯玉米也称黏玉米，由隐性单基因（*wx*）控制。糯玉米的胚乳淀粉几乎全是由支链淀粉组成，食用消化率比普通玉米高 20%以上；具有较高的黏滞性和适口性，加温处理后的黏玉米淀粉，具有较高的膨胀力和透明性。这些优良性状，使其在鲜食及食品工业、造纸工业、饲料工业和黏着剂工业上具有广阔市场。

2. 栽培要点

（1）因地制宜，选用良种　糯玉米品种较多，选用适合当地自然条件和栽培条件的杂交种较好。

（2）隔离种植，保持糯性品质　糯玉米属隐性单基因调控的胚乳突变体，当其与非糯玉米杂交时，当代所结的种子失去糯性，变成普通籽粒类型，因此种植时须隔离。

（3）多期播种，前伸后延　为了最大限度满足市场需要，可进行春播、夏播和秋播；作鲜果穗煮食的，尽量提早或延后上市，以获得较高的经济效益。

（4）合理密植，协调单株和群体关系　适当增加种植密度，协调个体和群体生长发育的矛盾，充分有效地利用光、热、水、养分，充分发挥品种潜力。

（5）科学施肥，提高产量，保证品质　增施有机肥，均衡施用氮、磷、钾肥，早施前期肥。增强土壤的保水保肥能力，促进玉米早发稳长，提高鲜果穗的鲜香甜糯特性。

（6）适期采收，保鲜运输　丰产、磨面的果穗，要待籽粒完全成熟后收获；利用鲜果穗的，要在乳熟末或蜡熟初期采收。

（三）爆裂玉米

1. 品质特性　爆裂玉米又称爆花玉米、刺苞谷等，包括米粒型和珍珠型两类，属硬粒种。其籽粒遇高温、高压时，可发生急剧膨大，体积增大 20～30 倍，是制作爆米花的上等原料。爆裂玉米营养丰富，蛋白质含量较高，富含铁、钙、锰、锌及多种维生素。

2. 栽培要点

（1）避免与其他品种玉米相邻种植　爆裂玉米属于隐性遗传性状，为保证品质，应设置隔离区，与普通玉米种植区距离在 300～500 m 及以上，或利用林带、地形、高秆作物隔离。

（2）合理密植　爆裂玉米植株较普通玉米小，果穗偏小，为保证一定的产量，可适当加大种植密度，每公顷保苗 6.7 万～8 万株。

（3）加强肥水管理　加大基肥施用，种肥中增加磷肥用量，中、后期给足水分，及时去小分蘖，减少水分和营养消耗，促进茎秆粗壮，防止倒伏。

（4）适时采收　爆裂玉米留作种子，应于果穗苞叶枯黄时收获，及时晾晒，籽粒含水量低于14%时入库贮藏。收获鲜食果穗，在授粉后 20～25 天摘收，其可溶性多糖含量25%～30%时为佳。

（四）笋玉米

1. 品质特性　笋玉米又称玉米笋，指利用尚未受精的幼嫩果穗制作罐头、蔬菜等产品的玉米类型。笋玉米含有丰富的营养物质，其赖氨酸含量在 0.4%以上，糖分为 8%～10%，蛋白质＞2%，是一种低热量、高纤维、无胆固醇、具有保健作用的特种蔬菜。生产上以多穗的宝塔形或柱形为好；还可利用其多穗或双穗特性，保留上位穗收甜玉米，采收下位穗做玉米笋。

2．栽培要点

（1）精细整地，分期播种　笋玉米种子发芽顶土能力一般不强，特别是有些淀粉含量少的种子，发芽、顶土能力更弱；要求土壤足墒、深耕、细耙，南方最好作畦种植，土壤不能太湿和太干。播种深度在 5 cm 左右。进行分期、分批播种，也可采用复播、套种。

（2）合理密植　笋玉米专用品种一般较耐密植，每公顷 75 000 株左右为宜；若单行或双行套种，则株距可以加大。

（3）精细的肥水管理　加强肥水管理，增施氮肥及其他微肥。

（4）及时去雄　抽去雄穗宜在雄穗刚刚露出时进行。

（5）及时采笋　一般玉米笋品种在雌穗吐丝 3～5 天即可采收，以后每隔 1～2 天采一次笋，7～10 天内可把笋全部采完。

（五）黑玉米

1．品质特性　黑玉米是典型的黑色资源，含有丰富的铁、锰、铜、锌等矿质元素。黑玉米籽粒中硒含量比较高，可达 0.1 mg/kg；并且蛋白质、脂肪、纤维含量比普通玉米分别高 30%、60%、40%；富含 17 种氨基酸，还含有天然黑色素，具有多种功效。黑玉米可鲜食、速冻冷藏，其色香味俱佳，适口性最好，还可烹饪成各种美味食品、制成罐头和加工成种类繁多的保健营养食品。青收后茎秆、苞叶、花丝是非常好的青饲料。

2．栽培要点

1）选用优良品种，根据气候环境在适宜的播种期进行播种。

2）施足基肥，精细整地。

3）合理密植，加强肥水管理。

4）去蘖打杈，人工授粉。

5）适时收获，安全贮藏。

（六）青贮玉米

1．品质特性　青贮玉米也叫青饲玉米，是指收割玉米鲜嫩植株，或收获乳熟初期至蜡熟期的整株玉米，在蜡熟期先采摘果穗，然后再把青绿茎叶的植株割下，经切碎加工后直接作牲口饲料，或贮藏发酵后用于牲畜饲料。青贮玉米具有较高的营养价值和单位面积产量，可直接喂养反刍动物，还可以晒制干草备用；贮存条件和设施都比较简单，而且其营养物质可以保存很长时间，节省大量的建库资金。

2．栽培要点

（1）选用高产青贮玉米品种　应选用高产青贮玉米品种或杂交种，每公顷产量在 5万～6 万 kg 及以上，具有很好的丰产性和抗性，对土壤条件要求不高。

（2）合理密植，施足底肥　青饲玉米多数植株高大，茎叶繁茂，常有分蘖，但主要是收获营养体，因此，要获得高产需注意密植，一般每公顷保苗 6 万株以上较好。

（3）适期收获，保证青贮质量　　青贮玉米的适宜收获时期有乳熟期、乳熟至蜡熟期、蜡熟期，据研究，最为适宜的为蜡熟期。

（七）优质蛋白玉米

1. 品质特性　　优质蛋白玉米也称高赖氨酸玉米，是由 *opaque-2* 隐性基因控制的一种胚乳突变体，其特点是赖氨酸含量高（0.4%左右），比普通玉米高 1 倍以上。优质蛋白玉米主要有软质胚乳型、半硬质胚乳型和硬质胚乳型三种。其籽粒较软，质地疏松、易碎，千粒重低，不透明。食用后，口感好，人体容易吸收，营养价值高，可防治脑溢血和贫血等。优质蛋白玉米可作为优质、廉价的食品加工原料，用其制作的饼干酥脆、香甜，制作的蛋糕体积大、松软可口、不易变硬；也可用作畜禽的优质饲料。

2. 栽培要点

（1）与普通玉米隔离种植　　优质蛋白玉米由隐性单基因转育，与普通玉米花粉串粉后，会导致赖氨酸含量下降。因此生产上凡是种优质蛋白玉米的地块，应与普通玉米隔开，防止串粉，这是保证其质量的关键措施。

（2）保证全苗　　优质蛋白玉米种子松软，出土能力比普通玉米弱；播种前应精选种子，除去破碎粒、小粒。为了确保全苗、培育壮苗、节约用种，在南方提倡盖膜育苗移栽的办法，增加本田积温，有利于培育壮苗，增强抗倒伏能力。

（3）合理密植　　种植密度要根据土、肥、水条件，品种特性及田间管理水平来确定。原则是：土质肥水条件较差的地块应适当稀植；土质肥水条件较好的地块和育苗移植地块，可适当密植。

（4）加强田间管理　　优质蛋白玉米田间管理的中心任务是抓苗、攻穗，严防缺水、脱肥，争取穗大粒多。

（5）收晒好，贮藏好　　优质蛋白玉米成熟时，果穗籽粒含水量略高于普通玉米，要注意及时收晒，以防霉烂。

（八）高油玉米

1. 品质特性　　普通玉米含油量为 4%～5%，含油量超过 6% 即称为高油玉米。高油玉米主要用于榨油、饲用和工业。从高油玉米中提炼的玉米油不仅气味芳香，还含有 86%的不饱和脂肪酸，并含有维生素 A 和维生素 E，不仅营养丰富，还可降低胆固醇、防止血管硬化、预防肥胖症与心脏病等，深受人们喜爱。

2. 栽培要点

（1）适期播种　　高油玉米胚较大，早播易造成粉种，并出现缺苗，播期比同熟期品种晚 5 天左右为宜。

（2）合理密植　　种植密度过低，穗数少，没有高产基础；密度过高，个体发育不足，空秆率高，穗小并易产生穗秃，中后期遇大风暴雨易倒伏。

（3）加强肥水管理　　注重有机肥和无机肥结合，氮、磷、钾合理搭配，增施微肥。

（4）加强田间管理　　施足底肥，注意抑制株高。前期应适当控制水分，后期注意培土，以避免高油玉米植株过高造成的折断或倒伏；同时注意防治玉米螟等病虫害。

复习思考题

1. 结合世界和我国玉米生产现状，试述我国玉米育种和栽培科技的发展趋势。
2. 简述玉米营养器官的形态与功能及其在产量形成中的作用。
3. 简述玉米育种目标制定的原则和步骤。
4. 我国玉米种质资源有何特点？
5. 优良玉米自交系有何要求？
6. 简述自交系选育的基本程序。
7. 简述如何准确测定自交系的配合力。
8. 简述玉米杂交种亲本选配原则和杂交种组配方式。
9. 简述保证玉米杂交种质量和提高杂交种产量的措施。
10. 简述玉米生物育种技术。
11. 试述玉米苗期、穗期和花粒期的田间管理措施。
12. 根据玉米的需肥规律，试设计玉米的高产施肥技术方案。
13. 特用玉米的发展趋势如何？简述特用玉米的种类及其栽培技术。
14. 根据玉米器官建成和产量形成特征，对品种选用、播种期、种植密度、施肥管理等措施进行选择确定，设计一个实现当地玉米高产高效的种植方案。

主要参考文献

戴景瑞, 鄂立柱. 2018. 百年玉米, 再铸辉煌——中国玉米产业百年回顾与展望. 农学学报, 8 (1): 74-79.

刁操铨. 1994. 作物栽培学各论 (南方本). 北京: 中国农业出版社.

盖钧益. 1995. 作物育种学各论. 北京: 中国农业出版社.

官春云. 2011. 现代作物栽培学. 北京: 高等教育出版社.

郭庆法, 王庆成, 汪黎明. 2004. 中国玉米栽培学. 上海: 上海科学技术出版社.

胡晋. 2009. 种子生产学. 北京: 农业出版社.

霍仕平, 晏庆九, 向振凡, 等. 2017. 我国西南地区的玉米育种实践与思考. 作物杂志, (1): 20-24.

林双立, 吴兵, 胡铁欣, 等. 2009. 特用玉米栽培技术探讨. 现代农业科技, (24): 31-33.

刘定富, 高洪昌. 2018. 中国玉米品种育种分析报告 (1949-2017). 北京: 中农博思.

刘纪麟. 1991. 玉米育种学. 北京: 中国农业出版社.

王荣栋, 尹经章. 2005. 作物栽培学 (农学类专业用). 北京: 高等教育出版社.

王天宇, 黎裕. 2000. 分子标记技术在玉米基因定位和辅助选择中的应用. 玉米科学. 8 (4): 3-8.

杨文钰, 屠乃美. 2011. 作物栽培学各论 (南方本). 2 版. 北京: 中国农业出版社.

Chai Y C, Hao X M, Yang X H, et al. 2012. Validation of DGAT1-2 polymorphisms associated with oil content and development of functional markers for molecular breeding of high-oil maize. Molecular Breeding, 29 (4): 939-949.

Cheng H, Sun H Y, Xu D Y, et al. 2018. ZmCCT9 enhances maize adaptation to higher latitudes. Proceedings of the National Academy of Sciences of the United States of America, 115 (2): e334-e341.

Gabay-Laughnan S, Laughnan J R. 1994. Male sterility and restorer genes in maize. In: Freeling M, Walbot V. The Maize Handbook. Springer Lab Manuals. New York, NY: Springer.

Goldman I L, Rocheford T R, Dudley J W. 1993. Quantitative trait loci influencing protein and starch concentration in the Illinois long term selection maize strains. Theoretical and Applied Genetics, 87: 217-224

Green C E, Phillips R I. 1975. Plant regeneration from tissue cultures of maize. Crop Science, 15: 417-418.

Grimsley N, Hohn T, Davies J W, et al. 1987. Agrobacterium-media-ted delivery of infectious maize streak virus into maize plants. Nature, 325: 177-179.

Kelliher T, Starr D, Richbourg L, et al. 2017. MATRILINEAL, a sperm-specific phospholipase, triggers maize haploid induction. Nature, 542: 105-109.

Liu C X, Li X, Meng D X, et al. 2017. A 4-bp insertion at *ZmPLA1* encoding a putative phospholipase a generates haploid induction in maize. Molecular Plant, 10: 520-522.

Prasanna B M, Chaikam V, Mahuku G. 2012. Doubled Haploid Technology in Maize Breeding: Theory and Practice. Mexico, D.F.: CIMMYT.

Wu Y Z, Fox T W, Trimnell M R, et al. 2016. Development of a novel recessive genetic male sterility system for hybrid seed production in maize and other cross-pollinating crops. Plant Biotechnology, 14 (3): 1046-1054.

Zhong Y, Liu C X, Qi X L, et al. 2019. Mutation of *ZmDMP* enhances haploid induction in maize. Nature Plants, 5: 575-580.

Zhou G Y, Weng J, Zeng Y, et al. 1983. Introduction of exogenous DNA into cotton embryos. Methods Enzymology, 101: 433-481.

第四章 马 铃 薯

【内容提要】本章系统介绍了马铃薯的特性及生产意义、马铃薯的生产概况、马铃薯的分布与分区及马铃薯的科学发展历程；讲述了马铃薯的起源与分类、马铃薯的温光特性与要求、马铃薯的生育过程与器官建成、马铃薯的产量与品质形成；详细描述了马铃薯的育种目标及主要性状的遗传、马铃薯杂交育种、马铃薯生物技术育种、马铃薯的其他育种途径和马铃薯脱毒种薯生产；叙述了马铃薯的耕作制度、土壤要求与耕整、种植的方式与方法、马铃薯水肥需求与管理、马铃薯田间调控与病虫草害防治、马铃薯的收获与贮藏及马铃薯特色栽培技术。

第一节 概 述

一、马铃薯的特性及生产意义

（一）适应性强、产量高，保障粮食安全

马铃薯具有很强的适应性，耐贫瘠和干旱，在世界范围内均有分布，在部分热带、亚热带地区的冬季和凉爽季节也可以种植。马铃薯的单产通常为 15～30 t/hm^2，在土壤水肥条件好、管理水平高的田块可达 45～60 t/hm^2，部分高产田甚至可以达到 90～100 t/hm^2。马铃薯性喜冷凉，因此可在多数冷凉地区种植，尤其适于在高海拔山区和半山区种植，作为主要粮食可满足人体每日热量需求。

（二）营养全面、用途广泛，食用价值高

马铃薯营养丰富而全面，块茎含有的干物质为 20%～25%，其中绝大部分为淀粉，是生产商品淀粉的重要原料之一。此外，马铃薯也是高品质蛋白质、维生素和矿物质的重要来源。

马铃薯鲜薯中的蛋白质含量为 1%～3%，必需氨基酸的占比较高，营养价值可与大豆蛋白媲美，可弥补大米和面食等主食中赖氨酸的不足，满足人体所需。马铃薯含有的维生素种类较多，其中维生素 C 的含量较高，每 100 g 鲜薯中可达 10～25 mg，是人类饮食中重要的维生素 C 食物来源，在食用马铃薯较普遍的欧洲国家可占饮食结构中的 20% 以上。

马铃薯块茎中含有多种矿质元素，其中钾的含量丰富，每 100 g 块茎中钾的含量为102.37～699.80 mg，经常食用含钾较高的马铃薯可达到与食用香蕉类似的效果，可有效防止低钾血症，降低中风危险。此外，块茎对重金属的吸收率极低，是一种较为安全的粮菜兼用作物。

二、马铃薯生产概况

（一）世界马铃薯生产概况

马铃薯是世界主要种植的粮食作物之一，属世界第三大粮食作物。根据联合国粮食及农业组织（FAO，2022）的统计数据，2021 年全世界种植马铃薯的国家和地区约有160 个，种植面积 1813 万 hm²，总产量达 3.76 亿 t，平均单产 20.74 t/hm²。世界马铃薯种植地主要集中在亚洲（1031 万 hm²）和欧洲（434 万 hm²），占据了世界总种植面积的 80%以上，种植面积较小的是非洲和美洲，分别为 187 万 hm² 和 157 万 hm² 左右。亚洲马铃薯的主要生产国是中国、印度和孟加拉国等国，欧洲主要集中在俄罗斯、乌克兰和波兰等。虽然亚洲是马铃薯的主要种植区域，但其生产水平与欧洲相比存在一定差距，如 2021 年亚洲的马铃薯平均单产为 19.2 t/hm²，总产量 2.0 亿 t；而欧洲的单产可达 23.6 t/hm²，总产量 1.03 亿 t。

（二）我国马铃薯生产概况

马铃薯作为中国的第四大粮食作物，种植区域从东北延伸到西南地区，目前的种植面积和总产量均为世界第一，2021 年马铃薯种植面积达到 468 万 hm²，平均单产 16 t/hm²，总产量为 0.76 亿 t，马铃薯种植面积占世界总面积的 25.8%，总产量占世界总产量的 20.2%。尽管中国是世界马铃薯的生产大国，但却不属于生产强国，由于种薯质量、机械化水平及良种应用率等因素限制，中国的马铃薯单产水平低于亚洲和世界平均水平，与欧洲种植水平较高的德国、丹麦和荷兰等国差距更为明显，因此种植技术和产量尚有很大的提升空间。

三、马铃薯分布与分区

（一）世界马铃薯的分布与分区

马铃薯因具有较强的环境适应性在全球范围内分布广泛，从海平面高度至海拔 4000 m，从赤道到南北纬 40°的地区均有种植。规模化程度较高的地区分布在亚洲与欧洲，其中亚洲集中在印度东北部、中国北方和西南地区；欧洲集中在东欧，如波兰、乌克兰等。其他重要产区还有美国西北部、欧洲西北部和南美的安第斯山区。在世界范围内，从南纬 47°至北纬 65°的地区都有马铃薯的种植，其中有 2 个较为集中的区域：一是北纬 44°~58°的地区，主要集中在西欧北海沿岸、东欧、中国北方和北美部分地区，约占世界马铃薯种植面积的 52%；二是北纬 23°~34°的地区，主要分布在恒河平原、中国西南和埃及，多为冬作马铃薯，约占世界马铃薯种植面积的 19%。

从世界范围来看，马铃薯种植有以下三大主产区。

1. 高山地区　　包括马铃薯的发源地安第斯山脉、喜马拉雅山脉，其他分布在非洲、亚洲、拉丁美洲及大洋洲的一些山区，全球大约25%的马铃薯种植在 1000 m 以上的高山地区。

2. 低地热带区　　位于巴基斯坦、印度和孟加拉国的中央平原，其他热带马铃薯产区还有中国南方、古巴和埃及等。随着针对热带地区的新品种的选育和新技术的开发，以及灌溉等基础设施条件的改善，南亚中央平原逐渐成为马铃薯种植面积增长最快的区域，成为世界三大马铃薯产区之一。

3. 温带区　　西欧、北美和亚洲高纬度地区等一些耕作区属于温带区。该区多采用春种秋收的方式生产马铃薯，寒冷的冬季气候适于马铃薯的贮存。部分气候条件适宜的地区可与水稻、小麦等谷物作物轮作，一年两收。

（二）我国马铃薯的分布

马铃薯自明朝万历年间引入中国后被广泛种植，在全国大部分地区都有分布，受气候因素影响衍生出多种栽培模式，根据气象条件和耕作特点，将全国划分为 4 个栽培区域，即北方一作区、中原二作区、西南混作区和南方冬作区。

1. 北方一作区　　主要包括东北、华北和西北等地区。该区气候凉爽，日照充足，昼夜温差大，适于马铃薯生长，栽培面积较大，是我国主要的种薯产地和加工原料薯生产基地。一年只栽培一季，一般是 4 月下旬至 5 月上旬播种，8 月、9 月份收获。适于该地区的品种类型以中熟为主，要求选用休眠期长、储藏性好和抗逆性强的品种。

2. 中原二作区　　主要包括辽宁南部、河北、河南、山东和安徽等地。该区因夏季长，温度高，故春秋二季栽培为主要栽培类型。春作生产于 2 月下旬至 3 月下旬播种，5 月下旬至 6 月下旬收获。秋作于 8 月秋播，11 月收获留种栽培。因生长季节较短，马铃薯常与其他作物间套种。

3. 西南混作区　　主要包括云南、贵州、四川、重庆、西藏、湘西和鄂西等地。该区多系山地和高原，在高寒山区四季分明，气温低，无霜期短，雨量充沛，多为春种秋收，一年一作；在低地河谷或盆地无霜期长，冬暖湿度大，适于二季栽培。该区常见春马铃薯/玉米等间套复种，马铃薯一年四季都有种植，可周年生产。

4. 南方冬作区　　主要包括广西、广东、福建和海南等地。该区利用冬季温暖气候优势，在冬闲田种植马铃薯效益显著。约在 10 月下旬播种，3~4 月上旬收获。因生育期短，常与其他作物间套复种，该区域应选择商品性好、适合出口的品种。

四、马铃薯科技发展历程

（一）马铃薯育种科技发展历程

中国的马铃薯育种经历了国外引种鉴定、种间杂交利用到现代生物技术与常规育种结合的过程。20 世纪 40 年代，中国开始了马铃薯品种引种鉴定推广工作，由管家骥先生从美国引入部分品种，通过鉴定选出'火玛''西北果'等 4 个品种，并在四川、贵州等省推广。后来又从东欧等地引进了'疫不加''米拉'等，成为当时的主栽品种，在生产上大面积应用，'米拉'至今还在西南地区有部分种植。

在 20 世纪 50 年代中后期，杨洪祖先生从美国农业部引入 35 个杂交组合的实生种子并最后选出了'多子白''巫峡'等品种。该阶段马铃薯育种目标以抗晚疫病和提高产量为主要育种目标，选育的品种显著减轻了晚疫病的危害，提高了马铃薯单产。20 世纪 70 年代选育出了一批田间晚疫病抗性较强且病毒病抗性较好的品种，到 1983 年，中国共育成了 93 个马铃薯品种，这些品种对当时中国的马铃薯生产起到了重要的作用。

1983~1990 年，中国开始了马铃薯资源的大量引进，80 年代初从加拿大和国际马铃薯中心（CIP）引入安第斯亚种（*Solanum tuberosum* ssp. *andigena*）实生种子，获得了一批综合性状优良、具有良好配合力的无性系材料。利用这些亲本育成了一些高产、高淀粉和高抗晚疫病的品种。

1991~2000 年，利用一些优良的自交系或无性系变异材料，获得了一些优良的品种或亲本。此外，生物工程技术在马铃薯种质资源创新方面得到应用，开始将细胞工程技术应用于马铃薯的倍性操作上。该阶段育种目标主要还是以提高产量为主，同时加强了加工品种和具有优良加工性状的种质资源的引进，并有针对性地配制了一些杂交组合。

2001 年至今，中国马铃薯种质资源库进一步扩大，育种亲本多元化，新型栽培种、CIP 资源在育种中首次占主导地位。该阶段获得了一些具有较强抗性的品种和加工专用的品种。育种技术也日趋全面和完善，把原始栽培种和野生种中优良的性状转移到普通栽培种，扩大了马铃薯资源库。同时基因编辑技术在马铃薯育种中得到应用，一些优良基因在品质、抗性改良及二倍体育种方面得到利用。在育种后代的选择方面，分子标记辅助选择技术得到了广泛应用。

（二）马铃薯栽培科技发展历程

中华人民共和国成立以来的几十年时间里，我国马铃薯栽培研究人员从单一学科、单项措施的试验开始，逐步发展到多学科综合配套栽培技术的研究，从事马铃薯专业研究的部门、机构、团队和科技人员逐年增加，为马铃薯产业良性、健康和可持续发展做出了突出贡献。

1）加强农户科学技术培训，提高了科学种田素质，扩大了成果推广与配套应用，实现了大面积增产，在全国出现了许多大面积高产典型。现今随着脱毒良种及高产栽培配套措施的推广应用，高产田马铃薯的单产可达到 $45 \sim 60 \ \mathrm{t/hm^2}$。

2）间套复种与改制提高了复种指数，提高了产量。马铃薯和其他作物的间套复种，自 20 世纪 70 年代以来在我国中原二作区和西南混作区发展很快，对粮食作物的增产十分显著。间套复种的形式多种多样，如南方水稻收获后的冬闲田进行稻薯轮作，部分地区的马铃薯和绿肥间套作及复种，西南地区的马铃薯和玉米、豆类的间套作等，马铃薯产量和综合效益均显著提高。

3）技术方法上的主要成就。增产效果显著的栽培技术主要有脱毒种薯应用、整薯播种等，在全国有较广泛的应用。此外，还有抱窝栽培法、大垄双行、覆膜滴灌和水肥一体化等，在各地因地制宜，得到实际应用。

4）栽培理论不断丰富完善。主要有丰产长相的研究及形态描述、群体结构与产量、高产形成与高产栽培、茎叶生长与产量形成、三段五期的发育规律与促控技术、产量形成过程中源库联系及高产因素的分析等理论，对促进和指导马铃薯的增产发挥了显著的效果。

第二节　马铃薯的生物学基础

一、马铃薯的起源与分类

（一）马铃薯的起源

科学考证发现马铃薯具有两个起源中心，一是以秘鲁和玻利维亚交界处的的的喀喀湖（Lake Titicaca）盆地为中心地区，包括从秘鲁经玻利维亚到阿根廷西北部的安第斯山脉（Andes）及乌拉圭等地，栽培种都分布在该中心，以二倍体种居多。另一个起源中心则是中美洲和墨西哥，分布着不同倍性的野生多倍体种，数量较少，且没有发现原始栽培种。马铃薯野生种广泛分布于美洲大陆海拔 4000 m 以下的地区，其中南美洲发现的野生种约占 81%，北美和中美发现的野生种约占 19%。马铃薯栽培种中的普通栽培亚种（*Solanum tuberosum* ssp. *Tuberosum*）分布于智利南部，而安第斯亚种（*S. tubetrosum* ssp. *Andigena*）分布于南美的安第斯山地区，二倍体栽培种富里亚种（*S. phureja*）广泛分布于秘鲁中部到厄瓜多尔、哥伦比亚和委内瑞拉，其他栽培种只分布在从秘鲁中部至玻利维亚中部的安第斯高山地区。

（二）马铃薯的分类

所有马铃薯种都属于茄科（Solanaceae）茄属（*Solanum*）马铃薯组（section *Petota* Dumortier）植物，根据形态上的区别、结薯习性和其他特征，Hawkes 将其细分为无匍枝薯（*Estolonifera* Hawkes）和马铃薯（*Potatoe* G. Don）两个亚组。马铃薯系包含 76 个野生种和 7 个栽培种。马铃薯属于多倍性作物，染色体基数 $n=12$，有二倍体（$2n=24$）、三倍体（$2n=36$）、四倍体（$2n=48$）、五倍体（$2n=60$）和六倍体（$2n=72$）等。在所有能结块茎的种中约有 74%为二倍体，四倍体占 11.5%，其他倍性的种所占比例很少，其中二倍体种中包括了绝大多数的原始栽培种和野生种。

（三）种质资源在育种中的应用

1. 栽培种资源的研究利用　　普通栽培亚种：最早分布在智利中部偏南地区的沿海一带，分布地区逐年扩大，现已在世界各国栽培。最明显的特征表现为植株较高而繁茂，茎粗壮有分枝，有茎翼；叶片较大，小叶较宽，叶片与茎的开张角度较大；花梗上部粗壮，花白色或紫红色；结薯性好，块茎大而少。长日照条件有利于该亚种茎叶和匍匐茎的生长及开花，短日照易形成块茎。这个亚种内有大量栽培品种，这些品种具有多种经济特性和形态学特征，能分离出抗癌肿病不同生理小种的类型，如西南山区大面积种植的'米拉'（'Mira'）品种对癌肿病有较强抗性；有的品种抗疮痂病；也有高淀粉和高蛋白质含量的类型；有适应性广和薯形好的类型。这个亚种早在 18 世纪中叶已经在欧洲种植，经过 200 多年的发展，已成为世界上广泛栽培的主要类型。该亚种是育种的主要亲本，也是种间杂交过程中改良其他种不良性状的主要轮回亲本，近 100 年的马铃薯育种都和它有着密切的关系。为了克服其基因狭窄的问题，近年来各国都在利用该亚种与部分近缘栽培种或野生种杂交，以扩大种质资源，选育出了许多抗病性强、适应性广和经济性状好的新品种。

安第斯亚种：植株较高，生长繁茂，茎较细，小叶多，叶较狭窄，有叶柄，叶与茎着生成锐角。该亚种遗传变异类型较多，基因库丰富，能够分离出多种抗源，如抗马铃薯癌肿病、黑胫病和青枯病等，且对晚疫病具有水平抗性；还可以分离出高淀粉和高蛋白质含量的类型。因此，安第斯亚种是马铃薯品种改良的重要资源。安第斯亚种极易与普通栽培亚种杂交，杂交后代表现出较强的杂种优势和高度的自交育性，但在杂交后代中也会出现一些安第斯亚种的不良性状，为了获得具有优良性状的杂种，须用普通栽培种回交，或通过轮回选择克服安第斯亚种的不利性状，选出适于长日照、商品性较好的新型栽培种。该种广泛地分布在南美洲安第斯山脉，如委内瑞拉、哥伦比亚、厄瓜多尔、秘鲁、玻利维亚和阿根廷西北部等。

新型栽培种：新型栽培种是短日照的安第斯亚种在长日照条件下通过轮回选择所选育出的在长日照条件下结薯习性近似普通栽培亚种的类型，具有许多有价值的性状，能为马铃薯育种提供丰富的基因资源。新型栽培种的遗传背景与现在利用较多的普通栽培亚种间的遗传背景差异较大，虽然这些无性系大多薯形仍然较差，但是其中一些无性系在产量和熟期上已与普通栽培亚种较为相似，且对晚疫病的抗性一般优于普通栽培亚种，其食味品质也并不亚于现在的栽培品种。另外，新型栽培种优良无性系与普通栽培种品种之间的杂种在产量上表现出了很强的杂种优势，因此，使得它在拓宽育种资源方面具有重要意义。

2. 马铃薯重要野生种　　马铃薯野生种十分丰富，除少数为六倍体和四倍体种外，大多数为二倍体种，且多数自交不亲和，只有少数野生种可与栽培品种杂交。虽然已经利用野生种和原始栽培种的优良性状育成了一些品种，但目前仍有许多资源未被发现或挖掘，即使已经收集到的资源也未能全面认识和利用，在育种上利用的仅是极少部分。现将主要马铃薯资源特性汇总介绍如下：

（1）无茎薯（*S. acaule*）　　四倍体种，产于南美，该野生种的一些无性系对马铃薯 X 病毒（PVX）免疫，具有抗马铃薯 Y 病毒（PVY）、马铃薯卷叶病毒（PLRV）、疮痂病、黑胫病和癌肿病的资源株系，有些株系可耐−8～−7℃的低温；有些株系的淀粉含量高达 18%以上。

（2）腺毛薯（*S. berthaultii*）　　二倍体种，产于南美，叶片上有长短两种腺毛，能黏住传毒介体如蚜虫等，使其失活，从而可以减少病毒传播。该种中部分材料块茎能抗低温糖化，是炸条和炸片加工的重要抗性资源，并以该种作为亲本，构建了遗传分离群体，完成了抗低温糖化相关 QTL 的定位分析；也有一些抗晚疫病、抗虫和抗线虫的资源。

（3）球果薯（*S. bulbocastanum*）　　二倍体种，产于墨西哥，该野生种能够分离出对晚疫病具有水平抗性和垂直抗性的类型，同时该种中也能分离得到抗 PVY 和马铃薯 S 病毒（PVS）、甲虫、二十八星瓢虫、南方根结线虫（*Meloidogyne incognita*）及耐热的资源。

（4）恰柯薯（*S. chacoense*）　　二倍体种，该野生种能分离出抗 PVX、PVY、马铃薯 A 病毒（PVA）和 PLRV 的类型；也有抗青枯病、疮痂病、环腐病和黑胫病的类型。由于该种龙葵素生物碱含量高，因此能分离出一些抗马铃薯甲虫、金黄线虫、根结线虫和二十八星瓢虫的类型，还能分离出高淀粉和高蛋白质含量的类型。

（5）落果薯（*S. demissum*）　　六倍体种，产于墨西哥，该种是抗晚疫病育种中利用最早和最多的一个种，世界各国利用该野生种作亲本，育成了 200 多个品种。该种除能够分离出对晚疫病有水平抗性和垂直抗性的类型外，还具有抗癌肿病、疮痂病，抗 PVY、PVA、PLRV 及抗马铃薯甲虫的资源，也能分离出高淀粉、高蛋白质和耐霜冻的类型，部分株系可耐−5℃低温。

（6）小拱薯（*S. microdontum*）　　二倍体种，该野生种的一些无性系对 PVY 免疫，抗马铃薯花叶病毒（PMV）、PVA、PVS，对晚疫病具有水平抗性或垂直抗性，对癌肿病、金黄线虫、马铃薯甲虫和二十八星瓢虫有抗性，也能分离出抗青枯病的类型。

（7）稀毛薯（*S.pinnatisectmum*）　　二倍体种，产于墨西哥中部，多分布在海拔1800～2400 m 处，具有高抗晚疫病株系，也有能分离得到抗块茎蛾的资源，其染色体经加倍后，可与四倍体种杂交结实。

（8）葡枝薯（*S. stoloniferum*）　　四倍体种，产于墨西哥，该野生种具有对 PVY 和PVA 免疫的基因型，且这些抗性呈连锁遗传。该种也作为对晚疫病有田间抗性和干物质含量高的亲本，还可分离出抗疮痂病、黑胫病、癌肿病和抗二十八星瓢虫的类型。

（9）芽叶薯（*S. vernei*）　　二倍体种，该野生种可分离出对晚疫病具有水平抗性和垂直抗性的类型，也可分离出抗癌肿病、疮痂病、囊线虫和耐霜冻的类型。从该种中还分离得到了一些抗低温糖化的基因型，是选育炸片或炸条加工品种的重要资源。

二、马铃薯的温光特性与要求

（一）马铃薯的温度需求特性

马铃薯性喜冷凉，不耐高温。经过休眠的马铃薯块茎在 4℃可开始萌芽，7~8℃时幼苗缓慢生长，幼芽生长的最适温度为 10~12℃，茎叶生长的最适温度为 18~21℃，当温度高于 29℃时抑制地上部的生长与块茎形成。而低温也不利于马铃薯的生长，通常−1℃时马铃薯表现出受冻特征，低于−4℃则使植株死亡。块茎形成和膨大则需要适当低温，其最适温度为 16~18℃。在马铃薯生长后期，较大的昼夜温差有利于光合产物向块茎的运输和积累，使马铃薯获得较高的产量和品质。

（二）马铃薯的光照需求特性

马铃薯是喜光作物，光照对马铃薯的形态结构、生理代谢、产量和品质均有重要的影响。光照影响马铃薯的形态建成，在黑暗条件下马铃薯萌芽表现出黄化现象，芽细长且顶端弯曲。在马铃薯与其他作物间套作时，常因光照不足，马铃薯株高增加、节间伸长和茎秆变细等形态变化，并且产量和品质均有所下降。同时，弱光胁迫易降低马铃薯叶片的气孔密度和叶绿素含量，叶片光合速率显著下降，对强光的利用能力减弱。

马铃薯营养器官在长日照下生长旺盛、光合作用强，但块茎形成则需短日照及凉爽气候条件，其中安第斯亚种对短日照要求很严格，在长日照条件下匍匐茎顶端并不膨大，需经过 7~14 天的短日照才能形成块茎。而栽培亚种在引种驯化后对光照时长要求已不严格，但短日照条件下能显著促进块茎的形成。

三、马铃薯的生育过程与器官建成

（一）马铃薯的生长发育

马铃薯是营养繁殖作物，其生长发育经历块茎破除休眠、萌芽出土、形态建成、块茎形成膨大及休眠期，从而完成整个发育周期。不同的品种和产地使其生育期存在差别，如早熟品种生育期在 75 天以内，中熟品种生育期为 76~105 天，可细分为中早熟和中晚熟品种，晚熟品种的生育期则在 105 天以上。马铃薯品种在南北之间进行引种栽培时因温度、光照和降雨等气候条件的变化，其熟期也会相应改变，这需要在品种评价和育种工作中引起重视。

根据马铃薯的形态变化和器官建成规律，把其生育过程分为 5 个时期。

1. 发芽期 马铃薯块茎储存了较多的淀粉、可溶性糖等碳水化合物和水分，萌芽时可为幼芽生长所利用。解除休眠后的马铃薯块茎在适宜条件下即可顺利萌发。块茎萌发时芽眼长出明显幼芽，在芽茎节处相继分化出根系和匍匐茎，新发生的根系促进了幼芽的生长并以顶端弯曲状突出土壤，见光后的幼叶迅速伸展绿化，至 3~4 片叶时发芽期即告完成。种薯出苗的时间取决于种薯质量和环境条件，足够土壤墒情、充足氧气和适宜温度能显著促进块茎的出苗，如土壤温度 7℃时幼芽开始生长，随温度升高幼芽生长加快，在 18~20℃时仅需 15 天即可完成出苗。生产中种薯播种后覆膜有利于增加土壤墒情和提高土壤温度，促进块茎萌发。

2. 幼苗期 从出苗到现蕾为马铃薯幼苗期，仅需 15~25 天。整个幼苗期根系不断延伸扩展，至 7～15 天时幼苗主茎地下各节上的匍匐茎就开始自下而上发生并相继伸长。出苗后 15 天，地下各茎节上的匍匐茎均已形成并转为横向生长。此期间良好的栽培措施可促进匍匐茎发生，增加结薯数。而环境胁迫可能使匍匐茎向上生长突出地面，抽出新叶变成普通的侧枝。马铃薯的幼苗期以茎叶生长和根系发育为中心，同时伴随着匍匐茎的形成和伸长，块茎尚未形成。其幼苗期的时间与其他作物相比相对较短，当主茎生长点开始孕蕾，侧芽开始生长，匍匐茎顶端停止极性生长并开始膨大时，标志着幼苗期结束并进入块茎形成期。该期马铃薯的生长量不大，但却是马铃薯光合系统和经济器官分化建成的重要阶段，良好的水肥条件和充足光照可促根、壮苗，保证根茎叶和块茎的协调分化与生长。

3．块茎形成期　　此期从孕蕾开始、匍匐茎停止极性生长并顶端开始膨大，至主茎叶片数达 9～17 片（开花初期）止，一般需 20～30 天。这一时期马铃薯生长旺盛，营养与生殖生长同时进行，茎叶生长、块茎形成和花序发育使这一时期营养物质的需求量急剧增加，根系吸收能力增强，叶面积迅速增大，光合性能旺盛。此期的生长中心逐步由地上部分转向地上茎叶和块茎形成并进阶段，同化产物向地下块茎转移量逐步增加，同一植株上所有的块茎大多是在这一时期形成，是决定结薯数的关键时期。此期结束点可以茎叶干重与块茎干重相等时为标志，因同化物向地下块茎的分流，地上茎叶的生长趋缓，此时应加强水肥管理，提高光合产物制造和输出能力，使茎叶生长和块茎形成协调生长。

马铃薯块茎由匍匐茎发育而来，有 50%～70% 的匍匐茎可以形成块茎，其形成受多种因素的影响：①环境温度与光周期；②光合产物的供给，幼苗期较大的光合面积可促进匍匐茎发育与块茎形成；③内源激素，块茎发生前后植株体内的内源生长激素发生一系列变化，其中赤霉素（GA）被公认为是与块茎形成最为密切的因素，GA 抑制块茎形成，其含量降低是块茎形成的必要条件。

4．块茎膨大期　　马铃薯块茎膨大期基本上与开花盛期相一致，一般持续 15～20 天。该期是以块茎膨大和质量增长为中心的时期，是决定经济产量和大中薯率的关键时期。适宜环境条件下单株块茎每天可增重 10～40 g 及以上，同时地上部生长也极为迅速，茎叶和分枝鲜重继续增加，叶面积达到最大值，单株茎叶鲜重日增量可达 15～40 g 及以上。

终花期茎叶鲜重达顶峰后生长逐渐放缓停止，光合产物持续向块茎运输积累，使块茎鲜重继续增加，当茎叶鲜重与块茎鲜重相等时，称为茎叶与块茎鲜重平衡期，标志着块茎增长期的结束并进入淀粉积累期。鲜重平衡期出现的早晚，与品种与栽培技术有密切关系，平衡期过早过迟，会造成地上、地下部生长失调，影响块茎产量和品质。该期形成的干物质占全生育期干物质总量的 70%～80% 及以上，是一生中需水需肥最多的时期，吸收的钾肥比块茎形成期多 1.5 倍，吸收的氮肥比块茎形成期多 1 倍，达到生育期中水肥吸收的高峰，充分满足这一时期马铃薯水肥的需求是获得块茎产量丰收的关键。

5．淀粉积累与成熟期　　马铃薯开花结果后茎叶生长逐渐停止，从下部叶开始衰老黄化，进入淀粉积累期，一般 20～25 天。该期是以淀粉积累为中心的时期，块茎体积变化不大，但质量继续增加，干物质由地上部迅速向块茎中转移积累，块茎中蛋白质和矿质元素也同时增加，可溶性糖和纤维素则逐渐减少。淀粉积累可以一直延续到茎叶全部枯死之前，因此该期要防止茎叶早衰，延长光合作用和同化物转运的时间，同时也要防止水分和氮肥过多造成的贪青晚熟对块茎品质的影响。

（二）马铃薯块茎的休眠

收获后的马铃薯有一段时间的生理性休眠期，通常为 30～90 天，其长短与品种和贮藏条件有关，低温和黑暗条件有利于延长休眠时间。块茎休眠的原因主要与 ABA 等内源激素调控有关，当块茎形成时 ABA 增加并能够抑制块茎芽尖生长，在贮藏过程中随 ABA 与 GA 比值的逐渐降低，块茎解除休眠并表现出发芽。另外，收获块茎的周皮木栓化过程也阻碍了块茎与外界的气体交换，呼吸作用和生理代谢均较微弱，因此处于休眠状态。

四、马铃薯的产量与品质形成

（一）马铃薯的产量形成的关键因素

1. 块茎数量　决定马铃薯产量的前提条件和基础是匍匐茎与块茎的形成。匍匐茎可在主茎的地下任何节位上形成，其进一步的发育受多种内外部因素调控。形成的匍匐茎并不都能形成块茎，在一般情况下匍匐茎的成薯率为 50%～70%，匍匐茎越多则形成的块茎也多，因此一切影响匍匐茎和块茎形成的条件都会影响块茎形成的数量，包括遗传因素、自然环境条件和栽培技术水平等。研究显示，在整个马铃薯生育期间，地下茎节上都有匍匐茎发生，但出苗 60 天以后形成的匍匐茎因光合产物的供给不足很少膨大形成块茎，因此对产量贡献较大的是形成较早的匍匐茎和块茎，有利于匍匐茎和块茎早发的生产措施均有助于提高产量。

2. 单株产量　马铃薯的单株产量和每亩株数是构成产量的直接因素，单株产量是由平均薯重和每株薯数构成的，前者受每株大中薯数及大中薯重的影响，后者受主茎数和每主茎结薯数所制约，即主茎数对单株产量起着决定性的作用。高产马铃薯植株常有较多的主茎（3～5 个）或适当的分枝，生长健壮、茎粗叶茂和株高适宜的地上形态结构，可使地下部结薯多、大中薯比例高。因此生产上根据各品种特性、土壤肥力和栽培模式等，选择适宜的栽培密度，使马铃薯植株形成合理的主茎数和较大的光合面积，并能在块茎形成期、膨大期均能保持较强的光合产物输出能力，这样有利于增加结薯数和单薯质量，提高商品薯率。

（二）马铃薯的品质形成

马铃薯的品质形成主要集中在块茎膨大期和淀粉积累与成熟期，大多数干物质在块茎膨大期积累完成，后期则继续由地上部分向块茎转运贮藏淀粉、蛋白质和色素等营养物质。尽管如此，马铃薯不同于禾谷类作物，刚收获块茎的水分含量较高（约80%），其干物质含量仅占 20%左右，干物质中淀粉为主要成分，其次还包括蛋白质、少量糖类和维生素等物质，彩色马铃薯还含有花色苷。

1. 淀粉　淀粉是衡量马铃薯品质的主要指标。通常块茎鲜重的12%～18%是淀粉，淀粉中支链淀粉含量高达 70%～80%。直链淀粉占 20%～30%。马铃薯淀粉结构松散、结合力弱，含有天然磷酸基团，这些特点使其具有糊化温度低、糊浆透明度高和黏性强的优点，因此在各个领域得到广泛应用。

2. 蛋白质　马铃薯块茎中粗蛋白质含量在2%左右，包括游离氨基酸和酰胺，纯蛋白质含量仅占粗蛋白质含量的 1/3～1/2。马铃薯块茎蛋白质大部分可溶于水，属于完全蛋白质（所含必需氨基酸种类齐全），且各种氨基酸的比例与人体需要基本相符，容易吸收和利用。

马铃薯虽然不是生产蛋白质的主要原料，但目前块茎蛋白质含量已经成为衡量马铃薯品质的一项重要指标。

3. 糖类　　马铃薯块茎糖分主要以还原糖（葡萄糖、果糖和麦芽糖）和蔗糖为主，其含量在低温储藏期间会增加，含量通常在 0.1%～8%。由于在马铃薯高温加热过程中，块茎中的还原糖会与含氮化合物的 α-氨基酸发生非酶促褐变反应，致使薯条（片）表面颜色加深为不受消费者欢迎的棕褐色。因此，用于油炸薯条（片）加工的原料薯还原糖含量要求不超过鲜重的 0.3%，其含量的高低成为影响炸条（片）颜色最重要的因素，也是衡量马铃薯能否作为加工原料最为严格的指标。

4. 维生素　　马铃薯块茎中含有丰富的维生素类物质，其中维生素 C 含量最高，存在还原型（抗坏血酸）和氧化型（脱氢抗坏血酸）2 种形式。脱氢抗坏血酸在生物体内可以被还原成抗坏血酸，这 2 种形式的维生素 C 总量在 100 g 鲜薯中的含量为 1～54 mg，脱氢抗坏血酸占总维生素 C 含量的 12%～15%。维生素 C 是很好的抗氧化剂，能有效地去除自由基，对人体健康十分有益，因此也成为衡量马铃薯块茎品质的一项重要指标。

5. 花色苷　　与普通的白色、黄色肉质马铃薯相比，彩色马铃薯块茎含有的花色苷具有良好的抗氧化活性和自由基清除能力，是人类饮食结构中很好的抗氧化剂来源，可应用于天然色素、保健食品和天然抗氧化剂开发及延伸马铃薯的产业链。彩色马铃薯块茎的皮色有粉红色、红色和紫色等，薯肉有红色和紫色或为含红色、紫色环等，因此彩色马铃薯品种间花色苷的含量有着很大差异，其含量通常在 1～60 mg/100 g 鲜重。虽然花色苷含量不是太高，但由于马铃薯的产量较大，因此在食用色素提取和特色食品加工方面均有较大开发利用价值。

（三）影响马铃薯产量与品质的环境因子

1. 光照　　马铃薯是喜光作物，强光和长日照可促进地上部分旺盛生长，因此在栽培马铃薯时应该合理种植，避免植株间相互遮光，影响叶面积扩大和光合过程。在荫蔽或与高秆作物套作时，会导致马铃薯光照不足，光合产物积累少，抑制植株生长，甚至引起植株早衰，最终影响块茎干物质含量，如田间条件下，长日照处理的块茎淀粉含量比短日照处理的块茎淀粉含量高。同时马铃薯块茎的形成要求短日照、黑暗和湿润的条件，这有利于葡匐茎发育。虽然短日照促进块茎形成，但经长日照处理的植株一旦形成块茎后，便以更快的速度增长，短日照处理的块茎产量和干物质含量最终因受到茎叶生长抑制而不及长日照处理的高。

2. 温度　　马铃薯是喜冷凉气候的作物，在块茎发育阶段光合产物的运输和积累受土壤温度影响较大。较低的温度（16～18℃）有利于块茎干物质的形成和积累，促进块茎的膨大和生长。长期高温会导致单株小块茎增多、大块茎比例下降和干物质转移受阻，降低块茎的产量和品质。另外，昼夜温度的变化能够减小连续光照对植物的伤害，有利于块茎的形成。马铃薯块茎中的淀粉含量也随生育期内气温平均日较差的增加而明显升高，特别是在结薯期，相关性达极显著水平。

近百年来全球的气候变暖趋势愈加明显，气候变暖对马铃薯生育、植株形态结构、块茎形成、水分利用、经济产量、品质变化和主要疫病的发生等均构成重要影响。据预测，未来（2040～2069 年）全球变暖将导致马铃薯产量降低18%～32%，高纬度区域可采取调整播种期、提前播种和种植晚熟品种等应对措施，也可通过改善灌溉条件和栽培措施增加马铃薯产量，这在一定程度上削弱气候变化对马铃薯的负面影响。

3．水分　　马铃薯生育期间需水量大，对水分胁迫较为敏感。马铃薯的蒸腾系数在400～600，生长期间土壤湿度以田间最大持水量的 60%～80% 为宜，降水量在 300～500 mm 且分布均匀即可满足马铃薯生长的需要。结薯期是马铃薯的需水关键时期，块茎形成期耗水量占全生育期总耗水量的 30% 左右，块茎膨大期占 50% 以上，是耗水量最大的时期。水分亏缺会抑制或延迟块茎萌发，减少叶面积系数、降低光合性能并缩短叶片功能期，影响干物质的积累。而水分过多也会导致马铃薯块茎淀粉和维生素 C 含量下降，还原糖含量增加，降低块茎品质。

4．土壤特性　　马铃薯对土壤的适应性广，但不同土壤类型对块茎的生长发育及品质影响差异较大。轻质土壤种植的马铃薯发芽快、出苗整齐、根系容易伸展，利于后期块茎膨大和淀粉积累，收获块茎表皮光滑、薯型整齐。而黏质土壤易压实、透气性差，影响马铃薯的生长和产量，块茎形状不规则、品质较差。砂壤易于马铃薯块茎膨大，但该土壤类型保水性差，水分供给是马铃薯产量和品质的主要限制因素。总之，结构疏松、透气性好和水肥蓄积性好的土壤有利于马铃薯块茎膨大过程中同化物的转运，提高干物质在块茎中的分配率。

马铃薯的生长发育要求微酸性土壤。马铃薯在 pH 为 4.8～7.0 的土壤中生长比较正常，最适土壤 pH 为 5.5～6.0，碱性易造成块茎粗皮和发生疮痂病。

第三节　马铃薯主要性状的遗传与育种

一、马铃薯的育种目标及主要性状的遗传

（一）马铃薯育种的主要目标

马铃薯育种的总体目标要求高产、优质和抗病等，根据各地区气候特点、耕作栽培制度、生产状况和消费习惯不同，对马铃薯品种的要求也不一致。世界上一些发达国家的大部分马铃薯主要用于加工，少部分用于鲜食，块茎品质性状一直受到高度重视。而由于消费方式和国家粮食安全保障等原因，长期以来国内马铃薯育种一直以高产和稳产为主要目标，所育成的品种主要以鲜食为主，造成中国马铃薯品种结构相对单一，缺乏优良的加工品种，特别是适合淀粉、全粉及炸片、炸条等加工需要的品种。随着马铃薯产业的快速发展，适合市场需求和加工型的专用型品种的选育将是今后育种工作的重点。

1．不同栽培区域的育种目标

（1）北方一作区　　无霜期短，只能种一季马铃薯，以中熟、中晚熟和晚熟品种为主。东北地区须注重抗晚疫病、病毒病和黑腐病品种选育，华北和西北地区应加强耐旱、抗疮痂病、环腐病、晚疫病和病毒病育种。该区域菜用马铃薯以炖、煮为主，重视高淀粉品种选育。

（2）西南混作区　　这一区域海拔高度变化较大，导致气候垂直差异较大，高海拔地区马铃薯只栽培一季，但雨量充沛，晚疫病严重，育种目标主要是高抗晚疫病、癌肿病和粉痂病的中晚熟和晚熟品种，而中低海拔地区可春秋二季栽培，育种目标为抗晚疫病、青枯病的中熟和早熟品种。

（3）中原二作区　　春秋二季栽培，适合马铃薯生长的生育季节都较短，以早熟或薯块膨大快、对日照长度不敏感的品种为主。针对二季作区的特点，早熟、高产、休眠期短、抗病毒病、抗疮痂病和抗青枯病是主要的育种目标。该区域马铃薯主要用作蔬菜，要求淀粉

含量中等，食味好。

（4）南方冬作区　　这一区域马铃薯主要利用冬季休闲田栽培，多用于鲜食或出口，主要育种目标为抗青枯病、抗晚疫病、耐高温和耐贮藏的早熟品种和特色品种。菜用品种的育种目标同中原二作区。

2．不同育种目标对品种的要求

（1）粮用型品种　　要求结薯集中、薯块大而整齐、芽眼少而浅、产量高、淀粉含量高、干物质含量高和食味好，生育期中熟或中晚熟，品种主要需要抗马铃薯病毒病、抗晚疫病和抗青枯病，耐贮运等。

（2）菜用型或出口型品种　　要求薯形整齐，大小均匀，商品率高，芽眼浅，表皮光滑，干物质含量中等（15%～17%），维生素C含量高（15 mg/100 g 鲜重），粗蛋白质含量1.5%以上，炒食和煮食风味佳，口感好，耐贮运。

（3）炸片炸条加工型品种　　炸片加工要求薯形圆球形，结薯整齐，块茎以中等大小（直径 5.0～7.0 cm）为宜，不易发生空心和黑心，芽眼浅而少；薯皮以乳黄色或黄色为宜，块茎表皮见光不易变绿；块茎干物质含量在 20%～24%较为适宜，还原糖含量不超过0.3%，且耐低温贮藏，油炸色泽指数较好。炸条加工要求薯形长椭圆形，块茎大（200 g 以上），两端宽圆，髓部长而窄，无空心；干物质含量要求较为严格，相对密度为 1.085～1.1，炸条直而不弯。另外，这些加工品种，除满足高产、抗病、适应性强等要求外，还需要具有一定的抗低温糖化能力。

（4）高淀粉品种　　要求淀粉含量在18%以上，块茎中等大小，均匀一致，表皮光滑，芽眼少而浅，块茎中髓部所占比例小，表皮和薯肉颜色浅，抗褐变能力强。

（二）马铃薯主要性状的遗传

1．植物学特征遗传

（1）株型　　在四倍体普通栽培种马铃薯中，直立植株相对于匍匐植株表现为显性，在 F_2 代中，直立与匍匐株型的分离比例为 63∶1，因此推测在二倍体水平上，株型遗传受 3 对显性基因控制，而匍匐型和直立型之间还存在一个中间形态即半直立型，其对直立型表现为隐性，但与匍匐型的关系还不明确。

（2）茎的形态　　马铃薯植株在出苗 3 周后，在幼苗的茎上可观察到无毛（glabrous）或有毛（pubescent）。该性状是由一对显隐基因控制的，且有毛对无毛为显性。而茎棱类型也是由一对等位基因控制的，其中钝齿对平直为显性。

（3）叶片特征　　马铃薯叶型的遗传表现为复叶对单叶表现为显性（由显性基因 L 控制），窄叶对裂叶表现为显性，畸形叶对正常叶表现为显性，但也有研究表明叶型由多个遗传因子决定。

（4）花的特征　　花冠形态可分为星形、半星形、五边形、轮形和圆形。柱头类型凹陷型对平滑型为显性，在种间杂交的非整倍体材料中偶尔会出现另一种花柱类型——开裂型，由一到两对独立的隐性基因控制的。花萼规则对花萼不规则、短萼筒对长萼筒、2 个花序对 3 个花序都表现为显性，且可能是由一对等位基因控制。花序数目和每个花序的小花数目，在不同的环境条件下，由不同的主效基因调控，也存在其他基因的加性效应和上位效应的影响。

（5）块茎形状　　马铃薯块茎的形状可以横轴/纵轴来评价，圆形对长形为显性，由对主效基因控制，等位基因表现为不完全显性。除圆形对长形显性外，扁形和扁长形也为显性。而浅芽眼和长匍匐茎（长于 15 cm）对深芽眼和短匍匐茎型（短于 15 cm）为显性。

空心是马铃薯块茎的一个生理缺陷，表现形式可能是灰色中心或者髓细胞坏死，通常大块茎发生空心的概率更高。空心的表型常常受各种环境和遗传因子的影响，建议避免使用空心敏感基因型作为亲本。此外，还发现空心表型与平均产量和块茎大小呈正相关，而与块茎数量呈负相关。

2．块茎品质性状　品质性状包括块茎大小、形状、皮色、薯肉颜色和芽眼深浅等可能影响消费者选择的外观性状，加工品质，块茎内在营养成分和食味、蒸煮黑变等烹饪品质，而本节所提到的马铃薯品质性状主要指马铃薯的营养成分、加工品质和烹饪品质等，包括还原糖含量与油炸色泽、淀粉含量、糖苷生物碱含量、蛋白质含量、烹饪后颜色变化和酶促褐变等。

（1）还原糖含量与油炸色泽　马铃薯加工产品中主要以油炸薯片和薯条加工为主，而油炸后产品的色泽是影响其品质的最主要因素。相关测定表明，炸片颜色具有极显著的加性、显性和加性与环境互作效应，且炸片颜色具有较高遗传力，其亲本特性能有效稳定地传递给后代，因此，该性状可进行早代选择。

还原性糖含量的高低是影响马铃薯油炸色泽的最关键的因子，高温油炸时，薯块中还原糖与游离氨基酸发生美拉德反应（Maillard reaction），导致加工产品色泽变褐，降低商品价值。在薯片生产中，块茎中还原糖含量不超过 0.3%。但为了延长加工时间，马铃薯常采用低温贮藏，而低温下呼吸作用的减弱和淀粉向还原糖的转化加强，导致了还原糖的累积。因此，现代油炸加工品种还需要具有一定抗低温糖化的能力。现有栽培种中，低还原糖含量和抗低温糖化资源相当缺乏，需要不断扩大和引入近缘或野生种种质资源的优异特性，不断创新资源才能得以逐步解决这一问题。

（2）淀粉含量　马铃薯淀粉含量可能受多个不等位的显性基因控制，是以加性效应为主的微效多基因控制的遗传。因此，在淀粉含量的育种中，选用的亲本材料应当是高淀粉含量的，以充分利用基因的累加效应。淀粉含量的特殊配合力也是非常重要的，特殊组合的杂种优势非常明显，超亲现象时常发生，说明显性效应和上位效应对于高淀粉育种也很重要。所以在马铃薯高淀粉育种时，应当选配一般配合力和特殊配合力都比较高的亲本材料，才能获得理想的结果。

此外，马铃薯块茎的淀粉含量与熟性也相关，一般晚熟品种比早熟品种淀粉含量要高，主要是生育期长短与淀粉累积在生理上相关。以早熟品种作母本与高淀粉父本杂交，可能选育出中早熟且淀粉含量较高的品种。而淀粉含量与块茎产量有呈负相关的趋势，可利用高淀粉含量亲本与块茎产量高、中等淀粉含量的品种杂交，以筛选高淀粉和块茎中等大小的高产品种。

（3）糖苷生物碱含量　糖苷生物碱俗称龙葵素，在马铃薯植株各个器官都含有，以花果实中最多、其次是茎叶，块茎中含量最少。马铃薯 95%的糖苷生物碱以 α-茄碱或 α-卡茄碱的形式存在。高含量的糖苷生物碱（15 mg/100 g 鲜重）会带来苦味、麻口味，而食用含量超过 20 mg/100 g 鲜重糖苷生物碱的块茎则可能会带来中毒症状。通过测定亲本与杂交后代的糖苷生物碱含量表明，后代中的糖苷生物碱含量呈连续性变化，推测糖苷生物碱含量可能受多基因控制，糖苷生物碱含量不仅是数量遗传，其主效基因对其影响也较大。

（4）蛋白质含量　蛋白质是马铃薯重要的营养物质，许多野生种和南美栽培种的蛋白质含量很高，可作为马铃薯高蛋白质育种的资源。马铃薯块茎中干物质含量和粗蛋白质含量呈正相关，但马铃薯蛋白质含量与块茎产量却略呈负相关。因此，必须有较大的实生苗群体，才能提高选育高产且高蛋白质品种的概率。

（5）烹饪后颜色变化　　马铃薯烹饪后变黑是由于无色的绿原酸亚铁复合物在空气中氧化成蓝灰色的三价铁和绿原酸的混合物，虽然在烘焙、油炸或脱水过程也有可能会出现，但最容易在马铃薯蒸煮过程中表现出来。不同的品种之间绿原酸的水平，受土壤有机物质钾、钙等含量及 pH 的影响。该性状是一个复杂性状，基因的加性效应对其影响较大。

（6）酶促褐变　　酶促褐变是指块茎在去皮、切割或机械损伤时块茎颜色发生变化。导致酶促褐变的原因主要是酪氨酸和二元酚等被多酚氧化酶氧化。研究表明不褐变是由寡基因控制的显性遗传，通过降低多酚氧化酶的活性可以一定程度上限制酶促褐变的产生。

（三）色素遗传

马铃薯色素主要分为花色苷和类胡萝卜素两类，花色苷控制马铃薯呈现红色、紫色和粉色，而类胡萝卜素控制块茎呈现白色、黄色或橘黄色。

1. 类胡萝卜素　　马铃薯的白肉、黄肉是单个显性基因控制，该基因定位在第 3 条染色体上，黄肉性状 Y 对白肉 y 为显性。修饰基因对其调控同样也很重要，在肉色分离群体中，黄肉的颜色深浅变化很大，橘黄薯肉是受 Y 位点上的一个等位基因 Or 控制，其对控制黄肉和白肉的 Y 和 y 都为显性。

2. 花色苷（anthocyanin）　　马铃薯植株茎、花、芽和块茎由于花色苷沉积而表现出粉红、赤红、蓝色或紫色。1911 年 Salaman 首次发现了四倍体马铃薯 R 基因，它是马铃薯植株产生红色色素所必需的；P 基因则控制紫色色素的产生；D、P 和 R 3 个不连锁的遗传位点控制马铃薯花色素的表达。

四倍体马铃薯花色苷的遗传模型认为，D、P 和 R 3 个不连锁的遗传位点控制马铃薯花色素的表达，位点 D 是色素在植株体各部分分布所必需的，定位于 2 号染色体上，它与决定花和皮色的 F、E 和 R 位点互补。位点 P 定位于 11 号染色体上，控制着植物体所有组织器官的紫色色素的产生。位点 R 显性时调节块茎皮层外层的颜色，而表皮没有颜色，它与 D 或 P 同时出现时会加深块茎皮层外的颜色，而使其发黑。

（四）产量性状遗传

马铃薯的块茎产量是受多基因控制的数量性状，其构成要素有单株结薯数、平均单薯重和种植密度。其中种植密度由株型和植株长势决定，而单株结薯数和平均单薯重则受微效多基因控制。研究发现单株结薯数和平均单薯重都能遗传给后代，其中平均单薯重比单株结薯数更能稳定遗传，而且单株结薯数与植株产量呈显著正相关。亲本高产×高产的杂交组合出现的高产后代概率要显著高于高产×低产的组合，但两个组合的产量变异的范围是相似的。平均单薯重和商品薯率受加性作用影响较大，单株结薯数和单株主茎数则同时受加性和非加性作用的影响较大。因此选配组合时，应避免两个亲本的块茎都是多而小的类型，应使双亲的块茎大与数量多互补。

（五）熟性遗传

马铃薯的成熟期受多基因控制，并且大多数品种的成熟期都是异质结合的。早熟和广量受多基因控制,早熟丰产品种在亲本选择时,只有提高亲本性状水平,其杂交后代的平均表现才比较好。早熟育种亲本之一必须是早熟或中早熟品种,同时早熟品种选育也要兼顾丰产性。大多数高产早熟的杂种多出现在早熟×晚熟和早熟×中熟的杂交组合中。新型栽培种与普通栽培种杂交,杂种优势强、增产潜力大,利用早熟亲本与优良新型栽培种杂交,可选到杂种优势强、高产和早熟的品种。

（六）抗性遗传

1. 病毒病抗性　　病毒病是为害马铃薯的主要病害之一。病毒在植株体内增殖后,导致马铃薯植株矮化,出现花叶、皱缩、卷叶和失绿,叶片光合效率降低,块茎变小、畸形,产量显著下降等。已知侵染马铃薯约有 27 种病毒和 1 种类病毒,主要有马铃薯 X 病毒（PVX）、马铃薯 Y 病毒（PVY）、马铃薯 S 病毒（PVS）、马铃薯 M 病毒（PVM）、马铃薯 A 病毒（PVA）、马铃薯卷叶病毒（PLRV）、马铃薯奥古巴花叶病毒（PAMV）、马铃薯帚顶病毒（PMTV）和马铃薯黄矮病毒（PYDV）。马铃薯对病毒的抗性较复杂,既有寄主（马铃薯）与病原的关系,又有寄主、病原与传毒介体（蚜虫等）及环境条件之间的相互作用关系。由于马铃薯的病毒种类很多且抗性又较复杂,因此很难育成抗所有病毒的品种。

（1）马铃薯 Y 病毒（PVY）　　PVY 有 Y^O、Y^N 和 Y^C 3 个小种。许多普通栽培种对 PVY^C 具有过敏抗性,受 Nc 基因控制,过敏对感病表现为显性,培育过敏品种比较容易。由于 PVY^C 不能通过蚜虫传播,因此,抗 PVY^C 的育种不如抗 PVY^O 和 PVY^N 育种重要,虽然在栽培种中对 PVY^O 和 PVY^N 具有过敏抗性的类型较少,但许多品种具有受多基因控制的田间抗性。

（2）马铃薯 X 病毒（PVX）　　PVX 有许多株系,致病力差异较大,因此,抗 PVX 育种所用的亲本也要求具有不同的遗传基础。根据马铃薯抗性反应和基因来源,马铃薯抗PVX 基因有局部过敏基因 Nx、Nb 和极端抗性基因 Rx、Rx_{adg} 和 Rx_{acl} 等。

（3）马铃薯卷叶病毒（PLRV）　　PLRV 是马铃薯生产上广泛存在的病毒,属于持久性传播的病毒,可通过桃蚜（*Myzus persiae*）远距离（40 km）传播。目前育种还缺乏极端抗性（免疫性）或局部过敏性的抗源,现有材料的抗性为多对基因（累加基因）控制的抗性。育种中需要利用各种抗卷叶病毒的品种进行复合杂交,综合较多累加基因,才能有效地提高杂种的抗病性。

（4）马铃薯 A 病毒（PVA）　　PVA 的抗性有来自栽培种的过敏抗性基因 Na,它与 Nx 基因位于同一条染色体上,呈连锁遗传,对 PVA 的所有株系都具有抗性。从抗病×不抗病的杂交后代中可分离出 50%左右的抗病类型,而双亲都抗病时,后代可出现 75%的抗病个体。

（5）马铃薯 S 病毒（PVS）　　对 PVS 高抗的品种有'Saco''Narew'等,根据 Saco亲本'B96-56'和'S41956'自交后代接种表明,'S41956'的自交后代中有27%抗病,'B96-56'的自交后代中有3%抗病,而'B96-56'×'Saco'的杂交后代中有15%是抗病的,'S41956'בB96-56'的后代中有 7%是抗病的。根据鉴定结果推断,'Saco'对 PVS的抗性是受纯隐性基因 s 控制,基因型为 $ssss$。

2. 马铃薯晚疫病　　马铃薯晚疫病由卵菌（*Phytophthora infestans*）引起,是世界范围马铃薯最为严重的病害。马铃薯对晚疫病菌有两种抗性,即垂直抗性（过敏）和水平抗性（田间抗性）。垂直抗性由主效 R 基因控制,目前马铃薯栽培中利用的主效 R 基因绝大部分来自六倍体野生种（*S. demissum*），已有 11 个 *R* 基因转育到马铃薯栽培种中。水平抗性受微效多基因控制，对病原小种无特异性，对不同的生理小种都具有一定的抗性，且表现出多种保护机制，抗性稳定持久。具有高度田间抗性的品种表现为感病和发病较晚且病情发展较慢，孢子形成受抑制。此外，马铃薯栽培种中植株的晚疫病抗性与晚熟性有高度相关，而块茎的抗性与晚熟性却并无相关。

马铃薯野生种和近缘栽培种为抗晚疫病育种提供了巨大的资源。在马铃薯的起源中心，病原菌与马铃薯协同进化，通过自然选择形成了理想的 *R* 基因和多基因的组合，这些野生种在常年流行晚疫病的条件下抗性稳定。

3. 青枯病　　青枯病是由植物青枯菌（*Ralstonia solanacerum*）侵染马铃薯维管束引起的细菌性病害。典型症状是叶片、分枝或植株出现急性萎蔫，青枝绿叶时已萎蔫死亡。由于青枯病的传染源较多，影响发生和蔓延为害的环境因素也较复杂，因此，田间防控青枯病难度较大，而培育抗病品种是防治青枯病经济而有效的重要途径。青枯病抗性受 3 对独立的显性基因控制，同时还存在着其他修饰性基因。后期通过不同抗源的四倍体抗性研究表明，马铃薯对青枯病的抗性为部分显性，加性效应和非加性效应对抗性具有重要的作用，因此认为马铃薯对青枯病的抗性属于多基因和数量性状遗传的类型。

4. 抗寒性　　马铃薯普通栽培种的抗寒性几乎不存在遗传变异，仅能忍受适当的冷冻（−3℃）且没有冷驯化能力，然而部分野生种则表现出一系列不同的耐冻水平和冷驯化能力，是马铃薯抗寒育种与研究的重要资源。

虽然普通马铃薯栽培种不耐霜冻，且冷驯化能力差，但在马铃薯野生种中存在一些不同耐霜冻水平和冷驯化能力的材料。由于胚乳平衡数的差异，野生种和马铃薯栽培种通常杂交不亲和，这种不亲和性能够通过体细胞杂交、染色体加倍等技术来解决，一般而言，体细胞杂种后代有较高的耐冻水平和不同的冷驯化能力。

二、马铃薯杂交育种

（一）杂交育种的一般流程

马铃薯为自花授粉作物，花内没有蜜腺，昆虫很少传粉，这使得天然杂交率很低，一般不超过0.5%。因此，杂交时只需防止雄性可育的母本自花授粉产生伪杂交即可，常用的方法有人工去雄和套麦秆法两种。

马铃薯杂交父本花可采用刚开放的，也可在授粉前一天采集父本当日开放的新鲜花朵，摊放在室内干燥 1 天使用。刚刚开裂或即将开裂的花药，花粉活力较强，已经开过 2～3 天的花，其花粉量少，生活力明显下降。对于父本先于母本开花的花期不遇现象，若相差时间较短，可将新鲜花朵放在室温下，保存花粉 6～7 天，也可将花粉药敲出，在干燥条件下可保存 6～7 天。相差时间很长时，可将马铃薯花粉在低温干燥条件下（4℃左右）保存 1 个月左右。

授粉前选择健壮母本植株上发育良好的花序，每个花序只选留 4～7 朵发育适中的花蕾，去除幼蕾和已开放的花朵。如果母本花量很少，也可保留花序上的少量幼蕾，待开花时，用同一父本的花粉分期授粉。授粉时可用镊子拨开即将开放的花蕾，去除雄蕊，去雄时不要碰伤花柱和柱头，然后用小毛笔或橡皮笔，蘸取父本花粉，授于母本柱头上。套麦秆法则不去雄，而是选择即将开放的花蕾，在花药未成熟时，先授粉，然后套以口径稍大于柱头、长 1 cm 左右的麦秆以隔离花粉。授粉后，在花柄上系以标签，注明组合名称、授粉日期等。

授粉后 1 周左右，未受精的花即在花柄节处产生离层而脱落，若杂交成功，则花冠脱落、子房开始膨大和小花梗变粗弯曲。当膨大的浆果达到 1.5 cm 时，即可将浆果连同标签套以小纱布袋，系于分枝上，以防浆果脱落混杂。当母本植株茎叶枯黄，或者浆果变软时即可采收。浆果采收后，挂于室内后熟，当其变白、变软且有香味时，按杂交组合，利用清水洗种或直接将种子剥离到纸上，晾干干燥后将种子装入纸袋或小瓶。马铃薯种子休眠期较长，一般有 6 个月左右，在通风干燥低温的环境中能保存 4～5 年仍具有发芽力。

（二）提高杂交效率的方法

提高马铃薯开花和坐果效率的方法，除上面提到的调节花期不遇延长日照、控制温度和湿度等方法外，还有以下几种方法。

1．适时授粉 高湿冷凉环境有利于马铃薯花粉发芽，因此，在气候较为凉爽而湿润的条件下进行杂交授粉效果最好，一般清晨或傍晚进行杂交较好，阴天可全天进行授粉。

2．加强植株地上部营养 马铃薯开花需要更多的养分，以促进花芽分化，增加开花数量与坐果率。特别是对于开花少或开花时间短的早熟亲本，采取阻止同化产物向下输送的措施，能显著地促进开花。常用的方法有嫁接法和阻止块茎生长法两种。

3．母本花序瓶插室内授粉 选择植株生长健壮、花序待开放母本，去掉顶芽，并保留上部 4～5 片叶和 2～3 朵即将开放的花蕾，插入盛水的瓶中，置于温室内，白天保持 20～22℃，夜间 15～16℃，去雄后进行杂交授粉。利用这种方法，易于控制温湿度，较一般田间杂交结实率可提高 5～10 倍。

4．激素处理 马铃薯孕蕾期间，喷洒赤霉素、激动素等，可有防止花芽产生离层、刺激开花和防止落果。在现蕾期，用不同浓度的激动素（BA）和赤霉素（GA$_3$）单喷或合用，不但能增加开花数量和花粉量，花粉发芽率也能显著提高。而在授粉后 2～3 天，喷 2,4-D 或其他植物激素，能防止落花，并使子房发育成含有种子的浆果；也可授粉后，在花柄节处涂抹少量含 0.1%～0.2%萘乙酸的羊毛脂，达到抑制离层产生，防止落果的作用。

（三）亲本选择与选配

马铃薯的四倍体遗传和遗传背景高度杂合性，使得杂交育种的亲本选配难度较大。因此，马铃薯亲本选配，除遵循其他有性繁殖作物的配组方式外，还有一些特殊的地方。

1．复式亲本的利用 由于马铃薯为同源四倍体，同一位点上能容纳 4 个相同或不同的基因。通常把同一位点上具备 2 个或 2 个以上的目的基因的亲本称为复式亲本。对于显性主基因控制的遗传性状来说，无论显性基因是单式还是复式，其表现型都是一样的，但其作为亲本对于杂交后代选择效率的影响却大不相同。若一个亲本为单式显性，其后代群体中出现的显隐比例为 1:1，使用一个二式显性亲本，后代的显隐比例为 5:1，若使用的三式或四式亲本在后代全表现为显性，因此，使用复式亲本能大大提高后代的选择效率。

2．亲本选配 马铃薯是无性繁殖作物，能通过无性繁殖将显性效应、加性效应和上位效应等在 F$_1$ 代固定下来。马铃薯栽培种是引入欧洲的安第斯亚种经过长期驯化选择而产生的，因此其遗传背景相当狭窄。而杂交优势多是显性基因互补作用的结果，且一些有利的数量性状多由许多显性基因所控制。因此，基因型差异大或亲缘关系远的亲本杂交，后代中许多位点会产生显性基因掩盖隐性不利基因的作用，达到增强杂交优势的目的。

一般配合力（GCA）由基因加性效应所决定，亲本的 GCA 提供了其对后代的平均影响，是一个亲本无性系与其他无性系杂交后代的平均表现。遗传分析表明，马铃薯许多重要的性状受 GCA 的作用比特殊配合力（SCA）作用大。因此，利用 GCA 高的材料作亲本，其后代的平均表现相对较好，从中选出优良单株的概率也高。

（四）杂交后代的选择

现有马铃薯栽培品种几乎都是部分异源四倍体，性状分离复杂，特别是在杂种后代出现隐性纯合体的概率，远远少于二倍体遗传。加之马铃薯品种均系杂种无性繁殖系，遗传基础高度杂合，无论自交后代或杂交后代性状分离非常复杂，优良个体出现的概率很低。选择具有双亲多种优良性状的杂交后代必须有足够大的群体，从实生苗中育成一优良品种的概率约为万分之一；如果利用野生种进行种间回交育种，则概率更小，约十万分之一。马铃薯杂交后，从优良实生苗单株选择到品种审定（登记）需要经过无性一代、无性二代、品系比较试验和区域试验等过程。

1. 实生苗选种圃 将杂种实生苗直接种植在田间，有利于抗性等性状的选择，但是田间栽植实生苗易于感染病毒病，影响后期无性世代的选择。因此，将杂种实生种子催芽后，直接播种在备有防蚜网的温室内营养钵中，可有效防止晚疫病和蚜虫传播的病毒病，然后从每个实生苗单株选取 1 个块茎，按组合统一编号。一般来说，实生苗在抗病性、熟性、结薯习性、薯形、芽眼深浅和皮色等方面与无性世代紧密相关，可以在实生苗世代根据目测结果对熟性、抗病性和块茎外观等进行初步选择，但对产量、淀粉含量和块茎大小等性状要到后期世代才能进行选择。

2. 第一代无性系选种圃 将实生苗世代入选的块茎单株种植，在田间条件下，对抗病性、薯块性状等进行鉴定，同时对块茎产量进行初步观察。根据田间鉴定结果，淘汰劣系，入选率 10%左右。在田间鉴定入选的无性系块茎中，每系收获 5 个块茎，以备第 2 年播种鉴定。同时，根据田间选择结果，在网室无病毒的条件下，繁殖经田间鉴定入选无性系的无病毒块茎。

3. 第二代无性系选种圃 种植自第一代无性系入选的品系，按育种目标不同分为不同的圃进行鉴定，如按成熟期分早熟及中晚熟，按加工用途可分为炸片、炸条和淀粉等。每品系单行种植，每行种 5 株，主要鉴定对病害的田间抗性、生育期和产量等，入选的无性系收获所有块茎供下年试验。同时，根据入选结果，在网室内繁殖入选无性系的无病毒块茎或利用茎扦插加速繁殖优异的无性系。

4. 品系比较预备试验 种植上年入选的无性系，每行 10 株，2 个重复，每隔一定行数设对照 1 个，间比法排列。主要根据田间生育调查、对病害的田间抗性、块茎产量、淀粉含量和蛋白质含量等决选优良无性系。同时，根据选择结果，在网室内利用扦插加速繁殖入选品系的无病毒种薯，供异地鉴定和品比试验用种。

5. 品系比较试验 种植品比预试圃入选的品系，设 3 个重复，每重复 40 株，田间按随机区组设计。生育期及收获后调查项目与品比预备试验相同，进行品比试验所采用的对照品种，必须用脱毒种薯，同时对入选品系采用人工接种鉴定对病毒的抗性。在网室内利用扦插加速繁殖入选无性系，以供区域试验和生产示范用种。

6. 区域试验和生产试验 区域试验至少须连续进行两年，田间试验设计与品比试验相同。在区域试验的基础上进行的生产试验，每个品系的播种面积应加大至 667~1334 m^2，采取适于当地栽培条件的密度和栽培方法，加设当地主栽品种作为对照品种进行比较。

三、马铃薯生物技术育种

（一）分子标记辅助选择育种

马铃薯育种要从野生种或者近缘栽培种中转育相关性状，但许多不利性状的连锁限制了种质资源在品种改良中的应用。因此，我们迫切希望通过一些合适的遗传标记达到高效选择目标性状的目的。在马铃薯晚疫病抗性方面，研究者相继开发了垂直抗性基因及水平抗性基因标记。在抗病毒育种方面，利用不同标记成功地鉴别抗 PVX 和 PVY 的品系或品种，可以作为马铃薯抗病毒育种辅助选择工具。在马铃薯油炸制品加工性状改良方面，研究者主要利用二倍体 F_1 群体对炸片颜色基因标记进行了研究，开发了控制炸片颜色相关的限制性片段长度多态性（RFLP）、随机扩增多态性 DNA（RAPD）和简单序列重复（SSR）标记。在马铃薯早熟性状中，通过高通量简化基因组测序和集群分离分析（BSA）相结合，开发获得一个与早熟性状连锁特定序列扩增（SCAR）标记，命名为"SCAR5-8"。在蛋白质含量性状方面，以马铃薯高蛋白品种'大西洋'、低蛋白品种'定薯 1 号'及后代分离群体为材料，开发了 SCAR8-107 标记。此外，2011 年由 26 家中外科研机构合作完成了马铃薯基因组测序，也为马铃薯遗传改良及分子育种提供了重要的数据资源和平台。

（二）细胞工程

原生质体融合是在外界化学或物理诱导条件下将两个亲本的原生质体，两个细胞核和细胞质的部分或全部融为一体，产生体细胞杂种，使得两亲本可以不通过有性过程而进行遗传物质的重组，包括核基因和胞质基因的重组。通过原生质体融合可以打破有性杂交的不亲和障碍，在近缘的种内或种间，甚至是远缘的科属间实现遗传物质的转移，达到扩大遗传变异，丰富马铃薯基因资源的目的。

自 1980 年科研人员首次将普通栽培种与二倍体野生种（*S. chacoense*）融合获得了抗马铃薯 Y 病毒（PVY）的杂种植株以来，马铃薯体细胞杂交研究进入了快速发展时期，特别是 20 世纪 80 年代以后，马铃薯曾一度被作为原生质体融合的模式植物，设计了大量的融合组合，获得了一大批体细胞杂种植株，各种抗性都通过体细胞杂交技术转移到融合杂种中。国内科研人员也开展了马铃薯体细胞融合研究，分别将富利亚（*S. phureja*）、恰柯薯（*S.chacoense*）中的青枯病抗性转移到了栽培种中，并通过回交获得了一批青枯病抗性较好，且综合农艺性状优良的亲本。

（三）转基因育种

马铃薯具有培养反应好、遗传转化手段多样、能无性繁殖将转基因的特性传递给后代及有特殊的贮藏器官——块茎等优势，在业内外均被广泛用作转基因的受体，极大地推动了马铃薯基因工程的发展，包括抗病毒、抗真细菌、抗非生物胁迫、品质改良及用作生物反应器表达外源蛋白等方面。

马铃薯病毒病是引起马铃薯退化的主要原因。通过基因工程的手段，已获得一批相关抗病毒的转基因马铃薯株系，而且通过在马铃薯中表达双价或多价病毒外壳蛋白、核酶基因等，可以获得双价或多价转基因抗病毒株系，为培育抗混合病毒侵染的马铃薯品种进行了有益的探索。晚疫病是为害马铃薯的主要卵菌病害，抗晚疫病基因工程育种利用的手段有：其一，利用基因对基因学说中植物本身的主效抗性基因，获得抗不同生理小种的马铃薯株系；其二，利用植物抗病基因与病原无毒基因产物的识别，获得控制细胞程序性死亡和诱导过敏抗病反应的抗病植株；其三，利用病程相关蛋白质，如几丁质酶和 β-1,3 葡萄糖酶等基因，提高植物对晚疫病的抗性。在改良马铃薯品质方面，通过调节淀粉合成过程中的主要合成酶基因的表达，可以改变马铃薯淀粉的含量及直链淀粉和支链淀粉的比例。而在改良加工品质方面，可以通过在转录水平调节转化酶基因的表达或在翻译后水平调节转化酶的活性，达到增强马铃薯抗低温糖化能力的目的。

（四）基因编辑育种

基因编辑技术能够让人类对目标基因进行"编辑"，实现对特定 DNA 片段的敲除、加入等。美国利用 TALEN 基因编辑技术敲除液泡转化酶基因创制了获得抗低温糖的马铃薯；瑞典科学家利用 CRISPR/Cas9 基因编辑技术敲除 GBSS 基因活性，培育无直链淀粉的马铃薯；日本利用 CRISPR/Cas9 基因编辑技术敲除茄碱合成的关键基因培育出发芽后无毒的马铃薯；我国湖北大学科学家利用 CRISPR/Cas9 基因编辑技术创制了抗 PVY 病毒病的马铃薯，中国农业科学院创制了敲除 S-RNase 基因的自交亲和的马铃薯。

四、马铃薯的其他育种途径

（一）自然变异选择育种

马铃薯的芽眼有时会发生基因突变，产生优于原品种性状和品质的品种，将该品种通过无性繁殖扩大推广后成为新品种。国外利用芽变育种方法培育出的品种包括'红纹白'、'男爵'和'麻皮布尔斑克'等。我国马铃薯'坝丰收'品种是从'沙杂 1 号'中利用芽变方式选育出来的。芽变可以突变出自然界中没有的新品种，但由于马铃薯的芽变率很低，芽变育种技术在国内尚未广泛利用。

（二）天然实生苗

马铃薯的栽培品种都是异质结合的，通过自花结实的种子长出的实生苗个体之间会产生性状分离，这为优良单株的选择提供了条件。将生长的实生苗进行比较鉴定，将优良性状的单株通过无性繁殖技术固定下来，通过栽培示范进行比较后将其推广。利用实生种可以选育出高产优质的新品种，也是防止马铃薯种薯退化的一个有效措施。20 世纪 70～80 年代国内曾开展利用实生种子生产马铃薯的技术研发和应用，在此过程中选育出了一些适应当地气候和栽培条件的品种，如'藏薯 1 号'是从'波兰 2 号'实生种中通过比较鉴定选育出来的，'中薯 5 号'是从'中薯 3 号'天然结实后代中选育而成。

（三）辐射育种

马铃薯辐射诱发突变可产生新的遗传性状，获得的有益突变又可用无性繁殖的方法固定下来，是解决某些育种特殊问题的有效手段和补充。在我国少数几个品种经过辐射育种方法育成，如高产、高抗晚疫病品种'福深 6-3'；抗晚疫病和病毒病的'广农 24 号'；山东省农业科学院选育的早熟品种'鲁马铃薯 2 号'等。国外，Das 等用 $^{60}Co\gamma$ 射线分别处理辐照了 2 个商业品种'Kufri Jyoti'和'Kufri Chandramukhi'的试管苗，获得了耐热的突变植株。Safadi 等将 3 个当地栽培种的带叶脱毒茎段接入试管薯诱导培养基中，并用低剂量的$^{60}Co\gamma$射线进行照射，结果获得试管薯的数量比对照增加了 38%。

五、马铃薯脱毒种薯生产

马铃薯为高度杂合同源四倍体作物，种子进行有性繁殖时，子代间的遗传分离复杂，导致在生产上难以直接利用有性种子进行繁殖。因此，马铃薯良种繁育，除与其他有性繁殖作物一样需要防止良种机械混杂、生物学混杂外，还有一些自身的特点。马铃薯以块茎进行无性繁殖，容易感染多种病毒，而且病毒可以连续传播和逐代积累，致使产量逐年下降，品种迅速退化，最终失去利用价值；加上中国农民习惯自己留种和相互换种，致使马铃薯种薯质量下降，严重地影响了产量和品质的提高。由于马铃薯在品种选育过程中，一般都要经过 7~8 年的选育过程，不可避免地要感染一些病毒，因此良种繁育的第一步要获得脱毒苗或种薯，然后通过科学的繁育体系，不断为生产提供优质种薯。此外，马铃薯的种薯除对病毒和真细菌等病原有限制性要求外，还应有好的商品质量，如种薯大小、整齐度等。种薯体积过大、用种量多、种薯的大量调运会给调种和种植者带来诸多不便。因此，马铃薯种薯无病毒化、小型化和标准化已成为马铃薯种薯生产的重要目标。

（一）马铃薯脱毒方式

马铃薯病毒的脱除方法有物理方法、化学方法和茎尖剥离法等。

物理方法主要是利用 X 射线、紫外线、超短波和高温等处理，使种薯内病毒钝化不能繁殖，从而达到获得脱毒植株的目的，其中以热处理对 PLRV 较为有效。化学方法则是在植株生产过程中，添加一些影响病毒 RNA 复制的化学物质，通过干扰病毒在植株体内的繁殖，来达到剔去病毒的目的。单一的物理或化学处理很难达到理想的脱毒效果，茎尖剥离培养是在植物脱除病毒过程中广泛应用的方法。原理在于被侵染的植株体内并非所有的细胞都带有病毒，在代谢活跃的茎尖分生组织中病毒很少或没有病毒。

马铃薯同一品种个体间在病毒感染程度上有较大差异，在品种脱毒之前，应选择具有典型品种特性、生长发育良好的块茎作为基础材料。基础材料选择后，以入选无性系块茎上生长的健壮芽为起始材料，进行茎尖剥离，同时结合热处理或化学处理进行脱毒。剥离茎尖大小对脱毒率和成苗率有较大影响，茎尖越小，脱毒率越高，但成苗率也低，一般切取只带 1~2 个叶原基的茎尖作为培养的基础材料。经过脱毒处理获得的植株，经过酶联免疫检测和分子生物学检测后，获得无病毒试管苗，这就完成脱毒种薯繁殖的最基础的一步。

（二）脱毒种薯的生产方式

1. 试管苗的快繁与试管薯的高效生产　利用马铃薯茎的腋芽和块茎的固定芽都能萌发形成完整植株的特性，在室内离体无菌条件下，将试管苗按单节切段，每节带 1 个叶片，均匀平放于锥形瓶的培养基上，置于培养室（温度 20℃左右，光照度 3000 lx，16 h/d）培养，3~4 天切段可从叶腋处长出新芽和根。繁殖周期因培养基成分或基因型不同有所差异，但大体都在 20~30 天。脱毒试管苗在大量扩繁前，必须进行多次检测，选择无病毒的试管苗进行繁殖，确保脱毒基础苗的质量。上述方法繁殖速度较快，当培养条件适宜时，年繁殖系数约为 7^{12}，可在短时间内提供大量的基础繁殖材料。试管苗在组织培养条件下，可由腋芽伸长并顶端膨大成为具有正常块茎组织和形态结构的试管薯。由于试管薯具有和正常块茎一样膨大、休眠和萌芽等过程，且由试管薯发育而成的植株在形态、生理和遗传上都保持了原品种的特性，通过调节其休眠或发芽，可以做到周年生产，定时大量供应市场的目的。因此，如果能高效生产试管薯，并应用于微型薯乃至大田种薯的生产，将为马铃薯种薯生产体系带来革命性的改变。

2. 设施条件下微型薯的生产　　利用试管苗或试管薯繁殖微型薯的方式有基质繁殖和无基质繁殖两种。基质繁殖中常用的基质有蛭石、珍珠岩等。将基质消毒后，施入适量复合肥，气温在 10～25℃时，选择生长健壮的组培试管苗移栽。若用试管薯播种，则播种期可适当提前。待到苗高 10 cm 左右时，将顶端切下进行扦插繁殖。扦插苗管理要做好遮阴保湿，避免小苗失水死亡。一周后，当扦插苗长出 1～4 片新叶时，便可拆除遮阴网和塑料薄膜。常用的无基质方法为雾培法。该方法与基质栽培方式相比，有较多优点，单株结薯数多，并可按要求的微型薯大小分期采收，同时，由于种植密度较低，对试管薯或试管苗用量较少。

3. 大田种薯生产　　微型薯须经过一代到多代的大田扩繁，才能满足商品薯生产的需求。在大田扩繁期间，必须采取防止病毒及其他病源再侵染的措施，然后通过相应的种薯繁育体系才能为生产提供健康种薯。预防病毒再侵染的措施包括繁种基地的选择和防止病毒传播的综合措施，重点是防止蚜虫对病毒的传播。原种繁殖基地要求选择不利于蚜虫繁殖取食、迁飞和传毒，但却适合马铃薯生长和膨大的冷凉条件。一般要求选择高纬度、高海拔、风速大和气候冷凉的地区，而且要求自然隔离条件好，在种薯生产基地至少 2 km 的范围内没有商品薯生产田及马铃薯病毒的寄主植物。此外，原种繁殖过程中还需要配合其他防病毒再侵染措施，包括播种前种薯催芽，提早形成抗性苗，即时拔除病株，蚜虫迁飞前适时杀秧，提早收获等。

中国的种薯基地大部分都是在气候冷凉、光照充足、昼夜温差大且适合马铃薯生长的高海拔、高纬度地区。种薯小型化（50 g 左右）不仅可以减少大种薯切块时的传染风险，而且可以减少种薯用量，降低生产成本。小型种薯整薯播种可充分发挥其顶端优势，能充分挖掘其生产潜力，提高产量。此外减轻了运输压力，降低了运输成本。通过数学模型指导，对种植密度进行合理调控，即可达到控制块茎大小和提高马铃薯产量的目的。此外要提高块茎的整齐度，还必须用机械进行块茎分级、包装，也能提高种薯的商品质量和价值。

4. 种薯分级　　不同的种薯体系种薯分级不尽相同，但按其对生产设施和生产环境的不同可分为室内组培阶段、隔离网室基质栽培阶段和大田繁殖阶段，分别称为核心种、基础种和标准种。核心种是繁育的核心阶段，质量要求最为严格，通过茎尖分生组织培养所获得的再生植株，须经过病毒和类病毒及相关病原菌检测全部为阴性的再生植株才能用于核心种生产，必要时应对核心种按批次进行上述检测。基础种一般指由核心种在具有防蚜虫功能的设施内（温室、网室等）清洁基质（固体或液体）上所生产的符合质量标准的小块茎即微型薯。而标准种则是微型薯在具有良好病虫害自然隔离条件的田间繁殖的符合质量标准的商品种薯。

（三）我国种薯繁育体系

我国各省（市、区）依据本地区特点建立了相应的马铃薯种薯体系，其繁殖年限和各级种薯命名各不相同，但按种薯类型人致可分为 3 类，即原原种、原种和生产种等，其基本模式如图 4-1 所示。原原种利用试管苗或试管薯在具有防蚜虫功能的设施内（如温室、网室等）用清洁基质（固体或液体）所生产的符合质量标准的微型薯；原种是指由微型薯在具有良好的蚜虫和病害自然隔离条件下田间繁殖的较高质量的种薯；生产种是指用原种在相对隔离条件下生产的符合商品薯生产质量标准的种薯。

通过技术创新，加大种薯前期繁殖基数，特别是组织培养和隔离大棚条件下的繁殖基数，减少其后的田间繁殖代数，将是提高中国种薯质量，改进种薯繁殖体系的关键。通过中国马铃薯科技工作者的努力，一些旨在减少繁殖周期和提高种薯质量的技术得到了创新和应用。利用试管苗结合顶端切段扦插在防虫隔离大棚或温室扩繁微型薯，较以往试管苗在田间直接繁殖，提高前期繁殖系数 2 倍以上，使田间繁殖代数由以前的 6~8 代缩短一半。华中农业大学攻克了由试管苗繁殖试管薯的规模化生产技术，前期繁殖系数较试管苗提高 3~5 倍。利用试管薯周年生产、

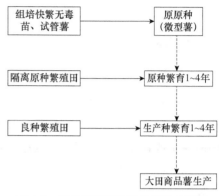

图 4-1　马铃薯种薯繁育体系基本模式

贮运方便和成活率高等特点，结合微型薯高倍繁殖，建立了适合于山区的"二年制"种薯生产体系和适合于南方平原地区的"一年制"种薯生产体系，这些缩短繁殖周期的种薯生产技术体系，适于中国不同马铃薯产区，为提高中国种薯质量奠定了坚实的基础。

第四节　马铃薯栽培原理与技术

一、马铃薯的耕作制度

（一）轮作

轮作是指在同一地块上，在不同的年际之间有顺序地轮换种植不同作物的种植方式。马铃薯忌连作，年年种植马铃薯会降低农田肥力，养分失衡，土壤蓄水保墒能力下降，并且马铃薯的病虫害加重，根际有毒物质累积等，各因素相互作用最终导致马铃薯减产。因此，种植马铃薯宜采用合理轮作。

马铃薯轮作对土壤微生物和酶活性影响较大，研究表明随马铃薯连作年限的增加，土壤中细菌和放线菌数量呈下降趋势，真菌呈上升趋势。与连作相比，轮作有利于增加土壤细菌、放线菌数量而降低真菌数量。另外，豆科植物因有根瘤，所以常被认为是可以分泌改善土壤微生物群落结构的作物，马铃薯与豆科作物轮作以后，可以改善土壤微生物的结构，使土壤更有利于马铃薯的生长。

然而，马铃薯不宜与茄科作物（茄子、辣椒、番茄和烟草等）进行轮作，也不宜作甘薯和甜菜等作物的后作，且轮作年限至少要在三年以上，方可发挥轮作效益。

（二）间作与套作

间作和套作是分别在空间和时间上提高光能和土地的利用率，从而增加作物产量的有效措施。近年来，马铃薯的间作和套作对土壤环境与作物生长发育等的影响指标，表明了间套作增加了生态系统的生物种类和营养结构的复杂程度，能提高农田生态系统的稳定性，并

能减少病害发生。

充分利用光、热和水等气候资源，发展马铃薯与其他作物间作套种技术是农村稳粮增收的有效途径之一。马铃薯/玉米套作解决了单一化的种植模式，在充分利用水分、土地和光热等生态资源的同时还充分利用空间，这种高矮作物套作模式增加了单位面积内有机物质的形成与积累，提高了土地单位面积的经济效益，使农业更高效地发展。

二、土壤要求与耕整

（一）选地

马铃薯对土壤要求不严格，但土壤排水能力对马铃薯生长影响很大，宜选择排水能力较好，且三年内没有种过马铃薯和其他茄科作物的地块。耕作层深厚富含有机质、肥沃疏松的砂壤土或者轻壤土为好。主要原因是砂土透气好、地温高且温差大，有利于提高土壤中的钾氮比，促进结薯。其次疏松的土壤能保证土壤的氧供应，能促进薯块的形成和发育，减少薯块膨大的阻力，这是薯块膨大的物质基础。

（二）整地

马铃薯整地应该深耕细耙，精细整地，使土壤颗粒大小合适，达到土壤疏松、透气、保水和保肥的效果，为块茎的形成和膨大提供良好的基础，为生长创造适宜的土壤环境。土壤过干或者过湿都不适宜整地，所以要选好合适的时机。

整地时先挖好阳畦、四边沟和中沟，以便排水灌溉；开沟约 25 cm 深，以利深沟浅播浅覆盖；耙土 1~2 cm 大小，以助氧气和养分的吸收。再根据土壤肥力施肥，马铃薯对氮、磷、钾养分需求比例为 2.5∶1∶4.5，钾肥需求较高，为了确保作物的钾素吸收效果好，应施足量有机肥或农家肥，以满足马铃薯营养特性对土壤肥力的要求。

三、种植的方式与方法

（一）播种期

适时播种是保证马铃薯出苗整齐度和后期产量的重要措施。不同区域可根据各地气候条件确定适宜的播期，使马铃薯出苗后能在良好适宜的气候下完成生育期并获得高产，具体有以下几种。

1. 早春作马铃薯　　早春作马铃薯播种较早，最佳温度是当地下 10 cm 的土层温度达到 5℃以上，该季马铃薯主要集中在西南地区，如云南一般 1~2 月开始播种，也可根据当地霜期调整播种时间。

2. 春作马铃薯　　需考虑无霜期，一般在晚霜前 20~30 天，气温稳定保持在 5~7℃ 时播种，在西南地区一般在 3 月中下旬至 4 月开始播种，北方地区则推迟至 4 月中下旬至 5 月初，以免幼苗遭受霜冻危害。

结合品种特性，早熟品种可适当提早播种，中晚熟品种可适当晚播，使结薯期处在低温短日条件下利于结薯，即平均气温不超过 23℃，每天日照时数不超过 14 小时，有适量降水。

3. 秋作马铃薯　　秋作马铃薯通常是在 8 月份下旬到 9 月份中下旬播种，沟播或者穴播。施足底肥，一般每亩施 1000~1500 kg 优质有机肥，同时施入马铃薯专用复合肥，特别要注意多施钾肥，施钾肥时以硫酸钾为宜。

4. 冬作马铃薯 冬作马铃薯的播种期要根据南方不同地区的适时播种期适时播种，此外在生育期还要避开霜冻期和后期高温。广东、云南、广西和海南等地可以在秋季水稻收获后利用冬闲田种植一季马铃薯。一般 10 月中下旬至 12 月上旬播种，次年 2～4 月收获。

（二）种植密度

合理密植是提高马铃薯单位面积产量的主要措施之一。各地应按照当地选择的马铃薯品种特性合理密植。马铃薯获得高产的叶面积指数为 3.5～4.5，一般叶面积指数达到 4 可获得高产。早熟品种植株矮小、分枝较少，可适当密植，选定合适的播种量，保证亩株数符合农艺要求，亩播密度为 4000～4500 塘（穴）为宜。而中熟、晚熟的品种分枝较多，单株叶面积较大，亩播密度为 3500～4000 塘（穴）为宜。而在海拔低、温光水肥等条件好的地区播种密度稀，海拔高、温光水肥等条件差的地区播种密度可以适当增加。春作马铃薯净作在 3000～4000 塘（穴），套种为 2200～2600 塘（穴）；冬作马铃薯每亩地 4500～5500 塘（穴）左右；早春马铃薯密度以 4000～4500 塘（穴）为好；秋作马铃薯一般种植密度为 5000～6000 塘（穴）。

（三）播种方式

生产中为减少用种量，常把马铃薯按芽眼切成块状垄播。不同时期的马铃薯种植都会有些许差异。一般为提高春作马铃薯抗旱能力，尽量采用平播后起垄栽培技术和侧膜覆盖栽培技术，如春作马铃薯播种时，等行距种植行距为 60～80 cm，宽窄行种植模式大行 80～90 cm，小行（沟）40～50 cm，在大行种植 2 行马铃薯；在机械化种植中，行距由其机型决定，如 Lockwood 500 系列马铃薯播种机的行距为 81～101 cm；与玉米套作时，一般带宽选择 220 cm 左右，间距选择 50 cm 左右，马铃薯小行距选取 40 cm 左右，行数比选择 3 行马铃薯与 2 行玉米种植。冬作马铃薯播种时行距 50 cm 左右，株距 25～30 cm，播种深度 8 cm 左右。播种后采用地膜覆盖，防止覆盖不严或地膜出现破损；早春作马铃薯播种时株行距为 25 cm×70 cm，播种深度一般选择 10～12 cm 为最佳；秋作马铃薯播种采用宽行窄株有利于培土，行距 40～50 cm，穴距 25 cm，茎芽朝下，盖土厚度为 5 cm 左右。待苗高 15 cm 左右进行培土，可增加土壤通透性，加大昼夜温差，有利块茎膨大。

四、马铃薯水肥需求与管理

（一）营养元素对马铃薯产量的影响及积累过程

养分是作物必需的生活因子。正如谚语"有收无收在于水，多收少收在于肥"，准确地反映了水分代谢、矿质营养和作物产量之间的关系。马铃薯生育期中吸收量最多的是氮、磷、钾三种营养元素。马铃薯吸收氮素营养主要用于茎秆和叶片的生长发育，增加块茎中蛋白质的含量。充足的氮肥能促进马铃薯茎叶生长，扩大叶片面积，延长叶片功能期，提高光合速率，促进养分的累积；同时也有利于块茎中干物质、蛋白质的积累和产量提高。

马铃薯吸收磷素营养主要用于根系的生长和匍匐茎的形成。磷肥能使幼苗发育健壮，提高抗旱抗寒能力，后期主要用于干物质的积累，促进早熟，提高品质，增强耐贮性，磷肥还能增强氮肥的吸收利用率。马铃薯吸收磷肥的量没有氮、钾肥的大，但若磷肥供应不足，马铃薯生长发育也会受到很大的影响。

马铃薯是喜钾肥作物，在整个生育期中对钾的需求都很大。马铃薯吸收钾素营养主要用于茎秆和块茎的生长发育，延缓叶片衰老，增强光合作用能力。钾肥促进植株生长健壮，增强抗倒伏、抗寒和抗病能力，使块茎形成早，膨大快，蛋白质、淀粉、纤维素等含量增加，减少空心，使产量和品质提高。

马铃薯吸收量最大的矿物质养分为钾、氮、磷，其次是少量的钙、镁、硫及部分微量元素。各个生长时期对氮磷钾的需求量不同，块茎本身含有丰富的营养物质，生长初期吸收养分较少，发棵期需求量剧增，其中67%的养分主要供应茎叶生长，从而快速建立庞大的同化系统，剩余33%用于块茎形成膨大；结薯期则以块茎利用为主，占72%，而茎叶占吸收量的28%。幼苗期对钙、镁、硫的吸收极少，吸收速率也缓慢，发棵期陡增，直到结薯期后又缓慢下来，与大量元素的吸收规律一致。而且马铃薯养分吸收规律与水分吸收规律一致，均于现蕾开花期达到最大。

（二）马铃薯施肥方法

施肥是提高作物产量改善作物品质的重要农艺措施，合理施肥能够增加马铃薯产量，提高品质，降低成本。长期以来，马铃薯生产普遍存在偏施氮肥和轻施磷、钾肥，不注重追肥和有机肥的施用等现象，且施肥随意性较大，导致马铃薯对养分的利用率偏低，肥料损失较大，同时也造成环境污染，制约马铃薯经济效益的进一步提高。因此，适宜的氮、磷、钾肥用量、施用时期及正确的施用方法，是协调养分供应与作物吸收，减少肥料损失，提高肥料利用率，增加抗性，改善作物品质的有效措施。

马铃薯施肥应采取"前促、中控、后保"的原则。生育前期为促使植株早生快发，增加分枝数，施肥上以氮、磷为主。生育中期控制地上部分营养器官生长，促进块茎的形成和膨大，后期延缓茎叶衰老速度，保持叶片光合效率，以满足块茎生长对养分的需要。

根据马铃薯需肥规律、土壤供肥性能与肥料效应，在有机肥为基础的条件下，马铃薯播种前根据目标产量提出氮、磷、钾和微肥的适宜用量和比例，以及相应的施肥技术。化肥施用要根据马铃薯生长发育对各营养元素吸收规律而定。磷肥移动性小，要一次性底施。氮肥和钾肥施用要根据不同的生态条件、不同地区、不同品种和不同种类肥料而定。针对早熟品种，要重施基肥，80%的肥料基施，20%于现蕾前施入或者一次性底施。而晚熟品种，则要注重追肥，延长地上部茎叶的功能期，70%肥料基施，30%于现蕾前和花期追施。砂质土壤保肥能力差，易漏水漏肥，应少量多次施入。

（三）马铃薯需水与灌溉

马铃薯蒸腾系数为400～600，在其生长期间有300～500 mm的均匀降水量就能保证马铃薯的正常生长。不同生长阶段的需水量不一样，萌芽期块茎内的贮存水分就能满足需求，待芽条根系长出后就需要从土壤吸收水分才能正常出苗，这个时期要求土壤保持湿润状态，以利于根系生长。幼苗期占全生育期需水量的10%～15%，块茎形成期占20%以上，块茎膨大期占50%以上，淀粉积累期占10%左右。其中块茎形成和膨大期需水量占全生育期需水的70%以上，对应地上部的现蕾开花期，是马铃薯需水最多并且对水分缺乏最敏感的时期。马铃薯全生育期的需水规律总体上表现为前期耗水强度小，中期变大，后期又减小的近似抛物线的变化趋势。

土壤水分是制约马铃薯生长和产量高低及品质优劣的主要因素之一，适时进行高效节水灌溉是马铃薯获得高产的重要保障。常见有喷灌和滴灌两种方式，喷灌适于水源充足、大面积种植时，而滴灌只湿润作物根际附近的局部土壤，其灌水所湿润土壤面积的湿润比只有15%～30%，比任何形式的灌溉都省水。在生产上推行的"膜下滴灌水肥一体化"技术可大幅提高马铃薯的水肥利用效率和经济效益。

五、马铃薯田间调控与病虫草害防治

（一）马铃薯田间调控

马铃薯物理调控主要是指田间调控时采用的物理方式使马铃薯达到高产的调控。一般是等幼苗出来后采用及时中耕、除草、培土、灌溉和排水等方式促进马铃薯高产。另外，还有一些特殊的物理处理方式如覆盖种植。马铃薯覆盖地膜种植具有保温、保墒和提墒作用，能提高土壤微生物的活性，促进肥料的分解，并改善土壤结构，有利于根系生长。另外，还能增加田间光合强度，提高光合作用效率，以促进植株生长发育提高产量。

（二）马铃薯病害防治

1. 马铃薯晚疫病 马铃薯晚疫病是世界性病害，在我国马铃薯产区均有发生，西南地区较为严重。在多雨、冷凉、适于晚疫病流行的地区和年份，该病害会导致植株提前枯死，损失20%～40%。当条件适于发病时，病害可迅速暴发。常见地势低洼、排水不良的地块发病重，平地较坡地重。密度大或株形大可使小气候湿度增加，也利于发病。施肥也与发病有关，偏施氮肥引起植株徒长，土壤瘠薄、缺氮或黏土使植株生长衰弱，均有利于病害发生。增施钾肥可减轻危害。

防治措施：选用抗病品种，种植无病种薯，消灭中心病株，结合病情预报全面喷药保护。具体病害防制策略如下。

（1）选育和推广抗病品种 选用抗病品种是防治晚疫病最经济、最有效的途径。马铃薯不同品种对晚疫病的抗病能力有很大差别，因为马铃薯晚疫病菌容易发生变异，垂直抗病品种栽培几年后，容易丧失其抗病性，所以应选用具有多基因的抗病品种或水平抗病性种。

（2）建立无病留种田，消灭初侵染源 由于带病种薯是唯一的初侵染源，建立无病留种地，可以极大地减少初侵染源，从而有效地防止晚疫病的发生，留种地应采取更为严格的防治措施。有条件的地方，留种地应与大田相距2.5 km以上，以便减少病原菌传染的机会。

（3）加强田间管理 选地势高、排水良好的地块种植，采取中耕管理培土、开沟排水等措施，增施钾肥，提高抗病性。其次播种前精选种薯，淘汰带菌薯块，可减少田间中心病株的数量。在马铃薯生长后期培土可减少游动孢子囊侵染薯块机会。在病害流行年份，适当提早杀秧，两周后再收获，可避免薯块与病株接触机会，降低薯块带菌率。

（4）药剂防治 在晚疫病发生的初期，及时发现清除病株，并对中心病株周围30～50 m的植株喷洒化学药剂，以后视情况每隔7～10天喷药一次，一般喷2～3次，有很好的防治效果。药品可选择甲霜灵锰锌、杀毒矾和安克锰锌等。为了减少病菌产生农药抗药性，最好多种药剂交替使用。

2. 马铃薯早疫病　　马铃薯早疫病是马铃薯上常见的一种病害，南北方马铃薯种植地区均有发生，常造成枝叶枯死，影响产量。通常温度在 15℃以上，相对湿度在 80%以上开始发病，25℃以上时只需短期阴雨或重露，病害就会迅速蔓延。

马铃薯品种间抗病性有很大差异，但无免疫品种。植株在不同生育期抗病性也不同。苗期至孕蕾期抗病性强，始花期开始抗病性减弱，盛花期至生长期抗性最弱。一般早熟品种易感病，晚熟品种较抗病。砂质土壤肥力不足或缺钾发病重，生长衰弱的田块发病重。

防治措施：选用早熟耐病品种，适当提早收获。同时加强栽培管理，选择土壤肥沃的田块种植，增施有机肥，推行配方施肥，提高植株抗病力。清除田间病残体，减少初侵染来源。在发病初期，可喷施阿米西达、翠贝和多抗霉素等，隔 7~10 天喷药 1 次，连续防治 2~3 次。

3. 马铃薯环腐病　　马铃薯环腐病是一种细菌性病害，目前在各产区均有发生，一般造成减产 20%，严重可达 30%。病菌主要通过切刀传播，病菌经伤口侵入，不能从气孔等自然孔口侵入。病薯播种后，一部分芽眼腐烂不发芽，而出土的病芽，病菌沿维管束上下扩展，引起地上部植株发病，到马铃薯生长后期，病菌可沿茎部维管束经由匍匐茎进入新结薯块而致病。

防治措施：应采取以加强检疫，杜绝菌源为中心的综合防治措施。选择抗病品种和健康种薯，尽可能采用整薯播种，减少切块感染，如用切块播种，应进行切刀消毒以防传染。可用 5%苯酚或 0.5%高锰酸钾浸泡切刀，降低田间发病率。

4. 马铃薯病毒病　　马铃薯病毒病在我国分布较广，危害也较严重，一般使马铃薯减产 20%~50%，严重的可达 80%以上。马铃薯病毒病除 PVX 外，其余都可通过蚜虫及汁液摩擦传毒。田间管理条件差，高温会降低寄主对病毒的抵抗力，也有利于传毒媒介蚜虫的繁殖、迁飞或传病，有利于病害的扩展。

防治措施：以采用无毒种薯为主，结合选用抗病品种及治虫防病等综合防治措施。栽培措施方面注意留种田远离种植茄科和十字花科作物田块，及早拔出病株，合理用肥，避免偏施过施氮肥，增施磷、钾肥，控制灌水、勤中耕和培土。

5. 马铃薯粉痂病　　马铃薯粉痂病主要危害块茎和根部，病原菌以休眠孢子囊球在种薯内或随病残物遗落土壤中越冬，病薯和病土成为翌年的初侵染源。病害的远距离传播靠种薯的调运，田间近距离的传播则靠病土、病肥或灌溉水等。一般雨量多、夏季较凉爽的年份易发病。该病发生的轻重主要取决于初侵染及初侵染病原菌的数量，田间再侵染即使发生也不重要。

防治措施：采用抗病性强的马铃薯品种，选择健康种薯，种植区实行良好的轮作制度，可显著降低该病害的发生。其次加强田间管理，增施底肥，配合施用磷、钾肥。酸性土壤宜施用生石灰调节土壤酸碱度。提倡高垄栽培，禁止大水漫灌，雨后避免田间积水。必要时采取药剂防治。

6. 马铃薯疮痂病　　马铃薯疮痂病主要由植物病原链霉菌引起，严重影响薯块的商品性。在块茎形成和发育期间，病原菌可通过皮孔和伤口侵入，块茎成熟期是病害发生的高峰期。适合该病发生的温度为 25~30℃，中性或微碱性砂壤土发病重，连作地块发病率增加。

防治措施：选用无病薯块留种，因地制宜选种抗病品种，实行轮作，加强田间管理及适时进行药剂防治。

7. 马铃薯青枯病 马铃薯青枯病是我国南方马铃薯生产上最重要的病害之一，有的地块发病率可达 30%～40%，严重时可造成绝产。青枯病是一种维管束病害，在马铃薯整个生长期都可发生，但因温湿度影响一般在苗期不表现症状，而在现蕾开花期症状明显。

防治措施：实行与十字花科或禾本科作物 4 年以上轮作，最好与禾本科进行水旱轮作。其次选用抗青枯病品种，加强田间管理，选择砂壤土或壤土，施用有机肥和钾肥，控制土壤含水量。做好种薯播种前杀菌消毒，发病初期可用链霉素和波尔多液进行防治。

8. 马铃薯黑痣病（立枯丝核菌病） 马铃薯黑痣病又称立枯丝核菌病，是以带病种薯和土壤传播的病害。随着我国马铃薯种植面积的进一步加大，该病害发生一年比一年严重，尤其在许多马铃薯种植区常年连作，致使土壤中病原菌数量逐年增加，因此加重了黑痣病的发生。黑痣病主要危害马铃薯的幼芽、茎基部及块茎。黑痣病以菌核在块茎上或土壤里越冬，第二年春季，当温度、湿度条件适合时，菌核萌发侵入马铃薯幼芽、幼苗，特别是有伤口时侵入更多更快。

防治措施：选用抗病品种，采用无病薯播种。发病重的地区，尤其是高海拔冷凉山区，要特别注意适期播种，避免早播。种薯播种前进行杀菌消毒，发病时药剂防治。

六、马铃薯的收获与贮藏

根据马铃薯成熟情况、用途需要和市场需求进行适时收获。马铃薯收获、运输、销售和贮藏全过程必须注意防雨、透气、遮光和减少损伤等问题，才能保证马铃薯的商品性，获得较好的经济效益。机械化种植区域建议进行杀秧处理后再收获。

（一）马铃薯的收获

当植株达到生理成熟即可收获，其主要标志是多数茎叶发黄至枯萎，块茎停止膨大并易脱离植株。在生理成熟之前，茎叶仍有同化物向块茎转移，因此除非有市场需求或后茬用地需要，通常不要提前收获以免降低产量。但推迟收获易增加块茎感染病虫害的概率，使块茎中病毒积累，因此种用马铃薯应及时早收。

收获时应选择晴朗干燥天气进行，提前几天割秧、晾晒地块以降低土壤湿度，减少病原菌侵染机会。收获过程要尽量减少机械损伤和碰撞，利于后期的运输和贮藏。

（二）马铃薯贮藏

现代化的马铃薯贮藏，是实现马铃薯流通及工业、农业产业化的需要。其贮藏的目的主要是保证食用、加工和种用品质。食用商品薯的贮藏，应尽量减少水分损失和营养物质的消耗，避免见光使薯皮变绿，食味变劣，使块茎始终保持新鲜状态。加工用薯的贮藏，应防止淀粉转化为糖。种用马铃薯可见散射光，保持良好的出芽繁殖能力是贮藏的主要目标。

1. 马铃薯贮藏的温度要求 温度不仅对马铃薯休眠期长短有一定的影响，而且对芽的生长速度有较大的影响，贮藏温度越高，度过休眠期后的马铃薯发芽越快，芽生长越快。贮藏期间的温度在 4℃以下时，马铃薯通过休眠期后芽生长较慢，但容易感染低温真菌病害而造成损失，低温下还原糖升高而影响加工品质，所以种薯和商品薯一般可以贮藏在 4℃以下，加工薯在加工前回暖温度在 15～18℃保持 1～2 周。调节和控制温度既要防冻又要防热，刚入库的马铃薯要通风散热，贮藏一段时间后应该注意降温。

2．马铃薯贮藏的湿度要求　　　马铃薯具有水分含量高，呼吸作用强，营养物质不稳定等特点，从而形成了对贮藏条件不稳定的特性。块茎在贮藏期间由于不断地进行呼吸和蒸发，它所含的淀粉就逐渐转化成糖，再分解为二氧化碳和水，并放出大量的热，使空气过分潮湿，温度升高。因此，在马铃薯贮藏期间，必须经常注意贮藏窖的通风换气，及时排除二氧化碳、水分和热气，使其保持合适的湿度。当贮藏温度在 $1 \sim 3 ℃$ 时，湿度最好控制在 $85\% \sim 90\%$，湿度变化的安全值为 $80\% \sim 93\%$，在这样的湿度范围内，块茎失水不多，不会造成萎蔫，同时也不会因湿度过大而造成块茎的腐烂。

3．马铃薯贮藏的通风要求　　　马铃薯块茎的贮藏，必须保证有流通的清洁空气，以减少窖内的二氧化碳。种薯长期贮藏在二氧化碳较多的窖内，会增加田间的缺株率、长时期植株发育不良，导致产量下降。

4．马铃薯贮藏的光照要求　　　马铃薯性喜低温，要放在黑暗的角落贮藏，受到光线照射的马铃薯皮会变绿，糖苷生物碱增加，散射光照对于种薯的长期贮藏有帮助，因此在种薯贮藏中常需要散射光照，特别对小薯块和微型薯尤为重要。食用块茎在直射光、散射光或长期照射的灯光下表皮变绿而降低品质，应尽量避免光照贮藏，因此种薯、商品薯和加工薯应该分开贮藏。

七、马铃薯特色栽培技术

（一）加工用马铃薯的栽培技术

由于地质、气候、品种、成熟度、储存期限及其他因素，加工型马铃薯会根据产品对原料的要求来选择相应品种，根据生产的加工薯种类、栽培地区的种植条件和气候特点，选择适应性强、抗病性好的专用加工品种。种薯要求纯度高、健康、薯块均一、贮藏良好且生理年龄适当。目前，中国适合淀粉加工的品种较多，而适宜薯片、薯条加工的品种不多，大多来自国外。在播种要求上，薯片加工用的马铃薯密度略高；而薯条要求大薯率高，种植密度低于商品薯和种薯。

施肥、病虫草防治和生长季节的长短等对马铃薯加工品质具有重要的影响。在加工用马铃薯的栽培中，应该注意多施农家肥，少施化肥，尤其是少施氮肥，少灌水。这样有利于块茎中干物质的积累。施用磷肥使成熟期提早，且淀粉含量提高，表皮增厚，增强在收获和运输时对机械损伤的抵抗能力，减少加工过程中的挑选与修整，使耐贮性、产量稳定性与品质均有提高。总之，高效优质的栽培技术和田间管理可促进苗期的地上部分生长发育旺盛，减少病虫害侵染，从而较长时间保持高效的干物质生产力，提升加工品质。

（二）马铃薯免耕栽培技术

稻草覆盖免耕栽培技术是一种依据适宜温湿度条件下，应用稻草遮光就可以结薯的原理，将种薯直接摆放在垄上，盖上 $8 \sim 10$ cm 稻草就能正常生长结薯的新技术。该技术主要基于马铃薯地下块茎在适宜的温湿度下就能进行生长，结薯膨大存储营养物质。主要特点在于大部分的薯块就长在土表，拨开稻草就能收获，相对于传统的马铃薯栽培技术省了翻挖，捡取即可。用稻草覆盖种植马铃薯不仅操作方便，对于传统的马铃薯挖穴种植更省去了耕地环节，对地表结构形成保护，同时伴随着秸秆的覆土，还有养地肥田效应，有利于生态环境和农业生产的可持续发展。

稻草覆盖免耕栽培技术要点：选择优质种薯；选择水位低、土壤肥沃和排灌方便的砂壤土稻田；根据马铃薯品种肥料需求施加相应的肥料于畦面上，合理密植；播种后用稻草整齐均匀地横盖于畦面上，覆草厚度 8～10 cm 为宜，用草约 20 000 kg/hm²。播种后浇水浸湿稻草，合理加盖薄膜。出苗后注意田间管理，适时拔草理苗，促进齐苗。生长期内保持土壤湿润，注意排水和病虫害的防治，成熟后适时收获。该技术是一种方便且易推广的技术，覆盖物除稻草外还可用麦秸、玉米秸秆等，只需保持适量的水分，防治好地下害虫，均能达到一定的产量。

复习思考题

1. 马铃薯的生物学特性主要有哪些？

2. 马铃薯是如何从起源地辐射到全球，成为广泛种植的一种重要作物的？

3. 世界马铃薯的分布特点是什么？与世界相比，中国的马铃薯产业具有什么优势和不足？

4. 从营养组分方面论证马铃薯成为主粮（主食）的可能性。

5. 为什么脱毒马铃薯是高产的重要保障条件？如何生产出健康种薯？

6. 结合马铃薯的遗传特性与资源，试述马铃薯优良品种的选育过程。

7. 马铃薯对环境因子的需求是怎样的？在生产中如何才能实现马铃薯的高产稳产？

8. 联系对生产实际的了解，谈谈对实现马铃薯绿色、高效和环境友好型生产的途径有哪些？

主要参考文献

关明阳. 1993. 世界马铃薯的生产现状及展望. 中国马铃薯, 2: 126-128.

黑龙江农业科学院马铃薯研究所. 1994. 中国马铃薯栽培学. 北京: 中国农业出版社.

李彩斌, 郭华春. 2015. 遮光处理对马铃薯生长的影响. 西南农业学报, 28 (5): 1932-1935.

李彩斌, 郭华春. 2017. 耐弱光基因型马铃薯在遮阴条件下的光合和荧光特性分析. 中国生态农业学报, 25 (8): 1181-1189.

刘克礼, 高聚林, 张宝林. 2003. 马铃薯匍匐茎与块茎建成规律的研究. 中国马铃薯, 17 (3): 151-156.

刘梦芸, 蒙美莲. 1994. 光周期对马铃薯块茎形成的影响及对激素的调节. 马铃薯杂志, (4): 193-197.

刘洋, 高明杰, 何威明, 等. 2014. 世界马铃薯生产发展基本态势及特点. 中国农学通报, 30 (20): 78-86.

柳俊, 谢从华. 2001. 马铃薯块茎发育机理及其基因表达. 植物学通报, 18 (5): 531-539.

秦玉芝, 邢铮, 邹剑锋, 等. 2014. 持续弱光胁迫对马铃薯苗期生长和光合特性的影响. 中国农业科学, 47 (3): 537-545.

谢婷婷, 柳俊. 2013. 光周期诱导马铃薯块茎形成的分子机理研究进展. 中国农业科学, 46 (22): 4657-4664.

杨文钰, 屠乃美. 2011. 作物栽培学各论 (南方本). 2 版. 北京: 中国农业出版社.

姚玉璧, 邓振镛, 王润元, 等. 2006. 气候暖干化对甘肃马铃薯生产的影响. 干旱地区农业研究, 24 (3): 16-20.

姚玉璧, 杨金虎, 肖国举, 等. 2017. 气候变暖对马铃薯生长发育及产量影响研究进展与展望. 生态环境学报, 26 (3): 538-546.

张小静, 李雄, 陈富, 等. 2010. 影响马铃薯块茎品质性状的环境因子分析. 中国马铃薯, 24 (6): 366-369.

张泽生, 刘素稳, 郭宝芹, 等. 2007. 马铃薯蛋白质的营养评价. 食品科技, (11): 219-221.

钟鑫, 蒋和平, 张忠明. 2016. 我国马铃薯主产区比较优势及发展趋势研究. 中国农业科技导报, 18 (2): 1-8.

Hijmans R J. 2001. Global distribution of the potato crop. American Journal of Potato Research, 78(6): 403-412.

Love S L, Pavek J J. 2008. Positioning the potato as a primary food source of vitamin C. American Journal of Potato Research, 85 (4): 277-285.

Seabrook J E A. 2005. Light effects on the growth and morphogenesis of potato (Solanum tuberosum) in vitro: a review. American Journal of Potato Research, 82 (5): 353-367.

第五章　甘　薯

【内容提要】本章首先讲述了发展甘薯生产的重要意义、甘薯生产与利用概况、甘薯的分布与分区及甘薯科技发展历程；其次讲述了甘薯的起源与种质资源、甘薯的生育过程与器官建成、甘薯的产量与品质形成；再次讲述了甘薯的育种目标及性状遗传、甘薯杂交育种、甘薯生物技术育种和其他育种途径；最后讲述了甘薯品种选择与脱毒种薯繁育、种植制度与土壤耕整、育苗与栽插、甘薯的水肥需求与管理、田间管理、甘薯的收获与贮藏及甘薯特色栽培技术。甘薯是农学专业学生在专业必修课程中需要学习的主要粮食作物，本章内容对普及宣传甘薯科学知识、推动甘薯科技进步、发展甘薯产业和助力乡村振兴具有重大意义。

第一节　概　述

一、发展甘薯生产的重要意义

（一）重要的粮食、蔬菜和保健作物

甘薯（*Ipomoea batatas* Lam.）块根中除含大量淀粉外，还含有丰富的蛋白质、维生素、矿物质及膳食纤维等，见表 5-1。不同品种营养成分含量有些差异，大多数品种块根蛋白质含量较低，但其蛋白质的氨基酸组成较平衡，一些人体必需氨基酸如赖氨酸和苏氨酸等含量高于米、面。块根中维生素 C 含量较高，橙红、橙黄色的块根中含丰富的 β-胡萝卜素（维生素 A 原），紫肉色甘薯含有花青素（紫色素）。另外，甘薯块根中还含有脱氢表雄酮、黏液蛋白等具有保健功能的特殊物质。甘薯茎叶富含营养与功能成分，叶菜专用型甘薯嫩茎叶食用品质优良，是一种优质蔬菜资源。亚洲蔬菜研究中心已将红薯叶列为高营养蔬菜品种，称其为"蔬菜皇后"。甘薯被营养学家称为营养最均衡的保健食品，2006 年日本国家癌症研究中心将熟甘薯和生甘薯排在 20 种抗癌蔬菜的第一、二位，2007 年世界卫生组织推出的健康食品排行榜中将其列为 13 种最佳蔬菜之首。古人已认识到甘薯的保健功能，据《本草纲目》记载，甘薯有"补虚乏、益气力、健脾胃、强肾阴"的功效，"红薯蒸、切、晒、收，充作粮食，使人长寿"。近年来红心高秆率甘薯在防止非洲人夜盲症方面发挥了主要作用。

表 5-1　国内外关于每 100 g 甘薯块根和茎叶营养成分研究结果

食物类型	蛋白质/g	脂肪/g	糖类/g	膳食纤维/g	钙/mg	磷/mg	铁/mg	维生素A/mg	维生素B$_1$/mg	维生素B$_2$/mg	维生素C/mg
熟块根	2.3	0.3	25.8	1.2	46	51.0	1.0	2.13	0.8	0.05	20
鲜块根	1.03~1.6	0.12~0.6	2.38~9.7	1.64~2.5	22~30	31~51	0.4~1.1	0.011~0.69	0.086~0.11	0.031~0.70	15~34
鲜茎叶	2.8~4.0	0.3~0.8	/	1.2~1.9	37~110	30~94	1.0~4.5	0.18~2.7	0.09~0.16	0.26~0.37	20~58
鲜茎尖	2.7	/	/	2	74	/	4	1.67	/	0.35	41

（二）重要的饲料和工业原料作物

甘薯用途广泛，其综合利用见表 5-2。甘薯块根和茎叶的丰富营养，可作为牲畜及家禽的重要饲料，可加工成多种食品。块根中的淀粉，可加工成变性淀粉、粉条粉丝、系列化工产品和燃料乙醇等，成为重要的工业原料作物。

表 5-2 甘薯的综合利用

部位		分类	用途
块根	工业原料	化工产品	乙醇、味精、柠檬酸、乳酸、丙酮、丁醇、丁酸、草酸、氨基酸、聚乙烯、乙酸、环氧乙烷、山梨醇和乙醇胺等
		淀粉及其制品	精制淀粉、各种变性淀粉（氧化淀粉、酸变性淀粉、淀粉酯、交联淀粉、阳离子淀粉和接枝淀粉等）
		淀粉水解	糊精、葡萄糖、饴糖、果葡糖浆和淀粉糖等
	食品加工	块根为原料	薯片薯条、各种膨化食品
		薯粉为原料	粉丝、粉条、粉皮及各式糕点
茎叶		饲料	青贮、发酵和混合饲料
		菜用	嫩茎叶

（三）抗逆高产特性使甘薯成为重要的救荒作物

甘薯因其广泛的适应性、节水特性和易恢复生长习性而具有巨大的高产潜力。在优良的生产条件下，鲜薯产量可达 60～75 t/hm²、薯干可达 15.0～22.5 t/hm²；在严重干旱的丘陵旱薄地鲜产也可达 22.5 t/hm²左右。甘薯曾作为救灾救荒作物为我国粮食安全做出巨大贡献。其高产特性源于以下几点：第一，薯块形成与膨大期长，块根形成与膨大期占全生育期的 3/4，达 100 天以上，促使薯数、单薯重增加，潜力巨大；第二，光合生产率高，块根积累的主要物质以碳水化合物为主，形成过程较简单，需要的能量少；第三，块根积累光合产物比例高，经济系数可达 70%～85%，明显高于其他作物；第四，适应性广，抗逆性强，对自然灾害有较高的耐受力。

（四）生态观光和特色效益型作物

甘薯叶片、茎蔓等器官有绿色、红色和紫色等颜色，加上茎蔓节位超强的发根结薯能力，可在温室、花园、庭院和阳台作生态观赏植物栽培，通过不断修剪分枝、栽插枝蔓，提高茎叶观赏性和延长观赏期；通过提高盆栽基质有机质含量、满足养分水分及光照需求并延长生育期，茎蔓多结薯、结大薯，作盆栽薯观赏也可。2006 年，汪晓云、杨其长等还创建了甘薯的营养根——块根根系功能分离型营养液膜技术（NFT）水培模式，实现了甘薯营养液水培空中结薯技术，可空中盆栽结薯观赏。在环境满足情况下，较其他植物，甘薯更易实现周年观赏和低成本维护。

近年来，随着人们对甘薯营养保健功能的认同，优质食用甘薯尤其是有色甘薯（紫肉、橘黄肉）的商品价值大大提高，甘薯再次回到人们的餐桌，消费量逐年加大；在利用地膜覆盖和塑料大棚早春加温的栽植下，可实现早秋错季收挖鲜销，一年二季栽培，使甘薯商品化进一步提升。甘薯正在成为农民的特色效益型农作物。

二、甘薯生产与利用概况

（一）生产概况

由于甘薯具有产量高、适应性广、抗逆性强、增产潜力大、营养价值高及用途广泛等特点，甘薯生产一直受到世界各国的重视。据联合国粮食及农业组织（FAO，2022）统计，2021 年全世界甘薯种植面积为 $7.410 \times 10^6 \, hm^2$，产量 0.89 亿 t。

中国大陆是世界上第一大甘薯生产地区。1978 年以前一直稳定在 $9.0 \times 10^6 \, hm^2$ 左右，之后面积一直呈下降趋势，至 2021 年种植面积已降至 $2.2061 \times 10^6 \, hm^2$，总产仅 0.48 亿 t（《中国统计年鉴-2022》），分别占世界种植总面积和总产的 29.77% 和 53.93% 左右，而鲜薯单产一直提升，达到 21.683 t/hm²，远高于世界的平均水平 11.99 t/hm²。种植面积较大的省份依次为四川、重庆和贵州。但自 2017 年以来，农业产业结构调整及甘薯产后加工业的滞后和人民消费结构的变化，导致饲料甘薯生产面积急剧下降，鲜食营养型甘薯需求增加。

（二）利用概况

甘薯用途较广，既可作为粮食、饲料，也可以作为化工原料。20 世纪 80 年代以前，甘薯主要是口粮利用，是我国大宗粮食作物，在粮食短缺时期为解决国民温饱问题做出过巨大贡献；20 世纪 80 年代至 21 世纪初，甘薯主要用作饲料，然后依次为食用、加工和种用；21 世纪至今，鲜食营养型和加工甘薯需求增加、比例增大。甘薯经历了以食用为主到食、饲与加工并重阶段。目前，我国甘薯消费利用结构大致为：鲜薯食用约占 30%，三粉加工约占 45%，饲料约占 15%，留种及损耗均占 5% 左右。

三、甘薯分布与分区

（一）甘薯的分布

FAO 统计，2019 年全世界有 121 个国家和地区种植甘薯，主要产区在北纬 40° 以南，以亚洲和非洲最多。面积较大的国家有中国、尼日利亚、坦桑尼亚和乌干达等。国内甘薯主要分布于长江流域和黄淮海流域，以西南地区的四川、重庆、贵州等地分布最多。

（二）我国甘薯分区

中国各省（自治区、直辖市）都有甘薯种植，因区域气温条件差异，可一季或多季扦插栽培，由此形成春薯、夏薯、秋薯和冬薯。根据我国气候条件与栽培制度等的差异，可分为北方春薯区、黄淮流域春夏薯区、长江流域夏薯区、南方夏秋薯区和南方秋冬薯区等 5 个生态区域；考虑气候条件、生态型、行政区划和栽培面积等，可概分为北方薯区、长江流域薯区和南方薯区等 3 个大区。甘薯优势区域带（全国农业技术推广服务中心等，2021）可分为北方淀粉用和鲜食用甘薯优势区、西南加工用和鲜食用优势区、长江中下游食品加工用和鲜食用甘薯优势区、南方鲜食用和食品加工用甘薯优势区。

1. 北方薯区 该区为淮河以北黄河流域的省份，占全国甘薯面积的 30% 左右。主要包括北京、山东、河南、河北、山西、陕西和安徽等地。其中，北京、辽宁、吉林等省（自治区、直辖市），黑龙江省中南部，河北保定和陕西秦岭以北，山西和宁夏南部及甘肃省东南地区甘薯作春薯栽培；而山东全部，河南中南部，山西南部，江苏、安徽、河南的淮河以北，陕西秦岭以南及甘肃武都地区作春薯或夏薯栽培。

2．长江流域薯区 该区为除青海以外的整个长江流域，占全国甘薯面积的50%左右，包括江苏、安徽和河南等3省的淮河以南，陕西的南端，湖北、浙江全省，贵州的绝大部分，湖南、江西和云南等3省的北部和四川、重庆。该区气候区域差异和垂直变化十分明显，甘薯以夏薯为主，也有部分秋薯和少量春薯，甘薯与玉米套种的面积较大。

3．南方薯区 该区域包括南方夏秋薯区和南方秋冬薯区，占全国甘薯面积的20%左右。南方夏秋薯区包括福建、江西、湖南等3省南部，广东、广西北部，云南中部和贵州的一小部分及台湾省嘉义以北的地区；南方秋冬薯区包括广东、广西、云南、台湾等地南部及沿海诸岛。甘薯虽四季均可生长，但夏季温度高，雨水太多，不利于甘薯生长，故主要种植秋薯和冬薯。

四、甘薯科技发展历程

（一）甘薯育种科技发展历程

各国均重视甘薯近缘野生种等种质资源的收集、评价、利用与创制。美国搜集近缘野生种约400份，日本1955年即把外国品种和近缘野生种等基因资源加以利用。国际植物遗传资源委员会（IBPGR）搜集了5000个甘薯品种样本，国际马铃薯中心（CIP）在世界范围内广泛收集资源，已保存约6000份，并已将大部分资源进行茎尖脱毒离体保存，用计算机建立了资源鉴定评价档案。

我国通过自主搜集，先后从日、美、韩等国及CIP、亚洲蔬菜研究和发展中心（AVRDC）、国际热带农业研究所（IITA）等国际组织引进品种资源300余份，目前我国保存甘薯品种资源已达2000份以上，并对其特性进行了鉴定，主要保存于国家甘薯改良中心（徐州）和广东省农业科学院，大部分资源已实现离体保存，并建立了甘薯品种资源数据库。甘薯种质资源的创新途径主要是甘薯与近缘种的杂交，外源有益基因的导入、人工诱变和遗传差异大的品种间杂交，克服交配不亲和性，从而促进有益基因的重组，用随机交配集团等打破基因连锁，通过近交等手段积累淀粉基因等。

中国甘薯育种科技取得了丰硕的成果。第一个时期为1949年前后，主要进行引种及地方品种的搜集与评价，相继引种、自育了一大批适宜各大区生产需要和加工需要的优良品种。例如，20世纪40年代分别从日本、美国引进'胜利百号''南瑞苕'，在我国甘薯生产上发挥了重要作用；地方品种'禺北白'等在广东等南方省（自治区）推广种植，增产30%左右，替换了当时很多低产品种。同期，甘薯有性杂交选育高产、高淀粉新品种在台湾省兴起。第二个时期是1980年以前，中国甘薯高产杂交育种兴起和发展。20世纪60～70年代选育出具有一定特色的新品种60多个，一般比当地品种增产20%～30%。高产、高抗根腐病品种'徐薯18'，获得国家发明一等奖。第三个时期是1981年至今，产量与品质并重，注重专用型、多用途新品种选育，筛选各种专用型、兼用型甘薯品种50余个。食用品种'南薯88'获得国家科技进步一等奖。进入21世纪，育种目标进一步向多样化和专用型发展，对不同用途、不同类型的品种均提出了不同的要求，特别强调品种的品质改良，建立了耐旱性、淀粉含量、胡萝卜素含量及主要病害抗病性等的准确快速鉴定方法；在研究主要性状遗传规律、促进开花的方法和理论，包括计划集团杂交等育种法等方面，均取得很大进展。

日本甘薯杂交育种较早，始于 1914 年。20 世纪 60 年代以后，转向食用、食品加工、淀粉原料、饲料等专用型品种的选育。高淀粉品种'南丰'（淀粉含量高达 30%）成为日本划时代的品种；美国于 1937 年开展甘薯育种工作，一直以高营养、薯形整齐美观为重点。在甘薯资源、起源与分类、性状遗传及其相关基因工程、分子标记辅助育种等方面研究突出；国际马铃薯中心（CIP）1986 年开展甘薯研究，并大量杂交制种，然后分发给各甘薯育种主要国家，其在甘薯基因工程、分子标记辅助育种等方面也做了不少工作。

（二）甘薯栽培科技发展历程

1990 年以前，我国基本上以兼用型品种高产栽培方式方法研究为主，此后加强专用品种高产结合优质栽培。期间研究并实施了蔓尖越冬、地膜覆盖等育苗技术；开展脱毒种薯生产和良种繁育；进行耕作改制、大田高产高效肥水运筹、高产数学模型的建立及株型调优等管理技术研究和应用，以及发展和应用高温大屋窖等安全贮藏技术等。四川提出的"十五字"技术，即"地膜苗、良种薯、三千五、两道肥、安全薯"，对四川及西南甘薯生产起到了巨大的促进作用。近年来，"二季甘薯"即一年种收两季优质高效栽培技术研究正蓬勃发展。2008 年以来，国家实施了现代甘薯产业技术体系，大力促进了专用型新品种、新技术的创制和应用，形成了顺坡势起垄、地膜高垄覆盖、全程化控、水肥一体机械化、平原地机械化和健康种苗等高产、高效栽培技术，甘薯生产水平稳定发展。今后，应加强鲜食型、"三粉加工"等专用型甘薯新品种的筛选和推广应用，研究甘薯复合病毒病害（SPVD）防除技术和区域抗灾避灾技术，建立健康种薯、种苗繁育体系，提高机械化程度，探究绿色提质增效栽培技术，加强甘薯贮藏设施建设及健全流通营销体系，促进甘薯向优质化和商品化方向发展。

第二节　甘薯的生物学基础

一、甘薯的起源与种质资源

（一）甘薯的起源

一般认为甘薯起源于墨西哥及从哥伦比亚、厄瓜多尔到秘鲁一带的热带美洲，约在公元 1 世纪首先传入萨摩亚群岛，哥伦布发现新大陆后将其带回到欧洲大陆（1492 年），之后西班牙殖民者将甘薯传至菲律宾的马尼拉和摩鹿加群岛，再从菲律宾传至亚洲各地。据各种史料记载，甘薯传入我国可能是葡萄牙人从美洲传到缅甸，再传入中国云南；或传到越南，东莞人陈益或吴川人林怀兰再带回广东；或西班牙人从美洲传到吕宋（菲律宾），长乐人陈振龙再带回中国福建（1593 年）。一般认为明朝万历年间传入我国，最早在福建、广东种植，而后向长江、黄河流域和台湾等地传播，至今已有四百多年的历史。

（二）甘薯的种质资源

1. 甘薯及其近缘野生种　　甘薯及其近缘野生种是旋花科、甘薯属、甘薯组中的一些种。栽培种甘薯［*Ipomoea batatas*（L.）Lam.］为同源六倍体（$2n=6x=90$）。三浅裂野牵牛（*Ipomoea trifida*）（6x）近缘种可能是甘薯的祖先，由 2x 和 4x 杂交的三倍体杂种，或自然界存在的三浅裂野牵牛（$3x$）通过染色体加倍而形成，且 $2x$、$3x$ 和 $4x$ 的近缘种均不能形成块根。中、德科学家甘薯基因图谱研究也表明，约 50 万年前，$2x$ 和 $4x$ 祖先种种间杂交形成今天的六倍体甘薯，其 90 条染色体中有 30 条染色体来源于其二倍体祖先种，另外 60 条染色体来源于其四倍体祖先种。

甘薯和其近缘野生种统称为甘薯组，根据杂交亲和性将甘薯组分为 A 组（系列、群）和 B 组（系列、群），A 组和 B 组之间存在杂交不亲和。B 群或 B 系列同甘薯杂交亲和，又叫第Ⅰ群；A 群（含 X 群）或 A 系列同甘薯杂交不亲和，又称第Ⅱ群。每个种大都包括若干个系统，如三裂叶野牵牛包括 K68、K74、K121 和 K220 等系统，同种内不同系统间在形态学等方面存在着差异。其中 B 组的近缘野生种在甘薯育种中得到了应用，并取得显著的成效。甘薯组植物的分类见表 5-3。

表 5-3 甘薯组植物的分类

群别	种名	中文名	$2n$	染色体组
Ⅰ	*Ipomoea batatas*（L.）Lam.	甘薯	$6x=90$	$B_1B_1B_2B_2B_2B_2$
	Ipomoea trifida（H. B. K.）Don.	三浅裂野牵牛	$6x=90$	$B_1B_1B_2B_2B_2B_2$
	Ipomoea trifida（H. B. K.）Don.	海滨野牵牛	$4x=60$	$B_2B_2B_2$
	（*Ipomoea littoralis* Blune）			
	Ipomoea trifida（H. B. K.）Don.		$3x=45$	$B_1B_2B_2$（?）
	Ipomoea leucantha Jacq.	白花野牵牛	$2x=30$	B_1B_1
Ⅱ	*Ipomoea tiliacea*（Willd.）Choisy	椴树野牵牛	$4x=60$	A_1A_1TT
	Ipomoea gracilis R. Br.	纤细野牵牛		
	Ipomoea lacunosa L.	多洼野牵牛	$2x=30$	AA
	Ipomoea triloba L.	三裂叶野牵牛	$2x=30$	AA
	Ipomoea trichocarpa Ell.	毛果野牵牛	$2x=30$	AA
	Ipomoea ramoni Choisy	野氏野牵牛	$2x=30$	AA

2. 种质资源交配不亲和性　　甘薯交配不亲和性包括种间、种内交配不亲和性。种间交配不亲和性即第Ⅰ群种和第Ⅱ群种之间的杂交不亲和性；种内交配不亲和性即第Ⅰ群的甘薯栽培种内品种间存在的交配不亲和性，以及三浅裂野牵牛的无性系间存在的交配不亲和性。

甘薯雌、雄蕊等性器官正常，但不亲和性基因的作用使交配能力受到限制，交配不亲和，不能得到种子，而不是雌、雄配子败育或者其他原因所引起的不（半不）孕和低结实性。甘薯交配不亲和性主要是柱头抑制花粉发芽。栽培种甘薯种内交配不亲和性不只是花粉和柱头间的一步性反应，而是发生在花粉与雌蕊作用的各个阶段，既有花粉与柱头的识别，也有花粉萌发后的花粉管与花柱及雄配子从花柱基到胚囊进行受精结实的障碍，但以柱头识别为主。种间交配不亲和障碍主要是花粉与柱头不识别而导致被动抑制。

根据种内交配不亲和性，可将甘薯品种或三浅裂野牵牛的无性系划分成若干个不孕群，同一不孕群内的品种（或无性系）间交配是不亲和的，因此种内交配不亲和性又包括自交不亲和性和同一不孕群内品种（或无性系）间的杂交不亲和性两种。Nakanishi 和 Kobayashi（1979）从 707 个无性系中测定出 A-L 和 N-P 共 15 个不孕群（没有 M）和一个亲和群。

有报道称，用激素处理花器，对提高结实率有一定效果。例如，用 NAA、6-BA 和 2,4-D 等处理可克服 B、C 不孕群品种间杂交花粉萌发后的障碍，延长花器寿命，增加了不亲和组合的受精率和胚胎数，受精卵的发育也比较快，也可以用 BAP 等。此外，胚珠培养、胚胎取出培养、体细胞杂交等也是克服甘薯组种间、种内交配不亲和性的一个有效方法。

3. 甘薯的品种资源分类　　甘薯其品种资源类型繁多，按用途归类可分为淀粉用型、食用及食品加工用型和饲用型三大类型。淀粉用型重点要求淀粉含量 22% 以上；食用及食品加工用型重点要求营养品质优良、肉色黄至橘红或紫肉，对淀粉、粗纤维及胡萝卜素、花青素、维生素 C、鲜薯可溶性糖等均有要求；饲用型品种重点要求薯、蔓产量均高，适应性广。此外，为满足工业提取植物胡萝卜素和花青素，一些特高胡萝卜素和花青素品种也正在研发。

二、甘薯的生育过程与器官建成

（一）甘薯的生育过程

甘薯生产过程分育苗、大田生长和贮藏三个阶段。大田生长阶段主要是茎叶与块根等营养器官的消长，没有明显的发育阶段和成熟期，但生长中心器官在不同阶段有所不同，因此可人为地分为如下 4 个生育时期。

1. 发根还（缓）苗期　　薯苗栽插后，从入土的茎节部两侧和薯苗切口部位，先后长出不定根。当新根吸收水分和养分，薯苗地上部开始抽出新叶或新腋芽时，称为还（缓）苗或活棵，此期以吸收根系的生长为中心。一般春薯栽插 3～6 天后发根，7～12 天还苗；夏、秋薯栽插后 3～4 天发根，5～7 天还苗。

2. 分枝结薯期　　分枝结薯期是指从薯苗分枝、吸收根系基本形成到封垄的时期。通常在栽后 10～20 天，吸收根开始分化为块根；在栽后 20～30 天内，地上部茎叶生长缓慢，叶腋萌发小腋芽，此后生长转快，腋芽抽出并长成分枝。一般春薯需 30～50 天，夏秋薯需 20～35 天，此期以茎叶生长和块根形成为中心。春薯吸收根系的基本形成需 30 天左右，夏、秋薯栽插后吸收根系基本形成需 15～20 天。到本期末，单株分枝数和结薯数基本固定，茎叶开始封垄。

3. 薯蔓并长期　　从结薯数基本固定到茎叶生长达高峰，是生长的中期，春薯在栽插后 40～90 天，夏、秋薯在栽插后 35～80 天，此期以茎叶盛长为中心。由于处于高温多雨季节，茎叶旺盛生长达到高峰，栽后 90 天左右功能叶片数达到最大值，生长量占全期鲜重的 60% 以上。但黄叶、落叶也陆续出现，形成新、老叶片相互交替现象。

此期薯块也迅速膨大，积累干物质量占全生育期的 30%～40%，一些早熟（膨大早）品种积累量更多。茎叶生长是块根膨大的物质基础，茎叶生长量不足或生长过旺，新、老叶交替频繁或茎叶早衰等，均会影响同化物质的积累和正常分配，不利于块根膨大。因此高产甘薯茎叶生长高峰时要求叶面积指数保持在 3～4，蔓薯比（T/R）达到 1 左右，之后要保持一定的叶面积而不早衰。

4. 块根盛长、茎叶渐衰期　　此期从茎叶生长高峰期开始直到收获为止，是生长的后期。春、夏薯历时 60 天左右，秋薯历时 40～50 天。此期生长中心为块根膨大，是甘薯块根物质积累的主要时期。由于气温降低，雨水减少，茎叶转向缓慢生长直至停滞，叶色变淡落黄，基部分枝枯萎，叶片脱落，逐渐呈现衰退现象。这时同化物质加速向地下部运转，薯重积累量一般占全生育期总质量的 50%以上。块根质量增长快，干率不断提高，达到最高峰。

甘薯 4 个生长时期是相互联系相互交错的，管理时要根据各期的生长中心加以促控，使地上部、地下部生长协调，达到"前结薯、中旺藤、后大薯"的要求。

（二）甘薯的器官特征特性

1. 根　甘薯在发育过程中，会分化形成三种不同类型的根（图 5-1）。

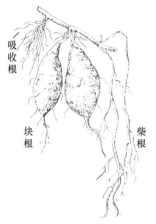

图 5-1　甘薯三种不同类型的根（胡立勇等，2019）

1）细根即吸收根，形状细长，有许多分枝和根毛，具有吸收水分和养分的功能，主要分布在 40 cm 土层中，在深耕条件下可超过 1 m。

2）柴根又称牛蒡根，是肉质根，粗如手指，细长如鞭，无利用价值，主要是不良气候和土壤条件引起，也与品种特性有关，是块根膨大中途停止加粗而形成的。

3）块根是在适宜生长条件下，幼根经过一系列组织分化和贮藏养分发育成的，甘薯块根是贮藏养分的器官，是收获的产品器官，同时由于其强烈的出根出芽特性，又是重要的繁殖器官。

甘薯块根多生长在 5～25 cm 土层中，形态主要由品种特性决定，也受土壤和栽培条件影响，大致可分为纺锤形、长筒形、椭圆形、块状和球形等（图 5-2）。在较疏松、氮肥偏多或较潮湿的土壤中，薯形偏长；在板结、钾肥偏多或干燥的土壤中，薯形多为纺锤形或球形。块根表面或光滑平整，或有纵沟，或有突起的脊，或有许多芽眼，这些都与品种特性有关。甘薯块根多个部位薄壁细胞能分化形成不定芽原基，但多发生于中柱鞘部位。在薯块膨大过程中不定芽原基逐渐分化形成，并潜伏在周皮凹陷的根眼处，在适宜条件下可萌发成苗。

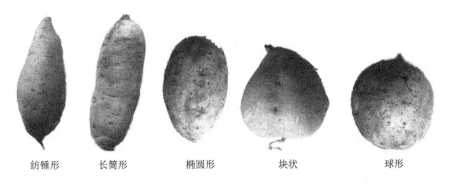

纺锤形　　长筒形　　椭圆形　　块状　　球形

图 5-2　甘薯块根形态

块根皮色有白、黄、红、紫等，深浅不一，由周皮中的色素决定。薯肉基本色有白、黄、橘黄、红、橘红、紫等，也可能黄带紫、红带紫等。白肉甘薯几乎不含胡萝卜素，黄、红肉色甘薯含有较多胡萝卜素，其中大部分为 β-胡萝卜素，紫肉甘薯块根内含紫色素。甘薯块根内色素含量主要由品种决定，也受环境条件和栽培季节的影响。

2. 茎　　甘薯茎又称为薯蔓，主要有两种类型：多数品种为匍匐型，伏地生长；另一种为半直立型，能直立生长到一定高度后再长成蔓状。蔓的长度因品种而异，短蔓型不足 1 m，长蔓可达 3~4 m 或更长。茎粗一般为 4~8 mm。茎和茎节的颜色有绿、紫、绿带紫、褐、红等。茎中含乳白色汁液，主要成分是糖类、蛋白质、无机盐和单宁等。茎节着生叶片，发生分枝，长出花序和不定根。较粗壮的薯苗节部两侧根原基发育较好，栽插后易形成块根。

3. 叶　　叶形是品种的主要特征，但有时在同一植株同一茎段会出现两种叶形。基本叶形有掌状、心形、三角形或戟形（图 5-3），叶缘有全缘，带齿，浅或深单、复缺刻。叶片裂口长度超过主脉一半的为深裂，小于一半的为浅裂。叶色一般为绿色，但浓淡程度不同。

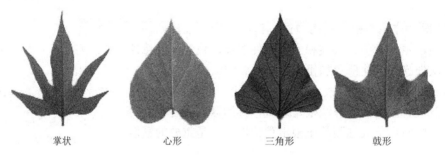

掌状　　　　　心形　　　　　三角形　　　　　戟形

图 5-3　甘薯基本叶形

顶叶色、叶脉色和叶柄基部颜色可分为绿、绿带紫和紫色，也是鉴别品种的形态特征。

根据甘薯叶龄和叶片组织结构的不同，叶片可分为嫩叶、功能叶、老叶和徒长叶 4 种。叶柄的构造和茎相似，主要功能是输导和支持，兼有调节叶片受光位置、提高光合能力及暂时贮存养分的功能。

4. 花、果实和种子　　甘薯花单生或数十朵丛集成聚伞形花序，一个花序通常有 3~15 个花蕾，着生于叶腋或茎顶。花形呈喇叭状，与牵牛花相似。花冠由 5 个花瓣联合成漏斗状，一般紫红色，也有蓝、淡红和白色，雌雄同花，雄蕊 5 枚，花丝长短不一。花药淡黄色，分二室，呈纵裂状。雌蕊一枚，柱头呈球状。子房上位，2~4 室。甘薯花粉球形、黄白色，直径为 0.09~0.1 mm，表面有许多小凸起，具黏性。为异花授粉植物，大多数品种自交结实率很低。甘薯是短日照和喜温植物，在我国广东、海南、福建和台湾等低纬度的省份，许多品种在自然条件下能开花；但在我国中部和偏北地区，大多数甘薯品种在自然条件下难以开花（图 5-4）。

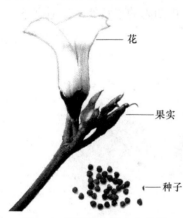

—— 花

—— 果实

——种子

图 5-4　甘薯花、果实和种子

甘薯授粉后 2~3 天，子房开始膨大，从授粉到果实成熟，一般要 25~50 天，因品种、植株生长状况及气温变化而不同。甘薯果实为球形或扁圆形蒴果，幼嫩时呈绿色或紫色，成熟时为褐色。每个蒴果有种子 1~4 粒，多数为 1~2 粒。种子褐色，形状因蒴果内结籽粒数的不同而不同，分为球形、半球形或多角形。种子较小，千粒重 20 g 左右。种皮较坚硬，表面有角质层，透水性差，直接播种出苗慢且极不整齐，因此种子需经硫酸浸种或割破、擦伤种皮后再催芽。

甘薯现蕾最适温度是 25～30℃，高于 30℃或低于 15℃花蕾容易脱落，特别在高温、高湿条件下，即使形成花芽亦会转变为叶芽。甘薯现蕾后 20～30 天开花。每天开花时间及数量受气温影响较大，开花适宜温度一般在 22～26℃，在此温度下，随气温下降开花延迟，花朵变小。

（三）甘薯的器官建成

1. 茎叶分化与生长 甘薯茎叶在发根还苗后即开始生长，随着根系的建成茎叶生长加快，在生育中期以后，出现老叶死亡和新叶出生的交替现象，随着块根的形成与膨大，茎叶生长达到高峰并逐渐下降。茎叶生长状态即株型与品种和环境条件有关系，分为疏散型、中间型和重叠型；冯祖虾将株型分为多枝短蔓型、多枝长蔓型、粗茎大叶型、中茎中叶型、少枝小叶型、卷曲型和早花型 7 种类型。株型对产量也有影响，一般疏散型和多枝短蔓型的鲜薯产量高，其次为多枝长蔓型。

茎叶最适鲜重、最适干重大小和出现的时间因品种、气候、栽插季节、种植制度和时期等因素而有所变化。研究表明，夏薯至栽后 60 天叶片数最多，茎叶增长量最大，90 天时叶面积最大，茎叶鲜重最高。研究表明，芒种左右栽插的夏薯，早熟品种'胜利百号'和晚熟品种'南瑞苕'的茎叶高峰期分别出现在 8 月下旬至 9 月上旬和 10 月上中旬之间；中熟品种'南薯 88'茎叶生长高峰期出现在 8 月中旬至 9 月上旬，茎叶干重最大期出现在 9 月下旬，10 月上旬日增重出现负值；立秋左右栽插的秋薯，则推迟至 10 月下旬临近收获时始达高峰。此外，和玉米套作的甘薯茎叶封垄期和高峰期都会推迟出现。

2. 块根形成与膨大

（1）块根形成 初生形成层活动决定幼根的发育方向，通常薯苗栽插发根后 10～25 天为初生形成层活动与块根形成时期。块根形成过程如下：①初生形成层的发生，在幼根中柱部位的原生木质部两侧部分，薄壁细胞出现具分裂能力的初生形成层，呈弧形，彼此分离；②初生形成层连成环，初生形成层形成之后，在近原生木质部外端（靠近中柱鞘）的薄壁组织发生初生形成层细胞，原来分离的各个形成层弧连接成圈；③形成块根，初生形成层不断向外分化次生韧皮部，向内分化次生木质部，同时产生大量薄壁细胞，促使根的中柱部分增大，形成块根雏形（图 5-5）。

幼根发育成为块根的两个影响因素：①初生形成层活动的强弱程度；②发根初期中柱细胞木质化程度，如图 5-6 所示。如果初生形成层活动程度大，但中柱细胞迅速木质化，则因不能继续加粗而成为柴根；如果初生形成层活动很弱，不能产生初生形成层，则形成细根。影响幼根分化的因素很多，包括品种特性、薯苗长势、气候及土质条件、茎叶生长和养分供应等。

（2）块根膨大 次生形成层（副形成层）活动决定块根的膨大程度。块根形成后，在许多部位出现了数量较多的次生形成层，次生形成层不断形成次生木质部和次生韧皮部及大量的贮藏薄壁组织，使块根膨大增粗。膨大主要是靠增加薄壁细胞数目，其次是靠增大细胞体积。次生形成层活动范围、强度及时期的长短决定甘薯块根的大小，只要环境条件适宜，形成层的活动就不停止，块根就持续膨大，没有明显的终止期。

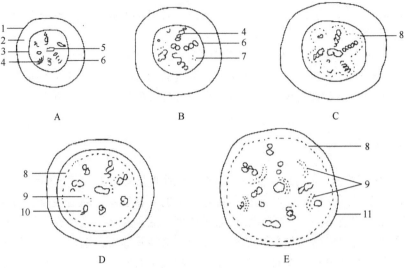

图 5-5　甘薯块根分化示意图（刁操铨，1994）

A. 幼根初生结构（发根 5 天内）；B. 形成层开始发生（发根后约 10 天）；C. 形成层发展成环（发根后 5～20 天）；D. 次生形成层发生（发根后 20～25 天）；E. 已形成的块根，各部位发生次生形成层（发根后约 30 天）。1. 表皮；2. 皮层；3. 中柱鞘；4. 原生木质部；5. 后生木质部；6. 韧皮部；7. 形成层；8. 形成层环；9. 次生形成层；10. 次生木质部；11. 周皮

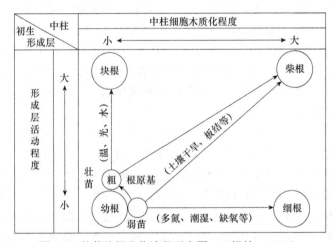

图 5-6　甘薯幼根分化途径示意图（刁操铨，1994）

　　甘薯块根早在形成期就开始积累淀粉，以后随着块根膨大，细胞内淀粉粒逐渐增多，淀粉粒体积也由小变大，块根淀粉含量相应提高。

　　块根在膨大过程中，皮组织破裂，表皮脱落。同时，中柱鞘细胞中出现木栓形成层，分生出由木栓组织、木栓形成层和栓内层三者组成具多层细胞的周皮，代替表皮包覆于块根外。周皮中含有不同色素如花青素，形成了不同的皮色。

　　甘薯块根的形成与膨大与激素也有关系。据研究表明，块根形成前后及块根膨大中期和高峰期，其干重与块根中脱落酸（ABA）、玉米素核苷（ZR）和二氢玉米素核苷（DHZR）含量间呈显著（或极显著）正相关，与生长素（IAA）、异戊烯基腺嘌呤核苷（IPA）和赤霉素（GA）无明显相关性。ZR、DHZR 和 ABA 含量的高低，在不定根能否转化形成块根和块根膨大的速率方面起关键的作用。

三、甘薯的产量与品质形成

（一）甘薯产量的形成

1. 叶片生长与光合干物质生产 甘薯叶片是合成同化产物的器官，又是消耗养分的器官。在一定范围内，叶片叶绿素含量与光合强度呈正相关。同一薯蔓上，叶龄小的顶部展开叶的叶绿素含量最高，随着叶龄增大，叶绿素含量下降，基部老叶片叶绿素含量最低。甘薯高产田茎叶盛长期单株绿叶数多至 150～200 片，其叶片寿命（展开至枯萎天数）一般为 30～50 天，最长的达 80 天以上，并与光照、水肥等条件有关。高温期形成叶片的寿命短于低温期形成叶片。

甘薯叶面积指数呈坡状动态曲线，上坡快，坡顶宽，下坡慢，即指前期叶面积指数上升较快，至中期达到最大值后保持时间较长，生长后期叶面积指数下降缓慢，这样有利于充分利用光能，增加薯块干物质积累量。较高的叶面积指数是提高光能利用率和增加块根产量的生理基础。甘薯最适叶面积指数因品种、气候和栽培条件而异。高产田多为 3.5～4.5，叶面积指数超过 5，属徒长型；而茎叶生长不良的低产田，叶面积指数常在 2 以下。因此，生产上应注意减少新、老叶的交替，延长叶片寿命。

叶片的光合强度和净同化率常因不同生育时期、品种、栽培方式、不同种薯级别及气候条件而有较大的变化。成熟叶片的净光合速率一般为 12.0～38.1 mg/（dm^2·h），甘薯新叶的光合作用强度高于老叶。但众多资料表明，净同化率的高低与甘薯产量并不总是呈正相关。高产甘薯则是总光合势与净同化率相互作用下达到最大值的结果。而不同世代脱毒苗（茎尖苗、原原种苗、原种苗和良种苗）与未脱毒薯大田栽培生产比较，其脱毒苗的叶面积系数、净同化率、总光合势、生物产量和经济产量均高于未脱毒苗，在适宜的范围内总光合势与块根产量呈正相关。研究表明，淀粉型品种前期（15～60 天）干物质积累增速快，地上部干物质分配比例高，与块根干物质产量呈正相关。60～80 天干物质增速下降，80 天后又开始缓慢升高，直至收获；生长前、中期净同化率较高，后期（90～120 天）叶面积和叶片干产不衰减。而食用型品种干物质积累随生育进程的推进而与之相反。

2. 干物质积累转化与块根增长 甘薯常以蔓薯比（T/R）变化作为植株生长过程中上下部光合产物分配状况及其源库协调与否的标志。蔓薯比值愈大，表明同化物质分配至茎叶愈多；反之，同化物质分配至块根愈多。凡生长前、中期，蔓薯比值大于 1 且数值较大，以后比值下降早、下降速度较快的，表明茎叶早发，块根形成早，膨大快和地下部增重迅速。但在生长后期蔓薯比值下降过快，常表现茎叶早衰，下降过慢又表明茎叶徒长，均不利于块根产量的提高。蔓薯比值为 1 的时期（称为"蔓薯平衡期"）的出现时间因品种、栽培条件及长势等而异。高产夏薯通常在栽插后 80～100 天蔓薯比值达到 1，且早熟品种蔓薯比值 1 的出现时间早于晚熟品种。研究发现高产品种的基本特征是基部分枝数较多，分枝蔓长较短，T/R 值较小。

3. 源流库协调与块根产量 甘薯块根膨大过程及其增长速度主要取决于地上部光合产物向块根部位的运转量及速度，但受气候、品种和栽培等条件影响。大量试验证明，块根增长速度最快的时期是栽后 90～120 天，块根鲜重的绝对增长达 45.5～55.21 g/（m^2·d），其干重增长可达 54.7 g/（m^2·d）。

甘薯品种间块根结薯早迟和前后期膨大速度存在明显差异，早熟类型块根形成早，前期膨大增重速度快，后期膨大慢；晚熟类型结薯迟，前期膨大速度慢，后期膨大速度快。研究发现栽插后 80～112 天膨大速率较快、茎叶停止生长较早的品种，通常薯块产量较低。但也有结薯早，前后期膨大均快的品种，则属于增产潜力大的高产类型。

甘薯源丰、流畅、库大并能相互协调，方能获得高产。源与库影响块根贮存能力的相对重要性，随生长期和品种而异。以生长期而言，栽插后 60～90 天以库相对重要，120～150 天以源相对重要。库容的增加，将产生更多的同化物质向根部转移，使块根产量与库容平行增加，但是一旦光合能力因此达到限制状态，则产量的突破也需要源的改善。

从源库关系看，生产上甘薯茎叶生长与块根产量间的关系一般有 4 种情况：一是茎叶生长正常，上下部生长协调，块根产量高；二是茎叶生长差，块根产量低；三是茎叶早衰，块根产量较低；四是茎叶生长过旺，块根产量亦低。同样也发现茎叶产量低，而块根产量高的类型，与其茎叶的高光效有关。此外，地上部前衰后旺，同样会降低块根产量和品质。

（二）甘薯品质形成

1．淀粉形成　　甘薯块根进入膨大期，蔗糖减少，果糖和葡萄糖增加，开始积累淀粉。有研究认为随生育期块根淀粉积累速率呈现快—平稳—快—平稳等变化，以 50～85 天、108～136 天积累最快。也有研究认为块根淀粉含量的变化呈"S"形生长曲线，移栽后 60 天较低，70～100 天积累速率最快，100 天后积累速率和含量趋于平缓。也有研究认为淀粉型品种淀粉含量在栽插 60 天时达到最高值，之后下降，栽秧 80 天后又开始缓慢升高，直至收获。食用型品种淀粉含量栽插 60 天时达到最低值，之后升高。栽秧 100 天后，淀粉型品种块根总淀粉含量增加，而食用型品种块根总淀粉含量下降。

2．其他主要品质成分形成　　甘薯块根中除积累淀粉外，还有粗蛋白质、可溶性糖、维生素及一些色素等特殊物质的形成和积累。

紫心甘薯薯块有花青素积累，花青素的合成与积累不易受外界环境的影响，薯块、叶片等生长位点的花青素积累相对独立。块根膨大初期，单位质量的花青素含量相对较高，中后期（薯块快速膨大期）下降，收获期花青素变化渐趋稳定。块根贮藏期薯块的花青素含量变化不大。与白光相比，蓝光下叶片花青素含量较高，红光下叶片花青素含量有所下降，而混合光差异较小。

不同品种间、同一品种不同植株间、同一植株的不同块根间、同一块根顶部和尾部及组织间其 β-胡萝卜素含量均存在差异，块根肉色从白色至橘黄，胡萝卜素含量提高，变幅为 0～20 mg/100 g。一般是块根周皮 β-胡萝卜素积累前期多，后期减少；中部和尾部积累几乎同步。橘黄肉甘薯有较多 β-胡萝卜素积累，含量随膨大过程"先升高再降低"变化，也有一直增加型变化的品种，发现其类胡萝卜素含量与最长蔓长、块根鲜重和干重、光合产物在块根的分配比例呈显著正相关，与光合产物在叶、柄的分配比例呈显著负相关。

β-胡萝卜素日积累量增长量与块根鲜重、块根干重、淀粉、可溶性糖和粗蛋白质积累量等日增长量呈正相关。蛋白质含量"先下降再升高"，蔗糖含量与 β-胡萝卜素含量呈极显著负相关，与果糖含量呈显著正相关，淀粉含量与果糖含量呈极显著负相关。

甘薯块根和茎叶中均富含维生素 C，含量与甘薯品种、土壤肥力高低、植株长势优劣和产地环境有关。橘红色品种维生素 C 含量高于黄色，黄色高于紫色。甘薯收获初期维生素 C 含量最高，贮藏时会不断降低，但较低温度有利于甘薯维生素 C 的保存，10℃以上贮藏维生素 C 含量下降更快。

（三）甘薯产量品质形成与环境

1. 温度　　甘薯为喜温作物，忌低温及霜冻。薯块萌芽、茎蔓插条发根最低温度为 15～16℃，但发根缓慢；17～18℃发根正常；40℃以上，薯苗停止生长，幼芽被灼伤；薯块萌芽最适温度为 28～32℃、茎叶生长适宜温度在 18～35℃，较高温度发根加快，根量增多。在此范围内温度愈高，茎叶生长愈快。芽、苗在 9℃下，因冷害受损伤；在 10～14℃条件下停止生长或被冻死。

叶片光合作用最适温度为 23～33℃。在 35～38℃高温下，呼吸强度过大，光合强度下降，茎叶生长缓慢。在 22～24℃土温条件下，初生形成层活动较强，中柱细胞木质化程度较小，适于块根形成。当气温或地温高于 30℃时，促进地上部生长而抑制储藏根发育。

当夜温度低于 15℃时，促纤维根发育而抑制根膨大，而根膨大的最适温度为 20～30℃。也有报道称块根膨大的最适温度为 20～25℃；最低温度因品种而异，有些品种低于 20℃时块根即停止膨大，但有些品种在 17～18℃仍继续膨大。在块根膨大适温范围内，昼夜温差大，有利于块根积累养分和膨大。不仅如此，块根膨大还与生长前期的高温期长短有关，生育前期高温期（温度 25℃或以上）有 75 天，后期适温期（温度 20～22℃）至少有 60 天，则块根产量可望大幅度提高。

2. 光照　　甘薯为喜光的短日照作物。在一定范围内甘薯叶片光合强度与光照强度呈正相关。甘薯单叶的光饱和点为 25 000～35 000 lx，群体叶片的光饱和点为 30 000～40 000 lx，光补偿点为 6000 lx。种薯外露，强光会抑制不定芽萌发。出苗后，强光下幼苗积累光合物质较多，薯苗生长快而壮。同时，充足光照还能提高土温，扩大昼夜温差，有利于块根形成与膨大。甘薯不耐阴蔽，遮光过多产量降低。

3. 水分　　甘薯对水分的利用率较高，蒸腾系数为 300～500，一生耗水量为 500～800 mm。生长期适宜的土壤水分为最大持水量的 60%～80%。薯块萌芽时，床土以保持田间持水量的 80%左右为宜。出苗后，苗床土壤以保持田间持水量的 70%～80%为宜。若床土过湿，还会降低床温，甚至引起烂薯。干旱遇高温，薯块先长芽后发根，幼芽生长缓慢；生长前期土壤干旱（持水量低于 50%），薯苗发根还苗缓慢，茎叶生长差，幼根中柱薄壁细胞木质化程度高，不利于块根形成，结薯迟而少，且易形成柴根。生长中、后期土壤干旱，茎叶生长量不足又易早衰，养分积累少，块根膨大缓慢导致减产。反之，如雨水过多，垄土过湿（持水量高于 90%），土壤通气性差，易使茎叶徒长。根形成层活动弱，也影响块根形成、膨大，降低产量与品质。2%～3%低氧条件下，幼根无法分化成块根，并抑制已形成块根的膨大，根系的木质化程度加剧，但在遭受短期低氧胁迫后能可逆性地恢复生长。生长后期如田间积水，块根会因缺氧呼吸导致腐烂，同时由于薯块中不溶于水的原果胶含量增多而易发生"硬心"（hard core）。

甘薯具有较强的耐旱能力，主要是因为：①根系发达，入土较深，叶片内胶体束缚水含量较高，以及其遇旱时耐脱水等特性；②甘薯收获的目的物是营养器官，栽培过程主要进行营养生长，一生中没有明显的水分敏感临界期，遇旱时茎叶生长和块根膨大缓慢甚至停滞，一旦旱情解除，茎叶仍能恢复生长，块根也能继续膨大。

4. 土壤　　甘薯适应性广，耐酸又耐碱，pH 在 4.2～8.3 的各种土壤上都能生长，还具有一定的耐盐能力，在含盐量不超过 0.2%的土壤上种植，仍可获得一定的产量，但在土层深厚、土质疏松、透气性好和有机质含量高的砂壤土中最为适宜。

良好的土壤通气是块根形成和膨大所要求的重要条件之一。通气条件好，根的呼吸旺盛，有利于细胞分裂活动和地上部光合产物向块根运转和积累。土壤透气，昼夜温差大，也有利于块根的膨大。土壤含水过多引起通气不良，往往导致幼根在发育过程中形成畸形的柴根。

薯块萌芽阶段所需养分主要靠薯块本身供给。出苗后，随根、芽生长从床土中吸收养分逐渐增多，且需要较多的氮、磷、钾营养及恰当的钾肥（K_2O）/氮肥（N）比。因此，苗床除作床时施用有机肥外，在育苗中、后期及剪苗期间，应适当追施速效性氮肥，以达到苗多苗壮。据报道块根中的 K_2O/N 比与薯块产量呈正相关，大田生长阶段养分需求详见第四节中"甘薯的水肥需求与管理"。

第三节　甘薯主要性状的遗传与育种

一、甘薯的育种目标及性状遗传

（一）甘薯的育种目标

甘薯作为一种重要的粮食、饲料、能源和工业原料兼用作物，依用途其育种目标也日趋多样化和专用化。除注重产量、抗病虫害和抗逆性外，随着生活水平的提高，还需要从外观、内含物、功能成分、适口性和加工特性等方面改善，创新资源和品种。下面将针对不同的育种目标进行介绍。

1. 淀粉型品种　甘薯淀粉是重要的轻工、化工和纺织等的原始材料，淀粉型甘薯淀粉含量一般在22%以上，是目前甘薯生产上要求的主要类型。育种目标是淀粉含量高，淀粉产量高，淀粉粒直径大（或直链淀粉含量高）和淀粉回收率高；而在薯块方面，要求大小均匀、薯皮光滑且整齐，薯肉颜色为白色。为了加工时得到更洁白的产品，要求蛋白质、多酚和果胶等物质含量要低。淀粉的合成是由多个基因控制的数量性状，所以在选育高淀粉品种的时候，我们需要用淀粉含量高的种质资源材料配制组合来进行选育。

2. 鲜食型品种　鲜食甘薯是指主要用来蒸、煮、烤食及生食的品种。育种目标除要求其具有良好的营养品质外，还要求外形优、食味口感好、功能营养成分（β-胡萝卜素和花青素）含量适中等。一般淀粉含量为 15%左右。薯块无条沟、红黄心（肉）或紫肉、中等大小及无病虫危害。紫肉鲜食品种富含花色苷，可被用于清除体内自由基、抗糖尿病及抗癌等，一般要求 5 mg/100 g 鲜薯以上。红黄心鲜食品种富含 β-胡萝卜素，是维生素 A 合成的前体，可治疗夜盲症、抗癌等，一般要求 3 mg/100 g 鲜薯以上。

3. 饲用型品种　甘薯块根和茎叶可作动物的饲料，成为饲料型品种。饲料用品种育种目标要求块根、薯蔓产量均高，即生物学产量大，再生能力强（能进行多次收获）；其茎叶富含主要氨基酸，接近或达到蛋白质饲料的标准，涩液少、适口性和消化性好等。

4. 叶菜用品种　菜用型甘薯主要食用茎蔓生长点及其以下 10～15 cm 的节段即茎尖部位。随着生活水平的提高，甘薯茎尖越来越受到重视，被誉为"蔬菜皇后"和"长寿菜"。育种目标要求生长速度快，再生能力强，无野菜苦涩味和薯叶原始腥味，抗病虫害。具体要求茎尖脆嫩、分枝多、茎尖茸毛少、生长势强和现场生吃茎尖口感甜等。同时可以选育含花色苷的紫色茎尖的品种，丰富其营养价值。

此外，也可开展观赏型品种的选育。从叶色、叶形及生长习性等方面对杂交后代进行筛选，利用甘薯颜色等的多样性，培育具有观叶、观色和观薯等价值的花卉型甘薯品种。目前，花卉型甘薯品种在美国发展较快，而国内虽有起步，但仍有很多工作需要努力。观赏型甘薯强调观赏性、耐热性、耐旱性和繁殖力等。观赏甘薯主要侧重于种质资源的叶形、叶色、株型、叶缺刻类型、叶脉色、叶缘色、顶叶色、生长势和抗病虫害等性状。

（二）甘薯主要性状的遗传特点

1. 块根产量（鲜薯重）　　　甘薯自交后代的性状几乎都有衰退。块根产量是由微效多基因控制的数量性状，产量遗传既有加性效应也有非加性效应。多数组合 F_1 鲜薯产量的均值接近或低于双亲均值，同时出现不同程度的超亲品系，超亲频率的高低没有明显规律的这种遗传效应，是选配高产组合时必须重视亲缘关系的理论根据之一。甘薯块根产量是由平均单株结薯数和平均单薯重两个产量因素构成的。单株结薯数的加性方差和非加性方差各占50%左右。甘薯块根产量属于易受环境影响因而遗传率较低的性状，其与块根干率（或淀粉含量）一般呈极显著负相关，与薯肉色深度呈极显著正相关，与块根纤维素含量呈显著负相关，与龟裂呈极显著负相关，与块根粗蛋白质黑斑病抗性、根腐病抗性等无关。

2. 品质性状　　　甘薯营养物质丰富。大多数研究者普遍认为淀粉、胡萝卜素和蛋白质含量是甘薯品质改良中的三个重要的经济性状。而这三个性状均是由多基因控制的数量性状，在遗传上是比较复杂的。

（1）淀粉含量　　　甘薯块根中的淀粉含量属于数量性状，它与干物质含量（或干率）呈高度正相关，因此常用干物质含量来说明淀粉含量。一般认为，干物质含量主要受基因的加性效应所支配，也存在非加性效应。淀粉含量的遗传与干物质含量相似，但是淀粉含量受环境的影响比较大，淀粉含量除在不同基因型之间有差异外，同一基因型的淀粉含量还因个体间、年份间、地区间和不同土壤等而变化，所以准确掌握品种间淀粉含量的差异对我们选育高淀粉品种是必要的。淀粉含量与产量之间呈负相关，与块根早期（栽后 40 天）本质部内单位面积的筛管束数呈正相关。中国科学院遗传研究所的研究表明，淀粉粒直径与单株干物质重呈正相关，与单株淀粉重也呈正相关。淀粉洁白度和淀粉含量之间呈负相关，而淀粉洁白度与多酚含量之间也呈负相关。

（2）胡萝卜素含量　　　甘薯块根薯肉白色对橘黄色呈不完全显性，类胡萝卜素含量是受大约 6 个起加性作用的基因所控制，属于数量性状。F_1 实生系胡萝卜素的总平均含量受到两亲本类胡萝卜素含量的控制，类胡萝卜素含量总平均值与双亲含量平均值相关系数为0.8643，极其显著。双亲本中任何一个亲本类胡萝卜素含量的增加，对后代类胡萝卜素含量的提高将产生直接影响。类胡萝卜素含量与烘干率呈负相关，与薯肉橘色深浅呈正相关。黄肉色或橘红肉色较易遗传给后代。类胡萝卜素含量与淀粉含量呈负相关。薯肉的深颜色（红色或深黄色）与干物质含量呈负相关。橘黄色薯肉的品系胡萝卜素含量高，而蛋白质含量也高。所以在进行高类胡萝卜的品种选育的同时，我们也要注重淀粉含量，如果只是其一比较高的品种难于进行大面积推广，因此我们必须注重综合营养的评价。

（3）蛋白质含量　　　有关甘薯蛋白质含量的遗传研究较少，蛋白质含量属于数量性状。不同甘薯品种无论块根还是茎叶，蛋白质含量都存在很大差异。在块根粗蛋白质含量的遗传中，加性效应比非加性效应更为重要。块根粗蛋白质含量与鲜薯产量和干物质含量之间均存在着微小的负相关；蛋白质含量与薯肉色深度之间存在正相关；茎叶蛋白质含量与块根蛋白质含量间几乎不存在相关性。蛋白质含量还因品种间、地区间和年份间的不同而变化。从育种实践中来看，我们进行高蛋白质选育的时候，可以选育薯肉颜色较深的品种。

此外，众多研究表明，块根肉质氧化变色的遗传率为 61%，薯形的遗传率为 62%，薯肉色的遗传率为 66%，薯皮色的遗传率为 81%，块根龟裂的遗传率为 51%。这些性状的遗传方差主要是加性方差，这些性状同时进行集团选择有效。β-淀粉酶活性是风味的重要指标，α-淀粉酶活性是质地的重要指标，而干物量与质地的关系也具有相同的重要作用。甘薯蒸煮后的适口性、肉色、质地及风味特性各指标均具有极显著的正相关。甘薯蒸煮后的适口性、肉色、质地及风味为食味可接受性的重要构成因素。直链淀粉含量及红度值（Huntera）对甘薯蒸煮后的适口性及风味有直接影响，直链淀粉含量对蒸煮后质地直接影响较大，而 Huntera 值对蒸煮后肉色的直接影响最重要。

3. 抗病虫害性状 我国甘薯病害的种类很多，目前已报道的有 30 余种，其中有甘薯真菌性病害（甘薯黑斑病、甘薯根腐病、甘薯软腐病、甘薯枯萎病和甘薯疮痂病等）、甘薯细菌性病害（甘薯瘟病）、甘薯线虫病害（甘薯茎线虫、甘薯根结线虫）和甘薯病毒病等。我国长江中下游夏薯区主要病害有黑斑病、薯瘟病、根腐病、病毒病和茎线虫病等。研究表明甘薯对黑斑病、根腐病、茎线虫病和根结线虫病等的抗性具有较强的遗传率，甘薯黑斑病的抗性是由多基因控制的数量性状遗传，根腐病的抗性受基因的加性效应控制，薯瘟的抗性是受主效基因控制的质量性状遗传，蔓割病的抗性是以加性效应为主的数量性状遗传，根结线虫病的抗性是受多基因控制具有部分显性的数量性状遗传。

目前在世界范围内已报道的约有 20 种甘薯病毒及一种类病毒，有关其抗性遗传机制的研究很少。

4. 薯蔓有关性状 甘薯茎叶颜色、长短和株型是由多基因控制的数量性状，但是各性状之间有一定的相关性。叶片的紫叶脉、叶的紫轮、叶长、紫蔓、叶形、蔓长、节间长、每个花序的花蕾数和植株短茸毛遗传率均高。缺刻叶形表现显性，叶片背面的紫叶脉与块根重、块根数之间存在较高的遗传相关，茎叶重等指标中 F_1 与亲本的显著相关。主蔓长与分枝数、节间长有较显著的相关关系，一般蔓越长，分枝数越少，而节间则越长。主蔓长与叶柄长、小薯数呈负相关。分枝数与叶柄长、大中薯数等性状的表型相关，遗传相关系数均为正值；而与节间长为负相关，这种关系主要由品种的遗传性决定。一般分枝数多的品种，蔓的节间长较短，叶柄则较长，大、中薯较多，鲜薯产量较高。节间长与茎粗、叶柄长和中小薯数等性状的关系主要由遗传相关引起，一般节间长越长，则茎粗较小，叶柄较短，中小薯数较少。

5. 早熟性 甘薯存在类似成熟的征象，早结薯性的亲本就出现早结薯的后代。在生长期内，可分为典型早熟品种、典型晚熟品种、恢复型早熟品种和中熟高产品种 4 种。F_1 早结薯品系概率、前期块根膨大快品系概率（60 天鲜薯重超过 100 g/株）和早熟品系概率（90 天鲜薯重超过 500 g/株），3 种概率以"早×早"组配的最高，与早熟性有关的性状和早熟性均受基因加性效应的影响。但早熟易早衰，到后期的丰产系的概率却很低。研究还表明，如以"迟×早"组配则得到丰产早熟品系的概率大。

此外发现，甘薯块根性状的遗传为非质量性状遗传，是受微效多基因控制的数量性状。

二、甘薯杂交育种

品种间杂交育种是国内外甘薯育种工作者一直普遍采用的方法。杂交育种又称组合育种，按照育种目标选配亲本，通过人工杂交，把分散在不同亲本上的优良性状集中到同一个后代之中，是培育新品种的一种重要途径。

（一）开花诱导

甘薯是短日照作物，多数品种在北纬 23°以北的夏季长日照条件下不容易自然开花，少数品种即使在短日照条件下也不开花，给甘薯杂交育种带来困难。有观点认为甘薯不开花可能是缺乏开花素，可通过人工导入开花素或人工诱导甘薯产生开花素。方法可以是从甘薯植株外部喷洒或滴注植物生长调节剂，如 2,4-D，或 GA_3、GA_7 隔日滴注顶端。

也有观点认为根据甘薯不同品种对光周期的反应可分为短日照型、中间型和不敏感型三类。前两类品种开花需要通过短日照诱导处理，通过光照阶段形成花芽而开花，不敏感型在北方地区长日照条件下也能自然开花。长江南部各省秋甘薯，在 9～10 月当地自然光照缩短之后能够自然开花。

第三种观点认为甘薯由于地下根系膨大，茎叶不能积累足够的营养物质以形成花芽而不开花，可通过限制营养物质向根部转运，嫁接不结块根的近缘植物，如茑萝、蕹菜、月光花和牵牛等作砧木嫁接。

诱导甘薯开花通过激素、短日照和嫁接等，两种或三种方法并用效果更好，甘薯诱导开花的三种假说之间可能具有一定的内在联系。实践中的重复法就是将不能自然开花的甘薯材料嫁接在旋花科的近缘植物上，然后以短日照处理促使花芽形成。注意培育砧木至其茎粗与接穗茎粗相当时再进行嫁接较容易成活。短日照处理等接穗长到 30 cm 左右时开始进行，每天只给予 8 h 光照，一般品种处理 20～50 天开始现蕾，现蕾后应继续短日照处理，以保证花芽不断形成，直到当地自然日照缩短或停止做杂交的前一个月为止。

（二）亲本选配

亲本选配是甘薯品种间杂交育种成败的首要关键。杂交亲本一般要求综合性状好、适应性强和可利用的优点较多。可以是推广品种、育种中间材料（或创制亲本）及特殊种质资源。如何根据育种目标加以选用和组配，需遵循如下原则。

1. 根据亲本材料某些性状的表现型选配亲本 育种是对亲本材料某些性状的改良过程，甘薯多种目标性状属于数量性状，具有表现型与育种价值的一致性，即亲子代之间的一致性。对加性效应为主的性状，如抗病性、淀粉含量、早熟性和薯形等，可选具有这些优良特性的材料作亲本；对非加性效应为主的性状，如鲜薯重等，则需测定亲本和组合的配合力，选出具有优良配合力的亲本及特定组合。

根据亲本表现型进行亲本选配时，还要求双亲的优缺点互补，即亲本一方的优点应在很大程度上克服对方的缺点。所以，亲本双方可以有共同的优点，但应避免共同的缺点出现。

2. 根据亲缘关系选配亲本 在亲缘关系远的亲本材料之间杂交，双亲遗传基础和优缺点不同，杂交后代的遗传基础将更为丰富，基因重组将会出现较多的变异类型，甚至出现超亲的有利性状，可以配制国内与国外品种的杂交组合、遗传距离大的杂交组合等，选育高产甘薯品种时，最好亲本在三代之内没有共同祖先。根据亲缘关系选配亲本的各种方法对于遗传上不仅具有加性效应，而且具有明显非加性效应的目标性状尤其重要，主要是针对薯块产量、类胡萝卜素含量和纤维含量等。

3. 根据杂交子代的表现选配亲本 杂交后代的表现可采用配合力分析鉴定方法，分为完全双列杂交和不完全双列杂交。完全双列杂交选用 p 个品种（系），既作母本，又作父本，最多配成 p^2 个组合，包括正、反交；不完全双列杂交以 p 个母本品种（系）与另外 q 个父本品种（系）配成 $p \times q$ 个杂交组合，不包括反交。它们都以甘薯品种间杂交 F_1 代分离群体的表现型平均值为基础，估算亲本或组合的配合力。大都以育种目标中某些性状一般配合力高且特殊配合力方差大的参试品种（系）为优良亲本，以特殊配合力评定组合。可在配合力试验的基础上，用多性状多统计指标的综合等级方法鉴定优良亲本和组合，用组合生产力综合鉴定指数鉴定组合的优势；用配合力总效应预测组合后代的中选率，同时用综合入选率高低说明组合的优劣等。

上述三个选配优良亲本和组合的方法，各有其理论依据、应用范围和实践效果。可先根据生产力、品质、抗性和适应性等性状的表现型选用参试亲本；再将它们按照远亲交配的原则配成若干组合，通过后代的表现评价其实用价值。此外，甘薯的亲本选配还受种内交配不孕群或群内品种间交配不结实的影响。为了提高甘薯育种效率，先根据育种目标创新亲本，再经过配合力试验而后进行实用组合的制种。

（三）杂交技术

亲本材料通过插蔓、生长、搭架、整枝和开花（可诱导开花）后，依据新种质创制要求，可开展自由授粉或人工授粉有性杂交。自由授粉全凭蜜蜂传粉，不清楚母本；人工杂交是按事先设计好的双亲组合开展人工授粉杂交，父母本清楚，其杂交方式有单交、多父本杂交和复合杂交等。

1. 单交　　单交指以一个母本品种与一个父本品种固定组合成对杂交的方式，即 A（母本）×B（父本）。要求亲本材料主要目标性状的表现型，双方优缺互补，具有较强的预见性，又称双方优缺点互补育种，是最常用和育成新品种最多的方式。

2. 多父本杂交　　多父本杂交同时用多个品种（系）的花粉给同一母本的柱头授粉，目的在于利用选择性受精提高结实率。多父本混合授粉主要是利用多个品种（系）的花粉给同一个母本授粉，其目的是提高杂交的结实率，获得更多的杂交实生群体。

3. 复合杂交　　复合杂交相对于单交而言，当优良性状存在于多个亲本中的时候，仅靠一次单交难于达到我们的育种目标，如在甘薯品质育种中，产量与品质之间存在负相关，通过单交难于实现，所以为了选育兼具优良性状的后代，需要采取复交的方式。复合杂交连续采用中间材料作杂交亲本，最后育成较满意的新品种。在改良多个优良目标性状时应用，即当优良性状不存在于两个亲本材料，仅靠一次单交很难获得既高产又优质的品系的时候，需要采取复合杂交的方式，有以下两种模式。

（1）A×（A×B）　　其中 A 与 A 发挥加性效应（如淀粉含量），母本 A 与父本 B 发挥非加性效应（如鲜薯重）。

（2）（A×B）×（A×C）　　其中 A 与 A 发挥加性效应（如淀粉含量），母本 A 与父本 B，父本 C 与母本 A 及 B 与 C，发挥非加性效应（如鲜薯重）。

4. 自由授粉　　自由授粉又称为开放授粉、放任授粉，可随机杂交集团授粉、计划杂交集团授粉。通过自然传粉得到杂交种子，最后分母本收获种子、种植和选择实生系等后代进行筛选。优点一是不进行人工杂交可节省用工，二是大大减少单交组合因不亲和反应而导致的低结实现象。

随机集团杂交，是采用 10～20 个或 30～40 个品种（系）作为原始亲本参加基本集团，在集团隔离条件下自由授粉。后代选择属于混合法，在每品种（系）植株上等量收获种子,播种后形成包含数百个无性系的 F_1 混合群体,F_1 群体继续在集团隔离条件下经昆虫授粉进行随机交配,从群体的各株上采收等量的种子进行混合,并随机取出部分混合种子播种,以形成由数量大致相同的植株组成的一代群体。前3代只注意保留原始亲本最优良的性状。第4代以后按育种主要目标选择植株,混合收获这些入选植株所结种子,作为下一代群体的播种材料。此方法按育种目标收集原始亲本,亲本材料应当具有较远的亲缘关系,以免产量等性状因近交而衰退,亲本所属不孕群应当广泛,以便增加结实率,使用在当地能自然开花、杂交结实率高的优良育种材料,对于不能自然开花的实生系,诱导开花后再加入集团,诱导开花品系与自然开花品系相间种植,使所获得的天然杂交种子长成后的植株,大多数具有自然开花和结实的能力,有人称为"遗传诱导"。在累积自由授粉过程中,如第4代群体出现理想品系时,可插进若干具有优良性状的亲本材料,以便增加新的基因源。实践证明,甘薯随机杂交集团是一种高效和省工的杂交方式,它能突破传统的单交在多目标育种面前的困难,产生良好的育种效果。如此反复经过 3~4 个不选择的世代,形成一个群体,在群体内按育种目标进行选择。在育种过程中对自由授粉的早世代不加选择是本育种方法的特点,计划集团杂交,是指按照不同育种目标,组成若干不同的亲本集团,集团间实行隔离,集团内自由授粉。由于甘薯是虫媒花,因此不同集团应隔离放置 200 m 以上,并在 F_1 代开始选择,属于株系法。此方法的亲本组成在目标性状上有优势,它能比放任授粉增加子代个体的入选率。

（四）育种程序与选择

甘薯杂交种子创造了遗传变异,但到新品系和育成新品种,还需要经过一定过程。种植长出的 F_1 实生系分离群体是选择关键。首先因种子种皮硬实不易吸水,在播种前需要刻破种皮再催芽播种,注意刻口要小,不伤种胚,后按不同组合放培养皿中加滤纸和水在 25℃下浸 10~12 h 待种子膨胀或露白时迅速播种。播种种子的地块要求土壤疏松、肥沃、平整。播前浇足底水,播种深度以种子入土与土表相平为准,上盖细土 1~2 cm,保持温度 25~30℃,经常保持土面湿润,促进早出快发。出苗注意前促后炼,气温过高要通风降温。加强管理,防除虫害。苗龄达 5~6 片真叶时,可打顶促分枝,多出苗,争取早栽。栽植密度稀于大田,保证肥、水,以便充分表达实生系的性状,便于选择。按需要可以单设病圃、耐瘠圃等供鉴定用。甘薯常规品种杂交后代的处理方法一般采用"五圃制",属于株系法。"五圃制"各阶段筛选要求如下。

1. 选择阶段　　包括实生苗圃和复选圃,先播种杂交种子,成苗后移栽田间,可整株移栽或剪分枝成几株栽入田间。甘薯种子长成的苗称为 F_1 实生苗,具有主根和两片子叶,由实生苗剪下蔓苗栽插成为株系也称无性系（F_1 实生系）。F_1 实生系的选择是整个育种工作的基础,也是选育新品种的关键。

一个杂交组合为一个小区,并种植相应的亲本和对照。实生苗圃通常播种成千上万粒,经初选种到复选圃约两年,从大量实生系中通过直观和简易测定方法并大量淘汰达95%,筛选到基本符合育种目标的品系。可将 F_1 实生系及无性一代的选择在同一年种植两季（春和夏或夏和秋或秋和冬）栽培,主要选株系,如果选得准,种薯够,也可不经过下一年的复选圃。如果进入下一年复选圃,则有二次株系选择,可以更客观、更有利于选育品种,也可以第一年实生系实行多点次加代选择的杂交后代处理方法。研究发现,实生系与其无性系的性状相关关系可作为实生系选择的依据,将大量汰选的初选期由无性系提早到比较集约的实生系时期，以缩短育种周期。

采用实生第一年还可就地加代选择早熟和特早熟的品系，有 30 天早结薯性、60 天前期膨大性和 90 天早熟性的评选。也可采用种子发芽后直接播入畦中而不移栽的条件下，60 天左右实生系的结薯性表现 3 种类型：成薯类、膨大类和直根类。实生系的结薯性是比较稳定的遗传表现。甘薯杂交种子实生系的结薯性，可作为其无性系产量选择的依据。也可将甘薯种子种在砂壤土的塑料营养袋里，长成 6～7 片真叶的实生苗时，摘去顶尖，促使腋芽萌发培育成多分枝壮苗，再移入薄膜覆盖的苗圃，待大田照度适宜后，再剪苗插植。改 1 年 1 点 1 次为 1 年多点多次评价选拔，选拔出适于多种条件的广谱性品种和只适于特定条件下种植的专用品种。还可利用实生苗摘下具 2～3 个叶的顶尖在温室中培育 60 天，观察微型小薯形成的早晚与大小，可作为早熟性及丰产性选择的依据。评选出的微型小薯还可当年育苗插植和鉴定选择，以增加一个无性世代。

2. 鉴定阶段　　将上阶段选出的品系进一步从各种性状上进行鉴定，从初级圃（又叫鉴定圃）、中级圃（又叫品系比较圃）到高级圃（又叫品比预试圃），鉴定手段从一般到精确，品系数由多到少，小区面积由小到大，并设置重复，通过鉴定达到优中选优，与此同时，进行异地鉴定。在选育食用品种时，从实生第 2 年开始，综合评价蒸煮品质（肉色、肉质、纤维含量和食味等），测定榨汁的糖度，生产力鉴定预备试验以后，通过品尝鉴定食味。

3. 品系适应性试验　　将鉴定中选的优良品系，参加至少 2 年 3 点以上的多年多点试验，一方面，验证鉴定结果的可靠性；另一方面，以明确品系的适应性和稳定性，从而对品系的生产利用价值做出全面评价。

三、甘薯生物技术育种

（一）甘薯细胞培养

国内外研究者拟采用体细胞杂交、细胞诱变及基因工程来解决甘薯种间、种内交配不亲和性、诱变出现嵌合体及选育产量品质抗性均优新品种难等问题，就必须先建立有效的甘薯细胞培养植株再生体系。中岛和山口（1968）最早用块根组织片，培养获得了愈伤组织，观察到少量不定根的形成；Gunckel 等（1972）用甘薯的根，培养获得了再生植株；Yamaguchi 和 Nakajima（1973）及 Sehgal（1975）分别由甘薯的块根和叶片愈伤组织再生出植株。20 世纪 80 年代以来，研究者对甘薯及其近缘野生种的各种组织和器官进行了培养，由块根、茎、叶、叶柄、茎尖和花药等组织获得再生植株。但植株再生率很低，高频率的植株再生仅限于少数几个基因型。美国佛罗里达大学的 Cantliffe 研究小组用茎尖分生组织诱导的胚性愈伤组织，建立了胚性细胞悬浮培养系，改善了其植株再生率。刘庆昌等（1996）和 Liu 等（2001）在此法基础上改良，建立了一个简单、有效的甘薯胚性细胞悬浮培养系，其植株再生率均达 95%以上，可为甘薯体细胞杂交、细胞诱变和基因工程提供更多的理想材料。

（二）甘薯原生质体培养与体细胞杂交

甘薯组中存在严重的种间杂交不亲和性，使得甘薯近缘野生种的基因资源难以在甘薯育种中直接利用。研究表明，体细胞杂交是克服种间杂交不亲和性的有效途径。植物体细胞杂交是完全不经过有性杂交，而是通过体细胞融合后并培养出植株的方法，它能使不通过有性杂交的亲本之间进行核基因和细胞质基因的重组。体细胞杂交关键的第一步是是否能够高效利用原生质体得到再生植株。Calrson（1972）获得第一株体细胞杂种植株以来，体细胞杂交技术在不断发展与完善。20世纪70年代末以来，研究者对甘薯及其近缘野生种的原生质体培养与植株再生进行了较系统的研究，用叶片、叶柄、茎等组织分离原生质体，获得了再生植株。Murata等（1994）、王晶珊等（1997）从叶肉和悬浮细胞原生质体获得再生植株。

体细胞杂交第二步是融合，建立了甘薯原生质体的PEG融合法，并都从融合的原生质体诱导得到愈伤组织；体细胞杂交第三步是杂种的鉴定，通过组织培养技术将融合的原生质体培养得到愈伤组织，然后诱导成植株。目前，甘薯体细胞杂交的条件已基本确定，研究者已获得一些甘薯品种和近缘野生种的多个杂交不亲和组合的种间、种内体细胞杂种植株，特别是育性正常、具有块根的体细胞杂种植株；获得栽培种与野生种三裂叶薯（*Ipomoea triloba* L.）的体细胞杂种植株，并从中筛选出具有膨大块根的抗旱杂种植株。这充分体现了体细胞杂交法对克服甘薯组杂交不亲和性的可行性，表明此项技术可以在甘薯育种中广泛利用。

（三）甘薯分子标记技术

20世纪80年代发展起来的分子标记技术，Kowyama等（1990）用RFLP标记分析，初步明确了甘薯及其近缘野生种和远缘野生种的系统进化关系；Prakash等（1996）和Zhang等（1998）用RAPD标记分析，发现30多个甘薯品种都具有唯一的指纹图谱，可很好地进行品种区分和鉴定；Zhang等（2000）用AFLP标记发现美洲中部品种具有高的遗传多样性，验证了美洲中部是甘薯多样性和起源中心的假说；Huang等（2000）应用ISSR标记分析了旋花科番薯属（*Ipomoea*）的40个种的亲缘关系，发现三浅裂野牵牛（*Ipomoea trifida*）与栽培甘薯的亲缘关系最近。

Ukoskit等（1997）应用BSA法表明，可通过寻找与根结线虫病等抗性基因连锁的分子标记进行甘薯辅助育种。郭金平等（2002）通过多聚酶链式反应技术（PCR）扩增，筛选出一对特异性引物，用于甘薯抗线虫病种质资源的筛选和鉴定。

近年来，转录组测序的高通量特点，可实现大规模发掘分子标记。基于转录组测序开发的分子标记主要为SSR和SNP（第三代分子标记）。Wang等（2010）总共鉴定发掘出114个cDNA潜在的SSR；Xie等（2012）通过对紫薯转录组的高通量测序，发掘出851个潜在的SSR。SNP是构建遗传图谱、完成分子标记辅助育种的一种非常重要的遗传标记，新一代的高通量测序平台为SNP位点的检测提供了强有力的技术支持。许家磊（2015）发现Tetra-primer ARMS-PCR可以检测出SNP分子标记，可以用于甘薯SNP分子标记的开发。苏文瑾等（2016）在多态性SLAF标签上共开发得到了795 794个群体SNP位点。

（四）甘薯基因工程

基因工程技术为培育高产、优质、多抗和适应性强的甘薯新品种提供了新思路和新途径。甘薯的多数经济性状及农艺性状均为数量性状，定位与这些性状相关的数量性状基因座（QTL），进而克隆相关的主效基因，是用基因工程操作改良这些性状的重要基础。到目前为止，已经定位了甘薯产量、淀粉含量和β-胡萝卜素含量等相关的QTL。目前，甘薯的分子连锁图谱主要采用Grattapaglia等提出的"双假测交"策略。Zhao等（2013）构建了密度最高的甘薯分子连锁图谱，所用标记包括AFLP和SSR，两亲本均得到90个连锁群。

　　研究发现一些与胁迫相关的基因在提高甘薯对盐、干旱和氧化等胁迫抗性方面具有一定的作用；也发现一些与病虫害相关的基因在提高甘薯对黑腐病病原真菌、茎线虫病、SPFMV 病毒和食草昆虫等抗性方面具有一定的作用。目前国内外已经报道甘薯育种中导入外源基因的方法有 3 种：农杆菌介导法、电激法和基因枪法。随着基因编辑技术 CRISPR/Cas9 等的发展，我们可将 A 组和 B 组中导致杂交不亲和基因敲除后，得到杂交亲和的个体，然后再进行杂交，就可以把近缘野生种中的有用基因导入甘薯栽培种中。Murata 等（1997）用电击法，将 SPFMV-5 外壳蛋白质基因导入品种'千系 682-11'的原生质体，Gipriani 等（1999）用 LBA4404（pKTl-4）转化品种'Jewel'等的叶片组织，获得表达 *SKT1-4* 基因的转基因植株，Moran 等（1999）将 δ-内毒素基因 *cryⅢA* 导入品种'Jewel'，获得转基因植株，Kimura 等（2001）将淀粉粒附着性淀粉合成酶 I（GBSS Ⅰ）的全长 cDNA 导入品种高系 14 号的胚性愈伤组织，获得缺乏直链淀粉的转基因植株，高峰等（2001）将玉米醇溶蛋白质基因导入品种新大紫获得转基因植株，刘庆昌等（2002）用品种'栗子香'等的胚性悬浮细胞遗传转化体系转化 *OCI* 基因，获得转基因植株。

　　研究发现转基因可以改变淀粉的组成（Kimura et al.，2001）。RNA 干扰（RNAi）技术也能够改变甘薯直链淀粉的含量（Shimada et al.，2006）。*IbAATP* 基因能够显著提高转基因甘薯植株的淀粉合成能力，并通过影响淀粉合成相关基因的表达而改变淀粉含量、组成及特性（Wang et al.，2016）。过表达 *SRF1* 基因的甘薯植株的块根干物质含量、淀粉含量高于野生型对照植株，而葡萄糖和果糖含量明显较少（Tanaka et al.，2009）。*IbEXP1* 基因通过抑制后生木质部和形成层细胞的增殖而抑制甘薯块根的生长（Noh et al.，2013）。下调 *CHY-β* 基因的表达增加了转基因甘薯培养细胞的 β-胡萝卜素和总类胡萝卜素含量（Kim et al.，2012）。*IbMYB1* 基因提高了转基因甘薯的花青素水平（Park et al.，2015）。*IbDFR* 基因的下调减少了转基因甘薯花青素的积累。

四、甘薯其他育种途径

（一）种间杂交育种

　　杂交育种依照亲本的亲缘关系远近不同，可区分为近缘杂交（品种间杂交）和远缘杂交（种间杂交）。

　　甘薯种质资源分为普通栽培种和近缘野生种，普通栽培种为同源六倍体，栽培品种之间有相同的遗传背景，杂交表现出来杂种优势较弱。随着甘薯育种的不断发展，对品质、抗逆性等要求也不断提高，为解决甘薯育种中存在遗传背景狭窄等问题，可以通过种间杂交来创造一些新的种质。其途径有有性杂交、体细胞杂交和基因工程育种。

　　种间杂交首先要克服杂交不亲和性问题。国内外科学家对 A 组和 B 组这两个群组进行了形态学、野生种之间天然杂交及杂交亲和性、杂交后代染色体行为、受精和种间杂交植株获得等方面进行了系统的研究。

　　不少研究表明近缘野生种具有高淀粉、抗病虫和抗逆性等相关的基因，所以我们要寻求一些育种途径进行种间杂交，并将这些基因导入栽培种甘薯中，为甘薯育种开辟新的育种方法，利用属间或者种间杂交，将野生种的抗病、高淀粉等相关的基因导入栽培种中，最终获得新物种、新品种或者育种中间材料。例如，日本九州农业试验农场利用近缘野生种三裂叶薯（*Ipomoea triloba* L.）（6x）作为亲本，选育出高产、高淀粉、高抗线虫和中抗黑斑病的新品种'南丰'（即'农林 34 号'），该品种含 1/8 的 *I. triloba*（6*x*）血缘。

（二）人工诱变育种

甘薯作为无性繁殖的作物，可以通过人工或者自然引发诱变，通过选择有利的变异及无性繁殖加以固定后选育出新的品种。自 1935 年 Miller 最早用 X 射线辐照甘薯获得突变体，至今已有 80 多年的育种历史。大量研究结果表明，辐射诱变对于改良甘薯的抗逆性、胡萝卜素含量、淀粉含量、全糖含量及改良株型结构等都具有显著的效果，所以说诱变育种是甘薯育种的一种重要途径。

国内外诱变育种，采用的诱变手段主要有 X 射线、β 射线、γ 射线、快中子、电子束和离子束等，太空诱变及各种化学试剂 EI、EMS 和 DES 等。目前甘薯诱变育种得到的诱发变异有：茎叶色及长势等形态性状，多基因控制的产量、品质性状及抗病、抗逆性、熟性和克服自交不亲和性等生理及生态性状。

甘薯诱变处理对象一般包括甘薯的茎蔓或者块根、杂交种子和不定芽、试管苗、愈伤组织和单细胞等，而辐射的强度则根据诱变效率和生存率等方面进行调整，诱变剂量的设置要保证在不杀死甘薯处理对象的同时获得新的个体。

诱变育种依据育种目标，从诱变后代里筛选出我们需要的变异植株，然后通过快速繁殖得到新的品种。我国从 1965 年开始进行诱变育种，已经筛选出了一些新的品种，并在生产上进行了推广。陆漱韵等首先利用 γ 射线辐照甘薯苗，处理对象为'华北 117''农大红'和'北京 553'等，获得了干物质的量、薯肉颜色、抗病性及植株性状变异的后代，从重感黑斑病的'华北 117'品种中得到了抗黑斑病的变异。日本科学家从淡红皮色的'八房'品种中发现了天然变异的鲜红皮色的'红赤'。由于该品种薯皮颜色比较鲜红，而且食味品质佳，该品种是日本最受欢迎的烘烤型品种之一。

第四节 甘薯栽培原理与技术

一、甘薯品种选择与脱毒种薯繁育

（一）甘薯品种选择

甘薯品种的产量潜力、品质含量直接决定甘薯的用途和产业化发展方向。目前甘薯生产上品种繁多，因此，需根据不同地力、不同用途及生产期，合理筛选和搭配特色专用型优良品种。生产上选择甘薯品种，主要有以下几个原则：①根据土壤类型、生产季节、栽培条件和生态环境等选用具有相应适应性的品种；②根据当地病虫害发生及危害情况选用具有相应抗性的品种；③根据不同用途选用相应专用型品种。

（二）脱毒种薯繁育

甘薯是无性繁殖作物，病毒感染后，在体内逐代积累，会导致品种退化，引起产量降低和品质变劣。尤其是甘薯复合病毒病（SPVD）在生产中的危害越来越严重，一般可造成甘薯减产 12.8%～69.1%，严重时绝收。为防止和减少由病毒病造成的损失，最有效的方法是生产和推广脱毒苗（薯）。目前在世界范围内已报道感染甘薯而引起退化的约有 20 种病毒及 1 种类病毒。而侵染我国甘薯的主要病毒为羽状斑驳病毒（SPFMV）、潜隐病毒

（SPLV）、类花椰菜花叶病毒（SPCLV）、褪绿病毒（SPCFV）、褪绿矮化病毒（SPCSV）、黄瓜花叶病毒（CMV）、G 病毒（SPVG）和卷叶病毒（SPLCV）等，选育抗病毒病品种是极为困难的，通过茎尖分生组织培育成的甘薯脱毒试管苗并生产脱毒种薯，能有效控制甘薯病毒危害，一般增产 20%～40%。但要建立脱毒种薯防止再感染良繁技术体系，生产出优质合格的脱毒种薯。

甘薯脱毒技术的原理是，病毒极少或没有侵染植物的茎尖分生组织，病毒浓度愈向茎尖愈低，因此采取茎尖分生组织培养的方法可获得无毒苗。切取 0.2～0.4 mm 茎尖培养成试管苗，再经检测确认不带病毒，即可得到真正的甘薯脱毒苗。

获得甘薯脱毒苗的基本过程如下。首先，选择适宜当地栽培的高产优质品种薯块，催芽，当苗长至 20 cm 就可以剪取用于茎尖培养。其次，剪取茎尖顶端 3～5 cm，去掉叶片，灭菌后将茎尖置于解剖镜下，切取带 1～2 个叶原基，长 0.2～0.4 mm 的茎尖分生组织，接种到培养基上，经一段时间培养后成苗。最后，试管苗长成后，移栽至防虫网棚，采用电镜法、嫁接巴西牵牛指示植物法或血清学检测（NCM-ELISA）脱毒效果。确认不带病毒的苗，即为原原种脱毒苗，在防虫网室或温室隔离条件下栽插试管苗繁殖原原种薯，进一步繁殖为原种种薯、生产用良种，即可在生产上推广应用。

甘薯脱毒苗去除了病毒，恢复了种性，甘薯脱毒苗比带毒苗增产。据有关研究结果表明，脱毒苗植株健壮，根系吸收活力增强，茎叶生长迅速，蒸腾速率降低，光合速率增大，薯块膨大早，膨大速度快，地上部与地下部生长相对协调，因而具有显著的增产效果。

二、种植制度与土壤耕整

（一）种植制度

甘薯可净作或与玉米大豆等套作，西南地区大多玉米/甘薯套作，对于麦（马铃薯）/玉/苕旱三熟间套作，垄距已固定，玉米带宽行 1.3 m，窄行 0.7 m，在宽行中起独垄大厢，栽双行，株距依密度而定，一般 20 cm 左右。

（二）土壤耕整

甘薯根系和块根伸展膨大多分布在 30 cm 土层内，薯地耕翻深度以 25～30 cm 为宜。栽种甘薯除砂性重的土壤或陡坡山地可进行平作外，一般都采用垄作，便于排灌，这样能加厚土层，扩大根系活动范围，增大受光面积增大，增加土壤通气性能，加大昼夜温差。因此垄作有利于甘薯根系吸收养分，促进同化物质积累运转及块根的形成与膨大。通常垄作甘薯蔓较长、分枝多、叶面积增加，有利于高产。常用的垄作方法及规格如下。

1. 大垄栽单行　　垄距带沟 0.8 m 或 1.0 m 左右，垄高 30 cm 左右，每垄插苗 1 行。1.0 m 垄多在雨水多或易涝地应用，0.8 m 垄多在土壤贫瘠、土层较浅的山地或坡耕地应用。

2. 大垄栽双行　　垄距带沟 1～1.2 m，错窝双行插苗。适用于栽插密度较大、产量较高的薯田。

3. 小垄栽单行　　垄距带沟 73～86 cm，垄高 20～26 cm，每垄插苗 1 行。在土壤贫瘠、土层较浅的山地或坡耕地应用较广。在土壤干燥情况下（土壤含水率 40% 以下时最好），可采用机械起垄。丘陵地区可采用手动式微型旋耕小垄单行起垄机，一般垄距 100～120 cm，垄高 25～30 cm；平坝（原）地区可采用大垄单行或者双行的起垄犁或旋耕起垄施肥机，一般垄距为 80～100 cm，垄高 25～30 cm 及以上，具有旋耕、起垄和镇压等功能。也可采用日本、韩国等国的小型拖拉机，配套起垄施肥机，起垄、施肥同步。

三、育苗与栽插

（一）甘薯育苗

甘薯育苗是生产上一个非常重要的环节，搞好育苗，则有足够的壮苗确保早栽密植，否则，苗细弱，产苗晚造成迟栽或产苗量不足，从而使分次栽插而减产。因此，要求苗早且与当地栽插季节和茬口相衔接，苗足保一次性全苗，苗粗壮而发根早。同时育苗方式上要做到成本低、方法简便且易于操作。

1. 甘薯块根萌芽特性及影响因素　甘薯属于无性繁殖作物，由于薯块富含营养物质，且表皮有许多潜伏的不定芽原基，薯块出苗多且壮，大田生产中通常采用薯块育苗繁殖，即利用薯块萌芽长苗，再剪苗直接栽插大田，或先剪苗在苗圃繁苗后，再剪苗栽插大田。在华南有些暖冬地区，可剪取藤蔓栽于苗圃，越冬后再剪苗、繁苗，称越冬蔓繁苗。薯块不同部位萌芽性有差异。顶部萌发快而多，中部次之，尾部最差，存在着明显的顶端优势。在同一个薯块，隆起的"阳面"萌芽性优于凹陷的"阴面"。不同品种块根萌芽特性差异也很明显。萌芽性好的品种，一般"薯皮"较薄或芽眼较多（图 5-7）。

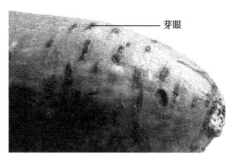

图 5-7　甘薯块根表面的芽眼（突起部分）

薯块大小也与萌芽性有关。大薯单位质量萌芽数少，但成苗壮。小薯单位质量萌芽数较多，但成苗较弱。故生产上一般选用 100～200 g 重的中等大小薯块作种薯较适宜。

生长期长短对薯块萌芽性有明显的影响。生长期较短的夏、秋薯，生活力旺盛，抗逆性强、病害少，萌芽性优于生长期长的春薯。故生产上一般用夏、秋薯留种。

贮藏条件对薯块萌芽也有影响。贮藏较好，贮藏期未受过高温、冷、湿、干和病害的薯块，生活力旺盛，发芽性能好。

伴随甘薯块根萌芽，呼吸作用增强，薯块中淀粉迅速分解为糖，供呼吸作用并促进幼芽生长，从而大量消耗块根中贮藏的有机物质，并使块根变得松软。

2. 甘薯的育苗方法　薯块育苗大体可分为露地与增温育苗两大类方式，育苗增温可采用加盖塑料薄膜增温育苗、酿热温床增温育苗或电阻丝加热（即电热温床）等方法。

（1）加盖塑料薄膜增温育苗　苗床覆盖薄膜，利用薄膜吸收和保存太阳热能提高床温。可以一层（膜）覆盖（播后平盖地膜）、二层（膜）覆盖（播后平盖地膜再加盖拱膜）或三层（膜）覆盖（二膜覆盖基础上再加盖塑料大棚）等形式。同时，据用电条件和育苗时气温，还可在种薯下铺电阻丝加热即电热温床育苗（不直接接触薯块）。一般高海拔早春育苗地区，提早播种气温低时，采用三膜覆盖和电热温床育苗。苗出土后引苗或揭去地膜，当拱膜内苗长 10 cm 时，随气温升高渐次揭拱膜或棚膜炼苗。当苗高 30 cm以上，可剪苗寄栽"转火快繁"（可寄栽多次，节省种薯）或直接栽插入大田。这是目前甘薯常用的育苗方法。

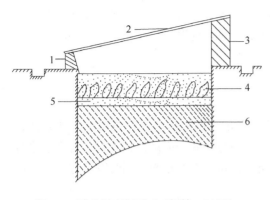

图 5-8　酿热温床剖面（刁操铨，2002）
1. 南面矮墙；2. 覆盖薄膜；3. 北面矮墙；4. 种薯；
5. 床土；6. 酿热材料

（2）酿热温床增温育苗　　是指利用微生物分解牲畜粪、作物桔梗及杂草等酿热物的纤维素发酵产生的热量，并结合覆盖薄膜吸收太阳辐射热能提高苗床温度的育苗方法。出苗较早、较多，成苗也较壮（图5-8）。

床址选择在背风向阳、地势较高、排水良好和管理方便的地方。苗床长度视地形及需要而定，一般床宽 1.2～1.3 m，床深 0.4 m 左右。床底挖成中间高、四周低和南深北浅，使床温均匀、出苗整齐。

酿热物用高热的马粪和低热的牛粪、作物桔梗配合使用。填放前，酿热物要晒干搞碎，桔梗切成 6～10 cm 小段，畜粪和桔梗分层填放。填放时注意松紧适度，调节酿热物的水分和补充氮素。酿热物填放厚度以 25～30 cm 为宜，填放后略微拍实，保持不松不紧状态，其上铺 4～5 cm 细土，并覆盖薄膜增温，可杀死黑斑病病菌。待床温升高至 33～35℃，即可排放种薯。一般在高海拔地区、提早播种地区、早春播种气温低时采用。

（3）露地育苗　　当气温稳定在 20℃以上，培育薯苗可直接利用自然温度增温，不加盖薄膜。但薯苗生长缓慢，育苗期长，成苗较迟，且用种量较大，应用较少。

（4）催芽移栽育苗　　种薯可高温催芽后，再移栽至室外育苗。此法发芽的温、湿度易调节，长芽快而整齐。同时种薯经高温处理兼有防治黑斑病的效果。高温催芽时，种薯先在 35～37℃高温条件处理 3 天，此后降温至 30～32℃保持 4～5 天，注意调节水分保持湿度。待芽长 1 cm 时，移至室外进行盖膜或露地育苗。

3. 排（殡）种　　排种包括种薯选择和消毒、排种期和排种量、排种方法与施肥排种时要注意密度及方法等技术环节。

（1）种薯选择和消毒　　要选择具有本品种特征、皮色鲜明、不带病菌和未受伤害的健康薯块。种薯消毒可杀死附着在薯块上的黑斑、茎腐等病菌孢子，可用 50～54℃温水浸种 10 min，也可用一般用抗菌剂浸种，如托布津、多菌灵等。

（2）排种期和排种量　　排种量与大田需苗量、单薯平均采苗量有关，单薯平均采苗量又与育苗方法、育苗期和品种出苗特性等有关。一般根据某甘薯品种不同大小薯块萌芽数范围、不同温度或积温下萌芽数变化、不同育苗期茎蔓长度、剪蔓节数和单位面积密度可大致求得单位面积排种量。采用地膜覆盖一次性育苗，按每公顷夏薯地栽苗 5.25 万～6.00 万苗计，需用种薯量 750 kg 左右、苗床地 250 m² 左右。一般种薯行窝距 35 cm×15 cm，种薯大小 0.15～0.2 kg。实际生产中，由于种薯偏大或偏小及单薯平均合格成苗数减少，因此用种量和排种面积稍大。

排种期应根据气温条件、育苗方法和栽插时期确定。夏薯露地育苗一般在 4 月初排种，地膜育苗在当地月平均气温稳定通过 12℃时，一般在惊蛰前后即在 3 月上旬播种。

（3）排种方法与施肥排种时要注意密度及方法　　一般加温育苗时排种较密，且多采用斜排方式。露地育苗排种较稀，采用斜排或平放。排种时，薯块头部及阳面朝上，尾部及阴面朝下。大薯排放深些，小薯排放浅些，做到上齐下不齐，使盖土深浅一致，出苗整齐。排种后用细土填满薯间间隙，再浇粪水后用营养土或细土盖种薯。

育苗时适量施用无机复合肥和优质堆渣肥，混合均匀后施于窝底，再施水肥浸泡窝子，稍干后即可播种（也可播种后施清粪水，再用干细土盖薯）。

4. 苗床管理

（1）萌芽期 薯块萌芽最低温度为 16℃，最适温度为 28～32℃。此期苗床管理以催芽为主，此期床温 32～35℃、床土相对湿度 80%左右最有利于萌芽出苗。薄膜覆盖苗床还需透气，酿热温床还可轻浇温水或新鲜人尿等，促进分解。

（2）幼苗期 幼苗在 16～35℃，随温度升高生长加速，在 10～14℃下停止生长，在9℃下则受冷害。此期管理仍以催苗为主，催中有炼，进行催苗生长和培育壮苗。保持苗床温度 25～28℃，床土相对湿度 70%～80%。出苗后，随根、芽生长，从床土吸收的养分逐渐增多，因此要适当施用速效氮肥。

（3）炼苗与剪苗期 苗高 25 cm 左右时，具有 6～7 个节时，应转入以炼为主，停止浇水，薯苗要充分见光，强光下薯苗生长快而壮，经 3 天炼苗后，即可剪苗栽插。剪、拔苗后，苗床管理又转为催苗为主，促使小苗快长，应再升高床温和适当增加浇水。

（二）栽插

1. 剪苗 壮苗栽插是获得甘薯高产的前提，茎蔓粗壮度及不同部位插条和插条节数多少等对发根和最终产量都有较大的影响。剪取茎蔓较粗壮、老嫩适度、节间较短、叶片肥厚、浆汁浓而多、无气生根和无病虫害的顶段苗栽插。剪苗段 5 个节以上，100 根插条重1.5 kg 以上较好。顶段苗木质化程度低，根原基分化能力强。用顶段苗扦插后成活率高，生长旺盛封行早，结薯早而多，产量高。

剪苗时要离床土 3 cm 以上高剪苗，剪口要平，这样高剪苗有利于防病、保证新芽及时萌发和苗床内小苗快速生长。剪切薯秧应及时栽插，或者存放在阴凉潮湿处，捆把要松，剪头向下，最好接触泥地。在干旱条件下，栽插前进行"饿苗"，即将薯苗在荫蔽处放置几天，提高薯苗原生质浓度，使栽插后吸水多、发根快，有利于成活。

2. 栽插 当土温达到薯苗发根所需的最低温度，薯苗栽插可正常发根。大多数甘薯块根无明显的成熟期，适当早扦插能延长生长期，有利于块根膨大期延长，从而增加干物质、单株结薯数和大薯率。强调适时早栽是提高甘薯产量的重要措施。套作甘薯适宜栽插期还因玉米共生期、开厢宽度、玉米种植方式及作垄方式而异。在中厢套作双行玉米时，小春收后栽插愈早愈好。在窄厢套作单行玉米套单行甘薯时，由于玉米对甘薯荫蔽较大，以玉米抽雄期至散粉期栽薯产量最高。栽插方法主要有如下 3 种（图 5-9），栽插时必须掌握"苗要插得浅、节要插得多"的原则。

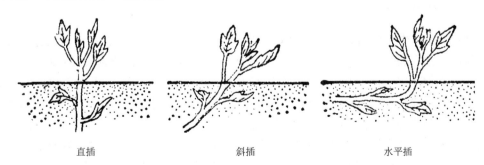

直插　　　　　　　　斜插　　　　　　　　水平插

图 5-9 甘薯常用的三种栽插方式（江苏省农业科学院等，1984）

（1）直插　　苗长 18～20 cm，垂直插入土中 2～3 个节。直插的薯苗入土深，能利用土壤深处的水分，栽后还苗快，较耐旱，成活率高。由于直插入土较深，只有少数节位分布于结薯的表层土中，薯块集中在上部节位，因此单株结薯数较少，但薯块膨大速度快，大中薯率高。直插法适用于干旱瘠薄的山坡地或生长期短的夏、秋薯栽培，但应注意适当增加栽插密度，以弥补单株结薯少的不足。

（2）斜插　　是目前各地生产最为常用的方法，所用薯苗稍长，约 25 cm，斜插入土中。薯苗入土节位 3～4 个，露出土表 2～3 个节，单株结薯数较多，近土表节位结薯较大，下部节位结薯少而小。苗栽插较深，也较抗旱，成活率较高，适用于较干旱的地区。

（3）水平插　　薯苗较长，平插入土中 4～6 个节，外露约 2 个节或只露节位叶，栽插深度以 5～10 cm 为宜，入土节数较多，入土节位较浅，适合于水肥条件好和生产水平高的薯地。例如，在良好的土壤环境和较高的栽培水平下，结薯早且多，薯块大小均匀，产量较高，但用苗量多，栽插也较费工。这种方式薯苗较不耐旱，如遇高温、干旱等不良气候，且土壤较瘠薄时，保苗较困难，容易出现缺株或小株，并因结薯多而得不到充分营养，薯块膨大不快，小薯率增多，产量不高。薯苗栽插后，如遇晴天干旱，应连续浇水 2～3 天，以保证薯苗发根成活。

近年，甘薯机械移栽技术得到应用，有链夹式移栽机和复式移栽机，可以一次性完成旋耕、起垄、破茬、栽插、放苗和修垄等多种作业；美国链夹式裸苗移栽机，大功率拖拉机牵引、一次性栽插单元多达十几行；冬闲田、长秸秆地和麦茬地可采用机械坐水栽插模式，条沟灌水；也可采用穴浇（浇窝水）的中型拖拉机牵引的甘薯移栽机，但均存在载水量十分有限及田间转弯等问题。采取多台移栽机配套一台独立的运水车，软水管从上引水到移栽机的浇水口，边移栽、边浇水。采用日本小型自走带夹式移栽机、牵引式乘坐型人工栽插机或人力乘坐式破膜栽插器等，可自走可夹带甘薯苗，可完成几种不同形式的插法，小型化能破膜栽插，较好地解决了移栽浇水保苗难题。

3. 栽插密度　　甘薯的栽插密度灵活性较大，套作甘薯每公顷栽 3.5 万～10.05 万株，都可能获得较高产量，但还需根据品种、土壤、水肥条件、栽插期及栽插方法决定。例如，短蔓品种、贫瘠地、水肥条件差、直斜插或生长期较短的夏、秋薯，高台位地块和平作栽培，个体生长受到一定的限制，栽插密度宜大些；反之宜小些。综合各地经验，一般夏薯每公顷 5.25 万～6.0 万株，套作时比净作降低 0.75 万～1.5 万株，即 4.5 万～5.25 万株；秋薯每公顷 6 万～7.5 万株。

四、甘薯的水肥需求与管理

（一）甘薯的需肥规律与诊断

1. 甘薯对营养元素的要求　　甘薯一生中需钾最多，其次是氮素，再次是磷素。此外，还需钙、镁、硫、锌、铁、铜等。甘薯施钾肥增产最显著，钾能延长叶片功能期，提高叶片的光合效能和淀粉酶的活性，促进淀粉合成和块根膨大。甘薯叶片含钾量低于 0.5% 时，即出现缺钾症状，但单独过量施用钾肥会降低钾肥的利用率和薯块烘干率，要求氮、钾比例协调。硼和镁显著提高块根的蛋白质含量。氮素能促进茎叶生长，缺氮时生长不良，但如供氮过多，叶片含氮量超过 4% 则导致茎叶徒长，影响产量，叶片含氮量低于 1.5% 时，呈现缺氮症状。磷能促进甘薯根系生长，增加块根淀粉和糖的含量，叶片中含磷量低于

0.1%时即出现缺磷症状。

众多研究认为，每生产 500 kg 薯块，需从土壤中吸收有效氮 3.6 kg、有效磷 1.8 kg 及有效钾 5.4 kg，三者之间比例为 2∶1∶3。高产田块钾、磷肥施用量有增多趋势，需氮量有减少的趋势。

2．不同生长阶段的需肥特性　　在大田生长过程中，氮素的吸收一般以前、中期多；当茎叶进入盛长阶段，氮的吸收达到最高峰；生长后期吸收氮素较少。磷素在茎叶生长阶段吸收较少，进入薯块膨大阶段略有增多。钾素在整个生长期都吸收较多，尤以后期薯块膨大阶段更为明显。因此，氮肥应集中在前期施用，主要用作基肥和前期追肥；中后期宜看苗补施氮肥。钾肥各个阶段需要量较多，除在基肥中占较大比例外，还要按生育特点和要求作追肥施用，如在茎叶盛长时适当追施钾肥，能提高植株钾氮比，对防止徒长和提高光合效能有良好作用，后期追施钾肥也能促进块根膨大。磷肥宜与有机肥料混合沤制后作基肥施用，也可在生育中期追施或后期以根外追肥施用。

（二）甘薯的需水与排灌水

甘薯苗栽插后，属发根缓苗阶段，遇晴天应连续浇水护苗；分枝结薯期遇旱灌浅水，有利于分枝结薯；薯蔓长期茎叶盛长，夏薯此时正处于多雨季节，要及时清沟排水，避免渍水影响生长，伏旱严重需灌水；夏薯生长后期常遇秋涝，过湿造成茎叶徒长，不仅会影响薯块膨大，还会使其腐烂和发生硬心，不利于贮藏和晒干。生长后期薯块迅速膨大阶段，遇旱时灌水增产显著，灌水深度以垄高 1/3 为宜，灌完后即排干，防止土壤含水量过大，特别是生长后期，垄土过湿影响薯块膨大，甚至导致烂薯。收获前半个月应停止灌水。

（三）施肥

1．基肥　　基肥以有机肥为主，多采用集中施肥方法，如结合耕地作垄时进行条施，即将肥料施在垄心内，或作垄后于垄顶开沟施入（包心），使肥料流失少、吸收快、肥效高。基肥用量较少时，也可采用栽前穴施的集中施肥方法。一般每公顷施人畜粪 15～22.5 t，或施土杂肥 22.5～30 t。

2．追肥　　因地区气候和栽培条件而异。夏薯多采用重施基肥（占总肥量的 70%～80%）和早施促苗肥的方法，以促进早发棵，茎叶早封垄，以增强抗旱能力，防止后期早衰。

早期促苗肥宜早施，一般在栽后 7～15 天进行，以促进发根和幼苗早发，每公顷施尿素 45～75 kg。基、苗肥不足或土壤肥力低的薯地，可在分枝结薯阶段（栽后 30 天左右）追施壮株肥，每公顷施尿素 75～90 kg，以促进分枝与结薯。麦/玉/薯旱三熟制一般在收玉米前 20～30 天穿林追肥产量较高，每公顷施人畜粪水 1.5 万～3.0 万 kg，纯氮 45～75 kg。

中期根据长势可少量施夹边肥，促使薯块持续膨大。本次施肥对促进茎叶生长提早进入高峰期和防止后期脱肥有明显作用。同时，因前期多雨，土壤过早沉实，通过破土晒白和追肥，可改善垄土通气条件，对促进薯块膨大效果显著。

后期根据长势可少量施裂缝肥，对前、中期施肥不足，长势差的薯苗，裂缝肥有增产效果。可每公顷用尿素 75～120 kg 兑水沿裂缝浇施或撒施田间待雨后溶解利用。收获前 20～30 天也可根外追施 0.5%尿素液或 0.2%磷酸二氢钾液。

五、田间管理

（一）田间控旺

氮肥过多、水肥过大和高温多雨等外界因素致使甘薯旺长，甚至出现"只长茎蔓不结薯的现象"。旺长会导致地上茎、蔓、叶消耗掉大量养分，严重影响甘薯的质量与产量。旺长甘薯有如下特征：一是甘薯田基本看不出垄顶和垄沟；二是植株顶端三叶节间明显拉长且高于叶平面，叶片颜色明显加深；三是叶片宽度大于叶柄 5 倍。控旺可采用物理人工方法和植物生长延缓剂化学方法。当薯蔓顶端节与节之间距离缩短，叶片变厚、变深绿即达到控旺效果。

1. 物理控制　　对旺长的田块，采用人工摘去主蔓和分枝顶芽（俗称打顶）、提蔓、剪除枯枝老叶等物理措施。第 1 次控旺在栽后 50~60 天，蔓长 40~50 cm，薯蔓从垄上垂下，且两垄蔓紧邻，似牵手非牵手，在晴天上午摘除主蔓和分枝顶端心芽，能够很好地控制茎蔓徒长，促使更多的养分转运给地下薯块膨大使用，一般可以实现两成以上的增产。第 2 次控旺在栽后 60~70 天的封垄期，主蔓长 70~80 cm，或者分枝蔓长 35 cm 左右时，再次摘除分枝蔓顶端心芽即可。如果后期高温多雨长势很旺，可以适当增加一次。

2. 化学控制　　使用多效唑、矮壮素或缩节胺等生长延缓剂喷施，也有一定程度的抑制作用。多效唑可有效地控制植株营养生长，特别是中、后期防止茎叶徒长效果显著。使用浓度一般为 200 mg/kg，或每亩用 15%多效唑可湿粉剂 60 g 兑水 50 kg 喷施。若多效唑使用过多，则要及时喷 920 溶液进行缓解；也可喷施乙烯利，一般浓度 250~500 mg/kg 浓度，亩施 75 kg，可增产鲜薯 10%左右；或者 100 mg/kg 的矮壮素或 500 mg/kg 的丁酰肼（B9），对控制茎叶生长、防止徒长均有良好的作用。当主蔓长 35 cm 时（栽后 30 天左右）、65 cm 时（栽后 65 天左右）、90 cm 时（栽后 85~90 天左右）分别轻控、重控和重控，后期高温多雨长势很旺，可以适当增加一次。

（二）病虫草害防治

西南地区甘薯主要病害有黑斑病、蔓割病、茎线虫病、软腐病、紫纹羽病和病毒病害等。害虫主要有象鼻虫、蝼蛄、金龟子、天蛾、斜纹夜蛾、蚜虫和白粉虱等。

防治应坚持以防为主，综合防治的原则。防治的主要措施有以下几种：①选用抗病品种，注意种薯和种苗的病害检疫；②培育无病壮苗，从无病区选留无病种薯和种苗，或选用脱毒种苗；③用 50%多菌灵或 50%甲基托布津 500 倍液浸甘薯茎蔓 2 min 以上，晾干后种植；④大田发现病株应立即拔除烧毁，并用 50%多菌灵 1000 倍液喷洒，根据情况，可连续隔 7 天喷 1 次，直到根除；收获时彻底清理病残植株，注重水旱轮作，加强水肥管理，注意排水、通风透气，适当增施草木灰和石灰，使植株生长健壮，增强抗病力。虫害结合采取物理诱虫捕杀。

六、甘薯的收获与贮藏

（一）甘薯的收获

1. 收获适期　　当气温降至 15℃时，薯块基本上已停止膨大，此时即可开始收获，至 12℃时收获结束。夏薯大多在 10 月中旬至 11 月上旬收获。收获过早，缩短生育期，降低产量，同时因此时温度较高，薯块呼吸及发芽消耗养分多，薯块易发生黑斑病和出现薯块发芽，不利贮藏；收获过迟，淀粉糖化会降低块根出粉率，甚至遭受冷害降低耐贮性。

2. 收获方式 甘薯收获应选择晴天进行，从收获至入窖，都应认真操作，做到细收、收净、轻刨、轻装、轻运及轻放，尽量减少薯块破伤，以避免传染病害。甘薯收获环节包括杀秧、挖掘、捡拾和搬运等工序，占总用工的 40% 以上，单靠人力用工量大，正朝着"机械杀秧与挖掘＋人工捡拾＋人工清选"分段式轻简机械化收获方向发展，大大提高了甘薯生产效率。杀秧机还存在离地间隙调整不便、对垄沟薯蔓清理不彻底和易被薯蔓缠绕等问题。挖掘机一般采用国内收获垄距 90～120 cm，工作深度 20～30 cm，收获宽度 60～85 cm或者 75 cm 的小型甘薯挖掘机，型号多种；为便于挖掘和薯泥分离，可采用后拖振动式日产小型收获机，或者采用马铃薯、花生等根茎类作物小型振动式收获机，将甘薯外表面的泥土去掉，起清洁块茎的作用。例如，收获前无须杀秧又想减少破皮和碰撞伤，可采用美国生产的箱式 2 垄收获甘薯收获机，装载箱自动升降，或采用装载升运臂长、清洁效果较好的直接装载式甘薯收获机。对于平整、大块土地，实现不处理薯蔓直接挖掘、输送、分离和升运装车等，可采用英国生产的牵引式甘薯联合收获机。

（二）甘薯的贮藏

1. 贮藏期间薯块的生理生化变化 收获的新鲜薯块贮藏期间，存在较强的呼吸作用，其伤口也需要愈合，伴随着内含物也发生变化。其主要特点如下。

（1）呼吸作用特点 新贮薯块具有强烈的呼吸作用，消耗大量养分，释放大量的二氧化碳、水和热量，如贮藏不当，一是会引起病害发生与蔓延，二是缺氧呼吸产生的乙醇在薯块中积累，会引起自体中毒而烂薯。

（2）愈伤组织形成特点 新贮薯块周皮常有不同程度损伤，环境适宜，损伤处能自然形成愈伤木栓组织而免受病菌感染腐烂，以增强薯块的耐贮性、抗病性和减少干物质的消耗。高温高湿（32℃，相对湿度 90%）有利于愈伤组织的形成。

（3）内含物成分变化特点 薯块在贮藏过程中，一是水分含量逐渐减少，贮藏 150天后，薯块含水量损失 5%～8%。二是窖内温度愈高，湿度愈小。三是薯块干物质含量下降，淀粉粒体积会变小，淀粉含量逐渐减少。贮藏 120～150 天后，淀粉含量减少 5%～6%。也有报道，温度为（13±1）℃、相对湿度为 80% 条件下贮藏的甘薯，120 天后其块根淀粉率下降 1%～2%，且与淀粉酶活性高低相关性不显著。高干品种变化较小。四是前两个月 α-淀粉酶活性增加，常有一部分淀粉转化成糖和糊精，其中一部分糖为呼吸作用消耗而损失，另一部分糖分积存在薯块中，糖分含量却有所提高。贮藏 120～150 天后糖分约增加3%，糊精增加 0.2%。也有不同研究表明，葡萄糖和蔗糖浓度在储存初期增加，然后保持相当恒定。在 15℃ 以上较高温度，糖化酶活性强，有利于淀粉分解成糖；温度较低，淀粉转化成糖较慢，但薯块受冷害后可溶性糖分却增加较多，以增强抗低温冷害的能力。

（4）薯块果胶质与维生素 C 含量的变化特点 薯块贮藏期中，一部分原果胶质变为水溶性果胶质，使组织变得松软，抗病力减弱。薯块中的维生素 C 含量随贮藏过程而减少，贮藏 30 天损失近 10%，到 60 天只相当于刚收获时的 70% 左右。受冷害或涝渍的薯块，其内部水溶性果胶质转化为原果胶质，导致蒸煮"硬心"现象，使食用品质降低。

2. 薯块安全贮藏的条件

（1）薯块选择 薯块质量是影响薯块能否安全贮藏的重要因素。在大田生长期间遭受水渍、冷害、冻害、破伤或带病的薯块，生理活动表现不正常，养分消耗加剧，生活力下降，抗病力减弱，贮藏时遇到不良的温湿度或病害最易腐烂。所以应严格选择未受冷、冻害，不带病虫害的健康薯块入窖贮藏。

（2）控制温度　　入窖初期可高温愈合处理，即利用加温设备，1～2 天内将薯堆温度提高到 35℃左右，然后 34～37℃保持 4 天，而后快速降温至 15℃左右。贮藏期窖温宜控制在 10～15℃，最好为 11～14℃。低于 9℃就会受冷害，甘薯代谢受损，抗性降低，易受软腐等腐生病菌侵入引起烂薯；温度低于−1.5℃时，薯块内细胞间隙结冰，组织受破坏，因冻害而腐烂；温度超过 15℃时，薯块易发芽消耗养分而降低品质。

（3）控制湿度　　控制窖内相对湿度在 85%～90%，可较好保持薯块鲜度。若相对湿度低于 70%，薯块易失水导致生理失调，易发生皱缩、糠心或干腐。

（4）适当通风　　在贮藏前期，薯块呼吸旺盛，应注意贮藏场所的通气，不宜贮薯过满和过早封窖，防止呼吸强度过大和发生缺氧呼吸。在正常高温愈合时，以含氧量不低于 18%、二氧化碳含量不超过 3%为宜。贮藏期间，薯块进行有氧呼吸，使窖内氧气减少，如果通气不良，二氧化碳增多，会导致缺氧呼吸，产生乙醇使薯块自体中毒腐烂。

（5）控制病害　　发生黑斑病与软腐病是引起烂窖的主要原因之一，因此旧窖要经过严格消毒方可继续使用。入窖前严格精选薯块，确保无病害、无破损，不同品种和不同收获期的鲜薯，最好分开贮藏。创造和调节适宜的贮藏环境，避免或减轻因病害发生而造成烂薯。

3. 贮藏方式　　甘薯一般以窖藏的形式进行贮藏。贮藏窖的形式较多，其基本要求是保温能力强，通风换气性能好，结构坚实，不塌不漏，不上水，以及便于管理和检查。窖型大小可根据鲜薯贮藏量决定。各地经验，一般窖的贮藏量以占全窖容积的 60%～70%为宜，如窖内装堆过满，会因通气不良引起闷窖。采用的窖型有大屋窖、崖头窖、平温窖及冷库或气调库等。

（1）大屋窖　　分普通大屋窖（屋形窖）和高温大屋窖。普通大屋窖一般建在地面上，也有建在半地下的。其特点是墙厚、顶厚和窗小，具有较好的保温性能，同时通风散热也快，管理方便，还可一窖多用。只要严格选薯，在无黑斑病和软腐病的情况下，利用入窖初期的呼吸热，可促进伤口的自然愈合，同时达到安全贮藏的目的。如果在入窖时用抗菌剂农药或保鲜剂处理，贮藏效果更佳。

近年国家支持建设了一大批薯类贮藏专用大屋窖，窖体分半地下和全地下两种，窖顶可拱顶或平顶，砖混结构，墙体保温选择覆土或贴保温材料，窖门为保温门，芯材为聚氨酯板。对于平顶结构，需使用防水材料把冷凝水引到地面，防止甘薯因浸湿导致腐烂，窖内地面土壤夯实。严寒地区可适当增加保温板厚度或设计为两道门，如遭遇多天极端低温气候，也可加挂棉门帘。窖内通风一般为下进上出，自然通风和机械通风相结合，自然通风口要均匀排布 3～4 个，通风口间距和大小应依据当地气候情况设计；机械通风可选择强制进风或强制排风两种方式，地面应布置通风道或通风夹层。气候干燥、土壤砂质和收获季节气候适宜的地区采用低速通风；气候湿润、温差小、土壤黏湿和收获季节多雨的地区采用高速通风。

窖内应加装贮藏环境监测系统，实现窖内温湿度监测。一般窖内地面面积 75 m²，窖内净容 180 m³，可贮藏 60 t 甘薯，其平面图和剖面图见图 5-10A 和图 5-10B。

20 世纪 60 年代薯区多采用高温大屋窖，其原理是高温灭菌。甘薯入窖后，先烧火升温，用 35～38℃高温处理 2～3 天，达到灭菌长疤，然后把温度迅速降至 10～14℃安全贮藏。优点是从根本上解决了贮藏期间的黑斑病、软腐病的发生，且贮藏量大，温、湿度和空气易于调节，管理也方便，同时还可促进薯块早发芽、多发芽。

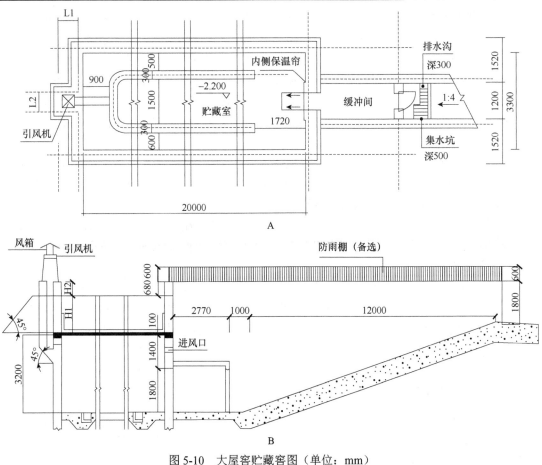

图 5-10　大屋窖贮藏窖图（单位：mm）

A. 60 t 贮藏窖平面（强制进风）；B. 60 t 贮藏窖剖面

（2）崖头窖（防空洞窖、山洞窖）　　　一般是山区或半山区常用的一种甘薯贮藏窖型，其结构简单，省料保鲜性好，失重较少，保温性能较好。窖址选在避风向阳、地势高燥的山坡或梯地，挖成洞口小，洞内大的长方形或半圆形窖。窖的大小随贮藏量而定。

（3）平温窖　　　是在旧式坛子窖的基础上改进的小型甘薯贮藏窖。此窖优点为：不需建筑材料和燃料；不受地形限制，屋前屋后只要不进水均可建窖；建窖与管理都较简便和易掌握；贮藏效果较好，大小随贮量而定。

（4）冷库或气调库　　　甘薯采收以后在自然条件下放置 5 天，使其愈伤，然后转入冷库在 4℃ 下低温处理 2 天，再将冷库缓慢升温，每天升温 1℃，直至 11℃ 长期贮藏。在冷库升温期间可用 TBZ 熏蒸剂等杀菌剂，塑料袋包装，保鲜效果理想，食用安全卫生。

近年来，有将果蔬保鲜技术应用于甘薯贮藏。该技术重要的是气调设备，包括中空纤维制氮机、CO_2 吸附机、脱氧机、除乙烯机和氧气（O_2）、二氧化碳（CO_2）气体检测仪器、电控板、气动电磁阀、温度探头等，以及电脑自动控制系统、制冷系统、循环水系统和电力控制系统等。采用温度 12℃、CO_2 5.0%、O_2 8.0%、相对湿度 90% 的气调贮藏条件，保鲜效果比普通冷藏更好。气调贮藏 150 天，感官新鲜饱满，不生根萌芽、不软腐、不糠心，提高健康薯率，减少失水、维生素 C 和 β-胡萝卜素，呼吸曲线明显下移，呼吸强度值减少 40% 以上。

4. 贮藏期间的管理　　在甘薯入窖前，要对薯窖进行打扫、通风和消毒。对于崖头窖、平温窖等旧窖，要将窖壁刮去 3～4 cm、窖底铲除 6～8 cm 表土，露出新土，清除旧土后撒上一层石灰，窖壁可用石灰浆涂刷处理，或者用硫黄熏蒸消毒，点燃硫黄后盖严窖口和堵住通风口，密闭熏蒸 48 h 进行消毒。入窖前严格精选薯块，并用 70%甲基托布津可湿性粉剂 1000 倍液，或用 50%多菌灵 800 倍液进行薯块消毒。为保鲜可用 AB 保鲜剂或 "SE" 甘薯防腐保鲜剂处理薯块。贮藏期管理要调节好温、湿度及空气等环境因子，以防止闷窖、冷窖、湿窖及病害。贮藏期管理可分为 3 个阶段进行。

（1）前期通风　　降温散湿入窖 20～30 天内，即冬前期（立冬至大雪），初期管理应以通风、散热和散湿为主。对高温愈合处理后的大屋窖，更应及时降温、通风。以后随气温降低，白天通气，晚上封闭，待窖温降至 15℃以下，再行封窖。

（2）中期保温　　防寒入冬以后，大雪至冬至，气温明显下降，是甘薯贮藏的低温季节，管理中心为保温防寒，要严闭窖门，堵塞漏洞。严寒低温时还应在窖的四周培土、窖顶及薯堆上盖草等保温。

（3）后期稳定　　窖温及时通风换气立春以后至 2～3 月，气温回升，雨水增多，寒暖多变。这一时期管理应以通风换气为主，稳定适宜窖温。既要注意通风散热，又要防寒保温，还要防止雨水渗漏或积水。需采取敞闭结合，并酌情向窖内喷水，保持湿度。

七、甘薯特色栽培技术

（一）夏薯区春秋两季接茬栽培技术

近年来，为提高鲜食甘薯生产的效益，海拔 400 m 以下地区，将传统一季夏薯生产，改为春薯、秋薯两季接茬生产，头季春薯生育期 110～120 天收获，利用其蔓尖再接茬栽插秋薯，形成一年两季（熟）鲜食甘薯高效种植新模式，实现早栽、早收、早上市，提高效益 50%～100%。其第一季栽培关键技术要点如下。

1. 优选品种、早春育苗　　一般选择薯形好、结薯集中、结薯浅和块根早期膨大型的紫心或橘黄心鲜食品种，如'渝红心薯 98''烟薯 25''普薯 32'和'龙薯 9 号'等品种。于 2 月上中旬，在温室或大棚内，结合小拱棚、地膜等升温或电热温床加温等方式育苗，15～20 天即可出苗。也可借用冬季温暖地区异地育苗，此苗较粗壮，移栽成活率高。

2. 覆膜早栽，合理密植　　于 3 月下旬至 4 月上旬，当气温回升至 17℃以上，剪取 20～25 cm 薯苗，种植密度为 4000～5000 株/亩。为促进甘薯早期生长，可采取垄上盖黑色地膜并破膜移栽甘薯，视天气可再加盖小拱膜升温，既增加地温防寒又抑制杂草。

3. 科学水肥，精细管理　　深耕起垄，根据地力合理施肥，每亩基施复合肥 30～50 kg（总有效氮、磷、钾养分 20 kg 左右）。移栽时用生根粉＋甲基托布津蘸根后再移栽，一周内查苗补缺。移栽后 60 天，中耕除草，防弱苗早追肥，看苗条施复合肥和钾肥各 20～30 kg/亩。移栽后 60～90 天，防旱排涝、保证田间无积水；可提蔓、打顶等控制疯长田，不翻秧。栽后 90 天以后，看苗防早衰、控旺长，可喷洒 2 次 0.4%磷酸二氢钾溶液，及时防治虫害。

4. 适时收获，接茬抢栽二季薯　　第一季甘薯生育期达到 110～120 天，作鲜销食用商品薯可收获，早上市价格高效益好。收获过早影响鲜薯产量，特早熟品种可早收。二季薯种植常处于高温季节，要避强光、降温和保湿，若未下雨栽后应及时补充水分，保证苗齐、苗壮。为提高产量，一是必须选用藤粗、节密的尖端段及倒二段插条，切忌用老藤栽二季薯；二是适当密植，增加每公顷株数；三是采用斜插法，多栽 1～2 个节入土，以增加每株结薯个数；四是新芽萌发及时中耕追肥促早发，后期排水防秋涝。

（二）叶菜专用型甘薯的栽培技术

蔓尖菜用型甘薯与一般甘薯不同，只采收地上部鲜嫩茎尖，可不考虑地下部块根的产量与品质。地上部生长旺盛，分枝数多。采摘后，只要供给足够的养分和水分，茎叶生长十分迅速。温度适宜一次栽插周年生长，一般可以生产商品菜 37.5～45 t/hm^2。

1. 品种选择　　蔓尖菜用甘薯品种主要以幼嫩的茎叶作为产品，应选用茎尖与叶面绒毛少、纤维少、分枝力强、节间短、产量高、食味清甜、无苦涩味且脆嫩度好，并能适应当地栽培条件的叶菜专用型甘薯良种。

2. 整地做畦　　选择肥力较好、排灌方便、土层深厚、土壤富含有机质和周围无污染的地块，深耕、晒垄和碎土后，整地做成平畦，每亩施入腐熟有机肥（厩肥）1500～2000 kg、磷肥 30 kg，或人粪尿 1500 kg、氯化钾 15 kg。另外，根据土壤情况适当增施钙肥。南方因为雨季长、雨量大，采用高畦栽培，畦高 15～20 cm、畦面宽 1.2 m。

3. 合理密植与水肥管理　　畦上行株距 20 cm×20 cm、25 cm×15 cm 或 30 cm×20 cm均可，栽插密度不超过 30 万株/hm^2。保留足够的空间便于采摘作业和田间管理。

定植后要浇定根水，尽量保持土壤湿润，要求土壤湿度为 70%～80%。多雨季节要注意及时排涝，防止烂苗。薯苗种植成活后，及时查补苗，并进行打顶促分枝，以保证全苗和均匀生长。还苗成活后，用稀薄人粪尿 15 000 kg/hm^2 浇施。追肥应以人粪尿为主，栽后 20～30 天结合中耕除草分别用 15 000 kg/hm^2 稀薄的人粪尿加配 150 kg/hm^2 尿素和 30 kg/hm^2 氯化钾浇施。采摘后及时补肥，以 75 kg/hm^2 尿素和稀释 2～3 倍的人粪尿 15 000 kg/hm^2 浇施，促进分枝和新叶生长。

4. 满足温、湿度和光照要求　　叶菜用甘薯栽培对水分温度和光照要求较高，其生长最适温度为 18～30℃，在这范围内温度越高生长越快。气温较低时，可在玻璃温室或塑料大棚内种植，以提高温度。要求土壤湿度保持在 80%～90%，可采取小水勤灌的措施进行频繁补水，有条件的可采用喷灌。在光照过强时，宜适当遮阴，防止纤维提前形成和增加，促进产量和食用品质的提高。

5. 防治病虫害　　菜用甘薯以幼嫩的茎叶为产品，组织柔嫩、含水量高，极易遭受斜纹夜蛾、玉米蛾和繁叶蛾等食叶性害虫危害。要保持较高的产品档次，生产上应以轮作、套种、捕捉诱杀和防虫网隔离等综合措施为主，防治药剂宜选用高效、低毒和低残留的生物农药进行防治，确保产品达到安全的标准。

6. 适时采摘、及时修剪　　在较高的温度条件下，春薯栽后约 30 天、夏薯栽后 20～25 天就可采摘，以后每隔 10 天采摘一次，即封行后就可以开始采摘。应根据蔬菜市场供求情况分期分批采收，以调整价格，保证长期供应。菜用甘薯主要产品为幼嫩茎尖，含水分高，较易脱水萎蔫，要保持较高的产品档次，应及时收获，尽量缩短和简化产品运输流通时间及环节，采取剪割采收、小包装上市或集装运输批发销售。采摘完蔓尖后应及时修剪，保留离基部 20 cm 以内，且长度在 20 cm 以内的分枝，去掉那些底部分枝能力弱的老茎或其滋生的畸形小芽，保证群体的通风透光。修剪后，隔天待刀口稍干，应及时补肥以保证养分供应，促进分枝和新叶生长。

复习思考题

1. 简述甘薯细根、柴根和块根形成的可能原因。
2. 简述加快甘薯生产繁殖利用最有效的方法。
3. 甘薯插蔓特性对产量有何影响？怎样选择？
4. 谈谈甘薯主要性状的遗传规律及其利用。
5. 谈谈甘薯常规产量育种程序和方法。
6. 试从甘薯不同生育时期源流库三个方面，谈谈高产田间管理对策措施。
7. 谈谈甘薯冬季安全贮藏的基本原理和措施。

主要参考文献

陈凤翔，陈彦卿，袁照年，等. 1995. 甘薯集团杂交后代主要数量性状的遗传参数、相关及通径分析. 福建农业大学学报，24（3）：257-261.

戴起伟，钮福祥，孙健，等. 2016. 我国甘薯生产与消费结构的变化分析. 中国农业科技导报，18（3）：201-209.

刁操铨. 1994. 作物栽培学各论（南方本）. 北京：中国农业出版社.

盖钧镒. 2010. 作物育种学各论. 2 版. 北京：中国农业出版社.

胡金钊，张文毅，严伟，等. 2018. 国内外甘薯起垄机械研究现状与展望. 中国农机化学报，39（11）：12-16.

胡立勇，丁艳锋. 2019. 作物栽培学. 2 版. 北京：高等教育出版社.

胡良龙，计福来，王冰，等. 2015. 国内甘薯机械移栽技术发展动态. 中国农机化学报，36（3）：289-291，317.

贾礼聪，翟红，何绍贞，等. 2017. 甘薯及其近缘野生种 *Ipomoea lacunosa* 种间体细胞杂种的特性鉴定和遗传组成分析. 植物生理学报，53（5）：839-848.

江苏省农业科学院，山东省农业科学院. 1984. 中国甘薯栽培学. 上海：上海科学技术出版社.

刘庆昌，王晶珊. 1995. 甘薯［*Ipomoea batatas*（L.）Lam.］及其近缘野生种原生质体的植株再生. 作物学报，2（1）：25-28

柳哲胜，刘庆昌，翟红，等. 2005. 用改进的 SSAP 方法克隆抗甘薯茎线虫病相关的 RGA. 分子植物育种，3（3）：369-374.

陆漱韵，刘庆昌，李惟基. 1998. 甘薯育种学. 北京：中国农业出版社.

马代夫. 2019. 中国甘薯产业技术创新与发展. 北京：中国农业出版社.

全国农业技术推广服务中心，国家甘薯产业技术研发中心. 2021. 甘薯基础知识手册. 北京：中国农业出版社.

石小琼，林标声，杨永林，等. 2013. 甘薯气调保鲜最佳贮藏条件研究. 食品研究与开发，34（15）：92-96.

王晶珊，刘庆昌，田浦悟，等. 1997. 甘薯胚性愈伤组织原生质体的高频率植株再生. 农业生物技术学报，03：57-61.

王庆美，张立明，王振林. 2005. 甘薯内源激素变化与块根形成膨大的关系. 中国农业科学，38（12）：2414-2420.

吴银亮，王红ырая，杨俊，等. 2017. 甘薯储藏根形成及其调控机制研究进展. 植物生理学报，53（5）：749-757.

许家磊. 2015. 基于甘薯徐 781 和徐薯 18 转录组测序的 SNP 标记开发. 北京：中国农业科学院.

杨汉，柴沙沙，苏文瑾，等. 2016. 现代生物技术在甘薯育种中的应用. 湖北农业科学，55（11）：2721-2725.

杨文钰，屠乃美. 2011. 作物栽培学各论（南方本）. 2 版. 北京：中国农业出版社.

翟红，何绍贞，赵宁，等. 2017. 甘薯生物技术育种研究进展. 江苏师范大学学报（自然科学版），35（1）：25-29.

张立明，王庆美，王荫墀. 2003. 甘薯的主要营养成分和保健作用. 杂粮作物，23（3）：162-166.

张有林，张润光，王鑫腾. 2014. 甘薯采后生理、主要病害及贮藏技术研究. 中国农业科学，47（3）：553-563.

中島哲夫，山口俊彦. 1978. サツマイモの塊根組織を起原とするカルスの培養条件について. 日本作物學會紀事，37（2）：247-253.

FAO. 2019. The State of Food and Agriculture 2019: moving forward on food loss and waste reduction. http: //indiaenvironmentportal.org.in/node/465869/.2022-1-18.

Gunckel J E, Sharp W R, Williams B W, et al. 1972. Root and shoot initiation in sweet potato explants as related to polarity and nutrient media variations. Botanical Gazette, 133 (3): 254-262.

Kim S H, Ahn Y O, Ahn M J, et al. 2012. Down-regulation of beta carotene hydroxylase increases beta carotene and total carotenoids enhancing salt stress tolerance in transgenic cultured cells of sweetpotato. Phytochemistry, 74: 69.

Kimura T, Otani M, Noda T, et al. 2001. Absence of amylose in sweet potato (*Ipomoea batatas* (L.) Lam) following the introduction of granule-bound starch synthase I cDNA. Plant Cell Reports, 26 (10): 1801.

Liu Q C.1992. Studies on the application of somatic cell hybridization in sweet potato [*Ipomoea batatas* (L.) Lam.] breeding. Kagoshima University. A dissertation for Ph.D: 125.

Murata T, Fukuoka H, Kishimoto M. 1994. Plant regeneration from mesophyll and cell suspension protoplasts of sweet potato, *ipomoea batatas* (L.) Lam. Breeding Science, 44: 35-40.

Nakanishi T, Kobayashi M. 1979. Geographic distribution of cross incompatibility group in sweetpotato. Incompatibility Newsletter, 11: 72-75.

Noh S A, Lee H S, Kim Y S, et al. 2013. Down-regulation of the *IbEXP1* gene enhanced storage root development in sweetpotato. Journal of Experimental Botany, 64 (1): 139.

Park S C, Kim Y H, Kim S H, et al. 2015. Overexpression of the *IbMYB1* gene in an orange-fleshed sweetpoptato cultivar produces a dual-pigmented transgenic sweetpotato with improved antioxidant activity. Physiologia Plantarum, 153 (4): 525.

Prakash C S, He G, Jarret R L. 1996. DNA marker-based study of genetic relatedness in united states sweetpotato cultivars. Journal of the American Society for Horticultural Science, 121: 1059-1062.

Sehgal C B. 1975. Hormonal control of differentiation in leaf cultures of Ipomoea batatas Poir. Beitraege zur Biologie der Pflanzen, 51: 47-52.

Shimada T, Otani M, Hamada T, et al. 2006. Increase of amylose content of sweetpotato starch by RNA interference of the starch branching enzyme II gene (*IbSBE* II). Plant Biotechnology, 23 (1): 85.

Tanaka M, Takahata Y, Nakayama H, et al. 2009. Altered carbohydrate meatabolism in the storage roots of sweet potato plants overexpressing the SRF1 gene, which encodes a Dof zinc finger transcription factor. Planta, 230 (4): 737.

Wang Y N, Li Y, Zhang H, et al. 2016. A plastidic ATP/ADP transporter gene, *IbAATP*, increases starch and amylose contnets and alters starch structure in transgenic weetpotato. Journal of Integrative Agriculture, 15 (9): 1968.

Wang Z, Fang B, Chen J, et al. 2010. De novo assembly and characterization of root transcriptome using Illumina paired-end sequencing and development of cSSR markers in sweetpotato (*Ipomoea batatas*). BMC Genomics, 11: 726.

Xie F, Burklew C E, Yang Y. 2012. De novo sequencing and a comprehensive analysis of purple sweet potato (*Impomoea batatas* L.) transcriptome. Planta, 236 (1): 101-113.

Yamaguchi T, Nakajima T. 1974. Hormonal regulation of organ formation in cultured tissue derived from root tuber of sweet potato. Proc 8th Intlconf on Plant Growth Substances. Tokyo: Kirokawa Publishing Company: 1121-1127.

Zhang D P, Ghislain M, Huaman Z, et al. 1998. RAPD variation in sweetpotato (*Ipomoea batatas* (L.) Lam) cultivars from South America and Papua New Guinea. Genetic Resources and Crop Evolution, 45: 271-277.

Zhao N, Yu X X, Jie Q, et al. 2013. A genetic linkage map based on AFLP and SSR markers and mapping of QTL for dry-matter content in sweetpotato. Molecular Breeding, 32 (4): 807.

第六章 大　　豆

【内容提要】本章首先介绍了大豆生产的重要意义、大豆的生产概况，以及大豆的分布与分区和大豆科学发展历程；其次讲述了大豆的起源与分类、大豆的温光特性与要求、大豆的生育时期及器官形成和大豆的产量及品质形成；再次描述了大豆的育种目标及主要性状的遗传、大豆杂交育种、大豆诱变育种、大豆育种新技术的研究与应用和大豆种子繁育；最后阐述了大豆的轮作和间套复种、选用良种、播种、田间管理、收获与贮藏和间套作大豆高产栽培技术等。

第一节　概　　述

一、发展大豆生产的重要意义

大豆营养价值很高，素有"豆中之王""田中之肉"和"绿色牛乳"等美称，是人类的健康食品。大豆籽粒中蛋白质含量为 37%～48%，脂肪含量为 16.3%～25%，碳水化合物含量为 26%～30%，粗纤维含量为 5.9%～6.6%，磷（P）、钾（K）、钙（Ca）等矿物元素含量为 5%～5.2%。大豆油富含不饱和脂肪酸，其脂肪酸构成为：亚油酸 47.5%～48.6%，棕榈酸 13.8%～14.2%，硬脂酸 4.5%～5.2%，油酸 22%～25.5%，不饱和脂肪酸占 80%以上。丰富的不饱和脂肪酸和可溶性纤维等成分，能帮助降低人体中的胆固醇，控制血糖，可以防治非传染性疾病，如糖尿病和心脏疾病；多食大豆还有助于防止肥胖。在当前新冠病毒对人类健康构成世界性威胁时，增强免疫力是对抗病毒的有效途径，大豆及豆制品中含有多种有助于增强免疫力的营养和生物活性成分，如大豆蛋白、异黄酮、低聚糖和皂苷等。大豆对女性特别关爱，大豆食物中含有一定的"类雌激素"生物活性物质，对不同年龄段的女性来说，均是一种非常有营养且具保健功效的食品。

中国也是豆制品加工的发祥地，2000 多年前西汉淮南王就发明了豆腐，此后，我国劳动人民发明了丰富多样的大豆制品，非发酵制品包括豆腐、豆腐脑、腐竹、豆腐干、豆浆和人造肉等，发酵制品包括豆豉、酱油、酱、豆腐乳和豆酱等，新兴大豆制品包括豆粉、豆奶、生豆粉和酸豆奶等，榨油后的豆粕还可以用于生产豆粕蛋白质、脱脂豆粕粉、浓缩蛋白质和植物肉等。据不完全统计，目前世界上豆制品种类超过了 2 万种。

目前世界大豆油年产量超过 6000 万 t，是仅次于棕榈油的第二大植物油来源。榨油后的豆粕蛋白质含量为 42.7%～45.3%，是理想的动物饲料。目前世界蛋白粕年产量 3.5 亿 t，豆粕产量就超过 2.5 亿 t，是世界第一大饲料蛋白质来源。

大豆根上着生大量根瘤，能够固定空气中的氮（N），一亩大豆可固定氮素 6～10 kg，可提高间套作物及后茬作物的产量与品质。大豆是重要的养地作物，在农业可持续发展中具有重要的生态功能。

当前，大豆种植面积超过 18 亿亩，居世界作物种植面积第 4 位（在美洲居第 1 位），

2020 年世界大豆贸易量 1.66 亿 t，豆粕贸易量超过 6200 万 t，豆油贸易量超过 1100 万 t，大豆及其制品贸易总额接近 1000 亿美元，长期高居世界农产品贸易第一位，对人类生活、经济发展和地缘政治产生了举足轻重的影响。

二、大豆生产概况

（一）世界大豆生产概况

2020 年世界大豆种植面积为 1.27 亿 hm^2，总产达到 3.61 亿 t。当今世界大豆生产国高度集中，巴西、美国、阿根廷、印度和中国等 5 国大豆种植面积均超过 1 亿亩。其中，美国、巴西和阿根廷三国大豆种植面积之和、总产之和均超过全球总量的 80%。巴西从 2018 年开始，已经连续三年超过美国，大豆种植面积和总产跃居世界第一位。印度从 2007 年开始，大豆种植面积超过中国，居世界第四位，但由于印度单产水平较低，总产低于中国。根据联合国粮食及农业组织统计资料，目前我国大豆种植面积居世界第五位，总产居世界第四位。

（二）我国大豆生产概况

大豆在全国分布极广，但主要集中在东北松辽平原（占 40% 左右）和黄淮平原（占 38% 左右），长江流域及南方约占 17%。历史上我国大豆的种植面积和产量长期居世界第一位，1936 年全国大豆种植面积为 861.7 万 hm^2，总产量 1130 万 t，占当时世界总产量的 91.2%。1957 年种植面积达 1273 万 hm^2，是我国种植面积最大的时期。2016～2020 年种植面积分别为 720 万 hm^2、790 万 hm^2、819.4 万 hm^2、1107.5 万 hm^2 和 933.3 万 hm^2，其中 2020 年总产 1882 万 t，单产为 2016 kg/hm^2。总的来说，我国大豆种植面积随产业结构调整有所回升；但单产不高，总产不稳，年度间丰歉变化大，地区间不平衡。其主要原因是生产条件较差和栽培措施不合理，因此，改善大豆的生产条件，提高大豆的栽培技术水平，对发展我国的大豆生产具有重要意义。

我国大豆的品质较好，特别是黄皮大豆在国际市场上享有很高的声誉。目前巴西、美国和阿根廷等国低价高油大豆对我国大豆的生产和加工形成了一定的冲击，我国大豆常年进口量在 9500 万～10 000 万 t，2020 年进口 10 032.73 万 t。但我国依然可以通过良种良法提高单产、改善蛋白质加工品质、规模化生产降低成本和差异化市场需求与供给来稳定和巩固我国大豆生产在农业及产业化发展中的地位。

三、大豆分布与分区

中国大豆品种生态区域的划分是研究种质资源和进行分区育种的基础。我国大豆生态区的划分曾有多种方案，经相互取长补短，将全国划分为三大区（北方春作大豆区、黄淮海流域夏作大豆区和南方多作大豆区）和 10 亚区。盖钧镒和汪越胜（2001）研究认为，南方地域广大，各地复种制度及品种播种季节类型不一致，据此将南方区进一步划分为 4 个区，从而提出 6 个大豆品种生态区及相应亚区的划分方案。其划分与命名均打破行政省区的界线，以地理区域、品种所适宜的复种制度及播种季节类型而命名，并缀以品种生态区或亚区，以表示这是根据各地自然、栽培条件下品种生态类型区域的划分。

　　Ⅰ　北方一熟制春作大豆品种生态区（简称北方一熟春豆生态区）。

　　Ⅰ-1　东北春豆品种生态亚区（简称东北亚区）。

　　Ⅰ-2　华北高原春豆品种生态亚区（简称华北高原亚区）。

　　Ⅰ-3　西北春豆品种生态亚区（简称西北亚区）。

　　Ⅱ　黄淮海二熟制春夏作大豆品种生态区（简称黄淮海二熟春夏豆生态区）。

　　Ⅱ-1　海汾流域春夏豆品种生态亚区（简称海汾亚区）。

　　Ⅱ-2　黄淮流域春夏豆品种生态亚区（简称黄淮亚区）。

　　Ⅲ　长江中下游二熟制春夏作大豆品种生态区（简称长江中下游二熟春夏豆生态区）。

　　Ⅳ　中南多熟制春夏秋作大豆品种生态区（简称中南多熟春夏秋豆生态区）。

　　Ⅳ-1　中南东部春夏秋豆品种生态亚区（简称中南东部亚区）。

　　Ⅳ-2　中南西部春夏秋豆品种生态亚区（简称中南西部亚区）。

　　Ⅴ　西南高原二熟制春夏作大豆品种生态区（简称西南高原二熟春夏豆生态区）。

　　Ⅵ　华南热带多熟制四季大豆品种生态区（简称华南热带多熟四季大豆生态区）。

　　虽然大豆品种生态区域和栽培区域间在概念上有所区别，但由于两者均涉及复种制度，因此有其共同基础。上述大豆生态区域的划分与大豆栽培区域的划分是一致的，每一区域或亚区有其相对一致的品种生态类型或性状组合。

　　显然，大豆育种方向及要求和生态区域特点是有关的，主要大豆生态区域即主要大豆育种区域。大体上东北亚区（Ⅰ-1）、黄淮亚区（Ⅱ-2）和长江中下游生态区（Ⅲ）分别占全国大豆生产的 54%、27%和 12%，是我国大豆育种最主要的区域。

四、大豆科技发展历程

　　（一）大豆育种科技发展历程

　　1. 国内大豆育种　　我国现代大豆育种工作始于 20 世纪 20 年代。1913 年，公主岭农事试验场设立，开始了系统的大豆研究。1916 年开始系统选种，1923 年育成了现代大豆品种'黄宝珠'，1934 年育成了'小金黄 1 号'，成了 20 世纪 50 年代至 60 年代东北地区的重要推广品种，年种植面积曾在 700 万亩以上。1927 年开始杂交育种，以'黄宝珠'作母本，'金元'作父本配制杂交组合，于 1935 年育成了'满仓金''满地金'和'元宝金'，是世界上首批采用杂交方法育成的现代大豆品种。金陵大学于 1924 年开始大豆改良工作，王绥教授从自然变异群体中选择出纯系，育成了'金大 332'品种，抗战前在长江下游一带种植。总之，中华人民共和国成立前大豆育种发展缓慢，1923～1950 年共育成大豆品种 20 个，其中，东北地区 17 个，黄淮海区域 2 个，南方区域仅 1 个，1949 年以前我国各地普遍种植的仍然是农家品种。

　　1949 年后我国大豆育种大致可以分为三个阶段。

　　（1）夯实大豆种业基础阶段　　这一阶段从 1949 年后至改革开放前，育种方面的主要成就是完成了我国部分大豆种质资源收集，建立了大豆杂交育种体系。从 20 世纪 60 年代开始，我国组织开展了全国性的大豆种质资源收集工作，到 70 年代末，国家种质资源库共收集保存了 6814 份栽培大豆种质，为开展大豆育种工作奠定了良好基础。1950～1955 年，主要采用系统育种法选育品种，选育的大豆品种在生产上代替了地方品种，如东北地区推广的'小金黄 1 号''丰地黄''满仓金'（杂交育成品种）和'荆山璞'，黄淮海地区的'平顶黄'

'莒选 23'等。这些品种的产量水平虽有所提高，但仍没有摆脱地方品种生育期晚、植株高大、茎秆细弱和容易倒伏等局限性。20 世纪 60 年代至 70 年代，我国许多单位建立了杂交育种体系，利用有性杂交方法选育的大豆品种成为东北地区大豆品种的主体，代表性品种有'东农 4 号''黑河 3 号''吉林 3 号'和'铁丰 18 号'等；黄淮海和南方地区也育成了'文丰 7 号''徐豆 1 号''南农 493-1'和'鄂豆 2 号'等。该阶段大豆种子生产与经营由农民自留种子为主过渡到国营种子企业推广为主。1949 年后我国虽然开展了系统育种和杂交育种，但 20 世纪 60 年代，农民在自家田里通过片选或株选留种，更换品种则是通过互相串换来实现，仍然保留了"家家种田、户户留种"的供种模式，以粮代种、种粮不分为其主要特点。到 70 年代，大豆新品种的生产、经营与推广，除育种单位自主进行外，还建立了人民公社、生产大队和生产小队三级良种繁育体系，此后又过渡到主要靠国营种子企业进行种子繁育与推广的阶段。品种更新换代，使我国大豆单产水平从 1949 年的 40.76 kg，提高到 20 世纪 80 年代初的 80 kg，大约翻了一番。

（2）大豆种业快速发展阶段 改革开放后，我国大豆育种进入了快速发展阶段。大豆杂交育种技术全面普及，初步建立了有中国特色、符合大豆常规种子特征的大豆育种体系。1980～2010 年的 30 年间，全国大豆平均亩产由 80 kg 提高到 120 kg，主要原因就是培育了一批单产水平较高、抗倒性较好、适应较高施肥水平和基本适应机械化作业的大豆新品种，代表性品种有'铁丰 18''合丰 25''绥农 14''吉林 20''跃进 5 号''诱变 30''鲁豆 4 号''中豆 19''冀豆 12'和'中黄 13'等。在此期间，我国大豆杂交种实现了"三系"配套，在发现'中豆 19''中豆 20'等品种带有雄性不育细胞质后，吉林省农业科学院、安徽省农业科学院等单位通过广泛筛选，发现了相应的保持系与恢复系材料，育成了'杂交豆 1 号'等杂交种，但目前面临杂交种子生产难题，还不能应用于生产，大豆种业也进入市场化阶段。本阶段我国大豆种子经营企业也从国营种子企业为主过渡到以股份制种子企业和民营企业为主阶段，初步建立了有中国特色、符合大豆常规种子特征的大豆种子产业体系。大豆种子商品化率不断提高，品种更新换代加快，这些也是大豆亩产显著提高的主要原因。

（3）大豆种业联合发展阶段 2010 年前后，我国先后建立了现代农业产业技术体系，启动了转基因生物新品种培育重大专项等科研项目，开展了大豆育种联合攻关。据统计，目前有超过 200 家单位参与了大豆育种联合攻关，包括各级科研单位、高等院校、国有企业和民营企业等，基本形成了全国大豆育种网络。随着育种条件的不断改善，在农业农村部、科学技术部和国家发展和改革委员会等部门的支持下，在主产区建设了若干大豆改良中心与分中心、实验室与实验站，对改善育种条件发挥了重要作用，有力推动了大豆育种事业的发展。育种方向不断调整，逐渐从单一高产型向高产、优质、抗病和专用型转变，育成了一批优良大豆新品种，推动了品种更新，对大豆生产的发展提供了有效保障。由于东北大豆主产区重心北移，培育极早熟大豆品种也成为重点工作。生物技术育种也取得显著进展，已经有 3 个抗除草剂大豆品种（'SHZD32-01''DBN9004'和'中黄 6106'）获得了转基因生物安全证书，基因编辑技术也开始在品种改良过程中得到应用。

2. 国外大豆育种 除中国外，世界最早开始大豆品种改良的国家是日本。在 20 世纪 20 年代至 30 年代，就培育出了'十胜长叶'等优良品种，但因其规模较小，对世界大豆产业影响较小。20 世纪 60 年代前，大豆品种改良工作主要集中在美国。20 世纪 20 年代至 30 年代，美国从我国东北、韩国和日本大量引进品种资源，开始品种选育工作。40 年代中期以前，美国大豆品种选育工作主要以引种选系为主，从来自中国的大豆种质系中选出'Richland''Dunfield''Mukden''Peking'和'CNS'等品种。40 年代中期以后，美国大豆育种以品种间杂交为主，1944 年推广了天然杂交品种'Lincoln'。到 50 年代后期，美国北部育成了'Clark''Harosoy''Amsoy'和'Williams'等著名品种；南方育成了'Lee''Hill'和'Hampton'等著名品种，这使美国大豆生产得到迅速发展。

南美大豆生产快速发展得益于营养生殖期长（长童期）的大豆种质资源的发现与利用。20 世纪 60 年代，巴西从美国引进了长童期品种，并着手培育适于低纬度地区气候、土壤和水分条件的'热带大豆'新品种。1975 年，巴西农牧研究院（Embrapa）大豆研究所成立，巴西大豆育种驶向了快车道。80 年代以后，巴西本地选育的大豆品种逐渐取代了美国品种，这些品种适应性更强，促进了南美热带地区大豆生产的快速发展。

阿根廷规模化种植大豆的历史比巴西更短，开展大豆育种的时间也比巴西晚 10 年左右。在其大豆生产发展的早期阶段，大豆品种基本来自美国或巴西。20 世纪 70 年代，阿根廷国家农业技术研究所（INTA）正式设立大豆育种项目。至 1983 年，阿根廷历史上第一个通过杂交选育的大豆品种'Carcaraña'在 INTA 诞生。

20 世纪 90 年代以来，以孟山都（现拜尔）、先锋等为代表的跨国公司开始广泛应用生物育种技术，成功培育出耐除草剂、抗虫和高油酸等转基因大豆品种，这些品种从美国传播开后，又迅速在南美得到普及，对世界大豆产业的发展起到极其重要的作用。

（二）大豆栽培科技发展历程

目前我国启动了国家大豆产业技术体系，主要任务是面向我国大豆产业技术需求，开展全局性、区域性、基础性、前瞻性和关键性技术研究，重点解决大豆生产波动、自给率下降和豆农收益不稳的问题，提升科技创新能力，推动大豆产业的发展。国家大豆产业技术体系由国家大豆产业技术研发中心和综合试验站两个层级构成。国家大豆产业技术研发中心依托中国农业科学院作物科学研究所，由育种与种子、病虫害防控、栽培与土肥、机械、加工及产业经济共 6 个功能研究室组成，聘任 26 位专家为岗位科学家，涵盖了大豆产业链的各个环节。国家大豆产业技术体系根据大豆优势区域布局规划，在东北、黄淮海（含西北）及南方大豆主产区建立 30 个综合试验站，形成技术集成、展示与示范网络。

第二节　大豆的生物学基础

一、大豆的起源与分类

（一）大豆的起源

栽培大豆起源于我国，是野生大豆进化演变和人工定向选择累积而来。其演化和选择的基本趋势是：叶从小尖叶到大圆叶；茎由细弱攀缘多分枝到粗壮直立少分枝；籽实由扁小黑豆到大圆黄豆；结荚性由无限型到有限型；短日性由强到弱；脂肪含量由低到高。

（二）大豆的分类

大豆属有野生大豆［*Glycine soja*（L.）Sied. et Zucc］和栽培大豆［*Glycine max*（L.）Merrlll］两个种。

1. 野生大豆 野生种在我国各地均有发现，为一年生攀缘性植物，茎长为 3～4 m，无限结荚习性，荚小而狭长，粒小，百粒重 1～3 g。籽粒蛋白质含量较高，脂肪含量较栽培大豆低。短日性强，对不良环境具有较强的抵抗能力。

2. 栽培大豆 栽培种是经过长期的自然选择和人工选择，形成了适于各种生态条件和符合人类需要的品种类型。栽培种的脂肪含量为 12%～24%，蛋白质为 32%～44%，个别的高于 50%，百粒重 10～40 g。

介于野生种和栽培种之间的还有中间类型，称半野生种（*Glycine gracilis* Skvortzow），系野生大豆和栽培大豆天然杂交产生的，如东北、华北的'秣食豆'，长江流域的'泥豆''马料豆''小绿豆'，陕、晋两省北部的'小黑豆'均属此类型。

（三）我国栽培大豆的分类

1. 按大豆的结荚习性分类

（1）无限结荚习性 无限结荚习性的大豆植株，主茎和分枝顶端在开花后仍继续生长，营养生长和生殖生长并进的时间较长，开花顺序是由下向上，顶端只长出 1～2 个荚，这类大豆植株较高，侧枝发达，豆荚均匀地分布在各分枝上，主茎虽有豆荚但不集中，荚以中部分枝最多，向上逐渐减少。

（2）有限结荚习性 接近成株高度前不久，在茎的中上部开始开花，然后向上、向下逐节开花，花期集中。而后在主茎顶端出现一个大花簇，茎即停止生长，因此植株较矮，主茎粗，节间短，豆荚多集中在主茎上，在肥地不易倒伏，叶片较肥大。

（3）亚有限结荚习性 这种结荚习性介于以上两种习性之间而偏于无限习性。植株较高大，主茎较发达，分枝性较差。开花顺序由下而上，顶端长出 3～4 个荚，主茎结荚较多，具这种结荚习性的大豆，在肥水充足和密植时，表现出无限习性的特征，而在肥水适宜、稀植时表现出近似有限习性的特征。

大豆的结荚习性是重要的生态性状。在地理分布上有着明显的规律和区域性。从全国范围看，南方雨水较多，生长季节长，有限习性类型较多。从一个地区看，雨量丰沛、土壤肥沃多栽培秆强不倒的有限结荚习性品种，若栽培无限结荚习性品种易徒长、倒伏。无限结荚习性大豆抗旱、耐瘠并能充分利用一切可能生活条件而尽量生长，因此，干旱少雨、土质贫瘠的地区多栽培无限结荚习性大豆。

2. 按播种区生态类型分类

（1）春大豆型 包括北方春大豆型、黄淮春大豆型、长江春大豆型和南方春大豆型。其短日性弱，北方春大豆型和长江春大豆型中极早熟和部分早熟品种，在较长光照甚至不断光照条件下仍能开花。

（2）夏大豆型 夏大豆型又分黄淮夏大豆型和南方夏大豆型，短日性较强，在 16 h 日长下即不能开花。

（3）秋大豆型 秋大豆型短日性极强，在 14 h 日长下即不能开花。

（4）冬大豆型 冬大豆型分布在我国北回归线以南地区，以两广南部为主，11 月秋熟作物收后播种，翌年 3～4 月收获，短日性较弱。

3. 按生长习性分类

（1）直立型 植株生长健壮，茎秆直立向上，栽培品种大多属于直立型。

（2）半直立型 植株生长较健壮，茎秆上部略呈波状弯曲。

（3）半蔓生型　　植株生长较弱，茎秆细长，出现轻度爬蔓和缠绕。

（4）蔓生型　　植株生长弱，茎枝细长爬蔓，呈强度缠绕，匍匐地面。

二、大豆的温光特性与要求

（一）大豆对环境条件的要求

1. 光照　　大豆是短日照作物。据研究，大豆在出苗 7 天后就进入了光照阶段，即开始对短日照起反应。在短日照条件下，大豆开花成熟提前，在长日照条件下大豆成熟延迟。

大豆对短日照的要求是有限的，其短日照习性只是指大体在 8～18 h，光照越短，越能促进生殖器官的发育和抑制营养体的生长；光照越长，越能促进营养体生长和抑制生殖器官发育。大豆品种类型不同，其短日照特性也不同，以较高纬度地区的春大豆品种的短日性最弱，较低纬度地区的秋大豆品种的短日性最强，夏大豆的短日性次之。光照时间与大豆品种的植株性状也有关系，植株高度的变化与光照处理时数的变化呈正相关，光照时间越长，其株高呈规律性增加。

由于日照长短对大豆品种的分布和适应性有很大的影响，因此，在大豆引种时需注意原产地区的日照时数长短，不能轻易将南（北）方品种引到北（南）方大面积种植，以免造成生产上的损失。

大豆是喜光作物，光照强度对大豆产量的形成有显著的影响，阴雨天多和光照不足会严重影响大豆产量。

2. 温度　　大豆属于喜温作物，在温暖气候条件下生长较好。大豆种子在温度为 6～7℃即可发芽，但很缓慢；日平均气温在 16～20℃时，发芽快而整齐；当温度为 33～36℃时，发芽虽迅速，但幼苗瘦弱。在大田播种期内，土温为 10～12℃，大豆种子可顺利发芽；在 17～18℃时，出苗迅速整齐，低于 8℃时种子即使发芽，也只能扎根不易出苗，因为低温时，胚轴伸长受抑制，子叶不能出土。

大豆的生长发育在进入花芽期后就需要较高的温度。花芽分化的适宜温度为 18～22℃，低于 12℃花芽不能进行分化，低于 20℃和高于 35℃则落花严重。温度超过 40℃，结荚率减少了 57%～71%。鼓粒成熟期适宜的温度为 19～33℃，鼓粒期昼夜温差大，有利于光合产物的积累。

大豆整个生育期所需要≥10℃的活动积温，因品种不同差异较大，夏播早熟品种约为 1600℃，晚熟品种要求在 3200℃左右。较高纬度的品种需要积温少，较低纬度的品种需要积温多。温度对大豆品质有一定的影响，昼夜温差大有利于大豆脂肪的形成和脂肪含量的提高，而在相对较低温度的条件下，有利于大豆蛋白质形成和提高蛋白质含量。

3. 水分　　大豆属于需水较多的作物。据研究，形成 1 g 大豆干物质需水 600～1000 g。

大豆由于各生育期的生理变化不同，群体结构各异，因此各期对水分的消耗也不同。据研究，大豆从播种到出苗需水量占整个生育期耗水量的 5%，出苗到分枝为 13%，分枝到开花 17%，开花到鼓粒为 45%，鼓粒到完熟为 20%。因此，开花到鼓粒期的水分供应对大豆产量尤其重要。

（二）大豆对土壤条件的要求

1. 土壤有机质、质地和酸碱度　　大豆对土壤条件的要求不是很严格，比较耐瘠薄，对土壤质地的适应性较强。砂质土、砂壤土、壤土、黏壤土乃至黏土，均可种植大豆，但以土层深厚、有机质含量丰富的壤土最为适宜。大豆要求中性土壤，pH 宜为 6.5～7.5。pH 低于 6.0 的酸性土往往缺钼，也不利于根瘤菌的繁殖和发育。pH 高于 7.5 的土壤往往缺铁、锰。大豆不耐盐碱，总盐量<0.18%，NaCl<0.03%，植株生育正常；总盐量>0.60%，NaCl>0.06%，植株死亡。

2. 土壤矿质营养　　大豆需要矿质营养的种类全，且数量多。相比而言，大豆对 P 素需要较多，是喜 P 作物。

大豆植株生育早期阶段，叶片、叶柄、茎秆中的 N、P_2O_5 和 K_2O 的浓度百分比较高。随着植株的生长发育，特别是随着籽粒的形成，全株的养分浓度逐渐下降，譬如，出苗后 15 天叶片的 N、P_2O_5 和 K_2O 的百分含量分别为 5.43%、1.10% 和 1.81%，而成熟期（出苗后 127 天），相应地下降至 2.99%、0.61% 和 0.82%。籽粒中 N、P 和 K 的百分含量基本上呈上升趋势。成熟期籽粒的含氮量在 6% 以上。大豆植株对 N、P_2O_5 和 K_2O 吸收积累的动态符合 Logistic 曲线，即前期慢，中期快，后期又慢。

大豆对微量元素的需要量极少。各种微量元素在大豆植株中的含量为：镁（Mg）0.97%、硫（S）0.69%、氯（Cl）0.28%、铁（Fe）0.05%、锰（Mn）0.02%、锌（Zn）0.006%、铜（Cu）0.003%、硼（B）0.003%、钼（Mo）0.0003%、钴（Co）0.0014%（Ohlrogge，1966）。多数微量元素由于需要量极少，加之多数土壤尚可满足大豆的需要，常被忽视。近些年来，有关试验已证明，为大豆补充微量元素收到了良好的增长效果。

3. 土壤水分　　大豆不同生育时期对土壤水分的要求不同。发芽时，要求水分充足，土壤含水量在 20%～24% 较适宜。幼苗期比较耐旱，此时土壤水分略少一些，有利于根系深扎。分枝期，植株生长旺盛，需水量大，要求土壤相当湿润。结荚和鼓粒期，干物质积累加快，此时要求充足的土壤水分。如果墒情不好，会造成幼荚脱落，或导致荚粒干瘪。

大豆耐涝性较差，土壤水分过多对大豆的生长发育也是不利的。据报道，大豆植株浸水 2～3 昼夜，水温没有变化，水退之后尚能继续生长，如渍水的同时又遇高温，植株会大量死亡。不同大豆品种的耐旱、耐涝程度是不一样的。例如，秣食豆、小粒黑豆等类型具有较强的耐旱性；农家品种'水里站'则比较耐涝。

三、大豆的生育过程与器官建成

国际上比较通用的是费尔（Water R. Fehr）等的划分方法，该方法根据大豆的植株形态表现记载生育时期，见表 6-1 和表 6-2。

表 6-1　大豆营养生长时期的划分

发育时期代号	发育时期简称	外形表现
VE	出苗期	子叶露出土面
VC	子叶期	第一节单叶半展开，但叶缘已分离
V1	第 1 节期	真叶全展，第 1 复叶小叶叶缘分离
V2	第 2 节期	主茎第 1 个复叶全展
⋮	⋮	⋮
Vn	第 n 节期	主茎第 $n-1$ 个复叶全展

表 6-2　大豆生殖生长时期的划分

发育时期代号	发育时期简称	外形表现
R₁	始花期	主茎任一节上开一朵花
R₂	盛花期	主茎最上部 2 个全展复叶节上任一节开花
R₃	始荚期	主茎上最上部 4 个全展复叶节中任一节上荚长达 5 mm
R₄	盛荚期	同上位置中任一节上荚长达 2 cm
R₅	始粒期	同上位置一个荚中子实长达 3 mm
R₆	鼓粒期	同上位置一个荚中有一粒绿色籽粒充满荚腔
R₇	初熟期	主茎上有一个荚达到成熟颜色
R₈	完熟期	95%的荚达到成熟颜色，籽粒含水量可下降到 15%以下

（一）种子萌发和出苗期

在适宜的温度和空气条件下，播种层温度稳定在 10℃时，种子即可发芽。具有发芽能力的种子吸水膨胀，呼吸作用逐渐加强，子叶内各种酶的活性增强，油脂、蛋白质等复杂物质在酶的作用下，水解成可溶性易被胚吸收的简单物质，胚开始萌动。胚根首先从胚珠珠孔伸出，当胚根伸长到与种子等长时，称发芽。胚根伸长扎入土中形成幼根。接着，胚轴伸长，种皮脱落，子叶随下胚轴伸长露出土面，当子叶展开时称出苗。条件适宜，播种后 4～6 天即可出苗，田间半数以上子叶出土即为出苗期。子叶出土展开后，开始进行光合作用。

（二）幼苗期

从出苗到花芽分化前为幼苗期。出苗后 2 片子叶展开，其幼茎继续伸长，上面的 2 片对生的单叶随即展开，此时称单叶期。随着幼茎不断伸长，长出第一片复叶，这时称 3 叶期。3 叶期地上部分增长速度较慢，地下根系生长较快形成根瘤，此期末根系初步形成，开始需要较多的水分和养料。

幼苗期 20～25 天，占整个生育期的 1/5，这一时期是长根期，应注意蹲苗，加强田间管理，达到苗全、苗匀和苗壮，为丰产打下基础。

（三）花芽分化期

从花芽开始分化到始花为花芽分化期，也是分枝期。一般经 25～30 天。当复叶出现 4～5 片时，主茎下部开始发生分枝，同时分化花芽。大豆花芽的分化和现蕾是在短日照条件下进行的。花芽开始分化的过程是：先出现半球状花芽原始体，接着在它的前面形成萼片，再形成筒，继而分化出龙骨瓣、翼瓣和旗瓣。环状的雄蕊原始体相继分化，在雄蕊中央雌蕊开始分化，并出现胚珠原始体。随后胚珠、花药原始体分化，花器官逐渐长大，最后陆续形成花蕾、花粉和胚囊，完成花芽分化（图 6-1）。

花芽开始分化，植株进入生殖生长和营养生长并进时期，这时必须加强肥水管理，同时注意协调营养生长与生殖生长，达到株壮、枝多、花芽多和花健的要求。

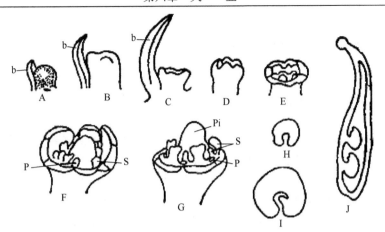

图 6-1 大豆的花芽分化（山东农学院，1980）

A. 花芽原始体；B. 萼片开始发育；C. 花萼圈原始体形成；D. 花萼圈形成；E. 花瓣原始体；F. 雄蕊原始体；G. 雌蕊原始体；H. 雌蕊发育初期的横切面；I. 雌蕊胚珠开始发育；J. 胚珠的形成（纵切面）。P. 花瓣；S. 雄蕊；Pi. 雌蕊；b. 苞叶

（四）开花结荚期

从始花到终花为开花期，从软而小的豆荚出现到幼荚形成为结荚期，由于大豆开花与结荚是并进的，因此这两个时期通称开花结荚期。

大豆花很小，着生在叶腋或茎的顶端，每个花簇上着生的花数，因品种和栽培条件不同而异，大豆落花落荚率高，因此每个花簇结荚数较少。大豆开花以上午 6~9 时为最多，由现蕾至开花一般为 3~7 天。

胚珠受精后，子房逐渐膨大，形成软而小的绿色幼荚，当荚长 1 cm 时，称为结荚。豆荚的生长是先增长，再增宽，最后增厚。

开花结荚期是大豆生育最旺盛的时期，是需要水分和养料最多的时期，同时需要充足的光照。在前期苗全、苗壮和分枝多的基础上，花期应加强肥水管理，并使通透良好，以达到花多、荚多、粒多和减少花荚脱落的要求。

（五）鼓粒期

从豆荚内豆粒开始膨大起，直到达到最大的体积和质量时称鼓粒期。开花后 10 天内，种子内的干物质积累增加缓慢，之后的 7 天增加很快，大部分干物质是在这以后大约 21 天内积累的。鼓粒期30~40 天，鼓粒完成时的种子含水量约为90%。

鼓粒期是大豆种子形成的重要时期，这个时期大豆生育是否正常将决定每荚粒数的多少、粒重的高低和种子的化学成分。此时干旱或多雨致涝能造成死荚、秕粒和粒重下降而严重影响产量。保证种子正常发育要满足两个条件：一是植株本身贮藏物质丰富，根系不衰老，叶片的同化作用旺盛；二是要有充足的水分供应。

（六）成熟期

摇动叶片变黄脱落，豆粒脱水，呈现品种固有性状，这时种子含水量已降至 15%以下，直到摇动植株时荚内有轻微响声，即为成熟期。此时应当降低土壤水分，加速种子和植株变干，便于及时收获，同时防止肥水过多造成贪青晚熟，影响及时收获和倒茬。此期天气晴朗干燥可促进成熟，且有利于提高品质。

四、大豆的产量及品质形成

（一）大豆的产量构成及其形成

大豆的籽粒产量是由单位面积株数、每株荚数、每荚粒数和粒重所构成。以上 4 个产量构成因素中任何一个因素发生变化都会引起产量的增减，理想的产量构成模式是 4 个因素同时增长。然而同一个品种中，将荚多、每荚粒数多和大粒等优点结合在一起是比较困难的，即使有这样的品种，也只有在适宜密度的情况下才能获得高产。

对于同一个大豆品种来说，单位面积株数在一定肥力和栽培条件下有其适宜的幅度，伸缩性不大。每荚粒数在遗传上是比较稳定的，百粒重又受籽粒形体大小的限制，因此每株荚数是变异较大的因素。国内外不少研究证实，单株荚数与产量呈显著正相关。培育强健主茎、增加主茎节数，是获得高产的有效途径。

在大豆产量形成过程中，为了获得高产，不同生育时期有不同的长相要求，幼苗生长是打基础的时期，壮苗的要求是主根和幼茎粗壮，侧根发达，子叶和第一对单叶较肥大，节间较短，地上部高度增长较缓慢。从第 1 片复叶开始，植株节间短、节数多、叶片浓绿且鲜嫩不老。进入开花期后，应封行适时，最大叶面积指数在 4～5，主茎及分枝节数多，各节开花多，形成茂盛花簇而少脱落。成熟时植株高大整齐，直立不倒，落叶后分枝在行间互相交错，荚色整齐，很少或没有灰白色的秕荚，荚内籽粒饱满。

由此看来，根据大豆品种产量构成因素的特点发挥主导因素的增产作用，克服次要因素对增产的限制，在一定的肥力、栽培水平上协调各产量因素的关系，密度合适、结荚多、秕粒少且籽粒饱满，才能发挥大豆品种的生产潜力，提高籽粒产量。

（二）大豆花荚脱落的原因及调控

大豆花荚脱落极为普遍，严重影响产量的提高。每株大豆蕾、花、荚脱落数一般占总花数的 45%～70%。脱落比例大致是：花朵占 50%、幼荚占 40%、花蕾占 10%。

花荚脱落与品种类型有关。据研究，有限结荚习性品种花荚脱落率较低，约为 38%，无限结荚习性品种花荚脱落率较高，约为 60%。

大豆花荚脱落的根本原因是生长发育失调。营养生长和生殖生长在很长一段时间里是交错进行的，在苗期生长过旺的情况下，营养生长甚至在开花结荚期仍占优势，成为养分分配的中心，致使生殖生长受到抑制。另外，大豆具有养分局部分配的特点，当枝叶繁茂，株间郁闭时，被遮阴的叶片光合作用弱，光合产物不足也是造成花荚脱落的原因之一。在营养生长过弱的情况下，养分积累少，花芽分化不能正常进行，已形成的花荚也因养分不足而脱落，后期形成的花荚更因处于"饥饿状态"而脱落。

引起大豆花荚脱落的外界因素，主要是机械损伤和病虫害危害，还有温度太低造成的冷害等。其他如土壤水分过多或过少，养分不足或氮肥过多和种植密度过大造成株间光照不良等都是引起花荚脱落的原因。

协调大豆营养生长与生殖生长，实现增花保荚，除应用生长调节剂外，还应从两个方面着手：一是培育生理上光合效率高，生态上叶片透光率高，株型较收敛因而群体透光好的品种类型，提高大豆在单位面积上的干物质生产量和经济系数；二是改进栽培技术，改善大豆群体的生态条件，保花保荚必须做好大豆的需光保叶，构成良好的源（叶片）－库（豆荚）系统。同时应及时防治病虫，抗御自然灾害。

（三）大豆种子的品质形成及其影响因素

大豆种子的蛋白质、油分含量及种皮色、脐色、光泽度与利用要求及商品价值有关。

大豆籽粒中蛋白质含量十分丰富，在大豆开花后 10～30 天，氨基酸增加最快。花后最初的 15～22 天内，由正在发育着的子叶所合成的蛋白质是"代谢蛋白"。在 22 天前后，脂肪和蛋白质开始同时积累，后来以蛋白质积累为主。后期蛋白质的增长量占成熟种子蛋白质含量的一半以上。

大豆籽粒含油量在开花后 45 天以前，随种子成长而增加，其中又以开花后 30 天左右增长最快，开花后 45 天（乳熟期）达到高峰，以后略有下降。结荚鼓粒期是提高种子含油量的重要时期，籽粒形成后 7 天又是提高种子干重和油分绝对含量的关键时期。

大豆籽粒油分与蛋白质含量之和约为 60%，这两种物质在形成过程中呈负相关关系。油分和蛋白质的形成都需要现成的光合产物——糖。凡环境条件利于蛋白质的形成，籽粒蛋白质含量即增加；反之，环境条件利于油分形成，则油分含量增加。

影响大豆品质的生态因素很多，概括起来有这样的规律性：土壤水分适中，天气晴朗，阳光充足，气温在 21～23℃，对油分形成和积累有利，但蛋白质含量较低；反之土壤干旱，高温闷热，阴而多湿或气温较低等条件，对蛋白质形成和积累有利，但油分含量不高。大豆的优质栽培可根据用途目的而定，除选用适宜品种外，还应努力创造一个适宜油分或蛋白质合成积累的环境条件。

黄大豆用途广、色泽好、商品价值高。特别是无色或淡色脐、无褐斑、无炸皮且粒大而圆的黄豆，外贸出口受欢迎。青大豆煮熟性好，适于作蔬菜用。黄大豆含油量最高，青大豆、黑大豆依次递减。就脐色而言，淡褐色脐含油量最高，其次是黑脐、褐色脐。种皮光泽明亮，含油量较高。籽粒大小、形状与含油量多少有显著关系，一般大粒、圆粒含油量高，小粒、卵圆及扁圆含油量低些。

（四）大豆秕粒的产生和防止

大豆的秕粒俗称"辣椒籽"，是在结荚鼓粒阶段种子得不到足够的营养物质而形成的。当正常生长的大豆成熟时，发生死荚或秕粒的植株往往全株青绿，俗称"倒青稞"或"青稞不实"，是影响大豆产量和品质的一个严重问题。

一个豆荚内秕粒产生的位置多在荚的基部和中部，顶端产生较少。在不太干旱的情况下，全部秕粒的荚很少，2～4 粒荚中有 1 个秕粒的往往较多，而在干旱条件下，如果不及时灌溉，就会产生较多的秕粒。

大豆秕粒产生的原因，一般认为是叶片功能衰退或营养生长过旺，从而使叶片制造的光合产物不足或运送到种子内的物质较少；也有的认为主要原因是缺乏水分供应，或高温干旱的综合影响使营养物质的运输受阻碍。此外，病虫危害，如大豆感染病毒后，往往产生青稞不实。从种子开始鼓粒，大豆生育期就已进入后期，各种生理功能逐渐衰退是必然的现象。但衰退过早和过快，形成种子所需的营养物质就会严重不足，有的种子就停止发育而成秕粒。

　　防止秕粒的产生，应采取选育良种、注意轮作换茬、施用有机肥、增施磷肥、认真做好大豆生育后期的田间管理和防止病虫害对植株的侵染等措施。同时，要根据气候和土壤水分状况，掌握好灌溉和排水等技术措施。

第三节　大豆主要性状的遗传与育种

一、大豆的育种目标及主要性状的遗传

（一）我国主产区的育种目标

　　1. 北方一熟春豆区　　本区包括东北三省、内蒙古、河北与山西北部、西北诸省北部等地，大豆于 4 月下旬至 5 月中旬播种，9 月中下旬成熟。育种的主要目标有以下几点：①适应于各地的早熟性。②适应于自然和栽培条件的丰产性。大面积中等偏上农业条件地区品种产量潜力为 3375～3750 kg/hm^2（225～250 kg/亩）；条件不足、瘠薄或干旱盐碱地区，产量潜力为 2625～3000 kg/hm^2（175～200 kg/亩）；水肥条件优良、生育期较长地区，产量潜力为 3750～4500 kg/hm^2（250～300 kg/亩），希望突破 4875 kg/hm^2（325 kg/亩）。③本区大豆出口量大，籽粒外观品质尤其重要，要求保持金黄光亮、球形或近球形、脐色浅、百粒重 18～22 g 的传统标准。本区以改进大豆油脂含量为主，一般不低于20%，高含量方向要求超过 23%。也有要求提高蛋白质含量，高含量方向要求 44%以上。双高育种的要求，含油脂 21%以上、蛋白质 42%以上。④抗病性方面主要为抗大豆孢囊线虫、大豆花叶病毒，黑龙江东部要求抗灰斑病、根腐病。抗虫性方面主要为抗食心虫及蚜虫。⑤适于机械作业的要求。

　　2. 黄淮海二熟春夏豆区　　本区夏大豆的复种制度有冬麦一夏豆的一年二熟制和冬麦一夏豆一春作的二年三熟制。夏大豆在 6 月中下旬麦收后播种，9 月下旬种麦前或10 月上中旬霜期来临前成熟收获，全生育期较短。主要目标有：①适应于各纬度地区各复种制度的早熟性。②丰产性，在一般农业条件要求有 3000～3750 kg/hm^2（200～250 kg/亩）的潜力，希望突破 4500 kg/hm^2（300 kg/亩）。③籽粒外观品质要求虽不能与东北相比，但种皮色泽、脐色和百粒重都须改进，油脂含量应提高到 20%，蛋白质含量不低于 40%，高蛋白质含量育种应在 45%以上，双高育种油脂与蛋白质总量应在 63%以上。④抗病性以对大豆花叶病毒及大豆孢囊线虫的抗性为主。抗虫性包括抗豆秆黑潜蝇、豆荚螟等。⑤耐旱、耐盐碱是本区内部分地区的重要内容。⑥适于机械收获的要求在增强之中。

　　3. 长江中下游二熟春夏豆区、中南多熟春夏秋豆区、西南高原二熟春夏豆区、华南热带多熟四季大豆区　　这几个区大豆的面积分散、复种制度多样，春播大豆的复种方式有麦/春豆一水稻、麦/春玉米//春大豆一其他秋作等。夏播大豆有麦一夏大豆、麦一玉米//夏大豆等。秋播大豆有麦一早稻一秋大豆、麦一玉米一秋大豆等。此外，广东南部一年四季都可种大豆，除春、夏、秋播外，还有冬播大豆。总的来说，长江流域还是夏大豆居多，长江以南地区则以春、秋大豆为主。主要育种目标为以下几点：①适应于各地各复种制度的生育期。②丰产性，在一般农业条件下有 2625～3000 kg/hm^2（175～200 kg/亩）的潜力，希望突破 3750 kg/hm^2（250 kg/亩）。③籽粒外观品质，包括种皮色泽、脐色、百粒重均须改进，

油脂含量提高到 19%～20%，蛋白质含量不低于 42%。高蛋白质含量育种要求在 46%以上。蔬菜用品种对种皮色、子叶色、百粒重、蒸煮性、荚形大小等有其特殊要求。④抗病性以抗大豆花叶病毒和大豆锈病为主；抗虫性则以抗豆秆黑潜蝇、豆荚螟和叶食性害虫为方向。⑤间作大豆地区要求有良好的耐阴性；一些地区要求耐旱、耐渍；红壤酸性土地区要求耐铝离子毒性。⑥适于机械收获也将越来越重要。

以上所列各主要大豆产区的育种目标是总体的要求。各育种单位需在此基础上根据本地现有品种的优缺点及生物与非生物环境条件的特点制定具体的目标和计划。丰产性的成分性状组成、生育期的前后期搭配、抗病虫的小种或生物型和耐逆性的关键时期等都可能各有其侧重。

（二）主要性状的遗传

性状遗传研究，主要涉及以下 3 方面内容：①控制性状的遗传体系、基因效应及基因间的连锁。②估计育种群体的遗传潜势，包括群体遗传变异度、遗传率、选择响应等。所研究的群体可以是杂种群体的分离世代，也可以是一定生态区域地方品种组成的自然群体。③与确定育种方法、策略有关的遗传学信息，诸如亲本配合力（一般配合力与特殊配合力，在 F_1 代表现的亲本配合力用于杂种优势利用的亲本选配，在后期世代表现的亲本配合力用于纯系选育的亲本选配）、杂种优势的预测、性状的遗传相关等。此外，分子水平上数量性状位点（QTL）的连锁与定位工作也在发展中。

质量遗传性状的研究按孟德尔方法进行，通过 F_1 观察显隐关系，由 F_2 及其他分离世代观察表现型分离比例及基因型分离比例，从而推定其遗传体系。数量性状连续变异尺度上，若分离世代出现单峰态分布，表明属多基因控制的性状；若出现多峰态分布，表明有主基因作用或主基因与多基因共同作用，此时须排除环境干扰才能确定其性质。质量遗传的性状只要看到基因符号便可推测出其遗传表现；数量遗传的性状则依两亲本的遗传相差情况而定，通常由分离分析进行遗传模型测验，并估计其基因数量与相应的效应。

1. 产量性状的遗传 产量及其组成因素单株荚数、单株粒数、每荚粒数、空秕粒率和百粒重等，均属数量遗传性状，受微效多基因控制，环境影响相对较大（表 6-3）。产量、单株荚数和单株粒数的遗传率均很低，尤其当选择单位是单株时平均仅约10%，选择单位为家系时遗传率增大至38%左右，有重复的家系试验阶段遗传率增大至80%左右。因此，产量的直接选择常在育种后期有重复试验的世代进行。产量、百粒重的基因效应主要是加性效应，通过重组常存在加性×加性上位作用可加以利用。杂种一代产量存在明显的超亲优势，国内外 7 个研究的平均超亲优势为 3.3%～20.9%，自交有明显的衰退。产量的杂种优势与单株荚数及单株粒数的杂种优势有关。亲本的产量配合力在杂种早期 F_1～F_4 世代的表现不一致，存在显著 gca×世代和 sca×世代的互作，但在后期 F_5～F_8 世代则上述两项互作并不显著，因而在杂种早代表现配合力高的亲本，不一定在以后世代表现出高配合力，利用 F_1 代杂种优势与利用后期世代稳定纯系将可能有不同的最佳亲本及其组合。百粒重在早代及晚代上述两项互作均不显著，因而 F_1 优势和后代纯系两种育种方向的亲本组成有可能是一致的。产量与全生育期呈正相关关系，与蛋白质含量呈负相关关系，其他有实质性意义的相关甚为少见（表 6-4）。

表6-3　大豆主要数量性状的遗传率估计值（%）

性状	单株		家系		性状	单株		家系	
	变幅	经验平均	变幅	经验平均		变幅	经验平均	变幅	经验平均
产量	4~76	10	14~77	38	全生育期	32~69	55	71~100	78
百粒重	35~62	40	46~92	68	生育前期	66~95	60	65~89	84
单株荚数	约36	—	25~50	—	生育后期	42~72	40	43~77	65
单株粒数	约8	—	19~55	—	株高	35~93	45	55~91	75
每荚粒数	—	—	59~60	—	倒伏性	10~42	10	17~75	54
秕粒率	—	—	约40	—	底荚高度	—	—	29~63	52
主茎分枝数	约3	—	38~73	—	荚宽	—	—	69~92	—
主茎节数	约47	—	64~69	—	油脂含量	49~64	30	51~78	67
表观收获指数	—	82	—	—	蛋白质含量	约70	25	39~83	63
表观冠层光合率	—	—	41~65	—	蛋脂总含量	—	—	67~78	74

表6-4　产量、蛋白质含量、油脂含量与其他性状相关系数估计值

性状	产量		蛋白质含量		油脂含量	
	变幅	经验估值	变幅	经验估值	变幅	经验估值
全生育期	0.01~1.00	0.40	−0.05左右	0	−0.45~0.22	−0.20
生育前期	−0.16~0.87	0	0.20左右	0.10	−0.47~0.28	−0.20
生育后期	−0.28~0.89	0.20	−0.25左右	0	−0.09~0.32	0.10
株高	−0.52~0.82	0.30	0	0	−0.54~0	0
百粒重	−0.59~0.66	0.20	−0.13左右	0	−0.46~0.18	0
产量	—	—	−0.64~0.35	−0.20	−0.23~0.68	0.10
蛋白质含量	−0.64~0.35	−0.20	—	—	−0.70左右	−0.60
油脂含量	−0.23~0.68	0.10	−0.70左右	−0.60	—	—

2. 品质性状的遗传　　大豆种子蛋白质与油脂绝大部分存在于种胚，特别是两片子叶中。种胚的世代与当季植株的世代分属于两个世代，因种胚是经雌雄配子融合后的下一世代。种子包括种皮及种胚，种皮由珠被发育而成，属亲代，因而与种胚也分属两个世代。鉴于一粒种子绝大部分为种胚，种皮只占极少分量，所以对种子化学成分性状研究时将种子（实为种胚）算作子代。例如，两个亲本杂交，母本上结的种子（主要属种胚）为 F_1，F_1 植株上结的种子为 F_2 世代，按以上方法划分世代称为种胚世代法。由于实验分析技术难于测定单粒或半粒种子的成分，而需用较大样品，因此只能以 F_1 所结种子算作 F_1 的结果；相应地 F_2 植株所结种子为 F_2 的结果，这种划分世代的方法为植株世代法。上述 F_2 单株所结种子在种胚世代法中将属 F_3 家系世代。由于微量分析技术的应用，可测定单粒种子的成分，因此文献中有植株世代的结果，也有种胚世代的结果，应注意区分。种胚世代法的研究结果，蛋白质含量的遗传存在母体效应，包括母体核基因作用的影响及母体细胞质效应，而以前者为主；油脂含量的遗传，有母体核基因作用的影响，但未发现细胞质效应。

植株世代法的研究结果表明，蛋白质含量与油脂含量两个性状均以加性效应为主，显性效应不明显，也有加性×加性可资利用。两个性状的遗传率均较高，单株约分别为 25%与 30%，家系分别为 63%和 67%。综合以上两方面情况，这两个性状的选择可于早期世代进行，中亲值

及早代可以预测后期世代的平均表现，早代单株及株行结果可用于预测其衍生家系的表现。但蛋白质含量与油脂含量存在负相关，经验估值 $r=-0.60$，因而选择一个性状时要注意另一性状的劣变。这两个性状，除蛋白质含量与产量存在负相关外，与其他农艺性状未发现有实质性的相关。但 Sebolt 等（2000）检测到 2 个来源于野生大豆的蛋白质含量 QTL 位于 I 连锁群上的一个与产量存在显著负相关，另一个在 E 连锁群上则不能确定是否有负相关性。

大豆种子蛋白质的含硫氨基酸，即甲硫氨酸与胱氨酸含量的遗传率分别为 55% 及 67%。沉降值 11S 的蛋白质中含有较多的含硫氨基酸，因此有人提议通过选育 11S 蛋白质以提高含硫氨基酸含量，已发现由单显性基因控制的 7S 球蛋白亚基缺失种质。有无胰蛋白酶抑制物呈单基因遗传，有 SBTI-A_2 对无 SBTI-A_2 为显性。

F_1 种胚亚麻酸含量有明显的母体效应，而植株世代的正反交 F_1 间并无明显差异。种粒、单株、株行和小区平均的遗传率值分别约为 53%、61%、70% 和 90%。目前已发现 $Fap_1 \sim Fap_7$ 等基因控制棕榈酸含量，Fas 和 St 基因位点控制硬脂酸含量。对于不饱和脂肪酸，发现 Ol 位点控制油酸含量，$Fan_1 \sim Fan_3$ 等基因控制亚麻酸含量。控制脂肪酸的不同位点（包括控制同一种脂肪酸的不同位点和控制不同脂肪酸的基因）基因间存在互作。

3. 抗病虫性状的遗传　大豆抗病虫性状的遗传是相对于抗、感类型划分的标准而言的。抗病性的鉴定有的从反应型着眼，有的从感染程度着眼，因为有的抗病性状可以明显区分为免疫与感染，有的抗病性状未发现免疫而只有感染程度上的区别，抗虫性也有类似情况，因而抗性鉴定的尺度有的是定性的，有的是定量的。例如，对大豆花叶病毒株系的抗性，接种叶的上位叶若无反应为抗，若上位叶有枯斑、花叶等症状为感；对豆秆黑潜蝇的抗性以主茎分支内的虫数为尺度，以一套最抗、最感的标准品种茎秆虫量为相对标准，划分为高抗、抗、中等、感和高感共 5 级。

已报道的抗病性的遗传均侧重在主基因遗传。表 6-5 中列有对主要病害抗性的主基因符号及抗、感的代表性材料，读者自然明了其含义及应用。这些病害为大豆花叶病毒、大豆孢囊线虫、灰斑病、大豆锈病、细菌性叶烧病 [*Xantllornonas phaseoli* var. *sojensis*（Hedegs）Starret Burkh]、细菌性斑点病（*Pseudomonas glycinea* Coerper）等。其中，我国大豆品种对长江下游大豆花叶病毒 Sa、Sc、Sg 和 Sh 共 4 个株系的抗性属一个连锁群；对 N1、N3、SC-7、SC-8、SC-9 株系的抗性也均各由一对显性基因控制并与 Sg-Sa-Sh-Sc 属同一连锁群，在 N8-Dlbq-W 连锁群上排列的次序为 Rsc_8—Rn_1—Rn_3—Rsc_7—Rsv_a—Rsc_9。大豆对东北 SMV（大豆花叶病毒）1 号株系成株抗性与籽粒抗性是由不同基因控制的并存在连锁关系，抗 SMV 1 号和 3 号株系的种粒斑驳基因也不等位。对大豆孢囊线虫的抗性涉及多对主基因，通过回交恢复到抗源亲本 Peking 的抗性程度很不容易。表 6-5 中还列有对其他一些病害的抗性，包括大豆霜霉病 [*Peronospora manchurica*（Naum.）Syd.]、大豆黑点病 [*Diaporthe phaseolorum*（Cke. Et Ell.）Sace var. *caulivora*]、白粉病（*Microsphaera diffusa* Cke. et PK.）、褐色茎腐病（*Phialophora gregata* Allington et Chamberlain）、疫霉根腐病（*Phytophthora megasperma* Drechs. f. sp. *glycinea* Kuan et Erwin）、黄化花叶病毒（yellow mosaic virus）等。

抗虫性遗传的报道甚少。尽管已经选育出抗叶食性害虫、抗食心虫的品种，但其遗传规律都未有确切结果。南京农业大学大豆研究所研究了抗豆秆黑潜蝇的性状遗传，其结果为无细胞质遗传，由 1 对核基因控制，抗虫为显性，可能有微效基因的修饰。对斜纹夜蛾植株反应和虫体反应的抗性遗传均属 2 对主基因和多基因的混合遗传模型。

表 6-5　大豆主要质量遗传性状的基因符号（Palmer et al.，2004）

性状	显性			隐性		
	显性基因符号	表现型	载体材料	隐性基因符号	表现型	载体材料
开花成熟期	E_1	晚	T175	e_1	早	Clark
	E_2	晚	Clark	e_2	早	P186024
	E_3	晚，对荧光敏感	Harosoy	e_3	早，对荧光不敏感	Blackhawk
	E_4	对长日敏感	Harcor	e_4	对长日不敏感	P1297550
	E_5	开花、成熟晚	L64-4830	e_5	开花、成熟早	Harosoy
	E_6	早熟	Parana	e_6	晚熟	SS-1
	E_7	开花、成熟晚	Harosoy	e_7	开花、成熟早	P1196529
	J	长青春期	P1159925	j	短青春期	常见材料
结荚习性	Dt_1	无限性茎	Manchu	dt_1	有限性茎	Ebony
				$dt_1\text{-}t$	高有限茎	Peking
	Dt_2	亚有限茎	T117	dt_2	无限性茎	Clark
茎形状	F	正常茎	常见材料	f	扁束茎	T173
叶柄长	Lps	正常叶柄	Lee68	lps	短叶柄	T279
节间长	S	短节间	Higan	s	正常节间	Harosoy
				$s\text{-}t$	长节间	Chief
分枝	Br_1Br_2	中下节均有分枝	T327	br_1br_2	基部节有分枝	T326
花序轴	Se	有花序轴	T208	se	近无花序轴	P184631
矮化	$Df_2\text{-}Df_8$	高秆	常见材料	$df_2\text{-}df_8$	矮秆	特定突变体
	Mn	正常	常见材料	mn	微型株	T251
	Pm	正常	常见材料	pm	不育、矮秆、皱叶	T211
落叶性	Ab	成熟时落叶	常见材料	ab	延迟落叶	Kingwa
叶形	Ln	卵形小叶	常见材料	ln	窄小叶、四粒荚	PI84631
	Lo	卵形小叶	常见材料	lo	椭圆小叶、荚粒数少	T122
小叶数	Lf_1	5 小叶	PI86024	lf_1	3 小叶	常见材料
	Lf_2	3 小叶	常见材料	lf_2	7 小叶	T255
叶柄长	Lps_1	正常叶柄	Lee68	lps_1	短叶柄	T279
	Lps_2	正常叶柄	NJ90L-2	lps_2	短叶柄，叶枕异常	NJ90L-1sp
茸毛类型	Pa_1Pa_2	直立	Harosoy	pa_1pa_2	半匍匐	Scott
	Pa_1Pa_2	直立	L70-4119	p_1p_2	匍匐	Higan
	P_1	无毛	T145	p_1	有毛	常见材料
	P_2	有茸毛	常见材料	p_2	稀茸毛	T31
	Pd_1Pd_2	超密茸毛	L79-1815	pd_1	正常密度	常见材料
	Pd_1 或 Pd_2	密茸毛	PI8083、T264	pd_2	正常密度	常见材料
花色	W_1	紫色	常见材料	w_1	白色	常见材料
茸毛色	T	棕色	常见材料	t	灰色	常见材料

性状	显性			隐性		
	显性基因符号	表现型	载体材料	隐性基因符号	表现型	载体材料
种子颜色	G	绿种皮	Kura	g	黄种皮	常见材料
	O	褐种皮	Seysota	o	红棕色种皮	Ogemaw
	R	黑种皮	常见材料	$r\text{-}m$	褐种皮有黑斑纹	P191073
				r	褐种皮	常见材料
	I	淡色种脐	Mandarin	$i\text{-}j$	深色种脐	Manchu
				$i\text{-}k$	鞍挂	Merit
				i	脐皮同为深色	Soysota
	K_1	无鞍挂	常见材料	k_1	种皮有深鞍挂	Kura
	K_2	黄种皮	常见材料	k_2	种皮有褐鞍挂	T239
	K_3	无鞍挂	常见材料	k_3	种皮有深鞍挂	T238
子叶颜色（细胞质因子）	D_1 或 D_2	黄子叶	常见材料	d_1d_2	绿子叶	Columbia
	$cyt\text{-}G_1$	绿子叶	T104	$cyt\text{-}Y_1$	黄子叶	常见材料
育性	Ms_0	雄性可育		ms_0	雄性不育	NJ89-1
	Ms_1	雄性可育	常见材料	ms_1	雄性不育	T260
	Ms_2	雄性可育	常见材料	ms_2	雄性不育	T259
	Ms_3	雄性可育	常见材料	ms_3	雄性不育	T273
	Ms_4	雄性可育	常见材料	ms_4	雄性不育	T274
	Ms_5	雄性可育	常见材料	ms_5	雄性不育	T277
	Ms_6	雄性可育	常见材料	ms_6	雄性不育	T295、T354
	Ms_7	雄性可育	常见材料	ms_7	雄性不育	T357
	Ms_8	雄性可育	常见材料	ms_8	雄性不育	T358
	Ms_9	雄性可育	常见材料	ms_9	雄性不育	T359
	Msp	雄性可育	常见材料	msp	部分雄性不育	T271
抗大豆花叶病毒	Rsv_a	抗 Sa 株系	7222	rsv_a	感 Sa 株系	1138-2
	Rsv_c	抗 Sc 株系	Kwanggyo	rsv_c	感 Sc 株系	493-l
	Rsv_g	抗 Sg 株系		rsv_g	感 Sg 株系	Tokyo
	Rsv_h	抗 Sh 株系		rsv_h	感 Sh 株系	493-l
	Rsc_7	抗 SC-7 株系	科丰 1 号	rsc_7	感 SC-7 株系	1138-2
	Rsc_8	抗 SC-8 株系	科丰 1 号	rsc_8	感 SC-8 株系	1138-2
	Rsc_9	抗 SC-9 株系	科丰 1 号	rsc_9	感 SC-9 株系	1138-2
	Rn_1	抗 N1 株系	科丰 1 号	rn_1	感 N1 株系	1138-2
	Rn_3	抗 N3 株系	科丰 1 号	rn_3	感 N3 株系	1138-2
	Rsv_1	抗 S-l、1-B、G1～G6	PI96983	rsv_1	感 S-1、1-B、G1～G6	Hill
	$Rsv_1\text{-}t$	抗 S-l、1-B、G1～G6	Tokyo			
	$Rsv_1\text{-}y$	抗 G1～G3	York			
	$Rsv_1\text{-}m$	抗 G1、G4～G5、G7	Marshall			
	$Rsv_1\text{-}k$	抗 G1～G4	广吉			
	$Rsv_1\text{-}n$	对 G1 出现顶枯	PI507389			
	$Rsv_1\text{-}s$	抗 G1～G4、G7	Raiden			
	$Rsv_1\text{-}sk$	抗 G1～G7	PI483084			
	Rsv_3	抗 G5～G7	OX686	rsv_3	感 G5～G7	Lee68
	Rsv_4	抗 G1～G7	LR2、Peking	rsv_4	感 G1～G7	Lee68

性状	显性			隐性		
	显性基因符号	表现型	载体材料	隐性基因符号	表现型	载体材料
抗大豆孢囊线虫	Rhg_1 或 Rhg_2 或 Rhg_3	感病	Lee、Hill	rhg_1rhg_2-rhg_3	抗病	Peking
	Rhg_4rhg_1-rhg_2rhg_3	抗病	Peking	rhg_4	感病	Scott
	Rhg_5	抗病	P188788	rhg_5	感病	Essex
抗灰斑病	Rcs_1	抗 1 号小种	Lincoln	rcs_1	感 1 号小种	Hawkeye
	Rcs_2	抗 2 号小种	Kent	rcs_2	感 2 号小种	C1043
	Rcs_3	抗 2、5 号小种	Davis	rcs_3	感 2、5 号小种	Blackhawk
抗大豆锈病	Rpp_1	抗	P1200492	rpp_1	感	Davis
	Rpp_2	抗	P1230970	rpp_2	感	常见材料
	Rpp_3	抗	P1462312	rpp_3	感	常见材料
	Rpp_4	抗	P1459025	rpp_4	感	常见材料
抗细菌性叶烧病	Rxp	感	Lincoln	rxp	抗	CNS
抗细菌性斑点病	$Rpg_1 \sim Rpg_4$	抗 1～4 号小种	Norchief、Merit	$rpg_1 \sim rpg_4$	感 1～4 号小种	Flambeau
抗大豆霜霉病	Rpm_1	抗	Kanrich	rpm_1	感	Clark
	Rpm_2	抗	Fayette	rpm_2	感	Union
抗大豆黑点病	$Rdc_1 \sim Rdc_4$	抗	Tracy 等	$rdc_1 \sim rdc_4$	感	J77-339 等
抗白粉病	Rmd	抗（成株）	Blackhawk	rmd	感	Harosoy63
	Rmd-c	抗（各时期）	CNS	rmd	感	L82-2024
抗褐色茎腐病	Rbs_1	抗	L78-4094	rbs_1	感	LN78-2714
	Rbs_2	抗	P1437833	rbs_2	感	Century
	Rbs_3	抗	P1437970	rbs_3	感	Pioneer 9271
抗疫霉根腐病	$Rps_1 \sim Rps_7$	抗	特定抗源	$rps_1 \sim rps_7$	感	常见材料
抗黄化花叶病毒	Rym_1	抗	P1171443	rym_1	感	Bragg
	Rym_2	抗	P1171443	rym_2	感	Bragg
抗除草剂	Hb	耐 Bentazon	Clark63	hb	敏感	P1229342
	Hm	耐 Metribuzin	Hood	hm	敏感	Semmes
抗豆秆黑潜蝇	Rms	抗	江宁刺文豆	rms	感	邳州天鹅蛋
对根瘤菌反应	Rj_1	结瘤	常见材料	rj_1	不结瘤	T181
对铁素反应	Fe	有效利用铁	常见材料	ri_1	低效	PI54619
对磷素反应	Np	耐磷	Chief	np	对高磷敏感	Lincoln
对氯化物反应	Ncl	排斥氯化物	Lee	ncl	累积氯化物	Jackson

续表

性状	显性			隐性		
	显性基因符号	表现型	载体材料	隐性基因符号	表现型	载体材料
棕榈酸含量	Fap_1	平均含量	常见材料	fap_1	低含量	C172（T308）
	Fap_2	平均含量	常见材料	fap_2	高含量	C172（T309）
				fap_2-a	低含量	J10
				fap_2-b	高含量	A21
	Fap_3	平均含量	常见材料	fap_3	低含量	A22
				fap_3-nc	低含量	N79-2077-12
	Fap_4	平均含量	常见材料	fap_4	高含量	A24
	Fap_5	平均含量	常见材料	fap_5	高含量	A27
	Fap_6	平均含量	常见材料	fap_6	高含量	A25
	Fap_7	平均含量	常见材料	fap_7	高含量	A30
				$fapx$	低含量	ELLP-2、KK7
				$fap?$	低含量	J3、ELHP
硬脂酸含量	Fas	平均含量	常见材料	fas	高含量	A9
				$fas-a$	高含量	A6
				$fas-b$	高含量	A10
	St_1	平均含量	常见材料	st_1	高含量	KK2
	St_2	平均含量	常见材料	st_2	高含量	M25
油酸含量	Ol	平均含量	常见材料	ol	高含量	M-23
				$ol-a$	高含量	M-11
亚麻酸含量	Fan_1	平均含量	常见材料	fan_1	低含量	P1123440、A5
				$fan_{1～6}$	低含量	RG10
	Fan_2	平均含量	常见材料	fan_2	低含量	A23
	Fan_3	平均含量	常见材料	fan_3	低含量	A26
				$fanx$	低含量	KL-8
				$fanx-a$	低含量	M-24
胰蛋白酶抑制剂	$Ti-a$	Kunitz 型条带	Harosoy	$Tia-s$	Ti-a 变异谱带	
	$Ti-b$	Kunitz 型条带	Aoda	$Tia-f$	Ti-b 变异谱带	
	$Ti-c$	Kunitz 型条带	P186084	$Tib-s$	Ti-b 变异谱带	
	$Ti-x$	Kunitz 型条带		ti	酶谱带缺失	P1157440
	Pi_1	BBI 酶谱带	常见材料	pi_1	酶谱带缺失	P1440998
	Pi_2	BBI 酶谱带	常见材料	pi_2	酶谱带缺失	P1373987
	Pi_3	BBI 酶谱带	常见材料	pi_3	酶谱带缺失	P1440998

4. 生育期性状的遗传 生育期性状通常为数量遗传性状，由多基因控制。但遗传表现与环境有关，将'7206-934'×'泰兴黑豆'的分离群体在南京春、夏、秋不同季节播种都表现为单峰态的多基因遗传，但'宜兴骨绿豆'×'泰兴黑豆'组合在夏、秋季播种表现为单峰态的多基因遗传，而在春播条件下却表现为二峰态的一对主基因加多基因的复合遗传方式。这对主基因在不同条件下表现的基因效应显然不同，春播时主基因效应突出，夏、秋播时主基因效应因与微效基因相仿而难以辨认，但在另一些组合中生育期性状

又表现为明显的主基因遗传，表 6-5 中列出 E_1e_1、E_2e_2、E_3e_3、E_4e_4、E_5e_5、E_6e_6 和 E_7e_7 共 7 对主基因的结果，其中 E_3 对 E_4 还有上位效应。所以，同一性状的遗传机制与组合、环境有关。

生育期性状的生理基础是对光周期及温度条件的反应，这种反应特性的遗传一般也是数量遗传；但也有报告称 E_4 是对长日敏感的基因。

5. 其他育种性状的遗传

（1）结荚习性由 2 对基因控制 Dt_1 为无限结荚习性，dt_1 为有限结荚习性；Dt_2 为亚有限结荚习性；dt_2 为无限结荚习性；dt_1 对 Dt_2 与 dt_2 有隐性上位作用。因而 $dt_1dt_1dt_2dt_2$ 及 $dt_1dt_1Dt_2Dt_2$ 为有限结荚型，$Dt_1Dt_1Dt_2Dt_2$ 为亚有限结荚型，$Dt_1Dt_1dt_2dt_2$ 为无限结荚型。此处有限结荚型有两种纯合基因型。复等位基因 dt_{1-t} 则控制高的有限结荚型。

（2）种皮色的遗传与种脐色的遗传有关 大豆种皮色可概括为黄、青、褐、黑及双色 5 类。双色包括褐色种皮上有黑色虎斑状的斑纹及黄、青色种皮脐旁有与脐同色的马鞍状褐色或黑色斑纹。大豆脐色有无笆（与黄、青种皮同色）、极淡褐、褐、深褐、灰蓝及黑色。种皮上另有褐斑或黑斑，由脐色外溢，斑形不规则，其出现有时与病毒感染有关。

显然，育种上以 $Itrw_1g$ 基因型最为理想。如将 $Itrw_1g$ 与 $iTRW_1g$（黑）杂交，F_1 将为黄种皮、淡脐、紫花、棕毛类型，F_2 将分离出黄、褐、黑种皮及多种脐色。大豆种皮色、脐色的基因型及其表型见表 6-6。

表 6-6 大豆种皮色、脐色的基因型及其表型

基因型	表现型	代表品种（前者为东北品种，后者为江淮品种）
$Itrw_1g$	黄种皮、无色脐、灰毛、白花	四粒黄、徐州 333
$ItRW_1g$	黄种皮、灰蓝脐、灰毛、紫花	小蓝脐、苏协 4-1
i^ttRw_1g	黄种皮、淡褐脐、灰毛、白花	满仓全、白毛绳圃
i^tTrOw_1g	黄种皮、黑脐、棕毛、紫花	大黑脐、穗稻黄
i^tTRw_1G	黄种皮、褐脐、棕毛、紫花	十胜长叶、岔路口 1 号
i^tRw_1g	绿种皮、黑脐、棕毛、紫花	内外青豆、宜兴屑绿豆
i^kTRw_1G	黄种皮、浅黑脐、灰毛、紫花	呼兰跃进 1 号、Beeson
$iTRW_1$	青种皮、黑鞍、棕毛、白花	白花鞍挂、绿茶豆
$itTRW_1$	黑种皮、黑脐、棕毛、紫花	青央黑豆、金坛隔壁香
$iTrRW_1$	不完全黑、黑脐、灰毛、紫花	佳木斯秣食豆、如皋羊子眼
$iTrOW_1$	褐种皮、褐脐、棕毛、紫花	新褐豆、泰兴晚沙红
$itRw_1$	黄褐种皮、黄褐脐、灰毛、白花	猪腰豆、沙洲蛋黄豆

注：G 控制青（绿）色种皮；g 控制黄色种皮。R 控制黑色种皮（与 T 基因共存时）；r 控制褐色种皮（与 T 基因共存时）。O 控制褐色种皮；o 控制红褐色种皮。T 除控制棕毛外，还促成产生黑色或褐色种皮；t 除控制灰毛外，还有冲淡皮色的作用，产生不完全黑色（黑斑）或黄色种皮。W_1 除控制紫花外，还能使不完全黑色表现出来；w_1 除控制白花外，还有冲淡 R 的作用，呈现黄褐色种皮。I 使色素全被抑制冲淡，造成淡色脐，当黑色基因存在时产生灰蓝脐，当褐色或黄褐色基因存在时造成淡色脐；i^t 将黑色或褐色限制于脐内；i^k 将黑色或褐色限制于脐两侧，造成马鞍状双色；i 无抑制作用，使黑色或褐色遍及全种皮而成黑色或褐色种皮；以上 I、i^t、i^k、i，前者依次对后者为显性

（3）雄性不育是育性异常的一种 不育性包括联会不育、花器结构阻挠不育、雄性不育及雌性不育，多为单隐性不育。雄性不育已报道的均为核不育，其不育机制均为孢子体基因型控制的不育。已发现有 $ms_1 \sim ms_9$ 9 个不育位点分别都可表现为雄性不育（花粉败育），其中 ms_2、ms_3 和 ms_4 均伴有良好的雌性育性。msp 为部分雄性不育基因，其作用可能

有温敏效应。研究表明，质核互作雄性不育系 NJCMS1A 和 NJCMS2A 的育性恢复性由两对显性重叠基因控制。

6. 连锁群　大豆共有 20 对染色体，应有 20 个完全的连锁群，目前已报道过 22 个连锁群。由于分子遗传图谱的快速发展，大部分连锁群已被整合在分子图谱上。

二、大豆杂交育种

杂交育种是迄今为止大豆育种最主要、最通用且最有成效的途径。我国自 20 世纪 60 年代以来育成的新品种，大都由杂交育成，美国自 20 世纪 40 年代以来育成的品种也均由杂交育成。我国"六五""七五"期间通过杂交育种又育成了 218 个新品种。例如，北方春豆区的'合丰 25''东农 36''黑农 35''吉林 21'和'铁丰 4 号'等，北方夏豆区的'冀豆4 号''豫豆 8 号''鲁豆 7 号'和'中豆 19'等，南方多播季区的'黔豆 7 号''南农 73-935''浙春 2 号'和'湘春豆 13'等。

（一）亲本及杂交方式

杂交育种的遗传基础是基因重组，包括控制不同性状的有益等位基因的重组和控制同一数量性状的增效等位基因间的重组，后者所利用的基因效应包括基因的加性效应和基因间的互作效应，即上位效应。因而一个优良的组合不仅取决于单个亲本，更取决于双亲基因型的相对遗传组成。各亲本基因间的连锁状态也影响一个组合的优劣。一个亲本的配合力是其育种潜势的综合性描述，大豆育种中实际利用的是亲本的特殊配合力，一般配合力只是预选亲本的参考依据。

常用的大豆杂交育种亲本均为一年生栽培种，只在少数特殊育种计划中（如选育小粒豆类型）将一年生野生种作为亲本。随着野生亲本中优良基因的发掘，其应用或将会增加。迄今尚未有正式利用多年生野生种作亲本的报告。

育种家所利用的亲本范围较广泛，尤其常利用最新育成的品种或品系为亲本。重组育种须选配好两个亲本，育种家的经验可以概括为以下要点。

1. 选用　选用优点多、缺点少和优缺点能相互弥补的优良品种或品系为性状重组育种的亲本。这类材料在生产上经多年考验，一般具有对当地条件较好的适应性，由它们育成的新品种将有可能继承双亲的良好适应性。适应性的好坏须由多年、多种环境才能检验出来，通过亲本控制适应性是一条捷径。

2. 转移　转移个别性状到优良品种上的重组育种时，具有所转移目标性状的亲本，该目标性状应表现突出，且最好没有突出的不良性状，否则，可以选用经改良的具有突出目标性状但没有突出不良性状的中间材料作亲本。

3. 育种目标　育种目标主要为产量或其他数量性状，着重在性状内基因位点间的重组，所选亲本应均为优良品种或品系，各项农艺性状均好，通过重组而累积更多的增效等位基因并产生更多的上位效应。不同亲缘来源（包括不同地理来源或生态型差异较大）的亲本具有不同的遗传基础，因而可以得到更多重组后的增效位点及上位效应，这种情况下亲本表现有良好的配合力。

据 Fehr 于 1985 年的调查，北美大豆育种者所选用的亲本，56% 为育成品种，39% 为优良选系，只有 5% 为引种材料，因其杂种后代产量通常较低，优系率不高。通常引种材料只作为特异性状的基因源使用。

Fehr 于 1985 年的调查结果显示，北美大豆育种者采用的杂交方式，79%的杂种群体为双亲本杂交后代，4%为三亲本杂交后代，4%为四亲本杂交后代，3%为多于 4 个亲本的杂种后代，2%为回交一次杂种后代，2%为改良回交（修饰回交）杂种后代，3%为回交 2 次或多次的杂种后代。迄今为止大豆育种者主要还是采用单交方式，三交的应用正在扩大之中。三交的优点是拓宽遗传基础，加强某一数量性状，改造当地良种更多的缺点，这些依所选亲本性状或基因相互弥补的情况而定。转移某种目标性状的回交育种，通常回交多次。但修饰回交法的应用正在扩展，其优点不仅可转移个别目标性状，而且可改良其他农艺性状。4 个亲本以上的复合杂交在育种计划中应用尚不多，但常用于合成轮回选择的初始群体。以上所说的各种交配方式均指亲本为纯系或已稳定的家系。一次交配后，进一步的交配均指以一次交配所获群体或未稳定家系为亲本之一或双亲。一次交配后从中选出稳定家系再与另一纯系亲本交配，虽然类似三交，但实质上只是单交而已。否则，目前许多品种的亲本均涉及多个原始亲本，由此而进行的单交均类似复交了。

（二）杂种群体自交分离世代的选择处理方法

为选育纯合家系，所获杂种群体不论来自多少亲本、何种杂交方式，均须经自交以产生纯合体，自交后群体必然大量分离。理论上亲本间有多个性状、多对基因的差异，加上基因间又可能存在连锁，分离将延续许多世代，最后形成大量经重组的纯合体。纯合的进度取决于亲本间的差异大小，通常 F_4、F_5、F_6 代起植株个体便相对稳定。相对稳定，主要指个体不再在形态、生态期等外观性状上有明显的自交分离，至于细微的，尤其数量性状上的自交分离在高世代依然存在，只是难以鉴定。

为尽早完成自交分离过程，缩短育成品种所需年限，除每年在正季播种外，还可采取加代繁殖。加代的方法通常有温室加代及在低纬度热带短日条件下加代两种，后者在北美俗称冬繁，在中国俗称南繁。目前国内外大多数大豆育种均采取加代，主要是南繁（冬繁）。我国南繁地点一般在海南省南部或两广及云南、福建的低纬度地区。这些地方在 10 月至次年 5 月间可以再连种 2 个世代，大约 85 天便可完成 1 个世代，有时为缩短时间可收获已充实饱满的青荚，或在成熟前喷施脱叶剂加速成熟。大豆南繁在自然条件下表现出生育期短、植株矮小，只适于加代，通常不可能得到很多种子，除非人工延长光照时间以推迟开花，增加营养生长时间。南繁通常难以进行人工杂交，主要限制在于花少、开花期太短、花小和多数花开花前已自花授粉，人工增加光照时间可以克服这种困难。由于南繁地点与育种单位地点在自然和栽培条件上的差异，南繁地点进行成熟期、株高、抗倒性和产量等方面的选择是无效的；但对种子大小、种子蛋白质及油脂含量、油脂的脂肪酸组成和对短日条件反应敏感性等性状的选择则常是相对有效的。限于规模，利用温室加代通常只能容纳少量材料，但许多育种工作者常利用温室进行人工控制条件下的抗病虫性鉴定，这种鉴定只是在下年播种前先做一次抗性的后代（家系）试验，并不要求收获种子。

杂种群体自交分离过程中，须保持相当大的群体才不致丢失优良的重组型个体。但育种规模是有限制的，为使规模不过大，可在早代起陆续淘汰明显不符。目标的个体乃至组合，但选择强度应视性状遗传率值的大小而定。大豆育种者对杂种群体自交分离世代的选择处理方法大致可归为两大体系：一是相对稳定后在无显性效应干扰下再做后代选择，包括单子传法、混合法与集团选择法等；二是边自交分离，边做后代选择，包括系谱法、早代测定法等。

1. 单子传法　单子传法（single seed descent，SSD）根据杂种群体自交分离过程中上一世代个体间的变异大于下一代相应衍生家系内个体间的变异，尽量保证 F₂ 世代个体间的变异能传递下去，每一 F₂ 单株只收 1 粒，但全部单株都传 1 粒，各自交分离世代均按此处理直至相对稳定后从群体中进行单株选择及后裔比较鉴定。采用单子传法的群体受自然选择的影响极小。

典型的单子传法是每株只传 1 粒（为留后备种子可以收获不止 1 套种子），但单粒收获仍较费时，且由于成苗率的影响，每经一世代群体便将缩小，一些个体的后代便绝灭，因此有一些变通的方法。其一是每株摘一荚，规定每荚为 3 粒型或 2 粒型，这实际上为一荚传。每群体可以摘重复样本以留后备。另一方法为每株摘多荚，统一荚数，混合脱粒后分成数份，分别用作试验或储备。有时需保留每株的后代，可采用每株一穴播种，按穴取 1 粒或若干粒种子。

单子传法无须做很多考种记载，手续简便，非常适于与南繁加代相结合，因而能缩短育种年限。

2. 混合法与集团选择法　混合法（bulk method）收获自交分离群体的全部种子，下年种植其中一部分，每代如此处理，直至达到预期的纯合程度后，从群体中选择单株，再进行后代比较鉴定试验。用混合法处理的群体自然选择的影响甚大，因不同基因型间在特定环境下存在繁殖率差异。自然选择的作用可能是正向的，也可能是负向的，依环境而定。例如，在孢囊线虫疫区，群体构成将可能向抗、耐方向发展；在无霜期较长的地区，群体构成将可能向晚熟方向发展。

对自交分离群体可以按性状要求淘汰一部分个体后再混收或选择一部分个体混收，下年抽取部分种子播种，直至相当纯合后再选株建立家系，这种方法即为集团选择法（mass selection），如对群体只收获一特定成熟期范围的植株。集团选择均为表现型选择，建立家系后才能做基因型选择。

混合法和集团选择法手续更简便，但在南繁或冬繁条件下易受与育种场站不同环境的自然选择的干扰，所以近来许多大豆育种者宁愿采用单子传法。

3. 系谱法　系谱法（pedigree method）从杂种群体分离世代开始便进行单株选择及其衍生家系试验，然后逐代在优系中进一步选单株并进行其衍生家系试验，直至优良家系相对稳定不再有明显分离时，再进入产量比较试验。所以，系谱法是连续的单株选择及其后代试验过程，保持有完整的系谱记载。系谱法简单明了，易于理解接受，对所选材料经过多代系统考察鉴定把握性较大，但由于试验规模的限制，在早代便须用较大选择压力，这在诸如抗病性等在早代便可做严格选择的性状是适宜的，而对于诸如单株生产力等遗传率较低的性状，往往由于早代按表现型选择时易误将一批优良基因型淘汰而葬送一些优良材料或组合。其次，由于一些育种性状不宜在南繁或冬繁条件下做严格选择，因此这种情况下系谱法将难以充分利用冬繁加代缩短育种年限的好处。国内以往大多数大豆育种者均采用系谱法，近已减少。

4. 早代测定法　早代测定法（early generation testing）的基本过程是在自交分离早代选株并衍生为家系，经若干代自交及产量试验，从中选出优良衍生子群体，再从已自交稳定的子群体中选株并进行其后代比较试验。理论上，此法可通过早代产量比较突出最优衍生系群体，然后优中选优进一步分离最优纯系。但实际上，早代产量比较受规模的约束，不可能测验大量衍生群体，一大批优秀材料可能在产量比较前便已丢失。关于早代测定法中多少衍生群体参加产量比较，每群体进行几个世代产量比较等，各人均有自己的设计，并不一致。相对较一致的是，一般均用 F_2 或 F_3 衍生群体进行早代测定。鉴于早代表现的产量差异包含一定的显性及其有关基因效应成分，一些大豆育种家顾虑它不足以充分预测从中选择自交后代的潜力，再加上此法手续不如其他方法简易，因而此法的使用者并不多。

三、大豆诱变育种

诱变育种的基础材料通常是纯合家系，便于鉴别所诱发的突变体。人工诱发的突变，大部分为基因突变或点突变，从分子的角度解释是 DNA 分子的突变，也有染色体或 DNA 链的交换、断裂、缺失、重复、倒位和易位等突变。突变育种中所观察到的突变性状通常是单个或少数基因的性状，如抗病性、生育期、株高和品质性状等，其育种成效较明显；产量类的多基因性状，其变异个体难以明确鉴别，育种成效众说不一。诱变育种的基础材料也可以是杂合体，以促进杂合位点之间的交换或重组，所选育的后代只求性状优良，不必深究其遗传变异的确切缘由。国外文献报道多数为通过诱变以选育新遗传资源；国内则多用于实际的新品种选育，尤其用于与杂交相结合的育种程序。

（一）诱变方法

1. 诱变剂与处理方法　　大豆辐射育种常用的有 $^{60}Co\gamma$ 射线、X 射线和热中子流。这类射线通常用于外照射，所照射的器官多为大豆种子，剂量常为半致死剂量，$^{60}Co\gamma$ 射线的剂量为 $1.5 \times 10^4 \sim 2.5 \times 10^4 R$[①]，以出苗后一个月的存活率为指标。此外，也有照射植株或花器官的。

化学诱变剂方面，秋水仙碱应用最早，主要为诱发多倍体。处理萌动的大豆湿种子时，浓度大致为 $0.005\% \sim 0.01\%$，时间为 $12 \sim 24$ h。诱变育种中广泛利用的为烷化剂，通过使磷酸基、嘌呤、嘧啶基烷化而使 DNA 产生突变。常用于大豆的有甲基磺酸乙酯（EMS）、硫酸二乙酯（DES）和亚硝基乙基脲（NEH），处理萌动的大豆湿种子时，浓度大致分别为 $0.3\% \sim 0.6\%$、$0.05\% \sim 0.1\%$ 和 2 μg/mL，时间为 $3 \sim 24$ h。也有使用抗生素类药物如平阳霉素（重氮丝氨酸 PYM）作诱变剂的报告，浓度为 2.5 mmol/L。为促进诱变处理的效果，在使用诱变剂后可再使用 DNA 修复抑制剂作进一步处理，这类药剂有咖啡因（50 mmol/L）、乙二胺四乙酸钠（0.5 mmol/L）等。烷化剂等药物与水能起化学变化而产生无诱变作用的有毒物质，应随配随用，不宜搁置过久。药剂处理后应将种子用水冲洗干净以控制后效应。为便于播种，可将种子干燥处理，一般为风干，不宜加温处理，以免种子内部所吸药剂在变浓状况下损伤种子。化学诱变剂对人体常有毒或致癌，使用过程中应防止与皮肤接触或吸入体内。

2. 基础材料的选用与样本含量　　若目的在于育成综合性状优良的品种，而当地已有良种但有个别性状须改进，则可用当地良种（通常为纯合家系）供诱变处理。例如，黑龙江以'满仓金'为基础材料，通过 X 射线处理，从后代中育成'黑农 4 号''黑农 6 号'等品种，克服了原品种秆软易倒的缺点，成熟期提早 10 天，脂肪含量也有所增加。若对当地良种的综合性状不够满意，要求育成更高水平的良种，基础材料可选用优良组合的早代分离群体，在杂合程度较高的情况下，可以获得更多的重组类型。例如，用 $^{60}Co\gamma$ 射线处理'五

---

① $1R = 2.58 \times 10^{-4}$ C/kg

项珠'בּ'荆山璞'群体，从后代中选育成的'黑农 16'具有许多原亲本所没有的优点。若目的不在于育成新品种，而在于创造某种特殊变异，如期望诱发自然界原未发现的质核互作不育种质，则基础材料将不限于优良品种或其组合，而须有范围较广的筛选。不论何种育种要求，供诱变处理的基础材料均宜避免单一，因不同遗传材料对诱变剂的反应可能不同，有的能诱发出有益突变，有的则难以获得理想的变异个体。

理化诱变的突变方向迄今尚难预测，通常有益变异的频率仅为千分之几，因而诱变育种的成功与否仍受概率的约束，必须考虑诱变处理的适宜样本含量。样本过大，试验规模不允许；样本太小，低频率突变个体难以出现。权衡两方面，实际上要求 M_1 世代有足够数量成活植株和突变个体，M_2 世代能分离出较多有益变异个体，通常每个材料每处理有 500～2000 粒种子，但需根据材料总数及每个材料可提供的种子数而定。

（二）诱变后代的选育

经诱变处理的种子所长成的植株或直接照射的植株称诱变一代，代号为 M_1；M_1 代所获种子再长成的植株称诱变二代，即 M_2；M_2 代所结种子再长成的植株称诱变三代，即 M_3；以此类推。

种胚由多细胞组成，诱变剂处理后仅有部分细胞产生突变，由突变细胞长成的组织所获的种子才将突变传至 M_2 代，而且成对的染色体也往往只有其中之一发生突变，因此 M_1 代突变位点可能处于杂合状态。据统计，大量突变属隐性，M_1 代并不表现出来，当然显性突变 M_1 代可表现。至于细胞质突变的性状，在 M_1 代是可能表现的。当代在田间所表现的差异，一部分是遗传变异，大量的是由于诱变所致的生理刺激或损伤造成的生长发育差异，是不能遗传的，如发芽延缓、生育不良、畸形、贪青晚熟等。M_2 代是突变性状表现的主要世代。若每一个 M_1 植株的种子按株行播种，衍生为 $M_{1:2}$，则不仅有株行间的变异，还有株行内分离的变异。若用 $M_{2:3}$ 表示 M_2 植株衍生的株行，则株行内仍可能有分离。但一般到 $M_{3:4}$ 则株行已基本稳定。

根据上述诱变后代遗传变异及其表现的特点，其选育方法简述如下。

1. 诱变一代（M_1）　　按材料及处理剂量分小区种植，注意各种保证存活率的措施。收获方法有单株收脱法、每荚一粒法、每株一粒法和混合收脱法等。

2. 诱变二代（M_2）　　M_1 代单株收脱者，可种植 $M_{1:2}$ 株行，按其他方法收获者则均按群体处理，种成小区。突变频率通常在 M_2 代计算，公式为

突变频率＝（发生有突变的 $M_{1:2}$ 株行数/总 $M_{1:2}$ 株行数）×100%

突变频率＝（发生有突变的 M_2 植株数/总 M_2 株数）×100%

两个公式并不相同，前者较确切，后者较简便而常用。

在 M_2 代的选择方法，按株行种植者，可在选择优行的基础上进一步从中选择优良变异单株，还可再在其他株行增补选择其他优良变异单株。按群体种植者则直接选择优良变异单株。

3. 诱变三代（M_3）　　按 M_2 选株种成 $M_{2:3}$ 株行。表现稳定的株行，按行选优；表现有分离的株行则继续在优行中选优良变异单株。

4. M_4 及以后世代　　纳入常规的品系鉴定和比较试验。

以上诱变后的选育方法，主要指基础材料为纯合家系的情况。若所处理的材料为杂种早代，由于杂合程度较高，需有较多世代才能达到稳定，可参照杂种后代选育的方法进行。

四、大豆育种新技术的研究与应用

(一) 性状鉴定技术

对任一育种目标性状进行选育，首先要建立快速、经济且有效的鉴定技术体系。对于抗病虫性，由于涉及两方面的生物类型，因此鉴定技术不但要考虑植株本身抗性反应，还要考虑病虫的类型，如对于大豆花叶病毒病抗性鉴定，由于 SMV 株系群体具有高度变异特性，而东北、黄淮和南方大豆株系各自有一套鉴别寄主体系，不利于抗源交流和育种效率的提高，因此南京农业大学综合选拔出 8 个有代表性的鉴别寄主组成一套新鉴别体系，并确定了南方和黄淮地区的 10 个新株系 (SC-1～SC-10)，发掘出'科丰 1 号'等 21 份高抗种质。又根据豆秆黑潜蝇发生与危害特点，提出花期自然虫源诱发，荚期剖查的抗性鉴定方法，全面鉴定我国南方 4582 份资源的抗蝇性获得优异抗源。在查明南京地区食叶性害虫主要虫种为豆卷叶螟、大造桥虫和斜纹夜蛾的基础上，提出一套利用自然虫源及网室接虫的植株反应 (叶片损失率)，以及人工养虫下虫体反应 (虫重、发育历期) 的抗性鉴定方法与标准，通过连续 10 年鉴定从 6724 份资源中筛选得'吴江青豆 3 号'等 6 份高抗材料。

品质性状鉴定方面，近红外光谱测定技术可快速测定大豆蛋白质、脂肪等成分含量。在提出小样品和微样品豆腐 (豆乳) 测定方法的基础上，研究了我国各地 600 多份大豆地方品种豆腐产量的遗传变异，揭示我国大豆地方品种豆腐产量、品质及有关加工性状的选择潜力，预期遗传进度可在 15% 以上。针对美国大豆感官品质鉴定提出了一套鉴定方法，包括鉴定人员判断能力评定、样品制备方法、主观偏差检测及感官模糊综合评价 4 个环节和口感、口味、外观、色泽、香味和手感 6 个评价因素，还有相应的 5 级评价标准。

随着育种目标性状的不断扩展，性状鉴定技术将是首先要研究的关键技术。

(二) 分子标记辅助选择与基因积聚

分子标记是继形态标记、生化标记和细胞标记之后发展起来的以 DNA 多态性为基础的遗传标记，具有数量多、多态性高、多数标记为共显性和可从植物不同部位提取 DNA 而不受植株生长情况限制等优点。应用于大豆种质资源鉴定及育种的分子标记主要包含限制性片段长度多态性 (RFLP)、随机扩增多态性 DNA (RAPD)、扩增片段长度多态性 (AFLP)、简单重复序列 (SSR) 和单核苷酸多态性 (SNP) 等，已应用于大豆的遗传图谱构建、种质资源遗传多样性和遗传变异分析、重要性状的标记定位、分子标记辅助选择、品种指纹图谱绘制及纯度鉴定等。

分子标记辅助选择 (或标记辅助选择，MAS) 就是将与育种目标性状紧密连锁或共分离的分子标记用来对目标性状进行追踪选择，是从常规表现型选择逐步向基因型选择发展的重要选择方法。研究表明，通过 MAS 能从早代有效鉴定出目标性状，缩短育种年限。Walker 等 (2000) 借助于 MAS 开展了大豆抗虫性的聚合改良，亲本 P1229358 含有抗玉米穗螟的 QTL，轮回亲本是转基因大豆 Jack Bt，在 BC_2F_3 群体中用与抗虫 QTL 连锁的 SSR 标记和特异性引物分别筛选个体基因型，同时用不同基因型的大豆叶片饲喂玉米穗螟和尺蠖的幼虫，结果表明，抗虫 QTL 对幼虫的抑制作用没有 *Bt* 基因明显，但同时含有 *Bt* 基因和抗虫 QTL 的个体对尺蠖的抑制作用优于仅含有 *Bt* 基因的个体。

分子标记与目标性状基因或 QTL 连锁关系、目标性状遗传率和供选群体大小等因素影响 MAS 选择效率、是相引相连锁还是相斥相连锁等。一些研究认为，当遗传率在 0.1～0.3 时，MAS 优于表现型选择；当遗传率大于 0.5 时，MAS 优势不明显。遗传率太小则 QTL 的检测能力下降，从而使 MAS 效率下降，群体大小是制约选择效率的重要因素。在 QTL 位置和效应固定的情况下，MAS 的重要优势之一是能显著降低群体的大小。欲大规模开展 MAS，其成本与可重复性是首要考虑的因素。因此，采用稳定、快速的 PCR 反应技术，简化 DNA 抽提方法，改进检测技术是努力的方向。

基因积聚是分子标记辅助选择的重要应用方面之一。因为作物中有很多基因的表现型不易区分，传统的育种方法难以区别不同的基因，无法弄清一个性状的遗传机制。通过分子标记的方法可以检测与不同基因连锁的标记，从而判断个体是否含有某一基因，这样在多次杂交或回交之后就可以把不同基因聚集在一个材料中，如把抗同一病害的不同基因聚集到同一品种中，可以增加该品种对这一病害的抗谱，获得持续抗性。Walker 等（2000）基于标记数据成功地把外源抗虫基因 *cry1Ac*、抗源 P1229358 中位于 M 和 H 连锁群上的抗虫 grL（SIR-M、SIR-H）分别聚合获得不同组合的基因型（*Jack*、*H*、*M*、*HXM*、*Bt*、*HXBt*、*MXBt*、*HXMXBt*）。抗性基因的积聚可提高大豆对玉米穗螟和大豆尺夜蛾的抗性。

（三）转基因技术与应用

自从 Monsanto 公司的首例转基因大豆获得成功以来，转基因大豆及其产业化已在美国获得巨大成功。转基因技术包括遗传转化和再生植株两个主要技术环节。植物转基因方法主要可分为农杆菌介导法、植物病毒载体介导的基因转化、DNA 直接导入的基因转化和种质系统介导等。在大豆上应用的有基因枪法、农杆菌介导法、电激法、PEG 法、显微注射法、超声波辅助农杆菌转化法和花粉管通道法等。目前以农杆菌介导法和基因枪轰击大豆未成熟子叶法报道最多。

农杆菌介导法是农杆菌在侵染受体时，细菌通过受体原有的病斑或伤口进入寄主组织，但细菌本身不进入寄主植物细胞，只是把 Ti 质粒的 DNA 片段导入植物细胞基因组中。1988 年 Hinchee 等首次以子叶为外植体，经农杆菌侵染后，诱导不定芽再生植株。他们从 100 个栽培大豆品种中筛选出 3 个对农杆菌较敏感的基因型（Maple Presto、Peking 和 Dolmat），用含有 pTiT37 SE 和 pMON9749（含 *NPT II* 和 *GUS* 基因）或 pTiT37 SE 和 pMON894（含 *NPT II* 和 *Glyphosate* 耐性基因）的农杆菌与子叶共培养进行了转化，经在含卡那霉素的筛选培养基上筛选得到含 *NPT II* 和 *GUS* 基因共转化的不定芽，以及 *NPT II* 和 Glyphosate（草甘膦）耐性基因共转化的转基因植株，经检测转化率为 6%。对两种类型的转基因植株后代进行的遗传学分析表明，外源基因是以单拷贝整合进大豆基因组的。此外，以子叶节、子叶、下胚轴和未成熟子叶等为外植体，用农杆菌介导法将几丁质酶基因、*SMVCP* 基因、*Barnase* 基因和玉米转座子 *Ac* 基因导入大豆中。

我国已有众多报道，通过花粉管通道将包括不同品种或种属乃至不同科的外源 DNA 直接导入大豆获得有用变异，并育成优质、高产新品种。郭三堆等成功构建了同时带有 *cry1Ac* 和 *Cpti* 两个基因的 pGB14ABC 植物高效表达载体，通过花粉管通道法导入'苏引 3 号'获得有抗虫能力的植株，已形成 5 个品系。尽管学术界对花粉管通道导入总 DNA 的机制尚有争议，但大量实验至少已证实这种方法作为诱发遗传变异的手段是有实效的，而且已经证实将克隆的基因由花粉管导入，得到了标志基因的表达。除花粉管通道法因技术简单使用较普遍外，我国较多地应用农杆菌介导法，基因枪方法尚在试用之中。国外已报道利用基因枪法成功将外源目的基因进行转化的，仅有 *Bt* 基因和牛酪蛋白基因。

大豆的组织培养体系主要包括经器官发生和体细胞胚胎发生两个途径再生植株，报道已获得大豆转基因植株的转化受体主要有胚轴、未成熟子叶、子叶节、胚性悬浮培养物（细胞团）、原生质体和子房等。Gai 和 Guo（1997）提出用最便利的外植体（成熟种子萌发子叶及其他组织）通过器官发生及体细胞胚胎发生的高效植株再生技术，成功率达 30%；明确大豆愈伤组织的形态发生类型及其与分化能力的关系，找出典型的器官发生型愈伤组织和体细胞胚胎发生型愈伤组织的形态特征，用以进行早期鉴别。吕慧能等（1993）提出不同激素条件下原生质体培养的愈伤分化效果和植株再生技术，并获得再生植株。

目前由大豆子叶节经器官发生诱导不定芽产生再生植株和大豆未成熟子叶经体细胞胚胎发生诱导体细胞胚萌发植株两种再生体系，除本身技术上的不足外，还存在对大豆基因型的差异表现，同时存在转化率低、重复性差的问题。因此建立新的、高效稳定的大豆组织培养和高转化率的技术体系十分必要。

五、大豆种子繁育

（一）大豆种子生产的程序

大豆生产过程中，由于机械混杂和天然杂交，易使生产用的品种失去应有的纯度和典型性；大豆结荚成熟期的高温多雨或早霜、病虫害侵染及粗放的收获脱粒与储藏措施，又易使种粒霉烂、破损，活力下降；大豆种子比其他作物种子更易在储存过程中降低发芽率与活力。因此，应该强调大豆种子的质量，严格要求大豆种子的生产和管理。1978 年确定的我国种子生产方针为"四化一供"，即品种布局区域化、种子生产专业化、质量标准化、加工机械化和有计划组织供种。近年来随着种子产业的市场化，供种的方式主要由市场决定。

新品种推广的过程伴随着种子繁殖的过程。原已推广品种为保证纯度及典型性，必需提纯更新并繁殖扩大。各国都有其种子生产的标准程序。我国提出了从大豆新品种审定到应用于大田生产全过程的四级种子（育种家种子、原原种、原种和良种）的生产技术规程，基本与美国的大豆种子生产标准对应。关于四级种子生产，前文已有叙述，这里再次予以强调：①育种家种子（breeder seed），是在品种通过审定时，由育种者直接生产和掌握的原始种子，具有该品种的典型性，遗传稳定，形态特征和生物学特性一致，纯度 100%，产量及其他主要性状符合审定时的原有水平。育种家种子用白色标签做标记。②原原种（pre-basic seed），是由育种家种子直接繁殖而来，具有该品种的典型性，遗传稳定，形态特征和生物学特性一致，纯度 100%，比育种家种子多一个世代，产量及其他主要性状与育种家种子基本相同。原原种用白色标签做标记。③原种（basic seed），是由原原种繁殖的第一代种子，遗传性状与原原种相同，产量及其他主要性状指标仅次于原原种。原种用紫色标签做标记。④良种（certified seed），是由原种繁殖的第一代种子，遗传性状与原种相同，产量及其他主要性状指标仅次于原种。良种用蓝色标签做标记，直接用于大田生产。有时种子量不够还可再繁殖 代用于大田生产。我国由于农家自己留种，实际上所获二三级良种主要用于留种田，经自己繁殖后扩大到全部生产大田。

生产育种家种子的方法通常为三圃法（单株选择圃、株行圃和混繁圃），美国称后代测定法（progeny test）。在该品种典型性最好的种植地块中，选拔 200～300 株典型植株，分别脱粒，按种粒性状再淘汰非典型植株，每株各取 30 粒种子，次年分别种成一短行，生育及成熟期间淘汰不典型株行，将余下株行分别收获脱粒，经过室内对各行种粒的典型性鉴别淘汰后，混合一起，繁殖一次即成为高纯度的育种家种子。为进一步提高育种家种子的纯度，可自典型株行中，再选拔一次典型单株，作为下一轮株行的材料。所生产的育种家种子，按合同每三四年轮流向一定的省、市（地）原种场供种一次。育种单位也可在进行一次株行提纯后，连续 3～5 年用混选法或去杂去劣法生产育种家种子，待纯度有下降趋势时，再进行一次三圃法提纯。

（二）大豆种子生产的主要措施

大豆种子生产除育种家种子的生产采用三圃法外，其他各级种子均为繁殖过程。在这一系列过程中，个别环节的失误与差错，会造成全部种子质量等级下降，甚至失去作种子的价值。因此种子生产要注意规范化。

1. 种子田的建立　大豆种子生产应设置等级种子田制，采用指定级别的种子播种。

2. 土地选择　大豆种子田用地应肥力均匀，耕作细致，从而易判别杂株。品种间应有宽 3～5 m 的防混杂带。

3. 播种　大豆种子田的播种密度宜略微偏稀，做到精量、点播。行距宜便于田间作业及拔杂去劣，播期略提早。整地保墒良好，一次全苗。

4. 田间去杂去劣　豆苗第 1 对真叶开放后，根据下胚轴色泽及第一对真叶形状去杂，开花时再按花色、毛色、叶形、叶色和叶大小等去杂，拔除不正常弱小植株，并结合拔除大草。成熟初期，按熟期、毛色、荚色、荚大小、株型及生长习性严格去杂。

5. 杂草病虫害防除　应通过中耕除草或施用药剂把杂草消灭在幼小阶段。结荚期须彻底清除大草，降低种子含草籽率。我国黄淮流域一向把菟丝子视为重要的大豆杂草，苍耳在东北地区危害普遍，且不易从豆种中清除。美国中北部大豆田中野尚麻杂草严重。

紫斑病是全国性种子病害；灰斑病、霜霉病在东北危害植株及种粒；荚枯病、黑点病及炭疽病在南方高温多雨条件下使大豆出现霉烂；大豆花叶病毒病使豆粒出现褐（黑）斑。东北地区的大豆食心虫和关内地区的豆荚螟使豆粒破碎残缺，虽然大豆种粒不携带、不传播此类虫害，但严重危害种子产量和质量。对以上病虫害应及时防治。

6. 收获　大豆种子田须于豆叶大部分脱落时进入完熟期，种粒水分降至 14%～15% 时适期早收。用机械脱粒大豆时须防止损伤豆粒，尤其种子水分在 12% 以下时。因此，在东北地区，对留种用大豆强调于晒场结冰后用碌碡压法脱粒。收获豆株的运送、堆垛、晒场及脱粒机械与麻袋仓库的清理，务必细致彻底，防止混杂。

7. 储存　在南方，收获的大豆种子在储存前需要用氰化钾处理以预防菜豆象。大批大豆种子储存，水分应在 13% 以下。大豆种子水分含量较其他作物种子易受储存条件的影响。在 30℃ 及 60% 的湿度下，种子内外温度平衡后，水稻种子含水 11.93%，小麦为 12.54%，玉米为 12.39%，大豆为 8.86%。于 30℃ 及 90% 的湿度下，水稻种子含水量为 17.13%，小麦为 19.34%，玉米为 18.31%，大豆则上升到 21.15%。在 10℃ 条件下，含水 15%～18% 的大豆种子，一年后基本不失发芽力；但在 30～35℃ 条件下，水分须降至 9% 才能稳妥保存一年。因此，大豆种子的保存要求严格而又稳定的条件。

第四节　大豆栽培原理与技术

一、大豆的轮作和间套复种

（一）大豆的合理轮作

大豆重茬、迎茬会导致减产 10%～15%。合理轮作换茬，可抑制病虫害发生，调节土壤养分，用地养地相结合。合理轮作应根据本地区的作物种植比例，以及不同作物对地力、肥力、空间合理利用和生产力水平来确定，在轮作中要充分发挥大豆的肥茬作用，使各种作物得到最有效的安排。

在我国东北地区较好的轮作方式有：大豆—玉米—玉米；大豆—春小麦—春小麦；大豆—春小麦（亚麻）—玉米等。在黄淮地区可采用冬小麦—夏大豆—冬小麦、冬小麦—夏大豆—冬小麦—夏杂粮、冬小麦—夏大豆—冬闲后种植春玉米、高粱、棉花等轮作茬方式。南方地区大豆与其他作物的轮作方式有：冬播作物（小麦、油菜）—夏大豆（一年两熟制）、冬播作物（小麦、油菜）—早稻—秋大豆（一年三熟制）和冬播作物（小麦、油菜）—春大豆—晚稻（一年三熟制）、春大豆—杂交水稻（一年两熟制）等方式。

正确的作物轮作不但有利于各种作物全面增产，而且可起到防治病虫害的作用。例如，在孢囊线虫（cyst nematode）大发生的地块，换种一茬蓖麻或万寿菊之后再种大豆，可有力地抑制孢囊线虫的为害。

（二）大豆与其他作物的间、套和混作

大豆可以和许多其他作物进行间作套种，特别在我国南方种植制度比较复杂的地区更是如此。例如，我国西南地区的玉米间/套作大豆模式，华南地区的甘蔗间大豆、木薯间大豆和剑麻间大豆等二熟间作模式，长江中下游地区的棉花间大豆、幼林果间大豆等间作模式，东南地区的甘薯、甘蔗套种春大豆模式。在不影响主要作物产量的情况下，多收一熟大豆，实现高产、高效。

我国水稻面积大，可以充分利用水田田埂来种植大豆。田埂豆的种植南、北方都有，一般山区、半山区和北方稻田水渠两侧的田埂较宽，种植田埂豆其产量相当可观。在南方随着水稻种植类型的不同，田埂豆也有几种不同的种植类型。例如，在浙江省有单季稻区的单季田埂豆、双季稻区的单季田埂豆和双季田埂豆。但不论何种种植类型，田埂豆品种选用的原则是：在不影响水稻田间作业的前提下，尽可能选用生育期适宜、植株生长繁茂性适中、产量潜力比较高、抗逆性较强的品种。

二、选用良种

选用良种时，首先考虑大豆品种的生育期类型和栽培目的。大豆生育期长短，受生长期间光照长短和温度高低的影响。早熟品种短日性较弱，晚熟品种短日性较强。各地应根据当地的自然条件、耕作制度和栽培目的选择生育期和油分、蛋白质含量适宜的品种，才能优质高产。套间作大豆品种选用时还应注意作物间的时空搭配，宜选用耐阴抗倒的高产新品种。

不同大豆品种对土壤肥力和栽培条件的适应性是大不相同的。土壤肥沃、雨水较多且

栽培条件好的地区，可选用耐肥喜水、茎秆粗壮、主茎发达、株高中等、丰产性能好的有限结荚习性或亚有限结荚习性的品种；土壤肥力较差或干旱地区，宜选用植株高大、繁茂性强、耐瘠耐旱的无限结荚习性的品种。同一地区，也要按照土质、地势、肥力、灌溉条件等，选用不同特性的适宜品种，做到因地种植，充分发挥良种的增产作用。

三、播种

（一）播前准备

1. 精选种子　用粒选机或人工剔除杂子、病斑子、虫食粒、秕粒或破碎粒，选用粒大饱满的种子。豆种精选之后，还要测定粒重和进行发芽试验，以此作为计算播种量的依据。由于大豆种子不耐贮藏，比较容易丧失发芽力，因此播前一定要做发芽试验，种子发芽率应在 95% 以上。

2. 药剂拌种　在蛴螬等地下害虫为害严重的情况下，播种前应进行药剂拌种。为了增产可用钼酸铵 40 g，溶解在 1.4～2.0 kg 水中，用喷雾器喷在 100 kg 种子上，边喷边拌，务求均匀，拌后阴干即可播种。如种子既拌药又拌钼酸铵，应先拌钼酸铵，阴干后再拌药粉，有条件的地区也可以进行根瘤菌拌种。

3. 整地保墒畦田化　大豆是深根作物，同时子叶肥大，顶土困难，发芽时需吸收大量的水分，因此，深耕细整保墒是大豆增产的重要条件。如果整地保墒不良，往往造成缺苗断垄甚至会耽误播种适期，影响产量。夏播大豆地区，尤其是套作大豆，可采取抢墒板茬播种的办法，如我国西南地区"小麦/玉米/大豆"模式中大豆播种时可采取免耕撬窝点播方式或免耕机械直播方式进行播种。

畦田化有利于灌排，要做到沟畦配套，达到灌排畅通，在易于干旱且水源不足的地块，可运用窄行短畦进行节水灌溉，以提高水分的有效利用率。北方春大豆实行垄作，能提高地温，增强排涝和抗旱能力。

（二）播种内容

1. 足墒　当土壤含水量在 20%～24% 时为足墒，低于 18% 为缺墒，播种时缺墒，严重影响全苗。所以在干旱情况下，有条件的应浇水造墒播种。

2. 播种期　春大豆在地表以下 5～10 cm、地温超过 8℃ 时即可开始播种。夏播大豆播种时不受温度限制，而早播延长了大豆的营养生长期，多分枝，多结荚，所以播种越早越好。麦茬夏大豆一般应在"芒种"前后播（6 月上旬），6 月中旬播完，"夏至"后播种即显著减产，西南地区套作夏大豆的播种期以 6 月上旬左右为宜，在雨前或雨后及时抢墒播种。秋大豆迟播极限应根据品种生育期的长短和霜期早迟而定，在前茬作物让茬后力求早播。

3. 播种方法　播种分条播、点播。人工或机器精量条、点播节约种子，不用间苗，对光、肥、水的吸收均匀，有利于增产。

播种深度关系到出苗的好坏，土质疏松、墒情不好的宜深些，土质黏重、墒情较好的宜浅些，一般深度在 3～5 cm，过深不易出苗，过浅则易跑墒。

播种量要根据密度要求、种粒大小、发芽率高低及播种方法决定，适当增加播种量可减少缺苗断垄。当种子发芽率在 95% 以上时，大粒品种每公顷播 105～120 kg，中粒品种播 75～90 kg，小粒品种播 60～75 kg。在发芽率低或播期较晚时应适当加大播种量。

（三）合理密度

1. 合理密度的原则　　种植密度应因地制宜，首先要保证苗全、苗齐，在此基础上，根据品种特性、水肥条件、播期早晚和管理水平确定合理种植密度。一是肥地宜稀，薄地宜密。二是植株大而茂密，分枝多的品种宜稀，反之则密；晚熟品种宜稀，早熟品种可适当密一些。三是种植行距小或播幅度宽时宜密，大行距、播幅窄宜稀。

2. 合理密度的幅度　　春大豆每公顷 $3.0 \times 10^5 \sim 4.5 \times 10^5$ 株，秋大豆 $4.5 \times 10^5 \sim 6.0 \times 10^5$ 株。夏大豆 6 月上旬播种，肥地 2.25×10^5 株，薄地 3.0×10^5 株左右；6 月中下旬播种，肥地 3.0×10^5 株，薄地 3.75×10^5 株左右。套作大豆密度宜稀些，一般每公顷 $9 \times 10^4 \sim 1.3 \times 10^5$ 株。

大豆种植方式涉及个体与群体的合理配置和协调发展，肥地宜采取宽窄行播种，利于中耕培土，且大行封行较晚，有利于通风透光，防止倒伏和增加产量。瘦地则选用株行等距离的种植方式。

四、田间管理

（一）力争苗全苗壮

1. 增温保墒　　春播大豆时，播后地温较低，种子萌发缓慢，应及早松土保墒，提高土温，促进快出苗。

2. 破除板结保苗　　夏播大豆时，播后常遇暴雨，表土形成了板结层，导致子叶出土困难。严重时造成缺苗断垄，甚至重种，而及时破除板结仍可望正常出苗。破除板结，应在雨后表土泛白皮时进行，太干太湿效果不好。方法是可用耙耧在播种行上破除板结。

3. 查苗补种或补栽　　大豆出苗后，应抓紧查苗补苗，发现漏播，被鼠虫食害或播种质量差造成不能出苗的缺苗断垄要及时补种，也可以移苗补栽。如遇墒情较差，可以浇水补种。

4. 间苗和定苗　　间苗是保证苗匀、苗壮，实行合理密植的有效措施。适时间苗的增产幅度为 10%～30%。间苗的时间宜早不宜晚，通常在查苗补苗后到 2 片对生单叶平展时进行。并掌握"去弱留强、去杂留纯、去病留壮"的原则，再按计划留苗密度定苗，定苗一般在 3 叶期以前。

（二）中耕和除草

大豆中耕一般进行 3 次，选用适宜机具，如中耕苗间除草机，边中耕边除草边松土。第 1 次在齐苗期，第 2 次在定苗后，苗高 10～12 cm 时进行，第 3 次在前次中耕 15 天之后，并在大豆封垄前结束，以免造成花荚脱落，影响产量。

大豆化学除草是省工高效的除草措施。目前应用的除草剂类型多，更新也快。选用苗前安全性好的除草剂，如速收、广灭灵、金都尔和赛克津等。苗后防治禾本科杂草的可选用拿捕净、精稳杀得和高效盖草能等。慎用苗后防阔叶杂草的除草剂如虎威、杂草焚等，限制长残效除草剂如阔草清、普施特等的应用。

（三）需肥特点及施肥

1. 大豆的 N 营养　　大豆的 N 素来源有两个，即根瘤菌所固定的 N 和根系从土壤中所吸收的 N。大豆幼苗出现第 1 片复叶时，根瘤菌虽已形成，但固氮能力较弱。此后随着根瘤菌的增多和长大，固氮能力逐渐增强，开花以后固氮能力达到最高水平。大豆开花结荚期间是需 N 最多的时期，此时固氮能力虽强，但难以满足需要。鼓粒以后固氮能力逐渐减弱。当出现缺 N 时，必须由土壤中的 N 肥给予补充，此时 N 素供应的多少与干物质积累量密切相关，植株获得的 N 素多则干物质积累也多。因而，应该施用基肥种肥和初花期的追肥。

2. 大豆的 P 营养 大豆整个生育期都需要较高的 P 营养水平。从出苗到盛花期对 P 的要求最为迫切。大豆植株如在前 60 天获得足够的 P 素，以后即使缺 P 也不致显著减产，因为豆荚的 P 可优先由营养器官中 P 的输入来满足，在土壤缺 P 时，这种转移尤为明显。

3. 大豆的 K 营养 有机肥料中含有较多的钾化合物，种植大豆施用有机肥的一般不必施用 K 肥，当每 100 g 土壤中含速效 K 低于 5 mg 时，施用 K 肥有显著增产效果。

4. 大豆的微量元素营养 微量元素中 Mo、B、Mn 对大豆生长发育影响较大，Mo 和 B 都能促进根瘤的形成和生长，使固氮能力增强，Mo 还能促进大豆植株对 P 的吸收、分配和转化，并能增强大豆种子的呼吸强度，提高种子发芽势和发芽力。大豆含 B 量较高，它既是大豆生长不可缺少的微量元素，同时还能增强大豆的抗逆性。Mn 对大豆的光合作用、呼吸作用、生长和发育有很重要的作用。Mn 除对根瘤的形成和固氮发生作用外，还对叶绿素的合成起重要作用。

5. 施肥

（1）基肥 大豆对土壤有机质含量反应敏感。种植大豆前土壤施用有机肥料，可促进植株生长发育和产量提高。当每公顷施用有机质含量在 6% 以上的农肥 30～37.5 t 时，可基本保证土壤有机质含量不下降。大豆播种前，施用有机肥料结合施用一定数量的化肥尤其是 N 肥，可起到促进土壤微生物繁殖的作用。适宜的施肥比例是 1 t 有机肥掺和 3.5 kg 氮肥。

（2）种肥 种植大豆，最好以磷酸二铵颗粒肥作种肥，每公顷用量 120～150 kg。在高寒地区、山区和春季气温低的地区，为了促使大豆苗期早发，可适当施用氮肥作为"启动肥"，即每公顷施用尿素 52.5～60 kg，随种下地，但要注意种、肥隔离。经过测土证明，缺微量元素的土壤，在大豆播种前可以采用微量元素肥料拌种。

（3）追肥 大豆开花初期施氮肥，是国内、外公认的增产措施。做法是：在大豆开花初期或在最后一遍松土的同时，将化肥撒在大豆植株的一侧，随即中耕培土。氮肥的施用量为尿素 30～75 kg/hm^2 或硫酸铵 60～150 kg/hm^2，因土壤肥力和植株长势而异。为了防止大豆鼓粒期脱肥，可在鼓粒初期进行根外（叶面）追肥。可供叶面喷施的化肥和每公顷施用量为尿素 9 kg、磷酸二氢钾 1.5 kg、钼酸铵 225 g、硼砂 1500 g、硫酸锰 750 g 和硫酸锌 3000 g。以上几种化肥可以单独施用，也可以混合在一起施用，可根据实际需要而定。

（四）水分管理

大豆是需水较多的作物，其中发芽、分枝、结荚和鼓粒 4 个生育期是需水的关键时期。

大豆播种时种子需吸足水分才能发芽，所以一定要重视播种时的墒情。夏大豆播种时如遇干旱应造墒抢时抢种，灌溉可在麦收后立即进行，对大豆发芽出苗十分有利。

大豆幼苗期需水量较少，一般不用浇水，水分过多会使幼苗纤细脆弱，节间长，根系不下扎。此时应适当蹲苗，使其发根、壮棵。如遇天旱，可采取中耕松土保水，特别干旱时可在幼苗后期隔沟灌溉，补给水分，灌后中耕保墒。

大豆分枝期是营养生长旺盛时期，对水分要求日渐增多，如土壤含水量低于田间持水量的 65%应及时灌水，以保证花芽分化的正常进行，促进营养生长，但此时灌水不宜过多，以免造成群体过大，影响个体长势。

大豆结荚期是生育最旺盛和需水最多的时期，因为此时营养生长、生殖生长并进，植株干物质迅速积累，且温度高、日照长，如果水分不足，会影响蒸腾和光合作用。结荚期缺水会造成幼荚大量脱落，影响产量。当叶片刚出现萎蔫时应适时灌水，使土壤含水量不低于田间持水量的 75%，有利于增花保荚提高产量。

大豆鼓粒期全部转入生殖生长，籽粒逐渐形成和膨大，也需要足够的水分，此期应保证土壤含水量在田间持水量的 70%～75%。此时如果缺水不仅降低百粒重，而且会产生较多的秕粒。鼓粒期灌水要适量，以防贪青晚熟。成熟期需晴朗干燥天气，此时不需要灌水。

大豆灌水以渗湿田土为原则，不能使田内积水过久，否则易引起豆叶卷曲发黄，豆根霉烂。因此，灌水使土壤湿透后即应排去积水，切忌大水漫灌。大豆虽然比较抗涝，但地面如有积水，即使时间很短，也会影响大豆的生长发育而导致减产。因此，在多雨季节必须做好清沟沥水工作。

（五）病虫草害防治

大豆的主要病害有霜霉病、病毒病等；虫害有豆天蛾、造桥虫、卷叶螟、食心虫和豆蚜虫等；草害除单子叶和双子叶杂草外，还有寄生性杂草菟丝子。大豆病虫草害严重威胁产量和质量的提高。在防治措施上应贯彻防重于治的方针，加强病虫害尤其是虫害的预测预报工作，同时要做到科学用药，适时防治，改一般防治为综合防治，采取农业防治、生物防治和药剂防治等综合措施。例如，大豆与禾谷类进行轮作，或水旱轮作就能有效防治霜霉病、菟丝子和食心虫等主要病虫草害，以便做到降低成本并避免污染。

（六）生长调节剂的应用

大豆在生长发育的不同阶段有时会出现生长发育不协调的现象。植物生长调节剂的应用为防止大豆徒长，减少花荚脱落找到了新途径。目前使用的植物生长调节剂主要有以下几种。

1．三碘苯甲酸（TIBA）　　TIBA 是一种生长抑制剂，能抑制大豆顶端优势，使植株矮壮，有利于通风透光，防止倒伏，促进早熟，一般可增产 5%～15%，早熟矮秆品种不必施用。

2．增产灵（4-碘苯氧乙酸）　　大豆应用增产灵能促进同化器官的代谢功能，增强叶片光合作用，干物质积累多，可防止花荚脱落，促进增粒增重，一般可增产 10%左右，以盛花期到结荚期喷施为好，一般喷施两次，间隔 7～10 天。

3．矮壮素（二氯乙基三甲基氯化铵）　　可使大豆节间缩短、茎秆粗壮、叶片加厚、抑制徒长和防止倒伏，对增强大豆抗病、抗逆能力有一定作用。矮壮素不适于瘠薄田和弱苗田块，也不能与强碱性农药混合使用，且对人畜略有毒性。

对于作物生长不协调现象，也可人工调节。当水肥充足，生育后期可能会发生徒长、倒伏时，可用人工摘心控制营养生长。方法是从大豆盛花到末花期，人工摘除主茎顶端 2～3 cm，使无限或业有限结荚习性的品种增产。

五、收获与贮藏

（一）大豆的收获

大豆收获是实现丰产丰收的最后一个关键性措施。大豆对收获期要求较严，收获过早、过晚对大豆产量和品质都有一定影响。收获过早，由于籽粒尚未成熟，干物质积累没有完成，不仅会降低粒重和蛋白质、脂肪的含量，而且青粒、秕粒较多。收获过晚易炸荚掉粒，造成浪费，遇阴雨会引起品质下降。

大豆收获的适宜期应在种子进入黄熟末期至完熟初期。此时，叶已大部脱落，茎荚变黄色或褐色，籽粒呈现品种固有色泽，籽粒与荚壳脱离，摇动植株有响声。

人工收获大豆最好趁早晨露水未干时进行，以防豆荚炸裂减少损失。大豆割倒后，应运到晒场上晒干，然后脱粒。除用联合收割机收获大豆外，大面积机械化分段收获，要注意防止发热霉垛。

（二）大豆的贮藏

大豆籽粒不耐贮藏，当含水量超过13%且气温较高时，发芽力易丧失。大豆应贮藏在温度2～10℃的干燥通风场所，含水量要求低于12%，入仓前要充分干燥。

（三）大豆的留种

选留良好的种子是保证增产的有效措施。大豆落叶收获前，在种子田或纯度高的田块，选择株高一致、秆强不倒、株型紧凑、分枝多、荚多饱满和具有品种固有特征的单株进行单收、单打和单贮。这部分可用作下年种子田用种，其余植株去杂去劣后单收，留作翌年大田用种，为了保持种子的品质和发芽力，贮藏温度最好低于3℃，种子含水量低于10%。

六、套间作大豆高产栽培技术

（一）宽窄行种植，分带轮作

无论是套作大豆还是间作大豆，均必须遵循套间作技术原理和操作方便的原则，规范开厢，主要作物必须实行宽窄种植，合理搭配大豆与主作所占空间比例和行数比例。以玉米套作大豆为例，玉米应采用宽窄行种植方式，窄行0.4～0.5 m，宽行1.2～1.5 m，在玉米生长的中后期，在宽行中种2～3行大豆，第二年玉米和大豆换茬轮作。

（二）选用良种、合理搭配

品种选用时注意作物间的时空搭配，套间作时大豆应选用耐阴抗倒的高产新品种，主作物应选用株型较紧凑、株高适中的品种，如玉米/大豆套作时，大豆宜选用主茎发达、秆强不倒且粒大的中迟熟或晚熟耐阴性品种；玉米应选用株型较紧凑、株高不超过2.5 m抗逆高产的品种。

（三）适时播种、合理密植

套间作大豆时，播期和密度应根据与前作的行比和共生期长短而定。南方大豆生长季内雨水偏多，与北方相比密度应偏稀。西南地区套作大豆的播种期以 6 月上旬左右为宜，在雨前或雨后及时抢墒播种。播种前筛选籽粒饱满无病斑的大粒种子，按每千克种子 5 g 的 50%多菌灵，兑少量水搅拌溶解后均匀拌种，晾干后播种。播种时在玉米宽行中撬窝点播、挖窝点播或开沟点播，玉米行与大豆行的间距 0.4 m 以上，大豆行间距 0.3~0.4 m，穴距 0.3 m 左右，穴留 2~3 株，密度为每公顷 9 万~13.5 万株。

（四）科学施肥、控旺防倒

采取以 P、K 肥为主，酌施氮肥的方法，底肥每公顷施过磷酸钙 450~525 kg、氯化钾 60~75 kg，播种时穴施或均匀撒于土表，避免种肥接触；追肥于玉米收后视田间长势，对长势较弱田块每公顷雨后直接撒施 16~75 kg 尿素或兑清粪水施于田中。

大豆分枝期或初花期用 5%烯效唑可湿性粉剂 300~600 g/hm^2 或 15%多效唑可湿性粉剂 750~1200 g/hm^2，兑水 600~750 kg 均匀喷施茎叶，防止旺长与倒伏。

（五）防治病虫、适时收获

幼苗期，每公顷选用 50%甲基托布津 WP 或 65%代森锌 WP 1500 g 兑水 750 kg 茎叶喷雾防治立枯病、根腐病，盛花期用 50%甲基托布津 WP 1000 g 兑水 750 kg 茎叶喷雾防治霜霉病和炭疽病。苗期每公顷用 50%抗蚜威可湿性粉剂 225~450 g 或 2.5%来福灵乳油 225~300 mL 兑水稀释喷雾防治蚜虫、红蜘蛛和蓟马等虫害，并及时预防病毒病，盛花至结荚鼓粒期注意对豆荚螟、大豆食心虫、大豆蚜虫、红蜘蛛和蟋蟀等虫害的防治。

大豆收获期以黄熟到完熟期为宜，收获适期为荚皮干硬，收后晾晒干后脱粒。

复习思考题

1. 大豆的结荚习性有哪几种？它与品种布局有何关系？
2. 大豆的一生可划为哪些生育时期？如何划分？
3. 试就大豆对环境条件的要求，分析我国南方大豆增产的限制因素及解决途径。
4. 试述大豆的需肥特点和施肥技术。
5. 大豆田间管理主要有哪些关键性环节？
6. 试列举不同育种方法在大豆育种中的作用。
7. 比较大豆杂交育种计划中杂交分离后代（F_2~F_5 或 F_6）主要选择处理方法的优劣。
8. 针对所在区域大豆主要病虫害，设计一个从亲本筛选、发掘开始的抗性育种计划。
9. 试述中国东北、黄淮和南方三大主产区大豆生产特点和主要育种目标。
10. 说明育种家种子生产的主要方法。

主要参考文献

盖钧镒，汪越胜. 2001. 中国大豆品种生态区域划分的研究. 中国农业科学，34（2）：139-145.

盖钧镒. 1997. 作物育种学各论. 北京：中国农业出版社.

盖钧镒. 2010. 作物育种学各论. 北京：中国农业出版社.

盖钧镒. 2022. 作物育种学各论. 北京：中国农业出版社.

胡立勇，丁艳锋. 2008. 作物栽培学. 北京：高等教育出版社.

黄义德，姚维传. 2002. 作物栽培学（农学类专业用）. 北京：中国农业大学出版社.

吕慧能，盖钧镒，马育华，等. 1993. 不同激素条件下大豆原生质体培养和植株再生. 作物学报，19（4）：328-333.

南京农业大学，江苏农学院，湖北农学院，等．1991．作物栽培学．北京：农业出版社．

王树安．1995．作物栽培学各论（北方本）．北京：中国农业出版社．

杨文钰，屠乃美．2011．作物栽培学各论（南方本）．北京：中国农业出版社．

余松烈．2001．作物栽培学．重庆：重庆出版社．

Gai J Y, Guo Z. 1997. Efficient plant regeneration through somatic embryogenesis from germinated cotyledon of the soybean. Soybean Genetics Newsletter, 24: 41-44.

Ohlrogge A J. 1966. Mineral nutrition of soybeans. Plant Food Review, 12 (4): 6-7.

Walker D R, All J N, Mcpherson R M, et al. 2000. Field evaluation of soybean engineered with a synthetic cry1ac transgene for resistance to corn earworm, soybean looper, velvetbean caterpillar (lepidoptera: noctuidae) , and lesser cornstalk borer (lepidoptera: pyralidae). Biological and Microbial Control, 93: 613-622.

下篇 经济作物篇

第七章 油 菜

【内容提要】本章首先介绍了发展油菜生产的重要意义及油菜的生产概况、油菜的分布与分区和油菜科学发展历程；其次讲述了油菜的起源与分类、油菜的温光反应特性、油菜的生育过程与器官建成、油菜的产量与品质形成；再次描述了油菜的育种目标及主要性状的遗传、油菜的杂交育种、油菜的杂种优势利用、油菜的生物技术育种及油菜的种子繁育；最后阐述了油菜的种植制度、油菜的种植方式与方法、油菜的水肥需求与管理、油菜生长的田间调控与病虫草害防治、油菜的收获与贮藏和油菜"一种两收"栽培技术。

第一节 概 述

一、发展油菜生产的重要意义

油菜是重要的油料作物，菜籽油是重要的食用植物油，在保障我国粮油安全和人民身体健康中具有重要的作用。目前，我国已进入社会主义建设的新时代，发展油菜生产越来越注重多功能开发利用，其主要意义表现在以下几个方面。

第一，油用。菜籽油是我国人民主要的食用植物油之一，占 40%～50%。高油酸菜籽油的综合品质接近甚至超过橄榄油，是高品质的保健油。菜籽油特别是高芥酸菜籽油也是重要的工业原料，在冶金、机械、橡胶、化工、油漆、纺织、塑料、制皂和医药上都有广泛的用途。同时，双低菜籽油也是生物柴油的良好原料，添加在石油中，可减少石油的使用量。

第二，饲用。菜籽饼粕含有丰富的蛋白质和较为平衡的氨基酸组分，是重要的饲料蛋白质。此外，油菜亦可直接作为青饲料，喂食牛、羊等牲畜。

第三，菜用。油菜幼苗和油菜薹是良好的蔬菜，可制成干菜、腌菜或直接食用。

第四，肥用。油菜的营养生长旺盛，生物产量大，可作为绿肥直接翻压还田，油菜的大量落叶落花和收籽后的秸秆残根还田，均可显著增加土壤肥力。

第五，花用。油菜花颜色鲜艳，花朵大，花期长，观赏价值高。近年来全国各地出现了以油菜为主的农业观光旅游热潮，多地依据地形地貌特征，围绕水域或梯田打造景观。

第六，蜜用。油菜花是虫媒花，有 4 个蜜腺。油菜产区也是蜜蜂养殖区，可出产大量蜂蜜。在我国油菜蜜是最大宗、最稳产的蜜种，约占蜂蜜总产量的 40%以上。

随着种植规模的持续扩大和产业的不断发展，油菜生产已由传统的种植业发展成为多元化利用的新型产业，除提供食用植物油和工业用油外，在满足人民随着生活水平的提高而对健康保健、油蔬两用、观化旅游的需求，以及促进养殖业、油脂加工业、养蜂业发展和增加农民收入等方面的作用越来越明显。因此，油菜产业是最适合一、二、三产业融合发展的阳光产业。

二、油菜的生产概况

（一）油菜栽培历史

油菜是一种古老的油料作物，最早在亚洲栽培，中国是世界上油菜栽培历史最悠久的国家，其次是印度。考古学发现，在距今 6000～7000 年的中国新石器时代的西安半坡原始社会遗址中就存在碳化的油菜籽。在《诗经·谷风》和东汉服虔著《通俗文》中均有关于油菜的记载。但第一次出现"油菜"二字却是在 1061 年北宋苏颂编著的《图经本草》中，"油菜形微似白菜，叶青有刺"。在印度，公元前 2000 年至公元前 1500 年的印度古典梵文中已有关于油菜的记载。据文献记载，日本古代的油菜是在约 2000 年以前直接从中国或经朝鲜半岛引入的。在欧洲，曾在瑞士东北部的苏黎世地区发现青铜时代的油菜种子。加拿大种植油菜的历史较短，20 世纪 40 年代初，加拿大由阿根廷和波兰引进甘蓝型和白菜型春油菜。

（二）世界油菜生产概况

根据联合国粮食及农业组织（FAO）的数据，2020 年，全世界种植油菜的国家或地区超过 65 个。2014 年以来，每年世界油菜收获面积保持在 3.2×10^{7} hm^2 以上，总产量都在 6.8×10^{10} kg 以上，2021 年分别达到 3.7×10^{7} hm^2 和 7.1×10^{10} kg，单位面积产量在 1940 kg/hm^2 左右，亚洲油菜收获面积最大，总产最高，其次是美洲和欧洲，大洋洲和非洲亦有种植，详见表 7-1。油菜收获面积和总产居世界前列的国家有加拿大、印度、中国、澳大利亚、俄罗斯、法国、乌克兰、波兰、德国和美国。

表 7-1 2021 年世界油菜生产情况

地区	收获面积/（×10^{4}hm^2）	总产/（×10^{7}kg）	单产/（kg/hm^2）
全世界	3677.4	7133.3	1939.8
亚洲	1522.2	2623.3	1723.4
南亚	816.3	1116.5	1367.8
东亚	690.1	1478.1	2141.8
中亚	12.0	14.7	1226.1
西亚	3.8	14.0	3723.2
美洲	1005.6	1546.3	1537.6
北美	980.0	1500.2	1530.9
南美	25.3	45.9	1810.8
中美	0.3	0.2	666.7
欧洲	874.8	2462.8	2815.3
东欧	537.0	1352.6	2518.5
西欧	204.6	701.2	3427.8
北欧	116.0	362.9	3128.6
南欧	17.2	46.1	2684.0
大洋洲	261.5	475.9	1819.8
非洲	13.3	25.1	1890.6

续表

地区	收获面积/（×10⁴hm²）	总产/（×10⁷kg）	单产/（kg/hm²）
南非	10.0	19.7	1970.0
东非	1.4	2.5	1785.7
北非	1.9	2.9	1547.9

（三）我国油菜生产概况

据国家统计局中国统计年鉴（http://www.stats.gov.cn/tjsj/ndsj/）数据，1978 年中国油菜播种面积 2.6×10^6 hm²，总产 1.9×10^9 kg，单产 718 kg/hm²。20 世纪 80 年代中国油菜生产快速增长，至 1995 年播种面积发展到 6.9×10^6 hm²，总产 9.8×10^9 kg，单产 1415 kg/hm²。此后，中国油菜播种面积维持在 $6.1\times10^6\sim7.6\times10^6$ hm²，总产为 $1.1\times10^{10}\sim1.4\times10^{10}$ kg。油菜已成为中国继玉米、水稻、小麦、大豆之后的第五大作物，种植面积和总产均位于世界前三。2021 年，油菜播种面积和总产居中国前列的地区有湖南、四川、湖北、江西、贵州、安徽、重庆、云南和内蒙古，详见表 7-2。

表 7-2　2021 年中国油菜生产情况

地区	播种面积/（×10⁴hm²）	总产/（×10⁷kg）	单产/（kg/hm²）
全国	699.2	1830.8	2104.5
湖南	135.16	230.3	1704
四川	135.41	338.7	2501
湖北	109.40	251.8	2301
江西	50.45	73.4	1454
贵州	44.67	80.9	1810
安徽	37.29	91.1	2442
云南	25.32	54.5	2152
内蒙古	22.39	32.2	1440
重庆	26.15	52.5	2006
陕西	17.84	39.0	2184
江苏	19.31	56.4	2920
河南	18.99	49.4	2604
甘肃	14.40	33.7	2342
青海	14.24	31.7	2228
浙江	12.01	25.8	2145

三、油菜分布与分区

（一）世界油菜的分布与分区

油菜广泛分布于世界各国，主要分为四大片区。一是东亚片区，以中国为主，包括日本、朝鲜和韩国等，主要种植甘蓝型油菜。二是南亚片区，以印度为主，包括巴基斯坦、孟加拉国、阿富汗和伊朗等，主要种植芥菜型油菜，白菜型油菜次之。三是欧洲片区，以法国、德国、英国和波兰为主，包括乌克兰、瑞典、丹麦、捷克和意大利等，主要种植甘蓝型冬油菜。四是北美片区，以加拿大为主，包括美国，主要种植甘蓝型春油菜，白菜型春油菜次之。此外，还有大洋洲的澳大利亚、新西兰，南美的智利、秘鲁、巴西、阿根廷及非洲的埃塞俄比亚、肯尼亚、摩洛哥、刚果等也有零星分布。

（二）我国油菜的分布与分区

中国油菜栽培历史悠久，分布遍及全国。根据自然条件、生态气候特点、种植制度和生长季节，中国油菜产区可分为春油菜区和冬油菜区两个大区，其分界线大致从山海关经长城向西，沿太行山向南至五台山，再由陕北跨越黄河，穿过鄂尔多斯高原南部，经贺兰山、六盘山、白龙江和雅鲁藏布江下游大峡谷转折处至国境线。这条线以北以西为春油菜区，以南以东为冬油菜区。春油菜区又分为青藏高原亚区、蒙新内陆亚区和东北平原亚区 3 个亚区，冬油菜区又分为黄土高原亚区、黄淮平原亚区、云贵高原亚区、四川盆地亚区、长江中游亚区、长江下游亚区和华南沿海亚区 7 个亚区。

2008 年 8 月，农业部（现农业农村部）印发的《全国优势农产品区域布局规划（2008—2015 年）》，根据气候特点、品种特性、种植制度、栽培技术和经济发展需要，将中国油菜产区划分为长江上游优势区、长江中游优势区、长江下游优势区和北方油菜优势区。长江上游优势区包括四川、贵州、云南、重庆和陕西 5 省（直辖市），气候温和湿润，云雾和阴雨天多，冬季无严寒，温、光、水、热条件优越，利于秋播油菜生长，种植制度以两熟制为主。长江中游优势区包括湖北、湖南、江西、安徽 4 省和河南信阳地区，属亚热带季风气候，光照充足，热量丰富，雨水充沛，适宜油菜生长。湖北、安徽和河南信阳以两熟制为主，湖南和江西以三熟制为主。长江下游优势区包括江苏和浙江两省，属亚热带气候，受海洋气候影响较大，雨水充沛，日照丰富，光、温、水资源非常适合油菜生长，种植制度以两熟制为主。北方油菜优势区主要包括青海、内蒙古和甘肃 3 省（自治区），日照强，昼夜温差大，对油菜种子发育有利，菜籽含油量高，机械化生产程度较高，油菜生产为一年一熟制春油菜。

四、油菜科技发展历程

（一）油菜育种科技发展历程

与其他农作物相比，科学的油菜育种工作开始较晚，起始于 20 世纪 20~30 年代。纵观世界油菜育种科学的发展历史，可以分为 4 个阶段。

第一阶段：20 世纪 20~30 年代。这一时期，日本学者 Morinaga 和 Naganara 及丹麦、瑞典和印度等国学者对芸薹属植物细胞遗传学开展了系统研究，总结并提出了著名的"禹氏三角"，表明了几种类型油菜在芸薹属植物分类系统中的种间亲缘关系和进化系统。1917年，德国农民育种家 Hans Lembke 通过系统选择育成德国第一个注册的甘蓝型油菜品种'Lembke Winterraps'。该品种被广泛引种到法国、瑞典和波兰，成为以后欧洲各国改良油菜品种的基础材料。与此同时，瑞典、日本、印度和中国等都先后开展了油菜品种选育研究。中国主要以调查、征集和筛选优良地方品种为主，进行就地繁殖、就地推广，初步改变了油菜品种的落后面貌。

第二阶段：20 世纪 40~50 年代。这一时期主要利用系统选择和杂交方法开展产量育种、早熟育种和抗性育种。在欧洲，德国和瑞典先后开展了油菜育种研究，育成了一批甘蓝型油菜新品种。加拿大 1941 年起分别由波兰和阿根廷引进白菜型和甘蓝型春油菜，逐年扩大种植面积，至 20 世纪 50 年代以后才逐渐开展油菜育种工作。在亚洲，日本学者率先将近缘种间杂交应用于油菜育种，先后育成农林番号的甘蓝型油菜新品种 44 个。1943 年，中国浙江大学孙逢吉教授研究发现，芥菜型油菜和白菜型油菜种间杂交后代的杂种优势最强。与此同时，戴松恩、潘简良、陈绍龄等学者先后对西南油菜生产和油菜繁殖方式进行了探索。

第三阶段：20 世纪 60～80 年代。这是油菜品质育种和杂种优势育种并进的时期。20 世纪 50 年代后期，加拿大 Stefansson 教授提出对油菜脂肪酸成分进行改良，开启了油菜品质育种的先河。他发现由德国引进的饲用油菜地方品种 'Liho' 的芥酸含量变幅很大（6%～50%），通过定向选择，1964 年育成了世界上第一个低芥酸甘蓝型油菜新品种 'Oro'。1973 年，Downey 等育成了第一个低芥酸白菜型春油菜品种 'Span'。20 世纪 60 年代后期，波兰 Krzymanski 教授发现了世界上低硫苷油菜的唯一种源——甘蓝型春油菜品种 'Bronowski'。Stefansson 教授将它用于育种，于 1975 年育成了世界上第一个甘蓝型油菜低芥酸低硫苷（简称双低）新品种 'Tower'。1977 年，加拿大农业部和萨斯喀彻温（Saskatchewan）大学育成了第一个白菜型油菜双低品种 'Candle'。这些优质品种的育成，极大地促进了全世界油菜品质育种的研究。

这一时期，世界各国都先后开展了油菜杂种优势利用研究，发现或育成了不同利用途径的亲本材料和杂交种，如 1960 年瑞典学者 Olsson 育成的甘蓝型油菜自交不亲和系及其杂交种，1968 年 Ogura 发现的萝卜天然不育株（其不育胞质后被转入油菜），1972 年傅廷栋教授发现的甘蓝型油菜细胞质雄性不育材料 pol CMS，1985 年李树林等发现的双基因显性细胞核雄性不育材料 204A，等等。在油菜杂种优势利用的理论研究和生产应用方面，中国一直处于世界领先水平。

第四阶段：20 世纪 90 年代至今。进入 20 世纪 90 年代，世界大多数国家相继实现了油菜品种的优质化。为了满足社会的发展和人类生活改善的需要，油菜育种的主要目标除高产和双低外新增了更多内容，如提高种子含油量和蛋白质含量，进一步改良脂肪酸组成，提高油酸和亚油酸含量，降低亚麻酸含量等。近年来，又提倡油菜的多功能开发利用（如生物柴油、油蔬两用、观花旅游、饲料油菜及绿肥油菜等）和培育资源节约型、环境友好型油菜。

20 世纪 90 年代以前，油菜育种主要采用系统选择、杂交回交和辐射诱变等传统育种技术。而后随着现代生物技术的发展，油菜育种越来越多地使用组织（细胞）培养、分子标记和基因工程等新技术，大大地提高了油菜育种的效率。

（二）油菜栽培科技发展历程

由于世界各国油菜生产的自然生态条件不同，栽培方式和技术各异，梳理世界油菜栽培的发展历程十分困难，现只将中国的情况简述如下。

第一，中国油菜栽培的历史悠久，勤劳的中国人民在长期的生产实践中形成了精耕细作的栽培方式。油菜生产主要采用育苗移栽，根据油菜生长发育的特点和对环境条件的要求，采用精细化管理，使油菜生产获得最多的收成。这种生产方式，需要精细整地技术、播种育苗技术和移栽缓苗技术，还需要肥水管理、中耕培土和防病治虫等措施。

第二，从 20 世纪 80 年代开始，随着农业生产实行家庭联产承包责任制，特别是后来农村劳动力的减少，油菜生产出现了以少（免）耕直播为主要特征的轻简化栽培。这种生产方式除需要能够保证出苗整齐、一次全苗的播种技术外，还需要配套的肥水管理和草害防控措施。

第三，近年来，我国正在大力推广油菜机械化生产。油菜机械化生产的技术主要包括种子包衣技术、机械化精量播种技术、机械化无伤害精准移栽技术、无人机施肥喷药技术和机械化收获技术等。

第四，随着计算机模拟、信息技术和人工智能等学科的发展，可以预见，油菜栽培发展的趋势必然是能实行精细化生产的专家管理系统。

第二节　油菜的生物学基础

一、油菜的起源与分类

（一）油菜的起源

油菜属于十字花科（Cruciferae）芸薹属（*Brassica*）植物，其栽培种是由十字花科芸薹属植物若干个物种组成，不是植物分类学上一个单一的物种。关于油菜的起源问题，各国学者的看法尚不一致，有的认为是单源发生，有的认为是多源发生。一般认为有两个起源中心，一是亚洲，以中国和印度为主，是芸薹或白菜型油菜（*B. campestris* L.）、芥菜型油菜（*B. juncea* Coss）和黑芥（*B. nigra* Koch）的起源中心；二是欧洲，是甘蓝（*B. oleracea* L.）、芸薹、黑芥和甘蓝型油菜（*B. napus* L.）的起源中心。此外，非洲东北部是芥菜型油菜和埃塞俄比亚芥（*B. carinata* Braun）的起源中心。

关于我国油菜的起源问题，我国学者从古文献的记载、考古发现的原始种和野生种的分布中，认为我国是白菜型油菜、黑芥和芥菜型油菜的起源地之一。

（二）油菜的植物学分类

油菜不是一个单一的物种，而是由芸薹属植物中若干小粒种子成熟收获后用于榨油的几个物种所组成。据日本学者 Morinaga 和 Nagahara（禹长春）及丹麦、瑞典和印度等国学者对各个物种的细胞遗传学研究，特别是通过大量种间人工合成的研究结果，一致认为芸薹（AA）、黑芥（BB）和甘蓝（CC）为 3 个基本染色体组，以它们为基础通过自然种间杂交形成了 3 个双二倍体种（或复合种）：甘蓝型油菜（AACC）、芥菜型油菜（AABB）和埃塞俄比亚芥（BBCC）。它们之间构成一个三角形的种间亲缘关系及其进化系统，称为禹氏三角（U's triangle），用以表明油菜有关基本种和复合种之间的亲缘关系及其进化关系。后经美国著名遗传学家 Allard（1960）用各物种的染色体组构成芸薹属各个种的亲缘关系（图 7-1），已为世人广泛接受，从而也澄清了芸薹属植物在分类学上的许多疑惑。

（三）油菜的栽培学分类

根据植物学特征和亲缘关系，结合农艺性状、栽培特点等，我国栽培的油菜主要分为三个类型，即甘蓝型油菜、白菜型油菜和芥菜型油菜（图 7-2）。

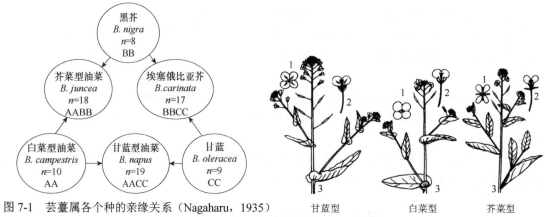

图 7-1　芸薹属各个种的亲缘关系（Nagaharu，1935）

甘蓝型　　　　　白菜型　　　　　芥菜型

图 7-2　油菜三大类型的薹茎叶与花序

（中国农业百科全书总编辑委员会农作物卷

编辑委员会，1991）

1. 花俯视图；2. 花纵切面；3. 无柄叶

1. 甘蓝型油菜　　甘蓝型油菜俗称洋油菜、日本油菜和番油菜等，我国油菜产区均广泛栽培，占油菜种植面积的 95%；染色体 $2n=38$；植株中等或高大，枝叶繁茂，分枝性中等，分枝粗壮；根系发达，支细根多，主根膨大；叶色蓝绿似甘蓝，叶肉组织较致密，密被蜡粉或有少量蜡粉；基部叶有琴状裂片或花叶，薹茎叶无柄半抱茎；花瓣大，黄色，开花时花瓣两侧重叠；具有自交亲和性，自交结实率 60% 以上，异交结实率 10%~30%，属常异花授粉作物；角果较长，多与果轴垂直着生；种子较大，千粒重 3~4 g，种皮表面网纹浅，多为黑褐色；种子含油量一般 35%~45%，最高可达 50% 左右；生育期长，为 170~230 天，抗霜霉病、病毒病能力强，耐寒、耐湿、耐肥，适应性广，增产潜力大。

2. 白菜型油菜　　白菜型油菜俗称小油菜、甜油菜或花油菜等。我国白菜型油菜分为北方小油菜和南方油白菜两个变种，北方小油菜分布在我国西北、华北各省份，南方油白菜分布在我国长江流域和南方各省份；染色体 $2n=20$；植株矮小，根系发达，支细根多，主根膨大；叶色绿色至淡绿，薹茎叶无柄全抱茎；花瓣大，淡黄至深黄，开花时花瓣两侧重叠；具有自交不亲和性，异交率 75%~95%，自交率低，属典型异花授粉作物；角果较肥大，果喙显著，多与果轴呈锐角着生；种子大小不一，千粒重 2~3 g，种皮表面网纹浅，有褐色、黄色和黄褐色等；种子含油量一般为 35%~45%，最高可达 50% 左右；生育期较短，为 150~200 天，易感霜霉病、病毒病，产量较低；适宜在季节短、低肥水平下种植，也可作为蔬菜和榨油兼用作物。

3. 芥菜型油菜　　芥菜型油菜俗称苦油菜、大油菜、高油菜和辣油菜等。我国芥菜型油菜分为大叶芥油菜和细叶芥油菜两个变种，大叶芥油菜分布在我国西北各省份，细叶芥油菜分布在我国西南和长江流域各省份；染色体 $2n=36$；植株高大，株型松散。主根发达，支细根少；叶色深绿或紫色，叶面一般皱缩，被有蜡粉和刺毛，叶喙有锯齿，基部叶有小裂片或化叶，薹茎叶有柄不抱茎；花瓣窄小，淡黄或白黄色，开花时花瓣两侧分离。具有自交亲和性，自交结实率 70%~80%，异交率 20%~30%，属常异花授粉作物；角果细而短，果柄与果轴夹角小；种子小，辛辣味较重，千粒重 1~2 g，种皮表面网纹明显，有褐色、黄色和红色等，种子含油量一般 30%~35%；生育期中等，为 160~210 天，产量不高，但是耐瘠、耐旱、耐寒能力强，抗病性中等，抗倒伏；适宜于山区、寒冷地带及土壤贫瘠地区种植，也可作为调料和香料作物。

（四）油菜的种质资源

在世界范围内，油菜种质资源还没有统一的分类系统。据联合国教育、科学及文化组织植物遗传资源委员会（IBPGR）所编印的有关资料（Toli and von Solten，1982），世界各地可供利用的芸薹属油料作物的种质资源大致包含 11 类：白菜型油菜、芥菜型油菜、甘蓝型油菜、黑芥、埃塞俄比亚芥、芸薹属其他种（*B. species*）、白芥（*Sinapis alba*）、芝麻菜（*Eruca sativa*）、海甘蓝（*Crambe abyssinica*）、野芥（*B. tournefortii*）和亚麻芥（*Camelina sativa*）。现有油菜品种的形成和发展，是在这些种质资源基础上逐渐形成和发展起来的。世界各国在油菜种质资源的搜集、保存、研究和利用方面的情况各有不同。

我国经过多次全国油菜种质资源征集、整理、鉴定和保存工作，截至 2019 年，共有原产或原创油菜种质资源 7536 份，其中白菜型油菜和芥菜型油菜 4204 份，占 55.79%（李利霞等，2020）。我国油菜种质资源在长江上游优势区共收集到 2780 份，占总数的 36.89%，其中甘蓝型 1045 份、芥菜型 657 份、白菜型 1000 份和其他类型 78 份；长江中游优势区共收集到 2473 份，占总数的 32.82%，其中甘蓝型 1504 份、芥菜型 110 份、白菜型 856 份和其他类型 3 份；长江下游优势区共收集到 366 份，占总数的 4.86%，其中甘蓝型 220 份、芥菜型 6 份和白菜型 140 份；北方油菜优势区共收集到 671 份，占总数的 8.90%，其中甘蓝型 113 份、芥菜型 277 份、白菜型 255 份和其他类型 26 份；其他地区共收集到 1246 份，占总数的 16.53%，其中甘蓝型 106 份、芥菜型 540 份、白菜型 363 份和其他类型 237 份。

二、油菜的温光反应特性

（一）油菜的感温性

油菜一生中必须经过一段较低的温度才能进入生殖生长（花芽分化），否则会长时间停留在营养生长阶段，这种特性称为油菜的感温性。目前，根据对温度条件要求的严格程度差异，油菜的感温性主要分为 3 种类型。

1. 冬性型　冬油菜晚熟和中晚熟品种属于此类。在 0～5℃条件下，经过 30～40 天才能进入花芽分化。这类品种对低温的要求最严格，如甘蓝型晚熟品种‘跃进油菜’‘胜利油菜’。

2. 半冬性型　冬油菜中熟、早中熟甘蓝型品种和长江中下游白菜型中熟品种属于此类。在 5～15℃条件下，经过 20～30 天可开始花芽分化，这类品种对低温的要求不严格，如‘湘油 15 号’‘华杂 2 号’和‘华杂 3 号’等。

3. 春性型　冬油菜极早熟、早熟、部分早中熟及春油菜品种属于此类。在 10～20℃条件下，经过 15～20 天甚至更短时间可开始花芽分化，这类品种可在较高温度下通过感温阶段，如‘黔油 2 号’‘陇油 1 号’等。

（二）油菜的感光性

油菜属于长日照作物，在生长发育过程中需要满足一定长日照条件才能现蕾开花，这种特性称为油菜的感光性。目前，根据对光照时间长短敏感度的差异，油菜的感光性主要分为 2 种类型。

1. 强感光型　　春油菜属于此类。春油菜对日照长度敏感，开花前需经历的日照长，每天光照在 14～16 h 及以上才能促进现蕾开花。

2. 弱感光型　　冬油菜属于此类。冬油菜对日照长度不敏感，开花前需经历的日长较短，每天光照在 11 h 左右就能促进现蕾开花。

（三）油菜温光反应特性的应用

1. 在育种上的应用　　油菜育种中的杂交亲本选配、花期相遇和育种效率提高等，应充分考虑油菜品种的温光特性。在杂交育种中，如冬油菜早熟×早熟、早熟×中熟，F_1 偏早熟，F_2 出现较亲本早熟或超早熟的后代，生育期较短，经济性状得不到显著改善；早熟×晚熟、中熟×晚熟和晚熟×晚熟，F_1 偏晚熟，F_2 出现晚熟的后代多。为了成功杂交，应根据亲本的温光反应特性调节播种期，使其花期相遇。为了提高育种工作效率，可给育种材料提供长日低温条件，使世代周期缩短。此外，冬油菜品种如在春油菜区夏繁加代，或春油菜需与冬油菜作杂交时，应对冬油菜进行春化处理，使其能正常开花，便于进行自交和杂交，否则冬油菜将长期停留在营养生长阶段。

2. 在栽培上的应用　　油菜生产上品种搭配、播种期安排等应充分考虑油菜品种的温光特性。在我国南方多熟制地区，为满足各季作物对光温条件的要求，达到周年作物高产的目的，必须根据油菜品种的温光特性，合理进行品种搭配，如在稻—油两熟制地区，热量条件丰富，生长发育时间比较充足，可选用中晚熟或晚熟的油菜品种，有利于高产；在稻—稻—油三熟制地区，生长季节比较紧张，可选用冬性弱的油菜品种，避免影响其他作物的正常生长。在播种期选择上，春性品种在秋季适当迟播，防止过早播种会早薹早花，易遭受冻害，并且田间管理要适当提早进行，否则营养生长不足，影响产量；而冬性较强品种适当早播，利用冬前时间促进苗期生长，壮苗越冬，有利于油菜高产。

三、油菜的生育过程与器官建成

（一）油菜的生育过程

不同类型油菜品种的全生育期长短有所差异，其中甘蓝型油菜全生育期为 170～230 天，白菜型为 150～200 天，芥菜型为 160～210 天。油菜的生长发育过程可分为发芽出苗期、苗期、蕾薹期、开花期和角果发育成熟期 5 个不同阶段（图 7-3）。

1. 发芽出苗期　　油菜种子无休眠期，在适宜的条件下，成熟种子播种后即可发芽。油菜种子从播种到出苗称为发芽出苗期。油菜种子的发芽和出苗主要经历吸水阶段、出苗阶段、幼根活动阶段和子叶展开阶段。出苗是指播种后有 50% 的种子子叶出土展平，由淡黄色转为绿色的时期。油菜种子发芽率的高低除受品种自身遗传影响外，还受种子发育过程中的温度、湿度等气候条件的影响，也与种子收获后干燥的温度和贮藏条件有关。发芽出苗期主要受以下外界环境条件的影响。

（1）水分　　水分是种子萌发的首要条件。只有种子充分吸水，才能使种子的贮藏物质通过酶的活动水解为氨基酸、可溶性糖、甘油和脂肪酸等，供给胚的生长。油菜种子吸水量要达到种子本身质量的 60% 时才能发芽，因此在播种时，要求保证土壤有足够的水分。一般来说，油菜发芽出苗期要求土壤含水量为田间最大持水量的 60%～70% 较为适宜。

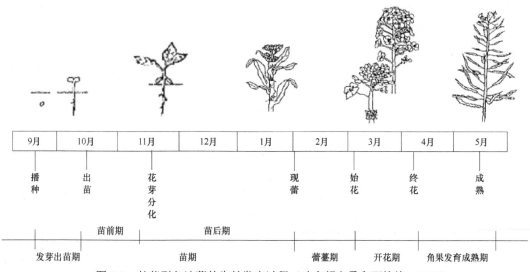

图 7-3 甘蓝型冬油菜的生长发育过程（改自胡立勇和丁艳峰，2008）

（2）温度　　油菜种子发芽的最适温度为 25℃，低于 5℃和高于 36℃均不利于发芽。日平均气温在 16～20℃时，3～5 天即可出苗。随着外界温度降低，出苗速度减缓，如在 12℃左右时，需 7～8 天出苗；在 10℃左右时，需 10 天出苗；在 5℃以下，根芽生长缓慢，需 20 天才能出苗。

（3）氧气　　油菜种子发芽需氧量较高，在种子充分吸水后，当胚根、胚芽突破种皮，氧的消耗量为 1000 μL/（g·h^{-1}），如此阶段缺氧，即使温度适宜，也不能正常发芽。

（4）pH　　在发芽初期，一般土壤偏酸性（pH 5～6）时，种子的出苗速度快和整齐。

2. 苗期　　油菜从出苗至现蕾称为苗期。品种特性对苗期的持续时间影响较大，一般来说，冬油菜苗期较长，甘蓝型油菜苗期在 120 天左右，占全生育期的一半，甚至一些生育期长的品种苗期可达 130～140 天；春油菜苗期较短，一般只有 25～30 天。油菜苗期可划分为苗前期和苗后期，从出苗至花芽分化为苗前期，主要进行根系、缩茎段和叶等营养器官的生长，全为营养生长；从花芽分化至现蕾为苗后期，主要进行主根膨大、主茎开始进行花芽分化，以营养生长为主，生殖生长为辅。在苗期，主根下扎并形成侧根和细根。在苗前期，油菜主茎各节分化完成，每一个茎节上着生一片叶，每片叶的叶腋有一个腋芽，除主茎最下部的几个腋芽不活动外，其他各节腋芽最终可以形成第一次分枝；除种植密度过大或春性油菜早播主茎略有伸长外，其他情况一般主茎不伸长。在苗前期分化的叶片基本上是长柄叶，苗后期开始长出短柄叶。在苗后期，从花芽分化至现蕾经历 5 个阶段，即花蕾原始体形成阶段、花萼形成阶段、雌雄蕊形成阶段、花瓣形成阶段和胚珠花粉形成阶段。油菜苗期主要受以下外界环境的影响。

（1）温度　　油菜苗期适宜的温度为 10～20℃，温度较高时叶片生长和分化均加快。冬油菜苗期正处于越冬阶段，耐寒能力较强，苗期在短期 0℃以下低温不致受冻，但是低温时间持续长易引起冻害，尤其在苗后期，正值花芽分化，受冻害影响大，如发生严重冻害，会造成减产。油菜受冻的影响大小与品种特性、寒流强度、持续时间及栽培技术等条件密切相关。

（2）光照　　充足的光照条件有利于光合作用、各器官的分化和生长及光合产物的积累，为后期油菜产量的形成奠定物质基础。

（3）水分　　土壤湿度对苗期生长的影响较大，土壤湿度大则单株绿叶数多、叶面积大，土壤水分以田间最大持水量的 70% 以上为宜，有利于叶片的分化。否则，南方冬油菜如遇秋冬干旱和冻害，常导致叶片发皱，出现红叶现象。

3. 蕾薹期　　油菜从现蕾至始花称为蕾薹期，是一生中生长最快的时期。现蕾是指揭开主茎顶端 1～2 片幼叶能看见明显花蕾的时期。油菜一般先现蕾后抽薹，蕾薹期的长短与油菜类型密切相关。南方甘蓝型冬油菜蕾薹期一般 25～30 天，北方春油菜仅 7～8 天。蕾薹期营养生长和生殖生长同时进行，但仍以营养生长为主，主要包括茎的伸长和增粗、叶面积的增加。现蕾后，主茎和主花序依次伸长，分枝由下向上依次生长。在蕾薹期，主茎各叶片全部长出。油菜蕾薹期主要受以下外界环境的影响。

（1）温度　　冬油菜在初春后气温 5℃ 以上时现蕾，在 10℃ 以上迅速抽薹。温度过高则主茎伸长过快，易出现茎薹纤细、中空和弯曲现象；抽薹后抗寒能力减弱，温度低于 0℃ 则嫩薹受冻部分易开裂，出现裂薹和死薹现象。

（2）光照　　蕾薹期是油菜形成分枝的关键时期，光照充足，有利于中下部腋芽发育成为有效分枝；如果光照不足或种植密度过大，则下部腋芽发育成为有效分枝的可能性降低。同时，光照充足，叶片光合能力强，对光合产物积累和花芽分化均具有促进作用。

（3）水分　　由于蕾薹期茎、叶生长快，蒸腾作用加强，充足的水分供应有利于主茎的生长，一般以田间最大持水量的 80% 左右为宜。水分过少，易造成油菜主茎变短，幼蕾变少，产量不高；反之，水分过多，加之群体过大，容易发生病虫害，导致减产。

4. 开花期　　油菜从始花到终花称为开花期。开花期是决定油菜角果数和每角果粒数的重要时期，一般开花持续时间可达 20～40 天。主茎叶片出完，叶片数最多，至盛花期，叶面积达最大，叶面积指数可达 4～5，光合作用最为旺盛。根系积累总量和根系吸收能力达到最大值，根群密布于整个耕作层内。除短柄叶外，开花期主要功能叶为无柄叶。开花期主茎的高度和粗度基本定型，分枝边开花边结角果，并且迅速伸长，终花期停止伸长。茎干重迅速增加，组织充实，终花时茎秆干物质量达到最大值。环境条件对开花期的影响如下。

（1）温度　　开花期需要温度为 12～20℃，最适温度为 14～18℃。气温在 10℃ 以下，开花数显著减少，5℃ 以下多不开花，易产生分段结实现象。气温 25℃ 时能正常开花，高于30℃，虽能开花，但结实不良。

（2）相对湿度　　开花期适宜的相对湿度为 70%～80%，相对湿度低于 60% 和高于 94% 都不利于开花。相对湿度越大，结实率越低，尤其是降雨会显著影响开花结实。

（3）水分　　开花期土壤含水量以田间最大持水量的 85% 为宜，如缺水，则开花提早，花序短，花蕾大量脱落，角果数变少。

5. 角果发育成熟期　　油菜从终花至种子成熟称为角果发育成熟期。角果发育成熟期一般为 30 天左右。油菜终花后，叶片逐渐衰亡和脱落，光合器官由绿色角果和茎秆替代，体内贮藏的营养物质向种子运输和贮藏，这一时期是决定油菜粒数和粒重的重要时期。环境条件对角果发育成熟期的影响如下。

（1）温度　　油菜角果和种子发育需要 15～20℃ 才有利于物质和油分积累。温度低则成熟慢，在日均温度低于 15℃ 时，中晚熟品种不能正常成熟，并且产量和品质均降低；但温度过高往往造成高温逼熟，千粒重降低，对产量和品质形成不利；昼夜温差大，有利于提高产量和含油量。

（2）光照　　日照充足有利于胚珠的发育、光合产物和油分的积累，可提高产量和含油量。

（3）水分　　一般土壤含水量以田间最大持水量的 60%～70% 为宜，水分过少易造成早衰，严重渍水会导致根系早衰，引起病害，粒重和含油量均降低。

（二）油菜的器官建成

1．根　　油菜根系属于直根系，由主根、侧根和根毛组成。种子萌发后，主根由胚根发育而成；当第一片真叶出现时，侧根从主根的基部两侧长出，然后在侧根上长出许多二级侧根（支根）、三级侧根和根毛（细根）。在一般耕作技术水平下，主根纵深在耕作层的 30～50 cm，深耕或干旱条件下可在 100 cm 以上；二级、三级侧根集中在表土下 20～30 cm。根系的水平分布在 40～50 cm，宽的可在 100 cm 以上。油菜根系生长可划分为扎根期、扩根期和衰老期 3 个时期。从出苗至越冬期根系纵深方向生长快于水平方向，称为扎根期。越冬后返青至盛花期，根系生长加快，尤其是支根加速生长，至盛花后期根的生长达到最大值，称为扩根期。盛花期至成熟期，根系逐渐衰老，根系活力下降，称为衰老期。

不同类型油菜根系在形态结构上存在一定差异。一般甘蓝型油菜和南方油白菜的主根略膨大，为肉质根，木质化程度低，入土较浅，根系发达，密集分布于土壤耕作层，抗旱和抗倒伏能力较弱，一般称为密生根系；芥菜型油菜和北方小油菜的主根不膨大，木质化程度较高，入土较深，侧根分布稀疏，二级侧根较少，抗旱及抗倒伏能力较强，为疏生根系。

2．茎和分枝

（1）主茎　　油菜的主茎下粗上细，长 100～200 cm，表面覆盖有蜡质粉状物质，较光滑或着生稀疏刺毛，呈绿、微紫或深紫色。

主茎由种子胚芽发育而成，其茎段和茎节在花芽开始分化时已经完成，此时各节之间紧密相接。油菜在苗期主茎一般不伸长，在现蕾时和现蕾后主茎节间伸长，称为抽薹，到主花序停止伸长后，植株高度才最后定型。油菜种子发芽后，子叶以下至根开始产生的那一段称幼茎或胚茎，也称根颈。根颈是贮藏养料的重要器官，根颈细胞液浓度的大小，反映养分积累的多少，根颈长短、粗细及是否直立，是衡量苗弱苗壮的形态指标之一。一般壮苗根颈粗短，根系发达；弱苗根颈细长，根系发育不良。

根据节间长短和茎节上着生的叶片特征，甘蓝型油菜主茎由下而上可划分为缩茎段、伸长茎段和薹茎段 3 个部分（图 7-4）。

1）缩茎段。位于主茎基部，节短而密集，圆形无棱，着生长柄叶。冬油菜都有明显的缩茎段，而春油菜缩茎段则多不明显。缩茎段的节间在正常栽培条件下均不伸长，但在苗床密度过大、苗龄过长时，缩茎段节间伸长形成高脚苗，遇低温缩茎段易受冻发生纵裂，会降低幼苗的抗寒能力。

图 7-4　甘蓝型油菜主茎的各个茎段
（傅寿仲等，1983）

2）伸长茎段。位于主茎中部，节间由下而上依次由短变长，后又依次由长变短，茎表突起的棱逐渐明显，各节上着生短柄叶，叶痕较宽，两端略向下垂。

3）薹茎段。位于主茎上部，顶端着生主花序轴，间节自下而上依次变短，有明显的棱；节上着生无柄叶，叶柄背部与茎相接处较平整，多呈圆弧状，叶痕较窄，中部仰拱，两端平伸。

主茎的生长可分为 3 个时期，即伸长期、充实期和物质分解运转期。伸长期是从始薹至始花的 20～30 天，茎秆迅速伸长增粗，茎伸长前期慢，后期快，最快可达每天 5～6 cm；充实期在始花后，茎秆贮藏物质不断积累，干重迅速增加；物质分解运转期贯穿结角及其发育成熟过程，在此期间，茎枝、花轴内的贮藏物质逐渐分解转移，以供种子发育充实所需。主茎除具有支持分枝、叶片生长的功能外，也具有制造、输送和贮藏光合产物的功能。主茎的粗细、长短及抗倒伏强度是判断油菜长势好坏的指标之一。

（2）分枝　　油菜分枝由茎秆叶腋的腋芽发育而成。着生在主茎上的分枝为一次分枝（又叫大分枝，是产量构成的主体），分枝上可再生分枝，即二次分枝、三次分枝等。主茎下部的腋芽在越冬前已经形成，但极少能形成分枝或多形成无效分枝；中部腋芽在越冬期形成，多数能长成分枝，其中部分为有效分枝。上部腋芽在春后形成，一般均能长成有效分枝。

根据一次分枝在主茎上的着生分布不同，分枝类型可分为以下 3 种（图 7-5）。

1）下生分枝型。缩茎段腋芽发达，分枝出现早，分枝部位低，且伸长速度较主茎快或与主茎接近，下部形成分枝较多，株型呈筒形或丛生型。较早熟油菜品种属于此类。

2）中生分枝型。分枝比较均匀地分布在主茎各茎段上，一次分枝较多，下部分枝长，上部较短，株型呈纺锤形。中熟油菜品种属于此类。

3）上生分枝型。缩茎段及伸长茎段腋芽不能正常发育，下部有效分枝极少或没有，多集中于薹茎段，一次分枝较少，主花序发达，株型呈扫帚形。较迟熟油菜品种属于此类。

3. 叶　　油菜的叶分为子叶和真叶。油菜发芽出苗后首先长出的是两片子叶，不同类型油菜子叶形状不同，呈肾脏形、心形或叉形。子叶以上的茎上着生的叶为真叶。油菜真叶是不完全叶，只有叶片和叶柄（或无叶柄），形状有椭圆、卵圆、琴形、披针形。

下生分枝型　　　中生分枝型　　　上生分枝型

图 7-5　油菜的分枝类型（四川省农业科学院，1964）

主茎上的叶片是在苗期分化形成的，花芽开始分化前主茎叶片数分化越多，则分枝数也较多。在正常秋播条件下，早熟品种主茎的真叶数为 15～20 片，中熟品种 25～30 片，晚熟品种 35～40 片。甘蓝型油菜的真叶按其发生顺序分为长柄叶、短柄叶和无柄叶 3 种类型（图 7-6）。

（1）长柄叶　　又称缩茎叶、基叶或莲座叶，着生在缩茎段上，有明显的叶柄，基部两侧无叶翅。丛生型冬油菜在苗前期生长的真叶均为长柄叶。其主要功能期在苗期，主要影响根和根颈的生长，对主茎、分枝、角果和种子也有间接影响。

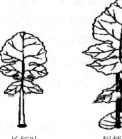

长柄叶　　　短柄叶　　　无柄叶

图 7-6　油菜的叶型（四川省农业科学院，1964）

（2）短柄叶　　着生在伸长茎段上，又称伸长茎叶。叶柄不明显，叶基部（与主茎交接处）两侧有明显的叶翅或部分着生有叶翅，有的叶翅与上方叶片逐渐衔接，形成全缘带状、齿形带状、羽裂状或缺裂状等。冬油菜在苗后期生长的叶片一般为短柄叶，是一生中叶面积最大的一组叶片。其主要功能期在蕾薹期前后，向下可促进根系生长发育，向上可促进花序和花朵发育，在开花后还对角果的形成和粒重产生一定的营养作用。

（3）无柄叶　　着生于薹茎段，也称薹茎叶，是在抽薹期长出的叶片，无叶柄，叶身两侧向下延伸呈耳状，有鞋形、戟形和三角形。无柄叶是始花以后的主要功能叶，叶面积小，生命周期短，只能作用于茎枝、角果和粒重。

4. 花

（1）花的结构　　油菜的花序为总状无限花序，由主茎或分枝顶端的分生细胞分化而成。着生于主茎顶端的为主花序，着生于分枝顶端的为分枝花序。花由花柄、花萼、花冠、雌蕊、雄蕊和蜜腺等部分组成。花柄着生在花轴上，谢花后为果柄。花萼位于花的最外层，由 4 枚狭长的萼片组成，绿色。花冠有 4 枚花瓣，展开成十字形，黄色，花瓣上部圆形或椭圆形，下部较窄，呈带状。雌蕊由子房、花柱和柱头组成，子房胎座上着生 20～40 个胚珠。雄蕊 6 枚，4 长 2 短，每个雄蕊由花丝和花药组成。蜜腺 4 枚，绿色，粒状，位于子房基部，分布在 2 个短雄蕊的内侧与 4 个长雄蕊的外侧。

（2）花芽分化　　油菜花芽分化从苗后期开始，冬油菜一般年前已开始。同一植株花芽分化顺序为主花序先分化，依次是一次分枝、二次分枝，不同部位一次分枝的分化顺序是自下而上。主茎的上部分枝和下部分枝的花芽分化早，中部分枝花芽分化迟，随着中部分枝花芽分化加速，上部和下部分枝的花芽分化逐渐向中部分枝汇合，变成上部分枝的花芽分化领先。苗期花芽分化慢，现蕾抽薹后加快，始花到盛花达最高峰，盛花期以后花芽分化速度降低，以后趋于稳定。现蕾以前为有效花芽分化期，现蕾以后为无效花芽分化期。在油菜栽培中，培育冬前壮苗对促进前期花芽分化特别重要。

（3）花蕾分化　　油菜每个花蕾分化可分为 5 个时期（图 7-7）。

1）花蕾原始体形成期。生长锥伸长，并在生长锥中下部周围出现微小的半球形花蕾原始体小突起。

2）花萼形成期。花蕾原始体逐渐伸长和膨大，在上端四周出现新月形花萼原始体突起。

3）雌、雄蕊形成期。花萼原始体伸长至顶端相互合拢时，花蕾原始体上又出现新的半球形突起，中间为 1 个大的雌蕊原始体，四周有 4 个小的雄蕊原始体。两个相对的雄蕊从顶端纵裂为二，发育成 4 个长的雄蕊，共形成 4 长 2 短的 6 个雄蕊。

4）花瓣形成期。当雌蕊原始体略有伸长时，在花蕾原始体基部近雄蕊原始体下方，出现新的舌状花瓣原始体突起。花瓣原始体伸长很缓慢，当雌雄蕊迅速膨大时，花瓣原始体仅略有伸长，至胚珠形成后期才快速伸长。

5）花药、胚珠形成期。雌雄蕊继续分化，子房膨大形成假隔膜，出现胚珠。雄蕊形成花药，花粉母细胞经减数分裂后的四分体发育成花粉粒。同时花瓣、花萼和花柄都相继伸长，此时整个花蕾的分化即完成。

（4）开花受精　　油菜植株开花顺序以主花序最早开花，然后是一次分枝、二次分枝等。一般由上部的一次分枝向下部的一次分枝依次开始开花，一个花序由下向上依次开花，一朵花则在头一天下午花萼顶端露出黄色花冠，第二天上午 8～10 时花瓣全部展平。油菜开花时间为每天 7～12 时，以 9～10 时开花最为集中。成熟的花粉粒靠昆虫或风力传播，

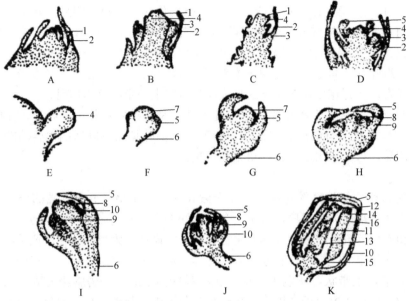

图 7-7　油菜花蕾的分化过程（刁操铨，1994）

A. 油菜生长锥；B. 主花序开始分化；C. 主花序继续分化；D. 分枝开始分化；E. 花蕾原始体；F. 花蕾突起；
G. 花蕾伸长；H. 雌雄蕊突起；I. 花瓣突起；J. 雌雄蕊伸长；K. 胚珠、花粉粒形成。

1. 生长锥；2. 叶原始体；3. 腋芽或分枝；4. 花蕾原始体；5. 花萼；6. 花柄；7. 分化原始体；8. 雌蕊突起或伸长；
9. 雄蕊突起或膨大；10. 花瓣突起或花瓣；11. 胚珠；12. 柱头；13. 子房；14. 花药；15. 花丝；16. 花粉粒

黏附在柱头上授粉，授粉 18～24 h 即可完成受精，开花后雌蕊接受花粉的能力一般可保持 5～7 天，以开花后 3 天的受精能力最强，花粉生活力在田间仅为 1 天，但以开花后 1～3 天的生活力最旺盛。

5. 角果　油菜角果由雌蕊受精后发育而成，由果柄、果身和果喙 3 部分构成。果柄由花柄发育而成。果喙由花柱和柱头发育而成，与下端的果身相连，形似角状，故称角果。果身由子房发育而成，由 2 片壳状果瓣和 2 片线状果瓣组成，线状果瓣间由假隔膜相连。果喙、假隔膜和果柄三者构成一个整体。

甘蓝型油菜角果一般长 7～9 cm，也有长达 14 cm 的品种；粗度在 4～10 mm。角果成熟时，大多数品种由于其果瓣失水收缩能自动开裂，有的品种因果壳的厚皮机械组织发达，在角果成熟失水后果壳并不收缩，不能自行开裂，表现出强的抗裂角性。

角果既是油菜重要的光合产物贮藏器官，也是油菜成熟后期重要的光合器官，在角果完全伸展后，角果皮面积可占全株光合面积的一半以上。角果处于植株的冠层，在果轴上呈螺旋形排列，易于接受阳光且具有与叶片相近似的光合强度。因此，在角果的发育和成熟期，使角果皮充分地接受阳光，延长其光合作用功能期能有效地提高产量。

6. 种子　油菜种子是由胚珠受精后发育而成的，一般呈球形或近似球形，也有呈卵圆形或不规则菱形的。种子大小及质量，因油菜类型、品种和环境条件不同而异。甘蓝型油菜种子一般较大，千粒重在 3 g 以上，高的可在 4 g 以上；白菜型油菜大部分种子千粒重 2～4 g，有些品种千粒重 4 g 以上，最高在 7 g 左右；芥菜型油菜种子最小，一般千粒重 1～2 g，有些可在 3 g 以上。种子色泽有黄、淡黄、淡褐、红褐、暗褐及黑色等，是鉴定油菜种子品质的一个指示性状。种皮色泽的深浅，与酚类化合物或花青素及种子成熟度有关。黄色种皮薄，皮壳率低，种子中的油分含量和蛋白质含量都相应较高，纤维素含量较低，品质优良。

种子由种皮、胚乳和胚 3 部分构成。油菜种子的胚乳退化，仅在种皮下面留有一薄层胚乳细胞组织，胚乳细胞较大，含有较多的糊粉粒和油滴，是蛋白质的贮藏层。胚位于种子中央，由胚根、胚芽、胚轴和子叶组成，两片子叶占种子比例最大，在种皮内纵向折叠成球状。子叶细胞含有丰富的颗粒状油滴和糊粉粒，油脂主要以油体的形式分布在细胞中。

油菜种子的主要成分有水分、脂肪、蛋白质、糖类、维生素、矿物质、植物固醇、酶、磷脂和色素等，此外还有硫苷、植酸和多酚类等有害物质。种子中的各物质组分因品种、土壤、气候和生产条件等的差异而有所不同，一般情况下，同一品种子中的各物质含量相对较稳定。因此在生产上，选择具有优良品质的品种是生产优质油菜的先决条件。

四、油菜的产量与品质形成

（一）油菜的产量形成

油菜产量可以分解为单位面积角果数、每角果粒数和千粒重 3 个产量构成因素，只有当这 3 个产量构成因素协调发展，乘积最大时，才能获得高产。油菜产量计算公式如下：

油菜产量（kg/hm²）＝每平方米角果数（个/m²）×每角果粒数（粒/个）×千粒重（g）×10000×10⁻⁶

在 3 个产量构成因素中，以单位面积角果数对产量的影响最大，它的变异系数最大，在不同栽培条件下可相差 1～5 倍，是大面积生产调节潜力最大的产量构成因素，基本上是 1 万个角果可以获得 0.5 kg 种子。每角果粒数和千粒重的变异较小，在不同栽培条件下变异范围不超过 2 倍，如果是同一品种，每角果粒数变化范围在 10%以内，千粒重在 5%以内。单位面积角果数是栽培中的主要调控对象，但是每角果粒数和千粒重也有一定的变幅，在栽培上也要使两者达到较大值才能获得高产。特别是在超高产栽培下，单位面积角果数达到较高水平时，每角果粒数和千粒重对产量的影响则不可忽视。

1. 单位面积角果数　单位面积角果数是由单位面积植株数和单株角果数的乘积决定的。因此，增加单位面积角果数主要通过增加单位面积植株数和单株角果数来实现。

（1）增加单位面积植株数　即增加种植密度，一般来说通过增加种植密度来提高油菜产量的效果比较明显，但是增加种植密度有一定限度，并不是密度越大，产量越高，尤其是在肥沃的土壤上，种植密度过大，产量不但不会提高，反而会降低。随着油菜品种遗传改良和机械化直播栽培技术的发展，长江流域甘蓝型油菜种植密度可由原来的每亩 7×10³～8×10³ 株增加到 1×10⁴～2×10⁴ 株。

（2）增加单株角果数　单株角果数主要由主花序角果数、一次分枝角果数和二次分枝角果数构成。其中一次分枝角果数占 70%左右，对产量形成起着主要作用，增加一次分枝角果数是提高油菜产量的关键所在。一次分枝角果数是由一次有效分枝数和平均每个分枝角果数决定的，增加一次有效分枝数和每个分枝角果数就能增加一次分枝角果数。油菜的一次分枝由主茎叶片的腋芽发育而成，一次有效分枝数由主茎总叶数和成枝率决定。增加每个分枝角果数主要是增加现蕾前的花芽数和减少现蕾后的花芽脱落数。因此，凡能增加主茎总叶数、提高成枝率、增加花芽数和减少花芽脱落的技术措施，如适时早播、培育壮苗、加强冬前和越冬期的田间管理等，都能增加单株角果数。

2．每角果粒数　　油菜的每角果粒数与每角果胚珠数、胚珠受精率和结合子发育率有关，受品种特性、胚珠分化期间的植株长势、气候条件和栽培条件的影响。单个植株的胚珠数约在现蕾前至开花期决定，冬季气温高、营养条件好和生长旺盛的植株每角果胚珠数多；反之冬季气温低、营养不足和生长差的植株每角果胚珠数少。胚珠的受精率与开花期间气候条件密切相关，开花期间天气晴朗，适于昆虫活动传粉，或用蜜蜂传粉，有利于授粉和受精；反之气温低或阴雨连绵不利于开花，除直接影响授粉和受精外，昆虫活动减少，导致部分胚珠不能受精。结合子发育率与花后光照条件、长势及营养条件有关，光照充足、长势健康和合适的营养条件，有利于结合子发育成种子，否则，结合子停止发育。

3．千粒重　　油菜的粒重从胚珠受精至种子成熟期逐渐增加，这是决定粒重的重要时期。油菜籽粒的干物质主要来源于 3 部分：薹枝叶绿色部分的光合产物约占20%，绿色角果皮的光合产物约占40%，植株体内贮藏的光合产物约占40%。因此，要增加粒重，必须增加角果皮、薹枝叶等绿色器官的光合面积和光合能力，延缓根系衰老，提高体内贮藏的光合产物及促进后期光合产物和体内贮藏物质向籽粒运转的能力。

（二）油菜的品质形成

1．含油量和脂肪酸成分　　油菜种子的含油量（脂肪含量）一般为 35%～50%，其脂肪是由甘油和脂肪酸组成的甘油三酯，主要的脂肪酸有棕榈酸、硬脂酸、油酸、亚油酸、亚麻酸、花生烯酸和芥酸 7 种。

油菜种子的含油量随种子质量的增加而增加，当子叶形成时，子叶中就有油体出现，开花后 20～30 天内，种子发育缓慢，含油量积累约占种子干重的 6%以下；开花后 40 天，含油量可达 46%左右；开花后 25～45 天是粒重和含油量增加最多的时期，种子所有养分的70%左右和所有脂肪的 90%左右都是在这 20 天中形成的；成熟至完熟期，种子脱水变色，含油量停止增长并略有降低。随着种子成熟，低芥酸品种的油酸含量上升，而亚油酸、亚麻酸含量下降，芥酸含量变化不大；高芥酸品种在开花 21 天后芥酸含量逐渐上升，49 天芥酸含量在 40%以上。

2．蛋白质　　油菜籽含有 20%～30%的蛋白质，除少数为结合蛋白外，80%为储藏蛋白，主要包括球蛋白和清蛋白两类，以蛋白体的形式存在于细胞质中。

油菜终花至成熟阶段，氮素的积累量占全生育期总氮的 15%～18%。进入生殖生长后，氮素从营养器官流向生殖器官。在开花后，角果的氮素积累不断增加，其中终花期比初花期总氮量增长 6 倍，成熟期比终花期增长 2.5 倍。角果皮与种子的氮素积累有明显的库源关系，植株积累的氮先向角果皮集中，最后集中于种子。开花后 28 天角果皮全氮含量迅速下降，而种子全氮含量直线上升，氮代谢中心从角果皮向种子转移。种子发育前期的蛋白质积累速度快于脂肪，在开花后 16 天蛋白质含量在 8%～16%，开花后 35 天稳定在 25%左右。在油菜栽培中，增加氮肥用量可显著提高种子蛋白质含量。

3．硫苷　　硫苷（硫代葡萄糖苷的简称），是一类广泛存在于油菜等十字花科植物中的含硫次级代谢产物，其本身无毒，但在内源芥子酶或禽畜肠道细菌葡萄糖硫苷水解酶的作用下易分解产生异硫氰酸盐、硫氰酸盐、噁唑烷硫酮和腈等有毒物质，限制了菜籽饼粕蛋白的利用。

不同类型油菜品种硫苷的形成规律不同，在种子发育初期（开花后 20 天），高硫苷和低硫苷品种的总硫苷含量没有差异，随着种子成熟度增加，硫苷含量均降低，但是低硫苷品种持续下降至花后 40 多天，硫苷含量稳定在 20 μmol/g 饼左右或更低，而高硫苷品种则在种子成熟后期回升到 60 μmol/g 饼以上。此外，环境条件和栽培技术也会影响油菜种子硫苷含量，如较高的温度会促进油菜种子硫苷的合成，增施硫肥会提高种子硫苷含量，高氮和高钾可降低种子硫苷含量。

第三节 油菜主要性状的遗传与育种

一、油菜的育种目标及主要性状的遗传

（一）油菜的育种目标

油菜的主要育种目标就是选育高产、优质、熟期适当、多抗和适应性强的优良新品种，具体育种目标如下。

第一，产量。比同类型的当地推广面积最大的优良常规品种产量超过 10%，杂交品种超过 15%；优质常规品种产量相当，优质杂交品种产量超过 10%（与同类型相比）。

第二，优质。①含油量，常规品种一般超过 42%，黄籽油菜含油量达到或超过 45%。②芥酸含量，原原种＜1%，原种或杂交种第一代＜2%，商品种子＜5%。③硫苷含量，国际标准＜30 μmol/g 饼（不含吲哚硫苷）；中国标准＜40 μmol/g 饼（含吲哚硫苷）。④蛋白质含量为 36%～40%。

第三，熟期。选育适合当地种植制度要求的不同熟期的品种。

第四，抗性。抗病（指菌核病、根肿病和病毒病等）、耐寒、耐湿、抗倒伏和抗裂角等。

（二）油菜主要形态性状的遗传

油菜形态标记是指某一形态性状内，较特殊而明显的遗传标记性状，如叶色、叶型、花色、花冠、株型、开花期和角果等性状，其具有直观易见的特点。由自发突变或物理化学诱变均可获得具有特定形态特征的遗传标记材料。例如，在组织培养及诱变育种过程中经常出现的大量变异材料，其中不乏在形态特征或生理特性上具有特殊表型的个体，经过选择，就可获得稳定遗传的形态标记材料。形态标记材料多数仅带有一个标记基因，但有的则带有多个标记基因。

甘蓝型油菜中白花对黄花为不完全显性遗传，由 1 对等位基因控制（文雁成等，2010；黄镇等，2012）。但也有人认为，白花性状受 2 对主效基因和多基因控制，呈数量性状遗传（田露申等，2009）。虽然有不同的观点，但他们都认同白花性状的遗传规律简单，受 1 对或 2 对基因控制。白花在育种上能用来鉴定纯合子及真假杂种。另外，白花与高芥酸紧密连锁（刘雪平等，2004），可以辅助剔除高芥酸油菜。张洁夫等（2000）研究结果显示，甘蓝型油菜白花对黄花由 WW 不完全显性基因控制，Ww 表现为乳白；黄花对金黄花由 $Y_1Y_1Y_2Y_2$ 显性基因控制；白花对金黄花在遗传上有上位性效应。王俊生等（2012）利用甘蓝型油菜显性白花和显性黄籽性状的遗传规律，培育了白花黄籽的甘蓝型油菜双低恢复系 RW16。

形态标记因其具有典型的形态特征，比较容易识别和观测，因而便于确定它们与其他性状的关系。同时，由于设备简单，分析成本低廉，作为物种连锁群建立的开创性标记，形态标记在其他分子标记的定位中也起着重要作用，但其缺点是与其他有害或不利性状相连锁

具有不良的多效性，使分析和利用受到限制。形态标记材料在遗传研究和作物育种上都有重要的应用价值，因此对形态标记材料的收集、保存和利用历来受到各国研究者的重视。

（三）油菜主要产量性状的遗传

1. 角果数 增加单位面积上角果数是提高产量的重要途径。据研究，油菜单位面积角果数与产量呈显著正相关，即单位面积角果数多产量就高。增加油菜单位面积上角果数除合理提高种植密度外，增加单株角果数也是提高单位面积角果数的有效途径。单株角果数主要由主花序角果数、第一次分枝角果数和第二次分枝角果数构成。

朱宗河等（2016）用主花序有效角果数差异较大的'12R1402'和常规油菜品种'沪油17'杂交，构建 4 世代遗传体系（P_1、P_2、F_1 和 F_2），应用主基因＋多基因混合遗传模型对该组合主花序有效角果数进行遗传分析。结果表明，组合'12R1402'×'沪油17'主花序有效角果数遗传受 2 对加性-显性-上位性主基因＋加性-显性多基因控制（E-1 模型），其中第 1 对主基因加性效应值为 40.86，显性效应值为 −32.62，第 2 对主基因的加性效应值为40.58，显性效应值为 −0.75，2 对主基因都以加性效应为主，都表现为主花序多角果部分显性，2 对主基因间存在明显的基因互作效应，多基因加性效应值为 −29.40，多基因的显性效应值为 68.36。'12R1402'×'沪油 17'组合 F_2 群体中主基因和多基因遗传率分别为60.38% 和 2.14%，主花序多角果性状以主基因遗传为主，宜在早期世代进行选择。

2. 每果粒数 每果粒数是甘蓝型油菜产量构成因素之一，是受多因素控制的一个复杂数量性状，同时也是育种重要目标之一。油菜种子是由子房中的胚珠受精后发育而成的。每果粒数与每果胚珠数的多少、胚珠是否受精和受精后的结合子能否发育 3 个环节有关，可用下式表示：

每果粒数＝每果胚珠数×胚珠受精百分率（%）×结合子发育百分率（%）

所以，要增加每果粒数，首先要增加每果胚珠数，同时要提高每果胚珠受精百分率和每果结合子发育成种子的百分率。

早期研究表明，每果粒数的遗传模型以加性效应为主（郦美娟和顾菊生，1992），受核基因控制，不存在任何形式的母体效应。官春云等（1980）采用不完全双列杂交法，研究了油菜的配合力，发现每果粒数的加性遗传方差为非加性遗传方差的 2 倍。张立武（2010）以3 份每果粒数少的品系（'HZ396''HZ165''HZ168'）为材料，分别与每果粒数多的品系'Y106'配制正反交 F_1，分析亲本与正反交 F_1 的每果粒数表现，发现每果粒数在不同年份能较稳定表达，受环境的影响不大；每果粒数受核基因控制，不存在细胞质效应；每果粒数普遍存在不同程度的杂种优势，大值亲本对小值亲本在杂交后代中以显性的方式表现出来。杨玉花（2016）也认为每果粒数的差异主要受母体基因型和胚基因型调控，细胞质效应不显著。

3. 千粒重 油菜的千粒重，在胚珠受精后逐渐增加，至成熟时停止，这是决定千粒重的时期。千粒重大小除与栽培管理措施有关外，也受遗传因素控制。研究表明，千粒重是由多基因控制的典型的数量性状，它的遗传以加性效应为主，显性和上位性较弱，因而其杂种优势很弱。李娜（2015）研究认为甘蓝型油菜种子质量主要由母体基因型调控，母体效应值达 0.93，花粉直感效应和细胞质效应很小，甚至不显著。朱恒星等（2012）检测到 3 个与千粒重相关的数量性状位点（QTL），分别位于 A9 和 C1 染色体，其中 qSW-A9-1 和 qSW-A9-2 贡献率分别达到 10.98% 和 27.43%，均可视为控制千粒重的主效 QTL。张科巧

（2014）检测出 9 个千粒重 QTL，其中在 A7 染色体上存在两个主效 QTL（TSWA7a 和 TSWA7b），它们累计的贡献率为 27.6% 和 37.9%，并且在多个群体和环境中都能被定位到，具有稳定的遗传效应。

（四）油菜主要品质性状的遗传

油菜的品质性状系指针对构成油菜产品化学成分的数量和质量而言，它包括种子中油的数量（一般以含油量和出油率或产油量表示）和质量（指脂肪酸组成），以及饼中蛋白质含量、氨基酸组成、硫苷种类和组分、植酸、芥子酸和单宁等成分。

1．含油量　　油菜种子中的高含油量和高种子出油率，是油菜育种中的首要目标。由于采用现代效率高的分析设备（如核磁共振仪 NMR 和近红外仪 NIR），在不损伤种子的条件下，易于快速测定含油量，因此可将含油量列为首要的育种目标（Getinet et al.，1987）。

由于类型和品种不同，油菜的含油量和出油率差异很大。一般甘蓝型油菜含油量较大（40%左右），白菜型次之，芥菜型又次之。油菜含油量一般属于数量性状，表现连续变异，并呈正态分布（Olsson，1974）。种子含油量受核基因控制，取决于母本基因型，受胚基因型影响很小（Broda，1978）。甘蓝型油菜含油量的遗传率分析表明：广义遗传率 81.16%，狭义遗传率 30.90%；含油量的遗传行为符合加性-显性模式（韩继祥，1990）。研究油菜种子形态和结构，结果表明具有黄色种皮的油菜品种的含油量较高（一般比非黄色种皮的品种高 1%～3%，有的可达 5%），种皮较薄，纤维素含量低，蛋白质含量较高，油质好，清澈透明，三大类型油菜和埃塞俄比亚油菜都是如此。因而黄色种皮可以作为一种形态指标进行高油分育种（刘后利，1979）。相关分析表明：含油量与蛋白质之间呈负相关，与全生育期之间呈正相关，但与单株产量之间则无相关关系，说明含油量的增加可能不影响种子产量（Olsson，1960）。

2．脂肪酸成分　　未经改良的油菜，其油中脂肪酸组成一般为：硬脂酸（微量～4%）、油酸（14%～29%）、亚油酸（9%～25%）、亚麻酸（3%～10%）、二十碳烯酸（5%～15%）、芥酸（40%～55%）、棕榈酸（微量～4%）和十四烷酸（微量）。与其他食用植物油相比，最显著的特点是芥酸含量很高。

（1）芥酸与油酸　　油的品质改良第一个目标，就是降低菜油中芥酸含量到最低水平，从而显著地提高油酸的含量，芥酸含量由 40%～55% 降到 1% 以下，油酸含量提高到 60%～85%。芥酸含量很高，对人体营养不利。饲养老鼠试验表明：高芥酸油的可消化率只有 81%，而无芥酸油则可高达 96%（Roequelin，1971）。动物饲养试验结果：在心脏和骨骼肌肉纤维细胞中产生脂肪沉淀，分析其脂肪滴含有高芥酸，表明芥酸在动物体内代谢不良。但菜油中不含胆固醇，营养价值较高。

遗传研究表明：甘蓝型油菜芥酸含量的遗传受胚基因型中具有累加效应的 2 对基因的控制（每个基因合成芥酸 9%～10%），而不受母体基因型控制（Harvey and Downey，1964）。白菜型油菜的芥酸含量也受胚基因型控制，并受到具有加性作用的 1 对基因体系所支配（Dorrell and Downey，1964）。在中国，甘蓝型油菜的芥酸含量也受 2 对无显性的累加基因控制，但每个等位基因合成芥酸高达 12%～14%。油酸受 2 对部分显性基因的控制，油酸与芥酸之间呈显著的负相关（-0.92）。这 3 种脂肪酸含量可能受一个共同的基因体系控制（周永明，1987）。

（2）其他脂肪酸　　降低亚麻酸含量从 8%～10%到＜3%，是油的品质改良的第二个目标。通过化学诱变产生的甘蓝型油菜新品系的亚麻酸＜5%和亚油酸为 20%（Rakow，1973）。利用这类突变体育成的新品种‘Stellar’亚麻酸＜3%，亚油酸＞22%（Stefansson，1985）。

第三个品质改良目标是增加短链脂肪酸的含量，如棕榈酸和棕榈油酸的含量提高到合计 10%～12%，即可保持生菜油的贮藏品质（不致形成内结晶的沉淀）。

此外，二十烷烯酸（C20：1）则受显性基因控制（Kondra and Stefansson，1965），二十碳烯酸受 2 对超显性基因控制。

3. 蛋白质　　油菜籽脱脂后的干物质中含蛋白质 36%～40%，以球蛋白为主，清蛋白次之，其氨基酸组成比较平衡，与大豆饼粕相近，具有较高营养价值，是一种很好的饲用蛋白源。发展黄籽油菜不仅可以增加含油量，且可增加蛋白质含量，纤维素含量也可减少。遗传研究表明：油分含量和蛋白质含量间呈显著的负相关，二者不能两全。但从增加二者的总量入手，试验证明同时增长油分和蛋白质是有效的，二者总量的遗传率为 33%（Grami et al.，1977），在育种工作中已见成效。

4. 硫苷　　硫苷（glucosinolate）是硫代葡萄糖苷的简称。油菜籽脱脂后，油饼中含有硫的化合物，为硫代葡萄糖苷类物质。这类物质作为饲料在芥子酶或水解酶作用下，分解出有毒物质如恶唑烷硫酮（oxazolidinethine）、异硫氰酸盐（isothiocyanate）和腈化物（nitrile）。这些有毒物质可使家畜甲状腺肿大，并导致代谢紊乱。油菜品质育种的任务之一，就是把油饼中的硫苷含量降到最低水平。一般认为脱去硫苷的油菜蛋白质可与大豆蛋白质等价，主要氨基酸赖氨酸相对高，因而菜饼可作为畜、禽、鱼的良好精饲料。

遗传学研究表明：波兰原产的春油菜品种‘Bronowski’是世界上硫苷含量低（10～12 μmol/g 饼）的唯一种源。这个品种硫苷 3 种主要成分均受遗传控制，为隐性性状，并受母本基因型控制，不受胚基因型影响。但受多少对基因控制，说法不一，一般认为硫苷含量受 3 对主基因控制（Morice，1974，1984；牟同敏，1986），但这 3 对基因可能表现数量遗传的次级效应（Morice，1974）。‘Bronowski’许多不利的生长习性（苗期生长缓慢，冬前发育差，抗寒性弱，春后恢复生长差）与低硫苷特性强烈地连锁在一起，必须采取一系列育种措施打破连锁，才能加以利用（Krzymanski，1979）。

一般甘蓝型油菜品种硫苷含量可由 150 μmol/g 饼减少到≤15 μmol/g 饼；白菜型油菜可由 90 μmol/g 饼减少到 30 μmol/g 饼。国外的标准是：油菜新品种油中芥酸含量≤2%，饼中硫苷含量≤30 μmol/g；作为育种材料的标准为：油中芥酸含量＜0.5%，饼中硫苷含量＜10 μmol/g。

二、油菜的杂交育种

油菜的杂交育种有两种：一是品种间杂交，二是种间杂交（包括近缘和远缘杂交）。因亲缘关系的远近不同，杂交亲和性有显著差异，种内的变种或品种间杂交，杂交亲和性强，一般结实正常；相反地，在不同种间进行杂交，因种间遗传基础不同，杂交亲和性也有显著差异，一般结实很不正常，但采取一些措施（如组织培养），可以适当克服杂交不亲和性和杂种不育性。

（一）品种间杂交

大多数甘蓝型和芥菜型油菜，均可采用系谱育种法和回交育种法，而且成效显著。但在自交不亲和性强的白菜型油菜中，回交和轮回选择是最常用的。从杂交开始到新品种育成后审定（注册）为止，一般需 8～10 年。

1. 系谱育种法 油菜杂交育种采用系谱育种法（图 7-8），与一般作物的育种程序和方法基本相同。

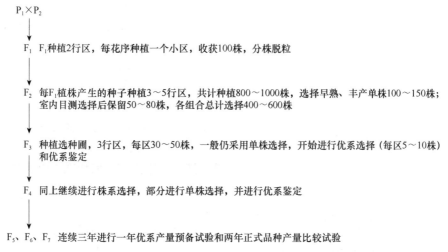

P₁×P₂

F₁ F₁种植2行区，每花序种植一个小区，收获100株，分株脱粒

F₂ 每F₁植株产生的种子种植3～5行区，共计种植800～1000株，选择早熟、丰产单株100～150株；室内目测选择后保留50～80株，各组合总计选择400～600株

F₃ 种植选种圃，3行区，每区30～50株，一般仍采用单株选择，开始进行优系选择（每区5～10株）和优系鉴定

F₄ 同上继续进行株系选择，部分进行单株选择，并进行优系鉴定

F₅、F₆、F₇ 连续三年进行一年优系产量预备试验和两年正式品种产量比较试验

图 7-8 系谱育种法选择过程

系谱法的选择是从 F₂ 开始的。F₁ 在大量杂交组合中，只按熟期迟早和优势强弱选择较优组合。F₂ 则开始单株选择，一般按株高中等、分枝部位较低（南方多雨地区 30 cm 左右）、分枝数多、花序较长、着果密度较大、角果长度中等、每果粒数多、籽粒较大、单株产量较高和熟期中熟偏早等性状选择优株，在室内再进行目测选株，脱粒后分株测定品质性状（含油量、芥酸和硫苷含量），最后按经济性状和品质性状进行综合选择。但对品质性状的选择不宜在 F₁、F₂ 进行，F₁ 和 F₂ 以农艺性状选择为主。F₃ 自交后，对芥酸和硫苷含量的选择由 F₄ 开始，即在优良的农艺性状基础上选择低芥酸或低硫苷含量的育种材料，使优良的品质性状和优良的农艺性状结合起来。从 F₃ 起按单株播种，实质上是株系圃，即可进行株系选择，但视株系以内分离程度的大小而定，凡分离少的可以采用株系选择（集团选择）。F₄ 以后开始品系预备试验和正式试验，通过两年正式试验后，至 F₆～F₇ 即可评选出优系。

2. 回交育种法 一般应用于简单遗传性状的转移，如将低芥酸和低硫苷引进计划改良的品种中去。世界上第一个低芥酸品种 'Oro' 就是采用回交育种法育成的。其特点是：首先选用高芥酸的优良亲本作为轮回亲本进行回交 3 次，以加强高芥酸亲本丰产性状在后代中的分量；其次，每次回交前，对杂种群体的种子采用半粒法分析种子的芥酸含量，但只选用中芥酸含量的植株进行回交，即非轮回亲本始终采用杂合体（芥酸含量为 20%～25%）；最后，回交 3 次以后，自交一次，从自交后代中选出纯隐性个体（$e_1e_1e_2e_2$），实现育种目标。

3. 复式杂交育种法 为了实现特定的育种目标，并消除原始亲本带来的某些难于在较短时间内克服的一系列困难，常采用复式杂交育种法。这种复式杂交或复合杂交，是将几个亲本品种的所有组合进行集团杂交。此法常应用于品质育种和抗病育种，典型事例是波兰油料作物研究所 Borowo 育种站育成的第一个甘蓝型双低品种 'Start'（图 7-9）。

在 'Start' 的育种中有两个原始亲本：一是来自德国的甘蓝型饲用春油菜品种 'Liho'

（低芥酸），二是来自波兰的甘蓝型春油菜品种 'Bronowski'（低硫苷），但这两个品种都有它们各自的严重缺点。为了选育油用的甘蓝型冬油菜品种，必须把它们各自特有的品质性状与改良的冬油菜品种的优良农艺性状和强的越冬耐寒性全面结合起来，采用波兰原有的改良品种进行多次杂交，将两种优良的品质性状和多品种优良的农艺性状结合起来，并通过多次杂交，打破原始品种优良的品质性状与不良的农艺性状紧密连锁，因而通过 3 个优品种参与复式杂交，即可实现育种目标。

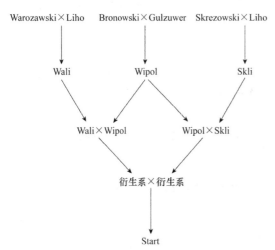

图 7-9　甘蓝型油菜双低品种 'Start' 选育过程

4．轮回选择　　这种育种法适用于白菜型油菜的群体改良，如加拿大农业部在萨斯卡通研究中心（Saskatoon Research Station）对白菜型油菜所采用的轮回选择育种。

轮回选择的要点是通过异花授粉保持异交群体，并从这种异交群体中周期性的混选优株，其结果为每一个周期组成一个新的群体。

典型的轮回选择，开始于从原始群体中收获自由授粉的个别植株，脱粒后每株种子分成两份，一份播种一行，保留另一份种子。从播种行目测鉴定农艺性状，从中鉴别出优行，然后分别收获当选行。当选行的种子分析含油量、蛋白质、芥酸和硫苷含量、种子色泽、种子大小和纤维素含量等性状。从当选单株保存的等量种子，根据它们后代的表现进行混合。这种混合种子种植在隔离区，使它们在隔离区内自由交配。这样就完成了轮回选择的第一周期。轮回选择的第二周期开始于这个混合体收获单株时，从每个混合体保留的种子用于设置重复的产量试验，以便估量每一轮回周期的选择反应。但通过轮回选择，希望在一个群体中同时改良许多性状是不现实的，而每一轮回周期只改良一个或少数性状，然后将两个或多个混合体组成一个群体，这样更有利于育成新的改良品种。

（二）种间杂交

一般来讲，芸薹属植物各个种间相互关系较为密切，而芸薹属植物以外的种间关系较为疏远。从品种改良讲，这些近缘和远缘植物都有不同程度的利用价值。

各国学者通过近缘种间杂交已从芸薹属的 3 个基本种人工合成杂种（复合种）。瑞典学者 Olsson 将人工合成杂种应用于多倍体育种，并取得显著的育种成效，如 'Punter' 是瑞典 Svalov 种子协会育成的第一个人工合成种，系由四倍体芜菁油菜 'Lembke' 和四倍体甘蓝杂交后人工合成而来（Olsson et al.，1980）。另外，'Norde' 是瑞典种子协会育成的第一个半合成油菜，系由四倍体甘蓝与四倍体芜菁油菜杂交，再与甘蓝型冬油菜品种 'Matador' 杂交而来，它是瑞典甘蓝型冬油菜品种中抗性最强的品种（Olsson et al.，1980）。

在世界范围内，种间杂交应用最为广泛的是甘蓝型和白菜型油菜的种间杂交，日本从中育成了 15 个甘蓝型高产品种，我国也从中育成了 10 余个甘蓝型丰产品种。中国育成的第一个种间杂种是自然界不存在的长角果甘蓝型中晚熟品种 '川农长角'（四川省农业科学院，1954～1960），是由胜利油菜与成都矮油菜杂交后，经过 3 次单株选择育成的。种间杂交的特点是：以染色体数多的甘蓝型品种为母本，以染色体数少的白菜型品种为父本，杂交结实率高，反之，结实较少。一般 F_1 高度不育，但能结少量种子，角果果皮增厚，种子在角果内发芽，因而采取 F_1 按杂交花序为单位，收获后混合脱粒，淘汰发芽粒、破损粒。余下的种子按杂交花序为单位分区播种，在苗期淘汰白菜型和甘蓝型迟熟类型，保留 F_1 较为正常的植株。F_2 呈广泛分离，要分期（苗期、花期和结果期）严格进行选择和淘汰，原则是严格选择（保留 3%～5%）、大量淘汰，F_2 群体中苗期叶色较淡，半直立，生长较快，冬前不现蕾抽薹，花期适当，角果发育较为正常，结实中等的少数单株当选，室内目测检查后决选，按单株分别脱粒。F_3 按单株种子播种 2～3 行区，分离显著的，除个别优株外一般淘汰，分离不显著的，对角果发育正常的植株进行选择，当选优株在室内目测检查后决选，至 F_4 与品种间杂种一样，以株系选择为主，进行优系选择。F_4～F_7 中的当选优系参加品系产量比较试验。因此近缘种间杂交育种与品种间杂交育种，在后代处理上最大不同的是在 F_2 采取严格选择、大量淘汰的原则，到 F_3 即可迅速进入一般杂交育种的系谱程序。

华中农业大学油菜研究室先后育成了'华油 3 号''华油 6 号''华油 9 号''华油 11 号''华油 12 号'和'华油 13 号'等种间杂种。苏联 Voskresenskaya 和 Shpota（1967）曾进行了一系列种间杂交研究，将黑芥与中国白菜杂交得到人工合成的自然界不存在的长角果芥菜型油菜。将芥菜型油菜与甘蓝型油菜杂交，育成了高芳香油含量的新品种，杂种后代中找到自然界不存在的芥菜型冬性品种。将芥菜型与白菜型和埃塞俄比亚油菜杂交，埃塞俄比亚油菜与黑芥杂交，都得到芳香油含量很高（最高达 1.7%，一般都>1%）的杂种材料。

三、油菜的杂种优势利用

（一）细胞质雄性不育杂种

细胞质雄性不育系也可称为质核互作雄性不育系，可实现三系配套生产杂交种，是当前国内外的研究重点。质核互作的三系杂交油菜，分别由不育系、保持系和恢复系所组成。不育系雄蕊退化，自交不能结实，必须依赖外源花粉才能结实。保持系、恢复系自身有花粉，能自交结实。它们三者的关系是：不育系×保持系，不育系杂交生产的种子，下年仍是不育系，保持系自身的种子下年还是保持系，这样不育系依靠保持系既能保持不育系的不育性状，又能一代代往下传；不育系×恢复系，不育系杂交生产的种子，是杂交种子，恢复系自身的种子下代仍然是恢复系。细胞质雄性不育是培育油菜杂交新品种，实现油菜优质、高产、稳产的一种有效途径，目前世界各国主要研究和利用的油菜雄性不育的细胞质类型如下。

1. pol 细胞质雄性不育 1972 年春，傅廷栋在甘蓝型油菜波里马中首次发现 19 个天然不育株。利用这个不育材料，1976 年湖南省农业科学院崔德昕实现了三系配套，定名为'湘矮 A'，其保持系为'湘矮 B'，恢复系为'花叶恢'。波里马不育系的不育性，受温度影响，会产生可育的微量花粉并自交结实，这主要受核基因控制，通过选择保持系，可获得不育性稳定的不育系（傅廷栋，1989）。波里马不育系在 20 世纪 80 年代初被引种到澳大利亚，后又传到世界各油菜主产国，通过转育已育成一批双低不育系及其杂种。波里马不育系的恢复基因，主要存在于欧洲甘蓝型油菜品种中，但也存在于白菜型和芥菜型油菜中（崔德昕等，1979；傅廷栋，1989）。波里马的恢复系带有一对显性恢复基因，同时也有修饰基因的影响（杨光圣等，1990）。由于波里马不育胞质既可找到较好的保持系，也易找到恢复系，而且不育性也较稳定，比 nap、ogu 等几个不育胞质更有实用价值。

2．ogu 细胞质雄性不育　　又称萝卜不育胞质，是 Ogura 于 1968 年发现的萝卜细胞质雄性不育。Bannerot 等（1977）通过连续回交，把甘蓝型油菜的细胞核转移到萝卜不育胞质中去。这种不育系不育性十分稳定，主要问题如下：一是寻找恢复系困难；二是在低温下（<12℃）叶片失绿黄化；三是不育系缺乏蜜腺，不利于昆虫传粉，影响制种产量。法国 Pelletier 等（1983）通过萝卜细胞质不育系和甘蓝型油菜的细胞融合，把甘蓝型油菜的正常叶绿体 DNA 与萝卜不育胞质的线粒体 DNA 重组到一个细胞中去，再用细胞培养技术，将重组的细胞培育成新的不育系。这种通过融合改良的不育系，缺绿问题得到解决，蜜腺也较发达，育性恢复的遗传也比原来简单得多。

3．nap 细胞质雄性不育　　Thompson（1972）和 Shiga 等（1971，1973）通过品种间杂交发现雄性不育。这种不育胞质的恢复基因，普遍存在于日本和欧洲甘蓝型品种中。nap 不育胞质的主要问题是不育性不稳定，温度高于 20℃时，出现大量花粉，故不能用于杂种生产。

此外，各国学者也发现一些其他的不育胞质，如 Korean cms（Lee，1976）、墙生二行芥 Mur cms（Hinata et al.，1979）、印度芥菜型 Mus cms（Rawat and Anand，1979）、黑芥 Alb cms（Rousselle，1986）、中国云南芥菜型 Yun cms（史华清等，1990）、SV cms（陈宝元，1988）等。

（二）细胞核雄性不育杂种

国内外已经发现了大量的油菜细胞核雄性不育材料。我国应用于杂种生产的甘蓝型油菜核不育系主要有两类，一类是四川宜宾地区农业科学研究所 1972 年从'宜油 3 号'中首次发现宜 3A 不育材料，这类核不育是显性核不育，它的不育性是受 2 对显性基因 Ms 和 Rf 互作控制的（李树林等，1985，1986，1987，1990）。另一类是双隐性基因（$ms_1ms_1ms_2ms_2$）控制的核不育材料，如'117A'（侯国佐等，1990）。利用核不育系生产杂种，目前主要有 2 种方法。

1．两型系（两系法）　　细胞核雄性不育两型系（简称不育两型系）、细胞核雄性不育恢复系（简称恢复系），统称为两系。雄性核不育两系杂交油菜由不育两型系和恢复系所组成。不育两型系中的不育株的不育性状是受遗传控制的，不受外部条件影响，不育性状稳定，雄蕊退化彻底，自交不能结实；可育株花器正常，能自交结实。用不育两型系的可育株给不育株授粉，不育株上杂交结实的种子，下一代仍是不育两型系，可育株和不育株的比例大约为 1：1。恢复系自身有花粉，能自交结实，下一代仍是恢复系。两系制种法，就是将不育两型系的可育株拔除，用恢复系给不育株授粉，生产杂交种。核不育两系法不育系育性稳定，不育彻底，繁殖制种时纯度有保证。主要缺点是，用两型系与恢复系制种时，需拔除两型系中 50%的可育株，较费工，制种效率也较低。如拔除不完全，制种纯度也低。

2．全不育系（三系法）　　显性核不育的两型系，有纯合两型系（$MsMsrfrf$＋$MsMsRfrf$）和杂合两型系（$Msmsrfrf$＋$msmsrfrf$）2 种。李树林等（1995）提出利用双隐性纯合型可育株（$msmsrfrf$）与纯合两型系中的不育株（$MsMsrfrf$）测交，生产全不育系（$Msmsrfrf$）。由于全不育系只能用测交方法产生，$msmsrfrf$ 不能继续保持全不育系，因此把 $msmsrfrf$ 叫作临保系。二系制种法，就是先用纯合两型系与临保系，按两系法生产全不育系种子，再与恢复系配制杂交种，如图 7-10 所示。核不育三系制种法不仅具有两系制种法的优点（如育性稳定、纯度高等），而且由于使用全不育系，故比两系制种法省工、制种效率高。主要缺点是，三系制种法生产的杂交种是三交种，部分性状可能表现不整齐。

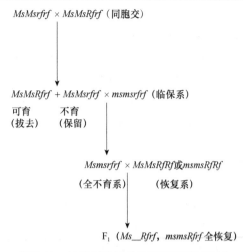

图 7-10　油菜细胞核雄性不育三系制种法

（三）其他类型杂种

1. 化学诱导雄性不育杂种　　湖南农学院（1979）、四川大学（1980）报道了化学杀雄配制油菜杂交种的研究，筛选了"杀雄剂 1 号""MG4"等杀雄剂，杀雄效果达 80%左右，并找到单核花粉期是对杀雄剂最敏感的时期（官春云等，1981，1993）。父母本按一定比例（如 2∶2）相间种植，在现蕾期用 0.03%的"杀雄剂 1 号"对母本进行喷雾，一般喷药 1～2 次即可达到杀雄目的。化学杀雄制种的特点是亲本选配范围广，问题是杀雄效果受喷药时间、气候、植株发育状况和操作技术等因素影响，杀雄效果不够稳定。在实践应用上，为提高和稳定杀雄效果可采用 2 个重要措施：一是提高种植密度，减少分枝数；二是现蕾初期开始处理，再隔 7～10 天进行第二次处理（官春云等，1997）。

2. 生态型雄性不育杂种　　研究发现，油菜生态型雄性不育是一种复杂的生态遗传现象，是光温等生态因子的变化引起不育基因表达导致的雄性不育。一般情况下，油菜生态型雄性不育两用系随着温度的升高、日照时数的增加，呈现出可育→半不育→完全不育的育性转换。同时在育性转换的中间区域，表现为半不育的过渡类型，因此只有那些在自然光温等生态条件下表现出稳定不育的不育性才有实用价值，这就要求不育系在不育时期内生态因子起点低、范围宽且界限明确，才能保证制种的纯度；同时又要求在可育状态下自交结实率高，才能提高不育性的自交繁殖率。对于中国油菜生育期内的气候条件而言，有应用价值的生态型雄性不育两用系应具有在低温条件下正常可育、高温条件下雄性不育的特点。油菜生态型雄性不育两用系的温度敏感性受细胞核内的若干对微效温度敏感基因的调控，单株携带的温度敏感基因数目越多，其育性受温度的影响越小（在高温和低温条件下表现相似的育性），反之则越大。因此，在生态型细胞质雄性不育系的选育过程中，选育出那些核内温度敏感基因数目适当、满足生产实践需要的甘蓝型油菜生态型细胞质雄性不育系是可能的。生态型雄性不育两用系是利用其育性易受生态环境的影响，在某个生态环境条件下，表现为雄性不育，在另外一个生态环境条件下，表现为雄性可育这一育性转换机制来进行杂种生产和不育系繁殖的（廖志强等，2010）。

3. 自交不亲和杂种　　自交不亲和系的雌雄蕊发育均正常，但由于柱头表面有一个特殊隔离层（主要为糖蛋白），自交或系内株间（同胞间）授粉，花粉管均不能穿过隔离层，因而不能受精结实或结实甚少。但是异系杂交授粉，花粉管能穿过柱头表面隔离层，结实正常。因此，可用自交不亲和系作母本，配制杂交种。自交不亲和系虽然开花时自交不亲和，但开放花朵的花粉授在隔离层还未形成的幼小花蕾（开花前 2～4 天的小蕾）柱头上自交，能正常结实。因此，采用剥蕾自交授粉，就能繁殖自交不亲和系。1960 年 Olsson 报道，育成了显性基因控制的甘蓝型油菜自交不亲和系及其杂种。Thompson（1972）育成了隐性基因控制的甘蓝型自交不亲和系。1975 年傅廷栋育成了'271''219'等甘蓝型自交不亲和系及其杂种，并采用人工剥蕾法应用于生产。人工剥蕾繁殖自交不亲和系工作量大、麻烦困难，最经济有效的是花期喷雾 5%～10%的食盐水（胡代泽等，1983；傅廷栋等，1995），每隔 3～5 天喷洒 1 次用以破除柱头表面的蛋白质隔离层，繁殖效果与人工剥蕾相当，或选育自交不亲和系的保持系和恢复系，实现三系配套制种。

4. 掺和型杂种　　　　所谓掺和型杂种，一般是用 20%的 1 个或多个可育系（栽培种）作为花粉源，与雄性不育杂种混合在一起。这一油菜杂种优势的应用方法在欧洲比较多。第一个通过审定的掺和型杂种是法国的'合成'（SYNERGY）。英国 1993～1999 年度通过审定的 96 个杂交新品种中，有 39 个是掺和型杂种。试验结果表明，掺和型杂种与对照常规种相比，一般能够高产，但在不同地点、不同年份间产量波动很大，对环境很敏感。据分析，这可能是由于油菜这一以自交为主的作物，掺和型杂种在生产中却要依赖异交授粉，因此与常规种相比，受环境因素（霜降、干旱和土壤营养水平等）的影响更大。尽管农民对这一新类型品种的选用还很谨慎，但在英国，1999 年掺和型杂种已占了 25%的冬油菜和 30%的春油菜面积（但芳等，2000）。

四、油菜的生物技术育种

（一）组织培养与小孢子培养

植物组织培养是指通过无菌操作，将植物的组织、器官、细胞及原生质体等接种于人工配制的培养基上，在人工控制的条件下进行培养，以获得再生的完整植株或生产具有经济价值的其他生物产品的技术。根据外植体的不同，常分为组织培养、器官培养、花药培养、小孢子培养和原生质体培养等。细胞的全能性是细胞和组织培养的理论基础，即植物离体的体细胞或性细胞，在离体培养下能被诱导发生器官分化和再生植株的能力，而且再生植株具有与母体植株基本相同的一套遗传信息。同样，如果是已经突变的细胞组织，其再生植株则具有与已突变细胞组织相同的遗传信息。植物组织培养可扩大变异范围，克服远缘杂交的一些障碍，可获得体细胞杂种，可加速亲本材料的纯化，可快速进行无性繁殖而获得脱毒苗，可将种质资源放在试管中保存，还可作为外源基因转化的受体系统（官春云，2004）。

所谓小孢子培养是将植物单核期花粉进行培养，促进其细胞分裂，形成单倍体胚，并进而诱发单倍体植株，再经染色体加倍形成同质结合的二倍体植株，即双单倍体。这一育种方法最大的好处是能缩短育种时间和提高育种效率。小孢子培养可以获得完整的遗传变异后代，而且不同遗传型的个体数较少，其表现型不因基因的显性效应而复杂化，而对隐性基因决定的性状选择则更为有效。此外，可以直接以小孢子作为外源基因的受体，转化小孢子后进行培养，产生胚状体，这一方法可大大减少转化后形成嵌合体的可能性。小孢子培养诱发单倍体在油菜育种方面有很多的研究，如云南的'花油 3 号''花油 6 号'等就是采用这种技术培育而成的。

（二）体细胞杂交与原生质融合

自 Cocking（1960）用纤维素酶和果胶酶获得番茄原生质体并重新长壁、分化芽和根，形成完整植株后，Carlson 等（1972）用聚乙二醇（PEG）为诱导剂，使郎氏烟草和粉蓝烟草的原生质体发生融合，得到第一个种间杂种细胞和杂种植物体。迄今为止，原生质体融合技术已在许多植物中取得成功。

油菜的原生质体培养和融合在 20 世纪 70 年代就开始了尝试。迄今，油菜体细胞杂交不仅在种间取得成功，在属间甚至科间也取得成功。Sundberg 等（1987）将白菜型油菜与甘蓝进行原生质体融合，成功地合成了甘蓝型油菜，它具有 38 条染色体，大部分可育。Sjödin 等（1989）将甘蓝型油菜与黑芥进行原生质体融合，合成的新体细胞杂种 *B. naponigra* 抗茎尖霉病，并且可育，已经用于油菜常规育种。同样，原生质体融合在油菜与其他属间或科间也取得成功，如拟南芥和白菜型油菜原生质体融合获得了自然界不存在的属间体细胞杂种——拟南芥油菜。余沛涛等（1993）进行了水稻悬浮细胞和油菜叶肉细胞融合，并获得了杂交细胞。

（三）遗传转化与转基因

随着植物基因工程技术的发展，应用遗传转化技术转移有用的基因，能够突破物种间的界限，使远缘类型之间可以进行基因的交换，拓宽了作物育种的基因资源。而且，还可以获得生物的定向变异，即需要哪种性状，就可将带有此性状的目的基因转移到受体细胞，从而可以定向地改变受体生物的性状。因此，基因工程为油菜育种和品种改良提供了新的途径。

自 1985 年 Ooms 等首先用农杆菌介导法转化甘蓝型油菜以来，农杆菌介导法成了油菜遗传转化的一种主要的方法，不同研究者都利用根癌农杆菌成功转化油菜不同外植体获得转基因植株。油菜的基因工程育种主要是利用基因工程技术增强抗性、改良油菜品质及杂种优势利用。

1. 抗除草剂转基因油菜　草害是影响油菜产量的重要因素。据估计，杂草可使油菜减产 20%～30%，严重的为 50%以上。为此，世界上对作物抗除草剂转基因品种的选育做了大量工作。

抗除草剂转基因油菜研究主要集中在两方面：一是将从大肠杆菌中分离出的含有抗草甘膦的 EPSP 合成酶的突变基因导入油菜。草甘膦是一种非选择性的广谱除草剂，能抑制 EPSP 活性，阻止芳香族氨基酸的合成而导致植物茎和根中毒死亡，其无毒、无残留、易分解且不污染环境，因此，人们对 EPSP 合成酶的突变基因进行了较多的研究。Calgene 公司拥有草甘膦的抗性基因的专利，命名为"Glyphotol"，已将其导入油菜，获得稳定表达。二是将从吸水链霉菌中分离、克隆出的抗草丁膦（PPT）基因（*bar*）导入油菜，*bar* 基因编码 PPT 乙酰基转移酶，能将 PPT 转化为无毒的乙酰化形式。*bar* 基因由比利时 PSG 公司开发，并持有专利，已成功导入油菜，转基因植株 PPT 的抗性超过正常使用浓度的 4～15 倍。

2. 抗虫转基因油菜　菜青虫是危害油菜的重要害虫之一，在我国长江中游地区一年可发生 8～9 代，且世代重叠危害，严重影响油菜产量，同时还可传播软腐病。过去用化学农药防治，效果不佳，污染环境，增加成本。湖南农业大学（2000）通过农杆菌介导法和子房注射法，已成功将来自苏云金杆菌的 Cry Ⅰ类 Bt 毒蛋白基因导入甘蓝型油菜品种'湘油 13 号'，分子检测和喂虫试验结果表明，导入基因在油菜中能有效表达，苗期对菜青虫具有明显的抗性。通过进一步选择，现已获得了遗传稳定的抗虫油菜新品系。

3. 脂肪酸改良的转基因油菜　　油菜的品质主要取决于其脂肪酸种类和脂肪酸含量。油酸是一价不饱和脂肪酸（C18:1），其氧化稳定性比亚油酸、α-亚麻酸等多不饱和脂肪酸高，在高温下不易氧化变质，有助于延长油的保质期，故高油酸植物油不仅用于家庭烹调，也可用于要求存放时间长的快餐食品类和糕点类。同时，油酸可降低血浆胆固醇的含量，对人体的心血管具有很好的保健作用，因此，提高油酸含量是油菜品质育种的重要目标之一。石东乔等（2001）用农杆菌介导法将反义油酸脱饱和酶基因转移到甘蓝型油菜基因组中，得到了种子中油酸含量达 68.72%的转基因油菜。

陈锦清等（2004）利用下胚轴和根癌农杆菌共培养法将丙酮酸羧化酶反义基因 *pep* 导入油菜主栽品种'浙油 758'和'浙优油 1 号'，获得转基因超高含油量油菜新品种——'超油 1 号'和'超油 2 号'，其含油量分别达到 47.8%和 52.7%，含油量提高幅度达 25%以上。

芥酸及其衍生物是制造塑料胶片、尼龙、润滑剂及润肤剂的重要原料。普通油菜中的芥酸含量一般较低，理论上讲，通过传统育种的方法可以培育出含芥酸 66%的品种，而利用转基因技术可以培育出含量超过 80%的材料。Katavic 等（2000）将 *FAEI* 和 *SCL1-1* 基因导入高芥酸品种'Hero'中，经检测，转 *FAEI* 的 T_3 代种子的芥酸含量提高了 16.8%～22.9%（对照为 48.1%），转 *SCL1-1* 的芥酸含量净增加了 5.2%～15.0%。

4. 种子贮藏蛋白改良的转基因油菜　　通常情况下，种子中的油脂和蛋白质占有量分别为 40%和 20%，而种子中贮藏蛋白主要为油菜贮藏蛋白（napin，占油菜籽中总贮藏蛋白的 20%）和十字花科蛋白（cruciferin，占油菜籽中总贮藏蛋白的 60%）。Kohno-Murase 等（1994）将编码 napin 蛋白的反义基因导入品种'westar'，研究发现转基因后代种子中的napin 含量与对照没有差别，而 cruciferin 的含量却比对照提高了 1.4～1.5 倍，同时，蛋白质的增加没有影响种子油脂的含量。据 Stayton 等（1991）报道，通过根癌农杆菌介导将豌豆富含甲硫氨酸（人体必需氨基酸）的 2S 白蛋白基因导入油菜，转基因油菜种子中甲硫氨酸含量成倍增加，蛋白质总量明显提高。但是 Denis 等（1995）将嵌合 2S 清蛋白基因导入甘蓝型油菜'Drakkar'后，发现并不能提高种子贮藏蛋白的含量。

5. 转基因油菜三系　　油菜杂交种因杂种优势表现产量高、抗性强等特点，多年来选育高产优质的杂交种成了育种学家的主要目标。目前主要利用三系来配制杂交种，其中最关键的是需要选育彻底不育且非常稳定的不育系及相应的恢复系。Mariani 等（1992）将嵌合基因 *TA29-barnase*（用 *bar* 基因作为选择标记）导入甘蓝型油菜获得转基因雄性不育系，然后将嵌合基因 *TA29-barstar* 导入甘蓝型油菜获得转基因恢复系，并实现了杂交种生产。

五、油菜的种子繁育

（一）油菜的良种繁殖（常规种）

1. 原原种　　油菜原原种是由品种育成单位自己掌握和供应的优级种子。原原种的种子来源，一般在原种单位或指定进行原种生产的单位精选典型植株获得。原原种播种或移栽在良好隔离田块中，按单株分别播种。在整个生育期进行 4 次鉴定，第一次在幼苗 5～6 片叶时，鉴定长柄叶的叶型、叶色、蜡粉、刺毛、叶柄长度、幼茎颜色、幼苗生长习性和生长势强弱等；第二次在开始现蕾时，鉴定短柄叶的叶形、叶色、叶裂片对数、生长习性和生长势强弱等；第三次在开花植株达 50%左右时，鉴定无柄叶的叶形、叶色、茎色、株高、分枝数、花器各部分形态和花瓣颜色等；第四次在成熟时，鉴定株高、茎粗、分枝习性、分枝部位、果长、果形、结果密度、单株角果数和病虫害情况等。植株成熟后取回挂藏风干后进行考种和种子品质分析,包括株高、一次有效分枝数、分枝部位、全株角果数、每果粒数、单株产量、千粒重、种子颜色、种子含油量、脂肪酸组成和硫苷含量等,然后将植株性状、生育期及种子品质性状相同的单株混合(含油量应在40%以上,单低品种芥酸含量接近零,双低品种芥酸、硫苷含量均应符合标准),一部分留下继续作原原种生产用,其他作原种生产用。

2. 原种 原种是由原原种繁殖的第一代种子,遗传性状与原原种相同,产量、品质及其他主要性状指标仅次于原原种,纯度99.5%以上,其生长势、抗逆性和生产力等不降低或略有提高,种子质量好,籽粒充分成熟,饱满一致,发芽率高,无杂质或霉变籽粒,净度不低于98%。原种生产最好采用育苗移栽,这样在间苗、定苗和移栽时便于留下典型幼苗,种植密度应稍稀,栽培管理中上水平,在生育期间进行除杂去劣。苗期根据苗叶和生长习性进行除杂去劣,抽薹期、初花期和终花期按薹高、薹色、初花和终花的迟早、株高和角果等特征进行除杂去劣,确保品种纯度。要适时收获,单打,单藏,严防机械混杂,防止霉变,保证种子质量。收获脱粒后分析种子含油量、芥酸含量和硫苷含量等。凡种子含油量在40%以上,芥酸含量低于1%,硫苷含量低于30 μmol/g 饼者即可作为原种。

3. 生产用种 油菜生产用种由种子部门指定有条件的生产单位(或专业户)生产。生产用种的栽培水平也要适当优于大田,最好进行育苗移栽,在生育期间进行 2～3 次去杂,至少在苗期和成熟期各进行一次去杂,收获前还应拔除病株和生长不良植株。待种子充分成熟后收割,收后晒干扬净,取样分析种子含油量、芥酸含量和硫苷含量。要求种子含油量在40%以上,芥酸含量低于2%,硫苷含量低于30 μmol/g 饼。

(二)油菜的杂种生产

1. 杂交亲本繁殖 杂种优势育种中,油菜亲本繁殖隔离要求严格。一般要求在1500～2000 m 内不能种植其他油菜品种和红菜薹、白菜及芥菜等十字花科蔬菜,以免生物学混杂。其次,要选用 2～3 年没有种过油菜或作过十字花科蔬菜留种地的田块作为苗床,同时不能施用混有油菜或十字花科蔬菜种子的堆肥。制种区移栽时,要严格遵守操作规程,要先栽完一个亲本后,再进行另一个亲本苗移栽,以免造成错栽。在苗期、蕾薹期、花期和成熟期均要求严格去杂,并拔除隔离区周围自然生长的油菜、十字花科蔬菜苗。终花后,先拔除不育系繁殖区的保持系;制种区内的恢复系,可在终花时拔除,也可提前收获。隔离区要单收、单打、单晒和单藏,专人负责。

2. 杂交种子生产 杂交种子是指用两个或两个以上的亲本进行杂交而得到的种子。杂交种的生产比一般种子的生产要复杂得多。其主要技术环节如下。

(1)选好制种区 亲本繁殖区和制种区除需选择土壤肥沃、地势平坦、地力均匀、排灌方便和旱涝保收的地块,以保证亲本的生长发育正常、制种产量高以外,还必须保证有安全隔离的条件,严防外来花粉的干扰。常用的隔离方法有自然屏障隔离、空间隔离、时间隔离和高秆作物隔离等。

(2)规格播种 杂交制种时,父母本的花期能否相遇,是制种成功的关键。所以,播种时,必须安排好父母本的播期,使其花期相遇。另外,应有合理的父母本行比,既保证有足够数量的父本花粉供应,也尽量增加母本行数,以便生产杂交种,降低种子成本。制种区播前要精细整地,保证墒情,以便一播全苗。这样,既便于去雄授粉,又可提高产量。播种时,父母本不得错行、并行、串行和漏行。为便于区分父母本,除应在父本行的两端和行中每隔一定距离种一穴其他作物作标志外，还应在制种区近旁，分期加播一定行数的父本，作为采粉区。

（3）精细管理　　制种区应保证肥、水供应，及时防治病虫害，以促进父母本健壮地生长发育，提高制种产量。同时，应根据父母本的生育特点及进程，进行栽培管理或调控，保证花期相遇。

（4）**去杂去劣**　　为提高制种质量，在亲本繁殖区严格去杂的基础上，对制种区的父母本，也要认真地、分期地进行去杂、去劣，以保证亲本和杂交种子的纯度。

（5）**及时去雄授粉**　　对于需采用人工去雄的方法进行杂交制种的油菜，母本的去雄是制种中最繁重而又关键的措施，必须按照油菜的特点及时、彻底、干净地对母本进行去雄。人工去雄的方法有以下几种：①手术去雄，用镊子将花瓣拨开，摘去雄蕊的花药。②化学去雄，用 0.2% 的 2,3-二氯异丁酸钠或 1000～2000 mg/kg 赤霉素溶液喷施正处于盛花期的母本植株。③温汤去雄，用 45℃ 的温水处理花朵。

（6）**分收分藏**　　成熟后要及时收获。父母本必须分收、分运、分脱、分晒和分藏，严防混杂。一般先收父本，后收母本。

（7）**质量检测**　　为保证生产上能播种质量高的杂交种子，必须在亲本繁殖和制种过程中，定期地进行质量检查，播前主要检查亲本种子的数量、纯度、种子含水量和发芽率是否符合标准；隔离区是否安全；安排的父母本播期是否适当；繁育、制种计划是否配套等。去雄前后主要检查田间去杂去劣是否彻底；父母本花期是否相遇良好；去雄是否干净、彻底等。收获后主要检查种子的质量，尤其是纯度及贮藏条件等（官春云，2004）。

第四节　油菜栽培原理与技术

一、油菜的种植制度

我国油菜种植区域分布很广，主产区在长江流域。各地区由于自然气候条件不同，形成了差异化的油菜种植制度。目前我国油菜种植制度可以概括为两熟制、三熟制和一熟制 3 种。在两熟制、三熟制地区油菜品种多为甘蓝型油菜，一熟制春油菜区品种类型包括甘蓝型、白菜型和芥菜型 3 种。甘蓝型油菜主要分布在气候湿润、水肥条件较好的地区，芥菜型油菜主要分布于高温干燥和土壤瘠薄的地区，白菜型油菜分布在高海拔、高纬度和春夏播种生长季节短的地区。

（一）两熟制地区

两熟制是我国油菜生产的主要方式，分布范围较广，包括黄淮流域的冬油菜区，长江流域上游、下游及中游大部分地区。各地由于气候生态差异，形成不同的优势作物和种植模式。

1. 华北及关中地区　　大部分年均温度为 10～15℃，最冷月平均为 1～3℃，极端最低温－23～－11℃，无霜期 180～240 天，年降水量 500～800 mm，冬季较干燥，早春有寒潮霜冻。该地区宜种植耐寒、耐旱性强的冬性、半冬性油菜品种。种植模式有油菜—玉米、油菜—花生、油菜—棉花、油菜—大豆等。

2. 云贵高原及四川盆地地区　　地理环境多样，气候条件复杂。高山海拔一般为 1000～3000 m，属高原地区气候；盆地海拔 200～500 m，丘陵山地较多。全年平均气温

$10\sim18℃$，1月温度多在2℃以上，冬季冻害较少，年降水量在1000 mm左右。油菜品种以半冬性品种为主。种植模式以水稻—油菜两熟制为主，旱地有油菜—玉米及油菜—烤烟等栽培模式。

3. 长江中游及长江下游地区 属冲积平原，海拔较低。水利条件好，雨量充沛，全年降水量1000 mm以上。气候温和，年平均气温$15\sim18℃$，1月平均气温$0\sim6℃$，适宜种植的油菜品种为半冬性。种植模式以水稻—油菜两熟制为主。

（二）三熟制地区

三熟制地区包括长江中游的湖南、江西部分油菜产区及华南沿海地区，多为海拔1000 m左右的山地或500 m左右的丘陵，气候温暖湿润，全年有效积温高，雨量多，霜雪少。油菜品种宜选用半冬性早熟品种，栽培模式大多为早稻—晚稻—油菜的三熟制，旱地则是油菜与花生、甘薯两熟制栽培。

（三）一熟制春油菜地区

一熟制地区每年只种一季春油菜，主要分布在青藏高原、蒙新内陆和东北平原。高海拔、高纬度是其显著分布特征。

高海拔油菜区主要分布在青藏高原、新疆天山西麓、内蒙古阴山山区、大小兴安岭等海拔$2000\sim3500$ m地区。年平均气温低，活动积温少，昼夜温差大。冬季寒冷，最冷月气温在$-10℃$以下；春季温度回升早，升温缓慢；夏季无酷暑，最热月平均气温不超过20℃。日照时间长，年日照时数在2500 h以上，4月至9月的日照占全年50%以上。年降水量在$250\sim500$ mm，4月至9月的降水量占全年降水的60%以上。年蒸发量大于年降水量的2倍以上。气候冷凉干燥，雨热同季，宜于春油菜的生长发育和油分累积，是我国春油菜稳产高产地区。

高纬度油菜区主要包括新疆北部、内蒙古东北部和黑龙江省等北纬45°以北的春油菜产区。气候特点是冬季漫长和严寒，春季温度回升迟但升温快，夏季温暖期短，秋季冷空气活动频繁，降温较快，寒潮来得早，易发生早霜危害。最暖月平均气温不超过25℃，年有效积温$1300\sim2300℃$，年降水量$350\sim600$ mm，主要集中在6月至8月。年日照时数$2400\sim3200$ h。夏季温度高、雨量多且日照长，极有利于春油菜生长。

二、油菜的种植方式与方法

在生产上，油菜的种植方式有育苗移栽和直播两种。育苗移栽能在苗床适时早播，缓和季节矛盾，有效解决多熟制中油菜与前作季节和土地安排的矛盾，又便于集中精细管理，培育壮苗。直播油菜根系发达，根颈粗度、根系数目和根系总长度均表现较好，有利于吸收土壤深层的水分和养料，因而抗旱、耐瘠，抗倒伏能力强；生产过程中减少了移栽环节，有利于机械化操作，能有效降低生产成本。随着轻简化、机械化生产技术的发展和成熟，我国油菜直播面积还将逐年扩大。

（一）油菜育苗移栽

1. 育苗技术原理 培育壮苗、提高幼苗素质，是育苗移栽的重要环节。油菜幼苗期一般为$25\sim35$天（苗龄），幼苗可生出$6\sim8$片叶。五叶期以前叶片出生快，单叶叶面积逐渐增大，吸收氮素较快。五叶期以后出叶速度减慢，有明显的营养积累，含糖量增加，含氮量降低，叶片变厚，根茎增粗，是壮苗充实期。

苗田管理要注意幼苗生长的两个转折期。第一个转折期为离乳期（子叶期），此时如果缺肥则真叶出生慢，播种时宜施用种肥，还要稀播匀播浅播，及时浇水、间苗等；第二个转折期为五叶期，油菜从以器官生长为中心转向以物质积累为中心，应协调扩大光合面积与物质积累的关系，在五叶期前以促进为主，五叶期后以控制为主。如果苗期培育不好，会因缺肥、少水或渍水和未及时间苗等而形成弱苗和僵苗；也要防止后期水肥过多、幼苗过嫩而成为旺苗。

油菜的壮苗具有以下特征：株型矮壮，根颈粗短，有韧性，没有高脚苗、弯曲苗，缩茎节间未伸长；根系发达，主根粗壮，白根为主，无腐坏、死亡等迹象，侧根多，分布范围广；叶片宽厚、色深，自然舒展；生长势强，发育正常，秧苗期 30~40 天，应具 6~8 片叶，绿叶 5~7 片；根、叶部无根腐病、病毒病和霜霉病及各种虫害发生。

2. 油菜育苗技术

（1）苗床准备　好的苗床是培育壮苗的关键。应选择靠近大田、土地平整、肥沃疏松、向阳背风和排灌方便的田地作苗床。苗床面积应按 1 hm² 苗田移栽 5~10 hm² 大田的比例留足。苗床整地要求精细，浅耕碎平，做成 1.3~1.7 m 宽畦。结合整地施足底肥，每公顷施农家肥 $1.1×10^4$~$1.5×10^4$ kg，过磷酸钙和钾肥各 225~375 kg。

（2）种子处理　应当选用符合国家油菜生产标准的油菜种子播种。播种前晒种 2~3 天，可以提高发芽势和发芽率。用种衣剂包衣种子能够防治苗期病虫害、促进生长发育和提高产量。

（3）苗床播种　播种期需根据油菜的品种特性、前作收获迟早和气候条件等因素决定。为了错开农活，调剂劳力，可分期播种，分期移栽。播种量按留苗量的 1.5 倍计算，一般每公顷苗床用种 10 kg 左右，播种时可拌适量的尿素，按畦定量下种。播后如天气干旱，需轻轻镇压，使种子与土壤较好地接触，便于吸水萌发和扎根。播后每公顷施清粪水 $8×10^3$~$1.5×10^4$ kg，利于出苗。

（4）间苗定苗　油菜出苗后，应及早间苗，防止因过密而造成弱苗。一般在出现第 1 片真叶时进行第 1 次间苗，2 片真叶时进行第 2 次间苗，3 片真叶时定苗。留苗密度根据播种早迟、苗龄长短和幼苗生长状况而定，一般保持苗间距离为 7~10 cm，苗龄长得更稀些。

（5）施肥浇水　油菜幼苗期需肥虽不多，但不能缺水、缺肥。油菜移栽前约 7 天，施少量起身肥，有利于栽后活棵，但嫩苗不宜施用。育苗如遇干燥天气，要及时灌溉浇水，保持土壤湿润而不板结，以利于根的生长。用 150 mg/L 可湿性多效唑或 50 mg/L 可湿性烯效唑粉剂，在油菜三叶期喷施，对防止高脚苗及培育矮壮苗效果显著。

（6）防治病虫　苗床期主要害虫有蚜虫、菜青虫、黄条跳甲和菜螟等；主要病害有病毒病和霜霉病，要及时防治。在移栽前 3 天，用药剂全面彻底防治一次，把各种病虫消灭在苗床以内。

3. 大田整地和移栽

（1）土壤要求　油菜对土壤的要求不甚严格，但以土层深厚、土质疏松、保水保肥力强且含有机质丰富的土壤最为适宜。

（2）整地　整地质量的限制因子是田间水分，适宜水分下翻耕能增加土壤孔隙，降低土壤容量和湿度，减少土壤大僵块的形成，并能提高土温和有效养分。在前茬水稻种植时，留好排水沟，收获前及时断水晒田，收获后在土壤干湿度适宜时翻耕（深度 16~20 cm），将土耕松耙细,切忌湿耕。移栽前开沟作畦,一般畦宽不超过 2 m,便于排水和机械化收获,沟深 16~20 cm。在排水不良的田块,田的四周和每隔数畦开 30 cm 以上的深沟,以降低地下水位,对促进油菜根系生长有良好的效果。

（3）移栽 移栽密度一般每公顷 1.2×10^5~1.8×10^5 株,机械移栽密度可增至 2.2×10^5~3.0×10^5 株。人工移栽一般行距 40~50 cm,窝距 20 cm 左右,行距大时可栽双苗;机械移栽行距 30 cm,窝距 12~24 cm。移栽期应根据苗龄和前作收获期而定,以适时早栽为原则。充分利用秋季前期较高气温,提高移栽成活率,增加越冬前有效生长期,促进发根长叶和翌春早发。三熟制的晚茬油菜,争取及时移栽更为重要。以南北行向种植为好,冬天向阳避风防止冻害,有利油菜冬壮;春后通风透光有利春发稳长。

油菜移栽最好是随拔随栽,尽量不栽隔夜苗。拔苗时注意大小分级,分批移栽,以保证同一块田内苗株整齐一致。在移栽前一天苗床浇透水,拔苗时尽量带土,少伤根系和叶片。移栽时要求分苗不伤叶,栽植不伤茎,幼苗入土根直叶正。移栽后立即淋浇清粪水,使根土较好接触,有利于发根,促进成活。

4. 油菜免耕移栽 油菜免耕移栽又称板茬移栽,是在水稻区晚熟作物茬口季节紧,特别是黏重土壤,耕作不能达到移栽要求时采用的一种免耕省工节本的简化栽培方法。

免耕移栽有多方面的优点:能排除田面及近土面的积水,油菜可提早 7~10 天移栽,幼苗早返青早活棵;较肥沃的表土中的养分能为油菜所利用;可减少犁底层的形成,土壤毛细管破坏小,保持良好结构,油菜根系生长均匀;省工节本;利于冬壮冬发,增加产量。免耕的缺点是:移栽后易受渍害,造成僵苗或死苗,烂根缺株多;如果田间管理不当,还会造成严重草害;基肥全层深施困难,油菜根系分布较浅,容易发生早衰;春季土温回升慢,不利于油菜春季早发。

免耕移栽的主要技术要求是"三沟配套",做好稻田预降水分工作,以确保田间不积水,保证适墒移栽;栽前化学除草;适当增加密度,提高移栽质量;冬春中耕培土,提高土壤通透性;早春深松土以提高土温,清沟排水降渍;增施肥料,活棵后要及时施肥提苗,还要施好腊肥和薹肥,尤其要提前施用春肥。

（二）油菜直播技术

油菜直播栽培的历史悠久,我国北方广泛应用,我国南方油菜产区,直播油菜面积也在逐渐扩大。

直播油菜的主根入土较深,吸收下层水肥能力较强,耐干旱,不易倒伏,但其细根量较少,吸收耕作层内的养分能力较弱。播种方式主要有点播、条播和撒播。播种方法有人工播种、机械播种和飞机撒播。每公顷播种量 3~4.5 kg,点播、条播行距一般为 30~40 cm,点播窝距 15~20 cm,每窝播种 3~5 粒。

直播油菜增产主要依靠增加密度,其技术关键为以下几点:①适期早播,在油菜移栽适期前 10~20 天为适宜播种期。②直播油菜苗期积温比移栽得少,要获得较高产量必须提高密度至每公顷 3.0×10^5 株以上,不同气候条件下适宜范围为 1.8×10^5~6.0×10^5 株/hm^2。北方春油菜区及光照充足、降水量少的地区宜增加密度;南方秋冬雨水较多、光照不足,宜适当降低种植密度。机械直播时,可用适量尿素混合播种。③直播油菜杂草多,要及时防除。④施肥要以基肥为主,以促苗期生长。苗期追肥不宜过迟,否则会由于抗寒力下降而影响安全越冬。春后适时适量施用薹肥,以利形成适宜的角果数,并提高其光合效率。

三、油菜的水肥需求与管理

（一）油菜的水分需求与管理

1. 水分需求特性 油菜是需水较多的作物，蒸腾系数为 337～912，萎蔫系数为 6.9%～12.2%。油菜一生中的田间耗水量受气候、土壤、栽培技术和品种特性的影响，变化较大。普通灌溉条件下耗水量为 3000～4950 m³/hm²。苗期耗水强度小，但冬油菜苗期长，耗水量占一生总耗水量的 30%以上，春油菜占 20%左右。薹花期耗水强度大，耗水量占 40%～50%。结角期耗水强度下降，耗水量占 30%左右。薹花期是油菜一生中的水分敏感期，要求适宜土壤水分为田间最大持水量的 70%～85%，种子萌发出苗期为 60%～70%，苗期为 70%～80%，结角期为 60%～80%。

2. 水分管理技术 干旱和水分过多对油菜生长都是不利的。油菜的水分管理应以保持土壤田间最大持水量的 60%～85%，不旱不涝和两头少中间多为原则，根据油菜生长情况、天气降雨情况和土壤水分变化情况，适时灌溉和排水。

北方冬油菜区冬春降水少，油菜安全越冬和增产的关键在于土壤水分。因而在培育壮苗的基础上必须进行冬前灌溉，返青期和蕾薹期春灌。当日均气温下降到 0～4℃时冬灌最适宜。春油菜区灌水原则为"头水晚，二水赶，三水满"，即头水晚灌以不影响花芽分化需水为准，二水要赶上现蕾抽薹需水，三水要满足开花需水。南方冬油菜区秋冬雨水较多，应在整地时开沟以利排水，苗期田间积水应及时开沟引水。

（二）油菜的营养需求与管理

1. 营养需求特性 油菜对氮（N）、磷（P）、钾（K）的需要量比禾谷类作物多，对磷、硼的反应较敏感。虽然油菜根系能分泌有机酸，以利用土壤难溶性磷，但是当土壤速效磷含量小于 5 mg/kg 时，也会出现明显的缺磷症状；对土壤有效硼的需要量比其他作物高 5 倍。除镁外，油菜吸收的各种营养元素向籽粒运转率较高，而且营养元素还田率也较高。

油菜各生育期氮、磷、钾三要素的吸收量受施肥条件影响较大（表 7-3）。冬油菜苗期在 100 天以上，积累干物质虽不多，但吸收三要素量则较多。薹花期是吸肥最多的时期，薹期吸收量几乎达到总吸收量的一半，是吸收肥料强度最大的时期。结角成熟期是干物质大量积累的时期，植株各部分积累的物质转运到角果和种子中去，吸收营养所占比例较小。

表 7-3　甘蓝型油菜各生育时期氮、磷、钾三要素的吸收比例（%）

生育时期	四川省农业科学院（'胜利油菜'）				湖南省农业科学院（'胜利油菜'）				中国农业科学院油料作物研究所（'甘油 3 号'）			
	干物质	N	P_2O_5	K_2O	干物质	N	P_2O_5	K_2O	干物质	N	P_2O_5	K_2O
苗床期	10	45	50	43	10	13	14	3	3	7	2	6
大田苗期	10	45	50	43	10	11	17	22	19	37	18	18
薹期	40	50	41	40	17	33	65	66	21	46	22	54
花期	40	50	41	40	63	25	4	9	57	10	58	22
角果期	50	5	9	7	63	25	4	9	57	10	58	22

（1）需氮特性　　油菜需氮较多，因品种类型、产量高低和施肥技术等不同而异。油菜植株含氮量为 1.2%～4.2%（干基），前期含量高，后期含量低。油菜苗期吸氮量占总吸氮量的 22%，薹花期占 55%，成熟期占 23%。甘蓝型油菜每公顷产 1500～2250 kg 菜籽时，每生产 100 kg 菜籽需吸收氮素 9～11 kg。白菜型油菜每公顷产量 825 kg 时，每生产 100 kg 菜籽需吸收氮素 5.8 kg。提高氮素营养水平，可相应地提高种子蛋白质含量。施肥时期越晚，种子蛋白质含量越高，而含油量越低。

油菜缺氮时植株矮小，分枝少，单株角果数、每果粒数和千粒重都下降。

（2）需磷特性　　油菜对磷素的反应敏感，通常植株体内的含磷量为 0.561%～0.714%，油菜薹花期为吸磷高峰期，约占总吸磷量的 50%，花期以后略有下降。甘蓝型油菜每公顷产 1500～2250 kg 菜籽时，每生产 100 kg 菜籽需吸收磷 3～4 kg；白菜型油菜约为 2.4 kg。油菜所吸收的磷，有向代谢旺盛的幼嫩部分集中的趋势。初期在根部积累，再从根部运输到叶片，由叶片再至花瓣，最后由花瓣转运到角果中去。初期被油菜吸收的磷，在各生育阶段中可以反复参与新组织的形成和代谢作用，吸收愈早，效率愈高。油菜种子的磷素占总吸收量的 60%～70%，茎秆占 5.9%～11.1%，果壳占 5.2%～8.9%。

增施磷肥，有利于油分的积累和千粒重的提高。磷素供应充足还可提高油菜营养体内可溶性糖含量，增加细胞液和原生质浓度，提高油菜越冬抗寒能力。在油菜生长期土壤速效磷含量需保持在 10～15 mg/kg，小于 5 mg/kg 时易出现缺磷症状，要补充磷肥。

油菜缺磷时根系发育不良，叶片小，叶肉变厚，叶色深绿而灰暗，缺乏光泽。中轻度缺磷，则表现分枝少，角果数少，籽粒不饱满，秕粒多。严重缺磷时叶片呈暗紫色，逐渐枯黄，以致不会抽薹开花。

（3）需钾特性　　油菜对钾的需要量很大，与氮素吸收量近似。甘蓝型油菜每公顷产 1500～2250 kg 菜籽时，每生产 100 kg 菜籽需吸收钾素 8.5～12.8 kg。白菜型油菜仅需吸收 4.3 kg。薹花期为吸钾高峰期，占一生吸钾量的 65%。钾主要分布在茎秆和果壳中，成熟时种子中含钾占总吸收量的 21.3%～26.0%，茎秆和果壳中钾达到总吸收量的 36.7%～40.4%。

油菜缺钾的症状首先出现在最下部的叶片上。在 3～4 片真叶时缺钾，叶片和叶柄上有的也呈紫色，随后在叶缘可见"焦边"和淡褐色枯斑，叶肉组织呈明显的"烫状症"。植株明显缺钾时，叶片失去膨压而枯萎，茎秆表面呈褐色条斑，茎枯萎折断，或现蕾开花不正常。严重缺钾时出叶慢，各生育阶段推迟，根系弱小，由白色变黄，活力差，抗寒力弱，籽粒产量和含油量下降。

（4）微量元素需求特性　　油菜需要的微量元素较多，但对生长发育影响较大的是硼，其次是钼、锰、硫、锌等。油菜体内含硼较其他作物高，其中花粉粒含硼 79.2 mg/kg，较营养器官高，表明硼对生殖器官的形成和发育有重要作用。油菜体内含硫量与磷相近，对硫的吸收量比其他作物高。缺硫土壤施用硫肥可提高籽粒产量和含油量。因此，在缺乏这些元素的土壤上施用相应的微肥，可以起到良好的增产作用。

一般甘蓝型油菜较白菜型油菜对硼敏感，甘蓝型油菜常规种的土壤水溶性硼含量临界值为 0.5 mg/kg，杂交油菜为 0.7 mg/kg。缺硼时油菜会出现植株矮化、生长萎缩、花而不实等病症，减产严重。油菜缺硼的典型症状是：植株根系发育不良，须根少，表皮褐色，根颈膨大，皮层龟裂；叶色暗绿，叶形小，叶质增厚，易脆，叶缘倒卷；叶片呈紫红色至蓝紫色，继后形成蓝紫斑；花蕾褪绿变黄，萎缩干枯或脱落；开花不正常，花瓣皱缩，色深，角果中胚珠萎缩不结籽或结籽少；茎秆出现裂口或裂斑；角果皮和茎秆表皮变为紫红色或蓝紫色，次生分枝丛生，成熟期尚在陆续开花。

2. 营养管理技术　　油菜的营养管理主要是根据土壤、肥料的特点和油菜品种及其生长发育的规律，因地、因时制宜安排肥料种类、用量和施用时期，以发挥肥料的最大效益。甘蓝型油菜施肥量氮、磷、钾比例一般为 1：（0.4～0.5）：（0.9～1.0）。油菜施肥应遵循"施足基肥，增施种肥，早施苗肥，重施薹肥，适量施用花肥和重视根外追肥"的原则。基肥以有机肥为主，以占总施肥量的 30%～60% 为宜。油菜生长初期对缺磷反应敏感，故磷肥宜作基肥或种肥。高寒春油菜区春季气温低，肥料分解迟缓，应特别重视种肥施用。苗肥施用要早，春油菜宜在花芽分化前施用；冬油菜早施苗肥是"冬壮春发稳长"的重要措施。薹肥要在抽薹前早施，施肥量宜大，应占总追肥量的 40% 左右，初花之前适量施用花肥也有良好的增产作用。苗薹期或初花期喷施硼肥对缺硼油菜效果良好，有防止油菜花而不实的效果。根据油菜生长期的需肥特性利用肥料缓释、控释技术开发出油菜专用缓释肥，作为基肥或种肥一次性施入，提供油菜一生的营养需要，是油菜轻简化栽培的关键技术。

（1）施用氮肥　　在一般栽培水平下，施用氮肥应首先满足苗期和薹期的生长，前后期比例约为 7：3；而 3500 kg/hm^2 左右的高产油菜，总施氮量为 250～350 kg/hm^2，其氮肥施用技术应掌握前后期并重、中期控制的原则，前后期比例约为 6：4。

施足基肥，促进早发旺发，并通过化学调控形成大壮苗越冬，确保在冬前形成较多的叶片数和植株开盘，要增施有机肥作基肥，以保证油菜的持续稳健生长。越冬前早施少量氮素作为苗肥，促进平衡生长。

适当推迟薹肥，减少无效、低效分枝生长，控制叶面积过大。一般待植株明显落黄，薹高 30～40 cm 施用。在初花期叶色略有褪淡的基础上，再适量补施花肥，以满足花角期对氮素大量吸收的需要。

（2）施用磷肥　　磷肥宜作基肥和种肥，或移栽时作定根肥穴施。倘若用作追肥，应该在 5 叶期前施用。磷肥（P$_2$O$_5$）用量一般为 120～150 kg/hm^2，肥料种类有过磷酸钙或钙镁磷肥，在酸性土壤中施用磷矿粉对油菜也有良好的肥效。例如，田间出现缺磷症状时，常常采用 0.2% 的磷酸二氢钾水溶液叶面喷施 2～3 次，每次间隔 5～6 天，即可达到应有的效果。

（3）施用钾肥　　钾肥在油菜种植中一般作为基肥施用，根据土壤速效钾含量，钾肥（K$_2$O）用量以 75～150 kg/hm^2 较为适宜。在高产条件下，薹期对钾的吸收量也很大，可以留 40% 钾肥作薹期追肥，以满足油菜薹期的需要。

（4）施用硼肥　　硼肥一般作基肥，施硼砂 7.5～15 kg/hm^2 为宜；油菜田间缺硼可在苗期、薹期或初花期喷施 1～3 g/L 的硼砂水溶液。

四、油菜生长的田间调控与病虫草害防治

（一）中耕培土

1. 清沟排水　　油菜生长需要较多的水分，如果干旱要及时灌水。而水分过多，尤其在春雨较多的稻油轮作油菜，土壤空气缺乏，对油菜生长也极为不利。雨水过多，易造成湿害、病害和倒伏。应经常梳理沟渠，使排水通畅。

2. 中耕培土　　中耕培土能使耕作层土壤经常保持疏松状态，增强土壤通透性，有利

于土壤微生物活动，促进肥料分解利用。稻田长期浸水，土壤结构较差，不利于油菜生长，中耕培土对土壤结构改良效果更为明显。越冬前进行中耕培土可以预防冻害，去除杂草，防止油菜倒伏。

（二）化学调控

油菜生产中的化学调控按照目的可分为苗期生长调控、逆境灾害防治调控、花期调控和熟期调控等。

1. 油菜苗期生长调控　　杂交油菜苗期生长快，容易形成高脚苗，后期株形高大易倒伏。使用植物生长延缓剂多效唑，对培育壮苗、调控株型都能收到显著的效果。在苗床三叶期喷施多效唑平均增产14.3%，越冬前喷施多效唑可增产16%。喷施时间可在苗床三叶期用药，控制高脚苗，培育壮苗；对冬前早发旺苗，在12月下旬用药，对后期株型的调控作用明显，有效地防止油菜倒伏。喷施浓度应根据油菜苗期长势调整，一般苗床三叶期喷施浓度为250～300 mg/L；越冬前用药以100～150 mg/L为宜。

2. 油菜逆境灾害防治调控　　油菜全生育期长，生长期间易受到干旱、渍害及冻害等逆境危害，影响植株生长发育和产量形成。受到逆境胁迫后，通过肥水管理及一定的农艺措施可有效减轻危害程度，一些生长调节剂也能起到修复作用。

（1）油菜渍害　　因土壤含水量过高，造成土壤通气不良，引发油菜渍害，造成根系缺氧，糖酵解、乙醇发酵和乳酸发酵产生乙醇、乳酸、氧自由基等有害物质对细胞造成伤害。油菜受渍害后，还会影响植株体内乙烯、赤霉素、生长素、细胞分裂素和脱落酸等激素的合成和运输。渍害发生后油菜根系发育受阻，造成幼苗生长缓慢甚至死苗，后期易早衰和倒伏。严重渍害可导致油菜减产17.0%～42.4%。同时，渍害后土壤水分过多，田间湿度大，有利于病菌繁殖和传播，使菌核病、霜霉病、根肿病和杂草等大量发生和蔓延，造成渍害次生灾害。

渍害发生时，通过清沟排渍，降低地下水位，再根据苗期长势，追施75～100 kg/hm² 尿素，以促进生长，并适量补施磷、钾肥，增加植株抗性。根外喷施叶面肥及碧护等生长调节剂促进根系发育。油菜喷施烯效唑能显著提高超氧化物歧化酶、过氧化氢酶与过氧化物酶的活性，调节内源吲哚乙酸、细胞分裂素和脱落酸含量，能明显减轻油菜渍害，促进侧芽生长，使油菜根颈横向增粗，一次分枝和二次分枝数目显著增加。

（2）油菜冷害和冻害　　冷害和冻害是指低温对油菜正常生长产生不利影响而造成的危害。冻害是指温度降到0℃以下，油菜植株体内发生冰冻，导致植株受伤或死亡；冷害是指0℃以上的低温对油菜生长发育所造成的伤害。

冻害发生的不同程度和时期会影响油菜根、叶及蕾薹。根部受冻害是在土壤不断冻融情况下根系扯断外露，使得植株吸收水肥能力下降。叶部受冻，受冻叶片呈烫伤水渍状，当温度回升后，叶片发黄，最后发白枯死，重者造成地上部干枯或整株死亡。蕾薹受冻呈黄红色，皮层破裂，部分蕾薹破裂、折断，花器发育迟缓或呈畸形，影响授粉和结实，减产严重。油菜遭遇冷害导致发育期显著延迟，薹花受害，影响授粉和结实，有些叶片上会出现大小不一的枯死斑，叶色变浅、变黄及叶片萎蔫等症状。花期冷害会导致开花明显减少，花朵和幼蕾大量脱落，花序上出现分段结实现象。

在栽培上，防治油菜冷害和冻害要采取相应的水肥管理及农艺措施，适时喷施植物生长调节剂。在三叶期喷施多效唑水溶液，可增强越冬抗寒能力。对因播栽早、长势旺和有徒长趋势的油菜地块，要及时喷施多效唑，促使植株敦实，叶色变绿，预防或减轻冻害。喷施方法是：用 15%的多效唑可湿性粉剂 1000 倍液均匀喷施叶片，注意不漏喷、不重喷，用量 750～900 g/hm²。

（3）油菜旱灾　　油菜不同生育时期遭遇干旱均会影响其生长发育，苗期干旱会造成出苗不齐、生长缓慢及绿叶面积小；花期水分缺乏会导致分枝减少、下部叶片提前枯萎脱落、花期缩短及授粉受精不良，影响结角结籽；干旱会影响植物营养元素的正常吸收、出现缺素症状、生长发育不良及抗逆能力下降，容易造成蚜虫和菜青虫等暴发，会加重虫害和并发性的病毒病。

适当增加油菜留苗密度，采用少免耕技术，通过前作的残茬覆盖阻滞和涵养保水，采取盖土保苗的措施可以保蓄土壤水分，减少苗期蒸腾作用，增强抗旱能力。有条件的地区，可用稻草、小麦秸秆等进行覆盖，不仅可以抗旱保墒，还能明显减轻冻害的影响。中度干旱时，采用叶面喷施浓度为 1000～1200 倍液的黄腐酸，可增加绿叶面积、茎秆强度，提高叶绿素含量，达到保产、增产的效果。

3. 油菜花期调控　　油菜花期调控可分为开花时期调控和花期延长调控。开花时期调控主要用于油菜早花早薹控制及杂交种生产中的花期调控，花期延长调控主要用于增加油菜旅游观光价值。花期延长调控技术主要有培育壮苗，增加单株花蕾数；限制性摘薹，促进下部分枝发育；初花期增施氮肥，防止早衰；喷施吲哚乙酸，抑制分枝发育。在开花前 1 周喷施浓度为 100～600 mg/L 的吲哚乙酸及多效唑等生长延缓剂可延长花期 6 天左右。

4. 油菜熟期调控　　油菜生产中，机械化收获对成熟的一致性要求较高。在油菜成熟期，采用化学催熟技术来促进后期角果的发育与成熟，能够使全株角果达到成熟相对一致，以利于提高收获作业效率，降低损失。常用的催熟剂有油菜专用催熟剂"立收油"和乙烯利等。

（三）病虫草害防治

油菜的主要虫害有蚜虫、菜青虫、黄条跳甲和潜叶蝇等，主要病害有菌核病、根肿病、病毒病、霜霉病和白锈病（龙头病）等。

1. 油菜虫害防治

（1）清洁田园　　清除油菜田及附近菜地的残株落叶及杂草，集中沤肥或烧毁，以杀死成虫和蛹。

（2）黄板诱杀　　在油菜地边设置诱虫黄板，可以大量诱杀有翅蚜及飞行害虫。

（3）生物防治　　喷施杀螟杆菌或青虫菌粉稀释 2000～3000 倍液，并按药量 0.1%添加肥皂粉或其他表面活性剂可防治菜青虫。

（4）保护天敌　　在天敌发生期少用广谱性、残效期长的化学农药。人工释放寄生蜂及其他害虫天敌。

（5）化学防治　　油菜出苗后应注意检查虫情，成虫在产卵前，幼虫在 3 龄以前施药防治。

2. 油菜菌核病防治　　油菜菌核病是由核盘菌侵染油菜引起的一种真菌病害。菌核病的病菌大部分先侵害叶片与花瓣，再蔓延至茎部和分枝乃至全株。感病初期，叶片上的病斑呈暗青色、湿腐状，随后逐渐扩大形成圆形或不规则形的浅褐色轮纹病斑，外围有浅黄色的晕圈。茎秆和分枝上的病斑，早期呈菱形或条形，稍微凹陷，中间白色，边缘褐色，水渍状。后期菌丝于茎秆和分枝内形成黑色鼠屎状的菌核，致使一些分枝或整株死亡。一般产量损失 10%～20%，严重时可达 40%～50%。

菌核病应以预防为主：选用抗病（耐病）良种；采用水旱轮作；精选种子，淘除菌核；做好清沟排渍，降低田间湿度，改善田间通风透光条件；摘除的老病叶带出田外减少病原数量。药物防治方面，在初花至盛花期用 40%菌核净可湿性粉剂 1000～1500 倍液，每公顷用量为 1200～1500 kg；70%甲基托布津 500～1000 倍液；或 50%多菌灵可湿性粉剂 400～500 倍液防治 1～3 次，有较好的效果。生物防治措施中盾壳霉和木霉效果较好，可在播种或整地时施入土壤中。

3. 油菜根肿病防治 油菜根肿病由芸薹根肿菌引起，主要为害油菜根部造成薄壁细胞增生而形成肿瘤。肿瘤增大并逐渐腐烂造成植株对土壤水分和养分的吸收受阻。发病后期整株叶片变黄、枯萎，直至全株枯死。油菜根肿病平均产量损失 20%～30%，严重田块产量损失在 80%以上甚至绝收。油菜根肿病是土传病害，其病菌传染性强，传播蔓延快，防治难度大，被称为"油菜癌症"。

油菜根肿病的发生与气温、降雨和土壤等有密切关系。当温度为 9～30℃（适宜为 18～25℃）、相对湿度为 60%～98%（适宜为 70%～90%）时，休眠孢子囊就会萌芽产生游动孢子，侵染油菜根部；酸性土壤尤其 pH 在 5.4～6.5 时，病害易发生，当 pH>7.2 时发病减轻。黏土较之壤土、砂壤土发病重；有机质少、偏施化肥和低洼的田块发病重；连作的田块发病偏重。

根肿病防治应采取农业防治为主、药剂防治为辅的综合防治方针。主要措施如下。

（1）选用抗病良种 选用抗病品种是在根肿病区最有效的防病措施。

（2）防止病原菌传播与扩散 对跨区作业的农机具，在机械调入前应将机械上的带菌泥土清洗干净；在已发病田块里操作过的农机具应注意清洗消毒，勿将病土带入健康田块；对已发病的植株及病残体就近掩埋，并用 15%石灰乳液消毒处理，防止病菌传播。稻油轮作区应协调水源，避免发病田块灌溉水流入健康田。

（3）实行轮作 油菜与非十字花科作物进行 5 年以上轮作减轻发病程度。

（4）土壤改良处理 通过调节土壤酸碱度来防治根肿病。结合整地在酸性土壤施生石灰 $1.5 \times 10^3 \sim 2.2 \times 10^3$ kg/hm^2，均匀撒施于土表，并增施腐熟农家肥 1.5×10^4 kg/hm^2，通过整地充分拌于土中。

（5）合理排灌 及时排除田间积水，降低土壤湿度，减轻发病。

（6）培育健康壮苗，育苗移栽 在健康田块或采用钵盘育苗、浮板育苗，育苗土需用药物消毒处理或选用无菌腐殖土。

（7）推迟播种 冬油菜区适当推迟播种可以使油菜苗期生长在较低温度环境，减少根肿病发生程度。

（8）药剂防治 发病田块可施石灰氮（氰胺化钙）750～120 kg/hm^2 对土壤消毒。苗床地可用 50%敌克松 400 倍液，或 50%多菌灵 300 倍液进行土壤消毒。油菜真叶展开期是根肿病防治关键时期，可用 75%百菌清可湿粉剂 500 倍液、15%石灰水或 40%五氯硝基苯粉剂 500 倍悬浮液灌根，每株 0.3～0.5 kg 药液，15 天 1 次，连续浇灌 3 次，或将 50%氰霜唑和 50%氟啶胺悬浮剂联合使用，喷施土壤或灌根。发病后，应结合灌根喷施碧护等生长调节剂。

4. 油菜田化学除草 油菜除草剂的使用与除草剂的种类、剂型、栽培耕作方式、气候条件、油菜苗情和土壤水分等有密切的关系。使用除草剂时，首先考虑除草效果和对油菜的安全性，其次考虑使用方法简便易行、经济有效且对邻近作物和后作无影响。使用方式有土壤处理和茎叶处理，施用时期分别有播种前、播种后、出苗前和成苗后。

（1）播栽前土壤处理　　主要除草剂有氟乐灵、杜耳等，用于防治禾本科杂草。在播种或移栽前 2～4 天用 48%氟乐灵乳油 1.5～2.2 L/hm²，兑水成 300 倍液；或 72%杜耳乳油 2.2 L/hm² 300 倍液，厢面平整后随喷药随耙地混土。

（2）播种后出苗前土壤处理　　防治禾本科杂草或阔叶杂草主要药剂有乙草胺、丁草胺、敌草胺、拉索、禾耐斯、杀草丹和绿麦隆等。使用方法是，在油菜播种后杂草出土前，选择一种喷雾使用（绿麦隆可与杀草丹、丁草胺混用）。

（3）成苗后茎叶处理　　防治禾本科杂草的药剂有盖草能、精稳杀得、精禾草克、拿捕净和喹禾灵等。防治阔叶杂草的药剂有高特克等。防治禾本科兼治阔叶杂草的药剂有冠克、双草克等。当田间杂草长到 3～6 叶时根据田间杂草类型选择使用。

五、油菜的收获与贮藏

（一）油菜的收获

油菜适宜的收获期因品种、种植密度、天气条件及收获方式不同而异。两段式收获一般在终花后 25～30 天。这时主花序基部角果开始转现黄色，种皮呈现品种固有色泽，而分枝上部尚有 1/3 的角果呈现绿色。一段式机械收获一般要求全部角果转黄，种皮基本全部呈现品种固有色泽，种子含水量为 15%～20%。收获过早或过迟，均对产量和品质的影响较大。

油菜收获的方法有人工割收和机械收获，机械收获又分两段式收获和一段式联合收获两种。人工割收和两段式机械收获应在早晨带露水进行，以防分枝断开、角果开裂。收获过程应力争做到轻割、轻放、轻捆及轻运，力求在每个环节上把损失降到最低限度。收割后的油菜可以在田间直接晾晒 5～10 天或运到晒场或院坝等空地堆垛后熟 4～6 天后抢晴天晾晒脱粒。相比而言堆垛后熟能够提高油菜粒重和含油量。脱粒方法可以用人工或用联合收割机拣拾脱粒。一段式联合收获是用联合收割机将油菜一次收割脱粒，省工省时，但对收割时期要求较严，宜在油菜黄熟后期，种子含水 20%左右时进行。

（二）油菜的贮藏

脱粒后的油菜籽，含水量一般为 15%～30%，不宜立即装袋堆积。应通过烘干设备烘干或自然条件下晒干，菜籽含水量不超过 9%时，经过扬净去杂或机械清选后的油菜籽方可入仓贮藏。

由于油菜籽中含有近半的油分，富含不饱和脂肪酸，在不当的贮藏条件下，脂肪容易氧化和水解，释放大量的热和水，发生"走油"和霉变，因此，油菜籽安全贮藏的关键在于对其水分的严格控制，通常油菜籽含水量必须控制在 9%以下才能安全贮藏。含水量超过 10%时，在高温季节籽粒开始黏结，超过 12%时便容易产生霉变。

贮藏方法依具体情况而定，贮藏量大的须用具有通风设施的粮仓或库房；家庭少量贮藏可在室内贮于竹编圆囤或装入麻袋堆放。油菜籽的低温贮藏对保持品质有良好效果。在贮藏过程中，应按季节变化控制种子温度，使菜籽温度与仓温相差 3～5℃，否则就必须进行人工调节，采取通风降温措施。家庭贮藏过程中可以经常晾晒，使菜籽保持干燥。

六、油菜"一种两收"栽培技术

优质油菜"一种两收"技术，在生产上也称为"一菜两用"技术或"油蔬两用"技术，是指利用双低油菜品种，采用早播、早栽、早管和促早发等一整套技术体系，在收获一茬菜薹的基础上，利用再生分枝开花结实收获油菜籽的油菜栽培技术。这是优质油菜的一种增产增效种植模式。

采用双低油菜"一种两收"种植模式，可摘薹约 3.6×10^3 kg/hm^2，收入 4000～5000 元，菜籽产量基本保持不减。其主要栽培技术如下。

第一，选用良种。选择苗薹期生长势强、早发快发、再生能力强的双低油菜品种。

第二，施足肥料。苗床施总含量为 25% 的复合肥 750 kg/hm^2，硼砂 15 kg/hm^2 作底肥，定苗后结合浇水追施粪水或少量尿素。大田施总含量 25% 的复合肥 900 kg/hm^2，硼砂 15 kg/hm^2 作底肥。早施追肥，移栽活棵后施尿素 75～110 kg/hm^2 提苗，"冬至"前后施农家肥 8×10^3～1×10^4 kg/hm^2 并加施尿素 150 kg/hm^2 作腊肥，摘薹前一周施尿素 120～150 kg/hm^2 作薹肥。

第三，适时早播。"一种两收"油菜多采用育苗移栽，播种期一般要求比当地普通油菜提前 15 天左右，应做到足墒播种，一播全苗，播种量控制在 6 kg/hm^2 左右。及时间苗定苗，培育壮苗，苗龄控制在 35 天以内，移栽时单株绿叶 7～8 片。

第四，适宜密度。根据土壤地力确定适宜密度，一般适宜密度为 9×10^4～1.2×10^5 株/hm^2。

第五，早栽促早发。前茬收获后及时翻耕坑土，适时耙地保墒，移栽后浇足定根水，活棵后及时中耕松土除草促早发。

第六，适时适量摘薹。当薹高达 25～30 cm 时，及时摘取 15～20 cm 菜薹。

第七，防渍防病虫。移栽前开沟，防止多雨渍害；及时防治病虫，摘薹前避免施用农药，防止食物中毒。

复习思考题

1. 简述甘蓝型油菜、芥菜型油菜和白菜型油菜的特点。
2. 简述油菜生育进程及各生育时期生长发育的特点。
3. 试述油菜各产量构成因素的特点及其调控措施。
4. 简述油菜品质形成的特点。
5. 在现阶段，我国油菜育种的主要目标是什么？（请列举 4 种以上的目标）
6. 已用于生产的油菜雄性不育系统有哪些？
7. 试述油菜杂种优势利用的主要途径及其特点。
8. 油菜育苗移栽与直播栽培的主要技术有哪些？
9. 简述油菜的需肥特性及油菜生产中怎样合理施肥。
10. 简述油菜的需水规律。

主要参考文献

陈锦清，黄锐之. 2004. 油料作物基因工程育种. 中国生物工程杂志, (5): 24-29.

但芳，杨晓明，陈才良，等. 2000. 欧洲的油菜掺和型杂种及其审定. 种子世界, (1): 43.

刁操铨. 1994. 作物栽培学各论（南方本）. 北京：中国农业出版社.

傅寿仲, 贺观钦, 朱耕如, 等. 1983. 油菜的形态与生理. 南京：江苏科学技术出版社.

傅廷栋. 1999. 油菜高产优质栽培新技术. 武汉：湖北科学技术出版社.

傅廷栋. 2000. 杂交油菜的育种与利用. 2版. 武汉：湖北科学技术出版社.

傅廷栋, 杨小牛, 杨光圣. 1989. 甘蓝型油菜波里马雄性不育系的选育与研究. 华中农业大学学报, 8（3）：201-207.

盖钧镒. 2006. 作物育种学各论. 2版. 北京：中国农业出版社.

官春云. 2004. 植物育种理论与方法. 上海：上海科学技术出版社.

官春云. 2011. 现代作物栽培学. 北京：高等教育出版社.

官春云, 李栒, 王国槐, 等. 1997. 化学杂交剂诱导油菜雄性不育机理的研究——Ⅰ.杀雄剂1号对甘蓝型油菜花药毡绒层和花粉粒形成的影响. 作物学报, （5）：513-521.

官春云, 王国槐, 赵均田. 1980. 甘蓝型油菜不同杂种组合的优势比较. 中国油料, 4：17-20.

胡立勇, 丁艳峰. 2008. 作物栽培学. 北京：高等教育出版社.

黄镇, 许婷, 班元元, 等. 2012. 甘蓝型油菜白花性状的遗传及AFLP标记. 华北农学报, 27（1）：98-101.

李崇辉, 李加纳. 1999. 优质油菜高产栽培新技术. 北京：中国农业出版社.

李利霞, 陈碧云, 闫贵欣, 等. 2020. 中国油菜种质资源研究利用策略与进展. 植物遗传资源学报, 21（1）：1-19.

李娜. 2015. 甘蓝型油菜粒重母体调控机理解析. 武汉：中国农业科学院博士学位论文.

李树林, 周志疆, 周熙荣. 1995. 油菜显性核不育三系法制种. 上海农业学报, 11（1）：21-26.

郦美娟, 顾菊生. 1992. 油菜农艺性状的基因效应分析. 浙江农业学报, 4：149-153.

廖志强, 况晨光, 许丽芳, 等. 2010. 中国甘蓝型油菜细胞质雄性不育的主要类型及在育种实践中的应用. 中国农学通报, 26（3）：105-110.

林良斌, 官春云, 李栒, 等. 2000. 子房注射法与农杆菌介导法转化甘蓝型油菜的比较研究. 生命科学研究, （3）：231-236.

刘后利. 1985. 油菜的遗传和育种. 上海：上海科学技术出版社.

刘后利. 1987. 实用油菜栽培学. 上海：上海科学技术出版社.

刘后利. 2000. 油菜遗传育种学. 北京：中国农业大学出版社.

刘雪平, 涂金星, 陈宝元, 等. 2004. 人工合成甘蓝型油菜中花色与芥酸含量的遗传连锁分析. 遗传学报, 31（4）：357-362.

石东乔, 周奕华, 胡赞民, 等. 2001. 基因枪法转移反义油酸脱饱和酶基因获得转基因油菜. 农业生物技术学报, （4）：359-362, 410.

四川省农业科学院. 1964. 中国油菜栽培. 北京：中国农业出版社.

田露申, 牛应泽, 余青青, 等. 2009. 甘蓝型油菜白花性状的主基因＋多基因遗传分析. 中国农业科学, 42（11）：3987-3995.

王俊生, 范小芳, 李成伟, 等. 2012. 甘蓝型黄子白花油菜恢复系RW16的选育与应用. 湖北农业科学, 51（15）：3163-3166.

文雁成, 张书芬, 王建平, 等. 2010. 甘蓝型油菜白花性状的遗传学研究和白花胞质雄性不育系的选育. 中国农学通报, 26（1）：95-97.

杨文钰, 屠乃美. 2011. 作物栽培学各论（南方本）. 北京：中国农业出版社.

杨玉花. 2016. 甘蓝型油菜每角粒数遗传结构和机制解析. 武汉：中国农业科学院博士学位论文.

余沛涛, 孙宇晖, 林拥军, 等. 1993. 水稻悬浮细胞和油菜叶肉细胞融合的研究. 江西农业大学学报, （1）：12-15.

余松烈. 2001. 作物栽培学. 重庆：重庆出版社.

张国平, 周伟军. 2016. 作物栽培学. 杭州：浙江大学出版社.

张洁夫, 浦惠明, 戚存扣, 等. 2000. 甘蓝型油菜花色性状的遗传研究. 中国油料作物学报, 22（3）：1-4.

张科巧. 2014. 甘蓝型油菜千粒重QTL TSWA7a和TSWA7b的精细定位. 武汉：华中农业大学硕士学位论文.

张立武. 2010. 甘蓝型油菜每果粒数的遗传和主效QTL的定位. 武汉：华中农业大学博士学位论文.

张书芬, 文雁成, 朱家成, 等. 2008. 优质油菜高产高效栽培技术. 郑州：中原农民出版社.

中国农业百科全书总编辑委员会农作物卷编辑委员会. 1991. 中国农业百科全书·农作物卷（下）. 北京：农业出版社.

朱恒星, 闫晓红, 方小平, 等. 2012. 甘蓝型油菜千粒重性状的QTL初步定位研究. 植物遗传资源学报, 13（5）：843-850.

朱宗河, 程勇, 马世杰, 等. 2016. 油菜新种质12R1402主花序有效角果数的遗传. 中国油料作物学报, 38（3）：287-291.

Denis M, Van Vliet A, Leyns F, et al. 1995. Field evaluation of transgenic *Brassica napus* lines carrying a seed-specific chimeric 2S albumin gene. Plant Breeding, 114 (2): 97-107.

Katavic V, Friesen W, Barton D L, et al. 2000. Utility of the *Arabidopsis* FAE1 and yeast SLC1-1 genes for improvements in erucic acid and oil content in rapeseed. Biochem Soc T, 28 (6): 935.

Kohno-Murase J, Murase M, Ichikawa H, et al. 1994. Effects of an antisense napin gene on seed storage compounds in transgenic *Brassica napus* seeds. Plant Mol Biol, 26 (4): 1115-1124.

Mariani C, Gossele V, Beuckeleer M D, et al. 1992. A chimaeric ribonuclease-inhibitor gene restores fertility to male sterile plants. Nature, 357 (6377): 384-387.

Nagaharu U. 1935. Genome analysis in Brassica with special reference to the experimental formation of *B. napus* and peculiar mode of fertilization. Japanese Journal of Botany, 7: 389-452.

Sjödin C, Glimelius K. 1989. *Brassica naponigra*, a somatic hybrid resistant to Phoma lingam. Theor Appl Genet, 77 (5): 651-656.

Stayton M, Harpster M, Brosio P, et al. 1991. High-level, seed-specific expression of foreign coding sequences in *Brassica napus*. Funct Plant Biol, 18 (5): 507-517.

Sundberg E, Landgren M, Glimelius K. 1987. Fertility and chromosome stability in *Brassica napus* resynthesised by protoplast fusion. Theor Appl Genet, 75 (1): 96 -104.

第八章 棉 花

【内容提要】本章介绍了发展棉花生产的重要意义、世界棉花生产概况和我国棉花生产及棉区划分；棉属的起源、分类、二倍体棉种的进化、异源四倍体棉种的起源和棉花栽培种的驯化与分类；棉花的生育进程、器官建成、蕾铃脱落与控制和产量与纤维品质形成；棉花主要质量性状的遗传、主要目标性状及其遗传、纤维发育分子生物学、基因组；棉花育种目标、常规育种方法、分子育种方法和杂种优势利用；棉田种植制度，棉花对土、肥、水条件的要求，群体光能利用与合理密植，播种和育苗移栽，不同生育时期的生育特点与栽培技术，地膜栽培技术，膜下滴灌栽培技术，轻简化栽培技术，以及机械采棉的农艺配套技术等内容。

第一节 概 述

一、发展棉花生产的重要意义

棉花是能够生产纺织用纤维的棉属（*Gossypium*）植物。棉属共有 4 个栽培种，其中二倍体种草棉（*G. herbaceum* L.）又称非洲棉，亚洲棉（*G. arboreum* L.）又称中棉；陆地棉（*G. hirsutum*）和海岛棉（*G. barbadense* L.）为四倍体种。在全世界棉花生产中，陆地棉种植最多，占世界棉花总产量的 95%以上；其次为海岛棉，约占 2%；亚洲棉和草棉约占 2%。亚洲棉和草棉虽然只在很少地区种植，但在棉花育种中却是有价值的种质资源。

棉花是世界上栽培最广的纤维作物。棉纤维是棉属植物种子表皮细胞经过突起和伸长而形成，棉纤维具有柔软、吸湿、透气和结实等优良特性，因此成为全球最流行的纺织原料。在世界及中国，棉纤维分别占各种纺织纤维总量的 48%和 60%。此外，棉花也是重要的油料和蛋白质来源作物，分别占世界食用植物油和蛋白质总供应量的 7.5%和 4.5%。棉籽油不饱和脂肪酸含量高，可制造高级食用油，在工业上也有广泛的用途。榨油后的棉粕含蛋白质 43%～50%，其所含的人体各种必需氨基酸量超过或接近联合国粮食及农业组织（FAO）标准，食用或饲用价值很高。

棉酚在医药和化工方面有重要用途，精制棉酚用于生产男性避孕药和治疗癌症、功能性出血等。棉秆、短绒、棉籽壳等副产品也有广泛的用途。棉秆可用于制作刨花板或纤维板，也可造纸或作为生产葡萄糖、乙醇的原料。棉短绒可生产各种高级纸张、人造纤维、无纺织品，也是制作油漆、感光胶片、纤维素醚类的原料。棉籽壳是制取糠醛、乙酰丙酸、木糖及木糖醇、苯酚、丙酮、丙烯酸、活性炭的良好原料，也是食用菌和药用菌的优良培养基。

我国是世界棉花生产、消费及贸易大国，发展棉产业对我国经济社会发展和人民生活水平的提高具有重大意义。

二、棉花生产概况

（一）世界棉花生产概况

棉花分布很广，自南纬 32°至北纬 47°都有棉花种植。目前世界上种植棉花的国家和地区共有 80 余个。中国、印度、美国、巴西、巴基斯坦、乌兹别克斯坦、土耳其和澳大利亚 8 个产棉国生产了世界 85%以上的原棉，见表 8-1。世界棉花年种植面积在 3100 万 hm^2 左右（约 4.7 亿亩），占大田作物总面积的 5%左右。印度是全世界植棉面积最大的国家，2020～2021 年种植面积 1329 万 hm^2，占世界棉花面积的 42.4%；其次是美国和中国，种植面积分别为 333 万 hm^2 和 320 万 hm^2，占世界棉花面积的 10.6%和 10.2%。中国也是全世界总产最大的国家，2020～2021 年总产 644 万 t，占世界棉花总产的 26.7%；其次为印度和美国，分别为 601 万 t 和 318 万 t，占世界棉花总产的 24.8%和 13.1%。澳大利亚是全世界单产最高的国家，2020～2021 年单产为 2217 kg/hm^2，其次为中国和土耳其，分别为 2014 kg/hm^2 和 1804 kg/hm^2。

表 8-1　2020～2021 年度世界主要产棉国的棉花生产情况

国家/地区	面积/万 hm^2	产量/万 t	单产/（kg/hm^2）
中国	320	644	2014
印度	1329	601	452
美国	333	318	957
巴西	137	236	1720
巴基斯坦	220	98	445
乌兹别克斯坦	106	69	653
土耳其	35	63	1804
澳大利亚	28	61	2217
其他	629	337	535
全球	3137	2427	774

世界棉花单产水平差异大，表明全球棉花产区的适宜程度、生产条件、物资投入、科技支撑和生产管理的差异甚大。

（二）我国棉花生产概况

我国植棉历史悠久。据文献记载，早在 2000 多年前海南、云南、广西和新疆已有棉花种植。直到 12 世纪，我国植棉主要集中在西部和南部边缘地区。13 世纪起才向长江流域和黄河流域推广。我国古代种植的棉花以亚洲棉为主，也有少部分草棉，但现在种植的棉花绝大多数为陆地棉。

我国陆地棉的引入始于 1892 年，到 1910 年大批量种植陆地棉的省份已达十余个。1914 年起的 20 多年间，我国从美国引入大量陆地棉品种，1933～1935 年在不同地区试种、比较，筛选出适宜我国黄河流域种植的'斯字棉（Stonevillen）4 号'和长江流域种植的'德字棉（Delfos）531'，为我国自育棉花品种奠定了基础。1946～1947 年我国又先后从美国引进了'珂字棉 10 号''岱字棉 14 号''岱字棉 15 号''斯字棉 4A''斯字棉 SA'等品种，其中'岱字棉'表现较好，尤其'岱字棉 15 号'衣分较高。1947 年从美国购买'岱字棉'种子，通过在江苏示范、种植、扩繁后，在各产棉区大面积推广。至此，陆地棉品种面积占了我国棉花面积的绝大多数。

1949 年后，我国棉花生产发展具有以下特点：一是总产不断增加，位居产棉大国前列；二是种植面积相对稳定；三是单产水平不断提升。1984 年总产达 625.8 万 t，占世界总产的 32.8%，跃居世界首位，随后 30 年连续保持世界第一，2006～2008 年连续 3 年总产突破 700 万 t。1984 年种植面积 692.3 万 hm²，为我国植棉面积最大年份；1991 年和 1992 年分别为 654 万 hm² 和 683.5 万 hm²，为我国植棉面积第二大年份；2006 年和 2007 年植棉面积分别为 581.8 万 hm² 和 592.6 万 hm²，为我国植棉面积第三大年份。2016～2020 年虽然种植面积减少，但总产仍居世界第一或第二，年植棉面积平均为 329.3 万 hm²，年总产平均 574.5 万 t，年平均单产为 1744.6 kg/hm²。由于总面积不断减少，单产的提高对总产的增长贡献较大。我国棉花总产和面积波动的主要因素是粮棉矛盾、政策调控、市场价格、气候灾害等。

目前，中国是世界棉花第二大生产国、最大消费国及重要出口国，但人均原棉占有量为 3.6 kg，处于世界产棉国的平均水平，仅为美国人均占有量的 1/4。为了提高我国人民的实际用棉水平，还需要大力发展棉花生产。

三、棉花分布与分区

我国宜棉区域辽阔，其范围为北纬 18°～47°，东经 76°～124°。除西藏、青海、黑龙江、吉林四省（自治区）外，其余省（自治区）均可植棉。20 世纪 50 年代，依据生产生态条件，我国植棉区被划分为 5 个生态区，分别是西北内陆棉区、黄河流域棉区、长江流域棉区、北部特早熟棉区和华南棉区。经过 30 多年的变迁，到 20 世纪 80 年代特早熟棉区植棉面积已经很少，华南棉区也只有零星植棉，形成了西北内陆、黄河流域和长江流域三大主要棉区。80 年代初期，又进一步将黄河流域、长江流域、西北内陆棉区划分为若干亚区。

（1）长江流域棉区　本棉区包括长江上游、长江中游、长江下游和南襄盆地 4 个亚区。长江上游亚区以四川省为主，该区春早、夏长、热量充沛，但日照偏低，秋雨连绵，适于种植中早熟品种，一年两熟。长江中游亚区包括湖北、湖南、江西及安徽部分，热量丰富，无霜期长，日照充足，雨量充沛，春季低温多雨，伏、秋旱较重。适于种植中熟和中晚熟品种，一年两熟。棉田土壤大多肥力较高，但江湖沿岸地下水位较高，易受洪涝害。长江下游亚区包括安徽部分、江苏、浙江、上海，该区春迟、多雨，夏季常受台风和伏旱影响，早秋多绵雨。南襄盆地亚区，包括湖北省襄阳和河南省南阳两个地区，兼有黄河流域和长江流域气候特点，适于棉花生产，但水利条件差、土壤耕作层较浅、肥力欠高。20 世纪 70 年代，以江苏、湖北为代表的长江流域棉区占全国植棉面积的 46.0%，总产约为全国的 60.0%。20 世纪 80 年代，由于经济发展，植棉效益偏低，呈减少趋势。20 世纪 90 年代，该区种植面积为 200 万 hm² 左右。2021 年该区种植 23.9 万 hm²，总产 25.2 万 t，分别占全国植棉面积和总产的 7.9%和 4.4%。

（2）黄河流域棉区　本棉区又分为华北平原、淮北平原、黄土高原、特早熟和京津唐 5 个亚区，包括山东、河北和河南两省大部，陕西关中、山西晋南、江苏徐淮地区及北京、天津市郊区，其中特早熟亚区包括山西太原以西、陕西洛川及延安以西、宁夏、内蒙古阴山麓南麓及兰州以西。黄河流域棉区热量次于长江流域棉区，日照充足，降水量适中，土地比较肥沃，20 世纪 80 年代初期，以冀鲁豫为代表的黄河流域棉区植棉面积和产量分别占全国的 50%和 46%。90 年代以来，棉花病虫为害猖獗，棉花单产降低，比较效益低，致使棉花面积大幅度减少，产量下降。1993 年，该区植棉 244 万 hm^2，总产量 138.6 万 t，分别占全国植棉面积和总产量的 48%和 37%。2021 年该区植棉 26.5 万 hm^2，总产 31.8 万 t，分别占全国植棉面积和总产的 8.8%和 5.5%。

（3）西北内陆棉区　　本棉区又分为东疆、北疆、南疆和河西走廊 4 个亚区，包括新疆、甘肃河西走廊地区。东疆和南疆亚区是我国长绒棉（海岛棉）基地，也是陆地棉品质最好的地区。本区属典型大陆性干旱气候，热量资源丰富，雨量稀少，空气干燥，日照充足，年温差和日温差大，全部灌溉植棉。1988 年，国务院决定将新疆列为国家重点棉花开发区，极大地推动了新疆的棉花生产发展。从 20 世纪 80 年代的 26.7 万 hm^2，到 1998 年提高到 100 万 hm^2，总产达到了 140 万 t，分别占当年全国植棉面积和总产的 22.41%和 31.10%。2021 年该区种植棉花 252.2 万 hm^2，总产 516 万 t，分别占全国植棉面积和总产的 83.3%和 90.0%。

四、棉花科技发展历程

（一）棉花育种科技发展历程

1. 我国棉花育种进展　　棉花由外国传入我国种植已有 3000 多年历史，我国长期种植的主要是亚洲棉和少部分草棉。亚洲棉和草棉纤维粗短，不适合机器纺织。随着纺织工业的兴起，19 世纪 70 年代开始从美国引种适于机纺、纤维品质优良、产量高的陆地棉。到中华人民共和国成立前，先后从美国引进过'脱字棉''金字棉''德字棉''斯字棉''珂字棉''岱字棉'等品种试种。此外，还从苏联引进'108Φ''kk1543''司 3173'等品种在新疆种植。进入 20 世纪 60 年代，由于自育品种水平提高，在生产上逐渐取代了国外引进品种，结束了棉花品种依靠国外引进的历史。

20 世纪 50 年代以来，我国主要棉区进行了 6 次大规模品种更换，每一次品种更换都使产量有较大幅度的提高，纤维品质也有所改进。第一次换种（1950～1955 年），主要用引进的陆地棉品种代替长期种植的亚洲棉和退化的陆地棉。第二次换种（20 世纪 50～60 年代），采用自然变异选择育种法，以提高产量和纤维长度为主要目标，育成了一批丰产品种，如'洞庭 1 号''沪棉 204''徐州 18''中棉所 3 号'等。第三次换种（20 世纪 70 年代），运用品种间杂交育成了一批高产品种，如'鲁棉 1 号''泗棉 2 号''徐州 514''冀棉 8 号''鲁棉 6 号'等品种。第四次换种（20 世纪 80 年代），以抗枯萎病品种替换感枯萎病品种，中等纤维品质品种替换品质较差品种。第五次换种（20 世纪 90 年代），育成了兼抗枯萎病和黄萎病、高产、早熟、中等纤维品质品种，如'中棉所 12''冀棉 14''豫棉 4 号''盐棉 48'等。其中'中棉所 12'是我国培育的一个高产、稳产、抗枯耐黄陆地棉品种，1991 年种植面积达 170 万 hm^2。同时在新疆建立了长绒棉基地，育成的'军海 1 号''新海 3 号''新海 5 号'等品种曾大面积种植。此外，杂交棉的种植面积也不断扩大，1998 年占全国总棉田的 6%左右。第六次换种，2000 年以后培育的转 *Bt* 基因抗虫棉品种，已在生产上大面积种植。

种质资源是棉花育种工作的物质基础。早在 20 世纪 20 年代，我国即开始搜集棉花种质资源。50 年代以来，全国棉花科研单位先后多次有计划地开展国外棉花品种资源的考察、搜集，并通过国际间种质的引种交换，进一步扩大和丰富了我国的棉花种质资源，为我国棉花育种工作的开展和基础理论的研究提供了丰富的材料。

我国棉花育种方法随着育种水平的提高而改变。20 世纪 40～60 年代，采用系统育种法育成的品种占 50%，杂交育种法培育的品种约占 25%；70～80 年代，采用杂交育种法培育的品种已上升到 56%，而在 80 年代上升到了 84%。在杂交育种中，从以简单杂交为主转为应用多亲本、多层次的复式杂交。我国大面积推广的'中棉所 12''中棉所 35'等品种都是通过杂交育种法培育而成的。此外，也研究了修饰回交、轮回选择、混选混交等育种方法。

基础理论研究上，我国在棉花基因组、纤维发育相关基因鉴定等方面均处于国际领先地位，为当前棉花分子育种奠定了坚实的基础。此外，我国在雄性不育杂种优势的研究和利用、棉籽蛋白质的综合利用、良种繁育技术等也处于国际先进水平。

2. 当前我国棉花育种存在的问题

（1）纤维品质类型单一　　1949 年初期，我国棉花平均纤维长度仅 21 mm，目前已达 29 mm，而且还能生产 35 mm 以上的超级长绒棉，其他各项品质指标也有很大改进。现有品种纤维品质中等，基本能满足纺织工业要求，但品质类型单一，细度偏粗。我国 2015～2018 年通过国家审定的棉花品种共 42 个，29 mm 以上的品种 33 个（占 78.6%），纤维比强度在 30.0 cN/tex 以上的 36 个（占 85.7%），马克隆值在 5.0～5.5 的品种 29 个（占 69%）。其中马克隆值在 3.9～4.5 的 9 个品种（占 21.4%）均为新疆品种，而长江流域棉区和黄河流域棉区品种纤维大多偏粗。总之，我国原棉内在品质多数处于国际中等水平，能够满足我国目前纺织工业要求。

（2）抗逆性尤其是黄萎病抗性有待加强　　20 世纪 80 年代末，抗枯萎病品种的选育成功和大面积推广使我国枯萎病基本得到控制。但 90 年代以来，黄萎病逐年加重，尤其是 1993 年黄萎病危害在全国各主产棉区达 133 万 hm²，损失皮棉超过 100 万 kg。1995 年和 1996 年，黄萎病在黄河流域又连续大发生，黄萎病已成为棉花高产的主要障碍。我国 2005～2018 年通过国家审定的棉花品种 42 个，其中高抗枯萎病的 7 个（病指≤5），抗枯萎病的 26 个（病指 5.0～9.9），耐枯萎病的 10 个（病指 10.6～16.9）；抗黄萎病品种 3 个（病指 18.9～19.1），耐黄萎病品种 31 个（病指 20.4～34.8），感黄萎病品种 8 个（病指 38.2～55.3）。没有一个品种达到高抗黄萎病，甚至目前全国保存的陆地棉品种/品系及资源也无真正达到高抗的。因此，运用远缘杂交、生物技术等手段筛选和创造新抗源，进而培育抗黄萎病品种刻不容缓。

（二）棉花栽培科技发展历程

我国是全球植棉历史悠久的国家之一。文献记载，自公元前 2～前 3 世纪至公元 13 世纪，我国植棉区域主要在云南、广西、海南、广东、四川、贵州、福建、新疆及甘肃等地区。春秋战国时期的《尚书·禹贡》记载："岛夷卉服，厥篚织贝"，其中"卉服"与"织贝"均指棉质纺织品。《汉书·地理志下》记载："武帝元封元年略以为儋耳、珠崖郡。民皆服布如单被，穿中央为贯头。"表明 2000 年以前，海南岛的纺织技术已经十分发达。

新中国成立后，尤其经历了改革开放 40 年的实验研究与生产实践，我国已形成了先进实用、特色鲜明的棉花高产栽培技术体系，其中育苗移栽、地膜覆盖和化学调控研究及应用居世界领先水平。自 20 世纪 90 年代起陆续形成"不栽就盖，不盖就栽"、"既栽又盖"、宽膜覆盖和全程化学调控的新格局。以促进早发早熟为核心，进一步形成移栽棉、地膜棉、"双膜棉"、盐碱旱地植棉和"密矮早"等模式化技术。这几项技术为我国棉花的高产优质、棉田两熟和多熟种植、抗逆栽培、棉区北移和西移提供了基础性、关键性的支持，取得增产 20%～50%和霜前花率提高 20%～30%的巨大成效。

油、棉两熟和麦、棉两熟是适合我国人多地少的国情、具有中国特色的先进技术，两熟种植取得了"双增双扩"（即粮、棉面积的双扩大和产量的双增加）和粮、棉协调同步发展的显著效果。全国棉田复种指数达到 156%，相当于扩大耕地面积 266.7 万 hm²。在治水改土的基础上，依靠保护性栽培措施，取得内陆和滨海盐碱地由不毛之地到植棉丰产的新成就，棉花因此成为盐碱地的先锋植物。

种植转基因抗虫棉和抗虫杂交种进一步提高了单产水平。进入 21 世纪，轻简化栽培和机械化管理等现代化植棉技术日见端倪。工厂化育苗和机械化移栽、宽膜覆盖和膜下滴灌、机采棉与机栽棉、专用缓控释肥、精准植棉技术（精准播种、施肥、灌溉、化学调控和收获）、模拟决策和长势监测预警等具有现代农业特征的技术手段，不断推进棉花生产的现代化。

随着我国经济社会的全面进步、城镇化进程的加快及农村劳动力的不断转移，科学植棉对轻简化栽培、机械化管理与组织化服务的需求更加迫切。棉花种植、管理和收获各工序立足简化，机械化必将融合到种植管理的各个环节，组织化和服务社会化也为规模化植棉提供根本保障。

第二节　棉属起源、分类与进化

一、棉属的起源

棉属为锦葵科棉族植物，棉族包括 9 个属，其中白脚桐棉属（*Azanza*）为新鉴定属，另外 8 个为早已确定的属（图 8-1）。棉族有 5 个地理分布较狭窄的小属，它们是柯氏棉属（*Lebronnecia*）（1 个种）、头木槿属（*Cephalohibiscus*）（1 个种）、拟似棉属（*Gossypioides*）（2 个种）、柯基阿棉属（*Kokia*）（4 个种）和白脚桐棉属（*Azanza*）（2 个种）。另外有 4 个地理分布较广的中等属，它们是哈皮棉属（*Hampea*）（21 个种）、美非棉属（*Cienfuegosia*）（25 个种）、桐棉属（*Thespesia*）（14 个种）、棉属（*Gossypium*）（51 个种），棉属为棉族中分布最广且包含物种最多的属。

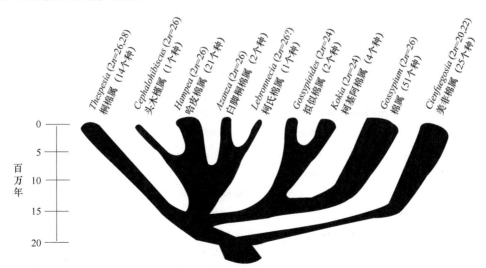

图 8-1　棉族（Gossypieae）的系统发育关系（Wendel et al.，2010；Areces-Berazain and Ackerman，2020）

分子系统发育分析揭示了棉属进化的三个特点：首先，尽管棉属分布广泛、多样性丰富，但是棉属种群构成了一个单一的自然系统（$n=13$）；其次，分布于非洲马达加斯加的拟似棉属和夏威夷的柯基阿棉属是与棉属亲缘关系最近的物种（$n=12$）；第三，棉属与柯基阿棉属和拟似棉属的分化大约在 1250 万年前。总体来说，分子数据表明在中新世（1000 万～1500 万年前），棉属与其最近属分离，并经多次跨洋传播与区域物种形成，呈现了现代的全球分布。

二、棉属的分类

棉属分类已有较深入的研究，Fryxell（1992）的分类是最被广泛接受的。该分类将棉属物种分为 4 个亚属（subgenera）、7 个组（section）、10 个亚组（subsection）和 51 个种，见表 8-2，这一分类代表了植物分类学与进化研究的共同成果。虽然这些物种分组主要基于形态学和地理学证据，但大多数组内物种与随后的细胞遗传学和分子数据分组一致。

表 8-2　棉属各种的染色体组与地理分布（Wendel and Grover，2015；Hu et al.，2021）

亚属	组	亚组	种名	中文名	染色体组	地理分布
Subgenus *Gossypium*				棉亚属		
	Section *Gossypium*			棉组		
		Subsection *Gossypium*		棉亚组	A	
			G. herbaceum	草棉	A_1	棉属典型种，小范围栽培
			G. arboreum	亚洲棉	A_2	小范围栽培
		Subsection *Anomala*		异常亚组	B	
			G. anomalum	异常棉	B_1	非洲南部和北部
			G. triphyllum	三叶棉	B_2	非洲南部
			G. capitis-viridis	绿顶棉	B_3	西非佛得角群岛
		Subsection *Pseudopambak*		*Pseudopambak* 亚组	E	
			G. stocksii	斯托克氏棉	E_1	索马里、阿曼、巴基斯坦
			G. somalense	索马里棉	E_2	非洲南部
			G. areysianum	亚雷西棉	E_3	也门南部
			G. incanum	灰白棉	E_4	也门南部
			G. benadirense	伯纳迪氏棉	E_5	埃塞俄比亚、肯尼亚、索马里
			G. bricchettii	伯里切特氏棉	E_6	索马里
			G. vollesenii	佛伦生氏棉	E_7	索马里
		Subsection *Longiloba*		长萼亚组	F	
			G. longicalyx	长萼棉	F_1	苏丹、乌干达、坦桑尼亚
	Section *Serrata*			锯齿组		索马里
			G. trifurcatum	三叉棉	E 或 B	
Subgenus *Houzingenia*				*Houzingenia* 亚属		
	Section *Houzingenia*			*Houzingenia* 组		
		Subsection *Houzingenia*		*Houzingenia* 亚组	D	
			G. thurberi	瑟伯氏棉	D_1	美国亚利桑那州、墨西哥索诺拉州
			G. trilobum	三裂棉	D_8	墨西哥西部

亚属	组	亚组	种名	中文名	染色体组	地理分布
		Subsection *Caducibracteolata*		落苞亚组		
			G. *armourianum*	辣根棉	D_{2-1}	墨西哥南下加利福尼亚州
			G. *harknessii*	哈克尼西棉	D_{2-2}	墨西哥南下加利福尼亚州
			G. *turneri*	特纳氏棉	D_{10}	墨西哥索诺拉州
		Subsection *Integrifolia*		全缘亚组		
			G. *davidsonii*	戴维逊氏棉	D_{3-1}	墨西哥南下加利福尼亚州
			G. *klotzschianum*	克劳茨基棉	D_{3-2}	加拉帕戈斯群岛
	Section *Erioxylum*			棉毛木组		
		Subsection *Erioxylum*		棉毛木亚组		
			G. *aridum*	旱地棉	D_4	墨西哥西部
			G. *lobatum*	裂片棉	D_7	墨西哥米却肯州
			G. *laxum*	松散棉	D_9	墨西哥格雷罗州
			G. *schwendimanii*	施温迪茫氏棉	D_{11}	墨西哥米却肯州
		Subsection *Selera*		Selera 亚组		
			G. *gossypioides*	拟似棉	D_6	墨西哥瓦哈卡州
		Subsection *Austroamericana*		南美亚组		
			G. *raimondii*	雷蒙德氏棉	D_5	秘鲁西部和中部
Subgenus *Sturtia*				斯特提亚属		
	Section *Sturtia*			斯特提组	C	
			G. *sturtianum*	斯特提棉	C_1	澳大利亚中部
			G. *robinsonii*	鲁滨逊氏棉	C_2	澳大利亚西部
	Section *Hibiscoidea*			似木槿组	G	
			G. *bickii*	比克氏棉	G_1	澳大利亚中部
			G. *australe*	澳洲棉	G_2	澳大利亚中北部
			G. *nelsonii*	奈尔逊氏棉	G_3	澳大利亚中部
	Section *Grandicalyx*			大萼组	K	
			G. *exiguum*	小小棉	K_1	澳大利亚金伯利地区
			G. *rotundifolium*	圆叶棉	K_2	澳大利亚金伯利地区
			G. *populifolium*	杨叶棉	K_3	澳大利亚金伯利地区
			G. *pilosum*	稀毛棉	K_4	澳大利亚金伯利地区
			G. *marchantii*	马全特氏棉	K_5	澳大利亚金伯利地区
			G. *londonderriense*	伦敦德里棉	K_6	澳大利亚金伯利地区
			G. *enthyle*	林地棉	K_7	澳大利亚金伯利地区
			G. *costulatum*	皱壳棉	K_8	澳大利亚金伯利地区
			G. *cunninghamii*	肯宁汉氏棉	K_9	澳大利亚最北部
			G. *pulchellum*	小丽棉	K_{10}	澳大利亚金伯利地区
			G. *nobile*	显贵棉	K_{11}	澳大利亚金伯利地区
			G. *anapoides*	孪生叶面棉	K_{12}	澳大利亚金伯利地区

亚属	组	亚组	种名	中文名	染色体组	地理分布
Subgenus *Karpas*				印棉亚属	AD	
			G. hirsutum	陆地棉	(AD)$_1$	世界广泛栽培
			G. barbadense	海岛棉	(AD)$_2$	世界广泛栽培
			G. tomentosum	毛棉	(AD)$_3$	夏威夷群岛
			G. mustelinum	黄褐棉	(AD)$_4$	巴西东北部
			G. darwinii	达尔文氏棉	(AD)$_5$	加拉帕戈斯群岛
			G. ekmanianum	艾克曼棉	(AD)$_6$	多米尼加共和国
			G. stephensii	斯蒂芬氏棉	(AD)$_7$	太平洋威克岛

　　在棉属进化过程中，除形态异常多样外，其基因组也具有广泛的变异。公认的二倍体种基因组有 8 个（A～G，K），其包含的物种与分类学和系统发育的位置基本一致。尽管二倍体物种的染色体数目相同（$n=13$），但基因组大小变化超过三倍（图 8-2）。同一染色体组的棉种杂交可获得可育的 F_1。二倍体种又可分为三个主要地理种群，即澳大利种群（C、G、K 染色体组）、美洲种群（D 染色体组）和非洲/亚洲种群（A、B、E、F 染色体组）。

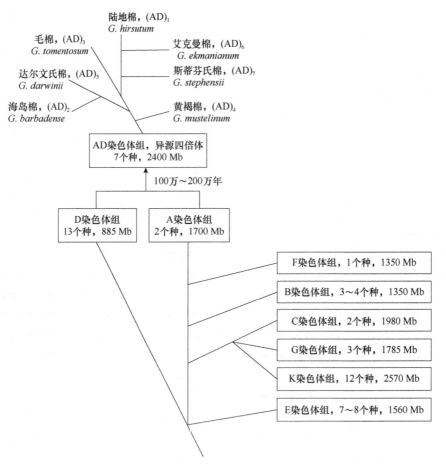

图 8-2　棉属种间进化关系与染色体组大小（Shim et al., 2018；Hu et al., 2021）

1. 二倍体种群

（1）澳大利亚种群　　澳大利亚种群有 17 个种，属于斯特提亚属，包括斯特提（*Sturtia*）组、似木槿（*Hibiscoidea*）组和大萼（*Grandicalyx*）组 3 个组。

斯特提组（C 染色体组）有 2 个种，该组与似木槿组的种为种子无腺体。其中斯特提棉（*G. sturtianum*，C_1）被称为"沙漠玫瑰"，广泛分布于亚热带到温带干旱地区，为棉属植物分布最南的，其叶片也是棉属中最耐寒的。

似木槿组（G 染色体组）有 3 个种，其中比克氏棉（*G. bickii*，G_1）的起源可能涉及一次古老的杂交，其母本与斯特提棉类似，但其父本不清楚。

大萼组（K 染色体组）有 12 个种，分布于澳大利亚西北部金伯利（Kimberley）地区。该组所含种具有粗壮的根状茎，能在火灾或干旱季节后发芽生长；具肉质假种皮，能吸引蚂蚁取食，有助于种子传播；具有棉属最大的基因组。皱壳棉（*G. costulatum*，K_8）、杨叶棉（*G. populifolium*，K_3）和肯宁汉氏棉（*G. cunninghamii*，K_9）是澳大利亚最早收集的棉属种，肯宁汉氏棉的起源与比克氏棉类似，均具有与斯特提棉相似的细胞质。

（2）非洲/亚洲种群　　非洲/亚洲种群有 14 个种，属于棉（*Gossypium*）亚属，分为棉组（*Gossypium*）和锯齿（*Serrata*）组。

棉组包括棉（*Gossypium*）亚组、异常（*Anomala*）亚组、*Pseudopambak* 亚组和长萼（*Longiloba*）亚组 4 个亚组。其中棉亚组有草棉（*G. herbaceum*，A_1）和亚洲棉（*G. arboreum*，A_2）2 个种，均为二倍体栽培种。锯齿组只有三叉棉（*G. trifurcatum*）1 个种。

（3）美洲种群　　美洲种群有 13 个种，属于 *Houzingenia* 亚属，分为 *Houzingenia* 组和棉毛木（*Erioxylum*）组。

Houzingenia 组又分为 *Houzingenia* 亚组、全缘（*Integrifolia*）亚组和落苞（*Caducibracteolata*）亚组 3 个亚组。其中落苞亚组 3 个种的苞叶在开花前后脱落。

棉毛木组的种多为大灌木和乔木。棉毛木组又分为棉毛木亚组、*Selera* 亚组和南美（*Austroamericana*）亚组 3 个亚组。棉毛木亚组 4 个种雨季营养生长，旱季开花结果。南美亚组只有雷蒙德氏棉（*G. raimondii*，D_5）1 个种。*Selera* 亚组只有拟似棉（*G. gossypioides*，D_6）1 个种，拟似棉的叶绿体 DNA 与雷蒙德氏棉接近，而其核糖体 DNA 与非洲二倍体种群接近。

2. 四倍体种群　　四倍体种群有 7 个种，属于印棉亚属（*Karpas razenesque*）（$2n=4x=52$），它们是由二倍体 A 染色体组和 D 染色体组棉种形成的异源四倍体。陆地棉 [*G. hirsutum*，$(AD)_1$] 和海岛棉 [*G. barbadense*，$(AD)_2$] 为栽培种，它们的野生类型分布于中南美洲及其邻近岛屿。另外 5 个种为野生种，毛棉 [*G. tomentosum*，$(AD)_3$] 分布于夏威夷群岛，黄褐棉 [*G. mustelinum*，$(AD)_4$] 分布于巴西东北部，达尔文氏棉 [*G. darwinii*，$(AD)_5$] 分布于加拉帕戈斯群岛，艾克曼棉 [*G. ekmanianum*，$(AD)_6$] 分布于多米尼加共和国，斯蒂芬氏棉 [*G. stephensii*，$(AD)_7$] 分布于威克岛。

三、二倍体棉种的进化

棉属形成后（500 万～1000 万年前）经历了迅速的物种形成和分化，并通过多次跨洋传播实现了几乎全球分布，包括干旱或季节性干旱地带（热带和亚热带）的几个主要的多样性中心。物种丰富的地区包括澳大利亚，尤其是澳大利亚西北部的金伯利地区，非洲之角和阿拉伯半岛南部，以及墨西哥中部和西南部。棉属物种的近全球分布及其系统发育历史表明，棉属的演化涉及多次跨洋扩散事件。保守地讲，至少包括 3 次跨洋扩散：①非洲至澳大利亚的扩散；②非洲至美洲的扩散，并导致 D 基因组二倍体种的进化；③异源多倍体 AD 基因组的 A 基因组祖先第二次进入美洲。棉属进化史上的一个重要事件（看似不可能的跨洋扩散）是通过大西洋或太平洋将非洲祖先扩散到中美洲海岸（可能为墨西哥西海岸），这一扩散事件可追溯到 500 万～1000 万年前，导致美洲 D 基因组的进化和多样化。

系统发育研究数据支持非洲是棉属的起源地，B 染色体组棉种可能是与棉属原型最接近的幸存代表种群，棉属起源于非洲的假设得到了该地区基因组多样性的支持。

四、异源四倍体棉种的起源

丰富的细胞遗传学和实验证据证明，四倍体种是含有两个基因组的异源多倍体，一个来自非洲 A 基因组的二倍体种，另一个来自美洲 D 基因组的二倍体种。两个二倍体基因组的不同半球分布致使有关异源多倍体形成时间和亲本来源成了一个有趣的科学问题。基因序列数据解决了"时间"问题，即异源四倍体棉种起源于 100 万～200 万年前（更新世中期），也就是现代人类出现之前。大量 DNA 序列数据阐明了四倍体种的来源问题：①现存的 A 基因组种（亚洲棉和草棉）与异源四倍体 A 基因组相差甚远，但由于亚洲棉和草棉的染色体组与四倍体种的 A 染色体亚组间分别存在 3 个和 2 个染色体易位，显示异源四倍体种的 A 染色体亚组更接近于草棉（A_1）的染色体组。②雷蒙德氏棉（D_5）是与异源多倍体 D 基因组最接近的物种。③所有异源多倍体种都含有 A 基因组细胞质。④异源四倍体种为单一起源。

如上所述，异源四倍体棉种起源的显著特征是依赖于被认为是生物奇迹的一系列极小可能事件：①在最初的跨洋传播之后，二倍体 D 基因组祖先在中美洲殖民化；②现代雷蒙德氏棉是最近由中美洲扩散到南美洲的；③非洲 A 基因组祖先第二次远距离传播到美洲（可能在更新世中期）；④殖民化的 A 基因组物种与本地 D 基因组物种之间的生物学相遇，引起杂交和基因组加倍，致使分布在不同半球且已分离 500 万～1000 万年的基因组之间重聚。

五、棉花栽培种的驯化与分类

1. 草棉　　草棉又称非洲棉。Hutchinson（1954）和 Fryxell（1979）认为，栽培的草棉可能是由生长在非洲南部灌木草原或非洲北部萨赫勒的草棉地理种系阿非利加棉（*G. herbaceum* race *africanum*）驯化而来。

Hutchinson（1950）将草棉分为 5 个地理种系（race）。阿非利加棉（race *africanum*），为野生类型，多年生灌木，分枝细弱且多，主要分布在非洲西南部的津巴布韦、莫桑比克、斯威士兰和南非德兰士瓦省。槭叶棉（race *acerifolium*），为最早栽培的类型，多年生灌木，茎秆坚实，分枝多，植株较高大，分布在北非及撒哈拉沙漠以南，从埃塞俄比亚到冈比亚，在埃及和利比亚的沙漠绿洲及沙特、也门等地也有种植。波斯棉（race *persicum*），是草棉的典型种系，一年生灌木，分布在伊朗、土耳其、阿富汗、伊拉克和地中海地区。库尔加棉（race *kuljianum*），是草棉中最早熟的种系，一年生灌木，分布在中国的甘肃、新疆、苏联的中亚地区。威地安棉（race *wightianum*），一年生灌木，茎秆坚实，分枝多，植株较高大，19 世纪由波斯引入印度西部种植。

草棉在历史上曾是重要的经济作物，由于产量低、纤维品质差，在我国已完全被陆地棉和海岛棉代替。但它具有极早熟和抗旱力强等特点，作为种质资源可在育种中加以利用。

2. 亚洲棉 亚洲棉是唯一没有现存野生类型的棉种，是栽培历史最悠久的棉种，在我国可以追溯到 2000 多年前。一般认为亚洲棉起源于印度或在印度驯化。

Silow（1944）将亚洲棉分为 6 个地理种系。印度棉（race *indicum*），为最早驯化的类型，多年生，分布在印度半岛达布蒂河（Tapti）以南及斯里兰卡等地。苏丹棉（race *soudanense*），多年生，分布在非洲的苏丹、塞内加尔、达荷美、尼日利亚、安哥拉、赞比亚、马达加斯加、乌干达、埃塞俄比亚和阿拉伯半岛南部等地。缅甸棉（race *burmanicum*），多年生，分布在缅甸、孟加拉、不丹、尼泊尔、印度东部及越南、马来西亚和菲律宾群岛等地。中棉（race *sinense*），一年生，分布于中国、日本、朝鲜等地。孟加拉棉（race *bengalens*），一年生，分布于印度、孟加拉国等地。长果棉（race *cernuum*），一年生，分布在多雨的印度阿萨姆邦的加里山区和孟加拉国东部。

亚洲棉在我国栽培历史长，分布广，变异类型多，又称为中棉（*G. nanking* Meyen）。亚洲棉早熟，产量虽不高，但抗旱、抗病、抗虫能力较强，在多雨地区烂铃少，因此在某些地区仍有栽培价值，也是有用的育种种质资源。

3. 陆地棉 陆地棉野生和原始类型分布在中美洲、南美洲北部、西印度群岛、美国佛罗里达南端及太平洋岛屿波利尼西亚。野生类型群体小、分布广，生长在海滨或封闭的小岛。

Hutchison（1951）将陆地棉分为 7 个地理种系。尤卡坦棉（race *yucatanense*），为野生类型，多年生，蔓生，分布于墨西哥尤卡坦半岛普罗格雷索地区海边。尖斑棉（race *punctatum*），是最早被驯化的类型，多年生，蔓生，多为端毛籽，分布在中美洲墨西哥湾的海地、古巴等地区。鲍莫尔氏棉（race *palmrei*），分布于墨西哥格雷罗和瓦哈卡西部沿海地区。雷奇蒙德氏棉（race *richmondii*），分布于墨西哥瓦哈卡以南地区。莫利尔氏棉（race *morrilli*），分布于墨西哥瓦哈卡、普埃布拉和莫雷洛斯等高地。马利加兰特棉（race *mariegalante*），为陆地棉与海岛棉的中间类型，分布于古巴以南加勒比海的安的列斯群岛及萨尔瓦多、巴拿马到巴西北部的南美洲沿海地区。阔叶棉（race *latifolium*），最接近栽培种，植株矮小、紧凑，早熟，少数端毛籽，分布于墨西哥的恰帕斯州地区和危地马拉中北部。

目前世界各主要产棉国种植的陆地棉品种基本上来自阔叶棉。1865 年，英国商人将陆地棉引入我国上海郊区种植，以后逐步扩展。陆地棉是现今世界主要的栽培棉种，皮棉产量高，纤维较细长，品质较好，适应性较强，种植面积广，占全世界植棉面积的 95% 以上，占我国种植面积的 98% 以上。

4. 海岛棉 海岛棉又称埃及棉、比马棉，起源于南美、中美洲及加勒比地区。因曾大量分布于美国东南沿海及附近岛屿而得名。

Hutchinson（1947）将海岛棉（*G. barbadense*）分为 3 个变种：海岛棉变种（*G. barbadense* var. *barbadense*）、达尔文氏棉变种（*G. barbadense* var. *darwinii*）和巴西棉变种（*G. barbadense* var. *brasiliense*）。达尔文氏棉变种为加拉帕戈斯群岛特有的异源四倍体棉种，最近的分类将它确定为一个独立的种，即达尔文氏棉（*G. darwinii*）。巴西棉变种为巴西亚马孙盆地的"肾形棉"，其特征是棉铃每室种子融合成肾形，能使每室内所有种子同时轧花。"肾形棉"显示出相当大的农艺改良证据，很可能是驯化下出现的突变体。因此，巴西棉变种被认为是地理上隔离的海岛早期棉驯化类型。

海岛棉主要种植地区有埃及、苏丹、秘鲁和美国等。1918 年在我国云南发现多年生海岛棉，云南、广东、海南及四川凉山等地的多年生木棉亦属此种。一年生海岛棉 1919 年引入我国，20 世纪 50 年代初新疆开始种植埃及棉。海岛棉纤维品质居栽培种之首，但产量不高，且对光温要求较严格，适应性不及陆地棉，故种植面积不广，只占世界植棉面积的 2%左右。

<h1 style="text-align:center">第三节　棉花的生物学基础</h1>

一、棉花的生育过程

棉花从种子发芽到完全成熟，要经历几个不同的时期。通常把从播种至大田收花结束的总日数称为大田生长期，或称为全生育期，约为 210 天。从出苗到第一个棉铃成熟吐絮，则称为生育期，约为 120 天，这是鉴别品种熟性的主要依据。

1. 播种出苗期　　从播种经种子萌发、幼苗出土到子叶平展称为出苗。通常将播种至 50%棉苗出土、子叶平展称为播种出苗期。历时长短主要与播期有关，一般历时 7 天左右。此期的生育特点是具有生活力的棉籽，在适宜的气候、土壤条件下，利用子叶储存的养分，由种子长成幼苗。在水分适宜时，决定因素是温度。此外，育苗技术措施也有影响。

2. 苗期　　出苗期至 50%棉株出现第一个幼蕾称为苗期，历时 40~50 天。此期的生育特点是以根系生长为中心的营养生长，根系生长速度比地上部快，并开始花芽分化。

3. 蕾期　　现蕾期至 50%植株开第一朵花称为蕾期，历时 25~35 天。此期的生育特点是营养生长与生殖生长并进，但仍以营养生长为主，为奠定经济产量基础的重要时期。

4. 花铃期　　开花期至 50%棉株第一个棉铃吐絮称为花铃期，历时 50~70 天。此期由于外界温度、光照等条件较适宜，根系吸收力强，营养生长与生殖生长均是最旺盛的时期，也是经济产量形成的关键时期。盛花前仍以营养生长为主，盛花后转入生殖生长为主。此期干物质积累量占棉花全生育期积累总量的 70%以上。

5. 吐絮期　　从开始吐絮到全田收花结束，称为吐絮期，历时 70~100 天。历时长短主要受种植密度与单株果枝数的影响，变幅较大。此期气温开始逐渐下降，根系吸收力减弱，营养生长渐衰，营养物质大量转运到棉铃，干物质积累量占全生育期的 10%~20%。

二、棉花的器官建成

（一）种子的萌发和出苗

1. 种子的萌发与出苗过程

（1）吸胀阶段　　棉籽吸水后，坚硬的种皮逐渐软化，水分经合点区和种皮向胚组织渗入，蛋白质、糖类等大量吸水使棉籽膨胀。

（2）萌动阶段　　棉籽吸水后，酶活性显著加强，子叶贮藏的脂肪、蛋白质及淀粉等分解为可溶于水的物质，供幼胚生长利用。此时代谢活动加速，对外界环境反应趋于敏感。

（3）发芽阶段　　棉籽萌动后，胚根和胚轴伸长、胚芽分化新的叶原基。当胚根伸长达种子长度的 1/2 时，称为发芽。在适宜条件下，下胚轴伸长形成幼茎。幼茎弯曲呈膝状（称子叶膝），把子叶及胚芽带出土面，然后幼茎伸直，两片子叶展平，即出苗。

2. 种子萌发与出苗的内外条件　　内在条件是棉籽必须充分成熟，具有旺盛的生活力。不同时期成熟的棉籽所处的内外条件不同，故其异质性较大。陆地棉种子在棉铃刚吐絮时就有发芽能力。外在条件包括水分、温度和氧气。

（1）水分　　棉籽萌发需吸收相当于种子风干重 60%以上的水分，其饱和吸水量为风干重的 78%左右。最初几小时吸收很快，为自然吸水过程，达到萌发需水量后吸水速度减慢，为有限的代谢吸水。吸水速度与温度有关，温度高则吸水速度快。光子比毛子吸水快，小种子比大种子吸水快。

棉籽萌发出苗以田间最大持水量的 70%～80%为宜。土壤水分不足，则不能萌发出苗；土壤水分过多，缺乏氧气，则发芽缓慢，甚至烂种。土壤含盐量高时，种子吸水困难，要求土壤含水量高。

（2）温度　　最适发芽温度为 25～30℃，温度过高或过低都不利于萌发。在恒温条件下，不同棉种及品种类型的棉籽萌发最低临界温度为 10.5℃，最高临界温度为 44℃。在临界范围内，发芽率随温度上升呈曲线增长。种子出苗要求的温度比发芽高，胚根维管束开始分化的温度为 12～14℃，下胚轴伸长形成导管的温度在 16℃以上。在 16～32℃内，胚根和下胚轴的生长随温度升高而加快。

（3）氧气　　在萌发出苗时，呼吸作用和酶活性显著增强，需氧量也相应增加。如氧气供应不足，发芽速度缓慢。严重缺氧时，产生有害物质，影响发芽和出苗。棉籽萌发时土壤空气含氧量以 7.5%～21%较为适宜。

（二）根的生长

1. 根的形态　　棉花根系属直根系，其胚根形成主根，在主根上生长侧根，侧根上生长支根（二级侧根），支根上生长小毛根（三级侧根），在各级侧根前端的表皮着生根毛，组成一个倒圆锥形的根系网。棉花是深根作物，若条件适宜，主根入土可深达 2 m，侧根能横向扩展 60～100 cm，60%以上的侧根分布在 10～30 cm 深土层内。根系占棉株干重的 7%～10%。

2. 根系建成及其与生态条件的关系

（1）根系建成　　根据棉花各生育时期根系生长速度和生理特性，可将根系建成过程划分为 4 个时期：①根系发展期，棉籽萌发到现蕾为根系发展期。子叶展平开始发生一级侧根。第一片真叶展平前，开始发生支根。三叶期侧根有 80～90 条，根冠比为 4～5。现蕾时主根长 70～80 cm，上部侧根向四周扩展达 40 cm，此时各级侧根布满耕作层，株间根系已经交叉。②根系生长盛期，棉花蕾期是主根和侧根的生长盛期。主根每天可伸长 1.2～2.5 cm，蕾期末深 100～170 cm，开花前棉花根系基本建成。③根系吸收高峰期，初花期侧根生长开始减弱，盛花期后主根和大侧根的生长基本停止，毛根和根毛大量滋生，活动根大多分布在 10～40 cm 土层，形成根系吸收养分和水分的高峰时期。④根系活动衰退期，吐絮期耕作层毛根数量大为减少，根系生长机能逐渐衰退，吸收矿质养分的能力明显下降。

掌握棉花各生育期的发根特点，采用相应地促根、控根和保根措施，以利于协调地上部与地下部均衡生长，培育健壮棉株。

（2）根系建成与生态条件的关系　　适于根系生长的土壤含水量为田间最大持水量的 55%～70%。土壤水分适宜，有利于主根伸长，侧根增多，根系吸收面大，棉株生长良好。棉花壮根发棵，一般要求地下水位在 1.5 m 以下。

根系生长的最适地温为 25～27℃，14.5℃时根系即停止生长，17℃时根系生长缓慢，24℃以上根系生长迅速，33℃以上则对根系发生危害。苗期提高地温有利于促进根系发展。

土壤肥力适宜时根系发达，施肥过早或施用不当，则根系吸收困难或发生"烧根"现象。增施磷肥，有利于促进根系生长。

土壤空气含氧量为 7.5%～21%时适宜根系生长，CO_2 含量超过 15%时，根系延伸减慢。土壤质地疏松，通透性好，温度上升快，有利于根系生长。土壤含盐量超过 0.25%，则根系生长不良。

（三）茎与枝的生长

1. 主茎的形态与生长

（1）主茎的形态　　棉籽出苗后，下胚轴伸长成为幼茎，上胚轴生长成为主茎。成熟茎段一般呈圆形。子叶着生处称子叶节。主茎一般有 20～25 节，茎高 1 m 左右，茎表常呈绿色。随着主茎生长，阳光照射，花青素大量形成，茎色表现为下红上绿。主茎绿色部分的比例变化可作为衡量棉株长势的标志。

（2）主茎的生长　　棉花主茎顶端分生组织逐步分化主茎叶原基、节和节间，并相继分化腋芽。主茎生长包括节间伸长与新节出现，受不同生育时期的生育特性及相应环境条件影响。一般是苗期慢，现蕾后加速，开花前后株高达最终高度的 50%，盛蕾初花期最快，盛花期减慢，以后逐渐停止。棉株高度取决于主茎节数生长和节间长短。主茎节间长度呈现基部节间短，中上部节间长，顶部节间又稍短的变化。

（3）主茎生长与环境条件的关系　　棉花主茎生长与品种特性、生态条件和栽培技术有关。充足的水分和氮素营养能加速主茎生长。在一定生育时期内，主茎生长速度随温度增高而加快。苗期外界气温较低，棉苗生长中心在根部，主茎日增长量以 0.5～0.8 cm 为宜。蕾期气温逐渐升高、雨水多，生长中心转向地上部，主茎日增长量为 1～1.5 cm。盛蕾初花期，吸收养分能力增强，主茎日增量以 2～2.5 cm 为宜，超过 3 cm 则棉株徒长，蕾铃脱落增加。盛花结铃期，体内有机养料转向以生殖器官为主，主茎生长减慢，日增量为 1～1.5 cm。吐絮期，外界温度下降，养料主要供给棉铃，主茎生长基本停止。温度范围一定时，水肥对茎生长有明显促进作用。

2. 棉花的分枝

（1）分枝的类型　　棉花的分枝可分为叶枝和果枝（图 8-3）。叶枝又称营养枝，为单轴分枝，形态与主茎相似，着生在主茎下部，与主茎夹角较小，叶序呈螺旋互生，蕾铃着生于二级分枝上。果枝为多轴分枝，着生在棉株中上部，呈近水平曲折生长，叶序为对生，蕾铃直接着生在分枝上。一般棉株最下部 1～2 节真叶的腋芽不萌发，呈潜伏状态；第 3～5 节或以上的腋芽萌发长成叶枝；第 5～6 节或以上的腋芽萌发长成果枝。

（2）腋芽的分化　　主茎每片叶的叶腋里有一个腋芽，称为一级腋芽。一级腋芽先出叶的叶腋里分化出二级腋芽。一级腋芽既可以潜伏也可以活动。活动芽可发育成叶枝芽，也可发育成混合芽（果枝芽）（图 8-3）。二级腋芽也类同。

叶枝　　　　　　　　果枝

图 8-3　棉花叶枝与果枝比较

（中国农业科学院棉花研究所，1983）

当腋芽分化缩短节间和先出叶后，顶端分生组织不断分化伸长节间和真叶原基，则为叶枝芽，以后发育形成叶枝，由于只有一个枝轴，故称单轴分枝。若腋芽原基首先分化缩短节间和先出叶，接着分化伸长节间和真叶原基，顶端分生组织分化花芽的苞叶原基，则该芽为果枝芽，并构成第一个枝轴

（果节）。然后在枝轴的叶原基腋芽里，按上述顺序形成第二个枝轴，循此分化形成多轴的果枝，称为多轴分枝。

棉株下部的二级腋芽呈潜伏状。在多雨、氮肥较高的棉田，棉株中上部二级腋芽形成赘芽。光照充足、通透条件好的棉田，棉株中上部二级腋芽形成桠果枝。

（3）果枝类型和株型 棉花果枝节数因品种而不同，可分为多节、一节和无果节 3 种。果枝只有一个节，顶端丛生几个蕾铃，称为有限果枝。蕾铃直接着生在叶腋内的称无果枝或零式果枝，为有限果枝的特殊类型。果枝有数节的称无限果枝。目前栽培品种大都属无限果枝类型，但有的品种在棉株上兼有有限果枝和无限果枝，为混合果枝型。无限果枝又可分为四种类型：Ⅰ型，果枝间长度 2～5 cm，株型紧凑；Ⅱ型，果枝节间长度 5～10 cm，株型较紧凑；Ⅲ型，果枝节间长度 10～15 cm，株型较松散；Ⅳ型，果枝节间长度 15 cm 以上，株型松散。

根据棉株高矮、节间长短和茎、枝、叶的着生状况，将棉花株型分为 4 种：塔形、筒形、伞形和丛生形，塑造理想株型，需进行合理的调控。

（4）分枝生长与环境条件的关系 果枝芽的形成，固然受品种遗传特性和棉株分枝习性的制约，但受生态条件和栽培技术措施的影响很大。在日均温为 19～20℃，每日光照时间 8～12 h，水和氮、磷、钾配合比较适宜，棉株体内合成的糖类和蛋白质多，非蛋白质氮积累较少时，则有利于腋芽发育为果枝芽。当土壤中水和氮较多，棉株吸氮比例过大，加上光照不足，合成糖类少，非蛋白质氮积累较多时，腋芽易形成叶枝芽。生产上可根据果枝芽形成的要求，通过调节播期、保温和施肥等技术，促进腋芽发育为果枝。

（四）叶的生长

1. 叶的种类和形态 棉叶可分子叶、先出叶和真叶 3 类。子叶二片对生，为不完全叶。陆地棉的子叶为肾形，绿色，叶基点呈红色。海岛棉子叶为半圆形，深绿色，叶基点浅绿色。子叶脱落后遗留对生的子叶节，可作为测量株高的起始点。

先出叶是分枝的第一片叶，呈长椭圆形、披针形、卵圆形或分叉形等。先出叶极小，宽 5～6 mm，无托叶，叶柄有或无，较易脱落。

真叶为掌状分裂，第一片真叶为全缘，第三片真叶有 3 个裂片，5 叶期后以 5 裂为主，生育后期裂片减少。陆地棉裂片较短，约为叶长的 1/2，少数鸡脚型和超鸡脚型的裂片比常态叶裂片长。海岛棉裂片超过叶长的 1/2。棉株以主茎叶最大，叶枝叶次之，果枝叶最小。主茎叶和叶枝叶的叶序为 3/8，果枝叶为左右对生。叶面有茸毛和腺毛。叶肉里有多酚色素腺，外观棕褐色。叶背中脉上离基点 1/3 处有一个蜜腺，能分泌蜜汁并引诱昆虫。

2. 叶的分化和生长

（1）叶原基分化 棉叶从分化至展平经历 4 个分化时期：叶原基突起期、叶原基分化期（称分化叶）、叶原基发育期（称形成叶）和展平叶。

（2）叶的生长 子叶在展平后第 3～6 天为叶面积扩展期，功能期持续 30 天以上。在适宜条件下可存活 50 天以上。先出叶的生长与腋芽的发育有关，存活时间仅 10～30 天。

在常规密度条件下，棉花一生有主茎叶 20～25 片。其出叶速度与温度呈正相关。子叶期至 1 叶期经 10～18 天，2～3 叶期间隔 5～7 天，4～7 叶期出叶间隔 3～5 天，8 叶期后间隔 3 天左右，盛花期后出叶速度减慢。

主茎叶在展平后的几天内生长速度极快，15 天时单叶面积达最终面积的 80%，30 天时基本停止。主茎下部叶一般较小，中部叶较大，顶部叶又变小。在单株叶面积组成中，苗蕾期以主茎叶为主体，现蕾至初花期增长最快，盛花期主茎叶的叶面积达高峰。果枝叶在初花期的叶面积已超过主茎叶，占单株总面积的 52%～56%，始絮期果枝叶的叶面积达高峰。

棉花真叶的一生有 3 个阶段：幼叶（展平至 14 天）；成长叶（14～42 天），光合强度最高；老叶（42～56 天），光合强度逐渐下降，56 天以后衰老。正常条件下棉叶的"寿命"为 75 天左右。主茎叶从叶原基突起至脱落为 100 天左右。

3. 棉叶养分的分配和运输　　不同生育时期棉株主茎叶光合产物的运输方向不同。苗期主茎上部叶片的光合产物供应生长叶及主茎生长点，下部叶片的光合产物以供应根系为主。蕾期主茎上部叶的光合产物分配到生长点和花蕾，下部叶片的光合产物仍供应根系生长。初花期主茎叶的光合产物分配到生长较快的幼铃。盛花期下部主茎叶光合产物主要运向本节位果枝和下方果枝的幼铃，上部主茎叶主要运向本节位果枝及上部营养器官。结铃期棉叶的光合产物大量运往棉铃。

果枝叶光合产物的运输和分配局限性极大，基本上局限于本果枝内运送。现蕾后光合产物分配在果枝尖端和幼蕾。盛花期主要分配在本果枝的蕾、铃和幼叶。

（五）蕾的发育与开花

1. 花芽分化及其与生态条件的关系

（1）花芽分化　　棉花花芽的分化发育与一般双子叶植物的分化发育过程相同，即由外向内顺序分化。首先分化苞叶，然后依次为萼片、花瓣、雄蕊、雌蕊等。当棉株第 1 果枝第 1 果节出现长 3 mm 的三角形蕾时即为现蕾。一般陆地棉品种多在第 5～7 片真叶的叶腋出现第 1 果枝。

（2）蕾的发育与生态条件的关系　　棉花现蕾后，花芽雄蕊原基生长，花丝伸长，花药分隔，雌蕊中胚珠突起，药隔和胚珠逐步形成，外形增大，胚珠在临近开花前，发育成熟为倒梨形，直径不足 1 mm。雄蕊在现蕾前 7～10 天形成花粉母细胞，经减数分裂成四分体，分离后的单细胞形成花粉粒，约经 25 天发育成熟。在正常情况下，幼蕾长宽平均日增长量以现蕾后 10～17 天最大，每天长宽各增加 3 mm 左右。

温度与现蕾早晚有密切关系。现蕾最低温度要求为 19℃，高于 30℃会抑制腋芽的发育，因此温度过低或过高均会推迟现蕾。一般陆地棉品种，每天对光照时间的要求不很严格，只要温度适宜都可现蕾。土壤水分以最大持水量的 60%～70%为宜，过低或过高都会延迟现蕾。氮、磷、钾比例适宜有利于现蕾，以氮磷比、氮钾比小为好，如果栽培管理不当会推迟现蕾。

2. 花的构造及开花

（1）花的构造　　棉花的花为单花，由苞片、花萼、花冠、雄蕊、雌蕊组成（图 8-4），除花粉外，其他部分都有多酚色素腺。苞片通

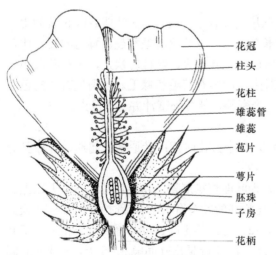

花冠
柱头
花柱
雄蕊管
雄蕊
苞片
萼片
胚珠
子房
花柄

图 8-4　棉花器官的纵切面（中国农业科学院棉花研究所，1983）

常为 3 片，近似三角形。苞片外侧基部有一圆形蜜腺（苞外蜜腺），苞片提供棉铃的同化产物不超过 5%。花萼 5 片，棉铃成熟时枯萎。花萼外侧基部有萼外蜜腺，花萼内侧有一圈萼内蜜腺。花冠由 5 片似倒三角形的花瓣组成。陆地棉花瓣为乳白色，花瓣基部有或无红斑。一般每朵花有 60～90 个雄蕊，花丝基部联合形成雄蕊管，与花冠基部连接。花粉形成初期，花药为 4 室，成熟后药隔解体合为 1 室，每一花药有几十至百余粒花粉。花粉呈球状，有刺突，带有黏性，花粉浅黄或白色，含大量淀粉，遇水易胀破，雌蕊由柱头、花柱、子房组成。子房有 3～5 个心皮（室），每一心皮有 7～11 粒胚珠，受精后发育成棉籽。柱头不分泌黏液，呈干性，柱头纵棱上有柱头毛，便于黏附花粉粒。

（2）开花　　棉株现蕾后，经 22～28 天即可开花。开花前一天下午花冠急剧伸长，伸出苞片外，次日上午 8～10 时开放，下午由乳白色渐变成微红色，第二天变成红色凋萎状，第三天花冠脱落。花瓣开花前含有大量花青素的先成物，开花当日在日光照射与葡萄糖的参与下，逐渐形成和积累大量花青素。花青素颜色随着花瓣细胞液 pH 变小而变红。乳白色花瓣细胞液 pH 为 5.3～5.4，开花后 pH 为 5.1～4.95。

3. 现蕾、开花规律　　现蕾、开花顺序比较稳定，以第 1 果枝第 1 果节为中心呈螺旋形由内向外、由下向上依次现蕾开花。相邻果枝相同节位的蕾或花，称同位蕾或同位花，其现蕾或开花间隔 2～4 天。同一果枝相邻果节位的蕾或花，称邻位蕾或邻位花，其现蕾或开花间隔 5～7 天。长江中下游棉区，一般在 8 月中旬以前的蕾，经 22～28 天的蕾期，至 9 月 10～15 日以前开花，且能在霜前成熟吐絮，通常将 8 月中旬定为有效蕾终止期，9 月 10～15 日定为有效花终止期。

4. 授粉、受精过程　　棉花为常异花授粉作物，在自然条件下异花授粉率可达 2%～16%。花粉生活力可维持 1 天，以开花当天上午最强。柱头的授粉能力可维持 2 天。最适宜的授粉时间是上午 9～11 时。花粉粒落在柱头上，吸取柱头毛的水分，一般在 1 h 内萌发花粉管，花粉管穿入柱头、花柱的细胞间隙，经子房壁穿过珠孔而进入胚囊内，花粉管顶端开口释放出两个雄核，一个与卵结合成受精卵发育成胚，另一个与两个极核融合成胚乳原核，称为受精过程。柱头上花粉粒多时，花粉管到达子房只要 8 h，20～30 h 完成受精过程。受精胚珠发育成棉籽，未受精胚珠称不孕子。

温度低于 20℃或高于 38℃，则因生活力降低造成败育而影响受精。强光有利于提高花粉生活力。开花时下雨，花粉粒吸水胀破，丧失受精能力，导致蕾铃脱落。

（六）棉铃的发育

1. 棉铃的形态　　棉铃由受精后的子房发育而成，称为蒴果。棉铃外部可分为铃尖、铃肩和铃基部。陆地棉多数品种为卵圆形，海岛棉较瘦长。陆地棉铃面平滑，油腺不明显，海岛棉油腺明显呈凹陷状。棉铃铃壳表面含有叶绿素，能进行光合作用，对铃重形成具有一定的贡献，成熟时变为红褐色。棉铃室数因棉种和栽培条件不同而有差异，陆地棉为 4～5 室，海岛棉多数为 3 室。棉铃成熟时铃壳由肉质状转变成革质状。每一心皮中肋处开裂，其后背缝开裂，铃壳薄的棉铃吐絮畅。铃壳由外果皮、中果皮及内果皮组成。

2. 棉铃的发育　　棉铃发育可分为体积增大、棉铃充实及脱水成熟 3 个时期，各期虽有先后顺序，但并不能截然分开，前后两个发育时期均有一段重叠期。

（1）体积增大期　　开花后经 24～30 天生长（占铃期 40%左右），棉铃即可达到最大体积，且以开花后 20 天增大最快。在开花后 8～10 天，棉铃直径为 2 cm 以上称为成铃，不足 2 cm 的为幼铃。当成铃长出苞片，铃形基本定型，铃面鲜绿色常称为青铃。此期铃壳绿嫩，富含蛋白质及可溶性糖，易遭虫害。

（2）棉铃充实期　棉铃充实期是子棉干重增长的最快时期，经历 25～30 天。一般陆地棉中铃品种，正常棉铃的铃壳重占 22%～25%，棉籽重占 45%～50%，纤维重占 27%～31%。此期棉铃手感变硬称为硬铃，铃面由嫩绿转成黄褐色。棉铃内纤维增加，纤维壁上积累大量纤维素。水分相对较多，易感染病菌，引起烂铃。

（3）脱水成熟期　棉铃生长 50～60 天后，内部乙烯释放达高峰，促使棉铃脱水开裂。在正常情况下棉铃开裂到吐絮脱水成熟，需 5～7 天。以各室裂缝见絮为裂铃标准，充分吐露棉絮为吐絮。棉铃在发育过程中，含水量也逐渐减少。通常体积增大期含水量高达80%，充实末期下降到 65%～70%，棉铃充分吐絮时仅 15% 左右，如氮肥过多，铃壳厚，脱水慢，遇雨易成僵瓣或霉变。

3. 成铃的时空分布　棉花从花芽分化，经现蕾、开花至成铃，经历的时间较长，受自然和人为的因素影响较大，导致成铃率只有 20%～30%。棉铃横向分布具有明显离茎递减趋势，纵向分布一般中部成铃多，其次是下部和上部。

按成铃的时间棉铃可分伏前桃、伏桃和秋桃，即"三桃"。伏前桃为 7 月 15 日前结的成铃（长江下游为 7 月 20 日前），对提高产量和纤维品质有积极作用，且能协调营养生长与生殖生长的关系，防止疯长，又是早发的重要标志。伏桃为 7 月 16 日至 8 月 15 日（长江下游 7 月 21 日至 8 月 20 日）期间的成铃，在"三桃"中比例最大，是构成产量的主体。由于其外界温光条件适宜，体内有机养分多，故表现棉铃重，纤维品质好。秋桃为 8 月 16 日（长江下游 8 月 21 日）至有效花终止期（长江下游 9 月 15 日或 10 日）所结的成铃。因为早秋气温较高，昼夜温差较大，棉株上部光照条件好，所以只要肥水充足，早秋桃的成铃率较高，铃重较大，纤维品质尚好。但是，9 月底以后气温渐低，棉株长势衰退，故 9 月上、中旬所结的晚秋桃，铃重减轻、成熟不够，纤维品质变差。因此，实现棉花高产、优质，必须多结构成产量主体的伏桃和早秋桃。

4. 铃期和铃重　从开花到吐絮所需天数称铃期。铃期的长短受品种和生态条件影响较大，一般陆地棉中熟品种的铃期，伏前桃和伏桃 50～60 天，秋桃 60～70 天以上。近主茎内围铃的铃期较短，远离的较长。不同长势的棉田铃期有一定差异。

铃重常以单铃或百铃籽棉重的克数表示。铃重是产量结构的重要因素，陆地棉的单铃重一般为 4～6 g，大铃品种为 8～9 g，小铃品种仅 3～4 g。铃重与结铃部位、时间有关。一般内围铃的铃重较重，外围铃的铃重较轻，纵向以中部铃重高于上、下部的铃重。铃重还与棉花早发和晚发、土壤肥力高低、病虫为害、品种纯杂等有密切关系。

（七）种子的发育

1. 种子的形态　棉籽外形一般呈锥圆形，钝圆端称合点端，锐尖端称子柄端，子柄端有一棘状突起称子柄，旁有小孔称珠孔或发芽孔（图 8-5）。成熟棉籽的种皮为黑褐色，表面有 7 条脉纹，其中一条较粗，称为子脊。棉籽表面附有短绒的称为毛子，无短绒的棉籽称为光子，一端或两端有短绒的称为端毛子。短绒多为白色或灰白色。棉籽长 8～12 mm，宽 5～7 mm。成熟棉籽百粒重称子指，陆地棉的子指为 9～12 g，海岛棉的子指为 11～12 g。棉株中部和内围铃的棉籽成熟较好，其他部位生长较差。

2．种子的结构

（1）种皮　外种皮由表皮层、外色素层和无色细胞层组成。表皮层有部分细胞发育成纤维，其他细胞呈莲座状排列。内种皮分栅栏细胞层、内色素层和乳白色层。栅栏层是一层长柱形的厚壁细胞，厚度占种皮的 1/2。合点端和发芽孔的种皮处不具有栅栏层和无色细胞层。合点端内有帽状海绵细胞称合点帽。合点端是棉籽吸水和通气的主要通道，胚根由发芽孔伸出。

（2）种胚　由子叶、胚芽、胚轴和胚根组成。子叶充满种子内部。生活力强的新鲜棉籽，子叶乳白色，油腺红紫色。陈种子的子叶灰黄色，油腺黑褐色，发芽率低，不宜作种用。

3．种子发育与环境条件的关系

（1）胚的发育　受精后的第 2 天，形成两个大小不等的细胞，小的叫顶端细胞，发育成胚本体，大的叫基细胞，分裂形成胚柄。受精后 4 天，

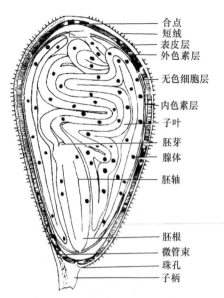

图 8-5　成熟种子纵切面
（中国农业科学院棉花研究所，1983）

胚变成球形。受精后 6～10 天呈心脏形。心脏形胚的二叉将发育为子叶，二叉中间的圆形突起为胚芽，下部形成下胚轴和胚根。受精后 12～15 天种胚内的器官已形成。20 天左右的胚呈鱼雷形，已具有 80% 的发芽率，然后其体积和质量迅速增加，受精后 45 天达最大值。受精后的胚乳原核在早期发育很快，逐渐形成胚乳细胞，充满胚囊。经 20 天后，胚乳细胞被迅速发育的胚和子叶吸收利用，到种子成熟时种皮内只残留一层乳白色细胞（胚乳遗迹），形成无胚乳种子。

（2）棉籽的成熟度与不孕子　在适宜的环境条件下，每室可形成 9～11 粒棉籽。成熟种子种皮呈黑褐色，种仁饱满，种子发芽率、出苗率高。半成熟种子种皮为红棕色，种仁半饱满，种皮透性高，易受病菌侵染造成烂子。未成熟种子的种皮为黄白色，种仁空瘪，种子素质很差。因养分缺乏而发育不充分的棉籽称瘪子。未受精的棉籽称不孕子，一般在棉瓣基部，离柱头较远，花粉管不易到达，受精机会少所致。在棉铃室数多、气温过高或过低、光照不足、肥料缺乏等情况下瘪子数会增多。一般棉株中部棉铃的瘪子率较低，不同棉种也有差异。

（3）棉籽的成分　成熟棉籽所含成分约为：碳水化合物 23%，油脂 22%，蛋白质 20%，粗纤维 20%，水分 10%，灰分 5%。棉仁约占棉籽重的 60%，含油脂 35%～46%，蛋白质 30%～35%，还含有一定量的棉酚和灰分等物质。棉仁油中含亚油酸 44.1%～52.2%。棉仁蛋白质中谷氨酸、精氨酸和天门冬氨酸的含量特别高。棉籽所含的棉酚全集中于棉仁油腺内，棉酚对人类和单胃动物有毒性。低酚品种要求棉酚含量低于 0.02%～0.04%。

4．棉籽的寿命和贮藏　在自然干燥状态下贮放的棉籽，其寿命可保持 3～4 年，但只有 1～2 年具有种用价值。

影响棉籽寿命的因素，主要是种子含水量和贮藏温度。一般在贮藏期间要求棉籽含水量不超过 12%。如含水量过高，会加速种胚内物质的分解，促进呼吸作用，所释放的热量又促进各种酶的活性，增加大量的 CO_2。在氧气不足的情况下，酮类和醛类物质的积累，对种子产生毒害，丧失其生活力。贮藏温度过高，会加速以上过程。贮藏在 0℃条件下，种子含水率

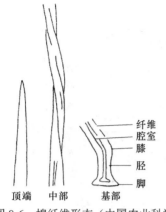

图 8-6　棉纤维形态（中国农业科学院棉花研究所，1983）

14%时，棉籽生活力最多可保持 15 年；种子含水率 11%时，可贮藏 37 年。贮藏温度在 32℃时，含水率 14%，种子仅 4 个月就失去生活力。

（八）棉纤维

1. 棉纤维的形态与结构　　棉纤维是由胚珠外珠被的表皮细胞延伸而成。长纤维和短纤维都是一个单细胞。

（1）棉纤维的形态　　成熟纤维的外形呈扁平管状，有不规则的扭曲。棉纤维由基部、中部和顶端三部分组成（图 8-6）。基部是表皮细胞的一部分，其胫稍向内凹，细胞壁较薄，易被轧断。中部为纤维主体部分，细胞壁较厚，内有中腔，外有许多扭曲，直径较宽。顶端占单纤维长度的 1/3，顶端纤维内无中腔，外无扭曲。

同一粒棉籽上，合点端的纤维较长，子柄端的纤维较短，两者之差称同子差。同一棉铃，瓤中部棉籽上的纤维较长，与瓤基、瓤尖棉籽的差称异子差。同一棉株下部铃的纤维较短，中部铃的纤维较长，上部铃的纤维介于二者之间。陆地棉的纤维长度为 21～33 mm；海岛棉的纤维长度为 33～39 mm。陆地棉纤维的直径为 18～20 μm，海岛棉的直径为 15 μm。表示棉纤维量的方法有衣指和衣分两种。衣指为 100 粒子棉上的纤维重量（g）。陆地棉的衣指为 5～8 g。衣分是纤维（皮棉）重量占子棉重量的百分数（%）。陆地棉的衣分为 35%～42%。

（2）棉纤维的结构　　成熟纤维的横切面可分为角质层、初生壁、缠绕层、次生壁和腔室（图 8-7）。角质层由蜡质、脂肪、树脂和果胶等构成。初生壁是纤维细胞的原始胞壁，主要由纤维素组成，也有少量半纤维素和果胶。缠绕层是介于初生壁和次生壁间的过渡层。次生壁由纤维素构成，呈轮纹状层次，称为纤维日轮，层数与生长日数相同，一般有 20～30 层，每层有 100 根左右的小纤维，沿着纵轴呈螺旋排列。腔室（中腔）大小体现纤维的成熟度。成熟纤维，次生壁厚，腔室窄小。棕色棉是腔室含有原花色素的缘故。

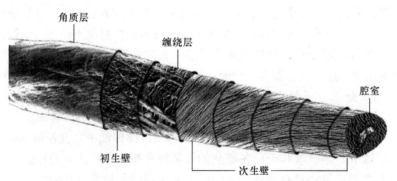

图 8-7　棉纤维结构（Phillip et al.，2006）

成熟棉纤维的细胞壁较厚，中腔小，转曲次数多，横切面呈椭圆形。未成熟纤维胞壁较薄，中腔大，无转曲，横切面成"U"字形。半成熟纤维介于两者之间。

2. 棉纤维的生长发育　　棉纤维发育过程与棉铃发育过程相对应，分为起始期、伸长期、胞壁沉积加厚期和脱水成熟期 4 个相互重叠的时期。每个时期都有其特点，但它们之间没有截然区分的界限。

（1）纤维起始期　　纤维起始包括纤维原始细胞的分化和突起。原始细胞分化是指棉籽胚珠外珠被表皮细胞经过分化而形成纤维原始细胞的过程。纤维原始细胞分化在开花前已完成，分化完成后的纤维原始细胞处于静止状态，直至开花后才开始发育。纤维细胞突起，是指已分化的纤维原始细胞扩展为球状或半球状突起。纤维细胞突起的时间一般在开花当天。纤维细胞的分化不需授粉受精的诱导。陆地棉第一次突起发生在开花后 0～3 天，这个时期突起的纤维原始细胞最终发育成长纤维，每粒种子可生长 13 000～18 000 根长纤维；开花后 6～8 天开始形成第二个突起期，这个时期突起的纤维原始细胞最终发育成短绒。

（2）纤维伸长期　　纤维伸长期是指突起后的纤维细胞快速伸长的时期，因细胞初生壁得到合成，又称为初生壁合成期。其动力来源于中央大液泡所产生的膨压，纤维伸长包括非极性伸长和极性伸长，取决于细胞壁结构与大液泡的相互作用。纤维细胞在开花当天开始伸长。在伸长期，前期（开花后 10 天内）伸长速率慢，开花后 10～20 天伸长最快，20～30 天后达最大长度。在开花 5～10 天后，纤维素开始在细胞初生壁内向中心层层淀积，使胞壁逐渐加厚。不同棉种伸长期的长短有差别，海岛棉伸长期到开花后 32～35 天结束，陆地棉在开花后 25 天就已经结束伸长。纤维长度不足 16 mm 的称为短纤维，3 mm 左右的称短绒。在伸长期，纤维素沉积质量占总干重的 30%。此期，对水分尤为敏感，田间持水量低于 55%，土壤含盐量为 0.4% 等都会使纤维伸长受阻而变短。

（3）胞壁沉积加厚期　　初生壁合成与次生壁合成之间的过渡期，通常被认为是控制棉纤维发育的独立阶段。纤维伸长快结束到次生壁合成开始，开花后的 16～25 天，历时 5～10 天。这个时期形成类似于木纤维细胞 S_1 层的"缠绕层"，缠绕层将初生壁与次生壁融合在一起。

次生壁沉积增厚通常始于纤维伸长基本结束，即开花后 20～25 天。纤维素合成快速增加时期是在开花后 28 天左右，次生壁增厚持续到花后 40～50 天，历时 25～35 天，次生壁合成期纤维素大量沉积。在开花后 20～40 天时，胞壁加厚和增重均达最快，沉积量占总积量的 70%。

在胞壁加厚过程中，每日以结晶态纤维素向内淀积一层。纤维素在气温较高时淀积较致密（白昼），气温较低时淀积较疏松（黑夜），因此在横断面上能明显区分疏密相间，即日轮。陆地棉有 25～30 轮，短绒仅 8～10 轮。

（4）纤维脱水成熟期　　从裂铃到充分吐絮，历时 5 天左右。棉铃开裂，纤维失水干燥，棉纤维缩成扁管状。同时，小纤维束呈螺旋状排列，受内应力的影响，使纤维形成转曲。陆地棉的转曲数每厘米有 50～80 转。在此期遇雨，不利形成转曲，易造成僵瓣，使纤维霉烂变质。

3. 棉纤维的化学成分及其理化性能

（1）棉纤维的化学成分　　成熟纤维的纤维素含量占干重的 93%～95%，其他还有蜡质、脂肪、果胶质、含氮物等。

（2）棉纤维的理化特性　　在一定条件下，纤维受到光、热、水、酸、碱等作用，使强度降低。一般成熟纤维吸湿性较低，浸水后截面增加 45%～50%，长度增加 1%～2%。在日光作用下，生成氧化纤维素，使纤维变脆。日光曝晒 940 h 纤维强度下降 50%。棉纤维的燃点在 400℃ 以上，能忍受短时间的 160～180℃ 高温。在酸的作用下会降低纤维强度。棉纤维在常温浓碱中浸渍会使纤维膨胀，富有弹性，表面产生丝光。

三、棉花蕾铃脱落与控制

棉花生产中常出现大量蕾铃脱落，对产量影响极大。因此，采取有效措施减少蕾铃脱落是增加总铃数的关键措施。

（一）蕾铃脱落的生物学规律

棉花蕾铃脱落有其自身的规律，具体表现为下述几方面。

1. 落蕾与落铃的比率 一般条件下，落铃率要高于落蕾率，其比例约为 6∶4。但若棉花生育前期养分供应不足，病虫防治不力，则落蕾数大于落铃数。

2. 蕾铃脱落的日龄 蕾的脱落，以现蕾后 10～20 天内脱落多，10 天以内幼蕾和 20 天以上大蕾脱落少。铃的脱落，以开花后 3～8 天内的幼铃脱落多，8～10 天以上的铃脱落少。

3. 蕾铃脱落的部位 一般下部果枝上的蕾铃脱落少，上部的脱落多；靠近主茎节位上的脱落少，远离主茎的脱落多。缺肥早衰的棉株，上中部及外围蕾铃脱落较多；徒长棉株中下部的脱落较多。

4. 蕾铃脱落的时间 一般棉株开花前脱落少，开花后逐渐增加，进入盛花期后伴随开花高峰期的出现而达到高峰，以后又逐渐减少。

5. 种和品种间蕾铃脱落的差异 在棉种间，陆地棉的蕾铃脱落率最高，其次为中棉，海岛棉最低。海岛棉的落蕾数高于落铃数。同一栽培种内不同品种或同一品种在不同地区生态条件下，蕾铃脱落也有差别，一般长江流域棉区的脱落率高于黄河流域。

（二）蕾铃脱落的原因

造成蕾铃脱落的原因可概括为生理性脱落、病虫为害与机械损伤三类。在不同环境与栽培技术措施下，三者间造成的脱落数量及其比例常有变化。一般趋势为：生理性脱落是主要的，其次为病虫害，机械损伤引起的脱落最少。棉花蕾铃脱落是一定生理活动的结果。在蕾铃脱落前，先在蕾柄或铃柄的基部形成一离层。在蕾铃脱落部分的离区，可分为分离层及保护层。分离层是蕾铃直接脱落的地方，而保护层则是棉铃脱落后在暴露面所形成的一层保护组织。

1. 生理性脱落 在棉花生长发育过程中，由于光照、温度、水分和养分供应等环境条件不适，常造成有机养分供应不足或分配不当；蕾铃植物激素的形成与平衡失调，胚珠发育不良或未受精等，从而引起蕾铃脱落。

光照不足，光合产物数量减少，有机养分自叶片向外转运的速度减慢，影响蕾铃养分供应。同时，弱光延迟了花粉母细胞的发育，降低了花粉发芽能力，妨碍授粉与受精，并使幼铃乙烯释放量增加，引起蕾铃脱落。

蕾铃的生长发育需要一定的温度。过高的温度会提高呼吸强度，降低光合强度，引起棉株体内有机养分亏缺。同时，高温还会提高棉叶蒸腾强度，造成棉株体内水分供不应求，使蕾铃得不到足够的水分供应。另外，过高的温度，还会降低花粉生活力，影响正常受精，从而增加铃的脱落。

水分状况对蕾铃脱落有明显的影响。在多雨高温季节，肥料分解快，肥效发挥快，棉株易徒长，造成蕾铃养分亏缺。此外，土壤含水量过多导致通气不良、氧不足，造成根呼吸与吸收受阻，棉株内脱落酸含量增加。缺水会使棉株体内代谢过程受抑制，不仅影响棉株的养分吸收与利用，还影响有机物合成、运输与分配，导致脱落酸含量增加，引起蕾铃脱落。

养分状况，特别是棉株体内碳、氮的营养状况，对蕾铃脱落亦有很大影响。养分不足，棉株株体瘦小；养分过多，特别是氮偏多，造成棉株徒长；两者均使蕾铃得不到足够的养分供应。从养分运输分配状况来看，花铃期主茎叶与果枝叶同化产物就近、优先运往同节果枝与同节蕾铃，其分配特性是大铃＞小铃＞蕾＞花，常造成果枝外围与幼小蕾铃脱落较多。

植物激素对蕾铃脱落的影响是通过调动光合产物运输与分配，影响能量代谢、高能磷化物形成，以及影响离层形成等生理生化途径来控制的。促进类激素能调动养料进入幼铃，维持幼铃正常生理活动，并延缓衰老过程。其含量增加，能促进蕾铃发育，阻止脱落。而抑制类激素则相反。

受精、激素与养分三者相互影响相互制约。养分是保障蕾铃发育与内源激素形成的物质基础。激素则起着调配养分、保障生理过程正常进行的作用。受精使生长激素含量增加，合成能力增强；而未受精则使抑制类激素含量增多，分解能力加强，呼吸加快，磷酸化作用受阻，尤其是高能磷化物的形成受到抑制，发生呼吸作用与磷酸化作用解偶联，导致幼铃生长停滞，最终脱落。

2. 病虫为害造成的蕾铃脱落　　病虫为害造成的蕾铃脱落有两种：一是直接蛀食和为害蕾铃，使其脱落；二是通过蛀食和为害光合器官及输导组织，使养分制造受损和运输受阻，造成蕾铃养分供应不足而脱落。

3. 机械损伤引起的蕾铃脱落　　机械损伤是指对棉花进行田间管理时，人、畜、生产工具及大风、冰雹等自然灾害造成枝、叶和蕾铃损伤而脱落。

（三）减少蕾铃脱落的途径与措施

要减少蕾铃脱落，必须根据棉花生长发育规律与外界环境条件变化，采取合理的综合栽培技术措施，使光、温、水、肥处于最适状况，协调棉株营养生长与生殖生长、个体与群体的关系，正确解决养分制造、分配与供应；促进光合作用，增加有机养分积累，促使有机养分向蕾铃运输；促使受精作用正常；保持棉株体内激素平衡。在具体措施上，应选用适宜的品种，保持合理的种植密度，正确使用生长调节剂，进行整枝摘心，合理施肥，加强病虫防治和及时灌溉排涝等。

四、棉花产量与纤维品质形成

（一）棉花产量结构

1. 棉花产量构成因素　　生产上通常将单位面积总铃数、铃重、衣分作为构成产量的因素。皮棉产量是三者的乘积。当三个因素都大时，产量最高。三因素中，除衣分主要受遗传特性支配而变化较小外，总铃数、铃重都容易受环境的影响，变化较大。所以，必须了解三因素的性质、特点及与环境和栽培措施的关系，才能正确指导生产。

（1）单位面积总铃数　　单位面积总铃数是构成产量最重要的因素，与皮棉产量密切相关。它是单位面积的株数和单株结铃数的乘积。一般而言，密度与单株结铃数呈负相关，而单位面积上的结铃数与密度则呈二次曲线相关。在低密度的情况下，随密度增加，单位面积的结铃数增加，增加到一定临界值以后，增加密度反而使单位面积上的铃数减少。

（2）铃重　　铃重受棉铃发育时期的温度及植株部位影响较大，尤其温度影响突出。温度愈低，铃重愈小，而铃壳重则随温度下降而增大。植株部位的影响是同化产物供应状况和温度双重作用的结果。一般规律是中部＞下部＞上部；同一果枝上则第一果节＞第二果节＞第三果节。因此，提高铃重的首要条件是使大部分棉铃的发育处于最适宜的温度条件下，至少在开花后 50 天内日均温不低于 20℃；其次是提高内围铃的比率。除正确运筹肥水外，也须注意使果节和果枝数协调。

（3）衣分　　衣分性状比较稳定，但温度对衣分也有一定影响。尤其是秋桃，热量充足时，不仅铃重高，而且纤维发育充实，衣分也高。热量不足时视下限温度的高低影响有别。如下限温度不影响种子充实而影响纤维发育，则铃重受影响小而衣分低，如下限温度影响种子和纤维发育，则铃重和衣分都会下降。因此，为了使品种有高衣分，除遗传特性外还须使棉铃发育有良好的温度环境。

2. 棉花产量形成　　产量形成是个体发育有机联系的系列过程。外界环境条件和栽培措施首先影响到生长发育，再作用于产量构成因素，最终影响产量。因此，要获得高产，关键在于有一个使个体和群体生长发育相协调的生育进程。为此，必须做好下列三方面的工作。

（1）把产量形成时期置于最佳时空环境　　这是在特定环境下获得高产、优质、低成本的基本前提。长江上游棉区7月上旬至8月中旬是最佳结铃期，长江中游棉区宜将花铃期调整到7月中旬至8月下旬，长江下游棉区以7月下旬至8月下旬较为适宜。

（2）个体和群体必须协调　　个体生产力是群体生产力的基础，但不是线性关系。个体和群体的矛盾是支配棉田光生物学状况的关键因素，它包括叶面积大小、空间分布和动态变化。干物质生产速度与叶面积关系是一条抛物线曲线，在叶面积指数3以内，干物质增长随其叶面积指数增大而上升，达到4时则增长减慢，超过4时转而下降。因此，丰产棉田的最大叶面积指数以4为宜。叶面积并不是一个平面概念，其空间分布状况关系到整个棉田冠层内光的分配合理与否。丰产的要求是，既要在最大叶面积指数时有高的光截获，又要保证最下部叶片有高于光补偿点的光强。因此，封行期必须推迟到初花后结出1～2个大铃时。

（3）营养生长必须与生殖生长相协调　　这是生产力的一个调控机制。丰产栽培必须在壮苗早发基础上实现蕾期稳长，花铃期早熟而不早衰。

（二）棉花纤维品质

1. 棉纤维品质性状　　棉纤维的品质指标包括纤维长度、纤维长度整齐度、纤维强力与比强度、纤维细度、纤维伸长率、纤维成熟度和皮棉分级等。其中纤维长度、纤维长度整齐度、纤维强力与比强度、纤维成熟度等影响成纱品质。

（1）长度　　纤维长度是指纤维伸直时两端的距离，以 mm 表示。纤维愈长，纺纱支数愈高。长度指标有多种表示方法，一般分为主体长度、平均长度、跨距长度、上半部平均长度等。

主体长度又称众数长度，指所取棉花样品纤维长度分布中，纤维根数最多或质量最大的一组纤维的平均长度。平均长度，指棉束从长到短各组纤维长度的质量（或根数）的加权平均长度。跨距长度指用纤维照影仪测定时一定范围的纤维长度，测试样品中最长的 2.5% 纤维长度为 2.5% 跨距长度，测试样品中 50% 纤维的长度称为 50% 跨距长度。2.5% 跨距长度接近于主体长度。上半部平均长度指纤维长度分布中，中位数以上纤维的平均长度。

（2）长度整齐度　　纤维长度整齐度是表示纤维长度集中性的指标，表示整齐度的指标有整齐度指数、基数和均匀度。整齐度指数是 50% 的跨距长度与 2.5% 跨距长度的百分比。基数指主体长度组和其相邻两组长度差异 5 mm 内的纤维质量占全部纤维质量的百分数，基数大表示整齐度好。陆地棉要求基数 40% 以上。均匀度指主体长度与基数的乘积，是整齐度的可比性指标。均匀度高（1000 以上）表示整齐度好。

（3）强力与比强度　　强力指纤维的绝对强力，即一根纤维拉断时所承受的力，单位为克力（gf）（1 gf＝9.8 mN）。比强度指纤维的相对强力，即纤维单位面积所能承受的强力，用断裂比强度（比强度）表示，即一束纤维拉断时所承受的力，以 cN/tex 表示。陆地棉单纤维强力为 3.5～5.0 g，断裂比强度为 20～30 cN/tex。

现代棉花育种十分重视提高纤维强度和整齐度。纺织技术改进，加工速度加快，给棉纤维的物理压力大，因此要提高纤维强度。末端气流纺纱技术的应用要求更高的强度和整齐度。

（4）细度　　细度即纤维粗细程度。国际上以马克隆值（Micronaire value，p/g）作为细度指标，用一定质量的试样在特定条件下进行透气性测定。细的、不成熟纤维气流阻力大，马克隆值小；粗的、成熟纤维气流阻力小，马克隆值大。陆地棉马克隆值在 4～5，海岛棉在 3.5～4。

（5）伸长率　　纤维受外力作用至拉断时，拉伸前后的差值与拉伸前长度的比值称断裂伸长率，用百分率表示。

（6）成熟度　　纤维成熟度指纤维细胞壁加厚的程度，胞壁愈厚，成熟度愈高。纤维成熟度用成熟纤维根数占观察纤维总数的百分率表示，称成熟百分率；用胞壁厚度与纤维中腔宽度的比值表示的称成熟系数。成熟系数高，表示成熟度好，反之则差。陆地棉成熟系数一般为 1.5～2.0。过成熟纤维成棒状，转曲少，纺纱价值低。

（7）皮棉分级　　纤维长度国家标准规定以 1 mm 为级距，分为 7 个级，即 25～31 mm。马克隆值国家标准规定分为 A、B、C 三个级，标准级是 B 级。各级的范围是：A 级，3.7～4.2；B 级，3.5～3.6、4.3～4.9；C 级，3.4 及以下，5.0 及以上。

2. 棉纤维发育与纤维品质　　纤维发育通常持续 50 天左右，直接决定棉纤维的品质特性。胚珠外表皮起始的纤维数量是纤维产量的主要因素。纤维细度（单位长度的质量）和马克隆值取决于纤维周长和次生胞壁增厚的程度。纤维长度和长度整齐度为现代纺纱业重视的指标，细胞伸长受中央液泡内形成并保持的高膨压及种子不同区域碳水化合物供应的影响。纤维强度受过渡期形成的"缠绕"层及次生壁纤维素性能（如聚合度和微纤丝角）的影响，尽管细胞壁加厚少，由于缠绕层的小纤维与初生壁的方向不同，纤维强度显著增加。较高的纤维拉伸性能（包括强度和机械伸长率或断裂伸长率）有助于在加工过程中保持纤维长度，并有利于生产坚固的纱线和织物。棉纤维对染料分子和吸收水的潜力取决于次生壁纤维素的含量与结晶度。纤维最终塌陷成典型的菜豆形（横切面），这取决于次生壁纤维素的充分填充而不是过度填充。

3. 影响棉纤维发育的环境因素　　棉纤维品质的差异除受遗传因素影响外，还受气候生态条件的影响。在棉纤维形成过程中，水分、温度和日照条件等对纤维长度、强度、成熟度等都有一定的影响，纤维品质与栽培技术也有密切关系。

土壤水分充足、空气湿度大会促进细胞伸长；天气干旱会使纤维变短。温度对纤维细胞壁的加厚影响也大。纤维素合成与温度之间呈显著的二次抛物线关系。在还原糖聚合成纤维素的过程中，必须有较高的温度，如温度低于 21℃，还原糖虽可积聚于纤维内，但不能转化成结晶态的纤维素。温度低于 15℃，棉纤维伸长和次生胞壁增厚均受影响，一般使小纤维束排列比较紊乱，孔隙较多，吸湿较快，强度低。在 21～30℃ 内，温度愈高加厚愈快。棉株后期铃由于气温低，制约胞壁加厚，影响纤维强度和衣指。在一定范围内，马克隆值与温度呈正相关，27℃ 时最佳；温度增高，单纤维强力亦直线增加，相关系数为 0.6～0.77。纤维超分子结构是影响棉纤维强度的重要内部因素，温度则是影响棉纤维强度的重要外界因素。棉纤维强力和成熟度与气温和日照多少呈正相关。温度对纤维细胞的伸长有一定影响，尤其是棉纤维伸长的后期。

第四节　棉花主要性状的遗传

一、棉花主要质量性状的遗传

1. 植株花青素　　植株花青素表现于叶部组织，也表现于花瓣基部红心。在四倍体栽培中鉴定了三个位点，其中 R_1 和 R_2 是同源基因。R_1 基因控制红色叶片，表现为不完全显性，位于第 7（A07）染色体，野生型 r_1r_1 表现为绿色叶片。R_2 基因控制花瓣基部红心，表现为不完全显性，位于第 16（D07）染色体。第三个为控制红色矮株基因 Rd，表现为不完全显性，导致红色矮生植株。

2. 植株茸毛　　茎叶茸毛类型和密度表现为从密生茸毛到完全光滑的多种变化。现已命名的控制茸毛类型和密度的主效位点有 5 个（t_1 到 t_5）。其中 t_1 和 t_2 为多等位基因位点。陆地棉 t_1 等位基因与其他 3 个或更多位点互作形成正常茸毛，T_1 形成茎叶密生茸毛，位于第 6（A06）染色体。t_2 等位基因为正常茸毛，T_2 等位基因为光茎，但叶有茸毛。T_3 等位基因影响主脉、叶缘、茎茸毛。T_4 和 t_5 分别影响海岛棉叶面茸毛密度和茸毛长度。

3. 叶和苞叶

（1）叶　　棉花叶的裂片深度变异较大，栽培陆地棉的主要类型是阔叶。阔叶等位基因 l_2 对鸡脚叶 L_2^0、亚鸡脚叶 L_2^u 和超鸡脚叶 L_2^s 等位基因为隐性，L_2^0、L_2^u 和 L_2^s 可使叶裂从 5 个减少到 3 或 1 个，L_2^0 位于第 15（D01）染色体。锯齿状叶 L_1^l 与鸡脚叶 L_2^0 为同源基因，位于第 1（A01）染色体。

海岛棉卵形叶突变体由双隐性基因 ov_1 和 ov_2 控制，表现叶片缺少一裂或多裂，或者叶片只有一裂，几乎椭圆形。

（2）苞叶　　苞叶大小、形状和齿状边缘在四倍体棉种及棉属中变异广泛。fg 控制窄卷苞叶，位于第 3（A03）染色体。

凋萎苞叶为两对隐性基因（bw_1bw_2）控制。bw_1 位于第 12（A12）染色体，bw_2 位于第 26（D12）染色体。

（3）开放花蕾　　开放花蕾是指植株现蕾 7～15 天后，柱头就伸出花冠，而雄蕊仍被包裹在花冠内，直到开花才散粉的一种性状。从陆地棉与海岛棉杂交后代中鉴定出的开放花蕾突变体为两对隐性基因（ob_1ob_2）控制，ob_1 位于第 18（D13）染色体，ob_2 位于第 13（A13）染色体。

4. 花性状　　四倍体棉种的黄色花冠或花瓣由 Y_1 和 Y_2 基因控制。Y_1 控制除达尔文氏棉（*G. darwinii*）外的所有异源四倍体种黄色花瓣，达尔文氏棉的黄色花瓣则受 Y_2 基因控制。海岛棉黄色花瓣是通常类型，陆地棉花瓣呈乳白色，基因型为 $y_1y_1y_2y_2$。Y_1 位于第 13（A13）染色体，Y_2 基因位于第 18（D13）染色体。

黄色花粉对乳白色花粉为显性，基因符号为 P_1 和 p_1，位于第 5（A05）染色体，比马棉橘红色花粉对乳白色花为显性，基因符号为 P_2 和 p_2。

5. 纤维及短绒

（1）色泽　　陆地棉纤维和短绒呈白色，而海岛棉纤维为乳白色。陆地棉棕色纤维由不完全显性基因 Lc_1 控制，位于第 7（A07）染色体。海岛棉棕色纤维由 Lc_2 基因控制，位于第 6（A06）染色体。野生种毛棉（*G. tomentosum*）带有纯合 Lc_2 基因。从野生二倍体雷蒙德氏棉转移到陆地棉的灰白色（dirty white）纤维由 Dw 基因控制，与 Lc_1 为同源基因，位于第 25（D06）染色体。暗棕色（dark brown）由紧密连锁的基因 Lc_3 和 Lc_5 控制。淡棕色由 Lc_4 和 Lc_6 控制。

陆地棉绿色纤维和绿色短绒由显性基因 Lg 控制，位于第 21（D11）染色体，但吐絮后迅速褪为棕色。陆地棉野生种系的绿色短绒由 Lg 位点的复等位基因 Lg^f 控制。

（2）无长纤维　　已发现两个影响纤维发育的突变型：一个是形态突变型完全显性李氏无纤维基因 Li_1，突变体表现种子有短绒（fuzz），长度大约 6 mm，但无长纤维，同时导致株型、叶型变异，Li_1 位于第 22（D04）染色体；另一个是完全显性李氏无纤维基因 Li_2，突变体纤维表型与 Li_1 突变型相类似，但植株形态正常，Li_2 位于第 18（D13）染色体。

（3）不成熟纤维　　Kohel（1990）研究认为，陆地棉纤维发育不成熟突变性状受单隐性等位基因 im 控制，纤维没有次生壁的发育，不能成熟，但种子能正常成熟。

（4）光子　　四倍体棉种短绒的数量和分布差异很大。陆地棉显性光子等位基因 N_1 位于第 12（A12）染色体。海岛棉隐性光子等位基因 n_2 位于第 26（D12）染色体，n_2n_2 的表达随其背景基因型而变化，产生完全或部分光子。

（5）肾形种子　　海岛棉"肾形种子"，即棉铃每室（铃瓣）种子联结成肾形，为隐性单基因突变体，基因符号为 k。

6. 雄性不育

（1）细胞核雄性不育　　细胞核雄性不育性受 1 对或 2 对显性或隐性基因控制。在隐性细胞核雄性不育系中，纯合体（$msms$）表现雄性不育，这种不育性能被相对的显性可育基因 Ms 恢复。到目前为止，异源四倍体栽培棉种共鉴定出 17 个细胞核雄性不育系。其中，ms_1、ms_2、ms_3、ms_{11}、ms_{14}、ms_{15}、ms_{16} 是单基因隐性不育；ms_5ms_6、ms_8ms_9 为重叠隐性不育；Ms_4、Ms_7、Ms_{10}、Ms_{11}、Ms_{12}、Ms_{17}、Ms_{18}、Ms_{19} 为单显性基因不育。除 Ms_{11}、Ms_{12}、Ms_{13}、Ms_{18}、Ms_{19} 发现于海岛棉外，其他都发现于陆地棉。

（2）细胞质雄性不育　　美国 Meyer 等在 20 世纪 80 年代培育了哈克尼西棉（D_{2-2}）细胞质雄性不育系。雄性不育性可以被陆地棉类型品种保持，也可以被哈克尼西棉细胞质雄性不育恢复系所恢复。遗传研究证明，不育性的恢复受 2 个独立遗传的恢复基因 Rf_1、Rf_2 所控制，Rf_1 为完全显性，Rf_2 为部分显性，恢复效应 $Rf_1 > Rf_2$。

7. 致死性

二倍体野生种戴维逊氏棉（*G. davidsonii*）与四倍体棉种海岛棉或陆地棉杂交，会导致杂种胚败育或者幼苗死亡。Lee（1981）确认海岛棉和陆地棉有纯合显性致死基因 Le_1 和 Le_2，戴维逊氏棉有致死基因 Le_2^{dav}。Rooney（1990）报道棉花 Le_2^{dav} 致死效应来源于戴维逊氏棉 Le_2^{dav} 与 Le_1 和 Le_2 等位基因互补杂种致死体系。

8. 芽黄及叶绿素缺失

在海岛棉和陆地棉中都发现了一系列涉及色素发育的叶绿素突变型，包括芽黄（v_1-v_{21}）、黄绿苗基因 yg_1yg_2 及海岛棉白化芽黄基因 av_1 和 av_2。这些突变型主要表现在幼苗期。然而，在植株生长期间，突变型表现的强度和持久性有广泛的变异，受环境影响较明显。芽黄 v_1、v_7 及海岛棉的部分同源基因 yg_1yg_2 表现较稳定。v_{21} 为海岛棉芽黄，其余均属于陆地棉芽黄，v_5v_6、$v_{16}v_{17}$ 是重叠基因，其余都是单基因。

在海岛棉和陆地棉杂交后代中，经常出现叶绿素缺失幼苗，叶绿素缺失由隐性重叠基因控制，正常海岛棉基因型为 $Chl_1Chl_1chl_2chl_2$，正常陆地棉基因型为 $chl_1chl_1Chl_2Chl_2$，两者杂交的分离世代产生叶绿素缺失突变型 $chl_1chl_1chl_2chl_2$。

9. 色素腺体

色素腺体为棉族植物特有，也是棉属植物分类的依据之一。迄今为止，已发现的控制陆地棉无腺体性状的隐性基因有 gl_1、gl_2、gl_3、gl_4、gl_5、gl_6 等 6 个。其中，gl_1 使下胚轴、茎秆、叶柄和铃壳不产生腺体。gl_2 和 gl_3 是主要的基因，当两者均为纯合状态时，棉株各个器官均无腺体。gl_4、gl_5 对无腺体性状的表达起修饰作用。gl_6 基因的作用与 gl_1 相似，但强度较弱。在埃及海岛棉 Gl_2 位点发现的显性无腺体突变基因 Gl_2^e 的表型与 gl_2gl_3 纯合表型类似。gl_2 位于第 12（A12）染色体，gl_3 位于第 26（D12）染色体。

10. 蜜腺 大多数棉花具有花蜜腺、花外蜜腺和叶蜜腺。野生种毛棉是棉属唯一没有叶蜜腺和花外蜜腺的棉种。无蜜腺性状由重叠隐性基因 ne_1、ne_2 控制。ne_1 位于第 12（A12）染色体，ne_2 位于第 26（D12）染色体。

11. 半配生殖 半配生殖（semigamy）是一种不正常的生殖类型，即自交后代能产生高频率单倍体的特性。比马棉中发现的半配生殖由一个显性基因 Se 控制。

12. 簇生结铃 Thadani（1923）在陆地棉中发现果枝短、铃簇生性状，称为簇生结铃，由隐性单基因 cl_1 控制，位于第 16（D07）染色体。Kearney（1930）在比马棉中发现一果枝缩减为一个果节的棉株，定名为短果枝，由位于第 7（A07）染色体的隐性单基因 cl_2 控制（Silow，1946）。Hau 等（1980）报道一个新的丛生铃基因 cl_3，位于第 16（D07）染色体。

二、主要目标性状及其遗传

棉花育种目标性状，如产量及其构成因素、纤维品质、种子播种品质和营养品质、早熟性、抗逆性（抗病、抗虫、耐旱、耐盐性等）等均属于数量性状（quantitative trait）。数量性状的表现具有不同于质量性状的特点：数量性状在一个群体内个体间表现为连续性变异，难以在个体间予以明确地分组，同时它易受环境条件影响而发生变异。数量性状的遗传是以微效多基因假说为其理论基础的，即一个数量性状的遗传是由多数基因所控制的。由于各基因对表现型的影响小，因此称为微效基因（minor gene）或微效多基因（poly gene）。

（一）传统数量遗传分析

1. 基因效应 国内外有关皮棉产量和纤维品质性状的遗传研究表明（表 8-3），皮棉产量、产量组分和纤维品质性状具有较高的加性效应。就产量性状而言，衣分显示出最大的加性效应，而单位面积铃数最低。就纤维品质性状而言，长度和比强度具有较高的加性效应。总体而言，除比强度外，每个性状均表现出几乎相同的加性和显性效应，而比强度的加性效应是显性效应的两倍多。也有一些研究结果认为，产量、铃重、单株结铃数、衣指和子指、纤维强度等性状的遗传具有上位性效应。

表 8-3 皮棉产量、纤维品质性状的加性、显性方差比例（%）（Fang and Percy，2015）

性状	加性效应		显性效应		加性/显性	
	平均	变幅	平均	变幅	平均	变幅
皮棉产量	17.8	6~45	23.7	12~44	0.8	0.2~1.7
衣分	36.1	2~81	33.6	6~9	1.1	0~7.4
铃重	26.0	12~45	34.0	23~44	0.8	0.4~1.3
铃数	14.8	0~33	18.3	0~33	0.8	0~3.3
长度	26.6	0~60	33.4	14~55	0.8	0~3.9
比强度	30.7	0~62	14.9	1~32	2.1	0~47.0
马克隆值	19.6	4~63	24.4	2~60	0.8	0.1~7.0

2. 遗传率 国内外大量有关棉花主要经济性状遗传率的研究表明（表 8-4），衣分、子指、枯萎病抗性有较高的遗传率，广义遗传率（h_B^2）为70%左右，狭义遗传率（h_N^2）在50%以上。单株结铃数、产量和马克隆值的遗传率较低，h_B^2 为50%左右，h_N^2 为 30%左右，其他性状如纤维长度、比强度等的遗传率中等。

表 8-4 棉花主要经济性状的遗传率（%）（中国农业科学院棉花研究所，2003）

性状	广义遗传率（h_B^2）		狭义遗传率（h_N^2）	
	变幅	平均	变幅	平均
子棉产量	5.0~92.6	44.2	4.7~89.2	30.0
皮棉产量	17.8~89.5	52.1	4.4~62.7	31.3
单株结铃数	9.2~90.2	48.5	3.5~67.6	28.2
铃重	15.6~94.9	56.5	3.0~73.8	29.5
衣分	24.5~97.2	73.8	8.0~91.3	51.7
子指	5.8~98.5	67.4	13.2~90.9	54.4
衣指	23.9~95.2	64.0	21.9~68.0	40.9
长度	19.3~99.7	61.1	19.0~79.3	44.1
整齐度	14.4~99.9	50.5	8.7~71.0	38.2
比强度	23.5~99.2	60.9	7.4~94.6	40.4
伸长率	18.7~98.7	58.7	12.0~71.7	36.8
细度	19.9~94.5	52.5	2.5~89.0	32.8
生育期	32.8~99.3	69.7	21.4~79.2	59.3
霜前花	37.1~93.2	74.4	79.4	79.4
枯萎病抗性	35.2~93.3	71.1	19.6~91.7	59.7
黄萎病抗性	36.3~90.2	59.7	31.2~52.7	41.9

3. 基因型与环境互作 数量性状的表现除受基因作用外，还受环境条件的影响，即不同基因型或同一基因型的不同性状，对某一特定环境的反应及其所受影响的程度都会有所不同。大量研究表明，棉花产量和纤维品质性状的环境效应与基因型×环境互作效应在总方差中占了绝大部分比例（表 8-5）。

表 8-5 棉花产量、纤维品质性状基因型、环境及其互作方差的相对比例（%）（Fang and Percy，2015）

性状	环境		基因型		基因型×环境		基因型×环境/基因型	
	平均	变幅	平均	变幅	平均	变幅	平均	变幅
皮棉产量	86	72~94	5	1~11	9	5~19	1.8	0.8~9.0
衣分	52	23~82	29	6~57	19	12~34	0.7	0.3~2.0
铃重	45	36~55	25	10~38	30	19~46	1.2	0.7~4.6
子指	39	26~47	38	29~48	24	18~28	0.6	0.5~1.0
长度	56	32~85	27	6~49	17	8~35	0.6	0.3~1.5
比强度	40	14~66	44	15~65	16	8~22	0.4	0.1~1.3
马克隆值	66	56~82	18	6~33	16	9~20	0.9	0.5~2.9

4. 性状间的遗传相关 性状间相关的程度，一般根据两性状间的表型值以线性简单相关系数 r_p 表示。为了更确切地描述两个性状的相关性，可将表现型方差（σ_p^2）分解为遗

传方差（σ_g^2）和环境方差（σ_e^2）两部分，由两个性状的遗传方差（σ_{g1}^2 和 σ_{g2}^2）与基因型间的协方差（Cov_{g12}），估算出的遗传相关系数 $[r_{g12}=\mathrm{Cov}_{g12}/(\sigma_{g1}^2 \cdot \sigma_{g2}^2)]$ 有助于性状间的遗传分析和育种工作。

（1）产量性状间的相关　　周有耀（1988）综合分析了国内有关棉花产量因素的研究（表 8-6），结果显示产量与铃数、铃重、衣分、子指、衣指间，铃数与衣分间，铃重与衣分、子指、衣指间，衣分与衣指间，子指与衣指间均呈正的遗传相关，其中以产量与铃数，铃重与子指、衣指，衣分与衣指，子指与衣指间的相关程度较高；其次是产量与铃重、衣分、衣指，铃数与衣分间的相关。铃数与铃重、子指、衣指间，衣分与子指间则呈程度不同的负相关。

表 8-6　陆地棉产量性状间的遗传相关系数（中国农业科学院棉花研究所，2003）

性状	铃数	铃重	衣分	子指	衣指
产量	0.5352	0.3568	0.3829	0.1698	0.2834
铃数		−0.4085	0.2511	−0.2951	−0.0206
铃重			0.0465	0.5752	0.6666
衣分				−0.4269	0.5528
子指					0.3933

（2）纤维品质性状间的相关　　国内外研究表明，棉花纤维品质性状间存在一定程度的相关性，见表 8-7。除纤维长度与纤维长度整齐度、马克隆值，以及伸长率与马克隆值间呈负相关外，其他性状间多呈不同程度的正相关。

表 8-7　陆地棉纤维品质性状间的遗传相关系数（中国农业科学院棉花研究所，2003）

性状	长度整齐度	强度	伸长率	马克隆值
长度	−0.2344	0.2267	0.5341	−0.3159
长度整齐度		0.0556	0.3404	0.3485
强度			0.6160	0.0579
伸长率				−0.2329

（3）产量与纤维品质性状间的相关　　国内外大量研究表明，棉花产量性状与主要纤维品质性状存在不同程度的遗传负相关。周有耀（1988）综合分析国内的研究，结果显示不仅产量与纤维长度、强度、伸长率存在不同程度的遗传负相关，而且产量组分的铃数与纤维长度、强度、伸长率，铃重与整齐度、强度，衣分与纤维长度、强度、伸长率，衣指与纤维长度、强度、伸长率也都存在遗传负相关。而产量及各产量因素与马克隆值多呈遗传正相关，见表 8-8。

表 8-8　陆地棉产量性状与纤维品质性状间的相关系数（中国农业科学院棉花研究所，2003）

性状	产量	铃数	铃重	衣分	子指	衣指
纤维长度	−0.1374	−0.0349	0.4708	−0.2701	0.3559	−0.1118
整齐度	0.2700	0.1526	−0.1285	0.5261	−0.1782	0.4030
强度	−0.3020	−0.2315	−0.1027	−0.2618	0.2088	−0.2364
伸长率	−0.1052	−0.4108	0.1773	−0.1293	−0.4851	−0.1107
马克隆值	0.1983	0.0716	0.1111	0.3272	0.3330	0.3901

（二）现代数量遗传学分析

近 30 年，分子生物学的进步促进了数量性状遗传分析方法的发展。现代数量遗传学分析是将基于 DNA 的基因型与数量性状表型联系起来的分析方法。

1. 遗传图谱 1994 年，Reinisch 等发表了第一张异源四倍体棉花 RFLP 图谱，构建的遗传连锁图谱包括 683 个位点，41 个连锁群，遗传长度为 4675 cM，标记间的平均遗传距离为 7.1 cM，同时确定了 14 对染色体与连锁群的对应关系。Wang 等（2006）在筛选连锁群特异 SSR 标记和 BAC 克隆的基础上，采用荧光原位杂交（fluorescence *in situ* hybridization，FISH）技术确定了四倍体棉花 26 对染色体与连锁群的对应关系。

2. 重要农艺性状 QTL 定位 现代数量遗传分析不仅可以估计基因型、环境和基因型×环境互作效应，还可以定位数量性状基因座（quantitaive trait locus，QTL）。QTL 定位的基本前提是要有两亲本遗传分离群体，如 F_2、回交或重组近交系群体。一般而言，使用适当的遗传群体完成 QTL 定位有两个要求：①具有覆盖整个基因组的分子标记遗传图谱；②准确估算数量性状表型。当在某位点两亲本群体中携带父母本不同标记等位基因的所有个体的表型值均值之间存在显著差异，则表明存在与数量性状表型相关的染色体区域或 QTL。这种 QTL 定位方法已被用于剖析棉花数量性状的遗传基础。

Jiang 等（1998）首次报道了棉花纤维品质性状 QTL 定位研究。Said 等（2015）总结了近 20 年棉花产量、纤维品质等性状 QTL 定位的研究结果，发现利用陆地棉种内杂交群体，以及陆地棉与海岛棉种间杂交定位的棉花产量、纤维品质、种子品质、抗病性等 QTL 达 2000 多个。现代数量性状遗传分析方法不仅能估计和分解特定 QTL 的遗传效应（加性和显性），将 QTL 定位在特定的染色体区域，还可以估算两个或多个 QTL 之间的上位性及 QTL×E 互作效应。

除使用两亲本遗传群体进行 QTL 分析外，近年利用关联作图方法对棉花自然群体进行分析，也鉴定到大量产量、纤维品质等性状的关联位点。例如，Wang 等（2017）利用包括陆地棉野生种系和栽培品种的 352 材料，鉴定到 19 个与棉花纤维品质性状相关的位点。

三、纤维发育分子生物学

1. 纤维起始 无纤维突变体与野生型胚珠的转录组分析发现，大量转录因子在启始阶段的纤维中差异表达，如 *GhMYB25*、*GhMYB25-like*、*GaMYB2*、*GhMYB109*、*GhHD1*、*GaHOX1*、*GbML1*、*PDF1* 等。这些差异表达基因有的已被证实与纤维起始分化有关，如 *GhMYB25-like* 和 *GhHD1*。

棉花胚珠培养研究显示纤维起始、分化受 IAA 和 GA 等植物激素调节。此外，活性氧（ROS）、microRNA（miRNA）也被认为在纤维起始过程中发挥重要作用。

2. 纤维伸长 与纤维起始有关的基因同样也参与了纤维延伸，如 *GhMYB25*、*GhMYB109*、*PDF1*、*GhGA20ox1*。研究表明，参与细胞骨架形成、细胞壁形成、脂肪酸合成、油菜素内酯信号、钙信号转导相关基因及转录因子基因在纤维伸长中起重要作用，如 *GhACT1*、*GhXTH*、*GhAnn2*、*GhPFN2*、*GhAGP4*、*GhFLA1*、*GhPEL*、*GhCER6*、*GhTCP14*、*GhDET2*、*GhCPK1*、*GhCaM7*、*GhWLIM5*、*GhH2A12*、*GhAPY1*、*GhAPY2* 等。

研究表明，植物激素如 GA、BR、乙烯和茉莉酸及其信号级联也参与了纤维伸长调控。此外，活性氧（ROS）、miRNA 也参与调控纤维伸长。

3．次生壁加厚　　　在活跃的次生壁合成阶段，参与次生壁和纤维素生物合成的转录物大大上调。从次生壁合成阶段棉纤维中鉴定的纤维素合酶 GhCesA1 和 GhCesA2 是植物中最早发现的纤维素合成酶。在次生壁合成阶段，过氧化氢参与纤维素合酶 GhCesA1 的二聚化，蔗糖合酶和类几丁质酶基因与 GhCesA1 共同调控。研究表明一些与纤维伸长相关的基因也影响次生壁合成，如 *GhWLIM1a*、*GhADF1*。

尽管缺乏直接证据，抑制棉花胚珠培养纤维伸长的植物激素，如细胞分裂素和 ABA 可能调节次生壁生物合成。NAA 抑制纤维素的合成，而外施 GA、kinetin、BR 可提高 *GhCesA4* 的转录水平。除植物激素外，由小 GTPases 介导的细胞 ROS 爆发也参与次生壁合成的调控。

四、棉花基因组

（一）棉花基因组测序与组装

棉属有 4 个二倍体种，其中分布于秘鲁的雷蒙德氏棉（*G. raimondii*），也称为 D_5 基因组，拥有最小的核基因组之一，被认为是四倍体种 D 基因组的供体。A 基因组的草棉（*G. herbaceum*，A_1）和亚洲棉（*G. arboretum*，A_2）具有相似的基因组特征，大约在 70 万年前发生了分化。二倍体栽培棉种的栽培历史相对较长，其纤维细胞约 1.5 cm，几乎不适合机械纺织。普遍认为草棉或草棉和亚洲棉的祖先种与雷蒙德氏棉通过跨洋传播重新结合，最终导致异源四倍体 AD 基因组物种的形成（$2n=4x=52$）。其中能产生约 3.0 cm 适用于现代纺织纤维的陆地棉 [*G. hirsutum*，（AD）$_1$] 和海岛棉 [*G. barbadense*，（AD）$_2$]，约在 8000 年前被驯化，并成为主要的栽培种。

1．雷蒙德氏棉基因组　　　雷蒙德氏棉（*G. raimondii*）基因组是第一个被测序和组装的棉属物种，因为它不仅作为 D 基因组供体，还是最小的二倍体种基因组之一（～800 Mb）。迄今为止，已有三个雷蒙德氏棉基因组组装完成。基因组组装结果表明，雷蒙德氏棉在进化过程中（1.15 亿～1.46 亿年前）发生了真双子叶植物常见的大量染色体重排和六倍体化事件，以及 1300 万～2000 万年前的棉属特异性全基因组加倍。D_{5-4} 是最新的雷蒙德氏棉基因组，基因组大小约为 761 Mb，它非常适合各种比较、遗传和基因组分析。

2．亚洲棉和草棉基因组　　　亚洲棉（*G. arboretum*，A_2）栽培品种'石系亚 1 号'（'Shixiya1'）于 2014 年首次测序和组装，并于 2018 年更新。2020 年武汉大学组装的第三个'石系亚 1 号'基因组大小为 1637 Mb，转座因子（TE）占基因组的 80.1%。草棉地理种系阿非利加棉（*G. herbaceum* race *africanum*，A_1）基因组与第三个'石系亚 1 号'基因组的组装同时完成，其基因组大小为 1556 Mb。

3．陆地棉基因组　　　迄今为止，栽培种陆地棉 [*G. hirsutum*，（AD）$_1$] 标准系 TM-1 的基因组已完成 8 次组装，已组装的其他陆地棉品种\品系基因组包括'中棉所 24'（'ZM24'）、'新陆早 7 号'（'XLZ7'）、'农大棉 8 号'（'NDM8'）、'B713'和'Bar32'等。2020 年武汉大学组装的 TM-1 基因组大小为 2290 Mb，其中 99.2%的序列锚定在 26 条染色体上，可作为陆地棉的参考基因组。

4．海岛棉基因组　　　栽培种海岛棉 [*G. barbadense*，（AD）$_2$] 已完成基因组组装的品种/品系包括'新海 21'（'Xinhai21'）、'3-79''Hai7124'和'Pima90'等。2019 年华中农业大学组装的海岛棉'3-79'基因组大小为 2267 Mb，其染色体锚定率达到 97.7%。尽管海岛棉和陆地棉的分歧时间相对较短（40 万～60 万年前），但这两个基因组平均每千碱基有 5.89 个单核苷酸多态性（SNP），还有一个 170.2 Mb 倒位。

（二）棉花基因组比较分析

棉属（*Gossypium*）是研究基因组大小进化的绝佳系统，因为棉属物种之间变异巨大，即使在二倍体基因组内也是如此。所有二倍体棉属物种都有 13 条染色体，基因组大小从 D_5 的约 738 Mb 到 K 基因组的约 2858 Mb。因此，自与共同祖先分化以来（大约 1300 万～1500 万年前），棉属植物的基因组大小增加了三倍以上，这主要是由于长末端重复（LTR）反转录转座子活性的积累。已测序的棉族植物基因组显示，棉属在系统发育上最接近拟似棉属（*Gossypioides*）/柯基阿棉属（*Kokia*），最小的棉属 D 基因组与木棉（*Bombax ceiba*）（895 Mb）和榴莲（*Durio zibethinus*）（715 Mb）的基因组大小相似。对 22 个美洲 D 基因组物种的分析表明，二倍体 D 基因组棉种（*Houzingenia* 亚属）起源于约 660 万年前，随后在更新世中期（50 万～200 万年前）出现了多样化事件。D 基因组物种的基因组大小为 750～900 Mb。

尽管草棉和亚洲棉基因组在相对较短的时间内发生了分歧，但两个 A 基因组积累了大量的基因组和遗传差异。例如，相对于草棉，亚洲棉第 1 和第 2 染色体之间经历了相互易位；草棉的第 12 染色体发生了一次大的倒位（15.96～77.61 Mb），草棉和陆地棉的第 10 染色体发生了一次大的倒位（草棉 18.4～61.3 Mb，陆地棉 23.09～97.42 Mb）。

与两个二倍体 A 基因组（A_1 基因组 1556 Mb，A_2 基因组 1637 Mb）相比，陆地棉的 At 亚基因组（1449 Mb）显著减少，而其 Dt 亚基因组从 738 Mb（推定的 D 基因组供体雷蒙德氏棉）扩增到 822 Mb（Dt 亚基因组）。At 亚基因组的缩小和 Dt 亚基因组的扩增与 Dt 亚基因组的 TE 插入比 At 亚基因组更活跃相关。相对于 D_5 基因组，A_1 和 A_2 基因组的基因组大小都扩大了两倍，它们由约 80% 的 TE 组成，尤其是 *Gypsy*-型 LTR。与两个二倍体 A 基因组相比，异源四倍体棉种 At 亚基因组的 A02 和 A03 之间及 A04 和 A05 之间存在两个大的相互易位。总体上看，异源四倍体棉种 At 和 Dt 亚基因组的基因顺序和共线性与 D 基因组雷蒙德氏棉在很大程度上是保守的。

第五节　棉花育种方法

一、棉花育种目标

根据棉花生产发展、科技进步与社会变革的需要，棉花育种目标可归纳为高产、优质、早熟和多抗 4 个方面。

1. 高产　　高产是指单位面积的皮棉产量高，为棉花育种的基本目标。影响单位面积皮棉产量的因素很多，主要因素是单位面积铃数（单株结铃数×密度）、单铃子棉重和衣分。高衣分品种往往铃较小，大铃品种的单株结铃性较差，且衣分偏低，这三要素很难协调地构成实际的高产品种。20 世纪 70 年代以来，我国棉花育种比较重视衣分的提高。在制订育种目标时，应根据地区条件、对新品种的要求及原始材料的特点而有所侧重。如在相同密度条件下，结铃性是棉花高产育种目标中应主要考虑的因素，单铃种子数对产量构成也起重要作用。当铃重不变时，子指降低会增加单铃种子数；而较小种子的单位种子重比大种子有较多的表面积，提供了更多的种子表皮细胞延伸成纤维的机会。

2. 优质　　优质指纤维品质，特别是纤维内在品质优异。棉纤维长度、比强度、细度代表了优质棉的主要品质性状，如海岛棉的纤维比陆地棉的更长、更强、更细，所以海岛棉的纤维品质优于陆地棉。但是，原棉作为棉纺原料，用途多种多样。不同种类的棉纺织品要求的原棉品质也不同。因此，并非同样的优质海岛棉或陆地棉品种能满足所有棉纺织品的品质要求，制成全部合格的优质棉纺织品。单一纤维品质类型的原棉不能适应种类繁多、款式频变、风格各异的棉纺织品需要，而且还有配棉等最佳经济效益问题。例如，针织用纱，为了保持织物的柔软性，捻度比机织用纱少得多；且棉纱是通过钩针编结织物，钩针的空隙小，为了保证棉纱完好地通过，对棉纱的条干和均匀度要求特高。所以，供针织用纱的原棉，其比强度、细度、成熟度和整齐度都要求比同类纱支的机织用棉高一个档次。80~120支的高支纱原棉需用超级长绒棉，要求长度 35~37 mm，过长反而牵伸不开，易出"橡皮纱"。起绒织物，如灯芯绒用纱，对原棉要求杂质含量少而小，否则不利于割绒；纤维长度25~27 mm，细度偏粗，才易于竖毛和抱合，否则纹路不清，不能显示灯芯绒的特色，并且成品经摩擦容易脱毛；对强力要求不高，纬纱又比经纱要求低，但特别强调成熟度，不成熟纤维不得超过 12%。牛仔布系列用纱是气流纺的粗低支纱。气流纺比环锭纺的转速快几倍，并且工序复杂，处理程序多，机械打击多，虽对原棉的长度要求不高，但比强度要求较高，细度一般，成熟度要求达到标准，但要求弹性好。总之，优质棉的标准绝不能一刀切，应因棉纺织品的不同而有所不同。

3. 早熟　　在生育期较短，9、10 月降温较快的地区，如北部特早熟棉区和北疆棉区，棉花的早熟性显得特别重要。棉花晚熟不仅影响产量，同时也影响纤维品质，就需要种植特早熟和早熟品种类型；南疆适合种植次早熟品种类型。黄河流域一熟棉区与长江流域中熟棉区比，整体上适于栽培中早熟品种；而长江、黄河流域两熟棉区，为了确保两熟作物都能有足够的生育时间，要求能适当推迟播种期而又能及早收获完成。

4. 多抗　　棉花是遭受病虫害较多的作物，并且病虫危及的棉区愈来愈广，危害程度也愈来愈重，病虫害的发生已成为棉花减产、降质的重大威胁。虽然某些病害、虫害采用药物防治或其他防治方法可收到一定效果，但要从根本上解决问题，最经济有效且不污染环境的办法则依赖于抗病、抗虫育种。

我国棉区的棉花病害有立枯病、炭疽病、轮纹斑病、角斑病、烂铃病、枯萎病、黄萎病和红叶茎枯病等。因病害造成棉花减产、降质的损失很大。20 世纪 80 年代以来，棉花枯、黄萎病迅速蔓延，目前棉花抗枯萎病育种成效显著，基本控制了该病的危害。因此，在确定棉花抗枯、黄萎病性育种时，应认真考虑对这两种病害及其主要生理小种型的兼抗问题。

在我国，经常危害棉花的害虫有 30 余种，特别严重的有棉铃虫、红铃虫、玉米螟和棉蚜。新疆棉区的伏蚜和秋蚜已成为原棉外糖含量高的主要成因。近年来运用转基因生物技术对抗棉铃虫及其他鳞翅目害虫育种的进展较快，在生产上也已收到实际成效，但对其他害虫的抗性育种尚待加强。运用转基因生物技术对抗除草剂的育种已取得一定进展。

我国是严重缺水的国家，用水危机越来越突出。我国棉区主要在北方，棉花既是耐旱、又是耗水多的作物。为此，在大力研究和推广节水植棉技术的同时，应积极进行棉花耐旱育种，以降低对灌溉用水的需求。渍、盐、碱危害在我国棉区占相当比例，需予以重视；而低温、高温、冰雹、风暴等常是局部棉区或小别时段发生的环境胁迫，对棉花生产不会形成普遍危害。但新疆棉区近天山南北的棉田，棉花生长期常遇雹灾，也要关注这类抗性育种目标。

2000～2001 年农业部"发展棉花生产专项资金"立项对抗逆性的要求：抗枯萎病，病情指数＜8；抗黄萎病，抗级病情指数＜20，耐级病情指数＜30；抗棉铃虫和抗红铃虫，对目标害虫化学防治费用比常规（对照组）少 60%～80%；耐旱盐，在旱盐地区比常规棉增产15%以上。

二、常规育种方法

（一）引种

引种主要是指从国外引进品种直接在生产上应用。中国不是棉花原产地，中国种植棉花始于 2000 年前。公元 13 世纪棉花传入长江流域，然后传到黄河流域种植，当时种植的主要是亚洲棉和少部分草棉。19 世纪中叶，中国棉纺工业兴起，由于亚洲棉纤维粗短，不能适应机器纺织需要，从 1865 年开始多次从美国引进陆地棉品种。1919～1920 年先后引入'金字棉''脱字棉''爱字棉'等品种。1933～1936 年引入'德字棉 531''斯字棉 4''珂字棉 100'等品种。试种结果表明，其中'金字棉'在辽河流域棉区，'斯字棉'在黄河流域棉区，'德字棉'在长江流域棉区表现良好，增产显著。但由于缺乏良种繁育和检疫制度，品种退化严重，并且带来了棉花枯萎病和黄萎病的侵害。1950 年以后开始有计划地引入'岱字棉 15'，经全国棉花区域试验，明确推广地区，集中繁殖，逐步推广，并加强防杂保纯工作。1958 年全国种植面积曾高达 $3.5×10^6$ hm^2（5248 万亩），占当时中国植棉面积的61.7%。此外，在 20 世纪 50 年代曾从苏联、埃及、美国引入一年生海岛棉试种。苏联海岛棉品种适合新疆南部地区种植，并已育成一些新的优良品种进行推广。引种在我国棉花生产中曾起过很大作用，但随着我国育种工作的开展和进步，其作用逐渐降低，因为国外品种毕竟是在不同条件下育成的，不可能完全适应引入地区的自然条件和栽培条件，只能在我国育种工作一定阶段起过渡和补充作用。

（二）选择育种

1. 选择育种的意义　选择育种方法由于简单易行，被育种家广泛应用，作为有效地改良现有品种的重要途径之一。例如，最早在美国种植的海岛棉'比马'品种（'Pima'）和陆地棉'斯字'（'Stonville'）系列品种就是用这一方法育成的。我国陆地棉品种改良工作也是由自然变异选择育种开始的，有相当长一段时间是自育品种的主要途径。例如，江苏徐州农业科学研究所 1955 年从由美国引入的'斯字棉 2B'育成'徐州 209'，1962～1978年累计种植面积达 $1.82×10^6$ hm^2；1961 年从'徐州 209'选育成'徐州 1818'，1966～1982年累计种植面积达 $5.2×10^6$ hm^2，从'徐州 1818'中选育成'徐州 58'，1976 年种植面积为$2×10^4$ hm^2；20 世纪 70 年代育成'徐州 142'，与'岱字棉 16'相比，在黄河流域及江苏省区试种平均增产皮棉 16.4%～31.7%，霜前皮棉增产 34.4%～134.4%，1980 年种植面积达$3×10^5$ hm^2。'岱字棉 15'引入我国以后，在长江流域和黄河流域各地广泛种植。通过选择育种，培育出了一系列优良品种。种植面积较大的有'洞庭 1 号'，最大推广面积达 $4.67×10^5$ hm^2。

周有耀（2001）根据有关资料统计：20 世纪全国各省（自治区、直辖市）审定通过的棉花品种中，用选择育种法育成的品种，50 年代占 90.9%，60 年代占 75.0%，70 年代占 57.6%，80 年代占 34.7%，90 年代占 13.9%，说明选择育种法在我国品种改良中，尤其是育种早期具有重要作用。

2. 选择育种的遗传基础

（1）品种群体的自然变异　　一个性状上比较一致、遗传上较为纯合的棉花品种，能在一定时间内保持相对稳定，但个体之间总难免有些微小的差异，这可能是控制性状的微效基因不完全相同引起的。另外，由于自然条件和生态条件会不断发生变化，同一品种在不同条件下种植一定年代后，会发生一定的变异。棉花品种、品系群体变异的主要原因有以下几个方面。

1）天然杂交。棉花是常异花授粉作物，其天然杂交率一般为 2%～16%，高的可在 50% 以上。天然杂交率的高低常因品种、地点、年份及传粉媒介的多少而异。由于棉花有较高的天然杂交率，遗传基础不同的群体天然杂交后必然会产生基因分离和重组，出现新的变异个体，使棉花品种自然群体经常保持一定的异质性，为在现有品种群体中选择提供必要的变异来源，通过定向选择便可育成新品种。

2）基因突变。虽然自然突变的频率很低，但自然突变体有时也会具有比较明显的利用价值。例如，从株型松散、果枝较长的'岱字棉'中，选育出株型紧凑、短果枝类型的鸭棚棉和铃小、结铃性极强的葡萄棉，从'洞庭 1 号'中选出核雄性不育系'洞 A'，从正常有絮品种'徐州 142'中选出'徐州 142'无絮棉突变体。

3）剩余变异。棉花育种目标性状一般都是由微效多基因控制的，即使经过多代自交，外表上看似乎纯合，但这种纯合也仍然是相对的。自交后代群体中残留的杂合基因所引起的变异，称为剩余变异。剩余变异的存在使品种（系）内进行选择育种有效，自交纯化代数越少，杂合基因愈多，其遗传变异也愈多。

4）潜伏的基因在不同条件下显现。引进品种可能由于生态条件的限制，有些基因未能在当地表现出来。新品种推广以后，由于栽培面积扩大，所处生态条件复杂多样，这些剩余杂合基因遇到相应的条件表现出来，形成了品种（系）杂合体异型株。同理，有些个体虽然是纯合基因型，在未有相适应的条件时潜伏不表现，在有适应条件时表现出来，形成品种内纯合体异型株，这些异型株都可供选择。这也是新引进品种遗传变异率高，选择效果较显著的原因。

（2）通过选择改变品种群体的基因频率和基因型频率　　人们通过连续定向选择使有利变异得到积累和加强，其实质是使该群体中有利基因的比例不断提高，不利基因逐渐减少或消失。群体基因型也在不断地变化，使新群体的性状不断提高。

在选择育种过程中，自然选择也起作用。但人工选择的目标是与栽培或生产有关的经济性状，而自然选择是适于棉花生存要求的生物学性状，有时这两者不一定能协调或统一。人工选择是使棉花符合人类需要的各种性状，如铃大、纤维长、衣分高。在人工选择时，如果涉及经济性状与生物性状不一致时，则自然选择会抵消部分或全部人工选择的效果。要提高人工选择的效率，必须根据自然发展的规律，在自然选择的基础上进行人工选择，并使人工选择的强度超过自然选择。但品种群体结构要有一定的异质性，对不同的环境条件具有较好的适应性，这样的品种才能高产、稳产、推广年限久，适应区域广，如'徐州 1818''86-1'等品种。

3. 选择育种的方法和程序　　选择育种法是从原始群体中选择符合育种目标的优异单

株。对入选单株后代的处理方法不同，可以分为单株选择法和混合选择法两种方法。

（1）单株选择法　　从原始群体中选择符合育种目标要求的优异单株，分收、分轧、分藏、分播，进行单株后代的性状鉴定和比较试验，由于所选材料性状变异程度不同，又可以分别采用一次单株选择法和多次单株选择法。

1）一次单株选择法。在原始群体中进行一次选择，当选的单株下一年分株种植在选种圃，以后不再进行单株选择。棉花经天然杂交后，多数个体是经过连续自交的后代，或者是剩余变异和基因突变的高世代，性状已经比较稳定，通过一次单株选择，比较容易得到稳定的变异新类型。

2）多次单株选择法。棉花是常异花授粉作物，当选的优异单株中可能有一部分基因型为杂合体，有些优良性状不容易迅速达到稳定一致，有继续得到提高的可能。为了使这些优良的变异性状迅速稳定和进一步提高，在选种圃至品系比较试验各阶段，可以再进行一次或多次单株选择。入选的优良单株下一年继续种在选种圃，直到性状稳定一致，基因型趋于纯合状态。以后的方法和程序与一次单株选择法相同。但连续选单株的世代不宜过多，以免丧失异质性，遗传基础过于贫乏。例如，'中棉所10''冀棉15''鲁抗1号''宁棉12'及海岛棉品种'军海1号'都是用该法育成。

（2）混合选择法　　混合选择法是按照预定目标从原始群体选择优良单株，下一年混合播种，与原始群体、对照品种在同一试验地上进行鉴定、比较，如果比原始品种优良，便可参加多点鉴定、区域试验和生产试验等，表现好的便可申请审定并繁殖推广。经过连续几代的比较选择，可育成纯度较为一致，产量等性状有所提高的新品系。混合选择法程序比较简单，收效快，对遗传异质性不高的原始群体采用比较合适。例如，我国于1920年从美国引进'脱字棉'（'Trice'），该品种原来纯度较低，又由于生态条件的改变，推广种植后出现较多的变异类型。当时金陵大学和东南大学对其进行混合选择法选育，分别育成'金大脱字棉'和'东大脱字棉'，曾经是黄河流域最早大面积推广的陆地棉品种。

由于选择育种法具有一定的局限性，有时较难实现育种综合要求，因此在棉花育种中应用这一方法越来越少。

（三）杂交育种

通过品种（品系）间杂交、选择、比产、鉴定育成品种是当前棉花育种的最主要方法。20世纪50年代以来，我国育成的新品种中有1/3是应用杂交育种法育成的，其中绝大多数是通过品种间杂交育成的。

1. 杂交技术　　棉花的杂交方法是在开花前一天下午，花冠迅速伸长时，选择中部果枝靠近主茎的第1～2节位花朵去雄。最常用的去雄方法是徒手去雄，先用拇指指甲切开花冠基部，随后拇指与食指顺花萼基部将花冠连同雄蕊管一起剥下，只留下雌蕊及苞叶，不可伤及花柱和子房。去雄后在柱头上套长约3 cm的麦秆管或饮料管隔离，防止昆虫传粉。去雄的同时，第2天将父本开放的花朵用线束或塑料夹针夹住，使其不开放，以保证父本花粉纯净。次日上午开花后，取父本花粉授到母本柱头上。授粉后母本柱头上再套上管隔离，在杂交花花柄上挂牌，注明父母本及杂交日期。杂交成铃率因地区、季节、品种而异，一般在50%以上，海岛棉杂交成铃率较低。

2. 杂交亲本的选配　　杂交育种的基本原理是不同亲本雌雄配子结合，产生不同基因重组的杂合基因型。杂合基因型个体通过自交，可导致后代基因的分离和重组。通过对重组基因型进行选择和培育，便可产生符合育种目标的新品种。因此，选择杂交亲本是直接影响杂交育种成败的关键。因为好的亲本不仅是得到良好重组基因型的先决条件，而且也影响杂交后代能否尽快稳定下来育成新品种。杂交亲本的选配应该遵循下列原则。

（1）杂交亲本应尽可能选用当地推广品种　　生产上已经推广应用的品种，一般都有产量高、适应当地自然生态和栽培条件的能力强、综合农艺性状好的优势，并能为杂交后代具备产量高、适应能力强、能成为当地新品种提供基础条件。周有耀（2002）统计，我国20世纪50～80年代由品种间杂交育成的棉花品种中，用当地推广良种作为亲本之一或双亲的占78.0%。在50～90年代，年推广面积在6700 hm² 以上，由品种间杂交育成的陆地棉品种中，用当地推广良种作为亲本之一或双亲的占69.3%。可见，选用当地推广良种作为亲本在杂交育种中十分重要。

（2）双亲应分别具有符合育种目标的优良性状　　双亲的优良性状应十分明显，缺点较少，而且双亲间优缺点应尽可能地互补。例如，'中棉所12'就是将'乌干达4号'和'邢台6871'的优点聚集于一体而形成的品种。

（3）亲本间的亲缘关系、地理来源等应有较大差异　　亲本应该选择双方亲缘关系较远或地理来源相距较远的品种，其杂交后代的遗传基础比较丰富，变异类型较多，变异幅度大，容易获得性状分离较大的群体，选择具有优良基因型个体的机会较多，培育符合育种目标品种的可能性较大。棉花上可采用不同生态区（如长江流域棉区与黄河流域棉区）、不同国家（如中国与美国）、不同系统（如'岱字棉'与'斯字棉'）间的品种间杂交。例如，湖北省荆州地区农业科学研究所用特早熟棉区的'锦棉2号'和当地品种'荆棉4号'杂交，于1978年育成'鄂荆92'，其产量高，品质好。随后又以'鄂荆92'为母本与来自美国的'安通SP21'杂交育成'鄂荆1号'。与'鄂荆92'相比，'鄂荆1号'早熟性、铃重、衣分和产量都有所提高。

（4）杂交亲本应具有较高的一般配合力　　研究和育种实践证明，'中棉所7''邢台6871''中棉所12''苏棉12'等都是产量配合力较好的品种。'冀棉1号'不仅本身衣分高（41.2%），而且其遗传传递率强，配合力高，以它作为亲本育成的品种衣分均在40%以上，如'中棉所12''冀棉9号''冀棉10号''冀棉16''冀棉17''鲁棉1号''鲁棉2号'等。

3. 杂交方式　　根据育种目标要求，不仅要选用不同杂交亲本，还要采用不同杂交方式以综合所需要的性状。常用的杂交方式如下。

（1）单交　　用两个品种杂交，然后在杂交后代中选择，单交是杂交育种中最常用的方式。生产上大面积种植的很多品种都是用这一方式育成的。例如，'鲁棉6号'（'邢台6879'×'114'）、'冀棉14号'（'75-7'×'7523'）、'豫棉1号'（'陕棉4号'×'刘庄1号'）、'中棉所12'（'乌干达4号'×'邢台6871'）、'徐州514'（'中棉所7'×'徐州142'）等。

单交组合中，两个亲本可以互作父本或母本，即正反交。正反交的子代主要经济性状一般没有明显差异。但倾向于将高产、优质、适应当地生态条件的本地品种作为母本，外来品种作父本，特别是生态类型差别大的双亲杂交更应如此。期望对后代影响较大的品种作为母本，影响较小的品种作父本。

（2）复交　　现代棉花育种要求对品种有多方面改进，不仅要求品种产量高、纤维品质优良，还要求改进抗病虫害和抗不良环境的能力强等。即使是同一类性状（如纤维品质），有时育种目标要求同时改进两个以上的品质指标。在这种情况下，必须将多个亲本性状综合起来才能达到育种目标要求，用单交难以达到这样的目标要求。有时单交后代虽然目标性状得到了改进，但又带来新的缺点，需要进一步改进，在此情况下，也要求用两个以上亲本进行两次或更多次杂交。这种多个亲本、多次杂交的方式称为复交。

复交方式比单交所用亲本多，杂种的遗传基础丰富，变异类型多，有可能将多种有益性状综合于一体，并出现超亲类型。复交育成的品种所需年限长，规模大，需要财力、物力较多，杂种遗传复杂，复交 F_1 即出现分离。尽管存在这些问题，但该方式在现代棉花育种中应用日益增多。如'中棉所 17''苏棉 1 号''鄂荆 1 号''豫棉 9 号''辽棉 9 号'等品种都是通过三交育成。而早熟低酚棉品种'中棉所 18'和抗枯（萎病）耐黄（萎病）品种'豫棉 4 号'等是通过双交方式培育出。双交方式产生的 F_1、F_2、F_3 可再进行杂交，因单交后代已可能出现具有目标性状的杂交个体，可以随时通过复交而组合。随着育种目标的多样化，多个亲本的复交也将愈来愈普遍。

在复交中，参加杂交的亲本对杂交后代影响的大小，因使用的先后顺序不同而不同。参加杂交顺序越靠后，其影响越大。因此，在制订育种计划时，期望对后代影响大，综合性状优良的品种应放在杂交亲本顺序的较后面进行杂交。

（3）杂种品系间互交（intermating） 棉花的经济性状多属数量遗传性状，通过一次杂交将两个亲本不同点位上的有利基因聚合起来并纯合的概率很低，将杂种后代姊妹株或姊妹系再杂交可以提高优良基因型出现的频率。姊妹系间杂交可以重复多次，也可以通过杂交新增其他杂交组合选系或品种的血缘，使有利基因最大限度综合。杂种品系间互交，可以打破基因连锁区段，增加有利基因间重组的机会，在育种中常用来打破目标性状与不利性状基因的连锁。

美国南卡罗来纳州 Pee Dee 棉花试验站的 Culp、Harrel 和 Kerr 等为了选育高产、优质（高纤维强度）品种，从 1946 年开始用亚洲棉×瑟伯氏棉×陆地棉（ATH）三元杂种、陆地棉品种及具有海岛棉血统的陆地棉品种为亲本，进行不同组合的杂交。在同一杂交组合的群体中选择理想单株种成株系，选择优良株系进行株系间互交，在后代中再进行选择。同时也在不同杂交组合的株系间互交。株系间互交和选择周而复始重复进行。根据杂种性状表现，在各周期加入优良品种或种质材料作为新的亲本与杂种品系杂交。通过这样的育种途径，由于种质资源丰富，品系间互交增加了有利基因积累，增加了基因交换重组机会，在丰富的材料中加强选择，育成了一系列产量接近推广品种、纤维品质优良的 PD 种质系和品种。

（4）回交 Meredith 等（1977）用具有 ATH 三元杂种血缘的高纤维强度材料 FTA263-20（产量比'岱字棉 16'低 32.0%，纤维强度比'岱字棉 16'高 19.0%）作供体亲本，高产品种'岱字棉 16'作轮回亲本，进行回交后，其 BCF_3 群体的纤维强度为 FTA 的 93.9%，但比'岱字棉 16'高 11.7%；皮棉比 FTA 增产 30.9%，接近'岱字棉 16'。随着回交次数的增加，皮棉产量逐渐提高，而强度并不随之降低，说明纤维强度可以通过回交得到保留。

在我国棉花品种改良中，回交法也一直在被应用。湖南省棉花试验站用'岱字棉 15'与早熟、株型紧凑、结铃性强的品种一树红杂交后，在 F_3 代选早熟性、丰产性已基本稳定，但纤维品质欠佳，衣分不高的选系再与'岱字棉 15'回交一次，继续选育，于 1973 年育成株型紧凑、高产、优质、早熟兼具双亲优点的'岱红岱'。

回交法也有其自身的不足，如从非轮回亲本转育某一性状时，由于与另一不利性状的基因连锁或一因多效等原因，可能会给轮回亲本性状的恢复带来一些影响。在回交后代群体中，恢复轮回亲本性状的效果往往不一定很理想等。为此，有人提出了不少改良的回交方法。

Knight（1946）提出，在回交世代中不仅选择目标性状，而且要选择任何新出现的理想性状组合个体。此外，非轮回亲本不仅应该目标性状突出，而且应尽可能没有严重缺点，综合性状优良，以免其不良农艺性状基因影响轮回亲本的遗传背景。Meyer（1963）提出了聚合回交育种法，即采用共同的回交亲本与不同亲本分别回交若干代，产生几个与回交亲本只有一个性状差异的遗传相似系，再进一步杂交，合成新的具有多个优良性状的品系，从而有效地培育集高产与高纤维强度于一体的新品种。

王顺华等（1985，1989）吸取 Hanson（1975）、Culp（1979，1982）等运用品系间互交有利于打破或削弱产量与纤维品质间负相关的良好效果，以及回交法纯合速度快、后代与轮回亲本只差一个基因区段，容易选择的优点，将回交和系间互交结合起来，提出了修饰性回交法，即用不同的回交品系再杂交，以便为基因的交换、重组创造更多的机会，克服回交导致后代遗传基础贫乏及互交法所用亲本过多，后代不易选择和纯合不够的缺点。

4. 杂交后代处理 杂交的目的是扩大育种群体的遗传变异率，以提高选到理想材料的概率。杂交只是整个杂交育种过程的第一步，正确处理和选择杂交后代对育种十分重要。杂种后代处理方法常用的为系谱法和混合法。

（1）系谱法 系谱法是一种以单株为基础的连续个体选择法。对质量性状或遗传基础比较简单的数量性状（如遗传率高的纤维品质性状、早熟性、衣分等农艺性状）采用系谱法在杂种早期世代开始选择，可起到定向选择的作用，选择强度大，性状稳定快，并有系谱记载，可追根溯源。如'泗棉2号'和'徐棉6号'都是采用系谱法育成的。对一些遗传率低、受环境影响较大，存在较高显性效应或上位性基因效应的性状（如产量及产量因素），在较早期世代，如在 F_2 就进行严格选择，选择的准确性不高，因而选择效率低。Meredith（1973）的研究指出，F_2 和 F_3 平均产量直线相关系数为 0.48，但不显著，即 F_2 杂种平均产量对后代产量水平没有显著的影响。因此，单株产量 F_2 选择时只能作为参考；而 F_2 及 F_3 在衣分、子指、纤维长度、纤维强度等性状则高度相关，早期世代选择对后代性状表现有很大影响。

为了克服系谱法的某些缺点，可采用改良系谱法，即在 F_2 对遗传率高的性状（如衣分、纤维强度等）选择单株，在 $F_3 \sim F_5$ 分系混合种植，不做任何选择。到 F_5 和 F_6 时，测定各系统的产量，选出优系。到性状相对稳时，再从优系中选择优良单株，从中再选优系，升入产量鉴定、比较试验。这一方法能较早掌握优良材料性状选择的可靠性高，可减少优良基因型的损失，能在一定程度上削弱各性状间不利的遗传负相关。

（2）混合法 这一方法在杂种分离世代按组合种植，不进行选择，到 F_5 代以后，杂种后代基本纯合后再进行单株选择。棉花的主要经济性状（如产量、结铃数、铃重等）是遗传率低的数量性状，容易受环境条件影响，早期世代选择的可靠性差，而且由于中选单株相对较少，很可能使不少优良基因型丢失。混合种植法可以克服这些缺点，分离世代按组合混合种植的群体应尽可能大，以防有利基因丢失，使有利基因在以后得以积累和重组，混合种植法在混选、混收、混种阶段也有多种不同方法。一种是从 F_2 开始在同一组合内按类型选株，按类型混合种植，以后各代在各类型群体内混选、混收、混种。另一种方法是以组合为单位，剔除劣株，对保留株的几个内围棉铃混合收花，混合种植。再一种方法是在 F_2 选株，以后各代按株系混合种植。

混合种植法可以克服系谱法的一些缺点。但是，如果育种目标是改进质量性状或是遗传率较高的数量性状，系谱法在早代进行选择，可起到定向选择作用，集中力量观察选择少数系，比在大混合群体中选择准确方便。育成品种年限也少于混合种植法，在此情况下系谱法有其优越性。因此，采用何种方法处理杂种后代应根据育种目标、人力、物力等情况确定。

（四）其他育种方法

在当前棉花育种中，最常用的方法是杂交育种法，但根据创造变异群体方法不同，完成某些特殊的育种目标，还有一些育种方法也在棉花育种中应用，如远缘杂交育种、诱变育种等。

1. 远缘杂交育种　随着人民生活水平的提高，对棉花品种要求越来越高，为了选育适合多方面要求的品种，必须扩大种质来源。从其他栽培棉种、陆地棉野生种系和野生种，通过杂交引进新的种质，培育出高产、优质、多抗的新品种已成为棉花育种中较为常用的育种方法，并已取得很大进展。很多陆地棉品种不具有的性状已从野生种和陆地棉野生种系引入陆地棉。从陆地棉野生种系和亚洲棉引入抗角斑病抗性基因；从瑟伯氏棉、异常棉等引入高纤维强度基因；从哈克尼西棉引入细胞质雄性不育及恢复育性基因等。有些远缘杂交获得的种质材料已应用到常规育种中，育成了极有价值的品种。美国南卡罗来纳州 Pee Dee 实验站用 ATH 三元杂种与陆地棉种品种（品系）多次杂交、回交育成了一系列高纤维强度 PD 品系和品种。许多非洲国家用亚洲棉×雷蒙德氏棉×陆地棉（ARH）三元杂交种与陆地棉杂交和回交育成了许多纤维强度高、铃大、抗蚜传病毒病品种。

远缘杂交常会遇到杂交困难、杂种不育、后代性状异常分离等问题，必须研究解决这些问题的方法。远缘杂交在克服上述困难获得成功后，虽然可以为栽培棉种提供一些栽培种所不具备的性状，但其综合经济性状很难符合生产上推广品种的要求，因此远缘杂交育成的一般是种质材料，提供给育种者应用，进一步选育成能在生产上应用的品种。

（1）克服棉属种间杂交不亲和性的方法　棉花远缘杂交不亲和性是应用这一方法最先遇到的障碍。克服杂交不亲和性的方法有以下几点：①用染色体数目多的作母本，杂交易于成功。冯泽芳（1935）用陆地棉、海岛棉作母本，分别与亚洲棉、草棉杂交，在691个杂交花中获得5个杂种；反交1071个杂交花，只得到1个杂种。②在异种花粉中加入少量母本花粉，可以提高异种花粉受精能力。Pranh（1976）在亚洲棉×陆地棉杂交时，用15%的母本花粉、85%父本花粉混合授粉，可克服其不亲和性。③外施激素法。杂交花朵上喷施赤霉素（GA）和萘乙酸（NAA）等生长素，对于保铃和促进杂种胚的分化和发育有较好效果。④染色体加倍法。在染色体不同的种间杂交时，先将染色体数目少的亲本用秋水仙素处理，使染色体加倍，可提高杂交结实率。⑤中间媒介杂交法。二倍体种与四倍体栽培种杂交困难，可先将二倍体种同另一个二倍体种杂交，再将杂种染色体加倍成异源四倍体，再同四倍体栽培种杂交，往往可以获得成功。也可用四倍体种先同易于杂交成功的二倍体种杂交，F_1 染色体加倍成六倍体再与难以杂交成功的二倍体种杂交，可以获得成功。⑥幼胚离体培养。棉花远缘杂交失败的原因之一是胚发育早期胚乳败育、解体，杂种胚得不到足够的营养物质而夭亡。因此，将幼胚进行人工离体培养，为杂种胚提供营养，改善杂种胚、胚乳和母体组织间不协调性，从而大大提高杂交的成功率。20世纪80年代以来，我国许多学者在这方面做了大量研究工作，建立了较完善的杂种胚离体培养体系，获得了大量远缘杂种。

（2）克服棉属远缘杂种不育的方法　棉属种间杂种，常表现出不同程度的不育性。

其主要原因是双亲的血缘关系远，或因染色体数目不同，在减数分裂时染色体不能正常配对和平衡分配，形成了大量的不育配子。

　　克服种间杂种不育常用的方法有：①大量、重复授粉。有些种间杂种，如四倍体栽培种与二倍体栽培种的 F_1 所产生的雄配子中，可能有少数可育的，大量、重复授粉，可增加可育配子受精机会。②回交。杂种不育如果是由于基因系统不协调，即基因不育，每回交一次回交后代中轮回亲本的基因比例增加，育性得以逐渐恢复。③染色体加倍。属于不同染色体组的二倍体棉种之间杂交，杂种一代减数分裂时由于不同种染色体的同质性低，不能正常配对，因此多数不育。染色体加倍成为异源四倍体，染色体配对正常，育性提高。Beasley（1938）用这个方法获得了亚洲棉×瑟伯氏棉×陆地棉（ATH）三元杂种。染色体数目不相同的二倍体与四倍体栽培种杂交获得的杂种一代为三倍体，高度不育，染色体加倍为六倍体后育性提高。

　　（3）远缘杂种后代的性状分离和选择　　远缘杂种后代常出现所谓疯狂分离，分离范围大，类型多，时间长，后代还存在不同程度的不育性。针对这些特点需采取不同的处理方法。杂种后代育性较高时，可采用系谱法，着重农艺性状和纤维品质性状的改进。但因杂种后代的分离大，出现不同程度的不育性、畸形株和劣株，所以需要较大的群体，才有可能选到优良基因重组个体。如杂种的育性低，植株的经济性状又表现不良时，可采用回交和集团选择法，以稳定育性为主，综合选择明显的有利性状，如抗病、抗虫等特性，育性稳定后，再用系谱法选育。

　　2. 诱变育种　　利用各种物理、化学因素诱发作物产生遗传变异，然后经过选择及一定育种程序育成新品种的方法，称为诱变育种。在棉花育种中应用较多的是用诱变剂（各种射线）处理棉花植株、种子及花粉等。

　　辐射处理除引起染色体畸形外，还产生点突变，即某个基因位点的变异。因此，诱变育种可用于改良现有品种的个别性状而保持其他性状基本不变。在棉花育种中较著名的例子是用 ^{32}P 处理棉籽，诱导埃及棉品种 'Giza45' 育成了低酚品种 '巴蒂姆 110'，其低酚由一对显性基因控制。通过辐射处理，生育期、株高、株型、抗病性、育性等性状产生了有利用价值的变异。

　　用物理因素或化学因素诱变，变异方向不定。诱发突变的频率虽比自发突变高，但在育种群体内突变株出现的概率（M_2 代突变体概率）仍极低，而有利用价值的突变更低。棉花是大株作物，限于土地、人力和物力等因素，一般处理后代群体较小，更增加了获得有益变异株的困难。在棉花育种中常与杂交育种相结合应用，用来改变杂种个别性状，作为育种方法单独使用效果较差。

　　棉花辐射处理的方法可分为外照射和内照射两类。处理干种子是最简便常用的方法。内照射是用放射性同位素如 ^{32}P、^{35}S 等处理种子或其他组织，使辐射源在内部起诱变作用。最常用的方法是用放射性同位素 ^{32}P、^{35}S 配成一定比例的溶液，浸渍种子和其他组织。也可将放射性同位素施于土壤使植物吸收或注射入茎秆、叶芽、花芽等部分，由于涉及因素很多，放射性同位素被吸收的剂量不易测定，效果不完全一致，在育种中应用有一定困难。

　　棉花是对辐射较敏感的作物，不同种和品种对辐射剂量的反应都有明显差异。因此，辐射处理的剂量应根据处理材料和辐射源的种类，经过试验采用诱发突变率最高而不育株率最低的剂量和剂量率。

3. 单倍体育种　　花药培养是人工获得单倍体植物的有效方法，应用花药培养已在 40 多种植物中获得了单倍体，但棉花花药培养至今未获得成功。

棉花单倍体育种主要是依赖半配生殖（semigamy）。Turcotte 和 Feaster（1959）在海岛棉品种'比马 S-1'中发现了一个单倍体，经染色体加倍后获得了加倍的单倍体'DH57-4'。它具有半胚生殖特性，即自交后代能产生高频率的单倍体，当代至第三代获得了 24.3%～61.3%的单倍体植株。以'DH57-4'为母本与陆地棉、海岛棉杂交，后代获得了 3.7%～8.7%的单倍体植株。Turcotte 等将黄苗 v_7 标志性状转育到'DH57-4'获得了 Vsg 品系，其后代自交可产生 40%的单倍体。通过半配生殖也获得了很多陆地棉加倍单倍体，其中有些加倍单倍体后代遗传稳定，某些农艺性状和纤维品质性状较亲本对照有改进，也有一些加倍单倍体某些性状不如其相应的亲本对照。

三、分子育种方法

（一）转基因育种

1983 年首次获得抗卡那霉素的第一例转基因烟草，转基因育种现已涉及棉花育种的各个方面，如抗虫、抗病、抗除草剂、抗逆境、纤维品质改良、杂种优势利用等。特别是抗虫、抗除草剂方面达到了应用水平。转基因抗虫棉是世界上第一例在生产上大面积成功种植的转基因作物。我国率先通过自创的花粉管通道途径把外源总 DNA 导入陆地棉，并获得变异植株。目前国内外主要用根癌农杆菌介导方法进行遗传转化。

1. 抗虫基因工程　　棉花抗虫基因工程主要集中于苏云金芽孢杆菌杀虫晶体蛋白（Bt）上，转 Bt 基因抗虫棉已在生产上大面积利用，主要用于防治棉铃虫、红铃虫等鳞翅目害虫。1987 年首先报道转 Bt 基因烟草、番茄，1990 年 Perlak 等通过给 CaMV35S 启动子增加强化启动子，并在不改变核苷酸序列的情况下，对 CryIA 进行修饰，改造了其中 21%的核苷酸序列，这种人工合成的 CryIA 在转基因棉花中获得高效表达，杀虫效果好，Bt 杀虫晶体蛋白表达量从原来占可溶性蛋白的 0.001%提高到 0.05%～0.1%。

自 20 世纪 80 年代末期我国开始进行 Bt 基因的克隆研究。1992 年郭三堆等在国内首先合成了 CryIA 杀虫晶体蛋白结构基因，并和山西省农业科学院棉花研究所、江苏省农业科学院经济作物研究所合作分别通过根癌农杆菌介导和花粉管通道法将 *CryIA* 基因导入'泗棉 3 号''晋棉 7 号'等推广棉花品种中，获得了抗虫性较好的转 Bt 基因抗虫棉品系。中国农业科学院棉花研究所于 2001 年组织全国 9 个研究单位对 8 个国产抗虫棉品种进行比较试验。试验表明：①在参试品种（系）中，我国所培育的常规优质中熟抗虫棉'sGK9708''中 221'等新品系，其抗虫性与美国抗虫棉'新棉 33B'相当，抗病、耐旱性明显优于'新棉 33B'，而产量则超过'新棉 33B'20%左右；②在杂交抗虫棉方面，我国具有独特优势，抗虫性、丰产性及内在品质等综合农艺性状均显著超过美国品种'新棉 33B'，其中'中棉所 38''南抗 3 号''鲁棉研 15''中棉所 29'等杂交种（组合）在黄河流域棉区表现突出，'中 2108''南抗 3 号''鲁棉研 15''中棉所 29'等在长江流域棉区表现突出。

2. 抗除草剂基因工程　　草甘膦是应用最广泛的一种非选择性除草剂。它抑制作物体内芳香族氨基酸生物合成中的关键酶 5-烯醇-丙酮酰莽草酸-3-磷酸脂合酶（EPSPS），从鼠伤寒沙门氏菌（*Salmonella typhimurium*）中鉴定和分离出抗草甘膦除草剂的 EPSPS 突变基因，突变发生在 aroA 位点上，使第 101 位置上的脯氨酸转变成丝氨酸。转基因棉花对草甘膦有显著的抗性，1997 年在美国推广。

2,4-D 是一种激素型除草剂，浓度过高会对植物有毒害作用。阔叶植物特别是棉花对 2,4-D 极其敏感。2,4-D 作为选择性除草剂常用于防治禾谷类等单子叶作物中的阔叶杂草。2,4-D 是一种稳定的化合物，但进土后就变得不稳定，易被分解，因为土壤中有能分解 2,4-D 的微生物。美国和澳大利亚已从富氧产碱菌中分离出能分解 2,4-D 的 2,4-D 氧化酶（*tfdA*）基因并导入陆地棉。转 *tfdA* 基因的棉花能耐 0.1% 2,4-D，为生产上施药浓度的 2 倍。陈志贤等（1994）也培育了 *tfdA* 基因的棉花，转基因植株对 2,4-D 也有较好的抗性。

溴苯腈是一种苯腈化合物，抑制光合作用过程中的电子传递，能除阔叶杂草。Bride 等（1986）发现从土壤中分离出的一种臭鼻杆菌能产生溴苯腈水解酶 Bxn，可将溴苯腈水解，使其失去除草功能。Stalker 等（1987）克隆了 *Bxn* 基因并导入棉花，转基因棉花能耐大田药量 10 倍的溴苯腈。

3. 纤维品质改良　　自 1992 年克隆棉花纤维特异表达蛋白 *E6* 基因以来，国内外已鉴定出大量与棉花纤维起始、伸长和细胞壁形成相关的基因，如 *GhMYB25*、*GhMYB25-like*、*GhMYB109*、*GhWLIM1a* 等。Zhang 等（2011）成功利用 *IaaM* 基因提高了棉花纤维细度。

4. 雄性不育　　植物雄性不育在品种群体改良及杂种优势利用中具有重要的应用价值。通过克隆或人工合成的核糖核酸酶基因让它在花药绒毡层中转化表达，从而促使绒毡层细胞提早解体，导致小孢子发育不正常而表现雄性不育。这种雄性不育特性表现为显性遗传，和一般隐性的核雄性不育系一样可用于杂种种子的生产。通过转化花药启动子和淀粉芽孢杆菌的蛋白质抑制剂基因（*barstar*）或核糖核酸酶反义 RNA 基因，就可培育出相应的恢复系。

（二）分子标记辅助育种

传统的棉花育种是通过不同基因型亲本间的杂交或其他育种技术，根据分离群体的表现连续选择、培育新品种。基因型的表现容易受环境条件的影响，而且性状选择、检测比较费工费时。分子标记的发展为提高棉花育种的工作效率和选择鉴定的精确度提供了一个新的途径，分子标记在棉花遗传育种中的应用主要有下列几方面。

1. 亲缘关系和遗传多样性分析　　分子标记用于棉花系谱分析，国内外已有许多报道。1989 年 Wendel 等对四倍体棉种和 A 与 D 两个二倍体染色体组棉种进行叶绿体 DNA（cpDNA）的 RFLP 研究，结果表明四倍体棉种的细胞质来源于与 A 染色体组的棉种。随后大量的分子标记研究表明，棉属种间遗传多样性丰富，陆地棉种内遗传基础狭窄。

2. 分子标记辅助选择　　分子标记辅助选择是利用与目标基因紧密连锁的分子标记对目标基因进行选择的方法。作物有些性状（如产量、品质、成熟期等）是无法早期鉴定和筛选的，另外有些性状（如抗病、耐旱等）则必须创造逆境条件才能进行检测。因此，在常规育种工作中对这些性状进行选择时，常因群体和环境条件的限制无法鉴定出来而被淘汰。利用这些性状与分子标记紧密连锁的关系，不仅能够对它们有效地进行选择，而且也不需要创造逆境条件，这既提高了育种效率，还节省了人力、物力和时间。

Zhang 等（2003）在陆地棉第 24 号染色体鉴定出纤维强度主效 QTL，该 QTL 有利等位基因来自优质品系'7235'。后来，他们进一步使用三个回交群体证实了该 QTL 在不同遗传背景中对纤维强度的影响。美国一研究小组利用'7235'与两个具有不同纤维强度的种质系进行了杂交，发现第 24 号染色体纤维强度主效 QTL 在这两个群体不同世代表现稳定，'7235'等位基因解释了 40%的表型变异。

USDA-ARS 采用回交育种培育出陆地棉品系纤维强度差异显著的'MD52ne'和'MD90ne'近等基因系。'MD52ne'是以'MD90ne'作为轮回亲本连续回交获得 BC6 高强度选系，'MD52ne'的纤维强度比'MD90ne'高 10%～25%。近等基因系之间的纤维强度差异在多年和多环境得到证实，且没有基因型×环境互作效应，这表明纤维束强度差异是可遗传的，并且可能受主要基因控制。以'MD52ne'和'MD90ne'作为亲本进行杂交，在第 3（A03）染色体上鉴定出纤维强度主效 QTL。该 QTL 已在不同遗传背景中得到验证，其连锁标记已用于将该 QTL 转移至其他种质系的分子标记辅助选择。

Shen 等（2011）利用标记辅助选择将来源海岛棉的第 1（A01）染色体纤维长度 QTL（*qFL-chr1*）转移到其他陆地棉品系。该 QTL 来自海岛棉的有利等位基因可以增加纤维长度，解释表型变异可达 24%。为了证实该 QTL 与纤维长度的相关性，Shen 等选择了 3 个 *qFL-chr1* 区域遗传标记杂合的 BC_3F_2 植株，构建 3 个独立的近等基因渗入系群体，结果证实了 *qFL-chr1* 对纤维长度的正向影响。

（三）基因编辑育种

20 世纪 70 年代重组 DNA 技术的出现及随后植物遗传转化技术的发展，在许多情况下克服了物种障碍，为生物之间转移遗传物质奠定了基础。然而，转基因的随机掺入会导致不必要的副作用，并且需要进行安全研究以符合生物安全和风险法规。尽管转基因作物前景广阔，但安全问题限制了它们的使用。

基因组编辑是一种先进的分子生物学技术，以前所未有的精度和效率在基因组中的目标位置添加、删除、修饰或替换 DNA。转基因育种技术的主要风险之一是不加选择地插入基因，这可能导致宿主基因的破坏、上调或下调。相比之下，靶向 DNA 修饰带来的安全风险较低。除编辑的基因之外，经过编辑的植物与天然突变体没有区别。这些精确的突变可以加速现代作物育种步伐，以实现精确的作物改良。

基因组编辑工具有 4 种：大范围核酸酶（meganuclease）、锌指核酸酶（zinc-finger nuclease，ZFN）、类转录激活因子效应核酸酶（transcription activator-like effector nuclease，TALEN）和成簇规则间隔短回文重复序列（clustered regularly interspaced short palindromic repeat，CRISPR）/CRISPR 相关蛋白质（CRISPR associated protein，Cas）系统。其中 CRISPR/Cas9 基因编辑技术已广泛应用于棉花功能基因的鉴定。最早利用 CRISPR/Cas9 技术研究 MYB25-like 转录因子在棉花纤维发育中的功能，发现 CRISPR/Cas9 介导的 MYB25-like 敲除未触发棉花纤维的发育。利用 CRISPR/Cas9 技术敲除棉花 *14-3-3d* 基因的突变系与野生型相比，敲除株系对大丽轮枝菌侵染具有更高的抗性。

综上所述，生物技术在棉花育种中的应用已经取得一定进展，为棉花育种开创了一条新途径，并已有鼓舞人心的成功事例。但在育种中作为一种实用技术，还有不少问题有待研究和解决。在作物育种中应用生物技术创造出多种变异或产生目标基因导入植株（转基因植株），都还要用常规方法进行选择、鉴定、比较和繁殖才能成为品种。育成品种的产量、纤维品质、抗性和适应性也必须优于推广品种才能在生产上应用。生物技术是作物育种有良好应用前景的手段，必须与常规育种等结合才能发挥作用。生物技术与常规育种等结合也是今后作物育种的发展方向。

四、杂种优势利用

棉花种间、品种间或品系间杂交的杂种一代，常有不同的优势，如果组合的综合优势表现优于当地最好的推广品种，即可用于生产。

（一）杂种优势的表现

1908 年 Balls 报道了陆地棉与埃及海岛棉的种间杂种一代的植株高度、开花期、纤维长度、种子大小等性状具有优势表现。此后，很多研究都证明海岛棉和陆地棉杂种有明显优势。London 等总结 20 世纪前 50 年棉花杂种利用问题时指出：海陆杂种一代，无论在产量和品质上均有明显优势，而陆地棉品种间杂种优势则表现不规律。Davis（1978）在一篇有关杂种棉综述中提到了来自印度的报道，棉花品种间 F_1 杂种产量高于生产上应用的品种（对照组）138%，这是所有报道棉花品种间杂种优势增产幅度最高的一例。其他一些研究报道，优良的组合产量优势在 15%～17%水平。我国 20 世纪 70 年代以来对陆地棉品种间杂种优势进行了广泛研究，结果表明，F_1 一般比生产上应用的品种可增产 15%左右，如果组合选配得当，还有增产潜力。近 40 多年的研究结果表明，陆地棉品种间杂种优势以产量平均优势最大，其次为单株铃数与早熟性，再次为铃重，衣分的优势很低，杂种纤维品质性状没有突出的优势，一般与双亲平均值接近。

（二）杂种优势形成的遗传机制

在陆地棉品种间杂交中，大多数试验表明，产量性状杂种优势加性效应和显性效应是主要的，在个别情况下存在上位性效应。在陆地棉与海岛棉种间杂种中，超显性非常普遍，显性×显性互作对杂种优势贡献最大。棉花杂种优势利用不能忽视上位性的作用，尽管它们所占的遗传分量并不大，在某种程度上来说，可能是杂种优势的重要原因。

大量试验表明，陆陆杂种与陆海杂种的纤维品质表现差异较大。通常，陆陆杂种表现相当稳定，趋于中亲值。Innes（1974）运用核背景差异较大的陆地棉品系配制了大量组合，研究结果表明纤维长度与纤维强度存在显著的上位性。进一步分析发现，利用陆海杂种渐渗系为研究材料发现具有上位性，而运用陆地棉纯系却未发现上位性。所有研究的纤维性状优势近于中亲值，位于双亲之间，尽管存在部分显性，但加性遗传占绝大部分，优势极低。

陆海杂种纤维性状的优势比陆陆杂种大得多。长度表现完全显性，甚至超显性。而纤维整齐度一般比双亲均低。马克隆值为负向优势，即陆海杂种的纤维比双亲更细。海岛棉与陆地棉的纤维比强度差异较大，海岛棉比陆地棉高 30%～50%。陆海杂种的比强度以特殊配合力为主。Fryxell（1958）报道杂种的比强度介于双亲之间。Stroman（1961）的研究结果为比强度接近海岛棉亲本。Marani（1968）报道，大多数陆海组合优势接近中亲值，而两个海岛棉亲本杂交 F_1 却高于双亲。Omran 等（1974）进一步强调了陆海杂种比强度特殊配合力的重要性。张金发等（1994）认为，陆海杂种中，显性与显×显是杂种优势的主要来源。

（三）杂交棉种子生产

在棉花杂交优势利用中，至今仍无高效率、低成本、较简便的生产杂交棉种子的方法，这是限制棉花杂种优势广泛利用的一个重要因素。目前应用的和在进一步研究中的制种方法有以下几种。

1. 人工去雄杂交　人工去雄杂交是目前世界上最常用的杂交棉种子生产方法。组合筛选周期短，应变能力强，更新快，但是去雄过程费工、费时，增加了杂交制种的生产成本。印度与中国大面积推广的组合均以该方式获得杂种。如曾在我国大面积推广的'中棉所28''中棉所29''湘杂棉2号''皖杂40''冀棉18'等。目前大面积推广的组合，仍以人工去雄授粉为主，人工去雄利用二代可以大幅度地降低制种成本，尤其是在快速选配组合，充分利用优良特色材料方面有优势。

因棉花具有无限生长特性，熟期长，产量不是一次性的收获，二代株型、熟性的分离对产量影响不大，因而有扩大利用 F_2 的可能性。张天真等（2002）综合 13 篇研究报告发现，F_2 产量性状的中亲优势仍然达 11.8%；而铃数、早熟性、铃重和衣分的中亲优势分别为8.4%、8.05%、3.77%、0.06%。也就是说，对产量的贡献，仍以铃数、早熟性为最大，其次为铃重，而衣分已无增产作用，与 F_1 的结果一致。纤维长度 F_2 的中亲优势为 0.26%～2.1%，比强度为 1.23%～1.97%，马克隆值为 2.4%～1.32%。F_2 由异型群体组成，可能使其具有广泛的适应性及对各种环境的缓冲能力。

2. 二系法　利用核不育基因控制的雄性不育系制种。四川省农业科学院育种栽培研究所（原四川省农业科学院棉花研究所）选育的洞 A 核雄性不育系的不育性是受一对隐性核基因控制的，表现整株不育，不育性稳定。以正常的可育姊妹株与其杂交，杂种一代将分离出不育株与可育株各半。用不育株作不育系，可育株作保持系，则可一系两用，不需要再选育保持系。因此这种制种方法称为二系法或一系两用法。

供生产用的 F_1 种子则可由正常可育父本品种的花粉给不育株授粉而产生。四川省农业科学院棉花研究所利用洞 A 核雄性不育系配置了'川杂1号''川杂2号''川杂3号''川杂4号'等优良组合，而'中棉所38''南农98-4'等则是利用 ms_5ms_6 双隐性核雄性不育系配置的杂交组合。这些杂交种可比当地推广品种的原种增产皮棉 10%～20%。两系法的优点是不育系的育性稳定，任何品种可作恢复系，因此可以广泛配置杂交组合，从中筛选优势组合。不足之处是在制种田开花时鉴定花粉育性后，要拔除约 50%的可育株，不育株虽可免去手工去雄，但仍需手工授粉杂交。

3. 三系法　利用雄性不育系、保持系和恢复系"三系"配套方法制种。美国Meyer（1975）育成了具有野生二倍体哈克尼西棉细胞质的质核互作雄性不育系'DES-HAMS277'和'DES-HAMS16'。这两个不育系的育性稳定，并且有较好的农艺性状。一般陆地棉品种都可作它们的保持系。同时，也育成了相应的恢复系'DES-HAF277'和'DES-HAF16'。这两个恢复系恢复能力不稳定，特别是在高温条件下，育性恢复能力差，因此与不育系杂交产生的杂种一代的育性恢复程度变幅很大。Weaver（1977）发现比马棉具有一个或几个加强育性恢复基因表现的因子。Sheetz 和 Weaver（1980）认为，加强育性恢复特性是由一个显性基因控制的，在某些情况下这个加强基因又表现为不完全显性。

4. 指示性状的应用　以苗期具有隐性性状的品种作为母本，与具有相对显性性状的父本品种杂交，杂种一代根据苗期显性性状的有无，识别真假杂种，这样可以不去雄授粉，省去人工去雄。已试用过的隐性指示性状有苗期无色素腺体、芽黄、叶基无红斑等。具隐性无腺体指示性状标记的强优势组合'皖棉 13'是安徽省棉花研究所育成的杂交棉品种，它是利用长江流域棉区主栽品种'泗棉 3 号'和自育低酚棉品系互为父母本配制的。'皖棉 13'的产量高，在安徽省杂交棉比较试验中，F_1 和 F_2 的产量均名列第一，比对照品种'泗棉 3 号'分别增产 16.48%（F_1）和 11.40%（F_2）。'皖棉 13'有无腺体（低酚棉）指示性状，收获种子的当代就很容易鉴别出真假杂种种子，不仅能简便地进行纯度检测，鉴别出真假杂种种子，也易于区分杂种一代和二代。

5. 化学去雄　　用化学药剂杀死雄蕊，而不损伤雌蕊的正常受精能力，可省去手工去雄。在棉花上曾试用过二氯丙酸、二氯丙酸钠（又称茅草枯）、二氯异丁酸、二氯乙酸、顺丁烯二酸酰 30（又称青鲜素，简称 MH30）、氯异丁酸钠（又称 232 或 FW-450）等药剂，均有不同程度杀死雄蕊的效果。用这些药剂处理后，花药干瘪不开裂、花粉粒死亡。这些化学药剂一般采用适当浓度的水溶液在现蕾初期开始喷洒棉株，开花初期可再喷一次，开放的花朵不必去雄，只需手工授予父本花粉。由于化学药剂去雄不够稳定，用药量较难掌握，常引起药害，且受地区和气候条件影响较大，迄今未能在生产上应用。

棉花杂种优势利用是进一步提高棉花产量的途径，但对改进纤维品质和抗性的潜力不如改进产量大。经过长期品种遗传改良，棉花品种产量已达到相当高水平，继续提高，难度较大，因此有些育种者寄希望于杂交棉。各产棉国都在努力解决缺少高优势组合、制种方法不完善或较费工、传粉媒介不足、杂种二代利用等问题，只有这些问题得到较好解决，棉花杂种优势才能在生产上得到更广泛的应用。

第六节　棉花栽培技术

一、棉田种植制度

1. 棉田种植制度现状　　随着我国粮食问题成为农业主要问题，粮棉争地矛盾又成为农业生产的主要矛盾。因此，各棉区不断调整棉田种植制度，提高棉田复种指数和经济效益，增加粮棉产量。总的来说棉田种植有以下类型。

（1）棉田套种（栽）模式　　棉田套种（栽）模式分布于长江流域和黄河流域棉区。包括麦棉套种（栽）、油套棉、瓜类与棉花套作、蒜（葱）套栽棉、菜瓜棉和麦瓜棉及绿肥棉等方式。总体来看，棉田套种（栽）模式已由过去的麦棉套种改为棉花与多种作物套种。

（2）棉油田连作　　棉油田连作主要有油后移栽或直播棉花、麦后移栽或直播棉花、蒜后移栽或直播棉花。主要分布于南襄盆地、黄淮平原和华北平原南部。

（3）果棉间作　　该模式在新疆和山东黄河三角洲皆有种植。由于新疆南疆果棉间作发展快，大部分果树已长大成为果园，间作棉花已开始退出。

2. 棉田多熟种植技术的应用原则　　随着人们生活水平和经济水平的提高，对农产品特别是食品的质量安全要求进一步提高，对作为食品的农产品中农药残留、重金属污染等更为关心。因此，棉田多熟种植技术应用时更应考虑以下原则。

（1）以棉花生长为主　　无论棉田间套种何种作物，在设计种植方案时，都要以收获棉花作为秋熟主产品，否则就不能称为棉花种植，只算作其他作物种植。

（2）保证作物产品安全　　棉田间套种的其他作物应以冬春作物为主，在棉花盛花前除棉花外，所有作物应收获完毕，这样既能保证棉花获得高产，又能保证其他作物产品不受棉田农药的污染。

（3）用地和养地相结合　　棉花种植需注意用地和养地相结合，特别要注意加大有机肥的应用，以保持土壤的高肥力，有利于生产的持续发展。

（4）种植收益最大化　　棉田套种其他农作物，应充分做好市场调研，种植一些收益高的作物，保证立体种植的高效益。

此外，棉田间套作宜扩大行距，不宜与高秆作物（如玉米等）间作。适当调整畦幅，合理配置株行距，放宽畦面，扩大行距，缩小株距。采用育苗移栽和地膜覆盖技术，缩短共生期，在枯萎病和黄萎病易发区，有水利条件的地方，棉花与水稻进行水旱轮作，可显著减轻病害。

二、棉花对土、肥、水条件的要求

（一）棉花对土壤条件的要求与整地

1. 棉花对土壤条件的要求　　土壤 pH 为 5.2～8.5 适于棉花生长，pH 8.5 以上容易发生碱害。土壤富含氮、磷、钾，且常量元素和微量元素硼、锌、钼、铜等适中，某些元素不足或过量，易产生缺素症或毒害。土壤质地要求砂质中壤土。地下水位以 1.5～3 m 比较理想，地下水位过高容易发生涝害，根系发育不良；过低则供水易受限制。

2. 整地　　深耕是棉花生产的重要环节。盐碱地深耕有助于淋盐洗碱。一熟地区棉田通常要进行秋（冬）春两次耕作。秋耕宜早，如提早到前作物收获后及时耕作，效果更好。至迟必须在表层 5 cm 结冻前结束秋（冬）耕。春耕要抓住解冻后返浆期耕翻，并及时耙耕保墒。南方两熟棉区，由于与冬作物套种，很少春耕。一般是在播种冬作物时深耕一次，冬春在预留棉行上深挖坑土。播前整地也因耕作制度不同而有差异。一熟棉区有细耙平整作业，南方低湿地区多有起垄作业，两熟套种棉区则多结合施用塘堰河泥或土杂肥进行行间作业。

（二）棉花的营养特性与施基肥

1. 棉花的营养特性

（1）棉花产量与需肥量　　中国棉花研究所研究表明，每公顷皮棉产量 1500 kg 时，需从土壤中吸收氮（N）150.0～202.5 kg、磷（P）52.5～90.0 kg、钾（K）195.0～247.5 kg。扬州大学农学院研究表明，每公顷皮棉产量由 1500 kg 增加至 2250 kg 时，对氮、磷、钾的吸收总量随着产量水平的增加而提高。但生产单位皮棉（50 kg）吸肥量分析出现两种情况：一种情况是生产 50 kg 皮棉的吸肥量，氮、磷有下降的趋势，而钾有上升的趋势；另一种情况是生产 50 kg 皮棉对氮、磷、钾的吸收量均有随产量提高而增加的趋势。但在高产更高产条件下，生产单位皮棉的吸肥总量有随产量的提高而上升的趋势。

（2）棉花不同生育期的营养特点　　棉花各生育期对养分的吸收利用，随其发育阶段的推移而变化，同时也受气候、土壤环境的影响。因此，在制订施肥方案时，必须注意特定环境下棉花生长发育的特点，不可一概而论。

苗期吸收养分占整个生长期总量的比例是氮 2.6%～3.2%，磷 2.0%～2.2%，钾 3.2%～

4.3%。氮、磷、钾的比例是 1∶0.29∶1.21。在低氮情况下，此期所吸收的氮和磷比供氮充足的棉花所积累的相对数量要高。

蕾期是从营养生长转入生殖生长时期，吸收的氮占总量的 19.4%～24.7%，磷占16.7%～18.4%，钾占 33.1%～39.9%。氮、磷、钾的比例为 1∶0.31∶1.56。以中等供氮所积累的氮磷钾相对量最高。此期棉花的矿质营养代谢进入旺盛时期，磷和钾的积累速度加快，积累速度高于氮。因而此期如供氮过多，易造成徒长。

花铃期是棉花吸收和积累矿质营养的高峰期。氮的积累占全期的 57.6%～62.8%，磷占54.5%～64.1%，钾占 51.3%～62.4%，氮、磷、钾的比例为 1∶0.39∶0.87。供氮水平对这一时期氮的积累有一定影响，随供氮量增加而上升，磷则有减少的趋势。此期是大量结铃时期，养分消耗量大，而根部吸收能力逐步减弱。因而，保证养分的供应对产量有重大作用。但初花时期正是营养生长高峰期，氮素过多容易徒长，对增铃不利。

吐絮成熟期棉花根的吸收能力逐渐衰弱，植株体内大量的贮藏性养分向棉铃转移，吸收和积累的矿质营养大幅度下降，此期积累的氮只占总量的 12.8%～17.8%，磷占 16.9%～26.6%，钾占 0.8%～5.6%。氮、磷、钾的比例为 1∶0.59∶0.19，钾的下降幅度大。在供氮充足情况下，磷的下降幅度不大，而钾的下降特别突出。供氮水平适中，则磷、钾下降幅度较小。供氮不足，钾下降幅度也大。

综上所述，棉花的营养特点是：第一，花铃期是棉花吸收矿质营养的高峰期，所吸收的氮、磷、钾都占总量的 50.0%以上。因此，这一时期需要重施速效肥。第二，正常情况下，棉花吸收氮和钾以前期、中期为多，尤其是钾，而磷则以中后期为多，说明前期和中期必须保证钾的供应，而中后期应重视补充磷和氮。第三，不同施肥量对棉株吸收矿质营养的数量和动态均有影响。施肥量多，吸收的总量高，而且中后期的吸收率也高；施肥量少，吸收总量少，前期吸收率高，特别是氮素更为明显。所以，施肥不当，既可能造成徒长，也可能导致早衰。

2. 棉花合理施肥的原则　　棉花营养特性为科学施肥提供了理论依据。合理施肥必须按照满足需要、经济与用养相结合的原则。

（1）重视施肥的效应　　肥料的效应要求平均增产量随施肥量增加而递减，而总产量则随之增加。增加的肥料投资与因增产增加的产值相等，其施肥的总效益最大，为最佳的经济施肥量。

（2）氮磷钾全面配合　　虽然棉花各生育期中所吸收的氮磷钾比例是变化的，但施肥时氮磷钾全面配合总是显示出最好的效果。研究表明，全面配合比单施氮肥增产 18.5%，对干物质的积累也十分有利。全面配合使氮磷钾的吸收利用率得到提高，加快生长发育，还提高了棉花的光合效率，尤以盛花期为突出，增加 49.4%。

（3）营养生长和生殖生长、个体和群体协调　　施肥应当在苗蕾期适当控制，使其蕾期稳长，初花期生长速度最快时健而不旺。盛花结铃期重施速效肥，保证早熟而不早衰。

（4）有机肥为主、用养结合、不断提高地力　　防止单施化肥及不适当地追求利润片面性而不投或少投有机肥，最终造成地力下降。

（二）棉花的需水与灌溉排水

1. 棉花的需水规律

（1）棉花的需水量及其与产量的关系　　棉花的需水量随着产量的提高而相应增加，

每公顷产皮棉 1125～1875 kg，耗水量为 5490～6150 m³。棉花的耗水系数，即生产 1 kg 皮棉需要的耗水量为 1500～2000 kg。此外，棉花需水量也因气候条件、土壤质地、品种、密度、施肥量等而异，但主要受制于棉株的生育状况。

（2）棉花需水规律　　棉花苗期需水较少，吸水量占全生育期的 5%～10%；蕾期开始吸水增多，吸水量占全生育期的 20%左右。花铃期为需水高峰期，需水量占全生期吸水的 45%～65%。吐絮期需水较少，吸水量占全生育期的 10%～15%。

2．旱涝对棉花的危害　　我国各棉区不但一年各季节降水量分布很不均匀，而且年际之间降水量也有很大的不同。总体来说，正常年约占 70%，旱涝年约占 30%，各地必须注意抗旱防涝。

（1）干旱　　棉花受旱有土壤干旱和大气干旱两种。土壤干旱是棉花可利用的水分缺乏，根部吸收不到水分所致。大气干旱是由于气温高而相对湿度小，叶面蒸腾量超过根系吸水量，因此破坏了棉株体内的水分平衡，使棉株萎蔫，从而抑制茎叶生长，降低棉花的产量。如果大气干旱的时间较长，水源供应不足，就会发生土壤干旱，使棉株陷于永久萎蔫状态，生长停滞，蕾铃脱落，造成减产，甚至无收。

（2）湿害和涝害　　土壤水分过多会造成湿害和涝害，湿害是指土壤含水量超过了田间最大持水量，土壤水分处于饱和状态。涝害是指水分充满土壤，棉田地面积水，淹没了棉株的局部或整株。土壤水分过多会使棉株生长在缺氧环境，因而限制了根系的有氧呼吸，导致能量缺乏和有毒物质积累；降低了根对离子的吸收活性及土壤的氧化还原势，使得土壤内形成大量有害的还原性物质，直接毒害根系；改变了土壤理化性质，造成氮的损失及微量元素的流失，从而引起棉株营养失调；抑制光合作用，同化物质向外输出受限，进而降低了光合速率；最终导致棉株矮小、根系分布浅、叶黄化、蕾铃大量脱落等，严重时引起死亡。湿害、涝害还受淹水深度和时间长短、水温、施氮肥量等生态因子的影响。

3．棉田水分的调节　　根据棉花的需水规律，在搞好农田基本建设的基础上，及时灌溉和排水是十分重要的。

（1）棉田合理灌溉、排水的原则　　棉田灌溉排水工作必须掌握"看天、看地、看棉花"的原则，才能保证灌溉合理，排水及时。看天即根据本地区的气候特点，并注意当时的天气变化。看地即应考虑土壤含水量，地下水位、土壤质地和肥力、地势等。看棉花即掌握棉花正常的长势长相与缺水表现，是决定棉田灌溉时机的有效方法，如顶部叶片叶色暗绿，失去向阳性，且萎蔫，中脉折而不脆；主茎生长速度减慢，花位升高等。

（2）棉田灌溉　　棉花干旱主要出现在夏季，棉株缺水时应及时于早晨或傍晚进行穴灌与沟灌。有条件时采用喷灌或膜下滴灌效果更佳，并可结合进行追肥。

（3）棉田排水　　棉田排水的目的在于排除地面积水，降低地下水位。在盐碱土地区，加强排水还能降低土壤盐分含量，为棉株生长创造适宜的环境条件。棉花生长期间，地下水位应保持在离地面 1～1.5 m 以下。在地下水矿化度较高的地区，则应控制在 2 m 以下。

三、棉花群体的光能利用与合理密植

1．棉花群体的光能利用　　棉花干物质产量的 90%～95%来源于光合作用。因此要增加棉花产量，就必须提高棉花群体的光能利用率。目前，大面积生产上棉花的光能利用率只有 1%左右，其原因为：①棉花生育前期漏光损失多，低产棉田漏光损失可在 50%以上；②

棉花是 C_3 植物，光呼吸强度大；③夏天晴朗中午的光强度可在 100 klx 以上，致使上层叶发生光饱和浪费；④光、温、肥、水、CO_2 浓度等环境条件不适宜及病虫害的影响，使光合能力不能充分发挥，限制了光能利用率，增加呼吸消耗，影响光合产物的积累。因此，在不断改良品种的同时，通过综合技术措施，改善棉田生态条件，可将棉花的光能利用率提高到 2%～3%。

2. 棉田群体结构　　棉田合理的群体结构指在一定的栽培条件下，要求棉田具有合理的密度、株行距配置、株型、叶面积系数和适宜的封行期等。合理的群体结构，能使群体与个体、地上部与地下部、营养器官与生殖器官协调发展，以充分利用光能、热能和地力，达到高产、稳产、优质、低成本的目的。

棉花群体具有一定自动调节其产量结构的能力，但调节能力是有一定限度的。要获得高产，必须采取以合理密植为中心的综合农业技术措施，使棉花全生育过程有一个合理的动态群体结构。我国棉花生产上有三种类型的群体结构：一是小株密植，以利用横向空间为主，接近于平面采光的群体结构，它适用于一些瘦薄地、旱地及生育期短的麦后直播棉，如西北内陆棉区的种植密度为 150 000～300 000 株/hm^2；二是壮株中密植，以纵横空间并重利用，接近于曲面采光的群体结构，它适用于中等肥力棉田，如黄河流域棉区种植密度为 52 500～67 500 株/hm^2；三是大株稀植，在充分利用横向空间的前提下力争利用纵向空间，接近于立体采光的群体结构，它适用于高肥水和较长有效生育期棉田，如长江流域种植密度为 22 500～30 000 株/hm^2。

3. 合理密植增产的理论依据　　合理密植是一项经济有效的增产技术，在其他栽培措施的配合下，能协调棉株生长发育与环境条件、营养生长与生殖生长、群体与个体的关系，建立一个合理的动态群体结构，以充分利用光能、地力、时间和空间，形成大量有机物质，为棉花高产提供物质基础。合理密植增产的理论依据如下。

（1）充分利用地力　　许多试验表明，在一定范围内随着密度加大，主根变细，侧根减少，但主根入土加深，单位面积的根量显著增加，吸收能力也相应增强。因此，合理密植可以充分利用地力，有利于提高单产。

（2）充分利用光能　　合理密植可使叶面积较早达到适宜范围，以充分利用光能，制造较多的有机养分，为棉花高产提供物质基础。

（3）充分利用生长季节　　合理密植使单位面积上的株数增多，从而靠近主茎的内围果节数和中、下部果枝数增多，这些果节和果枝上的棉铃，正处于最适宜发育的 7～8 月，养分供应充分，因而脱落少，成铃率高，铃期短，铃重大，纤维品质好，有利于早熟增产。

（4）充分利用空间　　合理密植能使棉株生长向纵横两个方面均衡发展，保证空间的充分利用，最大限度地发挥群体增产潜力。通常认为，单位面积上有足够的果节数是充分利用空间的基础。同时，果枝和果节数必须协调。因此，必须把合理密植与适时打顶结合起来。再者，由于合理密植开花吐絮集中，生育期缩短，可以减少田间管理和治虫次数，因此可省工、省肥、省农药，还可缓和两熟制棉田争季节、争肥力和争劳力等矛盾。

4. 合理密植的原则　　确定合理的种植密度，必须充分考虑当地气候、土壤肥力、棉花品种特性及栽培管理水平等条件，以充分利用当地现有的生产条件和光、热资源，最大限度地发挥群体生产潜力，提高经济效益为准则。例如，在无霜期较长、热量和雨量较多的地区，密度应较无霜期短、温度较低、雨量较少的地区稀。施肥水平较高，灌溉条件较好（或多雨地区），土壤肥沃的平原棉田，密度宜稀；施肥水平较低，灌溉条件较差，耕层浅薄的丘陵岗地，盐碱地及保水保肥性较差的砂壤土，密度宜稍高。此外，品种的特性与栽培措施对种植密度亦有影响，如早熟品种与中晚熟品种、常规品种与杂交品种、露地栽培与覆膜栽培等均应有所不同，前者较密，后者较稀。

5. 株行距的合理配置 合理配置行株距，既能充分利用地力和光能，又能保持较好的通风透光条件，使群体与个体协调发展，有利于光合产物的积累与分配，也便于田间管理和棉田机械化作业。

棉花株行距配置主要有两种方式，一是宽窄行，大行用于改善田间通风透光和有利于田间管理，小行用于保持密度。二是等行距，该方式棉株田间分布均匀，有利于光能利用，但不便于管理。近年来随着立体间套种种植方式的推广，在株行距配置上向宽行密株方向发展，即扩大行距，缩小株距。

四、播种和育苗移栽

（一）种子处理

作为播种用的棉种，需进行种子处理，以保证质量合格，促进发芽出苗，消除种子表面所带病菌，防止土壤病菌对种子的侵染。种子处理包括选种、晒种、硫酸脱绒、拌种或浸种及种子包衣。

1. 选种 选种主要包括选用优良品种和种子质量好的棉种。我国长江流域、黄河流域棉区目前主要种植抗虫棉品种，尤其以大铃品种受欢迎。种子质量要求品种的纯度在99%以上，发芽率在90%以上。

2. 晒种 晒种有促进种子后熟，提高发芽率和发芽势的作用。一般在播种前抢晴天摊晒3～5天，每天晒5～6 h。

3. 硫酸脱绒 硫酸脱绒是使用98%的浓硫酸（工业用硫酸）与棉种按1∶10充分搅拌（不超过15 min），将种子表面的短绒碳化去除，然后用水或碳酸氢钠漂洗去除种子上残酸后晾干。该方法可达到自动选种和提高发芽率的目的。

4. 拌种或浸种 拌种是直接将杀菌农药（如灵福合剂或卫福合剂等）与棉种按1∶10混合，使农药均匀附着于种子表面。为保证均匀拌种，可将农药先与少量细土混合均匀，然后再与棉种拌匀。

浸种是指用浓度0.3%～0.4%（有效成分）多菌灵胶悬剂等浸种14 h，在浸种过程中搅拌1～2次，浸后用清水冲洗即可播种或晾干备用。光子浸种8 h左右为宜，最好不超过12 h；毛子可浸12 h左右，最好不超过20 h。

5. 种子包衣 种子包衣是通过成衣剂将用于杀菌的农药包裹于种子表面。该方法既可通过人工方法，又可通过机械方法进行。包衣时先按上述拌种方法将杀菌剂附着于种子表面，再将成衣剂包被于附了农药的种子表面。

现在棉种生产将晒种、硫酸脱绒、种子包衣等种子处理环节实现了工厂化加工，并完全商品化，从而有利于保证将质量合格和能有效预防苗病的种子提供给农民。

（二）直播

1. 播种 播种主攻目标是实现早、齐、全、匀、壮"五苗"，即实现早出苗、出苗整齐、出苗率85%以上、出苗均匀和形成矮壮苗。

（1）播种期　　适时播种既可以充分利用有效的生长季节，又有利于争"五苗"，实现早发。如播种过早，会造成"早而不全、不壮"；播种过迟，又会导致"全而不早"，不能充分利用有效的生长季节，影响产量。一般在日平均气温稳定在 14℃（5 cm 深的土温在 15～16℃）时即可开始播种。在适宜播期内，还应根据前茬种类、土质、墒情等决定播种先后。采用机械播种，可以缩短播期，有利于抓住适期播种。

（2）播种方法与播种量　　播种量应根据发芽率高低、种子大小、留苗密度、土壤、气候、病虫害等情况决定。条播要求每米内有棉籽 45～60 粒，每公顷播精选种子 60 kg；点播每公顷用种 30 kg 左右，每穴播 2～3 粒。

（3）深度　　播种需深度适中，播种过深或上面板结，则子叶顶土困难，出苗慢，消耗养分多，幼苗瘦弱，甚至引起烂子、烂芽而缺苗。播种过浅，又常因干旱而发芽困难，出苗不早不全，易造成棉籽壳与苗不能分离。播种深浅要根据土质和墒情而定。土壤黏重、湿润多雨的地区宜浅播，最好播后用灰土或灰粪盖上，以防表土板结不利于出苗。砂性土壤或天旱时宜深播，必要时要稍加镇压，以利于吸水发芽。盐碱地宜浅播，播后盖草防止盐分上升。总之要掌握"深不过寸，浅不露子"，播深以 2～3 cm 为宜，播后盖土 1.5～2 cm。播种和盖土要深浅一致，以保证出苗整齐。

（4）种肥的应用　　种肥以速效性肥料为主，一般每公顷施硫酸铵 75 kg 或碳酸氢铵 120 kg，过磷酸钙 75 kg，土壤缺钾的可每公顷施硫酸钾 75 kg。在播种前将种肥与细土混匀撒入播种沟或穴内再播种，然后盖土。

2. 播后管理

（1）查苗补种　　播种后及时检查，发现漏播、烂种现象应立即补种。

（2）扶理前作　　在前作物长势旺的棉田，为了改善棉行温、光条件，可对前作物进行"扎把露苗"，但以少影响前作物的产量为宜。

（3）排水抗旱　　播后要进行清沟排水，降低地下水位，确保棉田无积水。遇雨土壤板结，要及时破壳，助苗出土。如遇春旱应连续抗旱，直至齐苗为止。

3. 直播棉苗期生育特点与栽培技术要点　　苗期 40～50 天，所积累的干物质占总干物质的 1.5%～2%，是决定每公顷株数的关键时期。

（1）苗期的生育特点　　苗期的生育特点如下：①营养生长为主。苗期以扎根、长茎、生叶，即营养生长为主，并开始花芽分化。当棉苗第 2～3 片真叶展平时，主茎上已分化出 8～10 个叶原基（包括展开叶），在较高节位（第 5～7 节）幼叶的腋芽发育成果枝原基，其顶芽发育成花原基。②地上部生长缓慢，根生长较快。苗期气温较低，地上部生长缓慢，但根生长较快。主根伸长比株高增长快 4～5 倍。③对不良环境因素抵抗力弱。棉花苗期，特别是 3 片真叶以前，对不良环境因素抵抗力弱，如遇寒潮低温，会影响棉苗的正常生理活动，导致弱苗迟发、病苗或死苗。苗期对养分和水分的要求不多，但棉苗茎、叶生长和根系发育要求充足的光照，较高的温度和良好的土壤通气条件。

（2）苗期栽培技术要点　　长江流域两熟棉区，棉花播种后阴雨多，日照少，气温低，湿度大，土壤通气不良，地温不易升高，肥料分解缓慢，使棉花根系发育不良。套种棉田由于前作荫蔽，光照不足，容易形成病苗、弱苗、高脚苗和死苗。有些棉区常年多春旱，棉田缺水，对棉苗生长不利。特别是盐碱地常因缺水、低温和返盐、返碱而造成迟发或缺苗。因此，苗期棉田管理的主攻方向是：在确保全苗的基础上，狠抓早管促早发，促进根系发育，达到壮苗早发。

1）补苗、间苗、定苗。棉苗出土后，如发现缺株断行，要及时移苗补缺。移苗时多带土，少伤根，在傍晚或阴天进行，栽后立即浇水，以利于成活。移补的苗应比两旁的苗稍大些，以利于平衡生长。在齐苗后进行第一次间苗，以叶不搭叶为度。1～2 片真叶时进行第二次间苗，苗距为定苗株距的一半为宜。3～4 片真叶时便可定苗。总之，间苗和定苗要做到及时、留匀、留壮，拔除病苗、虫苗、弱苗、高脚苗和杂苗。

2）中耕除草、及时灭茬。中耕是全面改善土壤水、肥、气、热状况，防除杂草，促使棉苗根系发达，实现壮苗早发的有效措施。棉田中耕要求"早、勤、细"，做到雨后必锄、地板、草多勤锄，经常保持田平、土松、草净。盐碱土更要注意雨后浅松土，以防止返盐碱。在地势低洼渗水性差的棉田，如遇连阴雨，不能中耕锄地时，可仅拔除杂草，防止"草荒苗"。中耕深度应掌握先浅后深，株旁浅，行间深的原则。苗期一般浅中耕松土 1.5 cm 左右。两熟套种棉田，前作收后立即深中耕灭茬（10～13 cm）。实践证明，肥力较好的棉田，苗期应以中耕促苗为主；但肥力较差的棉田，要中耕与施肥结合。棉田采用化学除草，减轻劳动强度，是现代化增产措施之一。

3）排涝抗旱。长江流域棉区苗期多雨，常出现明涝暗渍，影响棉苗生长，且易发生病害和烂根死苗。因此，必须做好清沟排渍工作，并降低地下水位。同时，要做好松土保墒工作。如苗期干旱，应及时灌溉。

4）早施、轻施苗肥。苗期温度低，土壤中肥料分解慢，不能及时满足棉苗所需养分，但此时棉株营养体较小，需肥量少，故苗肥应掌握早施、轻施的原则。既要防止因施氮素过多引起旺长，又要防止缺肥形成弱苗。一般两熟棉田基肥施用较少或未施基肥的，齐苗时即追施"黄芽肥"，每公顷用尿素 30～37.5 kg，对促进棉苗生长、增强抗逆力和减少死苗有显著作用。3～4 片真叶时施一次"平衡肥"，对黄苗、弱苗要重点补施。凡基肥未施用磷肥的棉田，要适当增施磷肥。

5）防治病虫害。棉花苗期病害主要有炭疽病、立枯病、褐斑病、疫病等。此外，猝倒病、红腐病、茎枯病、角斑病等在多雨年份也会发生。防治方法，应采取清沟排渍、勤中耕、早施苗肥等措施，以增强棉苗抵抗力。药剂防治可用 50%多菌灵、50%施保功或 50%腐霉利。苗期主要害虫是蚜虫、蓟马、红蜘蛛、地老虎、蜗牛等，应加强综合防治。

（三）育苗移栽

1. 棉花育苗移栽的作用

（1）解决两熟矛盾　　两熟棉区，若棉花套作在前作行间，则共生期长，荫蔽严重、造成棉花弱苗迟发，如前作收后直播，势必缩短棉花的有效开花结铃期。实行棉花育苗套栽，能缩短共生期，既有利于棉花壮苗早发，也有利于前作物生长。如果冬作物收后移栽棉花，则更有利于粮棉双丰收，还有利于棉田翻耕、深施基肥和实现机械化栽培，从而大量节省用工和减轻劳动强度，还能增加单位面积的综合经济效益。

（2）有利于棉花早熟、高产、优质　　塑膜覆盖保温育苗，可提早播种，培育壮苗。移栽时可选用生长一致的壮苗，匀株密植。移栽时主根折断，侧根增多，根系发达，吸肥力强，长势稳健，株型紧凑。现蕾、开花显著提早，有效开花结铃期显著延长，能充分利用7、8 月的光、热资源，增加单株结铃数和铃重，实现早熟、优质、高产（一般比直播棉增产 20%～30%）。

（3）有利于克服不良环境条件的影响　　塑膜覆盖育苗，集中管理，能减轻早春低温阴雨的危害，有利于全苗、壮苗。由于生育期提早，伏前桃、伏桃比例增加，有利于减轻后期台风和阴雨的损害。此外，育苗移栽还能有效地解决盐碱地和春旱麦林套种难保全苗的问题，也可作为预防枯、黄萎病的措施之一。

（4）有利于提高冬作物的产量　冬作物收后移栽棉花的棉田，冬作物可满幅播种，从而产量可增加 30%～40%。此外，由于移栽期比直播棉播种迟 15～20 天，因此可推迟翻埋绿肥，大大提高绿肥鲜草产量。

（5）节省棉种，加速良种繁育　育苗移栽每公顷仅用种 1.5 kg 左右，大大节省用种量，从而提高良种繁育系数。

2. 育苗方法

（1）营养钵育苗

1）建立苗床。选择背风向阳、地势较高、土质较肥沃、排水较好、管理方便的地方建床。如移栽面积较大，应在棉田边选择平坦不积水、无盐碱、无枯、黄萎病的地段作苗床，冬耕晒垡，以便就地制钵育苗。苗床一般宽 1.3 m 左右，长度根据需要决定。苗床面积一般为移栽棉田的 8%～10%。

2）制钵或装钵。先将除去杂草、残根、砾石等的肥沃表土（占 80%～90%）与腐熟晒干过筛的堆肥或厩肥（占 10%～20%）拌和均匀，每 100 kg 土加过磷酸钙 0.10～0.15 kg 和少量氮肥。每公顷需钵土 52.5 t 左右，一般钵土以有机质 1.5%以上，全氮 0.1%以上，速效氮 100 mg/kg，速效磷 30 mg/kg 以上为宜。在制钵前一天加水，水量以手握成团，齐胸落地即散为宜，然后用制钵器制钵，或者用营养钵装钵。应根据茬口早晚、苗龄长短选择适宜的钵径。一般钵径为 5～7 cm，高 8～10 cm，每钵重约 0.5 kg。

3）播种。将营养钵排于苗床，做到钵口平齐，排列紧密、整齐。苗床四周用砂土围好，以减少水分蒸发。播种期应根据各地气候、前作收获期和种植方式而定。当气温稳定在 8℃（膜内床温可达 18℃左右）时为安全播种期。一般在 3 月底至 4 月初播种。麦（油）套栽棉，3 月 25 日以后可以开始育苗。麦（油）收后移栽棉，4 月上旬播种，最迟不过 4 月 15 日。每钵播精选种子 1～2 粒，摆播时子柄向下有利于出苗。播种后盖细土 1.5～2 cm 厚，最后用砂或细肥土填塞钵间空隙。每公顷苗床用 25%除草醚 6～7.5 kg，加水 300 kg 均匀喷洒，可使苗床无杂草。最后加盖塑膜。

（2）营养块育苗　营养块育苗又称方块育苗。具体做法是：按棉田面积 10% 左右的比例，在大田附近选择背风向阳、灌排方便的砂质壤土作苗床地。挖翻 13～17 cm 深，拾尽草根、石砾，整细整平，做成宽 1.3 m 的苗床。两床间留走道 30～50 cm。在床土中加入腐熟、过筛的堆肥和适量的速效氮磷肥，整细拌匀，泼水至表层浸透后，用锄或齿耙轻拌，使 1～1.3 cm 深的土层稍现泥浆，然后将床面抹平。待床面收浆紧皮、泥不粘刀时，用划格器划成 5～8 cm 见方的营养块（土块大小因苗龄而异），划口深 3～5 cm。趁土湿润时，在每个方格中播入精选棉籽 1～2 粒，盖细土约 2 cm 厚，加盖塑膜保温。

（3）苗床管理　塑膜覆盖育苗，从播种到移栽要经历 40～50 天。苗床管理的关键是控制好温湿度。以早发为中心的棉花三段控温苗床管理方法为：第一阶段是播种到全苗，要闭膜增温保湿。床温可提高到 35℃，有利于早出苗，促全苗。第二阶段是齐苗到二叶期，采用高温催育和降湿保温防病相结合管理。床温过高会造成灼伤，故要开通风口（日通夜盖，阴雨天全覆盖）调节床温，使其保持在 25～30℃。真叶出生前后，土壤湿度过高时，可通风降湿，必要时选择无风晴天揭膜晒床，到床上发白为止，可减轻病害。晴天高温时，逐步揭膜降温，以防出现叶片青枯、死苗现象。总之，既要防止高温烧苗，又要防止低温冻苗。第三阶段是二叶期到移栽，这一阶段是棉苗营养体增长和花芽分化发育时期。前期通风调温（通风不揭膜），床温可控制在 20～25℃。如遇低温阴雨天气，要及时盖膜护苗。后期适当揭膜炼苗（日揭夜盖），促使壮苗老健，移栽前 3～5 天大炼。由于采用三段控温技术，增加了苗床期的有效积温，因此棉苗发育早，病害少。此外，出苗后应及时间苗、定苗、拔草、喷药防治病虫。当钵土干燥发白时，可于早晚适量浇水。使用矮壮素浸种或二叶期（移栽前 15 天左右）喷洒矮壮素、缩节胺等生长调节剂，可抑制地上部营养器官的生长，促进根系生长，增强抗逆能力，提高棉苗素质，缩短缓苗期，促进稳长早发。移栽前 4～5 天，每亩苗床施 4～5 kg 尿素作"起身肥"，以促进棉苗多发侧根。移栽前要认真治虫，以免将害虫带入大田。

（4）移栽　　移栽质量直接影响棉苗的成活率、缓苗期长短和种植密度，是确保全苗、壮苗、早发，争取高产的又一关键环节。

移栽期应根据气温和茬口而定，当气温稳定在 16～19℃即可移栽。长江流域棉区一熟棉田通常在 4 月下旬至 5 月初移栽。两熟棉田套栽于麦行的，一般以收麦前 15～20 天移栽为宜。麦（油）收获后应尽快抢栽，做到不栽 6 月苗。生产上，移栽苗龄分为 3 叶以下的小苗移栽，4 叶左右的中苗移栽，5～7 叶的大苗移栽。苗龄小，移栽时伤根轻，缓苗期短。苗龄过大，易形成高脚苗，移栽时伤根多，缓苗期长。生产上，麦行套栽一般采用 3～4 片真叶的中苗，麦后移栽采用 6～7 片真叶的大苗。由于气温高，大苗移栽缓苗期长，死苗率高，因此，必须采取大钵足肥、搬钵蹲苗、板茬打洞移栽、浇足定根水等配套措施。

移栽时应按规定的行株距打洞，并酌施安钵肥，然后放钵。钵口应稍低于地面，壅土应略高于地面，压紧后立即浇足定根水，最后盖上干细土保墒。移栽必须在晴天爽土时进行，坚持"宁栽一日迟，不栽一日湿"。

（5）移栽棉的生育特点及其栽培技术要点

1）移栽后有一个缓苗期，苗期管理的主攻方向是缩短缓苗期，促苗早发，栽培管理措施应以促为主，及时早中耕、松土，提高地温，促使棉苗早扎根，活棵后早施苗肥。如遇天旱、风多，应及时轻浇水，促苗生长。

2）移栽时主根折断，入土不深，侧根发达，根系分布于土壤耕作层内，生育前期吸收功能强。抗旱能力差，易早衰，也易倒伏。故伏旱期间应及时浇水抗旱，以防早衰。蕾期要深中耕培土，防因风倒伏。

3）育苗移栽棉花早生快发，早现蕾开花，早结铃吐絮，延长有效结铃期，有利于增结棉铃。因此，各项管培措施都要相应提前，特别是花铃肥要早施、重施。

4）育苗移栽棉花生长稳健，株矮节密，封行延迟，故棉田通风透光良好，棉株光合效能高，制造有机养分多，蕾铃脱落减少。但易成为害虫集中为害田，故要及早防治病虫害。

总之，根据移栽棉花的生育特点，栽培管理应以缩短缓苗期、促进壮苗早发和防止早衰为重点。

五、棉花不同生育时期的生育特点与栽培技术

（一）蕾期的生育特点和栽培技术

蕾期一般为 25～30 天，积累干物质量占总干物质量的 15%左右。蕾期是增果枝、增蕾

数形成丰产株型的关键时期。

1. 蕾期的生育特点

（1）营养生长与生殖生长并进　　进入营养生长与生殖生长并进时期，是棉花一生中的重要转折点。此期营养生长仍占优势，生殖生长仅处于由小变大的过程，体内有机养分的分配、运输仍以生长点和幼叶为中心。

（2）根系逐渐扩大，吸收能力增强　　根系逐渐扩大，到始花期根系基本建成，故蕾期吸收面扩大，吸收能力显著增强，蕾期吸收氮、磷、钾分别占全生育期的 11%、7% 和 9%。

（3）地上部分生长加速，光合作用增强　　温度增高，光照条件好，故地上部分生长加速，绿色叶面积迅速扩大，群体叶面积系数比苗期增加 2.5～3 倍，光合作用增强。

（4）氮代谢旺盛，碳代谢逐渐转旺　　现蕾以后，氮代谢十分旺盛，碳代谢也逐渐转旺，到现蕾盛期出现第一次含碳率高峰。氮素养分供应适当，则营养生长与生殖生长协调，光合产物除形成新的茎、叶外，大部分贮存在茎皮内，以适应花铃期对营养物质急剧增多的需要。如果氮素供应过多，则易导致疯长；如果氮素供应不足，则形成不了丰产株型。

2. 蕾期栽培技术要点　　现蕾以后温度上升快，多数棉区雨水充足，土壤的供氮能力较强，棉株随着根系逐步建成，吸收能力大为增强，营养生长还明显地占优势。在土质好、肥力高的棉田，往往营养生长过旺，发而不稳；在土质差、肥力低的棉田，如果干旱缺水，则营养生长过弱，稳而不发。因此，蕾期栽培管理的主攻方向是：在壮苗早发的基础上采取合理的促控措施，促进营养生长与生殖生长协调发展；在形成丰产株型的基础上，实现稳长增蕾，为夺取高产奠定良好的基础。

（1）及时去叶枝　　通常在第 1 果枝出现，可以区别果枝与叶枝时去叶枝，去叶枝要彻底。过迟既消耗养分，增加荫蔽，且易损伤茎皮，降低工效。在棉田边行和缺苗的地方，可适当保留部分叶枝，但当叶枝上长出 1～2 个果枝时应将其顶端打去，促使其上的果枝发育。对长势旺的棉株，可将第 1 果枝以下的主茎叶酌情去掉几片或全部，以控制徒长，棉农称为"脱裤腿"。

（2）中耕、除草、培土　　蕾期中耕能促进根系入土深，分布广，有利于发棵稳长。其深度可逐渐加深至 8～12 cm，行中间深，株边浅。多雨或天旱时中耕不宜深。长势过旺的棉田，应增加中耕深度至 13 cm 左右，以抑制长势。中耕除草应结合培土，以提高地温，减轻病害，有利于防涝防倒。

（3）稳施蕾肥　　稳施蕾肥能协调营养生长和生殖生长，有利于多长果枝、果节。为了满足花铃期对养分的大量需要及防止早衰，在盛蕾期开沟深施迟效性有机肥料（以厩肥、堆肥、饼肥为主，结合施用磷、钾肥），以达到"蕾期施，花期用"的目的，棉农称此为"当家肥"。一般对早发、苗肥少、长势差或肥料未腐熟的棉田应适当早施、多施。对迟发、苗肥足、长势较旺的棉田，应适当晚施，一般每公顷施猪牛栏粪 15～30 t，或饼肥 600～750 kg，或土杂肥 30～45 t，拌过磷酸钙 225～300 kg，氯化钾或硫酸钾 112.5～150.0 kg。疯长棉田更应施用"当家肥"，以防后期早衰，但施用时间要推迟，并结合开沟晾墒，以抑制营养生长。此外，在缺硼的棉田，可用 0.2% 硼砂溶液喷施叶面。

（4）清沟排水，灌水抗旱　　长江流域棉区常年蕾期正逢雨季，造成水涝、渍害，使棉花根系发育不良，生长缓慢。因此，必须加强清沟排水工作，消除明涝暗渍。在个别棉区蕾期遇干旱，影响棉花生长，应及时灌水抗旱。土壤肥沃，长势好的棉田，可以不灌或推迟灌水。

（5）防治病虫害　蕾期主要害虫有蚜虫、红蜘蛛、红铃虫、棉铃虫、蓟马、盲蝽、玉米螟、金刚钻等。蕾期病害以枯萎病为主，应及时防治。对枯、黄萎病要拔除病株烧毁，并进行土壤处理，以免病菌传播蔓延。

（6）适时适量喷施生长调节剂　在棉花栽培中，使用矮壮素、缩节胺、助壮素等抑制型生长调节剂，可有效地调节棉株生长，建立合理的群体结构。生长调节剂主要适用于有旺长趋势的棉田（以防疯长为主），密度高、行距小、群体矛盾大的棉田（以控株型为主），以及后劲足、打顶早的棉田（以封顶为主）。使用适期为 6 月中旬至 8 月上旬，但防疯长、控株型以盛蕾到初花期最为适宜，一般棉株要有 4 个果枝以上时才能使用。采用低量多次的方法，一般每公顷须用稀释液 375 kg 左右。

盛蕾初花期喷施 10～20 mg/kg 矮壮素、50～100 mg/kg 缩节胶或助壮素，可控制棉株地上部的营养生长，促进根系发育，调整株型，从而改善棉田通风透光条件，减少蕾铃脱落。蕾期每公顷喷施有效成分 300 g 的多效唑溶液（用水约 750 kg），也可降低株高。

此外，有些棉区还采用摘除早蕾技术。在塑膜覆盖实现棉株早发的基础上，摘除下部果枝上的早蕾，利用棉株自身的补偿能力，以调节成铃分布，使其在最佳结铃季节增结优质铃。故要求棉田水肥条件好，棉株后期有足够的长势，种植密度稍稀。除早蕾的方法是：在棉株长出 6～7 个果枝时，摘除下部 1～4 果枝上的蕾，每株除蕾量 8 个左右。

（二）花铃期的生育特点和栽培技术

花铃期一般 50～70 天，干物质积累占总干物质量的 60%以上，花铃期是决定棉花产量的关键时期。花铃期又可划分为初花期和盛花期。初花期通常是指从棉株开始开花到第 5 果枝第 1 果节开花的 15 天左右。初花后便进入盛花结铃期，此时通常有 50%棉株每天开花 2 朵以上。两熟棉田盛花期在 7 月中旬至 8 月初。

1. 花铃期的生育特点

（1）营养生长和生殖生长两旺　初花期棉株的营养生长与生殖生长同时并进，叶面积迅速增大，是棉花一生中生长最快的时期，常称为大生长期，但仍以营养生长占优势，叶片制造的有机养分 80%～90%运往主茎生长点和果枝尖端。进入盛花期后，营养生长明显减弱，生殖生长逐渐占优势，此期的开花量占开花总量的 60%～70%。叶片制造的有机物质有 60%～80%运向蕾、花、铃，供应生殖生长之需。

（2）需要肥水最多　据中国农业科学院棉花研究所报道，初花期棉株吸收氮、磷、钾数量分别占一生吸收总量的 56%、24%、36%；盛花期到吐絮期棉株吸收氮、磷、钾的数量分别达到一生吸收总量的 23%、51%、42%。花铃期需水量占一生总需水量的 45%～65%。

（3）营养生长与生殖生长的矛盾突出　花铃期是营养生长和生殖生长、个体和群体、棉花正常生长和不良条件矛盾表现最集中的时期，其中占支配地位的是营养生长与生殖生长的矛盾。

（4）根系生长速度减慢，吸收能力旺盛　花铃期棉株根系生长速度大大落后于地上部，但根系吸收能力进入旺盛时期。

2. 花铃期栽培技术要点　花铃期田间管理的主攻方向是：以促为主，促控结合，争结"三桃"，增加铃重，早熟不早衰，防止烂铃。花铃期棉田管理，仍以合理施用肥、水为中心，辅之以中耕、整枝、使用生长调节剂等。在蕾期稳长增蕾的基础上，调节好棉株生长发育与外界环境条件的关系，使个体和群体、营养生长与生殖生长相互协调。

（1）重施花铃肥，补施盖顶肥　　一般早发、旱年、地瘦、长势弱的棉田，花铃肥宜在初花期施用，而晚发、雨年、地肥、长势旺的棉田，花铃肥宜在盛花期（下部结住 1~2 个大铃时）施用。花铃肥一般占追肥总量的 50% 左右，每公顷施尿素 150~225 kg，可结合浅中耕开浅沟施，施后覆土。缺硼的棉田，花铃期应再喷硼一次，浓度为 0.1%~0.2%。

在重施花铃肥的基础上，立秋前后（最迟不过 8 月 15 日）每公顷施尿素 75~120 kg 作盖顶肥，能防止棉株早衰，增结秋桃，提高铃重。缺肥并有早衰趋势或中下部脱落严重的，盖顶肥要早施。长势好、肥力足、后劲大的棉田，要少施或不施。补施盖顶肥必须适时适量，否则棉株贪青迟熟，使铃重减轻，纤维品质下降。

（2）抗旱排涝　　长江流域棉区花铃期常遇伏旱，易导致蕾铃大量脱落和棉株早衰。因此，伏旱期间及时早灌水抗旱是棉花高产的关键措施，抗旱时间要看天、看地、看苗，灵活掌握。沟灌最好在早晚进行，避免中午高温时灌溉，以免土温骤降，影响根的吸收，使棉株体内水分代谢和物质代谢受阻，蕾铃脱落严重。喷灌时间应限于 18 时以后，开花以前，以免水滴使花粉破裂，增加落铃率。灌水次序应是瘦地、砂土、长势弱的先灌，肥地、壤土、长势强的后灌。沟灌后要适时中耕松土保墒。长江流域棉区花铃期常因暴雨而发生渍涝，故必须做好雨前、雨后的清沟疏渠工作，降低地下水位，保证棉花正常生长。

（3）摘心整枝

1）摘心（打顶）。适时打顶，改变棉株体内营养物质运输分配方向，使养分运向生殖器官，有利于多结铃，增加铃重。若打顶过早，上部果枝过分延长，增加荫蔽，妨碍后期田间管理，减少有效果枝数，影响总铃数，且赘芽丛生，徒耗养分。打顶过迟，上部无效果枝增多，消耗的养分多，反而减轻早秋桃的铃重。正确的打顶时间，应根据气候、地力、密度、长势等情况决定。棉农的经验是："以密定枝，以枝定时；时到不等枝，枝到看长势"。应掌握轻打、打小顶（一叶一顶）。同一块田打顶应分次进行，先打高，后打矮。由于棉花的成铃率、铃重、纤维成熟度等经济性状，都有以主茎为中轴向外递减的规律，争取内围铃是非常重要的，为此应适当提高棉田密度，推迟打顶，多留果枝，减少外围果节，保持节枝比在 3 左右。

2）抹赘芽。土壤含氮水平高，过早打顶或棉株横向伸长，均会促使赘芽丛生，不仅徒耗养分，且影响棉田通风透光，应及早抹净。生长正常的棉株，其主茎和果枝上的腋芽，在光照和养分充足的条件下，也能分化发育成桠果，应予以保留。

3）打边心。可以改变果枝顶端优势，控制棉株横向生长，改善通风透光条件，使养分集中，提高铃重，减少烂铃及病虫为害。在棉株长势不旺、无荫蔽的棉田，不必打边心。

4）剪空枝、摘除无效蕾。立秋后剪去无蕾铃的空果枝，可以改善棉田通风透光条件，提高棉花光能利用效率。同时，应摘除 8 月中旬以后长出的无效蕾。

（4）化学调控　　生长正常的棉株，初花期每公顷喷施缩节胺 30 g 配成 60~100 mg/kg 的药液，结铃期喷施用 45~60 g 配成 100~150 mg/kg 的药液，其目的主要是控制后期无效果枝、赘芽生长，促进蕾铃发育。贪青旺长的棉田，初花期每公顷喷施缩节胺 45 g 配成 100 mg/kg 的药液，9 月初喷施缩节胺 45~60 g 配成 100~150 mg/kg 的药液，夏季高温季节最好在上午 10 时以前和下午 3 时以后喷施，以防药液蒸发干燥，影响吸收，降低药效。此外，花铃期每公顷用有效成分 300 g 多效唑溶液喷洒棉株，或用有效成分 225~300 g 多效唑（兑水约 750 kg）与化铃肥混合追施，能缩短主茎和果枝节间长度，提高了棉产量。

（5）防治病虫害　　花铃期虫害种类多、数量大、危害重，对增蕾保铃威胁很大。危害最大的主要是红铃虫和棉铃虫，抓住这两种虫害的防治，就可兼治其他害虫。棉花红叶茎枯病（凋枯病）是一种生理病害，一般初花期开始发病，花铃期或吐絮期盛发。可通过改良土壤、增施钾肥、加强田间管理等办法进行防治。

（6）防止烂铃　　长江流域棉区一般年份烂铃率在 10% 以上，严重年份在 20% 以上。烂铃是由红腐病、炭疽病、黑果病、铃疫病等病菌侵害引起的，而多雨和田间潮湿是诱发条件。红铃虫蛀蚀棉铃，蜜腺和气孔都是病菌入侵的部位。不良的栽培管理又增加棉田的湿度和铃壳厚度，有利于病原菌滋生和侵入，导致烂铃的发生。烂铃主要发生在棉株下部果枝和近主茎果节上，主要发生时间为 8 月下旬至 9 月上中旬。防止烂铃应采取综合技术措施：①合理安排茬口，合理密植，注意行株距配置，搞好肥水管理，合理促控，及时整枝，减少棉田荫蔽，降低棉田湿度，增强棉花的抗病虫能力；②烂铃开始发生时，及时抢摘，抢剥烂铃，既可减少损失，又可减少病菌的传染；③采用高脂膜、乙磷铝、代森锰锌、苯甲酸钠、退菌特等药剂防治；④治虫防烂铃；⑤摘除早蕾，调节成铃的时空分布，以错开烂铃易发生的季节和部位，可减轻烂铃。

（三）吐絮期的生育特点和栽培技术

吐絮期 75 天左右，干物质积累量占总干物质量的 20%～30%，吐絮期是决定铃重和纤维品质的关键时期。

1. 吐絮期的生育特点

（1）营养生长趋于停止，生殖生长转慢　　营养生长进一步减弱趋于停止，生殖生长逐渐转慢进入成熟阶段。

（2）代谢活动减弱，碳素代谢占优势　　代谢活动减弱，代谢中心转为碳素代谢占优势。棉株吐絮后，光合能力下降，根系活力减弱，对肥水的要求降低。本期吸收氮占总吸收量的 5%，吸收磷占 14%，吸收钾占 11%。需水量占总需水量的 10%～20%。棉株体内 90%以上的有机营养分配、供应棉铃发育。

（3）个体与群体的矛盾逐渐缓和　　由于营养生长减弱趋于停止，叶面积系数下降，因此个体与群体的矛盾逐渐缓和。

2. 吐絮期栽培技术要点　　长江流域棉区，有些年份处暑后出现"秋老虎"（气温回升）天气。在一般情况下，上部果枝秋桃的成铃率较高，增产潜力大，只要加强后期管理，保持根系活力，延长叶片的功能期，可以实现早熟不早衰。吐絮期常年多秋雨，温度下降快，若管理不当，水肥条件好的棉田易出现贪青晚熟，水肥条件差的棉田，又易出现早衰。因此，高产栽培对棉花吐絮期的要求是："防止早衰和晚熟，实现早熟不早衰"，即必须养根保叶，促伏桃增铃重、增衣分，并争取多结早秋桃。同时要控制营养生长和无效花蕾，做到不贪青晚熟。使养分集中供给有效蕾铃，从而提早成熟，达到丰产的目的。

（1）防涝抗旱　　吐絮期如遇秋雨较多，要及时清沟排渍，降低田间湿度，防止贪青晚熟，减少烂铃。如遇久旱，应及时灌水，防止棉铃逼熟，但灌水量不能多，灌水时间要短。一般采用小水隔行沟灌，最好采用喷灌。

（2）防治虫害　　吐絮期主要害虫有棉铃虫、红铃虫、金刚钻、叶跳虫等。后期喷药治虫必须坚持到 9 月下旬。

（3）整枝和推株并垄　　吐絮前后，对肥水充足、枝叶繁茂的棉田，将主茎下部叶片和无效果枝剪去，以改善棉田通风透光条件，促进棉铃正常成熟；继续抹去赘芽，摘去无效花蕾，以减轻株间的荫蔽，减少养分的消耗，促使秋桃迅速发育。对长势过旺，荫蔽严重的棉田，当棉株顶部结住棉铃时，可隔行推株并垄，使棉株倾斜，增加棉株下部光照，降低棉田湿度，防止烂铃。

（4）根外追肥与化学调控　　初絮期根外喷施 1%尿素、1%过磷酸钙或 1%磷二胺或 0.2%磷酸二氢钾溶液，对增加铃重有一定作用。吐絮期每公顷喷缩节胺 45～60 g（浓度 50～100 mg/kg），可有效地控制无效花蕾的生长。

（5）化学催熟　　贪青迟熟棉田或秋季气温下降早且快时，喷施乙烯利（40%的乙烯利 100～125 g，浓度为 800～1000 mg/kg）可使铃期缩短 8～15 天，起到提早成熟吐絮、提高产量、改进纤维品质的效果。一般气温高用药量宜少，气温低用药量宜大；用药偏早药量可轻，用药偏晚药量可加重；棉花长势弱用药量可少，长势强用药量宜大。一般在 10 月上旬开始应用。如喷施过迟，气温降低至 20℃以下，乙烯利就不能发挥应有的作用。反之，如喷施过早，棉铃和棉叶过早成熟，就不能充分利用后期有效的气候条件和土、肥、水条件，影响铃重和产量。此外，施用脱落宝可使叶片脱落，对棉铃无伤害，可提高霜前花率。

（6）适时收获　　当棉铃完全开裂后，应分批收获，特别注意雨前抢收。做好不同品种、好花与僵黄花分收、分晒、分轧、分藏与分售的"五分"工作，以实现丰产丰收，提高品级，增加经济效益。

随着我国农村劳动力的大量转移，植棉主要靠老人和妇女，棉花收获向机械化发展是必然方向。因此，要求品种、栽培技术进一步配套，减少棉花收获用工，实现植棉轻简化。

六、棉花地膜栽培技术

（一）棉花地膜覆盖栽培的增产原理

棉田覆膜后，改变了土壤及地面的生态条件，可以促进棉株根系生理活动及地上部的生长发育和代谢活动等。地膜棉花早熟增产的主要原因有以下几点。

1. 提高土壤温度，有利于加速棉花生育进程　　覆膜能增强土壤对太阳能的吸收，隔绝向空气的传热，减少热量的损失，从而起着增温与保温作用。各地试验表明，从播种至棉株封行前，一般在 5 cm 土层内增温 1～5℃。由于能提高土壤温度，补偿积温的不足，因此能加速棉花生育进程。据全国地膜棉花试验综合资料显示，一般出苗期较露地棉花早 2～9 天，现蕾期早 7～14 天，开花期早 7～14 天，全生育期早 7～27 天。

2. 保持土壤水分，有利于出苗全、生长快　　地膜隔断了土壤水分与大气交流的通道，使水分只能在膜内循环，起着保墒作用。同时使土壤水分上移，具有提墒作用。在棉花生育期土壤水分变化小。据湖南大学农学院试验，覆膜棉田 5～10 cm 处土壤含水量的变异系数为 5.56%，露地达 12.07%。覆膜后，保持种子层有适当水分，有利于棉籽发芽出苗，促进主茎生长。

3. 改善土壤结构，有利于根系吸收营养　　地膜覆盖棉田后，土壤避免雨水冲刷和淋溶，保持根区土层疏松状态，降低土壤容重，增大孔隙度。据农业科学院经济作物育种栽培研究所（原四川农业科学院棉花研究所）测定，全生育期覆盖的土壤容重降低 3.03%～13.04%，孔隙度增加 2.69%～9.69%。覆盖后加速土壤有机质分解和矿化速率。地膜棉花根系发达，主根生长快而深。据湖北省襄阳市地膜棉花协作组观察，苗期主根日生长量为 1.55 cm，蕾期为 1.22 cm，分别较对照组高 43.7%和 79.4%，开花后下降。根系活力变化也有相同特点。

4. 提高光能利用率，有利于加快干物质积累　地膜覆盖能促进棉株的生长，加速出叶速度和增大叶面积系数；同时还能增加地面的反射光，有利于光合强度的提高，从而能提高光能利用率，积累营养物质，为多结铃，结大铃提供物质条件。据扬州大学（1982）测定，苗期单株地上部干重为 0.42 g，较对照增加 121%；盛蕾期干重为 33.95 g，较对照增加 94.22%；盛花期干重为 182.1 g，较对照增加 27.3%。

5. 充分利用生长季节，有利于高产优质　地膜棉花现蕾、开花提早，相应地增加有效开花期，一般增加 7～14 天。为多结优质桃争得时间。据江苏省农业科学院经济作物研究所（1982）分析，地膜棉花伏前桃占 34.54%，较对照组 27.24%增加 7.3%；晚秋桃地膜棉花为 11.24%，较对照组 17.24%减少 6%；平均铃重较对照组增加 8.5%；皮棉单产每公顷 1323 kg，较对照组增加 18.79%。

（二）棉花地膜覆盖栽培的技术要点

1. 播前准备

（1）选地和整地　一般宜选择土层较厚、肥力较高的土地或中等以上肥力的地块。两熟棉区要选择矮秆早熟茬口，麦幅不超过 40%。一般采用冬季深耕一次，立垡过冬，翌年春季倒土两次。播前整地要做到碎、松、平、净，为提高覆膜质量打下基础。

（2）增施基肥　地膜覆盖后，根系从土壤中吸肥多，转化快，消耗大，前期不便于施肥，故要增加基肥比例。据江苏农业科学院等的试验，地膜棉花基肥施用量以占总施肥量的 1/3 为宜。要求每公顷施农家肥 30～37.5 t 或饼肥 450 kg，氮、磷、钾复合肥料 225～300 kg。在播前半月开沟深施，以利于促壮防倒。

2. 覆膜和播种

（1）覆膜　依据"聚乙烯吹塑农用地面覆盖薄膜"国家标准的要求，目前选用厚度不小于 0.01 mm 的可回收地膜。棉田覆盖方式可分行间覆盖和根区覆盖两种，其他方式均由此改进和发展。目前根区双行覆盖较普遍。地面覆盖度，既要考虑增加土温的效应，又要注意经济效益。因此，一般覆盖度采用 50%～60%为宜。

（2）播种和密度　地膜覆盖的播种方式可分先播种后覆盖和先覆盖后播种两种。先播种后覆盖，保温效果好，但要适时放苗，较费工。先覆盖后播种，保墒效果较好，穴口易板结。

由于根区土温增高，地膜棉花播种期，一般较露地棉花早播 5～7 天。长江流域两熟棉区，播种期在 4 月 5 日～20 日，各地略有早迟。

地膜棉花环境条件好，棉苗发棵大。一般较露地棉花每公顷减少 7500～15 000 株，在同等栽培下降低 10%～20%。

3. 田间管理

（1）破膜放苗　当棉苗出土达 60%～70%、子叶展平、叶色转绿、晚霜已过时进行破膜放苗，掌握放绿不放黄，放展不放卷叶苗。一般可分两次进行，但要避免烧苗、病苗等现象。

（2）调控株型　地膜棉花在盛蕾初花期生长较旺，为了防止棉田群体光照条件恶化，可进行两次化控。第一次在蕾期，每公顷用缩节胺 1 g 兑水 450～600 kg；第二次在打顶后，每公顷用缩节胺 37.5～45 g 兑水 600～750 kg。

（3）施肥技术　　根据地膜棉花生育的特点和吸肥规律，应掌握在施足基肥的基础上，追肥以"前促早而轻，后促准而重"为宜。地膜棉花由于覆膜，苗肥不便追施，改为轻施种肥。花铃肥要及早重施，其用量占追肥总用量的 50%～55%。

地膜棉花进入花铃期，棉株生殖器官数量增多，碳代谢十分旺盛，是全生育期需肥最多时期，重施花铃肥是地膜棉花获得高产优质的重要措施之一。

七、棉花膜下滴灌栽培技术

西北内陆棉区棉花增产的主要障碍因素是无霜期短，秋季气温下降快。在稀植情况下，棉花叶面积指数低，土壤和光热资源的利用率不高，造成秋桃多、产量低、纤维品质差。6 月中旬至 8 月中旬是光、热、水资源最丰富的时期，争取多结伏前桃和伏桃，可充分利用该时期的自然优势。在长期生产实践中，摸索出一套适合该地区棉花气候生态条件的"密、早、矮、膜"综合栽培技术体系。20 世纪 90 年代末期，在"密、早、矮、膜"基础上，探索出膜下滴灌栽培技术，即将滴灌带铺置于地膜之下，形成地膜覆盖与加压滴灌有机结合的栽培技术，目前是西北内陆棉区棉花的高效节水增产栽培技术。

（一）棉花膜下滴灌增产机制

由于膜下滴灌栽培技术是地膜覆盖与有压滴灌相结合的栽培技术，因此膜下滴灌栽培技术除地膜覆盖栽培技术的增产作用外，还具有以下几方面的作用。

（1）减少养分损失，提高肥料利用率　　滴灌减少了因深层渗漏而带走的养分损失，同时采取将肥料溶解于水后随水滴入棉田，提高肥料利用率 15%左右，比常规滴灌少施化肥 120～150 kg/hm²。

（2）改善土壤通透性，降低枯黄萎病等危害　　采用滴灌后，土壤通透好，温度上升快，立枯病发生少，枯黄萎病的发病率降低。常规灌水时，病害将随地面水的流动而迅速传播，膜下滴灌通过低压管道输入，由毛管直接将水和溶解后的肥料送到根区土壤，不会因水的流动传播病害。

（3）洗盐压碱，有利于棉株高产优质　　膜下滴灌有很好的洗盐压碱作用，在滴水补墒的同时使水分纵横向运动，在淡化的湿润区内为棉株根系创造了一个低盐环境，有利于棉株生长，获取高产。

（4）避免棉田积水，有效地减少烂铃　　滴灌棉田地面没有积水层存在，可有效地减少烂铃。根据滴灌试验调查，滴灌棉田烂铃率为零，常规灌溉达 1.3%～3.8%。

（二）棉花膜下滴灌栽培技术

1. 播前准备

（1）品种选择　　在早熟、高产、优质、抗病的基础上，选择株型紧凑，叶片中等偏小，果枝上举，结铃性强，吐絮快而集中的品种。

（2）整地　　秋翻前清残膜。犁地前深翻有机肥 37 500 kg/hm²，油渣 1500 kg/hm²。播前结合整地进行化学除草，可用 48%的氟乐灵乳油 1500～1800 g/hm²，兑水 525～600 kg（夜间作业为宜）或有效成分 50%的乙草胺 2250～2700 g/hm² 或施田补 2700～3000 g/hm²。

要求喷洒均匀一致。喷后耙地，耙深 3～5 cm。

2．播种

（1）播种方式　　干播湿出，膜上精量点播，目前主要采用一膜六行和一膜三行两种模式。一膜六行模式，行距配置 10 cm＋66 cm，平均行距 38 cm、株距 9.5～10.1 cm，理论株数 25.5 万～27 万株/hm^2。一膜三行模式，行距配置为 76 cm 等行距、株距 7～7.6 cm，理论株数 16.5 万～18 万株/hm^2。滴灌毛管铺设在地膜下，播种、铺管、覆膜一次完成。

（2）播种　　适期早播，一般最佳播种期为 4 月上中旬。精量播种，一穴 1 粒，空穴率 3%以下。播深 2～3 cm。膜上覆土 1 cm，膜边封土严密。做到播行直，行距一致，下子均匀，深浅合适，镇压严实。风多地区，每隔 8～10 m，与膜行垂直打小土埂，以防大风。

（3）出苗水　　墒情不好或播种较晚的地块，播后及时适量给水。一般给水 45～75 m^3/hm^2。

3．田间管理

（1）灌水　　滴灌棉田必须进行秋冬灌，以起到压盐治碱，防止土壤次生盐化，同时控制和降低害虫越冬数量。对下潮地不宜采用秋冬灌，宜采用干播湿出。棉花苗期占生育期耗水量的 12%，蕾期占 22%，花铃期占 55%，吐絮期占 11%。滴灌棉花生育期灌水按照"前期少、中期丰、后期补"的原则进行。经播前灌的地，生育期灌水定额为 3000～3900 m^3/hm^2，滴水 6～8 次。

（2）施肥　　棉花滴灌随水施肥可根据棉花需肥规律和土壤养分含量、供肥能力进行测土平衡施肥。棉花各生育期需氮磷钾比例如下：苗期为 5%、3%、3%，蕾期为 11%、7%、9%，初花期为 56%、24%、36%，盛花期为 23%、51%、42%。棉花需肥高峰在开花后。随水滴肥可以提高肥料的利用率，又可保证棉花全程生长稳健。

（3）化学调控　　弱苗在 2～3 叶期，用磷酸二氢钾 1500 g/hm^2＋尿素 2250 g/hm^2 兑水 450 kg 喷洒叶面。旺苗在子叶期，用缩节胺 0.5 g，兑水 30 kg 喷洒叶面。在 2～3 叶期，用缩节胺 15.0 g/hm^2，以促根、壮苗、促早蕾的形成。在 6～8 叶期，用缩节胺 22.5 g/hm^2。头水前，用缩节胺 37.5～45.0 g/hm^2 兑水 450 kg 喷洒叶面，主要控制中下部主茎节间和下部果枝伸长。打顶后 4～5 天，用缩节胺 90～120 g/hm^2，兑水 450 kg 喷洒叶面，主要控制上部主茎节间和上部果枝伸长。

（4）整枝　　正常播期棉田应做到"枝到不等时"，晚播棉田做到"时到不等枝"。正常棉田 7 月 5 日结束打顶，留果枝 7～8 个，果枝节间分布合理，株高控制在 60～70 cm。对旺长棉田，在 7 月下旬～8 月初进行人工整枝，剪群尖和无效花蕾，同时进行推株并拢。

八、棉花轻简化栽培技术

（一）棉花轻简化栽培的理论基础

1．棉花具有子叶出土特性　　棉花对播种要求严格，只有严格播种技术才能实现一播全苗，棉花精量播种较传统播种容易获得壮苗。棉花种子大，发芽出苗时下胚轴在重力作用下弯曲成钩状，且弯曲部分朝上，以最小的受力面积逐渐推进到土面，然后弯钩伸直，棉壳留在土中，两片子叶顶出土面并展开，完成出苗过程。

2．棉花是一种适应能力很强的大田作物

（1）种植区域广　　棉花从海拔 1000 m 的高地，到低于海平面的洼地均可种植。

（2）土壤适应性强　　黄壤、红壤，中度、轻度盐碱地均可种植棉花，不适合种植粮食和蔬菜等作物的旱、薄地也可种植。

（3）适合多种种植模式　　棉花既适合单作、连作，也可以套种、间作、轮作，是我国作物种植体系的重要组成部分。

（4）株型可塑性强　　棉花对稀植和一穴多株的密植都有较好的适应性，在肥水条件差、无霜期短的地区，可采用早熟品种，走小株、密植、早打顶（"矮密早"）的增产途径，充分发挥群体的增产潜力。在肥水条件好的地区，采用稀植、大株，充分发挥个体的增产潜力，不仅同样可以获取较高产量，还能节省用种。

（二）轻简化栽培的关键技术

实现棉花生产的轻便简捷、节本增效，依赖于轻简化栽培的关键技术，包括精量播种、轻简育苗、简化整枝、经济施肥、化学除草和精简中耕及节水灌溉等技术。

1. 精量播种　　精量播种是轻简化栽培的核心和基础。精量播种技术包括选用优质种子，精细整地，合理株行距配置，机械播种，不间苗、不定苗，保留所有成苗。精量播种技术与传统播种技术相比，一是显著减少用种量，精量播种的用种量为 $15\sim30$ kg/hm^2，而传统播种技术一般在 $45\sim75$ kg/hm^2。二是无须间苗、定苗，减少用工成本。三是减少个体间的竞争，每穴单粒，且株距和行距配置均匀，可减少植株间水分和营养竞争，有利于构建棉花高产群体，解决了常规播种植株间竞争、苗弱的问题。

2. 轻简育苗　　轻简育苗移栽包括基质育苗、穴盘育苗和水浮育苗。这些育苗技术利用基质或营养液代替营养土，并使用保根剂、保叶剂等植物生长调节剂，大大简化了育苗程序，降低了劳动强度，特别是应用育苗成套设备和棉苗移栽机，可实现工厂化育苗和机械移栽。

3. 简化整枝　　简化整枝包括控制或利用叶枝，利用化学或机械方法控制棉花顶端生长优势，减免了抹赘芽、去老叶、去空果枝等传统措施。要求实现简化整枝而不减产、降质，需要适宜品种、化学调控与合理密植等技术相结合。

4. 经济施肥　　经济施肥是棉花优质栽培的重要环节，用最低的施肥量、最少的施肥次数获得最高的棉花产量。长江流域棉区施肥量为 $240\sim270$ kg/hm^2，氮磷钾以 1：0.6：（$0.6\sim0.8$）为宜；黄河流域棉区施肥量为 $195\sim270$ kg/hm^2，氮磷钾以 1：0.6：（$0.7\sim0.9$）为宜；西北内陆棉区施肥量为 $300\sim385$ kg/hm^2，氮磷钾以 1：0.6：0.8 为宜。棉花的生长期长、需肥量大，采用速效肥一次施用，会造成肥料利用率低；多次施肥虽然可以提高肥料利用率，但费时费工。长江流域和黄河流域精简栽培技术将施肥次数减少为 2 次，即先施基肥（全部磷钾，$50\%\sim60\%$的氮肥），剩余的氮肥在花后施用。

5. 化学除草和精简中耕　　使用化学除草剂并结合中耕可以有效防除棉田杂草，这是棉花轻简化栽培的重要措施。化学除草包括播前土壤处理、播后苗前土壤处理、苗期茎叶处理和成株期定向喷雾处理杂草等。中耕具有破板结、疏松土壤、增温、保墒、除草、防病等作用，特别是能够为棉苗根系生长创造良好的环境条件。传统的中耕次数多达 $7\sim8$ 次，而简化中耕只在苗期、蕾期和花铃期各进行一次。

6. 节水灌溉　　灌溉水进入棉田后，通过良好的灌溉方法，最大限度地提高灌溉水利用率。好的灌溉技术不仅灌水均匀，还要达到简化、省工、节水、节能效果，使土壤保持良好的物理化学特性，提高土壤肥力，从而获得最佳效益，如新疆的膜下滴灌。

九、机械采棉的农艺配套技术

传统农业条件下，植棉业是一项劳动密集型产业。从播前准备到采收及加工，需要大量的劳动力投入。因此，棉田人均管理面积小，劳动生产率低，生产成本高。我国西北内陆棉区棉花生产机械化程度较高，人均管理面积和劳动生产率虽高于内地省（自治区、直辖市），但与世界主要植棉国如美国、澳大利亚等人均管理面积 $66.7 \sim 100 \ hm^2$ 相比，差距很大。随着我国劳动力成本的快速上涨及劳动力资源短缺的矛盾日益加剧，推广机械采棉技术对发展棉花生产、提高劳动生产率及增强棉花在国内外市场的竞争力都有重要意义。目前新疆生产建设兵团农场机采棉技术日益成熟，发展速度快，机采面积约占全兵团棉花种植面积的 90% 以上。与机械采棉相配套的农艺技术包括：棉花种植方式、品种特征特性、栽培管理技术、化学脱叶及有关清花加工设备等内容。

（一）机采棉对品种的要求

机采棉对品种的要求，除早熟、高产、优质、抗病等外，还有一些特殊要求：①吐絮快而集中，吐絮畅而含絮力中等，茎秆粗壮，下部节间短，不易倒伏，果枝始节高度 18 cm以上。②Ⅰ～Ⅱ型果枝，叶枝少且较短，叶片中等偏小且上举，株型紧凑，通透性好。③棉花叶片对化学脱叶剂较敏感，或吐絮后自然落叶。④机采棉品种的纤维长度要比人工手采棉品种长 1 mm 左右，以防机械采收加工时对纤维的损耗。⑤为延长采收期，提高采棉机的利用率，一个棉区应以早熟品种为主，适当搭配生育期长短略有差异的品种。

（二）种植方式及其配套技术

1. 机采棉种植方式 目前采棉机主要按美国的 76 cm 等行距种植方式设计，其采棉机体积较大，可调性差，不适用于采收西北内陆棉区传统的 60 cm+30 cm 宽窄行配置方式。新疆生产建设兵团经过几年的试验研究，创造了一种既适用于机械采收，又符合该棉区"早、密、矮、膜"栽培技术的机采棉种植模式。所谓"机采棉种植模式"，就是将 76 cm+76 cm 等行距改为 66 cm+10 cm+66 cm+10 cm，在一个 10 cm 宽的播种带内播两行，株距根据种植密度确定，一般为 9.5 cm 左右。塑膜幅宽 120 cm 或者 200 cm 左右，一膜 3 行棉花或一膜 6 行棉花。

2. 配套技术

（1）密度 带内株间距，一般为 9.5 cm 左右，每公顷理论保苗密度为 27 万株左右。

（2）覆膜 机采棉田采用 120 cm 或 200 cm 左右幅宽的膜，一膜两带或三带，带外侧留 10 cm 宽的采光带。

（3）化学调控技术 机采棉种植方式，棉花生育中后期窄行棉株自然向两侧倾斜，有利于棉田通风透光。为使棉株倾斜而不倒伏，必须通过化学调控技术，使棉株主茎下部节间短而粗壮，化学调控应实行"早、轻、勤"原则。"早"，二叶至三叶期开始轻调，既促根，又适度调控中下部节间；"轻"，每次用量宜少，调而不控或轻控，只起到延缓茎叶生长速度的作用；"勤"，根据苗情长势，分次适当调节，确保稳长。做好打顶后的化控，以防上部果枝过长，造成棉田荫蔽，影响中下部棉铃吐絮和后期化学脱叶的质量。

（4）施肥技术 在重施基肥的基础上，不施苗肥，少施蕾肥或蕾施花用，适当推迟头水，以利于促根生长，使前期稳长不旺，后期棉株不倒伏。机采棉种植方式棉株相对密集，在播种行内，其根系也高度集中在行下及两侧的土体中，棉花中、后期容易因土壤养分不足而早衰。因此，机采棉田更要重视花铃肥和壮桃肥的施用；同时要保证中、后期的土壤水分供应，但停水不要过晚。叶面肥重点放在花铃期，喷施 1～2 次，叶面肥以磷酸二氢钾为主。

（5）中耕开沟技术　　机采棉种植宽行较大，中耕开沟时可加宽、加深，这既有利于促使根系向宽行深层生长，扩大根系吸水、吸肥范围，又可减少后期倒伏危险，同时还可提高沟灌质量。

（6）早打顶整枝　　打顶较非机采棉田提前 3～5 天，株高应控制在 70 cm 左右，7 月中、下旬摘旁心、剪空枝，以减少化学脱叶后夹叶，提高采收质量。

（三）化学脱叶技术

1. 脱叶剂的选择　　机采前棉田使用的脱叶剂主要成分为噻苯隆，包括相应的助剂、乙烯利等，这样既可提高药效，又可降低成本。目前可供生产使用的脱叶剂的种类较多。

2. 施药时期

（1）施药期与棉龄发育的关系　　化学脱叶剂施用后，一方面可以促使棉株体内有机物质向棉铃输送；另一方面又会加速叶柄基部离层的形成，促进叶片的脱落，从而降低棉株的光合能力。因此，施药过早会对棉铃发育产生不利影响，在棉株上部蕾花开花后 40 天后方可施用。

（2）施药期与温度的关系　　脱叶率与施药当天气温关系不明显，而与施药后 10 天内，尤其是施药后 6～7 天内日平均温度关系密切。此期间温度越高，脱叶效果越好，一般应在 18℃以上（最好为 20℃），切忌在寒流入侵前施药。

3. 施药量与施药次数　　采用地面机械施药或无人机喷药时，药液多为由上而下喷施。当棉田群体过大或倒伏时，上层叶片着药较多，下层叶片着药较少，则脱叶率较低。因此，群体大的棉田宜采用分次喷药；第一次施药期可比正常施药期提前 5～7 天，药量为正常的 35%～70%；10 天以后（多数叶片已脱落时），进行第二次施药，药量不低于正常药量的 50%。

4. 航空喷药技术　　为能在最佳施药期内大面积施药，以充分发挥药效，降低用药量，提高脱叶效果，近年西北内陆棉区部分农场、农业合作社等已开始应用无人机作业喷药。无人机喷药具有施药期集中、施药效率高、药液空间分布均匀等优点。但西北内陆棉区采用"早、密、矮、膜"方式栽培，棉田群体大，行间较荫蔽，下层叶片不易着药，脱叶质量受到影响，提高脱叶质量的关键技术尚待解决。目前，对群体大的棉田，因荫蔽较重，无人机喷药应改一次为两次，每公顷用水量为 75～105 kg，适当加入表面活性剂，以提高药液的附着性。

（四）机械采棉的质量要求

棉株脱叶率在 90%以上，吐絮率在 96%时进行机械采收。机械采收的质量要求为，子棉含杂率<10%，异性纤维<0.4 g/t，损失率（撞落、挂枝、遗留等）<4.5%，采净率>90%，不应有油污等污染。

（五）机械采棉应具备的条件

机械采棉应具备以下条件：①土地平整，种植连片，生产规模较大（一般不小于 6 hm²），且有行车道通棉田。②330～400 hm² 棉田应用一台采棉机。每 3000 hm² 应建设一座棉花加工厂（含清花设备）及相应的晒场库房等配套设施。③有适合机械采收的棉花品种。④采用适合机械采棉的种植方式和适宜的化学脱叶剂及相配套的栽培技术。

复习思考题

1. 棉花主产品和副产品各有哪些？在利用上各有何价值？
2. 棉花栽培种有哪些？它们各有何特点？
3. 我国主要棉区各有何特点？
4. 棉花的分枝有哪些类型？它们之间的区别是什么？
5. 简述棉花蕾期、花铃期的生育特点及其栽培技术要点。
6. 简述棉花地膜栽培与膜下滴灌栽培技术的增产原理。
7. 棉花产量与主要纤维品质性状有哪些？其遗传特点如何？
8. 简述棉花常规育种的主要方法及其特点。
9. 简述棉花分子育种的主要方法及其特点。
10. 简述棉花杂种优势利用的主要途径。

主要参考文献

刁操铨. 1994. 作物栽培学各论（南方本）. 北京：中国农业出版社.

董合忠，杨国正，田立文，等. 2016. 棉花轻简化栽培. 北京：科学出版社.

盖钧镒. 2006. 作物育种学各论. 2版. 北京：中国农业出版社.

杨文钰，屠乃美. 2011. 作物栽培学各论（南方本）. 2版. 北京：中国农业出版社.

中国农业科学院棉花研究所. 1983. 中国棉花栽培学. 上海：上海科学技术出版社.

中国农业科学院棉花研究所. 2003. 中国棉花遗传育种学. 济南：山东科学技术出版社.

Cruz V M V, Dierig D A. 2015. Industrial Crops. Handbook of Plant Breeding 9. Berlin: Springer.

Fang D D, Percy R G. 2015. Cotton. 2nd ed. Agronomy Monograph 57. Madison: ASA, CSSA, and SSSA.

Mehboob-ur-Rahman, Zafar Y, Zhang T Z. 2021. Cotton Precision Breeding. Berlin: Springer.

Oosterhuis D M, Cothren T J. 2012. Flowering and Fruiting in cotton. Tennessee: The Cotton Foundation Cordova.

Smith W C, Cothren J T. 1999. Cotton: Origin, History, Technology, and Production. New York: John Wiley & Sons.

Stewart J McD, Oosterhuis D M, Heitholt J J, et al. 2010. Physiology of Cotton. Berlin: Springer.

Vollmann J, Rajcan I. 2010. Oil Crops, Handbook of Plant Breeding 4. Berlin: Springer.

Wakelyn P J, Bertoniere N R, French A D, et al. 2006. Cotton Fiber Chemistry and Technology. New York: Taylor & Francis Group, LLC.

第九章 烟 草

【内容提要】本章介绍了发展烟草生产的重要意义、烟草生产概况、烟草的分布与种植区的划分、烟草科学的发展历程；烟草的起源与传播、环境条件对烟草产量和品质的影响、烟草的生育过程与生育期的划分、烟草的产量与品质形成；烟草的育种目标及主要性状的遗传、烟草的系统育种、烟草的杂交育种、烟草杂种优势利用、烟草生物技术育种和烟草种子繁育；烟草育苗、烟草的种植制度、烟草的营养与施肥、烟草的大田管理；烟叶的成熟采收、烤烟调制及烤烟分级。

第一节 概 述

一、发展烟草生产的重要意义及烟草生产的特点

（一）烟草生产在国民经济中的作用

烟草是我国重要的经济作物，种植面积和产量居世界首位。烟草收获叶片并经调制后可制成卷烟、旱烟、水烟、斗烟、鼻烟、嚼烟和雪茄烟等多种烟制品，以满足人们不同的吸食需求。"两烟"（烤烟和卷烟）均为高税率产品，2022 年烟草行业实现工商税利总额 14 413 亿元。同时，烟草作为模式植物在植物科学的诸多方面研究中起到重要作用。此外，因富含蛋白质、烟碱等化学成分，烟草在食品、药品和生物技术等领域中也有着广泛的应用。

（二）烟草生产的特点

1. 产量与质量并重 片面追求产量会导致品质下降，应在保证品质的基础上进一步提高产量。

2. 对环境条件比较敏感 气候条件、土壤质地和栽培技术等都会对烟叶产量和品质产生严重影响。

3. 生产工序比较复杂，农业用工多 有育苗、移栽、田间管理、烟叶采收和调制分级等一系列工序，工序多且各工序用工都较多。

4. 产地集中、技术性强、经济价值高 烟草分布相对集中，以西南地区为最多；烟草育苗、大田施肥、病虫害防治、烘烤和分级等环节技术性都很强；"两烟"是我国高积累、高税收的商品，在国民经济中占有重要的地位。

二、烟草生产概况

（一）世界烟草生产概况

中国的烟草种植面积、烟叶总产量、卷烟产量和销售量居世界首位。烟草生产较多的国家和地区还有美国、巴西、印度、阿根廷、津巴布韦、日本和加拿大等。烤烟质量最好的

国家有美国、巴西和津巴布韦，白肋烟美国最好，希腊、土耳其的香料烟最好，古巴的雪茄烟最有名气。近年来，全球烟叶产量呈下降趋势。

（二）我国烟草生产概况

我国晾晒烟栽培始于 16 世纪中叶；16 世纪末，东南沿海一带烟草种植已盛行；18 世纪后，烟草制品渐多，分布范围渐广。我国烤烟栽培历史相对较晚，1900 年首先在台湾试种，1910～1917 年先后在山东、河南和安徽试种成功，这三个地区成为我国大陆种植烤烟最早的烟区。抗日战争时期，我国原有烤烟产区遭到严重破坏，西南三省在 1937～1940 年相继试种并推广种植烤烟。1949 年后，我国烟草生产迅速发展，种植面积逐渐扩大，单位面积产量和总产量均有较大增长。全国烤烟种植最多的年份是 1997 年，种植面积达 165.97 万 hm^2，收购烟叶 6875 万 t。1998 年开始实行控面积、控产量的"双控"政策，烟叶种植面积和收购量呈逐年降低趋势。根据《中国统计年鉴》，2018～2021 年我国烟叶种植面积分别为 $1.003 \times 10^6 \, hm^2$、$9.72 \times 10^5 \, hm^2$、$9.67 \times 10^5 \, hm^2$ 和 $9.69 \times 10^5 \, hm^2$，收购量分别为 $2.241 \times 10^6 \, t$、$2.153 \times 10^6 \, t$、$2.134 \times 10^6 \, t$ 和 $2.128 \times 10^6 \, t$。

三、烟草分布与分区

烟草在北纬 60°到南纬 45°均有分布，各大洲均有生产，且以亚洲最多。我国土地辽阔，资源丰富，烟草生产遍及全国。目前我国烟草分布较广，东起黄海之滨，西至伊犁谷地，南起海南岛，北迄黑河，从东经 75°到 134°，从北纬 18°到 50°，从低于海平面的吐鲁番盆地到海拔 3000 m 以上的高原山区都有分布。主产区有滇、黔、湘、豫、川、鲁、皖和闽等省。全国烟草种植划分为 5 个一级区即西南种植区、东南种植区、长江中上游种植区、黄淮种植区、北方种植区和 26 个二级区。其中优质烤烟基地有"三大片"：滇中滇东高原，黔北高原和闽西南、湘南、赣南、粤东南岭山区；"三小片"：川西南、滇西高原和豫中豫西山地丘陵。南方烟区多为优质烤烟产区。此外，南方烟区晾晒烟种植历史悠久，资源丰富。

四、烟草科技发展历程

（一）烟草育种科技发展历程

我国烟草育种工作始于 20 世纪 30 年代中期，烤烟品种从 20 世纪初由国外输入并陆续引进。20 世纪 60～70 年代，利用系统选育和杂交育种方法选育出一批高产抗病品种；20 世纪 80 年代确立了以优质抗病为主要育种目标的育种主攻方向，采用育种与引种相结合的方针，将育种工作推进一个新的发展阶段；20 世纪 90 年代以来，新品种的选育研究进展较大，进一步完善了烟草育种理论与技术、育种途径与方法，育种效率、育种水平及品质育种有了明显的提高。尤其近几年在抗病育种、功能育种、不育系应用和种子生产技术等方面取得了突出的成绩。

在烤烟品种推广应用方面，20 世纪 60～70 年代，我国烤烟生产主要采用多叶型品种，烤后烟叶叶片小、颜色淡、身份薄且香味差。80 年代末，逐步引进和选育出'K326''G28''NC89'和'红花大金元'等品种，使烟叶产量、质量大幅度提高。近年来，我国自行选育的'云烟85''云烟87'等品种已成为主栽品种。

（二）烟草栽培科技发展历程

1. 培育壮苗方面　　　烟草育苗经历了苗床露地育苗、塑料薄膜覆盖育苗、两段式营养袋假植育苗、湿润育苗和漂浮育苗等阶段。目前比较先进的漂浮育苗已在全国范围推广普及。

2. 肥料运筹方面　　　近年来对肥料运筹的深入研究使不少地方研制出适合本地生态条件的烟草专用肥。有些地方还研制了烟草专用苗肥、基肥和追肥，使烟草生产逐步实现"择土、平衡、高效"施肥。

3. 烟叶成熟采收方面　　　近年来，世界优质烟叶生产国之间展开了以成熟度为中心的质量竞争，我国烟草科技工作者在烟叶成熟生理、成熟特征和成熟采收等方面进行了深入研究，使烤后烟叶成熟度好、组织结构疏松、颜色橘黄且香味好。

4. 烘烤设备方面　　　20 世纪 80 年代以来，首先大规模地修建标准烤房，或参考标准烤房对老烤房进行改造，然后又逐步推广立式火炉烤房、蜂窝煤烤房和部分热风循环烤房等新型烤房。近年来，生物质颗粒、微电热密集烤房和燃煤式密集烤房也在稳步推广使用。

5. 烟叶调制方面　　　近年来，对调制原理的研究更加透彻，对调制工艺做了较大调整，在总结传统烘烤工艺的基础上，逐步形成和推广三段式烘烤工艺。

6. 烟叶生产的标准化方面　　　为实现烟叶优质优价、优质优用、节约资源并与国际接轨，我国各地烟区先后都开展了烟叶生产标准化、烟草企业管理标准化的工作。

7. 实施现代烟草农业方面　　　按"一基四化"推进现代烟草农业。"一基"就是加强基础设施建设，包括机耕道路、水利设施、烤房、烟田基础设施、烟叶基层站点、防灾减灾体系、育苗棚建和农业机械建设；"四化"就是规模化种植、集约化经营、专业化分工和信息化管理。

8. 安全性方面　　　在"吸烟与健康"的主题下，为实现卷烟高香气、低危害的发展目标，开展了有机烟叶和绿色烟叶开发研究及推广，在白肋烟、香料烟及一些地方性晾晒烟的研究开发上有许多长足的进步。

从发展角度看，烟草有广阔的应用前景。可从烟草提取烟碱、蛋白质、氨基酸、胡萝卜素和柠檬酸等物质作为工业原料；可利用生物技术进行基因改造，从中提取胰岛素、辅酶 Q_{10}、抗癌疫苗和血液蛋白质活化剂等。这些都将极大地推动烟草科学和烟草生产的发展。此外，在烟草生产产业化、自动化、智能化的研究与实践方面还有待加强。

第二节　烟草栽培的生物学基础

一、烟草的起源、传播与分类

（一）烟草的起源

目前学术界普遍认为烟草起源于中南美洲，3500 年前美洲居民便有了吸烟的习惯。墨西哥恰帕斯州帕伦克神殿中的半幅雕画，生动呈现了公元 432 年玛雅人祭祀典礼时以管吸烟的场景；美国亚利桑那州北部发现了大约公元 650 年印第安人在洞穴中遗留的烟斗和烟丝。1492 年哥伦布登陆美洲新大陆时接收了当地人 Arawaks 赠予的干烟叶，并由此传播到了世界各地。

（二）烟草的传播

1519 年印第安人开始在尤卡坦半岛栽培烟草，1499 年在委内瑞拉一个岛上发现当地人有嚼烟的习惯，1550 年中国已有烟斗的使用，1531 年西班牙人在海地种植烟草，1556 年法国开始种植烟草。烟草传入中国的路线主要有三条：一是 1563～1640 年，由航海水手将种子从菲律宾带到我国的台湾，后传入大陆；二是 1620～1627 年，由印尼或越南传入广东；三是 1616～1617 年，由日本传入朝鲜及辽东。

（三）烟草的植物学分类

烟草属于茄科，烟草属。烟草属分黄花烟草、普通烟草和碧冬烟草三个亚属。到目前为止，发现烟草属共 66 个种，其中多数是野生种，人工栽培利用的只有 2 个种，其一是全世界普遍栽培的普通烟草，又称红花烟草，其学名是 *Nicotiana tabacum* L.；其二是黄花烟草，其学名是 *Nicotiana rustica* L.。

（四）烟草的商业类型和烟草制品的类型

1．烟草的商业类型　　与植物学分类不同，烟草的商业类型主要是根据烟叶的调制方法和主要用途来划分的。烟草一般分为烤烟、熏烟（明火烤烟）、晒烟、晾烟 4 个基本类型。

（1）烤烟（flue-cured tobacco）　　是指田间成熟的烟叶，经采收、编竿、装入烤房内，由人工控制热能烘烤干燥。由于烤房内的加热装置是火管，又称为火管烤烟。因起源于美国弗吉尼亚州，也称为弗吉尼亚型烟。

（2）熏烟（fire-cured tobacco）　　又称明火烤烟，是美洲古老的烟叶调制方法之一，由美洲印第安人首先发明和使用的。熏烟是将整株采收的烟株悬挂于房子中，地面燃烧栎树（橡树）等硬质木材，烟气在烟叶中流通，以浓烈的烟气，促使烟叶吸收硬质材料燃烧烟气中的杂酚油香气，并将烟叶熏烤干。因烟叶直接接触烟气，调制后颜色深暗，有一种浓郁的杂酚油特殊香味。

（3）晒烟（sun-cured tobacco）　　是指逐叶采摘的烟叶或者带茎割下的烟叶，避免烈日直晒促使烟叶变黄，完成其内部化学变化，而后在烈日下定色，使所希望的颜色和内在品质固定下来。包括香料烟、黄花烟草和地方性晒烟。

（4）晾烟（air-cured tobacco）　　是指将逐叶采摘的烟叶或带茎整株、半整株采收的烟叶，置于通风背阳的环境中，使烟叶之间疏松接触，利用空气流通，完成颜色、内在化学成分和干燥程度的变化，达到理想的要求。这是比较古老的调制和干燥方式，但现在仍然是一个比较重要的生产技术，这种方法实际上就是"自然调制法"，它又分深色晾烟和淡色晾烟。白肋烟和马里兰烟属于淡色晾烟；雪茄烟和地方性晾烟属于深色晾烟。

2．烟草制品的类型　　以烟叶为原料，经加工制成的产品称为烟草制品。它按原料和制造工艺的不同分为以下几种。

（1）纸卷烟　　又称为卷烟、香烟、烟卷。把各种烟叶切成烟丝，按比例混合均匀，用卷烟纸进行卷制、包装后制成的烟制品。由于烟叶品种、颜色及香味、吃味等特点不同，又分为烤烟型卷烟、混合型卷烟、晒烟型卷烟。烤烟型卷烟用烤烟作全部或绝大部分烟叶原料，烟丝颜色较淡，具有明显的烤烟香气，吃味、劲头适中。混合型卷烟用烤烟、白肋烟、香料烟及其他晾晒烟叶为原料混合卷制而成，烟气中具有多种烟叶均匀协调的香气和吃味，烟丝颜色较深，劲头较大。混合型卷烟又分为美国混合型和普通混合型。晒烟型卷烟以晒烟为主要原料，由于烟叶的品种不同，颜色有深有浅，有特殊的晒烟香气，劲头大。

（2）叶卷烟　　又称雪茄烟，其烟气特点是香气浓郁，劲头大，烟气碱性，焦油与烟碱比值小。雪茄烟的结构从外到内一般由茄衣、茄套和茄芯组成。

（3）旱烟和水烟　　用水烟袋（筒）和旱烟袋吸食的烟制品，主要原料是晒烟和黄花烟。

（4）斗烟丝（pipe tobacco）　　是用烟斗吸食的烟制品，主要原料为晒烟。一般呈柱状或丝状。

（5）鼻烟（snuff）　　又称闻烟，是一种直接涂抹在鼻孔内闻吸的烟制品。以晒烟为原料，将烟叶碎成粉末状，再加茉莉花及其他香料制成，应用时不用烟具，将鼻烟末涂抹于鼻孔。

（6）嚼烟（chewing tobacco）　　是放在口腔内咀嚼的烟制品。嚼烟香浓味甜，多用深色晒烟作为原料。

二、环境条件对烟草产量和品质的影响

（一）气候条件

1．温度　　烟草是喜温作物，在整个生长过程中要求较高的温度。烟草种子发芽及幼苗生长的最适温度是 25～28℃，最低是 10～13℃，最高是 35℃；低于 10℃则幼苗生长停滞，2℃以下就会发生冻害。烟草根系生长所需的温度是 7～43℃，最适温度是 31℃。烟草大田生长最适温度是 25～28℃，最高温度是 35℃，最低是 10～13℃，高于 35℃虽然生长不会完全停止，但将会受到抑制。苗期生长期间长期处于最适温度下生长快，但不健壮；大田期长期处于最适温度下生长迅速，形成庞大的营养体，但品质往往不佳。就优质烤烟生产而言，要求前期温度稍低，但需在 13℃或以上，否则容易出现早花，中期渐高，后期较高。大田生长期高于 20℃持续 70 天以上，24～25℃持续 30 天，成熟期最适温度在 20℃以上，低于 17℃成熟品质极差。此外，烟草一生除需一定的温度外，还需一定的积温。我国的研究认为从移栽到成熟大于 10℃的活动积温为 2000～2800℃。

2．光照　　烟草是喜光作物，天气晴朗、日照充足是生产优质烟叶的必需条件。如果光照不足，则细胞分裂缓慢，纵向伸长间隙加大，机械组织发育差，烟株向上长，细软纤弱，干物质积累少，叶片薄，香气差，油分少，单叶重低，成熟期延长，品质下降。但光照过强，则栅栏组织细胞增多且大而长，栅栏组织和海绵组织的细胞壁加厚，机械组织发达，主脉突出，叶肉加厚，组织粗糙，形成"粗筋暴脉"，品质也低。生产优质烟叶要求充足而和煦的光照。生产优质烟叶，大田生长期要求日照最好在 500～700 h，日照百分率在 40% 以上，采烤期日照要在 200～300 h，日照百分率要在 30% 以上。

3．水分　　烟草大田生长期间降水量的多少与分布是否合理，直接影响烟叶的产量与品质。大田期间若水分供应不足，则烟株生长缓慢，叶片窄长不开张，叶厚，较难烘烤，组织粗糙，烟叶中蛋白质和烟碱等含氮化合物含量相对增加，碳水化合物减少，烤后烟叶弹性差，香气少，吃味辛辣。若降水过多，土壤湿度大，则土壤通气透水性差，土温低，影响烟根生长发育和吸收能力，烟叶徒长软弱，组织疏松，干物质积累少，叶片薄，单叶重轻，不

利于芳香物质的形成，尤其是成熟期雨水多，烟叶不耐烤，烤后烟叶味淡，油分少，弹性差，缺乏香气，品质亦差，且易发生病害。一般认为，年降水量 800～1000 mm，大田期的降水量 400～500 mm，大田生长期月降水量 100～150 mm，采烤期降水量 250～300 mm，成熟期月降水量少于 100 mm，能生产出优质烤烟。

（二）土壤条件

生产优质烤烟的地形地貌以低山和中低山的山坡地、山麓与丘陵地的坡脚地为好，这些地形地势较高，地表排水良好，地下水位低，土壤通气透水性良好，同时这些地方有效钾含量较高，烟株通风透光好，有利于优质烟叶的形成。土壤种类以红壤和紫色土最好，所产烟叶品质优良，表现为烟叶香气充足，吃味醇和，无杂气，烟灰色好，油分足，弹性好。土壤质地以砂壤土最好，其次为中壤土、轻黏壤土，砂土和重黏土最差。土壤要求肥力中等，有机质及氮素含量适中，磷钾丰富，适宜土壤的养分指标是有机质含量 1.5%～2.5%，速效氮 60～100 mg/kg，速效磷 20 mg/kg 以上，速效钾 100 mg/kg 以上。土壤剖面耕层性状的要求是耕层深厚，上松下紧，表层疏松，心土较紧实，稍偏黏重，下层表现有明显的黏化特性，这种结构的土壤具有保水保肥的能力，又有一定的排气通气性能，有利于烟株生长发育。土壤酸碱度以微酸至中性的土壤最好，最适的土壤 pH 是 5.5～6.5。烤烟属于忌氯作物，对土壤含氯量的要求是最好低于 30 mg/kg，土层 0～60 cm 内含氯量超过 45 mg/kg 的地块不宜作栽烟地。另外，烤烟大田生长期也应慎用含氯的化肥。

（三）烤烟适宜的生态类型的划分

烤烟适宜的生态类型划分为不适宜类型、次适宜类型、适宜类型、最适宜类型，标准如下。

1. 不适宜类型 自然条件中有限制因素，并且难以改造或补救，烟株不能完成其正常的生长发育，或虽能正常生长，但烟叶的使用价值极低（如黑灰熄火）。主要生态指标：①无霜期＜120 天；②0～60 cm 土壤含 Cl^- 量＞45 mg/kg。

2. 次适宜类型 自然条件中有明显的障碍因素，改造补救困难，生产的烟叶使用价值低下（如烟叶燃烧性不良或其他不可弥补的缺陷）。主要生态指标：①无霜期≥120 天；②≥10℃积温＜2600℃；③日平均气温≥20℃，持续期≥50 天；④0～60 cm 土壤含 Cl^- 量＜45 mg/kg。

3. 适宜类型 自然条件良好，虽有一定的不利因素，但通过一般农艺措施较容易改造和补救。生产的烟叶使用价值较高（烟叶内在质量优点较多，虽有一定缺点但有可以弥补的措施）。主要生态指标：①无霜期＞120 天；②≥10℃积温＞2600℃；③日平均气温≥20℃，持续期≥70 天；④0～60 cm 土壤含 Cl^- 量＜30 mg/kg；⑤土壤 pH 为 5.0～7.0；⑥地貌类型为中低山、低山、丘陵。

4. 最适宜类型 自然条件优越，虽有个别不利因素，但通过一般农艺措施容易改造补救，能够生产出优质烟叶（烟叶内在质量优点多而突出，缺点少而容易补救）。主要生态指标：①无霜期＞120 天；②≥10℃积温＞2600℃；③日平均气温≥20℃，持续期≥70 天；④0～60 cm 土壤含 Cl^- 量＜30 mg/kg；⑤土壤 pH 5.5～6.5；⑥地貌类型为中低山、低山、丘陵；⑦烟叶的内在质量是香气质好，香气量足，吃味纯净。

三、烟草的生育过程与生育期的划分

烟草的一生包括营养生长和生殖生长两个阶段。从生产过程来讲，可分为苗床期和大田期两个栽培过程，根据烟株的生长发育和对环境条件要求的不同可分为9个生育期。各生育期的形成代表着烟株体内的变化和外观表现（图9-1），各时期彼此联系、依次相接。

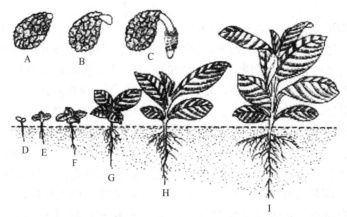

图 9-1　烟草种子萌发及幼苗形成（中国农业科学院烟草研究所，2005）

A. 种子萌发；B. 胚根"露嘴"；C. 胚根伸长并长出根毛；D. 种子出苗；E. 幼苗长出两片真叶；F. 小十字期的幼苗；
G. 大十字期的幼苗；H. 竖膀期的幼苗；I. 长成的烟苗

（一）苗床期

苗床期指从播种至成苗移栽到大田前这段时间。因各地的环境条件、育苗方式和管理技术不同，苗床期的长短相差较大。根据幼苗的形态特征及地上、地下部分的动态变化，可大致划分为 4 个生育时期。

1. 出苗期　　从播种到两片叶子展开称为出苗，10%达到此标准时称为出苗初期，50%达到此标准时称为出苗期。

2. 十字期　　从第 1 片真叶出现到第 5 片真叶生出称为十字期。当第 1、2 片真叶出现并与两片子叶交叉形成十字形时，称为"小十字期"。第 3、4 片真叶与第 1、2 片真叶交叉形成较大的十字形时称为"大十字期"。

3. 生根期　　从第 5 片真叶出现到第 7 片真叶生出，第 3 或第 4 片真叶（最大叶）略向上。

4. 成苗期　　从第 8 片真叶出现到烟苗有一定苗型，可以移栽时，称为成苗期。

（二）大田期

从移栽到采烤结束称为大田期，一般需 100～120 天。大田期可分为还苗期、伸根期、旺长期和成熟期。

1. 还苗期　　从移栽到成活这段时间称还苗期。

2. 伸根期　　从烟草还苗到团棵这段时间称为伸根期。烟草移栽成活后，茎叶开始恢复生长，新叶不断出现，初期茎矮短，生长也慢，新生叶片长大后与老叶片搭着，叶片呈莲座式平铺地面，因植株茎部很短，所以叶片聚集在地面。随着新叶不断出现，茎开始伸长加

粗，这时株高 30 cm 左右，基部开始膨大，具有 13 片真叶，叶片略向上舒张，使整个株形近似球形，称团棵。从移栽到团棵一般需要 25～30 天。

3. 旺长期　　从团棵到现蕾称旺长期。团棵以后，叶芽分化停止，茎生长锥开始分化花序，茎叶生长迅速，一般 25～30 天就可现蕾。

4. 成熟期　　从现蕾到叶片采烤结束，称为成熟期。

四、烟草的产量与品质形成

（一）烟草的产量

烟草的产量包括生物学产量和经济产量两个方面。生物学产量是指烟草在整个生长季节中所积累的干物质量；经济产量是指单位土地面积上所收获的可用的干烟叶的质量。因此，经济产量是生物学产量的一部分，二者的比值称为经济系数或收获指数。烟草的产量由单位面积上的株数、单株可采叶数（留叶数）和单片叶重三个因素构成。

（二）烟草的品质构成

烟草的品质是消费者对烟叶燃烧后烟气特性的综合反映，被人们接受程度高的即为品质好。概括地讲，烟叶品质是消费者对烟叶燃吸过程中所产生的香气、劲头、吃味、刺激性等几个主要因素的综合感受和吸烟安全性的综合评价。一般从外观质量、内在质量、化学成分、物理特性和烟叶安全性来衡量烟叶品质。

1. 外观质量　　外观质量即烟叶外在的特征特性，是指人们的感官直接感触和判断识别的烟叶外观特征，又称外观特性。外观质量包括：部位、颜色、光泽、成熟度、组织结构、油分和弹性、病斑破损、杂色和身份等。

2. 内在质量　　内在质量指烟叶或烟丝通过燃烧所产生的烟气特征特性，它能反映出烟叶各种化学成分的数量和协调性。衡量内在质量的因素有很多，但泛指香气、杂气和吃味。香气是给人的鼻腔带来愉快和舒适感觉的气相物质，包括香气类型、香气质、香气量。杂气是指烟叶燃烧时在香气中伴有的不愉快的不良气味，杂气要求越少越好。吃味是吸食者口腔中酸甜苦辣等味觉感受的总称，包括劲头、刺激性、浓度和余味等。

3. 化学成分　　烟叶中的化学成分多种多样，烟叶要求各种化学成分的含量要适宜，一般烤烟的总糖含量要求为 18%～22%，但以烟叶质量著称的云南烟叶总糖含量为 25%～27%，比此范围高。还原糖含量为 16%～18%，总氮含量为 1.5%～3.5%，烟碱含量为 1.5%～3.5%，蛋白质含量为 8%～10%，钾含量 2%以上，氯含量 1%以下。另外还有一些协调性指标，如施木克值（总糖/蛋白质），一般以 2.0～2.5 为宜；糖碱比（总糖/烟碱）以 10 左右为宜；氮碱比（总氮/烟碱）以 1 左右为宜；钾氯比以 4～10 为宜。

4. 物理特性　　烟叶的物理特性是指影响烟叶质量及工艺加工的一些物理方面的特性，包括燃烧性、吸湿性、弹性、填充性、单位面积质量和含梗率等。

5. 烟叶安全性　　烟叶安全性是当前人们极为关注的问题。首要的问题是烟叶本身所含的焦油、烟碱及烟草特有的亚硝胺等成分并不安全，农业、工业和卫生部门都在研究各种降焦减害的措施和方法。此外，农业生产中影响烟叶安全性的因素主要有农药残留、环境污染、霉菌污染及重金属残留。因此烟草生产要合理施肥，使用低毒高效、安全性高的农药，尽可能将烟草种植在没有水源污染、重金属污染的地区，在存储过程中，也要防止烟叶霉烂变质。

（三）烟草优质适产的理论、依据和指标

优质和适产是两个不同的概念，但却具有不可分割的统一的含义，在较高的产量水平上，适产就成为优质的基本保证。因此，烤烟的优质适产就是指质量达到最高点时的产量范围。由于全国烤烟产区范围广阔，具有不同气候带、不同海拔高度、不同地貌、不同季节和不同土壤等生态环境及不同的栽培技术条件，因此各产地的优质适产范围必然有一定程度的差异。总的趋势是平均适产从东北、华北、西北、西南向中南、华南逐步降低，全国适宜产量 $1875 \sim 2625 \ kg/hm^2$。云南省优质烟的适宜产量 $2250 \sim 2625 \ kg/hm^2$。烤烟优质适产在田间需要有合理的群体结构和个体长势长相。

第三节　烟草主要性状的遗传与育种

品种优良特性是推动烟叶品质和产量提升的内因。优良品种可在适产基础上，提升烟叶品质，增加经济效益，增强抗逆性，是烟草农业非常重要的生产资料。烟草遗传育种可对不同类型烟草的遗传组成进行有效改良，培育和创造优良新品种，满足烟草生产的发展需求。

一、烟草的育种目标及主要性状的遗传

（一）育种目标

优良烟草品种应具有优质、适产稳产、抗逆性强的优点。对影响烟草质量、产量和抗性的因素进行分析，可确定具体的选育性状目标。

与此同时，还须考虑以下几方面的问题：①符合市场需求。烟叶作为工业原料，应考虑卷烟工业的需求和消费者的喜好，提香和减害的品质育种可列为主要目标。②适应产地生态条件。我国不同地区生态条件有别，烟叶风格各异，品种在质量上要彰显独特风格，且需克服当地生态因子限制和主要病害困扰，方能为生产所接受。③解决当地现有品种存在的问题。产区长期主栽品种适应当地生态和生产条件，但可能存在个别问题，可针对问题，把握选育方向，分清主次，逐步突破，以见成效。烟草育种工作周期长，影响因素多，有针对性、预见性地制定育种目标，可提高工作效率。结合目前具体情况，在制定育种目标时，应让质量、产量和抗逆性达到相应要求。

1. 优质　　烟叶质量涵盖了外观质量、内在品质、可用性和安全性等内容，会随社会发展和卷烟产品结构的变化而改变。现阶段卷烟配方结构的改变要依据烟叶的质量要求。一般而言，优质烤烟品种的烟叶质量有以下几方面要求。

（1）外观质量　　一般要求烤后原烟颜色多橘黄或金黄，色泽强而均匀，身份适中，成熟度好，结构疏松，油分多，叶面有微粒物凸起，不平滑。

（2）内在品质　　主要包括烟叶的内在品质和化学成分等指标。要求香气质好，香气量足，杂气不显，劲头适中，吃味醇和，刺激性较小，余味舒适。提高烟叶香气量是烤烟育种的主攻方向，要求新品种的香气和吃味至少与对照品种相当。化学成分与烟叶质量的关系密切，但因涉及成分极多，所以仍不能用化学成分指标对烟叶质量全貌作结论。烟叶香气与

氧化钾、总糖、还原糖含量呈正相关，与烟碱、总氮、蛋白质和含氯量呈负相关。烟叶吃味与氧化钾、还原糖含量呈显著正相关，与含氯量、烟碱含量呈显著负相关。烟叶香气、吃味与烟气总粒相物（TPM）释放量、总糖和还原糖的差值呈显著负相关，与还原糖和烟碱的比值呈显著正相关，与钾氯比、施木克值呈正相关。提高烟叶中的氧化钾含量和在一定范围内适当提高还原糖含量，可增加烟叶香气，改善吃味；缩小总糖和还原糖的差值对提高烟叶香气和吃味特性有帮助。

（3）可用性　　是指与工业生产成本和加工工艺有关的质量因素。通常情况下，叶片较大、身份适中、含梗率低、组织疏松、油分多、弹性好、填充值高、化学成分协调、燃烧性好的烟叶受工业欢迎。

（4）安全性　　目前消费市场对烟草制品安全性的要求越来越高。减少烟叶有害成分，培育低毒少害品种也成了市场需求。烟气中有害物质主要是焦油，其中多环芳香烃、苯并芘、亚硝胺等具致癌性，酚类物质可影响肺功能。焦油释放量与叶片密度、单叶重呈显著正相关，总糖、淀粉、还原糖、木质素含量也与焦油释放量呈正相关；随着钾含量的提高，焦油释放量降低。焦油含量可通过遗传育种手段加以改良。

2. 适产稳产　　烟叶产量与经济效益直接挂钩，正确处理质量和产量关系，协调二者平衡，是育种成败的关键。烟草产量育种目标应该在保证品质的前提下，实现丰产稳产。烟叶产量构成因素为

$$单位面积产量＝单位面积株数×单株叶片数×单叶重$$

与之相关的性状包括：单株叶数、单叶重、茎叶角度、节距、株高、茎围等。种植密度与品种株型关系密切，一定范围内调节种植密度和单株留叶数对烟叶品质影响不大，但超过一定范围，可能会导致品质下降。单叶重是与产量和品质都相关的指标，在一定范围内增加单叶重可提升产量和品质，但单叶重过高的烟叶品质会降低。不同生态条件下，烤烟可通过合理株型达到适产目标。

3. 抗逆性强　　抗逆性是指烟草对外界不良条件和病虫害的抵抗能力，包括抗病、抗虫、抗旱抗涝、耐肥、耐低温能力等。增强抗逆性有助于稳定彰显品种特色。不同烟区可因地制宜地拟定抗逆育种目标。

抗病是烟草抗逆性的主要方面，可作为主要育种目标之一。烟草主要病害的流行类型和区域分布差异较大，应把当地主要病害作为抗性育种目标。确定育种目标后，应掌握抗源，了解抗性的遗传背景及规律，有目的地累积抗性基因，提升品种抗病性。

干旱和无灌溉条件的烟区，易因干旱使烟叶产量和品质不稳定。同时烟草对水涝比较敏感，南方雨季常出现田间积水，导致烟株死亡。抗旱性和抗涝性是品种在逆境条件下的综合生理性状，须与品质和产量性状相结合，统筹制定育种方案。

烟草追求优质，品种对肥料的敏感度关系到在复杂生态环境下配套栽培技术的落地难度。随着我国烟草生产水平和水肥供应条件的改善，耐肥性也成为烤烟育种目标之一，要求育成品种兼具耐肥和易烤的特性。

我国大部分产区移栽前后易受低温影响。有些品种会响应低温诱导发生早花。在高纬度高海拔烟区，烟叶成熟后期经历秋风冷露，低温致使上部叶难成熟，难烘烤，严重影响烟叶品质。这些区域育成品种应耐低温、早熟，具有在较低温度下上部叶能正常成熟、易烤性好的特点。

（二）主要性状的遗传

了解烟草与育种目标相关性状的遗传规律，有助于制定育种方案，明确性状选择方向。在烟草育种过程中，须先明确关注的性状是质量性状还是数量性状，以便根据遗传特点，采用相应的育种方法和措施。

1. 烟叶品质性状遗传　　烟叶品质形成非常复杂，受多因素影响。与品质相关的性状很多，大多数表现为数量性状，受微效多基因控制，以累加效应为主。也存在显性、部分显性和互作效应。

（1）烟碱的遗传　　烟属大多数种含烟碱、降烟碱和新烟碱中的一种或两种。栽培烟草主要含烟碱，降烟碱是烟碱去甲基化的结果，降烟碱不利于烟气质量。普通烟草调制后烟叶烟碱含量的高低既受数量性状影响，又受质量性状支配。鲜叶中烟碱含量是数量性状，取决于多个具累加效应的基因；调制后烟叶的烟碱含量除受鲜叶烟碱含量影响外，还与烟碱在调制过程中是否转化为降烟碱有关。烟碱向降烟碱的转化受两对显性基因（$C_1C_1C_2C_2$）控制，属于质量性状，如存在这两个显性基因中的一个，鲜叶中的烟碱就会有部分在调制中转化为降烟碱；如果无显性转化基因，烟碱就不被转化。目前的普通烟草和黄花烟草品种，大多是经过人为选择的隐性基因纯合体（$c_1c_1c_2c_2$）。

（2）叶绿素的遗传　　普通烟草大多数类型植株和叶片是绿色的，但也有叶绿素减少的变异类型，如白肋烟。白肋烟是马里兰烟的突变类型，叶片叶绿素含量仅为正常绿色烟株的 1/3。白肋烟和正常绿色型的遗传差异由两对基因控制，白肋型是隐性纯合体（$yb_1yb_1yb_2yb_2$），其他基因型都是正常绿色，即 Yb_1 是 yb_1 的显性，Yb_2 是 yb_2 的显性或部分显性，可能还存在其他微效修饰基因。

叶绿素变异也存在紫色型和黄绿型，均为一对等位基因控制的质量性状，前者是隐性基因突变为显性，后者是隐性突变。还存在细胞质基因决定的叶绿素欠缺遗传，只通过母本传给下一代。

（3）烟叶香气的遗传　　烤烟烟叶香气的性状遗传以累加效应为主，同时包含部分显性遗传；烟草类型间所具有的某些特殊香气是由少数主效基因决定的质量性状，存在显性或不完全显性。香料烟的香气特征是由葡萄糖四酯及其分解物产生的，受一个调控葡萄糖四酯含量的显性单基因控制。

2. 烟叶产量性状遗传

（1）单株叶数　　单株有效叶数是指烟株着生叶片中可采收调制的有经济价值的平均留叶数，是建立在单株着生叶片数基础上的。不同品种间叶片数存在差异，属数量性状，遗传率高，受环境影响较小。决定叶数的基因效应主要是加性×加性效应，其次是加性、显性和显性×加性效应。单株叶数宜早世代选择。叶片数配合力较高，合理的亲本选配可改良该性状。

（2）单叶重　　单叶重是指一株烟草上采收调制的所有叶片的平均质量。叶片大小和叶肉厚薄决定单叶重。单叶重为数量性状，主要表现为多基因控制的加性效应，与烟草类型及品种有关，受栽培和环境的影响较大，遗传率相对较低。单叶重适合晚世代选择。

（3）叶形　　叶形决定叶长和叶宽的比值，是烟草品种的主要特征性状之一，受两个不同遗传系统控制。一个是一对质量性状遗传的基因（B-b），B 对应宽叶型，b 为窄叶形，B 为 b 的显性。另一个是两对累加效应的基因（$N_1N_1N_2N_2$），两对累加效应的基因只有在 bb

纯合体内发挥数量效应，随着 N 基因累加，叶片长宽比变小，窄叶片会相对变宽。

（4）烟叶产量构成性状及其相关性状遗传　烟草的株高、叶长、叶宽等都属于数量性状。控制这些性状的基因以加性效应为主，有时存在不同程度的互作效应，如株高在加性效应基础上存在显性和上位效应；茎围以加性×环境互作效应、显性×环境互作效应为主。

3．烟草抗病性遗传

（1）抗黑胫病遗传　黑胫病是我国烟区主要流行的病害之一。烟草对黑胫病的抗性包括水平抗性和垂直抗性。大多数推广品种的抗黑胫病性间接源于雪茄烟'Florida 301'，为水平抗性，可降低黑胫病的流行速度，由加性效应为主的隐性多基因控制。另一水平抗性种质雪茄烟'Beinhart1000-1'抗性水平高，能兼抗多种病害，表现为部分显性，但该基因与雪茄特性基因紧密连锁，在烤烟中难以利用。一些野生种中带有抗黑胫病的质量性状基因，如长花烟草和蓝茉莉叶烟草，但对于烤烟，打破与不良性状的连锁仍有难度。

（2）抗青枯病遗传　青枯病是危害性很强的根茎病害，目前可用的青枯病抗源不多。烟草品系'Ti448A'是美国抗青枯病育种的主要抗源，其抗性是由加性效应为主的隐性多基因控制。我国地方品种'反帝三号-丙''白花205'也可作为抗源参与育种。

（3）抗烟草普通花叶病毒（TMV）遗传　烟草对 TMV 的抗病性可分为耐病、过敏坏死和抗侵染三类。来自品种'Ambalema'的抗性属耐病，依赖于气温条件，由隐性等位基因 *rm1* 和 *rm2* 控制，与不良性状间存在连锁。目前运用较多的抗 TMV 基因来自黏烟草，其抗性为过敏性坏死，由单基因（N）控制，该基因已成功转移到烟草品种中。

4．烟草短日照反应型遗传

大多数烟草对日照的反应属"日中性"或"弱短日性"，但存在多叶型的强短日性烟草，如'革新5号''乔庄多叶'等，无短日照条件，茎尖叶原基不转分化形成花原基。该短日反应型（m）是由"中性"性状（M）突变而来，当为纯合隐性时，表现为强短日性，是单基因控制的质量性状。

二、烟草的系统育种

系统育种（选择育种）是直接利用自然变异进行选择，并通过比较试验培育新品种的育种途径，是培育烟草新品种的基本方法之一。系统育种优中选优，相对简单易行。优质特色品种'红花大金元''翠碧1号'就是通过系统选育获得。

（一）自然变异来源

1．天然杂交　烟草异交率一般在 1%～3%，在环境影响下，某些品种异交率可在 10%左右。天然杂交可产生变异个体，如与选育目标一致，可从中选育新品种。

2．自然突变　受环境因素影响，如辐射、化学诱变，可产生某些基因突变甚至染色体畸变，形成新的基因型。但自然突变大多产生不利性状变异。烟草作为异源四倍体，隐性突变基因很难显露，可用概率小。

3．剩余变异　品种表型整齐一致，但群体中会有一定比例的基因位点处于杂合状态，后续繁殖过程会继续发生基因分离与重组，产生剩余变异。在大面积种植群体中筛选出与性状改良目标一致的单株，可作为系统育种基础材料。

（二）选育程序

1．单株选择　自然变异是小概率事件，从综合性状优良的推广品种、引进品种和新品种（系）中选择单株可提高育种成效。确定单株后，须对其进行全面评价，明确其优点，确定针对性选育方向，详细记录田间表现，做好编号、套袋自交，种子分株脱粒保存工作。

2．株行试验　　分系种植当选单株的子代株系，每隔几个株系插入一个对照（主栽品种或亲缘品种），连续几代进行优良单株选择。在选择过程中注意全生育期观察，记录相关性状，与对照比较，去伪存真、选优提纯。如抗病性为育种目标，株系试验应在抗性鉴定圃进行。当发现某株系表现明显优于对照，且性状已稳定时，可停止株系选择，将株系内已选定的留种植株混合，构成品系。

3．品系鉴定　　品系鉴定试验需鉴定产量、品质和抗逆性，其烟叶须进行化学成分分析和评价，初步评价出应用潜力。品系鉴定以小区试验的方式进行，设置对照和重复，一般进行 1~2 年。通过品系鉴定的品系进入品种区域试验。同时须考虑繁种问题，为区域试验和生产试验做准备。单独设留种区，选择健壮无病植株 5 株左右套袋自交，种子混收留种。

4．品种比较　　通过品系鉴定的新品系可申请参加国家或省级区域试验，在不同生态类型区进行比较鉴定，确定其区域适应性和稳定性，了解特征特性和利用价值。通过区域试验的新品系可进入生产试验，进一步明确在生产中的可用性。同时配合栽培和调制技术，为大面积推广奠定基础。通过区域试验和生产试验的品系可提交品种审定。

系统育种有局限性，只能从自然变异中选择优良个体。自然变异发生概率低，预见性差，有益突变少，对原品种的改良和提高幅度有限。但我国烟区分布广，生态条件复杂，系统育种过程中增加限定条件，施加选择压力，也能发挥其重要作用。

三、烟草的杂交育种

杂交育种是当前国内外烟草育种的主要途径。通过杂交育种，综合亲本优良性状，使基因重组和互补产生新性状，基因累加产生超亲性状。其主要程序包括亲本选配、杂交、杂种后代的选择和品系鉴定与比较。亲本选配是育种成功的根本。

（一）亲本选配

亲本选配须建立在熟悉亲本性状特征及目标性状的遗传规律上。根据育种最终目标可分为两类。其一为组合育种，将不同亲本的优良性状集于一体，利用基因的重组与互作。组合育种关注的性状遗传比较简单，易鉴别，如在优质基础上选育抗病品种。其二为超亲育种，须将双亲控制同一性状的优良基因集于一身，选育优于双亲的品种，利用基因的累加和互作。组合育种可使品种的品质、产量和抗性处于较高水平，在此基础上，可通过超亲育种，提升复杂的由微效多基因决定的性状，如香气等品质性状。

亲本选配原则包括：①亲本具有育种目标性状，优点多，缺点少，优点可共有，缺点不共存；②选择适应当地的推广品种作为杂交亲本之一；③选择地理距离或亲缘关系较远的材料作杂交亲本；④杂交亲本具较好的一般配合力。

（二）杂交

1．单交　　单交是烟草育种常见的基本杂交方式，可正反交。后代遗传基础相对简单、稳定，亲本选择得当，易达到育种效果。如目标性状涉及细胞质遗传，须将带该性状的材料作母本。我国多数品种通过单交选育而成，如'云烟87'来源于'云烟2号'和'K326'组合。

2．回交　　回交是烟草杂交育种的重要方式。回交适合改良轮回亲本的个别性状，非轮回亲本在目标性状上与轮回亲本互补；回交可加快基因纯合和性状稳定。从非轮回亲本转移的目标性状须具较高遗传率，易鉴定，否则难以达到预期效果。回交可将抗病基因转移给优质感病的品种，达到选育优质抗病品种的目的，也可用于雄性不育系的培育。

3. 复交 复交是指由 3 个以上的亲本进行两次或两次以上的杂交方式。烟草很多重要性状间存在不利基因的连锁，复交有助于打破这种连锁，获得有利性状的理想组合。同时，复交可丰富杂种后代遗传基础，出现超亲性状。复交相比单交，后代纯合稳定所需时间多，育种年限长。

复交可分为三交、四交和双交。三交选用 3 个亲本杂交，第一次选择 2 个亲本杂交，然后用单交 F_1 和另外一个亲本杂交，即（A×B）×C；四交用 4 个亲本遗传依次进行杂交，如［(A×B)×C］×D；双交是指两个单交组合再次杂交，如（A×B）×（C×D），或者（A×B）×（A×C）。复交须考虑亲本的优缺点，其综合性状不能太差，还须注意杂交过程的先后顺序。一般情况下，选择综合性状相对最好的材料为杂交后代中基因比例大的亲本，如（A×B）×C 中的 C，（A×B）×（A×C）中的 A。

（三）杂种后代的选择

作为自花授粉作物，烟草单交种从 F_2 开始分离，复交种从 F_1 开始分离，一般经过 4～5 个世代，才能基本稳定。在这期间有效地对杂种后代进行选择，可达到预期目标。最基本的选择方式包括系谱法和混合法。

1. 系谱法 系谱法单交自 F_2 开始选株，复交从 F_1 开始选株。所选单株分行种植，形成株系。在各世代株系中连续选优良单株，留种再形成株系，种植成行，直至选育出稳定的优良株系。选株过程中，各代株系系统编号，可由编号追溯其亲缘关系，故称为系谱法。各世代主要工作如下。

（1）F_1 群体 F_1 以组合为单位排列种植。单交 F_1 表型一致，可不选株，但须淘汰有明显缺点的组合，剔除假杂种，种子可按组合混收。复交 F_1 处理方式与单交 F_2 相似。

（2）F_2 群体 单交 F_2 群体开始出现强烈分离，从中高效地选单株是这个阶段的主要工作。分组合种植的 F_2 群体前后种上亲本，同时种植对照品种，便于比较。扩大群体有助于有效地筛选出符合选育方向的单株。选择时先选组合后选单株。通过比较，评定优良组合作为重点选株对象。在同一组合中单株选择须与亲本和对照比较。早世代可选择遗传率高的性状，如株高、叶数等；遗传率低的性状可适当放宽尺度，后续严格选择。F_2 群体的选株率 5%左右为宜，表现理想的可适当多选。

（3）F_3 群体 F_2 群体所选单株种子分株系种植，同时种植对照。同株系内单株分离明显，但整体可呈现主要性状表现趋势。此世代开始选择遗传率低的性状，可大量淘汰不良单株。在观察田间长势、叶形、叶色、叶片数、抗病性、成熟及烘烤特性等性状的基础上，重点考虑育种目标，对单株进行综合评定筛选，每个株系留种单株不宜多。

（4）F_4 群体及以后世代 F_3 所留单株到 F_4 仍分株系种植，来自同一个 F_3 株系的后代种植在一起，形成株系群，来自同一 F_2 单株的不同株系互称为姊妹系。通过选择，F_4 群体中不同株系群间差异明显，但同一株系群内表现比较一致。可选择趋于稳定的优良株系进入品系鉴定。如果还存在性状分离，可继续选单株，优中选优，促进提纯稳定。F_4 及以后世代群体应根据育种目标进行全面评价。单交组合的 F_4 群体如整齐一致，可混收种子，准备进入下一阶段。复交或遗传关系较远的组合的杂交后代可能仍存在分离，须继续选株，直至稳定。

2．混合法 混合法在杂种分离世代（F₂、F₃、F₄）不选株，也不套袋，只淘汰病株、劣株，形成混选群体。依靠自然选择，可为杂种后代基因的重组、累加和保存提供更多机会，使杂种群体向适应当地自然条件和栽培习惯的方向发展。到 F₅ 阶段再根据育种目标进行个体选择、株系比较，选出优良稳定株系作为品系进入鉴定阶段试验。混合法程序较系谱法简单，但系谱法育种进程更快，故系谱法运用更普遍。

（四）品系鉴定与比较

获选稳定整齐的优良株系经过 1~2 年的初级鉴定后，可升入新品系比较试验。杂交育种的品系鉴定、品种比较、区域试验、生产试验与系统育种方法基本相同。

四、烟草杂种优势利用

烟草也存在杂种优势。杂交种育种周期短，可控制繁种，有助于产区对品种的规划布局。近年来审定通过的杂交种逐渐增多，如烤烟'渝金香 1 号'和白肋烟'川白 2 号'。

烟草杂种优势一般表现在生长势和产量、抗性、适应性、生育期、品质等方面。与烟草产量、品质相关的株高、叶数、叶长、叶宽、花期、烟碱含量、含糖量等都是数量性状，主要表现为累加效应，显性和上位效应占的比例小。这些性状在杂种 F₁ 大多数表现为等于双亲平均值，或略高于双亲平均值，大大高于亲本的不多。因此，在进行杂种 F₁ 育种时，在正确选择亲本的情况下，双亲的优良性状容易组合到 F₁ 个体中，如优质感病×丰产抗病，可出现优质抗病的 F₁。

烟草为自花授粉作物，易杂交，繁殖系数高，可通过人工去雄、化学杀雄、自交不亲和、雄性不育制杂交种。雄性不育系制种可减工降本，降低种子混杂风险。烟草收获的是叶片，不需要恢复系。目前烟草制杂交种主要利用香甜烟草细胞质转育而成的细胞质雄性不育系。将已有的细胞质不育系作母本，优良栽培品种为轮回父本，连续回交多代，所得后代为雄性不育同型系，而轮回父本的优良品种自交所获的种子可作为保持系。

杂交种选育程序如下：①选配杂交组合。确立选育目标，在了解亲本特性、主要目标性状遗传特点及配合力基础上，按亲本选配原则，选择父母本进行杂交并收获杂交种子。②组合鉴定。将各杂交组合按顺序排列在田间种植，加入对照品种进行随机排列比较鉴定试验，可设置重复。鉴定可进行 2 年以上，对杂交种作全面评价，从中选择优良组合进入下一级试验。③区域试验和生产试验。杂交种的区域试验和生产试验程序与系统育种相同，通过即可进入品种审定程序。

五、烟草生物技术育种

常规育种技术在烟草育种中有不可替代的作用，但生物技术的不断进步使得它在育种中展现出巨大的应用潜力。生物技术可将有益基因从野生种转移至栽培，开展定向育种，创制新的种质资源。生物技术与常规育种技术结合，可建立高效育种程序，缩短育种年限。目前烟草应用较多的有单倍体育种、原生质体融合育种、分子育种等。

（一）单倍体育种

烟草单倍体育种是将未成熟的花药接种于人工培养基，通过适当条件的诱导和培养，花粉脱分化后形成完整再生植株的过程。花药培养获得的植株为单倍体，须加倍才能获得稳定遗传的材料，再选育成新品种。此法可减少杂种后代的分离，缩短育种年限，利于隐性基因的选择。花药培养与诱变育种结合，可提高突变概率。我国通过单倍体育种育成了'单育1号''单育2号''单育3号'。

单倍体育种程序为：①按育种目标组合或选择变异材料；②培养杂种或变异材料的花粉成单倍体植株；③单倍体植株染色体加倍；④通过比较、鉴定、试验，选育符合育种目标的株系、品系。

（二）原生质体融合育种

1. 原生质体培养 去除烟草细胞细胞壁后获得原生质体，在体外予以适当条件，原生质体重新形成细胞壁，可分化成再生植株。烟草原生质体培养后通过处理，可产生抗病或抗逆的突变体；也可用于外源 DNA 的导入与转化；还可形成无性系，保存种质资源；也可作为细胞融合的基本材料。

2. 原生质体融合和体细胞杂交 借助 PEG 诱导和电融合术，烟草原生质体可形成融合细胞，经筛选后可获得体细胞杂交株。原生质体融合可转移野生烟草的抗性基因，创制新细胞质雄性不育系，形成新的烟草种质。

（三）分子育种

以分子标记技术、转基因技术、生物信息学手段为基础的分子育种，可克服常规育种周期长、效率低的缺点，逐渐成为现代烟草育种的主要技术之一。常规育种注重表型选择，分子育种强调基因型选择。分子育种和常规育种都以优异表型为育种目标，分子育种须建立基因型和表现型间的联系，通过基因型来选择表现型。

1. 烟草基因组计划 以全基因组测序为代表的结构基因组学和以转录组、蛋白质组等为代表的功能基因组学是开展分子育种的基础。中国烟草基因组计划完成了绒毛状烟草和林烟草的全基因组序列图谱，普通烟草分子遗传连锁图谱、全基因组序列图谱和单倍体图谱。我国现拥有烟草系列基因图谱，创制了烟草全基因组芯片和烟草突变体库，已解析重要功能基因 200 余个，为开展分子育种奠定了坚实基础。

2. 分子标记辅助选择育种 选择是育种的重要工作环节，烟草重要性状表现往往非常复杂。目标基因定位于遗传图谱后，分子标记可克服性状基因型鉴定困难，使性状表现不受发育阶段和环境的影响，可进行非破坏性性状评价和选择，提高基因聚合和回交育种效率。

目前烟草已鉴定出黑胫病、TMV、根黑腐病等抗性基因的分子标记，对不同生长环境下烟叶中的总糖、烟碱、氧化钾含量也有了 QTL 初步定位。

分子标记辅助选择在烟草育种中已获得突破性进展，'中烟 300'和'云烟 300'通过品种审定后已在生产上推广种植。'中烟 300'是以定向改良'K326'的病毒病抗性为育种目标，选择'K326'为母本、抗病毒病烟草种质为父本，经过杂交、复交，连续多代回交，利用与病毒病抗性紧密连锁的分子标记辅助选择，结合常规育种定向改良育成的抗病毒病新品种。'中烟 300'与'K326'田间表现无明显差异，质量与'K326'相当，但对 TMV 免疫、抗 CMV 和 PVY。

分子标记在烟草育种中还可发挥更多作用，可加速种质资源的鉴定与筛选，对常规育种难把控的重要性状如高香气、低焦油、抗逆、多抗性等性状加以选择。分子标记须与常规育种结合，进一步开发简单、快速、高效的检测分析方法，提升应用价值。

3. 基因工程育种　　转基因可快速定向改良作物。烟草易转化，是转基因研究的模式植物，已成功转入大量与生产相关的抗病、抗虫、抗除草剂基因，获得相应的植物材料。目前我国转基因烟草品种尚未获大田释放。烟草转基因是一种技术储备，可用于研究外源基因在烟草中的表达，鉴定基因功能，提升植株抗性，改善烟叶品质。例如，转入 MYB 类转录因子 *TaPIM1* 基因，提高了烟草抗青枯病性；借 RNAi 技术抑制喹啉酸磷酸核糖转移酶活性，大大降低烟碱含量，改善了品质，增加了安全性。

烟草转基因技术成熟、生物量大、蛋白质含量高、易种植，是重要的生物反应器，是生产药用蛋白质的理想载体。烟草可用于生产抗体、疫苗和细胞因子。随着烟草生物反应器生产技术的进步，烟草能在维护人类健康、促进经济发展中发挥重要作用。

4. 分子设计育种　　生物技术能推进烟草育种的快速发展，但目前所用方法仍存在精准性和效率性有限的问题。人工核酸内切酶介导的基因编辑技术实现了对基因组的高效、靶向修饰，使变异方向更明确。基因组编辑技术中的 CRISPR/Cas 技术设计简单，价格低廉，易于编辑且高效，开启了基因组编辑的育种热潮。

我国烟草基因组研究处于领先地位，烟草基因编辑技术日趋成熟，创造了很多突变材料，其中抗马铃薯 Y 病毒病（PVY）、高烟碱和低 *N*-亚硝基降烟碱（NNN）的类型可改善烟草抗性，改良卷烟配方，提升安全性，与常规育种技术相结合，有望选育新品种。

六、烟草种子繁育

烟草种子繁育的主要任务是防止品种混杂退化，生产优质种子，保证品种和种子更新，尽快扩大种植面积。

（一）种子生产

我国烟草种子繁育按照原种、良种二级程序进行。原种是原原种（育种家种子）直接繁育的或现有推广品种提纯后达到原种质量标准的种子。良种由原种繁殖产生，供大田生产。原种繁殖采用一年繁殖，多年使用原则；良种采用基地集中繁殖，集中供种的原则。

1. 原种繁育　　烟草原种繁育可在两种繁育程序中选择：其一为"往复式繁育法"，其二为"循环式繁育法"，采用株行圃、株系圃和原种圃进行种子的三级提纯。

（1）往复式繁育法　　是指年年往复用"原原种→原种→良种"的程序生产大面积用种的方法。育种单位育成品种时，可一次性繁足量原原种种子，多年保存，分年使用。原种繁育单位可用原原种生产原种，供种子公司繁殖良种。良种在生产上是一次性用种，下一轮再从原原种开始，往复相同的种子生产过程。这种方法可保持原有品种的典型性和优良性，有利于知识产权保护，是国内外普遍采用的种子繁育方式。

（2）循环式繁育法　　是针对生产上长期使用、出现品种退化的品种进行提纯复壮的方法。一般是建立"三圃"逐级提纯、保纯，循环不断地生产原种。具体分为三步：①从品种的繁种田里选择典型单株，来年建立株行圃，根据品种特性选择株行套袋留种；②当选株行构成株系，建立株系圃，选择具原品种典型特性的株系，分株系套袋采收留种；③当选株系种子混合种植于原种圃，原种圃周边 500 m 不得种植烟草，去除杂株、病株、弱株，留种后作为原种入库储藏。由于其繁种周期长，选择次数多，造成偏差概率大，因此现在使用较少。

2. 良种繁育

必须由获得国家烟草专卖局批准的单位来繁殖已通过国家品种审定的烟草种子。繁育过程分为以下几步。

（1）建立种子田 为防止天然杂交，种子田必须和其他烟田间隔500 m。所用地块土壤肥力中等，阳光充足，排灌方便。

（2）种植原种 原种必须单独育苗，苗床和所用物资不得混有其他种子。结合原种特点，配套相应栽培技术，施肥水平可略高。注意病虫害防治，尤其是现蕾后对虫害的防治。

（3）选株留种 严格去杂、去劣、去病株。现蕾期淘汰不合要求的植株，中心花开放期进行复查，蒴果初熟期淘汰后期感病重的植株。

（4）种子收获 种子成熟因品种、土壤肥力、温度和单株留果数等出现差异。一般在一半蒴果呈褐色时进行采收。全部蒴果晾晒干燥后，方可脱粒。

3. 杂交种配制 烟草杂交种配制主要利用雄性不育系配制雄性不育一代杂交种。制种田必须有严格的隔离区设置。须根据两亲本生育期确定合理的播种期，确保花期相遇。父本与母本的种植比例一般为 1∶（2～4），相邻种植。在父本含苞期和花瓣开放期采集花粉，在母本含苞期至盛花期进行授粉。授粉结束后注意疏花疏果，喷药治虫。父本和杂交种的种子必须单独采收、脱粒、保存。

（二）种子加工与贮藏

烟草收种后晒干，储藏于低温干燥条件下，生产用种储藏不得超过两年。其间定期曝晒，保持种子干燥。制种单位保留一定量后备种子，并每年更换。

烟草种子小，生产用种须处理后才能大面积使用。烟草种子处理可剔除杂质，清除劣质种子，提高种子活力和抗逆能力。加工过程包括精选、干燥、浸种、包衣丸化、包装和储藏等。加工后可全面提高种子质量，减少病虫害发生，节约用种量，推进种子生产机械化、育苗专业化。

第四节 烟草栽培技术

一、烟草育苗

（一）烟草育苗的目的与要求

1. 育苗目的 通过小面积苗床育苗，能够缩短大田栽培时间，从而提高复种指数，克服前后作间的茬口矛盾。由于烤烟种子较小，萌发到幼苗生长的过程对环境条件要求较为苛刻，对外界不良环境较为敏感，只有通过小面积的苗床育苗方可做到精细管理，从温度、光照、水分、通气等方面来满足其生长过程的要求，也便于病虫害的防治和防止自然灾害。在苗床期的间苗和移栽过程（还有假植过程）的选苗过程中，也有去杂去劣的机会，这使烟苗不仅素质好，还苗快，减少缺株现象，而且烟苗在田间的长势一致，便于今后的大田管理与采烤。在无霜期短的地方，生长季节短，如果大田期加上育苗期，则生长时间不够，采用保温育苗措施，可克服霜期对烟草生长的限制。

2. 育苗要求 育苗过程须做到苗壮、苗齐、苗足和适时。

（二）烟草漂浮育苗技术

所谓漂浮育苗，即采用质地很轻的泡沫塑料制成育苗盘，育苗盘的空穴中装上基质（人造土壤），种子播种在基质内，然后将育苗盘移到育苗池中漂浮在营养液表面完成整个育苗过程。

烟草漂浮育苗壮苗的外观标准：苗龄 60~65 天，叶色正绿，根系发达，茎秆柔韧不易折断，苗高 15~20 cm，茎高 10~15 cm，茎围 1.8~2.5 cm（茎直径≥0.5 cm），根干重≥0.05 g，茎干重≥0.2 g。

近年来兴起的井窖式小苗移栽技术，对烟苗的要求有所变化，苗龄要短一些，仅 45~55 天，苗更小一些，苗高 6~8 cm，茎高 3~5 cm，4~6 片真叶。

1. 漂浮育苗技术体系　　漂浮育苗技术体系由 5 个组成部分。

（1）基质　　基质是漂浮育苗的核心，育苗是否成功，关键在基质，基质起固定烟苗根系，并提供部分营养物质支撑烟苗生长的作用。对基质质量的要求一要质地轻，二要孔隙度大（总孔隙度大于 60%），三要通气性和持水性能好，四要有一定的营养物质。基质组成原料有草炭、植物秸秆粉碎物、膨胀珍珠岩、蛭石等。其中草炭在基质配比中所占比例最大，占 40%~60%，植物秸秆是基质第二个重要组成部分，占 20%~40%。

国家烟草专卖局制定了烟草漂浮育苗基质的相关行业标准。该标准对出苗要求如下：从播种到播种后 20 天，在最低温度高于 1℃的条件下，出苗率不低于 85%。对烟苗生长速度要求：从播种到 50%烟苗达到大十字期的时间不长于 40 天。烟草漂浮育苗基质的理化指标见表 9-1。

表 9-1　烟草漂浮育苗基质的理化指标（国家烟草专卖局，2009）

项目	指标
粒径（1~5 mm）所占比例/%	≥40
容重/（g/cm³）	0.15~0.35
总孔隙度/%	80~95
有机质含量/%	≥15
腐殖酸含量/%	10~40
电导率/（μS/cm）	≤1000
水分含量/%	20~45
有效铁离子含量/（mg/kg）	≤1000
pH	5~7

（2）育苗盘　　一般育苗盘的大小为：66.5 cm×34 cm×5 cm，育苗盘上一般有 100~300 个孔穴，生产上使用的育苗盘的规格有 128、162、200、288 孔等，如果采用一次性成苗的育苗方式，多用 128、162 和 200 孔的育苗盘，而采用二次成苗的育苗方式，则采用 288 孔的育苗盘。

（3）营养液　　基质中的有机部分（草炭、秸秆）所含的中微量元素已经基本可满足烟苗的正常生长，因此，营养液中只要含有氮、磷、钾三大元素即可满足烟苗的生长需求。氮、磷、钾比例以 1∶0.5∶1 为宜。施肥浓度原则上是营养液的总盐分不能超过

0.3%。经国内外大量研究证明，烟苗生长早期（播种后 30 天内）营养液中氮素含量以 100～120 mg/kg 为宜，播种 35 天以后以 150～200 mg/kg 为宜。

（4）育苗池 育苗池分为永久性固定池和一次性池。育苗池深度一般为 20 cm，长和宽根据地点和育苗盘大小而定，一般长宽比例超过 4：1。

（5）育苗棚 育苗棚有塑料大棚和塑料小棚两种。

2. 漂浮育苗管理技术要点

（1）消毒 消毒是漂浮育苗比较重要的一项技术。因此，做好育苗前的基质、育苗盘、剪苗器械、育苗池和育苗棚的消毒工作极为重要。

（2）装盘 基质装盘前要先调整好水分含量，基质水分含量以手握能成团，松开后轻轻一动能自然散开为宜。将水分调配好的基质装盘，基质要装满育苗盘的穴，用手指轻压，基质不再下落为宜。

（3）播种 育苗盘装好基质后，用手或其他工具打一个 0.5 cm 深的种穴，每个种穴播 1～2 粒种子。

（4）水分管理 营养池中的水深可加到 10～15 cm，使育苗盘与池埂平齐时池水深度正好合适。

（5）养分管理 漂浮育苗中烟苗所需的养分都由营养液供给，即将烟草育苗专用肥溶解于育苗池的水中。肥料使用量的计算公式如下

施肥量（g）=池长（cm）×池宽（cm）×水深（cm）×施肥浓度（mg/L）/养分含量（%）

（6）温度管理 当温度低于 17℃或高于 30℃时则生长缓慢，在 35℃以上的高温时会被灼伤，甚至死苗。因此在漂浮育苗过程中，当棚内温度低于 17℃时，必须关紧门窗保温，有条件的地方可进行加温；当棚内温度高于 30℃时必须打开门窗通风降温。

（7）湿度管理 突然降温时，棚内极易由于湿度过大而结露，在棚顶上形成水滴，水滴落下易击伤烟苗，因此，当棚内温度已低于 18℃时，可间歇开门窗通风排湿。

（8）剪苗 剪苗（又称剪叶）是培育壮苗的一项关键措施。剪苗的目的是调节烟苗根系和地上部分茎叶生长的关系，增强烟苗抗逆力。漂浮育苗剪苗的原则是"前促、中稳、后控"。

（9）炼苗 移栽前 1 周需要炼苗。具体做法为：打开育苗棚门窗（小棚可揭膜），减少水分和养分供应，控水控肥 4～6 天。这样做可促进烟苗角质程度增加，茎秆逐渐硬化，抗逆性明显增强，有利于提高移栽成活率。

（10）病虫害防治 烤烟漂浮育苗的病虫害防治要以预防为主，消除病源，控制发病条件。

二、烟草的种植制度

（一）种植制度

烟草种植制度指为适应当地自然条件和社会经济条件与科学技术水平而形成的烟草种植结构、其他作物组成及其种植方式的技术体系。种植制度包括连作与轮作及套作等。

（二）连作与轮作

1. 连作 烟草连作是指在同一块土地上连年种植烟草。烟区由于受耕地资源、交

通条件、种植成本及土地所有制度等限制，进行轮作和土地休耕还存在诸多现实难度，目前我国各烟区还存在一定面积的连作现象。连作往往导致烟草病害加重、烟叶质量和效益降低。

2. 轮作　　烟草轮作是指在同一地块上于一定年限内有计划、有顺序地轮换种植不同类型的作物。在烟草轮作中，选择适宜的前作是关系到烟叶产量和品质的一个重要问题。禾谷类作物是烤烟的良好前作，因为它们的共同病害少，禾谷类作物从土壤中吸收的氮素较多，而吸收的钾素较少，这对提高烟叶的品质有利。茄科和葫芦科作物不宜作为烟草前作，因为它们与烟草有一些共同的病虫害，如茄科作物能传播根茎病和病毒病。若以油菜作前作，要注意蚜虫和病毒病传播，但是油菜的根系发达，落花落叶多，能使土壤疏松，肥力提高。豆科作物作为前作，则有两种不同的情况和效果：在土壤肥力较差的地方，豆科作物作为前作效果较好；而在土壤较肥沃的地方，则不宜以豆科作物作前作。

（三）烟草的套作

烟草的套作是指在前茬作物生长的后期于其行间套栽烟草，或者在烟草生长的后期于其行间套栽其他作物。为充分利用生长季节，解决粮烟争地问题，南方部分烟区实行套作，选择矮秆、抗倒、丰产的小麦品种，乳熟前后套栽烟草，共生期 20 天左右，麦收后及时加强管理，以确保烟草的产量和品质。为了提高复种指数，云南省有的地方也进行烤烟后期套种玉米、豌豆和蔬菜。

三、烟草的营养与施肥

根据烟草对矿质营养的吸收和积累规律，结合土壤养分状况，确定肥料种类、施肥数量、施肥时期及施肥方法，以达到提高烟草产量质量的目的。

（一）烟草的营养特性

1. 烟草对营养元素的吸收、分布和积累

（1）不同类型烟草对养分的吸收　　一般随着产量的上升，吸收养分量增加，在各种养分中，以 N 增加较多，对 N、P、K 的吸收比例，烤烟为 1 :（0.3～0.5）:（2～3），白肋烟吸 N 也较多，吸 P 较低，而吸 K、Ca 比例较大。

（2）烤烟不同生育阶段对养分的吸收规律　　烟苗移栽后，到旺长前即栽后 25～30 天，对肥料吸收量不大，30 天后逐渐上升，大量吸收期在移栽后 45～75 天，这一时期，N 吸收量占烟株总吸收量的 44.12%，P_2O_5 占 50.74%，K_2O 占 59.18%，以后吸收量逐渐下降，但对 P_2O_5 的吸收量在最末一次采收前的半月内又稍上升，达总吸收量的 14.5%。N、P 的吸收高峰在移栽后 40～60 天，K 在 40～65 天，总体来说，吸肥高峰在 40～65 天，以后急剧下降，因此，应在吸肥高峰之前施用适量的肥料，此后不应再留有较多的可给态肥，以便落黄成熟。用一句话来概括即"少时富、老来穷"。烟株生长中养分的积累动态如图 9-2 所示。

（3）N、P、K 在根、茎、叶中的分布　　叶中最多，茎部次之，根部最少。叶内 N 的吸收约占全株 65.1%，P 的吸收约占全株的 51%，K 的吸收约占全株的 50.4%，茎中以 P、K 较高，分别为 34%和 38.7%，N 占 25.3%，根中 N、P、K 分布在 10%左右。

2．影响烟草养分吸收的因素

（1）土壤性状　　土壤通气、水分、温度、pH 等状况直接影响对养分的吸收。土壤水分过多则空气减少，通气差，影响根系的呼吸作用，呼吸熵减弱，相应吸收作用也减弱。土壤水分过少，根系也不能很好地吸收，因为水分是各种养分的溶剂，是和根系与土壤养分交换的介质。土壤温度 7～43℃，以 32℃时吸收能力最旺盛，因此栽培上采取合理的措施，

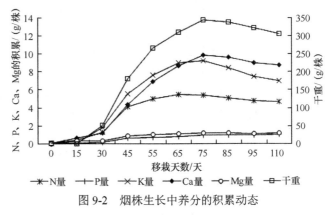

图 9-2　烟株生长中养分的积累动态

使土壤水分、温度符合根系吸收的需要。研究结果表明，土壤 pH 在 3～9 时，烟草体内 N、K、Mg、Cl 等养分含量并不随 pH 变化而出现较大波动，但当培养液呈现强酸或强碱两个极端时，烟草干物质就显著下降，而且养分的吸收量也很低。pH 在 6～7 时，烟草吸收各种养分的量高，生长良好。

（2）养分的形态与配比　　烟草可以从土壤中直接吸收铵态氮、硝态氮和少量的酰胺态氮（如尿素）。用纯 NO_3-N 作 N 源时，烟草能吸收而正常发育，由于施入硝态氮时，吸收 K、Ca、Mg 离子较多，又促进了对硝态氮的吸收。而施用铵态氮时，可促进 Cl^- 的吸收而抑制硝态氮的吸收，并会降低 K^+ 的吸收量，容易出现缺 K 症状。若用铵态氮和硝态氮共同作为 N 源时，则生育期的任何时候，都能很好地被吸收利用，正常发育。近几年的科研表明，50%铵态氮和 50%硝态氮配比最合适。

（3）温度和光照　　温度低时，根部的呼吸作用就要减弱，养分吸收就要下降。光照较强时，蒸腾作用旺盛，有利于吸收养分和水分，植物吸收养分所需的能量，由碳素同化时的产物提供，而光照是同化碳素的所需条件，所以，光照不足、碳素同化物少，会引起养分吸收能量不足，导致养分吸收量下降。

（二）烟草施肥

1．施肥原则与技术

（1）烟草的主要肥料　　主要包括化学肥料（单质肥料、二元肥料、复合肥、复混肥）、有机肥（主要包括饼肥、腐殖酸类肥料、厩肥、堆肥、秸秆、绿肥等）、有机-无机复（混）肥料、控释缓释肥料、叶面肥料、微生物肥料等。

（2）烟草施肥量的确定　　根据理论计划产量计算出所需的养分数量；测定土壤速效养分含量，计算出土壤中能够为烟草提供的养分数量；根据上述两者及土壤养分利用率和所用肥料利用率计算出肥料的施用量。

（3）施肥策略　　适施氮肥，合理搭配磷钾肥；有机肥和无机肥相结合；基肥与追肥相结合。

（4）应变施肥　　看天施肥、看地施肥、看烟施肥。

2．施肥时期和方法

（1）基肥施用方法　　整地起垄时或移栽时施用的肥料，除为烟株提供营养以外，还对改良土壤性状有积极作用，一般用厩肥、饼肥、复合肥、重过磷酸钙、硫酸钾及腐殖酸类

肥料等。提倡重施基肥，一般多雨地区基肥比例为 50%～60%，少雨地区基肥比例为 70%～80%。基肥施用方式以撒施和条施居多。

（2）追肥施用方法　　在烟株生长前期，追肥量大时一般采用向土壤追肥的形式，利用条施、穴施、肥料溶液灌根等方法将肥料施入。追肥时期可分为以下几期：①前期追肥，属于正常追肥，通常不超过两次。②中期追肥，一是在大田烟株表现缺氮的情况下，用少量的速效氮肥兑水灌根，需要量少时可采用叶面喷施；二是在大田烟株表现缺磷或缺钾时用磷酸二氢钾或其他肥料溶液灌根；三是正常喷施微肥。③后期追肥，一是追微肥；二是在营养严重失调时进行灌根或叶面追施，主要以根外施肥为主。

四、烟草的大田管理

（一）烟草大田整地与起垄

1. 整地　　烟田整地是改善土壤状况的重要措施，整地的方式及其质量的优劣都直接或间接地影响着烟草的生长发育和烟叶质量形成。烟田整地主要包括耕翻、碎垡、平整、起垄等土壤耕作措施。

（1）整地的作用　　烟草植株高大，根深才能叶茂。大田整地要求是深耕、早耕、平整、净细。通过深耕改善土壤物理性状，增强土壤透气性和保水性，提高土壤蓄水和保肥能力，土温提高，微生物活性增强，加速有机物质的分解，协调土壤的水，肥、气、热状况，为烟株生育创造良好的环境条件，深耕使土壤疏松，促进根系向宽、深方向发展，扩大吸收水分、养分面积，增强抗旱、抗倒伏能力，为地上部分健壮生长打下良好基础。深耕、早耕结合增施有机肥料，更能提高土壤肥力，深耕宜早，早耕可使土壤经过凝冻与暴晒，消灭病菌，虫卵和杂草，减轻病虫害，烟株长势旺盛，烟叶产量和质量提高。

（2）整地时期　　整地时期与方法随栽培制度而不同，前茬作物收获后应立即深耕、早耕、耙碎平整。在土质黏重，地下害虫较多的烟地中，秋作物收获后应及时深耕、早耕，经过日晒或冬季低温冷冻，土块自然疏松，底土经过风化土性良好，并可大量消灭地下害虫。如果是水稻田栽烟，应在收割水稻前排落干，收割水稻后深翻耕，晒透底土，促使底土温度升高，土壤充分风化，冬闲空地一般应在大春作物收获后，深挖、深锄，将地表杂草及作物残茬全部埋于土壤中，第二年开春后再浅耕，细耙碎土。

（3）整地方法　　烟地经过深耕、细耙、晒垡，在耕地平整之后进行理墒。墒的高度、宽度主要根据地势及土壤质地情况而定。地下水位高、雨水较多、排水较差的黏壤土，墒面宜稍窄，沟宜深；砂质土壤，缺水多旱的山坡地，墒面宜稍宽，沟略浅。理墒时要求做到墒平、土细、沟直、沟底深浅一致，边沟和边墒沟稍深，便于排水。如果墒面高低不平，易积水，沟底高低不平，则排水不畅，雨水来时易积涝成灾。要统一墒向，墒的方向应根据地形地势、排灌条件决定，以接受阳光充足均匀、便于管理、排水防涝和水土保持为原则。一般南北向较好，因南北向受日照时间长，受热均匀，有利于通风透光，可以提高品质。但北风比较猛烈时，也采用东西向，以减少叶片的相互摩擦。坡地的墒向与坡向垂直或呈斜角，并在墒的上方开挖排水沟，以减少水土流失。烟墒要在移栽前 10～15 天理好，使土壤落实，如果现理墒、现栽烟，往往土壤过松，栽后烟墒下沉，影响烟苗生长。

2. 起垄　　烤烟垄作的松土层厚，有利于保墒防旱和降低垄体土壤湿度，便于排水防涝防病，还能增加土壤表面积以接受更多的光和热，提高地温。生产上常采用单行独垄、双行凹型垄（或 M 型宽垄）等起垄方式。垄向最好南北向，做到垄面饱满，沟直。

（1）单行垄　　生产上常用的单行垄，垄面呈弧形，一般垄底宽 70～80 cm，垄高 30～40 cm，沟宽 20～30 cm。

（2）双行凹型垄　　双行凹型垄（或 M 型宽垄）是在地膜覆盖基础上，将单行垄改为双行凹型垄，两侧垄面略向中央浅沟倾斜，使垄体横截面呈凹形，可通过膜上凹面收集雨水并从补水孔向垄内土壤进行补充，增加垄内土壤的含水量的一种起垄栽培模式，它可以解决季节性干旱给烟叶生产带来的不良影响。双行凹型垄的垄体规格有等行距和宽窄行。双行凹型垄的分厢宽度为 200 cm（等行距）或 220 cm（宽窄行），垄高 20～25 cm，波峰处为栽烟行，双行垄内两行烟草的行距为 100 cm，垄间为 100 cm（等行距）或 120 cm（宽窄行）。

（二）烟草的移栽

1. 移栽密度　　密度是构成烟草产量和品质的主要因素之一，在不同的移栽密度下，群体和个体的发展不同。不同的移栽密度对田间的光照强度、风速、田间地温和相对湿度有一定的影响，进而对烟草的生长发育进程和产量质量造成影响。因此，只有构建合理的群体结构才能使产量和品质兼顾，实现优质适产。确定栽培密度时应考虑烟草类型、品种特性、生态环境及栽培水平等因素。例如，烤烟的种植密度一般为 15 000～18 000 株/hm^2，行距为 100～120 cm，株距为 45～60 cm。

2. 移栽期的选定　　移栽期的确定要依据气候条件、种植制度、品种特性、成苗因素等综合考虑。

（1）气候条件　　气候条件是决定移栽期的主要依据，其中温度和降水是最重要的两个基本因素，此外，还应考虑无霜期的影响。

（2）种植制度　　在冬闲土栽种，只要气候适宜，应尽可能提早移栽；在一年多熟烟区，前作作物成熟时应及时收割、整地，尽快接上茬口，保证适时早栽。

（3）品种特性　　迟熟品种或生育期长的品种要适当早移栽；对低温反应敏感的品种过早移栽则会导致早花，影响产量和品质。

（4）成苗因素　　育苗方法、管理水平要合适，播种期和移栽期要衔接得当，防止出现"苗等地"或"地等苗"现象。

3. 移栽方式

（1）常规移栽　　将常规苗龄（一般 60～70 天）的烟苗，在移栽期内采用干法或湿法定植于烟塘中心，保证茎秆高于地表 4～6 cm，覆盖塑料薄膜并及时掏苗和壅土，是常规育苗和漂浮育苗配套的一种优质移栽方式。

（2）膜下小苗移栽　　是指用小苗移栽，及时覆盖塑料薄膜，保持小苗在膜下生长一段时间，充分利用地膜覆盖的保温保湿作用，缓解春季低温、干旱对烟株前期生长的不利影响，促进烟苗早生快发的一种抗旱节水的移栽方式。

（3）井窖式移栽　　就是在覆盖地膜的垄面上或墒情较好的非地膜烟待栽垄体上，按照株距要求，使用专用工具制作"井窖"，将烤烟漂浮小苗垂直放于井窖内，淋施定量的水肥药液，以满足优质烟栽培要求，并集适时移栽、地膜覆盖、高茎深栽于一体的移栽技术。

4. 地膜覆盖技术　　是烟草在大田生长期间，用农用塑料薄膜覆盖烟塘的一种措施。地膜覆盖具有保温保湿、改善土壤理化性状、增强光效应、抑制杂草生长、减轻病虫害、促进烟草早生快发、提高烟叶经济性状等效果。根据移栽后烟苗地上部分所处的位置，又可分为膜上移栽和膜下移栽。

（三）中耕与培土

中耕是通过机械力改良烟田表土物理性状，改善土壤理化因素的措施。中耕可以有效地保持土壤水分，改善土壤通透性，提高土壤温度，改善土壤养分状况；疏松土壤，提高地温，调节土壤肥力，加快农家肥的分解释放；蓄水保墒，调节土壤水分；促进烟株根系的发育；消灭杂草，减少病虫害；中耕结合蹲苗，对烟株的生长发育起到抑制和促进的协调作用，可提高烟叶经济效益。中耕结合除草，一般进行 2～3 次，第一次在移栽后 7～10 天，结合第一次追肥浅中耕，深 3～6 cm；第二次在移栽后 15～20 天，结合第二次追肥深中耕，行株间锄地深度在 10～15 cm，除尽杂草，促进发根；第三次在移栽后 20～25 天，结合最后一次施肥时进行，应掌握离烟株近浅锄、离烟株远深锄的原则。

培土是在大田烟株团棵前将行间或墒沟的土壤打碎并培于烟株基部或墒面，形成土垄或高墒。培土可以排管通畅，增强抗旱防涝能力；促进根系生长，增强根系吸收能力；提高防病和防倒伏能力。培土时垄面的松土要与烟株的基部紧密结合，做到充实、饱满、沟直、垄底平、垄面呈板瓦形、不留空隙、不易崩塌，避免垄面出现坑凹积水。此外，培土时不应把土压在烟苗的叶片上和埋住生长点。

（四）烟草病虫害防治

烟草从播种到收获的整个生长期都会受到病、虫的危害，这对烟叶的产量和质量及可用性会造成巨大影响。

1．烟草病害　　烟草病害主要分为侵染性病害和非侵染性病害，烟草主要病害分类如图 9-3 所示。

2．烟草虫害　　烟草虫害主要包括地下害虫、刺吸性害虫、潜柱性害虫、食叶性害虫及食烟软体动物等，具体分类如图 9-4 所示。

3．烟草病虫害的防治

（1）植物检疫　　该措施是防止外来病虫害传入的一项重要措施，主要检疫对象有烟草霜霉病、烟草坏斑病和烟草潜叶蛾等。

（2）农业防治　　主要包括合理轮作、深耕晒垡、注意田间卫生、培育无病壮苗、适时集中移栽、合理平衡施肥、加强中耕管理、选育抗病优良品种等方面。

（3）物理防治　　主要是指利用物理因素（如光、温、电、色板等）、纱网、塑料薄膜、人工和机械设施等防治病虫害。

（4）生物防治　　主要是指利用有益的活体生物本身（如捕食性或寄生性昆虫、螨类及其他动物、线虫、病原菌、病毒及其他微生物）来防治烟草病虫害的方法。

（5）化学防治　　主要是指利用化学药剂的毒性，施用化学农药进行防治的方法。

除以上防治方法外，烟草病虫害的预测预报也已成为烟草病虫害防治的一个重要部分。

（五）打顶打杈

1．打顶打杈的意义　　烟草现蕾后，就进入生殖生长为主的阶段，开花结果，繁衍后代，但烟草以收叶为目的，生殖器官不除去，叶内的营养物质大量流向顶部花序，如任其开

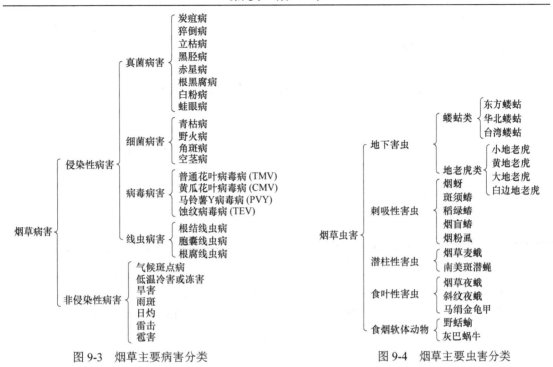

图 9-3　烟草主要病害分类　　　　　　图 9-4　烟草主要虫害分类

花结果，不仅容易引起各种病害，还会显著降低烟叶的产量和质量。打顶是烟草特有的一项田间作业，是调控烟株营养和烟叶品质的重要措施，是种好烟草的最后技术环节。打顶打杈一定要及时，一般在现蕾期打顶，以利于中上部叶片的充分发育和成熟。

2．打顶打杈技术　　打顶又称为封顶、摘心、打头、打尖、断尖等，指现蕾后适时除去顶端花蕾或花序（连同小叶）。打顶技术包括打顶的时期、打顶高度与留叶数多少等。根据烟株的生长发育情况，打顶时期分为扣心打顶、现蕾打顶、初花打顶和盛花打顶。一般以现蕾打顶和初花打顶应用较多。打顶时期、留叶多少要考虑品种、营养状况、土壤肥力、气候、密度和栽培条件等，以烟株能形成优质烟的田间长势长相为最终衡量标准。目前烤烟一般留叶 18～22 片。烟株的打杈又称抹芽、去蘖、掰烟杈。烟株打顶后，促进了腋芽的萌发生长，腋芽由上而下陆续萌发长成烟杈。在烟草生产中必须做到早打杈、勤打杈、彻底打杈，做到上无烟花，下无烟杈，也可使用化学抑芽剂。

3．化学除芽　　由于人工打杈费工较多，打杈操作又处于农忙季节，尤其是人少地多的地区或种烟面积较大的农户，往往不能及时打杈，造成烟草的产量和品质严重降低。另外，操作过程又容易传染病害，所以世界各地都在研究利用化学药剂抑制烟草腋芽，现在国内烟区都在大面积推广化学抑芽。烟草化学抑芽剂主要有内吸、局部内吸和触杀等几种类型。抑芽剂的使用方法主要有杯淋法和涂抹法，其中杯淋法操作方便快捷，在生产上广泛使用。

（六）烟草的底烘与早花

1．烟草的底烘　　底烘是指烟株下部叶未达到正常成熟时期就提前发黄或枯萎的现象。发生底烘后，烟叶的干物质含量大大降低，叶片较薄，成熟度差，导致形成光滑叶，造成减产降质。底烘发生的原因有光照不足、土壤水分不足、水分过多等。

2．烟草的早花　　　早花是指烟株未达到正常栽培条件下该品种应有的高度和叶数就提前现蕾、开花的异常现象。发生早花的烟株现蕾期明显提前，有的甚至比正常情况提前 1 个月；叶片数明显减少，烟株生长势弱、株形矮小、叶片小而薄。早花严重时，单株叶数大幅度减少，对产量、质量的影响很大。发生早花的原因比较复杂，如品种特性、低温、干旱或涝灾、短日照、移栽弱苗和老苗及田间管理不当等。

第五节　　烟叶的成熟采收、调制与分级技术

一、烟叶的成熟采收

（一）成熟采收的意义

烟叶田间成熟度是指烟叶在生长发育、组织结构和物质积累等方面趋近于最适合调制加工状态的程度，它也反映了烟叶衰老的程度。掌握好鲜烟叶采收时的成熟度是调制出优质烟叶的前提。田间成熟度对烤后烟叶质量的影响极大，关于烤烟品质有"七分靠采，三分靠烤"之说。了解烟叶生长发育和成熟的过程，掌握烟叶的田间成熟特征，做到烟叶适熟采收，这些对于提高烤烟质量极为重要。

（二）烟叶的生长发育和成熟

可将烟叶田间成熟度划分为欠熟、生理成熟、工艺成熟、完熟和过熟 5 种状态。

烟叶自叶原基分化后经过一个长期渐变的生长过程达到成熟。烟草幼叶分化后的 10～15 天被称为幼叶生长期；此后是烟叶的旺盛生长期，以细胞伸长、体积增大为主。在旺盛生长期间烟叶的光合作用很旺盛，所形成的同化产物主要被用于细胞内物质的积累充实；旺盛生长期的烟叶中，水分、蛋白质和叶绿素含量较大，而糖类物质积累还比较少，此时烟叶的成熟状态远未达到采收的要求，被称作欠熟期。

旺盛生长期结束时烟叶基本定形，继而进入烟叶的生理成熟期。此期的主要特征是叶细胞内淀粉等干物质积累量逐渐达到最大值，但烟叶的烤后品质仍欠佳。

在生理成熟期后烟叶的叶绿素含量和光合能力都在下降，叶内淀粉、蛋白质等大分子物质开始降解转化，叶面开始出现衰老的特征；此时的烟叶在内含物质和生理特性上都渐渐达到最利于调制加工的状态，因此被称为烟叶的工艺成熟期。达到工艺成熟的鲜烟叶在烘烤调制中容易失水变黄、定色、干燥，烤后烟叶的油分、色泽、结构及其他物理性状都能符合卷烟工业对原料的要求。

对于田间营养充足、生长发育完全的中、上部烟叶，在其达到工艺成熟期之后可适当延迟采收，以使其成熟状态更加充分、完全；其叶面外观上虽易出现病斑或成熟斑，但烤后烟叶的质量会更好，这种烟叶被称作完熟叶。如烟叶完熟后仍未采收将导致烟叶内含物消耗过度，甚至在烟叶边缘处出现枯焦现象。过熟烟叶的利用价值已明显降低。

（三）成熟烟叶的外观特征

烟叶成熟时叶片由绿色渐变为黄绿色，着生在烟株中、上部的叶片或较厚的叶片在成熟时黄色更为明显，且在叶面出现皱褶；烟叶的主脉和侧脉会变白发亮，叶表面茸毛渐渐脱落、分泌物增多，叶面发黏；叶尖和叶缘下垂，烟株主茎与主叶脉间的夹角明显增大。

上述的烟叶成熟特征会因烟叶的着生部位、营养状况、光照通风条件、叶片含水量等因素的不同而有所差异。着生在烟株下部的烟叶往往含水量较大，叶内干物质积累较少，这样的叶片抗衰老能力较弱，适熟采收期较短，在叶片刚有成熟特征时就要及时采收。中部烟叶生长环境条件较好、营养供应足、叶内干物质积累较多，在出现成熟特征后，应当让烟叶在田间继续生长，使其有充足的时间完成叶内物质的分解转化，直到出现明显的成熟特征。上部烟叶的光照通风条件最好，叶内积累的干物质较多、叶片较厚、组织结构较致密、耐成熟，应保证烟叶达到充分成熟时再采收。各部位烟叶成熟采收时外观特征如下。

下部烟叶：叶片呈黄绿色，主脉大部分变白，侧脉部分变白，或者主脉全部变白发亮，侧脉青至 1/3 变白。

中部烟叶：叶片黄色明显为浅黄色，或有黄色成熟斑，叶耳为黄绿色。叶脉变白发亮，侧脉一半至大部分变白。

上部烟叶：叶片浅黄至淡黄色，带有黄色至黄白色的成熟斑，叶耳浅黄色，叶尖部分带黄白色，叶面起皱。主脉变白发亮，侧脉大部分几乎全部变白。

此外还要参考烟叶表面腺毛的褪落情况、茎叶夹角是否变大、叶尖和叶缘的变化程度等。

（四）烟叶采收、整理、组织与烤房装烟

1. 采收烟叶 烟株现蕾打顶后 10 天左右，烤烟叶由下而上依次进入成熟采收期。对于生长整齐、成熟一致的烟株，每次每株采 2～3 片叶、每隔 5～7 天采收一次，最后的 5～6 片顶部叶于成熟时可一次采收。采烟人员要执行统一的采收成熟度标准。烟叶采收整个过程要做到轻拿、轻放、小心装运，要避免折叠、挤压、摩擦、强烈日晒或长期堆放。

2. 整理烟叶 烟叶烘烤特性是指烟叶在大田生长过程中获得，在烘烤过程中表现出的干燥脱水和变色（变黄、棕、褐、黑或红）等特性，可归纳为"易烤性"和"耐烤性"两个方面。易烤性主要反映烘烤变黄期内烟叶变黄、脱水的难易程度，较易变黄、脱水的烟叶易烤。耐烤性主要表现为在烘烤定色期（或干筋期）烟叶对烘烤环境条件的波动不过于敏感、不易发生褐变的特性。易烤性与耐烤性相互关联又相对独立，既易烤又耐烤的烟叶才是烘烤特性良好的烟叶。整理烟叶时须将同一品种、同一部位、同一成熟度的烟叶放在一起，以保证它们的烘烤特性一致。

3. 组织烟叶 为便于烟叶的取放搬运，需要以烟杆、烟夹或装烟筐等设备为支撑，通过绳绑、签子穿刺、烟夹夹持或容纳的方式将零散烟叶组织成一个单元。以绑烟杆为例：要求将部位、成熟度、叶片大小和颜色、烘烤特性等基本素质一致的烟叶绑在同一竿上；将烟叶中过熟叶、欠熟叶、病斑叶挑选出来，分别绑竿。要根据它们共同的烘烤特性灵活掌握每根烟杆上的烟叶数量；将 2～3 片叶的叶背相对、在叶柄处用绳子绑为一束，烟杆上烟束的间距要均匀。组织烟叶时同样要防止烟叶长期堆积或受到阳光暴晒。

4. 烤房装烟 在同一烤房中应装入同一采收批次、同一品种、同一部位的烟叶。烟杆或烟夹在同一层烟架上要摆放均匀，以求同一烟层内气流通畅、升温排湿均匀。普通烤房中同层的烟架上烟杆间距应约为 25 cm，密集烤房中烟杆间距约为 12 cm。不同品种、部位或成熟度的烟叶在烘烤特性上存在差异；同一烤房中不同区域内也存在一定的温湿度差异。在标准密集烤房（8 m 长、3 m 宽、3.5 m 高）中装填中部烟叶时，每个 1.5 m 长的烟杆上编鲜烟叶的质量约为 10 kg，整房中可装入约 4000 kg 的烟叶。

装烟时需要根据采后烟叶的烘烤特性和烤房内不同区域内温湿度差异的分布规律，将烟叶安置在与其烘烤特性相适宜的温湿区域内。例如，在烤房温度较高的区域内应安排易烤性好、变黄速度快的烟叶，在温度适中的区域应安排变黄速度中等的适熟烟叶，而温度较低的区域应安排叶片内干物质较多或采收成熟度较低、变黄速度偏慢的烟叶。

二、烤烟调制

烤烟调制是将达到工艺成熟的鲜烟叶置于人为控制的空气湿度和温度下，使烟叶的外观和内在成分都发生变化，最终完成烟叶品质加工的过程。调制时须使烟叶失水干燥的物理过程与细胞内的物质变化的化学过程协调并进，向有利于烟叶品质的方向发展，力求将烟叶在田间生长形成的质量潜质充分挖掘、发挥出来。

（一）烘烤设备

烤房是调制烤烟的设备，它由装烟系统、供热系统和通风排湿系统组成。

装烟系统由烤房建筑主体和挂烟设备组成。烤房建筑主体（墙体、地面、屋顶、门窗）将烤房内的空气与外界空气隔离，形成一个密闭的空间，以便控制烤房内空气温度和湿度。挂烟设备包括用于组织零散烟叶的器材（如烟杆、烟夹、烟筐、搁烟板）和烤房中专门用于放置这些器材的支架（烟架）。

供热系统主要由火炉、散热火管和烟囱这三大部分构成，其基本功能是加热烤房内的空气，以实现对房内温度的控制。

通风排湿系统由设置在烤房建筑主体（地板、墙体、天花板）上的进风洞、排湿通道、排湿窗口和辅助风机组成，其基本功能是调控烤房内外空气的交换量，以实现对烤房内空气湿度的调控（图9-5左）。

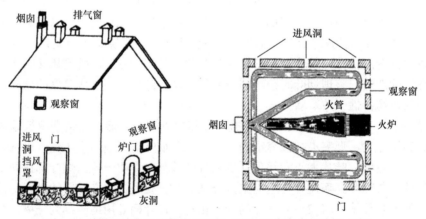

图9-5　普通气流上升式烤房的外观（左）和烤房内部俯视（右）

普通气流上升式烤房的散热火管铺设在烤房的地板上，在烤房地板的中轴线上设置一粗大的主火管，其一端与火炉连通，另一端在接近火炉对面墙体的位置处做"T"形或"Y"形分叉，以主火管为对称轴分布两路分支火管，在地板上盘回，最后在中轴线上汇合后穿出墙壁与室外的烟囱连接（图9-5右）。工作时，气流上升式烤房底部的空气被火管加热后上升，与房中的烟叶发生湿、热交换。通过控制火炉中燃料量和燃烧状态就可调节房中温度，通过控制设在天花板上的排湿窗口与设于地板附近的进风洞的开放程度和时间长度，可以调节烤房内外空气的交换量，改变烤房内空气的相对湿度。

　　密集烤房是当前使用最为广泛的烤房，它由加热室、装烟室和强制通风排湿设备组成。空气在加热室中被加热，然后被电动循环风机吹入装烟室，形成热气流，穿过悬挂在烤房中的烟叶层发生湿热交换后，形成相对低温高湿的空气；它们可经回风口回到加热室中再次加热或经排湿孔（窗）排出烤房，从而完成烤房中强制性热气流循环或湿气的排放（图9-6）。密集烤房的基本特点是依靠机械力实现强制气流运动，以辅助烤房的供热、通风和排湿，增强了对烤房温度和湿度的控制能力，大大提高了烤房的工作能力。

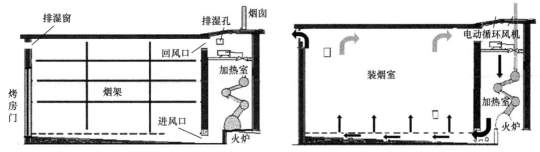

图 9-6　气流上升式密集烤房结构（左）和气流上升式密集烤房气流走向（右）

（二）烤烟烘烤工艺

　　烤烟烘烤工艺是指在烤烟烘烤过程中，烤房内的温度、空气湿度和烘烤时间长度的控制指标及相应操作措施共同构成的烤烟调制加工技术体系。三段式烘烤工艺是目前广泛使用的烤烟烘烤工艺基本形式，它将烟叶烘烤的全过程划分为变黄、定色和干筋三个阶段（图9-7）。

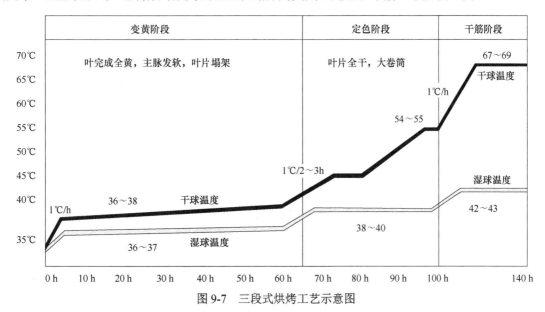

图 9-7　三段式烘烤工艺示意图

　　变黄阶段的工作目标是使烟叶充分变黄并且适量脱水变软。工艺操作第一步，以 1℃/h 的速度将烤房气温升到 36～38℃，保持干湿球温度计上的湿球温度低于干球温度 1～2℃，直到底层烟叶色变黄 80% 以上，即除叶基部、烟筋和烟筋两边为青色外，叶片呈黄色，且叶片失水发软。第二步，将烤房温度升高到 36～38℃，保持湿球温度 36～37℃，逐渐打开天窗、地洞进行排湿，使烟叶达到黄片青筋、主脉发软的状态。整个变黄阶段要稳烧小火，当鲜烟叶中水分偏大时要加大排湿力度，干湿球温度差可以比正常烟叶扩大 1~2℃，若鲜烟叶中水分偏小，则除严密保湿外还可以向烤房内加水补湿，以满足变黄期对空气湿度的要求。

定色阶段的工作目标是使叶片干燥，叶内物质不再转化，将已形成的烟叶外观颜色和内存品质固定下来，叶脉中叶绿素充分降解、不含青。其间谨防出现烤青、叶面挂灰或蒸片等烤坏烟叶的现象。技术要点是稳住湿球温度，慢升干球温度。工艺操作第一步是逐渐加大火、稳升温，将温度以 1℃/（2~3）h 的速度提高到 46~48℃；逐步打开天窗、地洞，加大通风排湿量；湿球温度应控制在 37~39℃，使烟叶达到黄片黄筋、由勾尖卷边至小卷筒。第二步是以 1℃/（1~2）h 的速度升温至 54~55℃，湿球温度缓升并保持在 38~40℃，保持此条件直到实现干叶（大卷筒）。

干筋阶段的工作目标是将烟叶主脉中的水分烘干。工艺及操作上以 1℃/h 的速度将烤房温度升到 67~69℃，同时逐渐关小排湿窗、进风洞以利于烤房升温，保持湿球温度为 42~43℃。湿球温度过低将不利于改进烟叶颜色和色度，同时易造成热能流失和燃料的浪费，湿球温度过高则易导致叶色泛红、品质下降，形成烤红烟。定色和干筋两个阶段都要严防烤房出现大幅度降温。

（三）烤后烟叶的回潮

烘烤结束后烟叶干燥易碎，需要经过回潮变软后才可从烤房烟架上卸下、取出。可敞开烤房所有的门窗让烟叶吸收大气中的水分进行湿回潮；或将烟杆从烤房里小心取出，挂在烤房外的架子上进行回潮，注意避免日晒雨淋。密集烤房中可采用烤房人工增湿的方法加快烟叶回潮。烟叶回潮程度以手握烟叶不易碎且有沙沙声时为宜。

三、烤烟分级

（一）烤烟分组

烤烟分组是把质量性质相同、主要外观特征相似、能再进行细分成几个等级的烟叶分在一个组中，并将质量性质和特征不同的烟叶分在不同组中，最终使同组内的烟叶性质特征相近、不同组间的烟叶性质特征差异明显。烟叶分组主要根据烟叶在植株上着生的部位、烟叶颜色特征及烟叶的性质和用途这三个方面进行分组。

首先将烟叶划分为上、中、下三个部位叶组（依次用字母 B、C 和 X 表示）。烟叶各部位分组因素及对应特征见表 9-2。

在部位分组的基础上进行颜色分组，根据烟叶表面颜色特征将烟叶划分为基本色组和非基本色组。

表 9-2　烟叶各部位分组因素及对应特征

组别	部位分组因素				
	脉相	叶形	叶面	厚度	颜色
下部叶（X）	较细	较宽圆	稍皱褶—平坦	薄—稍薄	多柠檬黄色
中部叶（C）	适中、遮盖—微露、叶尖稍弯曲	宽—较宽、叶尖部较钝	较皱缩	稍薄—中等	多橘黄色
上部叶（B）	较粗—粗、较显露—突起	较宽、叶尖部较锐	皱缩	中等—厚	多橘黄—红棕

　　基本色组烟叶是指烟叶外观上没有明显质量问题的烟叶，包括柠檬黄组（L）、橘黄组（F）和红棕色组（R）。柠檬黄组（L）烟叶外观呈现黄色，在淡黄—正黄色域内；橘黄组（F）烟叶外观呈橘黄色，在金黄色—深黄色域内，叶面以黄色为主色调，其中呈现有少许红色；在上、中、下三个部位叶组中都有柠檬黄组（L）和橘黄组（F）烟叶的划分。红棕色组（R）的烟叶只出现在上部烟叶组中，其外观呈红黄色或浅棕黄色，在红黄—棕黄色色域内。

　　非基本色组烟叶是指存在不同程度质量问题的烟叶，包括杂色组（K）、青黄烟组（GY）和微带青组（V）。杂色组（K）指烟叶非基本色斑块面积占全叶片面积大于20%、小于30%～40%，且叶面不含青色的烟叶；青黄烟组（GY）烟叶上含有的青色面积小于30%；微带青组（V）烟叶叶脉带青或叶片微浮青的面积小于10%。

　　再根据烟叶的性质和用途的差异划分出完熟叶组（H）和光滑叶组（S）。完熟叶组（H）是指在田间采收成熟和调制后熟两方面都很充分的上部叶烟叶，其特征是烟叶油分较少、手感干燥、叶面皱褶、颗粒感强、结构疏松、有成熟斑点、叶色深、有陈化香甜味。光滑叶组（S）是指因生长条件不良或采收不当导致烟叶在尚未达到工艺成熟就被采烤的烟叶，其特征是叶表面平滑无颗粒、少油分、叶组织结构致密、手摸有塑料或硬质纸的僵硬感觉、叶面吸水能力较差。

（二）烤烟分级

　　烤烟分级是在烤烟分组的基础上将同一组内的烟叶按质量的优劣差异进一步划分出不同级别。烤烟分级工作涉及 7 个评价因素：烟叶烤后成熟度、叶片结构、身份、油分、色度、长度和残伤，各因素被分为 3～5 个档次。这些因素都是评价烟叶质量的重要依据。烤烟叶分级因素及档次划分见表9-3。

表9-3　烤烟叶分级因素及档次划分

分级因素	档次划分				
	1	2	3	4	5
成熟度	完熟	成熟	尚熟	欠熟	假熟
叶片结构	疏松	尚疏松	稍密	紧密	—
身份	中等	稍薄、稍厚	薄、厚	—	—
油分	多	有	稍有	少	—
色度	浓	强	中	弱	淡
长度	45 cm	40 cm	35 cm	30 cm	25 cm
残伤	10%	15%	20%	25%	35%

　　烟叶烤后成熟度是初烤烟叶的化学成分、物理特性和外观品质适宜度的综合反映，是评价烟叶质量的中心因素。叶片结构反映烟叶细胞排列的疏密程度。烟叶身份是指烟叶厚度、细胞密度和单位叶面积质量的综合状态，反映烟叶细胞干物质充实的程度，常用厚薄程度加以描述。烟叶油分是指烟叶中能使烟叶产生柔韧和油润感的一类化学物质，在外观上反映烟叶的油润、丰满或枯燥程度。烟叶色度是指烟叶表面颜色的均匀程度、饱和程度和光泽程度，是一个综合概念。烟叶长度是指烟叶主脉基部到叶尖的长度。烟叶残伤是指叶面受损、残破的程度。

在烤烟分组的基础上，根据烟叶在成熟度、叶片结构、身份、油分、色度、长度和残伤这 7 个分级因素上的档次差异进行综合评判后划分，最多可划分出 42 级（表 9-4）。

表 9-4 烤烟 42 级分级国家标准品质因素表

组别		级别	代号	成熟度	叶片结构	身份	油分	色度	长度/cm	残伤/%
下部 X	柠檬黄 L	1	X1L	成熟	疏松	稍薄	有	强	40	15
		2	X2L	成熟	疏松	薄	稍有	中	35	25
		3	X3L	成熟	疏松	薄	稍有	弱	30	30
		4	X4L	假熟	疏松	薄	少	淡	25	35
	橘黄 F	1	X1F	成熟	疏松	稍薄	有	强	40	15
		2	X2F	成熟	疏松	稍薄	稍有	中	35	25
		3	X3F	成熟	疏松	稍薄	稍有	弱	30	30
		4	X4F	假熟	疏松	薄	少	淡	25	35
中部 C	柠檬黄 L	1	C1L	成熟	疏松	中等	多	浓	45	10
		2	C2L	成熟	疏松	中等	有	强	40	15
		3	C3L	成熟	疏松	稍薄	有	中	35	25
		4	C4L	成熟	疏松	稍薄	稍有	中	35	30
	橘黄 F	1	C1F	成熟	疏松	中等	多	浓	45	10
		2	C2F	成熟	疏松	中等	有	强	40	15
		3	C3F	成熟	疏松	中等	有	中	35	25
		4	C4F	成熟	疏松	稍薄	稍有	中	35	30
上部 B	柠檬黄 L	1	B1L	成熟	尚疏松	中等	多	浓	45	15
		2	B2L	成熟	稍密	中等	有	强	40	20
		3	B3L	成熟	稍密	中等	稍有	中	35	30
		4	B4L	成熟	紧密	稍厚	稍有	弱	30	35
	橘黄 F	1	B1F	成熟	尚疏松	稍厚	多	浓	45	15
		2	B2F	成熟	尚疏松	稍厚	有	强	40	20
		3	B3F	成熟	稍密	稍厚	有	中	35	30
		4	B4F	成熟	稍密	厚	稍有	弱	30	35
	红棕 R	1	B1R	成熟	尚疏松	稍厚	有	浓	45	15
		2	B2R	成熟	稍密	稍厚	有	强	40	25
		3	B3R	成熟	稍密	厚	稍有	中	35	35
完熟叶 H		1	H1F	完熟	疏松	中等	稍有	强	40	20
		2	H2F	完熟	疏松	中等	稍有	中	35	35
杂色 K	中下部 CX	1	CX1K	尚熟	疏松	稍薄	有	—	35	20
		2	CX2K	欠熟	尚疏松	薄	少	—	25	25
	上部 B	1	B1K	尚熟	稍密	稍厚	有	—	35	20
		2	B2K	欠熟	紧密	厚	稍有	—	30	30
		3	B3K	欠熟	紧密	厚	少	—	25	35

组别	级别	代号	成熟度	叶片结构	身份	油分	色度	长度/cm	残伤/%
光滑叶 S	1	S1	欠熟	紧密	稍薄、稍厚	有	—	35	10
	2	S2	欠熟	紧密	—	少	—	30	20
微带青 V 下部 X	2	X2V	尚熟	疏松	稍薄	稍有	中	35	15
中部 C	3	C3V	尚熟	疏松	中等	有	强	40	10
上部 B	2	B2V	尚熟	稍密	稍厚	有	强	40	10
	3	B3V	尚熟	稍密	稍厚	稍有	中	35	10
青黄烟色 GY	1	GY1	尚熟	尚疏松至稍密	稍薄、稍厚	有	—	35	10
	2	GY2	欠熟	稍密至紧密	稍薄、稍厚	稍有	—	30	20

可将 42 级划分成上、中、下三等，上等烟含 11 个级：C1F、C2F、C3F、C1L、C2L、B1F、B2F、B1L、B1R、H1F 和 X1F；中等烟含 19 个级：C3L、C4L、C4F、B3F、B4F、B2L、B3L、B2R、B3R、X2F、X3F、X1L、X2L、H2F、C3V、X2V、B2V、B3V、S1；下等烟含 12 个级：B4L、X4F、X3L、X4L、CX1K、CX2K、B1K、B2K、B3K、GY1、GY2、S2。

复习思考题

1. 烟草生产有哪些特点？
2. 烟草的商业类型和烟草制品的类型有哪些？
3. 烟草的生育期是如何划分的？
4. 优质烤烟生产的气候条件和土壤条件是什么？
5. 烟草的品质包含哪些内容？
6. 如何理解烟草的产量和品质的矛盾统一。
7. 试述烟草的植物学分类。
8. 简述烟草漂浮育苗的概念、技术体系和管理技术。
9. 简述烟草连作的危害和轮作的好处。
10. 简述烟草早花和底烘的概念和原因。
11. 如何进行烤烟的打顶打杈？
12. 以烤烟为例，烟叶生产对品种有哪些要求？
13. 烟草的品质和产量与哪些性状相关？其遗传特点如何？
14. 烟草杂交育种程序是什么？请以系谱法为例介绍各世代的工作内容。
15. 试述生物技术在烟草育种中的应用前景。
16. 烟叶采收成熟度对烤烟的品质有何影响？
17. 比较分析普通气流上升式烤房与气流上升式密集烤房的差异。
18. 简述烤烟分级工作的流程和方法。

主要参考文献

盖均镒. 2006. 作物育种学各论. 2版. 北京：中国农业出版社.

宫长荣. 2011. 烟草调制学. 2版. 北京：中国农业出版社.

刘国顺. 2017. 烟草栽培学. 2版. 北京：中国农业出版社.

任万军. 2010. 作物栽培技术. 成都：四川教育出版社.

闫克玉，赵献章. 2003. 烟叶分级. 北京：中国农业出版社.

杨铁钊. 2011. 烟草育种学. 2版. 北京：中国农业出版社.

杨文钰，屠乃美. 2020. 作物栽培学各论（南方本）. 2版. 北京：中国农业出版社.

云南省烟草科学所,中国烟草育种研究（南方）中心. 2007.云南烟草栽培学. 北京：科学出版社.

曾昭松，吴才源，龙立汪，等. 2018. 烤烟井窖式移栽技术的研究进展. 贵州农业科学，46（6）：51-55.

中国农业科学院烟草研究所. 2005. 中国烟草栽培学. 上海：上海科学技术出版社.

嵇天镇，杨同升. 1988. 晒晾烟栽培与调制. 上海：上海科学技术出版社.

左天觉. 1993. 烟草的生产、生理和生物化学. 朱尊权，等译. 上海：上海远东出版社.

第十章 甘 蔗

【内容提要】本章系统介绍了发展甘蔗生产的重要意义、甘蔗生产概况、甘蔗分布与分区和甘蔗科学发展历程；讲述了甘蔗的起源与分类、甘蔗的温光特性与要求、甘蔗的生育过程与器官建成和甘蔗的产量与品质形成；描述了甘蔗育种目标及主要性状的遗传、甘蔗杂交育种、甘蔗生物技术育种、甘蔗诱变育种和甘蔗种子繁育；阐述了甘蔗耕作制度、蔗田要求与耕整、种植方式与方法、甘蔗水肥需求与管理、甘蔗田间调控与病虫草害防治、甘蔗收获与贮藏、宿根甘蔗栽培技术及甘蔗特色栽培技术等。

第一节 概 述

一、发展甘蔗生产的重要意义

甘蔗是一种高光效的 C_4 植物，其单位面积的光能利用率和土地生产率比许多作物都高，是一种经济收益较大的作物。甘蔗作为世界和我国最主要的制糖原料作物，在农业生产中占有重要地位。在作物生产布局上，甘蔗与粮油作物轮作、间种、套种，有利于改良土壤和培养地力；在蔗田综合利用上，实行蔗沟养鱼、蔗地培养食用菌，能充分利用空间、时间和其他资源。因此，发展甘蔗生产具有重要意义。

（一）甘蔗是主要的糖料作物

甘蔗是世界和我国最主要的糖料作物。目前，世界上用作制糖原料的作物主要有甘蔗和甜菜，其中甘蔗约占 80%。全球甘蔗主要分布在热带、亚热带地区，甜菜则主要分布在欧洲、俄罗斯、美国北部、加拿大、中国北部等温带地区。2018/2019 榨季全球糖产量 1.79×10^8 t，其中产甘蔗糖 1.39×10^8 t、产甜菜糖 4×10^7 t；同期，我国糖产量 1.076×10^7 t，其中产甘蔗糖 9.44×10^6 t、产甜菜糖 1.32×10^6 t。

（二）甘蔗是优良的能源作物

甘蔗光合能力强，是人类迄今所栽培的生物量最高的大田作物，可作为优良的生物质能源作物加以利用。能源甘蔗包括"能源专用型"和"能糖兼用型"两类品种，平均生物产量180～200 t/（年·hm^2），原料产量和乙醇产率都显著优于其他作物。巴西早在 20 世纪 70年代就实施"生物能源计划"，种植的甘蔗大约 45%用于制糖、55%用于生产乙醇，是世界最大的甘蔗燃料乙醇生产国，出口量占到国内生产总量的 20%。

（三）甘蔗的其他用途

甘蔗生产中的大量蔗叶、蔗梢和榨糖后的蔗渣、糖蜜和滤泥，是畜类、鱼类的优质饲料和食用菌类的培养基质。同时，一些甘蔗副产品也是轻工业的重要原料，如蔗渣可用于造纸、纤维板和糠醛等；糖蜜可制乙醇、酵母、甘油、柠檬酸和干冰等；滤泥既可提取蔗蜡、蔗脂、乌头酸及叶绿素等，也可作肥料和复合肥的填充剂，在肥料工业上也有重要作用。

二、甘蔗生产概况

（一）世界甘蔗生产概况

全球现有植蔗制糖的国家和地区 90 多个，美洲和亚洲种植最多，种植面积占世界的 90% 以上。主产国有巴西、印度、中国、泰国、澳大利亚、古巴、墨西哥、巴基斯坦、美国、哥伦比亚和菲律宾等国，2018/2019 榨季全球甘蔗糖产量 1.39×10^8 t，总体产销平衡。巴西为世界第一大食糖生产国和出口国，食糖产量基本维持在年均 3600 万 t 以上，约占世界的 1/4；蔗茎单产最高的国家是秘鲁（133.72 t/hm²）。

（二）我国甘蔗生产概况

我国是世界上甘蔗的主产区之一，甘蔗种植面积和食糖产量仅次于巴西、印度，2018/2019 榨季全国甘蔗种植面积为 1.41×10^6 hm²，蔗茎总产量为 1.08×10^8 t，平均单产 76.60 t/hm²。我国蔗区主要分布在长江流域以南的广西、云南、广东、海南、台湾、江西、福建、四川、贵州、湖南和浙江等省（自治区），其中，广西、云南和广东 3 个省（自治区）的总种植面积和总产糖量占全国的 90% 左右（广西约 65%、云南约 20%、广东约 5%）。广东甘蔗单产最高（91.39 t/hm²），广西次之（78.45 t/hm²）。

三、甘蔗分布与分区

（一）世界甘蔗适宜区

甘蔗原产于热带和亚热带，其适宜的分布区域为：北纬 37° 至南纬 31°（其中以北纬 25° 至南纬 25° 的地区最多），海拔 1000 m 以下。世界蔗区的温度低限是年均温 17～18℃，而以 24～25℃ 为最适宜；年降水量 1500～2000 mm，且大部分水量降于甘蔗生长期为最适宜。

（二）我国甘蔗优势区

根据我国甘蔗分布现状大致可分为 3 个主要蔗区：华南蔗区、华中蔗区和西南蔗区。合理划分我国蔗区对指导甘蔗栽培、良种选育、繁殖和推广等工作具有重要意义，同时又能为我国蔗糖生产发展的远景规划提供科学依据，所以，按照气候条件适宜、具有一定的生产规模、制糖产业布局合理等原则，国家确定了桂中南、滇西南、粤西和琼北 4 区为全国甘蔗优势区，包括 59 个县（市），其中桂中南 33 个、滇西南 17 个、粤西 6 个、琼北 3 个。

四、甘蔗科技发展历程

（一）甘蔗育种科技发展历程

据记载，在甘蔗原产地的南太平洋群岛，当地土著人因蔗茎汁液味甜而用以嚼食，故需要保存茎粗汁多的甘蔗。偶尔发现蔗茎梢头部分的汁液没有基部的甜，且发现蔗茎梢部的侧芽很容易萌芽，可以繁殖，因此奠定了甘蔗的无性繁殖方法。从育种角度而言，要从事品种改良，只能从"芽变"这一途径着手，但收效甚微。直到 1887 年荷兰人 Soltwedel 在印度尼西亚的东爪哇甘蔗试验站、1888 年英国人 Harrison 和 Bovell 在巴巴多斯岛的蔗田，都发现了甘蔗在自然环境下能开花结实，才揭开了甘蔗有性杂交育种的序幕。

1889 年，荷兰人 Kobus 等开甘蔗"种"间杂交之先河，他们用印度种的'春尼'（'chunnee'）与热带种的'黑车里本'（'black cheribon'）杂交，选育出抗香茅叶枯病的'POJ33''POJ36''POJ213''POJ234'等 8 个种间杂交品种。1890 年，Jesweit 等提出"甘蔗高贵化（nobilization）"的育种理论，即：大茎肉质蔗（如热带种）为高贵种（noble cane），细茎野生蔗（如割手密）为野生种（wild cane），两者杂交，其 F_1 为高贵化第一代，如 F_1 与大茎种肉蔗回交，得到的 F_2 为高贵化第二代，F_2 再回交，后代 F_3 为高贵化第三代，依次类推。大茎肉质蔗与细茎野生蔗杂交，其 F_1 必定是细茎、低糖；如回交大茎种，则蔗茎变粗、含糖率提高，这就是"高贵化"的实质表现，亦即甘蔗育种家的目标是育成大茎、高产、高糖、抗病、抗逆性强的新品种。"高贵化"理论在以后的甘蔗育种实践中得到了证实。1921 年，Jesweit 利用'POJ 2364'（'Kassoer'与'Cheribon'回交 F_2）再与'EK28'回交，选育出'POJ 2878''POJ 2725''POJ 2714''POJ 2883'等品种，其中'POJ 2878'在蔗茎、蔗糖产量方面表现优越，有"世界蔗王"的美誉，是甘蔗种间杂交最大的成功。

台湾屏东甘蔗育种场用'Co290'与'POJ2878'杂交，于 1935 年育成'F134'；其后用'POJ2878'与大茎野生种杂交，于 1943 年育成'PT43/52'；接着，又用'Nco310'与'PT43/52'杂交，于 1951 年育成含有 4 个种血缘的'F146'等品种。我国开展甘蔗杂交育种研究始于 1953 年轻工部海南崖城甘蔗育种场的建立，随后，一批'桂糖''粤糖''闽糖''云蔗'等系列品种育成，在甘蔗生产中发挥了重要作用。

（二）甘蔗栽培科技发展历程

人类栽培甘蔗已有 4000 多年的历史。据史料记载，甘蔗起源于南太平洋的新几内亚岛，经南洋群岛（现称"马来群岛"）传播到印度，印度在公元前 1400～公元前 1000 年即出现甘蔗。我国也是世界上最古老的植蔗国之一，早在公元前 4 世纪即有文字记载。战国时屈原的《楚辞·招魂》中提到"胹鳖炮羔，有柘浆些"。"柘"是"蔗"字的古写，"柘浆"是浓缩的蔗汁，说明我国在公元前 4 世纪不仅已栽培甘蔗，而且已能加工制糖。公元前 3 世纪，有闽粤王向汉高祖（公元前 202～公元前 195 年在位）进奉"石蜜"的记载，"石蜜"即砂糖，说明此时我国制糖技术已相当成熟。吴承洛（1892—1955）的《实业调查报告》说，在 19 世纪中期以前我国所产蔗糖"畅销国内外，即远如不列颠三岛，亦有华糖踪迹"。但是 1840 年鸦片战争以后，帝国主义对我国进行经济掠夺，致使我国由一个蔗糖出口国变为外糖倾销地。中华人民共和国成立后，全国甘蔗生产很快得到了恢复，特别是 20 世纪 80 年代以来取得了长足的发展。

进入 21 世纪，我国甘蔗生产注重绿色发展理念，主要体现为：①确定了甘蔗优势区域化布局；②加强了高产高糖、抗逆性强、适应性广和宿根长的优良品种选育及配套技术的研发和推广；③加快了脱毒健康种苗的应用；④加强了对甘蔗专用肥、缓释肥、生物肥料、生物农药等的研发与利用；⑤促进了甘蔗栽培数据库与信息管理系统、农业专家系统等技术的研究与应用；⑥加强了以降解除草地膜全覆盖为主的轻简栽培技术、全程机械化栽培技术等的推广与应用；⑦开展了甘蔗病虫害绿色防控技术的研究与应用。新技术的应用促进了甘蔗生产的不断发展，从而保障了我国蔗糖产业的持续、健康和稳定发展。

第二节　甘蔗的生物学基础

一、甘蔗的起源与分类

（一）甘蔗的起源

关于甘蔗的起源，国际上有各种不同的说法，有的说起源于南太平洋诸岛，有的说起源于印度，有的说起源于非洲的新几内亚岛，有的说起源于中国，尚无统一的意见。据有关考证，中国是世界上最古老的植蔗国之一，其植蔗制糖技术向世界各地传播的途径大致分为三路：第一路向东，即公元 754 年由唐朝鉴真将制糖法传往日本等国；第二路向南，是1550 年由华侨携竹蔗将植蔗和制糖技术同时传往菲律宾及南洋诸国；第三路向西，主要由商人经印度传入阿拉伯国家，再传入西班牙南部。至 18 世纪，甘蔗已遍及全世界。

（二）甘蔗的分类

甘蔗（Saccharum spp.）属禾本科（Gramineae）、甘蔗属（Saccharum）植物。甘蔗属内有 3 个栽培种和多个野生种，栽培种用于制糖和鲜食，而野生种用作育种材料。不同种的起源、形态特征有很大差异。不同种之间杂交是培育甘蔗品种的主要途径。

1. 中国种（S. sinense Roxb.）　　　中国种是栽培种，起源于中国，也分布在印度北部和马来西亚一带。代表种有'竹蔗''芦蔗''荻蔗'及国外统称的'友巴'（'Uba'），其染色体数 $2n=117\sim120$。特点是早熟、分蘖力强、根系发达、纤维多、糖分较高、耐粗放栽培和宿根性好，但易抽侧芽及感染黑穗病和棉蚜虫。

2. 热带种（S. officinarum L.）　　　热带种是栽培种，又称高贵种，起源于南太平洋、大洋洲诸岛屿。代表品种有'拔地拉'（'badila'）、'克利奥'（'creole'）、'黄加利'（'yellow caledonia'）、'黑车利本'（'black cheribon'）等，其染色体数 $2n=70\sim140$（多为80）。特点是高产高糖、株大茎粗、纤维少和皮软汁多，但抗逆力差、分蘖力弱、根系不发达、宿根性差和易感病虫害。

3. 印度种（S. barberi Jeswiet）　　　印度种为栽培种，主要起源于恒河流域和中国南方。因该种形态上酷似中国种，分类学上也有人把它归入中国种。代表品种是'春尼'（'chunnee'），其染色体数 $2n=82\sim124$。特点是早熟、纤维多、糖分较高、耐瘠耐旱、耐粗放栽培、植株矮小、分蘖多、宿根性好和抗萎缩病，但易感染花叶病及黄条病。

4. 割手密（S. spontaneum L.）　　　割手密为野生种之一，又称甜根子草或小茎野生种。该种类型多、分布广，在南纬 $40°\sim$ 北纬 $40°$ 内均有发现，其染色体数 $2n=40\sim128$。特点是早熟、根群发达、宿根性好和抗逆性特强，但糖分低、蔗汁少、纤维多、空蒲心和易早花。它是世界上甘蔗有性杂交育种的主要亲本之一，目前很多甘蔗栽培品种均含其血缘。

5. 大茎野生种（S. robustum Brandes et Jeswiet）　　　大茎野生种又名伊里安种，主要起源于伊里安、婆罗洲、新大不列颠及西里伯斯等地，其染色体数 $2n=60\sim120$。特点是长势旺、地下茎发达、茎硬、抗螟虫、抗风力强和宿根性好，但糖分低、纤维多，易感黄条病、花叶病和根腐病等病害。美国、澳大利亚和中国台湾已利用它作为杂交亲本选育出一批栽培品种。

6. 肉质花穗野生种（S. edule Hassk.）　　　又称食穗种，因其花穗柔软可以食用而得名。其分布范围小，仅从新几内亚至斐济一带有分布，染色体数 $2n=70\sim94$ 等，有可能是热带种或大茎野生种与其他野生种的天然杂交种。

7. 与甘蔗属近缘的野生植物 禾本科甘蔗亚族中具有育种价值、与甘蔗属近缘的植物种群包括蕉茅属（*Erianthus*）、硬穗属（*Sclerostachya*）、河八王属（*Narenga*）、芒属（*Miscanthus*）、白茅属（*Imperata*）、高粱属（*Sorghum*）、油芒属（*Eccoilopus*）、大油芒属（*Spodiopogon*）等，Mukherjee（1957）将这些属的植物，连同甘蔗属一起，统称为"甘蔗属复合体"（*Saccharum* Complex）。此外，斑茅种（*Arundinaceum*）的分类尚存有争议，国内把它划入甘蔗属，国外把它划入蕉茅属，也有人建议将其另立为斑茅属，有待进一步研究。

8. 甘蔗品种 生产上栽培的甘蔗品种都是上述甘蔗属内 $2\sim5$ 个种的杂交后代，目前甘蔗有性杂交育种依然是甘蔗品种改良的主要手段。甘蔗良种是指在某一地区、某一时期、某一生产季节能获得较高的蔗茎产量和含糖量，宿根性能好、抗逆性能强、抗病虫害，而且产量稳定、经济效益较高，适宜于当地的自然环境条件、栽培水平、耕作制度、社会经济条件和制糖工艺要求的品种。但良种要与社会生产力相适应，不同的历史时期，有不同的良种要求。

我国蔗区跨度大，各蔗区栽培管理水平也不同，所以选用良种要因地制宜，要以高糖、高产、早熟、宿根性好和抗逆能力强为选用良种的标准，以适应当地自然条件、蔗农喜好和糖厂要求为原则。近年来，推广的主要优良品种有新台糖（ROC）系列、粤糖系列、桂糖系列、川糖系列、闽糖系列和云蔗系列等。

1）甘蔗品种根据其蔗茎粗细可分为 3 类：①大茎品种（茎径≥3.0 cm）；②中茎品种（茎径 $2.5\sim3.0$ cm）；③细茎品种（茎径≤2.5 cm）。

2）甘蔗品种根据其成熟早迟可分为 3 类：①早熟品种（11 月中旬达到蔗糖分 14%、重力纯度 85%）；②中熟品种（12 月中旬达到蔗糖分 14%、重力纯度 85%）；③晚熟品种（翌年 1 月中旬达到蔗糖分 14%、重力纯度 85%）。

3）甘蔗品种根据其用途不同可分为 4 类：①糖料甘蔗；②水果甘蔗；③能源甘蔗；④饲料甘蔗。

二、甘蔗的温光特性与要求

（一）温度对甘蔗生长发育的影响

1. 温度对甘蔗种苗萌发的影响 温度是影响蔗种萌发的最主要因素，其对蔗芽和种根萌发都有影响。蔗芽萌发的最低温度是 13℃、适宜温度是 $25\sim32$℃、最高温度是 40℃。当温度降至 13℃以下时，蔗芽处于休眠状态；达到 0℃时，萌动的蔗芽会被冻死；到达 -2℃时，休眠芽也会被冻死。在发芽最低温度以上的一定范围内，随着温度的升高，蔗芽萌发速度加快；当土壤温度在 20℃以上时，萌芽速度明显加快，萌芽率也明显提高。当温度超过 32℃时，萌芽虽快，但幼苗的质量较差；超过 40℃时，萌芽反而被抑制。

2. 温度对甘蔗幼苗生长的影响 甘蔗幼苗生长的最低温度是 15℃、适宜温度是 25℃左右。气温和土温均对蔗苗分蘖有显著的影响，分蘖需要的最低气温是 20℃、最适温度是 30℃，土温升高有利于分蘖发生。因此，地膜覆盖、浅盖种茎、除草松土和晾行等促进土温升高的措施均能促进分蘖，但温度过高（40℃左右）也会明显抑制分蘖的发生。

3. 温度对甘蔗伸长生长的影响　　伸长期最适宜的温度为 30℃左右，低于 20℃时伸长缓慢，在 10℃以下时伸长停止，低于 0℃时会使蔗茎受到冻害甚至死亡。生产上对甘蔗伸长生长影响较明显的温度是旬平均温度，当旬平均温度≤15℃时蔗茎基本停止伸长；当旬平均温度≥25℃时，蔗茎伸长明显加快。

4. 温度对甘蔗成熟的影响　　甘蔗的成熟分为工艺成熟和生理成熟。工艺成熟是收获指标，可以此确定甘蔗的采收入榨时间；生理成熟则是指甘蔗的开花结实，主要影响甘蔗有性育种的杂交授粉。甘蔗工艺成熟要求较低气温，白昼温度 13～18℃，夜间温度 5～7℃，昼夜温差 10℃的温度条件最有利于糖分积累。在甘蔗生长的前中期，高温高湿的环境有利于蔗株的生长，保证"库"足够大，为高糖打好基础；后期适度的低温、干燥及昼夜温差大的环境则有利于蔗糖分积累，确保"流"的通畅，可促进于甘蔗成熟。

（二）光照对甘蔗生长发育的影响

光照对甘蔗生长的影响主要表现在光照强度和光照时数方面。强光不但能提高气温、土温和光合作用能力，还能打破甘蔗体内激素的平衡，解除生长素类的激素对蔗苗基部侧芽萌发的抑制作用；在弱光条件下，生长素向下流动受光氧化破坏较少，基部生长素浓度高，抑制分蘖。所以，在分蘖期光照充足，促进甘蔗早分蘖、多分蘖，提高甘蔗的成茎率。甘蔗是高光效作物，在自然光下，光照越强，对光合作用越有利。甘蔗的光补偿点一般为 5000 lx，光饱和点为 $8×（10^4～10^5）$ lx。在生产上，应考虑到甘蔗在强光下才能发挥高光效率的特点，在采取密植或间套作种植时，都要确保植株不过于荫蔽。

光照时数与高产是正比例关系，理论上日照时间越长，甘蔗的产量和糖分就越高，其最适光照时数为每天 8 h 以上。另外，日照时数的长短也影响甘蔗的开花。

三、甘蔗的生育过程与器官建成

甘蔗在生产上进行无性繁殖，收获的产品器官是茎。甘蔗栽培自种苗下种至蔗茎收获整个生长发育期间，根据器官形成的顺序和明显特征，一般可以分为萌芽期、幼苗期、分蘖期、伸长期和工艺成熟期等 5 个时期。如果从甘蔗器官的功能和形成特点来看，其一生还可以分为营养生长和生殖生长两个阶段。从种苗的萌发到幼穗开始分化之前为营养生长期，抽穗、开花、结实为生殖生长期。

（一）甘蔗的营养生长

1. 萌芽期　　种苗下种后，当水分、温度和空气条件适宜时，其根点突起形成种根、蔗芽萌动破土而出。种苗下种后至萌发出土的芽数占总下种芽数 80%时的这段时期称为萌芽期，可分为萌芽初期、萌芽盛期和萌芽末期。影响种苗萌发的因素有种苗的内含物和外界环境条件两个方面。

（1）种苗的内含物　　成熟蔗茎上不同节位的芽和根点的萌发率是不同的，表现为近梢部的芽萌发较快而健壮，越靠近基部的芽萌发越迟，形成明显的"萌芽梯度"；而根点的萌发通常是靠近梢部的发根较差，中部、基部节段的发根较好，尤以中部节段发根最好。种苗萌发得快慢和形成萌芽梯度的主要原因与种苗本身不同节段所含矿物质、还原糖、可溶性氮化合物、水分含量的多少、酶活性的强弱和激素含量的高低等有关。

（2）外界环境条件　　外界环境条件包括温度、水分和氧气等。甘蔗萌芽要求的最低温度是 13℃左右、最适宜温度是 26～32℃；根点萌发的最低温度是 10℃、最适温度是 20～27℃。由于芽、根萌发对温度的反应有所不同，在温度相对较低的条件下，先发根而后发芽，有利于甘蔗提早植期、培育壮苗。甘蔗萌芽在土壤水分含量为 20%～30%较适合，尤其在旱地冬植甘蔗下种时，应注意土壤水分不低于 20%。土壤水分含量高于 40%时，容易引起种苗腐烂。根和芽的萌发对水分的要求不同，较高的土壤水分或空气湿度有利于发根，因此蔗种催芽时特别要注意控制水分，以免发根太长而导致下种时容易断根。

2. 幼苗期 自萌发出土的蔗芽有 10%长出第 1 片真叶起，到有 50%以上的蔗苗长出第 5 片真叶时为止，称为甘蔗的幼苗期。一般在蔗苗长出 3 片真叶时发生苗根，出苗 60～80 天后种根吸收水分和养分的作用逐渐为苗根所代替。因此，甘蔗幼苗期是种根和苗根的更替时期（图 10-1），在栽培上应加速苗根的产生和发展，为地上部生长供应更多的水分和养分。甘蔗幼苗期地上部的生长主要表现在叶片数和叶面积的增加，而由叶鞘构成的假茎增高较慢，节间尚未伸长。在良好的生长条件下，幼苗基部较粗，叶片数增长快，假茎较高。在荫蔽条件下生长的幼苗，假茎虽然较高，但基部不粗，叶片数较少。甘蔗叶的形态如图 10-2 所示。

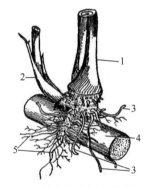

图 10-1 甘蔗的种根与苗根

1. 主茎；2.分蘖茎；3.苗根；4.蔗种；5.种根

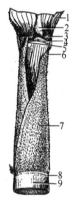

图 10-2 甘蔗叶的形态

1. 叶片；2.叶中脉；3.肥厚带；4.叶舌；5.内叶耳；6.外叶耳；7.叶鞘；8.鞘基；9.节间

3. 分蘖期 在甘蔗幼苗长出 5～6 片真叶时，其基部密集节上的侧芽在适宜的条件下萌发成新的蔗株，称为分蘖。由分蘖长成的蔗茎称为分蘖茎，而由种苗直接长出的蔗茎称为主茎。从主茎上长出的分蘖称为第一次分蘖，从第一次分蘖长出的分蘖称为第二次分蘖，依此类推。不论是主茎还是分蘖茎，茎长 1 m 以上、可作为原料交到糖厂压榨制糖的蔗茎称为有效茎，反之，称为无效茎。自有分蘖的幼苗占 10%起，至全部幼苗已开始拔节、蔗茎平均伸长速度达到每旬 3 cm 时，称为分蘖期，可分为分蘖初期、分蘖盛期和分蘖后期。

4. 伸长期 蔗株自开始拔节且蔗茎平均伸长速度为每旬 3 cm 时起，至伸长基本停止的这一生长阶段，称为伸长期，可分为：伸长初期（每旬伸长速度为 3cm 以上）、伸长盛期（每旬伸长速度为 10 cm 以上）、伸长末期（每旬伸长速度降至 10 cm 以下）。

甘蔗茎（图 10-3）的伸长包括蔗茎节数的增加和节间的伸长，节间的伸长一般又伴随着增粗。蔗茎节数的增加是茎尖生长锥细胞分化的结果，并与叶片数的增加相一致。一般情况下，节间的伸长与增粗是同步进行的，是节间居间分生组织（生长带）细胞分裂和节间细胞体积的纵向与横向扩大共同作用的结果。在一条蔗茎上，节间的伸长是自下而上逐节发生

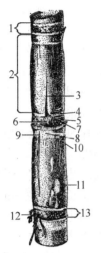

图 10-3　甘蔗茎的形态

1. 节；2. 节间；3. 芽沟；4. 生长带；
5. 根点；6. 芽；7. 叶痕；8. 蜡粉带；
9. 生长裂缝；10. 木栓裂缝；11. 木栓斑块；
12. 气根；13. 根带

的，当一片叶的叶尖伸出位于最高可见肥厚带时，向下第 7 叶的叶鞘包被的节间已停止伸长或增粗，而其以上的节间正处于伸长增粗的阶段。因此，某个节间在伸长增粗过程中遇上不良的气候条件，或缺水缺肥，或病虫害的影响及叶片被过早伤害等，其伸长或增粗就会受到抑制，以后即使再遇到适宜的条件，也不能重新恢复伸长和增粗，成为蔗茎中不正常的短小节间，如早秋植甘蔗常出现"蜂腰"或茎基部较细的现象，这与在伸长期的低温干旱有关。在甘蔗伸长期，蔗叶迅速生长，每片叶自开始显露至完全开张，一般需要 7 天左右。伸长期叶片的长出速度最快，长度、单叶叶面积最大；甘蔗群体叶面积发展最快，叶面积指数最高；田间荫蔽程度大或冠层透光率最差。

5. 工艺成熟期　　工艺成熟期是指蔗茎内蔗糖分积累达到最高峰，蔗汁纯度达到最适宜于糖厂压榨制糖的时期。甘蔗蔗糖分与工艺成熟有密切关系，而蔗糖分在蔗茎中大量积累的过程就是工艺成熟的过程。就单条蔗茎而言，蔗糖分在茎中的积累是自下而上逐节进行的，至成熟阶段全茎各节段的蔗糖分几乎相等，达到最高水平；在一丛甘蔗中，是主茎先成熟，分蘖茎后成熟，但这种差别并不十分明显。蔗茎达到工艺成熟时若不及时收获，会出现过熟现象，即蔗茎中蔗糖分不但不会继续增加反而会发生转化，尤其在高温多湿的条件下转化更快，从而使蔗糖分降低，还原糖分提高，蔗汁纯度下降，这种现象俗称"回糖"。回糖过程也是自下而上逐节进行的，最先是基部节间的蔗糖分下降，还原糖分提高，然后是以上各节间。

甘蔗是否达到工艺成熟可根据蔗株外部形态及解剖特征、田间锤度的测定和蔗糖分检测等方法来判断。工艺成熟的蔗株，形态上表现为蔗叶变黄，新生叶狭小而直立，顶部叶片簇生；茎色变深，茎表面蜡粉脱落，节间表面光滑；茎横切面薄壁细胞的液泡里因充满蔗糖而表现为玻璃状。成熟的蔗茎，用手持锤度计在田间测定其上部节间和下部节间的蔗汁锤度（指 20℃下蔗汁中可溶性干物质，包括蔗糖、还原糖、钙盐及其他可溶性物质的质量百分比），两者比在 0.9～0.95 时为初熟，0.95～1.00 时为全熟，超过 1.0 则为过熟。判别甘蔗成熟还可以通过室内测定蔗汁蔗糖分、还原糖与蔗汁重力纯度等。当蔗汁中还原糖与蔗糖之比在 0.06～0.1 时为初熟，0.03～0.06 时为全熟，0.01～0.03 时为过熟；蔗汁重力纯度至少在 75% 才能砍收，85%以上为佳。

（二）甘蔗的生殖生长

甘蔗经过营养生长期后，在适宜的光照、温度等环境条件下，生长锥开始花芽分化，最后抽穗开花结实，达到生理成熟，即为甘蔗的生殖生长。

1. 花序特征　　甘蔗的花序为顶生圆锥花序，形状有圆锥形、箭嘴形和扫帚形，花序的长、宽在品种间存在一定差异。每个花序由称为蠡花的小穗组成，一个花序中有 8000～15 000 枚蠡花，基盘有长于小穗 2～3 倍的丝状柔毛；蠡花为雌雄同花，其雌蕊有两枚深紫红色羽状柱头，雄蕊有三枚二室花药，花药未成熟时为黄色，成熟后为深褐色，甘蔗的花如图 10-4 所示。

2. 开花条件 甘蔗开花需要特定的条件，主要有内因和外因两方面。影响甘蔗开花的内因包括遗传、生理株龄、功能叶片等，一般热带种和中国种都难开花，含其血缘多的品种也较难开花；甘蔗必须长到一定的生理株龄才能感受引变光照进行花芽分化；甘蔗叶位的区分方法是将植株梢部最高可见肥厚带的叶片定为＋1 叶，往上的新叶依次定为 0、－1、－2等，而－1 叶是产生开花激素的主要功能叶片，如果此叶片受到遮光则影响甘蔗开花。影响甘蔗开花的外因主要是温度、光照和湿度。甘蔗属于定日性植物，能促使其花芽分化的适宜日照长度为 12～12.5 h，最适宜的日照长度是 12.28 h。夜间温度的高低能影响甘蔗的花芽分化，其温度三基点分别为 18℃、21～26℃、27℃；白天的光照和温度对花芽分化也有影响，一般早出现强光、迟出现高温有利于花芽分化。甘蔗在开花季节需要均匀且较长时间的水分供给（如雨水或灌水加喷雾）才能促使其抽穗开花。

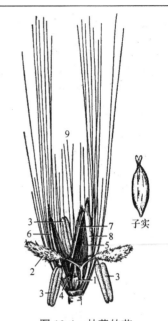

图 10-4 甘蔗的花

1. 子房；2. 柱头；3. 花药；4. 鳞片；5. 孕内颖；
6. 内护颖；7. 不孕外颖；8. 外护颖；9. 茸毛

3. 种子 甘蔗的种子为果实型种子，其果实为颖果，由果皮、种皮、胚和胚乳构成，其萌发条件为 25～33℃、相对湿度 85%以上，但发芽基质不能有积水。

需要注意的是，虽然甘蔗开花、结籽对甘蔗杂交育种意义重大，但在实际生产中，开花、结籽会大量消耗营养物质，影响蔗茎的产量和品质。同时，甘蔗生产上是以蔗芽进行的无性繁殖方式，甘蔗种子在大田生产中没有利用价值，因此，甘蔗生产应避免开花、结籽。

四、甘蔗的产量与品质形成

（一）甘蔗产量形成及其与环境条件的关系

1. 甘蔗产量构成因素 以制糖为目的栽培甘蔗，单位面积的蔗茎产量是由有效茎数和平均单茎重构成的，而单茎重则由蔗茎长度（茎长）、直径（茎径）和相对密度（目前国内栽培品种的相对密度是 0.97～1.15，一般以 1.0 计算）所决定。因此，甘蔗产量可用下列公式表示

$$单位面积蔗茎产量（kg）＝有效茎数×平均单茎重（kg）$$
$$每公顷有效茎数＝每米平均有效茎数×10\,000m^2÷平均行距（m）$$
$$平均单茎重（kg）＝[平均茎径（cm）^2×平均茎长（cm）×相对密度×0.7854]÷1000$$

2. 甘蔗产量形成的生育阶段 有效茎数的多少，主要与种植密度、蔗芽萌发率、分蘖率和枯死茎率等因素有关。萌芽期的苗数是有效茎数的基础，这与下种量和萌芽率有关；分蘖期是增加有效茎数的重要时期，在依靠主茎的基础上，利用分蘖的习性，采取促进早生分蘖与控制迟生分蘖的措施使部分分蘖成为有效茎，在分蘖期以后应加强管理，尽可能地减少枯死茎。单茎重与蔗苗的健壮与否、伸长期的伸长增粗速度、成熟期的蔗糖积累速度都有关系，其中伸长期的生长是单茎重的决定因素。在对蔗茎产量构成因素的通径分析中，已证

明影响单位面积蔗茎产量的最重要的因素是有效茎数，其次是茎径、株高和相对密度。因此，保证足够的有效茎数是甘蔗高产的关键。

3. 影响甘蔗产量形成的环境因素

（1）光照　　光照对甘蔗分蘖影响的实质是通过对植物生长激素和光合作用产物的调节而实现的。在强光条件下，分蘖多是由于对分蘖有抑制作用的生长素在茎顶端产生后向基部运输的过程中，受光氧化的破坏，因此对茎基部的侧芽的抑制作用减弱，而在根部产生的对分蘖有促进作用的细胞分裂素没有受到破坏，能促进茎基部侧芽的萌发，使分蘖增多。另外，强光一般伴随着高温和较低的相对湿度，使对生长素有对抗作用的脱落酸产生较多，结果抑制了茎的伸长而促进了茎的增粗，同时也促进了分蘖。光照弱的情况下，叶片光合产物少，妨碍分蘖的发生和生长，甚至已长成的较矮小的分蘖茎也会因光合产物供应不足而夭折。甘蔗伸长期对光照要求较高。光照充足，则蔗株生长粗壮、叶阔而绿、单茎重大、纤维含量高、干物质和蔗糖含量高、不易倒伏；光照不足，则蔗茎细长、叶薄而狭窄，影响产量和品质。

（2）温度　　分蘖发生要求的最低温度约为 20℃，随温度的上升分蘖增加并提早发生，至 30℃时分蘖最快，温度过高分蘖也会受阻。蔗茎伸长的最适温度为 30℃，低于 20℃则伸长缓慢，在 10℃以下则生长停止，超过 34℃，生长也会受到抑制，严重影响产量。但品种不同，伸长生长对温度的反应也有差异。

（3）水分　　伸长期是甘蔗旺盛生长的时期，对水分的消耗最大，占生育期总需水量的 50%～60%，这期间保持土壤水分在田间持水量的 80%为宜。甘蔗生育后期要适当控制水分，有利于蔗糖分积累，尽早进入工艺成熟。

（4）养分　　甘蔗苗期吸收的养分虽然只占全期总吸收量的小部分，但表现为对养分需要的迫切性和重要性，特别是氮素和磷素。所以，基肥除施用磷、钾肥外，还要适当施用速效氮肥。分蘖的发生受基肥和分蘖期均衡追施氮、磷、钾肥的影响。伸长期需要养分最多，其中氮约占整个生育期的 50%，磷、钾为 70%以上。

（二）甘蔗品质形成及其与环境条件的关系

1. 甘蔗品质的概念与指标　　甘蔗的品质是指满足制糖工厂压榨和制糖的适合度，主要指标有以下几个。

（1）蔗茎蔗糖分　　是甘蔗最重要的品质指标，是指甘蔗组织中蔗糖占甘蔗质量的百分比。蔗糖分的高低除与甘蔗品种有关外，还与成熟度、栽培技术有关。目前的甘蔗品种工艺成熟期的蔗糖分要求在 14.5%以上。

（2）蔗茎纤维分　　是指甘蔗组织中不溶于水的干物质占甘蔗质量的百分比，它的主要成分是纤维素、半纤维素及木质素等。通常甘蔗纤维分为 11%～12%的品种适榨性较好。

（3）蔗汁锤度　　是指蔗汁中可溶性干物质（包括蔗糖、还原糖、钙盐及其他可溶性物质）在蔗汁中的质量百分比。锤度与蔗糖分呈正相关关系，用来衡量甘蔗的工艺成熟度。

（4）蔗汁蔗糖分和还原糖分　　蔗汁中含有的蔗糖分和还原糖分各占蔗汁的质量百分比，是评价甘蔗成熟程度和蔗汁好坏的主要参考指标。

（5）蔗汁纯度　　蔗汁中纯净蔗糖占可溶性干物质的质量百分比。

（6）蔗汁重力纯度　　是指蔗汁蔗糖分与蔗汁锤度的百分比。重力纯度越高越好，表明蔗汁固溶物中蔗糖含量高，蔗汁易煮炼。一般重力纯度在 80%以上者为正常成熟。

2. 甘蔗品质形成 与甘蔗产量形成的过程相比,品质的形成和决定过程主要集中于茎的蔗糖积累阶段。进入工艺成熟期后,碳/氮值逐渐加大,淀粉、半纤维素、纤维素和木质素的积累增多,糖分中蔗糖增多而还原糖含量降低,甘蔗茎成熟。

3. 影响甘蔗品质的环境条件

(1)温度 适当的低温和较大的昼夜温差有利于甘蔗工艺成熟。夜间温度较低且昼夜温差较大时,蔗糖分积累较快,成熟较早。

(2)水分 土壤含水量为田间持水量的60%~70%时适宜于甘蔗工艺成熟。在生产上,成熟期要适当控制水分供应,在成熟前30天停止灌溉。

(3)虫害 对甘蔗品质影响较大的害虫主要是甘蔗棉蚜虫,棉蚜虫会引起煤烟病,导致生长萎缩、产量减少、质量变坏。

(4)养分 施用氮肥过迟或过多,会延缓成熟期,影响蔗糖分的积累,故在收获之前180天应停止施用氮肥。适量施用磷肥,能促进成熟,提高蔗糖分。

第三节 甘蔗主要性状的遗传与育种

一、甘蔗育种目标及主要性状的遗传

(一)甘蔗育种目标

我国各省(区)气候、地形、土壤、栽培条件的差异,导致甘蔗的育种目标也有所不同,这就要求所育成的甘蔗品种除蔗茎产量(或生物量)高、蔗糖分高以外,还必须具备宿根性好、抗逆性强(抗病虫、抗旱、耐寒、耐瘠薄)、适应性广、适宜机械化栽培等优良特性,同时还要选育早、中、晚熟等熟期能合理搭配的品种。

1. 高产高糖 甘蔗的主要目标产品是蔗糖,而蔗糖的产量取决于蔗茎产量和蔗糖分两者的平衡。理想的甘蔗品种蔗茎产量高同时糖分高,但很难获得两者兼得的甘蔗品种,即高糖的甘蔗品种产量相对低,而高产的甘蔗品种其蔗糖分也相对不高。实际育种实践中应选育产量高且相对高糖的品种,切不可只注重品种的高糖目标而偏废了高产目标,反之亦然。

2. 宿根性强 宿根蔗栽培在我国是一种普遍采用的耕作制度。宿根蔗可以节省种苗与劳力,提早成熟期。宿根性的好坏在很大程度上决定了甘蔗单位面积蔗茎产量和蔗糖产量的高低,一般宿根性好的甘蔗,其发株力强,可早生快发、早封行、早成熟,可有效避开甘蔗生长后期的低温甚至冻害等逆境,使糖厂能提前开榨,确保甘蔗种植业的经济效益。

3. 适应性广 甘蔗品种的适应性强主要是指对低温、干旱等气候条件及贫瘠的土壤等环境的适应能力强,适应性好的甘蔗品种主要表现为耐寒、抗旱、耐贫瘠的土壤。我国主要甘蔗产区土壤类型多,环境条件复杂,自然灾害频繁,因而对甘蔗品种的种性要求,必须具有多抗性,才能适应生产的需要。

4. 抗病、抗虫性强 甘蔗种植区多为高温、潮湿的田间环境条件,非常容易滋生各种病虫害,但很多病虫害很难用植物保护手段防治,只有通过选育抗病、抗虫品种加以解决。在栽培品种中,抗病、抗虫、丰产、高糖等性状很难俱全,比较有效的育种途径是将热带种的丰产、高糖基因与野生种的抗病、抗虫等基因结合起来,从而育成丰产、高糖又抗病虫的品种。

（二）甘蔗主要性状的遗传

1. 蔗茎产量及其构成因素的数量性状遗传　　蔗茎产量及其构成因素如茎长、茎径、单茎重和有效茎数均为数量性状。蔗茎产量的显性遗传效应和加性遗传效应具有同等重要的作用，单茎重和茎径主要表现为上位性遗传效应，而有效茎数则主要是加性遗传效应。由于茎径的遗传率不管是实生苗阶段还是品系或品种阶段均表现较高，因此在实生苗阶段就要对茎径进行严格选择；而蔗茎产量的选择则在品系鉴定及其以后各试验阶段时进行。

2. 蔗糖分与锤度的遗传　　蔗糖分与锤度均为数量性状，两者之间有很高的遗传相关关系。锤度在各选育阶段均表现出较高的遗传率，故在育种早期阶段把锤度高低作为选择的一个重要依据。另外，锤度和蔗糖分的遗传主要表现加性效应，因此选择糖分高、锤度高的亲本，其后代材料的糖分含量也普遍较高。

3. 宿根性的遗传　　甘蔗宿根性与其亲本血缘的关系很大，大茎品种的宿根性较差，中小茎品种的宿根性较强；野生种血缘含量高的品种宿根性较好。宿根性与分蘖能力呈正相关，即分蘖力强的品种宿根性都较好。另外，主茎与分蘖茎长势差距小的品种，宿根性也较好。

4. 抗病性的遗传　　甘蔗的抗病性多为数量遗传，如黑穗病、锈病和斐济病等，但对同一病害不同生理小种的抗性遗传有所差异。另外，对黑穗病和斐济病的抗性遗传主要是加性效应，而对锈病的抗性遗传则同时存在加性和非加性效应。故选育抗病品种，至少有一个亲本必须是抗病的。

5. 蔗茎空心度的遗传　　甘蔗的空心或蒲心是一个遗传率很高的性状，由于生产品种多实心，栽培品种间杂交，其后代出现空心的概率较小。但栽培品种与野生种杂交时，后代的空、蒲心概率就较大，甚至在含野生种血缘较高的种质的"高贵化"过程中，后代的空心率都很高，空、蒲心这一性状只能通过"高贵化"逐步加以改良。

二、甘蔗杂交育种

（一）亲本选配

1. 根据生态环境选择亲本　　不同蔗区自然环境条件、耕作制度和生产水平不同，甘蔗品种的具体性状要求也不同。要选育出适合于本蔗区生产要求的新品种，必须按育种目标的要求来选配亲本。例如，地处热带和南亚热带的粤西、琼北、滇西南及桂南等蔗区，气候温和，甘蔗大生长期雨量充足，甘蔗生长期长，生产上适合栽培丰产潜力大的大中茎类型的高产高糖品种；地处北亚热带的粤北、桂北、闽中、滇西等蔗区早春回暖迟，初冬转冷早，常有霜冻危害，甘蔗生育期短，生产上适合栽培早生快发的中茎的早熟高产高糖品种；而桂中南经常遭受秋旱，云南的保山、临沧和红河州等蔗区经常遭受春旱，相适应的杂交亲本应选抗旱性强的品种。

2. 根据性状互补选择亲本　　利用性状优良，地理、遗传距离较大的品种或亲本选配组合。各地生产上大面积栽培的品种一般具有较多的优良性状，用作亲本较容易出现综合性状好的后代。例如，将大茎高产但糖分较低的亲本与高糖亲本杂交，选配组合，后代常出现高产高糖的材料，有望育成"双高"品种。

3. 利用遗传异质性大的亲本选配组合　　两亲本的遗传异质性大，后代所含不同种的血缘数多，变异广泛，可能产生超亲的后代，选育出新品种。育种上常通过测定亲本间的遗传距离，选配组合，产生庞大的 F_1 群体，再根据育种目标来选择其变异后代。

4. 通过评价亲本的配合力、遗传力来选择亲本组合　　通过遗传交配设计和统计预测亲本组合的一般配合力、特殊配合力和遗传力，探索亲本组合性状的遗传育种潜力。

（二）杂交方法

1. 光周期诱导　　甘蔗为中日性植物，需 12～12.5 h 光照诱导才能花芽分化，这种光照范围称为"引变光照"。位于南北纬 10℃ 至 20℃ 的地区，引变光照期为 38～49 天，完全可满足甘蔗花芽分化的需要，绝大多数甘蔗亲本能在自然条件下抽穗开花。而在南北纬 20° 以上的地区，要保证甘蔗亲本开花，就要通过光周期室，进行人工诱导甘蔗开花。具体的光周期处理方法为固定日长和日长递减率，可根据材料的种性、要达到的目的、当地的霞光长短等因素对处理方案进行调整，处理所用光源一般可用白炽灯或日光灯。

2. 花期调节　　甘蔗正常开花比较困难，亲本杂交常因花期不遇而受到影响。我国蔗区大多为亚热带气候，父母本的花期通常相差 30 天以上，为使其花期相遇，需要进行花期调节。调节花期大多采用"断夜"、固定日长、剪叶等方法。"断夜"处理和剪叶是延迟早花亲本花期的简单而有效的措施。"断夜"是甘蔗在自然光照处于诱变光照阶段（12.5 h 左右），于半夜（0：00～2：00）进行光照处理，阻碍花芽分化和幼穗发育的正常进行；剪叶是指剪去心叶或剪老叶留心叶以控制开花物质的积累浓度，达到延迟早开花亲本花期的目的。另外，通过推迟植期、增施氮肥、控制供水量（浇水或喷雾）也可推迟甘蔗开花。

3. 花粉贮藏　　花粉贮藏是解决甘蔗杂交育种中花期不遇的另一条有效途径。美国佛罗里达州运河点甘蔗试验站自 1983 年以来利用此项技术，把割手密、蔗茅、芒、高粱及甘蔗的花粉贮藏于 −80℃ 的低温冰柜，花粉生活力能保持 50 天以上；云南农业大学甘蔗研究所将蔗茅花粉经低温（10℃）硅胶干燥处理 2 h 后贮藏于 −80℃ 下可延长其生活力达 360 天。

（三）杂交技术

1. 花茎保育

（1）高压包茎法（促根法）　　10 月上旬起，选取梢部旗叶与花穗苞呈 30°～45° 夹角、花穗苞形似"毛笔嘴"状的穗茎，根据品种和长势不同自最高可见肥厚带以下 80～150 cm 有叶鞘包裹的茎段，除去底部 2～4 个节的叶鞘，包上生根营养基质，再用聚乙烯薄膜包裹后用细绳将两端扎紧，促使包茎部分长出独立根系；当花穗抽出 1/3～1/2、顶部可见少量小花开放时从包茎下方将穗茎砍断，运回杂交温室放到预先准备好的隔离杂交单元间位置，剪除大部分叶片，在包茎处下端不小于 3 cm 处切断，去除薄膜后放入盛有清水的容器中或水槽中保育。

（2）亚硫酸溶液养茎法　　在杂交前一天下午 5 点以后、整个花穗有 75% 以上抽出且可见花穗顶部的小花开花时砍收穗茎，将穗茎运回杂交温室，按杂交计划安排到预定的隔离杂交单元间位置，剪除大部分叶片，用清水喷湿花穗，用利刀削平穗茎基部后，立即将穗茎插入亚硫酸养茎溶液中保育。每个容器的亚硫酸养茎溶液量为 8～15 kg 为宜，加适量石蜡油覆盖养茎溶液表面。以减少 SO_2 挥发损失，每星期更换 1 次养茎溶液。

2. 授粉杂交　　将用于杂交的父本和母本穗茎置于杂交温室的同一隔离单元间内，定向进行授粉杂交。调节好亲本的位置，确保母本花穗置于单元间的中间位置，父本花穗的下端略高于母本花穗的顶端。每天上午 8 点至 10 点，每隔 1 h 左右用小竹棍（或木棍）轻轻敲动父本穗茎一次，让父本的花粉散落至母本花穗上，此过程可持续至母本开花基本结束，需 7～10 天。

3．花穗管理　　杂交结束后，将母本穗茎移至种子（花穗）成熟区进行管护，继续用流动清水（包茎处理法）或养茎液（亚硫酸液养茎法）保育穗茎。经 20～25 天后，花穗顶部种子开始成熟，呈现白色絮状时，用打有通气小孔的塑料袋（或直接用 20 目鱼网袋）套住整个花穗，用小绳将袋口下端连同穗轴一起扎住，以防种子掉落和不同母本花穗的种子混杂。

4．种子收获与贮藏　　当母本花穗小花脱落 2/3 以上时收获花穗，并进行干燥处理。甘蔗种子到生理成熟期，其活力也达到最高水平，随着时间的推移，种子逐渐老化和劣变，活力和生活力均不断下降，直至死亡；常温下自然贮藏（未干燥）的甘蔗种子寿命约为 10 天。为进一步延长甘蔗种子的寿命，可将收获的甘蔗种子在 35～38℃下干燥 48～62 h，或置于专用的花穗干燥室中在室温下吸湿干燥 48 h，使种子的含水量降到 10%以下，处理后的种子寿命可延长 40 天左右；将处理好的甘蔗种子用牛皮纸袋包装再外加塑料袋密封，交寄给有关甘蔗育种单位开展"五圃制"选育。

（四）田间选择

甘蔗育种的田间选择通常采用"五圃制"：杂种圃、选种圃、鉴定圃、预试圃、品比圃。前一圃为实生苗，来源于有性繁殖世代，材料较多且变异较大；而后四圃均为无性繁殖世代，各单系、品系、品种的基因型是稳定的，试验的目的是对 F_1 入选单系进行符合生产要求的特征、特性鉴定，也可对良种进行扩繁。五圃加上区域化试验和生产试验，历时 10～12 年。

1．杂种圃　　是甘蔗有性杂交 F_1 材料的选育圃，亦称实生苗圃。由于甘蔗品种间杂交亲本具有高度的杂合性，减数分裂形成的配子类型多样，并且杂交时雌雄配子随机配对，因此形成高度分离的变异基因型，其中优良变异概率仅为 30 万分之一，因此育种家首先重视扩大品种间杂交规模（据不完全统计，目前我国闽、粤、桂、滇的实生苗量达 100 万苗/年）；其次重视选育方法的改进，如改单一性状选择为多元综合性状选择，改形态选育为生理生态和分子标记辅助鉴定等。针对 F_1，每个实生苗便是一个基因型，田间试验设计采用单株种植，每公顷约 30 000 株，随机排列，每隔一定距离设置对照品种，选择时先根据目测及锤度、茎径、每丛有效茎、株高等目标性状是否达标淘汰大部分实生苗，仅选出 5%左右的材料供下一年选种圃继续鉴定。

2．选种圃　　将杂种圃选出的实生苗单株经无性繁殖进行单系、单行区种植。田间试验设计为互比法，行长 2～3 m，每 10 个单系设一行对照；从苗期到工艺成熟期注意抗病性和生长势的选择，收获前调查锤度、茎径、丛有效茎、株高等性状。凡锤度高、生长势好、抗病虫害表现好、蔗茎产量比同熟期对照品种高的单系即可入选。新植收获后，一般保留宿根。

3．鉴定圃　　从选种圃入选的单系，或称品系，因种苗数量尚少，在鉴定圃种植时也可不设重复。在甘蔗生长期间，调查萌芽率、分蘖率、生长势等；收获前调查有效茎数、茎径、茎长、倒伏程度、空蒲心、病虫害、孕穗等情况；择优对其蔗糖分、纯度、纤维分进行检测；最后对每个品系进行产量测定。凡蔗糖分和蔗茎产量高于同熟期对照品种并在其他性状表现较好的品系均可入选，收获后保留宿根试验。如发现有特优品系（高产、高糖、抗病性强、长势好等），蔗茎量较多时可直接进入品种比较试验。

4. 预试圃 从鉴定圃入选的优良品系进入品种预试圃，进一步研究它们的工农艺特性。田间设计采用随机不完全区组排列，重复 3 次，调查项目与鉴定圃基本相同。对综合表现好的优良品系进行抗病性、抗逆性鉴定；从 11 月份开始至收获前每月测一次蔗糖分；根据鉴定和调查结果结合上年保留宿根情况和抗逆性作综合分析，凡产量、蔗糖分高于同熟期对照种 10%以上、其他农艺性状均好者入选参加下年的品比试验，并保留宿根试验，继续鉴定。

5. 品比圃 从预试圃入选的品系进入品比试验。参试的品系控制在 15 个以内，田间设计采用随机完全区组排列，重复 3 次或以上。调查项目基本与品种预试圃相同。单一性状的统计分析采用方差分析法，综合性状的结果分析可采用多元线性回归分析。根据调查分析结果，凡单位面积平均蔗茎产量或平均蔗糖分显著比对照品种增产 8%～10%，或蔗茎产量不低于对照品种，而蔗糖分提高 0.5 个百分点以上，均可申请参加国家或地方区域试验。收获后留宿根试验，继续观察宿根性。

三、甘蔗生物技术育种

（一）甘蔗组织培养

甘蔗组织培养是近 60 年来兴起的一项甘蔗育种辅助技术。1964 年美国夏威夷首先报道用甘蔗愈伤组织培养出绿苗，该技术在良种快繁和品种改良方面有应用潜力。甘蔗为复杂的异源多倍体及非整倍体植物，其细胞遗传组成高度杂合，通过组织培养产生的再生植株可能会出现从形态特征、染色体数目、同工酶谱和农艺性状等方面的变异，为优良变异个体的选择提供了可能性。因此，组织培养出的幼苗定植于大田时，每隔一定株数要种植供体品种作对照，观察比较组培无性系在大田的表现。在组培过程中也可采用在培养基中增加 NaCl、在愈伤组织中注入病菌或对愈伤组织进行 γ 射线处理，实施抗性育种及诱变育种等。

（二）甘蔗转基因育种

甘蔗是无性繁殖作物，良种扩繁过程不涉及有性生殖，不会发生遗传变异和性状分离，所转入的外来基因也较稳定，因此，甘蔗转基因育种前景广阔。从 20 世纪 80 年代至今，世界上已成功培育出了具有抗虫、抗病、抗逆性等农艺特性的转基因甘蔗植株，虽然已经在多个国家进行田间试验，但生产上的转基因甘蔗品种推广和种植尚少，2017 年巴西已批准了全球首个转基因甘蔗品种 'CTC 20 BT' 的商业化种植，这个转基因甘蔗可以抗螟虫。目前国际上的甘蔗转基因研究主要集中在抗虫、抗病、抗旱、抗寒等方面，如抗甘蔗螟虫 *Bt* 基因、抗甘蔗嵌纹病基因 *SrMV-P1*、抗旱的 *AtDREB2A CA* 和 *EaHSP70* 基因等。

尽管转基因在定向改良甘蔗品种从而提高甘蔗目标性状选择上有突出的优势，但由于转基因甘蔗依然需要通过育种程序，在田间对目标改良性状和该品种原有的性状进行再评价，因此，依然需要长时间才能获得通过转化培育的转基因品种，加上转基因品种商业化释放前昂贵的判定费用和转基因管理的要求，转基因甘蔗商业化应用进程非一日之功。目前甘蔗的遗传转化主要使用的是基因枪转化法和农杆菌介导法，但这两种方法在甘蔗转基因的实施中都有各自的缺点，基因枪转化法成本较高、嵌合体较多，农杆菌介导法转化效率低、污染严重。所以，甘蔗转基因育种的发展有赖于转基因技术的进一步提高。

四、甘蔗诱变育种

（一）自然变异的利用

甘蔗的自然变异是指甘蔗在无性繁殖过程中受外界环境条件的影响，如蔗芽萌发过程中温度、水分变化，其相关性状会发生遗传突变。由于这一突变通常发生在一个变异了的芽所长成的植株上，因此又称为芽变。利用自然芽变育种的关键是鉴别芽变植株，所以进行芽变选种时，要围绕目标性状把具有优良性状的芽变品系与原来的品种进行多年观察比较，明确目标性状是否比原品种明显突出，才能确定其利用价值。

（二）辐射诱变育种

甘蔗辐射诱变育种中采用较多、效果较好的是 γ 射线辐射，一般选用综合性状较好但存在个别不良性状有待改进的品种或品系作供试材料，对其未萌动的芽和已经萌动的芽均可进行处理，辐射剂量分别为 6000～9000 R 和 1000～4000 R。诱变育种存在的主要问题是有益突变频率仍然较低，变异的方向和性质尚难控制。经诱变处理产生的诱变一代，以 M_1 表示，以此类推。由于受射线等诱变因素的抑制和损伤，M_1 的发芽率、出苗率等性状都较差，发育延迟，植株矮化或畸形，并出现嵌合体。诱变引起的遗传变异多为隐性，因此 M_1 一般不进行选择，而以单株收获后再进行诱变处理。诱变二代（M_2）是变异最大的世代，也是选择的关键时期，可根据育种目标及性状遗传特点选择优良单株。多数变异是不利的，但也能出现早熟、抗病、抗逆、品质优良等有益变异，变异频率为 0.1%～0.2%。诱变三代（M_3）以后，随着世代的增加，性状分离减少，有些性状一经获得即可迅速稳定。经过几个世代的选择就能获得稳定的优良突变系，再进一步试验可育成新品种。

五、甘蔗种子繁育

（一）甘蔗实生苗培育

1. 播种前的准备工作　　甘蔗种子小、养分少、生活力弱，一般都要进行育苗、假植，才能定植于大田。苗床用的土壤要求疏松、排水性能好、没有杂草种子。一般以砂壤土加入 20%～30%经筛过的腐熟堆肥为苗床播土，土壤要经过消毒，方法为：用 2 kg 压力高压灭菌 2 h，以杀死病菌及杂草种子；或用火炒土，炒至土壤呈白色为度。播种箱或播种盘底部要有小孔，利于透气排水；在其底部铺上一层厚 10 cm 左右经消毒的土壤，铺平土面即可播种。

2. 播种期　　种子萌芽要求一定的温、湿条件，一般土壤湿度在达 75%～80%时，气温 18℃以上开始发芽，气温升至 25～30℃时发芽较理想，气温在 30～35℃时发芽最快。亚热带地区一般在 3 月中、下旬播种，具体可根据当地大气情况而定，有温室设备的可以提前播种。

3. 播种量与播种方法　　按种子的克发芽率确定播种量，一般要求每平方米内出苗 900 株左右为宜。播种时将种子匀播于已准备好的土壤表面，稍加压力把种子压平，用喷雾器喷水至饱和，然后薄盖一层已消毒土壤，其厚度以见到少许种子为宜，最后再盖一层细砂，喷水至透湿，加盖薄膜以保温保湿。

4．幼苗管理 播种后至假植前有 30～40 天是育苗的关键时期，首先要注意苗床的保温保湿，苗床土温应保持在 25～30℃，土壤要保持湿润，但不能积水，以加快种子萌发；一般每隔 3～4 天喷一次 0.1%多菌灵或百菌清溶液，防止病害发生。当幼苗长出 3 片真叶后，应及时施肥，掌握由淡到浓、勤施、看苗施肥的原则。一般每隔 5 天左右喷施0.1%～0.3%硫酸铵溶液一次，随着苗龄增长逐渐增加肥液浓度。

5．假植 当幼苗有 5～6 片真叶时，便可进行假植。选择靠近水源和排水方便、运输便利的地域作为假植场所。假植盘规格为 6 cm×12 cm 或 5 cm×11 cm，假植时把实生苗的叶片剪去顶部，移植后要充分淋水。幼苗返青以前，每天上午、下午各淋水一次，注意防除杂草及病虫害，且每隔 5～7 天施一次 0.1%的复合肥。

6．定植 当假植实生苗生长 30 天左右，开始分蘖时，便可定植。定植时按组合顺序依次种植，行距 1～1.2 m，株距 0.3～0.4 m。定植时要剪去叶片端部，定植后及时灌水以保证幼苗尽快返青，以后的施肥、中耕、除草、培土及防治病虫害等田间管理按甘蔗大田生产方法进行。

（二）甘蔗种苗繁育

1．种苗获取方法 用于繁殖的甘蔗种苗（种茎）必须符合质量标准、纯度 100%、生长健康。①一年两采法：每年 2 月上中旬种植，早秋第一次采茎后加强田间管理，翌年早春进行第二次采茎；或早秋种植，第二年早春第一次采茎、早秋第二次采茎。②两年三采法：每年 2 月中下旬种植，同年 9 月上中旬第一次采茎，翌年的晚春或早夏第二次采茎，翌年秋末冬初第三次采茎。③多次采茎法：供选蔗茎拔节 5～6 节即采茎斩成单芽苗进行催芽繁殖，此过程可重复多次进行。④分株繁殖法：把有 5～6 片叶、长出了苗根的健壮分蘖连根从母茎上切割下来，剪去上部青叶后进行假植，成活后待用。

2．下种前的准备 如果蔗茎已成熟则将叶鞘剥去，以免阻碍蔗芽的萌发；如果蔗茎较幼嫩则不用剥除叶鞘。检查蔗芽，剔除死芽、病虫芽；将蔗茎以相邻节间的蔗芽位于蔗茎两侧且与地面平行方式摆放，沿节间砍成双芽或单芽茎段，确保刀具锋利、动作利索、切口平整不开裂且蔗芽不受损伤，芽上方蔗茎留 1/3 左右节间，芽下方蔗茎留 2/3 左右节间。下种前先进行消毒，可用 52℃温水浸种 30 min，再用 0.1%多菌灵溶液室温浸种 5～10 min。

3．下种 每 667 m^2 播种量为 1500～2000 段双芽苗或 3000～4000 段单芽苗，下种时将蔗种芽向两侧平放，采用双行对空排列；下种后立即用细碎的土壤覆盖种茎，覆土厚度为3～4 cm，覆土时确保蔗种与土壤紧密接触，不架空；覆土后应先喷施除草剂，再覆盖除草地膜。

4．田间管理 当 80%以上蔗苗已长出膜外且日平均气温稳定在 20℃时，即可揭膜；揭膜后适时进行除草、中耕培土、追肥并做好田间水分管理；根据甘蔗虫害发生规律，适时施用农药进行甘蔗螟虫、蓟马、蚜虫等的防治工作。

5．种茎砍收 当蔗茎长到 1.0 m 以上或能正常萌发的芽节超过 10 个时即可砍收。砍收前要做好刀具的消毒，消毒可用肥皂水或浓度为 7%的石灰水。砍收时要将有死芽、烂芽、虫芽、气生根多的蔗茎及其他品种的混杂蔗茎剔除，保证种茎的质量和纯度。蔗茎砍收后要及时做好宿根蔗的管理，以利于生产下一批种茎。

第四节　甘蔗栽培原理与技术

一、甘蔗耕作制度

（一）甘蔗的轮作

1. 甘蔗轮作的意义和作用　　甘蔗生长期长、植株高大、产量高、对土壤养分消耗较多，长期连作或宿根年限较长，就会导致严重减产。合理轮作能够改善土壤理化性状，恢复和提高地力，减少土壤有毒物质的积累，减少病虫害，减少杂草。因此，合理轮作对甘蔗稳产高产作用很大。

2. 甘蔗轮作方式

（1）水旱轮作　　黏质土的稻田轮作甘蔗时，最好是先安排一季其他旱地作物，如花生、蚕豆、番茄、红薯等，因为甘蔗要求砂质壤土。主要有以下三种轮作方式：①春植蔗→宿根蔗→水稻（连作二、三年）→冬蚕豆；②春植蔗→宿根蔗→水稻（连作二、三年）→小麦；③秋植蔗→宿根蔗→宿根蔗→双季稻→花生→红薯。

（2）旱地轮作　　我国旱坡地甘蔗种植面积占种植总面积的 80%以上。各蔗区的旱坡地虽有差异，但共同的一点是干旱、瘦薄。因此，与甘蔗的轮作物必须是耐旱的、以培肥地力为主的作物，主要有以下三种轮作方式：①玉米→秋植蔗→宿根蔗→花生→秋植蔗；②红薯→秋植蔗→宿根蔗→花生→秋植蔗；③玉米→秋季绿肥→春植蔗→宿根蔗→花生→秋植蔗。

（3）品种间轮作　　在难以安排其他作物与甘蔗轮作的情况下，常采用甘蔗的不同品种之间进行轮换。利用不同品种之间的适应性差异，减少长期连作同一品种而带来的产量递减效应。

（二）甘蔗的间套作

1. 甘蔗间套作的意义和作用　　在同一地上、同一季节内，甘蔗与其他作物分行或分带相间种植的方式称为甘蔗间种。在前季作物收获之前把甘蔗套种于预留行间的种植方式称为甘蔗套种。

水田、水浇地甘蔗种植行距一般在 100～120 cm，苗期行间地面裸露时间为 4～6 个月，间套作可有效争取空间和时间。所以，推荐选择全生育期在 90～130 天的作物进行间套作。合理间套作相对单作而言，其特点是通过各类作物的不同组合和搭配构成多作物、多层次、多功能的作物复合群体，相对于单作有明显的"密植效应""时空效应""异质效应""边际效应""补偿效应"，可有效提高光能利用率，增加单位面积生物总量和经济效益。

2. 甘蔗间套作的主要模式　　水田或水浇地的春、冬植蔗及宿根蔗可与粮食类、薯类、瓜豆类、蔬菜类等多种作物实行间套种。以云南为例，主要有以下三种方式。

（1）春植蔗—粮食类　　主要是间种玉米和套种小麦两种。以玉米为例，采用间二隔一或间四隔二的方式，选用早熟杂交玉米或本地种，在甘蔗下种后及时播种，塘距 50～60 cm、每塘 2 株；甘蔗 10 000 芽/667 m²，宽窄行（110 cm、70 cm）或等行距（90 cm），亩收获有效茎 5～7 t。

（2）春、冬植蔗　薯类（马铃薯、红薯）　　选用'会 2''米拉''大西洋'等马铃薯品种，11～12 月播种，塘距 20～25 cm，预留蔗行距 90～100 cm。1～2 月马铃薯小培土后甘蔗下种，下种 8000～10 000 芽/667 m²，最终亩有效茎 5000～6000 条。马铃薯在甘蔗伸长期以前（6 月以前）收获，然后进行甘蔗追肥小培土。

（3）春植蔗—瓜豆类　　瓜类 1 月初播种（地膜覆盖或营养袋育苗），西瓜塘距 100～200 cm、黄瓜 40～60 cm，采用套一隔一或套二隔二等方式；甘蔗 2 月底至 3 月下种，宽窄行（100 cm 和 60～70 cm）或等行距（85～95 cm），下种 9000～10 000 芽/667 m²，最终有效茎 6000 条左右，产量 6～8 t。

二、蔗田要求与耕整

（一）甘蔗对土壤的要求

良好的蔗作土壤，必须具备良好的物理、化学和土壤微生物特征，也就是要深、松、细、平、肥。深是耕层厚度为 30～40 cm，有利于蔗根纵深发展；松是土壤呈水溶性的团粒结构，质地松软而不散；细是土粒细而不粉，通气良好；平是蔗地平坦，有利于蔗株均匀接受水肥气热；肥是深松细平的综合能力，即有良好的供应水肥气热的能力，且保水、保肥能力强，无毒。

（二）土壤培肥

蔗田用地必须与养地相结合。蔗田土壤养分的流失与补充是经常性发生的，在连年种蔗的田里，每年收获时从土壤中带走了大量养分；但甘蔗又以它的地下根系、老蔗苑、枯叶片、嫩蔗梢等形式将养分还回土壤，促进土壤团粒结构的形成，使土壤肥力得以部分恢复。我国蔗区主要分布在南方，80% 以上是旱坡地，高温多雨淋溶流失严重，加之土壤类型大多为红黄壤，其特性表现为有机质含量低、磷钾贫乏、氮素不足、耕层浅薄、结构不良、保水肥能力差，已成为制约甘蔗高产优质的重要因素。因此，改良和培肥土壤非常必要而迫切。

1. 增施有机肥　　因地制宜地采用深耕措施，逐步加深耕作层 30～40 cm，改善土壤的理化状况，使死土变活土。蔗区土壤有机质含量较低，只有 1%～3%，且绝大部分在 1.5%～2.0%，pH 4.5～5.0。深耕后，大量增施有机肥可以改善土壤的物理化学性质，增加微生物群数量，提高其活动能力，土壤形成团粒结构，增强保水肥能力，减少有毒物质对甘蔗的危害。

2. 合理轮作　　甘蔗是较耐连作的作物，但长期种植会使土壤肥力下降，有害物质积累，致使甘蔗营养不平衡，造成减产。连作试验表明，第一年每公顷产蔗 145.8 t，到第十年降到 79.20 t，减产 45.68%；而在轮作中，若种一季大豆，则每公顷可增加氮素 90 kg、枯叶 750 kg、干根 300 kg，速效磷、钾都有较大幅度的提高。

3. 配方施肥　　20 世纪 80 年代以前，大多数蔗区偏重施氮肥而忽视磷、钾肥的施用，自 80 年代初才在全国提倡配方施肥。根据甘蔗需肥规律、土壤供肥能力、肥料利用率、单位面积产量，在增加有机肥数量的基础上，提出氮、磷、钾和微量元素的适宜用量、配比和相应的施肥技术。配方施肥有多种方法，如平衡施肥法、目标产量法、测土施肥法、肥料效应函数法和营养诊断法等。实践证明配方施肥不仅能提高产量，还能提高土壤肥力。

4. 蔗叶还田和种植绿肥　　蔗叶还田是增施有机肥的好措施，应该提倡。此外，改变耕作制度、利用特早熟高糖品种前期生长快的特性，冬季套种绿肥也可培肥土壤。

5. 乙醇发酵液定量还田技术　　甘蔗制糖生产的副产品糖蜜可用于进一步生产乙醇，其产生的发酵液富含各种有机和无机营养物质且无毒，是一种很好的完全有机肥料。经过处理后，定量施用于蔗田，提高了土壤肥力，有效地降低了甘蔗生产成本，提高了甘蔗的产量和质量，使蔗糖业成为真正的循环经济。

（三）深耕整地

蔗田用深耕犁松土 35～40 cm，然后用旋耕耙细碎表土层 10～20 cm，做到表层平细，下层土团较大，疏松通气，利于保水保肥和根系伸展。但深耕必须注意，水作改旱作要提早耕作，有利于炕土；黏重土壤，土层厚，可以深耕；山坡旱地土层浅不能太深；砂土、砾土不宜深耕，耕松表层即可。深耕的同时也应结合增施有机肥，对甘蔗持续健康生长更为有利。

（四）开植蔗沟

行距关系到种苗在全田的分布和生长空间。行距的确定应考虑气候、品种、耕作水平、施肥数量等因素。采用机械化种植和收获的蔗田行距一般为 1.25～1.30 m，人工种植和收获的蔗田一般在 0.8～1.0 m。植蔗沟的深浅，要根据地下水位和土层厚薄来考虑。山坡旱地土层深厚宜深开沟，采用深开沟浅种植技术对深施肥、防倒抗旱、防寒保水、疏松土壤、降低土壤容重、促进根系伸长、扩大根的吸收面等均有重要作用；而排水不良的低洼地和地下水位高时宜浅开沟。一般沟深 25～30 cm 为宜，沟底宽 25 cm 左右，这样有利于排种和盖地膜。一般在山地、坡地的较高处要开集水沟引水入蔗地；而对地下水位较高的低洼黏重田，排水则十分重要，排水沟一般比植蔗沟深些。

（五）基肥施用

根据甘蔗生长规律，前期吸肥量虽少，但很重要，苗期营养不平衡，施肥量太少，不利于壮苗壮蘖，不能为促伸长夺高产打基础；同时前期气温低，肥料分解慢，因此必须施足基肥。以每公顷产蔗茎 150 t 计，需施 15 t 左右有机肥，1500 kg 钙、镁、磷肥，50 kg 的氯化钾肥，75～150 kg 的尿素。如果肥量大，在犁耙地时全面撒施；若肥量少或用机械操作，磷、钾肥可一次性于下种时集中施于沟底。

三、种植方式与方法

（一）种苗选择

选好种苗，是保证甘蔗发芽率高、发芽势强、甘蔗全苗、壮苗的良好基础，是甘蔗丰产的一项重要措施。一般是边砍甘蔗、边选种苗。选苗的标准是：蔗茎粗壮、蔗芽饱满、无病虫害、未孕穗开花、未抽侧芽、不空心和不蒲心的梢头苗。在良种繁殖或种苗缺乏情况下亦可用全茎作为种苗。

（二）种苗处理

1. 砍种　　被选作种苗的蔗茎须先将生长点砍去，再视具体情况砍成若干茎段，称为砍种。目前，大部分蔗区都采用先剥叶鞘后砍种的方法。良种繁殖时砍成单芽苗或双芽苗，干旱地块或冬春植低温少水时，砍成 3～5 芽苗。当前有些地区由于干旱、劳力不足，也有采用全茎作种的。其方法是不剥叶、不砍种、全茎排种，施肥后用利刀横砍 3 段；如用梢头作种，可剥叶或不剥叶即下种，能增强萌发出土抗旱力及减少病菌从切口侵入。

2. 浸种消毒 对久贮、干旱种苗，浸种可吸收充足水分，促进酶活性加强，加快各种有机物质分解和糖分转化，有利于蔗芽萌发出土，也可防止病害的感染。浸种方法有清水、石灰水和温汤浸种等。大部分蔗区一般都采用清水浸种。浸种后捞起滴干水分再进行消毒，一般采用多菌灵、托布津和苯菌灵 50%可湿性粉剂，浓度为 1000 倍稀释液，时间为 5 min，药液浓度大时要短一些。

3. 催芽 催芽是人工创造适宜于种苗萌发的温度、湿度和空气条件，减少不良条件的危害，促进芽的萌动，缩短发芽时间，提高发芽率，达到全苗、壮苗的目的。催芽的技术关键是温度和水分的控制。甘蔗催芽历来有"干芽湿根"之说，即：水少利于长芽，水多利于长根。催芽最适宜温度是 25～28℃，水分一般利用种茎内的水便可。催芽在冬春低温时采用，要求蔗芽萌动胀起成"鹦鹉嘴"状、根点刚刚突起最为理想。催芽方法有半腐熟堆肥催芽法和种茎堆积自身发热催芽法。前者用腐熟堆肥或发热大的厩肥，分层叠堆蔗种发芽；后者用纤维袋装好蔗种，自然堆放，并盖上稻草或薄膜以升温促发芽。

（三）合理密植

合理密植是根据当地自然环境条件、耕作制度、栽培水平等实际情况，在单位面积内采用合理的下种量和种植规格，使种苗均匀分布于全田；通过人工控制或自身调节，形成足够苗数，使群体和个体得到协调发展；株高、茎粗、有效茎数及茎相对密度四者之间都得到充分发展与生长，最终达到高产、优质、低耗、高效益的目的。在甘蔗一生中，各生育阶段个体和群体都有自己的结构性能和调控能力，两者形成密切关系。合理地确定下种量和种植规格，以平衡群体与个体之间的矛盾，是达到高产、高糖、高效益的根本措施。

下种量是根据当地气候、水肥条件、人工管理或机械操作、栽培管理水平来定。在华南地区，高温、多雨、日照强、台风常有发生，大茎品种多、生长期长、生长量大，行距要宽些，下种量要少些。相反，云、贵、川及华中、华东等蔗区，因当地早熟的中小茎种多、收获早、生长期短，所以下种量要多些，行距一般以 90～100 cm 为宜。目前，大部分蔗农以收获主茎为主，所以下种量普遍增多。生产上，推荐的下种量一般为：大茎种 105 000～120 000 芽/hm^2，中茎种 120 000～150 000 芽/hm^2，小茎种 150 000～180 000 芽/hm^2。

（四）下种时期

春植蔗的下种期为"立春"至"清明"（2 月初至 4 月初）；夏植蔗的下种期为"立夏"至"夏至"（5 月初至 6 月底）；秋植蔗的下种期为"立秋"到"霜降"（8 月初至 10 月底）；冬植蔗的下种期为"立冬"至"立春"（11 月初至翌年 1 月底）。

不同植期的甘蔗在生产上的作用不同。广东、广西大部分蔗区以春植蔗和冬植蔗作为新植蔗的主要播期；云南及其他偏北蔗区多以春植蔗作为新植蔗的主要播期；夏植蔗主要是用在良种繁殖上；而秋植蔗尽管有许多优势，但在生产上采用并不太多。

适宜的植期能有效延长甘蔗生长时间，提高光能利用率。确定适宜植期的关键因素是温度和水分。春植蔗要求表土层温度稳定在 10℃以上，水分适宜就可下种，对发根有利；若遇上低温阴雨最好将植期推后；如果条件都适合，春植宜早不宜迟，尽可能提早下种可延长生长期，对提高产量和糖分都有利。

（五）下种方式

下种方式有双行品字形条播、双行顶接条播、三行顶接条播、单行顶接条播、两行半或梯形横播等方法，不管采用何种方式均要求种茎芽向两侧，芽向一致，紧贴植沟底土、不架空、排放均匀、疏密相宜。

四、甘蔗水肥需求与管理

（一）甘蔗营养特性与施肥技术

1. 甘蔗的营养特性　　甘蔗与其他作物一样，一生中需吸收 19 种元素。其中碳、氢、氧、氮、磷和钾这 6 种元素需要量大，称为大量元素；钙、镁、硫和硅这 4 种元素需要量较大，称为中量元素；锌、硼、锰、钼、铁和铜这 6 种元素需要量少，称为微量元素。另外，有试验表明，稀土元素对甘蔗的生长有一定的促进作用。甘蔗一生中以钾需要最多，氮次之，磷较少。甘蔗不同生育期吸肥量不同，吸肥规律大致是：幼苗期吸收占总肥量的 1%；分蘖期占 7%～8%；伸长期吸氮肥占 50%，磷、钾各占 70%；成熟期较少，氮占 30%～40%，磷、钾各占 20%，表现为"两头少，中间多"的吸肥规律。

2. 施肥技术　　甘蔗的施肥，应掌握深耕多施有机肥，确保基肥充足；快速生长期适时追施无机肥；为了促进平衡生长，N、P_2O_5、K_2O、CaO、Mg 要合理搭配。

（1）氮肥施用技术　　在中等肥力土壤条件，根据当年产量指标，一般以每公顷产蔗 90～105 t 计，每公顷施纯氮 300～375 kg 较为经济，可分 2～3 次施用。基肥 60～75 kg，占总肥量 20%～25%；分蘖期壮苗攻蘖 90～105kg，占 25%～30%；伸长盛期 135～195 kg，占 45%～56%。砂质土壤可在 3 次以上，而黏重土壤机械操作时以 2 次为宜。

（2）磷肥施用技术　　南方红黄壤含磷量极低，有效磷不足。甘蔗缺磷的临界值是 10 mg/kg，如果土壤中有效磷高于 30 mg/kg 时，施磷效果不好。若长期大量施磷，土壤磷含量积累，特别是酸性强的土壤（pH 4.5 以下）磷极易被固定。所以，施磷肥技术与氮肥不同。因磷移动性很小，也易被土壤酸固定，因此磷肥要集中施，防止大面积接触土壤，要求提早作基肥一次施完。在肥料种类的选择上，要注意土壤的类型。

（3）钾肥施用技术　　钾可作基肥和追肥两种，但要求早施、集中施，配合氮、磷施；也可作基肥一次性施完。在高产田中，中等肥力土壤每公顷一般施 K_2O 180～225 kg，相当于氯化钾 300～375 kg。若施氯化钾，要求作基肥早施，以防氯离子对制糖工艺的不良影响。早施有利于在高温、多雨、淋溶流失作用下把氯离子带走。

（4）钙肥施用技术　　施石灰能改良土壤、中和酸、增强抗病虫能力。石灰一般作基肥，也可在后期淋石灰水。施石灰应注意，不能与过磷酸钙、人畜粪尿存放或混合施用，以防氮、磷的损失。

（5）复混肥料、甘蔗专用肥的施用技术　　近年来复混肥料、甘蔗专用肥料使用相当普遍，是不同蔗区针对本蔗区的土壤养分状况等研发的肥料品种，因具有肥效高、养分平衡、分布均匀、使用方便、省肥、省工、省时等优点，其肥效与等量有效成分的单休肥料相当或略优。施用复混肥应根据不同蔗区土壤情况来确定肥料类型和数量，如广西的土壤有机质和氮、磷、钾均缺乏，蔗区要选三元高效复合型肥料，一般以每公顷施 2250～3000 kg 即可，可作基肥早施，也可留一部分在培土时施。由于复混肥和专用肥的肥效较慢，而甘蔗前期幼苗需肥迫切，因此要施少量速效氮肥作基肥，以提苗促长。

（6）微肥施用技术　　甘蔗微肥一般包括硼肥、锌肥、钼肥和锰肥等。广西、广东和云南等省（自治区）部分旱坡蔗地的甘蔗常出现某种微量元素的缺乏症状，特别是在宿根甘蔗的苗期出现白色或失绿等病态的叶片，这主要是缺乏某些中量或微量元素所造成。目前，一些蔗区开始重视这些微肥的应用。

（7）甘蔗施肥专家系统　　近年来，云南和广西的甘蔗专家在总结甘蔗高产经验、分析和整理国内外施肥经验和研究成果的基础上，运用专家系统的原理与方法，针对甘蔗高产栽培的主要影响因素（栽培类型、种植海拔、栽培制度、蔗区类型、土壤肥力等），研究相应的技术方案，设计了甘蔗施肥专家系统，这些系统指导了农民在多个专家水平上进行施肥决策。

（二）甘蔗需水特性与水分管理

1. 甘蔗的需水特性　　甘蔗是高秆作物，植株高大、叶片多、叶面积大、生长期长，叶片蒸腾和地面蒸发均需要大量水分来维持生理生态的需求。在生长过程中每合成 1 g 干物质需耗水 366～500 g。正常条件下土壤中的水分含量与产量呈正相关。甘蔗一生需水规律是"润—湿—润—干"。土壤水分为田间持水量的 50%～70%，甘蔗萌芽出土正常；分蘖期水分仍不宜太多，蔗田以润为好；伸长期，是发挥光、温、肥、水作用的关键时期，一定要保证足够水分；甘蔗后期，生长放慢，糖分不断积累，要求有干燥、凉爽、温差大的环境，对水分要求减少，田间水分只要维持滋润状态便十分有利成熟，但过于干旱会影响蔗汁品质。

2. 甘蔗的水分管理　　深耕深松加厚土层，可增加土壤贮水量，一般每深耕 10 cm，可提高土壤含水量 1.0%。增施有机肥，精细整地，大量产生腐殖酸，可促进团粒结构形成，提高土壤含水保水能力。开梯田种植，深植沟，中培土，有利于拦水、蓄水。选抗旱良种，扩大秋冬植，加上地膜覆盖。雨后中耕松土，防止毛细管蒸发，兴修水利确保灌溉。这些都是十分有效的水分管理措施。

采用适宜的灌溉方式也可达到节水的目的。目前灌水方式有沟灌、喷灌和滴灌 3 种。沟灌设备简单，容易实行，但浪费水量为 50%～60%；喷灌利用农业机械，滴灌利用地下水管或地表水管理，两者费用均高，但比沟灌节水。三种方式各有利弊，以滴灌最为科学。

五、甘蔗田间调控与病虫草害防治

（一）甘蔗田间的物理调控

1. 查苗补缺，间苗定苗　　为保证蔗田全苗、齐苗、匀苗和壮苗，在蔗苗出土后，植株有 3～5 片叶时，要及时检查。凡 30 cm 内无苗均要补上。补植种苗来源是先将种蔗预留10%左右种芽作假植，以防缺苗之用；补苗要注意雨后、阴天或傍晚进行，补后淋水，保证成活。分蘖盛期以后，为保证每株蔗苗都有充分的生长条件，同时群体又能最大限度发展，要及时间苗定苗。间苗定苗首先要考虑水肥条件、幼苗长势、产量目标来确定每公顷的有效茎数，在这基础上多留 10%苗数，保证有效茎在 7.5×10^4 条以上；然后根据去弱留强、去密留疏、去迟留早、去浅留深的原则，在分蘖末期一次性间去多余的苗，以减少养分的消耗，提高群体内光照，增加空气流通，防止病虫滋生。

2. 中耕除草，追肥培土　　当幼苗长到分蘖末期，为抑制迟生分蘖，保证早期分蘖成茎，应及时中耕除草和追肥培土。中耕除草还有利于增加土壤通透性，有益于微生物群活动旺盛，促进主茎根系生长，扩大根系吸收范围。中耕除草一般与追肥相结合，施肥后通过中耕培土盖肥。培土分小培土、中培土和大培土。培土还有防倒伏的作用。

3. 剥叶　　甘蔗在正常水肥条件下常保持 10～12 片青叶，多者有 14～15 片。从 0 叶向下数到第 9 片叶是功能叶。剥叶可增加通风透光，提高光合生产率，使蔗茎坚硬，增加抗倒能力，减少病虫滋生为害。有灌溉条件的水田一般第 9 叶以下的老叶可剥去，并用剥下的叶覆盖畦面；高产田植株茂盛叶多，可把第 7 叶以下的叶片剥去；高旱地一般情况下不剥叶或迟剥叶。保证一定的绿叶数，有利于提高蔗糖分的积累，也有利于宿根，增加秋冬笋。

（二）甘蔗田间的化学调控

种植于产量潜力较高的水田甘蔗，或因种植迟熟品种，或施用氮肥过多，甘蔗出现迟熟，可用乙烯利或其他药剂催熟。喷施催熟剂，要注意其浓度和时间。如果喷药后 30 天不能收获，就有可能"回糖"。此外，必须指出的是，喷催熟剂后，大都会影响蔗茎产量，严重者减产 10% 以上，且影响宿根，应慎重使用。一些没有经过国家认定的增产增糖剂不宜使用。

（三）甘蔗病虫草害的防治

甘蔗生长期长，受四季气候影响，病、虫、杂草、老鼠危害较严重，必须认真做好防治工作，防重于治，治早、治少、治了。冬、春植甘蔗因低温阴雨要防凤梨病，植前种茎消毒，植后保温排积水。生长前中期有 5～6 世代螟虫重叠并发生危害，发生枯心苗；4～5 月温度高、光照强、氮肥足，易诱发梢腐病；6～7 月和 9～11 月两次防蚜虫；秋冬季主要防鼠害。

六、甘蔗收获与贮藏

（一）确定适宜的收获期

甘蔗达到工艺成熟时，其蔗糖分最高、蔗汁纯度最佳、还原糖最低、品质最好、糖厂经济效益最大，是品种高糖高榨最理想的时间。因此，收获期的确定对提高效益、降低成本十分重要。判断甘蔗是否成熟，既可以根据蔗株的外部形态和解剖特征、田间锤度和蔗糖分分析来判断，也可以根据不同品种的熟期、种植制度和不同类型土壤的田块来确定。例如，同一品种旱地比水田、瘦地比肥地、少水比多水、秋植比宿根、宿根比冬植、冬植比春植和夏植要早成熟。

（二）注意收获质量

除削好原料蔗外，保证甘蔗砍收质量还要有 3 个条件：一是适当保留蔗桩高度不浪费原料蔗；二是蔗蔸留在土内，蔗茎不破裂；三是砍收时保护好蔗蔸过冬。现代机械化砍收，省工、省时，提高工效；人工收获，用锄低砍，入土 3 cm；收获尽可能在晴天土硬时进行，雨天防止践踏蔗畦影响宿根；收获后，蔗叶作还田或堆沤处理。

（三）蔗种的贮藏

在霜期长、冻害严重、不能冬植、春植较迟的地区，留作种苗的蔗茎必须进行贮藏，以保证下年种苗质量。贮藏方法为露地贮藏、地窖贮藏及挖沟盖地膜贮藏。一般轻霜或无霜地方可用露地贮藏；霜期长、温度低、易冰冻地方应用地窖贮藏。不管采用何种方法，均要做到"六防"：防热、防冻、防湿、防干、防蚁、防烂。温度以 7～10℃为宜，并注意保持空气润而不湿，通气良好。

七、宿根甘蔗栽培技术

（一）选用宿根性好的品种

宿根性好的品种表现为发株多而且整齐，这是高产稳产的基础。在新植时，应选用宿根性好的品种，如'新台糖 16 号''新台糖 25 号''桂糖 11 号'等品种，可延长宿根年限。

（二）种好管好上季蔗

为了宿根蔗蔸具有良好的根系和健壮的地下芽，发株早、壮和整齐，上季甘蔗必须种好管好，这是获得宿根蔗高产稳产的前提。因此，新植蔗要深耕深松，增施有机肥，创造深、肥、软的土壤条件，合理密植，防治蔗龟、蔗螟、棉蚜，维持蔗蔸生活力，使蔗蔸有更多的活根和活芽。适时收获，保证收获质量。避免雨天砍蔗，尽量不踩垄顶，以免土壤板结；用小锄低砍，蔗头不裸露出垄面，以减少病虫和霜冻危害；有霜冻的蔗区应在霜冻到来之前收获，并以蔗叶或地膜覆盖蔗蔸安全过冬。春暖后砍去秋冬笋，烧掉蔗叶，既能除病虫草害，又能增加土壤肥力。

（三）"四早"管理措施

宿根蔗和春植蔗相比，生长的最大特点是一个"早"字，即早发株、早分蘖、早封行、早拔节伸长、早缩尾、早成熟。因此，田间管理措施要提早 30 天进行。

1. 早开垄松蔸，促进发株 开垄松蔸是指将蔗垄和蔗蔸周围的土翻开，让蔗蔸完全裸露在地面。以利于土壤风化，消除有毒物质，改善土壤的水、肥、气、热状况，促进低位芽萌发、分蘖和生长。开垄松蔸后，要根据天气、土壤水分、蔗芽萌发等情况适时覆土。

2. 早施肥灌水，促进早生长 早施肥灌水，能早补充养分，促进宿根蔗苗健壮，生长整齐，成茎率高。施肥方法：首先要在雨后或灌水后回垄前近蔗蔸两旁，每公顷施农家肥 7500～10 500 kg、过磷酸钙肥 750 kg、钾肥 300～450 kg、尿素 105～150 kg 和呋喃丹 60 kg，然后将土回垄培到蔗蔸的两边，培土厚度以基本盖住蔗蔸为宜，在 6 月底完成。

3. 早查苗补苗，保证株数 宿根蔗缺株断垄严重，要早查苗补苗，以保证全苗及分布均匀。补苗分两次进行：第一次在开垄松蔸时发现有缺株断垄在 50 cm 以上的，可在蔗蔸较密的地段挖蔸补缺，或从不留宿根且品种相同的蔗地里挖蔸补缺；第二次在施回垄肥时，从发株较多的蔗蔸里移密补稀，或用预备苗补苗，不能用种茎直接补苗。补苗后要淋定根水，成活后多施一次提苗肥，使全田蔗株生长均匀，提高成茎率。

4. 早防治病虫害，保证稳产 宿根蔗田是甘蔗病虫的越冬场所，宿根蔗发芽出土快，早见青叶，易招引病虫，危害早且严重，必须早抓防治病虫工作，除在施回垄肥的同时结合撒施农药防治地下害虫外，发株后病虫害的防治工作也要早于新植蔗。

八、甘蔗特色栽培技术

（一）全膜覆盖栽培

我国大部分蔗区少雨干旱，对甘蔗萌发、出苗生长构成了严重的影响，导致旱地甘蔗单产低而不稳。地膜全覆盖实现了蔗田土壤水分"零"蒸发，能够有效改善蔗园土壤水分环境。

1. 新植蔗全膜覆盖 地膜选择宜选用幅宽 2 m 或 4 m，厚度 0.008～0.010 mm 的宽幅白色地膜。有条件的地方建议使用生物降解膜。盖膜地块要求田间土壤细碎。甘蔗种苗下种后，沿种植沟垂直方向逐幅覆盖，两幅地膜边缘重叠 10 cm，在地膜边缘及重叠处用细土压紧、压实，宽度 10 cm，出苗后注意破膜引苗。进入雨季，应及时揭膜，清除田间残膜，揭膜后及时追肥培土。

2. 宿根蔗全膜覆盖 上季甘蔗收获后，及时清园和处理蔗叶，减少病虫害发生。对土壤湿度较大的宿根蔗田，清园后，应及时开垄松蔸，开垄后晒蔸 7～10 天，降低土壤湿度，改善通气状况。开垄松蔸后应补施基肥。宿根甘蔗盖膜前，应注意铲平田间蔗桩。覆盖地膜方式与新植甘蔗相同，揭膜追肥与新植蔗相同。

（二）绿色轻简栽培

按照农业农村部关于"一控两减三基本"的要求，推进甘蔗生产绿色发展，实现甘蔗产业节本增效，采用以选用良种、深耕深种和全膜覆盖、缓释配方肥和缓释药一次性施用、残膜收集和集中处理、蔗叶综合利用等为主要内容的绿色简约化技术集成和应用。

1. 新植蔗栽培 根据蔗地情况，采用机械深耕 30～35 cm，细耙土壤，行距 100 cm 开沟；或沿等高线采用挖机开沟深 35 cm 以上。种苗采用 3～5 芽，$12×10^4$～$15×10^4$ 芽/hm^2。减量施肥：采用中高浓度缓释配方肥 1200～1500 kg/hm^2 或普通复混肥 1500～2250 kg/hm^2。

（1）减量施药 螟虫、蔗头象虫、棉蚜、蓟马等虫害发生区，采用 3.6%杀虫双颗粒剂 90 kg/hm^2＋70%噻虫嗪可分散粉剂 0.6 kg/hm^2；蔗龟或白蚁、棉蚜、蓟马发生区，采用 8%毒死蜱·辛硫磷颗粒剂 75 kg/hm^2＋70%噻虫嗪可分散粉剂 0.6 kg/hm^2。

（2）施用方法 肥料、农药混匀后施入甘蔗种苗两侧，一次性施用；细土覆盖 3～5 cm 压实，实现化肥农药施用量零增长。

（3）全膜覆盖 采用厚 0.008～0.010 mm，幅宽 2 m 或 4 m 宽幅地膜，沿垂直种植沟方向全覆盖田间土壤墒面。

（4）蔗叶利用 鼓励蔗梢饲用，过腹还田。在甘蔗收获时，集中收集蔗梢进行粉碎青贮和氨化处理用于牛羊养殖，实现"蔗—畜—肥"良性循环；鼓励蔗叶还田，有条件的蔗区利用机械粉碎蔗叶加 15 kg/hm^2 金龟子绿僵菌或 15 kg/hm^2 球孢白僵菌，直接还田。

（5）残膜处理 甘蔗收获后对残留地膜进行收集，集中堆放处理。

2. 宿根蔗栽培 根据预留宿根蔗园实际情况，入表土 3～5 cm，利用机械平铲蔗蔸；采用大马力拖拉机对宿根蔗园进行深松，深度不低于 30 cm；松蔸后，参照新植蔗栽培及时施肥、施药、盖全膜。

复习思考题

1. 试述甘蔗分蘖的特点及影响甘蔗分蘖的因素。
2. 温度和光照对甘蔗生长发育的影响是什么？
3. 根据甘蔗节间伸长增粗规律，在秋植蔗、冬植蔗和春植蔗生产上，应采取什么措施进行调控才能取得高产？
4. 简述甘蔗育种的主要目标性状及其内涵。

5．试述甘蔗各生长发育阶段的生长特点，并根据甘蔗产量构成因素讨论各生长发育阶段对甘蔗产量和品质的贡献。

6．试述甘蔗下种后田间管理的各项措施及其作用。

7．根据新植蔗和宿根蔗的生长特点，阐述宿根蔗的各项管理措施施行要早、施肥量要多的原理。

8．简述甘蔗杂交育种田间选择的主要步骤及内容。

主要参考文献

陈如凯．2003．现代甘蔗育种的理论与实践．北京：中国农业出版社．

李杨瑞．2010．现代甘蔗学．北京：中国农业出版社．

彭绍光．1990．甘蔗育种学．北京：农业出版社．

杨文钰，屠乃美．2011．作物栽培学各论（南方本）．2 版．北京：中国农业出版社．

张跃彬．2011．中国甘蔗产业发展技术．北京：中国农业出版社．